DIE ENGLISCHE GERICHTSVERFASSUNG

Eine systematische Darstellung

Von

DR. HEINRICH B. GERLAND

a. o. Professor an der Universität Jena

Leipzig

G. J. Göschen'sche Verlagshandlung

1910

Druck von Oscar Brandstetter in Leipzig.

Erster Halbband.

Sir Harry B. Poland, K. C., I. P., D. L.,

ehemals Recorder von Dover und Alderman des London County Council

und

Dr. Ernst Schuster

Barrister-at-law

gewidmet

vom Verfasser.

Vorwort.

Die Eigenart der englischen Gerichtsverhältnisse, die außerordentlichen Verschiedenheiten, die zwischen den in insulaner Abgeschiedenheit sich homogen entwickelnden Rechtseinrichtungen Englands und den so gänzlich anders bedingten kontinentalen Rechtssystemen bestehen und stets bestanden haben, lassen es begreiflich genug erscheinen, daß die wissenschaftliche Forschung des Kontinents sich oft und zu den verschiedensten Zeiten vergleichsweise mit dem englischen Recht befaßt hat. Allein in diesen Arbeiten, die zumeist der Politik, dem werdenden Recht der Zukunft dienen, ist außerordentlich auffallend, daß über das zu vergleichende Objekt, d. h. die englische Gerichtsverfassung selbst, nicht diejenige Klarheit herrscht, die doch unentbehrlich für eine wirklich objektiv durchgeführte Rechtsvergleichung ist. Mag diese Tatsache nun auch in der Verworrenheit des in Betracht kommenden Rechtsmateriales, in der Schwierigkeit der Beschaffung desselben ihren letzten und zureichenden Grund finden, jedenfalls bieten uns die sämtlichen in Betracht kommenden Arbeiten kein hinlängliches, objektives Bild der tatsächlichen Verhältnisse, und die selbstverständliche Folge eben jener Ursache ist, daß man auf der einen Seite in blinder Bewunderung zur Bildung einer englischen Mythe kam, daß auf der anderen Seite als natürlicher Rückschlag gegen die Übertreibungen der Anhänger des englischen Systems die Gegner desselben in den gleichen Fehler fielen, so daß ihre Kritik ebenso einseitig wurde, wie die oft etwas marktschreierische Anpreisung der anderen.[1])

---

[1]) Man lese nur einmal die Schilderung des englischen Gerichtssaales bei Cottu, De l'administration de la justice criminelle en Angleterre 1820, p. 109: „Tout, en Angleterre, respire l'indulgence et la bonté ; le juge paraît un père au milieu de sa famille“ (1820, wo Diebstahl noch mit dem Tod bestraft werden konnte!) „occupé à juger un de ses enfants. Son aspect n'a rien d'effrayant.“ Er sitze mitten unter Damen; sein Platz sei mit Rosen geschmückt usw. Dazu vergleiche man aber auch de Franqueville tom. II, p. 645: „Dans la première partie de notre siècle, la procédure civile était barbare, la procédure criminelle sauvage, la loi pénale abominable.“

namentlich Sir Harry B. Poland und Ernst Schuster, denen ich zu größtem Dank verbunden bin. Sie haben mir den Zutritt zu den wertvollen Bibliotheken ihrer Inns verschafft. Wenn der Stoff versagte, wenn kein Ausweg in den labyrinthischen Gängen des englischen Gewohnheits- und Statutarrechts mehr zu finden war, sie beide haben stets geholfen, sie beide haben stets mit sicherer Hand mich meinem Ziele näher geführt. Und jede Seite meines Werkes ist ein beredtes Zeugnis für das, was mir beide gewesen sind und geleistet haben. Mein Werk ist mit das ihre, und wenn ich mir erlaube, ihnen beiden meine Arbeit zu widmen, so gebe ich ihnen, was schon eigentlich ihr eigen ist, ich widme ihnen unser gemeinsames Werk. Mir aber wünsche ich, daß ich immer auf meinen Wegen Männer treffen möchte, wie Sir Harry B. Poland und Ernst Schuster. Stets sind sie mir erschienen wie prägnante Typen ihrer Nationen, denen sie entstammen, Typen in bezug auf das, was ihre Völker groß gemacht hat. Und so mögen sie entschuldigen, wenn ich sie nur nach einer Richtung hin einseitig charakterisiere, indem ich meine Arbeit widme dem englischen Praktiker und dem deutschen Gelehrten.

Heinrich B. Gerland.

Inhalt.

1. Teil.
Die Gerichte und ihre Organisation.

1. Abschnitt.
Die einzelnen Gerichte.

1. Kapitel.
Die ordentlichen Gerichte.

I. Die niederen Gerichte.

II. Die höheren Gerichte.

2. Teil.
Die übrigen Organe der Gerichtsverfassung.

1. Abschnitt.
Die Klagebehörden in Straf- und Zivilsachen.

2. Abschnitt.
Die Rechtsanwaltschaft.

3. Abschnitt.
Die Organe der Justizverwaltung

Abkürzungen.

Adickes, Grundlinien = Grundlinien durchgreifender Justizreform. Betrachtungen und Vorschläge unter Verwertung englisch-schottischer Rechtsgedanken 1906.

Adickes, Zur Verständigung = Zur Verständigung über die Justizreform 1907.

Annual Practice = Thomas Snow, The Annual Practice 1909.

Archbold = Archbold-Baker, Practice of the Court of Quarter Sessions 5th Ed. 1898.

Archbold, Pleading = Archbold-Craies, Pleading, Evidence and Practice in Criminal Cases 22nd Ed. 1900.

Brodie-Innes = Brodie-Innes, Comparative Principles of the Laws of England and Scotland 1903.

Calendar = Council of Legal Education, Calendar 1906/1907.

C. C. R. = County Court Rules 1903—1906.

County Court Report = Report of the Committee appointed by the Lord Chancellor to inquire into certain matters of County Court Procedure 1909.

Douglas = Summary Jurisdiction Procedure 9th Ed. 1907.

Encyclopaedia = A. Wood Renton, Encyclopaedia of the Laws of England.

de Franqueville = de Franqueville, Système Judiciaire de la Grande Bretagne 1893.

Gamon, Police Court = H. R. P. Gamon, The London Police Court to-day and to-morrow 1907.

Gerland, Englische Gerichtsverfassung = Heinrich Gerland, Die Englische Gerichtsverfassung in ihrer gegenwärtigen Entwicklung und die deutsche Gerichtsreform 1908.

Gneist, Selfgovernment = Gneist, Selfgovernment, Kommunalverfassung und Verwaltungsgerichte in England 3. Aufl. 1871.

Gneist, Verwaltungsrecht = Gneist, Englisches Verwaltungsrecht der Gegenwart 3. Aufl. 1883/84.

Hatschek = Englisches Staatsrecht 1905, 1906.

Yearly County Court Practice = Pitt-Lewis, The Yearly County Court Practice 1907.

Kenny, Outlines = C. St. Kenny, Outlines of Criminal Law 3rd Ed. 1907.

Liepmann, Summarisches Strafverfahren = Liepmann-Mannhardt, Summarisches Strafverfahren in England und Strafverfahren in Schottland 1908.

Manual of Military Law = Manual of Military Law. War Office 1899.

Mathew, Commercial Court = Th. Mathew, Practice of the Commercial Court 1902.

Mendelssohn, Imperium = A. Mendelssohn-Bartholdy, Das Imperium des Richters. Ein Versuch kasuistischer Darstellung nach dem englischen Rechtsleben im Jahre 1906/7. 1908.

Mittermaier, Englisches usw. Strafverfahren = Mittermaier, Das englische, schottische und amerikanische Strafverfahren 1851.

Oswald, Contempt = James Fr. Oswald, Contempt of Court, Committal and Attachment and Arrest upon Civil Process in the Supreme Court of Judicature 1892.

P. R. R. = Principal Registry Rules.

Peters, Englisches bürgerliches Streitverfahren = W. Peters, Das englische, bürgerliche Streitverfahren und die deutsche Zivilprozeßreform 1908.

Poley, Solicitors = A. P. Poley, Treatise upon the Law affecting Solicitors of the Supreme Court 1897.

Pollock, First Book of Jurisprudence = Pollock, First Book of Jurisprudence 2nd Ed.

Q. B. = Queen's Bench Division, Reports.

R. S. C. = Rules of the Supreme Court.

Report 1888 = Return for the Years 1886 and 1887, of the Number, Description, and Limits of Jurisdiction of Inferior Courts of Record (other than the County Court) in England 1888.

Schuster, Bürgerliche Rechtspflege = E. Schuster, Die bürgerliche Rechtspflege in England 1887.

Stone, Justices' Manual = Stone-Roberts, Justices' Manual, being the Yearly Justices' Practice for 1907 (39th Ed.).

Weidlich, Englische Strafprozeßpraxis = K. Weidlich, Die englische Strafprozeßpraxis und die deutsche Strafprozeßreform 1906.

Weidlich, Polizei = K. Weidlich, Die Polizei als Grundlage und Organ der Strafrechtspflege in England, Schottland und Irland 1908.

Wertheim = Wörterbuch des englischen Rechtes 1899.

Whitacker's Almanack = J. Whitacker, The Almanack for the Year of Our Lord 1909.

Williams = Principles of the Law of Real Property 20th Ed.

1. Teil.
Die Gerichte und ihre Organisation.

1. Abschnitt.
Die einzelnen Gerichte.

1. Kapitel.
Die ordentlichen Gerichte.

I. Die niederen Gerichte.

§ 1. Vorbemerkung.

Die sämtlichen englischen Gerichte werden in zwei Klassen eingeteilt. Auf der einen Seite treffen wir die höheren Gerichte, auf der anderen die niederen, eine Unterscheidung, die in mannigfacher Beziehung von Wichtigkeit wird, so, um nur ein Beispiel herauszugreifen, in bezug auf die Gesetzeskraft der Urteile der verschiedenen Gerichte. Die niederen Gerichte aber zerfallen ihrerseits wieder in zwei weitere Kategorien.[1]) Einmal treffen wir die

[1]) Die englischen Gerichte werden des weiteren eingeteilt in „Courts of Record" und „Courts not of Record". Diese Unterscheidung deckt sich nicht mit der Einteilung in höhere und niedere Gerichte. Allerdings sind alle höheren Gerichte Courts of Record, allein es sind dies auch die wichtigsten niederen Gerichte, die County Courts und die Quarter Sessions. Courts of Record sind aber alle jene Gerichte, deren aufbewahrte Protokolle (records) unbedingte Beweiskraft haben. Die Differenzierung wird noch insofern wichtig, als nur die Courts of Record wegen Contempt of Court (vgl. dazu weiter unten S. 833) strafen können. Ich lasse diese Einteilung, die heute im wesentlichen nur historische Bedeutung hat, im folgenden ganz außer acht. Vgl. Brodie-Innes, Comparative Principles p. 8; Archbold, Quarter Sessions p. 154; de Franqueville tom. I, p. 183, n. 3; Wertheim S. 473f. Unzutreffend Cottu, De l'administration de la justice criminelle en Angleterre p. 28, der Courts of Record definiert als „des cours qui ont un greffe et toutes leurs décisions sont enregistrées". Die beste Definition findet sich Encyclopaedia 1st Ed. vol. XI, p. 109: „A Court of record is one the orders and judicial proceedings of which are enrolled for a perpetual memorial and testimony, and the records of which are absolutely authorative, as distinguished from Courts not of record, the acts of which may be evidenced by rolls and records, but are not absolutely established thereby, and must in every case be proved like other facts."

County Courts, die sogenannten Grafschaftsgerichte[1]), auf der andern Seite haben wir die sämtlichen andern Gerichte. Letztere sind in erster Linie die mit Friedensrichtern (Justices of the Peace) besetzten Gerichte der Petty Sessions und Quarter Sessions, an Stelle derer unter bestimmten Voraussetzungen die Polizeigerichte (police courts), resp. das Gericht des Recorder tritt. Während mithin ganz England einheitlich in eine Reihe Distrikte von County Courts eingeteilt ist, die County Court-Verfassung also einheitlich für ganz England durchgeführt ist, (ich sehe natürlich hier von Sondergerichten usw. völlig ab), ist die Organisation der übrigen Gerichte keine einheitliche, treten vielmehr starke Abweichungen von der gewöhnlichen Verfassung in bestimmten (nicht in allen) Stadtdistrikten auf, ein Umstand, der eben gerade in erster Linie die ganze Gerichtsorganisation Englands so unübersichtlich macht, der aber, wie ich betone, nicht etwa ein Unterschied zwischen Stadt und Land ist. Denn wenn wir allerdings auch nur in Städten Polizeirichter (Stipendiary Magistrates) und Recorders treffen, so finden wir andererseits Justices of the Peace nicht nur auf dem Lande, sondern auch in Städten.

Ich möchte nun gleich hier eines vorweg bemerken. Der gekennzeichnete Unterschied zwischen den County Courts und den andern Gerichten ist nicht etwa ein Unterschied zwischen Zivil- und Strafgerichten. Allerdings sind die County Courts ausschließlich Zivilgerichte, und es ist des weiteren auch richtig, daß die Petty und Quarter Sessions usw. im wesentlichen Strafgerichte sind. Allein sie sind nicht nur Strafgerichte. Sie sind vielmehr, wie wir später noch sehen werden, auch zuständig zur Erledigung zivilrechtlicher, ja sogar zur Erledigung verwaltungsrechtlicher Streitigkeiten.

Schließlich muß hier noch auf eine wichtige Unterscheidung aufmerksam gemacht werden, die seiner eigentlichen Bedeutung nach indessen prozessualer Natur ist. Die Petty Sessions, die Police Courts sind Courts of Summary Jurisdiction, summarische Gerichtshöfe, im Gegensatz zu den Quarter Sessions und dem Gericht des Recorder, die zu den Courts of Ordinary Jurisdiction gehören. Insofern gehören die letzteren mit den Courts of Assize, den Schwurgerichten und dem Londoner Central Criminal Court zusammen zu einer Kategorie von Gerichtshöfen. Dieselben unterscheiden sich aber wieder so untereinander, daß nur die Schwurgerichte und der Central Criminal Court höhere Gerichte sind, Superior Courts,

---

[1]) Vereinzelt werden die County Courts auch zu den höheren Gerichten Englands gerechnet. Herrschend ist aber die hier vertretene Auffassung. Vgl. Brodie-Innes, Comparative Principles vol. I, p. 7.

während die Quarter Sessions, obwohl sie keine summarischen Gerichte sind, trotzdem nur Inferior Courts, niedere Gerichte, sind.[1])

1. Die Friedensgerichte.

a) Die mit Friedensrichtern besetzten Gerichte.

§ 2. α) Die Friedensrichter im allgemeinen.[2])

I. 1. Eines der charakteristischsten Merkmale der englischen Gerichtsverfassung gegenüber der kontinentalen ist der Umstand, daß die Funktionen der Rechtspflege zum großen Teil ausgeübt werden nicht durch bezahlte, beruflich angestellte und entsprechend vorgebildete Staatsbeamte, sondern durch sogenannte Ehrenbeamte, die ihr Amt ohne entsprechende Entschädigung bekleiden, ohne die Voraussetzungen einer entsprechenden Vorbildung erfüllen zu müssen, allerdings unterstützt durch bezahlte, gelehrte Berufsbeamte. Diese Ehrenbeamte sind die sogenannten Justices of the Peace, die Friedensrichter, die unterstützt werden von rechtsgelehrten Bureaubeamten, den Clerks of Petty Sessions, den Clerks of the Peace.[3])

2. Begründet ist das Amt der Friedensrichter nach mehrfachen Versuchen durch Eduard III.,[4]) und zwar wurden durch ihn angesehene Männer der Grafschaft mit der Friedensbewahrung betraut. Sie erhalten von Anfang an doppelte Funktionen übertragen, auf der einen Seite administrative, gerichtliche auf der anderen. Sie sind bereits im Augenblick ihrer Entstehung zugleich Polizei und Gericht, wie denn überhaupt eine scharfe Trennung von Verwaltung und Justiz in England nie durchgeführt worden ist.[5]) Aber allerdings ist auch nicht außer acht zu lassen: Von Anfang an ist der entscheidende Gesichtspunkt bei den Friedensrichtern der, daß sie Richter sind.[6]) So müssen wir sagen: Es werden nicht

---

[1]) Stephen, A Digest of the Law of Criminal Procedure in Indictable Offences 1883, p. 9; Brodie-Innes, Comparative Principles of the Law of England and Scotland vol. I, pp. 254 et seq. und pp. 256 et seq.

[2]) Vgl. die ältere englische Literatur bei Gneist, Selfgovernment S. 195.

[3]) Man kann daher nicht sagen, daß die diesbezügliche Strafgewalt in die Hände von Laien gelegt ist. Sie ist in die Hände von durch Juristen unterstützten Laien gelegt. Nicht ganz genau Weidlich, Englische Strafprozeßpraxis S. 5.

[4]) 34 Edw. III c. 21. Vgl. auch Archbold, Quarter Sessions 1898, pp. 2 et seq.; Gneist, Englisches Verwaltungsrecht der Gegenwart Bd. I, S. 30. Ferner auch Rey, Institutions Judiciaires de l'Angleterre tom. II, p. 91 s.; Gneist, Englische Verfassungsgeschichte S. 300 ff.

[5]) Gneist, Englisches Verwaltungsrecht Bd. I, S. 72.

[6]) Redlich, Englische Lokalverwaltung S. 19.

etwa die Funktionen der Rechtspflege durch Verwaltungsbeamte ausgeübt, sondern Organen der Rechtspflege sind bestimmte Aufgaben der Verwaltung überwiesen worden.

Allerdings sind diese Aufgaben so mannigfaltige gewesen und im Laufe der Zeit geworden, daß man nicht fehlgeht, wenn man überhaupt in den Friedensrichtern mit die wichtigsten Organe des staatlichen Lebens in England erblickt, deren Tätigkeit „alle Zweige der inneren Landesverwaltung von der Seite der polizeilichen und Strafordnung aus durchzieht.“[1])

Daß dieses wichtige Amt natürlich auch in der Politik des Landes eine hervorragende Rolle gespielt hat, kann nicht verwundern. Ursprünglich ist es nicht als Ehrenamt entstanden. Vielmehr sind im Anfang ausdrücklich Diäten für die Friedensrichter festgesetzt worden,[2]) die indessen infolge gesellschaftlicher Sitte später wieder abkamen. Einmal reines Ehrenamt war dasselbe natürlich untrennbar mit dem Besitz verbunden, der allein die Mittel gewährte, den mit dem Amt verbundenen Kosten- und Zeitaufwand zu ertragen.[3])

Es muß ferner hervorgehoben werden, daß das Amt ursprünglich kein reines Laienamt war. Man unterschied nämlich unter den in die Commission aufgenommenen Friedensrichtern, und man führte einen Teil derselben namentlich in der sogenannten Quorumklausel auf. Diese letzteren konnten allein die wichtigeren Funktionen der Friedensrichter ausüben und mußten mithin stets in den Gerichten herangezogen werden. Sie waren aber ursprünglich, noch zur Zeit der Elisabeth, immer rechtsgelehrte Männer.[4]) Allmählich nun verwischt sich diese Unterscheidung immer mehr. Es werden nun auch nichtrechtsgelehrte Friedensrichter in die Quorumklausel aufgenommen, womit dann natürlich die Bedeutung letzterer schwand. Sie wurde schließlich zur leeren Form, bis man sie in unseren Tagen ganz aufgegeben hat.

So wurde die Gentry die Trägerin dieses Amtes, das sie als eines der Hauptmittel zur Befestigung und Durchführung ihres präponderierenden politischen Einflusses gebrauchte, eine Tatsache, die nicht zu selten in der Folge dazu führte, daß die Justiz,

---

[1]) Gneist, Verwaltungsrecht S. 106. Vgl. auch Wertheim S. 316.

[2]) Redlich, Lokalverwaltung S. 61f.

[3]) Allerdings war die Ausbildung zum Ehrenamt auch wiederum nur möglich dadurch, daß nur die besitzenden Klassen das Amt bekleideten. So bestimmen schon die alten Statuten (z. B. 13 Rich. II, stat. 1, c. 7), daß die Friedensrichter genommen werden sollen „of the most sufficient knights, esquires, and men of the law“. Vgl. Archbold, Quarter Sessions p. 50; ferner auch Encyclopaedia 1st Ed. vol. VII, p. 162.

[4]) Gneist, Selfgovernment S. 197.

die Verwaltung einer Klasse, Klassenjustiz, Klassenverwaltung in des Wortes schlechter Bedeutung wurde.[1])

Die Reformbewegung des 19. Jahrhunderts brachte wichtige Umänderungen. Waren noch bis in die Mitte des 19. Jahrhunderts die Funktionen des Friedensrichteramtes ständig und zwar sehr bedeutend erweitert worden,[2]) so wurden allmählich Änderungen in dreifacher Hinsicht durchgeführt: Einmal wurden unter bestimmten Voraussetzungen die Friedensrichter ganz beseitigt und durch neu geschaffene Beamte ersetzt,[3]) ferner wurden die Funktionen des Amtes bedeutend eingeschränkt, schließlich aber wurden die Voraussetzungen des Amtes in Bezug auf Besitznachweis erleichtert: das plutokratisch-aristokratische Amt wurde demokratisiert.[4])

Was den ersten Punkt anbelangt, so ist hier der Municipal Corporations Act von 1835[5]) zu nennen. Derselbe ist in doppelter Hinsicht von Bedeutung. Einmal werden die administrativen Funktionen dem Friedensrichter in den Städten zum größten Teil genommen, ferner werden unter bestimmten Voraussetzungen an seiner Stelle, während er also gänzlich verschwindet, gelehrte Gerichte gebildet, die Police Courts, die Gerichte des Recorder.[6])[7])[8])

Wichtiger ist indes noch die Reformgesetzgebung von 1888.[9]) Indem dieselbe den in dem oben erwähnten Gesetz bereits zum Ausdruck gelangten Gedanken von der Trennung von Rechtsprechung und Verwaltung allgemein auf die Grafschaften ausdehnt, nimmt sie dem Friedensrichter seine wesentlichsten administrativen Funktionen und macht ihn in erster Linie zu einem Organ der Rechtsprechung.[10])

---

[1]) Redlich, Lokalverwaltung S. 67.

[2]) Vgl. beispielsweise Redlich, Lokalverwaltung S. 104 ff.

[3]) Vgl. weiter unten § 6, S. 204 ff.

[4]) Wertheim S. 175 f. Redlich, Lokalverwaltung S. 237 ff.

[5]) 5 and 6 Will. IV c. 76; dazu Archbold, Quarter Sessions pp. 17 et seq. und namentlich Redlich, Lokalverwaltung S. 159 ff.

[6]) Daß hier vieles nur fakultativ angeordnet wurde, ändert an der prinzipiellen Bedeutung der Reform natürlich nichts. Vgl. übrigens Archbold, Quarter Sessions pp. 67 et seq.; Redlich, Lokalverwaltung S. 409 ff.

[7]) In meiner englischen Gerichtsverfassung S. 19 wird infolge eines Druckfehlers behauptet, 1853 seien die Funktionen des Friedensrichters stark beschnitten worden. Mit Recht rügt das Redlich, Deutsche Literaturzeitung 1909, S. 176; er hätte aber doch wohl den Fehler als solchen, nämlich als Druckfehler erkennen können.

[8]) Einige Recordergerichte existierten bereits vor 1835.

[9]) 51 and 52 Vict. c. 41.

[10]) Redlich, Lokalverwaltung S. 234 ff., insbesondere S. 236 ff. Vgl. aber auch Wertheim S. 320; Archbold, Quarter Sessions p. 41, insbesondere pp. 197 et seq.

Am wichtigsten für die Organisation des Amtes ist indes der Justices of the Peace Act von 1906.[1]) Die bisherige Gesetzgebung hatte entsprechend dem erwähnten plutokratisch-aristokratischen Charakter des Amtes gewisse Vermögensvoraussetzungen für die Bekleidung des Amtes aufgestellt.[2]) Und zwar war nur der zum Amt eines Friedensrichters qualifiziert, der ein Mindesteinkommen von £ 100 jährlich aus freehold, copyhold[3]) usw. oder £ 300 jährlich aus langjährigem leasehold[4]) hatte. Gleichgestellt diesen Erfordernissen war die Tatsache, daß jemand seit mindestens zwei Jahren ein Haus bewohnt hatte, welches mit £ 100 zur Haussteuer eingeschätzt war (inhabited house duty).[5]) Man sieht, sehr einfach waren diese Voraussetzungen nicht und jedenfalls durchaus geeignet, die niederen Klassen von dem friedensrichterlichen Amt fernzuhalten, auch ohne daß man jene Wirkungen, die das Ehrenamt als solches in gleicher Hinsicht ausüben muß, irgendwie in Berechnung zu setzen braucht.

Von diesen Grundsätzen waren indes teils durch 18 Geo. II c. 20 ss. 12 et seq. selbst, teils durch die spätere Gesetzgebung eine Reihe wichtigster Ausnahmen gemacht. Die Besitzqualifikation war namentlich nicht erforderlich für Friedensrichter „acting for any city or town", ferner für hohe Würdenträger, bei denen übrigens der Besitz sich von selbst versteht, höhere, namentlich richterliche Beamte usw.[6]) Die wichtigste dieser Ausnahmen war offenbar die, daß Besitzqualifikation für städtische Friedensrichter nicht erforderlich war. An ihre Stelle trat ein neues Erfordernis. Es mußten die Friedensrichter innerhalb sieben Meilen der Stadt wohnen oder wenigstens in der Stadt „a house, warehouse or other property" bewohnen.[7])

Es war nun schon lange ein Streben der mittleren, auch der niederen Stände, namentlich des aufstrebenden Arbeiterstandes gewesen, zu dem Amte des Friedensrichters ebenfalls herangezogen zu werden. Und die liberalen Regierungen waren diesem Bestreben insofern entgegengekommen, als man in den Städten wiederholt Mitglieder der niederen Stände, auch des Arbeiterstandes, zu Friedens-

[1]) 6 Edw. VII c. 16. Abgedruckt bei Douglas, Summary Jurisdiction Procedure, 9th Ed. p. 289.

[2]) Vgl. namentlich 18 Geo. II c. 20. Dazu Archbold, Quarter Sessions pp. 50 et seq. Ferner 38 and 39 Vict. c. 54.

[3]) Ich kann natürlich hier nicht auf diese verschiedenen Besitzverhältnisse eingehen. Vgl. dazu Wertheim S. 157 ff., 266, 344 f.

[4]) Nicht ganz zutreffend Wertheim S. 321 f. Vgl. dazu Archbold, Quarter Sessions p. 50.

[5]) Archbold l. c. p. 53.

[6]) 2 and 3 Vict. c. 71 s. 1; 51 and 52 Vict. c. 43 s. 17.

[7]) 45 and 46 Vict. c. 50 s. 157.

richtern ernannt hatte.[1]) Allein auf dem Lande war das unmöglich eben infolge der Besitzqualifikation. Nun scheint während der letzten konservativen Regierung das Ernennungsrecht von Friedensrichtern durchaus in politischem Sinne ausgenutzt zu sein. Wenigstens wurden diesbezügliche Klagen im Parlament seitens der Mitglieder der liberalen Partei vorgebracht.[2]) Andererseits stand und steht die derzeitige liberale Regierung in einem derartig engen Konnex mit der Arbeiterpartei, daß es begreiflich ist, wenn die namentlich seitens der Gewerkschaften erhobene Forderung, die Ernennung unbemittelter Friedensrichter auch auf dem Lande zu ermöglichen, einen baldigen, gesetzgeberischen Ausdruck fand. Es erging das oben erwähnte Gesetz von 1906, der sogenannte Justices of the Peace Act, wodurch unter Aufhebung aller früheren entgegenstehenden Bestimmungen die Besitzqualifikation auch für die ländlichen Friedensrichter beseitigt wurde, und es wurde an ihrer Stelle eine Residenzqualifikation eingeführt, wie sie ähnlich bereits in den Städten bestand. Dieses Gesetz ist ein weiterer bedeutungsvoller Schritt in der Demokratisierung des Friedensrichteramtes.[3]) Und daß die Reform gelang und zwar ohne größere Mühen, scheint mir auch darauf zurückzuführen zu sein, daß das Friedensrichteramt seit seiner funktionellen Beschränkung viel von seinem Interesse und Wert, namentlich in politischer Hinsicht für die regierenden Klassen verloren hat, ein Umstand, der auf die Weiterentwicklung der gesamten Gerichtsorganisation in England sicher nicht ohne Einfluß bleiben wird. Denn das eine scheint mir festzustehen: Einen Abschluß der Entwicklung bedeutet das Gesetz von 1906 nicht und kann ihn auch gar nicht bedeuten. Denn stets werden die unbemittelten Klassen an der tatsächlichen Beteiligung bei der Ausübung des Friedensrichteramtes durch den ehrenamtlichen Charakter des Amtes gehindert. Und diesen Umstand zu beseitigen, wird ihr nächstes Bestreben sein.[4])

---

[1]) Vgl. Redlich, Lokalverwaltung S. 238.

[2]) Vgl. diesbezügliche Anfragen im House of Commons, Sitzung vom 28. 7.; 1. 8. und namentlich 23. 10. 1906. Vgl. Hansard, Parliamentary Debates vol. 160, pp. 1027, 1063; vol. 163, p. 54. Vgl. dazu auch Hatschek Bd. II, S. 430, Anm. 3.

[3]) Wenn Hatschek Bd. II, S. 430, Anm. 3 meint, daß das Friedensrichteramt noch keineswegs demokratisch ist, so mag dem zugestimmt werden. Daß es aber in der Demokratisierung begriffen ist, wird Hatschek nach dem Justices of the Peace Act, die er noch nicht berücksichtigt hat (vgl. seine nachträgliche Berücksichtigung Bd. II, S. 674), nicht leugnen können. Auf die wenig bedeutsamen Ausführungen Weidlichs, Lisztsche Zeitschrift Bd. 28, S. 498, Anm. 5, der dem Act jede Bedeutung abzusprechen versucht, brauche ich hier nicht einzugehen.

[4]) Interessant ist, daß bereits früher seitens radikaler Kreise die Forderung aufgestellt ist, die Friedensrichter vom Volk wählen zu lassen.

II. 1. Betrachten wir nach diesen sehr kurzen historischen Bemerkungen,[1]) die mir aber für das Verständnis namentlich der voraussichtlichen Weiterentwicklung des ganzen Institutes unentbehrlich scheinen, das augenblicklich geltende Recht, so sind die Voraussetzungen des Friedensrichteramtes die folgenden:[2])

a) α) Der Friedensrichter muß englischer Bürger sein. Er muß ferner die Volljährigkeit erreicht haben.[3]) Er muß schließlich in der Grafschaft, für welche er ernannt ist, ständig wohnen oder doch wenigstens in nächster Nähe ihrer Grenzen, nämlich in einem Umkreis von sieben Meilen.[4]) In Städten gilt dieselbe Residenzqualifikation, ohne daß der Friedensrichter Bürger der Stadt zu sein braucht. Gleichgeachtet wird derselben aber die Tatsache, daß der Friedensrichter „a house or a warehouse or other property" in der Stadt besitzt.[5]) [6])

β) Von diesen Sätzen existieren einige Ausnahmen. Einmal sind gewisse Personen während bestimmter Zeit unfähig, zu Friedensrichtern ernannt zu werden, ohne Rücksicht darauf, daß sie an sich qualifiziert sind. Dies ist der Konkursifex während fünf Jahren nach Beendigung des Konkursverfahrens,[7]) ferner derjenige, der wegen bestimmter Wahldelikte überführt ist, während eines Zeitraumes von sieben Jahren nach der Überführung.[8]) Des weiteren sind bestimmte Personen, wie wir noch sehen werden, Friedensrichter kraft der Tatsache, daß sie ein bestimmtes Amt bekleiden oder bekleidet haben. Während des Amtes wird natürlich die Residenzqualifikation meist gegeben sein, weil dieselbe im allgemeinen

---

Vgl. Redlich, Lokalverwaltung S. 238. Vgl. nebenbei noch bezügl. der Gebühren für die Ernennung zum Friedensrichter weiter unten S. 13. Daß übrigens die jetzige Regierung die Friedensrichter aus allen Schichten der Bevölkerung wählt, ist selbstverständlich, ist mir aber auch vom Home Office ausdrücklich bestätigt worden (Schreiben vom 21. 2. 1907).

[1]) Vgl. dazu die eingehendere Darstellung von Beard, Justice of the Peace in England, 1904.

[2]) Vgl. namentlich Encyclopaedia 1st Ed. vol. VII, pp. 162 et seq.

[3]) Archbold, Quarter Sessions p. 53.

[4]) 6 Edw. VII c. 16 s. 2.

[5]) Vgl. 45 and 46 Vict. c. 50 s. 157 verglichen mit 6 Edw. VII, c. 16 Schedule.

[6]) Die früheren Befreiungen und Ausnahmen von der Besitzqualifikation haben heute bei Wegfall der letzteren keine praktische Bedeutung mehr. Vgl. etwa Wertheim S. 322; Archbold, Quarter Sessions pp. 51 et seq.; dazu namentlich die Schedule des Gesetzes von 1906.

[7]) 46 and 47 Vict. c. 52 s. 32; 53 and 54 Vict. c. 71 s. 9. Ausdrücklich spricht das Gesetz allerdings nur davon, daß der Konkursifex während dieser Zeit zur Bekleidung des Amtes unfähig ist, daraus ergibt sich aber dann das im Text Ausgeführte ohne weiteres von selbst.

[8]) 46 and 47 Vict. c. 51 ss. 4, 6; 47 and 48 Vict. c. 70 ss. 2, 3. Die Bemerkung Anm. 7 trifft auch hier zu.

mit dem Amt als Amtspflicht verbunden sein wird. Aber nach Beendigung der Amtsausübung braucht dies nicht mehr der Fall zu sein, und wir haben dann eine richtige Ausnahme von der Residenzqualifikation.[1]) Weitere Ausnahmen sind insoweit noch gegeben, als Polizeirichter von London Friedensrichter in bestimmten Grafschaften außerhalb Londons (z. B. Berkshire) sind, ohne daß indes auf diese Einzelheiten hier näher eingegangen werden kann.[2]) [3])

b) Der Friedensrichter muß ferner ernannt sein. Die Ernennung erfolgt durch den König auf Vorschlag des Lordkanzlers, der seinerseits wiederum Vorschläge des Lord-Lieutnant der Grafschaft empfängt, wobei die letzteren in der Regel entscheidende Bedeutung haben.[4])[5]) Die Ernennung selbst erfolgt nicht für die einzelne Person des Friedensrichters. Vielmehr ergeht von Zeit zu Zeit eine sogenannte Commission of the Peace, die die Namen sämtlicher, zu ernennender Friedensrichter enthält.[6]) Werden in der Zwischenzeit zwischen dem Erlaß zweier Commissions neue Friedensrichter ernannt, so werden dieselben einfach in die alte Liste eingetragen.[7]) Wird eine neue Commission erlassen, was beispielsweise nach einem Thronwechsel innerhalb bestimmter Zeit erfolgen muß,[8]) so müssen die bisherigen Friedensrichter aufs neue in die Liste aufgenommen werden, da Auslassung in diesem Falle gleichbedeutend mit Entlassung ist.[9])

Hieraus ergibt sich: die Ernennung erfolgt, abgesehen von der Möglichkeit einer Entlassung, auf die wir noch zu sprechen kommen werden, prinzipiell für die Geltungsdauer der Com-

[1]) Vgl. 6 Edw. VII c. 16 s. 4.

[2]) Vgl. dazu Archbold, Quarter Sessions p. 52.

[3]) Eine frühere Ausnahme, wonach ein Solicitor überhaupt nicht Justice of the Peace werden konnte, wurde später dahin abgeschwächt, daß er nicht Justice in der Provinz, in welcher er praktizierte, werden konnte. (Archbold, Quarter Sessions p. 54.) Jetzt hat das Gesetz von 1906 auch diese Ausnahme beseitigt und verbietet nur noch dem Solicitor oder seinem Partner jedes Verhandeln vor den anderen Friedensrichtern seiner Grafschaft. 6 Edw. VII c. 16 s. 3.

[4]) Vgl. Gneist, Verwaltungsrecht Bd. II, S. 800, Anm. 1; de Franqueville tom. I, p. 246 ss.; Archbold, Quarter Sessions pp. 3 et seq.

[5]) Ausnahmen kommen vor. Encyclopaedia 1st Ed. vol. VII, p. 162: „The appointment is usually made on the recommendation of the Lord-Lieutenant of the county to the Lord Chancellor, but there are many instances in which the Crown has made the appointment whitout any such recommendation, and in some cases even contrary to the whish of the Lord-Lieutenant.“

[6]) Vgl. dieselbe bei de Franqueville tom. I, p. 246, n. 2; Archbold l. c. pp. 5 et seq.

[7]) De Franqueville tom. I, p. 248.

[8]) 1 Anne c. 2 s. 5.

[9]) Vgl. auch Archbold, Quarter Sessions p. 4. Namentlich aber Liepmann, Lisztsche Zeitschrift Bd. VI, S. 419 und die dort Anm. 19 Zitierten.

mission.[1]) Andererseits aber hat die Commission, sofern sie nicht erneuert ist, Rechtswirkung stets nur für die Regierungszeit des sie erlassenden Königs. Denn es bestimmt 1 Anne, c. 2 s. 5 „not hereafter by the demise of . . . any King or Queen of this realm shall any commission . . . . . of the peace be determined, but every such commission shall be and continue in full force and virtue for the space of six months next ensuing, notwithstanding any such demise, unless superseded and determined by Her Majesty, her heirs, or successors." Daraus folgt: Die Commission gilt nur noch sechs Monate nach dem Thronfall. Bis dahin muß sie also, wenn das nicht schon früher geschehen ist, erneuert werden. Mit andern Worten: Die Ernennung eines Friedensrichters erfolgt prinzipiell nur für Lebzeiten des ernennenden Königs,[2]) wenn es auch tatsächlich Gewohnheit ist, den einmal in die Commission aufgenommenen Namen nicht ohne zwingenden Grund wieder fortzulassen.

Die Ernennung erfolgt für einen bestimmten Distrikt, meist für eine bestimmte Grafschaft.[3]) Es ist nicht ausgeschlossen, daß jemand in mehreren Grafschaften Friedensrichter ist, sofern er nur in jeder den gesetzlichen Erfordernissen genügt.[4])

---

[1]) Wenn Gneist, Verwaltungsrecht S. 800 meint, de facto sei die Stellung eines Friedensrichters eine lebenslängliche, so ist hierbei die rechtliche Seite der Frage eben ganz außer acht gelassen.

[2]) Vgl. auch Archbold, Quarter Sessions p. 3. Nur in soweit richtig de Franqueville tom. I, p. 405: „. . . depuis le commencement du siècle dernier, la mort du Souverain ne fait plus, ipso facto, cesser leurs pouvoirs."

[3]) Die Commission sagt: „Know ye that we have assigned you . . . to keep our peace in the said county of . . .". Archbold, Quarter Sessions p. 10: „Ever since the statute of 34 Edw. III c. 1 (1360), each county has had a separate commission of the peace, and no two counties have since then been joined in the same commission." Ausnahmen, auf die hier nicht eingegangen werden kann, kommen vor, indem manche Grafschaften in „divisions or ridings" eingeteilt sind, für die besondere Commissions of the Peace ergehen. Hier gilt das im Text Ausgeführte in analoger Weise; 6 Edw. VII c. 16 s. 5; Archbold, Quarter Sessions pp. 10 et seq. Eine weitere Schwierigkeit entsteht dadurch, daß in einer Grafschaft bestimmte Distrikte durch Charter das Recht auf eigene Commission of the Peace oder auf besondere Friedensrichter erworben haben. In diesem Fall sind die Friedensrichter des engeren Bezirks nur für diesen zuständig. Die Friedensrichter der Commission für die ganze Grafschaft sind konkurierend zuständig, sofern diese Zuständigkeit nicht ausdrücklich durch Charter oder Commission ausgeschlossen ist. Daß hierdurch die Organisation nicht gerade einfacher wird, liegt auf der Hand. Vgl. Archbold l. c. p. 13; de Franqueville tom. I, p. 249 s. Schließlich beachtenswert noch 7 and 8 Vict. c. 62 ss. 2, 3. Douglas, Summary Jurisdiction Procedure p. 36: „Sometimes, however, a county wholly surrounds a detached part of another county, and in such a case the justice for the county inclosing the detached portion may act for such detached portion."

[4] Douglas, Summary Jurisdiction Procedure p. 34.

Die Ernennung selbst kann jederzeit wieder aufgehoben werden, „at the pleasure of the Crown". Wenn nun auch wohl selten von dem Absetzungsrecht Gebrauch gemacht wird, so finden sich doch in den Verhandlungen des House of Commons nicht allzu selten Anfragen, ob ein Justice of the Peace nicht besser aus irgend einem näher präzisierten Grunde aus der Liste zu streichen sei.[1] Daraus geht hervor, daß solche Absetzungen in der Tat dann vorkommen, wenn sich der Träger des Amtes desselben aus irgendwelchen Gründen unwürdig gemacht hat.[2] Damit stimmt überein, daß das Gesetz ausdrücklich anordnet, daß der wegen Wahldelikte Verurteilte sein Amt zur Strafe zu verlieren hat.[3]

Die Ernennung berechtigt den Justice of the Peace zur Vornahme aller derjenigen Rechtshandlungen, die Gewohnheitsrecht oder Statut den Friedensrichtern zur Erledigung überwiesen hat. Die historische Entwicklung ist hier nicht ohne Interesse: Früher berechtigte, wie bereits kurz erwähnt, die einfache Ernennung zum Friedensrichter denselben noch nicht zur Ausübung sämtlicher Funktionen des Amtes. Vielmehr mußte sein Name zu diesem Zweck noch in die sogenannte Quorumklausel der Commission aufgenommen werden. Stand sein Name nicht in derselben, so konnte er nur die einfacheren Funktionen des Amtes ausüben, namentlich aber nicht die Funktionen eines Strafrichters. Als solcher konnte er vielmehr nur handeln, wenn einer der Friedensrichter der Quorumklausel mitwirkte. Man hatte also zwei voneinander funktionell geschiedene Klassen von Friedensrichtern und nahm, wie bereits früher ausgeführt, in die Quorumklausel nur die Namen der besonders geschäftskundigen Friedensrichter, namentlich der Beamten auf.[4] Allmählich kam dieser Gebrauch (denn um einen solchen handelt es sich) mehr und mehr ab. Zunächst hielt man an der alten Tradition noch fest, setzte aber alle Namen bis auf einen in die Quorumklausel. Die revidierte Form der Commission enthält aber die Klausel überhaupt nicht mehr, so daß wir heute nur eine Art von Friedensrichter haben, womit

---

[1]) Z. B. Sitzung des House of Commons vom 2. 4. 1906 (Hansard, Parliamentary Debates vol. 155, pp. 171 et seq.) Es wird angefragt, ob der Lordkanzler Nachricht davon hat, daß ein Friedensrichter wegen Tierquälerei bestraft ist, und ob er die Absicht hat, denselben zu entfernen. Ferner Sitzung vom 7. 3. 1907 (Daily Telegraph vom 8.) u. a. m.

[2]) De Franqueville tom. I, p. 43 (Zitate n. 5, 6). Vgl. auch Stephen, Digest of the Law of Criminal Procedure p. 24.

[3]) 46 and 47 Vict. c. 51 ss. 4, 6; 47 and 48 Vict. c. 70 ss. 2, 3; Archbold, Quarter Sessions pp. 56 et seq. Das Home Office teilte mir mit, daß „apart from grave misconduct an ordinary Justice of the Peace remains on the Commission for life time".

[4]) Gneist, Selfgovernment S. 196 f. Weiter oben S. 4.

natürlich der Amtscharakter der ganzen Stellung schärfer betont ist.[1])

Bei der Ernennung selbst ist die Krone, wenn wir von jenen oben erwähnten Voraussetzungen absehen, völlig frei in der Auswahl der zu ernennenden Personen. Von diesem Satz existiert jedoch eine doppelte Ausnahme. Einmal kann nämlich durch sogenannte Charter[2]) einer Stadt oder einem Gebiet das Recht verliehen sein, daß gewisse Personen für dies Gebiet Friedensrichter sein sollen[3]). Ferner kann gesetzlich bestimmt sein, daß gewisse Beamte ohne weiteres auch Friedensrichter für ihren Amtsbezirk sein sollen.[4]) Hier kommen in Betracht der Vorsitzende des Grafschaftsrats, der Friedensrichter ex officio für die Grafschaft ist,[5]) der Recorder, der ein solcher für die Stadt ist, der Mayor und Ex-Mayor, die ebenfalls kraft ihres Amtes friedensrichterliche Befugnisse für das Stadtgebiet besitzen.[6]) Schließlich ist der Coroner zu nennen, der Friedensrichter für die Grafschaft ist, für welche er als Coroner gewählt ist.[7]) Außerdem bestimmt das Gesetz noch ausdrücklich, daß gewisse richterliche Beamte ihrer Stellung wegen zu Friedensrichtern ernannt werden sollen.[8]) Wenn nun hier auch die Ernennung wie sonst durch Aufnahme des Namens in die Commission erfolgt,[9]) und die Aufnahme ebenfalls Voraussetzung der Ausübung des Amtes ist, so liegt doch insofern eine Ausnahme von dem Grundprinzip vor, als die Krone hier nicht frei ernennt, sondern zu der Ernennung gesetzlich verpflichtet ist. In Betracht kommen hier der vorsitzende Polizeirichter des Gerichts Bow Street (es ist dies das erste Polizeigericht Londons[10])), der zum Friedensrichter der Grafschaft Berkshire ernannt werden muß,[11]) und andere mehr.[12])

---

[1]) Nicht ganz richtig Wertheim S. 321; vgl. Archbold, Quarter Sessions p. 7: „The most important difference in the revised form consists in the omission of the quorum clause . . ,"

[2]) Über diesen Begriff vgl. Wertheim S. 122.

[3]) Archbold, Quarter Sessions p. 3.

[4]) Sie sind also Friedensrichter kraft ihres Amtes. Wohl davon zu unterscheiden ist, daß vor 1906 ein bestimmtes Amt die Besitzqualifikation ersetzte. Nicht ganz genau Hatschek Bd. II, S. 429, da hier beide Fälle vermengt werden.

[5]) 56 and 57 Vict. c. 73 s. 22 (Ausnahme „woman or personally disqualified".)

[6]) 45 and 46 Vict. c. 50 ss. 155, 163.

[7]) Archbold, Quarter Sessions p. 56 mit Zitaten n. c.

[8]) Archbold, Quarter Sessions p. 52, p. 21. Die Ehrenrechte des Mayor interessieren hier nicht.

[9]) Bei den erstgenannten Fällen geschieht dies nicht. Hatschek Bd. II, S. 430, Anm. 2.

[10]) Siehe weiter unten S. 115.

[11]) 11 and 12 Vict. c. 42 s. 31.

[12]) 2 and 3 Vict. c. 71 ss. 1, 3.

Für die Ernennung hat der ernannte Friedensrichter ziemlich hohe Gebühren zu bezahlen, nämlich £ 4, ein Umstand natürlich, der auch die Verleihung des Amtes an Minderbemittelte ausschließt. So ist es nicht verwunderlich, daß seitens der Literatur die Herabminderung dieser Gebühr angestrebt wird, ein Ziel, das wohl auch ohne allzu große Schwierigkeit in Kürze erreicht werden dürfte.[1])

c) Der Friedensrichter muß schließlich vereidigt sein, und zwar muß er einen doppelten Eid leisten, einmal einen allgemeinen Treueid „to be faithful and bear true allegiance to His Majesty. —" und dann den eigentlichen richterlichen Eid „to serve well and truly our Sovereign ... in the office of ... and to do right to all manner of people after the laws and usages of this realm without fear or favour affection or ill will."[2]) An Stelle des Eides kann eine feierliche Versicherung treten.[3]) Die Eide werden für die ganze Amtsdauer im voraus nur einmal geleistet.[3]) Die Vereidigung erfolgt in einer öffentlichen Sitzung der Quarter Sessions oder vor dem Lord Chancellor oder einem der Richter des High Court.[4])

Leistet der Richter den Eid nicht, so bleibt er ernannter Friedensrichter, ist aber von der Ausübung der friedensrichterlichen Funktionen gesetzlich ausgeschlossen.[5]) Die dennoch vorgenommenen Handlungen eines unvereidigten Friedensrichters sind nicht etwa, wie man etwa annehmen könnte, nichtig.[6]) Der Friedensrichter handelt vielmehr nach außen mit vollster Rechtswirkung, macht sich aber eventuell intern kriminell verantwortlich im Hinblick auf unbefugtes Ausüben richterlicher Funktionen.[7])

---

[1]) Vgl. House of Commons, Sitzung vom 14. 6. 1906: „Mr. Cowan: ‚I beg to ask Mr. Attorney-General whether, in view of the fact that it is proprosed to abolish the property qualification for Justices of the peace in counties in England and Wales, he will take steps to assimilate the amount of £ 4, payable as fees to the county officials on an appointment as Justice of the peace for a county in England and Wales, to the smaller amount payable on such appointments in Scotland.' Attorney General: ‚I think it is very desirable that the amount of the fees payable for Justices should be reduced to a reasonable sum. I am informed by the Home Office that every effort is made to effect this result and to limit the charge to £ 2 in the case of ordinary Justices of the peace, and 5 sh. in the case of those appointed ex officio . . .'."

[2]) 31 and 32 Vict. c. 72 ss. 2, 3, 6. Der früher noch erforderliche Besitzqualifikationseid ist natürlich beseitigt. Vgl. z. B. Archbold, Quarter Sessions pp. 50 et seq.

[3]) 31 and 32 Vict. c. 72 ss. 7, 11.

[4]) 34 and 35 Vict. c. 48 s. 2.

[5]) 31 and 32 Vict. c. 72 s. 7.

[6]) Vgl. die bei Archbold, Quarter Sessions p. 56, n. a mitgeteilten Fälle.

[7]) Archbold l. c. p. 55. Vgl. auch Douglas, Summary Jurisdiction Procedure 9th Ed. pp. 289 et seq. und den dort zitierten Fall R. v. Herefordshire

2. Die Friedensrichter, in deren Person jene eben skizzierten Bedingungen an sich verwirklicht sind, sind von der Ausübung ihrer Funktionen unter bestimmten Voraussetzungen gesetzlich ausgeschlossen.[1]) Und zwar haben wir zu unterscheiden: Unter gewissen Umständen ist der Friedensrichter von der Ausübung seines Amtes ganz allgemein ausgeschlossen, so daß er, solange diese Umstände vorliegen, überhaupt nicht als Friedensrichter fungieren kann. Hierher gehört namentlich der Ausschluß des Sheriffs von der Ausübung des friedensrichterlichen Amtes während der Zeit des Sheriffamtes,[2]) dann der Ausschluß des Konkursifex während des Konkurses und den der Beendigung desselben folgenden fünf Jahren.[3]) Beide, Sheriff und Gemeinschuldner, verlieren nicht etwa ihr Amt, sie bleiben Friedensrichter, können aber nicht als solche funktionieren, sind also ganz allgemein gesetzlich ausgeschlossen.[4])

Abgesehen hiervon treffen wir nun eine Reihe von Fällen, in welchen der Friedensrichter nicht allgemein, sondern nur für den speziellen Fall ausgeschlossen ist.[5]) Auch hier haben wir wiederum zu unterscheiden: Einmal ist in Form einer generalis clausula ganz allgemein bestimmt, daß Friedensrichter nicht in Sachen mitwirken können, an deren Ausgang sie ein persönliches Interesse haben.[6])[7]) Andererseits hebt das Gesetz selbst eine Reihe von Spezialfällen hervor, in denen es den irgendwie interessiert sein könnenden Friedensrichtern die Mitwirkung einfach verbietet. So

---

Chitty Reports 700: „The statute merely operates as a personal prohibition, declaring that it shall be unlawful for the magistrate to act, and he is punishable for so doing that which the statute prohibits him from doing, but his acts are not void."

[1]) Vgl. dazu auch Liepmann, Lisztsche Zeitschrift Bd. VI, S. 422 f., dessen Ausführungen indessen nicht ganz zutreffend sind. Namentlich übersieht Liepmann, daß es eine Reihe vom Gesetz genau spezifizierter Ausschließungsgründe gibt.

[2]) 50 and 51 Vict. c. 55 s. 17; Douglas, Summary Jurisdiction Procedure pp. 37, 290; Archbold, Quarter Sessions p. 56; de Franqueville tom. I, p. 409.

[3]) 46 and 47 Vict. c. 52 s. 32; 53 and 54 Vict. c. 71 s. 9. Ausnahmen hiervon bei Douglas l. c. p. 290.

[4]) Vgl. auch Stephen, Digest of the Law of Criminal Procedure in Indictable Offences pp. 21 et seq.; Douglas l. c. p. 37 sagt „the jurisdiction is . . . temporarily suspended".

[5]) Vgl. dazu auch Stone, Justices' Manual 1907, pp. 845—850.

[6]) Douglas l. c. pp. 62 et seq.; Archbold, Quarter Sessions pp. 58 et seq. und dort n. m und n. Die Bestimmung existiert auf Grund des Gewohnheitsrechtes. Vgl. auch de Franqueville tom. I, p. 409, der indessen nicht beachtet, daß es sich hier tatsächlich um einen Grundsatz des geltenden Rechtes handelt.

[7]) Hierher gehört auch der Fall, daß ein Richter erster Instanz nicht in der Appellinstanz mitwirken kann.

bestimmt z. B. der Licensing Act[1]): „No justice shall act for any purpose under this Act or under any of the Intoxicating Liquor Licensing Acts . . ., who is or is in partnership with or holds any share in any company which is a common brewer, distiller, maker of malt for sale, or retailer of malt, or of any intoxicating liquor in the licensing district or in the district or districts adjoining to that in which such justice usually acts.“ Es existieren in dieser Beziehung noch eine Reihe von anderen Ausnahmen, auf die indessen an dieser Stelle als zu weit führend nicht näher eingegangen werden kann.[2])

Alle diese Ausschlußgründe verpflichten in erster Linie die betreffenden Friedensrichter, sich der Ausübung ihres Amtes, sei es allgemein, sei es im speziellen Falle, zu enthalten. Aber selbstverständlich können auch die Parteien die Gründe selbst geltend machen, d. h. auf sie gestützt den Richter ablehnen. In einem Fall (es handelt sich um die Ablehnung des Richters aus Gründen der oben erwähnten generalis clausula[3])) müssen sie dies sogar vor einem bestimmten Zeitpunkt, nämlich vor dem Verhandeln zur Sache tun, wollen sie sonst nicht mit dem Recht auf Ablehnung präkludiert werden, ein Punkt, auf den wir noch weiter unten zu sprechen kommen.[4])

Es ist nun nicht ohne Interesse, die Wirkungen zu untersuchen, welche die Handlungen eines dergestalt ausgeschlossenen Richters, die trotz Vorliegens der gesetzlichen Ausschließungsgründe in seiner Person von ihm vorgenommen sind, haben. Es muß dabei zunächst auf den Unterschied aufmerksam gemacht werden, den die Engländer zwischen Want of Qualification und Disqualification machen.

Erstere liegt vor, wenn in der Person einer als Friedensrichter handelnden Person die gesetzlichen Voraussetzungen für die Bekleidung eines solchen Amtes fehlen, wenn dieselbe als solche also „unqualified“ ist. Hier, haben wir bereits gesehen, sind die trotzdem vorgenommenen Handlungen voll wirksam.[5])

Disqualification liegt dagegen vor, wenn ein Friedensrichter entweder allgemein oder aber für den speziellen Fall ausgeschlossen

---

[1]) 35 and 36 Vict. c. 94 s. 60.

[2]) Vgl. dazu Archbold, Quarter Sessions pp. 57 et seq.; de Franqueville tom I, p. 409, n. 8.

[3]) Vgl. weiter oben S. 14.

[4]) Daß die Parteien die Ablehnung geltend machen können nur mit sog. Writ of Certiorari (Antrag an den High Court, die Sache an sich zu ziehen), berechtigt nicht zu dem Satz, daß ein Ablehnungsrecht überhaupt nicht bestünde, wie Glaser, Englisch-Schottisches Strafverfahren S. 50 meint. Vgl. außerdem ebendort S. 150 f.; Archbold, Quarter Sessions p. 60. Der Satz als solcher ist zudem falsch.

[5]) Vgl. weiter oben S. 13.

ist. Hier haben wir zunächst wieder die generalis clausula ins Auge zu fassen. Und es gilt, daß, falls die Parteien rechtzeitig abgelehnt haben, und der Richter tatsächlich am Ausgang des Prozesses interessiert war, die Handlungen des Gerichts, bei dem der Richter mitgewirkt hat, anfechtbar sind. Dieselben bleiben anfechtbar, selbst wenn der Richter nachweist, daß auch ohne ihn eine Majorität im Gericht für die anzufechtende Handlung vorhanden war. Grund hierfür ist: „the court is improperly constituted.“[1]) Allein beachtenswert ist nun ein Doppeltes: Einmal schließt der Verzicht oder das verspätete Vorbringen des Einwandes durch die Parteien letztere mit dem Einwand aus. Allerdings muß der Richter sich von Amts wegen selbst ausschließen, allein wenn er dies nicht tut, können die Parteien ihn später nicht selbst ablehnen; so erlangt er hierdurch die Fähigkeit, mitzuwirken,[2]) und er kann nunmehr auch nicht etwa intern zur Verantwortung gezogen werden wegen unbefugter Ausübung von Amtsbefugnissen. Vorgebracht muß aber der Einwand seitens der Parteien werden, wie schon bemerkt, vor Beginn der Verhandlung. Später ist dies nur noch möglich, falls die Partei nachweist, daß sie von dem Anfechtungsgrund erst später Kenntnis erlangt hat.[3])

Ferner: Es genügt nicht ein bloßer Verdacht des Interessiertseins. Die Partei muß vielmehr die Tatsache selbst nachweisen.[4]) Der Richter kann also jederzeit nachweisen, daß er nicht persönlich interessiert ist oder war. Und noch weiter gehend bestimmt eine Entscheidung:[5]) „Where the conduct of a justice who was interested in a case was suspicious, but his conduct was satisfactorily explained, the court refused to disturb the conviction.“ Das besagt: Der Richter kann nachweisen, daß trotz persönlichen Interessiertseins sein Handeln uninteressiert, objektiv war, und dann ist seine Handlung nicht anfechtbar. Geltend gemacht wird die Ablehnung beim Gericht des abzulehnenden Richters selbst. Sie kann aber auch durch Beantragung eines Writ of Prohibition beim High Court betrieben werden.[6])

Man sieht, günstig ist das englische Recht der Anfechtung

[1]) Archbold, Quarter Sessions p. 60.

[2]) Archbold l. c. p. 59: „And where an objection to a justice on the ground of interest is waived by the parties, the justice has jurisdiction, and the objection of want of jurisdiction cannot afterwards be raised.“ Vgl. die Entscheidungen dort n. r.

[3]) Archbold l. c. p. 59 und dort n. s.

[4]) Archbold l. c. p. 60, n. t. Über die Form des Nachweises vgl. Liepmann, Lisztsche Zeitschrift Bd. VI, S. 423, Anm. 26.

[5]) Archbold l. c. p. 60 und die Entscheidungen n. u.

[6]) S. 321, Anm. 2.

jedenfalls nicht. Und das zeigt sich noch in einem weiteren, doppelten Umstand: Einmal legt die Praxis jene generalis clausula des Common Law außerordentlich eng aus. Dies beweist namentlich eine Entscheidung,[1]) die den Schwager des Beschuldigten für kompetent erklärt, „da die Neigung zur Bevorzugung einer Partei bei einem Richter nicht vorauszusetzen sei". Ferner aber gibt es eine Reihe von statutarischen Bestimmungen,[2]) die die generalis clausula einengen, indem sie Richter für kompetent erklären, die an sich, unter Anwendung jenes allgemeinen Grundsatzes zweifellos ablehnbar wären.

Wie aber steht es mit den übrigen Fällen der Disqualification? Zunächst ist hier zu erwähnen, daß des öfteren ausdrücklich vom Gesetz ausgesprochen wird, daß eine Anfechtbarkeit nicht gegeben ist, sondern nur eine kriminelle Verantwortlichkeit wegen unbefugter Ausübung obrigkeitlicher Befugnisse. Dies ist der Fall z. B. bei dem bereits obenerwähnten Licensing Act.[3]) In denjenigen Fällen aber, wo keine ausdrückliche Bestimmung getroffen ist, muß, wie mir scheint, differenziert werden.[4]) Da, wo der Ausschluß nur eine spezielle Durchführung des allgemeinen Gedankens des Common Law ist, müssen die Sätze über die Anfechtbarkeit, die wir oben entwickelt haben, zur analogen Anwendung kommen.[5]) Da, wo dies aber der Fall nicht ist, tritt keine Anfechtbarkeit ein. Der Friedensrichter handelt extern vollgültig, wenn er auch kriminell verantwortlich gemacht werden kann. Die Gründe der Entscheidung,[6]) die die Handlungen des Unqualified Justice für rechtswirksam erklärten, treffen für Handlungen eines Disqualified Justice in vollem Umfange ebenfalls zu: „We think the restraining clauses are only prohibitory upon the justices, and the proper effect of the third section is only to make it unlawful in him to act as such, but not to make his acts invalid. The interest of the public requires that the acts done should be sustained, and sufficient effect is given to the statute by considering its provisions as penal upon the person so acting." Hierher würde namentlich der Fall gehören, daß ein amtierender Sheriff, daß ein Konkursifex

[1]) Zitiert bei Liepmann, Lisztsche Zeitschrift Bd. VI, S. 423, Anm. 25.

[2]) Archbold, Quarter Sessions pp. 62 et seq.

[3]) 35 and 36 Vict. c. 94 s. 60: „. . . No act done by any justice disqualified by this section shall by reason only of such disqualification be invalid".

[4]) Ein Präzedens scheint nicht vorzuliegen. Und es ist nicht uninteressant, daß sich in der einschlägigen englischen Literatur infolgedessen nichts über diese Frage findet.

[5]) Vgl. oben S. 16f. Ich bemerke, daß de Franqueville tom. I, p. 409 fast alle speziellen Ausschließungsgründe auf diesen Grundgedanken zurückführt.

[6]) Zitiert bei Douglas, Summary Jurisdiction Procedure pp. 289 et seq.

als Friedensrichter funktioniert. Der Kern der diesbezüglichen Bestimmungen ist also stets nur ein Befehl an den Friedensrichter. Es handelt sich um die Begründung einer bestimmten und zwar negativen Amtspflicht, sich unter gewissen Voraussetzungen der Ausübung des Amtes zu enthalten. Es handelt sich aber nicht um eine prozeßrechtliche Bestimmung im eigentlichen Sinne, denn prozessuale Wirkungen werden durch sie nicht ausgelöst.

3. Die Zahl der zu einem bestimmten Zeitpunkt vorhandenen Friedensrichter läßt sich schwer auch nur annähernd bestimmen.[1]) Sie ist einem fortwährenden Wechsel unterworfen. Fortwährend sterben Justices, andere werden ernannt. Allerdings sind die Clerks of the Peace und die Town Clerks verpflichtet, jedes Jahr im Januar eine Übersicht der neu ernannten, respektive verstorbenen Friedensrichter an das Crown Office[2]) einzusenden. Allein auch offiziell sind genaue Angaben nicht zu erhalten. Die Schwierigkeit, hier einen auch nur annähernd den Tatsachen entsprechenden Überblick zu bekommen, wird ferner dadurch fast unüberwindlich, daß ein großer Bruchteil der Friedensrichter, die rite ernannt sind, überhaupt nie tätig werden[3]) oder ihre Tätigkeit demnächst infolge von Krankheit usw. wieder aufgeben. Dies vorangeschickt, mag bemerkt werden, daß Macdonell in einer auch sonst beachtenswerten statistischen Vergleichung englischer und nichtenglischer Richter die Zahl der Friedensrichter auf 17 248 berechnet.[4]) Allein diese Zahl ist ohne jeden Wert, da sie die nicht amtierenden und die amtierenden Friedensrichter zusammenfaßt[5]), während es für uns natürlich darauf ankommt, festzustellen, wieviel amtierende Friedensrichter tätig sind. Interessanter in dieser Hinsicht sind Angaben in parlamentarischen Berichten. In einem älteren Bericht, den ich bei de Franqueville erwähnt finde, wird die Gesamtzahl der Friedensrichter auf 17 374, die Zahl der amtierenden dagegen auf 7825 an-

---

[1]) de Franqueville tom. I, p. 248s., 410s.; Stein, Zur Prozeßreform S. 16.

[2]) Ein Bureau des High Court. Vgl. Wertheim S. 192 und weiter unten S. 439 f.

[3]) Nach Angaben von Hatschek Bd. II, S. 430, Anm. 2 soll die Zahl der nicht amtierenden Friedensrichter keine besonders große sein. Er erwähnt, daß in Lancashire 1899/1900 von 753 ernannten Friedensrichtern 649 amtierten. Ähnliche Angaben wurden mir von Praktikern gemacht. Vgl. aber auch unten S. 19.

[4]) Journal of the Society of Comparative Legislation vol. IV, p. 52. Vgl. auch Cohen, Spirit of Our Laws pp. 237 n.

[5]) So können auch die Angaben Hatscheks Bd. II, S. 430, Anm. 1 nicht genügen, da auch hier die amtierenden und die nicht amtierenden Friedensrichter nicht getrennt werden. Danach gab es 1895 18205 Friedensrichter.

gegeben.[1]) In einem anderen Berichte wird die Zahl der amtierenden Friedensrichter auf 8606 berechnet.[2]) [3]) Wichtig bei diesem letzten Bericht ist, daß er die Zahl der Petty Sessional Districts, auf die wir weiter unten zu sprechen kommen werden,[4]) mit 715 angibt. Da nun die Petty Sessions mit mindestens 2 Richtern besetzt sein müssen,[5]) so ergibt sich, daß wir jedenfalls mit 1430 amtierenden Richtern rechnen müssen als der Mindestzahl, die erforderlich ist, um die Geschäfte der Friedensgerichte ordnungsgemäß zu erledigen. Daß die Zahl der amtierenden Friedensrichter nach diesen offiziellen Schätzungen so außerordentlich viel höher ist,[6]) erklärt sich ohne weiteres dadurch, daß die Zahlreichigkeit der verfügbaren richterlichen Kräfte ein durchaus notwendiges Korrektiv gegenüber einer zu starken Belastung des unentgeltlich arbeitenden Einzelnen darstellt, mithin überhaupt das Friedensrichteramt als Ehrenamt geradezu erst ermöglicht.[7])

---

[1]) Tom. I, p. 248, n, 1. Allerdings spricht de Franqueville hier von „7825 qualifiés". Allein das bezieht sich auf die heute obsolete Einrichtung des dedimus, die Wertheim S. 321 irrtümlicherweise noch als geltendes Recht betrachtet. Danach genügte früher die Ernennung zum Friedensrichter noch nicht zur Vereidigung. Es mußte erst ein Writ of dedimus potestatem erwirkt werden, auf Grund dessen die Vereidigung dann erfolgen konnte. Wie gesagt, dieses Erfordernis ist heute obsolet (so schon de Franqueville l. c. p. 248). Will heute ein Friedensrichter von vornherein nicht amtieren, so läßt er sich einfach nicht vereidigen. Will er amtieren, so meldet er sich bei der betreffenden Behörde zur Beeidigung. In der einschlägigen, modernen englischen Literatur wird das Dedimus gar nicht mehr erwähnt. So auch nicht ganz richtig Stein, Zur Prozeßreform S. 16. — Zum Text bemerke ich übrigens noch, daß de Franqueville an anderer Stelle — tom. I, p. 410 — die Zahl der sämtlichen Friedensrichter auf 12000 schätzt.

[2]) Parliamentary Papers 1878, n⁰ 398 und de Franqueville tom. I, p. 267, n. 4. Also nicht zutreffend Stein, Zur Justizreform S. 16, daß wir nichts über die Zahl der amtierenden Friedensrichter wüßten.

[3]) Vgl. auch Gneist, Selfgovernment S. 205.

[4]) Vgl. weiter unten S. 20 ff.

[5]) 11 and 12 Vict. c. 43 s. 12; 42 and 43 Vict. c. 49 s. 20. Vgl. weiter unten S. 35 f.

[6]) Hatschek Bd. II, S. 430, Anm. 2 berechnet, wie bereits bemerkt, für Lancashire 753 ernannte und 649 amtierende Friedensrichter. Dem gegenüber muß aber betont werden, daß in Lancashire die Verhältnisse doch ganz besonders zu liegen scheinen, da die Zahlen der Enquete nur 7825 amtierende Friedensrichter von 17374 insgesamt angeben.

[7]) Eine ganz andere Frage, auf die wir hier natürlich nicht eingehen können, ist die, eine wie große Anzahl deutscher Richter erforderlich wäre, um die Arbeit der Friedensrichter zu leisten. Ich bemerke nur so viel, daß die Schätzungen Adickes' bei seiner vergleichenden Gegenüberstellung deutscher und englischer Richterzahlen auf ganz vagen Grundlagen stehen und hier jedensfalls viel zu niedrig gegriffen sind. Vgl. Adickes, Grundlinien S. 61; richtiger jedenfalls v. Lewinski, England als Erzieher? S. 25 f.,

Ich bemerke abschließend: ein wirklich genaues Resultat läßt sich nicht erzielen. Feststellen läßt sich nur die Tatsache, daß mindestens 1430 Friedensrichter erforderlich sind zur ordnungsgemäßen Erledigung der Geschäfte, eine Zahl, die nach Auffassung englischer Praktiker eher zu niedrig wie zu hoch gegriffen ist.[1])

III. Aus den Friedensrichtern eines Bezirkes (Grafschaft oder Stadt[2])) werden die für diesen Bezirk erforderlichen Gerichte gebildet, soweit dieselben mit Friedensrichtern zu besetzen sind. Dies sind die sogenannten Petty Sessions, ferner die sehr wichtigen Quarter Sessions und dann in Ausnahmefällen auch noch der Friedensrichter als Einzelrichter. Wir werden diese Gerichte getrennt zur Darstellung bringen.

Außerdem bilden die gesamten Friedensrichter eines Distrikts noch insofern eine geschlossene Organisation, als sie von Zeit zu Zeit zur Beratung öffentlicher Angelegenheiten zusammentreten, zur Begutachtung neuer Gesetze und Entwürfe, zur selbständigen Aufstellung von Gesetzentwürfen usw.[3])

β) Die einzelnen mit Friedensrichtern besetzten Gerichte.

§ 3. αα) Die Petty Sessions.[4])

I. 1. Das Gebiet, für welches eine Commission of the Peace ergangen ist, bildet insofern einen einheitlichen Distrikt, als ein und dieselben Quarter Sessions für den ganzen Bezirk funktionieren, so daß wir nur ein Gericht der letzteren in dem Bezirk antreffen. Im Hinblick auf die Petty Sessions liegen die Verhältnisse dagegen wesentlich anders. Entweder nämlich ist der Bezirk der Quarter Sessions derselbe auch für die Petty Sessions. Wir haben dann in dem Distrikt der Commission ein höheres, ein niederes Gericht, deren

---

dessen Behauptung allerdings, es gäbe im ganzen etwa 5000 Friedensrichter, direkt unrichtig ist. v. Lewinski hat offenbar seine Zahl entnommen den Ausführungen Inhülsens, Preußische Jahrbücher Bd. 124, S. 425. Ich betone, daß Inhülsens Arbeiten nur mit größter Vorsicht zu benutzen sind. Gegen v. Lewinski neuerdings wieder Adickes, Aschaffenburgs Monatsschrift Bd. IV, S. 7, ohne indes neue Gründe für seine Behauptungen vorzubringen. Gegen Adickes Stein, Zur Justizreform S. 16f., wenn er auch im Endresultat der Vergleichung mit Adickes übereinstimmt.

[1]) Auf eine Anfrage erhielt ich vom Home Office die folgende Antwort: „It would be quite impossible to give even approximately the number of active magistrates in England and Wales."

[2]) Vgl. oben S. 10, Anm. 3.

[3]) Vgl. z. B. Times, 28. 4. 1906, woselbst sich ein eingehender Bericht über die Versammlung der Friedensrichter der County of London findet.

[4]) Das beste hier in Betracht kommende Werk ist Douglas, Summary Jurisdiction Procedure 9th Ed. 1907. Ich werde dasselbe im folgenden einfach als Douglas zitieren.

Funktionsbezirke sich beide decken.[1]) Oder aber, und das ist im allgemeinem die Regel, es wird der umfassende Bezirk der Quarter Sessions in eine Reihe von Unterbezirken eingeteilt, für welche besondere Petty Sessions zusammentreten. Das Bild der Verfassung ist im allgemeinen also das, daß der Bezirk des höheren Gerichtes in eine Reihe von Distrikten niederer Gerichte zerfällt, genau wie bei uns der Landgerichtsbezirk gebildet wird durch die Summe der Amtsgerichtsbezirke, die aus dem Landgerichtsbezirk gebildet sind. Wir haben dann ein höheres Gericht, mehrere niedere Gerichte.[2]) Die Distrikte derselben sind die sogenannten Petty Sessional Divisions.[3]) Wie viel derselben in England existieren, läßt sich kaum mit einiger Sicherheit sagen, da ihre Zahl fortwährenden Schwankungen unterworfen ist. Ein parlamentarischer Bericht berechnet sie 1878 auf 715.[4]) De Franqueville schätzt sie auf annähernd 700, durchschnittlich 15 auf eine jede Grafschaft.[5])

2. Die Bildung der Petty Sessional Divisions erfolgt durch Beschluß der Quarter Sessions,[6]) die auch berechtigt sind, die Grenzen bestehender Divisions untereinander abzuändern. Die Einzelheiten des hierbei anzuwendenden Verfahrens interessieren natürlich nicht.[7]) Voraussetzung der Gründung eines solchen Unterbezirkes ist stets, daß in ihm mindestens 5 Friedensrichter wohnen. Außerdem hat ein jeder derartiger Einteilungsbeschluß, einerlei ob er eine Division neu gründet oder sonstige Bestimmungen trifft, die Wirkung, daß er in den nächsten drei Jahren nicht abgeändert werden kann, wodurch dann eine gewisse Beständigkeit der Einteilung, wenn auch in sehr bescheidenen Grenzen gewährleistet wird..[8]) [9])

---

[1]) Dies war z. B. in Rutlandshire 1878 der Fall. Vgl. Parliamentary Papers 1878, n⁰ 398, p. 2; de Franqueville tom. I, p. 267 s. Ob das heute noch der Fall ist, vermag ich nicht anzugeben.

[2]) Davon existiert insofern keine Ausnahme, als manche Städte usw. ein Recht auf eigene Petty Sessions haben. Hierdurch wird eben nur ein Recht auf eigene Richter begründet. Der exempte Bezirk ist ein Teil des Bezirkes des höheren Gerichtes, welches auch stets Appellinstanz bleibt. Hat die Stadt usw. auch ein Recht auf eigene Quarter Sessions, so liegt eben ein weiterer Bezirk eines höheren Gerichtes vor. Vgl. dazu de Franqueville tom. I, p. 260.

[3]) Vgl. de Franqueville tom. I, p. 266 ss.

[4]) Parliamentary Papers 1878, n⁰ 398.

[5]) de Franqueville tom. I, p. 267 s.

[6]) 9 Geo. IV c. 43; 6 and 7 Will. IV c. 12 s. 2; 12 and 13 Vict. c. 18 s. 2; 22 and 23 Vict. c. 65 s. 2; 31 and 32 Vict. c. 22 s. 4, abgedruckt bei Archbold, Quarter Sessions pp. 236 et seq. Einige wenige Divisions sind bereits vor 9 Geo. IV c. 43 gebildet worden. Vgl. Parliamentary Papers 1878 n. 398.

[7]) Vgl. dazu de Franqueville tom. I, p. 266 s.

[8]) 6 and 7 Will. IV c. 12, s. 2. Vgl. auch Hatschek Bd. II, S. 524.

[9]) Vgl. auch Encyclopaedia 1st Ed. vol. X, pp. 69 et seq.

3. Die in einer Petty Sessional Division wohnenden Friedensrichter sind die Richter, die an sich für diesen Teil des Distriktes der Commission zuständig sind.[1]) Allein hiervon existiert eine Ausnahme. Da die Commission den Friedensrichter an sich für den ganzen Bezirk der Commission ernennt,[2]) so ist prinzipiell jeder Friedensrichter zuständig für den ganzen Bezirk. Und an dieser bezirklich unbeschränkten Zuständigkeit ändert auch die Einteilung in Petty Sessional Divisions nichts.[3]) Handelt mithin ein Friedensrichter in einer Sache, die an sich vor den Friedensrichter einer andern Division gehörte, so ist die Handlung voll rechtsgültig, und der an sich zuständige Friedensrichter ist durch Prävention ausgeschlossen.[4]) Und weiter, nimmt ein Friedensrichter an den Petty Sessions einer Division teil, in welcher er nicht wohnt, so sind auch seine hier vorgenommenen Prozeßhandlungen rechtswirksam.[5]) Allerdings werden derartige Fälle sich in praxi kaum ereignen, da die Friedensrichter selbst die Distrikteinteilung einzuhalten pflegen.

Der Ort, an welchem die Petty Sessions gewöhnlich zusammenzutreten haben, ist das sogenannte Petty Sessional Court-House, ein Amtslokal, für welches zu sorgen oder welches zu bestimmen im allgemeinen die Aufgabe der Quarter Sessions oder aber des Council of the Borough, d. h. des Gemeinderates ist.[6]) Allein die Friedensrichter sind nicht verpflichtet, die Petty Sessions nur in diesen Amtslokalen abzuhalten. Sie haben das Recht, Gerichtsverhandlungen auch außerhalb derselben abzuhalten. Sie können zu diesem Zweck die Division wieder in Unterabteilungen zerlegen, und müssen dann diejenigen Orte bestimmen, an denen das Gericht in Form von Gerichtstagen im Bedarfsfall abgehalten werden soll.[7]) Merkwürdigerweise aber ist hier die sachliche Zuständigkeit und zwar in bezug auf die Strafmöglichkeit eine beschränkte. Zwei Richter haben nämlich hier als Kollegium bei gewöhnlicher Zuständigkeit nur die Strafmöglichkeit des Einzelrichters.[8]) Man sieht aber aus

---

[1]) Douglas pp. 32, 291.

[2]) Vgl. weiter oben S. 10.

[3]) Douglas p. 291: „Justices for the county can sit and act at any petty sessions within such county."

[4]) de Franqueville tom. I, p. 268; Douglas p. 352 und der dort zitierte Fall R. v. Beckley.

[5]) Vgl. auch Rey, Institutions Judiciaires de l'Angleterre tom. II, p. 95, wo Klage darüber geführt wird, daß gelegentlich sich gar kein Friedensrichter zur Verhandlung findet. Prinzipiell aber hat der Friedensrichter den Gerichtszwang in der ganzen Grafschaft, für welche er bestellt ist.

[6]) 42 and 43 Vict. c. 49 s. 30. Dazu 52 and 53 Vict. c. 63 s. 13.

[7]) 42 and 43 Vict. c. 49 s. 20 (5); Douglas pp. 151 et seq.; de Franqueville tom. I, p. 267.

[8]) Kenny, Outlines p. 429. Vgl. weiter unten S. 25 ff., 46 f.

dem Ganzen, daß die Justizverwaltung in außerordentlich wichtigen Punkten den Gerichten selbst zur Ausübung übertragen ist. In allen hier erwähnten Punkten kann die Zentralinstanz nie hineinreden, weder das Home Office noch der Lord Chancellor.[1])

II. Wenden wir uns nunmehr der Frage der Zuständigkeit der Petty Sessions zu, so ist zunächst die der örtlichen Zuständigkeit ins Auge zu fassen. Hier muß nun zunächst an das oben Ausgeführte [2]) erinnert werden, daß die zuständigkeitbegründenden Momente keineswegs verwirklicht werden müssen in Bezug auf die Petty Sessional Division. Vielmehr ist rechtlich die örtliche Zuständigkeit bestimmt stets durch die Verbindung, in welche eine abzuurteilende Sache zur Grafschaft als solcher, oder genauer zum Commissiondistrikt als solchen tritt, so daß die Bedeutung der Einteilung des Bezirkes der Commission in einzelnen Petty Sessional Divisions in Bezug auf die örtliche Zuständigkeit wenn auch natürlich tatsächliche, so doch jedenfalls keine prozessualrechtliche Bedeutung hat. Die einzelnen Petty Sessions eines Quarter Sessions-Distriktes besitzen mithin in örtlicher Hinsicht untereinander eine durchaus konkurrierende Zuständigkeit, bei der dann die Prävention die ausschließliche Zuständigkeit begründet.

Abgesehen hiervon ist bezüglich der örtlichen Zuständigkeit zu unterscheiden, ob es sich um Ausübung administrativer, zivilrechtlicher oder krimineller Funktionen handelt.

1. Bei den administrativen Funktionen ergibt sich ohne weiteres, daß die örtliche Zuständigkteit stets gegeben ist, falls es sich um Verwaltungsangelegenheiten des Distriktes der Commission handelt. Die Petty Sessions einer Grafschaft z. B. können natürlich nie in die Verwaltungsangelegenheiten einer andern Grafschaft eingreifen. Vorschriften allgemeiner Natur über die örtliche Zuständigkeit in zivilrechtlichen Streitigkeiten gibt es nicht,[3]) wohl aber finden sich in den einzelnen Statuten eine Fülle detaillierter Einzelbestimmungen, auf die nicht näher eingegangen werden kann. Als allgemeinen Grundgedanken kann man hier aber den Satz aufstellen, daß, falls eine zivilrechtliche Klage sich auf

---

[1]) Ein eigentliches Justizministerium besitzt England nicht. Die Funktionen desselben werden zum wesentlichsten Teil vom Home Office, zum Teil ferner vom Lord Chancellor und vom Attorney-General ausgeübt. Vgl. Wertheim S. 499f.; de Franqueville tom. I, p. 38ss.; Gneist Englisches Verwaltungsrecht Bd. II, S. 1022ff. Die Reformliteratur in England verlangt übrigens die Einrichtung eines einheitlichen Justizministeriums Vgl. z. B. Snow, Law Quarterly Review tom. XVI, pp. 129 et seq., 229 et seq., ein auch in anderer Hinsicht äußerst interessanter Artikel. Siehe zu der ganzen Frage weiter unten S. 969ff.

[2]) Vgl. weiter oben S. 22.

[3]) Wertheim S. 560.

irgend eine belegene Sache in weitestem Sinne bezieht, das forum rei sitae eingreift.[1]) Sofern es nicht statuarische Ausnahmen gibt, kann mithin der Kläger, da er das Bestimmungsrecht allein hat, sich diejenigen Petty Sessions wählen, bei denen er seine Sache anbringen will.

2. Anders liegen die Verhältnisse in Kriminalsachen. Oberster Grundsatz des Common Law ist der Satz, daß zuständig für die urteilsmäßige Erledigung einer Sache stets das Gericht der begangenen Tat ist. Das forum delicti commissi ist also im allgemeinen der ausschließliche Gerichtsstand.[2])

Die allgemeine Regel wird indes durch eine Reihe von Ausnahmen durchbrochen, die alle darauf abzielen, die Ausübung der Strafgerichtsbarkeit zu erleichtern.[3])

Ohne auf sämtliche Einzelheiten einzugehen, sei hier nur folgendes hervorgehoben: für Delikte begangen auf hoher See ist zuständig das Gericht der Ergreifung oder des Haftortes.[4]) Fällt der Ort der Kausierung und des Erfolges auseinander, so sind zuständig sowohl das Gericht der Kausierung wie das des eingetretenen Erfolges.[5]) Bei Diebstahl ist jedes Gericht zuständig, in dessen Bezirk sich die gestohlenen Sachen befinden.[6]) Wird ein Delikt in Grenzgewässern mehrerer Gerichtsbezirke begangen, wird es ferner begangen in mehreren oder auf einer Reise durch mehrere Bezirke, oder aber in nächster Nähe der Grenze zweier Bezirke, so sind stets sämtliche in Betracht kommende Gerichte zuständig.[7]) In allen Fällen übrigens, wo mehr als ein Gericht zuständig ist, entscheidet die Prävention.[8]) Zuständig für die Aburteilung von Teil-

---

[1]) Vgl. auch Atkinson, The Magistrates Annual Practice 1900, p. 3. Ferner z. B. 35 and 36 Vict. c. 65 s. 3.

[2]) Archbold, Quarter Sessions p. 284 und dort n. c zahlreiche Entscheidungen; Archbold, Pleading, Evidence and Practice in Criminal Cases, 22th Ed. p. 33; Stephen, Digest oft he Law of Criminal Procedure pp. 45 et seq.; Glaser, Englisch-Schottisches Strafverfahren S. 42; Liepmann, Lisztsche Zeitschrift Bd. VI, S. 422.

[3]) Archbold, Quarter Sessions p. 284.

[4]) Unrichtig Liepmann l. c. S. 422. Vgl. Douglas p. 300; Archbold, Quarter Sessions p. 285; Archbold, Pleading pp. 35, 745 et seq.; 24 and 25 Vict. c. 100 s. 68 bestimmt, „that all offences committed within the admiralty jurisdiction of England . . . shall be deemed to be offences committed on land and may be dealt with and inquired of . . . in England . . ., in any county or place in which the offender shall be apprehended or in custody“. Douglas pp. 296 et seq. (daselbst auch über Admiralty Jurisdiction).

[5]) Archbold, Quarter Sessions pp. 284 et seq.

[6]) Glaser l. c. S. 43.

[7]) 42 and 43 Vict. c. 49 s. 46; Douglas pp. 200 et seq.; Archbold, Quarter Sessions p. 286; de Franqueville tom. II, p. 289s.; Liepmann, Lisztsche Zeitschrift Bd. VI, S. 422.

[8]) Douglas p. 37.

nehmern ist stets auch das Gericht, welches für die Haupttat zuständig ist.[1])

Eine Erweiterung dieser Bestimmungen treffen wir bezüglich der örtlichen Zuständigkeit in Voruntersuchungen von Schwurgerichtssachen. Hier ist das Gericht der Ergreifung, des Wohnsitzes, des Aufenthaltsortes und endlich des vermuteten Aufenthaltsortes kompetent. Namentlich die letzte Möglichkeit ist, wie ohne weiteres erhellt, eine außerordentlich weitgehende, so daß auf sie bauend eigentlich jedes Gericht ein Verfahren durch Erlaß eines Haftbefehls einleiten kann, wenn der Wohnsitz des Täters nicht bekannt ist.[2]) Handelt es sich übrigens um Delikte, die summarisch abgeurteilt werden können, so greift die weitere Zuständigkeit auch bezüglich des Erkenntnisverfahrens durch.[3])[4]) Allerdings kann sonst das Untersuchungsgericht nie in der Sache selbst entscheiden, ja die Petty Sessions können nicht einmal selbst das Verfahren einstellen, sondern müssen, falls eingestellt werden soll, die Sache zur Erledigung dem Gericht der begangenen Tat überweisen.[5])

Die Unzuständigkeit der Petty Sessions kann durch Parteivereinbarung nicht beseitigt werden.[6]) Daher begründet die Tatsache, daß ein unzuständiges Gericht gehandelt hat, stets Anfechtbarkeit dieser Handlung.[7])[8])

III. Genauer dargestellt werden muß die sachliche Zuständigkeit der Petty Sessions.[9]) Es mag dabei gleich zu Anfang bemerkt werden, daß der wichtigste Teil ihrer Kompetenz die Erledigung von Kriminalsachen betrifft, so daß sie in der Literatur, auch der englischen, geradezu als die Inferior Criminal Courts bezeichnet werden.[10]) Ehe wir aber die kriminelle Zuständigkeit zur Darstellung bringen können, muß, wenn auch nur kurz, ihre administrative und zivilrechtliche Kompetenz behandelt werden. Allerdings kann dies nur in den Hauptzügen geschehen, denn es kann nicht entfernt daran gedacht werden, die ganze Fülle der Aufgaben zu

---

[1]) Archbold, Pleading p. 43, woselbst sich noch andere Ausnahmen finden, auf die hier aus Mangel an Raum nicht eingegangen werden kann.

[2]) 11 and 12 Vict. c. 42 ss. 1, 2, 3.

[3]) 42 and 43 Vict. c. 49 s. 45.

[4]) Siehe zum Ganzen die klare Darstellung bei Liepmann, Summarisches Strafverfahren in England S. 45 ff.

[5]) Liepmann, Lisztsche Zeitschrift Bd VI, S. 422.

[6]) Archbold, Quarter Sessions p. 291 mit zahlreichen Entscheidungen daselbst n. c.

[7]) Archbold, Quarter Sessions p. 284.

[8]) Vgl. auch die Ausführungen Liepmanns, Summarisches Strafverfahren S. 45 ff.

[9]) Vgl. dazu namentlich auch die sehr eingehenden Darlegungen Gneists, Selfgovernment S. 189 ff., die allerdings heute vielfach veraltet sind.

[10]) Vgl. Brodie-Innes vol. I, p. 256; de Franqueville tom. I, p. 245.

schildern, die die Petty Sessions in dieser Hinsicht zu erledigen haben.[1]) Ich bemerke dabei gleich, daß für die Begrenzung der funktionellen Zuständigkeit derselben natürlich nicht irgend ein systematischer Gedanke maßgebend war. Gewohnheit und Zufall sind hier allein die bestimmenden Faktoren gewesen.[2])

1. Die administrativen Funktionen der Petty Sessions sind nicht ganz unbedeutend. Ohne auf die Details der Frage einzugehen, weise ich darauf hin, daß zunächst die Petty Sessions gewisse Aufgaben durch den Public Health Act und die verschiedenen Building Acts übertragen bekommen haben.[3]) So haben sie die Orders zu erlassen zur Abstellung öffentlicher Schäden (nuisances) und zum Einreißen gesundheitswidriger Häuser u. a. m. Sie haben ferner Verbote zu erlassen, Alkohol an Trunkenbolde zu verkaufen, sie können Lizenzen erteilen und entziehen. Sie haben ein bestimmtes Ernennungsrecht z. B. von Armenaufsehern, Wegeaufsehern usw., sie sind Appellinstanz gegen Beschwerden über zu hohe Einschätzung bei Kirchensteuer usw. usw.[4]) Die Petty Sessions funktionieren hier also teils als eine Art Verwaltungsgerichtshof, teils aber auch als eine unmittelbar an der Verwaltung beteiligte Behörde.[5]) Allerdings werden die Petty Sessions namentlich in letzter Hinsicht tätig als sogenannte Special Sessions.[6]) Allein was die Behördenorganisation betrifft, so besteht zwischen den Special und den Petty Sessions kein wesentlicher Unterschied. Die Unterscheidung wird wichtig mehr für das Verfahren, und zwar ist sie hier insofern von Bedeutung, als die Special Sessions im Sinne des Gesetzes kein Court of Summary Jurisdiction sind, mithin die Vorschriften der verschiedenen Summary Jurisdiction Acts auf das von ihnen zu befolgende Verfahren nicht ohne weiteres zur Anwendung kommen.[7]) Organisatorisch decken sich aber die Begriffe Special und Petty Sessions insoweit, als beide gebildet werden durch die sämtlichen, in einer Petty Sessional Division wohnenden Friedensrichter, und

---

[1]) Ein einigermaßen entsprechendes Bild gewinnt man aus den Tabellen Criminal Judicial Statistics 1907, p. 82.

[2]) Vgl. auch Hatscheck Bd. II, S. 526 f.

[3]) 38 and 39 Vict. c. 55; 57 and 58 Vict. c. 213.

[4]) Redlich, Englische Lokalverwaltung S. 190 f.; Wertheim S. 279 ff., 320; Brodie-Innes vol. I, p. 259; Criminal Judicial Statistics 1907, pp. 18, 82; Douglas pp. 53 et seq.; Law Times vol. 125, p. 521.

[5]) So ist es nicht ganz richtig, wenn Stein, Zur Justizreform S. 12 meint, alles von den Engländern sogenannte Quasi-Criminal Work sei einfach in unserm Sinn zivilrechtlicher Natur. Treffend Redlich, Lokalverwaltung S. 405.

[6]) Wertheim S. 279. Vgl. dazu namentlich auch Kenny, Outlines p. 427, wo darauf hingewiesen wird, daß die Petty Sessions in diesem Fall nicht einen eigentlichen Court bilden.

[7]) Vgl. z. B. Douglas pp. 53 et seq.

beide mit mindestens zwei Friedensrichtern besetzt sein müssen. Der Unterschied hier besteht darin, daß die Friedensrichter einer Division sämtlich, soweit sie geladen werden können, zu den Special Sessions geladen werden müssen unter Angabe des Verhandlungsgegenstandes,[1] [2]) während dies, wie wir noch sehen werden,[3]) bei den Petty Sessions nicht der Fall zu sein braucht.[4]) [5])

2. Nicht unbedeutend ist ferner die Zuständigkeit der Petty Sessions in bürgerlichen Streitigkeiten.[6]) Zumeist kommen in Betracht kleine Streitigkeiten des täglichen Lebens wie Mietstreitigkeiten, Streitigkeiten zwischen Herrschaft und Gesinde, Arbeitgebern und Arbeitnehmern, Lehrherren und Lehrlingen, Besitzstreitigkeiten, Streitigkeiten zwischen Mitgliedern sog. Friendly-Societies[7]) u. a. m. Dann sind die Petty Sessions zuständig für Angelegenheiten, die mehr nach der öffentlichen Interessensphäre hin tendieren. Sie bestimmen z. B. die Entschädigungen, die bei der Anlage von Bahnen und sonstigen Bahnbauten den durch die Bauten Geschädigten zu gewähren sind, und ähnliches mehr. Des weiteren befaßt ihre Zuständigkeit geringfügige Admiralitätsangelegenheiten, nämlich Heuerstreitigkeiten bis zu £ 50.[8]) Schließlich sind sie kompetent (und hier wird ihre Zuständigkeit praktisch mit am fühlbarsten und am wichtigsten) in einer Reihe von Streitigkeiten, die sich auf Familienverhältnisse beziehen. Hierher gehören Alimentationsstreitigkeiten aus unehelicher Schwängerung, Heranziehung des Ehemannes zur Alimentierung der Familie, Unterbringung verwahrloster Kinder, namentlich aber auch Ehestreitigkeiten, in denen die Petty Sessions das getrennte Leben der Ehegatten durch sogenannte Separation Orders gewähren können[9]) usw. usw.[10])

---

[1]) Dabei werden die Sitzungstage für Special Sessions im voraus für das ganze Geschäftsjahr festgelegt. Vgl. weiter unten S. 37.

[2]) Vgl. auch die Ausführungen Gneist, Selfgovernment S. 338 ff.

[3]) Vgl. weiter unten S. 36 f.

[4]) Einen weiteren Unterschied zwischen Special und Petty Sessions vgl. weiter unten S. 111.

[5]) Vgl. auch Encyclopaedia 1st Ed. vol. XI, pp. 649 et seq.

[6]) J. Holmes Gore, Law Times vol. 125, p. 521: „A very large amount of civil business has now to be transacted before justices of the peace . . .“

[7]) Es ist dies eine Art Versicherungsgesellschaft kleiner Leute auf Gegenseitigkeit. Vgl. dazu Wertheim S. 509.

[8]) Brodie-Innes vol. I, p. 231; Wertheim S. 18.

[9]) Über die große Bedeutung dieser Separation Ordres vgl. die zutreffenden Bemerkungen bei Stein, Zur Justizreform S. 12. Vgl. auch Goldberg, Eherecht in Großbritannien S. 39 ff.

[10]) Brodie-Innes tom. I, p. 259; Douglas pp. 53 et seq.; Wertheim S. 320; Stein, Zur Justizreform S. 12; v. Lewinski, England als Erzieher? S. 20 erschöpft nicht entfernt die Bedeutung der Friedensrichter in bezug auf

3. Am wichtigsten, wie bereits bemerkt, ist die kriminelle Zuständigkeit der Friedensgerichte. Hier ist nun sofort eines hervorzuheben: Die Petty Sessions sind nicht nur erkennende Gerichte, sie sind vielmehr auch Untersuchungsgerichte. Als solche sind sie prinzipiell für alle Sachen zuständig. Allerdings besteht die, wenn auch so gut wie obsolete, immerhin noch existente Möglichkeit, eine Sache mit Umgehung eines Untersuchungsgerichtes direkt vor das erkennende Schwurgericht zu bringen.[1] Allein es kann keine Sache, bei welcher eine Voruntersuchung stattfinden soll,[2] vor ein anderes Gericht als die Petty Sessions gebracht werden. Von diesem Satz macht auch das Verfahren vor dem Coroner[3] keine Ausnahme. Denn allerdings hat in den in Betracht kommenden Fällen gewaltsamen oder plötzlichen Todes eine erste Untersuchung vor diesem stattzufinden. Allein es ist heute üblich geworden, auch wenn die Jury des Coroner ihr Verdikt auf Murder oder Manslaughter abgegeben hat, nicht sofort zum Hauptverfahren vor dem erkennenden Gericht zu schreiten, sondern die Sache erst noch vor die Friedensgerichte zur weiteren Voruntersuchung zu bringen,[4] wie indes nur bemerkt, nicht weiter ausgeführt werden kann. Es genügt vielmehr hier die Feststellung, daß die Zuständigkeit des Coroner nicht etwa die Zuständigkeit der Petty Sessions ausschließt, wenn letztere allerdings auch erst handeln können, nachdem der Coroner gehandelt hat.[5]

Was aber die Funktionen der Petty Sessions betrifft, die sie als Untersuchungsgerichte zu erfüllen haben, so sind dieselben analog denen, die unsere Eröffnungskammern, nicht aber unsere

ihre Funktionen, was übrigens Adickes auch nicht tut. Sonst könnte letzterer unmöglich Aschaffenburgs Monatsschrift Bd. IV, S. 7 die Tätigkeit der Polizeirichter der der Friedensrichter gleich setzen, obwohl die Tätigkeit beider Behörden funktionell verschieden ist. Vgl. dazu unten S. 111 f.

[1]) Glaser, Handbuch des Strafprozesses Bd. I, S. 137; vgl. dazu weiter unten § 44; Cohen, Spirit of Our Laws pp. 236 et seq.: „As practically all criminal cases are begun before magistrates."

[2]) Voruntersuchung im englischen, nicht im deutschen Sinn des Begriffes. Vgl. Weidlich, Englische Strafprozeßpraxis S. 11, wo treffend ausgeführt ist, daß England keine Voruntersuchung in unserm Sinne kennt. Dazu auch Glaser l. c. S. 137 und weiter unten S. 29.

[3]) Der Coroner ist eine Art Untersuchungsrichter für Mord und Todschlag. Vgl. dazu Wertheim S. 162 ff. Nicht völlig zutreffend ist, wenn Adickes, Aschaffenburgs Monatsschrift Bd. IV, S. 10 ihn völlig der Staatsanwaltschaft in unserm Sinne gleichstellt. Vgl. dazu weiter unten § 10.

[4]) Weidlich, Englische Strafprozeßpraxis S. 14; de Franqueville tom. I, p. 552; tom. II, p. 272; vgl. auch Archbold, Pleading pp. 139 et seq.; Cohen, Spirit of Our Laws p. 236, n. 2.

[5]) Ich bemerke ausdrücklich, daß, wenn der Coroner auch nicht einfach unserer Staatsanwaltschaft gleichgestellt werden kann, er andererseits aber auch dem Untersuchungsrichter nicht völlig entspricht.

Untersuchungsrichter zu erfüllen haben. Denn das Verfahren vor der Petty Sessions ist keine Voruntersuchung in unserm Sinne, wie hier nicht weiter ausgeführt werden kann,[1]) weil in ihm keine Beweise beschafft, sondern nur produzierte Beweise beurteilt werden. Das Verfahren zielt ab auf das sogenannte Committal for Trial, das etwa unserem Eröffnungsbeschluß entspricht.[2])

Was nun die Zuständigkeit der Petty Sessions als erkennende Gerichte betrifft, so haben wir eine absolute und relative Zuständigkeit zu unterscheiden.

a) Die absolute Zuständigkeit der Petty Sessions bezieht sich auf eine außerordentlich große Anzahl kleinerer Delikte des täglichen Lebens,[3]) die zusammen die Kategorie der sogenannten Non-indictable Offences bilden.[4]) Hierher gehören leichtere Realinjurien, Spielen, Tierquälerei, Mißhandlung von Frauen, unpassende Anpreisungen und Ausstellungen, Wilddieberei, Zoll-, Post- und Stempeldefraudationen, Delikte gegen die Gesetze über Verbrauchssteuern, leichtere Diebstähle, Betteln usw.[5]) Stets muß aber eine ausdrückliche Gesetzesbestimmung, ein Statut vorliegen, welches die absolute Zuständigkeit der Petty Sessions, die nie vermutet oder im Wege der Analogie angenommen werden kann, begründet.[6]) Denn stets ist das summarische Verfahren die Ausnahme, das ordentliche Verfahren die Regel. In dubio ist also ein Delikt stets eine Indictable Offence, nicht aber eine Non-indictable Offence.[7])

---

[1]) Vgl. etwa Englische Gerichtsverfassung S. 22 ff.

[2]) Untersuchungsrichter gibt es also in England nicht, wenn man nicht die Coroners als solche rechnen will. So erweist sich auch an dieser Stelle die Adickessche Vergleichsstatistik, Grundlinien S. 59 ff., als falsch. Er hätte in Deutschland die Untersuchungsrichter in Abzug bringen, oder in England eine verhältnismäßige Zahl hinfügen müssen. Da es nun in Deutschland 176 Landgerichte gibt, da die Amtsgerichte in weitem Umfang an der Voruntersuchung mitbeteiligt werden, ist dieser statistische Fehler keineswegs so unbedeutend. Vgl. bezüglich der deutschen Gerichtsstatistik Rosenfeld, Reichs-Strafprozeß, 3. Aufl., S. 56 Am. 2.

[3]) Cohen, Spirit of Our Laws pp. 236, 238; Kenny, Outlines p. 480 schätzt ihre Zahl auf mehrere hundert, wie er denn p. 427 überhaupt der Ansicht ist, daß die Petty Sessions ungefähr $^3/_4$ aller Kriminalsachen erledigen.

[4]) Indictable Offences sind Delikte, die im ordentlichen Verfahren vermittels Indictment verfolgt werden können (nicht müssen); Non-indictable Offences sind Delikte, die im summarischen Verfahren verfolgt werden müssen. Eine prinzipielle, materiell rechtlich relevante Sonderung zwischen beiden existiert ebensowenig wie bei uns zwischen Polizei- und Kriminaldelikten. Es ist stets nur ein quantitativer, nicht ein qualitativer Unterschied.

[5]) Criminal Judicial Statistics 1907, p. 38; Weidlich, Englische Strafprozeßpraxis S. 6; Wertheim S. 39.

[6]) Douglas p. 2.

[7]) Ein Verzeichnis sämtlicher Indictable Offences findet sich bei Archbold, Quarter Sessions pp. 612 et seq.; Criminal Statistics 1907, p. 177;

Die Zuständigkeit der Petty Sessions ist aber in allen diesen Fällen eine absolute oder ausschließliche, d. h. Non-indictable Offences können nur im Wege des summarischen Verfahrens erledigt werden, das ordentliche Verfahren ist ihnen bindend verschlossen.[1])

Zu der absoluten Zuständigkeit gehört schließlich auch noch das Recht der Petty Sessions Friedensbürgschaften aufzuerlegen.[2])

b) Die relative Zuständigkeit der Petty Sessions beruht auf 42 and 43 Vict. c. 49 s. s. 10 et seq. Gewisse Delikte, die an sich zu den Indictable Offences gehören, können danach unter bestimmten Voraussetzungen summarisch erledigt werden. Sie können aber ebenso gut im Wege des ordentlichen Verfahrens abgeurteilt werden. Hier sind mithin die Petty Sessions nicht absolut, sondern nur relativ zuständig, und es ist diese ihre relative Zuständigkeit eine konkurrierende Zuständigkeit. Und zwar konkurriert sie mit der Zuständigkeit der Quarter Sessions resp. der Courts of Assize, deren Zuständigkeit indes, wie wir weiter unten sehen werden,[3]) selbst wieder vielfach unter einander konkurriert.[4]) [5])

Die Fälle nun, in welchen Indictable Offences summarisch erledigt werden können, differieren je nach dem Alter des in Frage kommenden Täters. Wir haben hier drei Möglichkeiten zu unterscheiden.[6])

α) Kinder unter 12 Jahren.[7]) Alle Delikte derselben können summarisch erledigt werden. Es darf aber auf keine höhere Strafe erkannt werden als auf Gefängnis bis zu einem Monat oder

---

Stephen, A Digest of the Criminal Law 1894, pp. 433 et seq.; ein Verzeichnis sämtlicher Non-indictable Offences Criminal Judicial Statistics Appendix B. 1907, pp. 180 et seq.

[1]) Über eine allerdings nicht unwichtige Ausnahme vgl. weiter unten S. 34.

[2]) Vgl. über diesen Begriff weiter unten S. 53 f.

[3]) Vgl. weiter unten S. 58 ff.

[4]) Man kann die Quarter Sessions und die Courts of Assize als die ordentlichen Gerichte den summarischen Gerichten gegenüberstellen. Vor den letzteren wird abgesehen von dem „palladium of the personal liberty" des Common Law, dem Recht des Bürgers, sein Recht von der Jury gesprochen zu bekommen. Vgl. Cohen, Spirit of Our Laws p. 250.

[5]) Mit Recht betont de Franqueville tom. I, p. 252, daß überhaupt die Kompetenzeinteilung bei den verschiedenen Strafgerichtshöfen Englands keine sehr scharfe ist, ein Satz, den man ruhig auf alle Gerichtshöfe ausdehnen kann.

[6]) Vgl. zum Folgenden namentlich de Franqueville tom. II, p. 290—294; Brodie-Innes pp. 259 et seq.; Cohen, Spirit of Our Laws pp. 249 et seq.; Kenny, Outlines pp. 428 et seq.; Wertheim S. 319 f.; Weidlich, Englische Strafprozeßpraxis S. 6.

[7]) 42 and 43 Vict. c. 49 s. 10. Bezüglich der strafrechtlichen Zurechnungsfähigkeit von Kindern vgl. z. B. Douglas pp. 135 et seq. „Within the age of seven years an infant is by presumption of law doli incapax."

auf Buße bis zu Sh. 40. Als Zusatz- oder Ersatzstrafe kann bei Jungen auf eine Anzahl Stockhiebe erkannt werden. Das Gericht kann ferner das Kind in eine Besserungsanstalt oder in eine sogenannte Industrial School schicken.

Voraussetzung einer derartigen summarischen Erledigung von Indictable Offences ist stets Einwilligung[1]) der Eltern oder des Vormundes des beschuldigten Kindes zu dem summarischen Verfahren. Letztere haben also stets das Recht, Verhandlung im ordentlichen Verfahren zu verlangen, so daß wir es in Wahrheit hier zu tun haben mit einer Art Zuständigkeit kraft Unterwerfung, wobei indes die Möglichkeit der Unterwerfung an die oben skizzierten engen Grenzen gebunden ist. Allein dieser Satz erleidet eine doppelte Ausnahme: Einmal begründet die Unterwerfung noch kein Recht auf summarisches Verfahren. Denn der Richter ist trotz Unterwerfung in der Lage, die Sache nicht selbst zu erledigen, sondern zur Hauptverhandlung, dem sogenannten Trial, vor die Jury zu verweisen, d. h. also zum ordentlichen Verfahren. Bei diesem freien Ermessen des Richters müssen wir mithin genauer sagen: es handelt sich um eine durch richterliche Bestimmung auf Grund von Parteiunterwerfung begründete Zuständigkeit. Und ferner: Sind die Eltern oder der Vormund des Kindes nicht anwesend, so kann zwar das Gericht vertagen, um die Anwesenheit derselben herbeizuführen, es kann aber auch, wiederum ganz nach freiem Ermessen, sofort das summarische Verfahren anordnen. Hier in diesem letzten Fall haben wir es dann zu tun mit einer reinen Zuständigkeit kraft richterlicher Bestimmung.

Eine Ausnahme von allen diesen Bestimmungen besteht nur für den Fall der Tötung (homicide), die nie summarisch abgeurteilt werden kann.

β) Jugendliche von 12 bis 16 Jahren.[2]) Relativ zuständig sind die Petty Sessions auch hier prinzipiell für alle Delikte mit Ausnahme der Tötung und nicht mehr wie vor 1899 nur für bestimmt genannte Delikte.[3]) Dieselben können ebenfalls unter der doppelten

[1]) Dieselbe kann allerdings auch stillschweigend erteilt werden.

[2]) 42 and 43 Vict. c. 49 s. 49 definiert den Begriff des Jugendlichen. Vgl. Douglas p. 203.

[3]) de Franqueville tom. II, p. 290 ss. richtig für die Zeit vor 1899. Wenn aber Weidlich, Englische Strafprozeßpraxis S. 6 die Zuständigkeit auf bestimmte Delikte beschränkt, so übersieht er offenbar 62 and 63 Vict. c. 22 s. 2: „Section eleven of the Summary Jurisdiction Act, 1879 . . . shall extend to all indictable offences other than homicide and accordingly in that section the words ‚specified in the first column of the First Schedule to this Act‘ are hereby repealed, and the words ‚other than homicide‘ shall be substituted therefor.“ Auffallend, aber nicht entscheidend dem gegenüber ist, daß in der First Column der neuen Schedule die Worte „Young per-

Voraussetzung summarisch verhandelt werden, einmal daß das Gericht summarische Verhandlung für angemessen erachtet, ferner, daß der Jugendliche selbst seine Zustimmung erteilt und nicht Aburteilung im ordentlichen Verfahren verlangt. Das freie Ermessen des Gerichtes ist indessen hier insofern etwas beschränkter, als die Umstände, auf die bei der Entscheidung, ob summarisches Verfahren ob nicht, Gewicht zu legen ist, vom Gesetz ausdrücklich vorgeschrieben sind („having regard to the character and antecedents of the person charged, the nature of the offence, and all the circumstances of the case“). Außerdem ist auch hier das Strafmaximum beschränkt, und zwar kann auf keine höhere Strafe erkannt werden, als auf Gefängnis bis zu 3 Monaten („with or without hard labour“) oder auf eine Buße bis zu £ 10. Bei Knaben kann wiederum auf Stockhiebe erkannt werden. Ebenso kann der Jugendliche, einerlei welchen Geschlechtes, in eine Besserungsanstalt oder in eine Industrial School gesandt werden.[1])

γ) Erwachsene, d. h. Personen über 16 Jahre.[2]) Hier muß ein weiterer Unterschied gemacht werden.

αα) Bei bestimmten Delikten kann der Gerichtshof summarisches Verfahren anordnen mit Zustimmung des Beschuldigten, kann aber dann nur auf Gefängnis bis zu 3 Monaten mit oder ohne harte Arbeit und Buße bis zu £ 20 erkennen.[3]) Die in Betracht kommenden Delikte finden sich in der Second Column der First Schedule zu 42 and 43 Vict. c. 49 resp. 62 and 63 Vict. c. 22.[4]) Es gehören hierher die verschiedenartigsten Eigentumsdelikte (Diebstahl, Betrug, aber auch leichtere Fälle der Brandstiftung u. a. m.), sofern der angerichtete Schaden nach Ansicht des erkennenden Gerichtes Sh. 40 nicht übersteigt. Auch hier hat das Gericht bei seiner Entscheidung dieselben Umstände zu berücksichtigen, wie bei Überweisung von Jugendlichen.[5])

ββ) Wenn in einer Reihe von Fällen der Erwachsene sich für

---

sons consenting“ beibehalten sind. Allein diese Schedule bezieht sich auf s. 1 des Act von 1899, so daß ein Widerspruch nicht existiert. Ferner lautet 42 and 43 Vict. c. 49 s. 11 nunmehr in der neuen Fassung: „Where a young person is charged with any indictable offence other than homicide ...“, und dieser Wortlaut ist durchaus klar und gibt zu Zweifeln keinen Anlaß. Unklar allerdings auch Brodie-Innes vol. I, p. 259, der indes ausdrücklich auf das Gesetz von 1899 verweist.

[1]) Ich bemerke hier bereits, daß einige Petty Sessions sogenannte Children's Courts eingerichtet haben, auf die wir weiter unten zu sprechen kommen werden. Vgl. S. 45 f.

[2]) Die Definition des Begriffes „adult“ in 42 and 43 Vict. c. 49 s. 49.

[3]) Bei Realkonkurrenz bis zu 6 Monaten Gefängnis; 42 and 43 Vict. c. 49 s. 18.

[4]) Abgedruckt bei Douglas pp. 209 et seq., 215.

[5]) 42 and 43 Vict. c. 49 s. 12.

schuldig bekennt, und das Gericht annimmt, daß summarisches Verfahren am Platze ist, so kann das Gericht, ohne an die Zustimmung des Angeklagten irgendwie gebunden zu sein,[1]) die Strafe im summarischen Verfahren verhängen. Es darf indes die erkannte Strafe nicht über 6 Monate Gefängnis („with or without hard labour") hinausgehen.[2]) Hier haben wir es wiederum zu tun mit einer reinen Zuständigkeit kraft richterlicher Bestimmung. Denn der Angeklagte kann sich der Möglichkeit des summarischen Verfahrens nur dadurch entziehen, daß er ausdrücklich oder stillschweigend[3]) „nicht schuldig" plädiert. Zweifellos wirkt diese Bestimmung günstig für die Erzielung von Geständnissen, denn der Angeklagte wird stets hoffen, summarisches Verfahren zu erzielen, wodurch er dann erreicht, daß das oben erwähnte Strafmaximum nicht überschritten werden kann.[4]) In Betracht kommen übrigens dieselben Delikte wie unter *αα* mit der Maßgabe, daß die Voraussetzung der Beschränkung des verursachten Schadens auf Sh. 40 hier wegfällt.[5])

γγ) Eine Ausnahmebestimmung für die beiden im Vorhergehenden geschilderten Möglichkeiten, Indictable Offences Erwachsener summarisch zu erledigen, enthält 42 and 43 Vict. c. 49 s. 14. Hier wird das freie richterliche Ermessen für gewisse Fälle ausgeschlossen, so daß dieselben mithin stets im ordentlichen Verfahren abgeurteilt werden müssen. Und zwar soll nicht summarisch verhandelt werden, „if it appears to the court that the offence is one which, owing to a previous conviction on indictment of the person so charged, is punishable by law with penal servitude."[6])

c) Aus diesen Ausführungen ergibt sich zur Genüge zunächst, einen wie großen Einfluß der Täter oder sein gesetzlicher

[1]) Durchaus unrichtig Heinemann, Lisztsche Zeitschrift Bd. 26, S. 539: „In Wahrheit verlangt England für die Anwendung des summarischen Verfahrens ausdrücklich die Zustimmung des Angeklagten . . ."

[2]) 42 and 43 Vict. c. 49 s. 13.

[3]) Stillschweigen gilt stets als Behauptung der Nichtschuld; Archbold, Pleading p. 163 (die Ausführungen treffen auch für das summarische Verfahren zu).

[4]) Mit Recht spricht Weidlich, Englische Strafprozeßpraxis S. 6 von einer Prämierung von Geständnissen.

[5]) S. 14 and First Column of the First Schedule 42 and 43 Vict. c. 49; 62 and 63 Vict. c. 22. Vgl. Douglas pp. 209 et seq., 215. Ich bemerke übrigens, daß das Gericht nur verurteilen kann, „if it becomes satisfied that the evidence was sufficient to put the person charged on his trial". Bezüglich der sonstigen Kautelen der Bestimmung gegenüber etwaigem Mißbrauch des Rechtes auf Verhandlung durch das Gericht vgl. das Gesetz selbst, namentlich s. 13 (2).

[6]) Die bei Auslegung dieser Bestimmung in der englischen Literatur entstandenen dogmatischen Streitfragen interessieren hier nicht und werden daher beiseite gelassen. Vgl. dazu Douglas p. 143.

Vertreter auf die Bestimmung der Zuständigkeit in den Fällen der relativen Zuständigkeit hat. In den Fällen der absoluten Zuständigkeit tritt natürlich dieser Einfluß zurück, aber ganz ausgeschlossen ist er auch hier nicht. In allen Fällen nämlich, wo es sich um summarische Delikte handelt, die mit Gefängnis über drei Monate bestraft werden können,[1]) hat der Angeklagte das Recht, Verhandlung im ordentlichen Verfahren zu verlangen, obwohl eine Indictable Offence nicht vorliegt. In Betracht kommen hier namentlich im Rückfall begangene, summarische Delikte, ferner aber auch die schwereren Fälle derselben, wie Grausamkeit gegen Kinder u. a. m.[2]) Ein Kind hat übrigens dieses Recht nicht selbst, wohl aber steht es seinen Eltern, resp. seinem Vormund zu, aber nur, falls dieselben in der Verhandlung vor den Petty Sessions anwesend sind.[3])

Dieser Einfluß, den der Beschuldigte auszuüben vermag, steht aber, wie gleich hier bemerkt werden mag, zum größten Teil im Zusammenhang mit der Tatsache, daß im Strafprozeß das Geständnis des Angeklagten bindende Bedeutung für den Richter hat. Erklärt sich der Angeklagte vor der Jury schuldig, so kommt es nicht, wie indeß hier nur berührt werden kann,[4]) zu einer weiteren Verhandlung und Beweisaufnahme, sondern sofort ohne Verdict der Jury zu einem Urteil durch den Richter, was natürlich im allgemeinen die Friedensrichter ebenso gut fällen können, wie sie es ja in den Quarter Sessions auch selbst zu fällen hätten. Die Abkürzung des Verfahrens, die hier erzielt wird, indem das Voruntersuchungsverfahren sich rückwirkend in eine Hauptverhandlung, verwandelt steht also in unlöslichem Zusammenhang mit dem Grundgedanken des englischen Prozeßrechtes, daß entlastende Momente im allgemeinen[5]) nur so weit zu berücksichtigen sind, als die Verteidigung sie vorbringt, daß ferner die Verteidigung in ihrer Gesamtheit ein frei verzichtbares Recht des Beschuldigten ist. Jeder Gedanke einer Notverteidigung, jeder Gedanke an eine objektive Wahrheitsermittelung auch gegen den Willen des Angeklagten ist dem englischen Recht völlig fremd. Und daraus ergibt sich, daß der Angeklagte auch auf die Kautelen des ordentlichen Verfahrens verzichten kann, wenn auch nur in den Grenzen, die das Gesetz in dieser Beziehung festgelegt hat.

---

[1]) Mit Ausnahme von assault. Vgl. hierzu Wertheim S. 46 („Angriff, widerrechtlicher Versuch oder Drohung gegen die körperliche oder sexuelle Integrität einer Person").

[2]) Eine Liste sämtlicher Delikte, die hierher gehören, bei Douglas pp. 148 et seq.

[3]) 42 and 43 Vict. c. 49 s. 17.

[4]) Vgl. dazu Liepmann, Summarisches Strafverfahren S. 51 f.

[5]) Ausnahmen hiervon werden wir weiter unten kennen lernen. Vgl. S. 854.

d) Im allgemeinen kann man wohl sagen, daß der Angeklagte, falls er die Wahl zwischen summarischem und ordentlichem Verfahren hat, das erstere wählen wird. Der maßgebende Grund hierfür ist Kosten- und Zeitersparnis, namentlich in Hinblick auf die fast immer verhängte Untersuchungshaft.[1]) Es geschieht dies so allgemein, daß es mir seitens eines Friedensrichters einfach als feste Regel mitgeteilt wurde.[2]) Indessen habe ich in der Praxis auch entgegengesetzte Beispiele erlebt, daß also die Angeklagten Verweisung vor die Jury[3]) verlangten. Als Grund hierfür wurde mir bei den einzelnen Fällen angegeben, die Angeklagten gingen dann vor die Jury, wenn sie hofften, gefühlsmäßig auf dieselbe einwirken zu können, was ihnen natürlich gegenüber den Richtern der Petty Sessions nicht gelingen würde. Und diese Erklärung dürfte auch nicht ohne Interesse für die Auffassung sein, die man in englischen Kreisen von der Jury als solcher hat.[4])

IV. Die nächste Frage, die uns zu beschäftigen hat, ist die nach der Besetzung der Petty Sessions.

1. a) Die Petty Sessions sind stets besetzt mit mindestens zwei, öfters aber auch mit mehr als zwei Friedensrichtern, die nach Majorität entscheiden.[5]) Wer von den Friedensrichtern an der Sitzung teilnehmen will, ist ganz in das Ermessen des Einzelnen gestellt. Denn alles, was den inneren Dienst der Petty Session, die

---

[1]) Auf die Untersuchungshaft, ihre Länge und ihre Häufigkeit in der englischen Praxis kann ich hier nicht eingehen. Ich bemerke aber, daß v. Lewinskis Ausführungen, England als Erzieher? S. 45f. über die Häufigkeit, oder besser gesagt, die Regelmäßigkeit der Haft in England absolut zutreffend sind. Es ist mir unverständlich, wie Adickes, Aschaffenburgs Monatsschrift Bd. IV, S. 10 dazu kommt, die Zahlenangaben v. Lewinskis S. 46 über das Vorkommen der Haft als unverläßliches Material zu bezeichnen. Bemerkenswert ist auch, daß Adickes hier die Steinschen Ausführungen, die er sonst so oft und mit gutem Recht rühmt, nicht erwähnt. Aber allerdings kommt Stein, Zur Justizreform S. 20f. auf Grund ebenfalls durchaus verläßlichen Materiales zu demselben Resultat wie v. Lewinski. Vgl. auch Liepmann, Summarisches Strafverfahren S. 79ff. und meine Ausführungen, Gerichtssaal Bd. 74, S. 433 u. 448ff.

[2]) So auch Weidlich, Englische Strafprozeßpraxis S. 6.

[3]) Außer den untersten Gerichten, den sogenannten summarischen Gerichten, haben alle englischen Strafgerichte eine Jury.

[4]) Vgl. zum Ganzen noch Liepmann, Summarisches Strafverfahren S. 47ff.

[5]) 52 and 53 Vict. c. 63 s. 13. Vgl. ferner Douglas p. 153. Die folgenden Angaben verdanke ich der gütigen Mitteilung von Sir Harry B. Poland in London. Unrichtig die Ausführungen von Thibaut in den Beratungen der Société générale des prisons 1905 (Gerichtssaal Bd. 69, S. 389), daß, falls mehrere Friedensrichter an der Ausübung ihrer Funktionen verhindert sind, das Gesetz einen einzigen zur Entscheidung für berufen erachtet. Der Fall wird bei der Vielheit der Friedensrichter übrigens nicht leicht praktisch werden. Vgl. auch Stone, Justices' Manual 1907, p. 45.

Geschäftsverteilung usw. betrifft, arrangieren die Friedensrichter unter sich. Im allgemeinen wählen die Friedensrichter jeder Petty Sessional Division einen sogenannten Chairman, der in den Sitzungen regelmäßig anwesend ist (ohne daß allerdings auch für ihn mehr als eine Standespflicht existierte) und den Vorsitz führt. Meist oder doch wenigstens häufig wird er ehemaliger Jurist sein, der seine Praxis aus irgendwelchen Gründen aufgegeben hat. Ist der Chairman am Erscheinen verhindert, so übernimmt der älteste Friedensrichter den Vorsitz, tritt ihn aber meist an den jüngeren ab, wenn dieser ein früherer Richter, ein sogenannter King's Counsel[1]) oder ein Barrister ist, der längere Zeit praktiziert hat. Der Vorsitzende ist in funktioneller Hinsicht stets streng nur primus inter pares.[2])

Außer dem Chairman erscheinen dann meist noch eine Reihe von Friedensrichtern regelmäßig. Sollten dieselben verhindert sein, so machen sie gewöhnlich von der Verhinderung im voraus dem Clerk bei den Petty Sessions Anzeige, und dieser hat für Ersatz für sie zu sorgen. Oft auch verpflichten sich einige Friedensrichter direkt, stets zu den Sitzungen zu kommen, so daß in diesem Falle eine Art ständiges Kollegium entsteht, wobei es aber immer im Einzelfall möglich ist, daß auch die andern Friedensrichter erscheinen. Es leuchtet ein, daß hier gewisse Gefahren entstehen können; es können Friedensrichter ad hoc allein für bestimmte Sachen zu Gericht gehen, so daß Majorisierungen sehr leicht vorkommen können,[3]) was für die Unparteilichkeit dieser Gerichte nicht gerade förderlich ist.[4])

Allerdings treffen wir in manchen Bezirken auch andere Einrichtungen. Hier bilden die Friedensrichter unter sich eine Liste, und die einzelnen Friedensrichter nehmen dann nach der Reihenfolge der Liste an den einzelnen Sitzungen teil. Allein, wenn wir hier auch im allgemeinen Gerichte haben, deren Besetzung von vornherein feststeht, und die sich nicht erst für den einzelnen Fall

---

[1]) Ältere und angesehenere Barrister können diesen Titel erhalten. Vgl. weiter unten S. 955.

[2]) Selbst im Zweifelsfalle hat er nicht entscheidende Stimme. Hier muß es vielmehr zur Vertagung kommen. Stone, Justices' Manual 1907, pp. 855 et seq. „The chairman may, of course, vote with the other magistrates, but in case of equality he has no double or casting vote. Where there is an equal division of opinion, the justices may adjourn the case for rehearing before a reconstituted court.“ Unrichtig Thibaut in seinem Referat für die Société générale des prisons 1905, vgl. Gerichtssaal Bd. 69, S. 389.

[3]) Man versteht bei diesen Verhältnissen auch die praktische Bedeutung der früher erwähnten Klagen über die Entnahme der Friedensrichter aus Angehörigen einer bestimmten Parteirichtung. Vgl. weiter oben S. 7 ff.

[4]) Ein Fall bei Stone, Justices' Manual p. 846, ein anderer Fall bei de Franqueville tom. II, p. 310.

bilden, so steht die Liste nicht etwa der Beteiligung der nicht an der Reihe seienden Friedensrichter entgegen, so daß die oben erwähnten Bedenken auch unter diesen Voraussetzungen nicht ganz beseitigt sind.

Ich bemerke übrigens gleich hier, daß die Sitzungen in stark bevölkerten Gegenden täglich stattfinden, in weniger bevölkerten Gegenden finden sie natürlich weniger häufig statt, gewöhnlich einmal in der Woche. Die Sitzungstage werden bei den Petty Sessions durch den Clerk of the Petty Sessions festgesetzt. Derselbe macht dann den einzelnen Friedensrichtern, die sich entweder stets beteiligen oder aber nach der Liste dazu verpflichtet sind, Mitteilung von der bevorstehenden Sitzung. Er lädt also, wie ich hervorhebe, nicht etwa alle Friedensrichter einer Petty Sessional Division, eine Tatsache, die die oben erwähnten Bedenken etwas abzuschwächen, nicht aber ganz aufzuheben geeignet ist.

Bei den Special Sessions[1]) liegen die Verhältnisse anders. Die Sitzungstage werden hier durch die Friedensrichter im voraus für das ganze Jahr bestimmt. Zu den Sitzungen muß der Clerk sämtliche Friedensrichter laden.[2])

Man könnte nun die Möglichkeit befürchten, daß Petty Sessions nicht abgehalten werden könnten wegen Nichtanwesenheit einer genügenden Anzahl von Friedensrichtern. Und allerdings muß betont werden, daß eine gesetzliche Pflicht für die Friedensrichter, in den Sitzungen zu erscheinen, absolut nicht besteht. Allein diesbezügliche Klagen sind mir aus der Praxis nie entgegengetreten. Stets wurde mir behauptet, die Petty Sessions arbeiteten vollständig ordnungsgemäß. Ein bereits früher erwähntes Beispiel einer wegen Mangel an Richtern nicht zustande gekommenen Sitzung scheint ein vereinzelter Fall gewesen zu sein.[3]) Auch hier ist die Vielheit der zur Verfügung stehenden Friedensrichter das beste Korrektiv gegen die Lässigkeit oder das Verhindertsein des Einzelnen.[4]) Und ferner darf auch die Möglichkeit nicht außer Acht gelassen werden, daß die Krone jederzeit Friedensrichter absetzen kann, was wohl zweifellos in solchen Fällen von Säumigkeit geschehen würde, und was ebenso zweifellos den Abgesetzten in ihrer sozialen Stellung bedeutenden Abbruch tun würde.[5])

b) Die Aufgaben der Richter in den Petty Sessions sind zunächst die, alle Entscheidungen, die mit Rechtswirksamkeit nach

---

[1]) Über diesen Begriff weiter oben S. 26f.

[2]) Vgl. auch Hatschek Bd. II, S. 432f.

[3]) Vgl. oben S. 22, Anm. 5.

[4]) Auf 715 Divisions kamen 1878 8606 amtierende Friedensrichter, also mehr als 12 Richter im Durchschnitt auf eine Division!

[5]) Vgl. zum Ganzen auch Liepmann, Summarisches Strafverfahren S. 17ff.

außen hin ergehen, zu treffen. Hierher gehören namentlich alle Urteile in Zivil- und Strafsachen,[1]) alle Verweisungsbeschlüsse, alle Beschlüsse, die einen Beschuldigten außer Verfolgung setzen, alle Verwaltungsentscheidungen wie Ernennungen, Herabsetzung von Steuern u. a. m. Aber neben diesen Hauptentscheidungen, wenn ich so sagen darf, erlassen die Richter auch alle die Hilfsentscheidungen, die in einem Verfahren nötig werden können. So haben sie Ladungen des Angeklagten und der Zeugen zu erlassen, Haftbefehle, Aufnahmebefehle an Gefängnisse usw.[2]) Ferner haben sie durch sogenannte Recognizance[3]) den Kläger und die Zeugen im Vorverfahren zu verpflichten, zu der Hauptverhandlung vor den Geschworenen zu erscheinen.[4]) Auf die Einzelheiten kann natürlich nicht eingegangen werden.

In der Sitzung leitet der älteste Richter (allerdings, wie wir sofort sehen werden, unter weitgehender Mitwirkung des Clerk) die Verhandlung, er kann sich an der Beweisaufnahme durch eigene Fragen beteiligen. Schließlich führt er ein kurz gefaßtes Registerprotokoll, auf welches wir hier nicht eingehen können, da wir das Verfahren selber nicht behandeln können.[5]) Auf Grund der Verurteilung hat der Richter demnächst die Vollstreckung der erkannten Strafe anzuordnen.[6]) Im allgemeinen kann man jedenfalls sagen, daß der Richter, wie ich wiederhole, alle nach außen hin wirkenden Entscheidungen erläßt. Er wendet das Recht an in bezug auf die vom Gesetz betroffenen Personen.

Ich bemerke übrigens, daß bei richterlichen Akten die Richter in gemeinsamer Beratung und Beschlußfassung handeln, während es bei Verwaltungsakten genügt, wenn einer der Richter die Verfügung usw. erläßt, die der andere Richter dann gegenzeichnet.[7]) [8])

2. a) Bei allen Petty Sessions ist ein sogenannter Justices' Clerk oder Clerk to the Justices angestellt, der eine außerordentlich wichtige Rolle spielt, und der keineswegs, wie sich sofort zeigen wird, mit unserem Gerichtsschreiber bei den Amtsgerichten verglichen

---

[1]) Hierher gehören auch die merkwürdigen Urteile, die jemanden zur Kaution verurteilen „to keep the peace or to be of good behaviour towards a certain person". 42 and 43 Vict. c. 49 s. 25. Vgl. dazu Douglas pp. 160 et seq.

[2]) Vgl. z. B. 11 and 12 Vict. c. 43 s. 6; 11 and 12 Vict. c. 42 s. 1; Douglas pp. 37 et seq., 286 et seq.

[3]) Wertheim S. 473.

[4]) 42 and 43 Vict. c. 49 s. 9; Douglas pp. 130 et seq.

[5]) Vgl. Liepmann, Summarisches Strafverfahren S. 61f.

[6]) Vgl. Douglas p. 244, Form 33.

[7]) Die Entscheidungen müssen stets von mindestens zwei Richtern gezeichnet werden. Vgl. Douglas p. 114 und die dort abgedruckte Anweisung des Home Office.

[8]) Wertheim S. 318.

werden kann.[1]) Ein derartiger besoldeter Clerk muß ernannt werden für jede Petty Sessional Division.[2]) Werden die Petty Sessions regelmäßig an mehr als einem Platz im Bezirk abgehalten, so können für jeden Gerichtsort besondere Clerks ernannt werden.[3]) Stets kann das Ministerium ferner anordnen, daß für einen Bezirk mehrere Clerks ernannt werden.

Die Ernennung erfolgt durch die Friedensrichter der Division, die auch jederzeit den Clerk wieder absetzen können.[4])

Der Gehalt wird festgesetzt von dem Secretary of State und vierteljährlich von der Lokalbehörde ausgezahlt. Es mag noch hervorgehoben werden, daß der Clerk sich einen Hilfsschreiber anstellen kann, einen sogenannten Assistant Clerk, der dann unter seiner Leitung tätig wird.[5])

Außerordentlich beachtenswert ist nun aber, daß dieser Clerk kein Laienbeamter, sondern vielmehr ein juristisch vorgebildeter, gelehrter Beamter ist. Voraussetzung der Ernennung ist nämlich, daß der zu Ernennende entweder ein Barrister mit einer Amtsdauer von mindestens 14 Jahren, oder aber ein Solicitor am High Court ist.[6]) Ersetzt werden diese Voraussetzungen durch die Tatsache, daß der zu Ernennende mindestens 7 Jahre als Clerk an einem Polizeigericht angestellt[7]) war.[8]) Diesen Erfordernissen steht gleich die Tatsache, daß jemand als Assistant Clerk mindestens 14 Jahre bei einem Clerk eines Friedens- oder Polizeigerichtes tätig war.[9]) Zu

---

[1]) Vgl. zum Folgenden insbesondere Encyclopaedia 1st Ed. vol. VII, pp. 167 et seq.

[2]) Nicht richtig ist, wenn Adickes, Grundlinien S. 56 sagt, daß bei den Petty Sessions der Clerk of the Peace amtiere. Letzterer ist ein Beamter der Quarter, nicht der Petty Sessions. Vgl. Archbold, Quarter Sessions pp. 78 et seq., insbesondere p. 79. Ferner 40 and 41 Vict. c. 43 s. 7: „... no person being clerk of the peace or deputy clerk of the peace ... shall be a salaried clerk of a petty sessional division ...“ Übergangsbestimmungen dieses Gesetzes sind ohne Interesse.

[3]) Einige andere Fälle, in denen dies geschehen kann, interessieren hier nicht. Vgl. 40 and 41 Vict. c. 43 s. 5 (2, 3).

[4]) 40 and 41 Vict. c. 43 s. 5: „... he shall hold his office during the pleasure of those justices“.

[5]) Douglas p. 446. Die Gehälter sind verschieden. In der West Riding von Yorkshire schwanken dieselben zwischen £ 30 bis 900 (also M. 600 bis 18000). Vgl. Redlich, Englische Lokalverwaltung S. 445, Anm. 1. Unzutreffend Liepmann, Summarisches Strafverfahren S. 30, der ausführt, die Gehälter gingen nur bis zu 10000 M.

[6]) Ich setze als bekannt voraus, daß die Rechtsanwaltschaft in England in die zwei Klassen, die höhere der Barrister, die niedere der Solicitors zerfällt. Vgl. dazu weiter unten § 46.

[7]) Vgl. weiter unten S. 113f.

[8]) 40 and 41 Vict. c. 43 s. 7.

[9]) Douglas, Summary Jurisdiction Procedure p. 446.

Assistant Clerks aber können beliebige Personen ernannt werden, die dann auf Grund langjähriger Erfahrungen weiter befördert werden können. Ich bemerke indes, daß das selten vorkommt.[1]) Daß aber ein Assistant Clerk von 14jähriger Praxis natürlich ein rechtskundiger Beamter geworden ist, braucht kaum hervorgehoben zu werden. Negative Voraussetzung ist schließlich ferner, daß der Clerk nicht selbst Friedensrichter sein kann, wenn es auch keineswegs ausgeschlossen ist, daß er demnächst selbst Friedensrichter wird. Dadurch verliert er allerdings ipso jure seine Stellung als Clerk.[2])

Diese Voraussetzungen sind interessant genug. Sie beweisen, daß der Clerk jedenfalls nicht ein Subalternbeamter in unserm Sinne ist. Das beweist die Tatsache, daß Barristers diese Stellungen annehmen können,[3]) das beweist die weitere Tatsache, daß der Clerk demnächst selbst Friedensrichter werden kann, und daß Friedensrichter ihre Stellung als solche aufgeben, um Clerk zu werden.[4]) Im allgemeinen allerdings werden meist Solicitors zu Clerks ernannt,[5]) was indessen die Stellung letzterer nicht zu einer subalternen zu machen geeignet ist. Denn die Zeiten, wo eine wirklich schroffe gesellschaftliche Trennung zwischen Barristers und Solicitors bestand, sind, wie wir später sehen werden, mit dem mächtigen Aufblühen des Solicitorstandes vorbeigegangen.[6])

Diese Voraussetzungen beweisen aber noch ein anderes: Sie beweisen, daß, so wenig man auch juristische Bildung bei den Richtern verlangt, doch andererseits nicht daran gedacht wird, die Gerichtsbarkeit rein durch Laien ausüben zu lassen, daß vielmehr die Petty Sessions Gerichte von Laien sind, die durch Juristen beraten werden.[7]) Und so ergibt sich uns, daß der weitgehenden Abwälzung staatlicher Funktionen auf Private, auf Laien doch auf der andern Seite die Notwendigkeit gegenübersteht, eine nicht unbedeutende Anzahl rechtsgelehrter Beamten anzustellen. Denn da wir, wie wiederholt bemerkt, mindestens 715 Petty Sessional Divisions haben, so haben wir auch mindestens 715 Clerks, die ihrerseits die eigentlichen

---

[1]) In London vor den Stipendiary Magistrates liegen, was nicht uninteressant ist, die Verhältnisse gerade umgekehrt. Vgl. weiter unten S. 120f.

[2]) Douglas p. 447.

[3]) Eine merkwürdige Anomalie ist allerdings, daß zum Richter des High Court ein Barrister von 10 Jahren, zum Richter des Court of Appeal ein solcher von 15 Jahren ernannt werden kann, während der Barrister, der zum Clerk bei den Friedensgerichten ernannt werden soll, mindestens 14 Jahre Barrister gewesen sein muß! Vgl. Schuster, Bürgerliche Rechtspflege S. 37f.; 36 and 37 Vict. c. 66 s. 8.

[4]) Vgl. einen solchen Fall z. B. Law Times vol. 125, p. 614.

[5]) Adickes, Grundlinien S. 56.

[6]) Vgl. dazu weiter unten S. 892f.

[7]) Durchaus unzutreffend Weidlich, Lisztsche Zeitschrift Bd. 28, S. 499.

Subalternbeamten sich als ihre Privatangestellten bestellen und durch diese die untergeordneten Arbeiten, das Schreibwerk, das Clerical Work besorgen lassen.

b) Den Voraussetzungen der Clerks, die auch wie gesagt in der gesellschaftlichen Stellung derselben zum Ausdruck kommen, entspricht ferner die funktionelle Bedeutung des Amtes. Man kann direkt sagen, daß der Clerk die Seele der Petty Sessions ist.[1] [2])

Zunächst hat der Clerk die ganze Geschäftsverteilung insofern unter sich, als er die erforderlichen Sitzungen anberaumt und die Friedensrichter hierzu einladet. Er kann ferner in Strafsachen, die von der Polizei betrieben werden, die Anklage instruieren.[3]) In der Sitzung selbst hat er die tatsächliche Leitung derselben in der Hand. Er vernimmt die Zeugen,[4]) wenn kein rechtskundiger Kläger vorhanden ist, kann sich aber auch sonst zur Aufklärung stets an der Vernehmung beteiligen. Er gibt bei allen Entscheidungen, die Rechtskunde voraussetzen, dem Richter seine diesbezügliche Anweisung, die keineswegs bloß in der Form eines einfachen Rates erteilt wird.[5]) Denn es kommt nicht nur vor, daß der Clerk dem Richter das gesetzmäßige Strafminimum und Strafmaximum für jede einzelne Sache mitteilt, sondern auch, daß er sich noch dazu an der Strafzumessung beteiligt. Natürlich, Ausnahmen von diesen rein tatsächlichen Verhältnissen sind denkbar, namentlich dann, wenn der Chairman der Petty Sessions ein gelehrter Jurist ist.[6]) Aber im allgemeinen wird man sagen können: Überall da, wo es auf Rechtskunde ankommt, wird der Clerk eingreifen mit seinem Rat und auch, soweit die Prozeßleitung in Frage steht, mit der Tat. Und so war es eine recht zutreffende Charakteristik, die mir einer der Clerks in bezug auf die ganzen Verhältnisse gab: Der Clerk beantwortet die Rechtsfragen, der Friedensrichter

---

[1]) Durchaus zutreffend Hatschek Bd. II, S. 430, Anm. 2: „Allerdings sind die meisten Friedensrichter nur ‚amateurs‘ ihres Berufes, die Hauptarbeitslast fällt ihren Clerks zu.“ Mr. Cohen, der Verfasser von Spirit of Our Laws, charakterisierte brieflich das Verhältnis so: „The expert clerk knows the law and advises them,“ d. h. the justices of the peace.

[2]) Vgl. auch die Beratungen der Société générale des prisons 1905 Gerichtssaal Bd. 69, S. 389.

[3]) Weidlich, Polizei S. 33.

[4]) Geyer, Lehrbuch des Strafprozesses S. 112.

[5]) Interessant hierfür ist ein Law Times vol. 99, p. 317 erwähnter Fall. In einer Sitzung sitzen 4 Friedensrichter in einer Sache, in der sich eine Majorität nicht erzielen läßt. „The clerk to the magistrates advised the bench to adjourn the case, which was done.“ Bei der zweiten Verhandlung kommt wieder keine Majorität zustande, „and the case was again adjourned on the advice of the clerk“.

[6]) Sich aus der Praxis zurückziehende Juristen übernehmen sehr gebräuchlicher Weise ein Friedensrichteramt.

die Tatfragen.[1]) Andererseits wird der Clerk auch als Gerichtsschreiber tätig, er führt das Zeugenprotokoll usw. In Wahrheit aber ist die wichtigste Person in prozessualer Hinsicht der Clerk, nicht der Richter, ein Verhältnis, dem in Deutschland ein analoges nicht an die Seite gestellt werden kann.[2]) [3]) [4]) [5]) Dem entspricht

---

[1]) Von einem Polizeirichter erhielt ich die schärfere Auskunft, auf dem Land sei es der Clerk, der alles mache, nicht aber der Friedensrichter.

[2]) Treffend nennt Adickes, Grundlinien S. 56 den Clerk den Rechtsbeistand des Richters und weist auf die englische Bezeichnung „legal adviser" hin. Vgl. ferner Law Times vol. 126, p. 447: Einem aus seiner Stellung scheidenden Clerk wird von einer Versammlung der Magistrate ein Dank votiert für die Art, „in which he had always discharged his duty as clerk and chief legal adviser to the magistrates of the division". Hier werden also die beiden Seiten der Tätigkeit scharf auseinandergehalten. Dieselbe Trennung findet sich Encyclopaedia 1st Ed. vol. VII, p. 168: „The duties of a clerk to justices are to assist the justices by advice, when required, as to matters of law and practice, to take depositions as to indictable offences, and to take minutes of all proceedings before the Courts of summary jurisdiction which he attends and to transmit and account for all fines, penalties, or other moenys received by him as clerk."

[3]) Vgl. zum Ganzen auch de Franqueville tom. II, p. 310 ss.

[4]) Als außerordentlich instruktiv für die Stellung des Clerk zu dem Friedensrichter in der öffentlichen Sitzung teile ich folgenden Fall mit, den ich der Tribune vom 23. Mai 1907 entnehme:

„Dr. Gilbert Elliott, of Blackhorse-road, Walthamstow, was summoned at Stratford yesterday by the Lea Bridge District Gas Company for the non-payment of his Christmas gas account, amounting to £ 1 12 s. 5 d.

The case was before the Court a fortnight ago, when the defence was urged that the account had been paid and that the receipt had been lost.

A collector of the company now produced the counterfoil receipt books from Jan. 22nd to Feb. 20th, and said he could not find any counterfoil showing that Dr. Elliott had paid.

Mr. Martin Elliott, who defended, put a question to the witness involving a legal issue, and Mr. Attwater (the clerk) advised witness not to answer it.

Mr. Elliott: Will you make a note of that refusal?

The Clerk: I cannot enter objections on my notes.

Mr. Elliott: Will you record your refusal on the depositions?

The Clerk: No; I will take the evidence, but I cannot make a note of every little thing.

Mr. Elliott: Well, you are not taking your notes properly, then. Enter my objection!

The Clerk: I certainly refuse to be directed by you. I think your conduct is very unprofessional, and I shall bring the matter before the Bar Council.

Mr. Elliott: My conduct will compare very favorably with yours.

The Clerk: I wish you would set a higher standard of professional conduct. I have never been so insulted in this court during my twenty-five years' experience. I consider your conduct rude and unprofessional.

Mr. Mallinson (one of the magistrates): And I agree with you.

The incident then terminated."

[5]) Vgl. zum Ganzen auch die Ausführungen in meinem Vortrag Englische Gerichtsverfassung und deutsche Gerichtsreform S. 25 f. Dagegen

es auch, daß instruktionelle Anweisungen über neue Gesetze seitens des Home Office stets an die Clerks, nicht an die Justices gerichtet werden. Zusammenfassend kann man sagen: der Clerk ist sowohl Rechtsbeistand der Richter als auch Bureaubeamter des Gerichtes, und diese beiden Seiten seiner Tätigkeit müssen sehr wohl geschieden werden.

c) Ich bemerke abschließend, daß, soweit die Clerks Solicitors sind, sie nicht genötigt sind, ihre Privatpraxis aufzugeben, so daß sie dieselbe neben ihrem Amt weiterbetreiben können. Daraus ergibt sich namentlich eine sonderbare Konsequenz: Die Clerks können durch ihr Bureau, d. h. also durch ihren Partner eine Sache vor den Petty Sessions als Ankläger betreiben, in der sie zugleich als Clerk fungieren.[1]) Ja, es soll sogar

---

neuerdings Weidlich, Lisztsche Zeitschrift Bd. 28, S. 499, Anm. 6, der behauptet, meine Schilderung träfe nur Ausnahmsfälle. Dem widerspricht alles, was ich in England gesehen und gehört habe, und dem widerspricht jedenfalls die englische Auffassung, Interessant ist aber folgendes. Weidlich sagt: „Der schöne Grundgedanke der englichen Strafrechtspflege ist, daß der Jurist das gesunde Urteil unabhängiger Männer des Volkes in die richtige rechtliche Form kleiden helfen und nötigenfalls vor Entgleisung bewahren soll.“ Das ist ja ungefähr dasselbe, was ich sage, denn das Wesentliche meiner Behauptung ist, daß der Clerk ein mitwirkender, nicht ein ausführender Beamter ist. Was es übrigens heißen soll, daß auf jenem schönen Grundgedanken die leitende, hohe Stellung von Bench und Bar beruht, ist mir wie manches andere in Weidlichs Ausführungen in diesem Zusammenhang absolut unverständlich. Seine Behauptung, daß bei uns infolge zersplitterten Volkstums (!) und Inquisitionsprozesses der Gerichtsschreiber Richter geworden sei, überlasse ich getrost dem Urteil der Historiker! Ich bemerke nur, daß sie ohne jeden Beweis aufgestellt ist, wie überhaupt der ganze Angriff gegen mich einer jeden Grundlage ermangelt. Auch die Ausführungen Liepmanns, Summarisches Strafverfahren S. 29 ff. entbehren der Schlüssigkeit, sind in sich selbst widerspruchsvoll. Denn die Tatsache, daß der Clerk ein Rechtsbeistand der Richter ist, wird nicht dadurch beseitigt, daß man behauptet, aus dem Einfluß des Clerk erwüchsen keine Unzuträglichkeiten. Letzteres habe ich überdies nie behauptet, sondern ich habe nur den Einfluß als Tatsache geschildert. Wenn übrigens der Clerk nach Liepmann in Rechtsfragen ein lebendes Nachschlagewerk, bei der Strafzumessung aber der Pfeiler einer ständigen Praxis ist, so begreife ich wirklich nicht, was den „selbstbewußten“ Friedensrichtern noch zu tun übrig bleiben soll! Man vergleiche mit Weidlichs und Liepmanns Ausführungen auch Gamon, The London Police Court to-day and to-morrow pp. 107, 108: „There“ (i. e. in the country.) „the clerk is often the only lawyer; and he is not so much the assistant of the magistrates as their lord and master. He, deferentially and with much humility, commands them. He is their equal, perhaps, in social status, and has a profound contempt of their erratic ways. He gives them the law, and sits down while they are exercising their discretion, ready to smile at any futile abuse of it, in which they may indulge.“

[1]) An den Polizeigerichten ist dies verboten. Vgl. de Franqueville tom. I, p. 554; 46 and 47 Vict. c. 50 s. 159 (3).

vorkommen, daß sie auch den Angeklagten vertreten, obwohl ihnen dieses Recht nach allgemeiner Auffassung nicht zusteht.[1]) Daß hieraus in der Tat Übelstände resultieren, läßt sich nicht leugnen, wie denn auch Klagen darüber sowohl im Parlament als auch sonst laut geworden sind.[2]) [3])

3. Hilfsbeamte der Petty Sessions sind ferner die Constables, die als Zustellungsbeamte von Bedeutung sind,[4]) die ferner an der Vollstreckung der richterlichen Befehle, z. B. der Haftbefehle[5]) beteiligt sind, die des weiteren die Ordnung in den Sitzungen gemäß den Anweisungen des Gerichtes aufrechtzuerhalten, die Angeklagten vorzuführen haben und endlich in den meisten Fällen die Klage vertreten.[6]) Näher kann indes hier auf ihre Organisation und ihre Funktionen nicht eingegangen werden, da dies zu weit abführen würde.[7])

---

1) Vgl. die Law Times vol. 126, p. 12 erwähnten, außerordentlich interessanten Verhandlungen im House of Commons: „A question addressed by Mr. Levy Lever to Mr. Gladstone as Home Secretary and his reply thereto are of great importance and interest to everyone engaged in the administration and practice of the law in courts over which magistrates preside. Mr. Lever asked the Home Secretary whether he was aware that it sometimes happens that the clerk to a bench of county justices is concerned professionally in cases in which the Bench is called on to adjudicate, and whether, having regard to the possibility of a miscarriage of justice in such circumstances, he would introduce legislation to put an end to such a system. Mr. Gladstone in his written reply, while stating that he was not aware of any such cases having occurred as would make legislation on the subject desirable, by no means ignores or minimises the grave danger to the efficient administration of justice under circumstances to which his attention has been directed by the question.

It is (he writes), I believe, generally recognised that where justices have to adjudicate between two parties, their clerk is under a stringent obligation not to act professionally for either side; but if the honorable member will let me know of any instances to the contrary that may have come to his knowledge, I will have inquiry made."

2) Allerdings scheint man mit diesem Zustand jetzt brechen zu wollen. Wenigstens lag dem House of Commons 1906 eine Bill vor, „to prohibit Clerks to Petty Sessional Divisions of Counties from undertaking prosecutions of persons committed for trial by the justices of such Petty Sessional Divisions." Vgl. Sitzung vom 8. 3. 1906 (Hansard, Parliamentary Debates vol. 153, p. 654.)

3) de Franqueville tom. I, p. 553 s. mit Zitaten. Treffend p. 553: „Il en résulte que c'est, en fait, la même personne, qui dirige la procédure qui poursuit devant les juges de paix et qui donne à ces derniers des conseils sur ce qu'il convient de faire et l'on peut naturellement craindre qu'ayant un intérêt pécuniaire à ce qu'un accusé soit renvoyé devant le jury, elle n'était une tendance à influencer les magistrats dans ce sens."

4) 11 and 12 Vict. c. 43 s. 1.

5) 11 and 12 Vict. c. 43 s. 3.

6) Über die Stellung der Polizei vergleiche weiter unten S. 853 ff. und 872 ff.

7) Vgl. dazu namentlich de Franqueville tom. I, p. 570 ss.

4. Rechtsanwälte sind zuzulassen, doch treten Barristers üblicherweise selten vor Petty Sessions auf.[1])

5. Schließlich können neuerdings noch für jede Petty Sessional Division sogenannte Probation Officers angestellt werden. Es können nämlich die Petty Sessions bei jeder Erstanklage die Anklage trotz Nachweis ihrer Richtigkeit abweisen, vorausgesetzt, daß der Angeklagte sich verpflichtet, einen ordentlichen Lebenswandel während einer ihm gestellten Bewährungsfrist von höchstens drei Jahren zu führen. Und dasselbe Recht haben auch die höheren Strafgerichte, sofern es sich um eine nur mit Gefängnis bedrohte Tat handelt. Auf die Einzelheiten dieser Materie kann natürlich hier nicht eingegangen werden.[2]) Ich bemerke nur, daß die Aufgabe der zu Eingang erwähnten Probation Officers in der Beaufsichtigung jener Erstangeklagten besteht, die bei Rückfälligkeit auch wegen ihrer ersten Tat vor Gericht zu bringen sind. Diese Aufsichtsbeamten werden von der Behörde ernannt, die den Clerk ernennt. Sie können jederzeit wieder entlassen werden und können ein festes Gehalt bekommen. Eine Verpflichtung zur Anstellung existiert allerdings nicht.[3])

V. Ich möchte schließlich noch eine Einrichtung erwähnen, die in steigendem Maße in letzter Zeit bei verschiedenen Petty Sessions sich eingebürgert hat, es ist die Einrichtung besonderer Children's Courts oder besser gesagt die Einrichtung, daß die Fälle, in denen Kinder als Beschuldigte oder sogar als Zeugen auftreten, einer separaten Behandlung unterworfen werden. Teils werden die Anklagesachen am Ende oder am Anfang der Sitzung erledigt, teils wird aber auch direkt ein zweiter besonderer Gerichtshof für diese Fälle gebildet. Stets wird bezweckt, die Kinder vor jeder Berührung mit erwachsenen Beschuldigten zu behüten und die Kinder nur so lange im Sitzungssaal zu lassen, als ihre Anwesenheit für ihren eigenen Fall notwendig ist. In einer Reihe von Petty Sessional Divisions sind, wie gesagt, derartige Einrichtungen getroffen worden[4]) und das Home Office hat unterm 30. Juni 1905 besondere Regulations für die Behandlung der Kinder in den Polizeigerichten Londons erlassen, Bestimmungen, die an einer Reihe anderer Orte adoptiert

---

[1]) Liepmann, Summarisches Strafverfahren S. 32ff.

[2]) 7 Edw. VII c. 17. Vgl. auch Liepmann, Summarisches Strafverfahren S. 91ff.

[3]) 7 Edw. VII c. 17 s. 3.

[4]) Vgl. hierzu namentlich Return about the treatment of youthful offenders, Home Office March 18 th, 07 (showing, for each petty sessional division the number and disposal of children and young persons under 16... and also what steps, if any, are taken to separate children and young persons in court form adult prisoners.)

worden sind.[1] [2]) Die Verordnung soll sich in der Praxis gut, „quite satisfactory" bewährt haben. Es ist nicht ohne Interesse, daß an manchen Petty Sessions, die diese Einrichtungen eingeführt oder doch wenigstens nachgeahmt haben, Verhandlungen gegen Kinder einfach in dem Zimmer der Friedensrichter abgehalten werden, so daß hier tatsächlich die Öffentlichkeit ausgeschlossen ist, was jedenfalls in mehr wie einer Hinsicht von guten Folgen begleitet sein dürfte. Das ist z. B. der Fall in Chester Castle, Lydd und anderen Orten.[3])

§ 4. ββ) Der Friedensrichter als Einzelrichter.

Bezüglich des Friedensrichters als Einzelrichter gelten im allgemeinen die Sätze, die im Bisherigen vorgetragen sind. So sind hier nur die Bestimmungen zu entwickeln, die die Zuständigkeit des Einzelrichters fixieren, wobei sogleich bemerkt werden mag, daß seine Kompetenz eine sehr beschränkte ist. Im allgemeinen ist auch hier hervorzuheben, daß der Einzelrichter erkennend und beschließend tätig werden kann.

1. Als erkennendes Gericht kann der Friedensrichter die leichtesten Deliktsfälle summarisch aburteilen. Er kann indes auf keine höhere Strafe erkennen als auf 14 Tage Gefängnis und Sh. 20

---

[1]) Sitzung des House of Commons, 30. Mai 1906.

[2]) „1. Charges against children in custody which are ready for hearing should be taken first each morning, and charges against children brought to Court after the morning's cases have been disposed of, should be given precedence, so far as practicable, over other business.

2. Summonses against children should be taken first at the sitting or sittings set apart for the hearing of summonses; and summonses for the offences under the Education Acts (which may involve the presence of children in Court) shall also be taken at fixed times, and so far as practicable apart from other business.

3. Children in custody shall, while awaiting the hearing of their case, or awaiting removal to a Remand Home, Industrial or Reformatory School or other place of detention, be kept under supervision in a waiting-room or other room attached to the Court to which other prisoners shall not be admitted.

4. A child while in custody shall not be permitted to be in Court until its case actually comes on for hearing, or be allowed to remain in Court after its case has been disposed of.

5. During the hearing of a child's case no adult prisoner, unless concerned in the same charge, shall be permitted to be in Court.

6. When before the magistrate, the child shall be placed, not in, but at the side or in front of the dock."

(Ich bemerke hierzu, daß dock unserer Anklagebank entspricht. Es ist ein kleiner, umgitterter Raum, in welchem sich der Angeklagte befindet. Einen sehr würdigen Eindruck macht der „dock" im allgemeinen nicht.)

[3]) Vgl. den oben S. 45, Anm. 4 zitierten Return p. 5, 15.

Buße.[1]) Außerdem kann er diejenigen Sachen urteilsmäßig erledigen, die ihm durch spezielle Gesetzesbestimmung zur Erledigung übertragen sind.[2])

Seine Urteile stehen stets denen der Petty Sessions völlig gleich. Die gegen dieselben etwa eingelegten Rechtsmittel würden nicht an die Petty, sondern an die Quarter Sessions gehen. Die Petty Sessions sind mithin nicht etwa ein dem Friedensrichter als Einzelrichter übergeordnetes Gericht. Beide Gerichte, Friedensrichter als Einzelrichter und Petty Sessions sind vielmehr einander gleichstehende Courts of Summary Jurisdiction mit konkurrierender Gerichtsbarkeit, soweit nicht die der Petty Session die weitergehende ist.

2. Als beschließendes Gericht kann der Friedensrichter die Voruntersuchung in all denjenigen Sachen durchführen, die zur Zuständigkeit der Quarter Sessions oder der Courts of Assize gehören.[3]) Ferner hat er das Recht, Haftbefehle, Durchsuchungs- und Beschlagnahmebefehle, Vorladungen von Zeugen anzuordnen, und schließlich kann er eine Friedensbürgschaft und eine Bürgschaft für gutes Verhalten auferlegen. Außerdem kann er jede Sache, die vor ihn gebracht wird, und die seine Zuständigkeit übersteigt, bis zur nächsten Sitzung der Petty Sessions vertagen[4]) und kann, falls er findet, daß eine strafbare Handlung überhaupt nicht vorliegt, den Angeklagten sofort in Freiheit setzen.[5])

§ 5. γγ) Die Quarter Sessions.[6])

I. 1. Die Quarter Sessions sind Gerichte, die für jeden Bezirk

---

[1]) 42 and 43 Vict. c. 49 s. 20 (7); de Franqueville tom. II, p. 294; Wertheim S. 318; Brodie-Innes tom. I, p. 258; Douglas pp. 151 et seq.

[2]) Brodie-Innes vol. I, p. 258.

[3]) de Franqueville tom. II, p. 294; Liepmann, Lisztsche Zeitschrift Bd. VI, S. 420. Anderer Ansicht Wertheim S. 316, der die Zuständigkeit nur für die Voruntersuchung in Sachen, die zur Zuständigkeit der Quarter Sessions gehören, als begründet annimmt. Entscheidend ist aber 11 and 12 Vict. c. 43, s. 29, wo nichts von einer solchen Beschränkung angeordnet ist („and after the case shall have been so heard and determined one justice may issue all warrants of distress or commitment thereon“).

[4]) 11 and 12 Vict. c. 43 s. 16.

[5]) de Franqueville tom. II, p. 294.

[6]) Ich zitiere namentlich Pritchard, Jurisdiction, Practice and Procedure of the Quarter Sessions in Judicial Matters, Criminial, Civil and Appellate 2nd Ed. by Matthews 1904; ferner Archbold, Practice of the Court of Quarter Sessions, 5th Ed. Auf letzteres Werk, das sich als eine ganz hervorragende Arbeit qualifiziert, werde ich in erster Linie Bezug nehmen, wie ich dasselbe auch einfach mit dem Namen seines Verfassers zitieren werde. Einseitiges Zitieren eines solchen Werkes schadet nicht. Denn die englischen Darstellungen enthalten meist nur eine Wiedergabe des Gerichts-

einer Commission of Peace zusammentreten.[1]) Im allgemeinen kann man, wie bereits erwähnt, sagen, daß der Bezirk einer Commission sich mit dem Distrikt einer Grafschaft deckt;[2]) allein dieser Satz ist, wie ebenfalls bereits früher erwähnt, durch die mannigfachsten Ausnahmen durchkreuzt worden.[3]) Teils nämlich sind die Grafschaften in mehrere Distrikte mit besonderen Quarter Sessions zerlegt,[4]) teils auch sind in den Bezirken Exemtionen der Art geschaffen, daß bestimmten Distrikten, Ortschaften usw. das Recht auf besondere Quarter Sessions verliehen ist, so daß hier dann besondere, räumlich sehr beschränkte Commissions ergehen. Diese Verleihungen beruhen teils wiederum auf sogenannter Charter, teils aber auch auf einem Act of Parliament, d. h. also auf Spezialgesetz.[5]) In welchem Zusammenhang nun diese einzelnen Sessional Districts zueinander stehen, das hier darzustellen, die Unterschiede mit teils konkurrierender, teils ausschließlicher Zuständigkeit der Justices of the Peace in den Exemtionen aufzudecken, würde zu weit führen. Es mag nur betont werden, daß irgend ein bestimmtes Prinzip in der Einteilung sich außer dem zu Eingang festgelegten Grundprinzip nicht nachweisen läßt. Alles andere sind historische Zufälligkeiten, die der gesamten Einteilung ein verwirrendes, möglichst unübersichtliches Aussehen verleihen.[6]) Und die Unübersichtlichkeit wird noch insofern größer, als nicht nur Exemtionen mit speziellen Quarter Sessions vorkommen. Wir treffen vielmehr an Stelle der Quarter Sessions ganz vereinzelt auch noch besondere Gerichte, die sich als historische Kuriosa

rechtes an Hand der Präjudicen und der Statuten. Kontroversen fehlen fast ganz, und die einzelnen Arbeiten unterscheiden sich mehr der Vollständigkeit und der Form nach, als in bezug auf abweichende Ansichten und Grundauffassungen.

[1]) Ich gebrauche Quarter Sessions hier in übertragenem Sinne für das Gericht selbst. Dem strengen Wortlaut nach bezeichnet es die Sitzung eines Gerichtes, so daß man richtig, aber schwerfällig von dem Gericht der Quarter Sessions reden müßte. Diese Übertragung findet sich auch im englischen Sprachgebrauch. So redet man von einer Jurisdiction der Quarter Sessions. Vgl. z. B. Archbold p. 197.

[2]) Vgl. weiter oben S. 20. Über den Begriff County vgl. Wertheim S. 173ff.

[3]) Vgl. hierzu weiter oben S. 10 und dort Anm. 3; insbesondere auch Archbold pp. 10 et seq.

[4]) So Yorkshire und Lincolnshire. Vgl. dazu auch de Franqueville tom. I, p. 249.

[5]) De Franqueville tom. I, p. 249, n. 2. Vgl. z. B. die Exemtion der Isle of Ely, die auf Statut beruht (6 and 7 Will. IV c. 87 s. 9. Vgl. Criminal Judicial Statistics 1907, p. 61, n. b.)

[6]) Man vergleiche zum Beweis hierfür namentlich Table VII, Criminal Judicial Statistics 1907, pp. 61 et seq., in der die einzelnen Quarter Sessions aufgeführt sind.

erhalten haben, und auf die einzugehen hier noch nicht die Stelle ist.[1])

Abgesehen nun hiervon zerfällt ganz England in eine Reihe von Sessional Districts, die auch Commission of the Peace Districts genannt werden. Die Neuordnung der Verhältnisse in den Städten, wie wir sie später kennen lernen werden,[2]) hat zwar die Friedensrichter als solche in den Stadtgerichten zum Teil beseitigt, hat aber an der alten, vor der Gesetzgebung des Jahres 1835 bestehenden Distriktseinteilung nichts geändert.[3]) Im ganzen aber bestehen 73 verschiedene Gerichte, die speziellen Quarter Sessions der Exemtionen mitberechnet.[4]) An diesen Gerichten wird meistens nur ein Gerichtshof gebildet. Im Falle von Geschäftsüberhäufung kann aber das Gericht selbst sich in zwei Gerichtshöfe teilen, indem einige der Friedensrichter den Auftrag erhalten, einen zweiten Hof zu bilden. In der Praxis geschieht dies häufig. Entscheidend ist dabei stets das freie Ermessen der Quarter Sessions, die auch die entsprechende Geschäftsverteilung vorzunehmen haben. Der zweite Hof steht dem ersten in funktioneller Beziehung völlig gleich, hat also dieselben prozessualischen Rechte und Pflichten wie der eigentliche Gerichtshof, neben dem er gebildet ist.[5])

2. Die Quarter Sessions sind periodische Gerichte, die zu bestimmten Zeiten zusammenzutreten haben. Ursprünglich tagten sie vierteljährlich, allein schon bald wurde ihnen das Recht eingeräumt, falls notwendig, auch öfter Sitzungen abzuhalten.[6]) So ergibt sich als gegenwärtiger Rechtszustand der, daß die Quarter Sessions mindestens viermal zu bestimmten Zeiten im Jahre zusammentreten müssen,[7]) daß sie aber so oft zusammen-

---

[1]) Vgl. z. B. die Exemtion von Havering at the Bower, erwähnt bei de Franqueville tom. I, p. 249, n. 1.

[2]) Vgl. weiter unten S. 104 ff.

[3]) Die Stadtgerichte des Recorder heißen noch heute Quarter Sessions. Vgl. Criminal Statistics 1907, p. 44: „The Court" (ergänze of Quarter Sessions) „consists in Counties of the Justices for the County assembled in Quarter Sessions, in Boroughs of the Recorder of the Borough, a legal officer of high standing."

[4]) de Franqueville tom. I, p. 249 berechnet zu gering 69 inkl. der Exemtionsgerichte. Vgl. Table VII Criminal Statistics 1907, pp. 61 et seq.

[5]) 21 and 22 Vict. c. 73 s. 9; Stephen, Digest of the Law of Criminal Procedure p. 23; Archbold pp. 129 et seq.; de Franqueville tom. I, p. 250 s. mit allerdings nicht völlig zutreffenden Ausführungen. Vgl. weiter unten S. 64. Zum Ganzen auch Halsburg, Laws of England vol. IX, pp. 82, 83.

[6]) Archbold p. 73 und dort n. i. eine Reihe von Gesetzesangaben.

[7]) Stein, Zur Justizreform S. 13. Sie müssen zusammentreten in der ersten Woche nach dem 11. Oktober, dem 28. Dezember, dem 31. März und dem 24. Juni. Ausnahmen sind nur zulässig beim Zusammentreffen mit den Tagungen der Assisen. Vgl. 11 Geo. IV and 1 Will. IV c. 70 s. 35; Archbold

treten können, als es die Geschäfte erheischen. Das kann sehr häufig sein, und es treten z. B. die Quarter Sessions für die nördlichen Teile von London monatlich zweimal zusammen.[1]) Anknüpfend an diese historische Entwicklung unterscheidet man zwischen zwei Arten von Quarter Sessions, den regelmäßigen, den sogenannten General Quarter Sessions, den besonderen, den sogenannten General Sessions.[2]) Im wesentlichen besteht heute zwischen beiden kein durchgreifender Unterschied, so daß im allgemeinen alle Angelegenheiten, die zur Zuständigkeit von General Quarter Sessions gehören, auch in General Sessions erledigt werden können.[3]) Einige wenige Ausnahmen von diesem Satz sind so unbedeutender Natur, daß hier die ganze Unterscheidung auf sich beruhen kann.[4]) Ich bemerke übrigens, daß die Anordnung von besonderen Sitzungsperioden durchaus in das Ermessen der Quarter Sessions gestellt ist, so daß das Gericht mithin selbst bestimmt, wie oft es zusammentreten will.

Wohl von dem Fall der Anordnung von General Sessions zu unterscheiden ist der Fall der Vertagung. Bei den General Sessions handelt es sich um die Einschiebung besonderer Sitzungsperioden, für welche die Quarter Sessions dann als das Gericht der Sitzungsperiode zusammentreten. Es können sich nun aber auch die Quarter Sessions vertagen, und sie müssen das eventuell tun, soll die Sitzungsperiode nicht unterbrochen und damit beendigt werden.[5]) Diese Vertagung kann stattfinden von einem Tage zum nächsten Tag, sie kann aber auch auf einen späteren Tag angeordnet werden. Und was nun wichtig ist, sie kann auch im voraus bestimmt werden,[6]) so daß im voraus (wiederum übrigens durch die Quarter Sessions, denen ja die ganze Geschäftsverteilung obliegt) die Sitzungsperiode in zwei Teile zerlegt wird,

---

p. 72; Stephen, Digest of the Law of Criminal Procedure p. 23; vgl. auch Wertheim S. 320; de Franqueville tom. I, p. 250, der indes hier nicht erschöpfend ist.

[1]) Vgl. Kenny, Outlines p. 424, n. 1. Hier werden gewöhnlich auch 2 Gerichtshöfe gebildet. Wertheim S. 320 weist darauf hin, daß Quarter Sessions nur in den volksreicheren Grafschaften häufiger abgehalten werden, so daß Tagungen an anderen als den gesetzlichen Mindestterminen im allgemeinen also nur als Ausnahmen zu betrachten sind.

[2]) Archbold p. 73; Halsbury, Laws of England vol. IX, p. 83.

[3]) Vgl. Archbold p. 1.

[4]) Vgl. auch Wertheim S. 321.

[5]) Archbold pp. 149 et seq. Das geht so weit, daß Vertagung notwendig ist sogar bei ganz kurzen Unterbrechungen am selben Tag. Mangel der Vertagung macht die gesamten folgenden Verhandlungen nichtig.

[6]) Die Vertagung kann aber nie weiter gehen als bis zu dem nächsten gesetzlichen Sitzungstag. Vgl. Stephen, Digest of the Law of Criminal Procedure p. 26.

und wir zu unterscheiden haben die eigentlichen Quarter Sessions im Beginn und späterhin die Adjourned Sessions. Der Unterschied gegenüber den besonderen Quarter Sessions besteht vor allem, wie gesagt, darin, daß durch die Vertagung die Einheit des Gerichtes nicht tangiert wird, was namentlich im Hinblick auf die Geschworenen, die zu vertagten Sitzungen nicht neu geladen zu werden brauchen, von Wichtigkeit ist.[1])

Alle diese Anordnungen können vor Beginn des Jahres getroffen werden, so daß dann hier ein förmlicher Sitzungskalender gebildet wird, und auf diese Weise kommt es, daß in volkreichen Gegenden die Quarter Sessions ihren Namen nurmehr zu Unrecht tragen und recht häufig tagen,[2]) bald als Quarter and General Sessions, bald als General Sessions, bald als Adjourned Sessions.

Es mag noch darauf hingewiesen werden, daß kraft sehr sonderbarer Fiktion als Sitzungstag stets nur der erste Tag der Periode gilt, so daß dem Datum nach die Quarter Sessions stets nur einen Tag dauern.[3]) Diese wie gesagt sehr seltsame Fiktion zieht bedeutende Konsequenzen nach sich, die indes von Wichtigkeit nur für das Verfahren sind und daher hier außer acht gelassen werden müssen.[4])

3. Die Quarter Sessions können an jedem Platz des Distriktes der Commission of the Peace zusammentreten. Das Ermessen der Friedensrichter ist in dieser Hinsicht ein völlig freies. Dieselben sind nicht an irgend welche Gerichtsstelle gebunden, und sie können sogar während einer Sitzungsperiode das Gericht von einem Ort nach dem andern in Form von Vertagung verlegen. Bestimmt wird der Ort der Verhandlung in der an den Sheriff gerichteten Erklärung mindestens zweier Friedensrichter, daß die Quarter Sessions an einem bestimmten Tage zusammentreten würden.[5]) Allein auch an diese Bestimmung sind die Friedensrichter nicht gebunden, und sie können die Quarter Sessions rechtsgültig auch jetzt noch an einem andern Ort abhalten. Nur können dann nicht erschienene Kläger, Geschworene usw. nicht wegen Nichterscheinens gestraft werden. Bestimmen verschiedene Friedensrichter unabhängig voneinander verschiedene Orte, so geht die erste Bestimmung vor.[6])

---

[1]) Archbold p. 150.

[2]) In dem oben erwähnten Gericht von North London (S. 50, Anm. 1) kommt es mit den Vertagungen monatlich zu drei Sitzungsperioden; County of London, Year Book 1907 pp. 34 et seq.

[3]) Archbold p. 151.

[4]) Von dem Falle der Vertagung der Quarter Sessions ist sehr wohl der weitere Fall zu unterscheiden, daß eine Sache von einer Sitzungsperiode in die andere vertagt wird. Ein derartiges Vertagungsrecht steht den Quarter Sessions stets zu. Archbold p. 153.

[5]) Vgl. weiter unten S. 103 f.

[6]) Vgl. zum Vorhergehenden namentlich Archbold pp. 71, 72.

Im allgemeinen werden natürlich, namentlich in volksreichen Gegenden, stets dieselben Orte zu den Sitzungen gewählt werden. Das ergibt sich schon aus der Notwendigkeit, größere Sitzungsräume der Jury wegen zu haben. Allein die vorhandenen Entscheidungen beweisen doch, daß Schwierigkeiten in der Praxis auftauchen, die ihren letzten Grund in der eigenartigen Verfassung der Friedensrichter haben.[1]) Ein Zwang, die Sitzungen in einem ausdrücklich zu diesem Zweck bestimmten Gebäude abzuhalten, besteht aber für die Quarter Sessions nicht, im Gegensatz zu den Petty Sessions, die hierzu verpflichtet sind.[2])

II. Bezüglich der Frage der Zuständigkeit der Quarter Sessions, der wir uns im folgenden zuzuwenden haben, ist zunächst im Hinblick auf die örtliche Zuständigkeit zu bemerken, daß hier die bezüglich der Petty Sessions gemachten Ausführungen in analoger Weise zu wiederholen sind mit Ausnahme natürlich der dort bezüglich des Überweisungsverfahrens gegebenen Bestimmungen.[3]) Namentlich gilt dies in bezug auf die kriminelle Zuständigkeit,[4]) so daß an dieser Stelle auf die ganze Frage nicht mehr eingegangen zu werden braucht.

III. Schwieriger gestaltet sich dagegen die Frage nach der sachlichen Zuständigkeit.[5])

1. Hier ist zunächst ein Doppeltes zu bemerken: Einmal besitzen die Quarter Sessions eine Zuständigkeit erster, dann aber auch eine solche zweiter Instanz, da sie Appellinstanz für die Rechtsmittel gegen die Entscheidungen der Petty Sessions sind. Was aber ihre Zuständigkeit erster Instanz betrifft, so ist dieselbe ähnlich wie bei den Petty Sessions eine gemischte, indem sie im allgemeinen sowohl eine Zuständigkeit in Verwaltungssachen wie auch eine solche in Kriminalsachen ist.[6]) So sind, wenn man die Zuständigkeit zweiter Instanz mit ins Auge faßt, die Quarter Sessions sowohl Zivil-, wie Straf- und Verwaltungsgerichte, ja man kann auch sagen, daß sie außerdem noch eine Art Verwaltungsbehörde sind, denn sie haben, wenn auch gegen früher in vermindertem Umfang, doch immer noch etliche reine Verwaltungsgeschäfte zu besorgen, die als solche nicht der streitigen Verwaltungsgerichtsbarkeit zugehören.

2. Fassen wir zunächst die Zuständigkeit erster Instanz ins Auge, so gilt hier das Folgende:

---

[1]) Vgl. z. B. Archbold p. 72, n. f.

[2]) Vgl. de Franqueville tom. II, p. 54; vgl. auch weiter oben S. 22f.

[3]) Vgl. weiter oben S. 23 bis 25.

[4]) Dazu namentlich Archbold pp. 283 et seq.

[5]) Vgl. dazu auch Mittermaier, Englisches usw. Strafverfahren S. 289ff. Ferner namentlich Gneist, Selfgovernment S. 366ff.

[6]) Vgl. indes auch sofort weiter unten S. 53.

a) α) Die nicht kriminelle Zuständigkeit ist im allgemeinen eine solche in Verwaltungsangelegenheiten. Allein dieser Satz gilt doch nur unter einer doppelten Modifikation.[1]) Auf der einen Seite nämlich haben die Quarter Sessions Streitigkeiten zu erledigen, die mehr oder weniger ausgeprägt den Charakter bürgerlicher Rechtsstreitigkeiten haben.[2]) In erster Linie kommen auch hier Ehestreitigkeiten in Betracht, die rein zivilrechtlicher Natur sind. Ist nämlich ein Ehemann von Quarter Sessions wegen Assault, d. h. Körperverletzung seiner Frau, auf Grund eines Indictment[3]) verurteilt, so kann die Ehefrau vor denselben Quarter Sessions verlangen, daß ihr das Recht zugesprochen werde, getrennt von ihrem Gatten zu leben, die Kinder bei sich zu behalten und Alimente von ihrem Ehemann zu beziehen.[4]) Ein anderer, schon mehr gemischter Fall ist der, daß die Quarter Sessions den Verkauf von Grundstücken jemandes anordnen können, der seine Familie verlassen hat, damit die der Armenpflege durch den Unterhalt der verlassenen Familie entstandenen Kosten gedeckt werden können.[5])

Und die zweite notwendige Modifikation, die zu machen ist, ist die, daß die verwaltungsrechtliche Zuständigkeit auf der andern Seite übergeht in die kriminelle Zuständigkeit. Nach englischer Auffassung wird manches noch zur ersten gerechnet, was nach deutscher Auffassung schon mehr zur kriminellen Zuständigkeit gehören würde. Hier zu erwähnen ist die merkwürdige Einrichtung der Surety of the Peace or of Good Behaviour.[6]) Danach können die Quarter Sessions[7]) einer Person, von der die Begehung irgend eines Deliktes befürchtet wird, Bürgschaft für gutes Betragen auferlegen, die, falls der Frieden nicht gehalten wird, verfällt. Kann Bürgschaft nicht gestellt werden, so wird eine Gefängnisstrafe verhängt, die als solche also eine Eventualstrafe

---

[1]) Die Engländer selbst sprechen von einer „civil and administrative jurisdiction" der Quarter Sessions.

[2]) Hatschek Bd. II, S. 434 erwähnt diese Fälle nicht.

[3]) Über diesen Begriff Wertheim S. 291 ff.

[4]) Archbold pp. 234 et seq. behauptet unzutreffend, dies Recht stehe der Ehefrau bei jeder Verurteilung des Ehemannes auf Grund eines Indictment zu. Vgl. indessen 41 Vict. c. 19 s. 4; 58 and 59 Vict. c. 39 s. 4. Die Quarter Sessions urteilen in einem solchen Fall als ein Court of Summary Jurisdiction, eine Tatsache, die indes nur prozessuale Bedeutung hat und hier nicht weiter interessiert.

[5]) Archbold pp. 237 et seq.

[6]) Vgl. über diese auch de lege ferenda für Deutschland außerordentlich beachtenswerte Einrichtung Archbold pp. 254 et seq.

[7]) Die Petty Sessions haben ein ähnliches, aber beschränkteres Recht. Innerhalb des letzteren steht es dem Antragsteller frei, an welches Gericht er sich wenden will.

ist.[1][2]) Daß aber eine derartige Tätigkeit der Quarter Sessions über eine rein verwaltungsmäßige in unserm Sinne hinausgeht, dürfte einleuchtend sein.

β) Die eigentliche Zuständigkeit in reinen Verwaltungsangelegenheiten ist trotz aller Beschränkungen in neuerer Zeit immer noch mannigfaltig genug.[3]) Dabei ist zu unterscheiden:[4]) einmal werden die Quarter Sessions tätig als Beschlußbehörden, so bei Erteilung von Gewerbeberechtigungen an Arbeitsvermittler, bei Entscheidungen in Wegesachen, bei Bestimmung der Entschädigungen für Militärleistungen, wie Stellung von Fuhrwerk und Lieferung von Heu, bei Aufnahmen in Arbeitshäusern, bei Erteilung der Genehmigung zur Errichtung von Trinkerasylen usw. Sie werden tätig aber ferner als erkennende Gerichte in Verwaltungsstreitsachen. So entscheiden sie Beschwerden wegen Sperrung von Arbeiterwohnungen, wegen Nichterteilung von Wirtshauskonzessionen, in Steuerreklamationssachen u. a. m. Des weiteren sind sie reine Aufsichtsbehörden. Ihrer Aufsicht unterstehen die Gefängnisse, die Irrenanstalten und Trinkerasyle des Bezirkes. Endlich aber erscheinen sie als ernennende Behörden, indem sie auch jetzt noch, wenn auch in sehr bescheidenen Grenzen, das Ernennungsrecht von bestimmten Polizeibeamten haben, den sogenannten Parish Constables.

Alle diese Angelegenheiten werden durch die Quarter Sessions als solche erledigt. In einzelnen derselben können die letzteren indessen auch ständige Ausschüsse bilden, die tätig werden als ihre Organe. Ich nenne das County Licensing Committee,[5]) das bei der Erteilung von Wirtshauslizenzen mitwirkt,[6]) das Visiting Committee of Justices, dem die Beaufsichtigung der Gefängnisse obliegt.[7])

b) Wichtiger als diese nicht kriminelle Zuständigkeit ist nun aber doch die Kompetenz in Kriminalangelegenheiten, die bei den Quarter Sessions ebenso prävaliert wie bei den Petty Sessions.[8])

α) Ursprünglich war die Zuständigkeit eine fast unbeschränkte. Außer Meineid und Urkundenfälschung (perjury and forgery[9]))

---

[1]) Vgl. auch Kenny, Outlines p. 486.

[2]) Archbold p. 256: „There must be in all cases a fear of present or future danger, and surety will not be granted merely for a past battery, trespass, or breach of the peace, which may be made the subject of indictment."

[3]) Vgl. zum Folgenden namentlich Archbold pp. 197 et seq.

[4]) Vgl. die treffenden Ausführungen von Hatschek Bd. II, S. 434, der indessen nicht genügend differenziert.

[5]) 35 and 36 Vict. c. 94 s. 37; Archbold p. 226.

[6]) Hatschek Bd. II, S. 433, Anm. 2, Z. 3.

[7]) 40 and 41 Vict. c. 21 s. 13; Archbold p. 244.

[8]) Vgl. weiter oben S. 25 und dort namentlich Anm. 10.

[9]) Vgl. bezüglich dieser Begriffe Wertheim S. 262f. und S. 430f.

konnten die Quarter Sessions alle andern Delikte zur Aburteilung bringen, wobei ihre Strafgewalt eine unbeschränkte war.[1]) Selbst Todesurteile konnten durch sie gefällt werden, wie solche auch tatsächlich gefällt worden sind.[2]) Da nun für alle diese zu den sogenannten Indictable Offences gehörigen Delikte auch noch die Courts of Assize, die Assisengerichte zuständig waren, so ergibt sich, daß in den älteren Zeiten die Quarter Sessions und die Courts of Assize mit den obenerwähnten Ausnahmen die gleiche Kompetenz hatten, und daß zwischen beiden Gerichten einfach die Priorität entschied.[3])

Allmählich aber, und zwar seit 1828 ist diese weite Zuständigkeit der Quarter Sessions durch wiederholte Gesetzgebungsakte immer mehr eingeengt worden, so daß eine Reihe von Delikten ausdrücklich ihrer Kompetenz entzogen worden ist.[4]) Entzogen sind nun aber im allgemeinen die schweren Delikte, und so kann man wohl sagen, daß heute die Quarter Sessions die mittleren Strafgerichte sind, die Gerichte für die „minor felonies and misdemeanours."[5])

β) So können wir als geltendes Recht heute folgende Sätze aufstellen:

$\alpha\alpha$) Soweit nicht die Zuständigkeit positivrechtlich ausgeschlossen ist, sind die Quarter Sessions prinzipiell zuständig zur Aburteilung aller Indictable Offences mit Ausnahme, wie erwähnt, von Perjury und Forgery. Bezüglich der Delikte, die durch Statut neu geschaffen sind oder noch neu geschaffen werden, ist die Zuständigkeit als gegeben anzusehen, falls sie nicht durch das Statut selbst ausdrücklich ausgeschlossen ist.[6])

$\beta\beta$) Ausgeschlossen sind aber alle schwereren Delikte, wie Hochverrat, Mord, Religionsverbrechen, Meineid usw. Namentlich sind allgemein ausgeschlossen Kapitalverbrechen, die bei erstmaliger

---

[1]) Vgl. namentlich Archbold pp. 269 et seq., pp. 41 et seq. Nicht zutreffend de Franqueville tom. I, p. 253.

[2]) de Franqueville tom. I, p. 253 und dort n. 1.

[3]) Archbold, Pleading p. 112. Die Frage konnte natürlich nur entstehen bei gleichzeitigem Tagen beider Gerichte, was indes rechtlich zulässig war. Vgl. Archbold, Quarter Sessions p. 112.

[4]) Archbold pp. 274 et seq.

[5]) Brodie-Innes vol. I, p. 256. Richtig weist Hatschek Bd. II, S. 434, Anm. 2 darauf hin, daß diese negative Reform nur aus Scheu vor dem Althergebrachten sich erklärt, während es doch viel richtiger gewesen wäre, positiv die Kompetenzen der einzelnen Gerichte voneinander abzugrenzen.

[6]) So Archbold p. 271, der aber hervorhebt, daß die Praxis früher eine andere war. Die ältere Auffassung vertritt noch Stephen, Digest of the Law of Criminal Procedure p. 24, weist aber doch schon in n. 1 auf eine abweichende, neuere Praxis hin.

Begehung bereits mit lebenslänglicher Freiheitsstrafe („penal servitude") bedroht sind.[1]) Trotzdem ist aber die Strafgewalt der Quarter Sessions noch jetzt eine sehr weitgehende, und sie sind auch heute noch in der Lage, unter Umständen auf Freiheitsstrafe bis zu lebenslänglicher Dauer zu erkennen.[2]) [3]) Und außerdem gilt die hier erwähnte generalis clausula nur für die zur Zeit des die clausula aussprechenden Statuts 5 and 6 Vict. c. 38 existierenden Delikte. Spätere Gesetze werden von ihr nicht betroffen. Daraus aber ergibt sich, daß, wenn ein späteres Gesetz für den Fall der Begehung eines Erstdeliktes („not previously convicted of felony") lebenslängliche Freiheitsstrafe androht, dieses neue Delikt ohne ausdrückliche, entgegengesetzte Bestimmung zur Zuständigkeit der Quarter Sessions gehört. So ist die Straf-

---

[1]) Brodie-Innes vol. I, p. 256; de Franqueville tom. I, p. 253s.; 5 and 6 Vict. c. 38.

[2]) Archbold p. 276.

[3]) Ich füge der Vollständigkeit halber eine Liste der Delikte bei, die nicht zur Zuständigkeit der Quarter Sessions gehören. Sie ist entnommen Archbold, Pleading pp. 118 et seq. 1. Verrat und unterlassene Anzeige von Verrat („treason and misprision of treason"); 2. Mord; 3. Kapitalverbrechen oder gewöhnliche Verbrechen mit Ausnahme von nächtlichem Einbruchsdiebstahl, die als Erstdelikte bereits mit lebenslänglicher Freiheitsstrafe bedroht sind; 4. Vergehen gegen die Vorrechte, Titel und Person des Königs, der Regierung und gegen das Parlament; 5. Vergehen, die die Strafen des praemunire nach sich ziehen (Wertheim S. 450; Kenny, Outlines pp. 278 et seq.); 6. Gotteslästerung und andere Religionsdelikte; 7. die Eidesdelikte in mannigfachen Formen; 8. Urkundenfälschung; 9. Vergehen gegen den False Personation Act von 1874; 10. Brandstiftung in bezug auf Ernten, Wälder usw.; 11. nächtliche Wilddieberei; 12. Bigamie und andere Ehedelikte; 13. Entführung von Frauen und Mädchen und ähnliche Delikte (Criminal Law Amendment Act, 1885); 14. Verheimlichung der Geburt eines Kindes; 15. Verfertigung, Herstellung und Veröffentlichung blasphemischer, aufrührerischer und verleumderischer Schriften; 16. Bestechung (bribery: gewisse Fälle sind indes ausgenommen, gehören also zur Zuständigkeit der Quarter Sessions; 52 and 53 Vict. c. 69 s. 6; Archbold p. 275, n. a); 17. Wahldelikte bei parlamentarischen und munizipalen Wahlen; 18. widerrechtliche Vereinigung und Komplott in bezug auf Delikte, die zur Zuständigkeit der Quarter Sessions gehören (andere Fälle von Komplott und Bande können also letztere nie aburteilen); 19. Diebstahl und Beschädigung von Akten und Dokumenten eines Gerichts, von Testamenten (hier auch Verheimlichung) u. a. m.; 20. gewisse Delikte des Larceny Act 1861 (vgl. Archbold pp. 278 et seq. Es handelt sich um Delikte von Agenten, Bankangestellten usw.); 21. Delikte gegen den Official Secrets Act 1889; 22. Delikte von Korporationen. — de Franqueville tom. I, p. 253 erwähnt noch Konkursdelikte. Allein die diesbezügliche Bestimmung von 5 and 6 Vict. c. 38 ist bereits 1869 aufgehoben durch 32 and 33 Vict. c. 62 s. 20. Vgl. Archbold p. 275, n. z. Ein Verzeichnis der wichtigsten, von den Quarter Sessions abzuurteilenden Indictable Offences findet sich bei Archbold p. 612—655.

gewalt der letzteren auch heute noch eine ideell unbeschränkte.[1] [2] [3]

γ) Die so dargestellte Zuständigkeit der Quarter Sessions hat nun die Eigentümlichkeit, daß sie nicht etwa eine ausschließliche ist, sondern daß sie vielmehr mit der der Courts of Assize konkurriert. Denn da die Zuständigkeit der Assisengerichte, wie wir noch sehen werden,[4] eine allumfassende ist, so ergreift sie auch die engere der Quarter Sessions. Es entstehen hier nun zwei Fragen von Wichtigkeit, einmal welche Bedeutung und Folgen die Unzuständigkeit der Quarter Sessions hat, ferner welche Bedeutung und Folgen aber jener konkurrierenden Zuständigkeit der Courts of Assize zukommen. Beide Fragen sind getrennt zu behandeln.

$\alpha\alpha$) Die Unzuständigkeit der Quarter Sessions ist stets von Amts wegen zu berücksichtigen. Und zwar übersenden die Quarter Sessions im Falle der Unzuständigkeit einfach die Sache an den nächsten Court of Assize, der dann in der Sache zu entscheiden hat. Umgekehrt haben die Assisen ebenfalls die Möglichkeit, eine Sache,

---

[1]) Allerdings enthalten die neueren Gesetze stets ausdrückliche Bestimmungen über den Ausschluß der Zuständigkeit der Quarter Sessions. Vgl. z. B. 37 and 38 Vict. c. 36 s. 3 und zum ganzen Archbold p. 277.

[2]) In praxi ist indessen das von den Quarter Sessions verhängte Strafmaximum kein allzu hohes. Ich führe die Ergebnisse der letzten Statistiken an:

1) Penal Servitude

	Über 10 J.	10 Jahre	8 Jahre	7 Jahre	6 Jahre	Unter 6 J.
1907	—	—	1	15	7	562
1906	4	—	23	4	91	433
1905	1	1	1	15	10	498
1904	—	6	5	27	12	460
1903	—	1	11	25	9	499

Allerdings ist das Minimum hier 3 Jahre.

2) Dazu kommen noch die Gefängnisstrafen bis zu 2 Jahren: 1903: 5534; 1904: 5880; 1905: 2179; 1906: 6029; 1907: 5698. Im allgemeinen sind also die langzeitigen Verurteilungen trotz Steigen der Maxima zurückgegangen. Vgl. übrigens die Criminal Judicial Statistics 1903 p. 46; 1904 p. 50; 1905 p. 88; 1906 p. 54; 1907 p. 54.

[3]) Anmerkungsweise mag bemerkt werden, daß es einige wenige Quarter Sessions gibt, die auf Grund alter Verleihung eine unbeschränkte Zuständigkeit besitzen, so daß sie mit der eigentlichen Zuständigkeit der Quarter Sessions auch die der Courts of Assize verbinden. Derartige Quarter Sessions können auch heute noch Todesurteile fällen. In Betracht kommen die Quarter Sessions von Peterborough und Lancaster. Vgl. Law Times vol. 125, p. 613.

[4]) Vgl. weiter unten S. 511.

die vor den Quarter Sessions schwebt, an sich zu ziehen, weil dieselbe zu ihrer Zuständigkeit gehört.[1])

Auch der Angeklagte hat jederzeit das Recht, die Unzuständigzu rügen, und zwar kann er dies auf die mannigfachste Art und Weise tun, ohne daß auf die Einzelheiten hier näher eingegangen werden könnte.[2]) Ich bemerke nur soviel, daß die Geltendmachung der Unzuständigkeit an keinerlei Zeitschranken gebunden ist, ein Satz, der analog auch auf die Berücksichtigung der Unzuständigkeit von Amts wegen Anwendung findet.

Die Handlungen nun eines unzuständigen Gerichtes sind nicht schon wegen der Unzuständigkeit absolut nichtig. Wenigstens besagt eine Entscheidung,[3]) „that a prisoner might be tried at the assizes on a bill found at the quarter sessions for an offence not triable at sessions". Die Assisen können aber die einzelnen Handlungen als nichtig behandeln, und es kann dann ihre Neuvornahme angeordnet werden, so daß wir es also höchstens mit einer relativen Nichtigkeit zu tun haben, nicht aber mit einer absoluten, d. h. begrifflich einer wirklichen. Denn es entscheidet in letzter Linie über die Gültigkeit oder besser die Verwertbarkeit der Handlungen des unzuständigen Gerichtes das zuständige Gericht, an welches demnächst die Sache geht.[4])

ββ) Was die konkurrierende Zuständigkeit der Courts of Assize anbelangt, so sahen wir, daß ursprünglich beide Gerichte, Quarter Sessions und Assisengerichte, gleichberechtigt nebeneinander standen, so daß bei gleicher Kompetenz einfach die Priorität entschied. Damit ist indes seit dem Assizes Relief Act von 1889[5]) gebrochen. Dieses Gesetz bestimmt nämlich, daß im allgemeinen die Zuständigkeit der Quarter Sessions prävalieren soll, „unless such justice or justices for special reasons think fit otherwise to direct". Das heißt also: Die Untersuchungsgerichte haben das Verfahren zu eröffnen vor den Quarter Sessions, und diese sind allein berechtigt, die Sache zu erledigen. Aber dieser Satz ist von den mannigfachsten Ausnahmen durchbrochen.[6])

---

[1]) Archbold pp. 294 et seq.

[2]) Vgl. dazu Archbold pp. 299 et seq.

[3]) Archbold p. 297.

[4]) So stellt sich eine andere Entscheidung in einem dem im Text erwähnten durchaus analogen Fall auf den Standpunkt, „that an indictment found at quarter sessions is simply a nullity, so that new bills must be preferred before the grand jury at the assizes". Vgl. Archbold p. 298 und die dort erwähnte Entscheidung R. v. Rigby und Archbold p. 297, n. y.

[5]) 52 and 53 Vict. c. 12.

[6]) Außer dem sind auch sehr beachtenswert die Ausführungen von Cohen, Spirit of Our Laws p. 253: „Whither, then, does a magistrate send a case for trial, if he has a choice?" (scl. zwischen Quarter Sessions und Courts

Einmal können die Untersuchungsgerichte selbst, falls sie es für angemessen halten, die Aburteilung den Assisen überweisen, und hierzu verpflichtet sie sogar ganz allgemein die Commission of the Peace, die ausdrücklich den Friedensrichtern anbefiehlt, in schwierigen Fällen nicht selbst zu urteilen, sondern die Entscheidung den Assisen zu überlassen.[1]) Und dieses Recht haben auch die Quarter Sessions, die selbst eine begonnene Sache abbrechen und überweisen können.

Ferner hat der High Court das Recht,[2]) spontan anzuordnen, daß gewisse Fälle zur Anklage und Verfolgung bei den Assisen gebracht werden sollen, einerlei, ob die Eröffnung bereits vor den Quarter Sessions stattgefunden hat oder nicht.

Des weiteren kann eine Sache, die vor den Quarter Sessions schwebt, durch Writ of Certiorari vor die Assisen gezogen werden „for good cause". Dieser Writ ist ein Befehl, den entweder der Assisenrichter[3]) oder der High Court[4]) an die Quarter Sessions richtet, sich jeder Verfügung in einer Sache zu enthalten, dieselbe vielmehr zur Aburteilung an die Assisen zu übersenden. Wann ein solcher Writ erlassen werden soll, steht ganz im Ermessen des Gerichtes, das ihn zu erlassen hat. Als Gründe sind in der englischen Literatur erwähnt:[5]) Geringe Anzahl von Geschworenen in einem bestimmten Distrikt, mit deren Mehrzahl der Angeklagte befreundet ist, Unmöglichkeit wegen fortgesetzter Ablehnung von Geschworenen eine vollständige Liste zu bilden u. a. m.[6]) [7])

Schließlich greift subsidiär die Zuständigkeit der Courts of Assize auch noch in folgender Art ein: Wird ein Angeklagter nicht vor den zeitlich nächsten Quarter Sessions abgeurteilt, so kann er sich an die nächsten Assisen wenden, die, wenn nicht ein billiger Grund der Nichterledigung vorliegt,[8]) zu veranlassen haben, daß

of Assize) „As a general rule, to the court which will try the case earliest." Es werden dann noch eine Reihe Gründe angeführt, die die Wahl des verweisenden Richters bestimmen können. So ist also nicht ganz zutreffend Mittermaier, Englisches usw. Strafverfahren S. 292.

[1]) Archbold pp. 6, 269 et seq.

[2]) Archbold, Pleading p. 113.

[3]) Dieser nur für die Qurter Sessions seines Circuit. Archbold, Quarter Sessions p. 294.

[4]) Archbold p. 297.

[5]) Archbold pp. 297 et seq. mit Entscheidungen.

[6]) Nicht ganz zutreffend ist es mithin, wenn Wertheim S. 112 behauptet, der Writ of Certiorari sei stets ein Befehl des High Court. Wertheim übersieht 5 and 6 Vict. c. 38 s. 2. Die Writs kommen indessen in praxi außerordentlich selten vor. Wir werden auf diesen Punkt noch eingehend in anderem Zusammenhang zurückkommen, so daß hier auf spätere Ausführungen Bezug genommen werden kann. Vgl. unten S. 764 ff.

[7]) Archbold, Pleading p. 115.

[8]) Grund ist z. B. die Unmöglichkeit, die nötigen Zeugen für den Kläger vor das Gericht zu bringen.

seine Sache erledigt wird, ihn auch aus der Untersuchungshaft, sogar ohne Bürgschaft entlassen können. Wird er nun abermals bis zu den nächsten Assisen nicht abgeurteilt, so kann er sich wieder an die letzteren wenden, und die Assisen haben dann selbst die Angelegenheit zur Aburteilung zu bringen.[1]) Es soll hierdurch mithin Prozeßverschleppung im Interesse des Angeklagten vorgebeugt werden.

Ist so nun auch prinzipiell die konkurrierende Zuständigkeit der Assisen keineswegs beseitigt, ja vielmehr gerade im Gegenteil die Zuständigkeit derselben ausdrücklich aufrecht erhalten geblieben, so muß bezüglich der tatsächlich herrschenden Verhältnisse gesagt werden, daß sich die Assisen im allgemeinen nicht mehr mit den Angelegenheiten der Quarter Sessions befassen.[2]) Daraus folgt eine starke Entlastung der Assisen, aber wichtiger als das, eine steigende Bedeutung der Quarter Sessions, was für deren Weiterentwicklung nicht ohne Bedeutung bleiben kann.[3]) Jedenfalls geht die augenblickliche Entwicklung deutlich in der Richtung auf eine immer schärfere funktionelle Trennung beider Gerichtshöfe.[4])

3. Kürzer gestaltet sich die Beantwortung der Frage nach dem Umfang der Zuständigkeit der Quarter Sessions in zweiter Instanz. Zuständig sind dieselben für Erledigung der gegen Entscheidungen und Urteile der Petty Sessions zulässigen Rechtsmittel, der sogenannten Appeals.[5]) Die Frage nun, die hier von Bedeutung ist,

---

[1]) 52 and 53 Vict. c. 12 s. 3; Archbold p. 273.

[2]) de Franqueville tom. I, p. 254; Brodie-Innes vol. I, p. 258. Unrichtig Weidlich, Lisztsche Zeitschrift Bd. 28, S. 503, Anm. 11, der nebenbei bemerkt auch ganz schief gegen meine Ausführungen, Englische Gerichtsverfassung S. 33 polemisiert.

[3]) Vgl. dazu weiter unten S. 154 ff.

[4]) Vgl. auch Law Times vol. 127, p. 170: „In his charge to the Grand Jury at the Kent Assizes on Wednesday, the Commissioner . . . called attention to the fact that as many as nine of the twenty-six cases in the calendar had been committed to the assizes in disregard of the provisions of the Act which was passed to relieve the assize judge of the duty of trying quarter sessions cases. Having regard to the limited time at the disposal of the judges of assize in some towns, such cases as these ought not to be in the lists.“ Daß eine derartige Anrede von großer Bedeutung ist, ist sicher. Wird doch die Grand Jury bei den Assisen gebildet durch die Friedensrichter, deren Verweisungsbeschluß zur Hauptverhandlung eben das Gericht der Hauptverhandlung bestimmt. Andererseits glaube ich nicht, daß das Ziel tatsächlicher Kompetenztrennung wird völlig erreicht werden, solange die Quarter Sessions nicht mit Berufsrichtern besetzt sind.

[5]) Nur in Ehe- und Admiralitätsstreitigkeiten gehen die Rechtsmittel an den High Court (Divorce Division). Es sind dies die einzigen Ausnahmen. Vgl. Cohen, Spirit of Our Laws p. 258, n. 2. Vgl. zum Ganzen auch de Franqueville tom. II, p. 305; Brodie-Innes tom. I, pp. 261 et seq.

ist, in welchen Fällen Rechtsmittel zulässig sind. Denn von einer allgemeinen Zulässigkeit von Rechtsmitteln gegen Entscheidungen der Petty Sessions ist nicht die Rede.[1]) Vielmehr läuft ein Rechtsmittel nur da, wo es ausdrücklich durch Gesetz gewährt ist.[2])

Dies ist nun allerdings in den meisten Fällen geschehen und zwar sowohl in zivilrechtlichen wie in verwaltungsrechtlichen und kriminellen Angelegenheiten. Häufig ist indes die Appellmöglichkeit auch ausdrücklich ausgeschlossen worden. Ferner sind die einzelnen Rechtsmittel an in den verschiedenen Fällen sehr verschiedene, einengende Voraussetzungen gebunden, die natürlich hier im einzelnen darzustellen durchaus unmöglich sein würde.[3])

Betrachten wir die Rechtsmittel in Kriminalsachen für sich, so ergibt sich, daß hier ein Appeal in allen denjenigen Fällen, in denen nur zu einer geringen Buße verurteilt ist, nicht läuft.[4]) Sonst aber sind auch hier die Voraussetzungen, unter denen ein Rechtsmittel gegeben ist, durchaus verschieden normiert. Von Wichtigkeit indes ist die generelle Bestimmung des Jurisdiction Act 1879. Danach ist in allen Fällen ein Rechtsmittel gegeben, sofern das Urteil lautet auf „imprisonment without the option of a fine.“[5]) Allein die Zulässigkeit des Rechtsmittels ist hier noch von der weiteren negativen Voraussetzung abhängig gemacht worden, daß der Angeklagte nicht ein gerichtliches Geständnis abgelegt,[6]) noch auch sonst die Wahrheit der in Klage stehenden Behauptungen zugegeben hat.[7]) Bezüglich dieser generellen Bestimmung ist nun folgendes zu bemerken:

a) Dieselbe hat durchaus subsidiären Charakter. Sie kommt also nur zur Anwendung, sofern ein Gesetz in bezug auf die

---

1) Das übersieht völlig bei seinen statistischen Vergleichungen Adickes, Grundlinien S. 73f. Gegen dieselben bereits treffend Stein, Zur Justizreform S. 48. Eine ähnliche Statistik wie Adickes gibt auch de Franqueville tom II, p. 306.

2) Archbold p. 303: „An appeal . . . does not lie unless under the express provisions of a statute.“ Kenny, Outlines p. 437.

3) Ich verweise auf die Liste der von den Petty Sessions abzuurteilenden Kriminalsachen Stone, Justices' Manual 1907, pp. 1162—1197. Aus derselben ergibt sich die Appellmöglichkeit für die einzelnen Fälle.

4) Ich verdanke die Kenntnis dieser Tatsache brieflicher Mitteilung von Sir Harry B. Poland.

5) 42 and 43 Vict. c. 49 s. 19.

6) „He did not plead guilty.“

7) Ich bemerke gleich hier, daß bei den beamteten Gerichten Londons die Rechtsmittel in weiterem Umfang zugelassen sind (2 and 3 Vict. c. 71 s. 50), wodurch ein sehr ungereimtes Resultat entsteht, daß nämlich die Anfechtungsmöglichkeit Laienrichtern gegenüber beschränkter ist, als gelehrten Richtern gegenüber.

Anfechtbarkeit eines Urteils schweigt. Läßt das Gesetz dagegen Rechtsmittel in weiterem Umfang zu, also z. B. auch für den Fall, daß nur auf eine Buße erkannt ist, so wird eine derartige Bestimmung nicht durch s. 19 des Summary Jurisdiction Act 1879 irgendwie tangiert.[1]) Schließt ferner ein Gesetz die Anfechtbarkeit expressis verbis aus, so hat es ebenfalls dabei sein Bewenden, namentlich bei Gesetzen, die nach 1879 ergangen sind.[2]) Läßt dagegen ein Gesetz Rechtsmittel nur unter engeren Voraussetzungen zu, so greift s. 19 ein, so daß nunmehr die Voraussetzungen als erweitert zu betrachten sind, da hier ein ausdrücklicher Ausschluß der Anfechtbarkeit nicht vorliegt.[3])

b) Einschränkend muß aber darauf hingewiesen werden, daß sich s. 19 nicht bezieht auf s. 12, und auf ss. 10 und 11 des Summary Jurisdiction Act 1879. Das heißt: Erwachsene, die sich gemäß dem Gesetz der Aburteilung durch einen Court of Summary Jurisdiction unterwerfen in Fällen, die an sich nicht von einem solchen zu erledigen sind,[4]) werden zwar von den Petty Sessions abgeurteilt, erlangen aber damit kein Recht auf Appeal, so daß die sämtlichen so ergehenden Urteile als nicht anfechtbar bezeichnet werden müssen.[5]) Dasselbe ist anzunehmen für Jugendliche,[6]) die, obschon sie von einer Jury abgeurteilt werden konnten, sich mit summarischer Erledigung ihrer Sache einverstanden erklärten, wie auch für Kinder, bei denen Eltern resp. Vormünder diese Einwilligung gaben.

c) Einschränkend ist ferner zu bemerken, daß s. 19 nicht Anwendung findet, falls auf Gefängnis erkannt ist „for failure to

---

[1]) Gifford, Summary Jurisdiction of Magistrates 2nd Ed. p. 270: „By some Acts an appeal in all cases arising under them is given whatever the penalty may be.“ Als Beispiele führe ich an 8 and 9 Vict. c. 16 s. 159; 8 and 9 Vict. c. 18 s. 146; 8 and 9 Vict. c. 20 s. 157. Ganz unbeschränkt ist das Recht auf Rechtsmittel nur bei Verurteilungen auf Grund des Prevention of Corruption Act, vgl. 6 Edw. VII c. 34 s. 2 (6).

[2]) Für die früheren Gesetze kommt die Frage im wesentlichen nicht in Betracht in Hinblick auf den S. 61 erwähnten Grundsatz, daß Anfechtung nur möglich ist kraft ausdrücklicher Bestimmung.

[3]) Man könnte auf 47 and 48 Vict. c. 43 s. 4 hinweisen und daraus den Schluß ableiten, daß nunmehr die Rechtsmittel einheitlich ihren Voraussetzungen nach geregelt seien. Allein s. 4 bezieht sich nur auf das Verfahren. So bezeichnete Sir Harry B. Poland mir gegenüber ausdrücklich das durch s. 19 der Partei gewährte Recht als ein „additional right“ derselben. Vgl. übrigens auch Douglas, Summary Jurisdiction Procedure p. 217; Archbold pp. 305 et seq.

[4]) Vgl. weiter oben S. 30ff.

[5]) Douglas, Summary Jurisdiction Procedure pp. 141, 150; Archbold p. 304, n. g.

[6]) Ein Präzedenz fehlt. Douglas l. c. p. 150.

comply with an order for the payment of money, for the finding of sureties, for the entering into any recognizance, or for the giving of any security."

d) Erweiternd dagegen ist schließlich zu bemerken, daß der Angeklagte, der zwar ein gerichtliches Geständnis abgelegt, aber zugleich mildernde Umstände geltend gemacht hat, ein Recht auf Appeal hat. Seine diesbezüglichen Ausführungen enthalten nicht eine „simple plea of guilty" im technischen Sinne des Wortes.[1] [2] [3]

IV. 1. Was die Besetzung der Quarter Sessions anbelangt, so ist zunächst hervorzuheben, daß dieselben teils mit, teils ohne Jury verhandeln. Sie sind also teilweise, und zwar, wie ich gleich bemerken möchte, in den wichtigsten Fällen Schwurgerichte in unserm Sinne, teilweise aber entscheiden die Richter auch ohne Jury, so daß hier die Gerichte mehr unsern Strafkammern ähneln.

Ohne Jury entscheiden nun zunächst die Quarter Sessions alle Rechtsmittel in Kriminalsachen.[4] Im allgemeinen gilt dieser Satz auch für die Rechtsmittel in anderen Angelegenheiten, doch kommen hier Ausnahmen vor.[5] Ohne Jury werden ferner im allgemeinen auch alle nichtkriminellen Angelegenheiten erledigt, aber auch hier treffen wir Ausnahmen, auf die indes an dieser Stelle nicht näher eingegangen werden kann. Sie betreffen Wegeangelegenheiten und ähnliches.[6] Prinzipiell dagegen wirkt die Jury in allen Kriminalangelegenheiten mit. Allein auch von diesem Satz bestehen wesentliche Ausnahmen. Einmal im Falle des Geständnisses.[7] Ferner[8] sind unverbesserliche Vagabunden[9] von Quarter Sessions ohne Jury abzuurteilen, und zwar können die Quarter

[1] Douglas l. c. p. 150.

[2] Vgl. zum Ganzen bezüglich der zweitinstanzlichen Zuständigkeit der Quarter Sessions in Kriminalsachen Archbold pp. 302—357, in Verwaltungssachen pp. 357—574. Dazu auch die sehr instruktive Tabelle pp. 586 et seq.

[3] Die Ausführungen Steins, Zur Justizreform S. 49 über die Voraussetzungen der Anfechtungsmöglichkeit sind nicht ganz zutreffend.

[4] Vgl. Wertheim S. 321; Archbold pp. 346 et seq.; W. Anson, The Law and the Custom of the Constitution 2nd Ed. vol. II, p. 427; Cohen, Spirit of Our Laws p. 275.

[5] Archbold p. 363. Die Ausnahme betrifft Wegeangelegenheiten.

[6] Vgl. dazu Hatschek, Englisches Staatsrecht Bd, II, S. 435.

[7] Archbold, Pleading p. 166.

[8] Vgl. zum Folgenden Archbold pp. 279 et seq.

[9] Der englische Begriff „rogue" läßt sich nicht gut anders wiedergeben. „Landstreicher" ist zu eng, denn Begriffsmerkmal ist nicht das Führen eines wandernden Lebens. Kenny, Outlines p. 323, n. 1. Nichtsdestoweniger sind die Mehrzahl der „rogues" natürlich Landstreicher, wie sie denn früher geradezu „wanderers" hießen. Die einzelnen Fälle vgl. bei Kenny l. c. pp. 322 et seq.; vgl. auch Wertheim S. 486. Nicht ganz zutreffend Stein, Zur Justizreform S. 13.

Sessions eine Strafe bis zu einem Jahr harter Arbeit verhängen, die bei Männern noch durch Prügelstrafe verschärft werden kann.[1])

Man sieht, sehr einheitlich sind all diese Bestimmungen nicht, ja man kann vielmehr sagen: Es tritt uns auch hier das bunte Durcheinander des zufällig historisch Gewordenen entgegen, wie es uns so oft verwirrend und verwirrt in den englischen Einrichtungen begegnet.

Nachdem dies vorausgeschickt ist, haben wir nunmehr die einzelnen in den Quarter Sessions mitwirkenden Organe gesondert zu behandeln.

2. a) Die Richterbank der Quarter Sessions wird gebildet durch die sämtlichen Friedensrichter des Distriktes, für welchen die Commission of the Peace ergangen ist. Jeder Friedensrichter kann sich an den Verhandlungen beteiligen, und Richterbänke von 10 bis 20 Richtern sind keine Seltenheit.[2]) Es genügt aber, wenn zwei Friedensrichter anwesend sind, und das gilt sowohl für die eigentlichen Quarter Sessions, als auch für den zweiten Hof, den im Falle von Geschäftshäufung die Quarter Sessions bilden können.[3])[4]) Ich bemerke übrigens noch ausdrücklich, daß in Appellsachen die Friedensrichter, die die Entscheidung erster Instanz erlassen haben, nicht mitwirken können. Sie gelten als Partei und erscheinen als solche persönlich interessiert am Ausgang des Prozesses, so daß sie gesetzlich ausgeschlossen sind.[5])

b) Die Friedensrichter wählen einen Chairman, der als solcher die Verhandlungen leitet. Der Chairman kann ein Jurist sein; eine Verpflichtung nur einen Juristen zu wählen, besteht aber nicht. Meist ist er ein besonders geachteter, angesehener und als geschäfts-

---

[1]) 5 Geo. IV c. 83 s. 10.

[2]) Weidlich, Englische Strafprozeßpraxis S. 5; Lisztsche Zeitschrift Bd. 28, S. 502, Anm. 9; Stein, Zur Justizreform S. 15; v. Lewinski, England als Erzieher? S. 20. Wenn aber Weidlich meint, regelmäßig seien sie mit drei Friedensrichtern besetzt, (so im Anschluß an Weidlich auch v. Lewinski), so stimmt das mit meinen Erfahrungen und Informationen nicht überein. So teilte mir Sir Harry B. Poland als üblich mit: „At the Quarter Sessions a large number of Justices always attend.“ Vgl. auch Rey, Institutions Judiciaires de l'Angleterre tom. II, p. 93.

[3]) Zwei Richter müssen aber auch ununterbrochen bei den Verhandlungen anwesend gewesen sein. Stone, Justices' Manual 1907, p. 850.

[4]) Unrichtig de Franqueville tom. I, p. 250 s., der behauptet, Anwesenheit eines Richters genüge. Es liegt hier offenbar eine Verwechslung vor mit der Tatsache, daß früher mindestens einer der anwesenden Richter einer der in der Quorumklausel Genannten sein mußte. Vgl. Archbold pp. 49 et seq., 74, 129; Kenny, Outlines p. 424.

[5]) Archbold p. 64; vergl. weiter oben S. 14, Anm. 7. Es muß dies aber früher anders gewesen sein, dafür sprechen wenigstens die Angaben bei Mittermaier, Englisches, schottisches und amerikanisches Strafverfahren S. 292.

kundig bekannter Mann des Distriktes.[1]) Sehr häufig ist es auch der Recorder einer der Grafschaftsstädte.[2]) Er erhält für sein Amt keine Bezahlung. Nur ausnahmsweise finden wir in einigen wenigen, aber besonders bevölkerten Distrikten einen angestellten und dann auch bezahlten Chairman.[3]) Derselbe ist dann ein Beamter der Grafschaft, von der er bezahlt wird. Eine generelle Möglichkeit für die Grafschaft, einen bezahlten Chairman anzustellen, existiert indessen nicht. Vielmehr ist dazu stets die Sanktion eines besonderen Gesetzes notwendig.[4])

Gewählt wird der Chairman meist für ein Jahr, unter Umständen jedoch auch nach Ortsgebrauch für eine längere Zeit.[5]) Wiederwahl ist zulässig, so daß einzelne Chairmen das Amt sehr lange bekleiden.[6])

Dem zweiten Hof sitzt ein Deputy Chairman vor, der ebenfalls von den übrigen Friedensrichtern gewählt wird, entweder im voraus für eine bestimmte Zeit oder aber nur für den Einzelfall. Das erste ist natürlich da der Fall, wo ein zweiter Hof ständige Einrichtung ist. Stellvertreter[7]) für den Chairman werden ebenfalls im voraus gewählt.

c) Die Friedensrichter üben ihr Amt als Kollegium aus, d. h. jeder Friedensrichter hat die gleichen funktionellen Rechte und Pflichten. Dies gilt auch für den Chairman, der stets, also auch wenn er Jurist oder sogar angestellt ist, nur primus inter pares ist und theoretisch keinerlei Vorrechte vor den übrigen Friedensrichtern hat. Namentlich hat er bei Stimmengleichheit nicht die Entscheidung, wie wir sofort noch sehen werden.[8]) Seine Aufgabe ist also im wesentlichen formeller Natur, so daß er nur die Verhandlungen zu leiten und die Entscheidung des Gerichtes zu verkünden hat.

---

[1]) Unter Umständen kann es sogar ein im Distrikt angesessener Barrister sein, vgl. z. B. Law Times vol. 124, p. 211.

[2]) Vgl. z. B. Daily Mail vom 30. 1. 1907.

[3]) Kenny, Outlines p. 424, n. 2, der von 2—3 Grafschaften spricht, in denen ein bezahlter gelehrter Chairman vorkommt. Vgl. auch Cohen, Spirit of Our Laws p. 262. Auch Weidlich, Englische Strafprozeßpraxis S. 5 erwähnt, daß der Chairman manchmal Jurist ist, meint wohl aber wie v. Lewinski, England als Erzieher? S. 20 nur die Möglichkeit, daß der Friedensrichter in seinem Beruf Jurist ist, nicht aber den hier interessierenden Fall, daß ein Jurist kraft seines Berufes Chairman der Quarter Sessions ist.

[4]) Vgl. z. B. 51 and 52 Vict. c. 41 s. 42.

[5]) de Franqueville tom. I, p. 250.

[6]) Law Times vol. 124, p. 211 ist ein Fall erwähnt, in dem ein Chairman diese Stelle 35 Jahre bekleidet hatte. Man kann sagen, daß im allgemeinen eine Wiederwahl stets stattfindet, sofern der frühere Chairman mit der Wiederwahl einverstanden ist.

[7]) Law Times vol. 124, p. 211.

[8]) Stone, Justices' Manual 1907, pp. 855 et seq.

Davon besteht eine wesentliche Ausnahme: Im Schwurgerichtsverfahren nämlich hat der Chairman die wesentlichen Ergebnisse der Beweisaufnahme niederzuschreiben[1]) und hat die Belehrung der Geschworenen vorzunehmen. Mögen auch früher die beisitzenden Richter vielleicht die Möglichkeit gehabt haben, ihre abweichenden Meinungen in Form von Anschlußerklärungen zum Ausdruck zu bringen, so ist dies heute jedenfalls nicht mehr der Fall, und heute ist Rechtssatz, daß der Chairman allein belehrt. Allein abgesehen von dieser Ausnahme gilt streng der Grundsatz, daß der Chairman nur primus inter pares ist.

So ist mithin die Auffassung von den Verhältnissen, wie sie sich bei Gneist findet,[2]) zum mindesten theoretisch verfehlt und unzutreffend. Gneist sagt: „Dem Namen nach bildet das Plenum der anwesenden Richter die Richterbank; nach alter Praxis werden aber die Richterfunktionen einem rechtskundigen oder besonders geschäftskundigen Friedensrichter als Chairman überlassen, so daß Form und Verfahren wesentlich mit den ordentlichen Kriminalassisen übereinstimmen." Davon ist theoretisch, wie gesagt, keine Rede. Nirgends wird dem Chairman die Funktion des Richters als solchen übertragen, so daß die übrigen Friedensrichter sich ihrer Funktionen etwa begeben hätten. Vielmehr handelt stets das Kollegium als solches, und keines seiner Mitglieder ist auch nur tatsächlich bei der Feststellung der Entscheidung nicht mit beteiligt.[3])

Dies zeigt sich namentlich deutlich bei dem Sichschlüssigmachen des Kollegiums als solchen, dessen formlose Art die irrtümliche Auffassung Gneists recht erklärlich erscheinen läßt. Bei der Abstimmung ist nun zu unterscheiden zwischen Geschworenenverfahren und Verfahren ohne Jury.[4])

Im Geschworenenverfahren findet im allgemeinen keine Beratung statt. Der Chairman befragt, nachdem die Jury ihr Verdict gefunden hat, die neben ihm sitzenden Friedensrichter um ihre Ansicht, indem er ihnen seinen Urteilsvorschlag mitteilt. Stimmen diese mit ihm überein, so verkündet er ohne weiteres das Urteil

---

[1]) Über die merkwürdige Aufgabe des Richters, das materielle Sitzungsprotokoll zu führen, vgl. weiter unten S. 69.

[2]) Gneist, Englisches Verwaltungsrecht Bd. II, S. 982. So auch im Anschluß an Gneist Adickes, Grundzüge S. 56. Weidlich, Englische Strafprozeßpraxis S. 5 schildert dagegen die Mitwirkung sämtlicher Friedensrichter im wesentlichen zutreffend.

[3]) Unzutreffend Every Man's Own Lawyer, 1908, p. 780: „In counties there is a standing Chairman of Quarter Sessions, who exercises the judicial functions of the assembled magistrates."

[4]) Ich verdanke die folgenden, tatsächlichen Angaben zum großen Teil brieflicher Mitteilung durch Sir Harry B. Poland, der selbst als Friedensrichter jahrelang tätig war.

mit dem so festgestellten Inhalt. Schweigen hier die beisitzenden Friedensrichter, so ist die Sache erledigt. Aber zweifellos können sie auch jetzt noch widersprechen, und dann muß es zu einer Abstimmung kommen, so daß dieses Schweigen rechtlich betrachtet Zustimmung ist,[1]) und das Urteil als solches Urteil der gesamten Richterbank ist. Für den Fall aber, daß die neben dem Chairman sitzenden Richter nicht mit dessen Vorschlag einverstanden sind, kommt es zu einer Abstimmung, die der Chairman selbst vorschlägt, indem er die Friedensrichter aus der Sitzung zur Beratung herausbittet. Letzteres ist indessen sehr selten der Fall.[2])

In den Angelegenheiten ohne Jury geht die Ansicht des Chairman in der Rechtsfrage („matter of law") in der Praxis meist unbedingt vor, während in der Tatfrage („matter of fact") eine wirkliche Abstimmung regelmäßig stattfindet. Hier gewinnen mithin die Quarter Sessions praktisch genommen die merkwürdige Form, daß die Richterbank sich selbst teilt zwischen dem Chairman als Richter und den Beisitzern als einer Art Jury. Allein auch in der Rechtsfrage hat zweifellos jeder Beisitzer das Recht, abweichende Auffassungen zum rechtswirksamen Ausdruck zu bringen, und so erscheint auch hier das Urteil als ein solches der ganzen Richterbank, die eben schweigend abstimmt. Kommt es zur Abstimmung, so erfolgt dieselbe durch Handaufheben oder durch Zirkulieren der verschiedenen Vorschläge, die von den zustimmenden Friedensrichtern unterzeichnet werden.[3]) In schwierigeren Fällen kann auch eine Beratung außerhalb der Sitzung stattfinden.

Kommt es nun zu einer Abstimmung, so entscheidet in allen Fällen die Majorität, und dann kann es auch, wie bereits hervorgehoben, zu einer ganz formellen Abstimmung kommen.[4]) Hierbei kann es nun in Folge der gesetzlich unbestimmten Zahl der amtierenden Richter vorkommen, daß sich keine Majorität erzielen läßt.[5]) Dann sind verschiedene Auswege möglich: Das Gericht kann einfach die Sache vor einen neuen Gerichtshof vertagen, so

---

[1]) Stone, Justices' Manual 1907, p. 856.

[2]) Vgl. ein Beispiel in der Morning Post vom 13. 1. 1908 (York Cruelty Case).

[3]) In einer Appellsache z. B. wird ein Bogen herumgegeben mit folgenden Kolumnen:

Appeal dismissed with costs:	Appeal allowed without costs. Conviction quashed:

Appeal dismissed on the facts, but the sentence to be altered from imprisonment to a fine of £ 5:

[4]) Archbold p. 346.

[5]) Daß derartige Fälle vorkommen, beweist ein bereits früher erwähnter, in der Law Times vol. 99, p, 317 mitgeteilter Fall. Derselbe

daß die Sache in der nächsten Sitzungsperiode nochmals abgeurteilt werden muß.[1]) Eine derartige Vertagung kann sich beliebig oft wiederholen. Es kann aber auch einer der Friedensrichter, um eine Majoritätsbildung zu ermöglichen, sich entfernen oder seine Ansicht ändern. Es kann schließlich, falls das nicht geschieht, das Gericht eine abermalige Vertagung ablehnen. Dann muß es kraft des Satzes in dubio pro reo zu einem freisprechenden Urteil kommen, resp. im Schwurgerichtsverfahren auf die mildere Strafe erkannt werden. Und ich bemerke ausdrücklich, daß eine derartige Freisprechung durchaus rechtskräftig wird.[2]) Unter keinen Umständen aber gibt der Chairman die Entscheidung, wie ja bereits früher bemerkt worden ist. Theoretisch mithin ist die Gneistsche Auffassung unrichtig. Praktisch aber ist der Einfluß, den der Chairman ausüben kann und auch tatsächlich ausübt, ein außerordentlich großer. Und er wird um so bedeutungsvoller, je stärker der Autoritätsglaube ist, den der Engländer in jeder Sache einem Sachverständigen in weitem Maße entgegenzubringen pflegt. So sind die Chairmen in der Tat die eigentlichen Träger der Praxis der Quarter Sessions, was für die historische Weiterentwicklung der letzteren sicher nicht ohne Bedeutung ist.[3])

d) Bezüglich der Funktionen, die die Richter im wesentlichen im Verfahren zu erfüllen haben, ist nun folgendes zu bemerken: Im allgemeinen können wir die Ausführungen in analoger Weise zur Wiederholung bringen, die wir bezüglich der richterlichen Funktionen bei den Petty Sessions gegeben haben,[4]) d. h. der Richter hat im wesentlichen alle nach außen hin wirkenden Rechtsentscheidungen zu erlassen. Andererseits ergeben sich aber Modifikationen, soweit wir es mit einem Geschworenenverfahren zu tun haben. Und auch die Tatsache, daß wir in dem erstinstanzlichen Verfahren der Quarter Sessions in Kriminalsachen ein ordentliches, nicht ein summarisches Strafverfahren haben, bringt es mit sich, daß die Aufgaben des Richters vielfach andere sind, wie im Verfahren vor den Petty Sessions. Hier ist nun zunächst zu bemerken, daß der

---

ereignete sich allerdings vor den Petty Sessions, die Verhältnisse liegen aber hier nicht anders wie dort. Vgl. weiter oben S. 41, Anm. 5.

[1]) Archbold p. 346. Vgl. Morning Post vom 4. 3. 1908, wo ein Fall aus der Praxis mitgeteilt ist.

[2]) Stone, Justices' Manual 1907, p. 856; Archbold pp. 346 et seq. erwähnt allerdings die Möglichkeit einer Freisprechung nicht.

[3]) Charakteristisch ist auch, daß es eine Vereinigung von Chairmen und Deputy Chairmen der Quarter Sessions gibt, die zu den juristischen Tagesfragen Stellung nimmt, Gesetzentwürfe diskutiert usw. Vgl. Law Times vol. 125, p. 103.

[4]) Vgl. weiter oben S. 37ff.

Richter die wichtigsten Ergebnisse der Beweisaufnahme zu notieren hat, also eine Art materielles Protokoll führen muß.[1]) Ferner hat er die Jury zu belehren, ihren Spruch zu veranlassen,[2]) wobei er sehr stark beeinflussend auf das Zustandekommen des Geschworenenspruches einwirkt,[3]) und demnächst auf Grund des Verdikts der

[1]) Es sind dies die sog. Judges' Notes, die im Verfahren eine bedeutende Rolle spielen, wie hier nicht weiter entwickelt werden kann. Die Pflicht der Richter, diese Aufzeichnungen zu machen, ist, wie ich bemerken möchte, durch den Criminal Appeal Act nicht beseitigt worden (vgl. 7 Edw. VII c. 23 s. 8), obwohl nunmehr eine eingehende Protokollierung der Verhandlung vor dem erkennenden Gericht angeordnet ist (vgl. das Gesetz s. 16). Vgl. auch Hirschfeld, Preußische Jahrbücher Bd. 125, S. 455. Man sieht, der Richter entfaltet hier eine Tätigkeit, die bei uns Subalternbeamten erledigen, und die auch wirklich subalterner Natur ist. Es ist überhaupt die Auffassung durchaus nicht zutreffend (etwa Adickes, Aschaffenburgs Monatsschrift Bd. IV, S. 6f.), als sei dem Richter als dem höheren Beamten jede subalterne, jede niedere Arbeit entzogen. Eine derart ideale Arbeitsteilung, die man ja de lege ferenda natürlich postulieren könnte, existiert in England tatsächlich nicht. Vielmehr gilt auch für die Gerichte, was in treffender Weise Hatschek Bd. II, S. 585, über Zivilbeamte im allgemeinen ausführt: „Noch immer haben untergeordnetes Schreibwerk höhere Beamte und mitunter wichtige Verwaltungstätigkeit die niederen zu erledigen . . ." Immerhin mag, um Mißverständnissen vorzubeugen, bemerkt werden, daß die Arbeitsteilung bei den Gerichten noch mit am rationellsten durchgeführt ist.

[2]) Die Überwachung der Jury während der Beratung liegt anderen Beamten ob. Vgl. Archbold p. 146.

[3]) Ich bemerke, daß der Richter hier sogar versucht, in die Beratung der Geschworenen einzugreifen. Als Beweis diene ein Fall, der sich allerdings am Central Criminal Court abgespielt hat. Allein da das Strafverfahren vor jedem Schwurgericht das gleiche ist, so ist auch die Funktionenteilung zwischen Richter und Geschworenen die gleiche, und der Fall kann so auch hier verwendet werden. Vgl. Morning Post vom 5. November 1908:

„DISAGREEMENT OF THE JURY.

After a ten days hearing, the trial came to an abortive conclusion before Mr. Justice Bigham, at the Central Criminal Court yesterday, of Henry Warwick Gyde and Septimus Marcus on indictments charging them with conspiracy to defraud persons who might be induced to become debenture holders in the North Wales Quarries (Limited) and the Welsh Slate Quarries (Limited). Mr. Justice Bigham in summing up said that the whole case turned upon the prospectuses issued to the public. The jury had to determine whether the statements contained in them were false and put forward for the express purpose of cheating persons who became debenture holders in these two companies; and, further, whether as the result of the false statements money was in fact obtained. After an hour and a half's deliberation the foreman of the jury said they were not agreed. The Judge: I do not know how you are divided, and I do not wish you to tell me, but if one of your body and only one takes a view different from his fellowjuryman, I wish to say this — that he ought to try his best honestly to see whether he cannot submit his judgment to the judgment of the men who are sitting in that box. It is difficult to conceive any real difficulty of

Jury das Urteil zu fällen.[1]) Allein dabei hat er ein stark diskretionäres Ermessen, indem er nicht verpflichtet ist, stets auf Grund des Verdikts zu verurteilen. Vielmehr kann er unter Umständen die Entscheidung vertagen, ohne daß auf Einzelheiten der Materie eingegangen werden kann.[2]) In der Rechtsmittelinstanz gegen erstinstanzliche Entscheidungen der Quarter Sessions hat der Richter einen gutachtlichen Bericht über den ganzen Fall oder nur einen speziellen Punkt desselben abzugeben.[3]) Schließlich hat der Richter den Strafvollzug anzuordnen. Im übrigen ergibt sich negativ die Beschränkung der Funktionen des Richters aus der Klarstellung der Funktionen der Jury und des Clerk of the Peace im folgenden.[4])

3. a) Wenden wir uns damit dem zweiten entscheidenden Organ der Quarter Sessions, der Jury zu, so ist hier zunächst auf die Besonderheit des englischen ordentlichen Strafverfahrens hinzuweisen, daß in demselben zwei Juries auftreten, die Anklagejury, die sogenannte Grand Jury, und die Urteilsjury, die sogenannte Petty Jury.[5])

α) Die Grand Jury hat den eigentlichen Eröffnungsbeschluß zu erlassen. Zwar haben zunächst die Petty Sessions, wie wir bereits früher gesehen haben,[6]) bei hinreichendem Verdacht die Überweisung der Anklagesachen an die Schwurgerichte auszu-

opinion existing of the kind I suggest may exist. Pray retire and consider the matter again. — The jury accordingly retired a second time, and, after a further deliberation, the foreman announced that they were not agreed. The Judge: I understand that there is only one of your body who cannot agree. I should like to know if that gentleman will tell me what his difficulties are so that I can assist him? — The juror said he was not disposed to say what his reasons were for not being able to agree. The Judge: That is enough. I understand, Mr. Foreman, that you have done your best to agree, and that you are not likely to do so? The Foreman: I am ashamed to say that that is so. The Judge: I am not astonished to hear you make that statement, sir. The jury were accordingly discharged, the recognisances of the witnesses being enlarged till the next sessions, which open on Tuesday. The Judge declined to admit the defendants to bail at present, and they were accordingly removed in custody."

[1]) Auch der Freispruch wird vom Gericht verkündet; de Franqueville tom. II, p. 404; Archbold, Pleading a. s. o. p. 208.

[2]) Archbold, Pleading p. 206.

[3]) 7 Edw. VII, c. 23, s. 8. Es ist das natürlich die Aufgabe des Chairman.

[4]) Es kann natürlich hier nicht daran gedacht werden, sämtliche Funktionen des Richters im einzelnen zu schildern. Es muß genügen, die Rechtsstellung des Richters im allgemeinen zu skizzieren.

[5]) Vgl. dazu namentlich auch Gneist, Selfgovernment S. 176ff., 422ff. Die später unten häufig erwähnten parlamentarischen Reports zur Frage nach der Zusammensetzung der Jury von 1868 und 1870 finden sich auszugsweise mitgeteilt bei Gneist S. 180ff., 426f.

[6]) Vgl. weiter oben S. 28f.

sprechen. Allein ehe die Sache vor dem erkennenden Gericht zur Verhandlung kommt, geht sie erst an die Grand Jury, die nochmals darüber zu beschließen hat, ob es zu einem Urteilsverfahren kommen soll oder nicht. Zu letzterem kommt es also nur auf einen Beschluß der Grand Jury hin. Außerdem kann aber die Grand Jury selbst Anklagen erheben, die dann ebenso im Urteilsverfahren zu erledigen sind, wie die gewöhnlichen Anklagen. Die Grand Jury ist also sowohl eine richterliche Beschlußbehörde als auch eine richterliche Anklagebehörde, wenn sie auch in der zweiten Funktion heute nur noch selten tätig wird.[1]) Alle ihre Beschlüsse werden mit Majorität gefaßt. Allein da diese Majorität mindestens 12 Stimmen umfassen muß, so muß die Grand Jury mindestens aus 12, höchstens aus 23 Geschworenen bestehen,[2]) ohne daß bezüglich der Zahl der Mitglieder sonst genauere gesetzliche Bestimmungen existierten.[3])

β) Die Petty Jury dagegen ist die eigentliche Urteilsjury. Sie ist vollkommen getrennt von der Grand Jury, d. h. kein Mitglied der Grand Jury kann zugleich Mitglied der Petty Jury sein. Sie besteht aus 12 Geschworenen und kann ihr Verdikt nur fällen, wenn die sämtlichen 12 Geschworenen der Verhandlung ununterbrochen beigewohnt haben, an der Fällung des Urteils teilnehmen und einstimmig einer Ansicht sind, so daß das Prinzip der Majorität hier nicht gilt. Fällt nachträglich, d. h. während der Verhandlung ein Geschworener fort, so muß mit der Verhandlung vor einer neuen Jury von vorne begonnen werden, da die Einrichtung von Ersatzgeschworenen nicht existiert.[4]) Insofern besteht also zwischen der Jury in Kriminalsachen und der in Zivilsachen ein großer Unterschied, da bei letzterer die Prozeßparteien sich beim Wegfall eines Geschworenen einigen können, Recht von den übrigbleibenden Geschworenen zu nehmen.[5])

---

[1]) Vgl. zum Ganzen auch weiter unten S. 855. Kenny, Outlines p. 454, n. 4 sagt, daß derartige Fälle heute „extremely rare" seien.

[2]) Archbold, Pleading p. 91; de Franqueville tom. I, p. 528.

[3]) Zum ganzen vgl.: Archbold, Pleading pp. 88 et seq.; Cohen, Spirit of Our Laws pp. 263 et seq.; Kenny, Outlines pp. 455 et seq.; vgl. auch das sehr umfangreiche Werk von W. G. Huband, A Practical Treatise on the Law relating to the Grand Jury a. s. o. in Ireland, ein Werk, das auch für England nicht ohne Vorteil benutzt werden kann; ferner de Franqueville tom. I, p. 524ss.; Mittermaier, Englisches usw. Strafverfahren S. 263ff. mit interessanten Belegen aus der Praxis; Wertheim S. 313f.

[4]) Vgl. de Franqueville tom. II, p. 371; Archbold, Pleading p. 202; Archbold p. 146. Vgl. aber auch Stephen, Digest of the Law of Criminal Procedure p. 193, n. 1: „In the case of the illness of a juryman it is not incommon to swear a new juryman . , . and to read the judge's notes of the evidence given". Allerdings müssen dann die Zeugen neu beeidigt werden.

[5]) Cohen, Spirit of Our Laws pp. 101, 268.

Zu beantworten hat die Petty Jury die Schuldfrage, d. h. also die Rechts- und die Tatfrage.[1]) Sie kann aber auch ein sogenanntes Special Verdict fällen, d. h. sie beantwortet dann nur die Tatfrage und überläßt die Subsumtion, d. h. die Anwendung der Rechtssätze auf den von der Jury gefundenen Tatbestand dem Richter.[2]) Auf die Strafzumessung hat die Petty Jury kaum Einfluß, da sie an der Straffrage nicht beteiligt ist. Namentlich hat die Petty Jury nicht eine Frage über das Vorliegen von mildernden Umständen zu beantworten, wie bei uns die Geschworenen.[3]) Die einzige Möglichkeit, die die Petty Jury hier hat, ist, daß sie den Angeklagten der Milde des Richters empfehlen kann.[4]) Allein diese Empfehlung ist nur eine unverbindliche Äußerung der Geschworenen, die nicht zum Verdikt gehört und für den Richter keinerlei verpflichtende Bedeutung hat.[5]) [6]) Beachtenswert ist aber, daß die Geschworenen selbst die Möglichkeit haben, von sich aus die Initiative zu ergreifen, um ein Verfahren zu beenden. Und es ist ohne weiteres zulässig, daß eine Jury, nachdem der Kläger seine Beweise vorgebracht hat, ein Verdikt zugunsten des Angeklagten fällt, ohne erst dessen Gegenbeweis abzuwarten, wodurch natürlich eine starke Abkürzung des Verfahrens eintritt. Die Jury kann hierzu übrigens auch durch den Richter angewiesen werden.

γ) Ein sehr merkwürdiges Recht, das gleich hier des Zusammenhanges wegen erwähnt werden mag, übt die Jury insofern noch aus, als sie unter Umständen als Organ der öffentlichen Meinung tätig werden kann. In erster Linie gilt das für die überhaupt größeres Ansehen besitzende Grand Jury, allein es ist auch nicht selten, daß die Petty Jury am Schluß der Sitzung ihre Meinung über gewisse Angelegenheiten des öffentlichen Lebens, die gerade von aktuellem Interesse sind, durch ihren Vormann aussprechen läßt. Und wenn dies auch von erhöhter Wichtigkeit bei der Jury der Courts of Assize ist, so kommt es doch auch bei den Quarter Sessions vor.

---

[1]) Mittermaier, Englisches usw. Strafverfahren S. 454 ff.

[2]) Archbold, Pleading pp. 193, 197 et seq.; Kenny, Outlines p. 479. Derartige Fälle sind indessen selten.

[3]) de Franqueville tom. II, p. 396 s.

[4]) Stephen, Digest of the Law of Criminal Procedure pp. 189 et seq.

[5]) So kommt es auch vor, daß der Richter (ich erlebte selbst einen derartigen Fall) trotz der Empfehlung der Geschworenen zur Maximalstrafe verurteilt. Im allgemeinen folgt aber der Richter der Empfehlung. Im übrigen empfiehlt die Jury oft der Gnade, um im Wege des Kompromisses eine widerstrebende Minorität zu gewinnen und so die nötige Einstimmigkeit herzustellen. Vgl. zum Ganzen Mittermaier, Englisches usw. Strafverfahren S. 488 ff., 502 f. mit interessanten Belegen aus der Praxis.

[6]) Die dritte Jury des englischen Strafverfahrens, die Coroner's Jury, kann hier nur erwähnt, nicht aber behandelt werden. Vgl. dazu weiter unten S. 270 ff.

Die Jury erscheint so als Organ der öffentlichen Meinung, deren Wünsche sie in bezug auf die lex ferenda zum Ausdruck bringt, und es ist nicht uninteressant, daß auch die Richter sie als solches benutzen und in ihren Ansprachen an die Jury Fragen aktuellen Inhaltes berühren und somit Stellung zu den Problemen der Gegenwart nehmen.[1] [2]

b) α) Die zweite, hier wichtige Frage ist die, wer verpflichtet ist, als Geschworener tätig zu werden. Diese Frage ist nun, wie vorweg bemerkt werden mag, nicht verschieden für die Geschworenen der Grand Jury und der Petty Jury zu beantworten. Vielmehr sind die Voraussetzungen, um als Mitglied einer Grand Jury funktionieren zu können, dieselben wie die für die Mitglieder einer Petty Jury.[3] Unterschiede, die in Hinsicht auf die Jury bei den Quarter Sessions der Städte, den sogenannten Borough Quarter Sessions bestehen, sind erst bei Schilderung der städtischen Verhältnisse darzulegen.[4] [5]

β) Die Voraussetzungen aber, die in der Person des zur Ausübung des Geschworenenamtes zu berufenden Gerichtspflichtigen vorhanden sein müssen, sind die folgenden:[6]

---

[1] Vgl. Mittermaier, Englisches usw. Strafverfahren S. 59ff., 269f., 489ff.; Beispiele finden sich z. B. im Daily Telegraph vom 23. 1. 1907, 26. II. 1907; Morning Post vom 24. 10. 1907, 25. 10. 1907. Ich erinnere an den v. Lewinski, England als Erzieher? S. 39f. erwähnten Fall, daß Geschworene sich bitter darüber beklagten über die Opfer, die ihnen im Interesse der Allgemeinheit zugemutet würden. Wenn Verfasser, der diesen Fall erwähnt, sich darüber wundert, daß der Richter sich das bieten läßt, und nicht wegen Contempt of Court einschreitet, so übersieht er, daß hier die Jury als Organ der öffentlichen Meinung ihre Beschwerden vorbringt, die als solche der Richter entgegennimmt. Eine Ungebühr liegt hier überhaupt nicht vor, sondern die Ausübung eines gewohnheitsmäßig anerkannten Rechtes. Vgl. ferner Law Times vol. 124, pp. 211, 236, 237, 238, 332; vol. 125, pp. 59, 614 u. a. a. O. m.

[2] Auf die Ausführungen der Richter hin kommt es dann oft zu Anfragen im Parlament. Vgl. z. B. House of Commons, Sitzung vom 31. 10. 1906. Parliamentary Debates vol. 163, p. 1132.

[3] Vgl. Stephen, Digest of the Law of Criminal Procedure p. 119; Kenny, Outlines p. 455; Archbold, Pleading p. 91; de Franqueville tom. I, p. 527; nicht ganz zutreffend Mittermaier, Englisches usw. Strafverfahren S. 268f.

[4] Vgl. weiter unten S. 132.

[5] Eine Ausnahme für die Geschworenen, die beim Court of Commissioners of Sewers tätig werden (es handelt sich hier um Fluß-, Deich- und ähnliche Angelegenheiten, Wertheim S. 505) interessiert weiter nicht. Vgl. Archbold pp. 251 et seq. Praktisch ist diese Ausnahme ohne jede Bedeutung, da die Commissioners of Sewers so gut wie nie mehr tätig werden.

[6] Vgl. namentlich Archbold, Pleading pp. 172 et seq.; Stephen, Digest of the Law of Criminal Pocedure p. 119; Kenny, Outlines pp. 474 et seq.; de Franqueville tom. I, p. 500ss.; Hatschek Bd. II, S. 174ff.

$\alpha\alpha$) Zunächst ist Voraussetzung männliches Geschlecht und englische Staatsangehörigkeit. Von dieser letzten Voraussetzung ist aber insofern eine Ausnahme gemacht worden, als Ausländer, die mindestens 10 Jahre ihr Domizil in England haben, ebenfalls gerichtspflichtig sind.[1]) Allgemeine Voraussetzung ist ferner ein bestimmtes Alter und zwar besteht die Gerichtspflicht nur nach beendetem 20. Lebensjahr. Sie endet mit dem 60. Lebensjahr.[2]) Schließlich ist erforderlich die nötige geistige und körperliche Gesundheit. Ein Blinder z. B. kann nicht Geschworener sein.

$\beta\beta$) Hinzu treten vermögensrechtliche Voraussetzungen, die als solche eigentlich nur historisch verstanden werden können. Ursprünglich muß die Jury als Beweisjury aus den Insassen der nächsten Nachbarschaft entnommen werden.[3]) Allmählich mit der Umbildung der Beweis- in eine Entscheidungsjury[4]) verliert sich diese Voraussetzung oder besser gesagt, schließt sie sich ab zu dem viel weiteren Erfordernis, daß der Geschworene in der Grafschaft, in der die Jury zusammentritt, wohnhaft und begütert sein muß.[5]) Auch hier überwiegt zunächst in deutlicher Anlehnung an frühere Auffassung das Erfordernis eines bestimmten, im Gerichtsbezirk belegenen Grundstückbesitzes. Allein auf der anderen Seite tritt auch die allmähliche Aufgabe des Ausgangspunktes insofern erkennbar hervor, als an Stelle des Erfordernisses des Grundstückbesitzes das eines bestimmten Einkommens tritt. Im allgemeinen ist nun erforderlich eine Einnahme[6]) aus Landbesitz („freehold“[7])) von mindestens £ 10 jährlich oder eine Einnahme aus Pachtbesitz („leasehold“[8])) von mindestens £ 20. Dem gleichgestellt ist die Führung eines selbständigen Haushaltes, sofern nur der „householder“ für die Armensteuer auf £ 20, in der Grafschaft

---

[1]) 33 and 34 Vict. c. 71 s. 8.

[2]) Die Pflicht besteht „between the ages of twenty-one years and sixty years“. Alter über 60 Jahre begründet übrigens nur eine Exemtion, disqualifiziert aber nicht. Vgl. Archbold, Pleading p. 173 und weiter unten S. 75.

[3]) Vgl. die eingehenden Darlegungen von Mittermaier, Englisches Strafverfahren S. 362ff.; de Franqueville tom. I, p. 490ss.

[4]) Urteilsjury wäre im Hinblick auf die Grand Jury ein zu enger Begriff.

[5]) Die Residenzqualifikation darf nicht übersehen werden.

[6]) Gemeint ist stets die Reineinnahme. Alle Lasten und Abzüge („reprises“) sind abgerechnet. Vgl. Archbold, Pleading p. 172.

[7]) Gleichgestellt sind dem Eigentum eine Reihe eigentumsähnlicher Verhältnisse, wie Copyhold, Customary Tenure usw. Vgl. auch Hatschek Bd. II, S. 174.

[8]) Gleichgestellt ist Ususfructus; Archbold, Pleading p. 172; de Franqueville tom. I, p. 508, 509.

Middlesex auf £ 30 eingeschätzt ist. Und schließlich genügt es, wenn jemand ein Haus mit 15 Fenstern bewohnt, um die Geschworenenpflicht zu begründen.[1])

γγ) Als negative Voraussetzung muß endlich noch erwähnt werden, daß keine sogenannte „disqualification", d. h. Unfähigkeit vorliegen darf. Unfähigkeit aber tritt ein als Rechtsfolge einer Verurteilung wegen Treason, Felony oder eines infamierenden anderen Deliktes.[2]) Der Begriff des infamierenden Deliktes ist dabei ein enger.[3]) Schließlich ist unfähig zum Geschworenenamt der Geächtete, eine Bestimmung, die indes heute nur noch historische Bedeutung hat.[4]) Die Unfähigkeit kann nur durch Begnadigung beseitigt werden.[5])

γ) Es gibt nun aber eine unendliche Menge von Exemtionen, so daß eine Reihe an sich geeigneter Personen berechtigt sind, die Ausübung des Geschworenenamtes zu verweigern. In diesen zahlreichen Exemtionen, die sich stets noch vermehren,[6]) liegt die auch in England klar erkannte[7]) Hauptschwäche der ganzen Geschworeneneinrichtung. Man kann ohne weiteres sagen, daß ein großer, ja, der größte Teil der gebildeten Stände eximiert ist und von dem Recht der Verweigerung des Geschworenendienstes auch ausnahmslos Gebrauch macht.[8]) Die Exemtionen sind nun verschiedenartige: Einmal werden bestimmte Berufe eximiert, wie z. B. die sämtlichen Rechtsanwälte beider Branchen. Oder aber es zieht die Bekleidung gewisser Ämter die Befreiung vom Geschworenendienste nach sich. Ferner haben sich historische Exemtionen in-

---

[1]) Vgl. Archbold, Pleading pp. 172 et seq. und daselbst auch die weiteren Einzelheiten. In der City von London liegen die Verhältnisse anders. Wir werden darauf später zurückkommen.

[2]) Es mag bemerkt werden, daß sämtliche Delikte eingeteilt werden in Treasons, Felonies und Misdemeanours. Vgl. Kenny, Outlines pp. 91 et seq. Die Einteilung hat indessen wenig praktische Bedeutung mehr.

[3]) Report from the Select Committee on Special and Common Juries 1867 p. 14, q. 299: „They must be crimes which carry infamy as part of the punishment, which disqualify from being witnesses, and so forth, or which did previous to the alteration of the law disqualify from being witnesses . . ." Vgl. auch Archbold, Pleading p. 91.

[4]) Wer sich der Aburteilung einer Indictable Offence durch die Flucht zu entziehen versucht, kann unter Acht („under outlawry") erklärt werden. Die Einrichtung ist so gut wie obsolet. Vgl. Archbold, Pleading pp. 98, 99.

[5]) Archbold, Pleading p. 173; de Franqueville p. 510s.

[6]) de Franqueville tom. I, p. 510 gibt Beispiele aus neuester Zeit.

[7]) Vgl. hierzu die verschiedenen Reports über die Bildung und Zusammensetzung der Geschworenenlisten von 1867, 1868 und 1872.

[8]) Archbold, Pleading pp. 173 et seq.; ferner namentlich Report from the Select Committee on Special and Common Juries 1867, p. 13, q. 293: „The Committee will observe that the persons exempt include the representatives of all educated classes in England."

sofern erhalten, als ganze Gemeinden oder die Insassen bestimmter Güter vom Geschworenendienst befreit sind.[1]) Auf alle Einzelheiten einzugehen ist hier unmöglich. Es genügt die Bemerkung, daß, wie gesagt, fast alle gebildeten Berufe exemt sind.[2]) Und es mag noch ausdrücklich hervorgehoben werden, daß die Exemtionen sich nicht nur beziehen auf die Verpflichtung, in einer Petty Jury mitzuwirken, sondern auch auf die, in einer Grand Jury als Geschworener tätig zu werden.[3])

---

[1]) de Franqueville tom. I, p. 510.

[2]) Vgl. die Aufzählung der Exemtionen bei Archbold, Pleading pp. 163 et seq.; Archbold, Quarter Sessions p. 84, n. c., und Report 1867, p. 13, q. 293, woselbst sich auch erläuternde Bemerkungen finden. Ich gebe der Vollständigkeit halber die Liste der Exemtionen nach Archbold, wobei ich darauf hinweise, daß wir unter den Exemtionen zwei Kategorien unterscheiden können, und zwar relative und absolute Exemtionen: „Mitglieder beider Häuser des Parlamentes; Richter; Pfarrer; katholische Priester; Angestellte irgend einer protestantischen Sekte mit anerkanntem kirchlichen Mittelpunkt, sofern dieselben zu kirchlichen Zwecken oder zu Lehrzwecken angestellt sind; jüdische Geistliche; Rechtsanwälte und Rechtsbeistände aller Art, sofern sie wirklich praktizieren; Beamte sämtlicher Gerichtshöfe; Untersuchungsbeamte (d. h. Coroners; wir werden diese Beamten später kennen lernen, vgl. hier nur Wertheim S. 162ff.); alle Gefängnis- und Zuchthausbeamte; alle Angestellten von Anstalten für Geisteskranke; alle praktizierenden Ärzte, Apotheker und pharmazeutische Drogisten; eingetragene Zahnärzte; aktive Offiziere und Mannschaften von Flotte, Heer und Yeomanry; Mitglieder der Mersey Docks und des Harbour Board; alle Lotsen und Kapitäne von Leuchtschiffen, Angestellte von Leuchttürmen usw. (vgl. auch Wertheim S. 547; Gneist, Englisches Verwaltungsrecht Bd. II, S. 986); die im Hofdienst des Königs und des Thronfolgers angestellten Beamten und Bedienten; Postbeamte; Steuerbeamte; Zollbeamte; der Sheriff und seine Beamten; sämtliche Polizeibeamten nebst allen Angestellten; die Polizeirichter der Städte; Mitglieder des Stadtrates für den Bezirk ihres Amtskreises; Mitglieder des Grafschaftsrates innerhalb der Grafschaft; Friedensrichter in bezug auf Quarter Sessions, bei denen sie mitzuwirken berechtigt sind; Stadtschreiber; andere städtische Beamte; die Bürger der Städte, die Rechte auf besondere Quarter Sessions haben, im Hinblick auf die Grafschafts-Geschworenengerichte; Beamte des Parlamentes; Standesbeamte; alle Personen über 60 Jahre. (Vgl. dazu auch de Franqueville tom. II, p. 509, n. 3.) Ich bemerke, daß trotz den in dem Report von 1867 enthaltenen Klagen über die zu zahlreichen Exemtionen der gebildeten Klassen, seitdem immer noch weitere Exemtionen gesetzlich angeordnet sind. Vgl. zum Ganzen auch noch Encyclopaedia 1st Ed. vol. VII, pp. 146 et seq.

[3]) Man könnte hier zweifelhaft sein im Hinblick auf die Entscheidung in Lord Headley's Case, vgl. Archbold, Pleading p. 91. Hier wurde entschieden, daß „even an Irish peer, who is a member of the House of Commons, is liable to serve upon the grand jury . . .“ Man könnte daraus entnehmen, daß ein Commoner verpflichtet sei, in einer Grand Jury mitzuwirken, daß mithin die Exemtionen nicht für Grand Juries gelten. Allein die Exemtionen beziehen sich nach 33 and 34 Vict. c. 77 s. 9 auf alle Juries („the persons . . . shall be . . . exempt . . . from serving upon any juries . . .“),

Die Exemtionen selbst begründen nur ein persönliches Recht auf Befreiung von der Geschworenenpflicht und müssen, um wirksam zu sein, geltend gemacht werden. Und zwar hat der Berechtigte die Streichung seines Namens von der Geschworenenliste herbeizuführen. Ist dies Recht nicht rechtzeitig ausgeübt worden, so ist auch der Exemte verpflichtet, auf gehörige Ladung zu den Quarter Sessions zu erscheinen.[1])

c) Bezüglich der Bildung der Geschworenenlisten und demnächst der Geschworenenbank sind drei verschiedene Stadien auseinanderzuhalten.[2])

α) Der Clerk of the Peace[3]) weist jedes Jahr bis zum 20. Juli die Kirchenvorstände und Armenaufseher in den verschiedenen Pfarrgemeinden an, eine genaue Liste sämtlicher gerichtspflichtiger Personen ihres Sprengels aufzustellen.[4]) Die Kirchenvorstände usw. haben auf Grund dieser Anweisung die nötigen Ermittlungen anzustellen, was allerdings nur sehr kursorisch geschieht. Es besteht nämlich ein System der Selbsteintragung in die Geschworenenlisten, welches indes, wie wir noch sehen werden, nicht besonders gut funktioniert. Auf Grund desselben sendet der Gemeinde-Sekretär, der sogenannte Vestry Clerk,[5]) an alle Einwohner des Kirchspiels die Aufforderung, ein beigefügtes Formular auszufüllen. Aus diesen Angaben ergibt sich dann, ob die betreffende Person zum Geschworenendienst herangezogen werden kann oder nicht. Auf Grund dieser einseitigen Geschworenenerklärungen[6]) bilden nun die Kirchenvorstände usw. eine vorläufige Urliste, die durch Aushang im September öffentlich bekannt gemacht werden muß. Gegen die Liste hat jeder Betroffene ein Einspruchsrecht,[7])

---

und jene Entscheidung erklärt sich leicht historisch. Sie stammt aus dem Jahr 1806, die Exemtion der Mitglieder des Unterhauses ist aber erst 1828 eingeführt. Es ist charakteristisch für englische juristische Werke, daß diese Entscheidung stets noch mit aufgeführt wird, obwohl ihr Inhalt, so wie er bei Archbold wiedergegeben wird, heute geradezu unrichtig ist.

[1]) Archbold, Pleading p. 174. Vgl. auch die interessanten Auseinandersetzungen Report 1867, p. 14.

[2]) In Betracht kommen von gesetzlichen Bestimmungen 6 Geo. IV c. 50 ss. 8—10, 12, 14, 20, 22, 25; 25 and 26 Vict. c. 107 ss. 4—6, 8—14; 33 and 34 Vict. c. 77 ss. 11, 13—15, 19, 20. Vgl. Archbold, Pleading pp. 174 et seq. und die sehr eingehende Darstellung bei de Franqueville tom. I, p. 500 ss.

[3]) Der Clerk of the Peace handelt in dieser Beziehung stets als Clerk of the County Council. Archbold, Quarter Sessions p. 83, n. p. p. 87.

[4]) Das Formular findet sich abgedruckt bei Archbold p. 84.

[5]) Derselbe ist auch kein eigentlicher Subalternbeamter. Vgl. Wertheim S. 397.

[6]) Vgl. ein Formular abgedruckt bei de Franqueville tom. I. p. 502, n. 3.

[7]) Bei der Bekanntmachung der Liste wird bekannt gegeben, „that all objections to the foregoing list will be heard by the justices, the time

und zwar kann er sowohl rügen, daß Namen zu Unrecht in die Liste aufgenommen, wie fälschlicherweise ausgelassen sind. Ende September haben dann die Petty Sessions des betreffenden Kirchspiels über die Einsprachen zu entscheiden und unter eidlicher Vernehmung der Kirchenvorstände usw. die Urliste zu berichtigen. Gegen diese Berichtigungen sind abermals Einsprüche zulässig, die in einer neuen Sitzung wiederum von den Petty Sessions definitiv erledigt werden.

Ich bemerke, daß sich bereits in diesen Listen ein Eintrag befindet, ob sich die in Betracht kommende Person als Grand oder Petty Juror qualifiziert,[1]) was durch die beiden dem Namen beigefügten Buchstaben G und P ausgedrückt wird. Und ebenfalls wird hier bereits erkenntlich gemacht, ob jemand zum Special Juror qualifiziert ist, was durch Bezeichnung als „esquire or person of higher degree or banker or merchant“ geschieht.[2]) Es sind aber Special Juries Geschworenenbänke, bei denen die Qualifikationen der Geschworenen strengere sind.[3]) Dieselben kommen im allgemeinen nur im Zivilprozeß vor. In Strafprozessen sind sie allerdings auch zulässig, aber nur unter der doppelten Voraussetzung, daß es sich um eine Anklage wegen Misdemeanour handelt, und daß dieselbe ausnahmsweise vor der King's Bench Division des High Court schwebt.[4]) So kommen für uns hier die Special Juries nicht weiter in Betracht, und wir haben uns mit ihnen im einzelnen nicht an dieser Stelle zu befassen,[5]) werden sie aber weiter unten noch genauer kennen lernen.

Sind nun in den Petty Sessions die Widersprüche definitiv erledigt, sind also die Urlisten revidiert und festgestellt, so gehen dieselben von den einzelnen Petty Sessions an den Clerk of the Peace, bei dem sämtliche Urlisten seines Bezirks zusammenlaufen. Der Clerk of the Peace bildet aus ihnen eine vereinigte Urliste, indem er die sämtlichen Namen tauglicher Personen mit den Bemerkungen G oder J oder Esquire usw. (d. h. Grand Juror, Petty Juror, Special

---

and place for making objections being then stated“. Vgl. Report 1868, p. 30, q. 602.

[1]) Man bezeichnet als Grand Jurors in Ermangelung abweichender Qualifikationen einfach die besser situierten Personen.

[2]) Vgl. Report 1867, p. 65. Auch durch ein beigefügtes S; de Franqueville tom. II, p. 521.

[3]) Hatschek Bd. II, S. 175.

[4]) Vgl. Archbold, Pleading p. 176; Kenny, Outlines p. 475, n. 2; nicht ganz genau Mittermaier, Englisches Strafverfahren S. 381; Hatschek Bd. II, S. 175, Anm. 1; de Franqueville tom. II, p. 519. Das entscheidende Gesetz ist 6 Geo. IV c. 50 s. 30.

[5]) Vgl. weiter unten S. 358 ff. und vorläufig Archbold, Pleading p. 176 et seq.

Juror) in eine Jahresliste einträgt, in das sogenannte Jurors' Book. Diese Jahresliste geht an den Sheriff der Grafschaft, der die Liste ein Jahr lang vom 1. Januar an zu benutzen hat. Der Sheriff resp. der amtierende Under-Sheriff bildet häufig dann aus dieser Jahresliste für sich eine besondere Liste der als Special oder Grand Jurors qualifizierten Personen.[1])

β) Wird eine Jury notwendig, so ergeht ein sogenanntes Precept an den Sheriff, gezeichnet von mindestens zwei Friedensrichtern,[2]) deren einer natürlich im allgemeinen der Chairman resp. sein Vertreter sein wird. Dieses Precept ist ein Befehl an den Sheriff, eine bestimmte Anzahl von Geschworenen zu einem bestimmten Tage an einen bestimmten Ort zu laden. Über die Zahl der zu ladenden Geschworenen ist gesetzlich nur bestimmt, daß sie 72 nicht übersteigen darf.[3]) Gewöhnlich aber werden 36 Geschworene geladen außer den nötigen Grand Jurors.[4]) Denn daran ist stets festzuhalten: der Sheriff hat zwei Listen zu bilden, eine der Grand Jurors und eine der Petty oder Common Jurors. Die Auswahl der zu ladenden Geschworenen aus der Jahresliste, die Bildung also der Sessionsliste, des sogenannten Panel aus der Jahresliste, dem Jurors' Book liegt, wie gesagt, dem Sheriff ob. Wie er dabei verfährt, ist mehr oder weniger in sein freies Belieben gestellt. Es existieren hier nur wenig bedeutungsvolle Bestimmungen: Einmal ist der Sheriff verpflichtet, die Geschworenen ohne Rücksichten auf lokale Interessen und Verhältnisse aus der Jahresliste zu wählen.[5]) Ferner soll der Name eines Geschworenen nicht auf die Sessionsliste gesetzt werden, sofern der letztere im laufenden Jahr oder in den beiden letzten Jahren als Geschworener tätig gewesen ist.[6]) Und diese Schonzeit kann auch noch im konkreten Fall ausgedehnt werden, falls Geschworene in besonders langdauernden Prozessen tätig waren. Hier kann der vorsitzende Richter sie nach seinem Ermessen für eine Reihe von Jahren von

---

[1]) Report 1868, p. 30, q. 598 et seq. Werden besondere Listen gebildet, so ist das Sache des Sheriffs; für ihn sind jedenfalls die bisherigen Einträge unverbindlich. Report 1867, p. 12, q. 290.

[2]) Archbold, Quarter Sessions p. 75 und namentlich pp. 118 et seq., woselbst sich der Wortlaut des Precept findet.

[3]) Archbold, Pleading p. 176; Kenny, Outlines p. 475, n. 1 erwähnt allerdings einen Fall, wo die Sessionsliste 160 Geschworene aufwies.

[4]) Archbold p. 118; Kenny, Outlines p. 475. Nicht ganz zutreffend de Franqueville tom. I, p. 512, der einseitig die Verhältnisse bei den Courts of Assize schildert.

[5]) 6 Geo. IV c. 50 s. 13.

[6]) Archbold p. 123. In der Grafschaft Yorkshire ist ausnahmsweise dieser Zeitraum auf die drei letzten Jahre ausgedehnt. Vgl. Report 1868, p. 30, q. 604.

der Geschworenenpflicht befreien, wobei die Bestimmung der Zeitdauer der Befreiung ganz in sein freies Ermessen gestellt ist.[1]) Ist aber ein Geschworener bereits einmal tätig gewesen, so kann er, falls die Jahresliste gänzlich erschöpft ist, in demselben Jahre noch einmal herangezogen werden, ein Fall, der sich indessen sehr selten ereignen dürfte.[2]) Und diese Bestimmung[3]) dürfte auf die sonstigen Fälle von Befreiung in analoger Weise zur Anwendung zu bringen sein.[4]) Zieht nun der Sheriff unter Verletzung der ihm auferlegten Pflichten Personen als Geschworene heran, die kraft der angeführten Bestimmungen nicht herangezogen werden sollen, so macht er sich dadurch allerdings einer strafbaren Handlung schuldig.[5]) Allein auf die Pflicht der vom Sheriff bestimmten Personen, als Geschworene mitzuwirken, übt diese Pflichtverletzung keinen Einfluß aus, so daß dieselben also trotzdem erscheinen müssen, und auch der Richter kann nur den Sheriff strafen, nicht aber etwa die Neubildung einer Sessionsliste anordnen.[6]) Dabei wird der Sheriff von keiner Seite bei der Bildung der Liste irgendwie kontrolliert.

Fehlen so genauere gesetzliche Regeln, so haben sich doch gewohnheitsmäßig gewisse Normen gebildet, die, wie man mir versichert hat, im allgemeinen eingehalten werden. Allein, und das ist doch das Wesentliche, ein Zwang hierzu besteht für den Sheriff nicht. Und daß hieraus gewisse Bedenken resultieren, kann keinem Zweifel unterliegen. Aber es darf eben bei dieser Formlosigkeit nicht übersehen werden, daß in England der Idee nach die Jury noch heute stets eine Beweisjury ist. Natürlich nicht in dem Sinne, daß die Geschworenen selbst Beweis ablegen, wohl aber in der Hinsicht, daß die Tatsache, daß zwölf Männer von einem Beweismaterial sich eine bestimmte, übereinstimmende Ansicht gebildet haben, beweisend ist für die Richtigkeit eben dieses Materials. Dies zeigt sich schon in dem bei der Abstimmung herrschenden Prinzip der Einstimmigkeit,[7]) und der auf dem Kontinent maßgebende Ge-

[1]) Vgl. den sehr interessanten Fall Daily Telegraph, 26. 2. 1907. Derselbe betrifft allerdings eine Jury des High Court, was indes hier ohne Bedeutung ist. Ferner Morning Post, 19. 12. 1907.

[2]) 6 Geo. IV c. 50 s. 14 in Verbindung mit s. 42. In Kent standen 1868 c. 16000 Namen, in Sussex c. 7500 auf der Jahresliste. Allerdings werden aus dieser Liste alle Geschworenen genommen. Vgl. Report 1868, p. 41, q. 913 et seq. Und auch die im letzten Jahr tätig gewesenen Geschworenen stehen auf den Listen.

[3]) 33 and 34 Vict. c. 77 s. 19 (1); vgl. auch Encyclopaedia 1st Ed. vol. VII, p. 148.

[4]) Entscheidungen fehlen.

[5]) Archbold p. 123.

[6]) Vgl. den ähnlichen Fall im Daily Telegraph vom 26. 2. 1907.

[7]) Hierzu vgl. namentlich Stephen, History of the Criminal Law of England, vol. I, p. 560, wo ausdrücklich ausgeführt wird, das Erfordernis

danke, gegenüber dem beamteten Richter wirklich unabhängige Spruchbehörden in den Geschworenengerichten zu finden, hat in England nie die Bedeutung der Schwurgerichte ausgemacht. Was zwölf Männer für wahr halten, das ist wahr: das ist schließlich auch noch heute der konstitutive Gedanke der ganzen Einrichtung.[1]) Daß aber bei diesem Gedanken ein Formalismus in der Auswahl der Geschworenen durchaus unnötig ist, liegt auf der Hand. Und so beruht die diesbezügliche Verschiedenheit gegenüber dem kontinentalen Recht in letzter Linie auf der historischen Verschiedenheit des Ausgangspunktes, der auf dem Kontinent doch immer das Streben nach einem Gegengewicht gegenüber dem beamteten Richter war, sei es nun, daß man ursprünglich die verwaltungsmäßige Abhängigkeit desselben, oder, wie heutzutage seine Weltfremdheit, d. h. seine juristische Einseitigkeit zu paralysieren wünschte.[2])

Eine der wesentlichsten Regeln aber, die der Sheriff bei der Bildung der Sessionsliste innezuhalten pflegt, ist, daß er die Liste bildet in „regular alphabetical series, by returning one name from each letter in succession, beginning with the first letter, and so proceding regularly through the letters of the alphabet from first to last as often as may be necessary . . .“ [3])

Abgesehen von seiner völligen Freiheit bei der Auswahl der Geschworenen kann aber der Sheriff auch Personen, die sich an ihn wenden, von der Geschworenenpflicht befreien, indem er sie bei der Bildung der Sessionsliste nicht berücksichtigt. Er kann dies tun, wenn ihm Gründe glaubhaft gemacht werden, die eine Befreiung gerechtfertigt erscheinen lassen, also z. B. bei Krankheit, Unabkömmlichkeit usw. Die Befreiung kann gewährt werden, selbst nachdem auf Grund der Sessionsliste die nötige Ladung bereits ergangen ist. Der Sheriff streicht dann einfach den Namen und lädt eine andere Person.[4]) Auf diese Art wird auch das Recht geltend gemacht, nicht

---

der Einstimmigkeit entspräche dem Grundgedanken: „If twelve people of the class from whence jurors are drawn say yes, he is guilty, he probably is so . . .“

[1]) Vgl. die in dieser Hinsicht hochinteressanten Ausführungen Mittermaier's, Englisches Strafverfahren S. 375 ff.

[2]) Dieses noch jetzt vorhandene Streben zeigt sich auch deutlich in unserer gegenwärtigen deutschen Rechtsentwicklung.

[3]) W. G. Huband, Practical Treatise on the Law relating to the Grand Jury a. s. o. in Ireland pp. 492 et seq. Diese Bestimmungen gelten, wie mir mitgeteilt wurde, auch in England. Andere Arten der Bildung der Listen erwähnt de Franqueville tom. I, p. 516.

[4]) 6 Geo. IV c. 50 s. 43 kennt nur Strafbestimmungen gegen einen Mißbrauch bei Ablehnungen. Auch hieraus ergibt sich, daß der Sheriff ein direktes Befreiungsrecht hat, und Befreiungen keineswegs nur vom Richter gewährt werden können. Vgl. auch Encyclopaedia 1st Ed. vol. VII. p. 147:

mehr als alle drei Jahre als Geschworener tätig werden zu müssen.

Auf Grund der so definitiv gebildeten Sessionsliste hat der Sheriff die von ihm bestimmten Personen zu laden. Und zwar muß die Ladung sechs Tage vor dem Termin erfolgen, zu welchem geladen wird.[1])

γ) Aus der Sessionsliste wird nunmehr die Spruchliste gebildet. Auch hier ist wiederum zu unterscheiden zwischen Grand Jury und Petty Jury. Die Grand Jury wird nämlich zu Beginn des Verfahrens gebildet. Irgendwelche Regeln existieren nicht. Meist wird von der Sessionsliste einfach die erforderliche Zahl von Geschworenen der Reihe nach aufgerufen und vereidigt, ohne daß ein Ablehnungsrecht existierte. Sollte, was kaum vorkommen dürfte, der Fall eintreten, daß nicht die nötige Zahl von Geschworenen erschienen ist, so kann aus den erschienenen Urteilsgeschworenen ein Grand Juror ausgewählt werden.[2]) Anwesend müssen mindestens 12 Grand Jurors sein, gewöhnlich aber wird die Grand Jury aus 23 Mitgliedern gebildet.[3]) In seltenen Ausnahmefällen, wenn spezielle Gründe hierfür vorliegen, kann eine richtige Auslosung seitens des Gerichts angeordnet werden. Aber einmal ist das tatsächlich sehr selten,[4]) und ein Zwang im Gesetz besteht hierzu nicht.

Ähnlich gestaltet sich die Bildung der Spruchliste bei der Petty Jury. Dieselbe erfolgt in der mündlichen Hauptverhandlung und zwar in dem sogenannten Trial. Es muß aber hier auf eine Eigentümlichkeit des englischen Verfahrens hingewiesen werden, auf die wir natürlich nicht genauer eingehen können. Bekennt sich der Angeklagte schuldig, so kommt es nicht zu einem Trial, vielmehr erläßt der Richter sofort das Urteil. Trial ist also nur die mündliche Hauptverhandlung, bei der es zu einem Verfahren mit einer Urteilsjury kommt. Der Trial bildet also nur einen Teil der mündlichen Hauptverhandlung,[5]) der erst

„The sheriff may excuse noncompliance with the summons if the person summoned can satisfy him of inability, as by sending a medical certificate, or proving absence of the United Kingdom, or permanent change of residence to another country.“

[1]) Die Einzelheiten bezüglich der Ladung namentlich bei Archbold, Pleading pp. 175 et seq. und de Franqueville tom. I, p. 512 ss., der indessen nicht ganz zutreffend ist. Vgl. namentlich das von ihm übersehene Gesetz 33 and 34 Vict. c. 77 s. 20.

[2]) de Franqueville tom. I, p. 527.

[3]) Weiter oben S. 71.

[4]) Ich verdanke diese Angaben über die Praxis der Gerichte den gütigen Mitteilungen eines Clerk of Assize. Derselbe schreibt mir: „It would be too great an impediment to business to ballot by ticket every time a Jury was sworn...“

[5]) Vgl. dazu Kenny, Outlines p. 472.

nach der Einlassung des Angeklagten zur Klagesache liegt. Den ersten Akt des Trial nun bildet die Bildung der Geschworenenbank. Allein sehr im Gegensatz zu dem französisch-deutschen System wird die Jury nicht etwa für eine Sache gebildet, sondern vielmehr für eine Reihe von Sachen gemeinsam. Haben nämlich eine Reihe von Angeklagten die Anklage bestritten, d. h. „not guilty" plädiert, so schreitet der Clerk of the Peace zur Bildung der Geschworenenbank für diese Sachen. Wie ihm die Bildung der Bank obliegt, so entscheidet auch er, für wieviel Sachen er eine Bank bilden will.[1]

Die Bildung beginnt damit, daß der Clerk of the Peace zwölf Personen von der Liste aufruft und dieselben als Geschworene vereidigt.[2][3][4] Bei der Auswahl aus der Sessionsliste ist er so gut wie frei. Es werden allerdings auch hier Gebräuche beachtet, die eine gewisse Objektivität bei der Auswahl gewährleisten sollen. So beobachtete ich Auswahl nach einer bestimmten alphabetischen Reihenfolge, ähnlich der oben geschilderten.[5] Andererseits wird bei andern Gerichten auch nicht einmal diese Regel beachtet, sondern es werden ganz willkürlich einzelne Geschworene aufgerufen.[6] In seltenen Ausnahmefällen, aber nur auf Anordnung des Gerichts hin kann es zu einer regelrechten Auslosung kommen. Es werden dann die Namen der Geschworenen auf gleich große Karten geschrieben, in eine Urne getan und dann gezogen.[7] Allein eine gesetzliche Verpflichtung zur Auslosung besteht nicht.[8]

---

[1]) Insofern nicht ganz zutreffend Stein, Zur Justizreform S. 23, der der Ansicht ist, daß stets eine Jury alle Sachen erledigt. Das ist nur dann der Fall, wenn wenig Sachen zur Verhandlung anstehen.

[2]) Die Vereidigung kann bei leichteren Fällen in Gruppen zu vieren erfolgen, meist aber ist Einzelvereidigung notwendig. Kenny, Outlines p. 475, n. 5.

[3]) Die Eidesformel findet sich bei Archbold, Pleading p. 184.

[4]) Der Clerk heißt in dieser prozessualen Funktion der Clerk of Arraigns. Es darf aber nicht übersehen werden, daß dies ein und dieselbe Person ist. Vgl. Archbold, Pleading p. 172.

[5]) Vgl. weiter oben S. 81.

[6]) So schreibt mir ein Clerk of Assize: „The practice as to Petit Jurors is as follows: The panel is usually returned by the Sheriff alphabetically, and although we do not use balloting tickets we practically apply the ballot by calling names by chance straight down the list..." Vgl. dazu auch Encyclopaedia 1st Ed. vol. VII, pp. 147 et seq.

[7]) Daß auch hierbei keine Formenstrenge besteht, beweisen die Ausführungen de Franquevilles tom. II, p. 370.

[8]) 6 Geo. IV c. 50 s. 26 bezieht sich nur auf die Bildung der Geschworenenbank in Zivilsachen. Vgl. die Anmerkung in der Revised Edition of the Statutes „Names of jurors in Civil Courts to be delivered to the associate and jury to be balloted for." (Ich verdanke diese Angaben Sir

Aus dieser Formlosigkeit, aus dieser tatsächlich unbeschränkten Freiheit des Clerk bei Bildung der Spruchliste, erklärt sich ohne weiteres, daß derselbe, wenn auch nicht rechtlich, so doch tatsächlich von der Ausübung der Geschworenenpflicht befreien kann. Und in der Tat werden Befreiungen von ihm häufig bewilligt, indem Personen sich unter Angabe von Gründen an ihn wenden, und er die Namen der Betreffenden dann in den Listen übergeht. Ich bemerke, daß dies allerdings nicht strenges Recht ist, wohl aber die tatsächliche Übung darstellt.[1]

Zwischen Aufruf und Vereidigung kann zunächst seitens der Aufgerufenen unter Eid geltend gemacht werden, daß die nötigen Voraussetzungen in ihrer Person fehlen. Dieselben sind dann einfach zu entlassen.[2] Es können in diesem Zeitpunkt aber auch noch Exemtionen geltend gemacht werden. Ist nämlich eine eximierte Person irrtümlicherweise geladen, so hat sie, wie wir bereits gesehen haben, trotz der Exemtion zu erscheinen und ist strenggenommen verpflichtet, als Geschworener zu funktionieren.[3] Nach dem strengen Recht hat also Versäumnis der Geltendmachung von Exemtionsgründen in der Sitzung der Petty Sessions, die weiter oben erwähnt ist,[4] durchaus präkludierenden Charakter. Allein die Praxis hält hieran nicht fest, sondern sie gestattet, daß der aufgerufene Geschworene noch jetzt die Exemtion geltend macht, indem er sich selbst als eximiert bezeichnet. Der Richter macht ihn dann darauf aufmerksam, daß die Exemtion eigentlich hätte früher geltend gemacht werden müssen, entläßt ihn aber stets.[5] Es können des weiteren hier auch noch Befreiungsgesuche seitens der Geladenen angebracht werden, wegen Unabkömmlichkeit usw.[6] Der Richter kann sich die Richtigkeit der Befreiungsgründe unter Eid bestätigen lassen und kann dann entlassen unter Ladung der befreiten Person auf einen andern Termin.[7]

Harry B. Poland.) Unrichtig mithin Mittermaier, Englisches Strafverfahren S. 386; de Franqueville tom. II, p. 370. Archbold, Pleading p. 178 kennt ebenfalls eine Auslosung nicht und sagt nur: „The officer then proceeds to call twelve jurors from the panel, calling each juror by name and address.“ Auch dies letzte geschieht sehr formlos, da der Panel gedruckt vorliegt. — Ich beobachtete übrigens niemals Auslosungen.

[1]) Ich verdanke diese Angaben dem Verfasser von Spirit of Our Laws, Mr. Cohen.

[2]) Archbold, Pleading p. 183.

[3]) Archbold, Pleading p. 174.

[4]) Vgl. weiter oben S. 78.

[5]) Ich verdanke diese Angaben meist Sir Harry B. Poland. Diese laxe Praxis beruht zumeist darauf, daß nicht scharf zwischen Disqualification und Exemtion geschieden wird. Vgl. Archbold, Pleading pp. 183, 173.

[6]) Archbold, Pleading p. 186.

[7]) Vgl. auch de Franqueville tom. I, p. 515.

Auf die Bildung der Geschworenenbank haben aber auch die Parteien einen bestimmenden Einfluß, indem sie die durch den Clerk aufgerufenen Personen als Geschworene ablehnen können.[1]) Diese Ablehnung („challenge") muß vor der Beeidigung, nach dem Aufruf erfolgen. Es ist im folgenden nun zu unterscheiden, ob die Ablehnung erfolgt seitens des Angeklagten, der ein weitergehendes Recht, oder seitens des Klägers, der ein beschränkteres Recht hierzu hat.[2]) Was zunächst das Ablehnungsrecht des Angeklagten betrifft, so ist wiederum zu unterscheiden: Der Angeklagte kann entweder die ganze Sessionsliste als solche ablehnen („challenge to the array"), oder er kann einzelne Geschworene ablehnen („challenge to the polls"). Im letzteren Falle ist es wiederum möglich, daß einzelne Geschworene ohne weiteres und ohne nähere Angabe von Gründen, oder wie der technische Ausdruck lautet, peremtorisch abgelehnt werden, oder daß die Ablehnung auf einen bestimmten, spezifizierten Grund gestützt wird („challenges peremptory and challenges for cause").

Die Ablehnung der ganzen Liste kann natürlich nur begründet erfolgen. Und zwar ist Grund der Ablehnung stets tatsächliche oder präsumierte Parteilichkeit des Sheriffs bei der Bildung der Sessionsliste.[3]) Die Ablehnung muß schriftlich erfolgen unter genauer Angabe des Ablehnungsgrundes. Die Entscheidung erfolgt im allgemeinen durch zwei sogenannte Triers, die vom Richter bestellt werden. Es sind das eine Art Geschworene ad hoc, die in der Regel aus den abgelehnten Geschworenen genommen werden. Sie können aber auch Coroners oder Solicitors oder andere, nicht an der Sache beteiligte Personen sein. Der Beweis wird von der ablehnenden Partei geführt. Die Belehrung der Triers erfolgt durch den Chairman.[4]) Nur ausnahmsweise kann die Entscheidung durch die Richterbank erfolgen, sofern nämlich die Ablehnungstatsachen zugestanden werden oder aber

---

[1]) Vgl. zum folgenden auch die allerdings sehr kurze Darstellung Encyclopaedia 1st Ed. vol. VII, p. 149.

[2]) Vgl. namentlich Archbold, Pleading pp. 178 et seq. in sehr eingehenden Darlegungen; derselbe, Quarter Sessions pp. 144 et seq.; Kenny, Outlines pp. 475 et seq.; de Franqueville tom. II, p. 366 ss.; Mittermaier, Englisches Strafverfahren S. 383 ff.; Gneist, Bildung der Geschworenengerichte S. 99 ff.

[3]) de Franqueville tom. II, p. 369. Auf die Kasuistik kann hier nicht eingegangen werden. Ich bemerke nur, daß falls der Sheriff die Liste mit Rücksicht auf das religiöse Bekenntnis der Geschworenen bildet, Ablehnung begründet ist. Vgl. R. v. O'Doherty, Archbold, Pleading p. 181. In sofern nicht zutreffend Mittermaier, Englisches Strafverfahren S. 386.

[4]) Das Verfahren ist genau geschildert bei Archbold, Pleading pp. 182 et seq. Vgl. auch Encyclopaedia 1st Ed. vol. VII, p. 150.

offenkundig sind.[1]) Wird die Ablehnung für begründet erachtet, so wird die Sache vertagt, und es wird eine neue Jury einberufen. Ein zweites Mal ist indes Totalablehnung nicht gestattet.[2])

Was die Einzelablehnung betrifft, so leuchtet ein, daß dieselbe nur möglich ist nach einer eventuellen Gesamtablehnung. Mit andern Worten: Eine Gesamtablehnung ist nach einer Einzelablehnung unmöglich, weil die Einzelablehnung begrifflich stets die Anerkennung der Sessionsliste voraussetzt, die als solche durch die Totalablehnung negiert wird. Von den Einzelablehnungen seien nun zunächst die nicht begründeten, die peremtorischen Ablehnungen erwähnt. Das Recht auf peremtorische Ablehnung steht dem Angeklagten nur im Falle von Felony zu.[3]) Und zwar hat er hier das Recht auf 20 Ablehnungen. Bei Misdemeanors existiert dagegen ein solches Recht nicht, es kann aber das Gericht einmal anordnen, daß die vom Angeklagten beanstandeten Personen bei der Bildung der Geschworenenbank nicht mit berücksichtigt werden,[4]) es kann ferner der Angeklagte verlangen, daß die aufgerufene Person zunächst zurückzutreten habe („to stand by“). Kann nunmehr ohne die so vorläufig abgelehnte Person eine Liste gebildet werden, so verwandelt sich die vorläufige in eine definitive Ablehnung. Und so haben wir es in der Tat hier mit einer bedingten Ablehnung zu tun, bedingt durch eine genügend hinreichende Anzahl nicht abgelehnter Personen.[5])

Was dann ferner die begründeten Ablehnungen betrifft, so ist hier wieder zu unterscheiden, ob abgelehnt wird wegen eines bestimmten Grundes („principal challenge“) oder wegen Befangenheit und Parteilichkeit („challenge for favour“). Die benannten Gründe, von denen der erste absolut ist, sind die folgenden: propter honoris respectum, wenn ein Peer als Geschworener funktionieren soll, propter defectum, womit gerügt wird, daß in der Person des Abgelehnten die gesetzlichen Erfordernisse eines Geschworenen nicht vorhanden sind, propter affectum, d. h. wegen tatsächlicher oder präsumierter Parteilichkeit, und schließlich propter delictum, d. h. wegen vorausgegangener infamierender Verurteilung des Abgelehnten.[6]) Ablehnung wegen Befangenheit findet dagegen statt, wenn ein begründeter Verdacht vorliegt, daß der Abgelehnte nicht vollkommen unparteiisch ist, sondern voreingenommen, vielleicht auch irgendwie in seinen Ansichten bereits bestimmt ist. In diesem letzten

[1]) „The fact is admitted or apparent.“ Archbold, Pleading p. 183.
[2]) de Franqueville tom. II, p. 369.
[3]) Kenny, Outlines p. 475; Archbold p. 145.
[4]) „As favour“, wie Archbold p. 145 sagt.
[5]) Kenny, Outlines p. 475, n. 6.
[6]) Archbold, Pleading pp. 183 et seq. mit genauer Kasuistik.

Falle erfolgt die Entscheidung wieder durch zwei Triers, während bei spezialisierter Ablehnung die Entscheidung von der Richterbank ohne weiteres erlassen wird.[1]) Jeder Angeklagte hat übrigens ein volles, unbeschränktes Recht auf Ablehnung. Soll nun eine Jury für mehrere Angeklagte gebildet werden, und einigen sich die Angeklagten nicht, so muß für jede Sache eine besondere Jury gebildet werden. Und dasselbe gilt, wenn in einem verbundenen Strafverfahren sich die Angeklagten über die Ablehnungen nicht einigen können. Hier müssen die verschiedenen Strafverfahren getrennt werden.[2])

Der Kläger andererseits kann ebenfalls sowohl die ganze Liste als auch einzelne Geschworene ablehnen.[3]) Was aber die letztere Art der Ablehnung betrifft, so hat der Kläger prinzipiell nicht das Recht auf peremtorische Ablehnung. Wohl aber kann, wie der Angeklagte bei Misdemeanors, so er in allen Fällen bedingt peremtorisch ablehnen, indem er beantragt, daß die betreffenden Personen zunächst zurücktreten und erst dann herangezogen werden sollen, falls keine andern Geschworenen vorhanden sind.[4])

Wird nun von dem Ablehnungsrecht in den eben geschilderten Grenzen Gebrauch gemacht, so kann es vorkommen, daß nicht mehr genügend Personen vorhanden sind, um eine Geschworenenbank zu bilden. Und derselbe Fall kann eintreten, falls noch in der Sitzung Exemtionen oder Befreiungsgesuche mit Erfolg geltend gemacht sind, oder die geladenen Geschworenen nicht vollzählig erschienen sind. In diesem Falle kann nun zunächst der Sheriff veranlaßt werden, eine Ergänzungsliste zu bilden und neue Geschworene zu laden. Es kann aber auch ein sogenannter tales de circumstantibus herangezogen werden. Es ist das irgend jemand aus dem Kreis der Anwesenden, der die Voraussetzungen zum Geschworenenamt in sich erfüllt, und der dann aufgerufen und als Geschworener vereidigt werden kann.[5]) Selbstverständlich ist jedermann, der an sich fähig ist, verpflichtet, einer solchen Aufforderung nachzukommen.[6])

---

[1]) Einzelheiten bei Archbold, Pleading pp. 184 et seq.; Mittermaier, Englisches Strafverfahren S. 387.

[2]) Archbold, Pleading p. 179; Mittermaier, Englisches Strafverfahren S. 387.

[3]) Archbold p. 145.

[4]) Archbold, Pleading pp. 178 et seq. Die englischen Schriftsteller reden hier stets von dem Recht der Krone, verstehen aber unter Crown jeden Ankläger, da dieser ja stets als Vertreter der Krone gilt. Vgl. de Franqueville tom. II, p. 368, n. 2.

[5]) Wertheim S. 523.

[6]) de Franqueville tom. I, p. 371. Allerdings besteht in der englischen Literatur eine Streitfrage über die Ausdehnung des Rechts des

Ist die Vereidigung der Geschworenen erfolgt, so ist jede Ablehnungsmöglichkeit ausgeschlossen. Da nun aber Nichtqualifikation nur einen Ablehnungsgrund abgibt, so hat die Vereidigung des Geschworenen noch die andere, außerordentlich wichtige prozessuale Folge, daß der an sich nicht fähige nun zur Ausübung des Geschworenenamtes fähig wird. Die Geschworenenbank ist also richtig besetzt, auch wenn in ihr eine an sich unfähige, selbst wenn in ihr eine gar nicht berufene Person sitzt.[1]) Hieran hat auch der neue Appeal Act von 1907 nichts geändert, da nach demselben ein Appeal wegen einer Question of Law nur dann möglich ist, wenn die vorgekommene Rechtsverletzung nicht nachträglich durch spätere, prozessuale Ereignisse saniert worden ist, was doch hier der Fall ist. Der ganze Punkt ist nicht ohne Interesse für die Frage der Häufigkeit und der Zulässigkeit der Rechtsmittel, mit der wir uns hier indessen nicht beschäftigen können.[2]) Jedenfalls mag aber darauf hingewiesen werden, daß gegenüber dem deutschen Recht (ich erinnere an Bestimmungen wie § 377 Z. 1 St.P.O.) eine nicht unbedeutende Einschränkung der Rechtsmittelmöglichkeit damit gegeben ist.

Lassen wir nun diesen Punkt auch hier auf sich beruhen, so ergeben jedenfalls die bisherigen Ausführungen das Eine, daß wir es in Bezug auf die Ablehnungsmöglichkeit mit einem System differenzierter, ja man kann sagen sehr komplizierter Bestimmungen zu tun haben, wobei ausdrücklich bemerkt werden mag, daß wir in der Darstellung nur die Grundgedanken unter Außerachtlassung aller Einzelheiten hervorgehoben haben. Allein in der Praxis wird von dem Recht der Ablehnung nur ein sehr beschränkter Gebrauch gemacht.[3]) Zweifellos liegt das nicht etwa in einem größeren Vertrauen, welches die Engländer ihren Gerichten zollen, ein Moment,

---

Gerichtes, Talesmen heranzuziehen, auf die ich hier indessen nicht einzugehen brauche. Vgl. dazu Archbold, Pleading p. 185.

[1]) Vgl. dazu den interessanten Fall Archbold, Pleading p, 180: „Where, on a trial for felony, the jury panel contained the names of J. T. and W. T., and when the name of J. T. was called, a person, supposed to be J. T. went into the box and was sworn without objection: and the prisoner having been convicted, it was discovered the next day that W. T. had, by mistake, answered to the name of J. T., and was really the person who had served on the pray; it was held by a majority of the judges that this was not a mis-trial, but only ground of challenge."

[2]) Die Frage ist allerdings nicht unzweifelhaft. Vielmehr entstehen hier prozessualische Schwierigkeiten, auf die indessen nur hingewiesen, nicht aber eingegangen werden kann.

[3]) Vgl. namentlich die interessanten Ausführungen Mittermaiers, Englisches Strafverfahren S. 383ff., wo S. 384, Anm. 62 auch darauf hingewiesen

das ja bei einer Jury eigentlich gar nicht in Betracht kommen kann, sondern in dem bereits oben erwähnten Umstand, daß der Beweisgedanke noch immer der eigentliche Gedanke der ganzen Juryeinrichtung ist.[1]) Und so ist es denn auch nicht uninteressant, daß Ablehnungen in Irland viel häufiger vorkommen, als in England,[2]) und daß sie hier zumeist in politischen Prozessen zu konstatieren sind,[3]) da also, wo der Gedanke der Unparteilichkeit, der Unabhängigkeit, oder, wie man mit einem Wort sagen kann, der politische Gedanke der maßgebende ist. Wenn man aber an den englischen Einrichtungen die größere Einfachheit in der Bildung der Geschworenenbank rühmt,[4]) so darf man nicht übersehen, daß der Unterschied gegenüber den kontinentalen Rechten ein Unterschied allein der Praxis ist, daß aber die englische Gesetzgebung keineswegs einfacher als die kontinentale ist, und daß sie gar nicht daran denkt, auf eingehende Bestimmungen über die Ablehnung zu verzichten, in denen man vielmehr ein absolut notwendiges Korrektiv der ganzen Juryeinrichtung sieht.[5]) [6])

d) Die Frage, der wir uns nunmehr zuzuwenden haben, ist die, wie, d. h. aus welchen Kreisen sich die Jury zusammensetzt. Wir haben hier zwischen Grand Jury und Petty Jury zu unterscheiden.

α) Die Grand Jury setzt sich meist zusammen aus den besser situierten Personen der Grafschaft. Man nimmt dazu die großen Landbesitzer, die Industriellen usw.[7]) Jedenfalls ist die Grand Jury im Verhältnis zur Petty Jury immer die besser zusammengesetzte.[8]) Das will indessen noch nicht heißen, daß sie auch stets nur aus wirklich prominenten Personen zu-

---

wird, daß die Ausdehnung des Ablehnungsrechtes für eines der wesentlichsten Merkmale der Jury gehalten wird, was sicher nicht ohne Bedeutung ist.

[1]) Vgl. weiter oben S. 80 f.

[2]) Kenny, Outlines p. 475; Archbold, Pleading p. 178: „Challenges are comparatively rare in England, and the leading modern cases on the subject have occurred in Ireland." de Franqueville tom. II, p. 369 s.

[3]) Mittermaier, Englisches Strafverfahren S. 383; Cohen, Spirit of Our Laws pp. 70, 71.

[4]) Stein, Zur Justizreform S. 23; Weidlich, Englische Strafprozeßpraxis S. 16.

[5]) Vgl. das Zitat bei Mittermaier l. c. S. 384, Anm. 62.

[6]) Ich bemerke aus meinen eigenen Erfahrungen, daß ich niemals Zeuge einer Ablehnung war. Wohl aber erzählten mir Rechtsanwälte und Gerichtsbeamte, daß sie immerhin doch wiederholt Ablehnungen erlebt hätten.

[7]) de Franqueville tom. I, p. 527.

[8]) Cohen, Spirit of Our Laws pp. 265 et seq.: „Thus, each grand jury is relatively to its petty jury, of a better worldly standing..."

sammengesetzt ist, und jedenfalls besteht keinerlei gesetzliche Garantie dafür, daß sie nicht aus weniger angesehenen Persönlichkeiten gebildet wird.[1])

β) Was aber die eigentliche Urteilsjury betrifft, so ist nicht zu leugnen, daß sich dieselbe zumeist aus den niederen Klassen rekrutiert. Diese Tatsache, welche in England selbst oft beklagt wird, und deren Beseitigung man nicht allzu selten postuliert,[2]) resultiert aus mehreren Faktoren. Zunächst kommen hier die außerordentlich zahlreichen Exemtionen in Betracht, die wir oben erwähnten und die beinahe alle „educated classes" von der Verpflichtung befreien, als Common Juror zu fungieren.[3]) Es kommt ferner in Betracht, daß es allgemeine Praxis ist, die in den Listen als Grand oder Special Jurors bezeichneten Personen[4]) als Common Jurors nicht heranzuziehen.[5]) Namentlich ist dies bei den Special Jurors wichtig, da die Qualifikation als Special Junor an sich keineswegs rechtlich von der Verpflichtung befreit, als Common Jurors Gerichtsdienst leisten zu müssen.[6]) Trotzdem werden erstere so gut wie nie einberufen.[7]) Damit aber werden tatsächlich alle besseren Stände eximiert, so daß für die Common Jury in der Tat nur die unteren Klassen übrigbleiben.[8]) Schließlich kommen infolge der Willkürlichkeit, die bei der Bildung der Listen herrscht, eine Reihe von Mißbräuchen vor. Entweder werden nämlich Personen überhaupt nicht auf die Listen gesetzt, die darauf stehen müßten, oder sie werden als Special und Grand Jurors geführt, wodurch sie dann als Common Jurors tatsächlich eximiert sind. Ferner werden auch Entschuldigungen im weitesten Umfang berücksichtigt, nachträgliche

---

[1]) Vgl. de Franqueville tom. I, p. 527, der auf hier vorkommende Mißstände hinweist. Wenn man bedenkt, daß selbst in bezug auf die Zusammensetzung der Geschworenenbank bei Gerichten wie den Central Criminal Court Klagen in der Praxis laut werden (vgl. Report 1868, p. 63 q., 1338), so kann man sich denken, wie die Verhältnisse bei den niederen Gerichten auf der Land liegen.

[2]) Vgl. neuerdings den sehr beachtenswerten Aufsatz von Bridgwater, Law Magazine and Review 1906—1907, pp. 66 et seq.

[3]) Vgl. weiter oben S. 75f.

[4]) Vgl. weiter oben S. 78.

[5]) de Franqueville tom. I, p. 510.

[6]) Cohen, Spirit of Our Laws p. 68: „It is a popular error that persons on the special jury list are not liable to serve on common juries; they are liable."

[7]) de Franqueville tom. I, p. 514. Dasselbe ist mir mündlich stets versichert worden, ergibt sich auch aus zahlreichen Stellen aus den Reports.

[8]) Es kommen Ausnahmen vor in besonders wichtigen Fällen, in denen man dann einige höhergestellte Personen heranzieht. Ich selbst fand in einem Panel einen Esquire, also einen Special Juror.

Befreiungen usw. kommen sehr häufig vor.[1]) Allerdings darf eigentlich nur der Richter, ausnahmsweise auch der Sheriff, befreien, wie wir schon früher bemerkten.[2]) Allein tatsächlich tut es auch der Clerk of the Peace, ohne daß bei der Unkontrollierbarkeit der Rechtmäßigkeit seiner Handlungen sich gegen derartige Rechtsverletzungen in praxi viel machen ließe. Nirgends ist eben zwischen abstraktem Recht und angewandter Rechtsausübung mehr zu unterscheiden als gerade hier.[3]) Und daß diese Behauptung von vorkommenden Mißbräuchen keineswegs eine aus der Luft gegriffene ist, daß sich vielmehr die Engländer, nicht erstaunlich bei ihrem eminenten Geschäftssinn, auf jede Art und Weise von der von ihnen als sehr drückend empfundenen Geschworenenpflicht[4]) zu befreien versuchen, das beweist ein Doppeltes: Einmal die bereits wiederholt erwähnten Reports, die eine Reihe von Mißständen in der Praxis klar erkennen lassen, ferner die Fülle von Strafbestimmungen, die wir in bezug auf Mißbrauch des Amtes bei Bildung der Geschworenenlisten in bezug auf den Sheriff in den englischen Gesetzen finden,[5]) Bestimmungen, die allerdings mehr oder weniger auf dem Papier stehen. So kommt es, daß in der Tat die Common Jury ihrer Zusammensetzung nach keine aristokratische, sondern durchaus eine demokratische[6]), ja man könnte beinahe sagen, eine plebejische ist. Sie setzt sich zusammen aus kleinen Gewerbetreibenden, Farmern usw. Arbeiter und Dienstboten als Jurors sind keineswegs eine seltene Erscheinung in den Gerichtssälen.[7])

---

[1]) Durchaus zutreffend auch noch für heute die Ausführungen Mittermaiers, Englisches Strafverfahren S. 379, wo von einer sehr nachsichtigen Rechtsübung gesprochen wird.

[2]) Vgl. weiter oben S. 81f., 84.

[3]) Mittermaier, Englisches Strafverfahren S. 383.

[4]) Durchaus zutreffend auch heute noch Mittermaier, Englisches Strafverfahren S. 378.

[5]) Vgl. de Franqueville tom. I, p. 513, woselbst treffende Bemerkungen gegen ausländische Bewunderer des englischen Systems. Vgl. auch Hatschek Bd. II, S. 176.

[6]) So durchaus zutreffend Marquardsen, Gerichtssaal 1849, Bd. II, S. 151; Mittermaier, Englisches Strafverfahren S. 379f. mit zahlreichen Beispielen aus der Praxis; vgl. ferner die anschaulichen Schilderungen de Franquevilles tom. I, p. 513 s.

[7]) Vgl. Report 1868, p. 62, q. 1335: „You get on juries in Sussex men who are very little removed from common labourers.“ (Interessant sind hier auch die Angaben p. 63, q. 1338, weil sie beweisen, daß der Grund des ganzen Übels die achtlose Anfertigung der Urlisten ist. Vgl. dazu weiter unten S. 93f.) Ferner de Franqueville tom. I, p. 513, n. 4. Ich selbst fand unter anderen in einer Liste von 54 Geschworenen sechs Ladenbesitzer, einen Weinhändler, einen Dekorateur, einen Journalisten, einen Milchmann, zwei Diener, einen Architekten, zwei Ingenieure, zwei Schreiber, vier

e) Die Pflicht, als Geschworener zu fungieren, ist eine öffentlich rechtliche, erzwingbare Verpflichtung. Richtig geladene Personen müssen erscheinen. Bleiben sie unentschuldigt aus, so können sie nach dreimaligem Aufruf zu einer Geldbuße verurteilt werden, deren Höhe nach freiem Ermessen des Gerichtes festzusetzen ist. Eventuelle Entschuldigungsgründe müssen sofort bewiesen werden.[1]) Gelingt der Beweis, so erfolgt keine Bestrafung; auch kann es, wenn die Entschuldigung nachträglich erfolgt, zu einer Wiederaufhebung der Bestrafung kommen.[2]) Stets aber ist formell richtige, namentlich rechtzeitige Ladung unbedingte Voraussetzung der Strafmöglichkeit. Die formelle Ladung also begründet erst die Erscheinungspflicht.[3])

Aber auch die Anwesenheits- und die Handlungspflicht der Geschworenen kann erzwungen werden. Es kommen die eben erwähnten Bestimmungen mithin auch dann zur analogen Anwendung, wenn ein erschienener Geschworener sich vorzeitig entfernt oder sich weigert, die Funktionen seines Amtes auszuüben.[4])

Ist nun aber auch das Amt eines Geschworenen erzwingbar, so wird für die Dienstleistung kein Ersatz seitens des Staates geleistet. Weder werden Tagegelder gezahlt, noch werden die notwendigen Auslagen wie Reisegelder usw. ersetzt. Das Geschworenenamt ist also ein absolut unentgeltliches Ehrenamt.[5]) Bemerkenswert ist, daß ein Gesetz mit diesem System 1870 brechen und allgemein eine Vergütung von täglich Sh. 10 zulassen wollte, daß aber dieses Gesetz 1871 wieder abgeschafft ist.[6])

f) Die letzte Frage, die uns gleich hier zu beschäftigen hat,

---

Farmer, einen Bäcker, einen Bauholzhändler, zwei Agenten, zwei Ziegelarbeiter, einen Bootarbeiter; den Rest bildeten kleine Rentiers, frühere Ladenbesitzer usw. Dabei bemerke ich, daß es sich um eine Sitzung in einer kleinen Stadt handelte, und daß die Gebildeten unter den Geschworenen durchweg aus ganz kleinen Verhältnissen waren. So ist es nicht erstaunlich, wenn ein englischer Barrister mir schreibt: „In fact in a peculiarly difficult case care is generally taken to see that one or two educated men are on the jury. Sometimes of course jurymen are very ‚common'."

[1]) Der Beweis erfolgt stets eidlich, entweder mündlich oder schriftlich durch sogenanntes Affidavit.

[2]) Archbold pp. 89 et seq.; de Franqueville tom. I, p. 517.

[3]) 33 and 34 Vict. c. 77 s. 20.

[4]) Es mag bemerkt werden, daß reiche Geschäftsleute sich oft lieber strafen lassen als zu erscheinen. Vgl. Report 1868, p. 58, q. 1222.

[5]) de Franqueville tom. I, p. 518; Hatschek Bd. II, S. 175; Cohen, Spirit of Our Laws p. 68, n. 2; Report 1868, p. 63, q. 1345 et seq.; Encyclopaedia 1st Ed. vol. VII, p. 155.

[6]) Vgl. 33 and 34 Vict. c. 77 s. 22; 34 and 35 Vict. c. 2; de Franqueville tom. I, p. 518.

ist die, wie sich das ganze System in der Praxis bewährt hat. Es kann dabei natürlich nicht die Frage der Zweiteilung der Jury in Grand und Petty Jury ventiliert werden, da dies eine Frage des hier nicht zu behandelnden Verfahrens ist. Uns hat vielmehr nur die Frage der Gerichtsverfassung nach Bildung und Besetzung der Geschworenenbank zu beschäftigen.

Es kann nun nicht geleugnet werden, daß das ganze System zu ernsten Bedenken Anlaß gibt. Und zwar erscheint als Hauptfehler der, daß die Gerichtslast überwiegend auf den unbemittelteren Teilen der Bevölkerung ruht. Charakteristisch hierfür ist die Tatsache, daß für Special Juries erhöhte Vermögensqualifikationen verlangt werden, daß also nur der Reichere Special Juror werden kann, was ihn, wie ausgeführt, von der Verpflichtung, als Common Juror zu funktionieren, tatsächlich befreit, daß aber wohl der Special Juror, nicht aber der Common Juror eine Entschädigung für seine Dienstleistungen empfängt.[1]) Der Wohlhabendere dient also nur gegen Entschädigung, der Ärmere kann aber gar nicht in die Special Jury kommen, dient also stets unentgeltlich.

Die einseitige Belastung der unteren Bevölkerungsschichten führt nun aber natürlich dazu, daß die Belastung eine viel drückendere wird. Eine Reihe von Personen werden, wie die Reports ergeben,[2]) sehr häufig, andere wieder garnicht oder höchst selten einberufen. An diesen Übelständen ist allerdings das Gesetz nicht schuld, wie anzuerkennen ist, aber infolge der Formlosigkeit sind eben Mißbräuche nicht zu vermeiden, trotz aller auf dem Papier stehenden Strafbestimmungen.[3]) Des Übels Kern liegt hier bereits in den Bestimmungen über die Bildung der Urliste, bei der die mannigfachsten Mißbräuche vorkommen.[4]) Die Reports bieten dafür ein sehr reiches Material. Ohne auf Einzelheiten einzugehen, mag nur darauf hingewiesen werden, daß dort festgestellt ist, daß die Listen oft unverändert von Jahr zu Jahr übernommen werden, daß sie oft nur auf ausdrückliche Reklamation u. a. m. geändert werden. Jedenfalls sind die Klagen über die schlechte Bildung der Urlisten eine ständige Erscheinung in den Reports.[5]) Dasselbe gilt auch für

---

[1]) Cohen, Spirit of Our Laws p. 68, n. 1: „A special juryman is only allowed... such sum (not exceeding one guinea) as the judge... thinks fit and reasonable...“ Vgl. aber auch de Franqueville tom. I, p. 524: „En fait, on accorde toujours ce chiffre maximum.“

[2]) Vgl. z. B. Report 1872, p. 3, q. 47, 143, 238, 243—245, 253 et seq., 267, 268, 274.

[3]) de Franqueville tom. I, p. 513.

[4]) Vgl. z. B. Report 1868, p. 63, q. 1338.

[5]) Vgl. z. B. Report 1872, p. 6, q. 122 et seq.

die Formlosigkeit bei der Bildung der Sessions- und Spruchlisten, bei der Durchsteckereien ebenfalls nur zu möglich und zu häufig sind.[1]) Und so zeigt sich uns an dieser Stelle: Der mit Unrecht so oft gescholtene Formalismus des Rechtes ist und bleibt die beste Rechtsgarantie. Es mag sein, daß das informelle Recht praktikabeler ist; das formelle Recht aber ist gesicherter. Und gerade in der Sicherung des materiellen Rechtsinhaltes entfaltet der Formalismus der Rechtsdurchführung seine eigenste Funktion.

Neben der einseitigen Verteilung der Gerichtspflicht, die an sich eine Ungerechtigkeit ist, ist die Pflicht selbst aber auch insofern eine zu drückende, als sie gänzlich unentgeltlich geleistet werden muß, eine Tatsache, die sich wohl nur historisch aus der Entstehung des ganzen Institutes der Jury als Nachbar- und Beweisjury erklären läßt. Und diese Last ist um so drückender, als sie auf der minder begüterten Bevölkerung ruht.

Aus dem Gesagten ergibt sich aber ein zweites Hauptbedenken gegen das ganze System: Die Zusammensetzung der Jury ist oft eine ihrer Aufgabe nicht entsprechende. Es soll keineswegs geleugnet werden, daß auch die niederen Stände im Einzelfall tüchtige Geschworene stellen, allein man kann doch auch nicht übersehen, daß die einseitige Heranziehung der niederen Stände nicht unbedenklich ist. Im übrigen mag gleich hier darauf hingewiesen werden, daß in dieser Tatsache mit ein Faktor für das starke Abhängigkeitsverhältnis zu sehen ist, in welchem die Jury zum Richter steht.[2])

Auch die Engländer sind keineswegs ohne weiteres mit dem ganzen System einverstanden. Die Angriffe, die von englischer Seite dagegen erhoben werden, sind im allgemeinen doppelter Art. Einmal tadelt man die Ungerechtigkeit, daß die Geschworenendienste unentgeltlich geleistet werden müssen.[3])[4]) Das andere

---

[1]) Man vergleiche nur die Ausführungen de Franquevilles, der sich mit Recht scharf gegen Gneist und Mittermaier wendet, tom. I, p. 513.

[2]) Ich betone ausdrücklich, daß ich hierin nur einen von mehreren Faktoren erblicke. Man kann in Bezug auf Mißverständnisse nicht vorsichtig genug sein. Das, aber auch nur das hat mir die Abhandlung Weidlichs, Lisztsche Zeitschrift Bd. 28, S. 491 ff., bewiesen.

[3]) Vgl. z. B. Law Magazine and Review 1896, pp. 221 et seq.; 1906, pp. 66 et seq.; Law Journal 1906, p. 159. Derartige Zitate ließen sich beliebig vermehren. Auch die Tagespresse enthält vielfache Klagen in dieser Hinsicht. Ich verweise z. B. auf St. James's Gazette 2. 7. 1888, ferner auf den sehr interessanten Artikel von Bowen Rowlands in der Daily Mail vom 13. 2. 1907 u. a. m.

[4]) 1907 war übrigens eine Bill eingebracht, die bezweckte „to pay the expenses of jurors in criminal cases“. Vgl. Pall Mall Gazette vom 14. 3. 1907.

Mal tadelt man die Zusammensetzung der Jury aus zu ungebildeten Personen. Allerdings denkt man, wie ausdrücklich hervorgehoben werden mag, nicht daran, z. B. die Arbeiter von dem Amte auszuschließen.[1] Allein daß man mit dem gegenwärtigen Niveau der Jury nicht durchweg einverstanden ist, daß man vielmehr bemüht ist, dasselbe möglichst zu heben, das beweisen die Reports, das beweisen mir zahlreiche Gespräche mit hervorragenden Juristen der verschiedensten Richtungen. Interessant dabei ist, daß man das Heranziehen niederer Klassen erklärt und entschuldigt mit der für den Gebildeten entstehenden Schwierigkeit, die Dialekte der niederen Bevölkerung zu verstehen.[2]

Man könnte nun einwenden, die Reports seien veraltet und beträfen frühere, nicht aber gegenwärtige Zustände. Allein die Anfragen im Parlament in neuester Zeit beweisen, daß sich die Verhältnisse in jüngster Zeit nicht wesentlich geändert haben und so reformbedürftig geblieben sind, wie sie früher waren.[3] Die weitere Frage aber, warum die Gesetzgebung diese schon lange erkannte Reformbedürftigkeit noch nicht beseitigt hat, erledigt sich mit einem Hinweis auf die Schwerfälligkeit, mit der die englische Gesetzgebungsmaschine überhaupt in Bewegung zu setzen ist. Wir werden auf diese Tatsache noch später eingehender zurückkommen,[4] hier möchte ich nur kurz darauf hinweisen, daß ähnliche Erscheinungen auch bei uns gerade keine Seltenheit sind. Wir kennen doch schon seit Jahren die Reformbedürftigkeit der kriminellen Erfolgshaftung, und hat unsere Gesetzgebung bis jetzt eingegriffen?

---

[1]) Report 1868, p. 50, q. 1066; de Franqueville tom. I, p. 509; Law Magazine and Review 1906—07, pp. 71 et seq.

[2]) So schrieb mir ein Clerk of Assize: „The great advantage of having people of humble station in the jury is that they understand the dialect of the witnesses and often are better capable of arising at what happens than the more refined and better educated person.“

[3]) Vgl. z. B. Verhandlungen des House of Commons, Sitzung vom 25. 6. 1906; 26. 3. 1906; 3. 4. 1906. In letzterer Sitzung wurde folgende Frage gestellt: „I beg to ask ... whether, seeing that the present mode of summoning jurymen results in some being called three or more times, whilst hundreds never have to serve, he can arrange, by legislation or otherwise, that some mark be placed against the name of each person on the list who has once served, and that such persons should not be liable to be again called until every eligible person has been once summoned.“ Die Antwort des Ministers lautete: „I think that there is ground for dissatisfaction with the present system, but to carry out this proposal appears to me to be impracticable without legislation, and at the present time legislation on the subject cannot be undertaken.“ Parliamentary Debates vol. 155, p. 350. Vgl. auch den Fall im Daily Telegraph vom 26. 2. 1907.

[4]) Vgl. dazu einstweilen meine Ausführungen, Englische Gerichtsverfassung S. 15f. und weiter unten S. 160ff.

g) Anhangsweise muß hier noch eine besondere Art der Jury erwähnt werden, die indes nur ganz ausnahmsweise in Tätigkeit zu treten hat. Wenn nämlich der Angeklagte in der Hauptverhandlung auf die Frage, ob er sich für schuldig erkläre oder nicht, schweigt, so gilt das im allgemeinen als die Erklärung der Nichtschuld. Entstehen aber Zweifel, ob er die Frage auch wirklich verstanden hat, oder ob er nicht vielmehr taubstumm ist, so hat nicht etwa das Gericht darüber zu entscheiden, sondern es muß eine Jury zusammentreten, die die Frage zu beantworten hat.[1]) Allerdings wird diese Jury ganz formlos gebildet. Zwölf zufällig anwesende Männer werden herangezogen und vereidigt und haben dann die Entscheidung zu treffen. Sehr häufig wird natürlich diese Jury nicht fungieren.[2]) [3])

4. Ein weiteres, wichtiges Organ der Quarter Sessions, dem wir uns zuzuwenden haben, ist der Clerk of the Peace, oder, wenn wir ungenau übersetzen wollen, der Gerichtsschreiber.[4]) Es mag nun gleich zu Anfang bemerkt werden, daß der Clerk of the Peace in gewisser Hinsicht die Funktionen zweier Organe in sich vereinigt. Er ist nämlich sowohl Organ der Quarter Sessions als auch des County Council.[5]) Wenn nun auch hier die letzteren Funktionen nicht weiter interessieren und daher nicht mit behandelt zu werden brauchen,[6]) so mußte diese Doppelstellung doch erwähnt werden, da nur aus ihr heraus sich manches in den Anstellungsverhältnissen usw. erklären läßt.

a) Angestellt[7]) wird der Clerk von dem ständigen, gemeinsamen Ausschuß der Quarter Sessions und des County Council,

---

[1]) Die Frage lautet: „whether the prisoner be mute of malice or ex visitatione Dei".

[2]) Vgl. Archbold, Pleading p. 166, woselbst Einzelheiten; Kenny, Outlines p. 467.

[3]) 7 and 8 Geo. IV c. 28 s. 2.

[4]) Einer der Hauptfehler in Weidlichs Abhandlung, Lisztsche Zeitschrift Bd. 28, S. 499 ist, daß er den Clerk sowohl bei den Petty wie bei den Quarter Sessions als Gerichtsschreiber auffaßt. Es ist ja richtig, daß ihm gewisse Schreibarbeiten obliegen, aber seine wesentlichste Funktion liegt auf ganz anderem Gebiet, und zwar auf dem der Rechtsberatung. Sehr treffend, wenn aber auch nach der prozessualen Seite hin nicht erschöpfend bezeichnet ihn Wertheim S. 131 als permanenten Bureauchef der Quarter Sessions. Vgl. übrigens zum Folgenden die eingehende Darstellung Encyclopaedia 1st Ed. vol. IX, pp. 567—570.

[5]) Archbold pp. 78 et seq.; Wertheim S. 131.

[6]) Einiges ist schon früher erwähnt, so z. B. die Mitwirkung des Clerk of the Peace bei der Bildung der Geschworenenlisten, bei der er als Clerk of the County Council tätig wird. Vgl. weiter oben S. 77, Anm. 3.

[7]) Die gesamten Ausführungen de Franquevilles tom. I, p. 251 ss. können im folgenden nicht benutzt werden, weil er den Clerk of the Peace mit dem Clerk of the Petty Sessions identifiziert und so die Bestimmungen

dem sogenannten Standing Committee. Er ist im Prinzip nicht unabsetzbar, kann vielmehr durch dasselbe Committee auch seines Amtes wieder enthoben werden, wie denn dies letztere in jeder Hinsicht die Disziplinarbehörde für den Clerk ist.

Voraussetzungen des Amtes sind gesetzlich positiv nicht besonders normiert. Vielmehr kann das Standing Committee jede im Bezirk wohnende Person zum Clerk ernennen, die ihm zur Ausübung dieses Amtes geeignet erscheint.[1] Negativ dagegen ist bestimmt, daß der Clerk of the Peace nicht zugleich der Clerk of the Petty Sessions sein darf.[2] Dagegen ist nicht ausgeschlossen, daß der Clerk zugleich Friedensrichter ist. Selbstverständlich kann er in einem und demselben Verfahren nicht zugleich als Clerk und als Richter auftreten. Nichts aber hindert ihn, in einem konkreten Fall den Deputy Clerk an seiner Stelle tätig werden zu lassen, und selbst als Richter zu fungieren, eine Tatsache, die die ganz eigenartigen Verhältnisse der Organisation jedenfalls auf das deutlichste erhellt.

Ich wiederhole, ein gesetzlicher Zwang, nur Juristen zu Clerks zu bestellen, existiert nicht. Es mag diese auffallende Erscheinung ihre Erklärung darin finden, daß bei den Petty Sessions in Ermangelung einer Jury Rechtsgarantien in der Person des Clerk absolut erforderlich sind, während sie hier nicht ganz so notwendig erscheinen. Immerhin kann aber als absolute Regel der Praxis der Satz aufgestellt werden, daß als Clerks stets nur Juristen gewählt werden,[3] und zwar zumeist Solicitors, seltener auch Barristers. Ausnahmen sollen vorkommen, sind aber jedenfalls außerordentlich selten.[4]

Der Clerk of the Peace ist berechtigt, im Falle von Krankheit, Abwesenheit usw. einen Vertreter zu ernennen, den sogenannten Deputy Clerk.[5] Ebenso hat er oder sein Vertreter das Recht, einen Hilfsclerk zu ernennen, falls gelegentlich einer Sitzung der

---

von 40 and 41 Vict. c. 43 hier zur Anwendung bringen will, was nicht angängig ist. Nicht zutreffend auch Redlich, Englische Lokalverwaltung S. 411. Ganz unzutreffend v. Lewinski, England als Erzieher? S. 20f.

[1]) 51 and 52 Vict. c. 41 s. 3 (2).

[2]) 40 and 41 Vict. c. 43 s. 7. Vgl. auch Douglas, Summary Jurisdiction Procedure p. 447.

[3]) Wertheim S. 132; de Franqueville tom. I, p. 251.

[4]) Ich verdanke die Angaben über die Praxis Sir Harry B. Poland. Pritchard, Quarter Sessions 1904, c. 2, s. 4 sagt: „Practically now he must be a lawyer, generally a solicitor of good standing.“ Und Cohen, der Verfasser von Spirit of Our Laws, schreibt mir: „They are not bound to appoint a lawyer, but they never would do anything else.“

[5]) Unter Umständen, falls der Clerk verhindert ist, kann das Standing Committee den Deputy Clerk ernennen; 6 Edw. VII c. 46.

Quarter Sessions ein zweiter Gerichtshof gebildet wird, was ja, wie wir bereits früher ausgeführt haben, jederzeit möglich ist.[1]) Hier wird mithin ein Clerk ad hoc ernannt, und zwar ist zu wählen „a fit and sufficient person", ohne daß besondere Voraussetzungen in der Person des sogenannten Assistant Clerk kraft gesetzlicher Vorschrift vorliegen müßten.[2]) Letzterer hat im Prozeß dieselben Rechte und Pflichten wie der Clerk selbst.

Der Clerk, der früher Gebühren für die einzelnen Handlungen erhielt, ist heute ein festbesoldeter Beamter.[3]) Die Höhe seines Gehaltes wird durch das weiter oben erwähnte Standing Committee festgesetzt.[4]) Der Deputy Clerk wird vom Clerk selbst bezahlt, ohne daß letzterer Anspruch auf Ersatz dieser Kosten hätte.[5]) Der Assistant Clerk wird zwar auch vom Clerk bezahlt, hier erhält letzterer aber einen Ersatz seiner baren Auslagen.[6]) Gezahlt wird der Gehalt von der Grafschaftskasse, in die andererseits alle Gebühren usw. abzuführen sind.[7]) [8])

b) Was nun die Pflichten des Clerk of the Peace betrifft,[9]) so läßt sich in denselben ein Doppeltes unterscheiden.[10]) Einmal hat er nämlich rein administrative Funktionen zu erfüllen; er ist Bureauchef der Quarter Sessions, ihm liegt ob die Aktenbewahrung, der Verkehr mit andern Behörden, die Verwaltung des Eigentums der Quarter Sessions u. a. m. Als Administrativorgan ist er ferner auch an der Bildung der Geschworenenlisten beteiligt in einer Art

---

[1]) Vgl. weiter oben S. 49.

[2]) Archbold pp. 82 et seq.

[3]) 51 and 52 Vict. c. 41 s. 83 (5).

[4]) Vgl. weiter oben S. 96.

[5]) 14 and 15 Vict. c. 55 s. 10: „. . . no other payment shall be made for any such business, or for or to a deputy of any such clerk."

[6]) 21 and 22 Vict. c. 73 s. 9.

[7]) Auf die Einzelheiten der betreffenden Bestimmungen kann hier nicht eingegangen werden. Ich verweise diesbezüglich auf Archbold p. 104.

[8]) Der Gehalt ist der Stellung entsprechend. Der Clerk of the Peace and of the County Council der West Riding of Yorkshire erhält £ 1500 Gehalt und £ 264 für Auslagen; Redlich. Englische Lokalverwaltung S. 445, Anm. 1. Vgl. auch Encyclopaedia 1st Ed. vol. IX, pp. 569 et seq.

[9]) Vgl. dazu namentlich Archbold pp. 78 et seq.

[10]) In Encyclopaedia 1st Ed. vol. IX, pp. 568 et seq. werden in den Funktionen des Clerk drei Kategorien unterschieden, die archivarischen, die rein administrativen, die er in seiner Eigenschaft als Beamter des County Council zu erfüllen hat, und die eigentlich prozessualen. Die letzteren werden p. 569 folgendermaßen präzisiert: „The clerk of the peace has the same position in the judicial business of a Court of Quarter Sessions that the clerk of the Crown or of assize has in a Court of Assize. He prepares the indictments, so far as that is not undertaken by private enterprise, calls over the panel of grand and petty jurors, swears the juries, receives the bills when found, arraigns the accused, charges the jury with them, and receives the verdict."

und Weise, die wir bereits früher kennen gelernt haben.[1]) Auf der andern Seite hat er eine Reihe wichtigster prozessualer Funktionen außerhalb und innerhalb der Sitzung.

Zunächst hat er die Geschäftsverteilung insofern, als alle im Vorverfahren zur Hauptverhandlung verwiesenen Sachen an ihn gehen und von ihm auf die einzelnen Sitzungen verteilt werden. Auf Grund der Akten[2]) hat er dann unter bestimmten Voraussetzungen die Anklageschrift anzufertigen, kann sich aber auch hierzu eines Anwaltes bedienen, den er aber selbst zu bezahlen hat.[3]) In Anspruch genommen wird er in den Fällen der Privatklage, falls der Privatkläger keinen Anwalt genommen hat, so in den meisten Fällen der Polizeiverfolgung.[4]) Allein selbst wenn der Kläger einen Anwalt hat, ist der Clerk verpflichtet, auf Verlangen die Anklageschrift („Bill of Indictment") anzufertigen. Nicht dagegen ist er hierzu verpflichtet, wenn öffentliche Verfolgung einsetzt. Hat der Kläger keinen Barrister als Vertreter der Anklage im Trial, so hat der Clerk selbst einen solchen zu bestellen und hat ihm die nötige Information zu erteilen.[5]) Er erscheint hier also durchaus in der Rolle einer Anklagebehörde, was bei seiner sonstigen Stellung auffallend genug ist.

Auf Grund der Akten arbeitet der Clerk einen Auszug zur Information für den Richter aus, und zwar aus dem Indictment und den Zeugenprotokollen.[6]) Dem fügt er meist Bemerkungen über das anzuwendende Gesetz bei, namentlich in bezug auf die Strafmaxima und Strafminima.[7]) Der Clerk ist es also, der die ganze Sitzung vorbereitet.[8])

---

[1]) Vgl. weiter oben S. 77 ff.

[2]) In Strafsachen, die im ordentlichen Verfahren erledigt werden, gibt es sehr eingehende Akten. Ich werde darauf an anderer Stelle zurückkommen.

[3]) Archbold, Pleading p. 133; Archbold, Quarter Sessions p. 88.

[4]) Die Polizeistrafverfolgungen sind keine öffentlichen Strafverfolgungen im technischen Sinne, obwohl sie es ihrer tatsächlichen Natur nach sind. Auf diesen sehr wichtigen Punkt ist später eingehend zurückzukommen. Vgl. weiter unten S. 853 ff.

[5]) Liepmann, Summarisches Strafverfahren S. 103.

[6]) Ich habe derartige Auszüge stets beobachtet. Ein früherer englischer Barrister schreibt mir: „The Clerk also makes an abstract of the indictment and the depositions for the use of the Judge."

[7]) Ich beobachtete sogar, daß der Clerk diesem Auszug aus den Akten, der vor der Sitzung angefertigt wurde, einen Urteilsvorschlag beifügte, und ich überzeugte mich an der Hand der Protokolle, in welcher der betreffende Clerk seinen Vorschlag stets mit vermerkt hatte, daß das Gericht von diesem Vorschlag so gut wie nie abgewichen war. Ich erwähne diesen Umstand, um die ganze mitbestimmende Stellung des Clerk zu charakterisieren, der hier in der Tat mehr die Rolle eines Staatsanwaltes, wie eines Gerichtsschreibers spielt, natürlich aber nur in dieser einen Hinsicht und nur rein tatsächlich.

[8]) Das soll nicht etwa heißen, daß der Richter sich nicht für die Sitzung vorbereitet. Tatsächlich tut er dies sehr häufig.

In der Sitzung selbst führt er das äußerst kurze Protokoll. Allein das ist eine mehr nebensächliche Aufgabe. Wichtiger ist, daß er die Geschworenenbank zu bilden hat unter Vereidigung der einzelnen Geschworenen.[1]) Er hat dann die formale Prozeßleitung insofern, als er die Anklageschriften der Grand Jury vorzulegen und deren Entscheidung entgegenzunehmen hat,[2]) als er ferner den Angeklagten der Jury zu überweisen hat.[3]) [4])

An der Zeugenvernehmung ist der Clerk im Schwurgerichtsverfahren nicht beteiligt. Es mag vorkommen (ich beobachtete Beispiele), daß er Fragen zur Aufklärung stellt. Allein derartige Fälle sind stets die Ausnahme. Ist keine Jury vorhanden, so liegen die Verhältnisse allerdings anders. Bei allen Rechtsentscheidungen, die in formaler oder materieller Hinsicht notwendig werden, hat ferner der Clerk die Richter zu belehren. Er hat dabei allerdings nur beratende, nie aber entscheidende Stimme. Aber trotzdem ergibt sich die eminente Wichtigkeit seiner Stellung ohne weiteres, namentlich wenn man bedenkt, daß in vielen Fällen der Clerk der einzige anwesende Jurist ist. Ist seine Stellung mithin auch nicht eine so präponderierende wie die des Clerk of the Petty Sessions, der tatsächlich die ganze Sitzung leitet, so ist sie immerhin bedeutungsvoll genug. Die Tatsache, daß der Clerk jeden Augenblick eingreifen und den Richter belehren kann, was namentlich in formaler Hinsicht äußerst häufig geschieht, beweist eben, daß der Clerk kein untergeordnetes, sondern im wesentlichen ein gleichgestelltes Organ ist. Und die weitere Tatsache, daß der Richter nicht an die Belehrung des Clerk gebunden ist, beweist nichts für die Unterordnung des letzteren, sondern nur, daß er eben ein beratendes, nicht aber ein entscheidendes Organ ist. Selbstverständlich verschieben sich die Verhältnisse rein tatsächlich da, wo der Chairman ein Jurist ist. Hier treten die beratenden Funktionen des Clerks natürlich mehr in den Hintergrund, aber es bleibt doch das eine, daß in zweifelhaften Fällen der Chairman sich mit dem Clerk berät, was zu beobachten ich häufig Gelegenheit hatte. Und es wird dies um so häufiger geschehen, je mehr dem Chairman die Kenntnis der eigentlichen

---

[1]) Es muß dies in Anwesenheit des Gerichtes erfolgen; ich beobachtete allerdings das Gegenteil, sah aber auch, daß ein Gerichtshof die in seiner Abwesenheit gebildete Geschworenenbank neu bilden ließ.

[2]) Ohne jedoch an der Belehrung derselben irgendwie teilzunehmen!

[3]) Archbold p. 82. Über das Arraignment vergleiche Archbold, Pleading p. 165.

[4]) Unrichtig ist die Behauptung Wertheims S. 131, daß der Clerk die Geschworenen lade; dies tut der Sheriff. Archbold p. 120. Weiter oben S. 79f.

Praxis fehlt, was bei der Spezialisierung der englischen Juristen oft der Fall sein wird. Da aber, wo der Chairman ein Laie ist, tritt selbstverständlich der Clerk in den Vordergrund und leitet mehr oder weniger die Verhandlung.[1])

Auch außerhalb der Sitzung hat der Clerk eine Reihe von Funktionen zu erledigen. Er hat die Befehle des Gerichtes an den Sheriff als Vollzugsbeamten weiterzugeben, er hat gewisse Prozeßdekrete selbst zu erlassen, er hat die Zeugengebühren usw. auszuzahlen, er kann zu der Taxierung der Kosten mit herangezogen werden[2]) usw., ohne daß auf alle diesbezügliche Einzelheiten näher eingegangen werden könnte. Zur Erledigung der eigentlichen Schreibarbeit hat er natürlich eigene von ihm bezahlte Hilfskräfte.

So ergibt sich uns die Rechtsstellung des Clerk: Obwohl in bestimmter Hinsicht den Anweisungen des Richters unterworfen,[3]) ist er doch kein Subalternbeamter in unserm Sinne. Er ist vielmehr ein auch gesellschaftlich dem Richter gleichgestellter Beamter, wie sich ebenfalls aus der Tatsache ergibt, einmal daß er trotz seines Amtes Friedensrichter sein kann, ferner, daß einige seiner Funktionen früher von dem Custos rotulorum ausgeübt wurden, der stets einer der vornehmsten Beamten der Grafschaft war.[4]) Diesem Custos rotulorum lag bis 1889 die Aufbewahrung der Akten ob, die nunmehr dem Clerk übertragen ist. Es ist natürlich nicht daran zu denken, daß eine derartige Funktionenübertragung von einem hohen Beamten auf einen Subalternbeamten möglich gewesen wäre. Aber der Clerk ist eben auch kein Subalternbeamter. Er ist ein Beamter, der klägerische und richterliche Funktionen neben denen eines Gerichtsschreibers zu erfüllen hat. Allein ich betone nochmals: die ersteren überwiegen, und es mag auch darauf hingewiesen werden, daß mit dem stenographischen Protokoll, welches der neue Criminal Appeal Act für jedes Strafverfahren vorschreibt, der Clerk nicht das geringste zu tun hat.[5])

---

1) So schreibt mir ein englischer Kriminalist: „But in cases where the Chairman is not up to his work the clerk gives him what assistance he can.“

2) Selbst taxieren kann er die Kosten nicht, wie Wertheim S. 131 unrichtigerweise behauptet. Vgl. Archbold p. 102. Vgl. aber auch Encyclopaedia 1st Ed. vol. IX, p. 569 in nicht einwandsfreien Ausführungen.

3) Z. B. kann ihn der Richter beim Taxieren der Kosten heranziehen.

4) Archbold p. 77: „He is . . . usually a nobleman or gentleman of high rank. He is the first civil officer, as the lord lieutenant is the chief military officer of the county.“ Es mag darauf hingewiesen werden, daß früher der Custos rotulorum den Clerk ernannte. Vgl. auch Wertheim S. 194.

5) Daß der Clerk kein Subalternbeamter ist, beweist auch der Umstand, daß ein Clerk of the Peace in dem Committee als Mitglied sitzt,

Ein Analogon zu einem derartigen Organ haben wir in Deutschland nicht, wie wir ein solches auch für den Clerk of the Petty Sessions nicht fanden.

c) Anschließend hieran mag auf die seltsame Tatsache hingewiesen werden, daß das Gericht sich noch auf andere Art und Weise als durch den Clerk Rechtsbelehrung verschaffen kann. Entsteht nämlich in irgend einem Fall eine schwierige Rechtsfrage, so kann das Gericht einen nicht in der Sache beschäftigten Barrister um Rechtsbelehrung angehen, die dieser dann dem Gericht zu erteilen hat. Die entstehenden Kosten werden aus öffentlichen Mitteln bestritten. Man wird nicht leugnen können, daß dieses Mittel, um die Gefahren der Laienhaftigkeit der Richterbank zu überwinden, ein außerordentlich seltsames ist. Nichtsdestoweniger wird von ihm Gebrauch gemacht, wenn allerdings auch nur in den aller seltensten Ausnahmefällen.[1])

5. Die übrigen Organe der Quarter Sessions haben alle nur den Charakter von Hilfsorganen. Wir können uns daher in Hinblick auf sie sehr kurz fassen.

a) Der oben erwähnte Custos rotulorum hat seit 1889 gar keine Bedeutung mehr. Seine Funktionen sind auf den Clerk übergegangen oder ganz erloschen wie sein Ernennungsrecht eben des Clerk. Einige Reste derselben haben sich noch erhalten, haben aber nur historisches Interesse.[2]) Er muß Friedensrichter sein und wird vom König ernannt.

b) Der Treasurer ist der Kassenbeamte der Grafschaft und hat in gewisser Hinsicht den Weisungen der Quarter Sessions Folge zu leisten. An ihn sind z. B. Bußen usw. abzuführen. Die Einzelheiten interessieren nicht weiter.[3])

c) Bedeutender sind die Funktionen, die der Sheriff zu er-

---

welches bei der Abfassung der Rules für das Verfahren vor dem Court of Criminal Appeal mitwirkt, daß also ein Clerk zur Mitwirkung an der Gesetzgebung berufen ist. 7 Edw. VII c. 23 s. 18 (2).

[1]) So schreibt ein Barrister anläßlich des später noch zu erwähnenden Edalji-Falles im Daily Telegraph vom 15. 2. 1907: „There is one point which shows how completely incapable was the Bench which had Edalji before them. The counsel in the case, Mr. Disturnal for the prosecution, and Mr. Vachell — now a K. C. — for the defence, were the two juniors enjoying the leading practice in the district. Questions of the admissibility of evidence arose and there were other questions of law, and the Bench, finding that they were in difficulties, had to call in, and pay out of the county fund another barrister practising at the sessions to advise them on all points of law.“ Die Fälle sind, wie gesagt, sehr selten, kommen aber vor, wie mir auch Barristers aus der Praxis bestätigen.

[2]) Er bewahrt die Akten auf, die bis 1889 entstanden sind! Vgl. Archbold p. 77; Encyclopaedia 1st Ed. vol. IV, p. 89.

[3]) Archbold pp. 111 et seq.; Encyclopaedia 1st Ed. vol. XII, p. 264.

füllen hat.[1]) Zunächst ist er, wie erinnerlich, mit der Bildung der Sessionslisten beauftragt. Des weiteren hat er die Geschworenen zu laden.[2]) Er hat ferner die äußeren Einrichtungen zu treffen, die für Abhaltung der Quarter Sessions nötig sind, er hat bekanntzumachen, daß die Sitzungen stattfinden, und hat die Polizei und sonstigen Beamten anzuweisen, an dem bestimmten Tag im Gericht anwesend zu sein. Er selbst hat zugegen zu sein, kann sich aber durch den Under Sheriff vertreten lassen, was meist geschieht.[3])

d) Auch die Beamten der Polizei erscheinen als Hilfsbeamte der Quarter Sessions und haben als solche den Verhandlungen beizuwohnen. Sie werden zu manchen kleinen Diensten herangezogen, so haben sie z. B. die Jury zu überwachen u. a. m. Auch vor den Quarter Sessions kann natürlich seitens der Polizei die Klage erhoben und betrieben werden. Hier wird aber vor dem erkennenden Gericht selbst die Sache von einem Rechtsanwalt vertreten, so daß die Polizei als solche nicht in die Verhandlungen unmittelbar eingreifen kann.[4])

e) Ich erwähne noch, daß der gesamte Gang der Verhandlungen durch offizielle Stenographen aufgezeichnet wird. Dieselben werden ad hoc engagiert, für die einzelne Sitzung bezahlt und erscheinen nach keiner Richtung hin als Beamte des Gerichtes.

f) Schließlich sei noch erwähnt, daß Rechtsanwälte vor Gericht natürlich auftreten können. Und zwar haben prinzipiell sowohl die höheren als auch die niederen Anwälte, Barristers und Solicitors das gleiche Recht, vor den Quarter Sessions zu verhandeln.[5]) Allein das Gericht kann die niederen Anwälte, die Solicitors, ausschließen, und dann können nur Barristers[6]) Vertretungen führen. Dabei ist es aber üblich, daß die erste Klasse der höheren Anwälte, die King's Counsel und die Barristers „having patents of precedence", nicht an den Quarter Sessions praktizieren.[7])

V. Die letzte Frage, die uns zu beschäftigen hat, ist die, wie es im einzelnen Fall zum Zusammentreten der Quarter Sessions kommt. Wir haben bereits gesehen, wie die einzelnen Sitzungsperioden

---

[1]) 50 and 51 Vict. c. 55; vgl. namentlich Archbold pp. 118 et seq. Über die Stellung des Sheriffs in der Grafschaft vgl. Wertheim S. 506; Hatschek Bd. II, S. 439 und weiter unten § 22.

[2]) Archbold pp. 120 et seq.; unrichtig Wertheim S. 131.

[3]) Archbold p. 120.

[4]) Vgl. Archbold pp. 125 et seq.

[5]) Vgl. auch einen Law Times vol. 124, p. 238 mitgeteilten Fall aus der Praxis, aus dem sich indes die Bestrittenheit der Frage ergibt.

[6]) Es müssen dann aber mindestens vier Barristers anwesend sein, sonst können Solicitors plädieren. Archbold, Pleading p. 670.

[7]) Archbold pp. 126 et seq.; Cohen, Spirit of Our Laws pp. 262 et seq.

bestimmt werden,[1]) auch ferner, wie durch den Clerk die einzelnen Sachen auf die einzelnen Sitzungstage verteilt werden.[2]) Allein im einzelnen ist noch folgendes zu bemerken: Die Bestimmung, an welchem Ort die Quarter Sessions zusammenzutreten haben, erfolgt durch Precept unterzeichnet von mindestens zwei Friedensrichtern, von denen meist einer der Custos rotulorum oder der Chairman ist. Erlassen zwei andere Richter einen inhaltlich differierenden Befehl, so entscheidet die Priorität.[3]) Der Befehl bezeichnet Ort und Zeit, wobei die Zeit meist von vornherein feststeht. Doch können auf diese Art und Weise zweifellos auch Quarter Sessions ad hoc angeordnet werden. Der Befehl ist an den Sheriff gerichtet und fordert ihn inhaltlich auf, das Nötige zu veranlassen. Er muß spätestens 15 Tage vor dem Sitzungstag in den Händen des Under Sheriffs sein. Sind die Sitzungstage im voraus bestimmt, so findet keine besondere Benachrichtigung der Friedensrichter statt, bei Sitzungen ad hoc ist das natürlich notwendig.[4]) An den Sitzungen können alle Friedensrichter des Commissiondistrictes sich beteiligen. Allein auch hier kommen wie bei den Petty Sessions[5]) Verabredungen unter den Friedensrichtern vor, daß sich bestimmte Richter verpflichten, an bestimmten Sitzungen teilzunehmen oder auch stets zu erscheinen. Alle derartigen Abmachungen haben indes stets nur interne Bedeutung.

§ 6. b) Die städtischen Friedensgerichte.

I. 1. Die Verfassung der Friedensgerichte, wie wir sie in den bisherigen Ausführungen kennen gelernt haben, ist, wenn wir von den wenigen Resten von Sondergerichtsbarkeit absehen wollen, auf dem platten Land allgemein durchgeführt worden. Dagegen treffen wir in den Städten sehr wesentliche Modifikationen der dargestellten Organisation. Um nun diese Modifikationen ganz zu verstehen, ist es notwendig, kurz auf die verschiedenartige Stellung hinzuweisen, die die Städte als Gerichtsbezirke in der friedensgerichtlichen Verfassung Englands einnehmen.

Hier sind drei Möglichkeiten zu erwähnen:[6]) Entweder die Stadt besitzt keine besondere Friedenscommission. Hier bildet sie einfach einen Teil desjenigen Distriktes, für den die Com-

---

[1]) Vgl. weiter oben S. 49 ff.

[2]) Vgl. weiter oben S. 99.

[3]) Archbold pp. 71, 72, 75, 76.

[4]) Außerdem macht der Sheriff die Sitzung noch im voraus öffentlich bekannt.

[5]) Vgl. weiter oben S. 35 ff.

[6]) Vgl. die äußerst klare und treffende Darstellung bei Redlich, Englische Lokalverwaltung S. 408 f.

mission of the Peace ergangen ist, und die Gerichte dieses Distriktes sind dann auch die Gerichte der Stadt.[1]) Oder es ist zwar für die Stadt eine besondere Commission ergangen, ohne daß sie aber das Recht auf eigene Quarter Sessions besäße. Dann bildet die Stadt in bezug auf die Petty Sessions einen besonderen Gerichtsbezirk. In bezug auf die Quarter Sessions erscheint das Stadtgebiet nicht als besonderer Gerichtssprengel, sondern als Teil des weiteren Commissiondistrikts, dessen allgemeine Quarter Sessions mithin als allgemein übergeordnetes Gericht auch über dem Stadtgericht, d. h. den städtischen Petty Sessions stehen. Bezüglich der letzteren ist aber ausdrücklich zu erwähnen, daß in denselben auch die nichtstädtischen Friedensrichter mitwirken können, denn dieselben besitzen im Verhältnis zu den städtischen Friedensrichtern konkurrierende Zuständigkeit, während umgekehrt die städtischen Friedensrichter eine nur auf die Stadt beschränkte Kompetenz haben.[2])

Schließlich aber gibt es drittens Städte mit eigner Friedenscommission und eignen Quarter Sessions. Hier bildet also die Stadt in friedensgerichtlicher Hinsicht einen vollständig selbständigen Gerichtsbezirk mit eignen städtischen Petty Sessions und Quarter Sessions. Allein bezüglich der Petty Sessions ist auch hier eine konkurrierende Zuständigkeit der nichtstädtischen Friedensrichter insoweit gegeben, als diese an den städtischen Petty Sessions mitwirken können, soweit ihre Mitwirkung nicht durch ausdrückliche Bestimmung der städtischen Commission of the Peace,[3]) durch moderne oder aber durch eine von dem Municipal Corporation Act 1835 nicht beseitigte Charter[4]) ausgeschlossen ist. Für die Quarter Sessions kommt die konkurrierende Zuständigkeit der nichtstädtischen Friedensrichter heute nicht mehr in Betracht, da hier, wie wir sofort sehen werden, die Zuständigkeit der Friedensrichter überhaupt beseitigt worden ist.

2. Ursprünglich war die Friedensgerichtsverfassung auch in den städtischen Bezirken durchaus konform der der nichtstädtischen Bezirke durchgeführt. Allein die bereits früher erwähnte Reformgesetzgebung des 19. Jahrhunderts hat hier wesentlich ändernd eingegriffen,[5]) und zwar so, daß man versucht hat, in den

---

[1]) Die Stadt kann aber einen eigenen Petty Sessional District bilden. Trotzdem besitzt sie (und das ist das Entscheidende) keine eigenen städtischen Friedensrichter. Nicht ganz genau Hatschek Bd. II, S. 524.

[2]) Hatschek Bd. II, S. 524.

[3]) Hatschek Bd. II, S. 524, der indes die Möglichkeit übersieht, daß durch Charter die konkurrierende Zuständigkeit beseitigt sein kann.

[4]) Archbold p. 28.

[5]) Vgl. weiter oben S. 5 ff. Soweit die Reform darauf abzielte, den Wirkungskreis des Friedensrichters funktionell zu beschränken, kann sie als nicht hierher gehörig außer acht gelassen werden.

Städten an Stelle des Laienrichters den gelehrten Richter, an Stelle des ehrenamtlichen den angestellten, beamteten Richter zu setzen. Man wollte also die Rechtsprechung der Laien eindämmen, wenn nicht gar beseitigen, denn man hatte eingesehen, welch schwere Schäden aus derselben resultierten.[1]) Die Reform war eine schrittweise, sie hat teils zu fakultativen, teils auch zu obligatorischen Änderungen geführt.

Auf die Einzelheiten kann hier nicht eingegangen werden, so interessant sie auch für die Beurteilung der heutigen Reformbewegung und der augenblicklichen Entwicklung sein mögen.[2]) Es mag daher nur soviel bemerkt werden, daß diese Reform die Schattenseiten einer jeden stückweisen Reform insofern aufweist, als nicht durchgängig

---

[1]) Daß dies der Ausgangspunkt der Reform war, betont mit Recht Redlich, Englische Lokalverwaltung S. 409.

[2]) Einer der wesentlichsten Fehler in Weidlichs Ausführungen, Lisztsche Zeitschrift Bd. 28, S. 491 ff. ist, daß er den augenblicklichen Rechtszustand Englands auf dem Gebiet der Strafrechtspflege als eine Art Endziel hinstellt, als ein Schlußresultat beendigter Entwicklung. Vgl. z. B. S. 498, Anm. 5, wo es heißt, daß England seine alten, nationalen Grundlagen endgültig wiedergefunden und befestigt habe. Als ob überhaupt irgend ein gegenwärtiger Rechtszustand endgültig wäre! Ob es wirklich historisch eine haltlose Konstruktion ist, alles im Fluß der geschichtlichen Entwicklung zu sehen, wie ich es zu tun versucht habe (Englische Gerichtsverfassung), lasse ich dahingestellt. Jedenfalls vergleiche man mit der durchaus unbewiesenen Behauptung Weidlichs die glänzende Darstellung der englischen Entwicklung der Gegenwart, wie sie etwa in Redlichs Englischer Lokalverwaltung in wirklich wissenschaftlicher Art gegeben ist. Mit Weidlichs Behauptung von der endgültigen Befestigung nationaler Grundgedanken kontrastiert ferner aber auch seltsam der Criminal Appeal Act, ein Gesetz, von dem ein so ruhiger und sachlicher Beurteiler wie Kenny, Outlines p. 490 sagt: „The creation of a general Court of Criminal Appeal . . . constituted a revolution in the administration of our penal justice.“ (Allerdings versucht Bromberg, Rechtsmittelwesen in England und Schottland S. 55 nachzuweisen, daß von einer wirklichen Umwälzung von Grundprinzipien nicht die Rede sein kann. Dagegen meine Ausführungen Gerichtssaal Bd. 74, S. 474 f.) Es kontrastieren damit seltsam Äußerungen, wie man sie nicht selten in der englischen Reformliteratur findet, z. B. Bowen-Rowlands, Liberty of the Subject (Daily Mail vom 30. 1. 1907): „But, wide though his outlook may be, it may be doubted whether he will review any system more hopelessly broken down, more completely effete, than that which is presented to the modern inquirer in our criminal system. For, truth to tell, the state of that system is that of decay. Essentially unchanging in the midst of ever-changing social conditions, the relic of centuries long since left behind, theoretically unsound, and practically at variance with the requirements of a progressive people, it can only properly be termed broken down and a menace to the liberty of the subject“. Man kann wohl kaum Bowen-Rowlands vorwerfen, wie es Weidlich mir tut, er habe sich als ein an der Oberfläche haftender Beschauer durch erratische Blöcke der längst weitergeeilten Entwicklung den Blick verwirren lassen. Vgl. Weidlich S. 508, Anm. 15.

einheitliche Verhältnisse geschaffen worden sind. Und ich betone scharf: Die Verschiedenheiten, die sich im Laufe der in Betracht kommenden Entwicklung herausgebildet haben, sind nicht etwa bewußt gewollte, beruhend in letzter Linie auf der Verschiedenartigkeit der zu regelnden Verhältnisse, sondern es sind rein historische Zufälligkeiten, ohne jede eigentliche innere Zweckbestimmung, wie sich im Laufe der Darstellung noch des Genaueren ergeben wird.[1])

Die Reform selbst hat in London begonnen und war ursprünglich auf die Metropolis beschränkt. Denn selbstverständlich traten die Mißstände, die man zu beseitigen trachtete, die Unfähigkeit der Friedensrichter, eine den Bedürfnissen der Zeit entsprechende Rechtsprechung zu liefern, nirgends deutlicher hervor als gegenüber den so unendlich differenzierten Lebensverhältnissen der ungeheuren Metropole. Erst später ist die Reform dann in den übrigen großen Städten durchgeführt worden,[2]) eine Tatsache, aus der sich des weiteren die vielfachen Unterschiede in den Rechtsverhältnissen zwischen London und den anderen englischen Städten ergeben. Es ist daher auch praktisch, im folgenden bei der Darstellung des augenblicklichen Rechtszustandes London stets getrennt zu behandeln, worauf gleich hier hingewiesen werden mag.

Ich bemerke abschließend noch, daß die Reform in bezug auf die Provinzstädte an den Municipal Corporations Act von 1835 anschließt, dem eine ganze Reihe von Einzelgesetzen gefolgt sind.[3]) Die Verhältnisse in London beruhen dagegen in erster Linie auf dem Metropolis Police Courts Act von 1839, der späterhin nur unwesentlich durch weitere Gesetze ergänzt worden ist.[4])

---

[1]) Adickes, Grundlinien S. 150 f. überschätzt in dieser Hinsicht die englischen Teilreformen auf das evidenteste. Wenn irgend ein Staat, so ist England unsystematisch und inkonsequent in seiner Gesetzgebung.

[2]) Daß die Reform für die übrigen Städte zum Teil vor Abschluß der Entwicklung in London durchgeführt ist, ändert nichts an der Tatsache, daß die Entwicklung in London begonnen hat. Vgl. Gneist, Englisches Verwaltungsrecht Bd. II, S. 983; Hatschek Bd. II, S. 524; namentlich aber die interessanten und eingehenden Darlegungen de Franquevilles tom. I, p. 274 ss. In der Darstellung der Entwicklung bei Redlich, Englische Lokalverwaltung S. 404 ff. werden die Londoner Verhältnisse ganz außer acht gelassen.

[3]) 5 and 6 Will. IV c. 76. Von weiteren Gesetzen erwähne ich 21 and 22 Vict. c. 73; 26 and 27 Vict. c. 97; 32 and 33 Vict. c. 34; 45 and 46 Vict. c. 50. Für eine Reihe von Städten sind übrigens Einzelgesetze ergangen, die natürlich im Text nicht berücksichtigt werden können. Vgl. 2 and 3 Vict. c. 15; 7 and 8 Vict. c. 30; 9 and 10 Vict. c. 65; 30 and 31 Vict. c. 63; 58 and 59 Vict. c. 107. Encyclopaedia 1st Ed. vol. VII, p. 71; Hatschek Bd. II, S. 526.

[4]) 2 and 3 Vict. c. 71; 3 and 4 Vict. c. 84; 38 Vict. c. 3; 11 and 12 Vict. c. 41.

II. 1. a) Wenden wir uns zunächst den Petty Sessions zu, so bestehen die von den erwähnten Gesetzen eingeführten Modifikationen der friedensgerichtlichen Verfassung nicht etwa in einer obligatorischen Ersetzung der Friedensrichter durch besoldete Berufsbeamte. Vielmehr ist nur fakultativ gewissen Städten die Möglichkeit eingeräumt worden, Berufsbeamtengerichte einzuführen. Diese Möglichkeit aber ist nicht etwa allen Städten gegeben worden, sondern nur den Städten mit mindestens 25 000 Einwohnern und ferner ohne Rücksicht auf Größe und Einwohnerzahl den sogenannten Boroughs, d. h. Städten, die mit einer Charter versehen sind.[1]) In diesen beiden Fällen[2]) kann der Gemeinderat der Stadt vermittels einer an das Ministerium des Innern[3]), d. h. das Home Office zu richtenden Petition die Anstellung eines Berufsrichters verlangen[4]). Die Krone kann dann für die Stadt einen Polizeirichter ernennen. Ich bemerke aber, daß die Krone zu einer derartigen Ernennung nicht verpflichtet ist, und daß das Ministerium dem gestellten Antrag nicht nachzukommen braucht, falls es die Einführung von Polizeirichtern für unzweckmäßig hält,[5]) ein Fall, der sich indes in der Praxis selten ereignen dürfte. Andererseits kann das Home Office ohne Antrag keine Polizeirichter ernennen. Es können endlich auch nach Antrag des Gemeinderates für eine Stadt mehrere Polizeirichter ernannt werden.[6])

b) Zu Polizeirichtern, den sogenannten Stipendiary Magistrates können nur Juristen ernannt werden, und zwar muß der zu Ernennende mindestens sieben Jahre Barrister gewesen sein.[7])

---

[1]) Über den Begriff Borough vgl. Hatschek Bd. II, S. 525; Wertheim S. 88 ff.

[2]) Zutreffend unterscheidet beide Fälle de Franqueville tom. I, p. 276. Unzutreffend Wertheim S. 93, der die Möglichkeit der Anstellung von Berufsrichtern nur in Städten von mindestens 25 000 Einwohnern als gegeben erachtet. Nicht ganz zutreffend auch Hatschek Bd. II, S. 525; Redlich, Englische Lokalverwaltung S. 410. Beide geben das Recht auf Berufsrichter nur den Boroughs. Daß die Frage keine rein theoretische ist, ergibt sich daraus, daß es sehr wohl Gemeinden von über 25 000 Einwohnern geben kann, die keine Boroughs sind. Denn durchaus zutreffend bemerkt Redlich l. c. S. 257: „Die englische Munizipalstadt ist keine bestimmte Größenklasse des kommunalen Gemeindewesens, sondern sie ist noch immer eine wesentlich historische Kategorie innerhalb der Gemeindeorganisation des Landes". Vgl. auch ebendort Anm. 2, wo ausgeführt ist, wie langsam die Gemeinwesen Englands sich zu Boroughs entwickelt haben.

[3]) Ein eigentliches Justizministerium fehlt in England. Vgl. dazu weiter unten S. 970 ff.

[4]) Der diesbezügliche Beschluß muß mit Zweidrittelmajorität im Gemeinderat gefaßt sein. de Franqueville tom. I, p. 277.

[5]) de Franqueville tom. I, p. 277.

[6]) 45 and 46 Vict. c. 50 s. 161 (7).

[7]) de Franqueville tom. I, p. 277 verwechselt die früheren Voraussetzungen nach 5 and 6 Will. IV c. 76 s. 99 mit denen nach 45 and 46

Daß allerdings während dieser Zeit der zu Ernennende auch wirklich praktiziert hat, ist nicht erforderlich,[1]) was gegenüber der Tatsache hervorgehoben zu werden verdient, daß sehr viele Juristen sich mit dem Titel Barrister begnügen, ohne je daran zu denken, sich in der Praxis irgendwie zu betätigen.[2]) Selbstverständlich wird man aber meist Juristen aus der Praxis nehmen; Ausnahmen sind jedoch möglich, was bei den politischen Rücksichten, die bei der Ernennung der Richter nur allzu häufig mitspielen,[3]) doch nicht ohne Bedenken ist. Nicht ohne Interesse ist es daher auch, daß diese Tatsache selbst in der englischen Literatur des öfteren hervorgehoben und lebhaft gerügt wird, was jedenfalls kaum geschehen würde, wenn sich nicht Mißstände in der Praxis ergeben hätten.[4])

Nach seiner Ernennung muß der Polizeirichter noch vereidigt werden, ohne daß hier ein Besonderes zu bemerken wäre.[5])

Die Ernennung erfolgt nicht auf Lebenszeit. Vielmehr können die Polizeirichter jederzeit wieder entlassen werden und zwar auch ohne Angabe von Gründen. Die Macht der Krone ist hier rechtlich eine völlig unbeschränkte, und das Gesetz bestimmt ausdrücklich, daß der Polizeirichter sein Amt bekleiden soll „during his Majesty's pleasure".[6]) Tatsächlich wird natürlich nur in den schwersten Fällen eingeschritten, allein die Absetzbarkeit äußert sich in einer recht abhängigen Stellung der

---

Vict. c. 50 s. 161 (7) und behauptet irrtümlicherweise, daß es genüge, wenn der zu Ernennende fünf Jahre Barrister gewesen sei. Richtig p. 403, aber auch nicht ganz genau.

[1]) Dies übersehen Hatschek Bd. II, S. 525; Redlich, Englische Lokalverwaltung S. 410 und Wertheim S. 93f., die alle als Voraussetzung fünfjährige Praxis als Barrister anführen. Allein das Gesetz ist ganz klar: 45 and 46 Vict. c. 50 s. 161 (1): „. . . it shall be lawful for the Queen to appoint to that office a barrister of seven years' standing."

[2]) Vgl. dazu weiter unten S. 942.

[3]) Das ist kein Widerspruch mit meinen Ausführungen Englische Gerichtsverfassung und deutsche Gerichtsreform S. 51, woselbst ich nur auf die politische Farblosigkeit der Richter hinweise. Weidlichs Angriffe, Lisztsche Zeitschrift Bd. 28, S. 512, Anm. 17 gegen mich schweben also völlig in der Luft. Die daselbst behaupteten Tatsachen sind mir sehr wohl bekannt und nie von mir bestritten worden. Die Behauptung Weidlichs aber, daß ausgesprochen politische Gesinnung bei den Richtern selbstverständlich ist, ist unrichtig. Vgl. dazu weiter unten S. 813 ff. und meine Ausführungen Gerichtssaal Bd. 72, S. 379.

[4]) So schreibt Bowen-Rowlands, Liberty of the Subject (Daily Mail vom 31. 1. 1907) allerdings in bezug auf die Quarter Sessions, deren Verhältnisse insofern aber gleichartige sind: „. . . and so on that bench may be seen nominal barristers dealing out the law they were unable to practise."

[5]) Vgl. Stone, Justices' Manual pp. 580, 1155.

[6]) 45 and 46 Vict. c. 50 s. 161 (2).

Polizeirichter gegenüber den Verwaltungsorganen, wie wir später noch eingehend nachzuweisen haben werden.[1])

Der Polizeirichter erhält einen festen Gehalt aus der Stadtkasse, welcher der Höhe nach durch die Krone fixiert wird. Dieselbe ist dabei insofern an den Vorschlag des Gemeinderates gebunden, als sie nie mehr Gehalt bewilligen kann, als der Gemeinderat beantragt hat. Der Gemeinderat ist also in doppelter Hinsicht entscheidend: Einmal ist sein Antrag absolute Voraussetzung einer Ernennung von Polizeirichtern überhaupt, ferner bestimmt er definitiv das Maximum des zu zahlenden Gehaltes. Tritt der Polizeirichter zurück, so erhält er gebräuchlicherweise eine Pension, die sich nach der Dauer seiner Dienstzeit berechnet.

Stirbt ein Polizeirichter, oder wird sonst eine Stelle erledigt, so tritt eine Neubesetzung erst dann wieder ein, wenn der Gemeinderat einen neuen diesbezüglichen Antrag gestellt hat.[2]) Der Gemeinderat kann aber nicht etwa die Beseitigung amtierender Polizeirichter veranlassen und ist auch keineswegs eine Art Disziplinarbehörde über den Polizeirichtern. Wohl aber kann er die Einziehung unbesetzter Stellen herbeiführen.

Merkwürdig ist das Recht des Polizeirichters, seinen Vertreter selbst zu ernennen. Einen solchen Deputy Magistrate kann er jedes Jahr auf die Dauer von höchstens sechs Wochen, im Falle von Krankheit und unvermeidlicher Abwesenheit auf die Dauer von höchstens drei Monaten bestellen. Als Vertreter kann er jedoch nur einen Barrister von siebenjähriger Praxis wählen, eine recht inkonsequente Bestimmung, da der Richter selber nicht in der Praxis gestanden zu haben braucht, wie weiter oben ausgeführt.[3]) Die Bestellung bedarf stets der Genehmigung durch den Minister des Innern. Diesem Recht der Ernennung steht aber dann die ebenfalls für unsere Vorstellungen sehr seltsame Pflicht des Richters entgegen, seinen Vertreter selbst zu bezahlen. Man sieht, daß eine gewisse zivilrechtliche Auffassung des Amtes in den einzelnen organisatorischen Bestimmungen zum Durchbruch kommt, eine Auffassung, der wir auch sonst nicht allzu selten in der weiteren englischen Behördenorganisation begegnen. In dringenden Fällen

---

[1]) Vgl. weiter unten S. 816 ff. und 974.

[2]) 45 and 46 Vict. c. 50 s. 161 (6).

[3]) Das Gesetz ist ganz klar: 32 and 33 Vict. c. 34 s. 2 „. . . . to appoint a deputy, who shall have practised as a barrister-at-law for at least seven years . . .“ Die Inkonsequenz kommt daher, weil sich das Gesetz auch auf die Polizeirichter von London bezieht, bei denen siebenjährige Praxis in der Tat Voraussetzung der Ernennung ist. Vgl. weiter unten S. 116 und weiter oben S. 108.

schließlich kann auch das Ministerium selbst eingreifen und einen Vertreter bestellen, namentlich bei einer Erledigung der Stelle, ehe sich der Gemeinderat darüber schlüssig gemacht hat, ob er eine neue Anstellung beantragen will oder nicht.[1]) Ich bemerke abschließend noch, daß die Polizeirichter nicht in das House of Commons wählbar sind und andererseits verpflichtet sind, ihre Privatpraxis aufzugeben.[2])

b) *a*) Was nun die funktionelle Stellung der Polizeirichter betrifft, so gilt hier der wichtige Satz, daß ein Polizeirichter im allgemeinen als Einzelrichter die Funktionen ausüben kann, zu deren Ausübung sonst mindestens zwei Friedensrichter notwendig sind.[3]) Allein dieser Satz gilt nicht unbeschränkt. Einmal ist der Einzelrichter in einer Reihe namentlich von „Quasi-criminal"-Angelegenheiten zuständig, welche die Friedensrichter nicht erledigen können. Ich kann auf diese Einzelheiten hier nicht eingehen.[4]) Ferner kann der Polizeirichter rechtswirksam nur das niedere Kollegium der Friedensrichter ersetzen, das Kollegium der Petty Sessions. Dagegen kann er nicht als Einzelrichter die Aufgaben der Special Sessions[5]) erfüllen, so daß er hier stets noch der Hilfe mindestens eines Friedensrichters bedarf. So können wir negativ seinen Funktionenkreis dahin abgrenzen, daß der Polizeirichter als Einzelrichter alle diejenigen Geschäfte der Friedensrichter erledigen kann, die nicht vor die Quarter Sessions oder vor die Special Sessions gehören.[6]) Mithin ist er im allgemeinen als Einzelrichter zuständig für die niederen kriminellen und nichtkriminellen Sachen, die vor die Petty Sessions gehören.[7]) Dagegen kann er, wiederum im allgemeinen, die Verwaltungsangelegenheiten, die den Friedensrichtern obliegen, nicht allein erledigen.[8]) Außerdem

---

[1]) 51 and 52 Vict. c. 23 s. 1; 6 Edw. VII c. 46. Vgl. auch Stone, Justices' Manual p. 583; Douglas, Summary Jurisdiction Procedure p. 491.

[2]) 6. Anne c. 4 s. 24. Ich verdanke die Angaben bezüglich Aufgabe der Praxis Mitteilungen von Sir Harry B. Poland. Die Verpflichtung wird bei der Ernennung ausdrücklich auferlegt. Sie ist nicht im Gesetz begründet.

[3]) 21 and 22 Vict. c. 73 s. 1.

[4]) Cohen, der Verfasser von Spirit of Our Laws, schreibt mir: „But the Stipendiaries can do a few things the others cannot. These trifling differences depend on a large number of Acts of different years . . ." Vgl. auch de Franqueville tom. I, p. 279.

[5]) Vgl. weiter oben S. 26f.

[6]) 21 and 22 Vict. c. 73 ss. 2, 3.

[7]) Eine Ausnahme besteht insofern, als der Polizeirichter als Einzelrichter Lizenzen weder erteilen noch übertragen kann, eine Aufgabe, die an sich zur Zuständigkeit der Petty Sessions gehört.

[8]) Aus dieser Verschiedenartigkeit der Zuständigkeit des Polizeirichters und der Friedensrichter in den niederen Kollegien ergibt sich die Haltlosigkeit der Adickesschen Vergleichsstatistik, Grundlinien S. 61, in einem nicht

werden ihm häufig die Funktionen eines Richters des Court of Survey übertragen.[1])

β) Der Polizeirichter kann als Einzelrichter fungieren, er ist aber prinzipiell kein Einzelrichter. Das ist der weitere, außerordentlich wichtige Satz, der für seine Rechtsstellung maßgebend ist. Er hat nämlich nicht etwa eine exklusive Zuständigkeit, so daß er im Gericht die eigentlichen Friedensrichter auszuschließen berechtigt, wenn nicht gar verpflichtet wäre. Vielmehr haben die Friedensrichter das Recht, sich an allen Sitzungen des Polizeigerichtes selbst zu beteiligen, und in diesem Falle ist dann der Polizeirichter nur primus inter pares ohne entscheidende Stimme.[2]) Andererseits zeigt sich die Gleichstellung von Polizeirichter und Friedensrichter auch darin, daß der Polizeirichter berechtigt ist, sich seinerseits an den Special Sessions der Friedensrichter zu beteiligen, natürlich auch nur als gleichberechtigter Friedensrichter.[3]) Aus alledem ergibt sich, daß die Städte nicht in der Lage sind, die Friedensrichter ganz durch einen Berufsbeamten zu ersetzen, sondern daß sie nur die Möglichkeit haben, neben den Laien als mitwirkenden Beamten einen Berufsbeamten einzusetzen. Die alten Laiengerichte werden damit nicht aufgegeben, sondern sie werden durch die Mitwirkung des gelehrten Berufsrichters nur verbessert. So entsteht ein Gebilde, das unseren Schöffengerichten keineswegs sehr unähnlich ist, welches sich nur insoweit unterscheidet, als die Mitwirkung der Friedensrichter als Beisitzer eine fakultative ist, während natürlich der Polizeirichter kraft Amtspflicht an der Sitzung teilnehmen muß. Und so kann man diese städtischen Polizeifriedensgerichte direkt bezeichnen als fakultative Schöffengerichte in dem Sinne, den wir oben festgestellt haben.

Diese Mitwirkung der Friedensrichter ist nun aber keineswegs nur eine theoretisch mögliche. Vielmehr ist sie in bestimmter Richtung in der Praxis keineswegs allzu selten. Sitzen allerdings Friedensrichter gemeinsam mit dem Polizeirichter, was selten ge-

---

unwichtigen Punkte. Nicht ganz zutreffend übrigens Redlich, Englische Lokalverwaltung S. 410, der davon spricht, daß der Polizeirichter die volle magistrale Amtsgewalt besitzt.

[1]) Law List 1905, pp. 1436 et seq. Vgl. weiter unten S. 131.

[2]) Kenny, Outlines p. 428, n. 3; Hatschek Bd. II, S. 526. Der Polizeirichter ist allerdings stets Chairman, selbst wenn der Mayor der Stadt mitsitzt, der sonst den Vorrang hat. 45 and 46 Vict. c. 50 s. 155. Vgl. auch Stone, Justices' Manual p. 581.

[3]) de Franqueville tom. I, p. 277 verallgemeinert zu Unrecht die abweichenden Londoner Verhältnisse.

schieht, so wird letzterer einen überwiegenden Einfluß rein tatsächlicher Natur auf die Friedensrichter ausüben, was aber selbstverständlich für den rechtlichen Charakter, für die Struktur der Verhältnisse ohne jede Bedeutung ist. Dagegen ist die Beteiligung der Friedensrichter in anderer Hinsicht sehr bedeutungsvoll. Sie können nämlich nicht nur mit dem Polizeirichter eine Gerichtsbank bilden, es kann vielmehr aus ihnen noch ein zweiter Gerichtshof gebildet werden, der selbständig neben den Gerichtshof des Polizeirichters tritt. Es geschieht dies häufig, und zwar zur Entlastung des Polizeirichters,[1]) sei es nun, daß es hierdurch dem Polizeirichter ermöglicht wird, tageweise von den Sitzungen zu pausieren, sei es aber auch, daß einmal oder mehrfach in der Woche zwei Gerichtshöfe nebeneinander funktionieren. Dabei werden dann den Friedensrichtern die leichteren Fälle zur Erledigung überwiesen, und es ist Brauch, daß, wenn irgendwelche Schwierigkeiten, namentlich rechtlicher Natur entstehen, die Friedensrichter nicht selbst entscheiden, sondern die Sache dem Polizeirichter vorlegen. Ein Recht, dies zu verlangen, haben allerdings die Prozeßbeteiligten nicht.[2]) [3])

c) *α*) Auch bei den Polizeigerichten treffen wir einen Clerk. Ernannt wird derselbe durch den Polizeirichter selbst. Er ist jederzeit wieder absetzbar, und zwar steht das Absetzungsrecht ebenfalls dem Polizeirichter zu.[4]) Die Voraussetzungen für die Ernennung sind dieselben wie bei den Clerks to the Justices.[5]) Es mag hier darauf hingewiesen werden, daß neben den rechtsgelehrten Richter auch noch ein rechtsgelehrter Clerk tritt, und es ist eine der in der englischen Gerichtsverfassung so überaus häufigen Inkonsequenzen, daß die Voraussetzungen für den Clerk strengere sind wie für den Richter. Zum Richter kann ernannt werden ein Barrister „of seven years' standing", zum Clerk ein Barrister nur

---

[1]) Der Verfasser von Spirit of Our Laws schreibt mir: „In big places the local Justices of the Peace often take easy work to relieve the Stipendiaries."

[2]) Dieser Punkt beweist ebenfalls, wie unzuverlässig die Vergleichsstatistik in Adickes' Grundlinien S. 60f. zwischen englischen und deutschen Richtern ist.

[3]) Ich verdanke hier viele Angaben aus der Praxis den Mitteilungen von Sir Harry B. Poland, der mir übrigens in Hinblick auf die uns hier beschäftigenden Fragen von einem englischen Juristen als „the greatest living authority" bezeichnet ist.

[4]) 26 and 27 Vict. c. 97 s. 6; nicht in Betracht kommt dagegen 40 and 41 Vict. c. 43 s. 5. Vgl. Encyclopaedia 1st Ed. vol. VII, p. 167.

[5]) Vgl. weiter oben S. 39f. Da der Distrikt eines Stipendiary Magistrate stets eine Petty Sessional Division ist, kommt s. 7, 40 and 41 Vict. c. 43 zur Anwendung. Vgl. Douglas, Summary Jurisdiction Procedure p. 446.

dann, wenn er ein Berufsalter von 14 Jahren hat! Im übrigen beweisen auch hier die Voraussetzungen des Amtes, daß der Clerk kein Subalternbeamter in unserm Sinne ist.[1])

β) Die Funktionen des Clerks sind bei den Polizeigerichten dieselben, wie bei den reinen Friedensgerichten. Selbstverständlich ist nun aber seine tatsächliche Stellung nicht dieselbe wie bei den letzteren.[2]) Er ist hier dem gelehrten Berufsrichter gegenüber durchaus in die zweite Linie gerückt. Allein trotzdem hat er eine völlig andere Stellung wie unser Gerichtsschreiber. Einmal kann der Richter ihm die ganze Zeugenvernehmung überlassen, was er auch sehr häufig tut. Hier greift dann der Richter selbst nur ein, falls er bestimmte Fragen gestellt haben will, oder falls er der Ansicht ist, daß der Clerk irgendwelche prozessualen Verstöße begeht.[3]) Ferner berät sich der Richter sehr häufig mit dem Clerk, falls Rechtsfragen entstehen. Ich habe das immer und immer wieder beobachtet[4]) und man kann direkt sagen: tatsächlich bilden in Rechtsfragen Richter und Clerk ein Kollegium, wobei allerdings nicht außer acht gelassen werden darf, daß im Zweifel stets die Stimme des Richters entscheidet. Aber man darf diesen Punkt nicht übersehen, will man das Prinzip des Einzelrichters, das wir wenigstens der Möglichkeit nach gegeben finden, in der englischen Verfassung richtig verstehen und werten. Wir müssen konstatieren, daß hier eine gewisse Einschränkung vorliegt, daß eine kollegiale Beratung und Entscheidung stets möglich ist und auch in der Tat vorkommt.

d) Eine nicht sehr große Anzahl von Städten ist es, die in der oben geschilderten Art und Weise Berufsbeamte eingeführt hat. Es kommen augenblicklich in Betracht 18 Städte mit 19 Polizeirichtern.[5]) Die Städte, welche derartige Einrichtungen haben, scheinen zu wechseln, denn es finden sich in der Literatur widersprechende Angaben.[6]) Jedenfalls haben heute Polizeirichter und zwar je einen Birmingham, Cardiff, Chatham and Sheerness, East Ham, Grimsby, Kingston-on-Hull, Leeds, Liverpool, Manchester Division, Merthyr Tydfil, Middlesborough, Pentypridd, Salford Borough, Sheffield, Staffordshire Potteries, Stoke-upon-Trent, West

[1]) Oben S. 40.

[2]) Gamon, London Police Court p. 107.

[3]) Vgl. dazu de Franqueville tom. II, p. 312.

[4]) Allerdings nur sehr selten bei der Strafzumessung.

[5]) Weidlich, Lisztsche Zeitschrift Bd. 28, S. 499 spricht von zwanzig Stipendiaries. Er wird wahrscheinlich noch den Polizeirichter von Bradford mitgerechnet haben. Allein derselbe ist gestorben, ohne daß bis jetzt die Stelle neu besetzt wäre.

[6]) Vgl. de Franqueville tom. I, p. 277; Brodie-Innes vol. I, p. 259; Hatschek Bd. II, S. 526.

Ham und Wolverhampton. Dazu kommt Manchester City mit zwei Polizeirichtern. Ich bemerke, daß früher auch Brighton hierher zu rechnen war,[1]) daß dasselbe aber neuerdings keinen Polizeirichter mehr hat. Andererseits sind seit 1907 hinzugekommen East Ham und Grimsby.[2])

2. Wesentlich anders liegen die Verhältnisse in London. Und zwar muß hier unterschieden werden zwischen den Verhältnissen in der City, die infolge alter, nur historisch zu verstehender Privilegien ganz eigenartige sind, und denen in den übrigen Teilen der Metropolis, die auf modernen Gesetzen beruhen. Beginnen wir mit den letzteren.[3])

a) *α*) Ganz London, ausgenommen wie gesagt, die City, ist eingeteilt in 14 Gerichtsbezirke. Für jeden dieser Bezirke ist ein Polizeigericht gebildet, das mit zwei oder auch nur einem Polizeirichter besetzt ist.[4]) Nur das Gericht von Bow Street hat drei Richter. Dieses Gericht spielt die Rolle eines ersten Gerichtes, und einer der an ihm angestellten Richter ist der Chief Magistrate der sämtlichen Londoner Polizeirichter. Sonst stehen sich die an einem Gericht angestellten Polizeirichter funktionell völlig gleich; die Geschäftsverteilung zwischen ihnen erfolgt zumeist im Wege der Vereinbarung zwischen beiden. Im ganzen gibt es augenblicklich 25 derartige Polizeirichter in London. Die Krone kann aber neue Polizeigerichte schaffen und auch neue Polizeirichter ernennen. Nie aber darf die Zahl der amtierenden Richter mehr als 27 sein.[5]) Die Gerichte selbst müssen jeden Tag Sitzungen abhalten[6]) und zwar von 10 Uhr früh bis 5 Uhr nachmittags, sofern die Geschäfte nicht früher erledigt sind. Da im allgemeinen nun die Polizeigerichte mit zwei Polizeirichtern besetzt sind, so hat jeder Polizeirichter in der Regel drei Sitzungstage in der Woche.[7]) Allein damit ist die

---

[1]) Die Law List 1905, p. XIV erwähnt Brighton nicht mehr.

[2]) Nicht erwähnt in der Law List 1905 und bei Brodie-Innes. Ich verdanke diese Angaben Sir Harry B. Poland.

[3]) Vgl. zum folgenden namentlich auch Gamon, London Police Courts und Encyclopaedia 1st Ed. vol. X, pp. 145—154.

[4]) Vgl. de Franqueville tom. I, p. 276; nicht zutreffend die Angaben bei Hatschek Bd. II, S. 524f. Unrichtig auch Wertheim S. 439.

[5]) 3 and 4 Vict. c. 84 s. 2.

[6]) Die Feiertage sind natürlich ausgenommen. Vgl. de Franqueville tom. I, p. 274s.

[7]) Die Behauptung Weidlichs, Lisztsche Zeitschrift Bd. 28, S. 499, Anm. 6, Abs. 3, daß die Londoner Polizeirichter meist nur vormittags zwei Stunden sitzen, charakterisiert sich als verallgemeinernde Übertreibung. Ich habe in häufigen Sitzungen konstatiert, daß die Sitzungen bedeutend länger dauern, auch an anderen Tagen wie an Montagen und nicht nur bei großen Voruntersuchungen. Wirklich kurze Sitzungen beobachtete ich nur in der Woche zwischen Weihnachten und Neujahr. Aus der Praxis

Arbeit des einzelnen Richters nicht erledigt. Einmal hat er auch gewisse prozessualische Funktionen außerhalb der Sitzung zu erfüllen, er hat Beweisaufnahmen kranker Personen vorzunehmen, einzureißende Gebäude zu besichtigen usw.[1]) Ferner kann er als Vertreter verhinderter Polizeirichter verwendet werden, und da die Polizeirichter eine örtliche Zuständigkeit für die ganze Metropole besitzen,[2]) so ist einer Vertretung hier überhaupt keine Schranke gesetzt. Ich bemerke dabei, daß Vertretungen geregelt werden zunächst durch Vereinbarung der Richter, sonst durch den Chief Magistrate von Bow Street, der namentlich die Person des Vertreters zu bezeichnen hat.[3]) Im Notfall können übrigens selbstverständlich auch beide Richter nebeneinander Sitzungen abhalten, wie ich ausdrücklich bemerken möchte. Auch dies kommt vor, namentlich dann, wenn die Tätigkeit des einen durch eine große Sache für einige Zeit völlig in Anspruch genommen ist.

β) Die Polizeirichter werden auf Vorschlag des Ministers des Innern vom König ernannt, wobei der Lord Chancellor das formelle Ernennungspatent zu erlassen hat.[4]) Voraussetzung der Ernennung ist mindestens siebenjährige Praxis als Barrister oder vierjährige Praxis als Barrister nebst hinzutretender dreijähriger Praxis als sogenannter Special Pleader.[5]) Es kann die Krone aber auch einen Polizeirichter aus dem Kreis der Provinzial-Polizeirichter ernennen. Die letzte Bestimmung war früher namentlich deshalb von Wichtigkeit, weil bis 1882 zu provinzialen Polizeirichtern Personen ernannt werden konnten, die erst fünf Jahre Barrister waren.[6]) Sie ist seit 1882, wo auch für die Provinzpolizeirichter sieben Jahre Voraussetzung geworden ist,[7]) namentlich insofern von Bedeutung, als für London wirkliche Ausübung der Praxis allgemeine Voraussetzung ist, während in der Provinz die Tatsache der Berechtigung

---

heraus ist mir dies auch bestätigt worden. Mit der Behauptung Weidlichs stimmen auch nicht die Zahlenangaben, die Liepmann, Summarisches Strafverfahren S. 25 ff. über die Geschäftslast der Police Courts macht. Vgl. dazu auch meine Ausführungen Gerichtssaal Bd. 74, S. 440 ff.

[1]) Auch hier ist es eine Übertreibung, wenn Weidlich l. c. sagt, die Polizeirichter hätten so gut wie keine Arbeit. Das Gegenteil ist mir wiederholt versichert worden.

[2]) 2 and 3 Vict. c. 71 s. 13. Vgl. auch Hatschek Bd. II, S. 525.

[3]) Jeder Richter hat Anspruch auf sechs Wochen Ferien.

[4]) de Franqueville tom. I, p. 403.

[5]) Es ist das eine Art Anwalt, der zwar nicht vor Gericht auftritt, trotzdem aber zu den höheren Anwälten zählt. Vgl. auch Wertheim S. 433. Nicht ganz zutreffend nennt ihn Hatschek Bd. II. S. 525 einfach einen Verteidiger. Special Pleaders kommen heute nicht mehr vor.

[6]) 5 and 6 Will. IV c. 76 s. 99.

[7]) 45 and 46 Vict. c. 50 s. 161 (1).

zur Ausübung der Praxis genügt. wie wir bereits früher gesehen haben.[1])

Die Polizeirichter erhalten ein festes Gehalt, welches für unsere kontinentale Begriffe außerordentlich hoch ist. Es beträgt für den Chief Magistrate £ 1800 = Mark 36 000, für die übrigen Polizeirichter je £ 1500 = Mark 30 000.

Ich bemerke nun noch bezüglich der tatsächlichen Verhältnisse, daß die Polizeirichter meist erst zu solchen ernannt werden, wenn sie eine bedeutend längere Praxis hinter sich haben, als es dem Gesetz nach erforderlich wäre. Im Jahre 1905 war ein Barrister nach zehnjähriger Praxis zum Polizeirichter ernannt, je einer nach 11, 13, 14 und 15jähriger Praxis, dagegen 5 erst nach 19jähriger, 10 nach einer längeren als 20jährigen und schließlich einer erst nach einer 31jährigen Praxis.[2]) Im Durchschnitt erfolgte die Ernennung zum Polizeirichter nach etwa $18^1/_2$jähriger Praxis.

Die Polizeirichter sind ebenfalls frei absetzbar. Ihre Absetzung wird durch den Lord Chancellor auf Antrag des Ministers des Innern verfügt. Sie kann aber nur aus sehr dringenden Gründen verfügt werden und zwar im allgemeinen nur wegen „inability or misbehaviour“[3]) Die Polizeirichter verlieren endlich wie die provinziellen Polizeirichter das passive Wahlrecht und dürfen keine Privatpraxis treiben.[4])

γ) Die Polizeirichter Londons sind Einzelrichter.[5]) Und gerade in dem Verhältnis, in welchem die Londoner Magistrates zu den Friedensrichtern stehen, liegt ein weiterer, sehr bedeutungsvoller Unterschied gegenüber den Rechtsverhältnissen in der Provinz. Denn auch in London gibt es Friedensrichter und zwar sogar in sehr großer Anzahl. Ist doch ganz London eingeteilt in 15 Petty Sessional Divisions von allerdings untereinander sehr verschiedener Größe.[6]) Allein diese Friedensrichter haben gegenüber den Polizei-

---

[1]) Die Gesetze sind klar. So sagt 2 and 3 Vict. c. 71 s. 3 bezüglich der Londoner Polizeirichter „. . . each of whom shall have practised as a barrister during at least seven years then last past . . .“ Bezüglich der Polizeirichter der Provinz heißt es dagegen einfach „a barrister of seven years' standing“. Vgl. auch weiter oben S. 108, Anm. 7. Der Verfasser von Spirit of Our Laws schreibt mir: „‚Standing‘ of a barrister simply means number of years, no reference to his practising or not. There is a distinction between standing and practice . . .“

[2]) Law List 1905, p. XIII.

[3]) de Franqueville tom. I, p. 403.

[4]) 6. Anne c. 4 s. 24.

[5]) Kenny, Outlines p. 428, n. 3.

[6]) County of London, List of Justices of the Peace a. s. o. 1907, pp. 68 et seq., insbesondere p. 122. Der kleinste Distrikt, die Strand Division hat 18309 Einwohner, während die Newington Division 1 059 121 Einwohner hat. Vgl. l. c. pp. 89, 110.

richtern eine nur sehr beschränkte konkurrierende Zuständigkeit, und auch die Polizeirichter haben eine andere funktionelle Stellung wie die Polizeirichter in der Provinz. Zunächst nämlich sind die ersteren in ihrer funktionellen Tätigkeit insofern beschränkt, als sie an den Special und natürlich auch den Quarter Sessions der Friedensrichter nicht teilnehmen können, mithin die dort zu erledigenden Angelegenheiten ihrer Zuständigkeit nicht unterstehen. Ferner aber ist auch ein jedes Zusammenwirken von Polizei- und Friedensrichtern noch durch die weitere Bestimmung ausgeschlossen, daß Polizeirichter sich selbst an den Petty Sessions von Friedensrichtern nicht beteiligen dürfen.[1]) Was andererseits die funktionelle Tätigkeit der Friedensrichter anbelangt, so ist hier zu unterscheiden: In einigen Distrikten dürfen sie Personen nur zu dem Zweck der Eintreibung von Staats- und Kommunalsteuern vorladen und verhaften lassen.[2]) Mit andern Worten: Hier ist der Polizeirichter nicht nur Einzelrichter, sondern er ist auch der alleinige Richter. Die an sich konkurrierende Zuständigkeit der Friedensrichter ist ausdrücklich durch das Gesetz ausgeschlossen worden. In den übrigen Londoner Distrikten dagegen ist das nicht der Fall. In ihnen besitzen die Friedensrichter mithin eine konkurrierende Zuständigkeit. Allein diese Zuständigkeit ist nur eine sehr beschränkte. Denn das Gesetz erlaubt den Friedensrichtern nur, hilfsweise tätig zu werden. Und zwar dürfen sie nur an der Gerichtsstätte selbst und nur in Abwesenheit des Polizeirichters prozessual handeln.[3]) Ihre Kompetenz hat also einen ausgesprochen subsidiären Charakter. Erscheint der Polizeirichter selbst, so ist jede Mitwirkung der Friedensrichter unmöglich, so daß sich als Resultat der bisherigen Erörterungen der Satz ergibt: Ein Zusammenwirken von Polizei- und Friedensrichtern ist unter allen Umständen ausgeschlossen. Ich bemerke dabei bezüglich der Praxis, daß auch hier die Mitwirkung der Friedensrichter benutzt wird, um die Polizeirichter zu entlasten.[4])

Der Polizeirichter ist Einzelrichter. Allein dies Prinzip ist in praxi doch nur gemildert durchgeführt. Einmal spielt auch hier der rechtskundige Clerk eine nicht unbedeutende Rolle, und Beratungen zwischen ihm und dem Richter sind nicht selten, wenn auch natürlich, wenn keine Einigung erfolgt, die Meinung des Richters stets ausschlaggebend ist. Ferner aber kann der Richter auch,

---

[1]) 2 and 3 Vict. c. 71 s. 14. Vgl. zum Ganzen auch Hatschek Bd. II, S. 525.

[2]) 2 and 3 Vict. c. 71 s. 18.

[3]) 3 and 4 Vict c. 84 s. 6. Vgl. auch de Franqueville tom. I, p. 275 s.

[4]) Ich verdanke diese Mitteilung Sir Harry B. Poland, der jahrelang in London als Friedensrichter mitgewirkt hat.

falls eine schwierigere Rechtsfrage auftaucht, sich zunächst der Entscheidung enthalten und kann die Frage mit dem andern Richter des Polizeigerichtes oder (da ja die Zuständigkeit aller Polizeirichter eine absolut konkurrierende ist) mit denen anderer Polizeigerichte gemeinsam beraten. Und es ergibt sich uns allgemein, daß wir zwar im Prinzip den Einzelrichter haben, daß aber dieses Prinzip wesentlich abgeschwächt ist durch die stets vorhandene Möglichkeit einer Kollegialberatung.

Die Zuständigkeit der Londoner Polizeirichter ist im allgemeinen dieselbe wie die der provinzialen Polizeirichter.[1]) Allein dieser Satz gilt nur mit einer doppelten Modifikation: Einmal nämlich sind der Zuständigkeit der Londoner Polizeirichter entzogen, wie bereits ausgeführt, alle diejenigen Angelegenheiten, die in Special und Quarter Sessions der Friedensrichter zur Erledigung zu bringen sind. Die Polizeirichter können bei der Erledigung auch nicht neben den Friedensrichtern mitwirken.[2]) Auf der andern Seite ist die Zuständigkeit in gewisser Hinsicht erweitert. Zunächst entscheiden die Polizeigerichte über die Rechtsmittel, die gegen die Entscheidung der sogenannten Courts-leet laufen, sofern sich diese Entscheidung auf Maß und Gewicht bezieht.[3]) Ferner gehören die Auslieferungssachen zur Zuständigkeit der Polizeigerichte oder genauer gesagt des Polizeigerichtes von Bow Street.[4]) Nur ausnahmsweise kann ein anderes Polizeigericht mit Erledigung einer Auslieferungssache durch den Minister des Innern beauftragt werden, ohne daß die betreffenden Einzelheiten hier weiter interessierten.[5]) Ich bemerke im Anschluß hieran, daß im allgemeinen schwierigere Voruntersuchungen stets ebenfalls dem Gericht der Bow Street übertragen werden,[6]) was bei der sich über ganz London erstreckenden Zuständigkeit eines jeden Polizeirichters ohne weiteres zulässig ist.

Damit ist nun aber die Tätigkeit der Londoner Polizeigerichte noch keineswegs erschöpft.[7]) Vielmehr haben sie insofern noch eine außerordentlich wichtige Funktion zu erfüllen, als durch die Polizei-

---

[1]) Vgl. weiter oben S. 111 f.

[2]) Vgl. weiter oben S. 118.

[3]) 3 and 4 Vict. c. 84 s. 12; dazu de Franqueville tom. I, p. 280; Wertheim S. 185 f. und weiter unten S. 721.

[4]) 33 and 34 Vict. c. 52 s. 26. Vgl. auch de Franqueville tom. II, p. 327 ss. in eingehenden Ausführungen; Hatschek Bd. II, S. 524.

[5]) 58 and 59 Vict. c. 33; Hatschek S. 524, Anm. 1; Brodie-Innes vol. I, p. 82.

[6]) de Franqueville tom. II, 312.

[7]) Einen instruktiven Überblick ihrer Aufgaben gibt de Franqueville tom. II, p. 310—326 in anschaulicher Schilderung. Beachtenswert sind die vielen dort mitgeteilten Fälle aus der Praxis. Vgl. ferner namentlich auch Gamon, London Police Court pp. 76 et seq.

richter unbemittelten Personen Rechtsrat erteilt wird.[1]) Allerdings sind die Polizeigerichte zu dieser Tätigkeit nicht kraft Gesetzes verpflichtet. Allein die dahingehende Praxis der Gerichte ist eine ganz allgemeine, wie sich auch aus den offiziellen Anweisungen des Ministeriums des Innern ergibt,[2]) und wie jede Sitzung in einem Polizeigericht beweist. Nicht zuletzt mag die Bedeutung der Londoner Polizeigerichte, die gar nicht geleugnet werden kann,[3]) auf diesem Umstande beruhen, der jedenfalls den Verkehr der Behörde mit dem Publikum im angenehmsten Licht erscheinen läßt.

Die Gesamtheit der Polizeirichter hat schließlich auch noch gewisse öffentliche Funktionen zu erfüllen. Die sämtlichen Polizeirichter Londons treten nämlich alle Vierteljahre unter dem Vorsitz des Chief Magistrate oder in dessen Abwesenheit eines von ihnen gewählten Polizeirichters zu einer gemeinsamen Sitzung zusammen. In derselben werden Fragen von allgemeiner Wichtigkeit besprochen, Stellung zu neuen Gesetzentwürfen und Gesetzen genommen, Vorschläge de lege ferenda gemacht usw. Über die Beratungen und ihr Ergebnis wird ein Bericht an das Ministerium des Innern gesandt.[4])

Schließlich sind die Polizeirichter als solche noch Richter des Court of Survey für den Londoner Bezirk.[5])

d) *α*) Neben dem Polizeirichter treffen wir im Gericht ebenfalls den Clerk. Seine prozessuale Stellung, seine Bedeutung im Verfahren ist im allgemeinen dieselbe wie bei den provinzialen Polizeigerichten. Sie ist mithin auch hier keineswegs die untergeordnete eines bloßen Gerichtsschreibers in unserm Sinne, sondern die eines selbständig mitwirkenden, wenn auch an der Urteilsfällung nicht beteiligten Gerichtsbeamten. Auch hier habe

---

[1]) Gamon, London Police Court p. 81.

[2]) Ich verweise auf das bei de Franqueville tom. II, p. 311, n. 1 abgedruckte Rundschreiben des Home Office, das ich hier allerdings nur in französischer Übersetzung mitteilen kann: „La loi n'impose pas aux magistrats de la police métropolitaine de donner des avis aux pauvres gens qui ont des malheurs et des griefs, mais, par suite de la courtoisie et de la bonté des juges, il s'est établi une pratique, qui est, graduellement, devenue une règle, que les magistrats écoutent les demandes d'avis de personnes de presque toutes les conditions et donnent les conseils propres à les guider dans leurs difficultés, et à leur permettre d'obtenir justice, si un tort leur a été causé."

[3]) Weidlich, Lisztsche Zeitschrift Bd. 28, S. 499, Anm. 6 macht, als ob ich die ganze Einrichtung der Polizeigerichte in London bekämpfte, woran ich natürlich nie gedacht habe. Vgl. meine Ausführungen, Englische Gerichtsverfassung S. 30f.

[4]) 2 and 3 Vict. c. 71 s. 15; de Franqueville tom. I, p. 275.

[5]) Vgl. weiter unten S. 131; Law List 1905, p. 1436 und dort in der Anmerkung Angaben über die Größe des Londoner Bezirks.

ich wiederholt eingehende Beratungen zwischen Richter und Clerk beobachtet.[1])

β) Die Clerks werden vom Minister des Innern ernannt. Derselbe hat zu bestimmen, wie viel Clerks an jedem Gericht anzustellen sind. Im allgemeinen ist er bei der Auswahl der zu ernennenden Personen frei. Nur die Chief Clerks müssen aus der Mitte der niederen Rechtsanwälte, d. h. der Solicitors, genommen werden, oder aber sie müssen vorher mindestens sieben Jahre Clerks an einem Polizeigericht gewesen sein.[2]) Im allgemeinen ist es Regel, daß die niederen Clerks in die höheren Stellungen auf dem Wege der Beförderung einrücken. So tritt neben die Richter noch eine immerhin nicht unbedeutende Anzahl juristisch gebildeter Nebenbeamten, und es mag bemerkt werden, daß 1905 an den Londoner Polizeigerichten 11 Chief Clerks, 18 Clerks und 8 Assistant-Clerks angestellt waren.[3]) Daneben treffen wir dann noch die eigentlichen untergeordneten Schreiber zur Erledigung der Schreibarbeiten, des sogenannten Clerical Work; es sind das die Writers, über die nichts Besonderes zu bemerken ist. Sie gelten nicht als Beamte.[4]) Über die übrigen Hilfsbeamten, die Boten, Türsteher usw., ist Besonderes ebenfalls nicht zu bemerken.[5])

γ) Als Rechtsanwälte treten zumeist Solicitors auf,[6]) es plädieren aber in schwierigeren Fällen auch Barristers, was indessen mehr als Ausnahme zu betrachten ist und namentlich in Voruntersuchungsfällen vorkommt.[7])

---

[1]) Allerdings sagt Gamon, London Police Court p. 108: „The clerk is in fact as in theory subordinate.“

[2]) 2 and 3 Vict. c. 71 s. 5. Natürlich können auch die übrigen Clerks dem Anwaltstand entnommen werden, was indessen selten der Fall sein wird.

[3]) Law List 1905, pp. 1393 et seq.

[4]) Vgl. dazu auch Hatscheck Bd. II, S. 581.

[5]) Encyclopaedia 1st Ed. vol. X, p. 153 erwähnt folgende Nebenbeamte: „The staff of a metropolitan Police Court is composed of a chief clerk, second clerk, assistant clerk, usher, messenger, courtkeeper, doorkeeper, gaoler, assistant gaoler and warrant officers.“ Vgl. auch Liepmann, Summarisches Strafverfahren in England S. 31 f.

[6]) Vgl. de Franqueville tom. II, p. 319 s.

[7]) Unrichtig de Franqueville tom. II, p. 319: „Jamais il n'y a d'avocats.“ So berichtet die Morning Post vom 6. 11. 1907:

„At Bow-street Police Court yesterday, Cecilia Mason, hotel manageress, Southampton-row, was sentenced to six weeks' imprisonment in the second division for stealing £ 3 worth of household linen belonging to her employer. Mr. Hawtin, barrister, who appeared for the defence, said that Mason had received money from her husband for the purchase of household linen, but unfortunately she had spent it on dress in order that she might look more attractive than the other women employed at the same place. He understood that there was often rivalry of this kind among females employed in public bars.“

b) Haben wir uns bis jetzt mit den Polizeigerichten der eigentlichen Metropole befaßt, so haben wir uns nun den Einrichtungen zuzuwenden, wie wir sie in der City of London treffen, die durchaus abweichend und durchaus eigenartig sind. Es handelt sich hier um Einrichtungen, die auf alten Vorrechten der City beruhen, die aus früheren Zeiten stammend, noch heute aufrecht erhalten sind. Und nur historisch, nicht aber von irgend welchen Zweckmäßigkeitsgründen aus sind dieselben zu begreifen.

α) In der City existieren zwei Polizeigerichte. Das eine wird im Mansion House abgehalten, die Sitzungen des andern finden in Guildhall statt. Beide Gerichte sind an sich reine Friedensgerichte, d. h. also Gerichte, bei denen die richterlichen Funktionen von Friedensrichtern ausgeübt werden. Allein das Auffallende an diesen Gerichten ist, daß an ihnen, obwohl wir es mit Laienrichtern zu tun haben, Einzelrichter tätig werden können und in der Tat auch so gut wie stets tätig werden. Allerdings sind, wie auch sonst bei Friedensgerichten, alle Friedensrichter der City, die als solche einen Commissionsdistrikt bildet, zur Mitwirkung im Gericht an sich berechtigt.[1]) Allein Friedensrichter der City sind nur der Lord Mayor und die Aldermen, d. h. die Ratsherren der Stadt.[2]) Andere Personen werden nicht in die Commission of the Peace aufgenommen.[3]) Und es bestimmt das Gesetz ausdrücklich, daß sowohl Lord Mayor wie auch Aldermen als Einzelrichter tätig sein können, daß jeder für seine eigene Person die richterliche Kompetenz hat, die sonst nur ein Kollegium von mindestens zwei Friedensrichtern hat. Es handelt sich hier um ein sehr altes Vorrecht — dasselbe wird schon 1600 erwähnt[4]) — welches durch die neuere Gesetzgebung expressis verbis so weit aufrecht erhalten ist,[5]) als es nicht durch positive Gesetzesbestimmung durchbrochen ist, was in einigen Ausnahmefällen geschehen ist.[6])

---

[1]) Über die sehr verwickelten Verhältnisse in den Rechtsbeziehungen der City zu den übrigen Teilen Londons vgl. die klaren Darlegungen bei Archbold, Quarter Sessions p. 30; ferner auch de Franqueville tom. I, p. 258.

[2]) Wertheim S. 25. Es sind dies meist Kaufleute, selten nicht praktizierende Barristers, häufiger, aber auch immer noch selten genug Solicitors. Die Aldermen sind übrigens Friedensrichter ex officio. 15 Geo. II, c. 24.

[3]) Brodie-Innes vol. I, p. 81: „... the only Justices of the Peace are the Lord Mayor and Aldermen."

[4]) 42 Eliz. c. 2; Brodie-Innes vol. I, p. 81.

[5]) 11 and 12 Vict. c. 43 s. 34.

[6]) Z. B. bestimmt der City of London Ballot Act 1887, daß die in ihr angedrohten Strafen nur von zwei Richtern verhängt werden können. Vgl. Douglas, Summary Jurisdiction Procedure p. 121. Für diese Fälle bleiben die alten Petty Sessions bestehen.

Die funktionelle Zuständigkeit nun, die der Lord Mayor und die Aldermen als Einzelrichter haben, ist im allgemeinen dieselbe, wie sie die Londoner Polizeirichter haben. Die Beschränkungen sind auch dieselben, und so können namentlich nicht diejenigen Angelegenheiten durch einen Richter erledigt werden, die zur Zuständigkeit der Special Sessions der Friedensrichter gehören. Für diese Angelegenheiten treten dann neben den Polizeigerichten Lord Mayor und Aldermen noch zu Special Sessions zusammen, worüber nichts weiter zu bemerken ist.

Das Ausgeführte beweist, daß auch hier nur die Möglichkeit des Einzelrichtertums geschaffen ist, daß aber nebenbei stets noch die Möglichkeit kollegialischer Erledigung besteht. Denn nichts verhindert die Aldermen, an den Sitzungen der Gerichte als Friedensrichter teilzunehmen, so oft sie wollen.[1] Allein tatsächlich funktionieren Lord Mayor und einer der Aldermen stets als Einzelrichter, abgesehen natürlich von den gesetzlichen Ausnahmefällen.[2] Es ist dies auch nicht weiter auffallend, wenn man bedenkt, daß die Erfüllung dieser richterlichen Funktionen eine sehr zeitraubende Beschäftigung ist, welche die betreffenden Richter stark in Anspruch nimmt.[3]

Der Lord Mayor oder in Verhinderungsfällen einer der Aldermen als sein Vertreter, hält die Sitzungen im Mansion House ab. Dieselben finden täglich statt. In Guildhall sitzt dagegen stets ein Alderman.[4] Derselbe wird durch eine Spruchliste bestimmt, die unter den Aldermen aufgestellt wird; danach wird jeder Alderman hintereinander eine Woche zum Gerichtsdienst herangezogen. Auch dieses Gericht tagt täglich.[5]

β) Neben den Laienrichtern steht der rechtskundige Clerk, der hier wieder dieselbe bedeutende Rolle spielt, wie der Clerk bei den gewöhnlichen Friedensgerichten. Auch er kann ohne weiteres die Seele des ganzen Gerichtes genannt werden, und seine Stellung,

---

[1]) Das Gesetz ist ganz klar. Es heißt in s. 34, 11 and 12 Vict. c. 43: „It shall be lawful for the Lord Mayor etc.... sitting at the Mansion House or Guildhall Justice Rooms... to do alone any act...“ Daß hiermit nicht die an sich konkurrierende Zuständigkeit der übrigen Friedensrichter ausgeschlossen worden ist, leuchtet von selbst ein.

[2]) de Franqueville tom. I, p. 276; Brodie-Innes vol. I, p. 81.

[3]) 1907 wurde in beiden Gerichten gegen 6045 Angeklagte verhandelt. Criminal Judicial Statistics 1907, p. 95. Sehr zutreffend Wertheim S. 358.

[4]) Unzutreffend Wertheim S. 358, der behauptet, es seien hier stets zwei Richter anwesend. Ausnahmen kommen von dem im Text Ausgeführten vor, sind aber sehr selten; vgl. einen Fall aus der Praxis, Morning Post vom 5. 3. 1908.

[5]) Law List 1905, p. 1395.

namentlich in der mündlichen Verhandlung, die er vollständig leitet, ist alles andere als die eines subalternen Gerichtsschreibers.[1]) Er wird ernannt in den Special Sessions der City, die, wie wir gesehen haben, gebildet werden vom Lord Mayor und den Aldermen;[2]) er kann auf dieselbe Weise auch jederzeit wieder abgesetzt werden. Die Voraussetzungen seines Amtes sind dieselben wie bei den Clerks der Polizeirichter.[3])

III. Wenden wir uns nunmehr den höheren Gerichten, den Quarter Sessions zu, so sind auch hier die Verhältnisse in der Provinz durchaus anders gestaltet als in London, und es mag auch hier zunächst mit der Schilderung der provinziellen Einrichtungen begonnen werden, ehe wir die abweichenden Londoner Verhältnisse zur Darstellung bringen.

1. a) Es mag daran erinnert werden, daß bezüglich der Petty Sessions die Reform in Zurückdrängung des Laienrichters keine durchgreifende war, daß hier vielmehr alles in die Willkür der beteiligten Städte gestellt war, mit einem Wort, daß die Einführung des gelehrten Richters einen durchaus fakultativen Charakter hatte. Bezüglich der Quarter Sessions ist die Reform weiter gegangen.[4]) Wo sie den gelehrten Richter eingeführt hat, hat sie die Einführung obligatorisch gemacht. Es mag aber sofort bemerkt werden, daß es sich auch bei dieser Reform nicht etwa um eine Gesamtreform, sondern um eine an historische Ausgangspunkte anknüpfende Teilreform handelt. Nicht in allen Städten ist der Berufsrichter eingeführt, ja nicht einmal in allen Städten von einer bestimmten Größe an. Eine derartige Reform wäre ja bei den historisch gegebenen Verhältnissen Englands einfach unmöglich gewesen, man denke nur an die verschiedenen Beziehungen, in welchen die Städte zum Lande stehen, ein Umstand, auf den wir bereits früher hingewiesen haben.[5]) Eine durchgreifende, allgemeine Reform hätte zunächst das Verhältnis von Stadt zu Land einheitlich regeln müssen. Und da dies nicht geschah, so ist es historisch durchaus begreiflich, daß die Reform nur in denjenigen Städten durchgeführt ist, die in bezug auf die Quarter Sessions eine selbständige Stellung einnehmen, die mithin eigene Quarter Sessions besitzen. In diesen Boroughs mit städtischen Quartalgerichten hat man versucht, das System der Friedensrichter bis auf geringe

---

[1]) Gamon, London Police Courts p. 108.
[2]) Douglas, Summary Jurisdiction Procedure p. 445.
[3]) Douglas l. c. p. 446.
[4]) Vgl. Redlich, Englische Lokalverwaltung S. 410; de Franqueville tom. I, p. 257 ss.
[5]) Vgl. weiter oben S. 104 ff.

Ausnahmen[1]) in bezug auf die Quarter Sessions zu beseitigen. Sollen in einer solchen Stadt besondere Quartalgerichte noch weiter tagen, so müssen dieselben durch einen Recorder abgehalten werden, der ein gelehrter und angestellter Berufsrichter ist. Will nun die Stadt ihre Quarter Sessions beibehalten, so muß der Gemeinderat einen Antrag auf Ernennung eines Recorder an die Regierung richten. Diese hat dann zu prüfen, ob es angemessen erscheint, der Stadt ihr eigenes Gericht zu lassen. Das Ministerium kann also einen derartigen Antrag ablehnen, so daß dann die Stadt das Recht auf Ausübung eigener Gerichtsbarkeit in Quarter Sessions de facto verliert und der allgemeinen Gerichtsbarkeit unterstellt wird.[2]) Das Ministerium kann aber auch dem Antrag stattgeben, indem es einen Recorder ernennt, was regelmäßig zu erfolgen pflegt.[3])

Andererseits gibt es nun aber auch eine Reihe von Boroughs, die an sich nicht das Recht auf eigene Quarter Sessions besitzen. Diesen ist die Möglichkeit gegeben, eigene Gerichtsbarkeit zu erlangen. Zu diesem Zweck muß ebenfalls ein diesbezüglicher Antrag des Gemeinderats auf Ernennung eines Recorder an das Ministerium gestellt werden, das nach freiem Ermessen entscheidet. Eventuell wird dann in der Stadt durch königliche Verordnung ein besonderes Stadtgericht gegründet.[4]) [5])

Dies Anknüpfen an historisch gegebene Verhältnisse hat nun in der Praxis zu sonderbaren Unstimmigkeiten geführt. Denn das Recht auf eigene Quarter Sessions steht in gar keiner Beziehung zu der Größe der Stadt, vielmehr besitzen es eine Reihe kleinerer und kleinster Städte, während es umgekehrt wiederum recht bedeutende Städte nicht haben. Allerdings greift hier korrigierend die oben bereits erwähnte Möglichkeit ein, daß sich die Städte um Verleihung des Rechtes bewerben können.[6]) Aber wenn man an die Schwerfälligkeit denkt, mit der in England Reformen durchgeführt werden, wenn man bedenkt, wie lange es gedauert hat, bis sich selbst große Gemeinwesen bemüht haben, die Rechte einer Borough zu erlangen,[7]) so ist es nicht weiter verwunderlich, wenn wir sehen, daß es auch heute noch eine Reihe größerer Städte gibt, die keine

---

[1]) Vgl. weiter unten S. 130.

[2]) Vgl. namentlich 5 and 6 Will. IV c. 76 s. 103; 45 and 46 Vict. c. 50 s. 162.

[3]) Vgl. auch Archbold p. 67.

[4]) Vgl. auch de Franqueville tom. I, p. 260; Gneist, Englisches Verwaltungsrecht Bd. II, S. 982f.

[5]) Es ist dies in etwa 40 Städten geschehen. Vgl. Brodie-Innes vol. I, p. 79.

[6]) Vgl. weiter oben auf dieser Seite.

[7]) Redlich, Englische Lokalverwaltung S. 257, Anm. 2.

eigenen Quarter Sessions besitzen, bei denen mithin die alte Laienverfassung noch immer besteht.[1] [2])

So kann man nicht sagen, daß das Recordersystem einheitlich und nur für die größeren Städte Englands durchgeführt ist. Es findet sich vielmehr sowohl in größeren Städten als auch in kleineren Gemeinden. Es darf aber dieser Punkt nie übersehen werden, will man zu einer richtigen Würdigung des ganzes Systems gelangen.[3]) Und es beruht die Erscheinung, wie ich wiederhole, auf dem historischen Ausgangspunkt der ganzen Reform.

Im ganzen gibt es heute 108 Städte mit Recordergerichten.[4]) Von diesen Städten haben nicht weniger als 19 eine Einwohnerzahl von unter 10 000,[5]) 46 Städte schwanken zwischen 10 und 50 000 Einwohnern und nur 21 haben über 100 000 Bewohner. Es ist einleuchtend, daß in den kleineren Städten der Recorder recht wenig zu tun hat,[6]) daß andererseits die Anstellung eines solchen immerhin eine ziemliche Last für die Gemeinde darstellt. Um hier etwaige Härten in der Praxis zu verhüten, ist Gemeinden unter 10 000 Einwohnern das Recht eingeräumt, Unterdrückung des Stadtgerichtes zu beantragen. Von diesem Recht haben einige kleinere Gemeinden Gebrauch gemacht.[7])

Ich bemerke abschließend, daß das Recordersystem tatsächlich keineswegs in allen Boroughs mit eigenen Quarter Sessions durch-

---

[1]) Nach dem Zensus von 1901 sind dies 4 Städte mit über 100000 Einwohnern (Sunderland [146565 !], Rhondda, Gateshead, Halifax), 6 Städte mit über 90000 Einwohnern (Leyton, South-Shields, East Ham, Walthamstow, Huddersfield, Middlesborough), 4 Städte mit über 70000 Einwohnern (Rochdale, St. Helens, Stockport, Aston Manor). Ich entnehme die Größenangaben dem Gothaschen Hofkalender für 1908.

[2]) Die Zahl nimmt indes zu. So hat z. B. jetzt Dudley eigene Quarter-Sessions beantragt. Vgl. Law Times vol. 124, p. 267.

[3]) Dies tut vollständig Weidlich, Lisztsche Zeitschrift Bd. 28, S. 499f. in seinen nach mehr wie einer Richtung äußerst seltsamen Ausführungen, auf die wir noch zurückkommen werden.

[4]) Law List 1908, p. 1456. 1892 belief sich die Zahl auf 106. Vgl. de Franqueville tom. I, p. 261. Dabei ist aber zu beachten, daß wenige der von de Franqueville berechneten Städte nachträglich auf das Recht auf Quarter Sessions verzichtet haben.

[5]) Abingdon, Andover, Bideford, Bridgnorth, Devizes, Hythe, Lichfield, Ludlow, Maldon, Newbury, Oswestry, Richmond, Saffron Walden, Southmolton (2848 !), Stamford, Sudbury, Tenterden, Tewksbury, Thetford. Ich entnehme die Bevölkerungszahlen den Criminal Judicial Statistics 1907, pp. 61 et seq. Maßgebend ist auch hier der Zensus 1901.

[6]) Man überlege, daß der Recorder von Manchester nur in 144 Kriminalsachen tätig wird. Criminal Statistics 1907, p. 62.

[7]) Buckingham, Dartmouth u. a. m. de Franqueville tom. I, p. 261. Vgl. übrigens auch Weidlich, Lisztsche Zeitschrift Bd. 28, S. 498, der zu Unrecht von einem Rückgang der Recordergerichte spricht.

geführt ist. Eine ganze Reihe kleinerer Gemeinden haben zwar noch heute an sich das Recht auf eigene Gerichte. Entweder aber haben sie davon insofern keinen Gebrauch gemacht, als sie nicht die Ernennung eines Recorder beantragt haben, oder aber ihrem Antrag auf Ernennung eines Recorder ist seitens der Krone nicht stattgegeben. Diese Stadtgerichte sind daher tatsächlich verschwunden, und die betreffenden Städte bilden heute Teile der allgemeinen Gerichtsbezirke.[1])

b) *α*) Der Recorder wird vom König ernannt. Eine Ausnahme hiervon besteht für Ehrenrecorders, die von einigen Städten ohne Quarter Sessions gewählt werden können und hier nicht weiter interessieren.[2]) [3]) Die Ernennung erfolgt für eine bestimmte Stadt. Es kann aber derselbe Recorder auch für mehrere Stadtgerichtsbezirke bestellt werden.[4]) Voraussetzung der Ernennung ist, daß der zu Ernennende seit mindestens fünf Jahren Barrister ist. Ausübung der Praxis wird nicht verlangt, so daß also auch hier Titularbarrister Richter werden können, was auch geschieht.[5]) Der Recorder ist an sich unabsetzbar. Allein seine Absetzung kann aus gewichtigen Gründen im Wege des Disziplinarverfahrens erfolgen.[6])

Der Recorder, der nach seiner Ernennung zu vereidigen ist, ist nach dem Mayor der Stadt der höchste Beamte. Er empfängt

---

[1]) de Franqueville tom. I, p. 260 s.

[2]) Dieses eigentümliche Recht besteht in Folgendem: Einige Städte, die an sich keine besonderen Quarter Sessions haben, haben durch Charter das Recht, sich einen Recorder zu wählen, z. B. Kingston-upon-Thames. Dieser Recorder, der also nicht durch die Krone ernannt, sondern durch die Stadt gewählt wird, hat in der Tat gar nichts zu tun. Hat die Stadt eine besondere Commission of the Peace ohne eigene Quarter Sessions, so kann er, da er ex officio Friedensrichter ist, an den Petty und Special Sessions teilnehmen. Allein, da er meist nicht in der Stadt selbst wohnt, pflegt er das im allgemeinen nicht zu tun. Er hat den Rang unmittelbar nach dem Mayor und hat das Ehrenrecht, was ihm allerdings streitig gemacht wird (Law Times vol. 124, p. 333), bei Anwesenheit des Königs die diesem seitens der Stadt verliehene Adresse zu verlesen. Die ganze Stellung ist einfach eine Auszeichnung, die bestimmten Personen verliehen wird. Ein Gehalt wird nicht gezahlt. Zurzeit gibt es fünf solche Städte. Vgl. Law List 1905, pp. 1405 et seq.

[3]) Law Times vol. 126, p. 29.

[4]) Es geschieht dies nicht häufig. Heute bekleiden nur zwei Richter das Amt für mehr als eine Stadt. Law List 1905, pp. 1405 et seq.; Archbold p. 68.

[5]) Vgl. weiter oben S. 108 f.; ferner Bowen Rowlands in der Daily Mail vom 31. 1. 07; Archbold p. 67.

[6]) Stephen, Digest of the Law of Criminal Procedure pp. 23 et seq., p. 27; namentlich aber Archbold p. 67: „he shall hold office during good behaviour". de Franqueville tom. I, p. 262 verwechselt offenbar den Recorder mit den Polizeirichtern, wenn er schreibt: „ils ne sont pas inamovibles, étant nommés ‚durant le bon plaisir de Sa Majesté'."

für seine Tätigkeit ein festes Gehalt aus der Stadtkasse, dessen Höhe im voraus festgelegt ist.[1]) Während seines Amtes ist er unfähig, in der Stadt, in der er Richter ist, in das Parlament gewählt zu werden.[2]) Ebensowenig kann er Gemeinderat oder Polizeirichter der Stadt sein. Das letztere ist selbstverständlich, da sonst ja die Berufung von ihm selbst als Polizeirichter an ihn selbst als höheren Richter laufen würde. Wohl aber ist er Friedensrichter ex officio. Wenn er praktiziert, kann er seine Privatpraxis weiter betreiben, was die meisten Recorders auch tun. Es ist das nicht auffallend, denn es ist ja klar, daß ein so beschränktes Amt wie das eines Recorders, das die Arbeitskräfte des mit ihm Beauftragten doch keineswegs völlig absorbiert, auch nur entsprechend niedrig bezahlt werden kann.[3]) Man kann ohne weiteres den Satz aufstellen, daß der Recorder sein Amt stets nur im Nebenamt versieht.[4]) Allein es muß betont werden, daß keineswegs nur praktizierende Barristers zu Recorders bestellt werden.[5]) Sehr interessant, namentlich, wie wir noch sehen werden, im Hinblick auf die gegenwärtige Entwicklung ist, daß auch County Court Judges mit dem Amt betraut werden, was augenblicklich in acht Städten der Fall ist.[6]) [7])

---

[1]) Archbold p. 68.

[2]) Das passive Wahlrecht zum Parlament verliert er also nicht. 1905 waren von 105 Recorders fünf Mitglieder des Unterhauses. 1909 wird der Recorder von Liverpool in das Parlament gewählt. (Law Times vol. 126, p. 525.) Es steht diese Tatsache nicht in Widerspruch mit meinen Ausführungen, Englische Gerichtsverfassung S. 51, wo auf die politische Farblosigkeit englischer Richter hingewiesen wird. Es ist an jener Stelle nur die Rede von den hohen Richtern. Vgl. S. 49f.; dies übersieht Weidlich, Lisztsche Zeitschrift S. 512, Anm. 17 vollständig. Insofern sind seine Angriffe objektlos, im übrigen aber falsch, wie später noch zu zeigen sein wird. Vgl. unten S. 813 ff.

[3]) Im allgemeinen ist der Gehalt nicht höher als £ 200. Vgl. de Franqueville tom. I, p. 264.

[4]) Wenn Weidlich, Lisztsche Zeitschrift Bd. 28, S. 498, Anm. 4 behauptet, ich hätte gesagt, die öffentliche Meinung sei der Weiterbetreibung der Privatpraxis dieser Anwälte nicht günstig, so beweist dies nur wieder, daß Weidlich meine Ausführungen überhaupt nicht verstanden hat. Vgl. Englische Gerichtsverfassung S. 31, wo davon die Rede ist, daß die öffentliche Meinung allgemein der Verquickung von Privat- und Amtstätigkeit nicht günstig sei. An diesem Satz halte ich fest trotz Weidlichs Ausrufungszeichen, und ich bin in meiner Auffassung durch Äußerungen englischer Juristen der verschiedensten Parteirichtungen nur bestärkt worden. Wir werden weiter unten auf diesen Punkt zurückkommen. Vgl. S. 156 und 158.

[5]) Die Behauptung Weidlichs, Lisztsche Zeitschrift Bd. 28, S. 498, daß die Recorderschaft in den meisten Fällen zu einer ehrenden Auszeichnung für die bedeutendsten Anwälte der Londoner Bar geworden sei, ist durchaus schief und irreführend.

[6]) Law List 1905, pp. 1405 et seq.

[7]) Die gesamten Ausführungen beweisen aufs schlagendste die innere Unhaltbarkeit der Adickesschen Vergleichsstatistik zwischen englischen und

Dem Ausgeführten entspricht, daß eine Residenzpflicht für den Recorder nicht besteht. Die Recorders brauchen also in der Stadt, für die sie Richter sind, nicht zu wohnen. Es genügt, daß sie zu den Sitzungen nach der Stadt kommen.[1])

Der Recorder ist verpflichtet, die nötigen Sitzungen abzuhalten und die laufenden Geschäfte zu erledigen. Er muß mindestens einmal im Vierteljahr Sitzungen abhalten; nichts hindert ihn aber, dies öfter zu tun, falls er es für angemessen erachtet,[2]) oder der Minister des Innern es anordnet.[3]) Im Falle von Krankheit oder unabwendbarer Verhinderung kann der Recorder einen Stellvertreter ernennen, der denselben Bedingungen genügen muß, wie er selbst. Die Anordnung einer Vertretung kann aber nur erfolgen für eine Sitzungsperiode;[4]) sie erfolgt stets auf Kosten des Recorder.[5]) Kommt es vor, daß in der Sitzung weder der Recorder noch sein Vertreter, der sogenannte Deputy Recorder erscheint, so hat der Mayor der Stadt einzugreifen. Derselbe kann indessen nur die Sitzung vertagen, ist aber selbst nicht berechtigt, irgendwelche richterliche Funktionen auszuüben.[6])

Für den Fall, daß die Sitzungsperiode mutmaßlich länger als drei Tage dauern wird, kann der Recorder eine Hilfskraft heranziehen, den sogenannten Assistant Recorder. Allein von diesem Recht kann er nur Gebrauch machen, sofern ihm dies durch Beschluß des Gemeinderates gestattet ist.[7]) Ernannt werden kann nur eine Person, die ebenso qualifiziert ist wie er selbst. Des weiteren muß dem Ministerium des Innern der Assistant Recorder vor der Ernennung namentlich bezeichnet werden, und dasselbe hat generell seine Genehmigung zur Heranziehung der bezeichneten Person als Assistant Recorder zu erteilen. Die Person des heranzuziehenden Hilfsrichters steht also von vornherein fest, und die Bezeichnung desselben erfolgt nicht ad hoc. Der Hilfsrichter steht einem zweiten Gerichtshof vor, er kann aber nur verhandeln, so lange der Recorder selbst verhandelt. Unterbricht letzterer die Sitzung, so kann

deutschen Richterzahlen; Grundlinien S. 59ff. Dieselbe ist sowohl negativ wie positiv durchaus irreführend. Dasselbe gilt allerdings auch von der ebenso unhaltbaren Statistik v. Lewinskis, England als Erzieher? S. 25ff., der übrigens auch die Zahl der Friedensrichter falsch berechnet.

[1]) Daß sie damit keine Reiserichter im eigentlichen Sinne des Wortes werden, wie Weidlich l. c. S. 498 unzutreffend behauptet, liegt auf der Hand.

[2]) Brodie-Innes vol. I, p. 80.

[3]) de Franqueville tom. I, p. 262 s.

[4]) Archbold, Quarter Sessions p. 68. Ständige Deputies werden übrigens, wenn auch selten, ebenfalls ernannt. In der Law List 1905, pp. 1405 et seq. wird nur einer erwähnt.

[5]) Der Vertreter ist übrigens nicht Friedensrichter ex officio.

[6]) Archbold p. 69.

[7]) Archbold p. 70; nicht genau de Franqueville tom. I, p. 262.

der Hilfsrichter nur angefangene Sachen zu Ende führen, neue aber nicht mehr beginnen, eine etwas seltsame Konsequenz des Grundgedankens, daß der eigentliche Richter stets der Recorder selbst ist. Die Geschäftsverteilung zwischen beiden erfolgt durch den Recorder. Der Assistant Recorder ist auch insofern von dem Recorder abhängig, als letzterer jederzeit die Vertagung einer Sache anordnen kann, auch wenn sie vor dem Assistant Recorder zur Verhandlung gebracht ist. Die Bezahlung des Hilfsrichters erfolgt aus der Stadtkasse. Er erhält 220 Mark für die Sitzung.[1]) Ich bemerke übrigens, daß Hilfsrichter tatsächlich selten herangezogen werden, allein immerhin kommen Ausnahmefälle vor, namentlich dann, wenn irgend ein sehr umfangreicher Fall zu erledigen ist.[2])

Es mag zum Schluß noch darauf hingewiesen werden, daß die Voraussetzungen, die bei einem Recorder vorliegen müssen, nicht so strenge sind, als die, die bei einem Stipendiary Magistrate gegeben sein müssen. Der Recorder braucht nur fünf Jahre Barrister zu sein, der Stipendiary Magistrate dagegen mindestens sieben. Ob es sich hier auch wieder um eine der vielen englischen Inkonsequenzen, den Folgen der englischen Systemlosigkeit handelt, oder um wirklich bewußte Differenzierungen bei den einzelnen Gerichten, lasse ich dahingestellt sein, obwohl die letztere Annahme nicht sehr wahrscheinlich ist. Jedenfalls liegt auf der Hand, daß nach englischer Auffassung die Tätigkeit eines niederen Kriminalrichters nicht als minderwertig betrachtet wird, was immerhin nicht ohne Interesse ist. Im Gegenteil, man kann ohne weiteres sagen, daß die Tätigkeit der Polizeirichter als eine äußerst umfangreiche und bedeutungsvolle keineswegs niedrig eingeschätzt wird und jedenfalls nicht niedriger als die eines Recorder.

β) Was die Zuständigkeit des Recorder betrifft, so hat er im allgemeinen die gesamten Funktionen auszuüben, die sonst das Richterkollegium der Quarter Sessions zu erledigen hat. Von diesem Satz gelten nur wenige Ausnahmen. In Steuer- und Lizenzangelegenheiten ist er nicht zuständig. Hier bestehen also die alten Quarter Sessions besetzt mit Friedensrichtern auch in den Städten noch weiter fort, was nicht übersehen werden darf.[3]) Sonst aber ersetzen die Recorders voll die Quarter Sessions sowohl als erstinstanzliche wie als zweitinstanzliche Gerichte.[4])

---

[1]) Archbold p. 70; de Franqueville tom. I, p. 263.

[2]) Auch hieraus beweist sich die Unzulänglichkeit der Adickesschen Statistik. Vgl. weiter oben S. 128, Anm. 7.

[3]) 5 and 6 Will. IV c. 76 s. 105; 45 and 46 Vict. c. 50 s. 165; Redlich, Englische Lokalverwaltung S. 410f.; de Franqueville tom. I, p. 263.

[4]) Wenn man daran festhält, daß der Recorder zweitinstanzlicher Richter ist, so erhellt aufs evidenteste die innere Unrichtigkeit der Adickes-

In Küstenstädten und in Städten, die nahe der Küste liegen, können die Recorders zu Richtern des Court of Survey ernannt werden. Letzterer ist ein Appellgerichtshof. Jedes britische Schiff, das mehr als 12 Personen trägt, muß einmal im Jahre auf Seetüchtigkeit untersucht werden. Die Untersuchung erfolgt durch Aufseher, die vom Handelsamt bestellt sind. Gegen deren Entscheidung läuft ein Rechtsmittel an den Court of Survey, der endgültig entscheidet.[1]) Zum Richter dieses Court kann, wie gesagt, der Recorder bestellt werden. Er urteilt dann gemeinschaftlich mit zwei Schiffahrtsexperten, sogenannten Assessors.[2]) Derartige Gerichte bestehen in 26 Städten.[3]) [4]) Wir werden auf dieselben noch weiter unten zurückkommen.[5])

Die Recorders funktionieren als Einzelrichter. Auch hier wird indes das Prinzip des Einzelrichters abgeschwächt durch die Tatsache, daß der Clerk eine sehr hervorragende Rolle spielt, und daß Beratungen mit ihm häufig vorkommen, ähnlich wie wir es bei den Polizeigerichten kennen gelernt haben.[6]) Allerdings wird das in Jurysachen weniger von Bedeutung sein, da hier die Tatfrage von der Jury entschieden wird, bei der Strafzumessung der Richter aber fast ausnahmslos allein entscheidet. Hier wird dann der Clerk meist nur mit tätig bei Fragen prozessualischer Natur, die in der Verhandlung auftauchen. Allein es kommt doch auch vor, daß der Clerk seinem Auszug aus den Akten, den er dem Recorder für die Sitzung anfertigt, einen Urteilsvorschlag beilegt. Auch dies habe ich beobachtet, kann aber nicht sagen, ob es mehr als ein Ausnahmefall war.[7])

Ferner ist noch auf einen merkwürdigen Umstand hinzuweisen: Es ist üblich, daß, wenn der Recorder die Quarter Sessions abhält, die übrigen Friedensrichter ebenfalls in der Sitzung erscheinen und auf der Richterbank mit Platz nehmen. Nun ist es allerdings richtig,

---

schen Ausführungen, Grundlinien S. 99, wo 1731 deutschen Appelrichtern c. 13 englische gegenübergestellt werden. Wo bleiben die sämtlichen Recorders, die doch Adickes als Berufsrichter mit aufzählt?

[1]) Einzelheiten bei Hatschek Bd. II, S. 373f.

[2]) Archbold pp. 74 et seq.

[3]) Law List 1905, pp. 1405 et seq.

[4]) Das Ausgeführte ergibt, daß der Recorder keineswegs nur kriminelle Funktionen zu erfüllen hat. Daraus folgt, daß es falsch ist, aus der Tatsache, daß der Recorder keine Kriminalsachen zu erledigen hat, zu folgern, daß er überhaupt nichts zu tun hat. In sofern durchaus unzutreffend die Ausführungen Weidlichs, Lisztsche Zeitschrift Bd. 28, S. 498; ebenfalls nicht zutreffend de Franqueville tom. I, p. 261.

[5]) Vgl. weiter unten S. 642 ff.

[6]) Vgl. oben S. 114.

[7]) Vgl. weiter oben S. 99, Anm. 7.

daß sie sich an den Entscheidungen selbst nicht beteiligen dürfen. Allein tatsächlich holt in schwierigen und zweifelhaften Fragen rein tatsächlicher Natur (in Rechtsfragen natürlich nie) der Recorder auch ihren Rat ein, so daß sie in der Tat in der Verhandlung eine beratende Rolle, wenn auch in abgeschwächter Form spielen. Es entsteht dann ein Verhältnis, wie wir es ähnlich in den Quarter Sessions mit rechtsgelehrtem Chairman treffen. Aber während dort der Chairman die Beisitzer mehr in den Hintergrund drängt, sind es umgekehrt hier die Friedensrichter, die das Einzelrichterprinzip kollegialisch modifizieren. Historisch sind jedenfalls beide Erscheinungen interessant genug, zeigen sie uns doch aufs deutlichste, wie hier die alten Formen mit den neuen Formen gewissermaßen kämpfen, wie hier alles in Fluß, alles in der direkten Entwicklung begriffen ist.[1])

c) Erwähnt muß werden, daß wir in bezug auf die Jury in den Boroughs zum Teil Bestimmungen antreffen, die von denjenigen abweichen, welche wir für die ländlichen Quarter Sessions kennen gelernt haben. Es gilt hier folgendes:

α) Zunächst ist in allen Boroughs, die das Recht auf eigene Quarter Sessions haben, einfach jeder Bürger an sich qualifiziert, Geschworener zu sein, sofern nicht eine gesetzliche Disqualification vorliegt. Die Exemtionen sind dagegen dieselben, die wir bei den nichtstädtischen Quartalgerichten kennen gelernt haben.[2]) Hier fällt also eine jede besondere Vermögensvoraussetzung fort, sofern nicht solche gegeben sind im Hinblick auf den Erwerb des Bürgerrechtes.[3])

β) Ferner kommen in den Städten diejenigen Regeln nicht zur Anwendung, die wir weiter oben in bezug auf die Bildung der verschiedenen Geschworenenlisten kennen gelernt haben.[4]) Es herrscht vielmehr größte Willkür, und man kann sagen, daß es überhaupt keine festen Regeln gibt, daß sich hier vielmehr alles nach Gewohnheit und Herkommen regelt, jedenfalls ein durchaus unerfreulicher Zustand, der sich in stärkster Willkürlichkeit bei Heran-

---

[1]) Ich verdanke hier manches persönlicher Mitteilung durch Herman Cohen, den Verfasser von Spirit of Our Laws. Derselbe schreibt mir: „The other justices for the city or borough always sit, but as the recorder is a lawyer, they never interfere with him: he consults them as does a Chairman in a County."

[2]) 45 and 46 Vict. c. 50 s. 186(1); Archbold, Pleading p. 173; de Franqueville tom. I, p. 511.

[3]) Hatschek Bd. II, S. 175, und de Franqueville tom. I, p. 511 behaupten zu Unrecht, daß in Städten ohne eigne Quarter Sessions alles lokalen Gebräuchen und Gewohnheiten überlassen sei. Hier greifen vielmehr die gewöhnlichen Bestimmungen ein.

[4]) Vgl. weiter oben S. 77ff.

ziehung der einzelnen Bevölkerungsklassen zum Geschworenendienst äußert.[1])

d) Abweichend gestaltet ist dann noch die Ernennung des Clerk of the Peace. Sie erfolgt in Städten mit eigenen Quarter Sessions durch den Gemeinderat, den Council of the Borough. Die Ernennung kann widerrufen werden, falls der Clerk sich nicht seines Amtes entsprechend führt.[2]) Voraussetzungen für das Amt ordnet das Gesetz nicht an,[3]) doch wird fast stets ein Jurist angestellt und zwar in der Regel ein Solicitor.[4]) Sonst kommen hier die Grundsätze zur Anwendung, die wir früher bezüglich des Clerk bei den Quarter Sessions der Counties entwickelt haben.[5])

Abschließend bemerke ich noch, daß der Clerk entweder ein festes Gehalt aus der Stadtkasse erhält, oder aber Gebühren zu seinem eigenen Vorteil erheben kann, deren Höhe durch den Gemeinderat und das Ministerium des Innern festgelegt ist.[6])

2. Die Londoner Verhältnisse sind wiederum ganz verschieden, je nachdem es sich um die City oder um die übrigen Teile der Metropolis handelt. Zwischen beiden muß daher scharf geschieden werden.

a) Beginnen wir mit London ausschließlich der City, der sogenannten County of London.[7]) Für dieselbe existieren besondere Quarter Sessions, bezüglich welcher wir eine Reihe besonderer Bestimmungen treffen.

α) Zunächst ist gesetzlich vorgesehen, daß selbständige Quarter Sessions in verschiedenen Teilen Londons zur gleichen Zeit abgehalten werden können.[8]) In Rücksicht auf die große Geschäfts-

[1]) Vgl. Report from a Select Committee on the Juries Bill 1870; de Franqueville tom. I, p. 515 s. Interessant ist die Angabe bezüglich Liverpool, die sich bei de Franqueville findet. Von 43000 Bürgern und kleinen Eigentümern sind nur 15000 an sich zum Geschworenendienst verpflichtet. Von diesen figurieren nur 8120 in den Listen, obwohl jährlich 3848 Gerichtspflichtige, also beinahe die Hälfte zur Ausübung des Geschworenendienstes herangezogen werden.

[2]) „He shall hold office during good behaviour."

[3]) Es soll ernannt werden „a fit person".

[4]) Vgl. 45 and 46 Vict. c. 50 s. 164; ferner Archbold, Quarter Sessions p. 80.

[5]) Vgl. weiter oben S. 96 ff.

[6]) Vgl. auch Redlich, Englische Lokalverwaltung S. 411.

[7]) Archbold, Quarter Sessions p. 30: „It should be remembered that there are now three Londons, viz: — (1) The county of the city of London; (2) the county of London, being the Metropolis outside the county of the city of London; and (3) the administrative county of London, being the Metropolis and the county of the city of London combined." Unrichtig de Franqueville tom. I, p. 258 s., wo die County of London mit der Administrative County verwechselt wird.

[8]) 51 and 52 Vict. c. 41 s. 42 (6 and 7).

last treten diese Quarter Sessions zweimal monatlich zusammen. Sie bilden dabei stets zwei Höfe, der eine unter dem Vorsitz eines Chairman, der zweite unter dem Vorsitz eines Deputy Chairman. Die Tagungen finden in Newington statt und nicht mehr auch noch in Clerkenwell, wie dies bis 1908 der Fall war.[1] [2])

β) An der Spitze der Quarter Sessions steht ein Chairman, dem zur Seite ein Deputy Chairman steht. Beide sind ständig angestellte Berufsrichter. Sie werden vom König ernannt. Voraussetzung der Ernennung ist, daß sie mindestens 10 Jahre Barrister waren, ohne daß auch tatsächliche Ausübung der Praxis verlangt würde. Sie können abgesetzt werden, aber nur aus schwerwiegenden Gründen und nicht beliebig. Sie erhalten ein festes Gehalt aus der Grafschaftskasse,[3] sind aber andererseits verpflichtet, ihre etwa bis zur Ernennung ausgeübte Praxis aufzugeben. Sie verlieren mit ihrer Ernennung das passive Wahlrecht, so daß sie also eine ganz andere beamtenmäßige Stellung haben als die Recorders.[4] Während die Recorders wenigstens im allgemeinen Privatpersonen sind, die (im Unterschied zu den Friedensrichtern) entgeltlich sich und ihre Kenntnisse zur Ausübung staatlicher Funktionen zur Verfügung stellen, in erster Linie aber immer Privatpersonen bleiben, treffen wir hier wirklich ausschließliche Berufsbeamte, wirklich ausschließliche staatliche Richter, die nichts sind und sein können wie Beamte, wie Richter.

Das Verhältnis zwischen Chairman und Deputy Chairman ist, wie auch noch hervorgehoben werden muß, nicht das gleiche wie das zwischen Recorder und Deputy Recorder. Der letztere ist stets ein Vertreter, der den nicht erschienenen Recorder ersetzt.[5] Der Deputy Chairman ist dagegen ein zweiter Richter, der als solcher neben dem ersten Richter und zwar völlig unabhängig von diesem steht. Für beide, Chairman und Deputy Chairman können Ver-

---

[1]) de Franqueville tom. I, p. 259; County of London, List of Justices a. s. o. 1907, pp. 9 et seq. Die in Westminster tagenden Quarter Sessions haben mit der County of London gar nichts zu tun, wie Weidlich, Lisztsche Zeitschrift Bd. 28, S. 502, Anm. 9 unter völliger Verkennung der Verhältnisse behauptet. Vgl. dazu weiter unten S. 135, Anm. 2.

[2]) Vgl. ein sehr genaues Regulativ für die Sitzungen bei Archbold, Quarter Sessions p. 34—38. Ferner: Report of the Departmental Commitee London Quarter Sessions; Law Times vol. 124, pp. 308, 313; vol. 127, pp. 439, 451.

[3]) Nach de Franqueville tom. I, p. 259, n. 1 beträgt derselbe c. £ 1500, ist indessen jetzt auf £ 2000 für den Chairman erhöht. Vgl. Whitaker's Almanack p. 207.

[4]) Vgl. dazu Archbold, Quarter Sessions pp. 31 et seq.; de Franqueville tom. I, p. 259.

[5]) Vgl. weiter oben S. 129.

treter bestellt werden, die denselben Erfordernissen zu entsprechen haben, wie die Richter selbst.[1])

γ) Der Chairman und der Deputy Chairman können beide als Einzelrichter funktionieren. Daneben aber behalten die Justices of the Peace ihre konkurrierende Gerichtsbarkeit und können an den Sitzungen teilnehmen. Sie stehen dann begrifflich dem Chairman gleich, der nur primus inter pares ist, aber natürlich einen praktisch ausschlaggebenden Einfluß besitzt. In der Tat beteiligen sich die Friedensrichter in weitem Umfang an den Quarter Sessions von London, wie denn sogar eine besondere Liste existiert, wonach bestimmte Friedensrichter sich verpflichten, an den Sitzungen in einer festen Reihenfolge teilzunehmen. Indessen kommt es auch vor, daß der Chairman als Einzelrichter sitzt.[2])

δ) Abgesehen hiervon treffen die Ausführungen in analoger Weise zu, die wir früher bezüglich der nicht städtischen Quarter Sessions gemacht haben, ohne daß hier noch etwas Besonderes zu bemerken wäre. Es mag nur darauf hingewiesen werden, daß jeder Chairman seinen Clerk hat,[3]) der dieselbe bedeutende Stellung

---

[1]) Archbold p. 74.

[2]) Die Möglichkeit einer tatsächlich kollegialischen Verhandlung hat Weidlich, Lisztsche Zeitschrift Bd. 28, S. 502, Anm. 9 zu der Annahme verleitet, daß auch in den Quarter Sessions der juristische Chairman nur mit einem Friedensrichter gemeinsam sitzen könne. Das ist unrichtig, wie ein Blick in das Gesetz beweist: 51 and 52 Vict. c. 41 s. 42 (5) besagt: „Where there is any such paid chairman or deputy-chairman of the quarter sessions, the court may be held before such chairman or deputy-chairman alone.“ Wenn aber Weidlich sich zum Beweis seiner Behauptung auf die Quarter Sessions beruft, die in Westminster tagen, so beweist er, daß er die einschlägigen Verhältnisse überhaupt nicht kennt. In Westminster tagen die Quarter Sessions der Grafschaft Middlesex. Sie haben mit den Quarter Sessions von London nichts zu tun. An ihrer Spitze steht zwar ein Chairman wie bei allen Quarter Sessions, aber nicht ein bezahlter Berufsrichter. Selbstverständlich müssen hier zwei Richter stets anwesend sein, was eben bei den Londoner Quarter Sessions nicht nötig ist. Allerdings tagen die Quarter Sessions von Middlesex in Westminster, also in der County of London. Allein dadurch werden sie nicht etwa Quarter Sessions von London, sondern sie haben dies besondere Recht durch besondere Parlamentsakte rein aus Zweckmäßigkeitsgründen erhalten. So fallen die Angriffe Weidlichs gegen meine Ausführungen, Englische Gerichtsverfassung S. 32 als haltlos in sich zusammen. Die tatsächlichen Angaben aus der Praxis, die Weidlich gibt, akzeptiere ich dagegen gern, um so mehr, als sie mir durch Sir Harry B. Poland bestätigt worden sind. Ich modifiziere daher meine Angabe, daß der Chairman meist als Einzelrichter fungiert, was indes unwesentlich der Tatsache gegenüber ist, daß er rechtlich als Einzelrichter fungieren kann. Vgl. auch meine Ausführungen Gerichtssaal Bd. 72, S. 381.

[3]) County of London, List of Justices a. s. o. 1907, p. 9.

besitzt wie sonst, und der auch in gesellschaftlicher Hinsicht dem Richter mehr oder weniger gleichgestellt ist.

b) Wir haben schließlich noch kurz die ganz eigenartigen Verhältnisse der City zu skizzieren. Hier ist zu unterscheiden:

α) Zunächst treffen wir auch Quarter Sessions, allein mit einem tatsächlich beschränkten Wirkungskreis. Dieselben üben nämlich nur die Zuständigkeit als zweite Instanz aus und haben als solche sämtliche Rechtsmittel zu erledigen, die gegen die Entscheidungen der Polizeigerichte in der City eingelegt sind. Sie erledigen ferner alle nichtkriminellen Angelegenheiten, die an sich zur Zuständigkeit der Quarter Sessions gehören.[1])

Richter in den Quarter Sessions sind der Lord Mayor und die Aldermen. Neben dem Lord Mayor müssen mindestens drei Aldermen im Gericht anwesend sein.[2]) Außerdem aber muß an den Sitzungen auch noch der Recorder der City teilnehmen. Dieser Recorder, einer der Stadtrichter der City, ist nicht etwa ein Recorder, wie wir ihn in den Boroughs kennen gelernt haben, sondern nimmt in der Gerichtsverfassung Englands eine ganz eigenartige Stellung ein.[3]) Wir werden dieselbe erst in einem andern Zusammenhang kennen lernen. Hier sei nur bemerkt, daß der Recorder nicht etwa als Mitglied der Richterbank an den Sitzungen teilnimmt, sondern als ein sogenannter „legal assessor", d. h. als eine Art rechtskundiger Beistand, der aber stets nur beratende, nicht etwa entscheidende Stimme hat.[4])

Die Quarter Sessions selbst treten gewöhnlich achtmal im Jahre zusammen.[5])

β) Was nun die erstinstanzliche Tätigkeit der Quarter Sessions in Kriminalangelegenheiten betrifft, so wird dieselbe für die City nicht etwa durch die Quarter Sessions ausgeübt, sondern durch den Central Criminal Court. Wir werden diesen Gerichtshof seiner ganzen Zusammensetzung nach erst später kennen lernen, und ich muß daher an dieser Stelle auf die späteren Auseinandersetzungen verweisen.[6])

---

[1]) Prinzipiell besteht die volle Zuständigkeit der Quarter Sessions für das Citygericht auch für alle Kriminalangelegenheiten. Tatsächlich wird sie aber nicht mehr ausgeübt. Halsbury, Laws of England vol. IX, pp. 177 et seq.

[2]) Brodie-Innes vol. I, p. 81.

[3]) Zutreffend Adickes, Grundlinien S. 58.

[4]) Brodie-Innes vol. I, p. 81 übersieht irrtümlicherweise diese beratende Mitwirkung des Recorder.

[5]) Brodie-Innes vol. I, p. 81. So auch Encyclopaedia 1st Ed. vol. VIII, p. 16.

[6]) Brodie-Innes vol. I, p. 81; de Franqueville tom. I, p. 210; Weidlich, Englische Strafprozeßpraxis S. 5, wobei unter London nur die City zu verstehen ist; Wertheim S. 112 u. a. m. Vgl. weiter unten S. 535 ff.

§ 7. c) Die gegenwärtige Entwicklung der Friedensgerichte. Ausblicke in die Zukunft.

I. 1. Überblicken wir das bis jetzt Ausgeführte nochmals in Kürze, so dürfte das Eine bereits als nachgewiesen angenommen werden können, daß schon die erste Gruppe der Gerichte, die wir kennen gelernt haben, die Friedensgerichte untereinander von einer inneren Verschiedenartigkeit sind, die geradezu erstaunlich ist. Ohne in die bunte Fülle der Einzelerscheinungen nochmals einzutreten, Erscheinungen, die, ich betone dies wiederholt, ihren letzten zureichenden Grund nur in der historischen Zufälligkeit, nicht in dem bewußten Werk einheitlicher Gesetzgebung[1]) finden, lassen sich unter den Friedensgerichten drei durchaus voneinander geschiedene Typen von Gerichten nachweisen.[2]) Einmal haben wir kollegialische Laiengerichte, die durch einen juristischen Berufsbeamten belehrt werden. Es sind dies die reinen Petty- und Quarter

[1]) Selbst Weidlich, Lisztsche Zeitschrift Bd. 28, S. 509 sieht sich genötigt, von der unsystematischen Einzelgesetzgebung zu sprechen.

[2]) Es berührt geradezu seltsam, wenn Weidlich, Lisztsche Zeitschrift Bd. 28, S. 508 in seinen begeisterten Lobeshymnen auf England davon spricht, daß England eine einheitliche, in altgermanische Zeiten zurückreichende, fester als je ins Volkstum gebaute Gerichtsverfassung hat. Die Unrichtigkeit dieser Behauptung tritt schon bei den Friedensgerichten auf das deutlichste hervor. Wir werden sie auch später Schritt für Schritt nachweisen können. Allerdings kann von einem Schriftsteller, der in blinder Voreingenommenheit gegen die deutschen Einrichtungen völlig den Blick und die richtige Einschätzung für unser Recht verloren hat, kaum erwartet werden, daß er fremdes Recht richtig versteht. Man vergleiche nur die Gegenüberstellung des englischen Strafprozesses und des deutschen. Der englische ist der moderne, schnelle, einheitliche usw. Prozeß ohne Zeit- und Kraftvergeudung, der deutsche ein langsames, schriftliches, inquisitorisches, auf dem Prinzip des Wiederkäuens beruhendes Verfahren. In seiner ersten Abhandlung über englisches Recht war übrigens Weidlichs Urteil viel gemilderter, vgl. Englische Strafprozeßpraxis S. 56. Damit vgl. man dann Beling, Lisztsche Zeitschrift Bd. 26, S. 711: „Das englische Strafprozeßrecht mutet uns in der Hauptsache an wie eine Karikatur; es ist von einer Rückständigkeit, die eines Kulturvolkes unwürdig ist.“ Daß ich dabei nicht leugne, daß es eine Reihe zum Teil sehr interessanter englischer Reformgesetze gibt, ist selbstverständlich. Irgend etwas Neues in dieser Hinsicht enthalten aber die sehr unsystematischen Ausführungen Weidlichs in der Lisztschen Zeitschrift nicht. Seltsam kontrastiert übrigens die Anglomanie Weidlichs mit seinen Ausführungen, daß Deutschland in seiner Ohnmacht von einer undeutschen Rezeption zur anderen geschritten sei, daß unser deutscher Strafprozeß heute nur noch ein französischer in verschlechterter Auflage sei. Ist denn die Aufnahme des englischen Strafprozesses keine undeutsche Rezeption? Man kann doch wirklich nicht wohl behaupten, daß, weil das englische Recht zum Teil (aber doch auch nur zum Teil) auf altgermanischer Grundlage beruhe, der englische Prozeß von heute noch ein deutscher Prozeß sei!

Sessions. Ferner haben wir die Form, die wir oben die fakultativen Schöffengerichte nannten, d. h. Gerichte mit Berufsbeamten, neben denen aber auch Laien mitwirkend tätig werden können und auch teilweise tätig werden. Hierher gehören die Gerichte der provinzialen Stipendiary Magistrates und die Quarter Sessions der County of London. Wir haben schließlich Gerichte mit Einzelrichtern, bei denen dann wieder doppelt unterschieden werden muß. Einmal haben wir auch hier juristisch beratene ungelehrte Einzelrichter (Police Courts der City), auf der andern Seite haben wir berufsmäßige, gelehrte Einzelrichter in den Police Courts der Metropolis und in den Gerichten des Recorder. Dabei unterscheiden sich die sämtlichen Gerichte dann noch insofern, als sie teils als Schwurgerichte, teils auch als Nichtschwurgerichte ausgestaltet sind, eine Unterscheidung, die indes hier von keiner besonderen Bedeutung ist.

2. Gegen dies System der Friedensgerichte sprechen nun in der Tat eine ganze Reihe schwerwiegender Gründe, die kurz im folgenden zu entwickeln sind. Es dürfte dabei praktisch sein, von den eigentlichen Friedensgerichten auszugehen, da in ihnen wohl die anfechtbarsten Punkte des ganzen Systems zu finden sind. Diese kritischen Bemerkungen können natürlich nicht auf die Einzelheiten der Materie eingehen, sondern müssen vielmehr auf das Allernotwendigste beschränkt werden.

a) Zunächst ist natürlich ein in die Augen fallender Mißstand der, daß rechtlich so verschiedenartige und stellenweise so komplizierte Aufgaben generell von Laien gelöst werden sollen. Mag dies auch noch gehen bei denjenigen Sachen, die zur Kompetenz der Petty Sessions gehören, und die ja im allgemeinen nicht so schwierig, weil stets sich wiederholend sind,[1]) so sind die Aufgaben bei den Quarter Sessions doch solche, daß ihnen ein Laie nicht gewachsen erscheint. Und dies gilt namentlich für die Erledigung der Strafsachen vor den Quarter Sessions. Faßt man hier namentlich die Stellung des Vorsitzenden ins Auge, so sieht man, daß derselbe im wesentlichen die Stellung eines Schwurgerichtspräsidenten bei

---

[1]) Hiervon machen auch die Voruntersuchungen meist keine Ausnahmen, da sich die Tätigkeit der Petty Sessions ja im wesentlichen auf Erlaß eines Verdachturteiles beschränkt. Doch mag darauf hingewiesen werden, daß auch hier nicht unbedeutende Schwierigkeiten entstehen können. So ist es doch zweifellos auffallend genug, wenn ein Barrister mir schreibt: „It is rather difficult to find on the minutiae of Petty Sessicns as counsel seldom go there and solicitors not often. Moreover, most of the business is very small — often merely administrative not judicial — they do what is convenient at the moment. Hence their arrangements vary all over the country. There must be a number of things done not strictly legal. A trial of a prisoner of course is much the same all over the country and is carefully done.“

uns einnimmt, der ein ordentliches Schwurgerichtsverfahren zu leiten hat. Hier greift nun zwar der Clerk mit seiner Rechtsbelehrung ein, ohne den, wie man ohne weiteres sagen kann, die ganze Einrichtung der reinen Friedensgerichte überhaupt nicht möglich wäre. Allein offenbar ist das für das Verfahren vor den Quarter Sessions kein hinreichendes Korrektiv, da der Clerk natürlich auf die so überaus wichtige Rechtsbelehrung der Geschworenen nicht den leisesten Einfluß haben kann. Außerdem ist aber doch der rechtsgelehrte Clerk kein genügender Behelf, da für den Richter keinerlei gesetzliche Verpflichtung besteht, dem Rat des Clerk zu folgen, über den er sich vielmehr souverän stets wegsetzen kann. Und dasselbe gilt für die früher erwähnte Möglichkeit, einen Barrister zur Rechtsbelehrung heranzuziehen.[1]) Andererseits sind die finanziellen Vorteile, die das System für den Staat bringt, auch nicht zu überschätzen. Denn gerade der Laienrichter bedingt die Einrichtung des Clerk, eines rechtlich gebildeten, besoldeten Berufsbeamten. Das Laienrichtersystem der Friedensgerichte beseitigt also für den Staat keineswegs die Nötigung, rechtlich vorgebildete Beamte anzustellen, wie wir bereits früher ausgeführt haben.[2])

Ein weiteres Bedenken, allerdings wieder in erster Linie die Quarter Sessions betreffend, ist, daß die Friedensrichter als Laien zu leicht Beeinflussungen von seiten der Rechtsanwälte ausgesetzt sein werden. Auch hier nützt der Clerk natürlich nichts, wie nicht weiter ausgeführt zu werden braucht.

Schließlich weise ich noch darauf hin, daß namentlich auf dem Lande die Friedensrichter meist der besitzenden Klasse angehören, und dies wird sich auch kaum ändern, so lange nicht Tagegelder für die Friedensrichter eingeführt sind. Denn nur dann können die Nichtbesitzenden daran denken, das Amt selbst mit auszuüben. Hier besteht in der Tat eine gewisse Gefahr einer wenn auch unbewußten Klassenjustiz, eine Gefahr, die noch erhöht wird durch die Tatsache, daß die Ernennung zum Friedensrichter meist aus politischen Rücksichten erfolgt.[3]) Und andererseits wird diese Gefahr noch insofern erhöht, als infolge der Nichtgeschlossenheit des Kollegiums, der Möglichkeit, daß sämtliche Friedensrichter des Distriktes im einzelnen Fall mitwirken können, Majorisierungen ad hoc vorkommen können, wie wir bereits betont haben.[4]) Dabei

---

[1]) Vgl. oben S. 102.

[2]) Vgl. weiter oben S. 40 f. Hierauf weist auch Winter, Rechtspflege, Richter und Publikum in Deutschland S. 25 treffend hin.

[3]) Vgl. indessen auch Gneist, Englische Verfassungsgeschichte S. 655, der umgekehrt im Friedensrichter den Charakter des Richteramtes in seiner besten Gestalt verkörpert sieht.

[4]) Siehe weiter oben S. 35 ff.

sei gleichzeitig bemerkt, daß die übergroßen Kollegien, wie wir sie in der Tat in der Praxis treffen, doch ganz allgemein ihre starken Bedenken in sich tragen. Das Verantwortlichkeitsgefühl des Einzelnen muß notgedrungenerweise darunter leiden, ja man kann sagen, daß an solchen Riesenkollegien das Prinzip der Kollegialität selbst Schiffbruch erleiden muß, denn von einem einheitlichen Handeln des Kollegiums als Gesamtheit wird kaum noch die Rede sein können.[1]) Hier muß der einzelne, d. h. also der Chairman einen präponderierenden Einfluß gewinnen, man denke nur an die Unmöglichkeit einer einheitlichen Strafzumessung bei einem Richterkollegium von 30 bis 100 Richtern.

Diesen großen Bedenken gegenüber ist die Frage durchaus berechtigt, wie es überhaupt möglich ist, daß sich diese rein friedensgerichtliche Verfassung überhaupt lebensfähig erwiesen hat.[2]) Hier ist nun natürlich in erster Linie wiederum auf den Clerk zu verweisen, der ja nicht wie unser Gerichtsschreiber ein ausführender, sondern in erster Linie ein mitwirkender Beamter ist. Ferner, wenn das allerdings auch nur selten vorkommt, ist die Tatsache von Bedeutung, daß sich das Gericht in schwierigen Fällen an einen Barrister wenden kann, um dessen Belehrung und Ansicht in der Rechtsfrage entgegenzunehmen. Des weiteren mag bemerkt werden, daß das Formularwesen bei den englischen Gerichten in einer in der Tat ganz erstaunlichen Art und Weise entwickelt ist.[3]) Hierdurch wird zweifellos die Arbeit des Richters sehr erleichtert, und dies gilt um so mehr, als die Auswahl des auszufüllenden Formulars natürlich stets durch den rechtskundigen Clerk erfolgt, welch letzterer übrigens auch sonst stets dem Richter das nötige Rechtsmaterial zu beschaffen hat. Schließlich aber sind unter den Friedensrichtern mehr Juristen, als man gemeiniglich anzunehmen geneigt sein wird. Diese Tatsache beruht auf verschiedenen Gründen. Einmal wird der Engländer, namentlich auch der Engländer aus guter Gesellschaft, sehr häufig Barrister, ohne daran zu denken, je als Barrister sich in der Praxis zu betätigen. So gibt es

---

[1]) Man denke an Fälle, von denen Weidlich, Lisztsche Zeitschrift Bd. 28, S. 502, Anm. 9 berichtet, in denen das Kollegium sich aus etwa 100 Friedensrichtern zusammensetzt. Hier wandelt sich das Kollegium um in Zuhörer, wie einst im altgermanischen Volksprozeß sich die Rachenburgii sedentes entwickelten, dann die Richter als solche, so daß von dem Volksgericht nur noch das Recht des Volkes auf Anwesenheit, mit anderen Worten das Prinzip der Öffentlichkeit übrig blieb. Vgl. zutreffend auch Kenny, Outlines p. 424, n. 2; Law Times vol. 127, pp. 455 et seq.

[2]) Vgl. Gneist, Selfgovernment S. 203, Anm. 4.

[3]) Treffend auch hervorgehoben von Wertheim S. 316. Man vgl. z. B. die bei Douglas, Summary Jurisdiction Procedure pp. 230 et seq. abgedruckten Formulare; ferner Stone, Justices' Manual pp. 1247 et seq.

eine sehr große Anzahl Titularbarristers, die über die einzelnen Grafschaften zerstreut sind. Dieselben werden meist an ihrem Wohnsitz Friedensrichter sein, so daß also schon aus diesem Grund ein ziemlicher Bruchteil der Friedensrichter sich aus Juristen zusammensetzt.[1]) Ferner muß daran erinnert werden, daß der reiche Engländer gern einen Landsitz hat. Sehr viele Barristers haben solche Landsitze, auch wenn sie in London praktizieren, und können so trotz ihrer Praxis in London — dieselbe legt keine Residenzpflicht für London auf, sondern führt nur meist zur Berufsausübung in London — für die Gerichte ihres Landsitzes zu Friedensrichtern ernannt werden. Es geschieht dies in der Tat nicht zu selten, wie sich daraus ergibt, daß wiederholt Chairmen oder Vice-Chairmen von Quarter Sessions zu Richtern ernannt werden.[2]) Des weiteren lassen sich meist die von der Praxis zurücktretenden Barristers, ferner die verabschiedeten Richter zu Friedensrichtern ernennen, so daß stellenweise ganz hervorragende Juristen noch jahrelang als Friedensrichter tätig sind.[3]) Schließlich aber muß an die Ex-officio-Friedensrichter erinnert werden. Die County Court Judges können auf Grund ihres Amtes zu Friedensrichtern ernannt werden und werden dies auch regelmäßig, die Recorders und Polizeirichter sind kraft ihres Amtes Friedensrichter.[4]) Auch hier sind also eine Reihe zum Teil beamteter Juristen in der Lage, als Friedensrichter zu fungieren. Und mögen dies auch manche so gut wie nie tun (z. B. die Recorders, die ja meist nicht in ihrem Gerichtsdistrikt wohnen[5])), so beweist jedenfalls das Ausgeführte, daß unter den Friedensrichtern sich Juristen in nicht unbeträchtlicher Menge befinden, was wiederum den reinen Laiencharakter dieser Friedensgerichte recht wesentlich zu modifizieren geeignet ist. Denn im allgemeinen wird man bei dem Interesse des Engländers am öffentlichen Leben annehmen können, daß die juristischen Friedensrichter in ihrer überwiegenden Mehrzahl auch amtierende Friedensrichter sein werden.

---

[1]) Die Zahl der Titularbarristers ist keineswegs klein. Der Director of the Legal Education schätzte sie mir auf mehr als ein Viertel der sämtlichen Barristers. Die neueste Law List führt aber über 10 050 Barristers auf. Vgl. Law Times vol. 124, p. 546. Man sieht, daß die Schätzung Hamms, Deutsche Juristenzeitung Bd. XI, S. 1054 auf c. 3000 Barristers viel zu gering ist. Hamm stützt sich allerdings auf Jnhülsen, der stets ganz unzuverlässige Angaben gibt. Vgl. weiter unten S. 942 f.

[2]) Ich verweise auf Beispiele der neuesten Zeit, mitgeteilt in der Law Times vol. 124, pp. 211, 545.

[3]) Sir Harry B. Poland bietet ein Beispiel dafür.

[4]) Auf die Einzelheiten kann hier natürlich nicht eingegangen werden. Dazu vgl. weiter oben S. 8 ff.

[5]) Vgl. weiter oben S. 129.

b) Wenden wir uns nunmehr den mit gelehrten Richtern besetzten Gerichten zu, also den Recorder- und Polizeigerichten. Auch hier lassen sich gegen deren Organisation gewisse Bedenken nicht unterdrücken. Dabei soll nicht auf die Frage eingegangen werden, ob Einzelrichter oder Kollegien vorzuziehen sind, da es sich hier um prinzipielle Grundauffassungen handelt, bei denen man der einen oder der andern Ansicht sein kann.[1]) Es mag ferner hier auch die Frage nicht berührt werden, ob die Polizeigerichte, namentlich die Londoner Gerichte, mit genügend Richtern besetzt sind, denn es ist dies eine Frage der Durchführung der englischen Organisation, die natürlich mit der Frage nach der Güte der Organisation in keinerlei Zusammenhang steht. Es mag hier nur so viel bemerkt werden: Gegen die Organisation der Polizeigerichte läßt sich im allgemeinen nichts einwenden, wenn es mir auch eine gewisse Verschwendung erscheint, neben den gelehrten Richter auch noch einen gelehrten Hilfsbeamten nach Art des Clerk zu stellen, wenn es ferner auch nicht ohne Bedenken sein dürfte, daß der Clerk seine Privatpraxis weiter betreiben kann.[2]) [3]) Wohl aber ist die ganze Einrichtung der Recordergerichte organisatorisch verfehlt, und hier liegt, wie wir sofort noch sehen werden, das Grundübel im historischen Ausgangspunkt. Die Reform, die den Recorder schuf, war, wie man sich erinnert, eine auf gewisse Städte beschränkte und schuf die Möglichkeit einer großen Anzahl meist sehr kleiner Stadtgerichte. In dieser, wenn ich so sagen darf, individualistischen Tendenz der Reform liegt ihre Schwäche. Denn nun sind auf Grund der neuen Bestimmungen eine ganze Reihe kleiner und kleinster Gerichte entstanden. Die einzelnen Gerichte sind natürlich nicht genügend beschäftigt, und es entstehen hier Verhältnisse, die unerfreulich und, wichtiger als das, unentwicklungsfähig sind. Man übertrage doch einmal diese Einrichtung auf deutsche Verhältnisse, man denke sich eine Straf-

---

[1]) Ich bemerke aber, daß es auch in England Anhänger des Kollegialprinzips sogar für das Schwurgerichtsverfahren gibt. Vgl. z. B. Law Times vol. 124, p. 466.

[2]) Vgl. weiter oben S. 113 f.

[3]) Dies steht nicht in Widerspruch mit meinen Ausführungen, Englische Gerichtsverfassung S. 30 f., denn ich habe nie behauptet, daß die ganze Einrichtung der Police Courts anfechtbar sei. Weidlichs Ausführungen, Lisztsche Zeitschrift Bd. 28, S. 499, Anm. 6 stimme ich in mancher Hinsicht völlig zu, so daß sein Angriff gegen mich im ganzen unbegründet ist. Über die englischen Polizeigerichte in ihrer kritischen Würdigung vgl. übrigens auch die interessanten Verhandlungen der Société générale des prisons 1905, Gerichtssaal Bd. 68, S. 386 ff. Aus der französischen Literatur hebe ich dazu noch hervor: Picot, Notes sur l'organisation des tribunaux de police à Londres, 1862; V. Smith, Du tribunal de police en Angleterre, 1863; Lagrevol, De la procédure criminelle de l'Angleterre et des justices sommaires, 1860.

kammer für städtische Angelegenheiten eingerichtet in Zabern, Straßburg, Bischweiler, Hagenau und Weißenburg, die nichts mit den Angelegenheiten des platten Landes zu tun hätten. Das Ungereimte, das eben in dem Fehlen einheitlicher, größerer Gerichtssprengel, in der Trennung von Stadt und Land liegt, tritt doch dann klar genug zutage. Und aus dieser Tatsache resultieren eine Reihe Bedenken: Die Einrichtung ist übertrieben teuer, wie nicht weiter ausgeführt zu werden braucht. Aus der relativ geringen Geschäftslast der Gerichte folgt mit Notwendigkeit, daß Quarter Sessions meist nur dann abgehalten werden, wenn es durchaus nötig ist, also vierteljährlich. Das führt aber zu einer starken Prozeßverschleppung, die sowohl für den einzelnen wie die Gesamtheit bedenklich ist. Denn auch bei absolut klarer Untersuchungslage muß der Angeklagte bis zu den nächsten Quarter Sessions warten, um abgeurteilt zu werden, es sei denn, er bekenne sich schuldig, und das Gericht der Petty Sessions urteile ihn summarisch ab.[1]) Andererseits führen diese Verhältnisse auch dazu, daß die Recorders nur im Nebenamt Richter sind. Aus dieser Tatsache aber resultieren, soweit Barristers Recorders sind, weitere Übelstände: Einmal muß es recht bedenklich erscheinen, daß vor dem Recorder diejenigen Solicitors plädieren können, von denen er als Barrister am nächsten Tag seine Aufträge, seine Mandate erhält.[2]) Und wenn dies auch in der Praxis selten vorkommen mag, so ist es doch jedenfalls theoretisch möglich. Ferner führt die Verquickung von Privat- und Amtstätigkeit nur zu leicht zu einer Kollision von Privat- und Amtsinteressen,[3]) wobei dann der Recorder sein Amt wohl nicht zu selten mehr vom Standpunkt der Praxis betrachten dürfte. Schließlich wird ein einheitlicher Richterstand mit wirklicher Erfahrung hier nie entstehen können. So wird auf der einen Seite, da der Recorder natürlich von seinen kurzen Besuchen die einschlägigen Verhältnisse nicht genügend kennen kann, der Einfluß des Clerk ein sehr starker sein, es wird auf der andern Seite eine wirklich einheitliche Rechtsprechung zum mindesten sehr schwer erzielt werden können.

---

[1]) Hier dürfte einer der Gründe für die zahlreichen Geständnisse liegen, denen wir in England begegnen. Unrichtig ist es, wenn Weidlich, Lisztsche Zeitschrift Bd. 28, S. 510 meint, die Geständnisse würden abgelegt, weil dem Engländer die richtige, nicht die günstige Entscheidung das Wesentliche wäre! Vgl. dazu auch meine Ausführungen, Gerichtssaal Bd. 74, S. 442.

[2]) Darauf weist ganz mit Recht hin de Franqueville tom. I, p. 264.

[3]) Ich bemerke, daß ein Rechtsinstitut kritisch immer nur gewertet werden kann nach den Möglichkeiten, die sich aus ihm ergeben. Und das gilt auch für England trotz der präponderierenden Bedeutung seiner fast gewohnheitsrechtlichen Praxis.

II. Wichtiger aber als die Frage nach den Bedenken, zu welchen das System der Friedensgerichte mehr theoretisch Veranlassung gibt, eine Frage, deren Beantwortung natürlich stets mehr oder weniger subjektiv ausfallen wird,[1]) ist die weitere Frage, wie sich die bisher geschilderten Einrichtungen in der Praxis bewährt haben. Dieselbe kann nun nicht etwa dadurch gelöst werden, daß ich die Eindrücke, die ich während eines kurzen Aufenthaltes selbst von den Friedensgerichten gewonnen habe, zur Darstellung bringe. Irgendwelche Zuverlässigkeit würde bei dieser Methode der Arbeit selbstverständlich nie gewährleistet werden.[2]) Wir können vielmehr eine annähernd richtige Antwort nur gewinnen, wenn wir festzustellen versuchen, wie man sich in England selbst zu dem ganzen System gestellt hat. Auch hier mag wieder füglich bei der Darstellung unterschieden werden zwischen den reinen Friedensgerichten und den Gerichten, die mit Berufsbeamten besetzt sind.

1. Will man die öffentliche Meinung Englands in bezug auf die Friedensrichter feststellen, will man die an dem ganzen System geübte Kritik richtig werten und verstehen können, so darf ein Dreifaches nicht außer acht gelassen werden. Einmal gehört die Einrichtung des Friedensrichteramtes zu den ältesten Erscheinungen der englischen Rechtspflege überhaupt. Bei dem konservativen Sinn der Engländer ist es daher nicht verwunderlich, daß es beinahe nationale Verpflichtung ist, eine derart spezifisch englische Institution anzuerkennen und zu loben. Der vulgäre Ausdruck für den Friedensrichter, „the great unpaid" ist in dieser Hinsicht charakteristisch genug. Ferner gewährt das Amt weiten Kreisen der Bevölkerung, in erster Linie den gebildeten und besitzenden Klassen einen, wenn auch neuerdings geschmälerten, so doch noch keineswegs unbedeutenden Einfluß auf die Rechtsprechung und auf die öffentliche Verwaltung, verleiht also überhaupt einen öffentlichen Einfluß. Und schließlich ist das Amt jahrhundertelang Attribut der vornehmsten Kreise gewesen, Attribut der Gentry, des Adels und des Besitzes.

So kann es nicht gerade erstaunlich genannt werden, daß die Kritik, die an der Tätigkeit der Friedensrichter geübt wird, und die damit der ganzen Institution der Friedensrichter entgegengebracht wird, eine immerhin gemäßigte ist. Ja, es kann auch nicht weiter überraschen, daß die Einrichtung selbst heute noch vielfach ihre Anhänger, ihre warmen Verteidiger findet. Aber man darf sich

[1]) Ich betone dies ausdrücklich denen gegenüber, die etwa anderer Ansicht sein sollten.

[2]) An diesem methodologischen Fehler, subjektive Eindrücke an Stelle objektiver Tatsachen zu bieten, leiden viele der modernen Reformarbeiten, namentlich aber die Abhandlungen von Weidlich und ferner auch Adickes' Grundlinien.

auch nicht durch diese Tatsachen blenden und täuschen lassen. Und es ist in dieser Hinsicht interessant genug, daß man zwar in den parlamentarischen Verhandlungen, in denen man zu einer wesentlichen Beschränkung der Friedensrichter kam, wiederholt und lebhaft die Vorzüge der friedensrichterlichen Tätigkeit rühmte, die Kompetenz der Friedensrichter aber doch einschränkte, und es paßt die Tatsache der lobenden Anerkennung schlecht zusammen mit dem Endresultat eben jener Verhandlungen.[1])

Dies vorausgeschickt ist festzustellen, daß in England eine sehr weitgehende Reformbewegung gegen die Einrichtung der Friedensgerichte besteht. Es wäre unrichtig, wollte man annehmen, daß seit der im Jahre 1888 durchgeführten Beschränkung der Funktionen der Friedensrichter die Reformbewegung gegen dieselben zum Stillstand gekommen sei.[2]) Vielmehr existiert dieselbe auch heute noch, und zwar richtet sich diese zweifellos zunehmende Strömung in erster Linie gegen die Rechtsprechung der Friedensrichter.[3]) Lassen wir hier auch die radikalen Gegner einer jeden Rechtsprechung durch Friedensrichter beiseite, indem wir uns begnügen, nur zu konstatieren, daß es auch solche gibt,[4]) so läßt sich doch nicht leugnen, daß eine ziem-

---

[1]) Vgl. die durchaus zutreffenden Ausführungen Redlichs, Englische Lokalverwaltung S. 237: „Es ist seit Jahrhunderten in England Gepflogenheit, die Friedensrichter in der öffentlichen Diskussion mit einer besonderen Art von Courtoisie zu behandeln. Selbst wo sich unleugbar große Übelstände als Folge ihrer Tätigkeit herausstellten, galt es immer als eine Forderung politischen Anstandes, weder das Friedensrichteramt als solches noch auch seine persönlichen Träger heftig anzugreifen. Eine Atmosphäre traditionellen Respektes umgab schützend diese seit jeher als Verkörperung der Tätigkeit der englischen Gentry angesehene Institution."

[2]) Das scheint Weidlich, Lisztsche Zeitschrift Bd. 28, S. 497f. anzunehmen.

[3]) Redlich l. c. S. 237, 67; de Franqueville tom. I, p. 256, 411; tom. II, p. 659 s. Auch de Franqueville konstatiert, daß die Bewegung gegen die Friedensrichter in den letzten Jahren zugenommen hat. Vgl. ferner v. Lewinski, England als Erzieher? S. 38 ff.

[4]) Es wäre hier namentlich Labouchère zu nennen, der in seiner Truth einen heftigen Kampf gegen die friedensrichterliche Rechtsprechung als solche führt, ohne indessen Beseitigung der Friedensgerichte selbst zu postulieren. Vgl. auch v. Lewinski l. c. S. 38 f. Es ist erstaunlich, daß Adickes, Aschaffenburgs Monatsschrift Bd. IV, S. 10 die Truth mit dem Simplizissimus vergleicht, wo die Truth eine Wochenschrift etwa in Form unserer Grenzboten oder der Zukunft ist. Aber auch abgesehen davon kann man doch die Existenz einer sehr radikalen Reformbewegung nicht als widerlegt ansehen durch die Behauptung, die die Reform unterstützende Zeitschrift habe satirischen Charakter! Und wenn Weidlich, Lisztsche Zeitschrift Bd. 28, S. 499, Anm. 6, dieselbe damit abtun will, daß er die Richtung der Truth als altväterlich radikal bezeichnet, so ist damit ebenfalls nicht die Tatsache aus der Welt geschafft, daß in der Truth von Labouchère ein

lich verbreitete Unzufriedenheit mit der Rechtsprechung der Justices besteht. Dies zeigt sich namentlich in den zahlreichen Anfragen im Parlament, die über die funktionelle Tätigkeit der Magistrates an die Regierung gestellt werden, Anfragen, in welchen die letztere direkt zum Eingreifen aufgefordert wird, und die im Hinblick auf unsere Frage ein nicht zu unterschätzendes Material gewähren.[1]) Es zeigt sich dies ferner in den Mitteilungen der Presse, wobei ich namentlich auf die vielfachen Äußerungen hinweise anläßlich eines großes Aufsehen erregenden Falles, des sogenannten Edalji-Falles,[2]) und anläßlich des Kampfes um den neuen Criminal Appeal Act.[3]) Es ergibt sich das auch aus der rechtspolitischen Tagesliteratur,[4])

---

scharfer Kampf gegen die Friedensrichter geführt wird. Übrigens steht Labouchère in diesem Kampf keineswegs allein, wie im Text noch weiter auszuführen sein wird. Daß ich mich, Englische Gerichtsverfassung S. 29, auf ihn nicht als Kronzeugen berufen habe, wie Weidlich l. c. durchaus unrichtig behauptet, habe ich schon des näheren ausgeführt Gerichtssaal Bd. 72, S. 376f.

[1]) Ich zitiere hier einige Fälle neueren Datums, die sich übrigens in jeder Session beliebig vermehren ließen (die Zitate beziehen sich auf Hansard, Parliamentary Debates). Verhandlungen des House of Commons, Sitzung vom 13. 3. 1906 (vol. 153, pp. 1099 et seq.), 22. 3. 1906 (vol. 154, p. 625), 2. 4. 1906 (vol. 155, p. 170), 5. 4. 1906 (pp. 683 et seq.), 11. 4. 1906 (pp. 1290 et seq.), 21. 5. 1906 (vol. 157, pp. 933, 935 et seq.), 15. 6. 1906 (vol. 158, p. 200), 23. 10. 1906 (vol. 163, p. 54), 31. 10. 1906 (p. 1132), 1. 11. 1906 (p. 1328), 8. 11. 1906 (vol. 164, pp. 743, 745), 14. 11. 1906 (p. 1465), 15. 11. 1906 (vol. 165, pp. 114, 119), 10. 12. 1906 (vol. 166, p. 1566). Diese Anfragen gewähren übrigens nicht nur einen Einblick in den Stand der Kritik des friedensrichterlichen Systems, sondern auch in die tatsächlichen Mängel eben jener Rechtsprechung. Auch in dieser Hinsicht enthalten sie außerordentlich beachtenswertes Material.

[2]) Vgl. dazu Conan Doyle, Ich klage an! (eine Übersetzung der im Daily Telegraph am 11. 1. 1907 und den folgenden Tagen erschienenen Artikelserie von A. Conan Doyle). Vgl. ferner z. B. Daily Telegraph, der in seinen Ausgaben vom 14., 15., 16., 18., 19., 22., 23. 1. 1907 eine Fülle interessanter Artikel, zum Teil wiedergegeben aus einer Reihe anderer Zeitungen verschiedenster Richtungen bringt. Man kann diese Äußerungen nicht damit abtun, es handele sich hier um einen einzelnen Fall. Vielmehr ist es nur der einzelne Fall, der die latente Stimmung zum Ausdruck bringt, daß ein Laie schwierige Prozesse nicht leiten und entscheiden könne.

[3]) Vgl. z. B. Times vom 13., 14., 25. 4. 1906 und an anderen Stellen.

[4]) Ich verweise z. B. auf Law Times vol. 105, pp. 280, 300; vol. 117, p. 39; vol. 124, pp. 337, 338; vol. 125, pp. 82, 215, 352 (die letzten Ausführungen sind nach vieler Richtung hin so interessant, daß sie hier wiedergegeben werden mögen: „Incidentally one may draw attention to an excellent effect of the Criminal Appeal Act. No doubt it has already affected the character and tone of the summings up of not a few chairmen of quarter sessions. Some who were notable for inarticulate wisdom, or who expressed themselves with haste and not always impartially, are now more circumspect. The shorthand-writer is a restraint upon some who before knew none. We do not suggest that before the Act cases of injustice were com-

aber auch aus der streng wissenschaftlichen Fachliteratur ertönen diesbezügliche Klagen vernehmlich genug.[1] [2])

Wenn man nun aber im ganzen die Angriffe übersieht, die gegen das System der Friedensrichter erhoben werden, wenn man namentlich die Verbesserungsvorschläge prüft, die de lege ferenda gemacht sind, so kann man sagen: Im allgemeinen ist die öffentliche Meinung der Tätigkeit der Friedensrichter in Petty Sessions nicht ungünstig gestimmt, während sie der Tätigkeit der Friedensrichter in den Quarter Sessions entschieden ungünstig gegenübersteht. Die Vorschläge de lege ferenda beziehen sich auch in erster Linie stets auf die Quarter Sessions, deren Reorganisation, deren Besetzung mit gelehrten Richtern oder doch deren starke Beschränkung in bezug auf die Kompetenz immer dringender gefordert wird.

Soll hieraus ein Rückschluß auf die Bewährung des Systems in der Praxis gezogen werden, so kann man wohl annehmen, daß sich das System der Petty Sessions im allgemeinen bewährt hat, das der Quarter Sessions dagegen nicht. Das kann auch nicht besonders auffallen, namentlich ist die Bewährung der Petty Sessions begreiflich genug. Denn einmal ist die Tätigkeit derselben infolge des das ganze englische Leben durchziehenden Prinzips der Arbeitsspezialisierung eine relativ eintönige, stets sich wiederholende und daher leichtere.[3]) Und betrachtet man ferner die Organisation

---

mon; the contrary is the fact. But there were too often somewhat offhand, it might be indecorous, ways of dealing with difficult or doubtful cases. One effect will be a general levelling of the judicial standard, especially at quarter sessions in remote parts of the country.") 505, 597, 614; vol. 126, pp. 12, 36, 37, 252; Law Journal 1896, p. 596; Ernest Bowen Rowlands, The Liberty of the Subject, veröffentlicht in der Daily Mail vom 1. 2. 1907 und vieles andere mehr.

[1]) Vgl. z. B. Kenny, Outlines p. 424, n. 2; Cohen, Spirit of Our Laws p. 262, n. 2; John de Grey, Law Magazine and Review vol. XXVI, pp. 385 et seq. Sehr interessant in dieser Hinsicht ist auch der Report of the Annual Meeting of the National-Liberal Federation, 1893, at Liverpool.

[2]) Dies Material kann natürlich nicht widerlegt werden durch eine im Gespräch gelegentlich getane Äußerung auch des sachkundigsten Engländers, „daß das System der Friedensrichter im ganzen äußerst gut arbeite", wie Weidlich, Lisztsche Zeitschrift Bd. 28, S. 499, Anm. 6 meint. Mit dergleichen Äußerungen kann man nicht vorsichtig genug sein, denn ich weiß aus Erfahrung, wie zurückhaltend in der Kritik eigener Rechtseinrichtungen Engländer Ausländern gegenüber zu sein pflegen. Es ist ja auch nicht erstaunlich, daß man dem Fremden gegenüber die heimischen Institutionen nicht gern tadelt. Im übrigen bemerke ich, daß die von Weidlich mitgeteilte Äußerung nebenbei noch durchaus relativer Natur ist. Das System soll „im ganzen" gut arbeiten, die Grenzen, außerhalb derer es versagt, sind also offen gelassen.

[3]) Man bedenke vergleichsweise nur, welche verschiedenartigsten Funktionen z. B. ein Amtsrichter zu erfüllen hat.

genauer, so wird man zugeben müssen, daß sich dieselbe nicht allzu weit von der Schöffengerichtsverfassung unterscheidet. Wie bei ihr haben wir in den Petty Sessions ein Zusammenwirken von Laien und Juristen, und wenn auch bei den Petty Sessions der Jurist nur beratende Stimme hat, so ist das doch nicht so außerordentlich verschieden vom Schöffengericht, wo die Laien auch stets die Majorität haben. Der Unterschied besteht also im wesentlichen nur darin, daß die Laien bei den Petty Sessions nicht verpflichtet sind, dem Juristen eine Mitwirkung zu gestatten, was sie aber, wie wir des weiteren schon früher ausgeführt haben, in der Regel tun, zum mindesten in allen Rechtsfragen.[1])

Der Tätigkeit der Friedensrichter in den Quarter Sessions ist man dagegen im allgemeinen nicht günstig gesinnt, und hier werden denn in der Tat alle jene Bedenken geltend gemacht, die wir bereits selbst gegen das System der Friedensrichter vorgebracht haben.[2]) Man betont, daß hier die Aufgaben zu schwierige sind, als daß sich ein Laie ihrer Lösung gewachsen fühlen könne, was sich namentlich bei der Rechtsbelehrung durch den Vorsitzenden zeige.[3]) Und es sind hier nicht etwa nur Schriftsteller mit radikaleren Ansichten, die zu einer ablehnenden Kritik des Instituts kommen, wie etwa Bowen Rowlands,[4]) sondern selbst durchaus gemäßigte Autoren sprechen klar aus, daß die Laien in den Quarter Sessions unmöglich ihre richterlichen Aufgaben erfüllen können, und daß sie daher als Richter zu beseitigen sind.[5]) Dabei wird auch noch

---

[1]) Vgl. den Artikel im Daily Telegraph vom 18. 1. 1907: „I am myself a magistrate and a barrister, . . . and I consider that the quarter sessions courts in counties . . . usually ask for advice if they are doubtful in the law.“ Es gilt dies im erhöhten Maß für die Petty Sessions.

[2]) Vgl. weiter oben S. 138 ff.

[3]) John de Grey, Law Magazine and Review vol. XXVI, pp. 387 et seq. Ich betone, daß de Grey ausdrücklich hervorhebt, daß die Magistrates sich in den Petty Sessions bewährt haben, vgl. p. 386. Die Rechtsbelehrung spielt übrigens auch in der Polemik über den Edalji-Fall eine große Rolle, vgl. z. B. den sehr interessanten Artikel von Yelverton im Daily Telegraph vom 14. 1. 1907. Andererseits mag nicht verschwiegen werden, daß sich in der Literatur auch Angriffe gegen die Tätigkeit der Friedensrichter in den Petty Sessions finden. Vgl. z. B. die sehr interessanten Ausführungen Gamons, London Police Court pp. 235 et seq.

[4]) Bowen Rowlands, Daily Mail vom 31. 1. 1907. Er nennt die Quarter Sessions „the most anachronistic of all criminal courts“.

[5]) Kenny, Outlines p. 424, n. 2: „It is a singular paradox that our constitution should permit trials (not merely for petty matters of police but) for charges that seriously affect men's character and liberty to be conducted by persons who, however honourable and eminent, are legally untrained, whilst it requires a civil suit for the smallest ordinary debt to be heard before a professional lawyer. Te evil is the greater because criminal practice, being badly paid, does not attract the most experienced advocates;

in sehr beachtenswerter Weise darauf hingewiesen, daß, da der Chairman der Quarter Sessions häufig ein Countymagnat ist, die Jury, meist bestehend aus Angehörigen niederer Stände, sich nur zu leicht in direkter, sozialer Abhängigkeit gegenüber dem Chairman befindet, was natürlich für die Selbständigkeit des Verdikts nicht gerade ein Vorteil genannt werden kann.[1]) Es ist übrigens nicht uninteressant, daß die Mitwirkung der juristischen Exofficio-Friedensrichter, die doch gelehrte Juristen sind — in Betracht kommen die Grafschaftsrichter —, diese Übel scheinbar nicht verbessert hat. Wenigstens findet man in der Literatur schwere Angriffe gegen die kriminelle Tätigkeit der County Court Judges, die das Kriminalrecht nicht beherrschten und daher unfähig seien, in den Quarter Sessions mit Erfolg als Richter mitzuwirken.[2]) Und es kann nicht geleugnet werden, daß diese Angriffe ihr gut Teil Berechtigung haben. Ihren letzten Grund finden sie in der spezialisierten Ausbildung der englischen Richter, auf die wir später zurückkommen werden.[3]) Man darf nicht außer acht lassen, daß die County Courts reine Zivilgerichte sind, daß als Richter bei ihnen Barristers ernannt werden, die sich in erster Linie als Ziviljuristen bewährt haben. Bei der kasuistischen Bildung der englischen Juristen,[4]) bei der Arbeitsspezialisierung auf der andern Seite, ist nicht daran zu denken, daß ein County Court Judge, wenn er nebenher sich mit Strafsachen befaßt, irgendwie genügende Kenntnisse erwerben kann, um seinen schwierigen Aufgaben als Vorsitzender von Quarter Sessions gewachsen zu sein.

Die Reformvorschläge nun, die gemacht werden, zielen teils

. . . ." Ich verweise auch auf p. 427: „General consent . . . testifies that in these matters „(i. e. of Petty Sessions)" — whereas there is no jury, the questions for the bench to decide are far oftener of fact than of law, and where no punishment of great severity can be imposed — the justices discharge their duties with conspicuous success." Ähnlich auch Cohen, Spirit of Our Laws pp. 262 et seq. Gamon l. c. p. 236 will den Friedensrichtern dagegen nur lassen „cases, where haste is essential . . ., children's cases, education cases, and the like . . ."

[1]) Vgl. den sehr interessanten Artikel Power of Justices im Daily Telegraph vom 15. 1. 1907: „The leaning of a chairman at quarter sessions — he may be, and generally is, a county magnate — may strongly influence a local jury, some of whom, indeed, may be tradesmen serving the households of the justices."

[2]) Law Times vol. 117, p. 139: „Country solicitors see so much illegal ‚justice' dispensed by County Court judges . . . as well as by magistrates at quarter sessions, that any extention of their jurisdiction would be regarded as a calamity."

[3]) Vgl. vorläufig meine Ausführungen Englische Gerichtsverfassung S. 62ff.; Gerichtssaal Bd. 74, S. 437f., und weiter unten S. 950f.

[4]) Vgl. dazu die scharfen Ausführungen Journal of Society of Comparative Legislation, New Series, vol. III, p. 141.

darauf ab, die Zuständigkeit der Quarter Sessions sehr stark zu beschränken, auf der andern Seite dagegen die Zuständigkeit der Courts of Assize obligatorisch auszudehnen.[1]) Allein da sich das die Courts of Assize beherrschende sogenannte Circuitsystem[2]), wie wir noch sehen werden, allseitiger Unbeliebtheit erfreut,[3]) so sind diese Vorschläge doch stets nur vereinzelt geblieben. Im allgemeinen dagegen verlangt und erstrebt man Ausdehnung des Recordersystems auch auf das Land, Aufhebung also, was nicht uninteressant, aber nach dem früher Ausgeführten begreiflich genug ist, der Differenzierung zwischen Stadt und Land und einheitliche Gerichtsorganisation für beide.[4])

2. Was nun die mit gelehrten Richtern besetzten Gerichte betrifft, so ist hier zu unterscheiden:

a) Mit den Polizeigerichten ist man, so weit sich das aus der Literatur erkennen läßt, durchaus zufrieden.[5]) Irgend welche Reformwünsche oder Reformbestrebungen sind mir nicht entgegengetreten.[6]) Andererseits sind aber über die Durchführung der Organisation wiederholt lebhafte Klagen laut geworden. Und zwar ist dies namentlich der Fall in bezug auf die Londoner Verhältnisse, allein ich betone gleich hier, daß ähnliche Klagen sich auch in bezug auf andere Städte, Liverpool, Manchester u. a. m. nachweisen lassen. Die Klagen, die hier in Betracht kommen, betreffen die Zahl der angestellten Berufsrichter, die als eine zu geringe bezeichnet und beklagt wird. Namentlich gilt dies für London. Man wird sich erinnern, daß hier 25 Polizeirichter im wesentlichen

---

[1]) Vgl. den Artikel Lawyer's Opinion, Daily Telegraph vom 15. 1 1908 u. a. m.

[2]) Vgl. über dasselbe weiter unten § 20.

[3]) Wenn Weidlich, Lisztsche Zeitschrift Bd. 28, S. 502, Anm. 8 behauptet, die Abneigung der Engländer gegen das Circuitsystem beschränke sich nur auf Zivilsachen, so ist das unrichtig, wie wir weiter unten sehr eingehend nachweisen werden. Vgl. S. 597 ff.

[4]) Vgl. z. B. John de Grey, Law Magazine and Review vol. XXVI, pp. 391 et seq. Hier wird ausdrücklich eine Ausdehnung des Circuitsystemes abgelehnt. Interessant ferner sind folgende Ausführungen, p. 392: „Is not this the true answer, that it would not command the confidence of the public in the administration of justice if the criminal jurisdiction of the Courts of Quarter Sessions as at present constituted, were extended any further? And, if this is so, must not the reason be that these courts are not thoroughly efficient?“ Vgl. auch Bowen Rowlands, Daily Mail vom 14. 2. 1907. Er verlangt übrigens, wie de Grey, daß die Recorders aus dem Kreise der praktizierenden Barristers ernannt werden.

[5]) Bowen Rowlands, Daily Mail vom 7. 2. 1907 spricht von den Londoner Polizeirichtern „who so admirably discharge the vast police courts duties of London“.

[6]) Auch Gamon, London Police Court ist im ganzen mit der Ein richtung der Polizeigerichte durchaus einverstanden. Vgl. z. B. p. 238.

die ganzen Geschäfte der Petty Sessions zu erledigen haben.[1]) Diese Zahl ist trotz des außerordentlichen Wachstums Londons bis jetzt nicht vermehrt worden, ja es ist die gesetzlich mögliche Anzahl von 27 Polizeirichtern bis jetzt überhaupt noch nie erreicht worden.[2]) Daß diese Zahl zu gering ist, um die Menge der Geschäfte zu erledigen, ergibt sich aus einer Reihe von Punkten. Einmal ist die Geschäftsüberhäufung der einzelnen Gerichte eine derartige, daß die einzelnen Sachen oft einfach durchgepeitscht werden. Ich hatte selbst Gelegenheit, in den Sitzungen dies zu beobachten, namentlich in bezug auf Freisprechungen, aber auch in bezug auf Verurteilungen, und hier wieder in erster Linie bei der Strafzumessung. Von einem wirklichen Vertiefen in den einzelnen Fall kann eigentlich gar keine Rede sein.[3]) Die Gefahr wird aber um so größer, als das, was in dem einen Fall Notwendigkeit ist, in dem andern Fall nur zu leicht Gewohnheit wird. Und wenn wir auch den eigenen Beobachtungen keinen allzugroßen Wert beimessen wollen, da wir uns der Fehlergrenze dieser Erkenntnisquelle nur zu bewußt sind,[4]) *so kann doch gar nicht geleugnet werden, daß die Klagen über überhastete Entscheidungen in London recht zahlreiche sind.* Man braucht sich nur einmal in der Tagesliteratur und der Presse umzusehen, und man wird ihnen bald begegnen.[5]) Es sind mir diese Klagen auch von durchaus kundigen Juristen,

---

[1]) Allerdings bleibt die City ausgeschlossen. Zum Vergleich seien die Zahlen für Berlin angegeben, die mir in entgegenkommendster Art durch den Herrn Kammergerichtspräsidenten mitgeteilt sind. Demselben auch an dieser Stelle zu danken ist mir eine angenehme Verpflichtung. Bei den vier Berliner Amtsgerichten (Mitte, Schöneberg, Tempelhof, Wedding) sind zur Zeit 36 Schöffenrichter tätig. Geschäftsplanmäßig finden wöchentlich 93 Schöffengerichtssitzungen statt. Die Dauer der Sitzungen beträgt durchschnittlich vier bis sechs Stunden. Nimmt man mit Weidlich, Lisztsche Zeitschrift Bd. 28, S. 499, Anm. 6 an, daß die Londoner Polizeirichter durchschnittlich dreimal wöchentlich sitzen, so würde das nur 75 Sitzungen ergeben. In Wahrheit ist es etwas mehr. Wir haben 14 Gerichtsbezirke. Jedes Gericht muß täglich Sitzung halten. In Bow Street werden indes häufig zwei Sitzungen abgehalten. So kämen wir auf über 84 Sitzungen. Es ist nicht uninteressant, die englischen und deutschen Richterzahlen zerlegt zu vergleichen, da man dann sofort einsieht, wie unrichtig die Adickessche Behauptung ist, daß Deutschland zehnmal so viel Richter brauche als England. Vgl. Grundlinien S. 61.

[2]) de Franqueville tom. I, p. 274.

[3]) Vgl. auch die treffenden Ausführungen bei Stein, Zur Justizreform S. 21 ff. Auch Liepmann, Summarisches Strafverfahren S. 26 gibt dies zu, ohne aber etwas dabei zu finden.

[4]) Man generalisiert zu leicht speziell erlebte Einzelfälle. Vgl. die sehr treffenden Ausführungen Steins l. c. S. 8.

[5]) Vgl. z. B. Law Times vol. 101, p. 541; vol. 105, pp. 280, 300; Law Journal 1896, p. 596 u. a. m.

selbst von Polizeirichtern[1]) bestätigt worden, und es ist nicht uninteressant, daß sie auch bereits in der schönen Literatur unserer Tage ihr Echo finden, so daß man die Frage der unzureichenden Besetzung der Polizeigerichte satirisch und ernsthaft als Problem behandelt.[2])

Des weiteren ergeben sich Bedenken aus der Tatsache der zu geringen Anzahl der Polizeirichter, wenn man sich die Verhältnisse überlegt, die entstehen, wenn einer der Richter erkrankt oder sonst abwesend ist, oder aber wenn eine lange dauernde Voruntersuchung (solche kommen häufig vor, ich erlebte selbst eine, die mehrere Tage dauerte) eines der Polizeigerichte so gut wie ganz beschäftigt. Auch hierüber sind die Klagen allgemein.[3])

Schließlich aber wird die von uns aufgestellte Behauptung durch die weitere Tatsache bewiesen, daß in der englischen Literatur selbst die Vermehrung der Londoner Polizeirichter gefordert wird,[4]) ein Verlangen, das mir von angesehenen Juristen als durchaus berechtigt anerkannt worden ist.[5])

Ähnlich liegen die Verhältnisse nun auch in andern großen Städten, wie Liverpool usw.,[6]) ohne daß indessen hier auf diese lokalen Verhältnisse näher eingegangen werden kann. Jedenfalls scheint es mir sicher zu sein, daß in absehbarer Zeit eine Vermehrung der Polizeirichter Londons vorgenommen werden muß, und auch in andern Städten wird wohl dasselbe geschehen. Über den Umfang dieser Vermehrung läßt sich natürlich irgend etwas Bestimmtes nicht sagen. Wenn aber bis jetzt eine Richtervermehrung nicht eingetreten ist, so liegt das an mehreren Gründen. Einmal werden durch die Überlastung in erster Linie die niederen Klassen getroffen, die nicht so leicht eine Reform herbeizuführen in der Lage sind wie die höheren Klassen, weil man sich weniger um sie küm-

[1]) Ein Polizeirichter erzählte mir, daß er durchschnittlich 50 bis 60 Sachen, manchmal aber auch 100 Sachen am Tag zu erledigen hätte. Vgl. auch die Statistik Liepmanns, Summarisches Strafverfahren S. 25 ff., der indessen behauptet, von überhasteten Entscheidungen könne keine Rede sein. Vgl. dagegen meine Ausführungen Gerichtssaal Bd. 74, S. 438 ff.

[2]) Vgl. z. B. das Schauspiel „The Silver Box", verfaßt von Galsworthy, einem Barrister, aufgeführt London 1907. Die ausgesprochene Tendenz des Stückes ist, darzutun, daß infolge des Richtermangels in London die einzelne Sache nicht gründlich genug erledigt werden kann.

[3]) Dies gibt auch Weidlich, Lisztsche Zeitschrift Bd. 28, S. 499, Anm. 6 zu. Nicht zutreffend nimmt Stein, Zur Justizreform S. 15 an, daß der geringen Zahl der Richter halber auch hier Vertretungen durch Anwälte möglich wären.

[4]) Vgl. z. B. Law Times vol. 101, p. 541.

[5]) Ich kann mich hier z. B. auf das Urteil von Männern wie Sir Harry B. Poland, Mr. Cohen und anderen mehr berufen.

[6]) Morning Post vom 24. 10. 1907.

mert. Ferner hat man in England eine starke Scheu vor jeder Richtervermehrung, einmal aus finanziellen Rücksichten (man denke an die keineswegs niedrigen Gehälter der Richter!), ferner aber auch, weil man sich wohl bewußt ist, daß die soziale Stellung der Richter zum guten Teil auf ihrer geringen Zahl beruht, ein Umstand, auf den wir später eingehend zurückkommen werden. Jedenfalls glaube ich, daß die Macht der Tatsachen stärker sein wird, stark genug, um diese entgegenstehenden Bedenken zu überwinden.[1])

b) Ist man mit der Einrichtung der Polizeigerichte im allgemeinen einverstanden, so kann nicht auch dasselbe in bezug auf die städtischen Recordergerichte behauptet werden. Die Bedenken, die wir früher rein theoretisch entwickelt haben,[2]) haben sich in der praktischen Durchführung des Systems bemerklich gemacht. Die Unmöglichkeit, das auf die Städte beschränkte System wirklich befriedigend zur Durchführung bringen zu können, macht sich immer mehr geltend, und indem man eine einheitliche Organisation, wie wir bereits sahen,[3]) für Stadt und Land erstrebt, greift man in der Tat das System der Recorders an der Wurzel an. Denn man will nunmehr den, wenn ich so sagen darf, privaten Richter im Nebenamt in einen gelehrten Berufsbeamten verwandeln, ein Bestreben, das natürlich in seinem letzten Ende auf die Beseitigung der Verbindung von öffentlicher

---

[1]) Weidlich, Lisztsche Zeitschrift Bd. 28, S. 499, Anm. 6 führt aus, daß meine Behauptung, Englische Gerichtsverfassung S. 30, in London gäbe es zu wenig Magistrates, ohne jede tatsächliche Unterlage sei. Ich glaube, dieselbe im Vorhergehenden genügend gegeben zu haben. Wenn Weidlich seine gegenteilige Behauptung damit zu beweisen sucht, daß er ausführt, er habe nie „nervöse oder überarbeitete" Magistrates gesehen, so trifft das meine Ausführungen nicht im geringsten. Denn ich habe nur darauf hingewiesen, daß in London infolge Überlastung der Gerichte eine Übereilung in der Erledigung der einzelnen Sachen zu beobachten, jedenfalls zu befürchten ist. Und wenn Weidlich ferner meint, an deutschen Gerichten würden Sachen noch viel mehr durchgepeitscht (er verweist auf Moabit), so sind meine Erfahrungen gegenteilig. Aber auch abgesehen hiervon, so hat bei uns der Angeklagte und ebenfalls die Staatsanwaltschaft durch die StPO. die Möglichkeit, eine Durchpeitschung zu verhindern. Und selbst die Tatsache zugegeben, in Deutschland seien die Verhältnisse viel schlimmer, so beweist das doch wirklich nicht, daß sie nun in England gut sind. Im übrigen betone ich ausdrücklich, daß ich stets vor den englischen Polizeirichtern größte Hochachtung empfunden habe, und daß mir von allen englischen Gerichtseinrichtungen die Polizeigerichte am meisten imponiert haben. Das im Text Ausgeführte bezieht sich ja auch gar nicht, wie ich nochmals hervorhebe, auf die Güte oder Nichtgüte der Einrichtung als solcher, sondern hebt nur hervor, daß die Einrichtung noch nicht genügend durchgeführt ist.

[2]) Vgl. weiter oben S. 142f.

[3]) Vgl. weiter oben S. 150f. und die dort angegebene Literatur.

und privater Tätigkeit abzielt. Es ist interessant, wie in der Literatur direkt darauf hingewiesen wird, daß der Recorder, der sein Amt nur nebenbei versähe, sich nicht die genügende Praxis erwerben könne, um ersteres befriedigend ausüben zu können. Und Klagen über die unzulängliche Ausübung des Richteramtes durch die Recorders sind keineswegs ganz vereinzelte Erscheinungen in der englischen Literatur.[1]) Aber selbst, wenn man mit dem Recordersystem durchaus zufrieden wäre, was man, wie gesagt, nicht ist, so muß doch das Bestreben, die städtischen und ländlichen Verhältnisse einheitlich zu gestalten, zu jener Umgestaltung führen, die wir oben erwähnten, zur Ersetzung des richtenden Privatjuristen durch den beamteten Berufsrichter.[2])

III. 1. Haben wir im Vorhergehenden die Reformbestrebungen darzustellen versucht, wie sie sich in der englischen Literatur der Gegenwart nachweisen lassen, so dürfte es nicht ohne Interesse sein, noch kurz einen Blick über die gesamte, die Reform der Friedensgerichte betreffende Gesetzgebung zu werfen. Ohne daß wir daran denken können, das ganze Material, das wir früher bereits kennen gelernt haben,[3]) an dieser Stelle nochmals zur Darstellung zu bringen, so lassen sich doch, wenn wir dasselbe überschauen, verschiedene Tendenzen der Entwicklung in ihm deutlich genug unterscheiden, Tendenzen, die, wie ich gleich hier betonen möchte, untereinander völlig unabhängig und nicht auf dasselbe Ziel gerichtet sind, die aber doch beweisen, daß von einem Abschluß der Entwicklung keine Rede sein kann, daß vielmehr alles im Fluß, alles in Umwandlung begriffen ist.[4]) Soviel ich sehe, haben wir hier vier

---

[1]) Vgl. z. B. Bowen Rowlands, Daily Mail vom 31. 1. 1907; Law Times vol. 117, p. 139; interessant der dort aus der Praxis mitgeteilte Fall.

[2]) Wenn Weidlich, Lisztsche Zeitschrift Bd. 28, S. 498 vermeint, durch die neuste Gesetzgebung, durch welche den Friedensgerichten zahlreiche Verwaltungsgeschäfte abgenommen seien, sei „dem Anwachsen des dem Engländer verhaßten Beamtentums (officialdom) gründlich vorgebeugt", so steht das im direkten Gegensatz zu jenen Tendenzen der Reformbewegung, die wir im Text klarzulegen versucht haben, und die man doch wirklich nicht leugnen kann. Ob man nach dem im Text Ausgeführten noch von haltlosen Konstruktionen wird sprechen können, wie es Weidlich l. c. S. 498, Anm. 5 gegenüber meinen Ausführungen, Englische Gerichtsverfassung S. 28 ff. tut, lasse ich dahingestellt sein.

[3]) Vgl. weiter oben S. 3ff. und 104ff.

[4]) Der fundamentale Fehler der Weidlichschen Abhandlung, Lisztsche Zeitschrift Bd. 28, S. 491ff. ist, daß er diese Tatsache völlig ignoriert und die englischen Zustände so darstellt, als ob England an einem Abschluß seiner Entwicklung angelangt sei. Daß das 19. Jahrhundert einen eminenten Fortschritt in der Rechtsentwicklung für England bedeutet, kann natürlich nicht geleugnet werden. Aber dieser Fortschritt beweist doch nicht, daß nunmehr die Entwicklung abgeschlossen ist.

verschiedene Tendenzen in der Gesetzgebung zu unterscheiden, Die erste, vielleicht der möglichen Folgen halber die wichtigste, ist die der fortschreitenden Demokratisierung des Friedensrichteramtes. Ich erwähne hier die Gesetze, welche die Grundbesitzvoraussetzungen erst in den Städten, dann weiterhin auch auf dem platten Lande abschafften, Gesetze, die von einer so außerordentlichen Tragweite sind, daß sich dieselbe namentlich für die ländlichen Verhältnisse heute noch gar nicht übersehen läßt. Durch diese Gesetzgebung ist der traditionelle Zusammenhang zwischen Besitz und Friedensrichteramt gelöst worden, so radikal, wie man es noch vor kurzem niemals hätte erwarten können.[1]) Und daß diese Gesetze in letzter Linie noch keinen Abschluß der Entwicklung bedeuten. da der ehrenamtliche Charakter des Friedensrichteramtes einer wirklichen Ausübung durch die nichtbesitzenden Klassen hindernd entgegensteht, das haben wir bereits früher darzulegen versucht.[2])

Die zweite Tendenz, die wir in der Gesetzgebung verfolgen können, und die von der eben erwähnten durchaus unabhängig ist, zielt in ihrem Ende auf eine Entpolitisierung der Funktionen der Friedensrichter ab. Hier sind in erster Linie zu nennen die Reformen von 1888. Indem den Friedensrichtern ihre wichtigsten, verwaltungsrechtlichen Funktionen abgenommen wurden, läßt sich der Gang der Entwicklung einwandfrei dahin bestimmen, daß die Friedensgerichte sich immer mehr zu reinen Kriminalgerichten ausbilden,[3]) als die sie heute bereits in erster Linie erscheinen. Dieselbe Tendenz kommt aber in den Gesetzen zum Ausdruck, die auf der andern Seite die Zuständigkeit der Friedensgerichte erweitern oder ihre Zuständigkeit gegenüber andern Gerichten fester

---

[1]) Noch Hatschek Bd. II, S. 430, Anm. 3 konnte 1906 ausdrücklich sagen: „Zwar werden beinahe alljährlich Anträge im Parlament gestellt, das Friedensrichteramt von den Grundbesitzqualifikationen unabhängig zu machen — doch fallen diese Bills natürlich durch." Auch Redlich, Englische Lokalverwaltung S. 238 spricht noch vom Friedensrichteramt als einer durch die Reform von 1888 nicht an seiner Wurzel angetasteten, aristokratischen Institution.

[2]) Vgl. weiter oben S. 6f.

[3]) Weidlich, Lisztsche Zeitschrift Bd. 28, S. 497f. meint: „Durch Aufhebung der Verquickung von Justiz und Verwaltung befreite man das Friedensrichtertum erheblich von politischen und lokalen Rücksichten und hob so ihre Rechtsprechung in Petty und Quarter Sessions." Dagegen ist zunächst einzuwenden, daß der Zweck der Reformen keineswegs der war, die Rechtsprechung der Friedensgerichte zu heben. Vielmehr wurde die Reform veranlaßt durch die Erkenntnis, daß die Friedensrichter als Laien den schwierigen Aufgaben der Verwaltung nicht mehr gewachsen waren. Vgl. z. B. Redlich, Englische Lokalverwaltung S. 235. Und ferner ist die Rechtsprechung tatsächlich nicht gehoben worden, wie die vielfachen Klagen über die Friedensrichter beweisen.

begrenzen. Ich meine hier die Gesetze, die die Zuständigkeit der Petty Sessions immer weiter ausdehnen, und ferner die Gesetze, die die Verhältnisse der Quarter Sessions zu den Courts of Assize fester und präziser bestimmen. Selbstverständlich ist diese Entpolitisierung unabhängig von der fortschreitenden Demokratisierung des Amtes. Aber beide Tendenzen treffen in einem Punkt überein. Indem die Reform, insbesondere die von 1888, den Friedensrichtern ihre wichtigsten, namentlich in politischer Hinsicht einflußreichsten Funktionen nimmt, verliert das Amt für die Kreise, die es bisher fast ausnahmslos bekleideten, zweifellos immer mehr und mehr an Interesse.[1]) Indem ferner die Reform von 1906 den niederen Ständen ermöglicht, zu der Ausübung des Amtes mit herangezogen zu werden, indem die Verbindung von Besitz und Amt aufgehoben wird, nimmt sie dem Amt sein traditionelles, sozial-gesellschaftliches Ansehen, das doch in letzter Linie zum größten Teil in eben jener Verbindung begründet war. Daß diese Wirkung nicht von heute auf morgen eintritt, daß sie natürlich auch bedingt wird durch die Handhabung der Gesetze in der Hand der Regierung, die trotzdem nur Angehörige der besseren Stände zu Friedensrichtern machen kann,[2]) leuchtet von selbst ein. Aber ebenso klar ist es, daß, wenn erst einmal Arbeiter oder überhaupt Angehörige der mittleren und niederen Stände zu Friedensrichtern ernannt werden, das Amt demokratisiert wird nicht nur in seinen Trägern, sondern auch in seinem Ansehen nach außen hin. Und daß von den Anstellungsgesetzen ein unparteiischer Gebrauch in Zukunft mehr und mehr gemacht werden wird, dafür wird wohl eine namentlich in Juristenkreisen immer stärker werdende Strömung sorgen, die sich gegen die politischen Ernennungen von Richtern wendet, eine Strömung, auf die wir erst in anderm Zusammenhang zu sprechen kommen werden, die aber immerhin an dieser Stelle doch wenigstens erwähnt werden mußte.[3])

[1]) Interessant für die Wertschätzung gerade der verwaltungsrechtlichen Funktionen der Friedensrichter durch die bisher das Amt innehabenden, namentlich konservativen Kreise sind die Verhandlungen im House of Lords. Vgl. Redlich, Englische Lokalverwaltung S. 236.

[2]) Wenn Redlich l. c. S. 238 hervorhebt, daß die Demokratisierung des Amtes ohne Rechtsänderung durch Ausübung der einer demokratischen Regierung zustehenden Gewalt vollzogen werden konnte, so ist umgekehrt auch die Aristokratisierung durch eine konservative Regierung durchaus möglich; denn die Ernennung der Friedensrichter steht im allgemeinen im freien Ermessen der Regierung.

[3]) Vgl. weiter unten S. 785 ff. Ich bemerke hier nur, daß augenblicklich eine Kommission zur Prüfung der Frage der Ernennung der Friedensrichter eingesetzt werden soll. Es soll die Möglichkeit unpolitischer Ernennungen gewährleistet werden. Vgl. die Verhandlungen im House of Commons vom 9. September 1909; ferner Law Times vol. 127, pp. 283, 469.

So treffen die beiden eben erwähnten Tendenzen in der einen ebenfalls schon hervorgehobenen Wirkung zusammen, daß sie den bisherigen Inhabern des Amtes es weniger erstrebenswert erscheinen lassen, dasselbe zu bekleiden. Das Amt wird stark von seiner Anziehungskraft für die besitzenden Klassen verlieren. Daß man es aber den niederen Klassen überläßt, ist ausgeschlossen. So wird eine Reform, sollte sie konsequent durchgeführt werden, in einer gewissen Hinsicht sicher nicht mehr den Widerstand finden, den sie noch vor kurzem unter allen Umständen gefunden haben würde.[1])

Die dritte Tendenz aber, die wir in der Gesetzgebung konstatieren können, und die ebenfalls zwar unabhängig von den bisher erwähnten, doch von der größten Bedeutung ist, ist die Tendenz, die Friedensgerichte zu entlaiisieren, den ungelehrten durch den gelehrten Richter zu ersetzen. Hier sind alle die Gesetze zu nennen, durch welche juristische Beamte wie der Recorder, die County Court Judges zu Ex officio-Friedensrichtern gemacht wurden.[2]) Namentlich aber kommt natürlich die Gesetzgebung in Betracht, die tatsächlich den Berufsrichter eingeführt hat, sei es nun den Polizeirichter in den Petty Sessions, sei es den Recorder oder den besoldeten und gelehrten Chairman in den Quarter Sessions. Vergleicht man damit die Bestrebungen, die wir früher kennen gelernt haben, und die sich gegen die Tätigkeit der Friedensrichter in den ländlichen Quarter Sessions richten, so leuchtet ein, daß auch hier von einem wirklichen Abschluß der Entwicklung nicht die Rede sein kann.

Schließlich muß noch die vierte und letzte Tendenz der englischen Rechtsentwicklung erwähnt werden, die allerdings nicht so deutlich wie die bisher behandelten in die Erscheinung tritt, die aber gleichfalls beachtenswert genug ist, wenn sie auch nicht stets genügend beachtet worden ist.[3]) Sie bezieht sich, wenn ich so

---

[1]) Wenn Weidlich, Lisztsche Zeitschrift Bd. 28, S. 498, Anm. 5 dem Justices of the Peace Act 1906 eine jede Bedeutung in der hier geschilderten Richtung abspricht, so beweist er nur, daß er die Bedeutung dieses eminent wichtigen Gesetzes völlig verkennt. Seine Ausführungen, in England äußere sich politische Gegnerschaft nicht in schlechten Formen, die ein Zusammenarbeiten mit politischen Gegnern hinderten, treffen die Sache nicht; denn die höheren Stände werden das Amt nicht mehr so suchen, nicht, weil sie nicht mit politischen Gegnern zusammenwirken wollen, sondern weil das Amt nicht mehr die alte sozialgesellschaftliche und politische Bedeutung hat.

[2]) Hatschek Bd. II, S. 430, Anm. 3 sieht in diesen Gesetzen einen Vorstoß zur Demokratisierung des Amtes, womit sie aber in Wahrheit nichts zu tun haben. Dazu ist die Stellung des englischen Richters selbst viel zu wenig demokratisch.

[3]) So übersieht sie z. B. völlig Weidlich, Lisztsche Zeitschrift Bd. 28, S. 498 unter gänzlichem Mißverstehen meiner Ausführungen, Englische Gerichtsverfassung S. 31.

sagen darf, auf die Entprivatisierung öffentlicher Betätigungen. Ich meine damit folgendes: Die Ausübung öffentlicher Amtstätigkeit hatte und hat in England bis auf den heutigen Tag noch in sehr weitem Umfang einen privaten Charakter. Einmal nämlich treffen wir Verbindung von privater und amtlicher Tätigkeit in einer Person, indem praktizierende Juristen, seien es nun Barristers oder Solicitors, neben ihrer Privatpraxis noch ein öffentliches Amt bekleiden. Beispiele gewähren die bisher gegebenen Ausführungen zur Genüge, wie auch die weiteren Ausführungen sie noch in Fülle bieten werden. Auf der andern Seite sehen wir, wie in einer Reihe von Fällen der Beamte durch Sporteln und Gebühren sich bezahlt macht, die das Publikum für Inanspruchnahme der obrigkeitlichen Hilfe zu zahlen hat. Hier hat nun die Gesetzgebung in einer Reihe von Fällen entprivatisierend eingegriffen. Ich erinnere an die Bestimmungen, wonach dem Clerk to the Justices, dem Clerk of the Peace in den meisten Fällen ein festes Gehalt an Stelle der Gebühren gezahlt werden muß. Ich erinnere an das gesetzliche Verbot, wonach der Clerk in gewissen Fällen nicht selbst die Anklage betreiben darf, Bestimmungen, in denen doch wenigstens eine Beschränkung der Privattätigkeit der Clerks liegt. Ich erinnere an die ausdrückliche Anordnung, daß der Chairman in London keine Privatpraxis treiben darf und anderes mehr. Aber es ist interessant genug zu beobachten, daß auch im Wege der Gewohnheit die Verbindung von Privat- und Amtstätigkeit bei bestimmten Ämtern direkt beseitigt ist. Das beste Beispiel bieten die Ämter des Attorney- und Solicitor-General, die an sich berechtigt waren, ihre Privatpraxis fortzuführen, seit zirka 15 Jahren sich aber, gezwungen durch die öffentliche Meinung, einer jeden Privatpraxis enthalten haben, bis es schließlich auch noch durch eine Ministerialverordnung direkt ausgesprochen ist, daß beide während ihres Amtes nicht mehr praktizieren.[1]) Verbindet man hiermit die Bestrebungen, das Recordersystem auch auf das Land auszudehnen, was, wie wir bereits ausführten, natürlich zu einer entschiedenen Trennung von Privat- und Amtstätigkeit führen muß, so wird man zugeben, daß der Zug der Rechtsentwicklung immer deutlicher dahin geht, die Beamtenqualität der mit der Ausübung der öffentlichen Funktionen betrauten Personen schärfer zum Ausdruck zu bringen, was dann natürlich auch für die Auswahl der Richter nicht ohne entscheidenden Einfluß bleiben kann.

2. Vier Tendenzen haben wir so in der augenblicklichen englischen Rechtsentwicklung kennen gelernt, die abzielten, um dies

[1]) Vgl. die außerordentlich interessanten Ausführungen bei de Franqueville tom. I, p. 535 ss.; ferner Encyclopaedia 1st Ed. vol. I, p. 408. Unzutreffend mithin Hatschek Bd. II, S. 186. Wir werden auf die Frage zurückkommen weiter unten S. 863 f.

nochmals kurz zu wiederholen, auf Demokratisierung, Entpolitisierung, Entlaiisierung und schließlich auf Entprivatisierung des Amtes, Tendenzen, die aber alle ihr eigentliches Ziel noch nicht voll erreicht haben. Vergleicht man damit die lebhaften Reformbestrebungen, wie wir sie in der Tages- und Fachliteratur nachzuweisen versucht haben, so scheint der Schluß nicht allzu gewagt, daß die Gesetzgebung nicht bei dem bisher Erreichten stehen bleiben kann, daß vielmehr die jetzigen Reformen nur einen Schritt auf dem Wege weiterer Reformen bedeuten. Und diese neuen Reformen werden im allgemeinen wohl sich in der Richtung der früheren bewegen, was vom Gesichtspunkt historischer Kontinuität begreiflich genug erscheint. Wann diese neuen Reformen durchgeführt werden mögen, darüber Vermutungen anstellen zu wollen, wäre höchst überflüssig, weil derartige Spekulationen natürlich nie zu sicheren Resultaten führen können. Wie sich die Reform im einzelnen betätigen wird, auch darüber Behauptungen im einzelnen aufstellen zu wollen, wäre unmöglich. Wohl aber läßt sich eines mit Sicherheit vermuten: Im allgemeinen werden die Einrichtungen, die 1835 in den Städten eingeführt sind, auch für die Gerichtsorganisation des Landes verwertet werden. Dies wird — unsere früheren Ausführungen berechtigen uns zu dem Schluß — in erster Linie für die Quarter Sessions geschehen. Hier können wir wohl in absehbarer Frist mit einem Ersatz der ungelehrten Laienrichter durch gelehrte Berufsrichter rechnen. Und da eine derartige Reform natürlich nur denkbar ist bei einer Aufhebung der organisatorischen Trennung zwischen Stadt und Land, da dann aber die Funktionen des Recorder sehr weittragende, seine Aufgaben sehr zeitraubende sein werden, so können wir hier wohl mit der Bildung eines ausschließlich beamteten Richtertums rechnen. Ob allerdings auch der Polizeirichter die Friedensrichter in den Petty Sessions verdrängen wird, ist eine Frage, die ich dahingestellt bleiben lasse. Jedenfalls glaube ich, daß die Reform zunächst bei den Quarter Sessions einsetzen wird.[1] [2])

Diese Entwicklung würde sich übrigens nur organisch der Gesamtentwicklung der englischen, verwaltungsrechtlichen Verhältnisse einordnen. Und gerade die Tatsache, daß sie kein

[1]) Vgl. auch Wertheim S. 176: „Trotz des Einbruches auch in die richterliche Tätigkeit der alten Friedensrichter durch besoldete Beamte (stipendiary magistrates und recorders) und trotz unleugbarer Mängel des Instituts kann man getrost sagen, daß etwaige Bestrebungen um gänzliche Aufhebung derselben in absehbarer Zeit keinen Erfolg haben werden."

[2]) Gamon, London Police Court p. 237 glaubt an eine Ersetzung der ungelehrten Friedensrichter durch gelehrte Polizeirichter auch in den Petty Sessions: „. . . and the future will probably bring forth police-court circuits on the model of the county court circuits."

Novum in der sonstigen Entwicklung sein würde, daß sie vielmehr dieser durchaus konform, durchaus parallel verlaufen würde, ist ein weiterer, sehr bedeutungsvoller Beweis für unsere Behauptungen. Wie die gesamte Lokalverwaltung entwickelt und reformiert wurde, indem die Grundsätze der Munizipalakte soweit möglich auf die gesamte Lokalverwaltung übertragen worden sind, ebenso wird die hier in Betracht kommende, bis jetzt nur lokal durchgeführte Gerichtsverwaltung auf der Grundlage der in der Munizipalakte niedergelegten Ideen zur weiteren Ausgestaltung gelangen. Und dann kann auch auf die Gerichtsverfassung der Quarter Sessions der Satz angewendet werden: „Local government has been municipalised."[1])

3. Aber kann man diesen Behauptungen nicht auch schwerwiegende Gegengründe entgegensetzen? Wenn wirklich die Reformbestrebungen in England so lebhaft sind, wenn wirklich in der Gesetzgebung jene eben geschilderten Tendenzen auftreten, nun denn, warum keine weiteren Reformen? Und wenn wirklich die Unzufriedenheit mit der friedensrichterlichen Tätigkeit eine so allgemeine ist, warum ist dann in den Städten von den durch die Reform gewährten Möglichkeiten, Berufsrichter einzusetzen, ein nur so relativ seltener Gebrauch gemacht? Namentlich dieser letzte Einwand ist wiederholt gemacht. Man weist darauf hin, daß seit 1835 nur 21 Städte Polizeirichter, nur 105 Städte Recorders eingeführt haben. Man folgert daraus, daß also die Abneigung gegen die Friedensrichter keine so große sein könne, daß sich mithin das System der Friedensrichter bewährt haben müsse,[2]) ja man geht weiter, man will sogar beobachten können, daß die Tendenz auf Ersatz der Friedensrichter durch gelehrte Richter völlig zum Stillstand gekommen sei.[3]) Diese Gegengründe müssen wir widerlegen, soll nicht unsere Beweisführung ernstlichen Bedenken unterliegen. Ich be-

---

[1]) Vgl. Redlich, Englische Lokalverwaltung S. 162: „Local government has been municipalised. In diese Formel pflegt man in England heute rückblickend die Verwaltungsgeschichte des XIX. Jahrhunderts zusammen zu fassen."

[2]) Adickes, Aschaffenburgs Monatsschrift Bd. IV, S. 10.

[3]) Weidlich, Lisztsche Zeitschrift Bd. 28, S. 498. Wenn übrigens hier behauptet wird, die Tendenz auf Einführung von Berufsrichtern sei nur in den größten Städten vorhanden gewesen, so ist das zunächst einmal tatsächlich unrichtig, indem sich diese Tendenz, wie wir weiter oben feststellten (vgl. S. 126f.), auch in kleineren Städten nachweisen läßt. Ferner ist die übrigens unbewiesene Behauptung Weidlichs insofern unzutreffend, als wir feststellten, daß heute zum mindesten die Tendenz ganz generell ist. Anderer Auffassung auch Liepmann, Summarisches Strafverfahren S. 21. Dagegen meine Ausführungen, Gerichtssaal Bd. 74 S. 431f.

merke aber sofort: der Gegenbeweis läßt sich führen, ja, er ist sogar nicht einmal so sonderlich schwer zu führen.

a) Zunächst sprechen gegen eine rasche Durchführung einer radikalen Reform Gründe, die wir schon früher kennen gelernt haben. Es handelt sich bei den Friedensrichtern um eine der ältesten Einrichtungen der englischen Gerichtsverfassung, die in wesentlichen Punkten zu tangieren der Engländer sich bei seiner nun einmal nicht zu leugnenden Freude am Hergebrachten sehr schwer entschließen wird. Der in erster Linie auf das Formelle gerichtete, konservative Zug englischer Entwicklung ist hier ein Faktor, der nicht außer acht gelassen werden kann. Aber auch davon abgesehen so ist es doch ein Zeichen beinahe jeder Reform in England, daß sie Zeit braucht, daß sie außerordentlich langsam durchgeführt wird, dies um so mehr, als wir in England keineswegs eine solche Betätigung der Gesetzeskritik, eine solch lebhafte Reformliteratur finden wie z. B. bei uns. Diese Tatsache läßt sich an beliebig vielen Beispielen beweisen. Es hat Jahrzehnte gedauert, ehe die Polizeireform, deren absolute Notwendigkeit man längst klar erkannt hatte, durchgeführt ist. Die ersten Enqueten in der Materie, die durch die steten Klagen über die Unmöglichkeit des bisherigen Systems veranlaßt wurden, stammen aus dem Jahre 1770, beendet ist die Reform erst im Jahre 1856.[1]) Man denke ferner an die außerordentlich lange Zeit, die es gekostet hat, ein wirkliches Rechtsmittel in Strafsachen durchzusetzen. Bereits 1843 wird eine Bill dem House of Commons vorgelegt, wonach Rechtsmittel eingeführt werden sollen.[2]) Die Criminal Code Commission von 1878/79 verlangt dasselbe.[3]) 1892 stellen die Richter des High Court eine ähnliche Forderung auf.[4]) Aber erst 1907 wird der Criminal Appeal wirklich eingeführt, nachdem bei den allgemeinen Wahlen von 1906 die Frage in einigen Wahlkreisen direkt zum Programmpunkt der Kandidaten gemacht worden war.[5]) Und noch ein anderes Beispiel: Man denke an den

---

[1]) Parlamentarische Untersuchungen fanden statt 1770, 1793, 1812, 1818, 1822 und 1828. Die Gesetzgebung greift ein für London 1829 und 1832, für die übrigen Teile erst 1831, 1839 und definitiv 1856. Vgl. die interessanten Angaben bei de Franqueville tom. I, p. 576 ss.

[2]) Vgl. den inhaltreichen Artikel von Montague Crackanthorpe in der Times vom 14. 4. 1906, wo übrigens infolge Druckfehlers das Datum der ersten Bill mit 1834 angegeben wird. Eine sehr lehrreiche Geschichte des Criminal Appeal Act geben Sir Harry B. Poland und H. Cohen, The Criminal Appeal Act pp. 1 et seq. Vgl. daselbst auch pp. 64 et seq., woselbst sich eine interessante und inhaltreiche Tabelle sämtlicher Entwürfe (es sind 31) findet.

[3]) Stephen, History of the Criminal Law of England vol. I, pp. 313 et seq.

[4]) de Franqueville tom. I, p. 213.

[5]) Ich verdanke die letzte Angabe einem Mitglied des Parlamentes. Man sieht aus dem im Text Ausgeführten, daß der Kampf bedeutend länger war, als die Law Times vol. 124, p. 230 meint, die nur von 56 Jahren spricht.

endlos langen Kampf um Abänderung und Verkürzung der großen Gerichtsferien, der erst zu einem teilweisen Ende geführt wurde, als die Verhältnisse an den oberen Gerichten derart wurden, daß sie auf eine einfache Negierung der Rechtshilfe herauskamen.[1]) Es ließe sich noch eine Reihe anderer Beispiele beendeter und noch im Werden begriffener Reformen hier zum Beweis anführen (ich erinnere noch an den Kampf um die Einführung der Staatsanwaltschaft[2])), allein das Ausgeführte genügt. Es beweist, wie schwierig es ist, die Gesetzgebung in England erfolgreich in Gang zu bringen. Es beweist, daß aus dem noch nicht oder doch nur zögernd, langsam erfolgten Eingreifen der Gesetzgebung kein Rückschluß gezogen werden kann auf eine etwa nicht vorhandene Reformbedürftigkeit der Verhältnisse, ja auch nicht auf eine etwa nicht vorhandene Reformbestrebung. Und dieser Satz gilt in der Tat so allgemein, daß wir in der Folge noch oft auf ihn zurückgreifen müssen. Die Gründe für diese Tatsache können hier nicht eingehend nachgewiesen werden. Ich möchte aber bemerken, daß sie meines Erachtens zu finden sein dürften einmal in einer gewissen Indolenz der öffentlichen Meinung gegenüber bestehenden Mißständen, ferner in der konservativen Freude der Engländer am Hergebrachten,[3]) schließlich in der weitgehenden Beschäftigung des Parlamentes mit der äußeren und inneren Staatsverwaltung.

b) Aber spricht nicht die Tatsache, daß die Städte so relativ wenig Gebrauch von der Möglichkeit, Berufsrichter an Stelle der Friedensrichter zu setzen, gemacht haben, entscheidend gegen das Bedürfnis nach Berufsrichtern? Auch diese Frage ist unbedingt zu verneinen, und es beweist eine sehr oberflächliche Art der Prüfung der in Betracht kommenden Verhältnisse, wenn man von diesem Gesichtspunkt aus zu einer Bejahung der Frage kommen zu können vermeint.

Zunächst spielen hier natürlich finanzielle Gründe eine sehr entscheidende Rolle. Die friedensrichterliche Besetzung der Gerichte kostet nichts, die Besetzung mit gelehrten Richtern ist, namentlich

---

[1]) de Franqueville tom. II, p. 7; Law Times vol. 124, p. 230; Pall Mall Gazette vom 14. 3. 1907. Es ist nicht ohne eine gewisse Ironie, daß zur Zeit, als die Verhältnisse in England in Hinsicht auf Erledigung der laufenden Gerichtsgeschäfte ganz unmögliche geworden waren, Adickes seine Grundlinien veröffentlichte.

[2]) Wir werden auf diesen Punkt später eingehend zurückkommen. Vgl. weiter unten S. 857 ff.

[3]) Daß dieselbe eine für uns manchmal schwer begreifliche Form annimmt, kann nicht geleugnet werden. Ich verweise hier nur auf die Gebräuche am Central Criminal Court und bei den Courts of Assize u. a. m., auf die wir noch später zu sprechen kommen.

bei den Polizeigerichten eine sehr kostspielige.[1]) Man kann diese Tatsache nicht einfach mit dem Hinweis beseitigen, daß die Kostenfrage bei den Millionenbudgets der in Frage kommenden Städte keine Rolle spielen würde.[2]) Einmal kommen keineswegs nur Städte mit Millionenbudgets in Betracht.[3]) Und dann müßten doch eingehend die lokalen Verhältnisse der Stadt geprüft werden, die Zusammensetzung der Gemeindevertretung usw., ehe eine solche Behauptung wirklich als bewiesen angesehen werden könnte. Des weiteren aber spielt der Geldpunkt in der Verwaltung Englands[4]) eine nicht zu unterschätzende Rolle. Das beweist die Geschichte der Entwicklung der Polizei in den Städten auf das evidenteste, und es mag dabei nicht außer acht gelassen werden, daß eine gute Polizei zu besitzen ein ungleich vitaleres Interesse für eine Stadt darstellt, als der Besitz eines guten Kriminalgerichtes. Man braucht ferner nur die Geschichte des Criminal Appeal Act genauer zu verfolgen, um zu bemerken, daß auch hier der Kostenpunkt von keineswegs untergeordneter Bedeutung ist,[5]) und dasselbe ist der Fall im Kampf um die Einführung der Staatsanwaltschaft.[6])

Aber auch, wenn wir die finanziellen Motive und Rücksichten ganz unberücksichtigt lassen, so beweist die geringe Entwicklung des Police Court- und des Recordersystems nichts für die Bewährung der Friedensgerichte. Vorweg bemerke ich, daß von einem wirklichen Stillstand der Bewegung, Friedensrichter durch Berufsrichter zu ersetzen, nicht, wie man behauptet hat,[7]) die Rede sein kann. Haben wir doch festgestellt, daß noch in neuester Zeit Städte sowohl Polizeigerichte eingerichtet, als auch sich um die Anstellung

---

[1]) Man erinnere sich, daß ein Polizeirichter Londons 30000 M. Gehalt erhält. Vgl. weiter oben S. 117.

[2]) So recht naiv Weidlich, Lisztsche Zeitschrift Bd. 28, S. 499, Anm. 6.

[3]) Weidlich selbst zählt von solchen nur sechs auf, davon nur zwei mit mehr als 100000 Einwohnern.

[4]) Übrigens nicht nur in England. Auch bei uns würde es sich doch eine Gemeindevertretung sehr überlegen, ob sie für Ausübung von Funktionen, die bisher stets ehrenamtlich, d. h. ohne Entgelt erfüllt wurden, einen Beamten mit, sagen wir auch nur 20000 M. neu anstellen wollte. Man darf wirklich auch in der theoretischen Literatur (was eine Reformliteratur übrigens doch nicht sein will) die praktischen Realitäten nicht ganz aus dem Auge verlieren.

[5]) Vgl. z. B. die Verhandlungen des House of Lords vom 12. 7. 1906.

[6]) So schreibt die Law Times vol. 124, p. 285: „Certainly, so far as permitting private prosecutions is concerned, the existing practice, as a recent case has well shown, does tend to bring discredit upon the administration of the criminal law in many cases; but we think that the extra cost of introducing the Scottish system of Procurators-Fiscal is likely to prove an insuperable bar to its introduction."

[7]) Weidlich l. c. S. 498.

von Recorders beworben haben.[1]) Allein abgesehen davon möchte ich hier in erster Linie an jene kritischen Ausführungen erinnern, die wir bezüglich der Recordergerichte machten,[2]) und die in gewisser Hinsicht sich auf die Police Courts ausdehnen lassen. Die Tendenz der Reform, welche den Berufsrichter resp. die Möglichkeit hierzu einführte, war eine individualistisch beschränkende. Jede Stadt sollte ihre eigenen, nur auf sie beschränkten Gerichte mit städtischen Richtern haben. Dieses System in den Städten zur Durchführung gebracht, mußte zu Inkonsequenzen führen, wie wir sie namentlich bezüglich der Recorders kennen gelernt haben. Was sollten mittlere Städte mit eigenen Recordergerichten, wo für den Richter so gut wie nichts zu tun war, und wo die Einrichtung immerhin recht teuer war? Hier sprechen in der Tat überwiegende Gründe gegen die Einführung eigener Stadtgerichte, und es ist interessant zu beobachten, daß das eigene Gericht meist nur dann verlangt wird, wenn die County Quarter Sessions nicht in der Stadt abgehalten werden, da hier dann für die Zeugen usw., die aus der Stadt kommen, Zeit gespart wird, wenn ein Stadtgericht in der Stadt selbst abgehalten wird.[3]) Und das Gesagte trifft erst recht zu für die Petty Sessions. Der Recorder ist wenigstens nur Richter im Nebenfach, der Polizeirichter dagegen ist ausschließlich Beamter, kann nichts anderes als Richter sein. Wie sollten nun kleinere, selbst mittlere Städte dazu kommen, Polizeirichter gegen hohen Gehalt anzustellen, die sie nicht genügend beschäftigen können? Man bedenke doch einmal, was es bedeuten würde, wenn Kösen, Naumburg, Weißenfels, Korbetha ihre eigenen Amtsrichter nur für städtische Schöffengerichtssachen anstellen müßten! Die Beschränkung auf die Städte macht die ganze Reform für die Städte so unglaublich unpraktisch, daß in dieser Tatsache und nur in ihr der letzte Grund für die langsame Entwicklung des ganzen Systems zu finden ist. Dies gilt in erster Linie für das Recordersystem, es gilt dies aber auch, wie ausgeführt, für die Petty Sessions. In dem historischen Ausgangspunkt, der Einführung des gelehrten Richters nur für Städte, liegt der letzte Grund für, liegt zugleich die Beschränkung der Einführung des neuen Systems. Mit ihm ist für eine ganze Reihe von Städten die praktische Unmöglichkeit gegeben, das System bei sich einzuführen. Und so kann man ohne Übertreibung sagen, daß durch diese historische Beschränkung die gerichtliche Reform in ge-

---

[1]) Vgl. weiter oben S. 114 f. und S. 126, Anm. 2.
[2]) Vgl. weiter oben S. 142 ff.
[3]) Vgl. das oben S. 126, Anm. 2 erwähnte Beispiel.

wisser Hinsicht nicht die Resultate gezeitigt hat, die man vielleicht erwartet hatte, und daß so also ein Mißerfolg der Reform eingetreten ist.[1])

Man könnte hier nun noch einwendungshalber auf die für die Stadtverwaltungen bestehende Möglichkeit hinweisen, ein und dieselben Richter in Form der Personalunion für mehrere Städte einzusetzen. Das würde natürlich nur möglich sein, wenn die betreffenden Städte untereinander eine Art Gerichtsgemeinschaft abschließen würden. Die tatsächlichen Schwierigkeiten, die sich hier in bezug auf die Stadtverwaltungen ergeben würden, lassen es ausgeschlossen erscheinen, daß auf diese Art das System in praxi zur weitern Durchführung gebracht wird.

Und so erhalten wir als Resultat: Solange die Beschränkung der Möglichkeit, gelehrte Richter anzustellen, auf Städte und auf städtische Angelegenheiten aufrecht erhalten bleibt, wird der gelehrte Richter nie allgemein in den Städten die ungelehrten Friedensrichter verdrängen, ohne daß aus dieser Tatsache ein Rückschluß auf die durch die öffentliche Meinung erfolgte Billigung oder Nichtbilligung der der Reform zugrunde liegenden Ideen gezogen werden könnte. Durchgreifende Veränderungen können nur erzielt werden, falls auf die Trennung von Stadt und Land verzichtet wird. Daß aber die Reform zum mindesten inbezug auf die Quarter Sessions dahin drängt, das haben wir bereits früher ausgeführt,[2]) so daß wir an dieser Stelle nur wiederholend auf Früheres verweisen können.

2. Die Grafschaftsgerichte.

§ 8. a) Die Entstehung und Bedeutung der Grafschaftsgerichte. Ihre gegenwärtige Entwicklung.

I. 1. Die Zivilgerichtsbarkeit erster Instanz wird in England ausgeübt auf der einen Seite durch die Grafschaftsgerichte, die sogenannten County Courts, auf der andern Seite durch den High Court in London.[3]) Um nun die Bedeutung der County Courts inner-

---

[1]) Immerhin ist es eine starke Übertreibung, wenn Adickes, Aschaffenburgs Monatsschrift Bd. IV, S. 10 meint, die Einsetzung der Stipendiary Magistrates und der Recorders habe das Bild englischer Justiz nicht wesentlich verändert.

[2]) Weiter oben S. 159 f.

[3]) Wir lassen hier die besonderen Gerichte außer Betracht, so den Palatine Court von Lancaster, den Lord Mayor's Court in der City of London und andere Lokalgerichte, die in anderem Zusammenhang erwähnt werden. Vgl. dazu weiter unten § 31 ff.

halb der Entwicklung der englischen Gerichtsverfassung erkennen zu können, ist es notwendig, auf die Verhältnisse vor Einführung der ersteren kurz einzugehen, ohne daß natürlich daran gedacht werden kann, die Einzelheiten der Materie hier zur Darstellung bringen zu können. Es wird sich dabei ergeben, daß die Entwicklungsgeschichte der County Courts von größtem Interesse, ja von symptomatischer Bedeutung für die gegenwärtige Weiterentwicklung, die Fortbildung der englischen Zivilgerichtsverhältnisse ist[1]).

Während vor der Eroberung Englands durch die Normannen die Gerichtsbarkeit in Zivilsachen durchweg lokalisiert war,[2]) beginnen mit der Herrschaft der Normannen sich die Verhältnisse allmählich zu ändern. Ursprünglich sind lokale Gerichte überall mit unbeschränkter Zuständigkeit vorhanden, es sind dies die alten Grafschaftsgerichte, die vom Sheriff abgehalten werden.[3]) Diese Gerichte bleiben als das, was sie waren, d. h. als Lokalgerichte auch noch in der normannischen Periode erhalten, verlieren aber immer mehr und mehr ihre Bedeutung aus Gründen, auf die hier, so interessant sie auch sein mögen, nicht eingegangen werden kann.[4]) An ihre Stelle treten die aus der Curia regis hervorgegangenen höheren Gerichte in London, die von vornherein keine örtlich in ihrer Kompetenz beschränkten Gerichte sind, sondern eine allumfassende Zuständigkeit für ganz England besitzen. Indem nun die Zuständigkeit dieser Gerichte, die zunächst nur eine konkurrierende war, sich auf Kosten der Grafschaftsgerichte immer mehr in eine ausschließliche umwandelt, wird ein durchaus neues Prinzip für die Organisation der Zivilgerichte gewonnen, denn es wird die Zentralisation der zivilen Rechtspflege immer weiter durchgeführt. Schließlich mit dem 14. Jahrhundert ist dieser Prozeß ungefähr zum Abschluß gelangt, und wir haben die Zentralisation für die Zivilrechtspflege (nur von dieser ist im folgenden

---

[1]) Vgl. namentlich Gneist, Englisches Verwaltungsrecht Bd. II, S. 974 ff.; Englische Verfassungsgeschichte S. 292 ff.; Wertheim S. 180 ff.; de Franqueville tom. I, p. 215 ss., insbesondere auch p. 125—164; Brodie-Innes vol. I, pp. 64 et seq.; Yearly County Court Practice vol. I, pp. 1 et seq.; Law Times vol. 105, p. 196; Encyclopaedia 1st Ed. vol. III, pp. 527 et seq.

[2]) Weidlich, Lisztsche Zeitschrift Bd. 28, S. 508 verkennt die historische Entwicklung völlig, wenn er meint, daß in den alten Königszeiten die Gerichtsgewalt wirksam zentralisiert gewesen sei. Die Zentralisation beginnt erst viel später und hat mit altgermanischen Anschauungen nicht das Geringste zu tun. Vgl. z. B. Gneist, Selfgovernment S. 161, 187; de Franqueville tom. I, p. 125—140 in sehr eingehenden Ausführungen.

[3]) de Franqueville tom. I, p. 128, 138.

[4]) Der Kampf zwischen Zentral- und Lokalgewalt in England gehört mit zu den interessantesten Erscheinungen der englische Rechtsgeschichte.

stets die Rede) so gut wie völlig durchgeführt.[1]) Alle irgendwie erheblichen Zivilklagen müssen nunmehr bei den Londoner Gerichten angebracht werden. Den Grafschaftsgerichten unter dem Vorsitz des Sheriffs bleibt nur noch eine Zuständigkeit in Sachen mit Streitwerten bis zu Sh. 40.[2]) Und auch diese Zuständigkeit, die in einigen Ausnahmefällen über die eben genannte Grenze hinausgeht,[3]) ist von einschränkenden Voraussetzungen abhängig gemacht,[4]) so daß die Bedeutung dieser Gerichte ständig im Abnehmen begriffen ist. Es kann daher nicht erstaunen, daß sie als Zivilgerichte schließlich gar nicht mehr funktionieren, sondern nur noch gewisse Angelegenheiten erledigen, die mit bürgerlichen Rechtsstreitigkeiten allerdings gar nichts mehr zu tun haben.[5]) Und dies ist um so weniger verwunderlich, als das Verfahren vor den County Courts jeder festen Regelung entbehrend durchaus willkürlich und dabei ebenso kostspielig ist,[6]) während andererseits der jährliche Wechsel im Sheriffamt[7]) jede konstante Rechtsprechung, aber auch jede Einbürgerung einer derartigen Rechtsprechung verhindert.

War so auf der einen Seite das Eindringen, das Sichdurchsetzen des Prinzips der Zentralisation historisch begreiflich genug, so war auf der andern Seite damit ein ganz unhaltbarer Zustand herbeigeführt, ein Zustand, der es der weniger bemittelten Partei einfach unmöglich machte, vor Gericht zu gehen. Man versuchte zwar, die Zentralisation dadurch abzuschwächen, daß man die Einrichtung der Circuits schuf,[8]) wonach Richter der Londoner Höfe vierteljährlich die Grafschaften bereisten und lokale Gerichtstage

---

[1]) de Franqueville tom. I, p. 163. Man sieht, die Zentralisation ist das Produkt einer relativ späten Entwicklung.

[2]) In Betracht kommt hier das Gesetz von 1278. Vgl. Wertheim S. 180.

[3]) Yearly County Court Practice vol. I, p. 2. Es konnten höhere Sachen seitens der Londoner Gerichte überwiesen werden. Gneist, Selfgovernment S. 162.

[4]) Gneist, Englisches Verwaltungsrecht Bd. II, S. 976.

[5]) Yearly County Court Practice vol. I, p. 2 wird erwähnt die „election of knights of the shire and of coroners and the proclamation of outlawry". Es heißt dort ausdrücklich: „and during succeeding generations its contentious jurisdiction fell into complete disuse." Insofern auch nicht ganz zutreffend Gneist l. c. S. 976. Vgl. auch Selfgovernment S. 162. Ferner Brodie-Innes vol. I, pp. 66, 69 et seq.

[6]) Wertheim S. 180.

[7]) Gneist, Englisches Verwaltungsrecht Bd. II, S. 976: „Was unter dem Namen ‚Sheriff' bestand, war nichts weiter als ein jährlich wechselndes Anwaltsbureau, bei welchem schon wegen der ungeeigneten Besetzung keine sachgemäße Rechtsentscheidung erfolgen konnte."

[8]) Den engen Zusammenhang, in welchem die Circuiteinrichtung mit der Zentralisation der Rechtspflege steht, hat Weidlich, Lisztsche Zeitschrift Bd. 28, S. 502 überhaupt nicht erkannt.

auch in Zivilstreitigkeiten abhielten. Allein diese Einrichtung erreichte nicht ihren Zweck, den lokalen Bedürfnissen nach rascher, unmittelbarer Rechtsprechung zu genügen und konnte dies auch nicht tun. Denn einmal waren die Intervalle, in welchen die Circuitreisen abgehalten wurden, viel zu groß, die Gerichtstage daher viel zu selten, als daß der Praxis damit gedient gewesen wäre. Andererseits wuchsen die Kosten ins Ungeheuerliche, da die Londoner Anwälte von London kommen mußten, um die Sachen vor den Circuitgerichten zu vertreten. Auch die zunehmende Bedeutung der Friedensgerichte, die ja auf dem Gebiet des Zivilrechtes ebenfalls gewisse Funktionen auszuüben hatten, und in dieser Hinsicht sicher nicht ohne Bedeutung waren,[1]) war kein genügendes Gegengewicht gegen die Folgen der durchgeführten, gerichtlichen Zentralisation.

So ist es denn außerordentlich interessant zu beobachten, wie in der Folgezeit eine Reihe von lokalen Sondergerichten der verschiedensten Art entstehen, die alle dem einen Bestreben entspringen, die Zentralisation der Rechtspflege zu überwinden, die Lokalisierung derselben wiederum herbeizuführen. Alle diese Sondergerichte, deren letzte Reste wir heute noch beobachten können, und die der englischen Gerichtsverfassung ein solch, ich möchte sagen, romantisch verwirrtes Gepräge geben,[2]) verdanken ihre Entstehung in letzter Linie dem geschilderten Bestreben.[3]) Gegründet wurden dieselben teils durch Gesetz und zwar durch sogenannte Lokalakte, teils aber auch im Wege königlicher Verleihung durch Erteilung von Charters. Und es ändert nichts an der von uns vertretenen Auffassung der Gesamtentwicklung, daß, wie nicht verschwiegen werden soll, die von uns geschilderte Entwicklung der lokalen Sondergerichte stellenweise zusammentraf und zusammenfloß mit einer schon vor durchgeführter Zentralisation anhebenden und von letzterer durchaus unabhängigen Entwicklung, der Entwicklung der Immunitäten, wie wir sie namentlich bei der Entstehung der Gutsgerichte auf den großen Gutsbezirken verfolgen können.[4]) Die spätere Entwicklung, in die doch zumeist die Entstehung der Sondergerichte fällt,[5]) namentlich die des 16. und 17. Jahrhunderts, hatte mit der Ausbildung der Immunitäten

[1]) Gneist, Englisches Verwaltungsrecht Bd. II, S. 977, Anm. 3.

[2]) Vgl. die treffende Schilderung Gneists in Schusters Bürgerliche Rechtspflege S. III f. und ferner Schuster ebendort S. XXIII.

[3]) Vgl. auch Gneist, Selfgovernment S. 83; de Franqueville tom. I, p. 163 s.

[4]) de Franqueville tom. I, p. 129 s.; 145 s.

[5]) Das Sondergericht für London wurde als erstes seiner Art begründet durch Heinrich III., reformiert durch Heinrich VIII.; vgl. Gneist, Englisches Verwaltungsrecht Bd. II, S. 976, Anm. 1; de Franqueville tom. I, p. 233, n. 3.

nichts mehr zu tun, und es ist beachtenswert, daß die Gutsgerichte, die Manorial Courts, die in den Immunitäten entstanden, nie eine besondere Bedeutung erlangt haben, und daß bereits unter Eduard I. die Entstehung neuer selbständiger Gutsbezirke und damit denn auch dazugehöriger Gutsgerichte gesetzlich untersagt wurde,[1]) wie denn die Gutsgerichtsbarkeit allmählich so gut wie völlig verschwand.[2])

So entstanden, wie gesagt, eine Fülle von Sondergerichten, namentlich in den Städten, deren Zuständigkeit eine außerordentlich schwankende war. Allein es muß hervorgehoben werden und verdient in dem ganzen hier geschilderten Zusammenhang Beachtung, daß die Zuständigkeit in manchen Fällen eine völlig unbeschränkte war, womit denn für diese Gerichtsbezirke die Zentralisation in der Tat aufgehoben war.

Da, wo es sich indessen nur um eine beschränkte Kompetenz handelte, schwankten die Einzelbestimmungen sehr, und wir treffen hier Gerichte mit einer bis auf £ 2 beschränkten Zuständigkeit, andere dagegen, die bis zu einem Streitwert von £ 200 kompetent waren.[3]) Im Durchschnitt ging indessen die Zuständigkeit nicht über die Grenze von £ 15,[4]) so daß es sich also im allgemeinen nur um Bagatellgerichte handelte. Allein selbstverständlich mußte sich der Mangel einer lokalen Rechtsprechung auch gerade in Bagatellsachen zunächst am fühlbarsten machen.

Aber auch diese Gerichte, Ausnahmen abgesehen, bürgerten sich nicht ein. Die mangelhafte Besetzung (oft war der Town Clerk der einzige wirkliche Richter), das Fehlen eines jeden festen Verfahrens (man wußte häufig selbst nicht, ob Appellmöglichkeit bestand oder nicht[5])[6])), brachten es dahin, daß die Parteien

---

1) 18 Edw. I c. 1. Vgl. auch Wertheim S. 365.

2) Gneist, Englisches Verwaltungsrecht S. 976, Anm. *: „Eine Ausübung der Richtergewalt aber vermöge eines bloßen Grundbesitzes ist seit dem Mittelalter im englischen Volksleben beseitigt." Die Courts Baron der Manors dienen nur noch zur Verschreibung von Grundstücken und ähnlichem. Im übrigen treffen die Ausführungen Gneists für die Strafgerichtsbarkeit nicht völlig zu, da sich die patrimonialen Courts Leet in der Tat bis heute stellenweise erhalten haben. Zutreffend Wertheim S. 185 und weiter unten S. 721 f.

3) Die genausten Angaben über die lokalen Sondergerichte finden sich in den der Errichtung der County Courts vorausgegangenen parlamentarischen Berichten über Lokalgerichte. Vgl. Gneist, Selfgovernment S. 184, Anm. * und S. 636 f.; ferner Halsbury, Laws of England vol. IX, pp. 129—217.

4) de Franqueville tom. I, p. 164. Das Gesetz 9 and 10 Vict. c. 95 erwähnt in einem Anhang 105 Städte mit Lokalgerichten.

5) Vgl. de Franqueville tom. I, p. 239, n. 2.

6) Gneist, Englisches Verwaltungsrecht Bd. II, S. 976, Anm. 1; Selfgovernment S. 637.

sich von den Gerichten fern hielten, so daß dieselben ebenfalls wieder mehr und mehr in Verfall gerieten. Namentlich machte sich der völlig mangelhafte Richterersatz fühlbar, da jede gesetzliche Regelung der Voraussetzungen des Richteramtes fehlte.[1]) Auch ein Anlauf, einheitlichere Verhältnisse zu schaffen, den man unter Jakob I. nahm, — man schuf neue Bagatellgerichte, die sogenannten Courts of Request[2]) — führte nicht zum Ziel. Denn auch hier kam man nicht zu einer einheitlichen Regelung der gesamten Verhältnisse, man gründete vielmehr die Courts of Request oder, wie sie auch genannt wurden, die Courts of Conscience durch Spezialakte. So blieben die Verhältnisse unkonform, die Zuständigkeit der einzelnen Gerichte schwankte zwischen £ 2 bis 5, und ebensowenig ausgeglichen und vereinheitlicht blieben die Anstellungsverhältnisse.[3])

Das Verhältnis, in welchem diese Sondergerichte zu den Londoner Reichsgerichten standen, war ebenfalls kein gleichartiges. Teilweise besaßen sie eine ausschließliche Zuständigkeit (und derartige Gerichte erlangten und bewahrten naturgemäß stets eine gewisse Bedeutung), teilweise aber war die Zuständigkeit eine konkurrierende, und dann traten sie mehr und mehr in den Hintergrund.[4]) Aber, es muß dies scharf betont werden, der Verfall dieser Sondergerichte resultierte nicht etwa aus dem Umstande, daß kein Bedürfnis für Lokalgerichte vorhanden war, sondern aus den unzulänglichen, man kann sagen unmöglichen Verhältnissen, die bei den einzelnen Sondergerichten bestanden.

Der Zustand nun einer fast völlig durchgeführten Zentralisation der Zivilrechtspflege war auf die Dauer nicht zu halten, und es ist in der Tat ein nicht uninteressantes Problem der englischen Rechtsentwicklung, wie sich diese Verhältnisse überhaupt so lange haben halten können, ein Problem, dessen Lösung uns auch wohl in der heutigen Entwicklung manches Unbegreifliche begreiflich erscheinen lassen würde,[5]) das uns durch die Tatsache seines Bestehens allein abhalten sollte, Rückschlüsse aus dem Festhalten an einer Einrichtung auf die Güte eben dieser Einrichtung zu ziehen. Wie dem

---

[1]) Gneist, Selfgovernment S. 637.

[2]) 3 Jac. I c. 15. 1800 bestanden 54 solcher Gerichtshöfe, die sich auf 54 Lokalakte gründeten. Vgl. Odgers, Century of Law Reform p. 229.

[3]) Wertheim S. 180 f.

[4]) So hatten z. B. die Stadtgerichte von London eine ausschließliche Zuständigkeit. Vgl. de Franqueville tom. I, p. 217.

[5]) Die Frage ist in derselben Formulierung auch in der englischen Literatur aufgeworfen worden. Vgl. Jenks, Local Government p. 77. Dazu Wertheim S. 181. Vgl. auch die harte Kritik der englischen Verhältnisse in der Edinburgh Review vol. 51, p. 482.

nun auch sei, jedenfalls läßt sich zu Anfang des 19. Jahrhunderts eine lebhafte Reformbewegung konstatieren, und das Verlangen nach Einführung von Lokalgerichten wurde immer dringlicher. Der Verlauf dieser Bewegung kann hier leider im einzelnen nicht geschildert werden,[1]) obwohl er im Hinblick auf neue Reformbestrebungen von Interesse und äußerst lehrreich ist. Denn es zeigt sich bereits in ihm, wie eines der retardierendsten Momente in der Entwicklung die Zentralisation der höheren Anwaltschaft in London war, die wir weiter unter kennen lernen werden,[2]) eine Tatsache, auf der ja allerdings zum großen Teil die soziale Höhe des Barristerstandes beruht, die aber damals wie heute der Lokalisierung der Rechtspflege hindernd im Wege stand.[3]) Jedenfalls führte die Bewegung zum Ziel, und 1846[4]) wurden neue Lokalgerichte geschaffen, die sogenannten County Courts, wie sie in Erinnerung an den alten County Court genannt wurden.[5])[6]) Das Gesetz,[7]) welches diese neuen Gerichte schuf, muß als eines der wichtigsten der modernen englischen Rechtsgeschichte bezeichnet werden, wichtig namentlich um deswillen, weil es keinen Abschluß, sondern vielmehr den Ausgangspunkt einer ganz neuen Entwicklung bedeutet.

Die neuen Gerichte unterschieden sich von den früheren Lokalgerichten nun namentlich in einer doppelten Hinsicht: Einmal waren sie als allgemeine Einrichtungen gedacht, ganz England war in entsprechende Gerichtsbezirke geteilt, es wurden nicht nur wie früher für einzelne Städte usw. Lokalgerichte im eigensten Sinne des Wortes gegründet, es wurden vielmehr einheitlich für das ganze Land Distriktgerichte geschaffen. Und Hand in Hand ging damit die weitere, wichtige Tatsache, daß ebenfalls einheitlich für ganz England das Verfahren und die Anstellungsverhältnisse an diesen neuen Gerichten geregelt wurden. Namentlich muß hervorgehoben

---

[1]) Vgl. die außerordentlich interessanten Darlegungen von Odgers, Century of Law Reform pp. 230 et seq.

[2]) Vgl. weiter unten S. 928 ff.

[3]) Vgl. auch Gneist, Englisches Verwaltungsrecht Bd. II, S. 977.

[4]) In meinem Vortrag, Englische Gerichtsverfassung S. 35 f. wird zweimal infolge Druckfehlers das Jahr 1848 angegeben. Der Fehler sei hiermit richtiggestellt.

[5]) de Franqueville tom. I, p. 217 behauptet zu Unrecht, daß die County Courts zuerst Courts for the Recovery of Small Debts genannt seien; das ist unrichtig. Allerdings heißt die Akte von 1846: „an Act for the more easy Recovery of Small Debts and Demands in England", allein die Gerichte führen sofort die Bezeichnung County Courts.

[6]) In der englischen Literatur unterscheidet man demzufolge den „Common Law County Court", d. h. den alten historischen County Court von dem „Statutory County Court", d. h. dem 1846 neubegründeten Gericht. Vgl. Yearly County Court Practice vol. I, p. 2.

[7]) 9 and 10 Vict. c. 95.

werden, daß man als Richter den beamteten Berufsrichter einsetzte, dessen Ernennung sich die Zentralinstanz im Lande vorbehielt, statt sie wie früher der Lokalinstanz zu überlassen, wie wir bei der Darstellung des geltenden Rechtszustandes weiter unten sehen werden.

So ergibt sich uns aus dem Ausgeführten: Die County Courts sind entstanden zur Einschränkung der bis dahin fast völlig durchgeführten Zentralisation der Rechtspflege. Ihre Einführung bedeutet die einheitliche Einführung einer Distriktgerichtsbarkeit. In dieser Tatsache liegt der historische Schwerpunkt ihrer Entstehung, die Lokalisierung der Rechtspflege war ihre eigentliche Funktion,[1]) nicht aber etwa eine andere, z. B. die der Entlastung der Reichsgerichte.

2. Wir bemerkten bereits, daß die Einführung der County Courts nicht den Abschluß, sondern den Beginn einer neuen Entwicklungsreihe darstellte. Es ist daher von Wichtigkeit, die Entwicklung, welche die County Courts seit 1846 genommen haben, näher kennen zu lernen[2]). Es sind dabei drei Entwicklungsreihen auseinanderzuhalten.

a) Ursprünglich waren die County Courts, wie es ausdrücklich im Gesetz hieß, Gerichte „for the more easy Recovery of Small Debts and Demands in England".[3]) Es waren Lokalgerichte, die Bagatellsachen in einem summarischen Prozeß erledigen sollten. Dem entsprach ihre Zuständigkeit, die sich auf alle rein persönlichen Klagen mit einem Streitwert bis zu £ 20, d. h. also 400 Mark bezog. Dabei waren eine Reihe von Klagen durch positive Bestimmung ausgeschlossen, so Klagen wegen Malicious Prosecution, Libel, Slander, Seduction, Breach of Promise of Marriage und andere mehr.[4]) Andererseits konnten Exmissionsklagen angebracht werden, sofern der Pacht- oder Mietzins des verpachteten oder vermieteten Gegenstandes die Summe von £ 50 jährlich nicht überstieg.[5]) Und schließlich waren die County Courts unbeschränkt zuständig für

[1]) So auch Gneist, Englisches Verwaltungsrecht Bd. II, S. 976 ff.; de Franqueville tom. I, p. 213 ss.; Brodie-Innes vol. I, pp. 68 ff. et seq.; Wertheim S. 181 u. a. m.

[2]) Vgl. namentlich Odgers, Century of Law Reform pp. 231 et seq. und den sehr interessanten Artikel von Munton, Law Magazine vol. 31, pp. 328 et seq. Ferner de Franqueville tom. II, p. 224 ss. mit interessanter Statistik.

[3]) Vgl. die Überschrift des Gesetzes von 1846, 9 and 10 Vict. c. 95.

[4]) Vgl. namentlich 9 and 10 Vict. c. 95 s. 58, s. 53. Teilungsklagen aus Gesellschaftsverhältnissen sind hier einbegriffen.

[5]) L. c. s. 122. Die Exmissionsklage darf nicht mit der Action of Ejectment verwechselt werden, die die eigentliche rekuperatorische Besitzklage ist. Vgl. Wertheim S. 225.

die sogenannten Actions for Replevin, Klagen auf Einlösung eines im Wege der Selbsthilfe gepfändeten Gegenstandes.[1])

Man sieht, die Zuständigkeit war keine allzu große, namentlich waren dingliche Klagen völlig von derselben ausgeschlossen, und ebenso waren die County Courts unzuständig in sogenannten Equity-Angelegenheiten, die mithin sämtlich nach wie vor in London vor den Reichsgerichten und zwar dem Court of Chancery zu erledigen waren.[2])

Die neuen Gerichtshöfe bürgerten sich sehr rasch ein. Das einheitlich geregelte Verfahren, die sachgemäße Besetzung sicherten ihnen einen großen Erfolg, und das Publikum suchte sie in steigendem Maße auf, obwohl die Zuständigkeit weder der Lokalgerichte noch auch der Reichsgerichte durch die County Courts irgendwie ausgeschlossen worden war. Und gerade die Tatsache, daß die County Courts trotz nur konkurrierender Zuständigkeit[3]) so stark in Anspruch genommen wurden, beweist am besten die Notwendigkeit ihrer Einführung.[4])

Die Weiterentwicklung führte rasch zu einer starken Ausdehnung der Zuständigkeit.[5]) Schon 1850[6]) wurde die Wertgrenze von £ 20 auf £ 50 erhöht, die Zuständigkeit in persönlichen Klagen also mehr als verdoppelt. 1856[6]) wurde den Parteien das Recht eingeräumt, in allen persönlichen Klagen, soweit sie nicht zur ausschließlichen Zuständigkeit der Reichsgerichte gehören, durch Parteivereinbarung die Zuständigkeit der County Courts zu begründen. Außerdem erhielt der Richter das Recht, auch über dingliche Rechte zu entscheiden, sofern dieselben präjudizielle Bedeutung für den Rechtsstreit hatten, allerdings nur mit ausdrücklicher Zustimmung

---

[1]) 9 and 10 Vict. c. 95 s. 119. Vgl. Wertheim S. 481. Diese Klagen gehörten schon zur ausschließlichen Zuständigkeit des Common Law County Court; vgl. Yearly County Court Practice vol. I, p. 2.

[2]) Die Equity-Angelegenheiten umfassen im allgemeinen die wichtigsten Angelegenheiten der freiwilligen Gerichtsbarkeit, z. B. Verwaltung des Vermögens Verstorbener, Kognitionen über Stiftungen usw. Es gehören aber dazu auch alle Streitsachen, die aus den inbetracht kommenden Rechtsverhältnissen entstehen. Die Equityzuständigkeit umfaßt also nicht nur freiwillige, sondern auch streitige Gerichtsbarkeit. Vgl. Wertheim S. 232 ff., S. 166 ff.; Schuster, Bürgerliche Rechtspflege S. 14 f.; vgl. auch weiter unten S. 313 ff.

[3]) Brodie-Innes vol. I, pp. 233 et seq.

[4]) Daß diese Tatsache nicht etwa auf einem besonderen Vertrauen des Publikums zu den Richtern der County Courts als solchen beruht, führt treffend aus Viezens, Bureaukraten u. Lords S. 136 ff.

[5]) Es sind seit 1846 eine ganze Reihe County Courts Acts erlassen. Vgl. Yearly County Court Practice vol. I, p. 2.

[6]) 13 and 14 Vict. c. 61 s. 1.

[7]) 19 and 20 Vict. c. 108 s. 23.

beider Parteien.[1]) Den Reichsgerichten wurde andererseits das Recht verliehen,[2]) selbst unter bestimmten, hier nicht weiter interessierenden Voraussetzungen Klagen, welche an sich die Zuständigkeit der County Courts überstiegen, an diese zur Aburteilung zu verweisen, so daß neben der unmittelbaren Zuständigkeit der letzteren eine solche kraft Delegation des höheren Richters trat. 1857 wurden Klagen aus Erbrecht zugelassen, und zwar bis zu £ 200, bei dinglichen Ansprüchen bis zu £ 300.[3])

Eine weitere bedeutende Erweiterung erfolgte 1865.[4]) Nunmehr wurden die County Courts auch für eine Reihe von Equity-Angelegenheiten zuständig gemacht unter Festsetzung einer Wertgrenze von £ 500. Bereits 1867[5]) wurde diese Zuständigkeit sehr beträchtlich vermehrt. 1868 und 1869 wurden dann auch Admiralitätsangelegenheiten den County Courts überwiesen, allerdings nicht allgemein, sondern nur so, daß bestimmten County Courts (es sind dies heute 43[6])), die sogenannte Admiralitätsgerichtsbarkeit übertragen wurde.[7]) 1883 machte man die County Courts zu Konkursgerichten[8]), allerdings mit der einschränkenden Bestimmung, daß einzelnen County Courts die Konkurszuständigkeit durch ausdrückliche Verordnung des Lord Chancellor genommen werden kann, was auch für das Londoner Gebiet geschehen ist.[9]) 1888 finden sich weitere Ausdehnungen der Zuständigkeit. Deliktsklagen werden zugelassen, ebenso Klagen wegen Malicious Prosecution.[10]) Und schließlich ist 1903 die Zuständigkeit noch insofern bedeutend ausgedehnt worden, als die Wertgrenze von £ 50 auf £ 100 erhöht worden ist, wenn auch unter bestimmten, einschränkenden Bestimmungen, auf die indes hier noch nicht eingegangen

---

[1]) 9 and 20 Vict. c. 108 s. 25.

[2]) L. c. s. 26.

[3]) 20 and 21 Vict. c. 36.

[4]) 28 and 29 Vict. c. 99 s. 1.

[5]) 30 and 31 Vict. c. 142 s. 9.

[6]) Koellreutter, Richter und Master S. 68 gibt 44 an, zählt aber den City of London Court mit. Vgl. Yearly County Court Practice vol. I, pp. 732 et seq.

[7]) 31 and 32 Vict. c. 71; 32 and 33 Vict. c. 51. Vgl. auch Schuster, Bürgerliche Rechtspflege S. 4 und weiter unten S. 334 f. Diese Zuständigkeit ist später auch noch durch ein Spezialgesetz erweitert worden; Merchant Shipping Act von 1894, 57 and 58 Vict. c. 60.

[8]) Die Entwicklung, auf deren Einzelheiten nicht eingegangen werden kann, ist hier schon eingeleitet durch andere Gesetze, vgl. 24 and 25 Vict. c. 134; 32 and 33 Vict. c. 71; ferner Gneist, Englisches Verwaltungsrecht Bd. II, S. 1000. Eingehender weiter unten S. 468 ff.

[9]) 46 and 47 Vict. c. 52 ss. 92, 95, 102. Im ganzen haben 142 County Courts die Konkurszuständigkeit. Vgl. Civil Judicial Statistics 1907, p. 130.

[10]) 51 and 52 Vict. c. 43 ss. 56, 65. Unrichtig Munton, Law Magazine vol. 31, p. 329. Vgl. Yearly County Court Practice vol. I, pp. 29, 39.

werden kann, und die ohne Belang sind für die prinzipielle Bedeutung der Ausdehnung der Zuständigkeit.[1])

Wir haben bis jetzt nur die Erweiterungen der Zuständigkeit erwähnt, die durch besondere County Courts Acts herbeigeführt worden sind. Daneben finden sich aber eine Reihe von Erweiterungen der Kompetenz in einer Unmenge von Spezialgesetzen, auf die hier im einzelnen nicht eingegangen werden kann, so wichtig dieselben an und für sich auch sind. Die große Geschäftslast, die heute auf den County Courts ruht, ist zum großen Teil gerade durch die Spezialgesetze auferlegt worden, und die Vermehrung der Sachen, die von den Grafschaftsgerichten zu erledigen sind, hört nicht auf; denn derartige Spezialgesetze werden fortwährend neu erlassen.[2]) Es mag dabei erwähnt werden, daß durch einige dieser Gesetze sogar eine unbeschränkte Zuständigkeit der County Courts begründet worden ist.

Bemerkenswert sind ferner die Veränderungen, die im Verhältnis der County Courts zu den übrigen Gerichten vorgenommen werden. Auf der einen Seite werden im weiteren Verlauf der Entwicklung die noch bestehenden Lokalgerichte immer mehr und mehr zurückgedrängt, ja, es wird ihre Zuständigkeit zum guten Teil völlig beseitigt.[3]) Auf der andern Seite ändert sich auch das Verhältnis zu den Reichsgerichten und dem später aus diesen gebildeten High Court. Zwar wird die konkurrierende Zuständigkeit des letzteren prinzipiell beibehalten.[4]) Aber indem man den Parteien prozessuale Nachteile, namentlich in bezug auf die Kostenfolge auferlegt, falls sie

---

[1]) 3 Edw. VII c. 42 s. 3. Die Ausführungen von Hatschek Bd. II, S. 170 sind nicht zutreffend. Das Gesetz von 1903 hat nicht der Krone die Möglichkeit gegeben, einzelnen Grafschaftsgerichten eine erweiterte Zuständigkeit zu übertragen, sondern hat vielmehr die Zuständigkeit allgemein erhöht. Die Krone hat nur das Recht, die erhöhte Zuständigkeit ihrer Ausübung nach auf einzelne bestimmte Gerichte zu beschränken. Vgl. weiter unten S. 206 f. und namentlich County Courts Order in Council von 1904, abgedruckt Yearly County Court Practice vol. I, p. 1058; ferner Munton, Law Magazine vol. 31, p. 329.

[2]) Vgl. eine Übersicht der bis 1903 erlassenen Gesetze bei Brodie-Innes vol. I, pp. 246 et seq. Brodie-Innes aber sagt selbst: „No full or final list of these statutes is possible, as Parliament is continually adding to their number.“ Eine weitere Übersicht dieser Spezialgesetze findet sich in dem Report of the Committee to inquire into Certain Matters of County Court Procedure 1909 (zitiert als County Court Report) pp. 4—7. Daselbst werden 63 Spezialgesetze angeführt, durch welche die Zuständigkeit der County Courts erhöht ist, und auch diese Liste ist nicht erschöpfend.

[3]) 15 and 16 Vict. c. 54 s. 7; 30 and 31 Vict. c. 142 s. 28.

[4]) Es kommen aber auch Ausnahmen vor; es gibt Gesetze, die eine ausschließliche Zuständigkeit der County Courts begründet haben. Vgl. Brodie-Innes vol. I, p. 246. Allerdings ist dies immer nur in Spezialmaterien der Fall. Vgl. Gneist, Englisches Verwaltungsrecht Bd. II, S. 979;

statt an die County Courts an den High Court gehen, übt man einen indirekten Zwang auf sie aus, ihre Klagen bei den niederen Gerichten zu verhandeln, einen Zwang, den man noch durch ein Verweisungsrecht des höheren Richters an das niedere Gericht sehr wirksam unterstützt[1].) Und diese Bestimmungen sind namentlich in London, wo ja das Bedürfnis nach Lokalgerichten infolge des vorhandenen High Court nicht so lebhaft war wie in den Provinzen,[2]) von großer praktischer Bedeutung geworden. Ihnen ist es in erster Linie zu verdanken, daß auch in London die County Courts in ihrem Kompetenzkreis die ordentlichen Gerichte rechtlich wie tatsächlich geworden sind.[3])

Ich glaube, aus dem Ausgeführten ergibt sich eines zur Evidenz: die Lokalisierung der Rechtspflege, wie sie mit dem Gesetz von 1846 begonnen hat,[4]) ist mit ihm nicht beendet worden. Sie ist vielmehr im Gegenteil immer weiter durchgeführt. Jedes Gesetz, welches weiterhin die Zuständigkeit der County Courts vermehrt hat, hat in die Zentralisation der Rechtspflege eine Bresche gelegt, bedeutet einen weiteren Schritt in der völligen Überwindung des Prinzips der Zentralisation.[5]) Und heute (wir werden das noch weiter unten des näheren sehen[6])), sind die County Courts sicher keine Bagatellgerichte mehr, sie sind vielmehr Lokalgerichte für die weitaus größte Menge der Streitigkeiten des täglichen Lebens[7]) mit einer allerdings nach oben teilweise beschränkten Zuständigkeit. Sie sind aber andererseits Distriktsgerichte, bei denen sich aus historischen, nicht aus rationellen Gründen ein Bagatellverfahren, eine Art summarisches Verfahren erhalten hat.[8]) Die Lokalisierung der

---

Century of Law Reform p. 234 (erwähnt werden hier Workmen's Compensation Act, the Employers' Liability Act und andere mehr). Vgl. auch den County Court Report pp. 6, 7. Erwähnt werden hier 26 Gesetze.

[1]) 19 and 20 Vict. c. 108 s. 26; 30 and 31 Vict. c. 142 ss. 5, 7.

[2]) Daß die Assisen das Bedürfnis nach Lokalgerichten nicht beseitigt haben, das ist bereits früher ausgeführt worden. Vgl. weiter oben S. 167 f.

[3]) Vgl. Munton, Law Magazine vol. 31, p. 334 in sehr beachtenswerten Ausführungen.

[4]) Munton, Law Magazine vol. 31, p. 332: „But to return to 1846. The theory of the Act of that year was the bringing of justice to every man's door . . .“ Man darf nicht übersehen, das damals District Registries noch nicht existierten, deren Einführung übrigens einen weiteren Schritt der Dezentralisation bedeutet. Vgl. weiter unten S. 303f.

[5]) Koellreutter, Richter und Master S. 70 f.

[6]) Vgl. weiter unten S. 205f.

[7]) 1907 wurden im High Court 79042, in den County Courts 1333960, in den übrigen Civil Courts 35289 Prozesse erledigt. Vgl. Civil Judicial Statistics 1907, p. 17 und auch die statistischen Angaben bei Koellreutter, Richter und Master S. 84.

[8]) Die Engländer selbst wenden sich gegen die Bezeichnung der County Courts als Bagatellgerichte. Vgl. Law Times vol. 117, p. 277, wo ausgeführt

Rechtspflege (das ist das wichtige Resultat, welches ich noch einmal betonen möchte) ist also heute noch keineswegs zu einem festen Abschluß gekommen, sondern vielmehr noch in der Entwicklung begriffen. Und die Beliebtheit, deren sich die County Courts in weitesten Kreisen der Bevölkerung zu erfreuen haben,[1]) gilt natürlich nicht den Gerichten oder den Richtern als solchen, sondern dem lokalisierten Gericht und beweist am schlagendsten, daß die Verhältnisse des Lebens, die sozialen Geschäfts- und Verkehrsverhältnisse immer weiter nach der Richtung endgiltiger Beseitigung der Zentralisation drängen.[2])

b) Die andere Entwicklungsreihe, die wir bei der Fortbildung der County Courts beobachten können, ist vielleicht noch inter-

---

wird, der Ausdruck Bagatellgericht „means a court where claims to a limited amount or actions of a particular kind are decided". Da die County Courts aber nicht Gerichte für geringe Sachen seien, sei der Ausdruck Bagatellgericht zu vermeiden. Unrichtig also Heyman in Holtzendorffs Encyklopädie der Rechtswissenschaft 6. Aufl. Bd. II, S. 803.

[1]) Vgl. z. B. Gneist, Englisches Verwaltungsrecht Bd. II, S. 978; R. Schmidt, Civilprozeßrecht S. 122, ferner S. 132, Anm. 5

[2]) Man wird aus dem im Text Ausgeführten beurteilen können, wie unzutreffend es ist, wenn Weidlich, Lisztsche Zeitschrift Bd. 28, S. 508 davon spricht, daß seit 1873 die Rechtsprechung wieder wie in alten Königszeiten wirksam zentralisiert sei. Vgl. auch ebendort Anm. 15: „Ruhig bleiben dabei die erratischen Blöcke am Wege der Entwicklung stehen, die den an der Oberfläche haftenden Beschauer verwirren, so daß er statt der längst weitergeeilten Gesamtentwicklung völlige Beseitigung des Prinzips der Zentralisation zu sehen vermeint, wie Gerland." Nun kann diese Stelle in Verbindung mit dem Text nur so verstanden werden, daß die Entwicklung längst über die Dezentralisation zur Zentralisation fortgeeilt sei. Diese historisch ungeheuerliche Behauptung beweist Weidlich in einer allerdings recht naiven Art, indem er S. 502 darauf hinweist, daß 1873 die verschiedenen Londoner Reichsgerichte zu einer Zentralinstanz zusammengezogen worden sind. Allerdings ist es richtig, daß wir an Stelle der fünf Reichsgerichte jetzt nur ein Reichsgericht mit mehreren, untereinander sehr unabhängigen Abteilungen haben, deren Vereinigung jedoch stellenweis rein äußerlich ist, wie wir noch sehen werden. Aber was hat das mit unserer Frage zu tun? Ist dadurch die Zentralisation der Rechtspflege an einem Punkt, die hier allein in Frage steht, irgendwie tangiert worden? Weidlich spielt einfach mit Worten. Er sagt: Wir hatten mehrere Gerichte, dieselben sind vereint, also jetzt nicht fünf oberste Gerichte, sondern eine Zentralinstanz, also Zentralisation. Wir verstehen aber unter Zentralisation die Tatsache, daß Prozesse nur in London angestrengt werden können, nicht aber in der Provinz. Und diese Tatsache wird weder positiv noch negativ durch die Vereinigung der Reichsgerichte berührt. Daß aber die Justizreform von 1873 keineswegs der Durchführung der Zentralisierung dienen wollte, daß auch sie vielmehr auf Lokalisierung der Rechtspflege ausging, beweist die Einführung der District Registries, auf die wir weiter unten zu sprechen kommen werden. Übrigens stelle ich noch fest, daß ich nicht daran gedacht habe, zu behaupten, das Prinzip der Zentralisation sei völlig beseitigt, eine Behauptung, die ja auch unmöglich wäre. Ich habe Englische Gerichtsver-

essanter als die bis jetzt geschilderte, weil aus ihr noch deutlichere Rückschlüsse auf eine wahrscheinliche Entwicklung der Zukunft gezogen werden können, als aus dem bisher Ausgeführten. Es kommt hier folgendes in Betracht: Als die County Courts 1846 eingeführt wurden, wurden sie besetzt mit Richtern, denen Hilfsbeamte zur Seite gestellt wurden. Dieselben wurden Clerks genannt, deren erster den Titel First Clerk führte. Ihre Funktionen waren im wesentlichen die von Gerichtschreibern, und sie hatten keinerlei richterliche Funktionen in unserm Sinne zu erfüllen.[1]) Namentlich taxierte der Richter selbst die Kosten und hatte die Versäumnisurteile zu erlassen.[2])

Die späteren County Courts Acts stellten diese Nebenbeamten indessen viel selbständiger. Schon 1850 fing man an, den Clerks richterliche Funktionen, wenn auch in sehr beschränktem Maße zu übertragen.[3]) Allerdings ist nicht hierher zu rechnen die Bestimmung, daß der Schuldner seine Schuld vor dem Clerk zugestehen konnte. Denn hierdurch wurde zwar ein weiteres Beweisverfahren ausgeschlossen, allein das formale Urteil erging noch durch den Richter.[4]) Immerhin ist auch dies nicht ohne Bedeutung, wurde doch hier die Möglichkeit geschaffen, gewisse Prozeßverhandlungen, die an sich vor das erkennende Gericht gehörten, vor einem Unterbeamten sich abspielen zu lassen. Denn der Richter wirkte in der Tat nur mehr formell, nur mehr rein äußerlich mit. Allein wichtiger war doch das Recht, welches der Clerk verliehen erhielt, selbstständig auf Grund eines Vergleiches, den die Parteien untereinander

---

fassung S. 34 nur ausgeführt, daß die Tendenz der Rechtsentwicklung auf eine völlige Beseitigung der Zentralisation abziele, eine Behauptung, die wir weiter unten beweisen werden, soweit sie nicht in dem bereits Ausgeführten schon bewiesen ist. Die Behandlung der ganzen Frage bei Weidlich ist charakteristisch für die Methode seiner Arbeit, eine Methode, die, wie ich mit Bedauern konstatieren muß, in unserer Reformliteratur leider nicht allzu selten anzutreffen ist.

[1]) Vgl. 9 and 10 Vict. c. 95 s. 27, entsprechend 51 and 52 Vict. c. 43 s. 26: „The registrar of each court, with such clerks as may be required, shall issue all summonses, warrants, precepts, and writs of execution, and register all orders and judgments of the said court, and keep an account of all proceedings of the court and shall take charge of and keep an account of all court fees and fines payable or paid into court, and of all moneys paid into and out of court, and shall enter an account of all such fees, fines and moneys in a book belonging to the court, to be kept by him for that purpose, and shall from time to time, as may be directed, submit his accounts to be audited or settled."

[2]) 9 and 10 Vict. c. 95 ss. 79, 80, 87.

[3]) Vgl. die durchaus zutreffenden Ausführungen Koellreutters, Richter und Master S. 75.

[4]) 13 and 14 Vict. c. 61 s. 8.

abgeschlossen hatten, ein Urteil „einzutragen", d. h. zu erlassen.[1]) Mit diesem Recht wurden zuerst dem Clerk rein richterliche Funktionen übertragen. Und daß dies auch der Wille des Gesetzgebers sein sollte, ergibt sich klar aus dem Wortlaut des in Betracht kommenden Gesetzes: „and such judgment shall to all intents and purposes be the same, and have the same effect, and shall be enforced and enforcable in the same manner, as if it had been a judgment of the judge of the said court."

1856 ging man noch weiter. Zunächst erhielt der Nebenbeamte den Titel Registrar, ein Titel, der gegenüber dem als Clerk der höhere ist.[2]) Der Registrar wurde ferner, wenn auch noch unter Kontrolle des Richters, mit der Taxierung der Kosten betraut,[3]) und außerdem wurde er für zuständig zur Erledigung der Replevinangelegenheiten erklärt.[4]) Es wurden also wiederum ursprünglich richterliche Funktionen dem Richter abgenommen, dem Registrar übertragen.

1867 wurde die richterliche Kompetenz des Registrar erweitert. Er wurde neben dem Richter mit zuständig in Versäumnissachen und in Anerkenntnissachen,[5]) und er konnte nunmehr bei Kontraktsklagen sowohl Versäumnis- wie Anerkenntnisurteile erlassen. Allerdings handelte es sich stets um eine delegierte Zuständigkeit, denn er konnte diese richterlichen Funktionen nur ausüben „by leave of the judge", d. h. falls ihm der Richter die nötige Anweisung generell oder speziell erteilt hatte.[6]) Allein bei dieser Urteilstätigkeit handelte es sich keineswegs um eine bloße Formaltätigkeit, wie etwa bei unserem Versäumnisverfahren. Vielmehr mußte im Versäumnisverfahren gegen einen abwesenden Beklagten der vom Kläger erbotene Beweis erhoben werden, so daß hier in der Tat der Registrar an die Spitze einer, wenn auch beschränkten, materiellen Sachverhandlung gestellt wurde.

Das Jahr 1868 brachte neue Erweiterungen. Der Registrar wurde nun an der Beweisaufnahme in Admiralty-Angelegenheiten insofern beteiligt, als der Richter ihm derartige Beweisaufnahmen

---

[1]) 13 and 14 Vict. c. 61.

[2]) 19 and 20 Vict. c. 108 s. 8. Die wachsende Bedeutung des Amtes zeigt sich auch in dem Verbot, ein und dieselbe Person als Registrar für mehrere County Courts zu ernennen, ein Verbot, das 1856 erging, nachdem schon 1850 die Residenzpflicht der Clerks eingeführt war. Vgl. 13 and 14 Vict. c. 61 s. 3.

[3]) 19 and 20 Vict. c. 108 ss. 34—36. Die Entscheidung des Registrar ist „subject to review by the judge".

[4]) 19 and 20 Vict. c. 108.

[5]) 30 and 31 Vict. c. 142 ss. 16, 17.

[6]) Der Einspruch geht stets an den Richter, der allein das Versäumnisurteil wieder aufheben kann.

generell oder speziell übertragen konnte.[1]) Man sieht, hier wird der Registrar in der Rolle eines beauftragten Richters verwandt, wenn auch fürs erste nur in speziellen Materien. Durch das Gesetz von 1883 endlich, durch welches die County Courts zu Konkursgerichten gemacht wurden, erhielten die Registrars dieselben wichtigen richterlichen Funktionen, die die Registrars bei der Konkursabteilung am High Court zu erfüllen haben, und die wir erst später kennen lernen werden.[2])

Der wichtigste, weil prinzipiell bedeutungsvollste Schritt in der Weiterentwicklung erfolgte indessen 1888. Zunächst wurde die Zuständigkeit des Registrar in Versäumnis- und Anerkenntnissachen ausgedehnt. Handelte es sich bis jetzt stets nur um eine delegierte funktionelle Kompetenz des Registrars, der ja, wie wir gesehen haben, nur auf Anweisung des Richters hin tätig werden konnte, so kann er jetzt auch tätig werden im Fall des Todes oder der unvermeidlichen Abwesenheit des Richters.[3]) Der Registrar wird also als Ersatzrichter verwandt, wenn auch mit begrenzter funktioneller Zuständigkeit. Wichtiger als dies ist indes, daß der Richter bei Forderungen, die nach Grund und Betrag streitig sind, dem Registrar die Entscheidung bezüglich der Festsetzung der Höhe des Betrages übertragen kann. Allerdings erläßt der Richter in diesem Falle das formelle Urteil, allein ein großer Teil der Verhandlung spielt sich allein vor dem Registrar ab. Auch hier liegt delegierte Gerichtsbarkeit vor.[4]) Schließlich aber die wichtigste Neuerung: Es können dem Registrar sämtliche Klagen zur Entscheidung überwiesen werden, bei denen der Streitwert £ 2 nicht übersteigt. Voraussetzung ist allerdings übereinstimmender Parteiantrag und Anweisung des Richters, die wiederum speziell oder generell erteilt werden kann.[5]) Allein diese Voraussetzungen tangieren nicht die prinzipielle Bedeutung der Neuerung: War bisher die Zuständigkeit des Registrar, Ausnahmen abgesehen, doch mehr oder weniger beschränkt auf den Erlaß von Formalurteilen, so ist ihm hier nunmehr generell ein ganzes Gebiet streitiger Verhandlungen zur Aburteilung überwiesen worden. Mochte er bei jenen Formalentscheidungen wirklich nur ein richterlicher Hilfsbeamter sein, funktionell vom Richter unterschieden, da es Funktionen desselben gab, die der Registrar prinzipiell nicht erledigen konnte: durch die Neuerungen von 1888 ist diese Differenzierung hinweggefallen. Nunmehr unterscheiden sich Registrar und Richter funktionell nicht

---

[1]) 31 and 32 Vict. c. 71 s. 20.

[2]) Vgl. Schuster, Bürgerliche Rechtspflege S. 43 und weiter unten S. 482 ff.

[3]) 51 and 52 Vict. c. 43 ss. 90, 92.

[4]) L. c. s. 92, Abs. 2.

[5]) L. c. s. 92, Abs. 1.

mehr; denn es gibt qualitativ keine Funktionen des Richters mehr, die der Registrar nicht auch zu erfüllen vermöchte. Die Entwicklung endet mithin so, daß der Registrar Richter mit einer beschränkten Zuständigkeit geworden ist, die sich aus der Zuständigkeit des eigentlichen Richters herauslöst, daß ersterer neben den richterlichen Funktionen aber auch noch andere Funktionen zu erfüllen hat, eine Tatsache, die jedoch nichts an der anderen Tatsache ändert, daß der Registrar neben den Richter als zweiter, als funktionell niederer Richter tritt. Und dieses Verhältnis wird auch ausdrücklich im Gesetz ausgesprochen. Unter den Legaldefinitionen des Gesetzes[1]) heißt es: „Court or County Court shall mean and include .... the judge or registrar of the court." In den Gerichtsgebäuden aber findet man Säle mit der Aufschrift: „Judge's Court" und „Registrar's Court", womit das Verhältnis beider als richterlich gleichartiger Organe deutlich genug zum Ausdruck gebracht sein dürfte.

Die Entwicklung, die wir im Vorstehenden darzustellen versuchten, ist charakteristisch genug. Sie beweist, daß Hand in Hand mit zunehmender Zuständigkeit der County Courts sich eine Spaltung im County Court selbst vollzieht: Das Grafschaftsgericht trennt sich in zwei verschiedene Gerichte, in eines mit einer immer mehr erweiterten Kompetenz, das Gericht des Richters, in ein anderes mit sehr begränzter Zuständigkeit, in das eigentliche Bagatellgericht, das Gericht des Registrar. Und die Entwicklung, das beweist das Ausgeführte zur Genüge, geht bis jetzt stetig dahin, die fragliche Differenzierung weiter durchzuführen, die erwähnte Trennung klarer und bestimmter zu gestalten.

c) Auch die dritte Entwicklungsreihe ist nicht ohne Wichtigkeit. Wie sich nämlich in den County Courts Richter und Registrar instanzen- und kompetenzmäßig gegenüberzutreten anfangen, so können wir beobachten, daß auch unter den einzelnen County Courts eine funktionelle Differenzierung begonnen hat und scheinbar stets weiter durchgeführt wird. Einzelne County Courts haben nämlich einen weiteren Zuständigkeitskreis erhalten als die übrigen, ragen also insofern als die höheren County Courts über die andern hervor. Zunächst wird 1868 nur einigen County Courts die Admiralitätsgerichtsbarkeit übertragen, was indes in der Eigenart der zu behandelnden Angelegenheiten seinen zureichenden Grund finden mag.[2])

---

[1]) 51 and 52 Vict. c. 43 s. 186.

[2]) Es muß aber doch darauf hingewiesen werden, daß hier dann verschiedene County Court Districts zusammengelegt werden, und einem bestimmten County Court die Admiralty Jurisdiction für die verschiedenen Districte übertragen wird. Vgl. Yearly County Court Practice vol. I, pp. 733 et seq.

Wichtiger ist, daß 1883 der Lord Chancellor das Recht erhält, einem County Court die Konkursgerichtsbarkeit zu nehmen, und dieselbe einem andern zu übertragen, wodurch die Möglichkeit entsteht, in der alten Gerichtssprengeleinteilung neue Gerichtssprengel für Konkurszwecke zu bilden. Am interessantesten ist indes die Bestimmung von 1903, daß durch Königliche Verordnung einzelnen County Courts ausschließlich das Recht übertragen werden kann, innerhalb der erweiterten Zuständigkeit von £ 50—100 die Hauptverhandlung zu führen, was denn auch sofort geschehen ist. Dadurch sind in der Tat neue Zentren geschaffen worden, Gerichte mit einer höheren funktionellen Bedeutung als die übrigen County Courts,[1]) eine Tatsache, die für die Weiterentwicklung der Verhältnisse sicher nicht ohne Bedeutung sein kann. Haben wir doch vielleicht hier die ersten Keime zu wirklichen Lokalzentralinstanzen, wie wir später noch sehen werden. Jedenfalls hat die Entwicklung heute dazu geführt, daß die County Courts untereinander nicht funktionell gleichartig, sondern vielmehr durchaus verschiedenartig sind. Und wir müssen bei ihnen unterscheiden die County Courts weiterer und engerer Kompetenz.

II. 1. Die Entwicklung der County Courts ist zweifellos noch nicht abgeschlossen.[2]) Ihre Weiterentwicklung ist vielmehr ein Problem der augenblicklichen Rechtsentwicklung, welches in der Literatur lebhaft besprochen wird. Auch hier ist es interessant genug, die verschiedenen Strömungen zu beachten, die sich gegenüberstehen. Auf der einen Seite nämlich fordert man nichts weniger als Umwandlung der County Courts in lokale Teile des High Court, oder besser gesagt, man verlangt völlige Dezentralisierung, völlige Lokalisierung der Zivilrechtspflege, und zwar verlangt man, daß Gerichtshöfe konform dem Londoner High Court an den verschiedensten Zentralpunkten Englands an Stelle der County Courts errichtet werden sollen. Dabei will man nun keineswegs auf Bagatellgerichte verzichten, sondern anknüpfend an die bereits erwähnte Gerichtsbarkeit des Registrar will man neue Bagatellgerichte mit einer sehr beschränkten sachlichen Zuständigkeit, sei es bis zu £ 2, sei es bis zu £ 5 oder noch mehr gründen.[3]) Auf der andern Seite fehlt

[1]) Über die rein dogmatische Bedeutung der Frage vgl. weiter unten S. 207 f.

[2]) Selbst Weidlich, Lisztsche Zeitschrift Bd. 28, S. 498, Anm. 5 gibt zu, daß die Stellung der County Courts noch unentwickelt und im Flusse begriffen ist.

[3]) Vgl. die interessanten Artikel Yate Lee, Law Magazine and Review vol. 24, pp. 257 et seq.; Munton, Eodem loco vol. 24, pp. 385—395; vol. 25, pp. 20—29; vol. 31, pp. 328—336; Snow, Law Quarterly Review vol. 16, pp. 129 et seq., 229 et seq.; ferner Law Times vol. 98, pp. 249, 254, 276, 286; vol. 101, pp. 535 et seq.; vol. 102, pp. 446, 471, 496; vol. 108, p. 360;

es aber auch nicht an Stimmen, die an der Zentralisation der Rechtspflege festhalten,[1]) und es kann nicht übersehen werden, daß die Gegner einer Fusion beider Gerichte sich bis jetzt stets als die stärkeren erwiesen haben; wenigstens insofern, als eine durchgreifende, abschließende Reform bis jetzt nicht zustande kam, zwar wiederholt versucht, aber stets auch gescheitert ist. So ist es nicht ohne Interesse, daß bereits die Judicature Commission, 1873, in ihrem Bericht zu der Forderung kam, an Stelle der County Courts einheitlich lokale Gerichtshöfe erster Instanz mit unbeschränkter Zuständigkeit einzurichten.[2]) Auf Grund dieser Vorschläge wurde auch ein entsprechender Gesetzentwurf eingebracht, der indessen nicht Gesetz wurde.[3]) Ähnliche Vorschläge wurden späterhin wiederholt in offizieller Weise gemacht, so z. B. bei Anlaß der Verhandlungen der Law Society 1881, neuerdings 1908, ohne daß indessen andere Resultate erzielt wurden, als höchstens die Einsetzung einer Kommission zum Studium der Frage.[4])

Allein andererseits ging nun die Entwicklung doch insofern unaufhaltsam weiter, als die Zuständigkeit der County Courts, wie wir sahen, immer mehr erweitert wurde. Damit aber kam ein unhaltbarer Dualismus in die Organisation dieses Gerichtes. Auf der einen Seite hatte man eine Zuständigkeit, die längst über die eigentliche Bagatellzuständigkeit hinausgegangen war, wie man klar erkannte.[5]) Auf der andern Seite hatte man dagegen stets noch das summarische Verfahren, den Bagatellprozeß, der für die zu erledigenden Sachen natürlich nicht mehr paßte. Und dieser Dualismus wurde auch nicht dadurch behoben, daß man dem Registrar eine beschränkte Gerichtsbarkeit verlieh;

---

vol. 110, pp. 73, 97, 119, 145; vol. 112, pp. 144, 357; vol. 116, p. 162; vol. 124, pp. 352, 390 et seq., 409, 495, 527, 553; vol. 125, pp. 275 et seq., 409, 528 u. a. m. Es ist natürlich unmöglich, hier das gesamte Material bezüglich dieser Frage zusammenzutragen. Es können immer nur mehr oder weniger Stichproben gegeben werden. Die Frage ist auch außerordentlich häufig in der Tagespresse behandelt worden. Vgl. z. B. die Angaben bei Munton, Law Magazine vol. 31, p. 330.

[1]) Vgl. z. B. die Angaben bei de Franqueville tom. I, p. 206, namentlich n. 1. Die eigenen Ausführungen de Franquevilles sind übrigens heute nicht mehr völlig zutreffend: „Si graves que puissent être les inconvénients du système actuel, tout le monde semble d'accord pour repousser le remède qui vient naturellement à l'esprit, celui qui consisterait à nommer des juges spéciaux dans les grands centres de population."

[2]) de Franqueville tom. I, p. 225; Law Times vol. 125, p. 292.

[3]) Vgl. die Ausführungen des Lord Chancellor im House of Lords am 2. April 1908. Law Times vol. 124, p. 553.

[4]) Munton, Law Magazine vol. 31, pp. 330, 331. Namentlich auch County Court Report pp. 13 et seq.

[5]) Vgl. weiter oben S. 176, Anm. 8.

denn dadurch wurde die Tatsache nicht tangiert, daß vor dem Richter das Bagatellverfahren das einzig anwendbare blieb.[1]) Dieser Dualismus läßt sich aber auf die Dauer nicht aufrechterhalten, wie ohne weiteres klar ist, um so weniger, als die Zuständigkeit der County Courts von der Gesetzgebung immer mehr erhöht wird. Ein Rückschritt hier, eine Beschränkung der Kompetenz der County Courts dürfte unmöglich sein. Ja selbst mit der Erweiterung der Zuständigkeit innezuhalten, dürfte für die Gesetzgebung sehr schwierig sein, denn fortschreitende Lokalisierung der Rechtspflege ist eine Forderung weitester Kreise, namentlich auch der Handelskreise, die ja unter einer straff durchgeführten Zentralisation am meisten zu leiden haben und deren Beseitigung oder doch wenigstens deren Abschwächung daher auch stets verlangen.[2]) [3])

Faßt man den bestehenden Dualismus ins Auge, berücksichtigt man das weitverbreitete Verlangen nach Ausdehnung der Zuständigkeit der County Courts, so wird man sich der Überzeugung nicht verschließen können, daß die Fusion der County Courts und des High Court in der Tat nur noch eine Frage der Zeit ist. Überwindung der Zentralisation war der Grund zur Einführung der County Courts. Dieses Ziel kann nur dann als erreicht angesehen werden, wenn die Zuständigkeit der County Courts zu einer unbeschränkten gemacht ist. Ist aber die Zuständigkeit von County Court und High Court erst einmal die gleiche, so kann man nicht mehr anders, als beiden Gerichtshöfen dasselbe Verfahren zu geben. Dann ist aber in der Tat jeder Unterschied zwischen beiden hinweggefallen, dann sind die County Courts lokale High Courts. Daß man aber dann nicht ohne neue Bagatellgerichte wird auskommen können, liegt auf der Hand.[1])

---

[1]) Allerdings sind für die erhöhte Zuständigkeit auf Grund des Gesetzes von 1903 auch modifizierte Bestimmungen für das Verfahren ergangen. Dieselben sind aber nicht sehr wesentlicher Natur. Vgl. C. C. R. Order XXII a.

[2]) Yate Lee, Law Magazine vol. 24, p. 257. Das im Text Ausgeführte ist mir häufig genug in kaufmännischen Kreisen bestätigt worden. Wir werden später auf diese Tatsache in anderem Zusammenhang zurückkommen. Vgl. weiter unten S. 745 ff.

[3]) Zu berücksichtigen ist auch, daß der High Courtprozeß in mancher Hinsicht beliebter und praktischer ist als der County Courtprozeß. Vgl. dazu auch die außerordentlich interessanten Verhandlungen der Jahresversammlung der Law Society 1908 (Law Times vol. 125, pp. 292, 294), auf welcher eine Resolution angenommen wurde, welche Vereinheitlichung des Verfahrens am High Court und am County Court fordert. Dagegen allerdings zum Teil Law Times vol. 125, pp. 275, 276, wo namentlich die Behauptung zurückgewiesen wird, der High Courtprozeß sei praktischer.

[4]) Vgl. auch die treffenden Ausführungen Cohens, Spirit of Our Laws p. 112, n. 1, wo anschaulich auseinandergesetzt wird, wie die County Courts

So scheint mir aus dem Ausgeführten sich zu ergeben, daß die gegenwärtige Rechtsentwicklung Englands dahin tendiert, die Zentralisation von innen heraus zu überwinden, die Lokalisierung der Rechtspflege völlig zur Durchführung zu bringen. Einen Schritt weiter in dieser Richtung bedeutet auch eine neue County Court Bill, die 1907 seitens der Regierung im House of Lords eingebracht, damals zurückgezogen, neuerdings aber wieder eingebracht ist und zwar mit Aussicht auf Erfolg.[1] Diese Bill verlangt zwar keine Erhöhung der Zuständigkeit der County Courts, wohl aber eine solche des Registrar, dessen rein richterliche Stellung weiter ausgebaut werden soll.[2] Einmal nämlich soll letzterer allerdings wiederum nur auf Anweisung des Richters hin berechtigt werden, innerhalb der Grenzen seiner beschränkten Zuständigkeit in Abwesenheit des Richters selbst Gericht halten zu können, ferner soll seine streitige Zuständigkeit erhöht werden bis zu der Streitwertgrenze von £ 5.[3] Daß hierin ein Schritt der Weiterentwicklung in der angegebenen Richtung liegt, ergibt sich schon daraus, daß mit der bestimmteren Ausgestaltung des neuen Bagatellgerichtes die Unmöglichkeit eines zweiten Gerichtes mit Bagatellverfahren immer klarer erkennbar wird. Und es ist in dieser Hinsicht von größter Bedeutung, daß der Lord Chancellor bei der zweiten Lesung der Bill neuere, weitere Reformen der ganzen Organisation ausdrücklich in Aussicht gestellt hat, wenngleich er dieselben auch von weiteren Vorarbeiten abhängig gemacht hat.[4] Für die Auffassung, daß eine durchgreifende Neureform sich in der gekennzeichneten Richtung bewegen wird, spricht

---

dem High Court immer ähnlicher geworden sind. Cohen nennt den County Court geradezu einen High Court im kleinen.

[1]) Law Times vol. 124, p. 495: „It is to be hoped that means will be found for passing it into law before the end of the present session . . ." Die Bill von 1908 unterscheidet sich kaum von dem Entwurf von 1907 (ist aber, wie ich nachträglich bemerke, nicht Gesetz geworden. S. S. 190, Anm. 1).

[2]) Law Times vol. 122, p. 455.

[3]) S. 1 ss. 2; s. 2 ss. 1 der Bill.

[4]) Vgl. Law Times vol. 124, p. 553. Der Lord Chancellor erwähnt die Bestrebungen, die County Courts in den High Court aufgehen zu lassen. „This could not now be done without some further inquiry, which he hoped to propose. He mentioned these points because he did not wish it to be supposed that he thought his Bill represented all that he thought ought to be done, in regard to the business arrangements of the County Courts." Unterdessen ist denn auch ein Commitee eingesetzt, „to consider the question of the fusion of the High Court and the County Court". Das Commitee, Juli 1908 vom Lord Chancellor ernannt, setzt sich aus einer Reihe erster Juristen und Fachleuten zusammen und hat seine Tätigkeit mit Versendung eines Fragebogens an die Gerichte und die juristischen Gesellschaften begonnen. Vgl. Law Times vol. 126, pp. 24, 35, 36. (Vgl. indessen auch weiter unten S. 190, Anm. 1.)

aber auch die Ängstlichkeit, mit der die englische Rechtspolitik das Verantwortlichkeitsgefühl des Richters vor jeder Gefährdung zu wahren sucht. Daß aber eine solche in einer Aufbürdung der richterlichen Funktionen auf den Registrar gefunden werden kann, scheint mir nicht zweifelhaft zu sein, da nach außen der Richter stets der eigentliche Repräsentant des Gerichtes ist. Es mag hier an den Satz Benthams erinnert werden: „The sense of responsibility is always weakened by being divided."[1]) Das wirkliche Verantwortlichkeitsgefühl erlangt der Registrar erst dann, wenn er nicht nur delegierter, sondern wirklich selbständiger Richter ist.

Ist aber die Tendenz der englischen Rechtsentwicklung wirklich, wie ich glaube bewiesen zu haben, darauf gerichtet, die County Courts zu lokalen High Courts umzuwandeln, was nur geschehen kann unter Bildung neuer Bagatellgerichte, so ergibt sich uns ein Resultat, welches in rechtsvergleichender Hinsicht nicht ohne Interesse ist. Die moderne englische Rechtsentwicklung geht dann genau umgekehrt den Weg, den die deutsche Rechtsentwicklung eingeschlagen hat. Wir haben eben die Zuständigkeit unserer Amtsgerichte um ein beträchtliches erhöht, d. h. also das Anwendungsgebiet des Bagatellverfahrens erweitert.[2])[3]) Die Tendenz der englischen Entwicklung, die Strömungen in der dortigen Reformbewegung gehen dagegen deutlich auf eine Beschränkung des Anwendungsgebietes des Bagatellverfahrens. Letzteres soll anwendbar sein nur in den wirklich kleinen Streitsachen des Lebens. Setze ich unsere Bezeichnung ein, so kann man sagen: die Engländer bestreben sich, ihre Amtsgerichte in Landgerichte umzuwandeln, und daneben neue Amtsgerichte mit sehr beschränkter Zuständigkeit zu bilden. Wir dagegen erweitern die Kompetenz der Amtsgerichte.[4])

---

[1]) Vgl. Century of Law Reform p. 232.

[2]) Es kommt natürlich bei diesen Vergleichen alles auf das Verfahren an. Die Frage würde falsch aufgefaßt sein, wenn wir sie auf die Erhöhung der einzelrichterlichen Zuständigkeit abstellen würden. Denn die Frage, ob Einzelrichter, ob Kollegium, ist unabhängig von der Frage, ob Bagatellprozeß oder ordentlicher Prozeß. Das zeigt sich schon darin, daß England in Zivilsachen erstinstanzlich meist nur Einzelrichter kennt.

[3]) Vgl. Reichsgesetz vom 1. 6. 1909, Art. I, Z. 1.

[4]) An dieser Auffassung, die ich bereits früher ausgesprochen habe (vgl. Englische Gerichtsverfassung S. 37 ff.), halte ich fest trotz des Widerspruches von Richard Schmidt, Zeitschrift für Politik Bd. I, S. 256, Anm. 2. Schmidt meint, die englische Entwicklung gehe dahin, der Partei stets die Möglichkeit zu lassen, entweder den Registrar oder den Richter anzurufen, wobei dann Richter und Registrar eine Art Zweimännerkolleg bilden würden (l. c. S. 255 f.). Dies System sei am High Court im Verhältnis zwischen Richter und Master durchgeführt. „Im Grunde ist dieses System als Keim

Es kann nun aber auffallend erscheinen, daß eine so lebhafte Reformbewegung, wie wir sie geschildert haben, noch immer nicht zu ihrem letzten Ziel gelangt ist, und es muß dies um so mehr auffallen, als die Klagen über die jetzigen, namentlich für den Handel stark unbefriedigenden Verhältnisse scharf genug geäußert werden.[1]) So dürfte es nicht ohne Bedeutung sein, kurz die

---

auch bereits für die Bezirksgerichte, die County Courts angelegt. Es bedarf nur des Ausbaus, der weiter fortschreitenden Hebung des Registrars, und in der Tat bewegt sich die bisherige Tendenz der Gesetzgebung durchaus in dieser Richtung weiter." Allein ganz abgesehen von der Vorfrage, ob prinzipiell die Auffassung Schmidts für das Verhältnis zwischen Master und Richter richtig ist, so sprechen gegen seine Auffassung von der Tendenz der augenblicklichen Rechtsentwicklung entschieden folgende Gründe: Schmidt übersieht, daß die entscheidende Frage ist, Bagatellverfahren oder Nichtbagatellverfahren, nicht aber Einzelrichter oder echtes Kollegium oder eventuelles Kollegium, als welches sich das Verhältnis von Registrar und Richter darstellen würde. Ferner geht die Entwicklung eben nicht nur einseitig auf Hebung des Registrar, sondern vielmehr auf Verschmelzung von County Court und High Court, also auf Veränderung des ganzen Gerichtes, nicht nur auf Veränderung des Verhältnisses zwischen Registrar und Richter. Wird dieses Ziel erreicht, und bleibt das Bagatellverfahren nur übrig für die wirklichen Bagatellsachen, so ist es für die Entwicklung ohne Bedeutung, ob der Bagatellrichter im ordentlichen Prozeß noch andere nichtrichterliche Funktionen zu erfüllen hätte; es wäre auch selbst ohne Bedeutung, wenn der ordentliche Richter eine Art Instanzrichter für die Bagatellsachen würde, was übrigens nicht anzunehmen ist. Selbst dann also, wenn bei Umwandlung der County Courts in lokale High Courts der Registrar als solcher, nicht als funktionell durchaus getrennter Richter Bagatellrichter würde, wenn er für den ordentlichen Prozeß Registrar bliebe, selbst dann bliebe das Resultat dasselbe: Das Bagatellgericht mit dem Bagatellprozeß hätte nur eine sehr beschränkte Kompetenz, und die Entwicklung hätte zu der Beschränkung der Kompetenz geführt. Es kann nicht oft genug und scharf genug betont werden, daß das Wesen der County Courts darin besteht, daß sie Gerichte mit Bagatellprozeß sind. Im übrigen glaube ich nicht, daß die Entwicklung den Bagatellrichter als Registrar belassen wird, wenn erst einmal die Fusion von County Court und High Court durchgeführt ist. Dagegen spricht die Tendenz der Entwicklung, die Stellung des Registrar immer selbständiger zu gestalten. Allein ich möchte mich auf derartige Einzelheiten einer etwaen zukünftigen Entwicklung nicht einlassen, da alle diesbezüglichen Vermutungen doch eben nur subjektive Vermutungen sein können. Die allgemeine Tendenz aber der Entwicklung glaube ich richtig dargelegt zu haben. Vgl. übrigens auch Dittenberger, Entwurf eines Gesetzes betreffend die Änderungen des G. V. G. usw. S. 11; ferner die eingehenden und interessanten Ausführungen v. Lewinskis, England als Erzieher? S. 34—38, denen gegenüber nur kurz bemerkt werden mag, daß eine abermalige Erhöhung der Kompetenz der County Courts jedenfalls nicht den Abschluß einer Entwicklung bedeuten kann, die eben darauf abzielt, den Bagatellprozeß für größere Sachen zu beseitigen.

[1]) Vgl. z. B. Law Magazine and Review vol. 24, p. 257; Law Times vol. 101, pp. 535 et seq. An letzterer Stelle heißt es, ein Volk von Kaufleuten

Gründe festzustellen, die bis jetzt eine wirklich durchgreifende, endgültige Reform verhindert haben. An sich dauert ja jede Reform in England sehr lange, wie wir weiter oben mit vielen Beispielen belegt haben.[1]) Es liegt das, wie wir damals ausführten, an der Schwerfälligkeit, mit der sich die Gesetzgebungsmaschine in Bewegung setzen läßt, an der Abneigung der Engländer ferner gegen wirklich durchgreifende Veränderungen und eine durchgreifende Neugestaltung der rechtlichen und damit der sozialen Verhältnisse. Daß aber eine völlig durchgeführte Lokalisierung der Rechtspflege auch heute noch einen Umsturz der ältesten Rechtseinrichtungen bedeutet, das wird uns erst ganz klar werden, wenn wir die Organisation des High Court als Zentral- und Lokalinstanz kennen gelernt haben. Denn selbstverständlich würde eine durchgreifende Lokalisierung auch das Ende des heute längst innerlich überlebten Circuitsystems bedeuten.[2]) Allein auch abgesehen hiervon muß zugegeben werden, daß in der Tat der hier in Betracht kommenden Entwicklung starke Hindernisse entgegenstehen, daß in der ganzen Reformfrage eines der großen Probleme der englischen Rechtsentwicklung verborgen liegt. Und zwar ergibt sich das aus Folgendem: Neben der Zentralisation der Gerichte in London treffen wir auch (abgesehen von wenigen Ausnahmen[3])) eine straffe Zentralisation der höheren Rechtsanwälte, der sogenannten Barristers, die als solche ihren Amtssitz in London haben, wie wir noch sehen werden. Auf dieser Zentralisation des Amtes beruht in letzter Linie, wie später zu beweisen sein wird, die hohe soziale Stellung, das bedeutende Ansehen, dessen sich der Barristerstand erfreut,[4]) darauf aber weiterhin die Möglichkeit, den Richterstand ausschließlich aus ihm zu entnehmen. Nun ist aber einleuchtend, daß eine einseitige Lokalisierung der Gerichte unter Beibehaltung der Zentralisierung der Rechtsanwaltschaft durchaus unmöglich ist, da hier eine wirkliche Lokalisierung der Rechtspflege als solcher natürlich nicht herbeigeführt würde. So ist das Endziel der Entwicklung nicht zu erreichen ohne Aufgabe der Zentralisation der Rechtsanwaltschaft. Und in dieser Tatsache liegt eine der außerordentlich großen Schwierigkeiten einer durchgreifen-

---

verlange umsonst die Reform. „One might laugh to exhaustion over it, if only one were not English."

[1]) Vgl. weiter oben S. 161 ff.

[2]) Weidlich, Lisztsche Zeitschrift Bd. 28, S. 502, Anm. 8 behauptet zwar, das Circuitsystem sei lebenskräftiger denn je, eine Behauptung, über die man angesichts der englischen Literatur nur staunen kann. Wir kommen auf die Frage eingehend zurück weiter unten S. 597 ff.

[3]) Vgl. weiter unten S. 928 ff.

[4]) Vgl. weiter unten S. 896 f.

den Reform,[1]) liegt auch die Erklärung dafür, warum gerade auch von seiten der Barristers, die auch die politischen Schicksale ihres Landes stark beeinflussen,[2]) einer derartigen Reform ein mehr oder weniger offener Widerstand entgegengesetzt wird. Aber damit noch nicht genug, wird das Problem noch nach einer andern Richtung hin verwickelt und bedeutungsvoll. Soll nämlich die Lokalisierung der Rechtspflege durchgeführt werden, so würde sie, wie man die neue Organisation nun auch gestalten würde, eine erhebliche Vermehrung des Richterpersonals nach sich ziehen.[3]) Das aber würde von Bedeutung in mehrfacher Beziehung sein. Einmal würde hier das Problem der Finanzierung entstehen, das bei den fürstlichen Gehältern keineswegs ganz leicht zu lösen ist. Man hat allerdings in dieser Hinsicht einen einfachen Weg vorgeschlagen, den nämlich, die richterlichen Gehälter herabzusetzen.[4]) Allein dem steht die Schwierigkeit gegenüber, dann aus dem Anwaltsstand einen wirklich geeigneten Richterstand zu gewinnen, eine Schwierigkeit, mit der sich eine starke Opposition aus den Kreisen der Barristers zweifellos verbinden wird aus so naheliegenden Gründen, daß sie hier nicht weiter entwickelt zu werden brauchen.

Andererseits kann bei einer starken Vermehrung der Richter, die sich, wie gesagt, bei einer durchgreifenden Reform nicht wird vermeiden lassen, nicht daran gedacht werden, den Richtern die soziale Stellung zu wahren, die sie heute noch innehaben.[5])

---

[1]) Es ist sicher in diesem Zusammenhang nicht unbeachtlich, daß Bentham, dessen Einfluß in erster Linie die Entstehung der County Courts zu verdanken ist (Century of Law Reform p. 231) den weitergehenden Gedanken hatte, den Richterersatz nicht mehr aus dem Anwaltsstand zu entnehmen, sondern einen Richterstand im kontinentalen Sinne zu schaffen. Century of Law Reform p. 232: „The judge should be a skilled lawyer; not merely a successful advocate, but a man trained specially for judicial work as on the Continent. This was Bentham's dream . . ."

[2]) Vgl. z. B. Law Times vol. 104, p. 448 f. über die starke Beteiligung von Barristers bei den Wahlen. Weidlichs Polemik gegen mich, Lisztsche Zeitschrift Bd. 28, S. 513, Anm. 17, ist völlig unbegründet, da ich nie behauptet habe, daß der Barrister sich nicht am politischen Leben beteiligt habe. Vgl. dazu auch meine Ausführungen Gerichtssaal Bd. 72, S. 379 und weiter unten S. 814 f.

[3]) Zutreffend v. Lewinski, England als Erzieher? S. 37 f.

[4]) Vgl. Law Quarterly Review vol. 16, pp. 233 et seq.

[5]) Von den County Courts sagt Gneist, Selfgovernment S. 185, Anm. *** noch: „Festgehalten ist der treffliche Grundsatz, möglichst wenige, aber stark beschäftigte und hochbesoldete Richter anzustellen." Vgl. auch die Ausführungen in dem County Court Report 1909, pp. 16 et seq.: „The possible difficulty of keeping up the very high standard and reputation which has been maintained for centuries by His Majesty's High Court Judges, and the continuance of which is of the greatest moment, has not infrequently been remarked on where questions have arisen as to an in-

Dazu kommt, daß schon die Tatsache, daß die Gerichte für höhere Sachen alle in der Hauptstadt, in London tagen, auch dem Richter, der an diesen Gerichten tätig ist, eine erhöhte Stellung verleiht, die eine wirkliche Lokalisierung der Rechtspflege zu vermindern nur zu geeignet sein dürfte. Daß aus allen diesen Gründen eine Abneigung gegen eine Reform auch in den richterlichen Kreisen der Juristen nur zu leicht entstehen kann, ist selbstverständlich. Denn, darüber kann man sich nicht täuschen, die ganze Entwicklung, die an die Begründung der County Courts anknüpft, bedeutet in Wahrheit den Beginn der Demokratisierung des englischen Richterstandes. Und daß diese Tatsache das Problem der Weiterentwicklung der County Courts zu einem der schwierigsten, weittragendsten Probleme der englischen Gerichtsverfassung de lege ferenda macht, bedarf nach dem bisher Ausgeführten keines weiteren Beweises mehr. In ihr liegt auch der letzte Grund, weshalb eine durchgreifende Reform nicht schon längst zu ihrem letzten Ende durchgeführt ist.[1])

---

crease of their numbers, and if the first suggestion were adopted it might not be without its effect upon this, even though it might have an advantageous effect upon the dignity and position of the Judges of the suggested inferior branch.“

[1]) Nach Druck der Ausführungen des Textes erschien der Bericht der weiter oben S. 185, Anm. 4 erwähnten, vom Lord Chancellor ernannten Untersuchungskommission. Aufgabe der Kommission war es, die Beziehungen zwischen County Courts und High Court eingehend zu prüfen zum Zweck einer etwaigen Abänderung der Organisation und der Jurisdiktion der County Courts. Dieser Bericht, der für die gesamte County Courtfrage ein außerordentlich wertvolles Material enthält, konnte leider nur noch in den Anmerkungen berücksichtigt werden, und auch dies nur in möglichster Kürze. Hier mag kurz auf die wesentlichsten Ergebnisse der Untersuchung eingegangen werden. Von Bedeutung ist hier bereits die Fragestellung, welche die Kommission ausgearbeitet hat. Tritt doch aus ihr deutlich hervor, daß das Problem der Lokalisierung der Rechtspflege in Frage stand und nichts anderes. So heißt es County Court Report p. 15 ausdrücklich: „. . . . the Committee have arrived at the conclusion that the real question for determination is what is the best way of dealing with that work which is, or ought to be, disposed of in the provinces and is beyond the present jurisdiction of the County Courts.“ Was nun die Ergebnisse betrifft, zu welcher die Kommission auf Grund der Enquête gekommen ist, so muß in erster Linie hervorgehoben werden, daß eine völlige oder auch nur teilweise Vereinigung der County Courts mit dem High Court abgelehnt wird. Dafür wird ein doppelter Vorschlag gemacht: Einmal soll das Circuitsystem von Haus aus reformiert werden, so daß es ermöglicht werden soll, Zivilprozesse jeden Betrages in den Provinzen ohne Zeitverlust durchzuführen, ferner soll die Zuständigkeit der Grafschaftsgerichte insofern erweitert werden, als ihnen Ehesachen zur Erledigung überwiesen werden, sofern das Vermögen der Eheleute eine gewisse Höhe nicht übersteigt, als ferner die Zuständigkeit in Nachlaßsachen erweitert wird. Beachtung verdient schließlich noch die Tatsache, daß seitens der Kommission eine Erweiterung der Zuständigkeit des Registrar

2. Im Anschluß an das Ausgeführte möchte ich gleich hier noch auf einen Punkt hinweisen, der ebenfalls für die Weiterentwicklung der gesamten englischen Gerichtsverfassung nicht ohne Bedeutung

abgelehnt wird, wenn auch letzterer innerhalb seiner jetzigen Zuständigkeit prinzipiell vom Richter unabhängiger gestellt werden soll. County Court Report pp. 15 et seq., 29 et seq.; Law Times vol. 126, pp. 515 et seq., 537 et seq. Diese Vorschläge sowie ihre Begründung sind voller Interesse. Die Fusion von County Court und High Court wird abgelehnt, einmal der Kosten, ferner der Bedenken wegen, die dadurch entstehen, daß Richter des High Court erster und zweiter Klasse entstehen würden, wodurch die hohe Stellung der jetzigen Richter bedroht würde, endlich des Bagatellcharakters halber, der den County Courts in erster Linie zukommen solle. Man sieht, die von uns vorausgesagte Reform wird hier direkt abgelehnt, und die Frage erscheint berechtigt, ob sich angesichts dieses Report noch die Ausführungen, wie wir sie oben im Text gegeben haben, aufrecht erhalten lassen. Diese Frage scheint mir unbedingt bejaht werden zu müssen. Einmal ist, selbst wenn die Vorschläge der Kommission, die namentlich in dem Verlangen nach einer starken Richtervermehrung kulminieren, Gesetz werden sollten, die Entwicklung selbst nicht zum Abschluß gelangt. Denn das Circuitsystem ist, wie wir noch später nachzuweisen haben, seines Ausgangspunktes halber unreformierbar. Und wir werden später des weiteren noch mehrere andere Entwicklungsreihen kennen lernen, deren Endziele mit der augenblicklichen Organisation unvereinbar sind. Andererseits bedeuten die Vorschläge selbst einen Schritt weiter auf dem Weg der Entwicklung, den wir oben skizziert haben. Wieder wird die Zuständigkeit der County Courts erweitert. Und wenn das Circuitsystem so abgeändert werden soll, daß bestimmte Distrikte gewissen Richtern des High Court zur Erledigung von Zivilstreitigkeiten überwiesen werden sollen, die dann nach eigener Geschäftsverteilung daselbst Gerichtstage abhalten sollen (Report p. 19), so liegt es doch hier sehr nahe, daß sich diese Gerichtstage mit der Zeit in Sitzungen eines festen Gerichtes umwandeln, so daß der Richter, der zunächst ein Mitglied des High Court ist, sich demnächst in einen wahren Distriktsrichter umwandelt. Und dieser Gedanke liegt um so näher, als, wie wir schon gesehen haben, sich bereits innerhalb der eigentlichen County Courts Unterschiede entwickelt haben, so daß wir County Courts mit weiterer und engerer Kompetenz kennen lernten. Daß sich aus den County Courts der erweiterten Zuständigkeit die Distriktsgerichte entwickeln, scheint mir wahrscheinlich, wie auch weiter unten im Text ausgeführt werden wird. Und dieser Tatsache gegenüber ist es ohne Bedeutung, ob nun die County Courts dem Namen nach als Bagatellgerichte erhalten bleiben und sich so wieder ihrem Ursprung zu zurückbilden, oder aber ob neue Bagatellgerichte entstehen, etwa Gerichte des Registrar. Denn daß man ohne Bagatellgerichte nicht auskommen wird, ist ja im Text bereits zur Genüge ausgeführt worden. So betrachtet, erscheint das Distriktcircuitgericht des Report eine Etappe in der von uns gekennzeichneten Entwicklung. Denn nur zweierlei ist möglich: Entweder können in den Distriktgerichten Provinzialangelegenheiten zweckentsprechend erledigt werden; dann wird die Geschäftslast eine so große werden, daß der Distriktsrichter völlig in Anspruch genommen ist und mithin nur noch nominell ein Richter des High Court bleibt. Oder aber dies ist nicht der Fall. Dann hört die Entwicklung nicht auf, deren letztes Ziel ja eben doch, wie wir im Text nachgewiesen haben, wirkliche und völlige Überwindung der Zentralisation ist.

sein dürfte. Es handelt sich hier um Feststellung gewisser Beziehungen, durch welche die County Courts auf der einen Seite zu den niederen Gerichten, d. h. also den Friedensgerichten, auf der

---

Daß nun aber die Entwicklung wieder eine so langsame und schrittweise zu werden scheint, ist doch auch nicht allzu verwunderlich. Abgesehen von den Gründen, auf die wir im Text hingewiesen haben, ergibt sich aus der Diskussion, die in der Fachpresse sich an die Veröffentlichung des Report angeschlossen hat, zur Evidenz noch folgendes: Wir werden später sehen, daß die Solicitors nur an den Grafschaftsgerichten, nicht aber am High Court ein unbeschränktes Recht zu plädieren haben, während den Barristers ein solches Recht am High Court ausschließlich zusteht. Wird nun die Zuständigkeit der County Courts eine unbeschränkte, so würden, wenn sonst alles beim Alten bliebe, die Rechte der Solicitors wesentlich erweitert, ja, eine besondere Barristerschaft wäre dann eigentlich völlig überflüssig. Und es würde ferner die Stellung der Solicitors den Barristers gegenüber noch insofern eine günstigere, als die Solicitors lokalisiert, die Barristers aber im wesentlichen in London zentralisiert sind. Andererseits aber könnte es doch auch möglich sein, daß man zwar die County Courts zu lokalen High Courts machen würde unter Beibehaltung der Zweiteilung der Rechtsanwaltschaft, wodurch dann die Solicitors in ihren gegenwärtigen Rechten stark beeinträchtigt würden. So kann es nicht wundernehmen, daß man in den Kreisen der Juristen einer durchgreifenden Reform nicht günstig gegenüber steht und die halben Vorschläge des Report unterstützt. Die Barristers kämpfen um ihre Stellung, und auch die Solicitors wagen nicht, die Reform zu lebhaft zu betreiben, da sie nicht voraussehen können, wie sich die Dinge schließlich gestalten. Jedenfalls sind die ganzen Verhältnisse augenblicklich von größtem Interesse. Daß aber die Entwicklung nicht abgeschlossen ist, auch wenn die Reportvorschläge Gesetz werden, das ist von berufenster englischer Seite erst neuerdings mit aller Deutlichkeit ausgesprochen. Auf der Generalversammlung der Barristerschaft führte Sir Edward Carson aus, daß eine Reorganisation der englischen Gerichtsverfassung ausgeschlossen sei, solange der gegenwärtige Richtermangel andauere. Derselbe sei erst gemäß dem Vorschlage des Report zu beseitigen, und dann erst könne man an die durchgreifende Reform herantreten. Vgl. Law Times vol. 127, p. 18. Vgl. ferner dieselbe Zeitschrift vol. 126, pp. 513 et seq., 537 et seq.; vol. 127, pp. 16 et seq., 55 (der Lord Chancellor stellt einer Deputation aus Manchester und Liverpool eine Gesamtreform der Gerichtsverfassung in Aussicht), 235 et seq., 259, 269, 314, 335 et seq. (hier kommt der Gegensatz zwischen Solicitors und Barristers zum scharfen Ausdruck), pp. 355 et seq., 356, 378, 421 et seq. Es sei zum Schluß noch bemerkt, daß seitens der Regierung eine County Courts Bill auf Grund der Vorschläge des Report im House of Lords eingebracht worden ist. S. 1 dieser Bill gab, von wenigen prinzipiellen Ausnahmen abgesehen, den County Courts eine unbeschränkte Zuständigkeit in Common Law Actions, vorbehaltlich des unbedingten Rechtes des Beklagten, stets Verweisung an den High Court zu verlangen. Diese Bill wurde im House of Lords auf Grund der lebhaften, durch die Barristerschaft betriebenen Opposition zu Fall gebracht. Und das Schicksal dieser Bill ist ein lehrreicher Beweis für unsere Behauptung, daß der Kampf um die Entwicklung der County Courts, der ein Kampf ist für Dezentralisation der Rechtspflege (vgl. die Ausführungen des Lord Chancellor in den Verhandlungen des House of Lords vom 26. 7. 1909), untrennbar verbunden ist mit dem Kampf zwischen Barristerschaft und Solicitorschaft um

andern Seite zu dem High Court in London in eine bestimmte organisatorische Beziehung treten können.

Fassen wir zunächst die Beziehungen ins Auge, die zwischen den County Courts und den Friedensgerichten entstehen können, so sei nochmals kurz an die bereits bekannte Tatsache erinnert, daß letztere, sei es nun als Petty oder Quarter Sessions im wesentlichen Kriminalgerichte sind,[1]) während die County Courts reine Zivilgerichte sind. Daraus ergibt sich, daß bei den niederen Gerichten Englands Grundgedanke der Kompetenzverteilung das Prinzip der Spezialisierung ist, ganz im Gegensatz zu der deutschen Organisation, die von einer solchen Arbeitsteilung nichts weiß, die den Amtsrichter sowohl als Zivil- wie als Strafrichter verwendet. Allein das erwähnte Prinzip der Spezialisierung ist in doppelter Hinsicht bedeutend abgeschwächt. Einmal nämlich kann der Registrar des County Court sowohl Clerk to the Justices bei den Petty Sessions als auch Clerk of the Peace bei den Quarter Sessions sein.[2]) Da nun in der Regel eine derartige Personalunion (um eine solche, nicht etwa um eine Realunion handelt es sich natürlich) vorliegt, so sehen wir, daß mit ihr eine Art Fusion der verschiedenen Gerichte von unten her beginnt. Auf der andern Seite ist der County Court Judge ex officio Friedensrichter und führt, falls er tätig wird, als solcher zumeist den Vorsitz, namentlich in den Quarter Sessions, wie er denn ja auch alleiniger Richter in den Quarter Sessions als Recorder sein kann und auch nicht allzu selten ist.[3]) Das Prinzip der Spezialisierung, wie es denn überhaupt in erster Linie nur für den Richter gilt, ist also streng einseitig durchgeführt nur für den Friedensrichter, nicht aber für den Grafschaftsrichter, in dessen Person sich eine Fusion beider Gerichtsämter vollziehen kann, so daß wir hier abschließend konstatieren können: In den County Courts liegt stets, wenn auch zunächst noch unentwickelt, die Möglichkeit, ja eigentlich mehr noch die Tendenz, die Friedensgerichte in sich aufzunehmen, eine gewisse Expansivfähigkeit, also eine Entwicklungsmöglichkeit zur allseitigen Zuständigkeit, wie wir dies umgekehrt bei den Friedensgerichten nicht konstatieren können.

Was aber die Beziehungen zum High Court betrifft, so ist auch hier ein wichtiger Umstand zu beachten: Wir werden später sehen,[4])

---

die Entwicklung der letzteren. Nur wenn man diese Interessengegensätze mit ins Auge faßt, kann man die gegenwärtige Bewegung wirklich ganz verstehen. Vgl. übrigens die Verhandlungen im House of Lords vom 8. und 26. 7. 1909; ferner Law Times vol. 127, pp. 235 et seq., woselbst die Bill inhaltlich sehr genau wiedergegeben wird, pp. 314 et seq., 566.

[1]) Vgl. weiter oben S. 25 und 54.

[2]) Vgl. Law Times vol. 124, p. 212.

[3]) Vgl. weiter oben S. 128.

[4]) Vgl. weiter unten § 21.

daß seitens des High Court in der Provinz eine Reihe lokaler Gerichtsschreibereien, wie man ungenau sagen kann, eingerichtet sind; es sind das die sogenannten District Registries.[1]) Dieselben sind zum größten Teil in Form der Personalunion mit den Registries der County Courts verbunden, ja diese Verbindung ist fast ausschließlich durchgeführt, soweit es sich um die District Registries der King's Bench Division handelt.[2]) Und so zeigt sich uns, daß wir hier einer beginnenden Fusion der County Courts mit dem High Court begegnen, die von unten herauf begonnen hat und durchgeführt ist.[3]) Außerdem aber kann der County Court Judge noch in die sogenannte Commission of Assize aufgenommen werden,[4]) wodurch er befähigt wird, auch Kriminalangelegenheiten mit unbeschränkter Zuständigkeit zu erledigen.[5]) Die Aufnahme erfolgt regelmäßig. Selten allerdings werden die Grafschaftsrichter auf Grund der Commission auch wirklich praktisch tätig.

Das Ausgeführte ist von Bedeutung. Es beweist die Tendenz der County Courts, sich nach allen Seiten hin zu entwickeln. Bedenkt man nun, daß dem High Court als solchem ein Prinzip der Spezialisierung bei seiner funktionellen Kompetenz absolut unbekannt ist, da seine Zuständigkeit prinzipiell unbeschränkt, also sowohl krimineller wie ziviler Natur ist; erinnert man sich ferner an die früher festgestellte Entwicklungstendenz der Gesetzgebung,[6]) die County Courts in lokale High Courts umzuwandeln mit dann doch auch prinzipiell allseitiger Zuständigkeit; faßt man schließlich jene ebenfalls früher erwähnten Reformbestrebungen ins Auge, an Stelle namentlich der Quarter Sessions lokale Gerichte mit gelehrten, beamteten Richtern zu setzen:[7]) so dürfte es nicht fern liegen, auf die Möglichkeit hinzuweisen, daß diese verschiedenen Entwicklungsreihen zu einer Lösung führen könnten, wonach die County Courts in Zukunft vielleicht bestimmt sein könnten, die lokalen Gerichte als solche, nicht aber nur Zivilgerichte zu sein, und damit in der Tat den Mittel- und Schwerpunkt der ganzen Gerichtsverfassung zu bilden, wie es bei uns etwa unsere Landgerichte tun. Dabei würde dann die schon früher erwähnte Differenzierung innerhalb der County Courts wohl nicht ohne Bedeutung bleiben, da die Lokalzentralinstanzen nicht an so zahlreichen Stellen wie die County Courts,

[1]) Vgl. vorläufig Wertheim S. 215.

[2]) Wertheim S. 215; v. Lewinski, England als Erzieher? S. 6. Vgl. weiter unten S. 548 und 553 f.

[3]) 36 and 37 Vict. c. 66 s. 60 gibt ausdrücklich der Krone das Recht, County Court Registrars als District Registrars anzustellen.

[4]) Vgl. weiter unten S. 521.

[5]) 51 and 52 Vict. c. 43 s. 16.

[6]) Vgl. weiter oben S. 182 ff.

[7]) Vgl. weiter oben S. 154 ff.

sondern nur an einzelnen wichtigen Punkten entstehen würden, so daß die übrigen County Courts sich in eine Art District Registry verwandeln würden. Damit würden dann allerdings zwei heute noch markante Prinzipien aus der englischen Gerichtsverfassung verschwinden: das Prinzip der Zentralisation und das der Spezialisierung. Mehr wie eine Vermutung kann natürlich hier nicht ausgesprochen werden, aber man wird nicht leugnen können, daß manches in der gegenwärtigen Entwicklung auf einen derartigen Abschluß derselben zu schließen berechtigt.[1])

§ 9. b) Die Organisation der Grafschaftsgerichte.

I. 1. England ist (abgesehen von den Gebieten, für die Sondergerichte mit ausschließlicher Zuständigkeit bestehen, wie z. B. in der City of London[2])) in eine Reihe von Distrikten geteilt, für deren jeden ein Grafschaftsgericht eingerichtet ist. Die Einteilung dieser Distrikte ist auf Grund des Gesetzes von 1846 durch Königliche Verordnung erfolgt, durch sogenannte Order in Council.[3]) Auf dieselbe Art und Weise kann jederzeit die Einteilung wieder abgeändert werden, es können verschiedene Distrikte zu einem vereinigt, andere durch Teilung schon bestehender Distrikte neu geschaffen werden.[4]) Die letzte derartige Änderung ist erfolgt am 11. Februar 1907. Auf Grund derselben existieren heute 552 Distrikte, mithin auch 552 County Courts.[5])

2. Diese 552 County Courts bilden voneinander durchaus unabhängige und selbständige Gerichte mit völlig getrennter Verwaltung und eigenem Bezirk. Sie werden besetzt (wie wir später sehen werden[6])) mit mindestens einem Richter und einem Registrar.[7]) In sehr volkreichen Gegenden können aber auch zwei Richter an

---

[1]) In Irland ist, wie kurz bemerkt werden mag, der County Court bereits heute Zivil- wie Kriminalgericht. Als letzteres hat er die Zuständigkeit der Quarter Sessions in England. Vgl. auch de Franqueville tom. II, p. 627 ss.

[2]) Vgl. weiter unten § 32.

[3]) Yearly County Court Practice vol. I, p. 3.

[4]) 51 and 52 Vict. c. 43 s. 4.

[5]) Unzutreffend Koellreutter, Richter und Master S. 3, der 566 Distrikte anführt. Vgl. Civil Judicial Statistics 1907, p. 130; Adickes, Grundlinien S. 55 und die County Courts (Districts) Order in Council vom 11. 2. 1907 (Statutory Rules and Orders 1907, No. 104, L. 2). Vgl. ferner Encyclopaedia 1st Ed. vol. III, pp. 528 et seq.; Halsbury, Laws of England vol. VIII, pp. 410 et seq. Durchaus unzutreffend de Franqueville tom. I, p. 217. Derselbe verwechselt die Districts mit den noch zu erwähnenden Circuits. Durchaus irreführend auch Gneist, Selfgovernment S. 184 und Englisches Verwaltungsrecht Bd. II, S. 978, woselbst die Zahl der Grafschaftsgerichte mit der der Grafschaftsrichter durcheinander gebracht wird.

[6]) Vgl. weiter unten S. 196.

[7]) 51 and 52 Vict. c. 43 ss. 8, 25.

einem Gericht ernannt werden, und es können ferner auch jederzeit zwei Registrars angestellt werden.[1]) Die Geschäftsverteilung zwischen den beiden Richtern resp. den beiden Registrars erfolgt in einem solchen Fall generell durch den Lord Chancellor.[1]) Während aber ein und dieselbe Person nur an einem Gericht als Registrar angestellt werden kann,[2]) so daß jedes Gericht seinen eigenen Registrar hat, kann ein Richter für mehrere Gerichte angestellt werden, so daß er dann in der Form der Personalunion mehrere Ämter in seiner Person vereinigt.[3]) Wir haben dann getrennte Gerichte, die von einem Richter verwaltet werden. Es ist übrigens durchaus die Regel, daß ein Richter für mehrere Gerichte bestellt wird, sehr begreiflich bei der Kleinheit der einzelnen Gerichtsdistrikte.[4]) Ja, das Gesetz ordnet dies insofern ausdrücklich an, als es bestimmt, daß überhaupt nicht mehr als 60 Richter angestellt werden dürfen.[5]) Die verschiedenen Gerichte nun, für die ein Richter bestellt werden soll, werden durch den Lord Chancellor bezeichnet. Derselbe hat zu diesem Zwecke einzelne Distrikte zu größeren Verbänden zusammenzulegen. Diese größeren Verbände, die also nicht etwa für sich den Distrikt eines selbständigen Gerichtes, sondern nur den Bezirk eines Richters darstellen, sind die sogenannten Circuits, die sehr wohl von den eigentlichen Gerichtsbezirken, den sogenannten Districts unterschieden werden müssen.

Den Circuits wird im allgemeinen je ein Richter zugewiesen, es kann aber auch sein, daß einem Circuit zwei Richter zuerteilt werden, wobei dann die Geschäftsverteilung ebenfalls durch den Lord Chancellor erfolgt.[6]) In einem solchen Fall ist dann prinzipiell jedes Gericht des Circuit mit zwei Richtern besetzt, sofern nicht etwa der eine Richter, der sogenannte Additional Judge, ausdrücklich auf einen Teil des Circuit beschränkt ist, was ebenfalls vorkommen kann und auch tatsächlich vorkommt.[7]) Die letzte Circuiteinteilung ist am 12. Februar 1908 erfolgt.[8]) Danach existieren jetzt 54 Circuits,[9]) die mit 58 Richtern besetzt sind, so daß wir in 4 Circuits

---

[1]) 51 and 52 Vict. c. 43 ss. 12, 29.

[2]) L. c. s. 25.

[3]) L. c. s. 13.

[4]) So sind z. B. in Woodstock 1907 nur 146 Klagen mit einem Streitwert von £ 370 eingegangen und in Witney nur 5 Sachen kontradiktorisch zum Urteil gekommen Vgl. Civil Judicial Statistis 1907, p. 144.

[5]) 51 and 52 Vict. c. 43 s. 8.

[6]) L. c. s. 13.

[7]) Vgl. Law Times vol. 124, pp. 391 et seq.

[8]) Verordnung des Lord Chancellor vom 12. Februar 1908, abgedruckt Law Times vol. 124, pp. 390 et seq.

[9]) Unrichtig Koellreutter, Richter und Master S. 3. Ursprünglich existierten 59 Circuits, von denselben waren bis 1893 vier beseitigt. Seitdem ist noch

eine Doppelbesetzung haben.[1]) Der Circuit ist, ich wiederhole das, also nicht ein Gerichtsbezirk, sondern der Amtsbezirk eines Richters.[2])

3. a) Aus dem Ausgeführten ergibt sich die juristische Natur der Organisation. Wir haben es bei den Circuits zu tun nicht etwa mit einem großen Gerichtsbezirk, in dem der Richter an verschiedenen Orten zu verschiedenen Zeiten das Gericht in Form von Gerichtstagen abhält, eine Auffassung, wie man sie nicht allzu selten in der deutschen Literatur trifft.[3]) Es sind die County Courts eben nicht etwa ambulante, im Lande herumziehende Gerichte. Vielmehr handelt es sich um feste Gerichte, die stets nur an ein und demselben Ort abgehalten werden können. Da jedoch derselbe Richter für mehrere Gerichte bestellt werden kann, so ist der Richter allerdings ambulant. Aber wenn derselbe von Ort zu Ort reist, um Gericht abzuhalten, so reist eben nicht das Gericht, ja, im strengsten Sinne sogar auch nicht der Richter als solcher, sondern nur eine bestimmte Person, so daß man eigentlich auch besser nicht von Reiserichtern spräche. Denn dies könnte man nur tun, wenn der Richter Richter des County Court A und B wäre als Beamter eines einheitlichen Gerichtsbezirkes, was er indes nicht ist. Daß aber das Gericht feststehend ist,[4]) ergibt sich schon aus der Tatsache, daß jeder County

ein fünfter aufgeteilt worden. Seltsamerweise hat man die alte Numerierung der Circuits beibehalten, so daß es zwar noch eine Circuit No. 59, nicht aber die Circuits 10, 34, 39, 46 und 56 gibt. Vgl. de Franqueville tom. I, p. 218; Civil Judicial Statistics 1907, p. 138; Law List 1905, p. 1435. Unrichtig v. Lewinski, England als Erzieher? S. 6 f.

[1]) Schuster, Bürgerliche Rechtspflege S. 3 erwähnt 59 Richter. So auch wohl in Anschluß an Schuster Adickes, Grundlinien S. 55. Vgl. Law List 1905, pp. 1409 et seq.

[2]) Durchaus irreführend v. Lewinski, England als Erzieher? S. 6 f., wo die Circuits County Court-Bezirke genannt werden, was sie eben nicht sind. Falsch auch Hatschek Bd. II, S. 170, wo behauptet wird, der District zerfiele in eine Zahl von Circuits. Irreführend ist es auch, wenn Wertheim S. 181 die Circuits Untergerichtskreise nennt. Es handelt sich um zwei ganz verschiedene Einteilungen. Die Circuiteinteilung ist in letzter Linie eine Richtereinteilung, die Distriktseinteilung eine Gerichtseinteilung. Das Circuitsystem am High Court ist übrigens etwas ganz anderes.

[3]) So Gneist, Selfgovernment S. 185; Winter, Rechtspflege, Richter und Publikum S. 27; Adickes, Grundlinien S. 55; v. Lewinski, England als Erzieher? S. 6 f.; Stein, Zur Justizreform S. 10; zutreffend Schuster, Bürgerliche Rechtspflege S. 2; ferner Moulin, Etude sur l'organisation judiciaire de l'Angleterre et de la France p. 4 s.

[4]) Ausnahmsweise können im einzelnen Distrikt mehrere Orte bezeichnet werden, in denen Gericht gehalten werden muß. Hier reist dann wirklich das Gericht als solches zu einem auswärtigen Termin; die Fälle sind selten. Vgl. 51 and 52 Vict. c. 43 s. 10; County Court Rules Order I r. 3.

Court sein eigenes Siegel besitzt[1]) und seine eigene Registry hat, daß es keine Circuitregistry gibt, und daß der Richter stets allein, nicht etwa mit dem Registrar reist. Die ganze Frage ist übrigens keineswegs eine rein theoretische, vielmehr gewinnt sie stark praktische Bedeutung in der Lehre von der örtlichen Zuständigkeit, wie wir noch weiter unten sehen werden.[2])

b) *α*) In jedem einzelnen Gericht ist der Richter verpflichtet, besondere, regelmäßige Sitzungen abzuhalten. Und zwar muß mindestens jeden Monat eine Sitzung stattfinden, sofern nicht durch den Lord Chancellor angeordnet ist, daß Sitzungen häufiger oder seltener abzuhalten sind.[3]) Innerhalb dieses Minimums hat aber der Richter freie Hand, so daß er nach Bedarf selbst beliebig viele Sitzungen ansetzen kann.[4]) Er muß die Termine hierzu stets ein Vierteljahr im voraus bestimmen und öffentlich bekannt geben.[5]) Nur in einer Hinsicht ist er gebunden. Er darf nämlich nicht in zwei verschiedenen Distrikten an ein und demselben Tage Gericht halten.[6])

β) In jedem Distrikt befindet sich mindestens ein Bureau des Registrar, das täglich von 10 bis 4 Uhr geöffnet sein muß mit Ausnahme der gesetzlichen Feiertage und von Sonnabend, an welch letzterem Tage schon um 1 Uhr geschlossen werden kann. Wird im Distrikt an mehreren Orten Gericht gehalten, so kann der Lord Chancellor die Errichtung von Zweigbureaus auch an diesen Punkten anordnen,[7]) wie denn auch ohne diese Voraussetzungen Zweigbureaus eingerichtet werden können.[8])

---

[1]) Encyclopaedia 1st Ed. vol. III, p. 528.

[2]) Vgl. weiter unten S. 202 ff. Vollständig anders liegen hier die Verhältnisse wieder bei dem Circuitsystem am High Court. Den Circuit hier bereist in der Tat das Gericht als solches. Vgl. weiter unten S. 507 ff.

[3]) 51 and 52 Vict. c. 43 s. 10.

[4]) Die Dauer der Sitzungen ist außerordentlich verschieden; de Franqueville tom. I, p. 206.

[5]) C. C. R. Order I r. 1. Änderungen, die erst später notwendig werden, sind sofort bekannt zu machen.

[6]) C. C. R. Order I r. 2. Ausnahmen hiervon Yearly County Court Practice vol. I, p. 186. Dadurch können Unzuträglichkeiten entstehen, da der Richter gezwungen ist, auch auf Sitzungen, in denen nur wenig Sachen zu erledigen sind, einen vollen Tag zu verwenden; de Franqueville tom. II, p. 206. Im übrigen ist die Zahl der Sitzungstage in den einzelnen County Courts auch sehr verschieden. In einer Reihe von Distrikten finden nicht einmal 10 Sitzungen jährlich statt. Vgl. Civil Judicial Statistics 1907, Table LXXVI, pp. 138 et seq. Wir haben Circuits mit 344 Sitzungen und andere mit nur 125. Vgl. l. c. p. 149. Dabei ist zu beachten, daß hier unter Sitzung nicht nur die Sitzung eines Tages, sondern die von einem Richter anberaumte Sitzung nebst ihren Vertagungen zu verstehen ist, daß also z. B. 344 Sitzungen nicht etwa auch 344 Sitzungstagen zu entsprechen brauchen.

[7]) C. C. R. Order I r. 3.

[8]) L. c. r. 4.

γ) Im allgemeinen sind die County Courts im September geschlossen. Es werden dann nicht nur keine Gerichtssitzungen abgehalten, sondern auch die Registrars funktionieren im allgemeinen nicht. Die Gerichtsbureaus sind in dieser Zeit nur geöffnet „for the receipt and payment out of money due under any order of the court“, sonst ruhen sämtliche Geschäfte. Ausnahmen sind indessen zulässig und werden durch den Lord Chancellor angeordnet.[1])

δ) Die Gerichtssitzungen werden entweder in besonderen Gerichtsgebäuden abgehalten, wie sie in letzter Zeit vielfach errichtet sind. Wo ein solches indessen nicht existiert, finden die Sitzungen im Stadthaus oder in irgend einem vorhandenen, öffentlichen Gebäude statt.[2]) Die entstehenden Unkosten werden aus Staatsmitteln gedeckt.[3])

II. Was die Zuständigkeit der County Courts anbelangt, so ist dieselbe nach doppelter Hinsicht klarzustellen. Es muß einmal die örtliche Kompetenz zur Darstellung gebracht werden, d. h. die Verteilung der Geschäfte auf die einzelnen County Courts, die Kompetenzabgrenzung mithin zwischen den einzelnen County Courts. Es muß aber auch die sachliche Zuständigkeit derselben dargelegt werden, wobei denn auch das Verhältnis klargestellt werden muß, in welchem die County Courts zu anderen Gerichten in bezug auf konkurrierende Zuständigkeit stehen, eine Frage, die von Wichtigkeit wird einmal im Hinblick auf den High Court, dann aber auch im Hinblick auf die noch existenten Sondergerichte.

1. a) α) Im allgemeinen bestimmt sich die örtliche Zuständigkeit nach dem Wohnsitz[4]) des Beklagten, den derselbe zur Zeit der Klageerhebung inne hat. Dem Wohnsitz gleichgestellt ist die geschäftliche Niederlassung, die also als solche gleichfalls einen Gerichtsstand begründet.[5]) Sind mehrere Beklagte vorhanden, so genügt es, daß einer der Beklagten seinen Gerichtsstand bei einem bestimmten Gericht hat, um dasselbe für die Klage gegen alle Beteiligten zuständig zu machen. Ausnahmsweise ist auch derjenige County Court zuständig, in dessen Bezirk der Beklagte in den letzten sechs Monaten vor Erhebung der Klage gewohnt

---

[1]) 51 and 52 Vict. c. 43 s. 11.

[2]) L. c. s. 179. Näheres bei de Franqueville tom. II, p. 205 s.; auch Yearly County Court Practice vol. I, p. 172.

[3]) Encyclopaedia 1st Ed. vol. III, p. 529.

[4]) Der Begriff des Wohnsitzes deckt sich nach englischem Recht nicht völlig mit dem deutschrechtlichen Begriff. Vgl. Encyclopaedia 1st Ed. vol. IV, pp. 339 et seq.

[5]) 51 and 52 Vict. c. 43 s. 74 erklärt das Gericht für zuständig, „in the district of which the defendant . . . shall dwell or carry on his business“. Vgl. dazu Yearly County Court Practice vol. I, pp. 67 et seq.; de Franqueville tom. II, p. 211.

oder ein Geschäft betrieben hat. Allein diese Zuständigkeit setzt voraus, daß der Richter die Klageerhebung in dem an sich nicht zuständigen Gericht genehmigt, womit dann dasselbe zuständig wird.[1]) Und unter denselben Voraussetzungen ist auch das Gericht desjenigen Distriktes zuständig, in dem der Klageanspruch[2]) ganz oder teilweise entstanden ist. Da nun der Richter bei der Erteilung dieser Genehmigung völlig frei ist,[3]) da ferner ohne seine Genehmigung das angegangene Gericht eben nicht zuständig ist, so ergibt sich, daß wir es in beiden Fällen zu tun haben mit einem Gerichtsstand kraft richterlicher Bestimmung, der aber doch nur als Ausnahme neben die beiden oben erwähnten Gerichtsstände tritt.

β) Für eine Reihe von Klagen existieren abweichende Vorschriften, und es ist die Natur des Streitgegenstandes, die diese Modifikationen bedingt. Die besonderen Gerichtsstände, die hier in Betracht kommen, sind aber die folgenden. Zunächst ist der dingliche Gerichtsstand für alle dinglichen Klagen begründet. Für Klagen auf Grund der Trustee Acts ist der Gerichtsstand des klägerischen Wohnsitzes gegeben, für Klagen, die sich auf eine Erbverwaltung beziehen, der Gerichtsstand des letzten Wohnsitzes des Erblassers und schließlich für Klagen aus einem Gesellschaftsverhältnis der Gerichtsstand der Gesellschaftsverwaltung.[4])

b) Diese allgemeinen Vorschriften werden indes durch folgende Ausnahmen durchbrochen:

α) Allgemein gilt, daß für Klagen des an sich zuständigen Richters oder gegen denselben, einerlei, welches ihr Inhalt ist, die Gerichte der anstoßenden Distrikte, die nicht zum Circuit des Richters gehören, zuständig sind.[5]) Analog kommt diese Bestimmung auch zur Anwendung, wenn es sich um Klagen gegen Beamte des County Court handelt, die keine Richter sind. Ich bemerke aber, daß diese Bestimmungen nicht etwa zwingenden Charakter haben, so daß die Parteien ihre Klagen auch in den ur-

---

[1]) Die Klage kann nur erhoben werden, „by leave of the judge".

[2]) „The cause of action or claim." Vgl. dazu die eingehenden Darlegungen Yearly County Court Practice vol. I, pp. 69 et seq.

[3]) Vgl. dazu C. C. R. Order V r. 13. Die Genehmigung kann erteilt werden durch den Richter oder den Registrar. Sie ist im allgemeinen zu erteilen, wenn sich ergibt, daß das gewählte Gericht ebenso bequem für den Beklagten ist wie das an sich zuständige. Auf die Einzelheiten der interessanten Bestimmung kann leider nicht eingegangen werden.

[4]) 51 and 52 Vict. c. 43 s. 75; de Franqueville tom. II, p. 211.

[5]) L. c. s. 22. Daß sich s. 22 auch auf s. 75 bezieht, ist ausdrücklich entschieden worden. Vgl. die in Betracht kommenden Entscheidungen Yearly County Court Practice vol. I, p. 13.

sprünglich zuständigen Gerichten erheben können.[1]) Allerdings hat dann der Beklagte die Möglichkeit, eine Verweisung der Verhandlung an ein anderes Gericht zu verlangen, wie wir sofort noch sehen werden.[2])

β) In den Grafschaftsgerichten der Metropolis kann die Klage erhoben werden, sofern es sich nicht um Klagen handelt, für die ein besonderer Gerichtsstand begründet ist,[3]) sowohl im gewöhnlichen Gerichtsstand des Wohnsitzes oder der Geschäftsniederlassung des Beklagten, als auch im Gerichtsstand des Wohnsitzes oder der Geschäftsniederlassung des Klägers, falls beide Parteien im Gebiet der Metropolis wohnen. Beide Gerichtsstände konkurrieren gleichberechtigt miteinander.[4])

γ) Besondere Bestimmungen gelten schließlich für die Zuständigkeit in sogenannten Admiralitätsangelegenheiten.[5]) Im allgemeinen ist hier das Gericht zuständig, in dessen Bezirk sich das in Frage stehende Schiff oder die in Betracht kommenden Gegenstände zur Zeit der Klageerhebung befunden haben. Subsidiär tritt dazu ein Gerichtsstand, der beim Gericht des Wohnsitzes des Eigentümers des Schiffes oder der Gegenstände begründet ist. Ausnahmsweise können ferner die Parteien die Zuständigkeit irgend eines County Court, der die Admiralty Jurisdiction besitzt, durch schriftliche Vereinbarung begründen, so daß wir hier in der Tat einen gewillkürten Gerichtsstand, ein reines Forum prorogationis haben.[6])

c) Die Parteien selbst haben, abgesehen von der eben erwähnten Ausnahme, im allgemeinen keinen bestimmenden Einfluß auf die Begründung der Zuständigkeit. Sie können mithin einen Gerichtsstand nicht miteinander vereinbaren, so daß von einem Gerichtstand der Prorogation nicht die Rede ist.[7]) So ist eigentlich streng genommen nach englischem Recht jeder Gerichtsstand ein ausschließlicher, da die diesbezüglichen Vorschriften stricti juris sind. Allein dieser Satz gilt in Wahrheit nur sehr abgeschwächt. Denn die Parteien können durch entsprechende Anträge bewirken, daß während des Prozesses eine Veränderung in der Zuständigkeit durch Verweisung der Sache an ein anderes Gericht derart herbeigeführt wird, daß die an sich gegebene Zuständigkeit eines Ge-

---

[1]) 51 and 52 Vict. c. 43 s. 43. Bezüglich der Klagen von Beamten, die keine Richter sind, vgl. weiter unten S. 203.

[2]) Vgl. weiter unten S. 203 f.

[3]) Z. B. dingliche Klagen, 51 and 52 Vict. c. 43 s. 75.

[4]) 51 and 52 Vict. c. 43 s. 84. Der Effekt der Bestimmung ist, daß die sämtlichen Distrikte der Londoner County Courts als ein großer Distrikt gelten. Vgl. auch Yearly County Court Practice vol. I, p. 67.

[5]) Vgl. dazu weiter unten S. 209 f.

[6]) 31 and 32 Vict. c. 71 s. 21.

[7]) Es hängt das zusammen mit der Form der Erhebung der Klage.

richtes aufgehoben, die eines an sich unzuständigen Gerichtes begründet wird. Allein da in diesen Fällen der zuständigkeitsbegründende Akt und zwar ausnahmslos[1]) die Überweisung durch das Gericht ist, so haben wir es auch hier mit einem Gerichtsstand kraft richterlicher Bestimmung zu tun, wobei charakteristisch für alle Fälle ist, daß die neue Zuständigkeit erst nachträglich, d. h. also nach Erhebung der Klage begründet wird. Im einzelnen kommen hier folgende Fälle in Betracht:

a) Jede der Parteien kann Verweisung der Sache an ein anderes Gericht beantragen unter der Begründung, daß die Klage zweckentsprechender dort zur Entscheidung gebracht werde.[2]) Der Richter hat im allgemeinen nach freiem Ermessen zu entscheiden; denn wenn allerdings das Gesetz ihn auch verpflichtet, zu verweisen, falls ihm der Beweis zweckentsprechenderer Prozeßführung an einem anderen Gericht geführt ist, so hat er doch eben allein darüber zu entscheiden, ob dieser Beweis geführt erscheint oder nicht. Nur in einem Falle muß der Richter überweisen, ist er also an die Parteianträge gebunden. Zusammenhängende Klagen nämlich, d. h. Klagen, erhoben aus demselben rechtlichen Interesse, die bei verschiedenen Gerichten angebracht sind, müssen an das Gericht der ersterhobenen Klage zur Aburteilung überwiesen werden.[3]) Jedoch handelt es sich auch hier um Begründung einer Zuständigkeit durch richterliche Bestimmung, nicht etwa um einen von Anfang an gegebenen Gerichtsstand des Zusammenhanges. Denn eine ursprüngliche Klageerhebung in dem an sich nicht zuständigen Gericht unter Hinweis auf den Sachzusammenhang ist nicht möglich, d. h. die Zuständigkeit wird erst später begründet, und zwar durch eine Handlung des Richters, während der sachliche Zusammenhang von allem Anfang an schon gegeben ist.

Während bei den bisher behandelten Fällen Voraussetzung der Überweisung Parteiantrag ist, steht der Richter bei den Klagen freier, für die ein besonderer Gerichtsstand begründet ist, wie z. B. bei den dinglichen Klagen.[4]) Hier kann zwar auch ein entsprechender Antrag seitens der Parteien gestellt werden. Der Richter braucht aber einen solchen nicht erst abzuwarten, er kann vielmehr von

---

[1]) Allerdings ist der Richter unter Umständen verpflichtet, dem Antrag der Partei stattzugeben. Vgl. C. C. R. Order VIII r. 8 und weiter unten im Text.

[2]) 51 and 52 Vict. c. 43 s. 85 sagt: „that such action . . . can be more conveniently or fairly tried or heard in some other court.“ de Franqueville tom. II, p. 212. Die Bestimmung kann namentlich auch in Juryfällen benutzt werden, wenn eine örtliche Voreingenommenheit zu fürchten ist. Yearly County Court Practice vol. I, p. 89.

[3]) C. C. R. Order 8 r. 8.

[4]) Vgl. weiter oben S. 200.

Amts wegen verweisen, sofern er nur der Ansicht ist, daß der Prozeß zweckentsprechender in einem anderen Gericht erledigt wird.[1])

Schließlich ist auch noch folgender Fall zu erwähnen: Wir werden später sehen, daß eine Klage unter Umständen vom High Court an einen örtlich zuständigen County Court zur Aburteilung verwiesen werden kann.[2]) Es kann nun vorkommen, daß in einem solchen Fall der Registrar dieses County Court Parteivertreter einer der Parteien am High Court war. Hier kann dann die Klage an einen anderen, örtlich also an sich nicht zuständigen County Court verwiesen werden, der durch diese Verweisung örtlich zuständig wird. Diese Verweisung an ein anderes Gericht hat von Amts wegen zu erfolgen.[3])

β) Von Wichtigkeit ist ferner, daß der Richter, der in einer schwebenden Sache interessiert ist, berechtigt[4]) ist, die Sache an ein anderes Gericht zu verweisen, an dem er nicht Richter ist.[5]) Und es ist selbstverständlich, daß auch die Parteien entsprechende Anträge stellen können. Ähnliche Bestimmungen treffen wir, wenn nichtrichterliche Beamte eines County Court, also namentlich die Registrars, Partei sind. Sind sie Kläger, so muß auf Antrag des Beklagten die Sache an ein Gericht verwiesen werden, an dem der vorgesetzte Richter des Klägers nicht selbst Richter ist.[6]) In allen anderen Fällen kann der Richter nach freiem Belieben verweisen, eine Bestimmung, die namentlich von Bedeutung wird, wenn trotz der obenerwähnten s. 43 ein Beamter in seinem eigenen County Court verklagt ist.[7]) Auch diese Bestimmung beweist übrigens klar, daß Parteivereinbarung nicht geeignet ist, einen Gerichtsstand zu begründen.

d) Die zuständigkeitsbegründenden Momente müssen für einen speziellen Distrikt gegeben sein. Es genügt nicht, daß sie für den Circuit als solchen gegeben sind. Also auch in dieser Hinsicht stehen

---

[1]) Ich gebe zu, daß diese Auffassung nicht ganz zweifelsohne ist. Die entscheidende Stelle lautet: 51 and 52 Vict. c. 43 s. 75: „provided that if... it shall be made to appear to the court that the same could be more conveniently heard in some other court...“ Entscheidend scheint mir zu sein, daß von einem Parteiantrag nicht die Rede ist wie in s. 85 und in C. C. R. Order VIII r. 8.

[2]) Vgl. weiter unten S. 218 f.

[3]) C. C. R. Order XXXIII r. 19. Die Verweisung an ein anderes Gericht als das an sich zuständige kann übrigens bereits durch den Richter des High Court erfolgen.

[4]) Nicht verpflichtet! Das Gesetz sagt: „he shall order that the same be transferred... at his discretion.“

[5]) 51 and 52 Vict. c. 43 s. 85.

[6]) L. c. s. 42.

[7]) C. C. R. Order XXII r. 23.

sich die verschiedenen County Courts eines Distriktes durchaus selbständig gegenüber, und sie besitzen nicht etwa alle eine lokaliter konkurrierende Gerichtsbarkeit, was aber doch der Fall sein müßte, wenn die Circuits wirklich einheitliche Gerichtssprengel wären. Daß sie das nicht sind, ergeben, wie gesagt, die Bestimmungen über die örtliche Zuständigkeit zur Evidenz.

e) Die örtliche Unzuständigkeit kann von den Parteien durch Einwand der Unzuständigkeit geltend gemacht werden, sie ist aber auch vom Gericht von Amts wegen zu prüfen. Eine stillschweigende Prorogation gibt es nicht. Allein dieser Satz gilt nur mit gewissen Einschränkungen. Die Parteien können nämlich in bestimmten Fällen auf die Rüge der Unzuständigkeit verzichten, und das Gericht hat dann auch die Unzuständigkeit nicht von Amts wegen festzustellen, vielmehr tritt hier Zuständigkeit kraft Unterwerfung der Partei ein. Da nun die Partei ihres Rügerechtes ferner dadurch verlustig gehen kann, daß sie sich, ohne es geltend zu machen, auf den Prozeß eingelassen hat, so haben wir in diesem Fall einen Gerichtsstand kraft stillschweigender Unterwerfung. Allein ich bemerke: Feste Grundsätze finden sich in den Entscheidungen nicht aufgestellt.[1]) Es wird vielmehr namentlich unterschieden zwischen gänzlichem und partiellem Mangel der Zuständigkeit, wobei auf die Rüge des partiellen Mangels verzichtet werden kann, nicht aber auf die Rüge des totalen Mangels.[2]) Was aber unter totalem und teilweisem Mangel zu verstehen ist, wird leider nicht gesagt. Man wird jedoch auf Grund der Entscheidungen sagen können, daß ein totaler Mangel dann vorliegt, wenn überhaupt kein zuständigkeitsbegründendes Moment vorliegt, ein partieller Mangel aber dann, wenn bei einem zusammengesetzten

---

[1]) Eine anerkannte Autorität auf dem Gebiet schreibt mir: „It is not very clear in what cases the defendant may lose his right." Die Unklarheit wird dadurch vermehrt, daß in den Entscheidungen der Begriff „jurisdiction" sowohl für die örtliche wie die sachliche Zuständigkeit gebraucht wird (vgl. die Entscheidungen Yearly County Court Practice vol. I, p. 140 oben), während das Gesetz ihn nur im letzteren Sinne gebraucht. Vgl. weiter unten S. 214, Anm. 3.

[2]) Vgl. Yearly County Court Practice vol. I, p. 140 und die daselbst abgedruckte Entscheidung Moore v. Gamgee: „A partial want of jurisdiction may be waived by the parties. Thus in a case in which the plaintiffs commenced an action, without leave, in a county court within the district of which the defendant had carried on business within six months of the commencement of the action, but did not dwell or carry on business at the time of commencing the action, and the defendant appeared, and the case was part heard and adjourned, it was held at a second hearing, at which the defendant objected to the jurisdiction, that the objection was one which could be waived and that the defendant had waived it . . ." Vgl. auch Queen's Bench Division 1890, vol. 25, pp. 244 et seq.

Tatbestand der Zuständigkeitsbegründung ein oder das andere Moment des Tatbestandes gegeben ist.

Kommt es zu einer Feststellung der Unzuständigkeit, so wird die Klage abgewiesen, d. h. das Gericht ordnet Streichung der Klage aus der Liste an, eine Entscheidung, gegen welche die gewöhnlichen Rechtsmittel laufen.[1])

2. a) Wir kommen damit zur sachlichen Zuständigkeit.[2]) Dieselbe kann auf dreifache Art und Weise begründet werden, einmal unmittelbar durch das Gesetz, ferner durch richterliche Bestimmung und schließlich durch Parteivereinbarung, in welch letzteren beiden Fällen wir es mit einer mittelbaren Zuständigkeit zu tun haben.[3])

α) Wenden wir uns zunächst der originären Zuständigkeit der County Courts zu, d. h. also derjenigen Zuständigkeit, die unmittelbar auf dem Gesetz beruht, so ist hier wiederum zu unterscheiden: die Zuständigkeit kann sowohl generell wie speziell begründet sein.[4])

Generell begründet ist die Zuständigkeit der County Courts zunächst für alle persönlichen Klagen, bei denen der Streitwert £ 100 nicht übersteigt.[5]) Dabei ist aber zweierlei zu beachten: Einmal nämlich macht das Gesetz selbst eine Reihe von Ausnahmen, indem es bestimmte Klagen ausdrücklich von der Zuständigkeit der County Courts ausnimmt. Auf der andern Seite ist in einem besonderen Falle die Zuständigkeit der County Courts eine unbeschränkte. Ausgenommen aber sind Klagen wegen Verleumdung, Verführung, Bruch des Eheversprechens und Klagen, bei denen die Berechtigung zu gewissen Schiffsabgaben, zur Abhaltung von Märkten und Messen und zur Ausübung von staatlich verliehenen Rechten, wie z. B. Patentrechten in Frage steht.[6]) Unbeschränkt

---

[1]) 51 and 52 Vict. c. 43 s. 114 ist analog anzuwenden, bezieht sich allerdings selbst aber nur auf die sachliche Unzuständigkeit.

[2]) Vgl. bezüglich derselben namentlich Schuster, Bürgerliche Rechtspflege S. 3 ff; Encyclopaedia 1st Ed. vol. III, pp. 530 et seq.; Brodie-Innes vol. I, pp. 233 et seq.; Halsbury, Laws of England vol. VIII, pp. 428 et seq., 622 et seq.; de Franqueville tom. I, p. 221 s.; tom. II, p. 224 s.; Wertheim S. 182 f.; v. Lewinski, England als Erzieher? S. 7; Hatschek Bd. II, S. 170 f.; Koellreutter, Richter und Master S. 68 ff.

[3]) Brodie-Innes vol. I, p. 234 unterscheidet zwischen originärer und derivativer Zuständigkeit, wobei er unter letzterer eine delegierte Zuständigkeit versteht. Dabei wird aber übersehen, daß auch noch durch Parteivereinbarung die Zuständigkeit begründet werden kann.

[4]) Brodie-Innes vol. I, p. 234.

[5]) 51 and 52 Vict. c. 43 s. 56; 3 Edw. VII c. 42 s. 3. Über den Begriff der persönlichen Klage vergleiche die sehr eingehenden Darlegungen Yearly County Court Practice vol. I, pp. 37 et seq.

[6]) Bezüglich der Begriffe Toll, Fair, Market und Franchise vgl. Yearly County Court Practice vol. I, p. 40; Wertheim S. 253; Brodie-Innes vol. I, p. 237. Eine weitere, sehr spezielle Ausnahme enthält s. 182, die ein Verbot

dagegen ist die Zuständigkeit der County Courts, soweit es sich um Klagen auf Freigabe außergerichtlich gepfändeter Gegenstände handelt.[1])

Für höhere Beträge als £ 100 sind die County Courts mithin im allgemeinen nicht zuständig, und namentlich ist es dem Kläger nicht gestattet, einen Anspruch so zu zerlegen und geltend zu machen, daß er mehrere Klagen innerhalb der Wertgrenze selbständig erhebt,[2]) so daß die Summe der Einzelklagen die Höhe von £ 100 übersteigen würde. Es kann indessen hier nicht auf alle diesbezüglichen Einzelheiten eingegangen werden.[3])

Des weiteren sind die County Courts generell zuständig für alle dinglichen Klagen,[4]) sofern der Wert des in Klage stehenden Landes oder die aus ihm zu zahlende jährliche Rente die Summe von £ 100 nicht übersteigt. Innerhalb dieser Wertgrenze ist der Richter jetzt auch befugt, den Titel in bezug auf Grundstücke zu prüfen, was er früher nicht konnte.

In all den bisher behandelten Fällen ist aber eines sehr wohl zu beachten. Die Zuständigkeit befaßte bis 1903 stets nur Klagen mit einem Streitwert bis zu £ 50. Die erweiterte Zuständigkeit von £ 50 bis zu £ 100 ist nun zwar prinzipiell allen County Courts verliehen worden, allein durch Königliche Verordnung kann bestimmt werden, daß bei Klagen innerhalb der erweiterten Zuständigkeit die Hauptverhandlung nur vor bestimmten County Courts des Circuit stattzufinden hat. Die an sich zuständigen Gerichte bleiben zuständig, es muß bei ihnen die Klage erhoben werden, wie auch bei ihnen das Urteil einzutragen ist. Jedoch verlieren sie die funktionelle Zuständigkeit zur Hauptverhandlung, und sie haben die Sache zur Hauptverhandlung an den zuständigen County Court zu verweisen. Seine Zuständigkeit in örtlicher Hinsicht wird, wie hervorgehoben werden mag, nicht etwa erst durch die Überweisung begründet, sondern beruht auf der Verordnung, resp. in letzter Linie auf dem Gesetz. So können wir hier die interessante Tatsache beobachten, die wir ja auch schon bei der Darstellung der

---

enthält, Klagen anzustrengen aus Forderungen wegen konsumierten Biers usw. de Franqueville tom. I, p. 221.

[1]) 19 and 20 Vict. c. 108 s. 63; 23 and 24 Vict. c. 126 s. 22; Schuster, Bürgerliche Rechtspflege S. 3. Vgl. auch 51 and 52 Vict. c. 43 s. 133.

[2]) 51 and 52 Vict. c. 43 s. 81. Bezüglich der Kasuistik vgl. Yearly County Court Practice vol. I, p. 84.

[3]) L. c. s. 57 normiert den Fall, daß eine eingeklagte Forderung durch eine anerkannte Gegenforderung auf £ 100 reduziert wird. Andere Möglichkeiten vgl. in ss. 58, 81.

[4]) Brodie-Innes vol. I, p. 236: „The County Court has jurisdiction in all actions relating to land, whether the title comes into question or not...“ Vgl. 51 and 52 Vict. c. 43 ss. 59, 60; vgl. auch de Franqueville tom. I, p. 221 s.

historischen Entwicklung der Grafschaftsgerichte hervorgehoben haben, daß wir zwei Arten von County Courts zu unterscheiden haben, die funktionell verschieden sind, wobei die niederen zu den höheren etwa im Verhältnis einer District Registry zum High Court stehen. In den größeren Circuits treffen wir gewöhnlich drei höhere Gerichte, in den kleineren meist nur eins.[1])

Außerdem sind die County Courts zuständig für eine Reihe von Angelegenheiten, die, falls diese Zuständigkeit nicht gegeben wäre, von der Chancery Division zu erledigen wären. Für alle diese Fälle darf indes der Streitwert nicht die Summe von £ 500 übersteigen. Insofern besteht ein wesentlicher Unterschied gegenüber den persönlichen Klagen, die am High Court von der King's Bench Division zu erledigen wären. Denn während diese innerhalb der Streitwertgrenze generell zur Zuständigkeit der County Courts gehören (von den wenigen Ausnahmen können wir absehen), so daß dieselbe sich von der des High Court nur quantitativ unterscheidet, ist hier die Kompetenz der Grafschaftsgerichte beschränkt auf bestimmte Klagen. Ihre Zuständigkeit umfaßt auch qualitativ nur einen Ausschnitt aus den Angelegenheiten der Chancery Division, den sogenannten Equitysachen.[2])

In Betracht kommen sowohl Angelegenheiten der streitigen wie der freiwilligen Gerichtsbarkeit, wie sich ja denn auch, wie wir noch sehen werden,[3]) der Begriff der Equityangelegenheit keineswegs mit dem einer Angelegenheit der freiwilligen Gerichtsbarkeit deckt. Von den streitigen Angelegenheiten seien erwähnt Klagen, die sich auf die Verwaltung einer Erbschaft oder eines Fideikommisses beziehen, Teilungsklagen, Auflösungsklagen von Gesellschaften, Klagen in Bezug auf Alimentation und Erziehung von Minderjährigen, Klagen betreffend Erfüllung, Aufhebung, Abänderung usw. von Kauf- oder Pfandverträgen an Grundstücken und andere mehr, die einzeln hier aufzuführen zu weit führen würde.[4])

Auch in Angelegenheiten, die am High Court von der Probate Division zu erledigen wären, haben die County Courts eine beschränkte Zuständigkeit.[5]) Und zwar kommen in Betracht streitige Nachlaßangelegenheiten, sofern der Wert des Mobiliarnachlasses £ 200, der des Immobiliarnachlasses £ 300 nicht übersteigt. Voraus-

---

[1]) Vgl. Königl. Verordnung vom 12. Dezember 1903, abgedruckt Yearly County Court Practice vol. I, pp. 1058 et seq.

[2]) Yearly County Court Practice vol. I, p. 55.

[3]) Vgl. weiter unten S. 314 ff.

[4]) 51 and 52 Vict. c. 43 s. 67. Vgl. ausführlicher bei Brodie-Innes vol. I, pp. 240 et seq.; de Franqueville tom. I, p. 223 s.; auch Schuster, Bürgerliche Rechtspflege S. 3 f.; v. Lewinski, England als Erzieher? S. 7.

[5]) Bezüglich der Zuständigkeit der Probate Division im allgemeinen Wertheim S. 461 und weiter unten S. 333 ff.

setzung ist aber hier des weiteren, daß der Erblasser in einem der vom Gesetz ausdrücklich bestimmten Distrikte seinen Wohnsitz gehabt hat.[1]) Eine Wertgrenze für die einzelnen Klagen ist nicht gegeben. Doch ergibt sich dieselbe implicite aus der Eigentumsbeschränkung.

Die County Courts besitzen ferner eine unbeschränkte Zuständigkeit in Konkursangelegenheiten. Im Zusammenhang hiermit sind sie auch kompetent für Streitigkeiten, die anläßlich eines Konkurses zwischen dem Konkursverwalter und Dritten entstehen können, und zwar sind sie unbeschränkt zuständig, sofern es sich um Ansprüche handelt, die erst durch den Konkurs selbst entstanden sind, nur beschränkt dagegen bis zu einer Wertgrenze von £ 200 bei allen anderen hier möglichen Streitigkeiten.[2]) Sind nun auch in Konkursangelegenheiten mit einer Ausnahme prinzipiell alle County Courts funktionell zuständig, so steht andererseits der Justizverwaltung ein wichtiges Recht zu, diese Zuständigkeit auf bestimmte County Courts zu konzentrieren und ausschließlich auf diese zu beschränken. Der Lord Chancellor kann nämlich durch Verordnung einem County Court die Zuständigkeit entziehen und sie einem anderen zur Ausübung übertragen.[3]) Die erwähnte Ausnahme besteht aber darin, daß die County Courts der Metropolis prinzipiell keine Konkurszuständigkeit besitzen, da hier der High Court ausschließlich das Konkursgericht ist.[4])

Anschließend an die Konkurszuständigkeit mag auch noch darauf hingewiesen werden, daß die County Courts eine unbeschränkte Zuständigkeit im Zwangsvollstreckungsverfahren insofern haben, als sie Personalarrest bis zu sechs Wochen wegen nicht bezahlter, auf Grund Urteiles oder richterlicher Verfügung geschuldeter Geldforderungen verhängen können.[5]) Dabei ist es gleichgültig, von

---

[1]) 21 and 22 Vict. c. 95 s. 10; Brodie-Innes vol. I, p. 241; Schuster, Bürgerliche Rechtspflege S. 4 f.; ausführlicher Yearly County Court Practice vol. II, pp. 295 et seq.

[2]) Vgl. Brodie-Innes vol. I, p. 245; und namentlich Schuster, Bürgerliche Rechtspflege S. 4, 290.

[3]) Schuster l. c. S. 4.

[4]) Adickes, Grundlinien S. 54; Civil Judicial Statistics 1907, p. 130.

[5]) Die englische Konstruktion — vgl. Brodie-Innes vol. I, pp. 245 — ist, „the imprisonment being not for debt, but for disobedience to the order of the Court". Gegen die ganze Einrichtung der Schuldhaft wird augenblicklich in England ein sehr heftiger Kampf geführt. Eine parlamentarische Untersuchungskommission, die zur Prüfung der gesamten Verhältnisse eingesetzt war, und deren Bericht neuerdings (1909) veröffentlicht ist, hat allerdings die Aufhebung der Institution als solcher abgelehnt, allein nur mit 6 gegen 5 Stimmen. Der Bericht enthält äußerst schätzenswertes Material zur Frage, auf die hier leider nicht eingegangen werden kann. Ich bemerke nur, daß 1907 nicht weniger wie 9235 Personen auf Grund von Verfügungen der Grafschafts-

welchem Gericht und in welcher Höhe die Verurteilung zur Zahlung erfolgt ist. Ich bemerke, daß der Richter hier auch das Recht hat, anzuordnen, daß die Zahlung der geschuldeten Summe in Raten zu erfolgen habe, in welchem Fall die Haft nur eventualiter anzuordnen ist.[1])

Schließlich besitzen die County Courts eine beschränkte, generelle Zuständigkeit in Admiralitätssachen, d. h. in Angelegenheiten, die am High Court durch die Admiralty Division zu erledigen sind. In Betracht kommen folgende Fälle, einmal Ansprüche wegen Bergung,[2]) sofern der Wert der geborgenen Sachen £ 1000 und der Anspruch die Summe von £ 300 nicht übersteigt, ferner Ansprüche wegen Bugsierens von Schiffen in oder ohne Seenot,[3]) wegen Lieferung von Schiffsbedürfnissen,[4]) Klagen aus Heuerverträgen,[5]) sofern der eingeklagte Betrag £ 150 nicht übersteigt, schließlich Ansprüche wegen Beschädigung der Ladung oder wegen Schiffszusammenstößen,[6]) sofern der Streitwert £ 300 nicht übersteigt.[7]) Auch hier sind nicht alle County Courts generell zu-

---

gerichte in Schuldhaft genommen sind. Vgl. Report of the Select Committee to inquire into the existing Law relating to the Imprisonment of Debtors 1909, ferner Law Times vol. 127, pp. 360 et seq., 374 et seq., 392 et seq., 461 et seq.

[1]) 32 and 33 Vict. c. 62 s. 5; 46 and 47 Vict. c. 52 s. 103. Schuster, Bürgerliche Rechtspflege S. 221 meint, zuständig seien nur die Konkursrichter. Vgl. aber Yearly County Court Practice vol. I, p. 447: „The County Court now has jurisdiction to enforce by judgment summons any judgment, whether of the High Court or of the County Court in which proceedings to enforce it are taken, or of any other County Court, or of an inferior court, and whatever may be the amount of the judgment. By s. 103 (4) of the Bankruptcy Act, 1883, every County Court within the jurisdiction of which a judgment debtor is or resides has jurisdiction under this section, although the amount may exceed £ 50." So auch Brodie-Innes vol. I, p. 245. Unrichtig Every Man's own Lawyer p. 33: „A County Court Judge has no jurisdiction if the amount is over £ 50." Das Gesetz ist in beiden Punkten ganz klar.

[2]) Wertheim S. 491; Yearly County Court Practice vol. I, p. 661.

[3]) Yearly County Court Practice vol. I, p. 665.

[4]) L. c. p. 666.

[5]) L. c. pp. 667 et seq. Hier sind unter bestimmten Voraussetzungen die Courts of Summary Jurisdiction bei Ansprüchen bis zu £ 50 zuständig. Vgl. Brodie-Innes vol. I, pp. 242 et seq.; 57 and 58 Vict. c. 60 ss. 164, 165.

[6]) Yearly County Court Practice vol. I, pp. 669, 675. Der Begriff „Damage to Cargo" ist ein sehr weiter. In Betracht kommt „any claim by the owner or assignee of any bill of lading of any goods carried into any port in England or Wales in any ship, for damage done to the goods or any part thereof by the negligence or misconduct of, or for any breach of duty or breach of contract on the part of the owner, master or crew of the ship". Vgl. auch Schuster, Bürgerliche Rechtspflege S. 4.

[7]) 31 and 32 Vict. c. 71 s. 3.

ständig. Vielmehr wird die Zuständigkeit durch Königliche Verordnung einzelnen County Courts auf Antrag des Lord Chancellor verliehen,[1]) so daß in dubio ein County Court diese Kompetenz nicht besitzt. Die County Courts nun, die die Zuständigkeit besitzen, besitzen sie aber nicht nur in ihrem eigenen Distrikt. Durch Königliche Verordnung können neue Distrikte gebildet werden, die aus mehreren County Court Districts zusammengelegt werden, und für diesen größeren Bezirk ist dann der bezeichnete County Court das Admiralitätsgericht.[2]) Königliche Verordnungen sind wiederholt ergangen, die letzte am 28. Mai 1894.[3]) Den mit einer solchen Zuständigkeit versehenen County Courts kann übrigens im Fall eines Krieges auch die Prisengerichtsbarkeit übertragen werden.[4])

Neben die generelle Zuständigkeit tritt die spezielle Kompetenz der County Courts. Dieselbe ist durch eine ganze Reihe von Gesetzen für Spezialmaterien begründet. Ein irgendwie erschöpfendes Bild hier geben zu wollen, wäre ebenso unmöglich, weil zu weit führend, als zwecklos, da die Gesetzgebung die Kompetenz der Grafschaftsgerichte stets noch erweitert und noch vielgestaltiger macht.[5]) 1893 existierten bereits mehr als 30 diesbezügliche Gesetze,[6]) 1903 bereits mindestens 67[7]) und Anfang 1907 nicht weniger als 80,[8]) eine Tatsache, die die Unmöglichkeit beweist, in die Details der Materie einzutreten. Es können infolgedessen nur einige allgemeinere Bemerkungen gemacht werden. Da ist denn zunächst von Wichtigkeit, daß, während wir sonst bei den County Courts im allgemeinen eine durch irgendeine Wertgrenze limitierte Kompetenz antrafen, die Zuständigkeit hier wiederholt unbeschränkt ist. Ich erwähne die überhaupt für die Tätigkeit der

---

[1]) 31 and 32 Vict. c. 71 s. 2.

[2]) Das Gesetz sagt: „. . . it shall be lawful for Her Majesty by Order in Council — to assign to that Court as its district for admiralty purposes any part or parts of any one or more district or districts of County Courts; and the district so constituted for that Court . . . shall be deemed its district for admiralty purposes.“

[3]) Vgl. Yearly County Court Practice vol. I, p. 660 und ebendort pp. 732 et seq. eine Liste der sämtlichen County Courts mit Admiralitätsgerichtsbarkeit nebst ihrer Distriktseinteilung.

[4]) Brodie-Innes vol. I, p. 233.

[5]) Allein 1905 und 1906 ergingen vier einschlägige Gesetze.

[6]) de Franqueville tom. I, p. 224.

[7]) So viel erwähnt Brodie-Innes vol. I, p. 246.

[8]) Vgl. eine vollständige Liste in Yearly County Court Practice vol. II, pp. 23 et seq. Hinzuzurechnen sind indessen noch der Employers' Liability Act von 1880 und die Workmen's Compensation Acts von 1897, 1900 und 1906. Abzurechnen sind andererseits die Probate Acts von 1857 und 1858, die wir bereits früher behandelt haben.

County Courts so überaus wichtigen Haftpflichtgesetze, denen sich aber in dieser Beziehung noch eine Reihe anderer Gesetze anschließen.[1]) Aber auch da, wo eine Beschränkung der Zuständigkeit auftritt, ist die Wertgrenze häufig sehr hoch hinaufgerückt. So sind die County Courts zuständig für Klagen bis zu £ 250 auf Ersatz wegen Beschädigung öffentlicher Wege durch außergewöhnliche Inanspruchnahme derselben.[2]) Ferner sind die County Courts die Liquidationsgerichte im Verfahren zwecks Auflösung von Gesellschaften, sofern das Gesellschaftsvermögen £ 10000 nicht übersteigt.[3])

Die Funktionen nun, die die County Courts in diesen Spezialmaterien zu erfüllen haben, sind sehr verschiedenartige und lassen sich keineswegs alle unter den Begriff der streitigen Gerichtsbarkeit subsumieren. Vielmehr ist hier folgendermaßen zu unterscheiden:[4])

Einmal funktionieren die County Courts als reine Zivilgerichte. Dabei werden sie dann tätig in Ausübung sowohl der eigentlich streitigen wie aber auch der freiwilligen Gerichtsbarkeit. Als Beispiel für ersteres sei der Employers' and Workmen's Act angeführt, wonach die County Courts unbeschränkt alle Streitigkeiten zu entscheiden haben, die aus dem Arbeitsverhältnis zwischen Unternehmer und Arbeiter entstehen.[5]) Als Beispiel für freiwillige Gerichtsbarkeit sei der Trustee Act erwähnt, demzufolge die County Courts eine ganze Reihe verschiedener Funktionen zu erfüllen haben in bezug auf die fiduziarische Verwaltung eines Vermögens durch einen Kurator, den sogenannten Trustee.[6])

Auf der andern Seite funktionieren die County Courts aber auch

---

[1]) 43 and 44 Vict. c. 42; 60 and 61 Vict. c. 37; 63 and 64 Vict. c. 22; 6 Edw. VII c. 58; ferner 6 Edw. VII c. 14 s. 17; 38 and 39 Vict. c. 90 s. 3; 37 and 38 Vict. c. 48 s. 3; 39 and 40 Vict. c. 56; 33 and 34 Vict. c. 28.

[2]) 41 and 42 Vict. c. 77 s. 23.

[3]) 25 and 26 Vict. c. 89. Andere Beispiele 45 and 46 Vict. c. 38; 49 and 50 Vict. c. 38.

[4]) In der Yearly County Court Practice vol. II, pp. 23 et seq. wird die Zuständigkeit der County Courts nach fünf Gesichtspunkten eingeteilt, und zwar werden unterschieden Gesetze: 1. die sich auf die Einklagung von Bußen beziehen, 2. die sich auf die Einklagung von Geldforderungen beziehen, ohne daß es sich um Bußen handelt, 3. die ein besonderes Verfahren zur Erledigung von Streitsachen anordnen, 4. die eine Zuständigkeit in Verwaltungssachen begründen, und endlich 5. die die Vornahme von Untersuchungen im öffentlichen Interesse anordnen. Dieser Einteilung schließt sich auch Brodie-Innes vol. I, pp. 246 et seq. an, der überhaupt hier nur die Ausführungen der Yearly County Court Practice wiedergibt.

[5]) 38 and 39 Vict. c. 90 s. 3; vgl. auch besonders Yearly County Court Practice vol. II, p. 134.

[6]) 56 and 57 Vict. c. 53; ferner Yearly County Court Practice vol. II, p. 435; Wertheim S. 550.

als Verwaltungsgerichte zur Entscheidung von streitigen Verwaltungssachen. So sind die County Courts die Flußpolizeigerichte; zu ihrer Zuständigkeit gehören die Angelegenheiten, die die Verhinderung von Verunreinigung der Ströme, namentlich durch industrielle Anlagen betreffen.[1]) Sie können einen Verwalter für lokale Anleihen ernennen, sofern die Lokalbehörde ihren Verpflichtungen nicht nachkommt.[2]) Sie wirken im Enteignungsverfahren mit.[3]) Sie sind die Gerichte für Streitigkeiten in bezug auf die Feuerpolizei,[4]) die Gesundheitspolizei[5]) und vieles andere mehr.

Dabei mag bemerkt werden, daß namentlich da, wo die County Courts in Verwaltungsstreitsachen tätig werden, sie häufig die Funktionen der zweiten Instanz im Rekursverfahren zu erfüllen haben. So entscheiden sie über den Rekurs gegen Steuerfestsetzungsbescheide in Nachlaßsachen.[6]) Sie sind ferner Beschwerdeinstanz bei Beschwerden gegen Entscheidungen der Seebehörde, durch die einem Schiff die Ausfahrt wegen Untüchtigkeit verweigert wird.[7]) Und auch hier ließen sich noch viele andere Beispiele anführen.[8])

Die bisherigen Ausführungen haben uns schon das eine gezeigt, daß die funktionelle Tätigkeit der County Courts keineswegs stets eine urteilsmäßige zu sein braucht. Sie kann vielmehr auch in anderen Handlungen bestehen, so z. B. im Ernennen von Aufsehern, Verwaltern und ähnlichem mehr. Interessant ist nun, daß die County Courts auch zuständig sind für die Vornahme von bestimmten Untersuchungen im öffentlichen Interesse, ohne daß ein Streitverfahren, geschweige denn ein Urteilsverfahren damit verbunden wäre. So kann das Handels- und Verkehrsministerium, das sogenannte Board of Trade,[9]) jeden County Court anweisen, Untersuchungen über ein Eisenbahnunglück anzustellen und einen Bericht über die Ergebnisse der Untersuchung einzureichen.[10]) Ähnliche Untersuchungen können durch das Ministerium des Innern bei Explosionen irgendwelcher Art angeordnet werden.[11]) In diesen

---

[1]) 39 and 40 Vict. c. 75.

[2]) 38 and 39 Vict. c. 83 s. 12.

[3]) 62 and 63 Vict. c. 44; auch 53 and 54 Vict. c. 70.

[4]) 1 Edw. VII c. 22.

[5]) 38 and 39 Vict. c. 55. Vgl. bezüglich der durch dies Gesetz verliehenen mannigfaltigen Funktionen namentlich Yearly County Court Practice vol. II, p. 303.

[6]) 16 and 17 Vict. c. 51.

[7]) 57 and 58 Vict. c. 60. Die County Courts urteilen hier als sogenannter „Court of Survey". Yearly County Court Practice vol. II, p. 222 und oben S. 131, weiter unten S. 642 ff.

[8]) 54 and 55 Vict. c. 40 s. 26; 57 and 58 Vict. c. 30 s. 10 u. a. m.

[9]) Wertheim S. 534.

[10]) 34 and 35 Vict. c. 78.

[11]) 38 Vict. c. 17

Fällen handeln die County Courts dann mehr als Rechtshilfeorgane im Verhältnis zur Verwaltungsbehörde.[1])

β) Neben die unmittelbar auf dem Gesetze beruhende Zuständigkeit tritt die durch richterliche Bestimmung oder Parteivereinbarung vermittelte Kompetenz der County Courts, bezüglich deren folgendes zu bemerken ist:

Begründung der Zuständigkeit der County Courts durch richterliche Bestimmung kommt nur in zwei Ausnahmefällen vor, und zwar sind hier zunächst die Deliktsklagen zu erwähnen. Ist eine solche Klage, für die mithin ein County Court als solcher nicht konkurrierend zuständig ist, beim High Court erhoben, so kann der Beklagte Verweisung an einen County Court verlangen, wenn er durch Affidavit, d. h. eine einseitige, beschworene, schriftliche Parteierklärung[2]) glaubhaft macht, daß der Kläger nicht in der Lage ist, im Falle des Unterliegens die Kosten zu bezahlen. Der mit der Sache befaßte Richter hat dann dem Kläger eine Sicherheit aufzuerlegen. Wird dieselbe nicht innerhalb der festgesetzten Frist geleistet, so wird die Verweisung an den County Court angeordnet. Dieselbe hat jedoch zu unterbleiben, falls der Kläger Tatsachen nachweist, die es gerechtfertigt erscheinen lassen, die Sache trotzdem, d. h. also auch dann, wenn er die Kaution nicht leistet, am High Court zu verhandeln.[3]) Kommt es aber zur Verweisung, so wird durch sie ein bisher unzuständiger County Court zuständig.[4])

In einem weiteren Falle kommt fernerhin eine Begründung der Zuständigkeit kraft richterlicher Bestimmung vor. Stellt sich nämlich im Laufe eines County Court-Verfahrens heraus, daß eine Equitysache die Zuständigkeit des County Court überschreitet, so kann durch Beschluß der Chancery Division auf Antrag einer der Parteien angeordnet werden, daß die Sache trotzdem in dem County Court zur Erledigung zu bringen sei, womit dann erst durch diesen Beschluß die Zuständigkeit desselben begründet wird.[5])

Weitere Fälle der Begründung der Zuständigkeit durch richterliche Bestimmung kennt das Gesetz nicht. Allerdings kann der High Court noch in einigen Fällen, sei es auf Antrag der Parteien,

---

[1]) Andere Beispiele: 35 and 36 Vict. c. 33; 38 and 39 Vict. c. 84; 39 and 40 Vict. c. 62 u. a. m.

[2]) Schuster, Bürgerliche Rechtspflege S. 110; Wertheim S. 21.

[3]) 51 and 52 Vict. c. 43 s. 66. Schuster l. c. S. 5; Näheres dazu Yearly County Court Practice vol. I, pp. 52 et seq.; ferner Brodie-Innes vol. I, p. 239.

[4]) 1907 ist eine Verweisung in 125 Fällen, 1906 in 110 Fällen erfolgt. Vgl. Civil Judicial Statistics 1907, p. 133.

[5]) 51 and 52 Vict. c. 43 s. 68.

sei es von Amts wegen, die Verhandlung einer bei ihm angebrachten Sache durch einen County Court anordnen. Allein eine derartige Überweisung ist stets nur möglich innerhalb der Zuständigkeitsgrenzen der County Courts,[1]) so daß in der Tat eine Begründung der Zuständigkeit eines an sich unzuständigen Gerichtes nicht in der Überweisung liegt. Vielmehr hat letztere nur die Bedeutung, eine bestehende konkurrierende Zuständigkeit zu beseitigen, wirkt also insofern, wie wir sofort noch sehen werden, rein negativ.[2])

Auch durch Parteivereinbarung kann die Zuständigkeit begründet werden, allein doch nur unter einengenden Voraussetzungen. Zunächst ist die Parteivereinbarung nicht allgemein zulässig, sondern nur bezüglich der Klagen, die an sich zur Zuständigkeit der King's Bench Division gehören, hier aber allerdings dann auch unbeschränkt, so daß in der Tat die County Courts für Klagen mit höchsten Streitwerten zuständig gemacht werden können. Die Vereinbarung muß aber schriftlich erfolgen in einer von den Parteien oder ihren Solicitors unterzeichneten Urkunde. In derselben muß das Gericht bezeichnet sein, dem sich die Parteien unterwerfen.[3]) Wann die Vereinbarung getroffen wird, die sich also stets auf eine konkret bestimmte Klage beziehen muß, nicht etwa wie bei uns nur auf ein konkretes Rechtsverhältnis

---

[1]) Bezüglich 51 and 52 Vict. c. 44 s. 65 lagen bis 1903 die Verhältnisse anders. Es können nach s. 15 Klagen überwiesen werden aus Kontrakt mit Streitwerten bis zu £ 100. Da nun bis 1903 die Zuständigkeit der County Courts nur Klagen bis zu £ 50 umfaßte, so war hier in der Tat eine Begründung der Zuständigkeit kraft richterlicher Bestimmung gegeben. So zutreffend Brodie-Innes vol. I, p. 239; nicht mehr zutreffend Schuster, Bürgerliche Rechtspflege S. 5.

[2]) In Betracht kommen 51 and 52 Vict. c. 43 ss. 65, 69.

[3]) L. c. s. 64. Man könnte annehmen, daß durch diese Bestimmung die Möglichkeit für die Parteien gegeben sei, sich auch in örtlicher Hinsicht ein Gericht zu prorogieren. Der Wortlaut des Gesetzes würde nicht entgegenstehen. („... if both parties shall agree ... that the judge of any court named ... have power to try such action, such judge shall have jurisdiction ...“). Allein s. 64 bezieht sich nur auf die Jurisdiction, d. h. die sachliche Zuständigkeit, nicht auf das Venue, die örtliche Zuständigkeit, kann also nicht die Bestimmungen darüber tangieren, wo die Klage zu erheben ist. Wohl aber kann durch Parteivereinbarung auch ein anderes Gericht, also namentlich ein Sondergericht zuständig gemacht werden. Wollte man s. 64 anders auslegen, so käme man zu dem widersinnigen Resultat, daß zwar bei Klagen über £ 100 örtliche Prorogation zulässig wäre, nicht aber bei Klagen unter £ 100. Denn daß sich s. 64 nur auf Klagen über £ 100 beziehen kann, ergibt sich aus der Bestimmung des Gesetzes, daß die „jurisdiction“ des Richters erst begründet wird durch die Parteivereinbarung. Bei Klagen unter £ 100 wäre dies aber nicht möglich, da ja die Zuständigkeit schon an sich gegeben ist. Daß aber unter Jurisdiction im Sinne des Gesetzes nur sachliche Zuständigkeit verstanden werden kann, ergibt sich klar aus ss. 56 et seq.

und die sich eventualiter aus ihm ergebenden Streitigkeiten, ist gleichgültig. Sie kann abgeschlossen werden vor wie nach der Klageerhebung. Wird sie vor der Klageerhebung abgeschlossen, so erfolgt die Klageerhebung unmittelbar vor dem örtlich zuständigen County Court, dem dann die Parteivereinbarung nachgewiesen werden muß.[1]) Kommt die letztere dagegen erst nach der Klageerhebung zustande, nachdem also der High Court bereits mit der Sache befaßt worden ist, so ist am High Court das Verfahren einzustellen, und es muß eine neue Klage im County Court erhoben werden, ohne daß das frühere Verfahren weiterhin noch irgendwelche Bedeutung hätte.[2])

Von diesen Sätzen besteht eine sehr geringfügige Ausnahme in Equity- und Admiralty-Angelegenheiten. Wird nämlich hier eine Widerklage erhoben, die die Zuständigkeit des Gerichtes übersteigt, so muß der Widerbeklagte die Zuständigkeit des Gerichtes durch schriftliche Erklärung rügen. Tut er das nicht, so kann die Unzuständigkeit des Gerichtes nicht von Amts wegen geltend gemacht werden, wie das sonst geschehen kann. Das Gericht hat dann vielmehr auch über die Widerklage zu entscheiden, so daß wir in diesem Ausnahmefall in der Tat einen Gerichtsstand kraft stillschweigender Parteivereinbarung haben.[3])

Schließlich kommt Parteivereinbarung noch in Betracht bei Klagen, bei denen ein dinglicher Titel präjudiziell in Betracht kommt. Hier kann das Grafschaftsgericht durch Parteivereinbarung, die in der mündlichen Verhandlung schriftlich erklärt werden muß, für die Entscheidung des Streitfalles zuständig gemacht werden. Allein es ist dabei zu bemerken, daß die präjudizielle Entscheidung des Gerichtes über den Titel nicht in Rechtskraft erwächst.[4])

---

[1]) 51 and 52 Vict. c. 43 s. 114.

[2]) Yearly County Court Practice vol. I, p. 47; Annual Practice vol. II, pp. 607 et seq.; C. C. R. Order V r. 2.

[3]) Vgl. 36 and 37 Vict. c. 66 ss. 89, 90; 47 and 48 Vict. c. 61 s. 18; C. C. R. Order X r. 2; Yearly County Court Practice vol. I, pp. 269 et seq.; Annual Practice vol. II, p. 586.

[4]) 51 and 52 Vict. c 43 s. 61.

[5]) Im allgemeinen sind die Fälle prorogierter Zuständigkeit im Steigen begriffen. Vgl. Law Times vol. 125, p. 69. Die Statistik für 1907 läßt allerdings eine starke Abnahme erkennen; sie führt nur 724 „plaints above £ 100 entered by consent“ an, gegen 961 im Jahre 1906. Vgl. Civil Judicial Statistics 1907, p. 131. Die Ausführungen de Franqueville's tom. II, p. 224 treffen jedoch für heute nicht mehr ganz zu. Wenn aber die Parteien immerhin von der Möglichkeit der Prorogation nur einen beschränkten Gebrauch machen, so liegt das zum wesentlichen an dem veralteten Verfahren vor den County Courts, nicht aber an dem mangelnden Vertrauen zu den Grafschaftsgerichte. Vgl. Law Magazine vol. 31, pp. 333 et seq. Unrichtig die Ausführungen von Viezens, Bureaukraten und Lords S. 140 f.

b) Das Gericht muß seine sachliche Zuständigkeit selbst von Amts wegen prüfen. Es können natürlich auch Anträge seitens einer Partei auf Abweisung der Klage wegen sachlicher Unzuständigkeit gestellt werden. Allein auch das Gericht hat die Klage abzuweisen, falls dieselbe seine Zuständigkeit überschreitet, braucht also einen diesbezüglichen Antrag einer Partei nicht abzuwarten. Denn eine stillschweigende Prorogation der Parteien gibt es, von den obenerwähnten Ausnahmen abgesehen, nicht.[1]) Das Gericht kann seine Unzuständigkeitserklärung in jeder Lage der Sache aussprechen.[2]) Seine Entscheidung kann von der beschwerten Partei mit den gewöhnlichen Rechtsmitteln beim High Court angefochten werden, wobei die allgemeinen Vorschriften bezüglich derselben auch in beschränkender Hinsicht zur Anwendung kommen.[3]) Außerdem kann beim County Court selbst der Antrag auf Gewährung eines New Trial gestellt werden, ein Antrag, der ebenfalls den gewöhnlichen Bestimmungen unterworfen ist.[4]) Stellt sich in Equitysachen erst im Laufe des Prozesses heraus, daß die Zuständigkeit überschritten wird, so kann das Gericht die Sache einfach an die Chancery Division verweisen, ohne daß das bisherige Verfahren seine Bedeutung verliert.[5])

Eine Ausnahme von der Prüfung der Zuständigkeit ergibt sich für Widerklagen in Equity- und Admiralty-Angelegenheiten, wie bereits weiter oben ausgeführt ist.[6])

3. Wir haben schließlich das Verhältnis ins Auge zu fassen, in welchem die County Courts zu Gerichten mit konkurrierender Gerichtsbarkeit stehen. Es besitzen aber konkurrierende Gerichtsbarkeit sowohl eine Reihe lokaler Sondergerichte als auf der andern Seite der High Court. Fassen wir zunächst die ersteren ins Auge.

a) Im allgemeinen ist die Zuständigkeit der Sondergerichte und der County Courts, soweit sie inhaltlich eine übereinstimmende ist, konkurrierender Natur, so daß der Kläger entscheiden kann, in welchem Gericht er seine Klage erheben will.[7]) Allein dieser Grund-

---

[1]) 51 and 52 Vict. c. 43 s. 114: „Whenever an action or matter is commenced over which the court has no jurisdiction, the judge shall, unless the parties consent to the court having jurisdiction, order it to be struck out . . .“ Im allgemeinen wird die Sache aber gar nicht bis zum Richter kommen, da der Registrar stets verweigern muß, „to enter an action beyond the Judge's jurisdiction“.

[2]) Yearly County Court Practice p. 116.

[3]) 51 and 52 Vict. c. 43 s. 120.

[4]) Vgl. bezüglich des Rechtsmittelverfahrens weiter unten S. 323 ff. und vergleiche ferner oben Anm. 2.

[5]) 51 and 52 Vict. c. 43 s. 68; C. C. R. Order XXXIII rr. 5—7.

[6]) Vgl. weiter oben S. 215.

[7]) de Franqueville tom. I, p. 220.

satz erleidet doch eine sehr wichtige Ausnahme. Die konkurrierende Zuständigkeit aller niederen Sondergerichte, die keine Courts of Record[1]) sind, ist nämlich ausdrücklich durch das Gesetz ausgeschlossen worden.[2]) In ihnen können also Klagen nicht erhoben werden, für welche an sich die County Courts zuständig sind, so daß die Zuständigkeit der letzteren insoweit eine ausschließliche ist. Außerdem aber kann noch weitergehend durch Königliche Verordnung die Zuständigkeit der Lokalsondergerichte auch für andere Fälle ausgeschlossen werden, soweit ein diesbezüglicher Antrag seitens der Gemeindevertretung des Lokalgerichtes gestellt ist.[3])

b) Wichtiger ist das Verhältnis der Zuständigkeit des High Court zu der der County Courts. Im allgemeinen ist auch hier Konkurrenz der Zuständigkeit gegeben, da die Kompetenz des High Court prinzipiell eine allumfassende ist, die des Grafschaftsgerichtes also in sich begreift.[4]) Allein dieser Grundgedanke, dieses, wenn ich so sagen darf, materiell gefaßte Prinzip der Zentralisation ist doch nicht ausnahmslos. Und zwar gilt hier folgendes:

α) Zunächst ist in einer Reihe von Spezialmaterien den County Courts eine exklusive, ausschließliche Gerichtsbarkeit übertragen worden. Ich führe als Beispiel an den Workmen's Compensation und den Employers' Liability Act.[5])

β) Die konkurrierende Zuständigkeit kann ausgeschlossen werden durch Parteivereinbarung[6]) und durch richterliche Anordnung. Namentlich die letztere ist bedeutungsvoll; durch sie kann sowohl die Zuständigkeit des High Court wie andererseits auch die der County Courts ausgeschlossen werden. Es sind dabei folgende Fälle auseinander zu halten:

Ist bei einem County Court eine Kontraktsklage über £ 20 oder eine Deliktsklage über £ 50 eingegangen, so kann der Beklagte verhindern, daß die fragliche Klage vor dem County Court erledigt wird. Er kann nämlich formell Widerspruch erheben gegen

---

[1]) Bezüglich dieses Begriffes vgl. weiter oben S. 1, Anm. 1.

[2]) 30 and 31 Vict. c. 142 s. 28; Brodie-Innes vol. I, p. 71; Gneist, Selfgovernment S. 187.

[3]) 51 and 52 Vict. c. 43 s. 7.

[4]) de Franqueville tom. I, p. 220; Brodie-Innes vol. I, p. 239.

[5]) Century of Law Reform p. 234 und weiter oben S. 175, Anm. 4. Vgl. 46 and 47 Vict. c. 62; 63 and 64 Vict. c. 50; 60 and 61 Vict. c. 37; 6 Edw. VII c. 58; 43 and 44 Vict. c. 42; 37 and 38 Vict. c. 48; 1 Edw. VII c. 22; 15 and 16 Vict. c. 56; 49 and 50 Vict. c. 38; 54 Vict. c. 8.

[6]) Dies folgt aus dem weiteren Recht der Parteien (51 and 52 Vict. c. 43 s. 64), eine ausschließliche Zuständigkeit der County Courts da zu begründen, wo an sich überhaupt keine Zuständigkeit gegeben ist. Daraus folgt mit Notwendigkeit das engere Recht, eine ausschließliche Zuständigkeit innerhalb der eigentlichen Kompetenzsphäre positiv und negativ begründen zu können.

die Durchführung der Klage im County Court-Verfahren unter gleichzeitiger Leistung von Sicherheit bezüglich der im High Court-Verfahren zu erwartenden Prozeßkosten. Ist nun der Richter der Ansicht, daß schwierige Rechts- oder Tatfragen zur Entscheidung stehen, so hat er eine Bescheinigung hierüber auszustellen. Diese Bescheinigung, die in Wahrheit ihrem inneren Wesen nach eine Verfügung ist, hat zur Folge, daß die Zuständigkeit der County Courts beseitigt ist, und daß vor denselben nicht weiter prozessiert werden kann, so daß der Kläger, will er zu seinem Recht kommen, die Klage von neuem am High Court anbringen muß.[1]) Es handelt sich also um einen Ausschluß der Zuständigkeit kraft richterlicher Anordnung in einer konkreten Sache.

Im übrigen kann der High Court jede bei einem County Court anhängige Sache durch Writ of Certiorari an sich ziehen, worauf indes an dieser Stelle nicht näher eingegangen werden kann.[2])

Umgekehrt kann aber auch die Zuständigkeit des High Court auf Antrag einer der Parteien ausgeschlossen werden. Ist nämlich eine Kontraktsklage beim High Court angebracht, für die an sich die Zuständigkeit eines County Court begründet wäre, so kann der Richter auf Antrag der Partei, nicht aber von Amts wegen anordnen, daß der Prozeß im County Court-Verfahren zu Ende zu führen sei. Ein solcher Parteiantrag kann vom Richter nur beim Vorliegen gewichtiger Gegengründe abgelehnt werden.[3]) Auch hier hört die Zuständigkeit des High Court völlig auf; eine neue Klage braucht indessen am County Court nicht mehr erhoben zu werden, vielmehr geht der Prozeß an den County Court in dem Stadium über, in dem er sich am High Court befunden hat.[4])

Ferner muß hier der Fall erwähnt werden, den wir schon früher einmal behandelten,[5]) daß der Beklagte bei einer Deliktsklage glaubhaft macht, daß der Kläger nicht die nötigen Mittel zur Zahlung der High Court-Kosten hat. Hier kann der High Court Ver-

---

[1]) 51 and 52 Vict. c. 43 s. 62; Yearly County Court Practice vol. I, p. 46: „The effect of a certificate ... is to put an end to the jurisdiction of the County Court over the action.“

[2]) L. c. s. 126; Koellreutter, Richter und Master S. 70 und weiter unten S. 318. Ein solcher Writ kann nur bewilligt werden bei konkurrierender Zuständigkeit. Yearly County Court Practice vol. I, p. 135. In Royal Liver Friendly Society, Chancery Division 1887, vol. 35, pp. 332 et seq.

[3]) L. c. s. 65.

[4]) Unzutreffend behauptet Schuster, Bürgerliche Rechtspflege S. 5, der High Court bleibe in solchem Falle das Prozeßgericht. Yearly County Court Practice vol. I, p. 49: „But, so soon as the transfer has been completed, the jurisdiction of the High Court over the action ceases absolutely.“ So auch die auch dort zitierte Entscheidung Duke v. Davis, Queen's Bench Division 1893, vol. II, pp. 260 et seq.

[5]) Vgl. weiter oben S. 213.

weisung an den County Court anordnen, ein Beschluß, der bei Klagen, die zur beiderseitigen Zuständigkeit gehören, nur die negative Bedeutung eines Ausschlusses der High Court-Kompetenz hat.[1])

Schließlich seien noch die Equityklagen erwähnt, Klagen also, die zur konkurrierenden Zuständigkeit der Chancery Division gehören. Hier kann, falls die Klage am High Court angebracht ist, das Gericht auf Antrag der Parteien oder aber auch von Amts wegen die Überweisung der Sache an einen County Court aussprechen. Auch hier verliert der High Court die Zuständigkeit in dem Augenblick, in dem der Prozeß an den County Court übergeht.[2]) Dies geschieht übrigens, ohne daß eine neue Klage erhoben zu werden braucht.[3])

γ) Schließlich sei noch darauf hingewiesen, daß die Gesetzgebung die Erhebung der Klage im County Court bei konkurrierender Gerichtsbarkeit begünstigt. Das ergibt sich aus den Bestimmungen, welche der Partei Kostennachteile auferlegen, die sich an den High Court gewandt hat, statt von der Möglichkeit, an den County Court zu gehen, Gebrauch gemacht zu haben, Bestimmungen, die doch in letzter Linie auf dem Grundgedanken beruhen: Besseres Recht, teuereres Recht.[4])

Im einzelnen gilt aber folgendes: Erwirkt der Kläger in einem High Court-Prozeß auf Grund einer Kontraktsklage weniger als £ 20 oder auf Grund einer Deliktsklage weniger als £ 10, so ist er überhaupt nicht berechtigt, Ersatz der Kosten zu verlangen. Auf den eingeklagten Betrag kommt nichts an, vorausgesetzt, daß die Klage zur sachlichen Kompetenz der County Courts gehört. Der Beklagte kann allerdings in die Kosten verurteilt werden, was aber nur geschehen darf, sofern wirklich ein hinreichender Grund vorhanden war, im High Court die Klage zu erheben. Darüber hat das Gericht selbst nach freiem Ermessen zu entscheiden.[5]) Erwirkt

---

[1]) 51 and 52 Vict. c. 43 s. 66.

[2]) L. c. s. 69. Vgl. auch Yearly County Court Practice vol. I, p. 60.

[3]) C. C. R. Order XXXIII rr. 1—3 a. Daselbst auch die Bestimmungen über das innezuhaltende Verfahren, auf das hier nicht näher eingegangen werden kann.

[4]) Daß im Sinne der englischen Organisation der High Court gegenüber dem County Court das bessere, d. h. das größere Garantien richtiger Rechtsfindung gewährleistende Gericht ist, kann keinen Augenblick zweifelhaft sein. Das ergibt sich schon aus der verschiedenen Stellung der High Court und der County Court Judges. Daran ändert auch nichts die Tatsache, daß natürlich von jedem englischen Richter umfassende Rechtskenntnisse in gleichem Maße verlangt werden.

[5]) 51 and 52 Vict. c. 43 s. 116; Schuster, Bürgerliche Rechtspflege S. 6 f.; Yearly County Court Practice vol. I, p. 120 mit interessanten Entscheidungen (Holborow v. Jones), die beweisen, daß von dem Recht, die Kosten zu bewilligen, nur sehr beschränkt Gebrauch gemacht wird. „Costs will not

der Kläger ein Urteil bei Kontraktklagen unter £ 100, bei Deliktsklagen unter £ 20, so ist er nur berechtigt, Kostenersatz in der Höhe zu verlangen, wie er sie im County Court-Verfahren verlangen könnte; allerdings kann aber auch hier das Gegenteil durch das Gericht ausdrücklich angeordnet werden.

Es mag übrigens in diesem Zusammenhang gleich bemerkt werden, daß die Gesetzgebung auch im Verhältnis zu den Lokalsondergerichten von der Tendenz getragen wird, die County Courts durch einen den Parteien angedrohten Kostennachteil zu den auch in tatsächlicher Hinsicht ordentlichen Gerichten zu machen. In dieser Hinsicht ist bestimmt, daß, wenn bei konkurrierender Gerichtsbarkeit eine Klage in einem Lokalgericht angebracht wird, der Kläger Kostenersatz nur verlangen kann in Höhe der County Court-Kosten, sofern das von ihm erwirkte Urteil ihm weniger als £ 10 zuspricht.[1])

III. Wenden wir uns nunmehr der Besetzung der County Courts zu, so mag zunächst zusammenfassend bemerkt werden, daß die County Courts mit einem Richter und einem Registrar besetzt sind, neben dem noch andere Clerks usw. am Gericht angestellt sein können. Unter Umständen kann auch eine Jury bei der Urteilsfindung mitwirken, und ferner treffen wir auch hier sachkundige Beisitzer, die sogenannten Assessors. Daneben treten als Hilfsorgane die Bailiffs auf, und schließlich sind auch noch die Rechtsanwälte zu erwähnen, die vor dem Gericht Vertretungen übernehmen können.

1. a) Der wichtigste Beamte an den County Courts ist natürlich der Richter. Fassen wir zunächst seine äußere Stellung ins Auge, so gilt hier folgendes:

α) Voraussetzung, das Amt eines Grafschaftsrichters ausüben zu können, ist ein Dreifaches: Ernennung, Vereidigung und eine bestimmte Qualifikation.[2])

---

be allowed on the ground that the plaintiff was misled by the registrar as to the jurisdiction of the County Court, nor on the ground that the expense and delay of the proceedings in the County Court would have been greater than in the High Court.“ Also: Irrtum über die Zuständigkeit ohne Verschulden ist kein Grund für Kostenersatz.

[1]) L. c. s. 117; Yearly County Court Practice vol. I, p. 121: „The object of this section is to protect the County Court against encroachments on its jurisdiction by inferior courts.“ Die Kosten in diesen Inferior Courts sind aber sehr hoch. Vgl. de Franqueville tom. I, p. 243, n. 1.

[2]) Vgl. dazu Gneist, Englisches Verwaltungsrecht S. 978; Schuster, Bürgerliche Rechtspflege S. 6; Hatschek Bd. II, S. 170; Wertheim S. 181; Adickes, Grundlinien S. 55; v. Lewinski, England als Erzieher? S. 7; de Franqueville tom. I, p. 218s.; Brodie-Innes vol. I, p. 109; Encyclopaedia 1st Ed. vol. III, p. 529; Halsbury, Laws of England vol. VIII, pp. 414f.

Die Ernennung erfolgt durch den Lord Chancellor. Nur in der Duchy of Lancaster hat der Chancellor von Lancaster das Ernennungsrecht für diejenigen County Courts, deren Sprengel völlig in Lancaster gelegen sind. Bei Sprengeln, die über die Grenze gehen, hat dagegen der Lord Chancellor das Ernennungsrecht. Ernannt aber werden kann nur ein Barrister, der bereits seit sieben Jahren als Barrister zugelassen ist.[1]) Faktische Ausübung der Praxis ist nicht erforderlich, die Tatsache der Zulassung ist hinreichend.[2]) Im allgemeinen werden meistens nur Barristers ernannt, die bereits bedeutend länger als sieben Jahre zugelassen sind.[3])

Die Ernennung erfolgt prinzipiell auf Lebenszeit. Der Lord Chancellor (und eventuell auch der Chancellor von Lancaster) kann aber einen Richter absetzen wegen „inability or misbehaviour,"[4]) d. h. also wegen groben Verstößen gegen die allgemeinen und speziellen Verpflichtungen des Richters. Eine Disziplinaruntersuchung kann, braucht jedoch der Absetzung nicht voranzugehen. Wohl aber kann im letzteren Falle der Richter eine gerichtliche Untersuchung über die Rechtmäßigkeit seiner Absetzung herbeiführen.[5]) Derartige Fälle kommen naturgemäß selten vor, und die Praxis legt die betreffenden Bestimmungen noch dazu recht eng aus.[6]) Ich bemerke schließlich noch, daß eine Altersgrenze für County Court Judges nicht existiert.[7])

---

[1]) 51 and 52 Vict. c. 43 s. 8.

[2]) Im Anschluß an Gneist wird in der deutschen Literatur fast stets behauptet, Voraussetzung der Ernennung sei siebenjährige Praxis als Barrister. So auch de Franqueville tom. I, p. 218. Richtig von den S. 220, Anm. 2 genannten Schuster und Adickes. Falsch auch Koellreutter, Richter u. Master S. 6.

[3]) Es ist ja richtig, wenn Viezens, Bureaukraten und Lords S. 139 berechnet, daß ein County Court Judge bei seiner Ernennung nur etwa 30 Jahre alt zu sein braucht. Allein in der Tat wird er meist erst in einem späteren Alter ernannt. Ausnahmen müssen allerdings vorkommen, wenigstens erwähnt die Law List 1905, p. VII einen Richter, der als solcher 1865 ernannt, mithin 40 Jahre im Dienst war. Man muß hier wohl annehmen, daß die Ernennung etwa im 30. Jahr erfolgt ist. Die größere Anzahl (26) von den dort Genannten ist aber erst in den neunziger Jahren des vorigen Jahrhunderts ernannt worden. Ein Barrister schreibt mir: „I should say they are about 60 years when they are appointed."

[4]) 51 and 52 Vict. c. 43 s. 15.

[5]) Der abgesetzte Richter kann einen sogenannten Writ of Quo Warranto bei der King's Bench Division beantragen gegen den neuen Richter, der dann nachweisen muß, daß er sein Amt zu Recht innehat, mithin daß der abgesetzte Richter zu Recht abgesetzt ist. Vgl. Yearly County Court Practice vol. I, p. 11; ferner auch Wertheim S. 469 f. Ein Beispiel eines Quo Warranto-Falles gibt Inhülsen, Zeitschrift des Internationalen Anwalt-Verbandes Nr. 3 vom 15. 3. 1908.

[6]) Yearly County Court Practice vol. I, p. 11.

[7]) Daß diese Tatsache in der Praxis zu Mißständen führen kann, wird nicht verkannt. Vgl. z. B. Law Times vol. 100, p. 263; vol. 105, p. 288.

β) Die Ernennung zum County Court Judge legt dem Richter einige bestimmte Beschränkungen auf. Zunächst muß er seine Praxis aufgeben, die er als Richter nicht weiter betreiben darf. Überhaupt darf er als Richter im eigenen Interesse keinerlei juristische Tätigkeit gegen Entgelt ausüben, so darf er z. B. nicht als Schiedsrichter tätig werden und ähnliches mehr.[1]) Ferner verliert er die passive Wahlfähigkeit zum Parlament. Ist er zur Zeit seiner Ernennung Mitglied des House of Commons, so erlischt sein Mandat.[2]) Schließlich entsteht für ihn die Verpflichtung, die ordnungsmäßigen Gerichtssitzungen abzuhalten, wie nicht weiter ausgeführt zu werden braucht.[3]) Dagegen besteht keinerlei Residenzpflicht für ihn, so daß er also nicht innerhalb des Circuit zu wohnen braucht. In der Tat pflegen Richter der Provinz nicht allzu selten in London zu wohnen.[4])

γ) Auf der andern Seite hat der Richter auf Grund seines Amtes gewisse Rechte. In erster Linie hat er Anspruch auf Gehalt. Zurzeit erhält er jährlich £ 1500 Gehalt, außerdem bezieht er ein Fixum als Entschädigung für seine Reiseauslagen, welches durch das Reichsschatzamt und den Lord Chancellor festgelegt wird.[5]) Außerdem kann einem abgehenden Richter seitens des Lord Chancellor eine Pension bewilligt werden, sofern der Richter dauernd unfähig ist, sein Amt weiter zu bekleiden. Allein irgend einen begründeten Anspruch auf diese Pension, die höchstens zwei Drittel des Gehaltes betragen darf, hat der Richter nicht, so daß die Bewilligung selbst stets mehr oder weniger Gnadensache ist.[6]) Die neue County Court Bill von 1908 will die Pensionsmöglichkeit ausdehnen auf den Fall, daß ein Richter 20 Jahre lang sein Amt bekleidet hat.[7])

Der Richter hat ferner Anspruch auf vier Wochen Ferien im Jahr. Im allgemeinen ist der September der Monat der County Court-Gerichtsferien. Allein zur Regelung von Vertretungsverhältnissen kann der Lord Chancellor anordnen, daß bestimmte Richter

---

Ein Barrister schreibt mir: „I once appeared before a judge who could not understand a word of what was going on; he was imbecile and died soon after.“

[1]) 51 and 52 Vict. c. 43 s. 14.

[2]) L. c. s. 8.

[3]) L. c. s. 10.

[4]) de Franqueville tom. I, p. 219 s. und p. 220, n. 1 et 2.

[5]) L. c. s. 23.

[6]) 51 and 52 Vict. c. 43 s. 24; de Franqueville tom. I, p. 220.

[7]) County Court Bill s. 10: „The power of the Lord Chancellor to recommend pensions under s. 24 of the principal Act shall extend to the case of a judge who has served twenty years or more as a judge of County Courts, but a pension assigned under that section ... shall not exceed £ 500 in any case where the judge has served less than five years as a judge.“

auch während des Septembers tätig sein müssen, Richter, die dann während einer anderen Zeit des Jahres ihren Urlaub anzutreten haben.[1])

Schließlich haben die Grafschaftsrichter gewisse Ehrenrechte. Sie stehen in der Rangklasse zwischen den Richtern des High Court und den sogenannten King's Counsels[2]) und haben den offiziellen Titel „His Honour Judge ..."[3]) [4])

δ) Die Ernennung, wie sie den Richter verpflichtet, berechtigt ihn auch zur ordnungsgemäßen Ausübung sämtlicher Funktionen eines Grafschaftsrichters. Allein sie hat auch noch weitere Wirkungen. Sie verleiht dem Grafschaftsrichter die Fähigkeit als Assisenrichter und als Friedensrichter.[5]) Um jedoch die Funktionen als Assisenrichter usw. nun wirklich auch ausüben zu können, muß der County Court Judge ausdrücklich noch mit ihnen betraut werden, muß er also zum Assisen- resp. Friedensrichter noch besonders ernannt sein, eine Ernennung, die durch Aufnahme des Namens in die Commission of Assize[6]) oder die Commission of the Peace erfolgt. Die Ernennung zum Grafschaftsrichter schafft also nur Voraussetzungen, befähigt aber selbst noch nicht unmittelbar zur Ausübung der betreffenden weiteren Funktionen. Im übrigen hat der Richter keinerlei Anspruch darauf, als Assisen- oder Friedensrichter ernannt zu werden. Vielmehr hängt hier alles von dem freien Ermessen der Krone ab.

ε) Vertretungen können bei Krankheit oder unvermeidbarer Abwesenheit eines Richters nötig werden. Im allgemeinen hat letzterer selbständig die nötig werdenden Anordnungen zu treffen, sowohl was die eigentliche Anordnung einer Vertretung wie auch ihre Regelung im einzelnen betrifft. Bis zu 14 Tagen kann er sich dabei ganz frei vertreten lassen, länger als 14 Tage jedoch nur mit Genehmigung des Lord Chancellor resp. des Chancellor von Lancaster. Länger als zwei Monate im Jahr darf aber eine der-

---

1) 51 and 52 Vict. c. 43 s. 11.

2) Bezüglich der genau vorgeschriebenen Rangverhältnisse unter den englischen Richtern vgl. Law List 1905, p. XV. Über die King's Counsels vgl. weiter unten S. 954 f.

3) Yearly County Court Practice vol. I, p. 6; de Franqueville tom. I, p. 404; Halsbury, Laws of England vol. VIII, p. 414, n. b.

4) Auf die Tatsache, daß die Grafschaftsrichter, wie übrigens alle englischen Richter, gewisse Schutzrechte haben gegenüber Ansprüchen in Bezug auf ihre Amtstätigkeit, weise ich nur kurz hin. Namentlich sind sie sichergestellt in bezug auf Kriminalverfolgungen, aber auch hinsichtlich Zivilklagen. Vgl. dazu Yearly County Court Practice vol. I, pp. 6 et seq.; 51 and 52 Vict. c. 43 ss. 52, 144, 145 und weiter unten S. 824 ff.

5) L. c. ss. 16, 17; 47 and 48 Vict. c. 61 s. 7; 6 Edw. VII c. 16.

6) Vgl. weiter unten S. 501.

artige Vertretung nicht dauern. Den Vertreter ernennt der Richter,[1]) frei bei kürzeren Vertretungen, bei denen er nur den Namen des Vertreters dem Lord Chancellor zu melden hat, abhängig dagegen von der Genehmigung des letzteren bei längeren Vertretungen. Und nur im Notfall, falls der Richter an der Ernennung verhindert ist, hat der Lord Chancellor resp. der Chancellor von Lancaster die Ernennungspflicht, wie er denn auch unter denselben Voraussetzungen an Stelle des wegfallenden Vertreters einen neuen zu wählen hat.

Der Vertreter muß denselben Voraussetzungen genügen, wie der Richter selbst, wird also aus dem Kreis der höheren Rechtsanwälte genommen. Natürlich kann aber auch jeder Grafschaftsrichter einen jeden andern Grafschaftsrichter vertreten.[2]) Der Vertreter übernimmt mit der Vertretung die Pflicht, in dem Circuit, in dem er tätig wird, während der Dauer der Vertretung nicht als Barrister zu praktizieren.[3]) Das passive Wahlrecht verliert er dagegen für die Zeit natürlich nicht.[4])

Der Vertreter wird übrigens vom Richter selbst bezahlt.[5]) Der Staat gewährt dafür keine Entschädigung, was offenbar ein sehr unbilliger Zustand ist; man denke nur an den Fall einer Erkrankung des Richters.[6])

Der Vertreter nimmt, abgesehen von unbedeutenden Ausnahmen,[7]) völlig die Stellung des Richters in funktioneller Hinsicht ein. Die Vertretung endet nicht durch Tod oder Entlassung des Richters, sondern dauert in diesem Falle fort bis zur Ernennung des Nachfolgers, wobei dann für diese Zeit, wo es sich weniger um einen Vertreter als um einen Hilfs- oder Ersatzrichter handelt, die Bezahlung vom Staat geleistet wird.[8]) [9])

---

[1]) Derselbe kann mehrere Vertreter ernennen. Yearly County Court Pratice vol. I, p. 12.

[2]) Auch ein Richter außerhalb Lancasters kann einen solchen in Lancaster vertreten.

[3]) Eine Ausnahme besteht für den Westminster County Court of Middlesex.

[4]) 51 and 52 Vict. c. 43 ss. 18—20.

[5]) Vgl. Verhandlungen des House of Lords vom 13. 3. 1907 und die dortigen Ausführungen des Lord Chancellor zu der County Court Bill. Vgl. auch Daily Telegraph vom 14. 3. 1907.

[6]) Die County Court Bill will hier Abhilfe schaffen wenigstens für den Fall der Erkrankung, vgl. s. 11. Der sonderbare Zustand ist historisch zu erklären. Früher erhielten die Richter kein Gehalt, sondern nahmen die Gebühren als persönliche Einnahme ein, die dann im Falle einer Vertretung der Vertreter erhielt. 9 and 10 Vict. c. 95 s. 37.

[7]) Vgl. Yearly County Court Practice vol. I, p. 12.

[8]) 51 and 52 Vict. c. 43 s. 21.

[9]) Da in der Tat die Vertretungen beinahe ausschließlich durch Barristers geführt werden (mir sind selbst eine Reihe von Fällen aus der

ζ) Der an sich fähige Richter kann übrigens im Einzelfall von der Ausübung seiner Funktionen ausgeschlossen sein. Allerdings fehlen bestimmte Vorschriften über Ablehnung und Ausschluß eines Richters, allein das Gesetz gibt doch eine Reihe von Rechtsbehelfen, so daß keine Rede davon sein kann, wie man behauptet hat, daß eine Ablehnungsmöglichkeit eines befangenen Richters für die Partei nicht existiere. Ein derartiger Satz wäre direkt falsch.[1]) Einmal gibt das Gesetz die Möglichkeit, die wir bereits kennen gelernt haben, daß Prozesse, in denen der Richter Partei ist, vor einem andern Richter erledigt werden können, so daß die klägerische Partei sich auf ein Ablehnungsverfahren gar nicht erst einzulassen braucht. Allerdings sind die betreffenden Vorschriften keine zwingenden,[2]) allein daß sie in der Praxis innegehalten werden, kann nicht bezweifelt werden. In allen Fällen aber, wo der Richter irgendwie persönlich an der Sache interessiert ist, ist die Sache vor ein anderes Gericht, besetzt mit einem andern Richter, zu verweisen, und diese Verweisung kann erfolgen von Amts wegen wie aber auch auf Antrag der Partei.[3]) Hier also haben die Parteien bereits ein Ablehnungsrecht, dessen Geltendmachung an keine Zeitgrenze gebunden ist, wie sich denn der Richter auch selbst ablehnen kann. Allerdings erfolgt die Entscheidung, ob ein Richter interessiert ist, zunächst durch den Richter selbst nach seinem Ermessen. Allein das ändert doch nichts an der Tatsache, daß er abgelehnt werden kann. Und ferner können die Parteien, und das ist ihr wichtigstes Recht, falls der Richter sich nicht für befangen hält, beim High Court einen Writ of Prohibition beantragen, vermittels dessen es dem befangenen Richter dann verboten wird, in dem konkreten Fall zu handeln.[4]) So ergibt sich uns: Das

---

Praxis bekannt, die Richter selbst sind viel zu überlastet, um noch Vertretungen zu übernehmen), so sehen wir, daß an der Rechtsprechung Rechtsanwälte in einer Art beteiligt sind, die sich ziffermäßig überhaupt nicht festlegen läßt. Daraus aber ergibt sich, daß eine vergleichende Statistik deutscher und englischer Richterzahlen an dieser Stelle so gut wie unmöglich ist. Die Fehlergrenzen eines derartigen Vergleiches würden doch zu groß sein. Vgl. übrigens zum Ganzen die eingehenden Ausführungen bei Halsbury, Laws of England vol. VIII, pp. 416, 417.

[1]) Encyclopaedia 1st Ed. vol. X, p. 497: „It is a leading principle of English law that no one is allowed to be a judge in his own case; in other words, the least pecuniary interest in the subject-matter will disqualify any person from acting as a judge."

[2]) 51 and 52 Vict. c. 43 s. 22.

[3]) L. c. s. 85, auch s. 75. Fraglich ist es, ob gegen eine einen Antrag ablehnende Entscheidung ein Appeal gegeben ist. Die Frage dürfte zu verneinen sein. Ein Präjudiz existiert nicht.

[4]) Vgl. Morning Post vom 29. Februar 1908 und weiter unten S. 321, Anm. 2; Encyclopaedia 1st Ed. vol. X, p. 497: „A judge of an inferior Court

englische Recht kennt keine absoluten Ausschließungsgründe,[1]) wie wir sie bei den Friedensrichtern trafen,[2]) wohl aber eine sehr weitgehende, relative Ablehnungsmöglichkeit.

b) Was nun die funktionelle Tätigkeit eines Grafschaftsrichters inhaltlich anbelangt, so können wir in den ihm obliegenden Pflichten drei verschiedene Kategorien von Aufgaben unterscheiden: prozessuale, administrative und legislative. Dieselben sind getrennt zur Darstellung zu bringen:

a) Beginnen wir mit den eigentlichen richterlichen Funktionen, so hat der Richter hier zunächst die Urteilsgewalt, des weiteren liegt ihm der Prozeßbetrieb ob, und ferner hat er die Sitzungspolizei auszuüben.

aa) Soweit eine Jury nicht am Verfahren beteiligt ist,[3]) hat der Richter die volle Urteilsgewalt, d. h. er kann sämtliche Anordnungen und Entscheidungen inklusive der Kostenentscheidungen treffen, die zur urteilsmäßigen Erledigung einer Klagesache notwendig werden.[4]) Er kann mithin alle nötigen Zwischenentscheidungen treffen, er kann ferner einstweilige Verfügungen erlassen,[5]) er kann alle präjudiziellen Streitpunkte zur Entscheidung bringen. Er kann des weiteren auch anordnend in die Beweisaufnahme eingreifen, indem er Augenscheinnahmen jederzeit anordnen kann[6]).

Seine Aufgabe ist es ferner, die Zeugenvernehmungen, die prinzipiell allerdings durch die Parteien erfolgen, zu überwachen; er kann zu diesem Zweck selbst aufklärende Fragen stellen,[7]) er hat auf der andern Seite im Kreuzverhör alle nicht zur Sache

---

will ... be prohibited from taking cognisance of any case, in which he is personally interested."

[1]) Vgl. auch z. B. Yearly County Court Practice vol. I, p. 7; 62 and 63 Vict. c. 19 s. 1; 34 and 35 Vict. c. 41 s. 46.

[2]) Vgl. weiter oben S. 14 ff.

[3]) Vgl. weiter unten S. 238 ff.

[4]) 51 and 52 Vict. c. 43 s. 100: „The judge ... shall determine all questions as well of fact as of law, unless a jury shall be summoned..." Ferner C. C. R. Order XXII r. 13.

[5]) In Form eines Mandamus oder einer Injunction. Vgl. Yearly County Court Practice vol. I, p. 34, n. b.; Wertheim S. 300, 365.

[6]) C. C. R. Order XXII r. 17.

[7]) Es hängt natürlich sehr vom Temperament des Richters ab, ob er in die Beweiserhebung aktiv eingreifen will oder nicht. Jedenfalls geschieht es in der Praxis. Und ich erinnere mich eines Gerichtshofes, in dem ich wiederholt bemerkte, daß die Zeugenvernehmung fast ausschließlich durch den Richter geführt wurde. Auf eine diesbezügliche Bemerkung eines Anwaltes erwiderte der Richter jovial: „I like very much to cross-examine." Andere Richter beteiligten sich wieder so gut wie gar nicht an der Vernehmung.

gehörigen Fragen zurückzuweisen.[1]) Bei der Beweiserhebung und übrigens auch bei den Parteiausführungen hat ferner der Richter noch die sonderbare Funktion zu erfüllen, das wichtigste dieser Bekundungen und Ausführungen zu notieren, mithin eine Art materielles Sitzungsprotokoll zu führen, das im Rechtsmittelverfahren von weittragender Bedeutung ist.[2]) Außerdem muß der Richter in seinen Notizen jede Rechtsfrage auf Antrag der Parteien aufnehmen, die streitig wird, und die Bedeutung für ein etwaiges Appellverfahren erlangen kann. In der Tat wird der Richter in dieser Hinsicht einfach als Protokollführer tätig.[3])

Sofern eine Jury herangezogen ist, liegen die Verhältnisse natürlich ganz anders. Hier ist die Urteilsgewalt des Richters stark vermindert. Es entstehen aber auf der anderen Seite neue, bedeutungsvolle Aufgaben für ihn, und namentlich hat er die Jury zu belehren und auf Grund ihrer Entscheidung das formelle Urteil zu fällen.[4])

Bei seiner eigenen Entscheidung hat der Richter, wie gesagt, alle präjudiziellen Fragen mit zu entscheiden, und ich betone ausdrücklich: es gibt keine Rechtsfrage, die seiner Entscheidung entzogen, die etwa der Entscheidung einer Verwaltungsbehörde vorbehalten wäre. Das Gericht ist eben die eigentlichste, letzte Behörde zur Entscheidung streitiger Rechtsfragen, welchem Gebiet des Rechtes auch immer die Frage angehören mag.[5])

Zur Urteilsgewalt gehört ferner ein dreifaches: Einmal kann der Richter aus bestimmten Gründen selbst eine Wiederaufnahme des Verfahrens anordnen, d. h. eine neue Verhandlung anordnen.[6])

---

[1]) C. C. R. Order XXII r. 12; Yearly County Court Practice vol. I, p. 77.

[2]) Yearly County Court Practice l. c. p. 128; 51 and 52 Vict. c. 43 s. 121.

[3]) Dadurch verliert er nur zu leicht den unmittelbaren Eindruck der Verhandlung; gibt er sich aber derselben zu sehr hin, so entsteht die Gefahr, daß die Partei keine genügenden Grundlagen für das Rechtsmittelverfahren erhält. Vgl. Beispiele Law Times vol. 105, pp. 265 et seq.

[4]) Yearly County Court Practice vol. I, p. 83.

[5]) Hierin liegt zweifellos ein großer Vorteil des englischen Systems gegenüber dem deutschen. Jeder Rechtssatz wird in streitigen Angelegenheiten von unabhängigen Behörden, den Gerichten, angewandt. Die Verwaltungsbehörden als abhängige Behörden sind den Gerichten stets untergeordnet, deren Rechtsentscheidungen auch für sie stets die letzten Entscheidungen sind. Insofern durchaus zutreffend Adickes, Grundlinien S. 100, aber auch nur insoweit.

[6]) 51 and 52 Vict. c. 43 s. 93: „The judge shall . . have the power . . . to order a new trial . . .“ Die nach dem Gesetz unbeschränkte Möglichkeit, einen New Trial anzuordnen, hat die Praxis restriktiv ausgelegt, und Entscheidungen liegen vor, wonach eine Wiederaufnahme nur aus denselben

Ferner kann er die Genehmigung erteilen zur Einlegung eines Rechtsmittels, auch wenn die notwendige Voraussetzung desselben, die Rechtsmittelsumme nicht gegeben ist, eine Möglichkeit, von der indes so gut wie kein Gebrauch gemacht wird.[1]) Schließlich ist der Richter im weiten Umfang an der Zwangsvollstreckung beteiligt, wie indessen hier nicht näher dargelegt werden kann. Es mag nur darauf hingewiesen werden, daß er beteiligt ist, nicht nur, wenn es sich um Urteile des County Court, sondern auch um solche anderer Gerichte handelt. Namentlich kann der Richter hier unter bestimmten Voraussetzungen Aussetzung der Zwangsvollstreckung anordnen,[2]) oder doch Zahlungsbedingungen festsetzen, unter denen die Schuldner nunmehr verpflichtet sind, zu zahlen. Andererseits aber kann er auch säumige Schuldner, von denen er überzeugt ist, daß sie zahlen können, mit Gefängnis bis zu sechs Wochen bestrafen.[3])

$\beta\beta$) Auch am Prozeßbetrieb ist der Richter in mannigfacher Art und Weise beteiligt. Er kann den Parteien Fristen bestimmen, er kann nach freiem Ermessen Vertagungen anordnen, je nachdem er es für zweckmäßig hält. Er ist dabei nicht an Anträge der Parteien gebunden, die mithin niemals, auch nicht durch Vereinbarung eine Vertagung erzwingen können.[4]) Der Richter kann ferner präjudizielle Fragen vorab behandeln und zur gesonderten Entschei-

Gründen gewährt werden kann, wie am High Court. Diese Gründe sind: „Mistake by the Judge; Default or Misconduct of Officer of the Court; Mistake or Misconduct of Jury; Absence of Counsel or Solicitor; Default or Misconduct of Opposite Party; Fresh Evidence; Perjury or Mistake of a Witness; Surprise.“ Vgl. dazu Yearly County Court Practice vol. I, pp. 96 et seq.; Encyclopaedia 1st Ed. vol. III, p. 538; Murtagh v. Barry, Queen's Bench 1890, vol. 24, pp. 632 et seq. und weiter unten S. 568ff. Ich bemerke aber ausdrücklich, daß ein New Trial beantragt werden kann in allen Fällen, also auch bei Klagen, deren Streitwert unter £ 20 beträgt. Daß es sich hier in der Tat um ein sehr wichtiges Rechtsmittel handelt, ist klar. Ich bemerke nun, daß Adickes, Grundlinien S. 78 ff. bei seiner vergleichenden Rechtsmittelstatistik die Anträge auf New Trial vollständig außer acht läßt. Auch Stein, Zur Justizreform S. 48ff. berücksichtigt sie nicht. Daß dieselben recht zahlreich sind, beweisen folgende Zahlen:

	1902	1903	1904	1905	1906	1907
Gestellte Anträge	1410	1459	1472	1697	1497	1419
Gewährte New Trials	997	888	824	885	704	592

Vgl. Civil Judicial Statistics 1903, p. 135; 1905, p. 137; 1907, p. 131.

1) 51 and 52 Vict. c. 43 s. 120.

2) L. c. s. 159.

3) 32 and 33 Vict. c. 62 s. 5.

4) 51 and 52 Vict. c. 43 s. 106; C. C. R. Order XII rr. 12—15; Yearly County Court Practice vol. I, pp. 208 et seq. und die dort erwähnte Entscheidung Morgan v. Rees: „But the parties cannot adjourn the trial without the consent of the judge.“

dung bringen, sofern er das für zweckmäßig hält.[1]) Und nahe hiermit verwandt ist das Recht des Richters, einmal Klagen, die, obwohl sie verbunden hätten angebracht werden können, getrennt erhoben sind, auf Antrag des Beklagten zu verbinden,[2]) ferner bei verbunden angebrachten Klagen die Verbindung aus Zweckmäßigkeitsgründen wieder zu trennen,[3]) schließlich unter Umständen eine an sich nicht zulässige Verbindung von Klagen dadurch zu ermöglichen, daß er die Verbindung gestattet.[4]) In diesem Zusammenhang mag ferner erwähnt werden, daß der Richter unter Umständen das Verfahren in einer Klagesache aussetzen kann bis zur Entscheidung eines anderen schwebenden, sei es präjudiziellen, sei es auch nur ähnlich gelagerten Prozesses.[5]) Schließlich muß hier noch daran erinnert werden, daß der Richter durch ausdrückliche Verfügungen sogar die Zuständigkeit eines an sich unzuständigen County Court begründen kann, wie indessen nicht weiter ausgeführt werden kann.[6])

Endlich ist ebenfalls noch ein Ausfluß der Gewalt des Richters, den Prozeßbetrieb zu bestimmen, sein Recht, den Parteien unter bestimmten Voraussetzungen Vertreter zu ernennen.[7]) Der Richter hat des weiteren den Parteien das Armenrecht zu gewähren.[8]) Seiner Bestimmung untersteht es stets, ob sogenannte Assessors zur Urteilsfällung herangezogen werden sollen, unter bestimmten Voraussetzungen ferner, ob eine Jury am Verfahren zu beteiligen ist oder nicht.[9]) Endlich hat der Richter einen weitgehenden Einfluß darauf, ob es zu einem Verfahren vor einem Schiedsrichter kommen soll, ein Punkt, auf den jedoch erst in anderem Zusammenhang näher eingegangen werden kann.[10])

$\gamma\gamma$) Dem Richter liegt als dritte, wesentlich richterliche Funktion die Handhabung der Sitzungspolizei ob. Zunächst hat er natürlich das Recht, die Ordnung in der Sitzung aufrecht zu erhalten durch Anordnung unmittelbarer Maßnahmen wie Hinausbringen einer Person, die die Sitzung stört.[11]) Und dieses Recht steht ihm natürlich zu, wo immer er in die Lage kommt, eine Ver-

---

[1]) Vgl. z. B. C. C. R. Order III r. 18.

[2]) C. C. R. Order VIII.

[3]) C. C. R. Order IV r. 7.

[4]) C. C. R. Order IV r. 1.

[5]) Vgl. z. B. C. C. R. Order IV rr. 2, 7.

[6]) C. C. R. Order VIII r. 8. Vgl. oben S. 202 f.

[7]) Vgl. z. B. C. C. R. Order VII r. 51.

[8]) 51 and 52 Vict. c. 43 s. 164 in Verbindung mit C. C. R. Order XVI rr. 22—31; vgl. auch Yearly County Court Practice vol. I, p. 199.

[9]) Vgl. weiter unten S. 236 und 239.

[10]) Vgl. weiter unten S. 734.

[11]) Vgl. Oswald, Contempt of Court pp. 10 et seq.

handlung zu leiten.[1]) Allein der Richter hat auch in Ausübung seiner Polizeigewalt das Recht, wegen Contempt of Court zu bestrafen. Ohne nun auf diese schwierige Lehre hier irgendwie näher einzugehen,[2]) bemerke ich nur, daß der Richter Gefängnisstrafen verhängen kann bis zu 7 Tagen resp. Geldstrafen bis zu £ 5. Und zwar können bestraft werden Beleidigungen des Richters, der Geschworenen, der Zeugen und der Beamten des Gerichtes in und außerhalb der Sitzung, Unterbrechungen der Sitzung und ähnliches mehr.[3]) Dabei ist bemerkenswert, daß diese Polizeistrafgewalt durch den Richter auch ausgeübt wird, sofern es sich um Verletzungen in bezug auf die durch den Registrar abgehaltenen Sitzungen handelt. Träger der sitzungspolizeilichen Rechte auch in ihnen ist also ebenfalls nur der Richter, wie ja denn überhaupt dieser stets als der eigentliche Träger der Staatsgewalt erscheint, dem gegenüber die Funktionen der übrigen Beamten mehr oder weniger derivativer, delegierter Natur sind.

Nahe mit dem Recht auf Sitzungspolizei verwandt ist die Befugnis des Richters, Personen, die vor dem Gericht nach seiner, des Richters Überzeugung einen Meineid geleistet haben, in den Anklagezustand zu versetzen und vor die nächsten Assisen verweisen zu können. In diesem Falle bedarf es also keinerlei weiterer Vorverhandlung vor den Petty Sessions mehr, der County Court Judge erscheint vielmehr als Eröffnungsgericht, eine Bestimmung, die jedenfalls eine weitgehende Vereinfachung des Verfahrens involviert, wenn es sich andererseits auch nicht leugnen läßt, daß die sich aus ihr ergebenden praktischen Konsequenzen recht bedenklicher Natur sein können.[4])

δδ) Alle diese eben geschilderten prozessualen Funktionen kann der Richter entweder in offener Sitzung oder außerhalb derselben ausüben. Soweit es sich um Funktionen handelt, die in offener Sitzung auszuüben sind, muß das im allgemeinen natürlich an Gerichtstelle des betreffenden County Court geschehen. Allein wenn die Parteien übereinstimmen, kann der Richter auch davon absehen. Es kann dann die ganze Verhandlung an einem andern Ort stattfinden als an Gerichtsstelle, ja die Verhandlung und Entscheidung kann sogar in einem andern Distrikt, selbst in einem andern Circuit erfolgen, ohne daß natürlich das Gericht, in dessen Bezirk der Richter

---

[1]) Oswald, Contempt of Court p. 11.

[2]) Vgl. dazu weiter unten S. 826 ff.

[3]) 51 and 52 Vict. c. 43 s. 162. Nicht ganz zutreffend für diesen Fall de Franqueville tom. II, p. 207. Allerdings können Beleidigungen außerhalb der Sitzung nur bestraft werden, wenn die Beleidigung auf dem Weg zum oder vom Gericht erfolgt.

[4]) 14 and 15 Vict. c. 100 s. 19; Yearly County Court Practice vol. I, p. 79.

tätig wird, irgendwie dadurch mit der Sache befaßt würde. Sofern es sich aber um Entscheidungen usw. handelt, die außerhalb der Hauptverhandlung erfolgen, kann der Richter stets auch ohne Parteivereinbarung handeln, wo er will, sei es innerhalb, sei es außerhalb seines Circuit.[1]) Daraus ergibt sich der nicht uninteressante allgemeine Satz: Der Gerichtszwang des County Court-Richters ist prinzipiell nicht an die Grenzen des Gerichtsbezirkes gebunden, vielmehr ist er prinzipiell überall da gegeben, wo der Richter sich befindet. Dem System lokaler Bestimmung des Gerichtszwanges, wie wir es in Deutschland finden, tritt das Personalitätssystem des englischen Rechtes gegenüber.[2])

β) Wenden wir uns den administrativen Funktionen zu, die der Richter zu erfüllen hat, so handelt es sich hier um Funktionen, die sich keineswegs beziehen auf ein konkretes schwebendes Verfahren, sondern die rein justizverwaltungsrechtlicher Natur sind. In Betracht kommt das Recht und die Pflicht des Richters, die Beamten seines Gerichtes zu ernennen. Und zwar hat er auf der einen Seite, wie wir bereits gesehen haben, die stellvertretenden Richter, auf der andern Seite, wie wir noch sehen werden,[3]) im wesentlichen die sämtlichen Unterbeamten des Gerichtes zu ernennen, als da sind die Registrars und die Bailiffs.[4]) Es steht aber der Richter in dieser Hinsicht unter der Oberaufsicht des Lord Chancellor, der teils seine Genehmigung zu derartigen Ernennungen zu geben hat,[5]) teils aber auch ein unbedingtes Absetzungsrecht hat.[6]) Ein direktes Abhängigkeitsverhältnis besteht aber trotzdem nicht zwischen beiden, wenigstens nicht in betreff der Ernennung einer bestimmten Person. Wohl kann der Lord Chancellor den Richter anweisen,[7]) daß er Beamte, und wieviel er zu ernennen hat, nicht aber, welche Personen ernannt werden sollen. Denn da das Verhältnis zwischen dem Richter und seinen Beamten sich als ein Vertrauensverhältnis darstellt, so sind die Funktionen des Lord Chancellor rein negativer, nicht aber positiver Natur.

Weitere, sehr wichtige verwaltungsrechtliche Funktionen des Richters sind die, daß er durch Verfügung eine bestimmte Gerichts-

---

[1]) 51 and 52 Vict. c. 43 s. 9.

[2]) Die Praxis bietet in dieser Hinsicht Beispiele weitgehendster Formlosigkeit. Ein Barrister schreibt mir: „I have been in cases where the County Court Judge for the convenience of all parties finished a case in the train, all going to London together."

[3]) Vgl. dazu weiter unten S. 245 und 263.

[4]) 51 and 52 Vict. c. 43 ss. 18, 25, 33, 36.

[5]) L. c. ss. 18, 25.

[6]) L. c. ss. 27, 33.

[7]) Vgl. z. B. l. c. s. 29.

barkeit des Registrar begründen kann. Wir werden auf diesen Punkt eingehender bei der Darstellung der Funktionen des Registrar zurückkommen.[1])

γ) Schließlich ist noch zu erwähnen, daß der Richter auch legislative Funktionen zu erfüllen hat, allerdings nicht als Einzelrichter, sondern als Mitglied eines bestimmten Komitees, wie denn auch diese Aufgabe nicht jedem Richter als solchem obliegt, sondern nur dem, der eben Mitglied des erwähnten Komitees ist. Es hat nämlich das Grundgesetz des County Court-Verfahrens, der konsolidierende County Courts Act von 1888 den Prozeß selbst nur in normativer Weise, d. h. in den wesentlichsten Punkten geregelt. Der weitere Ausbau dieser prozessualen Normativbestimmungen ist indessen einem Komitee von Grafschaftsrichtern vorbehalten geblieben, dessen fünf Mitglieder durch den Lord Chancellor ernannt werden. Dieses Komitee hat nun die Aufgabe, die einzelnen näheren Bestimmungen über das Verfahren sowie die Gebührenordnungen für Barristers und Solicitors[2]) zu entwerfen. Das Komitee hat ferner das Recht, Abänderungsvorschläge zu machen im Hinblick auf die in Kraft befindlichen Ausführungsbestimmungen. Diese von dem Richterkomitee festgestellten Entwürfe (denn um etwas anderes handelt es sich in Wahrheit nicht) gehen an ein anderes Komitee, welches beim Supreme Court gebildet ist. Dieses ebenfalls aus Richtern bestehende Komitee kann die Vorschläge der Grafschaftsrichter ablehnen oder ändern oder auch ihnen beitreten. Wenn dies geschehen ist, so werden nunmehr die so fixierten Vorschläge dem Lord Chancellor unterbreitet, der seinerseits wiederum ein Ablehnungs- und ein Abänderungsrecht hat. Tritt er den Vorschlägen bei, oder besser, lehnt er sie nicht ab, so hat er sie bekanntzugeben und hat den Tag zu bestimmen, an welchem sie in Kraft zu treten haben.[3]) [4]) Man sieht: Formell werden diese Bestimmungen durch den Lord Chancellor erlassen, während dem Richterkomitee nur die materielle Vorbereitung obliegt.[5]) Und ich bemerke: Prinzi-

---

[1]) Vgl. dazu weiter unten S. 253 f.

[2]) Die Gerichtskostenordnung wird vom Schatzamt entworfen, vom Lord Chancellor gebilligt und rein formell dem House of Parliament mitgeteilt. 51 and 52 Vict. c. 43 s. 165.

[3]) Nicht richtig ist, wenn Stein, Zur Justizreform S. 32 behauptet, daß die Rules vierzig Tage lang auf dem Tische beider Parlamente niedergelegt sein müßten. Eine derartige Bestimmung gilt nur für die Rules des Supreme Court. Vgl. Encyclopaedia 1st Ed. vol. XI, p. 335: „County Court Rules do not require to be laid for Parliament."

[4]) L. c. s. 164; 47 and 48 Vict. c. 61 s. 24; 3 Edw. VII c. 42 s. 7.

[5]) Nicht ganz genau Wertheim, S. 182; nicht ganz zutreffend auch Hatschek Bd. II, S. 170, woselbst das Rule Committee der Grafschaftsrichter

piell ist eine Übereinstimmung der bei der Entstehung der betreffenden Bestimmungen beteiligten Faktoren nicht erforderlich. Vielmehr kann der Lord Chancellor die von ihm geänderten Vorschriften in dieser abgeänderten Form publizieren und in Kraft treten lassen, ohne sich vorher der Zustimmung der Komitees versichert zu haben, ein Umstand, der tatsächlich weniger für die Bestimmungen über das eigentliche Verfahren, als über die Höhe der Gebühren Bedeutung haben dürfte.

Diese Bestimmungen nun, die fortwährend erlassen[1]) und von Zeit zu Zeit kodifiziert werden,[2]) haben völlig Gesetzeskraft. Die Parteien können sich nicht über sie hinwegsetzen, die Richter sind auch einer Parteivereinbarung gegenüber verpflichtet, sie anzuwenden.[3]) Ich bemerke aber, daß dieses Verordnungsrecht insofern beschränkt ist, als in bezug auf das Konkursverfahren die für den High Court zur Anwendung kommenden Bestimmungen auch bei den County Courts gelten, für die Grafschaftsgerichte also keine besonderen Vorschriften erlassen werden können.[4])

Wie bereits bemerkt, werden die im Laufe der Zeit erlassenen

überhaupt nicht erwähnt ist. Vgl. auch Schuster, Bürgerliche Rechtspflege S. 7; de Franqueville tom II, p. 203—205.

[1]) Vgl. z. B. die neuesten Rules vom 31. 7. 1907. Ich füge den Schluß derselben bei zum Beweis der im Text gegebenen Rechtsauffassung, daß der Lord Chancellor die Rules erläßt: „We, William Lucius Selfe, William Cecil Smyly, Robert Woodfall, Thomas C. Granger and H. Tindal Atkinson, being Judges of County Courts appointed to frame Rules and Orders for regulating the practice of the courts and forms of proceedings therein, having by virtue of the powers vested in us in this behalf framed in the foregoing Rules and Orders, do hereby certify the same under our hands and submit them to the Lord Chancellor accordingly.

Wm. L. Selfe.
Wm. Cecil Smyly.
R. Woodfall.
T. C. Granger.
H. Tindal Atkinson.

Approved,

Loreburn. C.
Herbert H. Cozens Hardy, M. R.
Rowland L. Vaughan Williams, L. J.
I. Gorell Barnes, P.
R. B. Finlay.
Christopher James.

I allow these Rules, which shall come into force on the 1 st day of Octobre 1907.

Loreburn. C.“

The 31st of July, 1907.

[2]) Schuster, Bürgerliche Rechtspflege S. 7.

[3]) Yearly County Court Practice vol. I, p. 167.

[4]) Schuster, Bürgerliche Rechtspflege S. 7.

einzelnen Bestimmungen von Zeit zu Zeit kodifiziert. Die letzte umfassende Kodifikation fand 1903 statt, die seitdem erlassenen Bestimmungen tragen nur den Charakter von Abänderungen einzelner Vorschriften.[1]) Zweifellos hat die ganze Einrichtung den Vorzug, daß die Bestimmungen über das Verfahren sehr anpassungsfähig gegenüber den Bedürfnisesn der Praxis sind. Die Rules sind flexibeler als unsere Gesetze, und bei der Aufstellung rein technischer Normen scheint es in der Tat empfehlenswert, nur die Sachkundigen, die Techniker mit ihrer Herstellung zu beauftragen. Andererseits kann auch nicht übersehen werden, daß durch die ewigen Abänderungen eine Unübersichtlichkeit der Bestimmungen, eine gewisse Unstetigkeit auf der andern Seite in die Prozeßordnung hineinkommt, die doch auch nicht ganz unbedenklich sein dürfte. Immerhin, wie gesagt, ist die Beteiligung der Richter an der Fortentwicklung des Prozeßrechtes eine sehr beachtenswerte Erscheinung, wenn sie auch, wie ich fürchte, in einem größeren Staat, namentlich mit partikularen Gliedstaaten sich kaum nachahmen lassen dürfte.[2])[3]) Wir werden auf diesen Punkt noch eingehender an anderer Stelle zurückkommen.[4])

2. Neben dem Richter können bei der Urteilsfindung sogenannte Assessors beteiligt sein. Bezüglich derselben gilt folgendes:

a) Assessors sind sachkundige Beisitzer, die den Richter bei der Urteilsfindung mit ihrem Rat zu unterstützen haben. An der eigentlichen formellen Urteilsfällung sind sie mithin nicht beteiligt. Sie haben vielmehr nur beratende, nicht aber entscheidende Stimme, so daß sie also keine Richter im funktionellen Sinne des Wortes sind, sondern mehr unseren Sachverständigen ähneln. Die eigentliche Entscheidung fällt stets der Richter, der bei seiner Entscheidung nicht an die gutachtlichen Äußerungen der Assessors gebunden ist.[5]) Eine gewisse Abschwächung dieser Grundsätze bedeutet es aber,

---

[1]) Die Vorschriften in ihrer Gesamtheit heißen „The County Court Rules, 1903". Vgl. Yearly County Court Practice vol. I, pp. 185, 186.

[2]) de Franqueville tom. II, p. 204.

[3]) Ich bemerke noch, daß zu der County Court Bill 1908 ein Amendment vorgeschlagen war, die Solicitors an der Festsetzung der Rules in dem bis jetzt aus Grafschaftsrichtern gebildeten Komitee zu beteiligen. Vgl. Law Times vol. 124, p. 553. In dem Rule Committee des Supreme Court sind sie bereits vertreten. 57 and 58 Vict. c. 16 s. 4.

[4]) Vgl. weiter unten S. 291 ff.

[5]) Yearly County Court Practice vol. I, p. 107: „Assessors are merely advisers of the judge, and the judge ought to decide in accordance with his own opinions as to the law and merits of the case." de Franqueville tom. II, p. 216. Unrichtig Wertheim S. 47, der in den Assessors wirkliche

daß Urteile in der Rechtsmittelinstanz aufrecht erhalten sind, bei denen der Richter sich durch die Assessors für überstimmt erklärte und trotz seiner entgegengesetzten Ansicht ihre Entscheidung als Urteil verkündete.[1] [2]

b) Zu einem Verfahren mit Assessors kann es im allgemeinen nur kommen, falls eine der Parteien einen diesbezüglichen Antrag stellt. Von Amts wegen können mithin Assessors nicht beigezogen werden. Andererseits ist der Richter auf Grund eines Parteiantrages, selbst auf Grund eines übereinstimmenden Parteiantrages niemals verpflichtet, Assessors heranzuziehen. Vielmehr steht es in seinem freien Ermessen, ob er dies tun will oder nicht, begreiflich genug, wenn man bedenkt, daß die Assessors des Richters fehlende Sachkunde ergänzen sollen. Ob aber die Sachkunde fehlt, kann natürlich nur der Richter selbst entscheiden.[3] Eine Ausnahme hiervon besteht nur für Klagen, die bestimmte Admiralitätssachen betreffen und ferner für Klagen auf Grund des Employers' Liability Act. Hier kann der Richter auch ohne Parteiantrag von Amts wegen Beisitzer heranziehen.[4]

c) Lassen wir die letzte Ausnahme außer acht, so ist nun bezüglich des Verfahrens betreffend Heranziehung von Assessors folgendes zu bemerken: Bei jedem County Court wird eine Liste sachverständiger Personen geführt, die sich bereit erklärt haben, gegebenen Falles als Beisitzer im Gericht mitzuwirken.[5] Diese Liste wird auf Vorschlag des Registrar durch den Richter gebildet. Für Admiralitätsangelegenheiten wird eine besondere Liste angelegt, die seitens des Registrar angefertigt wird und der Genehmigung durch einen Richter der Admiralty Division des High Court bedarf.[6] Falls Assessors herangezogen werden, so werden sie tätig kraft eigener Willensentschließung, nicht aber etwa, wie die Geschworenen

---

Hilfsrichter sieht, während sie in der Tat doch nur Gehilfen des Richters sind. In der englischen Judikatur wird auch stets ausgesprochen, daß der Richter nicht an die Entscheidungen der Assessors gebunden ist.

[1]) Vgl. die Yearly County Court Practice vol. I, pp. 679 et seq. abgedruckte Entscheidung The Freda.

[2]) Das Verhältnis wird gut zum Ausdruck gebracht C. C. R. Order XLIV r. 17: „The assessors shall sit in Court with the Judge, and assist him when required with their opinion and special knowledge . . .“ Allerdings bezieht sich diese Bestimmung nur auf den Employers' Liability Act. Vgl. auch Yearly County Count Practice vol. I, p. 424.

[3]) 51 and 52 Vict. c. 43 s. 103. Vgl. auch C. C. R. Order XXI r. 8.

[4]) 31 and 32 Vict. c. 71 ss. 10, 11. Es handelt sich um Fälle von Salvage, Towage und Collision. C. C. R. Order XLIV r. 11.

[5]) C. C. R. Order XXI r. 1. Vgl. die sehr eingehende Darstellung bei Halsbury, Laws of England vol. VIII, p. 523.

[6]) 31 and 32 Vict. c. 71 s. 14. Vgl. auch Halsbury, Laws of England vol. I, p. 136.

in Ausübung einer staatsbürgerlichen Verpflichtung.[1]) Auf ihr Verlangen müssen sie daher sofort aus der Liste gestrichen werden.[2]) Während der Zeit aber, in der sie eingewilligt haben, als Assessors zur Verfügung zu stehen, besteht eine generelle Verpflichtung für sie, auf jede gerichtliche Ladung hin vor Gericht in dem bestimmten Termin zu erscheinen, und ihre Funktionen als Assessors zu erfüllen. Sie können sich also namentlich nicht weigern, an bestimmten Tagen oder in bestimmten Sachen zu erscheinen.

Wünscht nun eine der Parteien, daß eine Sache mit Assessors verhandelt wird, so hat sie einen diesbezüglichen Antrag bei Gericht zu stellen. Sie hat zu gleicher Zeit aus der erwähnten Liste diejenigen Personen zu bezeichnen, die sie als Beisitzer herangezogen zu bekommen wünscht. Wie viele Assessors an der Sache beteiligt werden sollen, ist vom Gesetz nicht bestimmt. Die Partei kann beantragen, daß einer oder mehrere geladen werden.[3]) Gewöhnlich wird die Ladung von zwei Assessors beantragt, was übrigens in Admiralitätsangelegenheiten ausnahmsweise bindend vorgeschrieben ist.[4])

Genehmigt der Richter die Zuziehung von Assessors, so fragt es sich, ob die gegnerische Partei mit der Zuziehung der vorgeschlagenen Assessors einverstanden ist oder nicht. Ist sie einverstanden, so sind die betreffenden Personen zu laden, so daß also der Richter hier auf die Auswahl der mitwirkenden Beisitzer keinerlei Einfluß hat.[5]) Ist die gegnerische Partei nicht einverstanden, so hat sie anzugeben, warum sie die vorgeschlagenen Assessors verwirft, und sie hat nun ihrerseits neue Personen zu bezeichnen, die sie an Stelle der abgelehnten herangezogen zu bekommen wünscht.[6]) Bei der Ablehnung ist sie aber nicht frei, vielmehr kann sie nur aus bestimmten Gründen ablehnen, einmal aus Gründen, die in der Person des Abgelehnten liegen, z. B. wegen Befangenheit, ferner weil sie dem Abgelehnten mangelnde Sachkunde vorwirft[7].) Über die Ablehnung kommt es zu einem Zwischenverfahren, welches der Richter oder der von jenem beauftragte Registrar zu erledigen hat.[8]) Bei der Entscheidung ist zwischen den Vorschlägen der Parteien zu wählen, so daß also auch hier nicht etwa von Amts wegen andere Personen herangezogen werden können. In Ad-

[1]) C. C. R. Order XXI r. 2.
[2]) R. 4 and 5; 31 and 32 Vict. c. 71 s. 16.
[3]) 51 and 52 Vict. c. 43 s. 103.
[4]) 31 and 32 Vict. c. 71 s. 10.
[5]) C. C. R. Order XXI r. 8.
[6]) R. 9.
[7]) 51 and 52 Vict. c. 43 s. 103.
[8]) C. C. R. Order XXI r. 10.

miralitätsangelegenheiten erfolgt dagegen die Wahl der Assessors einfach durch den Registrar aus der Gerichtsliste,[1]) und zwar hat der letztere die Assessors nach einer im voraus bestimmten Reihenfolge aus der Liste zu wählen.[2])

Steht der Kreis der zu ladenden Beisitzer fest, so sind dieselben von Amts wegen zu laden.[3]) Erscheinen dieselben alle oder einzeln zur Verhandlung nicht, wozu sie verpflichtet sind, so steht es im freien Ermessen des Richters, was er tun will. Er kann ohne die nicht erschienenen Assessors, vielleicht also überhaupt ohne Assessors verhandeln, er kann aber auch die Verhandlung vertagen und die Beisitzer zu einem neuen Termin laden.[4]) Eine Bestrafung kann im allgemeinen über die nicht erschienenen Assessors nicht verhängt werden. Und nur in Admiralitätsangelegenheiten besteht auch hier eine Ausnahme. Hier nämlich kann das Gericht wegen unentschuldigten Ausbleibens Strafen bis zu £ 5 verhängen.[5])

d) Die Assessors leisten ihre Tätigkeit nicht unentgeltlich. Vielmehr erhalten sie eine ziemlich hohe Gebühr und zwar abgesehen von ihren baren Auslagen, die zu ersetzen sind, für den Tag 1 Guinea in Streitsachen unter £ 20, 2 Guineas dagegen in Streitsachen mit höherem Streitwert.[6]) In Admiralitätsangelegenheiten erhalten sie 1 resp. 2 Guineas, je nachdem es sich um Klagen unter oder über £ 100 handelt.[7]) Um diese Gebühren sicherzustellen, hat jede Partei, die die Heranziehung von Assessors verlangt, bei Stellung ihres Antrags die Summe von 2 resp. 4 Guineas einzuzahlen, je nachdem es sich um Klagen unter oder über £ 20 handelt.[8]) In Admiralitätssachen braucht nur 1 resp. 2 Guineas eingezahlt zu werden unter Zugrundelegung der erwähnten höheren Streitwerteinteilung.[9]) In diesen Fällen hat übrigens, auch wenn die Assessors von Amts wegen herangezogen werden, der Kläger stets die Gebühren derselben zu zahlen.[10])

Man sieht, sehr billig gestaltet sich das Verfahren mit Assessors nicht. Man bedenke nur, daß bei einer Klage mit einem Streitwert unter 400 Mark die Mindestgebühr 21 Mark ist, gleichgültig, wie hoch

---

1) C. C. R. Order XXXIX r. 91.
2) 31 and 32 Vict. c. 71 s. 15.
3) C. C. R. Order XXI r. 10.
4) R. 11.
5) 31 and 32 Vict. c. 71 s. 15; Halsbury, Laws of England vol. I, p. 136.
6) C. C. R. Order XXI r. 6.
7) C. C. R. Order XXXIX r. 92. Die Assessors, die unter der Employers' Liability Act tätig werden, erhalten 2 Guineas. Order XLIV r. 13.
8) C. C. R. Order XXI r. 12.
9) C. C. R. Order XXXIX r. 88.
10) C. C. R. Order XXXIX r. 89.

sonst der Streitwert ist. Und es kann ein derartiger Antrag für die Parteien noch insofern gefährlich werden, als zwar im allgemeinen die an die Assessors zu zahlenden Gebühren als Kosten des Verfahrens gelten. Allein der Richter kann auch, und zwar nach freiem Ermessen anordnen, daß dies nicht der Fall sein soll, so daß dann von einem Ersatz der ausgelegten Kosten seitens der unterliegenden Partei überhaupt nicht die Rede ist.[1]) Es ist daher auch keineswegs erstaunlich, daß von der ganzen Einrichtung nur ein sehr geringer Gebrauch gemacht wird, wie aus folgenden Zahlen erhellt:[2])

	Klagen, erledigt vor dem Richter ohne Jury	Hiervon unter Zuziehung von Assessors
1895	54 871	17
1897	49 491	15
1902	40 152	53
1903	42 773	39
1905	40 984	48
1906	39 521	54
1907	38 617	42

3. Des weiteren kann neben dem Richter auch eine Jury an der Urteilsfindung beteiligt sein. Denn eine der charakteristischsten Eigentümlichkeiten der englischen Gerichtsverfassung ist, daß nicht nur im Strafverfahren, sondern auch im Zivilverfahren ein Verfahren mit Geschworenen vorkommt.

a) Zu einem Verfahren mit Geschworenen kann es nur auf Antrag einer der beiden Parteien, aber nicht von Amts wegen kommen.[3]) Und zwar haben die Parteien einmal ein unbedingtes Recht auf Zuziehung von Geschworenen, das andere Mal sind sie nur antragsberechtigt, während die Entscheidung, ob es zum Geschworenenverfahren kommen soll oder nicht, beim Richter steht. Ein unbedingtes Recht haben die Parteien bei allen Klagen mit Streitwerten über £ 5,[4]) der Richter dagegen entscheidet bei allen

---

[1]) 51 and 52 Vict. c. 43 s. 103; C.C.R. Order XXI rr. 12, 13; Order XXXIX r. 89.

[2]) Civil Judicial Statistics 1895, p. 111; 1897, p. 155; 1902, p. 131; 1903, p. 135; 1905, p. 137; 1907, p. 131. Die Fälle, in welchen Assessors zugezogen werden, haben in den letzten Jahren zugenommen. Brodie-Innes vol. I, p. 788: „But though in England the Judge has the power, if he think fit, on the application of either part, to summon assessors in any action, it is practically extremely rare that this power is taken advantage of, except in nautical or scientific cases, or in employers' liability cases, where they ascertain the amount of compensation."

[3]) Dies ist anders am High Court. Vgl. weiter unten S. 342 ff.

[4]) Die County Courts Act 1903, 3 Edw. VII c. 42 s. 4 hat das nicht geändert. Allerdings läßt der Wortlaut dieses Gesetzes auch die Auffassung

Klagen mit niedereren Streitwerten.[1]) Allein von dieser Grundregel existieren nach doppelter Richtung hin Ausnahmen. Einmal nämlich kann in Equity-Angelegenheiten[2]) und in Admiralitäts-Angelegenheiten nie eine Jury verlangt werden.[3])[4]) Auf der andern Seite haben in bestimmten Angelegenheiten die Parteien das Recht auf Jury unbedingt auch für die kleinsten Streitsachen ohne jene oben erwähnte Streitwertbeschränkung.[5])

Haben die Parteien ein Recht auf Jury, so muß der Richter einem an ihn gestellten Antrag stattgeben.[6]) Allein Voraussetzung ist, daß ein diesbezüglicher Antrag mindestens fünf volle Tage vor dem ersten Verhandlungstag bei Gericht eingereicht ist. Wird er erst später gestellt, so hängt es vom Belieben des Richters ab, ob es zur Zuziehung einer Jury kommt. Und der Richter kann dann nicht einmal durch einen übereinstimmenden Antrag beider Parteien gezwungen werden, eine Jury einzuberufen. Selbst wenn aus anderen Gründen die Verhandlung vertagt werden muß, erlangen die Parteien ihr ursprüngliches, absolutes Recht nicht wieder. Vielmehr entscheidet nunmehr stets das freie Ermessen des Richters, wie auch in den anderen Fällen, in denen die Parteien von vornherein kein absolutes Recht auf Heranziehung einer Jury haben.[7])

b) Die Voraussetzungen, die in der Person des Geschworenen verwirklicht sein müssen, sind dieselben, die wir weiter oben bei den Geschworenen der Quarter Sessions kennen gelernt haben.[8]) Auch die Berufung der Geschworenen ist eine bis zu einem gewissen Punkt übereinstimmende. Nur wird hier aus der Jahresliste, dem

---

zu, daß das Recht der Parteien ein absolutes erst von £ 8 Streitwert an ist. Allein daß das Gesetz sich nur auf die Zahl der Geschworenen bezieht, betont mit Recht Yearly County Court Practice vol. I, p. 106 Note; unrichtig Adickes, Grundlinien S. 54.

[1]) 51 and 52 Vict. c. 43 s. 101. Vgl. de Franqueville tom II, p. 215 s.; Brodie-Innes vol. I, p. 787; Cohen, Spirit of Our Laws p. 62.

[2]) Zu diesem Begriff weiter oben S. 207 ff.

[3]) 51 and 52 Vict. c. 43 s. 101. Es scheinen allerdings von diesem Satz Ausnahmen in der Praxis zugelassen zu werden. Vgl. Yearly County Court Practice vol. I, pp. 105, 336.

[4]) Yearly County Court Practice vol. I, p. 679 und die dort zitierte Entscheidung „The Theodora“: „In ordinary course the judge alone will try an admiralty case, and in such admiralty case there is no right to a jury.“

[5]) In Betracht kommen Klagen im Zwangsvollstreckungsverfahren, ferner Klagen auf Freigabe gepfändeter Gegenstände, Besitzklagen u. a. m. Vgl. C. C. R. Order XXII r. 3.

[6]) Ein formeller Antrag ist nicht erforderlich, es genügt die einfache Erklärung, daß eine Jury verlangt werde. C. C. R. Order XXII r. 1.

[7]) C. C. R. Order XXII r. 2. Vgl. auch Yearly County Court Practice vol. I, pp. 105, 335.

[8]) Vgl. oben S. 73 ff.

sogenannten Juror Book, nicht gleich die Sessionsliste, das sogenannte Panel, gebildet.[1]) Vielmehr treffen wir hier noch eine besondere Jahresliste an, die die Namen derjenigen Personen enthält, die als Geschworene an einem bestimmten County Court verwendet werden können. Jeder County Court besitzt mithin seine besondere Jahresliste, die indessen nur ein Auszug aus dem Juror Book ist, so daß die in ersterem aufgenommenen Namen in letzteres noch einmal, soweit sie für den County Court in Betracht kommen, aufgenommen sein müssen. Diese Spezialjahresliste der County Courts wird durch den Sheriff resp. die High Bailiffs von Westminster und Southwark gebildet. Sie umfaßt nur solche Personen, die innerhalb des Gerichtssprengels des betreffenden County Court ihren Wohnsitz haben.[2])

Kommt es nun zu einem Verfahren mit Geschworenen, so bildet aus dieser Jahresliste der Registrar in durchaus formloser Art und Weise eine Sitzungsliste, während bei den Quarter Sessions der Sheriff auch diese Liste zu bilden hatte. Dabei mag sofort bemerkt werden, daß eine Special Jury im County Court-Verfahren nicht verlangt werden kann, so daß wir es stets nur mit Common Jurors zu tun haben.[3]) Die Sitzungsliste selbst umfaßt 16 Namen, sofern nicht der Richter, wozu er berechtigt ist, ein anderes anordnet.[4]) Diese 16 Geschworenen sind zum Sitzungstag zu laden. Bei ihrer Auswahl hat der Registrar darauf zu achten, daß niemand mehr wie zweimal im Jahr als Geschworener herangezogen wird.[5]) Verstößt er dagegen, so kann sich der geladene Geschworene beschwerdeführend an den Richter wenden, wie auch sonst, wenn er zu Unrecht in die Liste aufgenommen und nunmehr geladen ist. Erscheint er dagegen am Sitzungstage nicht, so kann er seitens des Richters mit einer Geldstrafe bis zu £ 5 belegt werden.[6])

Aus der Sitzungsliste wird in öffentlicher Verhandlung die Spruchliste gebildet. Es kommen hier im allgemeinen die früher bereits ausgeführten Bestimmungen namentlich auch bezüglich des

---

[1]) Vgl. auch hierzu weiter oben S. 79.

[2]) 51 and 52 Vict. c. 43 s. 102. „Jurisdiction“ bedeutet an dieser Stelle nicht etwa Zuständigkeit, sondern Gerichtssprengel, wie der Zusammenhang ohne weiteres ergibt.

[3]) Yearly County Court Practice vol. I, p. 106; Brodie-Innes vol. I, p. 787; nicht ganz genau de Franqueville tom. I, p. 519: „Dans les affaires civiles, le demandeur a toujours le droit d'exiger que la cause soit soumise à une jury spéciale . .“ Das ist richtig nur für das Verfahren am High Court.

[4]) C. C. R. Order XXII r. 4.

[5]) 51 and 52 Vict. c. 43 s. 102.

[6]) Yearly County Court Practice vol. I, p. 106, insbesondere dort die Anmerkung.

Ablehnungsrechtes der Parteien zur analogen Anwendung.[1]) Zu bemerken ist nur: einmal, daß sogenannte peremtorische Ablehnungen in Zivilprozessen nicht zulässig sind,[2]) ferner, daß die Geschworenenbank sich aus acht Geschworenen zusammensetzt,[3]) die ihre Entscheidungen indessen ebenfalls nur einstimmig treffen können. Die Bank selbst kann für mehrere Sachen gemeinsam gebildet werden, wie denn auch nur eine Beeidigung erfolgt.

Hier muß nun aber auf eine Eigentümlichkeit hingewiesen werden, die am schlagendsten beweist, wie wenig der Engländer am Formalismus hängt, eine Eigentümlichkeit, die in letzter Linie wohl auch mit dem Grundgedanken des englischen Rechtes in Beziehung steht, daß nämlich die Jury auch heute noch im wesentlichen eine Beweisjury ist.[4]) Es kann vorkommen, daß im Laufe einer Verhandlung, namentlich einer vertagten Verhandlung einer der Geschworenen wegfällt, sei es, daß er erkrankt, sei es, daß er stirbt oder aber sonst ausbleibt. Da nun das englische Recht die Einrichtung von Ersatzgeschworenen nicht kennt, so müßte hier prinzipiell eine neue Geschworenenbank gebildet und mit der Verhandlung neu begonnen werden. Allein dies ist nicht unbedingt nötig. Vielmehr können sich die Parteien dahin einigen, daß sie die Sache von den anwesenden Geschworenen erledigen lassen, also von 7 Geschworenen, so daß der Satz, daß die Geschworenenbank durch 8 Geschworene gebildet wird, doch nur sehr cum grano salis gilt.[5]) Und diese Formlosigkeit zeigt sich auch noch

---

[1]) 51 and 52 Vict. c. 43 s. 103 in Verbindung mit 38 and 39 Vict. c. 77 s. 20; de Franqueville tom. II, p. 104.

[2]) Zu eng nimmt de Franqueville tom I, p. 522 an, peremtorische Ablehnungen seien nur bei Special Jurors ausgeschlossen.

[3]) 3 Edw. VII c. 42 s. 4. Bis 1903 setzte sich die Geschworenenbank nur aus fünf Geschworenen zusammen. Vgl. z. B. de Franqueville tom. II, p. 215.

[4]) Natürlich in dem von uns weiter oben bestimmten Sinne dieses Wortes. Vgl. S. 80 f.

[5]) Sehr wohl hiervon ist der Fall zu unterscheiden, daß die Partei das Gericht ersucht, einen Geschworenen zurückzuziehen. Es ist dies eine Art der formellen Beendigung des Verfahrens, ohne daß es zu einer materiellen Entscheidung kommt. Vgl. dazu Annual Practice vol. II, p. 481; Wertheim S. 544, der indessen insofern nicht zutreffend ist, als er behauptet, Krankheit eines Geschworenen führe stets dazu, daß der Trial ohne Ergebnis verlaufe. Wertheim übersieht mithin die im Text ausgeführte Möglichkeit. Vgl. auch de Franqueville tom. II, p. 109. Vgl. übrigens den nachstehenden Fall, entnommen dem Standard vom 18. 7. 1908:

„At Whitechapel yesterday, a jury had been summoned to try an action, but one was missing out of the requisite eight. After an interval the absent juror came into court, and when he had taken his seat he was ordered to stand up. In reply to the judge, he said that he had been downstairs.

darin, daß die Parteien auch auf die Einstimmigkeit bei der Geschworenenentscheidung verzichten können und sich dem Verdikt einer Majorität unterwerfen können,[1]) eine Tatsache, die mit der Dispositionsmaxime des Zivilprozesses in einem bestimmten, leicht erkennbaren Zusammenhang steht.

c) Die Funktionen zwischen Richter und Geschworenen sind so verteilt, daß die Geschworenen die Tatfrage zu beantworten haben, während der Richter die Rechtsfrage entscheidet. Außerdem setzen die Geschworenen die Höhe des Schadenersatzes fest, ohne daß auf diese Bemessung der Richter einen Einfluß auszuüben imstande wäre.[2])

Das Verdikt ergeht gewöhnlich in der Form eines Generalverdiktes. Hier wird einfach ausgesprochen, daß eine der beiden Parteien im Recht ist, und es wird die Höhe des eventuellen Schadens festgesetzt. In diesem Falle verkündet der Vormann der Jury z. B. „For the plaintiff £ 50 damages." Andererseits können aber auch der Jury eingehende Fragen seitens des Vorsitzenden gestellt werden, die dann einzeln beantwortet werden müssen. Und schließlich kann die Jury auch in Zivilsachen ein sogenanntes Spezialverdikt fällen, indem sie nur die reinen Tatfragen beantwortet, es aber dem Richter überläßt, die rechtlichen Konklusionen aus dem von ihr festgestellten Tatbestand zu ziehen.[3]) Wir werden später sehen, daß die Tätigkeit der Jury am High Court

---

Judge Bacon. — Nay, nay; you have been next door, I suspect (laughter). What did you drink? What is your particular vanity?

The juror. — A glass of beer.

Judge Bacon. — Why you cannot articulate.

The juror. — I cannot hear very well.

The judge. — Neither can you speak. Addressing the counsel, Judge Bacon said it was obvious he could not try the case with a drunken juror. He told the juror that he had imposed a fine upon him; and the juror said he was unable to walk quickly.

The judge. — You could walk next door to get a glass of beer.

The case was then proceeded with before seven jurors, the eighth being required to sit in court during the hearing of the action."

[1]) Cohen, Spirit of Our Laws p. 101: „The jurors must be unanimous, unless the parties agree to accept the finding of a majority, when it has been announced that they cannot agree. The verdict must be that of the full complement, unless, by reason of the absence or some unfitness of any of them, the parties have agreed to accept the finding of the remainder." Derartige Parteivereinbarungen hindern natürlich nicht eventuelle Bestrafungen ausbleibender Geschworenen. Allerdings beziehen sich Cohens Ausführungen nur auf das Verfahren am High Court, treffen aber in analoger Weise auch hier zu.

[2]) Vgl. die sehr interessanten Auführungen Cohens, Spirit of Our Laws pp. 119 et seq.

[3]) Cohen, Spirit of Our Laws pp. 101 et seq.; Wertheim S. 560.

in Zivilsachen dieselbe ist wie hier, und so mag an dieser Stelle auf die Beispiele verwiesen werden, die dort gegeben werden sollen.[1]) Die ganze Trennung aber, das mag gleich hier bemerkt werden, der Tat- von der Rechtsfrage ist bei Zivilsachen außerordentlich schwer und führt in der Praxis häufig zu schwierigen Komplikationen,[2]) wie indessen an dieser Stelle nicht näher ausgeführt werden kann.[3]) Ich bemerke noch, daß auch in Zivilsachen die Geschworenen wie in Strafsachen die Initiative zur Beendigung des Verfahrens ergreifen können. Sie können nach den Beweisvorträgen des Klägers ohne weiteres ein Verdikt für den Beklagten erlassen, wozu sie der Richter auch selbst anweisen kann.

d) Die Geschworenen erhalten eine Vergütung für ihre Gerichtsdienste, die allerdings mehr formaler Natur ist. Sie bekommen nämlich einen Schilling für jede Sache, in der sie tätig geworden sind.[4]) Die Parteien haben diese Gebühren als einen Teil der Prozeßkosten zu tragen.[5])

e) Was nun die Häufigkeit derjenigen Fälle betrifft, in welchen eine Jury herangezogen wird, so ergeben sich aus der Statistik folgende Ziffern[6]):

	Fälle, in denen der Richter allein entschieden hat	Fälle, in denen eine Jury mitgewirkt hat
1895	54871	1371
1897	49491	1123
1901	46901	1122
1902	40152	936
1903	42773	934
1904	43933	912
1905	40984	866
1906	39521	874
1907	38617	929

Diese Ziffern beweisen, daß im allgemeinen das Verhältnis, in dem Juryfälle zu Nichtjuryfällen stehen, kein sehr schwankendes, vielmehr ein konstantes zu nennen ist. Namentlich ist die Abnahme der Juryfälle keine besonders starke, wenn sich auch eine

[1]) Vgl. weiter unten S. 364 ff.

[2]) Vgl. die interessanten und sehr instruktiven Ausführungen Cohens, Spirit of Our Laws pp. 64 et seq.

[3]) Peters, Englisches Bürgerliches Steitverfahren S. 48 ff.

[4]) 51 and 52 Vict. c. 43 s. 101; C. C. R. Order XXII r. 1a; Cohen, Spirit of Our Laws p. 68, n. 2; Brodie-Innes vol. I, p. 787.

[5]) C. C. R. Order XXII r. 1a.

[6]) Civil Judicial Statistics 1895, p. 111; 1897, p. 155; 1902, p. 131; 1903, p. 135; 1904, p. 137; 1905, p. 137; 1907, p. 131.

sowohl relative wie absolute Abnahme konstatieren läßt, mit Ausnahme allerdings des letzten Jahres. Jedenfalls ist es aber viel zu weit gegangen, wenn man behauptet, daß die Jury überhaupt keine Bedeutung mehr in der Praxis habe.[1]) Die oben mitgeteilten Zahlen eignen sich hier noch nicht zum Vergleich. Denn es ist zu beachten, daß bei Klagen unter £ 5 eine Jury nur mit Zustimmung des Richters herangezogen werden kann, eine Zustimmung, die indessen so gut wie nie erteilt zu werden pflegt. So müßten, um eine zutreffende Relation zu erlangen, aus den Fällen, die der Richter allein entschieden hat, alle Fälle ausgeschieden werden mit Streitwerten unter £ 5. Andererseits hat, wie wir noch sehen werden, der Registrar eine Jurisdiktion bis zu £ 2. Die von ihm erledigten Fälle sind nun aber nicht in jenen oben mitgeteilten Zahlen enthalten. Da nun die meisten hier in Betracht kommenden Bagatellsachen vom Richter allein erledigt werden, so ergibt sich für uns, daß im allgemeinen abzuziehen sind Fälle, in denen der Streitwert sich zwischen £ 2 bis 5 bewegt. Daß dies aber eine sehr große Zahl sein wird, ergibt sich ohne weiteres aus der Tatsache, daß z. B. 1907 Klagen anhängig gemacht worden sind mit einem Streitwert unter £ 20: 1 297 990, zwischen £ 20 bis 50: 13 669, über £ 50: 3482.[2])

So sehen wir, daß in der Tat auch heute noch das Juryverfahren eine keineswegs ganz unbedeutende Rolle spielt. Selbstverständlich wird eine Jury dann meist herangezogen, wenn es sich um Klagen wegen Schadenersatzes handelt. Dabei erfüllt die Jury aber auch noch insofern eine bemerkenswerte Funktion, als sie das Einzelrichtertum zum guten Teil paralysiert. Und es mag gleich hier darauf hingewiesen werden, daß natürlich in der Tatfrage das Einzelrichtertum den größten Bedenken ausgesetzt sein muß, während in reinen Rechtsfragen ein Kollegium viel weniger notwendig erscheinen wird.

Auf die Frage nun, wie sich die öffentliche Meinung zu der ganzen Einrichtung gestellt hat, welchen Gang die Entwicklung voraussichtlich einschlagen wird, mag hier noch nicht eingegangen

---

[1]) Koellreutter, Richter und Master S. 73, Anm. 1; Hatschek Bd. II, S. 170, Anm. 3 in Anschluß an Angaben aus der Times vom 16. September 1905. Allein Hatschek beachtet offenbar nicht die im Text verwertete Tatsache des weiten gesetzlichen Ausschlusses der Jurymöglichkeit. In den County Courts in London spielt das Geschworenenverfahren keineswegs eine unbedeutende Rolle, was sich aus den durch die Größe der Stadt bedingten zahlreichen Straßenunfällen mit Leichtigkeit erklärt. Ich notierte an einem County Court in London in einer Woche 6 Fälle, an einem andern nahm ich an drei Sitzungen teil, in denen je ein Juryfall zur Aburteilung stand.

[2]) Civil Judicial Statistics 1907, p. 131.

werden. Denn es kann diese Frage nur im Zusammenhang gelöst werden mit der Schilderung der Verhältnisse am High Court, so daß auch in dieser Beziehung auf die späteren Ausführungen verwiesen werden muß.[1])

4. Haben wir im vorhergehenden die bedeutungsvollsten Urteilsorgane der County Courts behandelt, so haben wir uns nunmehr dem nach dem Richter wichtigsten Beamten des Gerichtes zuzuwenden, dem Registrar.[2]) Und es ist gerade dieser Beamte, dessen rechtliche Stellung als richterliche Hilfsperson der Organisation der County Courts ihr ganz eigenartiges Gepräge verleiht. Hier ist im einzelnen folgendes zu bemerken:

a) *α*) Bei jedem County Court muß zum mindesten ein Registrar ernannt werden. Und ganz im Gegensatz zu der Ernennung des Richters ist ausdrücklich durch das Gesetz verboten, ein und dieselbe Person gleichzeitig zum Registrar bei mehreren Gerichten zu ernennen.[3]) Wohl aber können in volksreichen Distrikten mehrere Registrars für ein Gericht ernannt werden, wobei dann die Geschäftsverteilung durch Verfügung des Gerichtes geregelt wird.[4]) Es bedarf aber zu einer solchen Ernennung stets erst einer diesbezüglichen Verordnung des Lord Chancellor.[5])

Ernannt werden kann zum Registrar nur ein Anwalt niederer Ordnung, ein Solicitor, der bereits mindestens fünf Jahre seine Praxis ausgeübt hat.[6]) Die Ernennung erfolgt durch den Richter. Sie unterliegt aber der Genehmigung durch den Lord Chancellor, der also eine Ernennung zwar hindern, nicht aber eine solche selbst vornehmen kann.[7]) Und entsprechend diesem Genehmigungrecht hat der Lord Chancellor resp. in Lancaster wieder der Chancellor von Lancaster ein unbedingtes Absetzungsrecht.[8]) Registrars können also jederzeit

---

[1]) Vgl. weiter unten S. 611 ff.

[2]) Stein, Zur Justizreform S. 38 spricht von den District Registrars auch bei County Courts. Das ist ein unzutreffender Ausdruck. Der County Court hat stets nur eine Registry, dagegen hat der High Court eine Reihe von District Registries.

[3]) 51 and 52 Vict. c. 43 s. 25.

[4]) L. c. s. 29.

[5]) Es ist das auch in einer Reihe von Fällen geschehen, so z. B. in Liverpool, Leeds, Birmingham usw. Vgl. Law List 1905, pp. 1409 et seq.

[6]) Unrichtig Stein, Zur Justizreform S. 38, daß einzelne der besonders begehrten Stellen auch mit Barristers besetzt werden. Das würde direkt dem Gesetz widersprechen. Höchstens könnte ein Barrister zu diesem Zweck Solicitor werden. Aus der Praxis sind mir keine Fälle bekannt.

[7]) 51 and 52 Vict. c. 43 s. 25. Die Ausnahme, daß die Lords of Manor einen gewissen Einfluß auf die Ernennung haben, ist heute bis auf einen Fall unpraktisch geworden. Vgl. l. c. s. 188; 9 and 10 Vict. c. 95 s. 13; Yearly County Court Practice vol. I, p. 14.

[8]) L. c. s. 27.

entlassen werden, sie stehen in dieser Hinsicht bedeutend schlechter als die Richter, bei denen Entlassung, wie früher ausgeführt,[1] nur wegen gesetzlich festgelegter Gründe erfolgen kann, wegen „inability or misconduct".[2] Im allgemeinen erfolgt aber tatsächlich die Ernennung auf Lebenszeit.

β) Die Ernennung zum Registrar verpflichtet denselben, innerhalb des Gerichtsbezirkes zu wohnen.[3] Neben diese Residenzpflicht tritt als negative Pflicht die Pflicht, sich der Privatpraxis als Solicitor oder Notar zu enthalten. Dieselbe ist indes keine absolute und stets gegebene. Wir treffen sie vielmehr nur bei den größeren Gerichten, bei denen jährlich mehr als achttausend Klagen angebracht werden.[4] Andererseits ist die Pflicht, wo sie besteht, eine unbeschränkte. Privatpraxis ist nicht nur im Gerichtsbezirk selbst, sondern überhaupt verboten.[5] Andere öffentliche Ämter dagegen kann der Registrar bekleiden, was er auch häufig genug tut, wie wir bereits früher ausgeführt haben. So ist er oft gleichzeitig District Registrar des High Court, Clerk of the Peace und anderes mehr.[6] Und auch in einem solchen Fall der Bekleidung mehrerer Ämter durch eine Person kann der Lord Chancellor eine weitere Ausübung der Privatpraxis untersagen.[7] In allen Fällen aber, in denen Privatpraxis untersagt ist, gilt der Registrar als ein dauernd angestellter, staatlicher Beamter und ist in seinen amtlichen Rechtsbeziehungen den nichtrichterlichen Beamten des Supreme Court of Judicature völlig gleichgestellt.[8]

Selbst aber in den Fällen, wo der Registrar seine Privatpraxis weiter betreiben kann und auch weiter betreibt, ist es ihm verboten, vor dem eigenen Gericht, für welches er bestellt ist, direkt oder indirekt durch Agenten zu praktizieren. Übertretungen dieses Verbotes sind unter Strafe gestellt. Und zwar wird eine jede derartige Übertretung mit einer absolut festgesetzten Geldstrafe von £ 50 geahndet, eine Strafe, die also doch recht erheblich ist.[9]

Ausnahmsweise verliert der Registrar das passive Wahlrecht

---

[1]) Vgl. weiter oben S. 221.

[2]) Vgl. Yearly County Court Practice vol. I, p. 15. Es war dies früher anders.

[3]) 51 and 52 Vict. c. 43 s. 25.

[4]) Es ist dies nach der Statistik von 1907 an 32 Gerichten der Fall. Vgl. Civil Judicial Statistics 1907, pp. 138 et seq.

[5]) 51 and 52 Vict. c. 43 s. 25; de Franqueville tom. II, p. 208.

[6]) Vgl. oben S. 193 f.

[7]) 51 and 52 Vict. c. 43 s. 45.

[8]) 42 and 43 Vict. c. 78 ss. 15—20; vgl. Yearly County Court Practice vol. I, p. 23. Diese Möglichkeit übersieht Stein, Zur Justizreform S. 38.

[9]) 51 and 52 Vict. c. 43 s. 41; C. C. R. Order II r. 13; Order XXIX r. 6.

für das House of Commons, sofern er an einem County Court angestellt ist, der Konkursgerichtsbarkeit besitzt.[1]) Im allgemeinen verliert er dasselbe also nicht.

Ferner ist der Registrar kautionspflichtig im Hinblick auf den zum großen Teil durch seine Hände gehenden Geldverkehr der Parteien untereinander. Die näheren Bestimmungen über Höhe und Art der Kaution erläßt das Schatzamt, die Treasury.[2])

Schließlich hat der Registrar auf seine Kosten ein Bureau einzurichten, und zwar treffen ihn alle hierdurch entstehenden Kosten. So hat er alle etwa nötig werdenden Hilfskräfte selbst zu besolden, er hat alle täglichen Bureauausgaben zu tragen, ja, er hat in den meisten Fällen sogar die Bureaumiete zu zahlen, sofern nicht besondere Gerichtsgebäude vorhanden sind.[3])

γ) Den Pflichten des Registrar stehen gewisse Rechte gegenüber. Negativ mag zunächst bemerkt werden, daß der Registrar nicht wie der Richter einen Anspruch auf einen Monat Ferien im Jahre hat. Denn es ist, wenn auch die Gerichtstätigkeit während der Ferien im allgemeinen ganz aufhört, ausdrücklich bestimmt, daß die Registry nicht geschlossen wird, sondern daß gewisse Geschäfte auch in den Ferien stets dort erledigt werden können.[4]) Will also der Registrar Ferien haben, so muß er sich selbst einen Vertreter stellen, während der Richter während seines Ferienmonats eines solchen im allgemeinen nicht bedarf.

Das wichtigste Recht nun des Registrar ist das auf Entschädigung für geleistete Dienste. Hier hat er aber einen doppelten Anspruch.

Zunächst erhält der Registrar einen festen Gehalt. Derselbe ist abgestuft nach der Größe seines Geschäftskreises. Negativ ist bestimmt, daß er nicht unter £ 100 betragen darf. Positiv kann er dagegen steigen bis zu £ 700, ja in ganz exzeptionell gelagerten Fällen bis zu £ 1400. Im allgemeinen sind im Gehalt alle persönlichen und sachlichen Bureauausgaben mit einbegriffen. Die erwähnten Maximalbeträge verstehen sich aber unter Ausschluß eben der Bureauausgaben,[5]) so daß die einzelnen Gehälter tatsächlich

---

[1]) 46 and 47 Vict. c. 52 s. 116 (1).

[2]) 51 and 52 Vict. c. 43 s. 40. In Geltung sind heute Bestimmungen vom Juni 1878. Vgl. Yearly County Court Practice vol. I, p. 21.

[3]) L. c. s. 45. Das kann natürlich gewisse Nachteile nach sich ziehen. So fand ich in einem der größten Londoner County Courts die Vorschrift, daß das Heizen nach drei Uhr verboten sei, falls das Bureau nur bis fünf Uhr benutzt werde!

[4]) L. c. s. 11; vgl. oben S. 199. Allerdings können aber die Bureaus auch für einige Zeit durch besondere Verfügung des Lord Chancellor geschlossen werden. C. C. R. Order I r. 5.

[5]) Unrichtig de Franqueville tom. II, p. 209.

noch höher sind, als es nach den Bestimmungen des Gesetzes möglich zu sein scheint.[1])

Außer diesen Gehaltsansprüchen hat der Registrar aber noch den Anspruch auf Erhebung von bestimmten Gerichtsgebühren zu seinem eigenen Vorteil.[2]) Dieses Recht kann jedoch seitens des Schatzamtes abgelöst werden mit Zustimmung des Lord Chancellor, und es kann dann dem Registrar eine Zulage für die entgangenen Gebühren gewährt werden, während diese selbst in die Kasse des Schatzamtes fließen.[3]) Eine derartige Zulage kann übrigens auch noch in anderen Fällen gewährt werden, falls der Registrar Handlungen vorzunehmen hat, für die er an sich keine Vergütung durch seinen Gehalt empfängt.

Aus alledem ergibt sich, daß die Einnahmen der Registrars, die also zum großen Teil noch in Gebühren bestehen, außerordentlich schwankend sind. Es darf aber bei Beurteilung ihrer Höhe, wie ich abschließend betonen möchte, nicht außer acht gelassen werden, daß ihnen stets auch sehr beträchtliche Ausgaben gegenüberstehen.[4])

Außer diesen direkten Gehalts- und Gebührenansprüchen haben die Registrars auch noch Anspruch auf Pension wie nichtrichterliche Beamte des Supreme Court,[5]) ohne daß hier auf die diesbezüglichen Einzelheiten näher eingegangen werden könnte.

δ) Auch in bezug auf den Registrar können Vertretungen notwendig werden. Im allgemeinen kann sich hier der Registrar mit Zustimmung des Richters selbst seinen Vertreter für den Fall von Krankheit oder unverschuldeter Abwesenheit bestimmen. Eine derartige Ernennung braucht nicht für den konkreten Einzelfall zu erfolgen, vielmehr ist sie auch generell möglich für jede zukünftige Vertretung, die sich eventualiter ereignen wird.[6]) Aus-

---

[1]) 51 and 52 Vict. c. 43 s. 45; 3 Edw. VII c. 42 s. 6.; Einzelheiten bei de Franqueville vol. II, p. 208 s. Ich bemerke, daß das Höchstgehalt von £ 1400 augenblicklich vom Schatzamt nirgends bewilligt wird. Yearly County Court Practice vol. I, p. 23.

[2]) 51 and 52 Vict. c. 43 s. 45; ferner Verfügung des Schatzamtes, betreffend Gerichtsgebühren vom 30. 12. 1903, Schedule B; Yearly County Court Practice vol. I, pp. 831—844.

[3]) Vgl. l. c. s. 47 und die Anm. 2 erwähnte Verfügung.

[4]) de Franqueville tom. II, p. 209 erwähnt, daß in kleineren Städten die Einnahmen nicht über 2500 Francs steigen, daß sie aber in 20 größeren Städten zwischen 30000 und 56000 Francs schwanken. Stein, Zur Justizreform S. 38 führt aus, die Gehälter schwankten zwischen 8000—12000 M.; es ist mir indessen nicht klar geworden, ob er die District Registrars oder auch die County Courts Registrars im Auge hat, da er beide fortwährend durcheinander wirft.

[5]) 42 and 43 Vict. c. 78 s. 16.

[6]) 51 and 52 Vict. c. 43 s. 31; Yearly County Court Practice vol. I, p. 17.

nahmsweise kann aber auch der Richter einen Vertreter bestellen, und zwar einmal bei Verhinderung des Registrar an der Ernennung,[1]) ferner beim Tod oder beim Ausscheiden des Registrar aus dem Amt, in welch letzteren beiden Fällen zunächst ein vorläufiger Vertreter zu bestellen ist, ehe die Nachfolge dauernd geregelt wird.[2]) Hat der Registrar einen Vertreter selbst ernannt, so wird diese Ernennung nicht durch seinen demnächstigen Tod usw. tangiert. Wohl aber verliert sie ihre Gültigkeit in dem Augenblick, in dem ein Nachfolger des früheren Registrar definitiv ernannt ist.[3]) Stets hat übrigens der Registrar seinen Vertreter (auch den vom Richter ernannten) selbst zu bezahlen, mit Ausnahme des Falles, wenn der Vertreter funktioniert, nachdem der Registrar selbst aus dem Amt geschieden ist. Ebenso haben die Erben eines verstorbenen Registrar den Vertreter nicht zu bezahlen. Vielmehr erfolgt in diesen beiden Fällen die Bezahlung aus öffentlichen Mitteln.[4])

Der Vertreter muß im übrigen denselben Voraussetzungen wie der Registrar genügen. Funktionell nimmt er die gleiche Stelle ein wie letzterer.[5])

ε) Die Funktionen des Registrar sind, wie wir noch sehen werden, derart bedeutungsvolle, daß für die Partei seine Unbefangenheit und Unparteiischkeit von höchstem Interesse ist. Das Gesetz gibt denn auch die Möglichkeit, einen befangenen Registrar abzulehnen. Allein auffallend ist dabei, daß in den wichtigsten Fällen die Befangenheit des Registrar eine Verhandlung der Sache vor einen andern als dem an sich zuständigen Richter nach sich zieht. Im einzelnen ist aber hier zu unterscheiden:

Ist der Registrar Partei, und hat er die Klage erhoben, so kann der Beklagte verlangen, daß die Sache durch den Richter zur Erledigung an ein Gericht eines anderen Circuit verwiesen wird.[6]) Soll aber eine Klage gegen einen Registrar angestrengt werden, so kann sie sofort in einem Gericht eines benachbarten Circuit erhoben werden.[7]) Diese Bestimmungen kommen indessen nicht zur Anwendung, wenn der Registrar nur einer von mehreren Streitgenossen ist. Hier können allerdings auch Ablehnungsanträge

---

[1]) Der Registrar bleibt z. B. aus der Sitzung aus. Vgl. C. C. R. Order II r. 1. Bei der Ernennung eines Vertreters bedarf der Richter nicht der Zustimmung des Lord Chancellor, doch kann dieser einen solchen wie dem Registrar selbst entlassen.

[2]) 51 and 52 Vict. c. 43 ss. 31, 32.

[3]) L. c. s. 31.

[4]) Yearly County Court Practice vol. I, p. 17.

[5]) 51 and 52 Vict. c. 43 s. 31; de Franqueville tom. II, p. 208.

[6]) L. c. s. 42.

[7]) L. c. s. 43.

gestellt werden oder besser Verweisungsanträge, allein es steht im freien Ermessen des Richters, ob er den Rechtsstreit verweisen will. Seltsamerweise kann der letztere aber auch hier nur an ein Gericht eines anderen Circuit verweisen.[1])

Außerdem können aber die Parteien stets noch Verweisung an ein anderes Gericht desselben Circuit beantragen, wenn sie nachweisen, daß die Sache an dem anderen Gericht sich besser verhandeln ließe.[2]) Daß diese generalis clausula auch benutzt werden kann, um die Verhandlung mit einem befangenen Registrar zu vermeiden, liegt auf der Hand. In Equity-Angelegenheiten kann, da hier eine Überweisung ex officio möglich ist,[3]) der Richter die Befangenheit des Registrar sogar von Amts wegen berücksichtigen und ihn durch Verweisung der Sache ausschließen.

b) Fassen wir die Funktionen des Registrar ins Auge, so sehen wir, daß sie im wesentlichen doppelter Natur sind. Er hat auf der einen Seite die Aufgaben eines Gerichtsschreibers wenigstens nominell zu erfüllen, auf der andern Seite hat er eine Reihe rein richterlicher, d. h. autoritativ entscheidender Aufgaben zu erledigen. Beide Seiten seiner Rechtsstellung müssen stets scharf geschieden werden.[4]) Daneben treten dann noch unbedeutendere, administrative Aufgaben, die wir ebenfalls kurz zu erwähnen haben.

α) Beginnen wir mit den untergeordneten Aufgaben, und betrachten wir den Registrar zuerst in seiner Stellung als Gerichtsschreiber. Hier ist ihm durch allgemeine Bestimmung die ganze Last der gerichtsschreiberlichen Geschäfte auferlegt, die an einem Gericht zu erledigen sind, und zwar gilt dies sowohl für die Geschäfte außer- wie innerhalb der Sitzung. Namentlich muß der Registrar persönlich der Sitzung beiwohnen und muß einen Eintrag über jedes Urteil in das Gerichtsbuch machen.[5]) Außerhalb der Sitzung hat er die mannigfaltigen Bureau-Aufgaben zu erfüllen, die ein Gerichtsbetrieb mit sich bringt, und die natürlich im einzelnen hier nicht

---

[1]) C. C. R. Order XXII r. 23.

[2]) 51 and 52 Vict. c. 43 s. 85.

[3]) L. c. s. 75.

[4]) Vgl. dazu namentlich Koellreutter, Richter und Master S. 68 ff. Unzutreffend ist es natürlich, wenn von Lewinski, England als Erzieher? S. 25 die Registrars nur als Richter auffasst. Das ist ebenso unrichtig, als wenn andererseits Adickes, Grundlinien S. 60, sie nur als Gerichtschreiber betrachtet. Statistiken, aufgebaut auf den einen oder den anderen der beiden Grundgedanken müssen stets zu schiefen Resultaten führen. Vgl. übrigens auch Adickes, Aschaffenburgs Monatsschrift Bd. IV, S. 6 f., wo indessen die unrichtige Behauptung auftritt, daß die Registrars nur Arbeiten von Subalternbeamten zu erledigen hätten. Richtig dagegen Stein, Zur Justizreform S. 38, der die Doppelstellung der Registrars als Richter und als Gerichtsschreiber richtig betont.

[5]) C. C. R. Order II r. 1; Order XXIII r. 1.

aufgezählt werden können.[1]) Im wesentlichen hat er alle an das Gericht außerhalb der mündlichen Verhandlung gerichteten Anträge der Parteien entgegenzunehmen und aktenkundig zu machen, wobei ihm auch die Bildung der Sitzungsliste obliegt.[2]) Er hat alle Ladungsbefehle, Vollstreckungsbefehle usw. auszugeben, alle Urteile und Verfügungen des Gerichtes zu registrieren, wie denn überhaupt alle archivarischen Geschäfte von ihm zu erledigen sind. Schließlich ist er der Rechnungsbeamte des Gerichtes, an den alle bei Gericht eingehenden Gelder einzuzahlen sind, und der diesbezügliche Abrechnungen zu geben hat.

Bezüglich aller dieser Funktionen ist nun aber sehr wohl zu beachten, daß das Gesetz sie dem Registrar auferlegt, unter ausdrücklicher Bestimmung, daß sie zu erledigen seien „with such clerks as may be required". Der Registrar kann also zur Erledigung namentlich der rein technischen, eigentlich schreibermäßigen Arbeiten Hilfskräfte heranziehen. Und er tut dies auch stets und zwar in einem solchen Umfang, daß alle untergeordneten Arbeiten von seinen Hilfskräften erledigt werden. Natürlich hängt hier viel von persönlicher Auffassung ab. Denn die innere Einrichtung des Bureaus steht im wesentlichen völlig in dem Belieben des Registrar. Er hat mithin zu bestimmen, wie viele Clerks er anstellen will, wie denn diese Clerks stets tätig werden nur auf Grund seines Auftrages und natürlich auch jeden Augenblick von ihm wieder entlassen werden können. Der Registrar ist bei dieser inneren Einrichtung seines Bureaus nur daran gebunden, daß die Geschäfte ordnungsgemäß erledigt werden,

---

[1]) 51 and 52 Vict. c. 43 s. 26 bestimmt allgemein: „The registrar of each court, with such clerks as may be required, shall issue all summonses, warrants, precepts, and writs of execution, and register all orders and judgments of the said court, and keep an account of all proceedings of the court and shall take charge of and keep an account of all court fees and fines payable or paid into court, and of all moneys paid into or out of court, and shall enter an account of all such fees, fines, and moneys in a book belonging to the court, to be kept by him for that purpose; and shall from time to time, as may be directed, submit his accounts to be audited or settled." Im einzelnen sind dann seine Pflichten noch differenzierter behandelt in C. C. R. Order II rr. 1—16. Ferner 51 and 52 Vict. c. 43 s. 28: „The registrar of any court shall cause a note of all plaints and summonses, and of all orders, and of all judgments and executions and returns thereto, and of all fines, and of all other proceedings of the court, to be fairly entered from time to time in a book belonging to the court, which shall be kept at the office of the court . . ."

[2]) Wie die Anträge aktenkundig gemacht werden, kann hier nicht näher ausgeführt werden. Ich bemerke, daß sie in sogenannte Court Books einzutragen sind, von denen der Registrar eine ganze Reihe zu führen hat. Vgl. C. C. R. Order II r. 2; ferner Appendix, Part. II, zu dem C. C. R.

da ihm sonst natürlich Entfernung aus dem Amte im Wege der Disziplinierung drohen würde. Daß aber selbst in den kleinsten Gerichtsbezirken Hilfskräfte nicht fehlen, ergibt sich schon aus der Tatsache, daß die Registry angegliedert ist an die Rechtsanwaltsstube der Solicitors, die bei ihrem Verkehr mit den Parteien natürlich untergeordneter Schreiber gar nicht entbehren können. An größeren Gerichten treffen wir selbstverständlich sehr große Bureaus, wie nicht weiter ausgeführt zu werden braucht.[1] [2])

So erscheint also der Registrar in Hinblick auf die eigentlichen gerichtsschreiberlichen Funktionen mehr als ein die Geschäftsverteilung vornehmender, aber an der Ausführung wenig beteiligter Bureauchef. Andererseits aber darf hier ein weiterer Umstand nicht übersehen werden: Die Struktur des englischen Verfahrens bringt es mit sich, daß der Gerichtsschreiber schon bei Ausübung seiner eigensten Funktionen manche Fragen zu beantworten und vorläufig zu entscheiden hat, die bei uns nur der Richter beantwortet und entscheidet. So werden z. B. sämtliche Klagen beim Registrar angebracht. Letzterer hat dieselben einzutragen, und der Eintrag der Klage ist der rechtlich relevante Akt der eigentlichen Klageerhebung.[3]) Dieser Eintrag darf aber nur erfolgen, wenn das Gericht sachlich und örtlich zuständig ist, so daß mithin der Eintrag der Klage bei mangelnder Zuständigkeit abgewiesen werden muß. So ergibt sich uns: Die Frage der Zuständigkeit ist bereits vom Registrar zu beantworten, wenn es allerdings auch möglich ist, gegen seine diesbezüglichen Entscheidungen sowohl in negativer wie in positiver Hinsicht an den Richter zu gehen.[4]) Ferner hat der Registrar in allen Billigkeitssachen die Urteilsausfertigung vorzubereiten und vorbehaltlich der Abänderung durch den Richter unter Mitwirkung der Parteien anzufertigen.[5]) Die beiden Beispiele beweisen: Die Anforderungen, die der englische Zivilprozeß an den Gerichtsschreiber auch in Hin-

[1]) In einem größeren County Court der Metropolis setzte sich das Personal zusammen aus dem Richter, 2 Registrars und 27 weiteren Unterbeamten. Es waren drei große Bureaus vorhanden: das Cashdepartment mit 7, das Summonsesdepartment mit 5, das Bailiffdepartment mit 12 Unterbeamten. Außerdem waren noch 3 weitere Unterbeamte den beiden Registrars direkt unterstellt, ohne einem besonderen Department zugewiesen zu sein.

[2]) Das Gesetz erwähnt übrigens die Hilfskräfte des Registrar wiederholt ausdrücklich. Vgl. z. B. C. C. R. Order XXIX rr. 3, 6 und an anderen Orten mehr.

[3]) 51 and 52 Vict. c. 43 s. 73; C. C. R. Order V r. 1.

[4]) Hier trifft in gewisser Beziehung die Schmidtsche Auffassung zu, daß eine Art Kollegialentscheidung stets möglich ist. Vgl. Zeitschrift für Politik Bd. I, S. 256.

[5]) C. C. R. Order XXIII r. 4.

blick auf seine eigentliche, rein gerichtsschreiberliche Tätigkeit stellt, sind höhere wie bei uns und setzen eine größere Rechtsvorbildung wie bei uns voraus, da der Gerichtsschreiber bei uns in weit geringerem Umfang Rechtsentscheidungen zu treffen hat, als der englische Registrar. Es ist daher sehr wohl verständlich, daß der Registrar auch ein vorgebildeter Jurist sein muß, ein Anwalt, dessen Ausbildung keineswegs eine so rein bureaumäßige ist, wie man es bei uns manchmal behauptet.[1] Selbst wenn er also nur die gerichtsschreiberlichen Funktionen (abgesehen natürlich von der reinen Schreibarbeit) ausüben würde, so hätte er funktionell eine höhere Stellung wie unser Gerichtsschreiber, eine Tatsache, die indessen, wie ich ausdrücklich betonen möchte, nichts daran ändern würde, daß der Registrar ein Subalternbeamter wäre, und die ihn nicht etwa zu einem richterlichen Beamten machen würde. Allein, wie gesagt, in praxi übt der Registrar diese Funktionen zumeist nicht selbst, sondern durch seinen Clerk aus.[2] So bleibt dem Registrar in der Tat von seinen rein gerichtsschreiberlichen Funktionen nur übrig Geschäftsverteilung, Geschäftskontrolle und der Sitzungsdienst, bei welch letzterem er übrigens eine recht passive, mehr dekorative Rolle spielt.[3]

β) Wenden wir uns nun aber den richterlichen Funktionen des Registrar[4] zu, so sehen wir, daß in ihnen der eigentliche, funktionelle Schwerpunkt seiner Stellung liegt, wenn es allerdings auch nicht verkannt werden darf, daß die ganze seltsame Verbindung innerlich so verschiedener Funktionen in der Hand einer und derselben Person ihren zureichenden Grund nur in der historischen Entwicklung findet, wie wir dieselbe oben darzustellen versucht haben.[5] Es kann nun an dieser Stelle nicht daran gedacht werden, die in Betracht kommenden Funktionen des Registrar im einzelnen zu entwickeln, namentlich die zahlreichen Entscheidungen einzeln aufzuführen, die derselbe gleichberechtigt an Stelle des Richters vor-

---

[1] Vgl. dazu weiter unten S. 900 ff.

[2] So schreibt mir diesbezüglich ein Registrar eines provinziellen County Court: „It occasionally happens that a summons is issued in a wrong Court, partly because the duty of issuing summonses is in practice performed not by the Registrar personally, but by his clerk." Durchaus unrichtig Liepmann, Summarisches Strafverfahren in England S. 125, wo behauptet wird, daß die Registrars zum größten Teil subalterne Gerichtsarbeit leisten. Das eben tun sie nicht. Unzutreffend auch Stein, Zur Justizreform S. 38.

[3] Vgl. zum Ganzen auch Halsbury, Laws of England vol. VIII, pp. 418, 419.

[4] Vgl. hierzu auch die sehr instruktive Tabelle Yearly County Court Practice vol. I, pp. LXXIX—CVI.

[5] Vgl. oben S. 177 f.

nehmen kann. Gilt doch allgemein der Satz, daß alle gerichtlichen Entscheidungen oder Anordnungen, soweit sie nicht ausdrücklich dem Richter als solchem vorbehalten sind, entweder vom Richter oder aber vom Registrar erlassen werden können,[1]) so daß in dieser Hinsicht sich beide funktionell völlig gleichstehen. Es soll nur versucht werden, ein Bild von der funktionellen Stellung des Registrar im allgemeinen zu entwerfen, und hier ist nun sofort eine Unterscheidung zu machen, die nicht ohne Interesse sein dürfte: Einmal nämlich kann der Registrar in einem vor dem Richter schwebenden und von diesem zu erledigenden Rechtsstreit gewisse Entscheidungen erlassen, Anordnungen treffen, ohne doch an der materiellen Endentscheidung irgendwie mit beteiligt zu sein. Hier ist in der Tat der Registrar im Prozeß, also rein prozessual betrachtet, ein entlastender Hilfsbeamter des Richters. Auf der andern Seite kann aber der erstere (ob nun mit oder ohne Anweisung des Richters, ist hier ohne Belang) gewisse Prozesse materiell selbst erledigen unter Voraussetzungen, die noch nicht näher zu behandeln sind. Hier ist der Registrar wiederum vom rein prozessualen Standpunkt aus keineswegs ein entlastender Hilfsbeamter des Richters, da ja eben der Richter am Prozeß nicht beteiligt ist. Der Registrar ist also jedenfalls in diesem letzten Falle kein Subalternbeamter, sondern selbst der Richter, er übt auch keine Subalternfunktionen, sondern richterliche Funktionen aus, die sich von denen des Richters nicht qualitativ, sondern nur quantitativ unterscheiden.[2])

Bezüglich der Funktionen nun, die der Registrar im ordentlichen Prozeß als prozessualischer Hilfsbeamter neben dem Richter zu erfüllen hat, ist hier vor allem auf folgendes hinzuweisen: Alle prozeßleitenden Verfügungen, die außerhalb der eigentlichen mündlichen Verhandlung nötig werden, können von ihm selbständig erlassen werden, und die Parteien haben sich um Erlaß derartiger

---

[1]) Dieser Satz ergibt sich aus 51 and 52 Vict. c. 43 s. 186. Spricht das Gesetz einfach von einer Entscheidung usw. des Court, so ist unter Court der Richter oder der Registrar zu verstehen.

[2]) Daß Adickes nie die Funktionen des Registrar differenzierend behandelt hat, ist mit der Hauptgrund für seine falsche, auch durch stete Wiederholung nicht richtiger gewordene Behauptung, der Registrar habe die Geschäfte eines Subalternbeamten zu erledigen. Das mag (mit sehr erheblichen Modifikationen, wie wir gesehen haben) zutreffen für einen Teil der Geschäfte des Registrar, es trifft aber eben nicht für alle zu. Übrigens würde man auch besser nicht sagen, der Registrar habe Subalternfunktionen auszuüben, sondern vielmehr nur, ihn treffe die Verantwortung dafür, daß die Subalternfunktionen rite ausgeübt werden. Vgl. z. B. Adickes, Aschaffenburgs Monatsschrift Bd. IV, S. 6f.

Verfügungen direkt an ihn mit ihren Anträgen usw. zu wenden.[1]) Ferner ist ganz allgemein bestimmt, daß in allen Fällen die Kosten durch den Registrar zu taxieren sind. Hier haben aber die Parteien das Recht, über die Entscheidung des Registrar hinaus an den Richter zu gehen, der mithin als eine Art zweite Instanz über dem Registrar steht.[2]) Und schließlich ist ebenfalls ganz allgemein der Registrar in weitem Umfang an der Zwangsvollstreckung beteiligt, wie indessen an dieser Stelle nicht weiter ausgeführt werden kann.[3])

Aber auch in einer Reihe von Spezialfällen hat der Registrar innerhalb des Prozesses nicht unwichtige Funktionen zu erfüllen. Hier ist folgendes zu bemerken: In einer nach Grund und Betrag streitigen Sache kann der Richter die Festsetzung des Betrages dem Registrar übertragen, der mithin den auf das Tatsächliche gerichteten Teil des Prozesses zu erledigen hat. Der Richter kann diese Anordnung treffen, nachdem er über den Grund vorab entschieden oder sich die Entscheidung hierüber vorbehalten hat. Der Registrar selbst kann auf die Frage nach der Begründetheit des Anspruches nicht eingehen,[4]) sonst aber hat er die Stellung des Richters, der eben für den in Betracht kommenden Teil des Verfahrens völlig ausscheidet. Das formelle Urteil aber wird vom Richter erlassen und zwar auf Grund des Berichtes des Registrar.[5])

Ähnlich ist die Bestimmung, daß, wenn durch irgend ein Urteil oder eine Verfügung eine Rechnungslegung oder irgend eine den Wert eines Schadens oder einer Sache betreffende Untersuchung angeordnet ist, der Registrar diese Untersuchung selbständig zu leiten und durchzuführen hat.[6]) Jede Partei hat aber auch hier das Recht, bezüglich jeden Streitpunktes an den Richter zu gehen.[7]) Und ebenfalls zu erwähnen ist, daß, wenn seitens des Richters in irgend-

---

[1]) C. C. R. Order XV r. 1; 51 and 52 Vict. c. 43 s. 186. Koellreutter, Richter und Master S. 75, will aus s. 9 des Gesetzes schließen, daß nur der Richter derartige prozeßleitende Verfügungen, sogenannte Orders for Direction, erlassen kann. Allein er übersieht, daß s. 9 die Zuständigkeit des Richters in Zwischenstreitigkeiten betrifft und mit den Orders for Direction nichts zu tun hat. Vgl. auch Yearly County Court Practice vol. I, p. 7. Daß es sich um zwei verschiedene Dinge handelt, ergibt sich daraus, daß C. C. R. Order XII von Interlocutory and Interim Orders and Proceedings, Order XV dagegen von den Orders for Direction handelt. Vgl. auch Brodie-Innes vol. I, p. 790, wo beides scharf auseinandergehalten wird. Vgl. endlich Yearly County Court Practice vol. I, p. LXXXVII.

[2]) 51 and 52 Vict. c. 43 s. 118; C. C. R. Order LIII.

[3]) Stein, Zur Justizreform S. 35.

[4]) Yearly County Court Practice vol. I, p. 96.

[5]) 51 and 52 Vict. c. 43 s. 92.

[6]) C. C. R. Order XXIV.

[7]) C. C. R. Order XXIV r. 30.

welchen Streitigkeiten ein sogenannter Receiver[1]) ernannt ist, der Registrar dessen Tätigkeit in materieller Hinsicht zu überwachen hat.[2])

Schließlich kommen in diesem Zusammenhang noch die Replevin-Angelegenheiten in Betracht. Wie bereits früher erwähnt,[3]) handelt es sich bei denselben um ein Verfahren, die Einlösung eines im Wege der Selbsthilfe gepfändeten Gegenstandes zu erreichen.[4]) Das diesbezügliche Verfahren zerfällt in zwei Teile: einmal das Verfahren, die vorläufige Freigebung des Pfandes gegen Kaution dafür zu erwirken, daß demnächst im Wege des Prozesses das Recht des Gegners auf Pfändung angefochten werde,[5]) ferner der Prozeß, in welchem nunmehr das Recht angefochten wird.[6]) Während nun der eigentliche Prozeß sich vor dem Richter abspielt, der auch das endgültige Urteil zu erlassen hat, spielt sich der erste Teil des Verfahrens, der mit der vorläufigen Freigabe des Pfandes endet, ausschließlich vor dem Registrar ab, so daß der Richter sich in dieses Stadium des Verfahrens nicht einmengen kann, selbst wenn er es wollte.[7])

Alle bisher erwähnten Funktionen hat der Registrar in einem Prozeß zu erledigen, dessen endgültige Entscheidung dem Richter obliegt, so daß er hier in der Tat nur neben dem Richter tätig wird. Allein in einer Reihe von Fällen hat der Registrar allein den Prozeß zu beenden, entscheidet er selbständig ohne den Richter, ist er mithin der alleinige Richter im Verfahren. Hier gilt folgendes:

In erster Linie ist das Verfahren mit Default Summons zu erwähnen, das ungefähr unserem Mahnverfahren entspricht.[8])[9]) Die Partei kann bei den nach ihrer Ansicht liquiden Forderungen den

---

[1]) Ein Receiver ist eine vom Gericht zur Verwaltung des im Streit befangenen Eigentumes an Stelle des Besitzers ernannte Person. Vgl. Wertheim S. 473. Ein Receiver kann in allen Angelegenheiten ernannt werden, nicht nur in Equity-Angelegenheiten. Er wird nur ernannt, wenn das Verhalten der Partei „was not free from blame". Vgl. Yearly County Court Practice vol. I, p. 289; Annual Practice vol. I, pp. 713 et seq.

[2]) C. C. R. Order XIII r. 4; vgl. auch 36 and 37 Vict. c. 66 ss. 25 (8), 89; ferner R. S. C. Order L rr. 6, 16.

[3]) Vgl. Encyclopaedia 1st Ed. vol. XI, pp. 239 et seq.

[4]) Wertheim S. 481 f.

[5]) Es handelt sich mithin um eine negative Feststellungsklage.

[6]) Yearly County Court Practice vol. I, p. 144: „Replevin is a judicial redelivery to their owner of chattels alleged to have been wrongfully seized . . . It consists of two stages: (1) the grant of the replevin; and (2) the trial subsequent upon it."

[7]) 51 and 52 Vict. c. 43 s. 134; vgl. auch Yearly County Court Practice vol. I, p. 144: „Power to grant replevin in all cases . . . is now given exclusively to the registrar of the county court."

[8]) Vgl. 51 and 52 Vict. c. 43 s. 86. Das Verfahren ist eingehend geschildert bei Koellreutter, Richter und Master S. 75 ff.

[9]) v. Lewinski, England als Erzieher? S. 25.

Beklagten zum Prozeß laden und ihn gleichzeitig auffordern, sich binnen einer bestimmten Frist zu erklären, ob er gegen den geltend gemachten Anspruch irgendwelche Einwendung zu erheben hat. Erhebt der Beklagte Einwendungen, so kommt es zum gewöhnlichen Prozeß. Macht er dagegen innerhalb der gesetzlich festgelegten Frist von 8 Tagen keine solchen geltend, so kommt es zu einem Urteil, welches der Registrar zu erlassen hat, der überhaupt dieses ganze Mahnverfahren (denn wie gesagt, um ein solches handelt es sich) durchzuführen hat.[1]) Werden mithin keine Einwendungen erhoben, so tritt der Richter überhaupt nicht in Tätigkeit.

---

[1]) Ich füge das Formular eines Default Summons bei, das in mehr wie einer Beziehung interessant ist. Namentlich ist die Rückseite beachtenswert. Denn sie beweist einmal, daß hier der ungelehrten Partei die genauesten Anweisungen gegeben werden, wie sie sich zu verhalten hat. Ferner aber ist auch das offenbare Bestreben interessant, den Gegner vom Prozeß abzuhalten. Man beachte, wie immer wieder die Vorteile des Nichtprozessierens in bezug auf die Kosten betont werden usw. Vgl. übrigens Yearly County Court Practice vol. I, pp. 859 et seq.

Vorderseite:

„Take notice, that unless within eight days after the personal service of this summons on you, inclusive of the day of such service, you return to the Registrar of this Court at (*place of office*) the notice given below, dated and signed by yourself or your solicitor you will not afterwards be allowed to make any defence to the claim which the plaintiff makes on you as per margin, the particulars of which are hereunto annexed; but the plaintiff may, without giving any further proof in support of such claim than the affidavit filed in Court herein, proceed to judgment and execution. If you return such notice to the registrar within the time specified, the registrar will send you by post notice of the day upon which the action will be tried."

	£	s.	d.
Claim	..	..	..
Fee for plaint . .	..	..	..
Solicitor's costs .	..	..	..
Total amount to debt and costs .	..	..	..

Rückseite:

„If you pay the debt and costs, as per margin on the other side, into the registrar's office, before the expiration of eight days from the date of service of this summons; inclusive the day of such service and without returning the notice of intention to defend, you will avoid further costs.

If you do not return the notice of intention to defend, but allow judgment against you by default, you will *save half the hearing* fee, and the order upon such judgment will be to pay the debt and costs forthwith [or by instalments, (*to be specified as in plaintiff's written consent*)].

If you admit a part only of the claim, you must return the notice of intention to defend within the time specified on the summons; and you may, by paying into the registrar's office at the same time the amount so admitted, together with costs proportionate to such amount, avoid further costs, unless the plaintiff proves at the trial an amount exceeding your payment.

[If you return the notice of intention to defend, you may pay the debt and costs, or, if you admit a part only of the claim, the amount so admitted, together with costs proportionate to such amount, into the re-

prozessual dem Richter völlig gleich. Namentlich ist er bei seiner Entscheidung vollkommen selbständig und kann die drei hier möglichen Entscheidungen fällen: die Klage zusprechen oder abweisen oder ein sogenanntes Nonsuit aussprechen für den Fall, daß dem Kläger der Beweis nicht gelungen ist.[1]) Allerdings kann der Richter die Entscheidung des Registrar umstoßen und eine neue Verhandlung anordnen.

Am bedeutungsvollsten ist indessen schließlich, daß der Registrar alle Klagen mit einem Streitwert unter £ 2 selbständig entscheiden kann. Hier hat er also nicht nur ein formales Rechtsverfahren zu leiten, auch nicht etwa ein einseitiges Behauptungs- und Beweisverfahren durchzuführen, sondern er hat ein kontradiktorisches Streitverfahren von allem Anfang an zur Entscheidung zu bringen. Voraussetzung ist, daß ein diesbezüglicher Parteiantrag gestellt, und eine Anweisung des Richters an den Registrar erlassen ist.[2]) Allein wenn auch ein Parteiantrag, daß die Sache vor einem Registrar verhandelt wird, nötig ist, so genügt es doch auch, daß in der Verhandlung der Registrar die Partei fragt, ob sie die Sache von ihm oder dem Richter entschieden haben will.[3]) Ein formeller Antrag ist also jedenfalls nicht nötig, ein Umstand, durch den die Möglichkeit eben jenes Verfahrens vor dem Registrar wesentlich erleichtert wird. Dabei muß ausdrücklich bemerkt werden, daß in allen Fällen das Urteil des Registrar endgültig ist. Es kann nur beseitigt werden wie das Urteil eines Richters. Nicht aber steht der Richter als eine Art zweite Instanz über dem Registrar. Ein Antrag auf New Trial kann jedoch nur an den Richter gehen, denn nur dieser ist in der Lage, ein neues Verfahren zu gewähren.[4])

Über höhere Beträge als bis zu £ 2 kann der Registrar nicht als Richter entscheiden. Allerdings können die Parteien ihm auch in Streitigkeiten mit Streitwerten über £ 2 die Entscheidung übertragen, aber dann funktioniert er nicht mehr als Registrar, sondern als Schiedsrichter, als sogenannter Arbitrator[5].) Diese Möglichkeit gehört mithin nicht mehr hierher und ist erst später in anderem Zusammenhang zur Darstellung zu bringen.[6])

Endlich wäre noch die Tätigkeit des Registrar in Konkursangelegenheiten zu erwähnen. Allein da derselbe in ihnen die

---

[1]) 51 and 52 Vict. c. 43 s. 90.

[2]) L. c. s. 92. Unrichtigerweise behaupten Stein, Zur Justizreform S. 35, v. Lewinski, England als Erzieher? S. 7, der Registrar könne jeden Prozeß unter 40 M. erledigen.

[3]) C. C. R. Order XXII r. 25.

[4]) 51 and 52 Vict. c. 43 s. 93.

[5]) 51 and 52 Vict. c. 43 s. 104.

[6]) Vgl. weiter unten § 35.

gleiche Rolle spielt, geringfügige Abweichungen abgesehen, die ebenfalls erst später zu erwähnen sind, wie die Konkurs-Registrars am High Court, so kann auf die bei Schilderung des High Court zu gebenden Ausführungen verwiesen werden.[1]) Es mag aber doch das eine bemerkt werden, daß der Registrar in dieser Beziehung die Stellung eines Konkursrichters einnimmt, wie später im einzelnen nachgewiesen werden soll.[2])

Wir haben im vorhergehenden gesehen, daß der Registrar seine richterlichen Funktionen einmal kraft unmittelbarer funktioneller Zuständigkeit zu erfüllen hat, daß er aber auch andererseits tätig wird, und zwar gerade in den wichtigsten Fällen kraft richterlicher Delegation. Hier wird seine Zuständigkeit begründet durch eine diesbezügliche Anweisung des Richters.[3]) Innerhalb der Delegation handelt der Registrar natürlich völlig frei und ohne an irgendwelche Anweisungen seitens des Richters gebunden zu sein. Wo nun eine derartige Anweisung zur Begründung der Zuständigkeit notwendig ist, kann sie seitens des Richters speziell oder generell erteilt werden.[4]) Es kann also entweder dem Registrar eine konkrete Sache zur Erledigung überwiesen werden, oder aber es kann seine Zuständigkeit für einen ganzen Kreis von vorausbestimmten Geschäften ein für allemal festgelegt werden, so daß es einer Einzeldelegation nicht mehr bedarf.[5]) Dies ist namentlich von eminent praktischer Bedeutung für die kleinen Streitigkeiten des täglichen Lebens, die trotz ihrer Kleinheit doch häufig genug dringlicher Natur sind.[6]) Man bedenke, daß der Richter in die kleineren Gerichte nur höchstens alle Monate einmal kommt, was natürlich eine rasche Erledigung eben jener dringlichen Angelegenheiten nicht bedeuten würde. Indem nun aber hier der Registrar generell ermächtigt werden kann, ist in der Tat für die kleinsten Rechtsstreitigkeiten eine fortlaufende und mehr als das, eine prompte Rechtsprechung gesichert. Und es erscheint durchaus praktisch, daß die Parteien entscheiden können, ob sie die Sache vor den Richter gebracht haben wollen oder nicht. Sie sind natürlich am

---

[1]) Vgl. weiter unten S. 482 ff.

[2]) Es soll zugegeben werden, daß Adickes von Anfang an betont hat, daß die Registrars in dieser Hinsicht richterliche Funktionen auszuüben haben. Vgl. Grundlinien S. 60, Anm. 2. Um so mehr muß auffallen, daß diese Tatsache nicht in seiner vergleichenden Statistik verwertet wird.

[3]) Das Gesetz spricht von einer Genehmigung des Richters. In derselben liegt aber natürlich eine Anweisung.

[4]) C. C. R. Order XXII r. 24.

[5]) Sind mehrere Registrars an einem Gericht angestellt, so braucht nur dem einen die Genehmigung erteilt zu werden. Derselbe ist dann der Richter im Bagatellprozeß.

[6]) Man denke beispielsweise an unsere Feriensachen.

Des weiteren ist darauf hinzuweisen, daß der Registrar sämtliche Anerkenntnisurteile erlassen kann, resp. erlassen muß. Hierbei ist zu unterscheiden: Der Beklagte kann einmal außerhalb der Hauptverhandlung den Klageanspruch anerkennen. Es erfolgt dann keinerlei weitere Beweisaufnahme. Das Anerkenntnis hat vielmehr formell feststellende Wirkung,[1]) und in der nächsten Sitzung ist auf Grund dieses Anerkenntnisses ein Urteil zu erlassen, das entweder vom Richter oder aber vom Registrar zu fällen ist.[2]) Ähnlich liegt der Fall, wenn zwar nicht der Klageanspruch, wohl aber die vom Kläger vorgebrachten klagbegründenden Tatsachen anerkannt, dem Gericht aber die rechtlichen Konklusionen überlassen werden.[3]) Die zweite Möglichkeit, die hier in Betracht

---

gistrar's office at any time before the action is called on for trial, and by so doing you may avoid further costs, unless the plaintiff proves at the trial an amount exceeding your payment, or the Judge orders you to pay any further costs properly incurred by the plaintiff before receiving notice of such payment.]

If you intend to dispute the plaintiff's claim on any of the following grounds, —

1. That the plaintiff owes you a debt which you claim should be set off against it;

2. That you were under twenty-one when the debt claimed was contracted;

3. That you were then, or are now a married woman;

4. That the debt claimed is more than six years old;

5. That you have been discharged from the plaintiff's claim under a Bankrupt or Insolvent Act;

6. That you have already tendered to the plaintiff what is due;

7. That you have a statutory or equitable defence;

You must give notice thereof to the registrar five clear days before the day fixed for the trial; and such notice must contain the particulars required by the County Court Rules; and you must deliver to the registrar as many copies of such notice as there are plaintiffs, and an additional copy for the use of the Court. If your defence be a set-off, you must, with the notice thereof, also deliver to the registrar a statement of the particulars thereof. If your defence be a tender, you must pay into Court the amount tendered.

[If the debt or claim exceeds five pounds you may have the action tried by a jury, on giving notice in writing at the registrar's office five clear days before the day fixed for the trial, and on payment of eight shillings for the fees of such jury.]

Summonses for witnesses and for the production of documents by them will be issued upon application at the office of the Registrar of this Court, upon payment of the proper fee."

[1]) Über diesen grundlegenden Begriff der Beweislehre vgl. S. A. Schultze, Grünhuts Zeitschrift Bd. XXII, S. 129 ff.; Zeitschrift für Zivilprozeß Bd. XXII, S. 117.

[2]) 51 and 52 Vict. c. 43 s. 98.

[3]) C. C. R. Order IX r. 5.

kommt, ist, daß der Beklagte erst innerhalb der Hauptverhandlung den Anspruch anerkennt. In diesem Fall kann der Registrar die Zahlungsbedingungen auf Grund des Anerkenntnisses formulieren und ein diesbezügliches Urteil erlassen. Voraussetzung dieser Entscheidungsmöglichkeit ist aber stets Anweisung durch den Richter. Der Registrar kann ohne eine solche nur im Falle des Todes oder der unvermeidlichen Abwesenheit des Richters derartige Prozeßhandlungen selbständig vornehmen.[1] [2])

Neben den Anerkenntnisurteilen hat der Registrar die Vergleichsurteile zu erlassen. Die Parteien können nämlich vor ihm oder aber vor einem seiner Beamten einen Vergleich abschließen, auf Grund dessen dann der Registrar ein Urteil erläßt. Und das Gesetz bemerkt ausdrücklich, daß ein solches Urteil nach jeder Hinsicht einem Urteil des Richters gleichstehen soll.[3])

Wenden wir uns dem Versäumnisverfahren zu, so muß auch hier unterschieden werden: Ist der Kläger säumig, so ist die Klage zu streichen, womit der Prozeß formell beendet ist. Dem erschienenen Beklagten können durch Urteil Kosten bewilligt werden. Beide Anordnungen können ohne weitere Voraussetzungen in allen Fällen durch den Registrar getroffen werden,[4]) beide Anordnungen können aber nachträglich auch wieder durch den Registrar aufgehoben werden.[5])

Ist dagegen der Beklagte säumig, so hat der Registrar nicht so weitgehende Rechte. Das hat seinen Grund in der Tatsache, daß es hier nicht nur zu einem formalen Versäumnisverfahren, sondern vielmehr zu einem materiellen Verhandlungsverfahren kommen muß, in dem der Kläger die Voraussetzungen des Verfahrens und seines Anspruchs beweisen muß. Hier spielt sich das notwendige Verfahren nur bei Kontraktsklagen vor dem Registrar ab, und auch dann nur, sofern der Richter seine Genehmigung dazu erteilt hat. Eine solche Genehmigung ist in allen Fällen Voraussetzung der Entscheidung durch den Registrar, der ihrer nur im Falle des Todes oder der unvermeidbaren Abwesenheit des Richters nicht bedarf, da er in diesen beiden Ausnahmefällen selbständig handeln kann. Kommt es nun zu einem Verfahren vor dem Registrar, so steht dieser

---

[1]) 51 and 52 Vict. c. 43 s. 92.

[2]) Die beiden letzten Möglichkeiten, Tod und Abwesenheit, übersieht Koellreutter, Richter und Master S. 79.

[3]) 51 and 52 Vict. c. 43 s. 99: „And such judgment shall to all intents and purposes be the same and have the same effect, and shall be enforced and enforceable in the same manner as if it had been a judgment of the judge of the said court."

[4]) 51 and 52 Vict. c. 43 ss. 88, 89.

[5]) C. C. R. Order XXII r. 9.

besten in der Lage, ihre Bedürfnisse selbst zu entscheiden, zu entscheiden, ob es praktischer für sie ist, eine prompte oder eine weniger prompte, aber juristisch gesichertere Entscheidung zu erhalten. Jedenfalls kann eine Benachteiligung der Parteien nicht darin erblickt werden, wenn mit ihrer Einwilligung der Prozeß nicht so rasch, als es tatsächlich sein könnte, entschieden wird.

Wie nun in der Praxis die hier behandelten Vorschriften gehandhabt werden, ist schwer genau zu sagen. Jedenfalls scheint dieselbe eine schwankende zu sein.[1]) Allein aus der Statistik ergibt sich mit Bestimmtheit das eine, daß die Registrars in weitestem Umfang an der Rechtsprechung beteiligt sind, so daß die in Betracht kommenden Delegationen doch eben sehr häufig vorgenommen werden müssen. Folgende Zahlen beweisen das auf das evidenteste: 1907 wurden an den County Courts 1 305 641 Klagen erledigt, davon wurden 84 713 im Wege des Undefended Default Summonses-Verfahrens, 328 885 im Wege des Anerkenntnis-Verfahrens erledigt. 404 448 Klagen aber wurden nach mündlicher Verhandlung durch den Registrar erledigt, so daß von 1 305 641 erledigten Sachen 818 046 durch den Registrar endgültig erledigt wurden. Da nun aber unter den erledigten Sachen auch noch 448 037 Sachen sich befinden, die zurückgezogen oder auf andere Weise außerurteilsmäßig erledigt sind, so stellt sich das richtige Verhältnis so, daß von 857 604 prozeßmäßig beendeten Sachen nicht weniger wie 818 046 durch den Registrar erledigt sind.[2]) Deutlicher als durch diese Zahlen kann die richterliche Bedeutung der Stellung des Registrar wohl kaum dargetan werden.[3])

γ) Schließlich hat der Registrar auch administrative Funktionen zu erfüllen. Bezüglich derselben können wir uns aber sehr kurz fassen. Einmal hat er sein Unterpersonal selber zu ernennen, wie er es auch wieder entlassen kann.[4]) Ferner hat er alle äußeren

---

[1]) Yearly County Court Practice vol. I, p. 96: „No general rules have yet been issued prescribing the mode in which the registrar is to exercise the powers given him by the above section. Individual judges make their own rules. Some judges permit their registrars to try all cases not exceeding £ 2, whenever the parties assent. Others never allow them to do so.“ de Franqueville tom. II, p. 209: „Dans plusieurs cours, le juge délègue au greffier des pouvoirs importants.“

[2]) Civil Judicial Statistics 1907, p. 131; de Franqueville tom. II, p. 209 und der dort n. 3 zitierte zweite Report der Judicature Commission; Stein, Zur Justizreform S. 35 ff.

[3]) Neuerdings wendet man sich gegen die immer gesteigertere richterliche Tätigkeit des Registrar. Vgl. z. B. Law Times vol. 127, p. 378, woselbst auch ausgeführt wird, daß viele Parteien prinzipiell nie vor den Registrar gehen. Daß trotzdem die Registrars so oft als Richter tätig werden, hängt natürlich mit der Überlastung der eigentlichen Richter zusammen.

[4]) 51 and 52 Vict. c. 43 s. 26.

Bureaueinrichtungen zu treffen. Schließlich ist er an der Bildung der Geschworenenlisten und der Listen der Assessors beteiligt,[1]) wie wir bereits früher gesehen haben.[2])

5. Ein weiteres Hilfsorgan, ein weiterer Beamter des County Court ist der High Bailiff oder, wie wir sagen würden, der Gerichtsvollzieher. Bezüglich desselben ist nur wenig zu bemerken.

a) *α*) Für jeden County Court muß mindestens ein High Bailiff ernannt werden, der nicht zugleich Gerichtsvollzieher an einem anderen Gericht sein darf.[3]) Besondere Voraussetzungen für die Ernennung sind nicht vorgeschrieben.[4]) Doch wird der High Bailiff meist ein Rechtsanwalt zweiter Ordnung, d. h. ein Solicitor sein. Die Ernennung erfolgt durch den Richter; der Lord Chancellor, resp. der Chancellor von Lancaster haben ein freies, unbedingtes Entlassungsrecht.[5]) Beim Tode oder der Entlassung eines High Bailiff kann der Richter einen vorläufigen Nachfolger ernennen, die Nachfolge muß aber definitiv in drei Monaten geregelt sein.[6])

Zum High Bailiff kann auch der Registrar selbst ernannt werden. Und im allgemeinen geht die heutige Entwicklung dahin, das Amt des High Bailiff und des Registrar in Form einer Personalunion in einer Hand zu vereinigen. So gibt denn auch das Gesetz dem Registrar ausdrücklich das Recht, falls aus irgendeinem Grund die Stelle des High Bailiff nicht besetzt ist, die Funktionen des Gerichtsvollziehers selbst auszuüben. Allerdings kann der Lord Chancellor im Einvernehmen mit dem Schatzamt anordnen, daß ein besonderer High Bailiff zu ernennen ist.[7]) Aber in der Praxis wird, wie gesagt, wenig Gebrauch davon gemacht, so daß heute in der Tat der Registrar meist auch High Bailiff ist. Daß es sich in der Tat hier nur um eine Personalunion handelt, ergibt sich einmal aus den ausdrücklichen Bestimmungen des Gesetzes, wonach es sich um zwei getrennte Pflichtenkreise handelt, wie ferner aus der Tatsache, daß der Registrar als High Bailiff einen besonderen Gehalt bezieht.[7])

β) Der High Bailiff hat das Recht, Unterbeamte, sogenannte Bailiffs zu ernennen und abzusetzen. Die Zahl derselben wird vom Richter bestimmt, der die vom High Bailiff ernannten Bailiffs auch frei absetzen kann.[8]) Der High Bailiff selbst kann übrigens, falls er

---

[1]) 51 and 52 Vict. c. 43 s. 102 und C. C. R. Order XXI r. 3.
[2]) Vgl. oben S. 240 und S. 235 f.
[3]) 51 and 52 Vict. c. 43 s. 33.
[4]) Yearly County Court Practice vol. I, p. 18.
[5]) 51 and 52 Vict. c. 43 s. 33.
[6]) L. c. s. 36.
[7]) L. c. s. 37.
[8]) L. c. s. 33.

praktizierender Anwalt ist, seine Praxis weiter ausüben, nur nicht an dem Gericht, für welches er bestellt ist.[1]) An größeren Gerichten, bei denen die Zahl der angebrachten Klagen 6000 jährlich übersteigt, muß er ein besonderes Bureau haben. Außerdem muß er täglich dem Registrar zur Erledigung der laufenden Geschäfte zur Verfügung stehen.[2]) Andererseits hat er Anspruch auf Gehalt und bestimmte Gebühren, die er zu seinem eigenen Vorteil erheben kann.[3]) Aus seiner Einnahme muß er allerdings seine Unterbeamten selbst bezahlen und die sämtlichen Bureaubedürfnisse bestreiten. Nur falls die Unterbeamten nach dem Tode oder der Entfernung eines High Bailiff aus dem Amte weiter funktionieren, was an sich möglich ist (das Anstellungsverhältnis endet hier also nicht sofort), werden sie vom Staat bezahlt.[4]) Abgelehnt werden kann ein High Bailiff wie ein Registrar.[5])

b) Die Pflichten des High Bailiff sind im wesentlichen die folgenden: Er hat einmal den sogenannten Sitzungsdienst, d. h. er muß jeder Sitzung beiwohnen,[6]) sofern nicht der Richter ihn hiervon dispensiert, er ist ferner Zustellungsbeamter und schließlich Vollstreckungsbeamter.[7]) In den beiden letzteren Beziehungen hat er noch bestimmte Pflichten, so muß er namentlich Register und Akten über seine Tätigkeit führen.[8]) Bezüglich aller seiner Funktionen gilt, daß er den Anweisungen des Richters unterworfen ist.[9])

Den Sitzungsdienst muß der High Bailiff in Person ausüben. Bei den Zustellungen und der Zwangsvollstreckung kann er sich durch seine Unterbeamten vertreten lassen. In der Tat ist er selbst hier meist nur anordnend tätig, während die Ausführung seiner Anordnungen den Bailiffs obliegt. Dies gilt namentlich dann, wenn der Registrar zugleich High Bailiff ist. Derselbe ist als solcher im wesentlichen nur Bureauchef der Gerichtsvollzieherabteilung, ohne selbst an der Ausübung der Subalterngeschäfte unmittelbar beteiligt

---

[1]) 51 and 52 Vict. c. 43 s. 41.

[2]) C. C. R. Order II rr. 19, 20.

[3]) 51 and 52 Vict. c. 43 ss. 46, 47; Yearly County Court Practice vol. I, pp. 812—814, 818, 822—823, 824.

[4]) 51 and 52 Vict. c. 43 s. 34.

[5]) L. c. s. 43 und oben S. 249 f. Ich bemerke aber, daß für den Fall, daß der High Bailiff selbst Beklagter ist, ein High Bailiff durch das Gericht ad hoc ernannt werden kann. Yearly County Court Practice vol. I, p. 18.

[6]) Er hat hier z. B. die Zeugen zu vereidigen und ähnliche unbedeutende Funktionen mehr.

[7]) 51 and 52 Vict. c. 43 s. 35 enthält die allgemeinen Bestimmungen, die C. C. R. Order II rr. 17—41 im einzelnen weiter ausgeführt werden.

[8]) C. C. R. Order II r. 18.

[9]) Yearly County Court Practice vol. I, p. 19; 51 and 52 Vict. c. 43 s. 35.

zu sein. Sitzungsdienst hat der Registrar ja so wie so, und so ist ihm in dieser Hinsicht auch nichts Besonderes auferlegt.[1])

6. Bei denjenigen County Courts, die als Konkursgerichte tätig werden, treffen wir des weiteren als besondere Konkursbeamte die sogenannten Official Receivers, die seitens des Board of Trade für die einzelnen Gerichte ernannt werden.[2]) Da sie dieselben Funktionen zu erfüllen haben, ferner dieselbe Stellung dem Gericht gegenüber einnehmen, wie die Official Receivers bei der Konkursabteilung des High Court, so kann völlig auf die bei der Darstellung des High Court zu gebenden Ausführungen verwiesen werden.[3]) Ich bemerke hier nur das eine, daß die Official Receivers auch die Funktionen der sogenannten Trustees zu erfüllen haben,[4]) da besondere Trustees an den Konkursgerichten nicht angestellt werden.[5])

7. Ad hoc können ferner Personen seitens des Gerichtes ernannt werden, die mit der Erhebung von Beweisen außerhalb der Verhandlung beauftragt werden. Es sind das die sogenannten Examiners. Außer den Beamten des Gerichtes kann jede andere geeignete Person, also namentlich auch ein Barrister hierzu ernannt werden. Es kann aber der Richter auch einem auswärtigen Registrar den Auftrag erteilen, falls die Beweisaufnahme in seinem Gerichtsbezirk stattzufinden hat. Letzteres ist die Regel, so daß der Registrar in dieser Hinsicht die Stelle ist, welche im County Court-Prozeß die Rechtshilfe zu leisten hat. Ein Weiteres ist hier nicht zu bemerken.[6])

8. Wir haben uns schließlich noch mit den Personen zu beschäftigen, die als Sachwalter einer Partei vor Gericht auftreten können. Hierzu haben Barristers und auch Solicitors das unbedingte Recht, und ich bemerke, daß beide Klassen von Anwälten sich völlig gleichberechtigt gegenüberstehen, so daß es sehr wohl vorkommen kann, daß ein Barrister gegen einen Solicitor plädiert. Auch andere Personen, so namentlich die Clerks der Solicitors können als Parteivertreter zugelassen werden. Sie bedürfen aber als solche stets einer ausdrücklichen Genehmigung durch den Richter, einer Genehmigung, die in den Fällen, in denen der Re-

---

[1]) In der Tat sind heute fast alle Registrars High Bailiffs. Nur 82 County Courts haben noch besondere High Bailiffs. Vgl. Law List 1905, pp. 1409 et seq.

[2]) Vgl. Halsbury, Laws of England vol. II, p. 7.

[3]) Vgl. weiter unten S. 487 ff.

[4]) Halsbury l. c. p. 8.

[5]) Ein Verzeichnis der zahlreichen Receivers vgl. Law List 1905, pp. 1375 et seq.

[6]) C. C. R. Order XVIII rr. 18, 19.

gistrar als Richter funktioniert, vom Registrar erteilt werden kann.[1]) Ein Weiteres ist hier nicht zu bemerken.

IV. 1. Wir haben den großen Wirkungskreis darzustellen versucht, den die County Courts in Bezug auf die Erledigung bürgerlicher Rechtsstreitigkeiten besitzen. Es muß auffallend erscheinen, daß eine doch immerhin relativ kleine Anzahl von Richtern hinreicht, um die ganzen in Betracht kommenden Geschäfte zu erledigen. Denn es können einmal überhaupt nicht mehr als sechzig County Court Judges ernannt werden,[2]) es sind aber in Wirklichkeit noch nicht einmal so viel, gibt es doch augenblicklich nur 58 Grafschaftsrichter.[3]) Und diese Tatsache muß um so mehr auffallen, als, wie aus unseren historischen Erörterungen erinnerlich sein wird, sich die Kompetenz der County Courts ständig vermehrt hat, so daß die ursprünglichen Bagatellgerichte die Gerichte für sämtliche mittlere Zivilsachen geworden sind. Trotz dieser außerordentlich gesteigerten Kompetenz ist die Anzahl der funktionierenden Richter nicht vermehrt worden, eine Tatsache, die interessant genug ist.[4]) Allein diese Tatsache verliert vie von ihrer Bedeutung, wenn wir uns der weiteren historischen Tatsache erinnern, daß neben den Judge der Registrar als weiterer Richter getreten ist, dessen Funktionenkreis ständig zugenommen hat, auf den immer mehr Geschäfte der Richter abgewälzt worden sind. Es wäre selbstverständlich einfach unmöglich gewesen, bei der Steigerung der richterlichen Arbeitslast ohne eine Richtervermehrung sehr bedeutender Natur auszukommen, wenn nicht die Registrars gewesen wären.[5]) Oder besser gesagt: Es hat eine starke

[1]) 51 and 52 Vict. c. 43 s. 72; vgl. Yearly County Court Practice vol. I, pp. 62, 63. S. 72 gibt allerdings nur dem Richter das Recht, andere Personen als Parteivertreter zuzulassen. Allein da die Erteilung dieser Genehmigung offenbar eine Ausübung sekundärer richterlicher Funktionen ist, da in der Delegierung der primären richterlichen Funktionen auch eine Mitdelegierung der sekundären Funktionen notwendigerweise mit enthalten ist, so folgt hieraus, daß in der Gesamtdelegation nach s. 92 auch eine Delegation der dem Richter nach s. 72 auferlegten Funktionen enthalten ist.

[2]) L. c. s. 8; vgl. auch de Franqueville tom. I, p. 218; Stein, Zur Justizreform S. 40. Die Law List 1905 führt nur 57 Namen an, vgl. p. VII, Whitaker's Almanack 1909, pp. 204 et seq. sogar nur 55. Es hängt das damit zusammen, daß vakante Stellen nicht aufgezählt werden.

[3]) Vgl. weiter oben S. 196 f.

[4]) Vgl. die interessanten statistischen Angaben bei Stein, Zur Justizreform S. 40 und dort Anm. Danach haben sich seit 1848 die Geschäfte der Richter verdreifacht, seit 1884 hat die Zahl der eingegangenen Klagen um 35%, die der erlassenen Urteile um 49% zugenommen.

[5]) Allerdings spielen auch die Deputy Judges eine Rolle, die nicht übersehen werden darf. Allein das ist nicht hinreichend, um die in Rede stehende Tatsache zu erklären. 1891 hielten die Richter 7660, die Deputy Judges 589 Sitzungen ab, 1893 die Richter 7918, die Deputy Judges 485.

Richtervermehrung insofern stattgefunden, als man den Gerichtsschreiber Registrar in einen Richter mit beschränktem Wirkungskreis umwandelte, wenn man ihm auch nicht den Titel, den Rang eines Richters verlieh.[1]) Und es dürfte nicht ohne Wert sein, ziffermäßig nachzuweisen, wie die eigentlichen Richter in ihrer Tätigkeit durch die Registrars immer mehr entlastet worden sind. Diese Entlastung ist so weit durchgeführt, daß trotz der gesteigerten Kompetenz die Geschäfte der Richter nicht sonderlich vermehrt sind. Tatsächlich erläßt der Richter heute weniger Urteile wie früher, ein Umstand, bei dem allerdings andererseits bei den absoluten Zahlen der urteilsmäßig erledigten Sachen nicht übersehen werden darf, daß naturgemäß die Erledigung der Sachen mit höheren Streitwerten den Richter ganz anders in Anspruch nimmt, wie die Erledigung einer Bagatellsache. Da nun aber doch die Selektion der richterlichen Geschäfte dahin geht, die Bagatellsachen dem Richter abzunehmen, so ist klar, daß die Verminderung der Urteilslast im ganzen keine so große sein wird, als es nach den absoluten Zahlen der Fall zu sein scheint. Immerhin sind die folgenden Zahlen interessant genug:[2])

	Verhandelte Sachen[3])	Vom Richter erledigte Sachen	Vom Registrar erledigte Sachen
1895	395910	56236	339674
1896	391181	52653	338528
1897	391762	50614	341148
1901	440921	48023	392898
1902	450378	41088	409290[4])
1903	470582	43707	426875
1904	479921	44845	435076
1905	461711	41850	419861
1906	450609	40395	410214
1907	443994	39546	404448

1893 würden bei 60 Richtern 132 Sitzungen auf den einzelnen Richter kommen, so daß die Deputy Judges immerhin ungefähr 3—4 Richter ersetzen würden, was jedenfalls auch für statistische Vergleiche nicht ohne Bedeutung ist. Vgl. Judicial Statistics 1891, II, p. 35; 1893, II, p. 35.

[1]) Vgl. auch Stein, Zur Justizreform S. 41, der treffend darauf hinweist, daß in England nicht so sehr mit Richtern gespart wird, als mit Leuten, die den Titel des Richters haben.

[2]) Civil Judicial Statistics 1895, p. 111; 1897, p. 155; 1902, p. 131; 1904, p. 137; 1906, p. 141; 1907, p. 131.

[3]) Die Zahlen in dieser Rubrik stimmen nicht stets mit den Zahlen der offiziellen Statistik überein. Letztere führt auch noch die Fälle an, in denen es mangels einer diesbezüglichen Beurkundung nicht festzustellen war, wer das Urteil erlassen hat. Wir haben diese Fälle hier nicht mit berücksichtigt.

[4]) Man vergleiche namentlich die beiden Jahre 1901 und 1902.

Wenn sich mithin aus diesen Zahlen auch zu ergeben scheint,[1]) daß der Richter 1907 weniger zu tun hat wie 1895, so ergibt sich aus folgender Tabelle das Gegenteil. Der gesteigerten Geschäftslast der Registrars steht allerdings auch eine Steigerung der Geschäfte bei den Richtern gegenüber, die aber aber doch immerhin nicht gerade sehr bedeutend ist.[2])

	Zahl der Sitzungstage der Richter	Zahl der Sitzungstage der Registrars
1894	8664	Keine Angaben
1895	8599	,, ,,
1896	8559	,, ,,
1897	8446	,, ,,
1901	8376	,, ,,
1902	8334	,, ,,
1903	8464	,, ,,
1904	8580	,, ,,
1905	8618	1757
1906	8681	1729
1907	8721	1668

2. Die angeführten Zahlen sind beweisend für die Bedeutung, die der Registrar im Vergleich zum Richter bei der Erledigung von Rechtsstreitigkeiten gewonnen hat. Allein trotz dieser starken Geschäftsverschiebung innerhalb des County Court, trotz dieser zweifellos vorhandenen starken Entlastung der Richter durch die Registrars, trotz alledem sind die Verhältnisse keineswegs erfreuliche. Und die Frage, ob die wenigen Richter für die ihnen noch übrigbleibenden Geschäfte hinreichen, muß ohne weiteres verneint werden.

Zweifellos sind die 58 Judges zu wenig Richter, um die ihnen auferlegten Geschäfte erledigen zu können. Daraus resultieren zwei Übelstände: einmal werden die einzelnen Sachen nicht rasch genug erledigt, so daß die Prozesse verschleppt werden. Auf der andern Seite werden die Richter derart überlastet, daß sie der einzelnen Angelegenheit nicht die gebührende Aufmerksamkeit schenken können und sie rascher erledigen, als es eigentlich richtig wäre.[3])

[1]) So nicht völlig zutreffend meine Ausführungen, Englische Gerichtsauffassung S. 41.

[2]) Civil Judicial Statistics 1895, p. 111; 1896, p. 155; 1902, p. 131; 1904, p. 137; 1906, p. 141; 1907, p. 131.

[3]) Namentlich war es mir interessant, von einzelnen County Court Judges zu hören, daß sie infolge der Überlastung nicht daran denken könnten, die

Dies Übel wird um so größer, als das Circuitsystem es mit sich bringt, daß der County Court-Richter einen großen Teil seiner Zeit mit Reisen zubringt, indem er täglich von einem Gericht in das andere fahren muß. Daß hier in der Tat viel kostbare Zeit verloren geht, daß andererseits der Richter auch rein körperlich ganz überflüssig angestrengt wird, kann nicht zweifelhaft sein. Man bedenke, was es heißt, daß ein englischer Richter in einem Jahre nicht weniger als 6800 englische Meilen auf der Bahn zurückgelegt hat.[1]) Rechnen wir, bei den Lokalverhältnissen sicher nicht zu wenig, für 34 englische Meilen eine Stunde Bahnfahrt (die Zahl der Meilen pro Stunde ist viel zu hoch), so kommen wir auf 200 Eisenbahnstunden, die 25 Arbeitstagen eines Mannes entsprechen würden. Gewiß, ganz lassen sich Reisen der Richter nicht vermeiden, aber in dieser Hinsicht dürfte doch zweifellos das Circuitsystem erheblichen Bedenken unterliegen.[2])

Ich möchte bemerken, daß diese kritischen Bemerkungen nicht etwa rein subjektiver Natur sind. Die Klagen über die von uns festgestellten Tatsachen sind ganz allgemein, und das Thema der Entlastung der County Court Richter kehrt ständig in der Tagespresse wieder.[3]) Ohne daß ich hier daran denken kann, irgendwie auf die betreffenden Klagen näher einzugehen,[4]) möchte ich nur zum Schluß die Ausführungen eines englischen Grafschaftsrichters mitteilen; dieselben dürften beweiskräftig dafür sein, daß die geringe Richterzahl an den County Courts keineswegs die Folge eines Idealzustandes weiser Verwaltungsökonomie, sondern vielmehr von unangebrachter Sparsamkeit ist, deren Unangebrachtheit sich in unerfreulichen Folgeerscheinungen nur zu deutlich zu manifestieren Gelegenheit gefunden hat.[5]) Ich entnehme den Bericht der Law

---

Sachen vor der Sitzung zu studieren, was sie bitter beklagten. Ich werde auf diesen Punkt eingehender an anderer Stelle zurückkommen. Vgl. auch meine Ausführungen, Gerichtssaal Bd. 74, S. 442 f.

[1]) Law Times vol. 125, p. 127.

[2]) Selbst Weidlich, Lisztsche Zeitschrift Bd. 28, S. 499, Anm. 6 gibt zu, daß bei den County Court-Richtern stellenweis eine Arbeitsüberlastung besteht.

[3]) Vgl. auch v. Lewinski, England als Erzieher? S. 36 f.

[4]) Ich verweise z. B. auf Law Times vol. 98, pp. 254, 286, 249, 276; vol. 102, pp. 446, 471, 496, 505, 527 und an vielen andern Stellen. Aus neuester Zeit vol. 124, pp. 352, 390 et seq.; vol. 125, pp. 126, 127. Ich bemerke, daß die neue Circuiteinteilung der County Courts-Distrikte durchgeführt worden ist, um die einzelnen zu sehr belasteten Richter in etwas zu entlasten. Vgl. Law Times vol. 124, p. 390.

[5]) Daß Adickes bei seinem ganzen Vergleich der englischen mit den deutschen Verhältnissen nie die Frage aufgeworfen hat, ob die englische Richterzahl genügt, scheint mir der schwerwiegendste Fehler seiner Arbeiten zu sein. Vgl. auch v. Lewinski, England als Erzieher? S. 4.

Times[1]): „At the Southampton County Court, on Wednesday, His Honour Judge Gye said he had the misfortune to suffer under a heavy list in nearly every court, and there had been adjournments in the Isle of Wight Court over two courts. The effect of imposing on the County Court the important and exceedingly difficult work under the Workmen's Compensation Act, the Employers' Liability Act, and Bankruptcy had not only imposed additional duties on the officials, but had affected a large number of poor people who could not afford adjournments and delay. The railway mileage performed by himself during last year was 6800, not including special days. That was too much for a man who had to do head work. Many other County Court judges had complained in the same way, and it was due to the public at large to make these observations, in the hope of something being done by those responsible for the Acts. He had appealed to the Lord Chancellor to increase the jurisdiction of the registrar, which would relieve the judge to a considerable extent, and he wished the legal gentlemen practising in the court would make a strong complaint to the Treasury." Derartige Beispiele ließen sich beliebig vermehren, wie ich noch ausdrücklich bemerke.[2])

§ 10. 3. Das Gericht des Coroner.[3])

I. 1. Neben die Friedensgerichte und die Grafschaftsgerichte, die im wesentlichen als Urteilsgerichte funktionieren, und von denen nur die Friedensgerichte resp. die Polizeigerichte auch als Untersuchungsgerichte tätig werden, tritt das Gericht des Coroner, dessen wesentlichste Eigentümlichkeit darin besteht, daß es nie als Urteilsgericht funktionieren kann, daß es vielmehr ein reines Untersuchungsgericht mit allerdings sehr beschränkter funktioneller Zuständigkeit ist. Erstreckt sich doch, wie wir sehen werden, die Kompetenz des Gerichtes im wesentlichen nur auf die Delikte Mord und Totschlag.

2. Auf die Geschichte des Gerichtes kann hier nicht näher eingegangen werden.[4]) Es mag der Hinweis genügen, daß jedenfalls der Coroner schon sehr früh in den englischen Quellen erwähnt

---

[1]) Law Times vol. 125, p. 127. Daß der Richter mit seiner Ansicht nicht allein steht, beweist die Tatsache, daß auf p. 126 ein anderer Protest eines Richters erwähnt wird.

[2]) Vgl. z. B. noch aus jüngster Zeit Law Times vol. 125, pp. 275, 292, 374, 409; vol. 126, pp. 256, 368; vol. 127, pp. 16 et seq., 253, 259, 269 u. a. a. O. m.

[3]) Das Hauptwerk ist Jervis, The Coroner's Act 6th Ed. 1898; ferner Encyclopaedia 1st Ed. vol. III, pp. 411 et seq.

[4]) Eingehend Encyclopaedia 1st Ed. vol. III, pp. 412 et seq.

wird. Streitet man sich doch darüber, ob seine erste Erwähnung 925 oder 1194 zu datieren ist.[1]) Jedenfalls hat sich die Stellung des Coroner im Laufe der Geschichte bedeutend verändert. Ursprünglich ein dem Sheriff beigeordneter Beamter wird derselbe vom König ernannt, später von der Grafschaft gewählt. Seine Funktionen überwiegend polizeilicher, aber auch richterlicher Natur[2]) nähern ihn den Friedensrichtern.[3]) Später wird die Kompetenz des Gerichtes bedeutend eingeschränkt. Andererseits wird das Wahlrecht der Grafschaft in ein Ernennungsrecht umgewandelt, das dem County Council, dem Grafschaftsrat zusteht. Manche dieser historischen Residuen sind, wie wir noch sehen werden, erhalten geblieben. Überhaupt ist die ganze Institution eine sehr altertümliche und auch veraltete, wie ebenfalls noch auszuführen sein wird, wenn sie auch mit einer gewissen Eifersucht heute noch aufrecht erhalten wird.[4])

II. 1. Ganz England ist in eine Reihe von Coroner-Distrikten eingeteilt, für deren jeden ein Coronergericht besteht.[5]) Im allgemeinen zerfallen die Grafschaften in 4 bis 6 Distrikte,[6]) deren Größe und Umfang durch Königliche Verordnung auf Antrag des Grafschaftsrates festgelegt wird, wie sie auf dieselbe Weise auch wieder abgeändert werden kann.[7]) Daneben bilden aber die Städte, die eigene Quarter Sessions besitzen, eigene Coroner-Distrikte, sofern die Einwohnerzahl 50 000 Personen übersteigt.[8]) Außerdem bilden aber auch noch gewisse Gebiete besondere Coroner-Distrikte für sich; es sind sogenannte Franchises, denen dieses Recht durch Königliches Privileg verliehen ist, oder die dasselbe kraft Herkommens besitzen.[9])

2. Das Coronergericht wird gebildet durch den Coroner und eine Jury.

a) Was den Coroner selbst betrifft, so ist derselbe heute ein ernannter Beamter. Und zwar erfolgt die Ernennung in den Counties

---

[1]) Vgl. Gneist, Selfgovernment S. 96, Anm. (daselbst auch die ältere englische Literatur); de Franqueville tom. I, p. 547 s.; Brodie-Innes vol. I, pp. 66, 67; Mittermaier, Englisches Strafverfahren S. 66 f. in sehr interessanten Darlegungen. Vgl. auch ebendort S. 96 f.

[2]) Wertheim S. 162.

[3]) Gneist, Selfgovernment S. 96.

[4]) Vgl. die treffenden Ausführungen Gneists l. c. S. 96.

[5]) Das entscheidende Gesetz ist 50 and 51 Vict. c. 71.

[6]) Brodie-Innes vol. I, p. 68; Wertheim S. 163.

[7]) 7 and 8 Vict. c. 92 ss. 2, 3.

[8]) de Franqueville vol. I, p. 550; Brodie-Innes vol. I, p. 68; namentlich aber Encyclopaedia 1st Ed. vol. III, p. 415.

[9]) Beispiele dieser jetzt noch aktuellen Privilegien siehe bei de Franqueville und Brodie-Innes an den Anm. 8 zitierten Stellen.

durch den Grafschaftsrat,[1]) in den Städten durch den Borough Council, den Gemeinderat,[2]) in den Franchises schließlich auf die verschiedenste Art und Weise, ohne daß diese rein historisch bedeutungsvollen Einzelheiten hier weiter interessierten.[3]) Die Ernennung erfolgt stets für einen bestimmten Distrikt, es kann aber auch ein Coroner für mehrere Distrikte ernannt werden, und zwar kann auch ein Borough Coroner für einen County District ernannt werden.[4])

Die Ernennung wird dadurch herbeigeführt, daß der Lord Chancellor eine Writ de Coronatore Eligendo an die ernennende Behörde richtet, d. h. also eine Verfügung, die Ernennung vorzunehmen. Aus diesem Initiativrecht des Lord Chancellor folgt für denselben aber ein weiteres, wichtiges Recht: Die Ernennung erfolgt zwar prinzipiell auf Lebenszeit; allein im Falle von Unfähigkeit infolge von Alter oder Krankheit und ebenso im Falle von Misbehaviour, d. h. von Dienstvergehen, kann es zu einer Amtsenthebung des Coroner kommen. Dieselbe wird dadurch herbeigeführt, daß der Lord Chancellor einen neuen Writ de Coronatore Eligendo erläßt, auf Grund dessen es zu einer neuen Ernennung kommen muß.[5]) Da nun die ernennende Stelle nicht das Recht der Initiative zu einer neuen Ernennung hat, andererseits aber verpflichtet ist, die neue Ernennung auf Grund des Writ vorzunehmen, so steht in der Tat das Absetzungsrecht, damit die Disziplinargewalt völlig beim Lord Chancellor.[6])

Irgend welche Voraussetzungen brauchen in der Person des Coroner nicht verwirklicht zu sein, namentlich ist eine juristische Qualifikation keineswegs erforderlich. Bei den Grafschaftscoroners besteht von diesem Satz insofern eine Ausnahme, als dieselben Grundbesitz in der Grafschaft haben müssen.[7]) Im allgemeinen werden Ärzte und Solicitors zu Coroners ernannt.[8])

Der Coroner empfängt einen festen Gehalt aus der Grafschaftskasse, dessen Höhe alle fünf Jahre auf Grund der Durchschnitts-

---

[1]) 51 and 52 Vict. c. 41 s. 5.

[2]) 45 and 46 Vict. c. 50 s. 171.

[3]) Vgl. dazu de Franqueville tom. I, p. 551 s.

[4]) Derartige Personalunionen sind nicht allzu häufig. Augenblicklich sind 35 Coroners für mehr als einen Distrikt bestellt, wie ich einer Mitteilung des Home Office an mich entnehme.

[5]) Wertheim S. 163.

[6]) Vgl. Stephen, Digest of the Law of Criminal Procedure p. 33.

[7]) de Franqueville tom. I, p. 549; Brodie-Innes vol. I, p. 67; 50 and 51 Vict. c. 71 s. 12.

[8]) Mittermaier, Englisches Strafverfahren S. 97; Wertheim S. 164. So schreibt mir auch das Home Office: „Coroners are mostly professional men, either doctors or solicitors.“

anzahl der geführten Untersuchungen durch die ernennende Behörde festgestellt wird.[1]) In Boroughs erhält er jedoch keinen Gehalt, seine Bezahlung erfolgt hier durch Gebühren, die er auf Anordnung des Recorder hin für die einzelnen Untersuchungen aus der Stadtkasse erhält. Der Recorder kann aber auch die Erhebung von Gebühren untersagen, wenn die Handlungen des Coroner unrechtmäßig waren, so daß er in gewisser Beziehung eine Oberinstanz über den letzteren bildet.[2])

Schließlich ist noch zu bemerken, daß jeder Coroner verpflichtet ist, sich einen Vertreter zu bestellen, den er, falls er festes Gehalt erhält, selbst bezahlen muß[3]), und den er nur mit Genehmigung des Lord Chancellor ernennen kann. Der Vertreter handelt in Abwesenheit oder Krankheit des Coroner.[4])

Irgendwelche besondere Pflichten hat der Coroner nicht neben der selbstverständlichen, sein Amt auszuüben. Namentlich besteht keine Verpflichtung, Privatpraxis aufzugeben. Nur muß der Grafschaftscoroner in der Grafschaft wohnen oder in der Nachbarschaft, nicht mehr wie zwei Meilen entfernt.[5]) Im ganzen gibt es 360 Coronerdistrikte und 323 Coroners mit ebensoviel Vertretern.[6])

b) Neben dem Coroner und mit ihm wird eine Jury tätig. Dieselbe setzt sich zusammen aus mindestens zwölf, höchstens 23 Geschworenen. Besondere Voraussetzungen sind nicht vorgeschrieben. Die Geschworenen sollen aus Anwohnern der Grafschaft genommen und „good and lawful men" sein,[7]) und es ist nur negativ das eine zu vermerken, daß die Exemtionen, die für die Geschworenenpflicht im allgemeinen gelten,[8]) auch von der Pflicht be-

---

1) Hatschek Bd. II, S. 439; de Franqueville tom. I, p. 550. Bei Meinungsverschiedenheiten entscheidet der Minister des Innern. Die Einnahmen der Coroners schwanken sehr. Wenn sie auch in kleineren Städten kaum £ 100 erreichen, so liegen die Verhältnisse in großen Städten anders. In London treffen wir Coroners mit Einnahmen von £ 1952, 2263, 1599 usw. Vgl. Criminal Judicial Statistics 1906, pp. 124—128.

2) Archbold, Quarter Sessions pp. 200, 201; de Franqueville tom. I, p. 550 s. Die Gebühren sind keineswegs sehr niedrig. Sie betragen für jede Untersuchung £ 1.

3) Sonst erhält der Vertreter die Gebühren.

4) 50 and 51 Vict. c. 71.

5) Encyclopaedia 1st Ed. vol. III, p. 415.

6) Ich verdanke diese Angaben einer Mitteilung des Home Office: Es gibt 205 County Districts (5 Coroners sind für 2, 1 Coroner für 4 Distrikte bestellt), 82 Borough Districts (10 Coroners sind ebenfalls für County Districts bestellt), 73 Franchises (14 Coroners sind für Borough- oder County Districts mitbestellt, 2 bekleiden das Amt in 2 Franchises). Nicht ganz zutreffend de Franqueville tom. I, p. 549.

7) 50 and 51 Vict. c. 71 s. 3; vgl. Archbold, Pleading pp. 139, 143.

8) Vgl. oben S. 75 ff.

freien, in einer Coroner Jury mitzuwirken.[1]) Ob dagegen auch ein Ablehnungsrecht gegenüber den Geschworenen besteht, ist streitig, wenn auch die Praxis ein solches wohl faktisch stets anerkennen würde.[2]) Es bedarf ferner kaum der Erwähnung, daß es sich bei Ausübung der Funktionen eines Geschworenen in einem Coronergericht ebenfalls um die Ausübung einer öffentlichen Bürgerpflicht handelt, die erzwungen werden kann. Der Coroner ist befugt, nicht erschienene, aber geladene Geschworene mit Bußen zu belegen.[3])

Gewählt werden die Geschworenen für den einzelnen Fall, ohne daß es der Aufstellung einer diesbezüglichen Liste bedürfte. Die Polizei wählt auf Anweisung des Coroner einfach 24 Personen nach freiem Gutdünken und läßt dieselben nunmehr laden. Die erschienenen Geschworenen müssen vereidigt werden.[4]) Daß diese ganze Formlosigkeit schweren Bedenken unterliegt, bedarf keiner weiteren Ausführungen.[5])

III. Was die Zuständigkeit betrifft, so ist zu unterscheiden:

1. In örtlicher Hinsicht ist dasjenige Coronergericht zuständig, in dessen Distrikt sich die zu untersuchenden Vorfälle selbst ereignet haben, in dessen Distrikt namentlich der Tote, dessen Tod zu untersuchen ist, gefunden ist. Der Coroner eines Distrikts kann aber auch in einem benachbarten Distrikt tätig werden, falls der dortige Coroner und sein Vertreter krank oder sonst verhindert sind. Selbstverständlich muß er aber dann eine Jury aus dem dortigen Distrikt bilden, so daß wir es in Wahrheit nicht mit einer erweiterten Zuständigkeit, sondern mit einem Vertretungsverhältnis zu tun haben.[6])

2. Sachlich aber begreift die Zuständigkeit folgendes: Das Gericht hat bei Todesfällen, bei denen ein Verbrechen vorliegen kann[7]), den Tatbestand des Todes festzustellen und namentlich festzustellen, ob ein Verbrechen oder eine natürliche Todesursache vor-

---

[1]) Archbold, Pleading p. 173.

[2]) Mittermaier, Englisches Strafverfahren S. 99 und die Citate dort Anm. 16.

[3]) Vgl. auch de Franqueville tom. I, p. 528.

[4]) 50 and 51 Vict. c. 71 s. 3 (3); de Franqueville tom. II, p. 268.

[5]) So wird Law Times vol. 102, p. 280 ein Fall erwähnt, in dem ein Coroner einfach sich über das Recht der Eximierten auf Exemtion hinwegsetzte. Beschwerden über die Zusammensetzung der Jury finden sich auch häufig in der Tagespresse. Vgl. Law Times vol. 125, p. 334; z. B. auch Mittermaier, Englisches Strafverfahren S. 99.

[6]) Vgl. de Franqueville tom. I, p. 549.

[7]) Es muß vorhanden sein „a reasonable ground of suspicion that any person dies by violent and unnatural means or from some unknown cause". Stephen, Digest of the Law of Criminal Procedure p. 136; Encyclopaedia 1st Ed. vol. III, p. 417.

liegt.[1]) Ferner hat das Gericht einen jeden in einem Gefängnis erfolgten Todesfall auf seine Verursachung hin zu untersuchen. Ergibt sich nun der Verdacht eines Verbrechens in hinreichender Weise, so ist ein Beschluß zu erlassen, durch welchen der Beschuldigte vor den nächsten Court of Assize verwiesen wird[2]), und auf Grund dieses Eröffnungsbeschlusses (denn um einen solchen handelt es sich) kommt es dann vor den Assisen zur Hauptverhandlung, ohne daß eine Grand Jury noch tätig zu werden hätte.[3]) So sehen wir, sind die Coronergerichte die Untersuchungsgerichte für Tötungsdelikte.[4]) Denn sie fällen die Entscheidung, ob ein hinreichender Verdacht für die Eröffnung einer gerichtlichen Untersuchung vorliegt oder nicht.

Eine besondere Funktion hat das Coronergericht der City of London übertragen bekommen. Durch dasselbe müssen nämlich in analoger Weise Untersuchungen über die Entstehung von Bränden veranstaltet werden, und es kann dann eventuell zur Eröffnung eines Verfahrens wegen Brandstiftung kommen.[5])

Schließlich sind noch zwei unbedeutendere Aufgaben zu erwähnen, die allgemein jedem Coronergericht obliegen. Einmal muß dasselbe nach jeder Hinrichtung eine Untersuchung abhalten, um die Legalität des ganzen Vorganges festzustellen, eine Aufgabe, die rein verwaltungsrechtlicher Natur ist.[6]) Und ferner: Wird ein Schatz gefunden, so hat das Coronergericht Nachforschungen darüber anzustellen, wer der Finder resp. der Eigentümer des Schatzes ist, ein Fall, der sich natürlich nicht allzu häufig ereignen wird.[7])

So liegt das Schwergewicht der Coronergerichte heute zweifellos in ihrer Tätigkeit auf dem Gebiet des Strafrechtes. Ihre eigentliche Bedeutung haben sie als Untersuchungsgerichte für Tötungsdelikte, wie auch folgende Zahlen aufs evidenteste beweisen.[8]) 1907 wurden

---

[1]) 50 and 51 Vict. c. 71 s. 3: „Where a coroner is informed that the dead body of a person is lying within his jurisdiction, and there is reasonable cause to suspect that such person has died either a violent or an unnatural death, or has died a sudden death of which the cause is unknown, or that such person has died in prison, or in such place or under such circumstances as to require an inquest in pursuance of any act . . .“ Vgl. auch Archbold, Pleading p. 139.

[2]) Vgl. Brodie-Innes vol. I, p. 260.

[3]) Es kann sich allerdings auch zwischen die Untersuchung durch den Coroner und die Hauptverhandlung noch ein weiteres Untersuchungsverfahren einschieben. Vgl. dazu weiter unten S. 279 f.

[4]) Auch für Fahrlässigkeitsdelikte! Vgl. zutreffend v. Lewinski, England als Erzieher? S. 23.

[5]) Cohen, Spirit of Our Laws p. 236, n. 2.

[6]) Wertheim S. 163 f.

[7]) Brodie-Innes vol. I, p. 67; Hatschek Bd. II, S. 439, Anm. 5.

[8]) Criminal Judicial Statistics 1907, pp. 128, 134. Vgl. auch de Franqueville tom. II, p. 271 s.

36756 Untersuchungen von Todesfällen, sieben von Bränden und drei in bezug auf einen gefundenen Schatz durchgeführt.

IV. 1. Die weitere Frage, die zu erledigen ist, ist die nach der Trennung der Funktionen zwischen dem Coroner und der Jury. Wir werden dabei stets nur den Regelfall, die Untersuchungen bei Todesfällen, ins Auge fassen. Die zu gebenden Ausführungen sind dann in analoger Art und Weise auf die übrigen Fälle zu übertragen.

a) Wenn ein Coroner von irgendwelcher Seite erfährt, daß in seinem Bezirk sich ein verdächtiger oder unaufgeklärter Todesfall ereignet hat, oder daß ein Toter aufgefunden ist, bei dem die Todesursache nicht feststeht, so hat er eine diesbezügliche Untersuchung einzuleiten. Von welcher Seite der Coroner dabei die Anzeigen erhält, ist gänzlich gleichgültig,[1]) und es kann keinem Zweifel unterliegen, daß der Coroner auch ohne eine Anzeige befugt ist, auf Grund privaten Wissens vorzugehen. So hat der Coroner also das Initiativrecht, er hat die Untersuchungen einzuleiten. Er kann mithin auch jeden Antrag auf Untersuchung, der bei ihm etwa seitens der Polizei gestellt ist, ablehnen.[2]) Findet der Coroner einen Anlaß zum Einschreiten, so weist er die Polizei an, 24 Personen als Geschworene zu laden[3]) sowie etwaige Personen, die Kenntnis über die Einzelheiten des Vorfalles haben könnten. Von Amts wegen lädt er Sachverständige, Ärzte usw., er kann aber auch bestimmte Zeugen, von denen er eine zweckentsprechende Auskunft erhofft, spontan laden.[4]) Im Verfahren selbst hat er die Jury zu bilden und zu vereidigen, er hat das Verfahren zu leiten und hier namentlich mit der Jury eine Leichenschau vorzunehmen.[5]) Die Zeugen und Sachverständigen sind demnächst von ihm mündlich zu vernehmen, wobei die Zuziehung neuer Zeugen und Sachverständigen jederzeit angeordnet werden kann. Das Erscheinen der Zeugen und ihre Aussagen kann der Coroner durch Bußen erzwingen, wie er überhaupt wegen Contempt of Court strafen kann.[6]) Die Aussagen der vernommenen Personen können proto-

---

[1]) Die Polizei ist verpflichtet, alle verdächtigen Fälle dem Coroner zur Anzeige zu bringen; de Franqueville tom. II, p. 267; eingehend Encyclopaedia 1st Ed. vol. III, pp. 417 et seq.

[2]) de Franqueville tom. II, p. 268.

[3]) Das Gesetz bestimmt allerdings, daß mindestens 12, höchstens 23 Geschworene zu laden sind. Vgl. Archbold, Pleading p. 140. Allein das bei de Franqueville p. 268, n. 2 abgedruckte Formular enthält die ausdrückliche Anweisung, 24 Geschworene zu laden.

[4]) Archbold, Pleading p. 141; namentlich auch Mittermaier, Englisches Strafverfahren S. 98 ff.

[5]) 50 and 51 Vict. c. 71 s. 4 (1).

[6]) Der Coroner's Court ist ein Court of Record. Vgl. Wertheim S. 163; Kenny, Outlines p. 426.

kolliert werden. Am Schluß der Beweisaufnahme hat der Coroner das Ergebnis derselben der Jury zu resümieren und derselben die Rechtsbelehrung zu erteilen. Wird auf Grund der Verdikts der Jury ein Delikt festgestellt, so sind die sämtlichen Beweisaussagen genau zu protokollieren, falls dies noch nicht geschehen ist, und an die zuständigen Assisen oder die King's Bench Division nebst dem Verdikt der Jury zu senden. Wird außerdem noch eine bestimmte Person des Deliktes bezichtigt, so hat der Coroner einen Haftbefehl gegen dieselbe zu erlassen[1]) und ihre Einlieferung in das Gerichtsgefängnis des zuständigen Gerichtes anzuordnen. Außerdem hat der Coroner formell den Angeklagten an die Assisen zu verweisen, d. h. also den Eröffnungsbeschluß zu erlassen, der aber, wie gesagt, nur erlassen werden kann auf Grund des Verdikts der Jury.[2]) Er hat dann die Zeugen zu verpflichten, bei der Hauptverhandlung zu erscheinen. Wird kein Delikt festgestellt, so hat der Coroner eine Erlaubnis zur Beerdigung zu erteilen. Demnächst hat er die Gebühren zu bezahlen und schließlich die Jury zu entlassen.[3])

b) Die Jury ihrerseits hat das Verdikt über die Todesursache zu fällen. Das Verdikt kommt dadurch zustande, daß sich mindestens 12 der erschienenen Geschworenen auf eine Ansicht geeinigt haben; es kann einen im wesentlichen vierfachen Inhalt haben: Es kann negativ feststellen, daß kein Verbrechen vorliegt, es kann aussprechen, daß ein Verbrechen vorliegt, wobei wieder zwei Fälle möglich sind, der, daß eine bestimmte Person einer bestimmten Tat bezichtigt wird, und der, daß der Täter unbekannt ist. Es kann aber auch ein Verdikt ergehen dahin, daß die Todesursache unbekannt ist.[4]) Das Verdikt der Jury ist niederzuschreiben und muß von sämtlichen Geschworenen und dem Coroner unterzeichnet werden. Dies Schriftstück ist die sogenannte Inquisition, auf die indessen nicht näher eingegangen zu werden braucht.[5]) Bei der Beweisaufnahme hat übrigens die Jury ein unbeschränktes Fragerecht, wie sie unter Umständen auch die Heranziehung von Sachverständigen verlangen kann. Ich bemerke schließlich noch, daß die Jury häufig mit dem Verdikt zugleich Wünsche ausspricht, die sie zur Kennt-

---

[1]) Im Falle von fahrlässiger Tötung kann übrigens eine Freilassung gegen Kaution angeordnet werden; de Franqueville tom. I, p. 552; Encyclopaedia 1st Ed. vol. III, p. 428.

[2]) Brodie-Innes vol. I, p. 260; Stephen, Digest of the Law of Criminal Procedure p. 137.

[3]) Vgl. die anschauliche Schilderung bei de Franqueville tom. II, p. 270 ss.; ferner auch Wertheim S. 163; Gneist, Selfgovernment S. 96ff., insbesondere S. 100ff.

[4]) Vgl. de Franqueville tom. II, p. 270.

[5]) Archbold, Pleading pp. 142 et seq.

nis der zuständigen Behörden gebracht zu haben wünscht. So erscheint auch die Jury des Coroner als Trägerin und Vertreterin der öffentlichen Interessen und wird als solche geachtet, wenngleich sie ein formelles Recht, in dieser Hinsicht tätig zu werden, nicht hat.[1])

2. Überblicken wir die Funktionen des Coronergerichtes im ganzen, so fällt ein typischer Unterschied gegenüber den Petty Sessions als Untersuchungsgerichten klar ins Auge. Die Petty Sessions prüfen ein ihnen vorgelegtes Material, auf Grund dessen sie das Verfahren eröffnen oder einstellen können. Von irgend einem Initiativrecht, von irgend einer beweisermittelnden Tätigkeit ist keine Rede. Hier liegen die Verhältnisse durchaus anders. Hier hat zunächst der Coroner das Initiativrecht, er hat ferner eine beweisbeschaffende Tätigkeit zu entfalten. So erscheint er unserem Untersuchungsrichter durchaus verwandt. Er übt wie dieser klägerische Funktionen aus. Andererseits aber ist der Coroner nicht nur Ankläger, ist das Verfahren vor dem Coroner nicht nur Anklageverfahren. Denn die Jury prüft auch einen Verdacht auf seine Begründetheit hin, und ihr Verdikt bedeutet in Wahrheit eine Anklageerhebung und die Eröffnung einer gerichtlichen Untersuchung, wenn auch der formelle Eröffnungsbeschluß in unserem Sinne erst nach dem Verdikt durch den Coroner erlassen wird.[2]) So sehen wir, daß hier die klägerischen und richterlichen Funktionen nicht nur nicht scharf geschieden sind, sondern vielmehr in einem Organ vereinigt sind. Denn man kann nicht etwa

---

[1]) Vgl. den sehr interessanten Fall bei de Franqueville tom. II, p. 271, n. 1. Ich füge ein Beispiel bei, das ich der Morning Post vom 10. 12. 1907 entnehme. Es handelt sich um den Zusammenstoß eines elektrischen Tramwagens mit einem Wagen, von dessen Insassen einer getötet wurde.

„The Coroner, in summing up, said a good deal of the evidence had been inconsistent and contradictory, but he could quite understand that when a number of people saw an accident. After pointing out the duties of the drivers, the Coroner said that if the jury found that both drivers exercised every reasonable care in driving their respective vehicles, then they could state that it was an accident pure and simple. On the other hand, if they found that certain precautions were wanting in carrying out their duties then they must say so.

After consulting in private for about twenty-five minutes the jury returned a verdict of accidental death, adding a rider that in their opinion the tram driver was entirely to blame for the accident. They also respectfully suggested that stopping-posts should be placed where any street or road converged sharply on to the tram track, and outside any public schools by which the trams passed.

Mr. Muir expressed the regret of the directors of the tramway company at the unfortunate occurrence.

The Coroner said he was sure that all regretted it. He promised to forward the rider of the jury to the tramway company."

[2]) Vgl. namentlich Archbold, Pleading p. 141.

den Coroner als reinen Ankläger, die Jury als beschließendes Gericht betrachten. Dazu ist der Coroner viel zu sehr beteiligt an dem Zustandekommen des Verdiktes, dazu übt er einen viel zu großen Einfluß auf die Geschworenen aus,[1]) wie er ja auch formaliter den eigentlichen Eröffnungsbeschluß erläßt. Dazu ist aber auch die Jury viel zu sehr Klägerin. Das ganze Institut beruht geradezu auf dem Inquisitionsgedanken, der ja sonst heute dem englischen Recht durchaus fremd ist.[2])

V. Daß das Institut der Coroneruntersuchung längst innerlich überlebt ist, darüber ist man sich in England im allgemeinen ziemlich klar.[3]) Die Einzelheiten interessieren hier weniger.[4]) Es mag

---

[1]) Das beweist der folgende interessante Fall, den ich der Morning Post vom 29 April 1908 entnehme.

„Dr. Waldo held an inquest at the City Coroner's Court yesterday concerning the death of Edward James Keyte, a clerk, who committed suicide in front of the Mansion House on Friday last. He was being conducted to Brixton Prison on a commitment warrant for a debt of £ 2.16. As he and Sergeant Cull, who held him by the wrist, were crossing the road, he broke away from custody and, according to the evidence of three witnesses, deliberately placed his neck under the hind wheel of an omnibus, which passed over him and killed him instantly. Cull said he had known Keyte since August, 1905, when he arrested him in similar circumstances. He had served various processes on him which would naturally lead to commitment warrants. Keyte was a perfectly sane and healthy man. Dr. Waldo, addressing Dr. Hume, of St. Bartholomew's Hospital, who certified as to the cause of death, said: ‚The words temporary insanity are often used in this Court. Doctors don't use the term, I know, but do you think that there be impulsive insanity?' — ‚Yes.' Dr. Waldo: They tell me you must have epilepsy or something like that. Is there such a thing as impulsive insanity — that is, that a man is only insane at the time he takes his life? Dr. Hume: I think so. Dr. Waldo: There is no evidence of previous insanity in this case. The law is just the same in this Court as in any other Court. Suicide is self-murder. To establish a defence on the ground of insanity it must be clearly proved that at the time of committing the act the party accused was labouring under such defect of reason from disease of the mind as not to know the nature and quality of the act he was doing, or if he did know it he did not know it was wrong. If the jury think this man was insane they can only say he took his life while insane. It appears to me to be a case of suicide, that is self-murder, or felo de se. The jury returned a verdict of ‚Suicide' owing to financial trouble."

[2]) Andere fassen übrigens das Coronerverfahren als reines Anklageverfahren auf; so Kenny, Outlines p. 426; de Franqueville tom. I, p. 547 ss.; tom. II, p. 267 ss.

[3]) Vgl. v. Lewinski, England als Erzieher? S. 39; ferner z. B. Law Times vol. 121, p. 256; vol. 124, pp. 541, 542. So auch schon Mittermaier, Englisches Strafverfahren S. 228 ff. mit interessanten Angaben aus der englischen Literatur.

[4]) Man wendet sich namentlich auch gegen die obligatorische Leichenschau durch die Jury. Eine Reform in dieser Hinsicht ist eben in Vorbereitung. Law Times vol. 126, p. 163; vol. 127, p. 121.

nur bemerkt werden, daß es Usus ist, trotz der Coroneruntersuchung noch ein weiteres Verfahren vor den Polizeigerichten durchzuführen, die dann erst die eigentliche Verweisung vor die Geschworenen auszusprechen haben. Nur dann, wenn bereits vor dem Coroner langwierige Untersuchungen geführt worden sind, läßt man das Verfahren direkt vor den Assisen durchführen, sonst aber ist es absolute Regel, erst an die Petty Sessions zu gehen.[1]) Diese Tatsache beweist schlagend, daß die ganze Einrichtung im Absterben begriffen ist. Und in der Tat muß theoretisch die Verkuppelung von klägerischen und richterlichen Funktionen Bedenken erregen, es muß ferner bedenklich erscheinen, derartige, immerhin weitgehende juristische Funktionen Laien, namentlich Ärzten zu übertragen. Andererseits ersetzt der Coroner bis zu einem gewissen Grade die Staatsanwaltschaft, und es scheint mir, daß es gerade das Fehlen einer öffentlichen Anklagebehörde ist, die das Institut so lange lebensfähig erhalten hat. Ja, ich glaube, man wird sagen können, daß sich das Coronergericht so lange erhalten wird, bis auch in England eine Staatsanwaltschaft eingeführt ist.[2]) Denn das, was das Verfahren vor dem Coroner eben wesentlich unterscheidet von dem Verfahren vor den Petty Sessions, ist (abgesehen von der Tatsache, das hier die Grand Jury ausgeschlossen werden kann) die dem Coroner zustehende Initiativmöglichkeit, oder besser gesagt, Initiativpflicht[3]) und die Möglichkeit und die Pflicht der Beweisbeschaffung und Beweisermittelung, also der Offizialaufklärung, die bekanntlich den Petty Sessions völlig fehlt. Sonst aber besitzt die Einrichtung des Verfahrens vor dem Coroner keine innere Lebenskraft und Berechtigung mehr. Jedenfalls muß es als eine weitgehende Anomalie bezeichnet werden, daß vor dem Coroner lange Untersuchungen angestellt werden können, die nachher vor den Petty Sessions doch mehr oder weniger wiederholt wie auch ergänzt werden, eine Anomalie, die um so auffallender ist, als beide, Coroner wie Petty Sessions wenigstens dem Inhalte nach, dieselbe Entscheidung fällen, daß eine bestimmte Person vor die Assisen zur Aburteilung überwiesen wird. Nur die Formen dieser Entscheidung sind verschieden. Dabei werden durch das Coronerverfahren bedeutende Unkosten verursacht. 1907

[1]) Cohen, Spirit of Our Laws p. 236, n. 2: „When a coroner's jury finds ‚murder' or ‚manlaughter . . .' there is almost invariably a hearing before a magistrate as well . . ." Vgl. ferner Kenny, Outlines p. 453, n. 2. Vgl. auch die mit reichem Material illustrierten Ausführungen Glasers, Englisches Schwurgericht S. 6 ff.

[2]) Bezüglich dieses Punktes weiter unten S. 859 ff.

[3]) Daß hier in der Tat das Legalitätsprinzip herrscht, mag nur kurz bemerkt werden.

betrugen die gesamten Unkosten £ 142828, wovon allein £ 67782 an Gehalt für die Coroner ausgezahlt wurden.[1]) Und dabei darf nicht übersehen werden, daß die Coroners eine natürliche Tendenz haben, möglichst viele Fälle zu behandeln,[2]) [3]) nur zu begreiflich, da sich die Höhe ihres Gehaltes nach der Zahl der erledigten Fälle bemißt. So sprechen in der Tat eine Reihe von Gründen dafür, daß das ganze Institut in nicht allzu langer Zeit aus dem Bild der englischen Gerichtsorganisation verschwinden würde, wenn nicht ihm, wie gesagt, das Fehlen der Staatsanwaltschaft immerhin noch einige Vitalität verliehe.[4]) [5])

---

[1]) Criminal Judicial Statistics 1907, p. 128. Diese Ausgaben erwähnt Adickes, Grundlinien S. 59f nicht.

[2]) Interessant hierfür ist ein Law Times vol. 125, p. 127 erwähnter Fall. Ein Coroner verlangt das Recht, alle Fälle, in denen Tod infolge einer Operation eintritt, untersuchen zu dürfen. Dazu auch Law Times vol. 124, pp. 541 et seq.

[3]) de Franqueville tom. II, p. 269, n. 3 schildert anschaulich das wenig erfreuliche Bild eines Coronerverfahrens.

[4]) Auf das Verfahren selbst mußte hier etwas eingegangen werden, da die Funktionen des Coroner festzustellen waren, um seinen Platz in der Gerichtsorganisation zu bestimmen.

[5]) Bezüglich der Reformbewegung vgl. auch die Verhandlungen im House of Commons vom 29. April 1908. Seitens der Regierung wird hier die Einsetzung einer Untersuchungskommission in bezug auf die ganze Einrichtung in Aussicht gestellt. Vgl. auch Law Times vol. 125, p. 9.

II. Die höheren Gerichte.

§ 11. Vorbemerkung.

I. 1. Den niederen Gerichten, den sogenannten Inferior Courts, die wir bis jetzt behandelt haben, treten die höheren Gerichte gegenüber, die sogenannten Superior Courts. Darunter sind aber alle die Gerichte zu verstehen, die keine niederen Gerichte sind,[1]) gleichgültig, ob es sich dabei um Gerichte höherer oder erster Instanz handelt. Allerdings findet sich in der englischen Literatur auch eine abweichende Auffassung, und es wird vereinzelt der Unterschied zwischen Superior und Inferior Courts nur bei den erstinstanzlichen Gerichten gemacht. Es treten dann die Rechtsmittelgerichte als besondere Gerichte neben die erstinstanzlichen, die ihrerseits in die zwei erwähnten Unterabteilungen zerfallen.[2]) Allein in der Tat handelt es sich bei allen nicht niederen Gerichten um eine Kategorie besonders gearteter Gerichte. Es ergibt sich dies aus der Tatsache, daß die sämtlichen Richter dieser höheren Gerichte eine in sich geschlossene, durchaus einheitliche Klasse von Richtern bilden und sich scharf von den übrigen Richtern trennen.[3])

2. Zu den höheren Gerichten gehören nun der High Court of Justice, der Court of Appeal, das House of Lords und das Judicial Committee of the Privy Council. Neben den High Court tritt dann noch ferner der Central Criminal Court, der theoretisch zwar nur eine der Assisenabteilungen des High Court, aber doch tatsächlich organisatorisch ein selbständiger Gerichtshof ist. Von diesen Gerichten wird uns nun im folgenden das Judicial Committee nicht weiter beschäftigen. Denn in seinen wesentlichsten Funktionen ist dieser Gerichtshof kein Glied des spezifisch englischen Gerichtssystems. Seine übrigen Kompetenzen sind aber so unbedeutende, daß ein besonderes Eingehen auf die Organisation und Bedeutung des Hofes hier entschieden zu weit führen würde. Es ergibt sich das aus seiner Zuständigkeit, die im wesentlichen eine dreifache ist: Einmal nämlich ist das Judicial Committee das Rechtsmittelgericht für die Kolonien und die Kanalinseln, als welches es an dieser Stelle natürlich gar nicht interessiert. Des weiteren steht es als höhere Instanz über den geistlichen Gerichten, wie wir

---

[1]) Vgl. oben S. 1 ff.

[2]) Vgl. z. B. Brodie-Innes vol. I, p. 7; ferner auch Wertheim S. 184 ff.

[3]) Vgl. dazu weiter unten § 39.

noch in der Lehre von den besonderen Gerichten sehen werden[1]), und schließlich hat es über die Rechtsmittel zu entscheiden, die gegen die Urteile des High Court als Prisengerichtshof laufen.[2])[3]) So mag hier kurz nur bezüglich seiner Zusammensetzung das Folgende bemerkt werden: Das Judicial Committee ist ein Ausschuß des Geheimen Staatsrats des Königs und hat als solches der Idee nach nur beratende, der Tat nach aber allerdings entscheidende Stimme.[4]) Zusammengesetzt ist es aus dem Präsidenten des Staatsrats, dem Lord Chancellor, den früheren Inhabern dieser beiden Ämter, zwei Staatsräten, die der König besonders zu Mitgliedern des Committee ernannt hat, den vier Lords of Appeal in Ordinary und den sämtlichen Mitgliedern des Staatsrates, die ein hohes Richteramt bekleiden oder bekleidet haben. Außerdem gehören zu den Mitgliedern ein oder zwei ehemalige Richter aus Indien oder den Kolonien und höchstens fünf oberste Richter der Kolonien, die alle aber besonders zu Mitgliedern des Staatsrates ernannt sein müssen.[5]) In geistlichen Angelegenheiten können höhere Geistliche als Assessors beigezogen werden, die aber als solche nur beratende, nicht etwa entscheidende Stimme haben.[6])[7]) In Kolonialangelegenheiten können ferner Richter der Kolonien als Assessors an den

---

[1]) Vgl. weiter unten § 40.

[2]) Unzutreffend behauptet Hatschek Bd. II, S. 152, das Judicial Committee sei die letzte Instanz in allen Admiralitätssachen. Vgl. auch Gneist, Englisches Verwaltungsrecht Bd. I, S. 198. Unzutreffend auch Schuster, Bürgerliche Rechtspflege S. 34, in Admiralitätsangelegenheiten sei das Judicial Committee überhaupt nicht mehr zuständig. So auch Wertheim S. 34; de Franqueville tom. I, p. 107 s. Vgl. auch Every Man's Own Lawyer p. 12. Die entscheidenden Bestimmungen sind 36 and 37 Vict. c. 66 s. 18 (5) und 54 and 55 Vict. c. 53 s. 4 (3). Richtig Brodie-Innes vol. I, p. 266. Ich bemerke, daß vor 1873 die Zuständigkeit des Judicial Committee in Admiralitätssachen eine unbeschränkte war. Vgl. Brodie-Innes p. 31 und Schuster l. c. S. 34.

[3]) Weiterhin bezieht sich die Zuständigkeit des Judicial Committee nur noch auf reine Verwaltungsangelegenheiten, die hier außer acht bleiben können. Hatschek Bd. II, S. 153.

[4]) Schuster, Bürgerliche Rechtspflege S. 35; de Franqueville p. 111 s., insbesondere p. 112, n. 1.

[5]) Das entscheidende Gesetz ist 3 and 4 Will. IV c. 41. Die Kolonialrichter werden in praxi nur zu Fällen ihrer Kolonien hinzugezogen.

[6]) 39 and 40 Vict. c. 17 s. 14.

[7]) Whitaker's Almanack p. 201: „The members usually attending are the Lord Chancellor, the Lords of Appeal in Ordinary ... and some other members of the Privy Council as have held high judicial office.“ Im übrigen sind nichtrichterliche Beamte des Committee ein Registrar mit £ 1200 Gehalt und 3 Clerks mit Gehalt bis zu £ 650.

Verhandlungen beteiligt werden, um das Kolonialrecht zu erklären.[1])

Wie gesagt, abgesehen von diesen kurzen Bemerkungen wird auf das Judicial Committee im folgenden nicht weiter eingegangen werden. Es scheidet vielmehr aus dem Kreis unserer Betrachtungen ganz aus.[2])

II. 1. Von den im folgenden zu behandelnden höheren Gerichten werden der High Court und der Court of Appeal zusammengefaßt unter der Gesamtbezeichnung Supreme Court of Judicature of England[3]), und es bezeichnet das Gesetz ausdrücklich den High Court und den Court of Appeal als zwei besondere Abteilungen (Divisions) ein und desselben Gerichtes.[4]) Allein diese formale Zusammenfassung bedeutet keineswegs eine organische Verschmelzung beider Gerichte, die in Wahrheit materiell durchaus getrennt und selbständig nebeneinander stehen. Da es sich also in der Tat um zwei verschiedene Gerichte handelt,[5]) so sollen dieselben im folgenden auch getrennt zur Darstellung gebracht werden, und es wird mithin im Allgemeinen auf jene Zusammenfassung zu einer höheren Einheit keine Rücksicht mehr genommen.

Die Selbständigkeit der beiden Gerichte zeigt sich namentlich darin, wie gleich bemerkt werden mag, daß die Richter zu Mitgliedern eines oder des anderen Gerichtshofes ernannt werden, und daß Promotionen vom High Court zum Court of Appeal vorkommen. Allerdings ist dieser Satz insofern etwas zu modifizieren, als Richter des Court of Appeal unter Zustimmung des Lord Chancellor als Hilfs- und Ersatzrichter am High Court, umgekehrt aber auch Richter des High Court am Court of Appeal funktionieren können.[6]) Daß dadurch aber die Selbständigkeit der Gerichte keineswegs tangiert wird, beweisen die entsprechenden deutschen Bestimmungen, wonach das Mitglied eines Gerichtes ebenfalls als Hilfsrichter an einem anderen Gericht verwendet werden kann.

2. Wenn nun auch der Supreme Court als solcher kein einheit-

[1]) 8 Edw. VII c. 51 s. 1.

[2]) Vgl. das Nähere über dasselbe bei Macpherson, Practice of the Judicial Committee of the Privy Council; Safford and Wheeler, Privy Council Practice; Brodie-Innes vol. I, pp. 92 et seq.; de Franqueville tom. I, pp. 104—113 mit eingehender Darstellung auch des Verfahrens; Hatschek Bd. II, S. 149 ff., daselbst S. 153 auch eine sehr beachtenswerte Kritik der ganzen Einrichtung und S. 154, Anm. 1 ein statistischer Überblick über die Tätigkeit des Judicial Committee in Appellsachen.

[3]) 36 and 37 Vict. c. 66 s. 3.

[4]) L. c. s. 4.

[5]) So auch Hatschek Bd. II, S. 165.

[6]) 36 and 37 Vict. c. 66 s. 51; 38 and 39 Vict. c. 77 s. 4; 8 Edw. VII c. 51 s. 6. Vgl. auch Annual Practice vol. II, pp. 525 et seq.

licher, geschlossener Gerichtshof ist, wenn er vielmehr mehr oder weniger nur eine zusammenfassende Bezeichnung zweier getrennter Gerichte ist, so gilt dieser Satz doch nicht ohne Ausnahme. Denn wir können konstatieren, daß auch dem Supreme Court in seiner Gesamtheit gewisse Funktionen auferlegt sind, bei deren Ausübung er dann eben doch als ein einheitliches Organ erscheint. Allein wir werden sofort sehen, daß es sich hier nicht sowohl um eigentliche prozessuale Funktionen handelt, als vielmehr um legislative. Als einheitliche Prozeßbehörde kann der Supreme Court nie handeln, wohl aber ist er in gewisser Art und Weise an der Gesetzgebung in Hinblick auf Prozeßrecht und Gerichtsorganisation beteiligt. Da nun in den weiteren Ausführungen nicht der Supreme Court als Ganzes, sondern vielmehr seine ihn bildenden Teile, der High Court und der Court of Appeal zur Darstellung gebracht werden sollen, so mag auf die diesbezüglichen Vorschriften gleich an dieser Stelle eingegangen werden. Dabei muß aber unterschieden werden: Einmal ist der Supreme Court durch seine diesbezüglichen Organe wirklich aktiv an der Gesetzgebung mit beteiligt, so daß er als ein wesentlicher Faktor derselben erscheint. Das andere Mal ist seine Tätigkeit eine bedeutend eingeschränktere, hat er nur kritische, begutachtende Funktionen.[1])

a) *α*) Wenden wir uns dem ersten Fall zu, so erinnern wir uns von unseren Ausführungen bezüglich der County Courts her, daß auch bei ihnen ein für alle Gerichte gemeinsames Organ aus den Richtern gebildet wurde, dem es oblag, die Einzelheiten in den Bestimmungen über das Prozeßverfahren vor den Grafschaftsgerichten bindend, d. h. gesetzlich festzulegen.[2]) Ähnlich liegen die Verhältnisse am Supreme Court. Auch hier treffen wir ein Organ, das sogenannte Rule Committee, das in erster Linie berufen ist, an dem Zustandekommen der Prozeßordnungen mitzuwirken. Und zwar setzt sich dasselbe zusammen teils aus Richtern beider Gerichte, also des High Court und des Court of Appeal, teils aber auch aus nichtrichterlichen Juristen. Von Richtern gehören dem Committee an der Lord Chancellor, der Lord Chief Justice, der Master of the Rolls, der Präsident der Probate Divorce and

---

[1]) Vgl. auch Koellreutter, Richter und Master S. 26, Anm. 1; Zimmermann, Justiz-Reform in England S. 16ff.

[2]) Das Gesetzesrecht der Engländer zerfällt mithin in das eigentliche Statute Law und in das Rule Law. Denn daß die Rules Gesetze sind, kann nicht bezweifelt werden. Schuster, Bürgerliche Rechtspflege S. 8 nennt die Rules Verordnungen. Allein dann handelt es sich doch eben stets um Rechtsverordnungen. Annual Practice vol. II, p. 380: „The rules have the effect of an Act of Parliament.“ Vgl. zum Ganzen auch Zimmermann, Justiz-Reform in England S. 16ff.

Admiralty Division[1]) und vier andere Mitglieder des Supreme Court, die vom Lord Chancellor ausdrücklich hierzu ernannt sind. Von Nichtrichtern gehören dem Committee an der Vorstand der Incorporated Law Society, d. h. der organisierten Standesvereinigung der niederen Rechtsanwälte, der Solicitors[2]), und ferner zwei andere, vom Lord Chancellor ernannte Mitglieder, von denen das eine praktizierender Barrister sein muß.[3]) Das Committee ist beschlußfähig, wenn mindestens fünf seiner Mitglieder anwesend sind, unter denen sich der Lord Chancellor selbst befinden muß.[4]) Obwohl so nicht nur aus Mitgliedern des Supreme Court zusammengesetzt, gilt das Committee doch als ein Organ des letzteren.[5])

β) Was nun die Funktionen dieses Rule Committee betrifft, so ist in ihnen ein Doppeltes zu unterscheiden.

Zunächst ist das Committee in ausgedehnter Weise an der Festsetzung der Normen beteiligt, die das Verfahren im weitesten Sinn betreffen, wie es vor dem Supreme Court, d. h. also dem High Court und dem Court of Appeal zur Anwendung zu kommen hat.[6]) Die Art und Weise, wie das Committee beteiligt ist, werden wir sofort weiter unten im einzelnen kennen lernen.[7]) Hier dagegen müssen wir zunächst die Grenzen feststellen, in welchen eine Mitwirkung stattfinden kann. Es handelt sich aber bei dem dem Committee verliehenen Recht um ein delegiertes Recht, Rechtsnormen aufzustellen. Die Delegation, die durch Gesetz erfolgt, kann natürlich nur im Rahmen des Gesetzes erteilt sein. Daraus ergibt sich der wichtige Satz: Die Delegation des Rule Committee geht nur soweit, als das Gesetz nicht selbst Normen aufstellt, was es allerdings bezüglich des Verfahrens nur in Hinblick auf die Hauptgesichtspunkte, also in durchaus normativer Weise tut.[8]) Dabei muß stets beachtet werden, daß die zahlreichen Judicature Acts in dieser Hinsicht als

---

[1]) Bezüglich aller dieser richterlichen Beamten vgl. vorläufig Schuster, Bürgerliche Rechtspflege S. 38 ff.

[2]) Vgl. hierzu vorläufig de Franqueville tom. I, p. 466 ss.; Hatschek Bd. I, S. 110, Anm. 1.

[3]) 38 and 39 Vict. c. 77 s. 17; 39 and 40 Vict. c. 17 s. 17; 44 and 45 Vict. c. 68 s. 19; 57 and 58 Vict. c. 16 s. 4; vgl. auch de Franqueville tom. II, p. 75 ss.; Hatschek Bd. II, S. 169 f.; unrichtig dessen Ausführungen Bd. II, S. 613; Wertheim S. 486 f.

[4]) Schuster, Bürgerliche Rechtspflege S. 39.

[5]) Ein Gesetz ist in Vorbereitung, welches die Zusammensetzung des Committee neu regelt. Law Times vol. 127, p. 469.

[6]) Hierher gehört auch das Rechtsmittelverfahren in bezug auf Urteile niederer Gerichte; 47 and 48 Vict. c. 61 s. 23.

[7]) Vgl. weiter unten S. 288 ff.

[8]) Schuster, Bürgerliche Rechtspflege S. 40, Anm. 4; Annual Practice vol. II, p. 380: „They" (i. e. the rules) „were made to carry out the statute, not to extend it".

eine einheitliche Gesetzgebung erscheinen, so daß die Rules sich mit keinem Satz eines der diesbezüglichen Gesetze in Widerspruch setzen können.[1]) Dagegen läßt sich der weitergehende Satz nicht aufstellen, daß Rules überhaupt nicht gegen Statutarrecht verstoßen dürfen. Es ergibt sich das ohne weiteres aus der positiven Gesetzesbestimmung, daß Rules z. B. die Gesetze über die Zusammensetzung der Jury nicht abändern können[2]), einer Bestimmung, die doch klar beweist, daß der Gesetzgeber prinzipiell annimmt, daß Rules Statutarrecht abzuändern vermögen.[3])

Eine zweite Begrenzung der Kompetenz des Rule Committee ergibt sich ferner von selbst. Das Committee ist zuständig zum Erlaß von Rules, sofern nicht das Gesetz eine andere Behörde für zuständig erklärt hat. Denn aus dem Satz, daß das Rule Committee ein Organ zur Aufstellung von Rules ist, folgt natürlich nicht der ganz andere Satz, daß es das einzige hierzu berufene Organ ist. In der Tat treffen wir auch noch andere Organe, denen dieses Recht delegiert ist.[4])

Innerhalb dieser Grenzen liegt die Kompetenz des Rule Committee, innerhalb dieser Grenzen ist seine Kompetenz eine völlig unbeschränkte.[5]) Es und nur es hat zu bestimmen, ob Rules zu erlassen sind oder nicht. Denn auch negativ geht seine Kompetenz autonom dahin (wie weit das Rule Committee bei dem Erlaß der Rules durch das Mitwirken anderer Organe beschränkt ist, werden wir noch sehen), daß es bestimmen kann, daß keine Rules zu erlassen sind.[6]) Hat es dies getan, so regelt sich das Verfahren nach den Vorschriften früherer Zeiten, kann also eventuell auf sogenanntem Common Law, d. h. auf Gewohnheitsrecht beruhen[7]),

---

[1]) Annual Practice vol. II, p. 381.

[2]) 38 and 39 Vict. c. 77 s. 20.

[3]) Nicht ganz zutreffend mithin Annual Practice vol. II, pp. 587 et seq.

[4]) So werden die Rules für das Verfahren vor der Probate Division von dem Präsidenten dieser Abteilung erlassen. Vgl. 38 and 39 Vict. c. 77 s. 18. Die Rules für das Verfahren vor dem Court of Criminal Appeal werden ebenfalls durch ein besonderes Committee erlassen, an dem aber die Richter des Appellhofes beteiligt sind. 7 Edw. VII c. 23 s. 18; Schoetensack, Gerichtssaal Bd. 72, S. 393f.

[5]) 38 and 39 Vict. c. 77 s. 17 gibt das Recht, Vorschriften zu entwerfen „(1) for regulating the sittings of the High Court and of any divisional or other court thereof, and of the judges of the High Court sitting in chambers; and (2) for regulating the pleading, practice and procedure in the High Court and Court of Appeal; and (3) generally, for regulating any matters to the practice and procedure of the said courts respectively, or to the duties of the officers thereof, or of the Supreme Court, or to the costs of proceedings therein".

[6]) Vgl. z. B. R. S. C. Order LXIII r. 1.

[7]) So beruht z. B. das Verfahren vor den Courts of Assize zum Teil auf Common Law. Wertheim S. 487.

ein Zustand, der aber dann natürlich jederzeit durch Eingreifen des Rule Committee beseitigt werden kann, wie dasselbe auch jederzeit seine eigenen Rules wieder aufheben oder abändern kann.

Allein auch bei der Aufstellung der Normen für das Verfahren vor unteren Gerichten ist das Rule Committee beteiligt. Besitzt nämlich ein niederes Gericht das Recht, sein Verfahren autonom zu regeln, ein Recht, welches bekanntlich die County Courts in ihrer Gesamtheit besitzen, ein Recht, welches auch einer Reihe von Sondergerichten eignet, so können diesbezügliche Rules nur mit Zustimmung des Rule Committee des Supreme Court erlassen werden. Dabei hat das letztere nicht nur ein Ablehnungsrecht, sondern auch ein Amendierungsrecht. Ja, es kann sogar existente Rules beseitigen und abändern, ohne daß hierzu eine Übereinstimmung mit dem betreffenden Organ des niederen Gerichtes erforderlich wäre.[1]) Im allgemeinen kommen hier die Vorschriften zur generellen Anwendung, die wir für den speziellen Fall der County Courts bereits früher kennen gelernt haben.[2])[3])

γ) Lassen wir nun den letzten Fall als hier nicht weiter interessierend beiseite, befassen wir uns nur noch mit der Mitwirkung des Rule Committee an der Normierung des Verfahrens vor dem Supreme Court! Um hier die Funktionen genau kennen zu lernen, die das Rule Committee besitzt, ist es notwendig, kurz das Verfahren zu skizzieren, das bei der Feststellung der Rules innezuhalten ist. Es gilt dabei folgendes: Das Rule Committee hat den Entwurf der Rules aufzustellen, hat also das Initiativrecht. Der Entwurf bedarf zu seiner Fertigstellung stets der Zustimmung des Lord Chancellor, der also insofern ein unbedingtes Vetorecht hat. Auf Grund des Vorschlages des Rule Committee werden dann die Rules publiziert. Vor 1881 bedurfte es hierzu einer Königlichen Order in Council, wobei wenigstens der Idee nach ein Vetorecht der Krone bestand, ohne daß dasselbe aber je ausgeübt wäre. Das Entscheidende war vielmehr das Veto des Lord Chancellor, der als solcher ja auch dem Parlament verantwortlich ist.[4]) Mit dem Erlaß der Order in Council gewannen die Rules Gesetzeskraft, und der Erlaß derselben war der eigentliche Gesetzgebungsakt.[5])

---

[1]) 47 and 48 Vict. c. 61 s. 24.

[2]) Vgl. oben S. 232 ff.

[3]) Wertheim S. 487. In Betracht kommen übrigens Gerichte wie der Lord Mayor's Court in London, der Liverpool Court of Passage und andere mehr. Vgl. Annual Practice vol. II, pp. 587 et seq.

[4]) Der Lord Chancellor ist ein politischer Beamter und wechselt mit dem Kabinett. Vgl. Hatschek Bd. II, S. 155 und weiter unten S. 391 ff.

[5]) Eine Publikation im Gesetzesblatt findet nicht statt. Vgl. die eingehenden Darlegungen bei Hatschek Bd. I, S. 140 ff.

Hiermit hat das Gesetz von 1881 gebrochen. Eine Königliche Verordnung ist nicht mehr erforderlich. Die neuen Rules werden vielmehr veröffentlicht, versehen mit der Unterschrift der mitwirkenden Richter.[1]) Die Rules treten, sofern nicht in ihnen ein anderes ausdrücklich bestimmt ist, sofort in Kraft.[2]) Sie müssen aber nach ihrer Publikation noch 40 Tage lang auf dem Tisch beider Häuser des Parlamentes niedergelegt werden.[3]) Sie können dann auf Grund einer Königlichen Verordnung wieder beseitigt werden, sofern eins der beiden Häuser darauf anträgt.[4]) Eine Verpflichtung der Krone zum Erlaß einer aufhebenden Verordnung besteht allerdings bei einem diesbezüglichen Antrag des Parlamentes im Prinzip nicht, was von Wichtigkeit ist, wenn von beiden Häusern entgegengesetzte Anträge bezüglich der Rules gestellt werden sollten. Ich bemerke übrigens ausdrücklich: Das ganze Niederlegen der Rules auf dem Tisch des Parlamentes bedeutet nur, daß dem Parlament die Einführung eines neuen Rechtssatzes zur Kenntnis gebracht wird. Der Ablauf der Frist hat also nicht etwa die Wirkung, daß nunmehr erst die Rules Gesetzeskraft erlangen, die sie bereits besitzen, sondern nur, daß das Parlament die Möglichkeit verliert, die Aufhebung eines bereits existenten Rechtssatzes ohne Gesetz herbeizuführen.[5])

δ) Auf Grund dieser Vorschriften sind nun eine Menge Verordnungen ergangen und ergehen täglich neue.[6]) Die Gesamtheit der

---

[1]) Unrichtig Hatschek Bd. II, S. 169 f.

[2]) 56 and 57 Vict. c. 66 s. 1 (2).

[3]) 38 and 39 Vict. c. 77 s. 17, ersetzt durch 44 and 45 Vict. c. 68 s. 19.

[4]) 38 and 39 Vict. c. 77 s. 25.

[5]) Unrichtig Schuster, Bürgerliche Rechtspflege S. 40, der annimmt, die Rules erlangten erst nach Ablauf der vierzigtägigen Frist Gesetzeskraft. Die Richtigkeit der von uns vertretenen Auffassung ergibt sich zur Evidenz aus dem Wortlaut der oben zitierten s. 25: „. . . Her Majesty may thereupon by Order in Council annul the same; and the Rule or Order so annulled shall thenceforth become void and of no effect, but without prejudice to the validity of any proceedings which may in the meantime have been taken under the same.“ Es ergibt sich hieraus, daß das Gesetz davon ausgeht, daß der Rechtssatz seine vollen Wirkungen schon äußert vor Ablauf der vierzigtägigen Frist, und daß die neue Verordnung einen existenten Rechtssatz aufhebt, und zwar ohne rückwirkende Kraft. Vgl. auch Annual Practice 1904, vol. II, p. 540: „. . . R. S. C. are to be laid before Parliament, but not before they come into operation.“ Vgl. auch Hatschek Bd. I, S. 141; Wertheim S. 487. Auch de Franqueville tom. II, p. 75 sagt zutreffend: „Toutes les dispositions arrêtées . . . . doivent être notifiées aux deux Chambres du Parlament dans les quarante jours qui suivent leur adoption . . .“.

[6]) Beiläufig sei darauf hingewiesen, daß das Rule Committee verpflichtet ist, wenn es neue Rules aufstellen will, den Entwurf 40 Tage vor der entscheidenden Sitzung zu veröffentlichen. Jede interessierte Körperschaft kann

Einzelrules ist dann wiederholt zu einheitlichen zusammenfassenden Gesetzen konsolidiert worden. Ich erwähne namentlich die Rules of the Supreme Court von 1883, die seither auch wiederholt abgeändert und ergänzt worden sind, ich erwähne ferner die Crown Office Rules und die Bankruptcy Rules von 1886 und andere mehr, die hier aufzuzählen zu weit führen würde.[1])

b) Abgesehen von diesen Funktionen, die, wie nochmals betont werden mag, nicht der Supreme Court als solcher, sondern nur ein bei ihm gebildeter Ausschuß zu erfüllen hat, hat aber auch der Supreme Court gewisse Aufgaben übertragen bekommen, zu deren Erledigung alle seine Mitglieder zusammenzutreten haben.

α) Zunächst hatte der Supreme Court das wichtige Recht, selbst Rules zu erlassen, und zwar hatte er dieses Recht sowohl in negativer als auch in positiver Richtung. Er konnte bestehende Rules aufheben und abändern, er konnte neue Rules erlassen. Voraussetzung war, daß die Majorität sämtlicher Mitglieder des Supreme Court dem Gesetzentwurf zustimmte, und daß sich der Lord Chancellor in der Majorität befand, so daß derselbe auch hier wieder ein unbedingtes Vetorecht besaß. Andererseits war aber nicht erforderlich, daß die Rules durch eine Order in Council zu Gesetzen gemacht wurden, vielmehr erlangten sie Gesetzeskraft mit der Annahme durch die Majorität der Mitglieder, so daß hier also der Supreme Court in noch gesteigerter Art und Weise an der Gesetzgebung beteiligt war, als wenn er durch das Rule Committee handelte.[2]) Dieses ganze Recht des Supreme Court ist indessen beseitigt worden durch die Gesetzgebung von 1881, so daß heute nur noch das Rule Committee zum Erlaß neuer Rules zuständig ist.[3])

β) Von Zeit zu Zeit, mindestens aber einmal jährlich haben die sämtlichen Richter des Supreme Court zu dem sogenannten Council of the Judges zusammenzutreten. Die Einberufung dieser Richterversammlung hat durch den Lord Chancellor und den Lord Chief Justice zu erfolgen.[4]) Aufgabe der Richterversammlung ist, die gesamten Rechtsverhältnisse in bezug sowohl auf das Verfahren wie auf die Gerichtsorganisation einer kritischen Prüfung zu unterziehen

---

dann zu dem Vorschlag Stellung nehmen und dem Committee schriftlich seine Bemerkungen zu demselben mitteilen, Bemerkungen die im Committee zum Gegenstand der Beratung gemacht werden müssen. Vgl. 56 and 57 Vict. c. 66 s. 1 (1 and 2).

[1]) Vgl. de Franqueville tom. II, p. 76 s. und p. 76, n. 2. Vgl. auch die interessanten Ausführungen Annual Practice vol. II, pp. 380 et seq. Vgl. zum Ganzen auch Encyclopaedia 1st Ed. vol. XI, pp. 331 et seq.

[2]) 38 and 39 Vict. c. 77 s. 17.

[3]) 44 and 45 Vict. c. 68 s. 19. Vgl. auch Annual Practice vol. II, p. 603.

[4]) Besondere Sitzungen können vom Lord Chancellor allein einberufen werden.

und über etwaige Mängel zu beraten, Abänderungsvorschläge zu machen und einen Bericht über die Verhandlungen dem Ministerium zur Kenntnisnahme einzureichen. In Betracht kommen nicht nur die Verhältnisse am Supreme Court, sondern auch die an sämtlichen niederen Gerichten, von denen ein Rechtsmittel an den Supreme Court läuft.[1]) Die Richterversammlung hat also stets nur das Recht zu gutachtlichen Äußerungen, ohne daß das Ministerium irgendwie gezwungen wäre, den Vorschlägen der Versammlung Folge zu leisten[2])[3]) und diesbezügliche Vorlagen dem Parlament zu unterbreiten. Und es muß bemerkt werden, daß von dieser Möglichkeit zu rechtlicher Mitwirkung seitens der Richter trotz zwingender Gesetzesvorschrift kein allzu lebhafter Gebrauch gemacht wird. Sind doch von 1873 bis 1906 nur drei Berichte über die Richterversammlungen bei der Regierung eingegangen.[4])

c) Die geschilderte Mitwirkung der Richter des Supreme Court an der Rechtsbildung des Gerichtsverfassungs- und Prozeßrechtes ist beachtenswert genug.[5]) Und es darf die Bedeutung dieser Mitwirkung nicht unterschätzt werden. Die eigentlichen Gesetze enthalten stets nur die Hauptgrundsätze des Verfahrens, die Ausführungsbestimmungen werden von dem Committee erlassen. Und die Krone kann den Vorschlägen des Rule Committee in praxi keinen Widerstand entgegensetzen. So werden in der Tat die Prozeßordnungen, abgesehen von den erwähnten Normativbestimmungen der Gesetze, im wesentlichen von dem Rule Committee erlassen, so weit das Verfahren vor dem Supreme Court in Frage kommt. Damit ist ein Doppeltes gewonnen: Einmal werden rein technische Fragen dem Parteigetriebe des Parlaments entzogen und von wirklich sachkundigen Gesetzgebern erledigt. Andererseits ist das Verfahren bei der Aufstellung von Rules ein sehr wenig kompliziertes. Änderungen des geltenden Rechtes sind leicht durchzuführen, Mängel desselben, die sich bei seiner Handhabung erweisen, Lücken, die durch neu auftretende Verhältnisse bedingt

---

[1]) 36 and 37 Vict. c. 66 s. 75.

[2]) So verlangte die Richterversammlung bereits 1892 die Einrichtung eines ständigen Court of Appeal in Kriminalsachen, ohne daß jedoch dieser Anregung Folge gegeben wäre. Vgl. de Franqueville tom. I, p. 213.

[3]) Einen etwas weitergehenden Einfluß hat die Richterversammlung in Bezug auf die Bestimmung der Ferien. Hier können auf ihren Vorschlag hin unter Zustimmung des Lord Chancellor Königliche Verordnungen ergehen, die die in Betracht kommenden Verhältnisse regeln, eine Möglichkeit, die indessen hier nicht weiter interessiert. Vgl. 36 and 37 Vict. c. 66 s. 27.

[4]) Vgl. die Verhandlungen im House of Commons vom 29. 7. 1908 und dazu Law Times vol. 125, p. 377.

[5]) Schuster, Bürgerliche Rechtspflege S. 40, Anm. 4 nennt sie ebenfalls einen sehr charakteristischen Punkt der englischen Gerichtsverfassung.

werden, können alle ohne jede Mühe sofort beseitigt werden. Da somit alles in Entwicklung bleibt und ist, wird die Flexibilität des Rechtes gewahrt, eine Erstarrung der Form kann jederzeit verhindert werden, und es ist die Möglichkeit gegeben, die Fehlergrenzen des an sich durchaus notwendigen Formalismus durch sofortige Abänderungen zu vermeiden. Es erscheint ferner die stete kritische Überwachung, unter der sich die Gerichtsverhältnisse des Supreme Court und der gesamten instanzlich untergeordneten Gerichte befinden, sehr praktisch. Kann doch jederzeit die Aufmerksamkeit der Regierung auf etwaige Mängel hingelenkt werden, so daß Reformaktionen leicht und noch dazu von kompetentester Seite eingeleitet werden können. Zweifellos ist es auch für den Richterstand nicht ohne Bedeutung, wenn er die eigenen, von ihm angewendeten Formen selbst stets kritisch zu werten hat. Eine derartige Pflicht hält den eigenen Blick frei und bewahrt den Richter vor der Gefahr, einseitig in den Formen selbst deren Endzweck zu sehen, statt in ihnen nur Mittel zur Erreichung der außerhalb ihrer selbst liegenden Zwecke zu erblicken.[1])

Auf der anderen Seite kann aber auch nicht übersehen werden, daß es doch auch nicht unbedenklich erscheinen muß, die Gerichtsverhältnisse ausschließlich von Juristen ordnen zu lassen. Wenn ja auch bei den eben geschilderten Verhältnissen nichtjuristischen Korporationen die Möglichkeit der Mitwirkung gewahrt worden ist, so ist diese Mitwirkung doch stets nur gutachtlicher Natur. Damit aber entsteht die Gefahr einseitiger Betonung formaler Technik, die keineswegs übersehen werden darf. So bedeutungsvoll es erscheinen mag, die Normierung in rein technischen Fragen dem Parteitreiben zu entziehen, so kann die weitere Frage, ob wir gut daran tun, solche Normierungen nur von Technikern vornehmen zu lassen, eben nicht unbedingt bejaht werden, weil die Anwendung der technischen Formen zu sozialen Zwecken und mit Wirkung auf die sozialen Verhältnisse zu erfolgen hat.

Ferner dürfte auch die allzu leichte Abänderungsmöglichkeit gewisse Gefahren in sich tragen. Es wird nur zu leicht zu Einzelabänderungen geschritten werden vom Einzelfall aus, und man wird vor lauter Einzelreformen schwer zu einer systematischen Gesamtreform kommen. Dadurch entsteht die Gefahr, daß sich die in Betracht kommenden Rechtsvorschriften in eine unübersichtliche Menge von Einzelbestimmungen auflösen, die zufällig nebeneinander stehen,

---

[1]) Es soll hier nicht etwa behauptet werden, daß in England die Verhältnisse in concreto so liegen, wie im Text geschildert; es sollen vielmehr nur abstrakt die Möglichkeiten gekennzeichnet werden, die sich aus den englischen Rechtseinrichtungen ergeben.

ohne aber zur wirklichen Einheit durch die Notwendigkeit des Systems zusammengefaßt zu werden. Daß diese Bedenken nicht unberechtigt sind, beweisen die Verhältnisse in England aufs schlagendste, wo man geradezu in einem Wust von Einzelvorschriften erstickt. Und es soll dabei noch nicht einmal berücksichtigt werden, daß für die verschiedenen besonderen Arten des Verfahrens wiederum eigene, besondere Prozeßgesetze ergangen sind, ich erinnere z. B. an das Verfahren vor der Probate Division, weil es sich hier um spezifisch englische Rechtseinrichtungen handelt. Es wird aber durch eine derartige Unübersichtlichkeit in der Tat das Prozeßrecht zu einer Geheimlehre der Juristen, in der sich ohne Juristen zurechtzufinden ein Ding der Unmöglichkeit sein dürfte.[1])

Abgesehen von diesen Bedenken, ich wiederhole das nochmals abschließend, erscheint die ganze Rechtseinrichtung sehr beachtenswert, und es dürfte sich doch wohl fragen, ob sie sich nicht etwa unter Beachtung und Vermeidung jener Bedenken in praxi durchführen und verwenden ließe, eine Frage, die hier indessen füglich nur erwähnt, nicht aber erörtert werden kann.

III. Gemeinsam dem High Court und dem Court of Appeal sind schließlich noch die Bestimmungen über die Einteilung des Gerichtsjahres und die Dauer der Gerichtsferien, die infolgedessen hier in aller Kürze zur Darstellung zu bringen sind.

1. a) Das englische Gerichtsjahr beginnt nach den sogenannten großen Ferien[2]) und dauert bis zu deren Beendigung. Es zerfällt

---

[1]) In dieser Hinsicht steht das deutsche Recht offenbar weit über dem englischen Recht. Allerdings wird von einseitig historischer Seite die Sache oft so dargestellt, als ob ein auf nationaler Grundlage beruhendes Recht dem Bewußtsein des einzelnen gewissermaßen immanent sei, was doch voraussetzen würde, daß der einzelne gewisse nationale Rechtsgedanken mit sich zur Welt als angeborene Vorstellungen brächte. Dann allerdings käme es auf ein System im Recht nicht mehr an, nicht mehr auf irgendwelche Klarheit und Allgemeinverständlichkeit, sondern nur noch auf den nationalen Inhalt des Rechtes, den jeder von selbst verstünde, oder besser gesagt, empfände und fühlte. So soll vom Standpunkt dieser Auffassung aus insoweit unser Recht bedeutend unter dem englischen Recht stehen, und es soll sich unser Volk direkt nach seinem alten, nationalen, ihm durch die Rezeption des französischen Rechtes entrissenen Recht zurücksehnen. Man denke sich den bayerischen Bauernjüngling, der sich nach seinem entrissenen nationalen Recht zurücksehnt, oder das rheinische Fabrikmädchen, oder wen man sonst will! Man hat dann sofort den schlagendsten Beweis für die Unhaltbarkeit einer derartigen Auffassung, wie sie in einseitigster Weise z. B. entwickelt Schwartz, Erneuerung deutscher Rechtspflege, namentlich S. 33—101. Vgl. dazu auch oben S. 137, Anm. 2.

[2]) Der Beginn des neuen Geschäftsjahres erfolgt unter Entfaltung großen Pompes. Es mag hier eine kurze Schilderung der Eröffnungsfeierlichkeit folgen, die ich der Tribune vom 14. Oktober 1907 entnehme. Sie beweist, auf welche Art das Ansehen der Gerichte in England erhöht wird,

in vier Sitzungsperioden, die Michaelmas Sittings vom 12. Oktober bis zum 21. Dezember, die Hilary Sittings vom 11. Januar bis zum Mittwoch vor Ostern, die Easter Sittings vom Donnerstag nach

ein Punkt, auf den wir noch später zurückkommen werden (vgl. dazu weiter unten S. 838 ff.):

„The ceremonial reopening of the Courts of Justice after the Long Vacation appeared to attract more public attention this year than usual. The reason, no doubt, was that the first day of the new legal year, after the shortest Long Vacation on record, happened to fall on a Saturday. This fact was sufficient to account for the crowded congregation at the service at Westminster Abbey and for the throngs of people who witnessed the processions of Judges both at the Abbey and at the Law Courts.

The Judges were accompanied at the Abbey service by a large array of ‚counsel learned in the law' and stuff-gownsmen. All, of course, wore wig and gown. The Lord Chancellor and the Lord Justices, in their State robes of black and gold, were in striking contrast with the scarlet-clad puisne Judges; and all these elaborate garments were thrown into strong relief by the sober silk or stuff-gowns of the Bar.

In the course of the service the special prayer for his Majesty's Judges and others concerned in the administration of justice was offered — the prayer ‚that they may boldly, discreetly, and mercifully fulfil their sacred duties'. The anthem was ‚Praise the Lord, my soul' (Wesley), and the only hymn sung was the familiar ‚O God, our help in ages past'. The clergy present were the Dean, the sub Dean, and the minor canons.

After the service the Judges, the King's Counsel, and a few representatives of the Junior Bar walked in procession across Old Palace-yard to the House of Lords, there to attend the Lord Chancellor's reception. First came the Lord Chancellor himself, with his macebearer and purse-bearer and retinue of attendants. After him walked the tall Lord Chief Justice, a striking figure in scarlet and ermine. The new Master of the Rolls (Sir H. Cozens-Hardy) preceded the other Lords Justices. Next came a larger group of puisne Judges, with Mr. Justice Grantham at their head, and the two new Judges — Mr. Justice Pickford and Mr. Justice Coleridge — in the rear. First in a long line of King's Counsel, wearing their full-bottomed wigs, were Sir Edward Clark and Sir Robert Finlay. The Junior Bar followed in their wake.

At the same time as the Abbey service there was a celebration of the Red Mass, or Mass of the Holy Ghost, at Westminster Cathedral. This was attended by Mr. Justice Walton and a number of Roman Catholic members of the Bar, and they also proceeded afterwards to the House of Lords.

After the reception the Judges and other guests breakfasted with the Lord Chancellor.

An hour later the Judges set out for Temple Bar. They drove along Whitehall and the Strand to the Law Courts, and there, forming another procession, walked in State through the Great Hall. The hall, as is usual on those occasions, was thronged with sightseers — ladies in bright costumes, barristers in wig and gown, and many others — including perhaps some litigants — in conventional morning dress. As the imposing procession advanced slowly along the floor of the hall cheers broke out again and again, the Lord Chancellor, the Lord Chief Justice, the Master of the Rolls, and the two newly-appointed King's Bench Judges being greeted with especial

der Osterwoche bis zum Freitag vor Pfingsten, die Trinity Sittings vom Donnerstag nach der Pfingstwoche bis zum 31. Juli.[1]) Die einzelnen Sitzungsperioden werden durch die großen Ferien, die Weihnachts-, Oster- und Pfingstferien unterbrochen, deren Länge, wie natürlich denn auch die der Sitzungsperioden, durch Königliche Verordnung auf Vorschlag des Council of Judges[2]) unter Zustimmung des Lord Chancellor festgestellt wird und jederzeit wieder abgeändert werden kann.[3])

b) Die sämtlichen Gerichte und Bureaus des Supreme Court funktionieren während der Sitzungsperioden im allgemeinen täglich von 10—4 Uhr, mit Ausnahme der gesetzlichen Feiertage und der Sonnabende, an welch letzteren bereits um 1 Uhr Bureauschluß ist.[4])

2. a) In den Ferien sind die sämtlichen Bureaus im allgemeinen von 10—2 Uhr geöffnet.[5]) Hiervon machen die District Registries eine Ausnahme. Da dieselben meist mit den County Court Registries verbunden sind,[6]) so richten sich ihre Bureaustunden durchaus nach denen der letzteren; die diesbezüglichen Bestimmungen, die für County Courts getroffen sind, sind also auch maßgebend für die District Registries.[7])

b) Außerdem funktionieren zwei Richter als Ferienrichter, und zwar entweder als Einzelrichter oder aber auch gemeinsam als Kammer, also als sogenannter Divisional Court.[8]) Diese Ferienrichter werden aus den Mitgliedern des High Court gewählt. Und zwar sind es im allgemeinen die zwei jüngsten Mitglieder des

---

warmth. After passing through the hall many of the Judges took their seats in their respective courts. The business transacted, however, was mainly of a formal charakter, and their Lordships adjourned early in the afternoon until to-day."

[1]) R. S. C. Order LXIII r. 1. Die großen Ferien dauerten ursprünglich vom 8. August bis zum 1. November. Durch Königliche Verordnung vom 1. März 1907 ist die jetzige Einteilung angeordnet worden. Vgl. Annual Practice vol. I, p. 941 und ferner die interessanten Ausführungen Law Times vol. 124, p. 230. Zum Ganzen auch Encyclopaedia 1st Ed. vol. XII, pp. 397 et seq.

[2]) Vgl. dazu weiter oben S. 290 f.

[3]) 36 and 37 Vict. c. 66 s. 27; R. S. C. Order LXIII r. 4.

[4]) R. S. C. l. c. r. 9. Die Zeiten variieren in einzelnen Bureaus. Einige sind von 11—5 Uhr geöffnet. Einzelheiten vgl. im Gesetz. Ferner Franqueville tom. II, p. 16 s.

[5]) 36 and 37 Vict. c. 66 s. 28; R. S. C. Order LXIII r. 4.

[6]) v. Lewinski, England als Erzieher? S. 6. Vgl. dazu auch weiter oben S. 193 f.

[7]) R. S. C. Order LXIII r. 7.

[8]) 36 and 37 Vict. c. 66 s. 28; R. S. C. l. c. r. 12. Das letztere ist nicht gebräuchlich. Encyclopaedia 1st Ed. vol. XII, p. 398: „In practice, one of the judges acts during the one half of the vacation, and the other during the second half . . ."

High Court, die hierzu bestimmt werden. Haben dieselben aber schon einmal als Ferienrichter funktioniert, so wechseln sich die übrigen Richter des High Court der Reihenfolge nach ab mit der Maßgabe, daß der Lord Chancellor nie Ferienrichter zu sein braucht.[1]) Die Bestimmung erfolgt für ein ganzes Jahr zu Beginn der großen Ferien und ist wirksam für alle Ferien, nicht etwa nur für die großen Ferien.[2])

c) Die Ferienrichter sind zuständig zur Erledigung aller Anträge, die einer besonderen Beschleunigung bedürfen.[3]) Es existieren also keine absolute Feriensachen, d. h. das Gesetz hat nicht etwa eine Kategorie bestimmter Sachen absolut zu Feriensachen gemacht. Vielmehr hat die Partei stets nachzuweisen, daß die Einzelumstände des speziellen Falles eine besonders rasche Erledigung des Antrages bedingen. Wir haben also nur relative Feriensachen, und die Sache wird zur Feriensache in Wahrheit erst dadurch, daß der Ferienrichter in die Verhandlung über sie eintritt. Kann er doch auch jeden Antrag wegen Mangels der Voraussetzungen feriengemäßer Erledigung abweisen. Im übrigen aber ist eine sehr auffallende Erscheinung zu beachten. Die dem High Court entnommenen Ferienrichter können nur Anträge erledigen, die an sich zur Zuständigkeit des High Court gehören, hier aber auch ohne Rücksicht darauf, an welche Abteilung des High Court ein solcher Antrag zu richten gewesen wäre. Nicht dagegen können sie Anträge erledigen, die zur Zuständigkeit des Court of Appeal gehören. Der Court of Appeal hat in der Tat keine Feriengerichte. Rechtsmittel gegen Entscheidungen des Ferienrichters, die an den Court of Appeal gehen, können infolgedessen auch nicht erledigt werden.[4]) Man sieht, hierin liegt eine außerordentlich bedenkliche Schwäche des Feriensystemes am High Court, was an dieser Stelle wohl nicht weiter ausgeführt zu werden braucht.[4])

---

[1]) R. S. C. Order XVIII r. 11.

[2]) Vgl. auch Wertheim S. 559.

[3]) In Betracht kommen „all such applications as may require to be immediately or promptly heard". 36 and 37 Vict. c. 66 s. 28; R. S. C. Order XVIII r. 11.

[4]) Das Gesetz freilich ordnet direkt an, daß auch in bezug auf den Court of Appeal diesbezügliche Ferieneinrichtungen getroffen werden sollen. Allein in der Tat ist dies bis jetzt nicht geschehen. Vgl. 36 and 37 Vict. c. 66 s. 28 in Verbindung mit s. 52. Und vgl. dazu namentlich Annual Practice vol. II, p. 526; Encyclopaedia 1st Ed. vol. XII, p. 398: „No rules have ever been made for sittings of the Court of Appeal during vacation." Die Praxis geht dahin, nur in den dringendsten Fällen in den Ferien Rechtshilfe zu gewähren. Wirkliche Verhandlungen kommen überhaupt nicht vor.

A) Der High Court.

§ 12. Historisches. Allgemeines.

I. 1. Es kann natürlich nicht daran gedacht werden, hier eine eingehende Darstellung der geschichtlichen Entwicklung des High Court zu geben, eine Aufgabe, die sowohl an Umfang wie an Inhalt völlig aus dem Rahmen einer systematischen Gesamtdarstellung der englischen Gerichtsverfassung fallen würde. Es kann vielmehr nur das an historischem Material herangezogen werden, was notwendig ist, um die große Gerichtsreform der siebziger Jahre ihrem Wesen und ihrer Bedeutung nach uns verständlich zu machen. Zweifellos ist diese Reform in der englischen Rechtsentwicklung eine der bedeutendsten Erscheinungen, die als solche zu erklären uns unsere ganze Aufgabe, die englischen Verhältnisse in ihrer Entwicklung zu begreifen, bereits zwingen würde. Aber abgesehen auch hiervon ist eine Erklärung deshalb notwendig, weil eben diese Reform in der neuesten deutschen Literatur auf das seltsamste ihrem eigentlichen Wesen nach mißverstanden worden ist.[1]) Und es ist der Irrtum in der Beurteilung dieser Phase englischer Rechtsentwicklung um so auffallender, als sich die richtige Auffassung in der englischen Literatur selbst auf das klarste ausgesprochen findet, eine Auffassung, deren Richtigkeit zu bestreiten dort niemals versucht worden ist, wenigstens nicht im Hinblick auf das entscheidende Moment.[2])

2. Um nun, wie gesagt, die Reform von 1873 ihrem Wesen nach verstehen zu können, müssen wir kurz die Gerichtsorganisation vor 1873 skizzieren, also vor der durch den Judicature Act von 1873 durchgeführten totalen Umgestaltung. Wir treffen neben den niederen Gerichten der Friedensrichter und neben den County Courts, die vorher bestanden, wie sie auch heute noch bestehen, in London eine Reihe von hohen Gerichten, kompetent für das ganze Reich. Diese Gerichte zerfallen im wesentlichen in zwei große Gruppen von Gerichten. Auf der einen Seite haben wir den Court of Queen's Bench, den Court of Common Pleas und den Court of Exchequer, auf der anderen Seite treffen wir den Court of Chancery. Daneben treten dann noch mehrere Spezialgerichte, der Court of Probate, der Court of Divorce and Matrimonial Causes und der Court of Admiralty.

---

[1]) So von Weidlich, Lisztsche Zeitschrift Bd. 28, S. 502 ff.

[2]) Ich verweise auf die sehr interessanten Ausführungen Century of Law Reform pp. 177—240; ferner Schuster, Bürgerliche Rechtspflege S. 9 ff. Eingehendere historische Darstellungen finden sich bei de Franqueville tom. I, pp. 125—173. Gneist, Englisches Verwaltungsrecht Bd. II, S. 963 ff. gibt eine detaillierte Darstellung der Gerichtsverfassung vor der großen Reform von 1873. Vgl. schließlich auch Brodie-Innes vol. I, pp. 7—85; Hatschek Bd. I, S. 148 f.

Schließlich ist noch zu erwähnen der Court of Bankruptcy, der für den Londoner Bezirk den Reichsgerichten angegliedert war, während für die Provinzen die Konkursgerichtsbarkeit von den County Courts ausgeübt wurde, so daß hier keine besonderen Konkursgerichte bestanden.[1])

Die letzterwähnten Spezialgerichte, zu denen der Court of Bankruptcy füglich auch gerechnet werden muß, interessieren hier nun nicht in erster Linie. Es mag nur so viel bemerkt werden, daß dieselben im wesentlichen nach römisch-kanonischen Rechtsgrundsätzen judizierten[2]), mithin auch ihr eigenes, unabhängiges Verfahren hatten. Daß auch der Court of Bankruptcy ein eigenes Verfahren hatte, ist bei der Eigenart des Gegenstandes und Zweckes eines jeden Konkursverfahrens selbstverständlich und nicht weiter beachtenswert.

Was nun aber die obenerwähnten anderen Gerichte anbetrifft, in denen also alle Klagen ohne Rücksicht auf den Streitgegenstand angebracht werden konnten, so bildeten die Gerichte Queen's Bench, Common Pleas und Exchequer zusammen die sogenannten Courts of Common Law, während der Court of Chancery im scharfen Gegensatz hierzu der Court of Equity war. Der Gegensatz von Equity und Common Law ist es also, der hier in erster Linie interessiert. Und es mag sofort betont werden, daß die Geschäftsverteilung der einzelnen Sachen auf die einzelnen Gerichte für das Folgende ohne Bedeutung ist und auch des näheren daher nicht dargestellt zu werden braucht.[3])

Bezüglich aber des Gegensatzes zwischen Common Law und Equity ist folgendes zu bemerken[4]): Ursprünglich urteilten die englischen Gerichte ausschließlich nach Common Law, d. h. nach dem alten Gewohnheitsrecht. Neben den Gerichten stand die Chancery

---

[1]) Die Geschichte der Konkursgerichte ist eine sehr wechselnde. Wir werden auf dieselben später noch zurückkommen. Vgl. einstweilen hier Gneist, Englisches Verwaltungsrecht S. 998—1000.

[2]) Gneist l. c. S. 1002.

[3]) de Franqueville tom. I, p. 170: „En fait, et sans entrer dans des détails d'une minime importance, on peut dire que les attributions de ces trois cours étaient sensiblement identiques; chacune d'elles connaissait, en appel, des jugements rendus par les cours de comté, dans les causes où la valeur de l'objet en litige dépassait cinq cents francs et jugeait, en premier ressort, toutes les affaires civiles que la loi ne réservait pas à des juridictions spéciales." Ursprünglich indessen sind die Funktionen der drei Gerichte durchaus verschieden. Odgers, Century of Law Reform pp. 209 et seq.

[4]) Der Unterschied, heute wenigstens theoretisch nur noch historisch, gibt dem englischen Recht vor 1873 sein charakteristisches, aber auch sein so schwer verständliches Gepräge. Vgl. Birrell, Century of Law Reform p. 178: „The distinction between Law and Equity is one which will never be grasped by the lay mind."

nur als eine Art Gerichtsschreiberei, die die Klageladungen ausgab, aber selbst mit der Entscheidung der Prozesse nichts zu tun hatte.[1]) Allmählich aber erwarb der Lord Chancellor eine besondere Art der Gerichtsbarkeit, die selbständig und durchaus eigenartig neben die bestehende, bisherige Gerichtsbarkeit trat. Während letztere an das geltende Recht gebunden nur das Common Law anzuwenden berufen war, griff die Gerichtsbarkeit des Lord Chancellor subsidiär da ein, wo die bisherigen Gerichte keinen Schutz auf Grund des Common Law gewähren konnten. Das Bedeutungsvolle des ganzen Vorgangs liegt mithin darin, nicht, daß ein neues Gericht entstand, sondern eine neue Rechtsquelle und aus ihr fließend ein neues Recht. Dem Common Law stellte der Lord Chancellor die Equity gegenüber, und er gewährte da den Rechtsschutz, wo ihn das Common Law versagte.

Allerdings war das neuerworbene Recht des Lord Chancellor kein unbeschränktes. Er hatte nicht die Möglichkeit, das Common Law direkt abzuändern, wohl aber es im weitesten Sinne, ohne an den Buchstaben gebunden zu sein, auszulegen und namentlich auch es zu ergänzen.[2]) Allein tatsächlich ging man weit über diese Grenzen hinaus.[3])

Es ist selbstverständlich, daß diese neue Gerichtsbarkeit und mehr noch dieses neue Recht seitens der alten Gerichte, die als solche das Common Law vertraten, heftig bekämpft wurden. Allein schon in ziemlich früher Zeit wurde der Streit zugunsten der Billigkeitsgerichte entschieden. Und indem Jakob I. die Frage, ob überhaupt die ganze Judikatur des Court of Chancery zu Recht bestehe, zugunsten des letzteren entschied,[4]) war damit implicite das Recht der Equity als solches, d. h. als Recht oder besser gesagt als Teil der gesamten Rechtsordnung anerkannt und ist in dieser seiner Bedeutung in der Folgezeit auch nicht mehr bestritten worden.

Ursprünglich nun wurde das Recht der Equity durch die Entscheidungen der verschiedenen Lord Chancellors gebildet, so daß wir in der diesbezüglichen Rechtssprechung wirklich das Prinzip der freien Rechtsfindung mit allen seinen Nachteilen, namentlich mit dem schrankenlosen Subjektivismus der einzelnen Richter[5]) ver-

---

[1]) Vgl. die sehr klare Darstellung Birrell, Century of Law Reform pp. 179 et seq.

[2]) de Franqueville tom. I, p. 166; Gneist, Englisches Verwaltungsrecht Bd. II, S. 992 f.

[3]) Odgers, Century of Law Reform p. 204: „ . . . when the clerks of the Chancery first issued writs in consimili casu, they were really altering and extending the existing substantive law."

[4]) de Franqueville tom. I, p. 167; Brodie-Innes vol. I, pp. 22 et seq.; Cohen, Spirit of Our Laws pp. 209, 212 n.

[5]) Treffend charakterisiert die Nachteile der freien Rechtsfindung Danz, Rechtsprechung nach der Volksanschauung und nach dem Gesetz S. 66,

körpert finden.[1]) Allein im weiteren Verlauf der Entwicklung bildeten sich feste Grundsätze heraus. Es wurde zur Regel, die Vorentscheidungen, die sogenannten Präcedentien als bindend anzuerkennen, und so entstand schließlich ein geschlossenes System des Rechtes der Equity, welches dem Common Law gleichberechtigt gegenübertrat.[2]) Damit hörte denn auch die freie Rechtsfindung auf. Auch der Court of Chancery hatte nun in erster Linie geltendes Recht anzuwenden, nicht mehr neues zu erzeugen. Dabei war das Recht der Equity womöglich noch starrer, noch weniger flexibel geworden als das Common Law.[3])

So ist das Endresultat dieser Entwicklung das: Zwei Rechtssysteme stehen sich gegenüber, völlig unabhängig voneinander, ja, sich sogar oft direkt widersprechend, in den Grundprinzipien jedenfalls durchaus konträr.[4]) Und wenn diese Verschiedenheit in erster Linie auch auf dem materiellen Recht basiert, so tritt sie doch ebenso schroff im Prozeßrecht, in der Gerichtsorganisation auf. Wir haben ein einheitliches System von Gerichten, kein einheitliches Prozeßrecht. Wir haben vielmehr zwei Systeme der Gerichtsorganisation, zwei differente Prozeßrechte. Durchaus selbständig stehen die Courts of Chancery den Courts of Common Law gegenüber. Beide haben ihren eigenen Rechtsmittelgang. Über den Courts of Common Law steht als Appellgericht der Court of Error in der Exchequer Chamber, gebildet aus den Mitgliedern derjenigen Reichsgerichte, deren Urteil nicht angefochten wurde, über den Courts of Chancery ein eigener Court of Appeal of Chancery, für den besondere Richter ernannt wurden.[5])

Anm. 1; vgl. auch Stier-Somlo, Freies Ermessen in Rechtsprechung und Verwaltung S. 514.

[1]) Wertheim S. 232 weist auf die Klagen der damaligen Zeit über die Unsicherheit, über das Schwankende einer derartigen Rechtsprechung hin.

[2]) de Franqueville tom. I, p. 167.

[3]) Odgers, Century of Law Reform p. 207: „The Court of Chancery had originally been designed to correct the evils that flowed from the too great strictness and technicality of the common law. It was supposed to administer a code of morals rather than strict law and to give redress to suitors in cases beyond the reach and outside the jurisdiction of the courts of common law. And so at first it did. But by the year 1800 it had become more technical, if that were possible, than the courts of common law themselves; its procedure had become more rigid; it would only grant relief in certain specified cases. However strong the moral claim of a plaintiff might be, he was constantly told he had no equity; often too he was sent to a court of common law, though the matter could more fitly be decided in equity."

[4]) Die Gegensätze finden sich kurz und präzis gegenübergestellt bei Brodie-Innes vol. I, pp. 23 et seq. Vgl. ferner die vorzügliche Darstellung bei Schuster, Bürgerliche Rechtspflege S. 11 ff.

[5]) Gneist, Englisches Verwaltungsrecht S. 972 f., 998.

Daß diese Verhältnisse in der Tat unhaltbar waren, bedarf keiner weiteren Ausführungen. Und es ist in dieser Hinsicht ohne jede Bedeutung, ob der Prozeßgang nach Equity oder Common Law besser oder schlechter war. Wir können deshalb auch ganz die an sich höchst interessante Reform des Jahres 1852 übergehen, durch welche der Chanceryprozeß reformiert wurde.[1]) Ist doch dieses Gesetz kein Vorläufer der großen Reform von 1873. Der Grundfehler, der für uns in Betracht kommt, und der durch die erwähnte Reform nicht berührt wurde, lag in dem Doppelsystem und in der weiteren Tatsache, daß die beiden Systeme nicht organisch miteinander verbunden waren, sondern unvermittelt, wie sie unabhängig voneinander entstanden waren, sich gegenüberstanden. Diese Unabhängigkeit ging so weit, daß die Urteile der Common Law Courts keine Rechtswirkung für die Chancery Courts besaßen, so daß trotz rechtskräftiger Entscheidung in dem einen Gericht eine Klage neu in dem anderen Gericht erhoben werden konnte, ein Zustand, der auf die Dauer unmöglich aufrecht erhalten werden konnte.[2]) Das Übel wurde um so größer als die verschiedenen Gerichte durchaus auf gegenseitige Rechtshilfe angewiesen waren, wie indes hier nicht weiter ausgeführt werden kann.[3])

3. Hier hat nun die große Gerichtsreform des Jahres 1873 eingesetzt.[4]) Und zwar liegt die Hauptbedeutung der als Judicature Act 1873 bekannten Gesetzgebung darin, daß der Gegensatz zwischen Law und Equity ein für allemal beseitigt worden ist. Die Reform ist also primär eine solche des materiellen Rechtes. Ihre Bedeutung liegt in der Überwindung dieses das ganze englische Recht bis dahin durchziehenden und, man kann sagen, zersetzenden Dualismus. Von Wichtigkeit sind namentlich die Gedanken, daß die Trennung zwischen

---

[1]) 15 and 16 Vict. c. 86; Birrell, Century of Law Reform pp. 190—192.

[2]) Vgl. Birrel, Century of Law Reform p. 178; treffend charakterisiert Odgers eodem loco p. 207 die Verhältnisse: „But things were very different in the year 1800. Then what was right in law was wrong in equity. Judgment would be given on the same facts for the plaintiff in Westminster Hall, for the defendant at Lincoln's Inn. The common law refused to recognise claims and defences which a court of equity allowed. A plaintiff who succeded at law was frequently restrained by an injunction issuing out of the Court of Chancery from enforcing the judgment which he had obtained at law. And even where there was no such sharp distinction on the substantive merits of the case, there were many pitfalls for an unwary suitor in the matter of procedure. To which was he to apply for redress, to a court of equity or to a court of law? If he sued in equity when he might have obtained redress of law, his bill was dismissed. If he sued at law when he should have filed a bill in equity, he was non-suited.“

[3]) Vgl. Odgers l. c. pp. 208, 209.

[4]) 36 and 37 Vict. c. 66.

Recht und Billigkeit beseitigt wird, daß die Rechtsverhältnisse der Billigkeit auch solche des strengen Rechtes sein sollen, daß namentlich aber in Konfliktsfällen die Grundsätze der Equity vorgehen sollen, und daß eine Reihe von Grundsätzen, die bis dahin nur auf dem Gebiete der Equity galten, nunmehr als allgemeine Rechtsgrundsätze ausschließlich angewandt werden sollen.[1]) Damit war, wie gesagt, ein einheitliches materielles Rechtssystem geschaffen worden, und dies, ich wiederhole es, macht die eigentliche Bedeutung der Reform von 1873 aus.

Allein selbstverständlich konnte die Reform hierbei nicht stehen bleiben. Der auf materiellem Gebiete beseitigte Dualismus durchzog, wie wir gesehen haben, auch die ganze Gerichtsorganisation, die insofern natürlich nur ein Spiegelbild des materiellen Rechtes bot. Es wäre natürlich undenkbar gewesen, den Gegensatz

---

[1]) 36 and 37 Vict. c. 66 ss. 24, 25; de Franqueville tom. I, p. 185; Schuster, Bürgerliche Rechtspflege S. 12 f. Eine andere Frage, auf die indes hier nicht weiter eingegangen werden kann, ist die, ob rein tatsächlich die Fusion zwischen Law und Equity wirklich durchgeführt werden kann. Hatschek Bd. I, S. 148 f. weist mit Recht darauf hin, daß eine völlige Fusion unmöglich sein dürfte der Präzedenzien halber. Nicht zutreffend dagegen erscheinen die Ausführungen des Richters Jessel: „There was no fusion of law and equity or anything of the sort. It was converting into one tribunal the administration of both in every case." Wenn jetzt die Grundsätze von Equity in jedem Fall anzuwenden sind, so sind damit doch die bis dahin beschränkt anwendbaren Grundsätze der Equity unbeschränkte geworden, und damit sind sie allgemeine Rechtsgedanken, während Law und Equity dem Begriffe nach Beschränkungen voraussetzen. Es kommt diese Tatsache, daß die gegenseitigen Beschränkungen, die also gerade das Wesen der Trennung ausmachten, gefallen sind, gut zum Ausdruck bei Odgers, Century of Law Reform p. 238: „Every court now applies the same principles of law and equity to the actual facts of the case; every court has power to grant whatever form of relief the nature of the case may require, whether legal or equitable." Odgers redet selbst dann ausdrücklich von einer „fusion of law and equity". Mit dem Ausgeführten steht natürlich nicht im Widerspruch, daß bestimmte Grundsätze des Equitysystems nie generell werden können, weil sie durch die Eigenart bestimmter Lebensverhältnisse bedingt sind. Hatschek Bd. I, S. 149, sieht den Erfolg der Reform nicht in einer Fusion der Rechtssysteme, wohl aber in einer Fusion der Jurisdiktionen, gibt aber selbst zu, daß Fusion der Rechtssysteme von der Reform angestrebt war. Aber in dem Augenblick, wo bestimmt wird, daß die Grundsätze des einen Systems für das andere System wirksam sein sollen, daß in allen Konfliktsfällen das eine System vorgehen soll, daß mithin Konfliktsfälle begrifflich nicht mehr möglich sein sollen, ist denn da nicht, zum mindestens der Idee nach, ein einheitliches Rechtssystem durchgeführt, die Fusion also vollzogen? Vgl. allerdings auch Annual Practice vol. II, p. 498 und die Entscheidung Joseph v. Lyons, Queen's Bench Division vol. XV, p. 285. Hier wird gleichfalls der Satz aufgestellt: „But these Acts do not abolish the distinction between law and equity . . ." Die Unhaltbarkeit desselben ist, glaube ich, im Vorstehenden nachgewiesen worden.

von Equity und Law in der Organisation der Gerichte weiter bestehen zu lassen, wo doch die Judikatur ebendieser Gerichte davon frei gemacht worden war. Es wäre das in der Tat eine unmögliche Anomalie gewesen. So zog die Reform auf materiellem Gebiet, die die primäre war, mit Naturnotwendigkeit die auf dem Gebiet der Gerichtsverfassung nach sich: An Stelle der Doppelorganisation, wie sie durch das materielle Recht bedingt war, tritt die einheitliche Organisation der Gerichte. Es wurden einheitliche Gerichte erster Instanz geschaffen, und auch die Appellinstanz wurde einheitlich geregelt. Und schließlich, wiederum begreiflich genug nach dem Vorausgeführten, entfiel mit der Trennung von Equity und Law auch völlig die Notwendigkeit eines getrennten Prozeßganges, und so kam man zu einer dritten Reform, man kam zu einer Vereinheitlichung des Prozeßrechtes, wenn wir hier einmal absehen wollen von den besonderen Arten des Verfahrens, bei denen die Modifikationen des Prozeßganges durch die besondere Natur des Streitgegenstandes bedingt werden.

Also: der durchgreifende Grundgedanke der Reform von 1873 war Verschmelzung von Law und Equity. Ausgehend mithin vom materiellen Recht kam man zu einer Reform der Gerichtsorganisation und damit auch zu einer Reform des Prozeßrechtes. Maßgebender Gedanke war aber stets Überwindung des Dualismus, Vereinheitlichung. Daß nun bei der Gerichtsorganisation die Courts of Chancery, Queen's Bench, Probate, Divorce and Admiralty nebst dem Court of Bankruptcy zu einem großen Gesamtgerichtshof vereinigt wurden[1]), ist von sehr nebensächlicher Bedeutung, wie auch die weitere Tatsache von geringerer Tragweite ist, daß der neu gebildete Court of Appeal mit dem ebenfalls neuen Gerichtshof, dem High Court, zu der höheren Einheit des Supreme Court zusammengefaßt wurde. Es handelte sich hier um eine recht lose administrative Zusammenfassung innerlich doch verschiedener Gerichte, bei denen der Grundgedanke englischen Lebens, wie wir später sehen werden, die Idee der Spezialisierung noch lebhaft genug entwickelt ist. Das Wesentliche ist, daß die einzelnen Abteilungen des High Court innerlich organisatorisch einheitliche Gerichte sind, Gerichte eines geschlossenen Rechts- und Gerichtssystems. Und daß sie vereinheitlicht wurden, das bezweckte die Reform. Sonst aber auch nichts. Und namentlich ist der Gedanke, den wir als maßgebende Idee bei der Reform des Jahres 1846 in bezug auf die County Courts kennen lernten, der Gedanke der Dezentralisation der

---

[1]) Die Courts of Common Pleas und of Exchequer wurden unterdrückt; de Franqueville tom. I, p. 176. Allerdings erfolgte, was hier indes nicht weiter interessiert, die definitive Unterdrückung erst 1881; 44 and 45 Vict. c. 68; Schuster, Bürgerliche Rechtspflege S. 8.

Rechtspflege nicht entscheidend und ausschlaggebend gewesen. Allerdings spielte die Frage der Dezentralisation der Rechtspflege auch eine gewisse Rolle bei der Gerichtsreform. Das zeigte sich namentlich in der Neuschaffung der District Registries, durch welche es ermöglicht wurde, den Prozeß wenigstens bis zur mündlichen Verhandlung in der Provinz führen zu können.[1] Allein, wie gesagt, von ausschlaggebender Bedeutung ist dieser Gedanke nicht geworden. Die Reform von 1873 bedeutet zwar einen neuen Schritt auf dem Wege weiter durchgeführter Dezentralisation der Rechtspflege, ihre eigentliche Bedeutung aber liegt in der Überwindung des Gegensatzes zwischen Law und Equity.

Das Ausgeführte hat zur Evidenz bereits bewiesen, wie unrichtig eine Auffassung ist, die das Wesen der Reform von 1873 in einer schärfer durchgeführten Zentralisation der Rechtspflege sieht. Ich brauche hier nichts weiter zu bemerken. Die eine Tatsache der Einführung der District Registries beweist allein schon die Unhaltbarkeit dieser historisch so gänzlich verfehlten Auffassung[2], die auch, wie gesagt, durch unsere sonstigen bisherigen Ausführungen genügend widerlegt ist.

Das Gesetz von 1873 ist wiederholt abgeändert worden. Diese Abänderungen sind indes hier ohne weiteres Interesse, da sie nur dem weiteren Ausbau der Organisation dienen, ohne aber grundlegend neue Gedanken zur Durchführung zu bringen, ohne daher auch für die Gesamtentwicklung von bestimmender Bedeutung zu sein. Wir brauchen daher an dieser Stelle auf die zahlreichen Judicature Acts und anderen Acts nicht weiter einzugehen, die in der Folgezeit erlassen worden sind.[3] [4]

---

[1]) 36 and 37 c. 66 s. 60.

[2]) Sie wird vertreten von Weidlich, Lisztsche Zeitschrift Bd. 28, S. 502 ff. Ich bemerke übrigens ausdrücklich: Selbst wenn man annimmt, daß Law und Equity noch heute bestehen, so kann man nicht leugnen, daß das Wesen der Reform von 1873 darin bestand, bestehende Unstimmigkeiten zwischen beiden zu beseitigen, so daß man also auch so zu einer unbedingten Ablehnung der Weidlichschen Auffassung kommen muß. Übrigens versucht Weidlich auch nicht einmal einen Beweis. Seine Ausführungen sind leere Behauptungen.

[3]) Vgl. zum Ganzen auch noch die interessanten Ausführungen von Cohen, Spirit of Our Laws p. 222.

[4]) Nur ein Punkt sei anmerkungsweise hervorgehoben, weil er ebenfalls deutlich beweist, wie die Dezentralisation immer mehr fortschreitet. Durch die Criminal Appeal Act ist 1907 bestimmt worden, daß der Court of Criminal Appeal nicht nur in London solle tagen können, sondern auch in anderen Orten, je nach Anweisung des Lord Chief Justice. In dieser Bestimmung liegt offenbar eine starke Durchbrechung des Prinzips der Zentralisation, und mit Recht hat man hierauf als auf eine der wesentlichsten Neuerungen des Gesetzes hingewiesen. Vgl. 7 Edw. VII c. 23 s. 1 (2).

II. 1. a) Werfen wir nach diesen kurzen historischen Bemerkungen einen raschen Blick auf die äußeren Einrichtungen des High Court, so sehen wir zunächst, daß derselbe präsidiert wird vom Lord Chancellor, in dessen Vertretung vom Lord Chief Justice,[1]) und in drei Hauptabteilungen zerfällt, die Chancery Division, die King's Bench Division[2]) und die Probate Divorce and Admiralty Division[3].) Man kann diese Abteilungen nicht etwa als Senate bezeichnen.[4]) Vielmehr handelt es sich in den einzelnen Abteilungen zunächst um verwaltungsmäßige Organisationen, aus denen die Prozeßbehörde als solche erst herausgebildet wird; es ist aber zuzugeben, daß in der englischen Literatur der Ausdruck z. B. King's Bench Division auch für das urteilende Gericht, nicht nur für die ganze Abteilung benutzt wird.[5])

Es mag nun gleich hier bemerkt werden, daß die Richter und die richterlichen Hilfsbeamten ernannt werden als Mitglieder einer bestimmten Abteilung, eine Tatsache, die den einzelnen Abteilungen in der Tat den Charakter selbständiger Gerichte verleiht.[6]) Es kann aber durch Königliche Verfügung ein Richter von einer Abteilung in die andere versetzt werden.[7]) Ferner kann jeder Richter einer Abteilung als Hilfs- und Ersatzrichter in einer anderen Abteilung verwandt werden, allerdings aber nur unter Zustimmung des Lord Chancellor und der Präsidenten der in Betracht kommenden Abteilungen.[8]) Die Gerichtschreibereien sämtlicher Abteilungen sind aber vereinigt und bilden in ihrer Gesamtheit das Central Office des High Court.

Vgl. ferner die treffenden Ausführungen Cohens, Criminal Appeal Act p. 21: „But a full Court sitting in the exercise of ordinary jurisdiction at (say) Liverpool or Manchester will be a notable innovation in our legal history."

[1]) 36 and 37 Vict. c. 66 s. 5.

[2]) Ich bemerke, daß die Abteilung unter der Regierung einer Königin Queen's Bench Division heißt.

[3]) Glaser, Handbuch des Strafprozesses Bd. I, S. 143 nennt diese Abteilungen irrtümlicherweise Divisional Courts. Ebenso, aber recht unverständlich Buch, Der Zwangsvergleich nach englischem Konkursrecht S. 49.

[4]) So z. B. Gneist, Englisches Verwaltungsrecht Bd. II, S. 1010 und im Anschluß an ihn Wertheim S. 186.

[5]) In den Prozeßberichten wird die Spruchbehörde meist mit dem Namen der mitwirkenden Richter bezeichnet, z. B. „Divorce Division. Before the President (Sir Gorell Barnes) and a Special Jury" oder „In the Chancery Division of the High Court, Mr. Justice Kekewich gave judgment in the case . . . " usw.

[6]) So sagt auch Brodie-Innes vol. I, p. 221: „Each of these Divisions is practically a separate Court."

[7]) 36 and 37 Vict. c. 66 s. 31.

[8]) 47 and 48 Vict. c. 61 s. 5. Dasselbe gilt übrigens auch für einen Richter des Court of Appeal. Vgl. weiter oben S. 284.

b) Aus den einzelnen Abteilungen werden die speziellen Spruchbehörden gebildet, die bald als Einzelrichter, bald als Kollegien, bald mit oder ohne Jury, bald mit oder ohne Zuziehung von Assessors funktionieren. In der King's Bench werden noch zwei besondere Spruchbehörden gebildet, einmal der Commercial Court, der mit einem Richter besetzt ist,[1]) und ferner der Court of Criminal Appeal.[2]) Der früher existierende Court for Crown Cases Reserved existiert dagegen als solcher nicht mehr. Seine Funktionen werden heute von dem Court of Criminal Appeal miterfüllt.[3])

2. So betrachtet erscheint der High Court als Zentralinstanz, als das für ganz England bestimmte, in London tagende Gericht. Allein daneben treffen wir noch organisatorische Einrichtungen, durch welche der High Court in gewisser Beschränkung zur Lokalinstanz wird. Hier ist ein Mehrfaches zu erwähnen. Einmal werden die sowohl kriminelle wie zivilrechtliche Funktionen ausübenden Assisengerichte in der Provinz selber abgehalten, und zwar an den verschiedensten Punkten derselben, und, was noch wichtiger ist, für lokal begrenzte Bezirke. Trotzdem erscheinen sie als Gerichte im prozessualen Sinne des High Court. Sie werden aber nicht aus einer der drei Abteilungen gebildet, vielmehr können die Richter aus allen Abteilungen genommen werden, ja selbst Richter des Court of Appeal dürfen als Assisenrichter verwandt werden.[4]) Auf der anderen Seite treffen wir über die ganze Provinz zerstreut die District Registries. Es sind das Gerichtsbureaus des High Court, besetzt mit Provinzialbeamten, im Gegensatz also zu den Assisen, die von den Richtern der Zentralinstanz abgehalten werden.

Als wichtige Lokalinstanz des High Court kommt ferner noch in Betracht der Court of Bankruptcy, welcher seit 1883 als völlig selbständige Unterabteilung der King's Bench Division angegliedert ist.[5]) Er bildet das Londoner Konkursgericht. Allerdings hat dies

---

[1]) Der Commercial Court ist also nicht eine besondere Abteilung, wie etwa der Court of Bankruptcy, der nur verbunden mit der King's Bench Division ist, ohne daß seine Selbständigkeit damit völlig aufgehoben wäre. Vgl. Brodie-Innes vol. I, p. 98 und weiter unten S. 347 ff.

[2]) Theoretisch ist allerdings der Court of Criminal Appeal keine Spruchbehörde der King's Bench Division, sondern ein besonderer, selbständiger Gerichtshof. Wir werden auf diesen Punkt weiter unten S. 346f. eingehend zurückkommen.

[3]) 7 Edw. VII c. 23 s. 20 (4). Die letzte Sitzung des alten Court for Crown Cases Reserved fand statt am 14. April 1908. Vgl. Law Times vol. 124, p. 566. Insofern treffen meine Ausführungen Englische Gerichtsverfassung S. 42 heute nicht mehr zu.

[4]) Vgl. vorläufig Encyclopaedia 1st Ed. vol. III, p. 31 und weiter unten § 21.

[5]) 46 and 47 Vict. c. 52 ss. 93 et seq., s. 153. Vgl. auch Hatschek Bd. II, S. 166.

Gericht wie der High Court überhaupt, in London zu funktionieren, allein es hat nur lokale Funktionen zu erfüllen, da es nicht ein Gericht für ganz England, sondern nur für einen lokalen Teil desselben ist. Das Wesen der Zentralinstanz ist aber, daß sie als Zentralorgan funktionell für alle Teile des Landes tätig werden kann. Da der Court of Bankruptcy nicht für ganz England funktionieren kann, so ergibt sich uns seine Bedeutung als Lokalinstanz auf das deutlichste, wie denn auch sein Bureauwesen völlig selbständig und vom Central Office durchaus getrennt ist.[1])

Ganz unbedeutend endlich sind die Funktionen, die die King's Bench Division als Kriminalgericht für London und Middlesex zu erfüllen hat. Allein auch hier liegt eine lokale Tätigkeit und Kompetenz vor, und so muß auch dies hier erwähnt werden.

So haben wir stets zu unterscheiden: der High Court funktioniert einmal als Zentralinstanz, auf der andern Seite aber als Lokalinstanz, eine Unterscheidung, die der Einteilung des Folgenden zugrunde gelegt werden soll.

III. 1. a) Unter die einzelnen Abteilungen des High Court sind die verschiedenen Sachen nach bestimmten Gesichtspunkten verteilt worden, wie wir des einzelnen noch weiter unten sehen werden.[2]) Allein im allgemeinen hat diese Verteilung keinen ausschließlichen Charakter. Sie ist keine obligatorische, sondern im allgemeinen nur eine fakultative Kompetenzordnung, wenn auch das Gesetz gewisse Kautelen gegen Mißbrauch der Parteiwillkür nicht entbehren zu können geglaubt hat.[3]) Prinzipiell gilt aber bezüglich aller Sachen, die im High Court angebracht werden können[4]), folgender Grundsatz: Der Kläger kann sich seine Abteilung frei wählen, er kann selbst bestimmen, ob er seine Klage oder sein Gesuch in der einen oder in der andern Abteilung anbringen will, sofern nicht das Gesetz ein anderes bestimmt.[5]) Allerdings macht das Gesetz gewisse Ausnahmen. So ist ausdrücklich bestimmt worden, daß in der Probate Divorce and Admiralty Division nur solche Angelegenheiten angebracht werden können, die an sich zur Zuständigkeit derselben gehören,[6]) während umgekehrt solche Angelegenheiten sehr wohl

[1]) Schuster, Bürgerliche Rechtspflege S. 25.

[2]) Vgl. weiter unten § 13.

[3]) Schuster, Bürgerliche Rechtspflege S. 13, 22; de Franqueville tom. I, p. 186 s.; tom. II, p. 78 ss.; Brodie-Innes vol. I, pp. 221 et seq.

[4]) Damit scheiden alle Appeals gegen Entscheidungen niederer Gerichte aus, da hier die Sachen im High Court nicht begonnen, sondern nur fortgesetzt werden. Derartige Appeals können also stets nur an die Divisional Courts der King's Bench Division gebracht werden.

[5]) 38 and 39 Vict. c. 77 s. 11.

[6]) 38 and 39 Vict. c. 77 s. 11 (3).

vor eine andere Abteilung gebracht werden können.[1]) Aber abgesehen von diesen Beschränkungen ist das Wahlrecht der Parteien ein freies.

b) Um nun aber hier Mißbräuchen vorzubeugen, hat das Gesetz, wie bereits erwähnt, einige Kautelbestimmungen getroffen. Wird eine Sache in einer Abteilung angebracht, vor die sie an sich nicht gehört, so kann dieselbe auf Antrag des Gegners durch das mit der Sache befaßte Gericht ohne weiteres an die an sich kompetente Abteilung verwiesen werden. Und es kann eine solche Verweisung auch von Amts wegen erfolgen; hier aber ergeht der Verweisungsbeschluß entweder vom Lord Chancellor oder von dem mit der Sache befaßten Gericht, und es bedarf zu seiner Rechtsgültigkeit der Zustimmung des Präsidenten der Abteilung, an welche verwiesen werden soll. Handlungen, die vor der Verweisung vorgenommen sind, verlieren übrigens ihre prozessuale Bedeutung durch die Verweisung nicht, sondern bleiben vollgültig. Ob es nun zu einer derartigen Verweisung kommen soll, entscheidet das Gericht nach freiem Ermessen. Es kann diesbezügliche Parteianträge auch ablehnen, und daraus ergibt sich negativ: Stellt die gegnerische Partei keinen Verweisungsantrag, wird auch nicht von Amts wegen verwiesen, so ist die an sich nicht kompetente Abteilung nicht etwa zuständig kraft Parteivereinbarung, sondern unmittelbar durch das Gesetz. Die Zuständigkeit der einzelnen Abteilungen ist mithin in den oben geschilderten Grenzen prinzipiell eine totale, unbeschränkte und gleichartige.[2]) Ich bemerke abschließend, daß sich die Praxis meist streng an die Regeln der fakultativen Kompetenzordnung hält, so daß in Wirklichkeit auch heute noch das Prinzip der Spezialisierung am High Court durchaus durchgeführt ist.[3])

2. Was das Verhältnis von Zentralinstanz und Lokalinstanz im High Court betrifft, so steht, soweit Sachen überhaupt in den Lokalinstanzen angebracht werden können, in allen Nichtkriminalsachen es dem Kläger frei, ob er in der Provinz oder in London vorgehen will. Statutarische Ausnahmen sind indessen möglich, so daß es auf Grund solcher zur Begründung eines auschließlichen Gerichtsstandes kommen kann. Tatsächlich kommen aber derartige Ausnahmen nur sehr selten vor und können infolgedessen

---

[1]) Unrichtig de Franqueville, tom. II, p. 78. Vgl. z. B. die Entscheidung Bradford v. Young und Pinney v. Hunt, Annual Practice vol. II, pp. 456, 552.

[2]) Vgl. zum Ganzen 38 and 39 Vict. c. 77 s. 11 (2); 36 and 37 Vict. c. 66 s. 36; R. S. C. Order XLIX rr. 1, 3.

[3]) Vgl. de Franqueville tom. II, pp. 78—80, woselbst auch die Gründe für diese Tatsache eingehend erörtert werden. Sie liegen zumeist in der speziellen Bildung der zur Aburteilung berufenen Richter. Vgl. dazu weiter unten S. 788 ff.

hier außer acht gelassen werden.[1]) Indessen gilt doch das Grundprinzip nur mit einer sehr weitgehenden Ausnahme: Indem nämlich dem Gericht das Recht eingeräumt ist, in allen Fällen den Ort, wo die Hauptverhandlung stattfinden soll, zu bestimmen, so ist damit dem Gericht, da dasselbe keineswegs an die Parteianträge gebunden ist, die Möglichkeit gegeben, entgegen der Wahl der Parteien einen anderen Ort für die Hauptverhandlung zu bestimmen. So ist das Wahlrecht der Parteien beschränkt durch das Bestimmungsrecht des Gerichtes. Und diese Korrektur, unter der es steht, ist durchaus geeignet, Unbilligkeiten, die aus ihm für den Gegner entstehen könnten, zu verhindern. Denn maßgebendes Prinzip für die an sich freie Entscheidung des Gerichtes ist natürlich, einen beiden Parteien möglichst genehmen Ort zur Prozeßführung zu bestimmen.[2])

Nachträgliche Veränderungen sind dagegen nur ausnahmsweise zulässig. So kann, falls eine Klage in einer District Registry begonnen ist, die Verhandlung auf Antrag einer der Parteien durch das Gericht, das frei zu entscheiden hat, vor die zuständige Zentralbehörde nach London gezogen werden.[3]) Eine bei den Assisen angebrachte Klage kann dagegen nicht verwiesen werden, sondern muß vor den Assisen erledigt werden.

Ausnahmsweise kann aber auch die Lokalinstanz ausschließlich zuständig sein. Dies ist der Fall bei Konkurssachen, die nur beim Court of Bankruptcy angebracht werden können, nicht aber bei den anderen Abteilungen des High Court. Hier ist also der Antragsteller direkt durch das Gesetz gezwungen, an die Lokalinstanz zu gehen, weil eben die Zentralinstanz als solche nicht zuständig ist.

Kriminalsachen müssen dagegen im allgemeinen in der Provinz angebracht werden. Allerdings ist die Zuständigkeit des High Court eine an sich unbeschränkte. Allein Klage kann nur unter bestimmten

---

[1]) Die Verhältnisse lagen früher anders. Die Verhandlung bestimmter Angelegenheiten mußte früher in bestimmten Grafschaften stattfinden, so daß die in Betracht kommenden Lokalinstanzen, die Assisen, ausschließlich örtlich zuständig waren. Man unterschied so alle Klagen in „local" und „transitory actions". Übrigens können statutarische Ausnahmen von dem Grundprinzip nur gemacht werden seit 1883. Alle früheren statutarischen Ausnahmen sind beseitigt. R. S. C. Order XXXVI r. 1 in Verbindung mit R. S. C. 1875, Order XXXVI r. 1; Annual Practice vol. I, p. 482; Schuster, Bürgerliche Rechtspflege S. 73 f.

[2]) R. S. C. Order XXXVI r. 1; Cohen, Spirit of Our Laws pp. 74, 75 in sehr interessanten Ausführungen; Annual Practice vol. I, p. 466; Brodie-Innes vol. I, p. 555 et seq.; Encyclopaedia 1st Ed. vol. XII, pp. 449 et seq.; Schuster, Bürgerliche Rechtspflege S. 79.

[3]) 36 and 37 Vict. c. 66 s. 65.

einengenden Voraussetzungen in London selbst erhoben werden, wie wir später noch sehen werden. In praxi sind die eigentlichen Strafgerichte die Lokalgerichte.

IV. 1. Was die Zuständigkeit des High Court betrifft, so kann die Lehre von der sachlichen Zuständigkeit hier zunächst unerörtert bleiben. Wir werden dieselbe erst später zur Darstellung zu bringen haben im Anschluß an die Schilderung des High Court und seiner einzelnen Teile.[1]) Es mag nur daran erinnert werden, daß dieselbe teils eine konkurrierende, teils aber auch eine ausschließliche ist, wie wir bei der Lehre von dem County Courts bereits sahen. Wohl aber müssen bezüglich der örtlichen Zuständigkeit in Zivilsachen einige allgemeine Bemerkungen gemacht werden.[2]) Die Lehre vereinfacht sich nun außerordentlich insofern, als, wie wir bereits gesehen haben, bezüglich der einzelnen Abteilungen des High Court, namentlich der einzelnen Lokalinstanzen in ihrem Verhältnisse untereinander im allgemeinen keine besonderen Bestimmungen über die örtliche Zuständigkeit getroffen sind; vielmehr gilt hier im allgemeinen der Satz, daß alle Klagen in jedem Gericht des High Court, sofern sie zur sachlichen Zuständigkeit gehören, angebracht werden können.[3]) Ein Satz ist indessen von größter Bedeutung und muß infolgedessen gleich hier erwähnt werden als Beschränkung der Zuständigkeit des High Court: Der High Court, dessen Gerichtsbezirk ganz England und Wales ist, ist örtlich nur zuständig, sofern bei ihm ein Gerichtsstand des Aufenthaltes gegeben ist, d. h. sofern sich der Beklagte im Gerichtsbezirk[4]) des High Court, also in England oder Wales, selbst aufhält.[5])

2. a) Allein dieser Satz gilt nicht ohne Ausnahme. Vielmehr kann Klage unter bestimmten Voraussetzungen auch erhoben werden, wenn sich der Beklagte im Auslande aufhält, sofern nur eine andere äußere Verbindung mit dem Gerichtsbezirk gegeben

---

[1]) Vgl. dazu weiter unten § 13.

[2]) Die örtliche Zuständigkeit in bezug auf Kriminalsachen werden wir ebenfalls erst bei der Einzeldarstellung mit behandeln. Vgl. unten S. 515 f.

[3]) Dies ist das Prinzip von R. S. C. Order XXXVI r. 1: „There shall be no local venue for the trial of any action", ein Satz, der auf einer sehr weitgehenden Durchführung des Prinzips der Zentralisation beruht. Interessant ist, daß die ausnahmslose Durchführung der Idee der Zentralisation, wie sie die Rules von 1875 anordneten, sich nicht durchführen ließ, und daß man bereits 1883 wieder Ausnahmen zuließ. Vgl. oben S. 309.

[4]) Schuster, Bürgerliche Rechtspflege S. 73 weist mit Recht auf die verschiedenen Bedeutungen des Wortes „Jurisdiction" hin und darauf, daß es hier Gerichtssprengel bedeutet. Vgl. auch Brodie-Innes vol. I, pp. 171 et seq.; Wertheim S. 312.

[5]) R. S. C. Order XI r. 1.

ist. Stets aber muß zur Klageerhebung eine besondere Erlaubnis durch das Gericht erteilt werden, die nach freiem Ermessen versagt werden kann. Es kann aber die Genehmigung zur Klageerhebung nur erteilt werden in folgenden Fällen:[1])

α) wenn der Prozeß sich auf ein Grundstück bezieht, das in England oder Wales belegen ist, sei es, daß eine dingliche Klage in Frage steht, sei es, daß sich der Streit um einen ein solches Grundstück betreffenden Vertrag dreht;

β) wenn der Beklagte in England oder Wales domiziliert ist oder sich gewöhnlich aufhält, ferner wenn der Beklagte als Streitgenosse einer bereits rite verklagten Partei verklagt werden soll;

γ) wenn Streitgegenstand Verletzung eines Vertrages ist, der in England oder Wales zu erfüllen ist; eine Ausnahme von diesem Satz existiert indessen wieder insofern, als hier nicht Parteien als Beklagte in Betracht kommen dürfen, die in Schottland oder Irland domiziliert sind oder sich ständig aufhalten; die Ausnahme bedeutet eine Abschwächung des sonst scharf durchgeführten Prinzips, daß Irland und Schottland in jeder Beziehung England und Wales gegenüber als Ausland gelten;[2])

δ) wenn es sich um Prozesse über die Verwaltung eines Nachlasses, handelt sofern der Erblasser zur Zeit des Todes in England domiziliert war;

ε) wenn es sich um einen Prozeß gegen einen Kurator eines Fideikommiß über das letztere handelt; Voraussetzung ist aber, daß in England belegene Grundstücke in Betracht kommen und ferner, daß englisches Recht anzuwenden ist;

ζ) wenn es sich um Anträge handelt, die ein Verbot schädigender Handlungen innerhalb des Gerichtsbezirkes oder ein Gebot der Beseitigung eines schädigenden Zustandes ebenfalls innerhalb des Gerichtsbezirkes bezwecken.

b) In allen diesen Fällen ist, wie bereits bemerkt, die gerichtliche Genehmigung unentbehrliche Voraussetzung der erweiterten Zuständigkeit. Dieselbe kann auch nicht etwa ersetzt werden durch Parteivereinbarung.[3]) Und daraus ergibt sich: Wir haben es in allen diesen Fällen zu tun mit einem Gerichtsstand kraft richterlicher Bestimmung. Denn in der Tat wird die Zuständigkeit erst begründet durch einen Akt des um Genehmigung angegangenen Gerichtes. Bei seiner Entscheidung, ob es Genehmigung zur Klageerhebung erteilen will, ist das Gericht völlig

---

[1]) Order XI r. 1; Schuster, Bürgerliche Rechtspflege S. 74 f.; Brodie-Innes vol. I, p. 195; Encyclopaedia 1st Ed. vol. XI, pp. 468 et seq.; de Franqueville tom. I, p. 87 s.; Wertheim S. 312 f.

[2]) Brodie-Innes vol. I, p. 172 und dort n. 1.

[3]) Brodie-Innes vol. I, p. 197.

frei. Voraussetzung einer Genehmigung wird zunächst natürlich sein, daß prima facie der Anspruch des Klägers nicht unbegründet ist, dann aber namentlich auch die Tatsache, daß es angebracht erscheint, die Klage im Inland und nicht im Ausland zu erheben.[1]) In diesem Sinne wird hier auch direkt von einem Forum conveniens gesprochen,[2]) einem Begriff, der indes das eigentlich wesentliche, weil zuständigkeitbegründende Moment nicht genügend in den Vordergrund schiebt. Ausdrücklich ist übrigens in dieser Hinsicht für Schottland und Irland bestimmt, daß, falls die Klage auch dort erhoben werden kann, der Richter die Genehmigung zur Klageerhebung nur dann gewähren soll, falls es praktischer ist, die Klage in England durchzuführen.[3]) Auch hierin liegt eine Milderung jenes Prinzips der Trennung, welches wir bereits oben kennen gelernt haben.

V. Eine eigenartige Stellung in der englischen Gerichtsverfassung nimmt der Central Criminal Court ein. Er ist zwar, wie schon bemerkt[4]), de facto ein selbständiger Gerichtshof. Allein theoretisch ist er es den Assisengerichten nahe verwandt, und werden die richterlichen Funktionen an ihm, obwohl selbständige Richter für ihn bestellt sind, zum Teil und gerade in den schwersten und wichtigsten Fällen durch Richter des High Court ausgeübt. Da das Gericht ferner gesetzlich stets unter dem Begriff Court of Assize mitverstanden wird[5]), so scheint es empfehlenswert, ihn im Anschluß an die Assisengerichte in seiner Organisation zur Darstellung zu bringen als eine Lokalinstanz des High Court[6]), ja wir müssen sogar sagen, daß er theoretisch nur ein besonders organisiertes Assisengericht des High Court ist.

1. Der High Court als Zentralinstanz.

§ 13. a) Die Kompetenzverteilung im High Court.

Der High Court als solcher hat eine Zuständigkeit erster und höherer Instanz. Als Gericht erster Instanz hat er eine allumfassende Zuständigkeit in zivilrechtlichen, kriminellen und administrativen Angelegenheiten. Man sieht, eine Fülle heterogenster

---

[1]) Annual Practice vol. I, p. 69.

[2]) Vgl. z. B. Brodie-Innes vol. I, pp. 184, 185.

[3]) R. S. C. Order XI r. 2.

[4]) Vgl. weiter oben S. 282.

[5]) 52 and 53 Vict. c. 63.

[6]) Der Central Criminal Court kann nur als Lokalinstanz betrachtet werden, weil er nur lokal beschränkte Bedeutung hat und keine allgemeine Zuständigkeit besitzt. Die Lage in London macht natürlich ein Gericht noch nicht zur Zentralinstanz.

Angelegenheiten ist ihm zur Erledigung überwiesen worden. Die einzelnen Sachen sind nun auf die einzelnen Abteilungen verteilt worden. Diese an sich ja größtenteils nur fakultative, wenn auch de facto wirklich durchgeführte Kompetenzordnung hat uns im folgenden zu beschäftigen. Sie knüpft an die alten, historischen Verhältnisse an, indem sie die einzelnen Abteilungen an Stelle der alten Reichsgerichte gesetzt hat, deren Kompetenz dann einfach zu der der Abteilung gemacht worden ist. So tritt die Chancery Division an Stelle der alten Billigkeitsgerichte, an Stelle des Court of Chancery, die King's Bench Division ersetzt die 3 Gerichte zu Westminster, den Court of Queen's Bench, den Court of Common Pleas und den Court of Exchequer. Die Spezialgerichte werden ersetzt durch die Probate Admiralty and Divorce Division und den Court of Bankruptcy.[1]) Selbstverständlich ist durch die Gesetzgebung der späteren Jahre die Kompetenzverteilung im einzelnen weiter ausgearbeitet worden. Aber der historische Ausgangspunkt ist prinzipiell nie verlassen worden. Und namentlich ist der alte Unterschied zwischen Law und Equity, der weiter fortlebt in den Gerichten der Chancery und King's Bench Division, der Grund, daß man auch heute noch von einer Common Law und einer Equity Side des High Court spricht. Allerdings ist dieser Unterschied heute nur mehr äußerlich. Es ist eine Differenzierung dem Streitgegenstande, nicht aber dem anzuwendenden Rechtssysteme nach, da ja in Wahrheit heute alles Recht in England Common Law ist.[2]) [3])

Im einzelnen gilt nun bezüglich der Kompetenzordnung das Folgende:

I. 1. Die Chancery Division hat im allgemeinen nur eine erstinstanzliche Zuständigkeit.[4]) Sie hat ferner nur zivilrechtliche

---

[1]) Gneist, Englisches Verwaltungsrecht Bd. II, S. 1010. Bezüglich der Zuständigkeit der alten Reichsgerichte vgl. ebendort S. 966ff. und Encyclopaedia 1st Ed. vol. XII, pp. 44 et seq.

[2]) Als gemeines Recht im Gegensatz zu dem besonderen Recht der früheren Zeit, nicht etwa als Gewohnheitsrecht im Gegensatz zum Statutarrecht. Beide Begriffsdifferenzierungen sind sehr wohl auseinanderzuhalten.

[3]) Die Bedenken, die aus dieser Anknüpfung an historisch gegebene Verhältnisse resultieren, entwickelt treffend Schuster, Bürgerliche Rechtspflege S. 231 ff.

[4]) Auch 25 and 26 Vict. c. 112 macht keine Ausnahme. Danach geht die Berufung gegen die Entscheidung der Charity Commissioners in bezug auf die Verwaltung von gemeinnützigen Stiftungen an die Chancery Division. In Wahrheit handelt es sich hier nicht um ein eigentliches Berufungsverfahren, sondern um ein nur subsidiär zugelassenes Prozeßverfahren, nachdem erst ein bestimmtes Verwaltungsverfahren innegehalten ist. Als Prozeßverfahren ist mithin das Verfahren vor der Chancery Division durchaus erstinstanzlicher Natur. Vgl. bezüglich dieses Punktes auch Schuster, Bürgerliche Rechtspflege S. 14. Ausnahmen dagegen finden sich in dem Guardianship of Infants

Streitigkeiten zu erledigen, ist also weder ein Kriminal- noch ein Verwaltungsgericht, sondern ein reines Zivilgericht, wenn wir hier von geringfügigen Ausnahmen absehen wollen. Wohl aber hat die Chancery Division sowohl Angelegenheiten der streitigen wie der freiwilligen Gerichtsbarkeit überwiesen bekommen. Eine strenge Abgrenzung beider funktioneller Tätigkeiten findet in ihr nicht statt, und es kann bei vielen der Materien, für welche sie kompetent ist, zu einem Verfahren nach beiden Richtungen hin kommen.[1])

2. Im allgemeinen begreift die Zuständigkeit der Chancery Division die alte Equityzuständigkeit.[2]) Das Gesetz weist ihr einmal alle diejenigen Angelegenheiten zu, die durch Statut zur Zuständigkeit des alten Court of Chancery gehörten, oder die später durch Statut der Chancery Division zur Erledigung übertragen worden sind, ferner eine Reihe speziell genannter Materien, die früher gewohnheitsrechtlich zur Kompetenz der Billigkeitsgerichte gehörten.[3]) [4])

3. a) Ohne indessen auf diese rein technische Unterscheidung hier mehr Rücksicht zu nehmen, so gehören zur Zuständigkeit der Chancery Division im allgemeinen folgende Angelegenheiten:[5])[6])

α) Zunächst sind zu nennen die Streitsachen (das Wort natürlich in Hinblick auf die Angelegenheiten der freiwilligen Gerichtsbarkeit im weitesten Sinne genommen), die sich auf die Verwaltung eines Fideikommisses, eines sogenannten Trust beziehen. Abgesehen von wirklich streitigen Sachen hat hier die Chancery Division ein sehr weites Betätigungsgebiet freiwilliger Gerichts-

---

Act, 49 and 50 Vict. c. 57. Danach gehen die Appeals gegen Entscheidungen der County Courts in diesem Fall an die Chancery Division. Vgl. Yearly County Court Practice vol. I, p. 125.

[1]) Schuster, Bürgerliche Rechtspflege S. 14f., 271f.

[2]) Brodie-Innes vol. I, p. 226; der Satz aber gilt natürlich nur cum grano salis. So heißt es in einem Urteil (Rogers v. Jones): „What is assigned to the Chancery Division is by no means coextensive with the old equity jurisdiction, but much less.“ Vgl. Annual Practice vol. II, p. 506. Nicht ganz richtig Wertheim S. 186f.

[3]) 36 and 37 Vict. c. 66 s. 34; Brodie-Innes vol. I, pp. 222 et seq. Schuster, Bürgerliche Rechtspflege S. 13f.; de Franqueville tom. I, p. 187 s. Es sind ferner eine Reihe neuerer, hier eingreifender Gesetze ergangen, vgl. Annual Practice vol. II, pp. 506 et seq.

[4]) Vgl. auch die Übersicht bei Brodie-Innes vol. I, pp. 223 et seq.

[5]) Brodie-Innes vol. I, p. 226 faßt sämtliche Fälle folgendermaßen zusammen: „... (1) matters relating to trusts ... (2) the specific performance of contracts ... (3) administration of the goods of a deceased ... (4) the protection of married women, children and persons of unsound mind ... and (5) certain other cases rendered peculiarly fit for Chancery jurisdiction ...“

[6]) Vgl. zum Folgenden Schuster, Bürgerliche Rechtspflege S. 13f. und S. 272ff.; auch Koellreutter, Richter und Master S. 28; namentlich aber Encyclopaedia 1st Ed. vol. II, pp. 442 et seq.

barkeit.[1]) Sie hat die Kuratoren der Trusts zu ernennen, sie hat ferner eventuell bestimmte Rechtshandlungen an Stelle der Kuratoren selbst vorzunehmen, sie hat deren Tätigkeit stets zu überwachen und durch Anweisungen zu leiten, und sie kann unter Umständen die ganze Verwaltung selbst in die Hand nehmen müssen. Nahe hiermit verwandt ist, daß die Chancery Division auch zur Nachlaßverwaltung berufen ist, in welcher Hinsicht sie eine Reihe von Funktionen zu erfüllen hat, die wiederum zumeist auf dem Gebiet der nicht streitigen Gerichtsbarkeit liegen.[2])

β) Des weiteren ist die Chancery Division die Obervormundschaftsbehörde. Auch hier handelt es sich zumeist um Angelegenheiten der freiwilligen Gerichtsbarkeit. Das Gericht hat namentlich Vormünder zu ernennen und abzusetzen und überhaupt stets da mitzuwirken, wo eine gerichtliche Mitwirkung durch das materielle Recht vorgeschrieben ist.[3]) Selbstverständlich können hier auch wirkliche Streitigkeiten i. e. S. zur Entscheidung stehen, man denke z. B. an Klagen auf Rechnungslegungen u. a. m., wie indes nicht weiter ausgeführt zu werden braucht.

γ) Die Chancery Division ist ferner insofern das Gesellschaftsgericht, als zu ihrer Kompetenz Klagen auf Auflösung von Gesellschaften, namentlich auch von Aktiengesellschaften und Klagen auf Rechnungslegung zwischen den Gesellschaftern unter sich und Dritten gegenüber gehören. Im Liquidationsverfahren ist die Chancery Division das Liquidationsgericht, und es mag darauf hingewiesen werden, daß sie als solche in bezug auf Aktiengesellschaften auch die Funktionen eines Konkursgerichts zu erfüllen hat, da das gewöhnliche Konkursrecht für Aktiengesellschaften nicht zur Anwendung kommt.[4])

δ) Der Oberaufsicht der Chancery Division sind des weiteren unterstellt die milden und gemeinnützigen Stiftungen. Stellenweis kann sie allerdings erst subsidiär eingreifen, nachdem zunächst der Verwaltungsweg vor den diesbezüglichen Behörden, den sogenannten Charity Commissioners, innegehalten ist. Zweifelhafte Fragen können aber auch sofort dem Gericht unterbreitet werden, ohne daß indessen hier auf die Einzelheiten näher eingegangen werden könnte.

ε) Eine Reihe verschiedenartiger Angelegenheiten, die gleichfalls zur Kompetenz der Chancery Division gehören, können nur ganz

---

[1]) Es ist nicht ganz unzutreffend, wenn Koellreutter l. c. S. 28 ausführt, daß das Hauptgewicht der Tätigkeit der Chancery Division heute auf dem Gebiete der freiwilligen Gerichtsbarkeit liege.

[2]) Einzelheiten bei Schuster, Bürgerliche Rechtspflege S. 273.

[3]) Einzelheiten bei Schuster l. c. S. 274 ff.

[4]) Schuster l. c. S. 310 ff.

kurz erwähnt werden. So sind unter bestimmten Voraussetzungen z. B. bei Gründung von Eisenbahngesellschaften Gelder bei dem Gericht einzuzahlen, von diesem zu verwalten und eventuell wieder auszuzahlen. Gewisse Verkäufe sind ferner durch die Chancery Division zu veranlassen und durchzuführen, wie sie bei ihr auch beantragt werden können, so z. B. der Verkauf eines Eigentumsrechtes an einem englischen Schiff, das an einen Ausländer gefallen ist.[1]) Die Veräußerung und Belastung des Grundbesitzes durch den Nutznießer untersteht ihrer Kontrolle, und schließlich ist sie das Teilungsgericht, vor dem sich eventuell auch ein etwa nötiger Zwangsverkauf abspielt, in bezug auf Grundstücke und Sachen jeder Art, sofern dieselben mit einem Pfandrecht belastet sind. Auch hier handelt es sich, wie man sieht, zumeist um Angelegenheiten der freiwilligen Gerichtsbarkeit.

ζ) Durchaus in das Gebiet der streitigen Gerichtsbarkeit gehören aber schließlich die folgenden Angelegenheiten, die noch in den Wirkungskreis der Chancery Division fallen: Klagen auf Wiedereinsetzung in den vorigen Stand in bezug auf beurkundete Obligationen wegen Irrtums, Betrugs und Zwanges und Klagen auf „spezifische Erfüllung", d. h. auf Naturalerfüllung von Verträgen zwischen Käufern, Verkäufern, Mietern und Vermietern von Grundstücken. Klagen auf Naturalerfüllung aus anderen Verträgen sind heute in der King's Bench Division zu erheben, während früher in den Common Law Courts überhaupt nicht auf Naturalleistung, sondern nur auf das Interesse geklagt werden konnte.[2])

b) Eine Zuständigkeit, die allerdings mehr verwaltungsmäßigen Charakter hat, entfaltet die Chancery Division noch insoweit, als sie die Tätigkeit der niederen Gerichte innerhalb ihrer eigenen konkurrierenden Zuständigkeit zu überwachen hat. In Ausübung dieses Rechtes kann sie dann jede Sache durch einen Writ of Certiorari an sich ziehen. Und noch weitergehend kann sie das Überschreiten der Kompetenz durch niedere Gerichte durch einen Writ of Prohibition verhindern. Die Chancery Division wird bei Erlaß derartiger Writs nicht etwa tätig nur in Ausübung ihrer zivilrechtlichen Zuständigkeit. Vielmehr ist der maßgebende Gesichtspunkt der, daß sie ein verwaltungsmäßiges Kontrollrecht über die niederen Gerichte ausübt, um ein sachgemäße Ausübung der Gerichtsbarkeit zu garantieren.[3])

---

[1]) Der Ausländer darf nicht Eigentümer bleiben. Schuster, Bürgerliche Rechtspflege S. 281.

[2]) Vgl. Koellreutter, Richter und Master S. 28, der indessen für das geltende Recht nicht ganz zutreffend ist.

[3]) Annual Practice vol. I, pp. 605, 606, 1057, 1058. Entscheidungen bezüglich eines Writ of Certiorari liegen nicht vor.

II. 1. Während so die Chancery Division das eigentliche Gericht für die freiwillige Gerichtsbarkeit ist, während die streitige Gerichtsbarkeit bei ihr stets mehr im Hintergrund bleibt, ist das eigentliche Gericht für die streitige Gerichtsbarkeit die King's Bench Division. Die Darstellung ihrer Zuständigkeit verursacht größere Schwierigkeiten[1]), einmal weil die King's Bench Division sowohl ein Gericht erster wie auch höherer Instanz ist, ferner weil sie nicht nur ein Zivilgericht, sondern auch ein Kriminal- und ein Verwaltungsgericht ist. So ist die King's Bench Division das vielseitigste Gericht Englands[2]), dem dabei immer noch neue Aufgaben aufgebürdet werden, wie z. B. gerade jetzt seine Zuständigkeit insofern stark erweitert worden ist, als ihm die Erledigung der Criminal Appeals gegen die Urteile der Quarter Sessions und der Courts of Assize übertragen worden ist.[3]) [4])

Im einzelnen haben wir nun zunächst zu unterscheiden, ob die King's Bench Division tätig wird als Gericht erster oder höherer Instanz.

a) Fassen wir zunächst die Kompetenz erster Instanz ins Auge, so haben wir wieder ein Dreifaches zu unterscheiden, eine zivilrechtliche, eine kriminelle und eine administrative Kompetenz, die getrennt zur Darstellung zu bringen sind. Ich bemerke hier nur, daß man die King's Bench Division in ihren verschiedenen Tätigkeiten verschieden bezeichnet. Und zwar redet man von der Nisi prius Side, meinend das Gericht als Zivilgericht, von der Revenue Side, worunter man die King's Bench Division als Gericht in Steuerangelegenheiten versteht, und schließlich von der Crown Side, welche Bezeichnung sich auf die Abteilung als Verwaltungs- und Strafgericht bezieht.[5]) Die Kenntnis dieser Bezeichnungen ist für Benutzung der englischen Literatur unentbehrlich, da sie als bekannte termini technici stets vorausgesetzt werden.

α) Was zunächst die Zivilgerichtsbarkeit der King's Bench

---

[1]) Vgl. namentlich Schuster, Bürgerliche Rechtspflege S. 17f.; ausführlicher de Franqueville tom. I, p. 188ss.; Brodie-Innes vol. I, pp. 226 et seq.

[2]) Koellreutter, Richter und Master S. 29f. Außerdem wird die King's Bench Division auch noch als Lokalinstanz tätig, wie bereits kurz erwähnt. Vgl. dazu weiter oben S. 306f. Ich bemerke, daß 1907 in der Chancery Division 6477, in der King's Bench Division dagegen 68 937 Sachen angängig gemacht worden sind. Vgl. Civil Judicial Statistics 1907, pp. 36, 37.

[3]) 7 Edw. VII c. 23.

[4]) Zum Ganzen 36 and 37 Vict. c. 66 s. 34; Order in Council vom 16. 12. 1880.

[5]) de Franqueville tom. I, pp. 189, 190; Hatschek Bd. II, S. 613. Nicht ganz zutreffend de Franqueville tom. II, p. 125 ss., daß in der Abteilung der Crown Side auch zivilrechtliche Angelegenheiten erledigt werden können. Es ist das nur indirekt richtig. Denn beim Writ of Mandamus usw., der sich allerdings auf eine zivilrechtliche Angelegenheit beziehen kann, ist doch der entscheidende Gesichtspunkt stets der (Justiz-)verwaltungsrechtliche.

Division betrifft, so läßt sich die selbe am besten negativ bestimmen. Die King's Bench Division ist zuständig in allen den Sachen, in denen keine ausschließliche, andere Zuständigkeit gegeben ist. Eine derartige ausschließliche Zuständigkeit haben wir bei den County Courts[1]) in Ausnahmefällen angetroffen, und sie kommt des ferneren vor bei den Sachen, die zur Zuständigkeit der Probate Divorce and Admiralty Division[2]) gehören. Und dieser ganze Satz wird auch nicht etwa durch das der King's Bench Division zustehende Recht durchbrochen, durch eine Writ of Certiorari jede an einem niederen Gericht schwebende Sache an sich zu ziehen. Denn dieses Recht findet seine Grenze in der Ausschließlichkeit der Zuständigkeit des niederen Gerichts, so daß eine Sache, die überhaupt nicht zur Zuständigkeit der King's Bench gehört, auch nicht im Certiorariverfahren durch sie erledigt werden kann. Allerdings ist dieser Grundsatz nur für die County Courts festgelegt worden,[3]) allein die diesbezüglichen Entscheidungen und die von ihm festgelegten Grundsätze müssen im Wege der Analogie auch auf das Kompetenzverhältnis der King's Bench Division auf andere, niedere Gerichte übertragen werden.

Was die Kompetenzverteilung am High Court selbst angeht, so sind der King's Bench Division alle die Zivilsachen überwiesen, die nicht einer anderen Abteilung überwiesen sind, wobei, wie ich wiederhole, die Abgrenzung der Chancery Division gegenüber keine zwingende, sondern nur eine fakultative ist.[4]) Es können mithin vor die King's Bench Division sowohl die kleinsten wie die größten Streitsachen gebracht werden. Allerdings enthält dagegen das Gesetz gewisse Kautelen, um die Überlastung des High Court mit Bagatellsachen zu verhüten, Bestimmungen, die wir bereits früher kennen gelernt haben.[5]) Die Zuständigkeit wird ausgeübt teils durch gewöhnlichen Prozeß in Form von Klageerhebung, teils aber auch dadurch, daß eine Sache durch einen sogenannten Writ of Certiorari, den wir später noch genauer kennen lernen werden, zur Erledigung an den High Court gezogen wird.[6])

β) Als Kriminalgericht hat die King's Bench Division ebenfalls eine sehr ausgedehnte Zuständigkeit, von der indessen nur selten Gebrauch gemacht wird.[7]) Allerdings ist die Zuständigkeit

---

[1]) Vgl. weiter oben S. 217.

[2]) Vgl. weiter oben S. 307 f.

[3]) Vgl. weiter oben S. 218, Anm. 2.

[4]) Weiter oben S. 307.

[5]) Vgl. weiter oben S. 219 ff.

[6]) Vgl. weiter unten S. 321.

[7]) Archbold, Pleading p. 111; Kenny, Outlines pp. 421 et seq.; Stephen, Digest of the Law of Criminal Procedure p. 11. Vgl. auch Criminal Judicial

begrifflich in bezug auf alle Indictable Offences eine unbeschränkte, also in bezug auf alle diejenigen Delikte, die an sich, sofern nicht ausdrücklich Ausnahmebestimmungen vorliegen, nicht summarisch von den Polizei- und Friedensgerichten abgeurteilt werden können. In dieser Hinsicht hat die King's Bench Division eine unbeschränkt den Courts of Assize und den Quarter Sessions konkurrierende Zuständigkeit.[1]) Allein dieser theoretisch unzweifelhafte Satz erleidet doch praktisch weitgehende Durchbrechungen. Tatsächlich wird eben herkömmlicherweise die Zuständigkeit der King's Bench Division in den meisten Fällen nicht ausgeübt, und wenn man nur ihre tatsächlich beschränkte Zuständigkeit ins Auge faßt, so gelten diesbezüglich für die Abteilung folgende Sätze: In erster Linie ist sie zuständig für jedes Delikt, welches ein englischer Beamter bei Ausübung seines Amtes außerhalb Englands begangen hat[2]), ferner für alle Misdemeanors, d. h. die leichteren Delikte[3]), sofern eine Verfolgung im Wege der Information zugelassen ist, d. i. der unmittelbaren Anklageerhebung vor dem erkennenden Gericht ohne vorhergegangenes Vorverfahren. Da nun aber im letzten Fall die Zulassung einer Information nur auf einen Beschluß der King's Bench Division hin erfolgt, so liegt hier in der Tat eine Zuständigkeit kraft Bestimmung durch den Richter, also eine vermittelte Zuständigkeit vor.[4]) Schließlich ist die King's Bench Division für die sämmtlichen Indictable Offences zuständig, sofern die Aburteilung derselben durch einen Writ of Certiorari den an sich zuständigen Gerichten abgenommen ist. Auch hier haben wir es nicht mit einer unmittelbaren, sondern mit einer durch Beschluß des Gerichtes begründeten und vermittelten Zuständigkeit zu tun, selbstverständlich stets vom Standpunkt der tatsächlichen Verhältnisse, nicht aber der rein theoretischen Betrachtungsweise aus. Auch diese Fälle kommen indessen selten vor. Man sieht, auch in Kriminalsachen können ganz unbedeutende Sachen vor die King's Bench Division gebracht werden.[5]) Eine starke Kautel hiergegen gewähren allerdings die sehr hohen Kosten[6]) und die Tatsache, daß in den meisten Fällen das freie Ermessen des Gerichtes über seine Zuständigkeit entscheidet.

Statistics 1907, p. 57. Danach sind 1907 unmittelbar nur zwei Kriminalsachen zur Erledigung an die King's Bench Division gebracht worden.

[1]) Archbold, Pleading p. 111.

[2]) 11 Will. III c. 12; 42 Geo. III c. 85.

[3]) Kenny, Outlines pp. 453, 454; Wertheim S. 296f.

[4]) Die Fälle sind sehr selten. Kenny l. c. p. 453, n. 4 erwähnt aus der letzten Zeit nur 3 Fälle für 1899.

[5]) de Franqueville tom. I, p. 190s.

[6]) Kenny, Outlines p. 424.

γ) Als Verwaltungsgericht endlich entfaltet die King's Bench Division ebenfalls eine sehr ausgedehnte Tätigkeit.[1]) Hier ist ein Dreifaches zu erwähnen. Einmal ist die King's Bench Division zuständig in allen streitigen Steuerangelegenheiten. Ferner ist sie zuständig zur Prüfung der Rechtsbeständigkeit parlamentarischer Wahlen.[2]) Und schließlich und letztens, wenn auch nicht der Wichtigkeit nach, übt die King's Bench Division die Rechtskontrolle über den gesamten Verwaltungsapparat des englischen Staates aus. Sie kann hier auf die mannigfachste Art und Weise tätig werden, und ich bemerke, daß unter dieser Verwaltungskontrolle auch die sämtlichen, niederen Justizverwaltungsbehörden im weitesten Sinne, als auch die untergeordneten Gerichte stehen. Die Mittel, die der King's Bench Division hierzu zur Verfügung stehen, und die am besten die Unbeschränktheit dieser ihrer das ganze Verwaltungsleben Englands umspannenden Zuständigkeit dartun, sind die folgenden: Vermittels eines Writ of Habeas Corpus kann jeder Behörde aufgegeben werden, eine verhaftete Person ohne Verzug vor das Gericht der King's Bench Division zu führen und die Berechtigung der Verhaftung nachzuweisen. So ist die King's Bench zuständig zur Nachprüfung sämtlicher Freiheitsentziehungen in England.[3]) Ferner kann durch einen Writ of Mandamus einer jeden Verwaltungsbehörde eine in ihren Funktionskreis fallende Handlung anbefohlen werden, so daß also die Abteilung jederzeit in die funktionelle Tätigkeit sämtlicher Verwaltungsbehörden und sämtlicher untergeordneter Gerichte eingreifen kann.[4]) Das Gegenstück zu dem Writ of Mandamus ist der Writ of Prohibition, der indessen nur in bedeutend engeren Grenzen zugelassen ist. Er enthält ein Verbot an eine Behörde, eine bestimmte Handlung vorzunehmen, weil diese Handlung nicht in ihren Kompetenzkreis gehört oder von ihr im konkreten Einzelfall nicht vorgenommen werden kann. Ein derartiger Writ kann aber nur an untergeordnete Gerichte erlassen werden, nicht dagegen an eigentliche Verwaltungs-

---

[1]) Siehe namentlich Hatschek Bd. II, S. 609ff., S. 344ff.; auch de Franqueville tom. I, p. 188ss.

[2]) Allerdings wird hier stets ein besonderer Gerichtshof ad hoc gebildet, der sogenannte Election Court. Allein die Bildung erfolgt aus der King's Bench Division heraus. Vgl. die Einzelheiten Encyclopaedia 1st Ed. vol. IV, pp. 427 et seq. Im übrigen handelt es sich hier um Angelegenheiten, die so ganz dem Verwaltungsrecht angehören, daß wir sie im folgenden völlig außer acht lassen können.

[3]) Wertheim S. 274ff.; Hatschek Bd. II, S. 613ff., S. 616 (daselbst ein Writ of Habeas Corpus abgedruckt); de Franqueville tom. I, p. 65ss.; tom. II, p. 131ss. Der dort mitgeteilte Fall beweist, wie schroff unter Umständen in der Praxis von dem Rechtsbehelf Gebrauch gemacht wird.

[4]) Wertheim S. 364f.; Hatschek Bd. II, S. 617.

behörden.[1]) Auf diese Art kann auch seitens der Parteien die Ablehnung befangener niederer Richter geltend gemacht werden.[2]) Noch weitereBefugnisse hat die King's Bench Division insofern, als sie durch einen Writ of Quo Warranto die Kommunalverbände überwachen kann. Bei Kompetenzüberschreitungen wird nämlich durch den erwähnten Writ dem Kommunalverband aufgegeben, den Rechtstitel zu der Handlung nachzuweisen.[3]) Daß diese Möglichkeit der King's Bench Division auch die Möglichkeit gibt, Anstellungen auf ihre Rechstgültigkeit hin nachzuprüfen, überhaupt in die Beamtenverhältnisse der Kommunen einzugreifen, haben wir bereits früher an einem konkreten Beispiel gezeigt.[4])

Schließlich ist noch das Recht der King's Bench Division zu erwähnen, durch einen Writ of Certiorari die Entscheidung in schwebenden Streitsachen an sich zu ziehen. Im allgemeinen steht dieses Recht der Abteilung nur den untergeordneten Gerichten gegenüber zu.[5]) Allein es kommen auch Fälle vor, wo sie auch in Verwaltungsstreitsachen davon Gebrauch macht, namentlich bei Kompetenzüberschreitungen von Verwaltungsbehörden. Andererseits ist in einer Reihe moderner Gesetze die Zuständigkeit der King's Bench Division in bezug auf ein solches Eingreifen in Verwaltungsangelegenheiten ausdrücklich durch Statut ausgeschlossen worden.[6]) Daraus ergibt sich uns das Resultat, daß in dubio ein Writ of Certiorari auch in Verwaltungsangelegenheiten zulässig ist.

Nahe mit dem Writ of Certiorari verwandt ist endlich das Recht der King's Bench Division, Sachen einem Gericht abzunehmen und einem anderen Gericht zur Erledigung zu überweisen. Auch

---

[1]) Irreführend Hatschek Bd. II, S. 611, richtig aber S. 620ff. Vgl. auch Wertheim S. 463; Brodie-Innes vol. I, p. 114.

[2]) Vgl. Morning Post vom 29. 2. 1908: „Before Justices Darling and Phillimore, sitting as a Divisional Court yesterday, Mr. Page moved, in the case of the ‚King v. Justices of Middlesex', on behalf of the Guardians and Assessment Committee of the Holborn Union for a rule for a writ of prohibition calling upon the Justices of Middlesex to abstain from hearing an appeal by the Metropolitan Electric Tramways Company against their assessment, while Sir R. Littler, Sir F. Cory-Wright, and other Justices were on the Bench. Counsel said that Middlesex County Council were the owners of the tramway and it was obviously improper that any member of the Council who was also a Justice should sit during the hearing of the appeal. Sir R. Littler was the chairman of the Middlesex County Council and of the Middlesex Justices, and Sir F. Cory-Wright was not only a Justice for Middlesex but was chairman of the Tramways Committee of the County Council. There were other magistrates who were also members of the County Council. The County Council were clearly interested in the appeal."

[3]) Hatschek Bd. II, S. 629ff.

[4]) Vgl. weiter oben S. 221, Anm. 5.

[5]) Vgl. z. B. 51 and 52 Vict. c. 43 s. 126.

[6]) Hatschek Bd. II, S. 622.

hierdurch übt sie eine gewisse Kontrolle über die niederen Gerichte aus, wie nicht weiter ausgeführt zu werden braucht.[1] [2])

b) Ebenfalls außerordentlich wichtig ist die Kompetenz. welche die King's Bench Division als Gericht höherer Instanz besitzt. Auch hier haben wir wieder zu unterscheiden, ob es sich um zivilrechtliche, kriminelle oder administrative Angelegenheiten handelt.

a) Fassen wir die zweitinstanzliche Zuständigkeit in Zivilsachen zunächst ins Auge, so ist hier ein Doppeltes zu unterscheiden.

aa) Zunächst gilt der folgende Satz: Soweit gegen die Entscheidungen eines niederen Gerichtes ein Rechtsmittel überhaupt zugelassen ist, ist zur Entscheidung über dasselbe die King's Bench Division zuständig, sofern nicht ein anderes ausdrücklich bestimmt ist. Derartige Ausnahmen kommen vor. So geht in allen Admiralitätssachen das Rechtsmittel gegen Entscheidungen niederer Gerichte an die Admiralty Division[3]); so ist für die Rechtsmittel gegen die Entscheidungen des Liverpool Court of Passage der Court of Appeal zuständig[4]); so ist die Rechtsmittelinstanz in Ehesachen, sofern eine Entscheidung niederer Gerichte angefochten wird (es sind dies die Entscheidungen der Petty Sessions), die Divorce Divison[5]); die Entscheidungen der Petty Sessions werden auch in Zivilsachen vor den Quarter Sessions angefochten, wie wir bereits gesehen haben[6]); das Rechtsmittel gegen Entscheidungen der County Courts auf Grund des Workmen's Compensation Act geht direkt an den Court of Appeal.[7]) Aber abgesehen von diesen mehr oder weniger unbedeutenden und willkürlichen Ausnahmen geht die große Menge der Rechtsmittel in Zivilsachen an die King's

---

[1]) Zu den administrativen Funktionen rechnet de Franqueville tom. I, p. 189 noch das Verfahren, das auf Grund einer sogenannten Petition of Right durchgeführt wird. Allein tatsächlich handelt es sich hier nur um eine besondere Art des Verfahrens, nicht um eine inhaltlich besonders geartete Zuständigkeit. Mit der Petition of Right können alle Ansprüche Einzelner gegen den Staat durchgeführt werden, so daß wir es in den meisten Fällen mit rein zivilrechtlichen Ansprüchen zu tun haben. Vgl. auch Hatschek Bd. I, S. 88ff. Übrigens können mit einer solchen Petition auch Ansprüche vor der Chancery Division verfolgt werden. Annual Practice vol. I, p. 757.

[2]) 1907 wurden beantragt: 24 Writs of Habeas Corpus, 54 Writs of Mandamus, 49 Writs of Prohibition, 24 Writs of Certiorari. Civil Judicial Statistics 1907, p. 91.

[3]) R. S. C. Order LIX r. 4.

[4]) Annual Practice vol. I, pp. 914, 915.

[5]) R. S. C. Order LIX r. 4a; Cohen, Spirit of Our Laws p. 258, n. 2; Douglas, Summary Jurisdiction Procedure p. 187.

[6]) Vgl. weiter oben S. 60ff.

[7]) Yearly County Court Practice vol. I, p. 554; 60 and 61 Vict. c. 37 Schedule II (4); Rules zu diesem Gesetz Rule 36. Übersehen von Peters, Englisches Bürgerliches Streitverfahren S. 36.

Bench Division, die also im wesentlichen das Gericht zweiter Instanz für die von niederen Gerichten entschiedenen Zivilsachen ist.

Ohne hier nun in die Einzelheiten der Lehre einzutreten, in welchen Fällen und unter welchen Voraussetzungen ein Rechtsmittel gegen Entscheidungen unterer Gerichte gegeben ist, müssen wir doch die wichtigsten Bestimmungen, die namentlich in praxi die größte Bedeutung haben, kurz kennen lernen; es sind dies die generellen Bestimmungen für die gegen die Entscheidungen der County Courts zulässigen Rechtsmittel. Hier gilt das Folgende:

Eine jede Entscheidung eines County Court,, sei es eine finale oder eine interlokutorische,[1]) kann mit Rechtsmitteln angefochten werden, sofern der Streitgegenstand einen höheren Wert als £ 20 besitzt.[2]) Von diesem generellen Satz existieren indes einzelne wichtige Ausnahmen: So existiert z. B. eine unbeschränkte Appellmöglichkeit in allen Equitystreitsachen, ferner in allen Klagen wegen Vertreibung aus dem Besitz und in allen Klagen, falls der Titel eines Erbgutes in Frage kommt.[3]) [4]). Der Streitwert berechnet sich nach der Klagebehauptung. Sofern auf Grund der Klagebehauptung der Streitwert mehr wie £ 20 beträgt, ist das

---

1) Es war zunächst zweifelhaft, ob auch interlokutorische Entscheidungen appellabel waren oder nicht. Die Frage ist jetzt im Sinne des Textes entschieden, wie sich m. E. auch aus dem klaren Wortlaut des Gesetzes ergibt. Vgl. Yearly County Court Practice vol. I, p. 127. Anderer Ansicht Wertheim S. 33.

2) Cohen, Spirit of Our Laws p. 113; Brodie-Innes vol. I, p. 816; Stein, Zur Justizreform S. 50.

3) Vgl. de Franqueville tom. II, p. 221 s. Hier wird „hereditament" einfach mit „propriété" übersetzt, was nicht ganz zutreffend ist.

4) 51 and 52 Vict. c. 43 ss. 120—122. Einzelheiten Yearly County Court Practice vol. I, pp. 124 et seq., insbesondere p. 125. „An appeal may be brought without leave in the following cases:

(a) In all equity actions or matters; an appeal will lie without leave against so much of a judgment as grants an injunction, although less than 20 l. damages is claimed or recovered in the action: Brune v. James (1898), 1 Q. B. 417;

(b) In all actions of ejectment as distinguished from actions for the recovery of tenements by landlords (cf. para. (f), infra), irrespective of the value or rent of the premises, and in all actions in which the title to any corporeal or incorporeal hereditament comes in question;

(c) In all actions where the parties agree that the court shall have jurisdiction;

(d) In all actions of contract or tort where the debt or damage claimed exceeds 20 l.;

(e) In all actions or replevin where the amount of rent or damage or value of the goods seized exceeds 20 l.;

(f) In all actions for the recovery of tenements where the yearly rent or value of the premises exceeds 20 l;

(g) In proceedings in interpleader where the money claimed, or the value of the goods and chattels, or of the proceeds thereof, exceeds 20 l.

Rechtsmittel gegeben. Aus diesem Satze ergeben sich zwei wichtige Konsequenzen: Einmal ist nicht entscheidend der im Urteil zugesprochene Betrag. Ferner aber auch nicht der im Klageantrag geforderte Betrag. Letzterer kann niedriger sein als der tatsächliche Streitwert. Da dieser entscheidend für die Existenz oder Nichtexistenz einer Rechtsmittelmöglichkeit ist, so kann der Kläger dem Beklagten nicht das Recht auf Appeal durch Zuwenigfordern entziehen. Man denke z. B. an sukzessive Klageerhebung. Andererseits kann der tatsächliche Streitwert auch niedriger sein wie der klagweise geforderte. Eine Rechtsmittelmöglichkeit besteht auch hier nicht, falls Kläger mehr verlangt, als er nach seinen eigenen Klagebehauptungen zu verlangen berechtigt ist.[1])

In allen Fällen nun, wo das Rechtsmittel gesetzlich ausgeschlossen ist, ist der Ausschluß kein absoluter, sondern nur ein relativer. Es kann nämlich der judex a quo stets die Erlaubnis zur Einlegung eines Rechtsmittels erteilen, so daß also auch hier eine Rechtsmittelmöglichkeit, wenn auch nur eine bedingte, existiert. Die Praxis macht indes von dieser Möglichkeit nur einen sehr beschränkten Gebrauch, und die niederen Gerichte erteilen die Genehmigung zur Rechtsmitteleinlegung nur sehr restriktiv. Im allgemeinen können zwei Grundsätze für die Praxis als maßgebend festgestellt werden. Die Genehmigung wird da erteilt, wo eine prinzipielle Frage zur Entscheidung steht, ferner dann, wenn der Streitwert sich unter £ 20 hält, wenn aber zwar nicht prozessual, wohl aber tatsächlich ein höherer Wert in Frage steht.[2])

Ich bemerke noch, daß das Rechtsmittel als solches inhaltlich nur ein sehr beschränktes ist. Es kann nämlich nur auf eine Rechtsverletzung oder auf unzulässige Zulassung oder Verweigerung von Beweisen gestützt werden. Es ist also eine Art weiterer Revision. Der High Court kann übrigens die Sache in die Vorinstanz zur abermaligen Verhandlung zurückweisen, er kann aber auch selbst positiv wie negativ Entscheidung treffen.[3])

Schließlich sei darauf hingewiesen, daß durch Parteivereinbarung noch vor der Entscheidung die Rechtsmittelmöglichkeit ausgeschlossen werden kann, so daß hierdurch das Verfahren vor dem County Court zu einem entgültigen gemacht wird.[4]) [5])

---

1) Yearly County Court Practice vol. I, p. 124.

2) Yearly County Court Practice vol. I, p. 125, wo es aber auch heißt: „Even where a question of principle is involved, leave to appeal is very sparingly given."

3) 51 and 52 Vict. c. 43 s. 122.

4) 51 and 52 Vict. c. 43 s. 123.

5) Bei Adickes, Grundlinien S. 76ff. findet sich eine Vergleichung deutscher und englischer Berufungsziffern. Daß dieselbe durchaus irreführend ist, hat

ββ) Wir werden später sehen, daß eine Reihe richterlicher Zwischenentscheidungen im Verfahren vor dem High Court, durch die Masters, eine Art Richter zweiter Klasse, erlassen werden können.[1]) Gegen eine solche Entscheidung ist ebenfalls ein Rechtsmittel gegeben, das von der King's Bench Division erledigt wird.[2])[3]) Hier ist also dasselbe Gericht nur in verschiedener Besetzung (die Besetzung allerdings ist auch eine qualitativ verschiedene) zuständig in erster und zweiter Instanz. Und dasselbe ist noch unter einer weiteren Voraussetzung möglich: Wir werden gleichfalls später noch sehen, daß eine Reihe von richterlichen Entscheidungen vom Gericht nicht „in open court", sondern „at chambers" erlassen wird.[4]) Soweit nun das letztere der Fall ist, und keine gegenteilige, gesetzliche Einschränkung vorliegt, ist auch gegen derartige Entscheidungen ein Rechtsmittel gegeben.[5]) Auch hier ist, soweit es sich nicht um Entscheidungen betreffend „practice and procedure" handelt, das zur Entscheidung zuständige Gericht dasselbe, dessen Entscheidung angefochten wird, die King's Bench Division, ebenfalls nur in anderer Besetzung.[6]) Da nun die Entscheidung über einen Zwischenbescheid eines Master durch einen Richter in Chambers gefällt wird, dagegen aber eventuell das eben erwähnte Rechtsmittel läuft, so haben wir hier den sehr seltsamen Fall, daß ein und dasselbe Gericht tätig wird in erster, zweiter und dritter Instanz.[7])

---

bereits Stein, Zur Justizreform S. 50f. treffend nachgewiesen, wo namentlich auf den Hauptfehler von Adickes hingewiesen wird, daß letzterer die Zahl der Rechtsmittel in Beziehung setzt zu den anhängig gewordenen, nicht aber, wie es hätte geschehen müssen, zu den berufungsfähigen Sachen. Vgl. auch Hirschfeld, Preußische Jahrbücher Bd. 125, S. 451; v. Lewinski, England als Erzieher? S. 30ff. Interessante Bemerkungen zu dieser Frage finden sich übrigens schon bei de Franqueville tom. II, p. 222. Schon dort wird richtig auf die Gründe der geringen Zahl von Rechtsmitteln hingewiesen: weitgehender, gesetzlicher Ausschluß, Charakter des Rechtsmittels als Revision und Höhe der Kosten in Hinblick auf die relativ geringen Streitwerte. Die Folgen, die Adickes aus seiner Statistik zieht, entfallen mit ihr.

[1]) Vgl. weiter unten S. 368 ff.

[2]) Daß es sich hier um ein wirkliches Rechtsmittel handelt, hebt treffend hervor Stein, Zur Justizreform S. 48 ff. Es ist, wie Stein ebenfalls richtig bemerkt, einer der Hauptfehler der Adickesschen Vergleichsstatistik zwischen den Zahlen englischer und deutscher Rechtsmitteleinlegungen, daß er diese Rechtsmittel überhaupt nicht erwähnt. Vgl. Grundlinien S. 70 ff.

[3]) R. S. C. Order LIV r. 21.

[4]) Vgl. hierzu weiter unten S. 337 ff.

[5]) Ausnahmen vgl. Brodie-Innes vol. I, p. 97; R. S. C. Order LIV r. 23; 57 and 58 Vict. c. 16 s. 1 (4).

[6]) R. S. C. Order LIV r. 23.

[7]) Die früher noch bestehende Zuständigkeit der King's Bench Division, über Anträge auf Wiederaufnahme des Verfahrens bei Prozessen, die im

Auch hier mag darauf hingewiesen werden, ohne irgendwie in die Einzelheiten der Materie einzutreten, daß nicht alle derartige Entscheidungen anfechtbar sind. Zwar gilt dieser Satz nicht für die Entscheidungen eines Master, die vielmehr alle ohne jede Beschränkung angefochten werden können,[1]) wohl aber für die Entscheidungen des Richters in Chambers. Hier sind einmal gewisse, allerdings rein formelle Entscheidungen unanfechtbar[2]), andere dagegen anfechtbar nur mit Genehmigung des Richters oder des Court of Appeal. Genehmigung muß erteilt werden bei Einlegung von Rechtsmitteln gegen Zwischenverfügungen[3]), ein Satz, von dem allerdings eine Reihe von Ausnahmen gemacht worden sind.[4])

β) Auch als Kriminalgericht höherer Instanz entfaltet die King's Bench Division eine keineswegs unbedeutende Zuständigkeit. Wir haben auch hier ein Doppeltes zu unterscheiden:[5])

Zunächst kann jedes Urteil eines niederen Gerichtes durch einen Writ of Certiorari beseitigt werden, indem die Sache vor die King's Bench Division gebracht wird, durch die das Urteil wegen Rechtsirrtums aufgehoben werden kann. Als niedere Gerichte gelten, wie ausdrücklich hervorgehoben werden mag, nur die Polizei- und Friedensgerichte.[6]) Ferner ist die King's Bench Division zur Entscheidung über einen sogenannten Special Case zuständig, der vor Petty Sessions entstanden ist. Entsteht hier nämlich eine zweifelhafte Rechtsfrage, so kann seitens des Gerichtes von Amts wegen

---

High Court vor einer Jury verhandelt worden waren, zu entscheiden (vgl. Schuster, Bürgerliche Rechtspflege S. 18), ist beseitigt worden durch 53 and 54 Vict. c. 44 s. 1; vgl. dazu R. S. C. Order XXXIX r. 1a. Unrichtig mithin v. Lewinski, England als Erzieher? S. 8.

[1]) R. S. C. Order LIV r. 21.

[2]) Z. B. „Orders allowing an extension of time for appealing".

[3]) Der Begriff der Zwischenverfügung ist folgender: „If it finally determines the rights of the parties, it ought to be treated as final; if, on the other hand, further proceedings are necessary in order to determine there rights it ought to be treated as interlocutory." Annual Practice vol. II, p. 597.

[4]) 57 and 58 Vict. c. 16 s. 1. Die Ausnahmen sind:

„(I) Where the liberty of the subject or the custody of infants is concerned;

(II) Cases of granting or refusing an injunction or appointing a receiver;

(III) Any decision determining the claim of any creditor or the liability of any director or other officer under the Companies Acts, 1862 to 1890, in respect of misfeasance or otherwise;

(IV) Any decree nisi in a matrimonial cause, and any judgment or order in an admiralty action determining liability;

(V) Any order on a special case stated under the Arbitration Act, 1889;

(VI) Such other cases, to be prescribed by rules of court, as may in the opinion of the authority for making such rules be of the nature of final decisions."

[5]) Kenny, Outlines pp. 422 et seq.

[6]) Petty Sessions und Quarter Sessions! Vgl. auch Bromberg, Rechtsmittelwesen in England S. 25ff.

oder auf Antrag des Angeklagten hin eine Rechtsfrage formuliert werden, die dann die King's Bench Division zu entscheiden hat. Letztere hat auch über die Beschwerden zu entscheiden, falls das niedere Gericht einen Antrag auf Statement of a Case ablehnt.[1] [2] [3]

Eine bedeutend weitere kriminelle Zuständigkeit entfaltet die King's Bench Division indes nach anderer Richtung hin. Es wird weiter unten auszuführen sein, daß organisatorisch der Court of Criminal Appeal, wie er seit 1907 gebildet ist, in Wahrheit nichts ist als ein aus der King's Bench Division als Verwaltungskörper heraus gebildetes, erkennendes Gericht[4], so daß mithin seine Zuständigkeit einen Teil der Zuständigkeit der King's Bench Division ausmacht. Zu dieser Zuständigkeit gehört nun zunächst die Entscheidung über die in Form eines Statement of a Case seitens der Quarter Sessions und der Courts of Assize vorgelegten Rechtsfragen.[5] Ferner umfaßt sie die Erledigung der gegen Strafurteile eingelegten Appeals, soweit dieselben auf Grund des Criminal Appeal Act von 1907 eingelegt sind. Es sind das die Rechtsmittel gegen Urteile der Quarter Sessions in erster Instanz[6], der Courts of

---

[1]) 42 and 43 Vict. c. 49 s. 33 (1); 20 and 21 Vict. c. 43 s. 2.

[2]) Unrichtig Weidlich, Lisztsche Zeitschrift S. 502, Anm. 1, der Friedensrichter sei stets verpflichtet, „to state a case". Wozu das Gesetz dann ausdrücklich ein Rechtsmittel verleiht, „if the court declines to state the case", erscheint unverständlich. Weidlichs Polemik an dieser Stelle gegen mich ist gegenstandslos, wie ich Gerichtssaal Bd. 72, S. 378 des näheren ausgeführt habe. Vgl. übrigens auch Douglas, Summary Jurisdiction Procedure p. 411: „Justices should not grant a case for the opinion of the court when the application appears to them to be frivolous. A case ought not to be granted unless some doubtful point of law has been raised fit to be referred to the superior court..." Vgl. zum Ganzen auch Bromberg, Das Rechtsmittelwesen in England S. 16ff.

[3]) Bis 1907 war die King's Bench Division noch zuständig für das bereits so gut wie obsolete Rechtsmittel des Writ of Error, das gegen die Urteile der Strafgerichte allgemein gegeben war. Dasselbe ist beseitigt durch 7 Edw. VII c. 23 s. 20 (1). Vgl. dazu Bromberg l. c. S. 29ff.

[4]) In der englischen Literatur wird dies allgemein nicht ausgesprochen. Es kommt das aber nur daher, daß man nicht scharf die beiden Begriffe unterscheidet Gericht als Verwaltungsbehörde und Gericht als Prozeßbehörde. Daß der Court of Criminal Appeal nicht eine selbständige Abteilung des High Court ist und als solche neben die bisherigen 3 Abteilungen tritt, ist aber ganz klar.

[5]) Der früher bestehende Court for Crown Cases Reserved besteht nicht mehr, oder besser gesagt, er ist in dem Court of Criminal Appeal aufgegangen, der als Court for Crown Cases Reserved sitzen kann, falls er es für nötig erachtet. 7 Edw. VII c. 23 s. 20 (4).

[6]) Hierher gehören auch die seltsamen Strafurteile der Quarter Sessions, die dieselben über unverbesserliche Landstreicher zu erlassen haben, nachdem der Tatbestand der Landstreicherei durch die Petty Sessions summarisch festgestellt ist. Selbstverständlich werden die Quarter Sessions hier

Assize incl. des Central Criminal Court und der King's Bench Division in erster Instanz.[1]) Also auch in diesem letzten Falle geht das Rechtsmittel vom Gericht zum Gericht, eine Einrichtung, die wir nun schon wiederholt getroffen haben, wie ich ausdrücklich hervorheben möchte.

γ) Wenden wir uns schließlich der Zuständigkeit der King's Bench Division als höherer Instanz in Verwaltungsangelegenheiten zu, so ist hier nur wenig zu bemerken. Die Wählerlisten zu kommunalen wie parlamentarischen Wahlen werden geprüft durch einen Richter, den sogenannten Revising Barrister. Dieser Wählerlistenprüfungsrichter[2]) bildet mithin ein Verwaltungsgericht erster Instanz. Gegen seine Entscheidungen ist ein Rechtsbehelf in Form des uns bereits bekannten Statement of a Case gegeben. Auch hierüber entscheidet die King's Bench Division.[3])

c) Schließlich sei hier noch erwähnt, daß die King's Bench Division das Disziplinargericht für Solicitors ist. Allerdings ist diese Gerichtsbarkeit kraft Gesetzes dem Supreme Court als solchem übertragen worden, und ausdrücklich ist ein jeder seiner Richter für zuständig erklärt worden, über Solicitors abzuurteilen.[4]) Allein in der Praxis wird diese Zuständigkeit nur noch von der King's

---

ohne Jury tätig. Vgl. hierzu Stone, Justices' Manual pp. 1099 et seq.; Cohen, Criminal Appeal Act pp. 57 et seq.; Encyclopaedia 1st Ed. vol. XII, pp. 403 et seq.; 7 Edw. VII c. 23 s. 20 (2).

[1]) Einzelheiten vgl. 7 Edw. VII c. 23 ss. 3, 20 (2).

[2]) Ich entnehme das Wortungeheuer Hatschek Bd. II, S. 628, bei dem überhaupt die Einzelheiten zu vergleichen sind. Auf den Court des Revising Barrister näher einzugehen, verbietet der ausschließlich verwaltungsrechtliche Charakter der ganzen Einrichtung. Ich bemerke nur: Der Revising Barrister wird im allgemeinen durch den ältesten Assisenrichter der Sommerassisen (vgl. dazu weiter unten S. 506), ausnahmsweise in London und Middlesex durch den Lord Chief Justice ernannt. Er muß seit mindestens sieben Jahren Barrister sein und darf bei seiner Anstellung weder Mitglied des Parlamentes sein, noch in irgendeinem Anstellungsverhältnis zum Staat stehen, mit Ausnahme der Anstellung als Recorder. Er erhält für seine Tätigkeit ein festes Gehalt, und zwar £ 250 Guineas (= 5250 M.). Die Zahl der zu ernennenden Barristers wird durch Order in Council festgesetzt, augenblicklich beträgt sie 77. Vgl. 29 and 30 Vict. c. 54; Order in Council vom 15. 8. 1850; Encyclopaedia 1st Ed. vol. XI, pp. 279 et seq.

[3]) Die frühere Zuständigkeit, in Eisenbahnangelegenheiten über ein Statement of Case gegen eine Entscheidung der Railway Commissioner zu entscheiden, ist beseitigt. 36 and 37 Vict. c. 48 und R. S. C. Order LIX r. 1 (f) sind beseitigt durch 51 and 52 Vict. c. 25 s. 17 (2). Vgl. Annual Practice vol. I, pp. 869, 912; de Franqueville tom. II, p. 540; Hatschek Bd. II, S. 381; Wertheim S. 470f.

[4]) 36 and 37 Vict. c. 66 s. 87; 51 and 52 Vict. c. 65 s. 19. Vgl. auch Annual Practice vol. II, pp. 418, 419; ferner Instructions under Solicitors Act 1888 ss. 24, 25; Schuster, Bürgerliche Rechtspflege S. 46; de Franqueville tom. I, p. 486.

Bench Division ausgeübt, so daß sie als wenigstens tatsächlicher integrierender Bestandteil ihrer Gesamtkompetenz hier miterwähnt werden mußte.[1])

2. Um nun aber die Kompetenzverteilung im High Court ganz kennen zu lernen, ist es notwendig, auch noch die Geschäftsverteilung näher zu betrachten, wie sie in der King's Bench Division selbst durchgeführt ist. Hier ist nun folgendes zu bemerken:

a) Soweit nicht besondere Bestimmungen getroffen sind, durch welche bestimmte Sachen an besondere Spruchbehörden verwiesen worden sind, werden die sämtlichen Sachen ohne weitere Rücksicht durch Einzelrichter erledigt, wie wir noch weiter unten sehen werden.[2])

b) Besondere Bestimmungen sind aber getroffen für einzelne Sachen. Hier gilt folgendes:

α) Zunächst ist ein ständiger Commercial Court gebildet, dem die sämtlichen Handelssachen zur Erledigung überwiesen sind. Unter Handelssachen aber sind zu verstehen alle Rechtsstreitigkeiten, die im gewöhnlichen Geschäftsverkehr unter Kaufleuten entstehen.[3]) Ich bemerke, daß, falls in der Chancery Division Handelssachen angebracht werden, diese an den Commercial Court verwiesen werden können. Es gelten dabei jedoch die allgemeinen Regeln über Verweisung[4]), die wir bereits früher kennen gelernt haben.[5])

β) Des weiteren sind besondere Angelegenheiten den sogenannten Divisional Courts[6]) übertragen worden, und zwar einmal die sämtlichen Angelegenheiten, die zur Crown Side der King's Bench Division gehören, also namentlich alle Kriminalsachen[7]), ferner die Angelegenheiten der Revenue Side, also die Steuerange-

---

[1]) So schreibt mir Mr. Cohen, der Verfasser von Spirit of Our Laws: „There is no express authority which Division of the High Court has the power of striking off a solicitor, but no Division of the Chancery Court ever sits and it would be absurd to go to the Admiralty Division. Hence the application is always to the King's Bench Division. It is a matter of practice and the practice has continued in the King's Bench Division. The Court of Appeal also has the power but never uses it."

[2]) Vgl. weiter unten S. 337 ff.

[3]) Vgl. Judges' Regulations, veröffentlicht am 9. 2. 1895, s. 1: „Commercial causes include causes arising out of the ordinary transactions of merchants and traders; amongst others, those relating to the construction of mercantile documents, export or import of merchandise, affreightment, insurance, banking, and mercantile agency and mercantile usages."

[4]) Annual Practice vol. II, p. 751.

[5]) Vgl. weiter unten S. 347 ff.

[6]) de Franqueville tom. II, p. 176ss.

[7]) Die durch Writ of Certiorari herangezogenen Kriminalsachen werden gewöhnlich nicht hier erledigt. Kenny, Outlines p. 422. Die Entscheidung aber,

legenheiten[1]), dann die Rechtsmittel in Verwaltungs- und Zivilstreitigkeiten, sofern es sich nicht um ein Rechtsmittel gegen die Entscheidung eines Master handelt, ferner Anträge auf Erlaß eines Writ of Habeas Corpus und schließlich Rechtsmittel gegen Entscheidungen von Schiedsgerichten, falls die Parteien von Amts wegen vor den Schiedsrichter verwiesen waren.[2]) [3]) [4])

Endlich aber können die Divisional Courts auch noch für den Einzelfall zuständig gemacht werden. Es kann nämlich ein jeder Einzelrichter eine zu seiner Kompetenz gehörige Sache entweder ganz oder teilweise an einen Divisional Court verweisen. Letzterer ist dann je nach der Verweisung zuständig, entweder den ganzen Fall vor sich zu erledigen oder doch wenigstens die Frage zu entscheiden, die ihm zur Entscheidung überwiesen ist.[5]) [6])

γ) Schließlich ist noch zu erwähnen, daß auch dem Court of Criminal Appeal ein bestimmter Kreis von Geschäften übertragen ist, wie wir indes bereits des näheren ausgeführt haben. Es braucht

---

ob ein Writ of Certiorari erlassen werden soll, erfolgt durch einen Divisional Court. Crown Office Rules r. 12.

[1]) Vgl. hierzu auch weiter oben S. 317.

[2]) Vgl. R. S. C. Order LIX rr. 1 et seq.; Brodie-Innes vol. I, p. 97; de Franqueville tom. I, p. 192s.; Schuster, Bürgerliche Rechtspflege S. 18.

[3]) Treffend bemerkt de Franqueville tom. I, p. 192: „Ces chambres constituent une juridiction intermédiaire entre les chambres tenues par un seul juge et la Cour d'appel."

[4]) Da die schiedsgerichtliche Zuständigkeit einen Ausschluß der gewöhnlichen gerichtlichen Zuständigkeit enthält, so leuchtet ein, daß alle Handlungen, zu denen das Gericht kraft Gesetzes im Schiedsgerichtsverfahren verpflichtet ist, bereits in seiner allgemeinen Zuständigkeit mit enthalten sind. Die Zuständigkeit des High Court in Schiedsgerichtsangelegenheiten brauchte daher weiter oben im Text nicht besonders hervorgehoben zu werden. Sie versteht sich von selbst. Die gesetzlichen Bestimmungen über die Mitwirkung des Gerichtes haben also im wesentlichen nur die negative Bedeutung, wie weit im konkreten Fall die an sich gegebene Zuständigkeit des Gerichtes ausgeschlossen werden kann.

[5]) 36 and 37 Vict. c. 66 s. 46; ferner auch R. S. C. Order XXXVI r. 9; auch Cohen, Spirit of Our Laws p. 62, n. 1 erwähnt die Möglichkeit, daß in wichtigen Zivilstreitigkeiten Divisional Courts entscheiden können, d. h. Kollegialgerichte. Vgl. auch Hatschek Bd. II, S. 167, der indessen das Verweisungsrecht des Einzelrichters auf den Chambersrichter beschränkt, was mit seiner durchaus schiefen Auffassung zusammenhängt, jeder Einzelrichter sei Chambersrichter. Vgl. dagegen weiter unten S. 340, Anm. 2. Unrichtig also auch Adickes, Grundlinien S. 51: „In erster Instanz urteilen nur Einzelrichter."

[6]) Unzutreffenderweise behauptet v. Lewinski, England als Erzieher? S. 8, die Divisonal Courts seien noch zuständig für Anträge auf Wiederaufnahme des Verfahrens (New Trial). Er stützt sich offenbar bei seinen stets mehr oder weniger kompilatorischen Ausführungen auf Schuster, Bürgerliche Rechtspflege S. 18, 23, der indessen in diesem Punkt veraltet ist. Vgl. R. S. C. Order XXXIX rr. 1, 1a; de Franqueville tom. II, p. 182s.

infolgedessen an dieser Stelle nur auf die früheren Ausführungen verwiesen zu werden.[1])

III. Während die King's Bench Division die umfassendste Kompetenz aufzuweisen hat, hat die letzte Abteilung, der wir uns nunmehr zuzuwenden haben, die zusammengewürfeltste und ungleichartigste. Wir werden gut tun, die Funktionen der Probate Divorce and Admiralty Division nach ihren drei Hauptmaterien getrennt zur Darstellung zu bringen. Die Ungleichartigkeit der Kompetenz resultiert aus dem ökonomischen Grunde der Richterersparung und ferner aus dem historischen Ausgangspunkt. Man wollte möglichst wenig Richter verwenden, und man knüpfte an die alten, bestehenden Reichsgerichte an. Auf diese Weise kam man dazu, ein und derselben Abteilung so verschiedenartige Materien zu übertragen wie Ehe-, Nachlaß- und Admiralitätssachen.[2]) Dabei mag gleich zu Anfang bemerkt werden, daß die Abteilung sowohl eine Zuständigkeit erster wie auch höherer Instanz besitzt.

1. Beginnen wir mit der Darstellung der Zuständigkeit in Ehesachen, so ist hier zu unterscheiden:

a) In erster Instanz ist die Divorce Division zuständig für alle Klagen, die sich auf das Eheverhältnis als solches beziehen, d. h. also für Klagen auf gerichtliche Trennung, Auflösung der Ehe, Nichtigkeitserklärung derselben und auf Wiederherstellung des ehelichen Lebens. Ferner ist die Abteilung zuständig für vermögensrechtliche Klagen, die aus dem Eheverhältnis resultieren, d. h. Klagen auf Zahlung von Alimenten, Abänderung der Eheverträge, Sicherstellung des Vermögens einer verlassenen Ehefrau gegenüber dem Ehemann und dessen Gläubiger u. a. m. Schließlich umfaßt die Kompetenz noch Klagen auf Feststellung des Gewahrsams der Kinder nach erfolgter Ehescheidung und ähnliches mehr.[3])[4])

---

[1]) Vgl. weiter oben S. 327 f.

[2]) Den besten Überblick über die innerlich so durchaus verschiedenartige Kompetenz dieser Abteilung gewähren die Ausführungen von Brodie-Innes vol. I, pp. 228 et seq. Vgl. auch die treffenden Ausführungen Schusters, Bürgerliche Rechtspflege S. 231 f.

[3]) Vgl. namentlich Schuster, Bürgerliche Rechtspflege S. 21; Einzelheiten bei Brodie-Innes vol. I, pp. 229 et seq.; vgl. ferner auch de Franqueville tom. I, p. 194 s.; tom. II, p. 161 ss.

[4]) Wenn sich Adickes, Grundlinien S. 75, Anm. 2 über die geringe Zahl von Ehesachen in England im Vergleich zu Deutschland wundert (auch de Franqueville tom. II, p. 171 hebt die geringe Zahl hervor), so liegt der Grund hierfür einzig im materiellen Recht, worauf auch schon Stein, Zur Justizreform S. 12 treffend hingewiesen hat. Die Trennung von Tisch und Bett kann verhältnismäßig leicht erlangt werden. Von diesem Mittel wird auch ein sehr häufiger Gebrauch gemacht, allerdings zumeist vor den Petty Sessions, die zur Bewilligung der Trennung ja zuständig sind. Vgl. weiter oben S. 27. Was aber Ehescheidung usw. selbst anbelangt,

b) Was die Zuständigkeit zweiter Instanz anbelangt, so ist die Divorce Division zuständig zur Entscheidung über die Rechtsmittel gegen Urteile niederer Gerichte in Ehesachen. Die Rechtsmittel gegen derartige Urteile der Petty Sessions gehen also nicht wie sonst an die Quarter Sessions, sondern an die Divorce Division

---

so sind die Gründe hierfür viel engere als im deutschen Recht, so daß Ehescheidung selbst natürlich nur viel seltener verlangt werden kann. Es mag hier zum Beweis des Ausgeführten das diesbezügliche englische Recht kurz skizziert werden. Vgl. dazu Goldberg, Eherecht in Großbritannien und Irland S. 32f., 39ff.; Brodie-Innes vol. I, p. 688; Encyclopaedia 1st Ed. vol. IV, pp. 323 et seq.; vol. VIII, pp. 49 et seq.; vol. IX, pp. 238 et seq. Im einzelnen ist zu bemerken:

a) Nichtigkeit einer Ehe liegt vor beim Bestehen einer früheren Ehe, beim Mangel des ehefähigen Alters, bei Abschluß der Ehe trotz herrschender Geisteskrankheit oder vorliegenden Irrtumes, bei ehehindernder Verwandtschaft und schließlich dann, wenn bei Abschluß der Ehe die durch Statut vorgeschriebenen Formen nicht innegehalten sind.

b) Die Ehe kann angefochten werden wegen vorliegender Impotenz, wegen beim Zustandekommen der Ehe ausgeübter Gewalt, Zwanges oder Betruges.

c) Bezüglich der Ehescheidungsgründe ist zu unterscheiden (vgl. 20 and 21 Vict. c. 85 s. 27):

α) Der Mann kann auf Ehescheidung klagen wegen einfachen Ehebruchs der Frau, wohl auch wegen Bestialität und Sodomie (vgl. indes Encyclopaedia 1st Ed. vol. IV, p. 324).

β) Die Frau dagegen kann nur klagen wegen blutschänderischen Ehebruchs, wegen Bigamie gepaart mit Ehebruch, wegen Notzucht, Sodomie und Bestialität, und schließlich wegen Ehebruchs gepaart mit grausamer Behandlung, also nie wegen einfachen, sondern stets nur wegen qualifizierten Ehebruchs.

d) Was die gerichtliche Trennung betrifft, so muß auch hier unterschieden werden:

α) Die Trennung kann im ordentlichen Verfahren verlangt werden von beiden Ehegatten wegen Ehebruchs, grausamer Behandlung, mindestens zweijähriger, böswilliger Verlassung und wegen versuchter Sodomie. (20 and 21 Vict. c. 85 s. 16; Encyclopaedia 1st Ed. vol. VII, pp. 131 et seq.)

β) Im summarischen Verfahren kann die Ehefrau Trennung verlangen, wenn der Ehemann wegen an ihr verübter schwerer Körperverletzung verurteilt ist. Dasselbe Recht hat sie bei Verurteilung wegen an ihr begangener leichter Körperverletzung, sofern der Gatte zu mindestens £ 5 oder zu einer Gefängnisstrafe von mindestens 2 Monaten verurteilt ist. Trennung kann sie ferner verlangen wegen böswilliger Verlassung, wegen fortgesetzter grausamer Behandlung oder Vernachlässigung der Unterhaltspflichten, sofern die Ehefrau hierdurch genötigt worden ist, den Ehemann zu verlassen. Schließlich kann auch jeder Ehegatte Trennung verlangen, wenn der andere Ehegatte gewohnheitsmäßig trinkt. (Vgl. 2 Edw. VII c. 28 s. 5; Stone, Justices' Manual pp. 442 et seq.)

e) Was die Statistik betrifft, so seien hier folgende Zahlen für 1907 mitgeteilt. In der Divorce Division gingen folgende Klagen ein:

des High Court.[1]) Ferner ist die Abteilung zuständig zur Entscheidung über die gegen ihre Chambersentscheidungen eingelegten Rechtsmittel.[2])

2. Auch die Probate Division, das eigentliche Nachlaßgericht, für England, besitzt eine Zuständigkeit erster und zweiter Instanz.

a) Bezüglich der Zuständigkeit erster Instanz muß des weiteren unterschieden werden. Sie bezieht sich einmal auf Angelegenheiten der freiwilligen, dann aber auch der streitigen Gerichtsbarkeit.[3])

α) Als Gericht der freiwilligen Gerichtsbarkeit ist die Probate Division nicht etwa zuständig für die Verteilung des Nachlasses oder der Ausführung der testamentarischen Bestimmungen.[4]) Dergleichen Angelegenheiten gehören vielmehr durchaus zur Zuständigkeit der Chancery Division, die also insoweit ebenfalls Nachlaßgericht ist.[5]) Vielmehr hat die Probate Division nur die Gültigkeit der Testamente zu prüfen und zur Verwaltung des Nachlasses einen Nachlaßverwalter zu bestellen, der, falls er im Testament genannt ist, Executor, falls er aber vom Gericht erst bestimmt wird, Administrator heißt. Falls kein Testament vorhanden ist, ist ebenfalls ein Administrator zu ernennen.[6])

Dissolution of Marriage	734
Judicial Separation	85
Nullity of Marriage	36
Restitution of Conjugal Rights	49
Jactitation of Marriage	1
Declaration of Legitimacy	2
Alimony and Maintenance	203
Custody of Children	476
Variation of Marriage Settlements	18
Zusammen	1604

In den Courts of Summary Jurisdiction wurden 458 Separations Orders für Ehemänner, dagegen 9994 für Ehefrauen beantragt, zusammen also 10452. Vgl. Civil Judicial Statistics 1907, p. 104; Criminal Judicial Statistics 1907, p. 82.

[1]) Stone, Justices' Manual pp. 452, 453.

[2]) R. S. C. Order LIV r. 21 ist hier im Wege der Analogie zu verwenden. Annual Practice vol. I, p. 791.

[3]) Ähnliche Differenzierungen finden sich auch in der englischen Literatur. Brodie-Innes vol. I, p. 229: „... the jurisdiction of the Court is divided accordingly into (1) Common Form and (2) Contentious". In 20 and 21 Vict. c. 77 s. 4 wird unterschieden zwischen „voluntary and contentious jurisdiction". Ähnlich Yearly County Court Practice vol. II, p. 295. Vgl. auch Schuster, Bürgerliche Rechtspflege S. 244.

[4]) Schuster, Bürgerliche Rechtspflege S. 22.

[5]) Vgl. weiter oben S. 314 ff.

[6]) Die Ernennung oder besser Einweisung des Executor erfolgt durch sogenannten Grant of Probate, die des Administrator durch Erlaß sogenannter Letters of Administration. Vgl. Schuster, Bürgerliche Rechtspflege S. 243 f.; Brodie-Innes vol. I, pp. 660 et seq.; de Franqueville tom. II, p. 155 ss.; Wertheim S. 461.

β) Die streitige Gerichtsbarkeit bezieht sich auf folgende Streitigkeiten: Einmal können Klagen angebracht werden, durch welche die Echtheit, Unechtheit oder der Inhalt eines Testamentes dargetan werden soll. Ferner kann auf Bestellung als Executor resp. Administrator geklagt werden, und schließlich kann im Wege der Klage die Wiederaufhebung einer bereits erfolgten Bestellung verlangt werden.[1])

b) Als Gericht höherer Instanz ist die Probate Division zuständig zur Erledigung der Rechtsmittel gegen Entscheidungen niederer Gerichte in Probateangelegenheiten. In Betracht kommen hier die Urteile der County Courts.[2])[3]) Ferner gehen an sie die Rechtsmittel gegen ihre eigenen Chambersentscheidungen.[4])

3. Schließlich haben wir uns noch mit der Admiralty Division zu befassen. Auch hier treffen wir eine Zuständigkeit erster und zweiter Instanz an.

a) In erster Instanz ist die Admiralty Division zuständig für eine Reihe von Klagen seerechtlicher Natur. In Betracht kommen im wesentlichen Besitzklagen in bezug auf Schiffe, Klagen auf Auszahlung der Schiffseinnahmen, auf Rechnungslegung und Auseinandersetzung zwischen mehreren Schiffseigentümern, ferner Schadensersatzklagen aus Ansprüchen entstanden durch die Führung eines Schiffes, Klagen aus Schiffsfrachtverträgen, Klagen aus Heuerforderungen und auf Erstattung der Auslagen des Schiffes, sofern die eingeklagte Summe £ 20 übersteigt,[5]) Klagen wegen Lieferung von Schiffsbedürfnissen an ausländische Schiffe und unter einschränkenden Voraussetzungen auch an inländische Schiffe, Klagen wegen einer Ausrüstung eines Schiffes, sofern dasselbe zur Zeit der Klageerhebung mit Arrest belegt ist, Klagen aus vertragsmäßigem, eingetragenem Pfandrecht an Schiffen, Klagen aus Bodmereibriefen, Klagen wegen Bergung und Hilfeleistung und schließlich Klagen der Lotsen u. a. m.[6]) Der Aburteilung durch

---

[1]) Schuster, Bürgerliche Rechtspflege S. 22, 254f.; Brodie-Innes vol. I, p. 661.

[2]) R. S. C. Order LIX r. 4; 20 and 21 Vict. c. 77 s. 58; 51 and 52 Vict. c. 43 s. 120; vgl. auch Yearly County Court Practice vol. II, p. 296.

[3]) Das Schwergewicht der Tätigkeit der Probate Division liegt auf dem Gebiet freiwilliger Gerichtsbarkeit. 1907 wurden in 35413 Fällen Grants of Probate order Letters of Administration bewilligt, während nur in 203 Fällen Klage erhoben wurde, und nur 3 Rechtsmittel gegen Entscheidungen der County Courts eingelegt waren. Vgl. Civil Judicial Statistics 1907, p. 101.

[4]) R. S. C. Order LIV r. 21 im Wege der Analogie.

[5]) Für geringere Summen sind die Petty Sessions zuständig, sofern nicht besondere Ausnahmsfälle vorliegen, in denen wieder die Admiralty Division zuständig ist. 57 and 58 Vict. c. 60 ss. 164, 165.

[6]) Vgl. namentlich Brodie-Innes vol. I, pp. 231, 232; Schuster, Bürgerliche Rechtspflege S. 234, 235; de Franqueville tom. II, p. 172, 173.

die Admiralty Division unterstehen des weiteren Schiffe, die Sklaven befördern.[1]) Schließlich ist dieselbe auch noch Prisengericht im Fall eines Krieges.[2])

b) Als zweite Instanz hat die Admiralty Division zu entscheiden über die Rechtsmittel gegen die Entscheidungen niederer Gerichte in Admiralitätsangelegenheiten. Es kommen hier namentlich in Betracht die Entscheidungen der County Courts, die Admiralitäts-zuständigkeit besitzen, ferner aber auch die Entscheidungen der Petty Sessions in Heuerstreitigkeiten geringen Streitwertes.[3]) [4]) Ausnahmen von diesem Satz sind jedoch zulässig, sofern eine ausdrückliche statutarische Bestimmung vorliegt. So gehen die Rechtsmittel gegen die Entscheidungen des Court of Passage zu Liverpool auch in Admiralitätsangelegenheiten direkt an den Court of Appeal.[5]) [6]) Endlich gehen Rechtsmittel gegen Chambersentscheidungen an die Abteilung selbst.[7])

Schließlich besitzt die Admiralty Division noch eine Zuständigkeit zweiter Instanz rein administrativen Inhaltes. Ereignet sich ein Schiffsunfall im Sinne des Gesetzes[8]), so findet eine formelle Untersuchung über die Gründe desselben statt zum Zweck, dem für schuldig gefundenen Kapitän, Steuermann usw. die weitere Ausübung seines Berufes zu untersagen, eventuell um die betreffenden Personen demnächst strafrechtlich zur Verfolgung zu ziehen.[9]) Ohne nun hier auf die Einzelheiten des Verfahrens irgendwie näher einzugehen, bemerke ich nur soviel, daß die Untersuchung im Inland vor einem Court of Summary Jurisdiction unter Beiziehung fachkundiger Sachverständiger stattfindet,[10]) in den Kolonien vor einem Colonial Court[11]), im Ausland dagegen vor einem sogenannten Naval Court, der aus 3—5 sachkundigen Mitgliedern

---

[1]) 36 and 37 Vict. c. 88.

[2]) 27 and 28 Vict. c. 25; Schuster, Bürgerliche Rechtspflege S. 19; Brodie-Innes vol. I, p. 233. Vgl. zum Ganzen auch die eingehende Darstellung Encyclopaedia 1st Ed. vol. I, pp. 143 et seq.

[3]) Vgl. weiter oben S. 27 und S. 209 f.

[4]) R. S. C. Order LIX r. 4.

[5]) Annual Practice vol. I, pp. 914 et seq.

[6]) 1907 wurden 534 Klagen in der Admiralty Division erhoben, während 37 Rechtsmittel eingelegt wurden. Civil Judicial Statistics 1907, pp. 107, 108.

[7]) R. S. C. Order LIV r. 21.

[8]) 57 and 58 Vict. c. 60 s. 464.

[9]) 57 and 58 Vict. c. 60 s. 469.

[10]) Die Möglichkeit, die Untersuchung durch sogenannte Wreck Commissioners durchführen zu lassen, die 57 and 58 Vict. c. 60 s. 477 vorsieht, wird seit 1888 nicht mehr benutzt. Vgl. dazu weiter unten S. 644 ff.

[11]) Halsbury, Laws of England vol. I, p. 115; 57 and 58 Vict. c. 60 s. 478.

besteht.[1] [2]) Gegen die Entscheidungen dieser Gerichte läuft nun ein Rechtsmittel an die Admiralty Division, falls ein Rechtsmittel entweder an das Board of Trade, d. h. das Handelsministerium, nicht gegeben oder von diesem verworfen ist, und unter der weiteren Voraussetzung, daß die Entscheidung für den Kapitän usw. eine ungünstige war.[3] [4]) Daß diese Zuständigkeit mehr administrativer Natur ist, liegt auf der Hand.

4. Abschließend bemerke ich, daß auch in der Probate Divorce and Admiralty Division insofern eine engere Kompetenzverteilung durchgeführt ist, als den Divisional Courts, die in der Abteilung gebildet werden, die sämtlichen Rechtsmittelangelegenheiten zur Erledigung überwiesen sind.[5])

b) Die Organisation und die Besetzung des High Court.

α) Die einzelnen Abteilungen.

§ 14. αα) Die King's Bench Division.

I. Die Fülle der verschiedenartigsten Aufgaben, die, wie wir weiter oben gesehen haben, die King's Bench Division zu erledigen hat, hat zu einer außerordentlich verwickelten Organisation derselben geführt. Es können bei ihr die verschiedenartigsten Gerichte zusammentreten, so daß es nicht ganz einfach ist, Klarheit in die ganze, äußerst verwickelte Materie zu bringen.[6]) Und die Verhältnisse werden noch um so schwieriger, als die einzelnen, aus der King's Bench Division gebildeten Gerichte nicht etwa funktionell gleichartig nebeneinanderstehen, wie z. B. die verschiedenen Zivilkammern eines Landgerichtes. Vielmehr treffen wir bei ihnen, wie bereits ausgeführt, eine instanzliche Unter- und Überordnung, die so weit geht, daß die Divisional Courts als dritte Instanz über dem Gericht des Master stehen.

---

[1]) 57 and 58 Vict. c. 60 ss. 470, 480—486.

[2]) Vgl. die eingehenderen Ausführungen bei Hatschek Bd. II, S. 374.

[3]) 57 and 58 Vict. c. 60 s. 475 (3); Halsbury, Laws of England vol. I, p. 115; Annual Practice vol. II, p. 513.

[4]) Eine hier nicht weiter interessierende Ausdehnung findet sich 6 Edw. VII c. 48 s. 66. Danach ist unter bestimmten Voraussetzungen auch der Schiffseigentümer berechtigt, von den Rechtsmitteln Gebrauch zu machen, falls er von der Entscheidung betroffen ist. Vgl. eingehender bei Halsbury, Laws of England vol. I, p. 115.

[5]) R. S. C. Order LIX rr. 1, 4.

[6]) Sehr einfach stellt allerdings Inhülsen, Recht 1904. S. 99 die Sache dar, wenn er den ganz unsinnigen Satz aufstellt, dem High Court stünden 12 Geschworene und ein Richter vor. Man kann sich nur wundern, daß ernsthafte. wissenschaftliche Zeitschriften solche Aufsätze abdrucken, die von handgreiflichen Unrichtigkeiten wimmeln.

Die einzelnen Gerichte nun, die bei der King's Bench Division gebildet werden, sind die folgenden:[1])

1. Zunächst treffen wir das mit dem Einzelrichter besetzte Gericht.

a) Allein hier haben wir sofort schon zu unterscheiden; denn es gibt zwei Arten von Gerichten, die mit Einzelrichtern besetzt sind, von denen das eine das funktionell beschränktere gegenüber dem anderen ist. Das eine Gericht ist das mit einem Richter besetzte Gericht, das andere, funktionell beschränktere Gericht ist das des Master. Beide Gerichte sind in unserem Sinne sowohl Urteils- wie Beschlußgerichte. Denn auch der Master kann, wie wir noch sehen werden[2]), Urteile erlassen. Das Gericht des Richters wird aber durch ein Doppeltes charakterisiert: Einmal kann vor ihm eine formelle Hauptverhandlung, der sogenannte Trial[3]), sich abspielen, ferner kann der Hof des Richters in öffentlicher Sitzung tagen, d. h. der Richter kann judizieren, resp. muß judizieren „in open court". Beides ist ausgeschlossen beim Gericht des Masters, vor dem nie ein Trial sich abspielen kann, der stets unter Ausschluß der Öffentlichkeit judiziert.

b) Fassen wir nun beide Gerichte noch näher ins Auge, so haben wir des weiteren zu unterscheiden, ob der Hof des Einzelrichters ein Gericht „in open court"[4]) oder ein Gericht „at chambers" ist. Der Unterschied ist nicht etwa derselbe wie zwischen Urteils- und Beschlußgericht. Denn es müssen bestimmte Beschlüsse „in open court" gefaßt werden[5]), es können aber auch „at chambers" gewisse Urteile erlassen werden.[6]) Man kann auch nicht etwa sagen, dasselbe Gericht werde bald „in open court" und bald „at chambers" tätig[7]), wie man ja auch nicht sagen kann, das eröffnende Gericht sei dieselbe Prozeßbehörde wie die verurteilende Strafkammer. Es ergibt sich das schon daraus, daß das Gericht „at chambers" ganz anders besetzt sein kann.[8]) Es ist vielmehr das Gericht „at chambers" eine von dem Gericht „in open court" begrifflich verschiedene Prozeßbehörde, und es ist ohne Bedeutung, daß in einer und derselben Prozeßsache bald die eine, bald die andere Prozeßbehörde zuständig ist. Der Unter-

1) Vgl. auch Baty, First Elements of Procedure pp. 117, 118.

2) Vgl. weiter unten S. 372 f.

3) Vgl. zu diesem Begriff vorläufig Schuster, Bürgerliche Rechtspflege S. 154f; Wertheim S. 542f.

4) Der Ausdruck Court bedeutet hier nicht wie sonst Gerichtshof als Prozeßbehörde, sondern Gerichtshof im räumlichen Sinne. Vgl. zum Folgenden auch Koellreutter, Richter und Master S. 14ff.

5) Schuster, Bürgerliche Rechtspflege S. 19, insbesondere S. 151f.

6) Z. B. Versäumnisurteile, vgl. Koellreutter, Richter und Master S. 37f.

7) So scheinbar Wertheim S. 114; Stein, Zur Justizreform S. 33.

8) Daraus ergibt sich negativ, daß es sich begrifflich um zwei verschiedene Prozeßbehörden handelt, auch wenn die Besetzung die gleiche sein sollte.

schied ist auch nicht der, daß das Gericht „in open court" mit einem Richter, das „at chambers" mit einem Master besetzt ist. Denn wenn auch in ersterem nie ein Master sitzen kann, so judiziert doch umgekehrt der Richter auch „at chambers", wie wir bereits oben bemerkt haben.[1] [2]

Der Unterschied zwischen beiden Höfen besteht also einmal rein äußerlich in der Organisation, der Hof „in open court" kann nur mit einem Richter besetzt werden, woraus sich ergibt, daß der Master stets nur ein Chambersrichter sein kann. Des weiteren kann ein Gericht „in open court" stets nur öffentlich abgehalten werden in den zur Sitzung bestimmten Räumlichkeiten. Das Chambersgericht kann dagegen abgehalten werden außerhalb der Gerichtsstelle und wird prinzipiell unter Ausschluß der Öffentlichkeit abgehalten.[3] Und schließlich differiert die funktionelle Zuständigkeit beider Prozeßbehörden. Sie haben beide in den verschiedenen Phasen des Verfahrens verschiedene Aufgaben zu erfüllen. Ohne daß an dieser Stelle irgendwie in die Einzelheiten der Materie eingetreten werden könnte, mag darauf hingewiesen werden, daß das Chambersgericht im wesentlichen das Gericht des Vorverfahrens und des Verfahrens ist, das nicht zu einer Hauptverhandlung führt.[4] Das Courtgericht ist dagegen in erster Linie das Gericht der Hauptverhandlung, wenn allerdings auch hiervon Ausnahmen vorkommen.[5]

Die sämtlichen Chambersgerichte, die bei der King's Bench

---

[1]) Vgl. weiter oben S. 337.

[2]) Unzutreffend auch Viezens, Bureaukraten und Lords S. 104, der die „Chambers" (solche existieren nicht, es existieren nur „Judges at Chambers") einfach als Bureaus auffaßt, wobei er sie offenbar mit dem später zu behandelnden Central Office verwechselt.

[3]) Vgl. die interessanten Darlegungen Cohens, Spirit of Our Laws pp. 73, 74.

[4]) Der englische Zivilprozeß zerfällt ähnlich unserem Strafprozeß in ein vorbereitendes Verfahren und eine Hauptverhandlung vor dem erkennenden Gericht. Vgl. die kurze Skizze bei Koellreutter, Richter und Master S. 30 ff.

[5]) Einen guten Überblick über die in Chambers zu verhandelnden Sachen gibt de Franqueville tom. II, p. 41, n. 1 in seiner kausierenden Art. Vgl. übrigens Brodie-Innes vol. I, pp. 98—100, 456—463. Wir werden bei der Darstellung der Funktionen des Master weiter unten S. 368 ff. auf die Frage zurückkommen. Grundlegendes Prinzip ist, wie Annual Practice vol. I, p. 787 ausgeführt, das Folgende: „The general rule with regard to jurisdiction acquired by statute is stated . . . to be that where a statute in general terms and without any special limitation, either express or to be inferred from its terms, gives any power to one of the superior courts that power may be exercised by a judge at chambers as the delegate of the court and it is only in cases of special limitation, or where the statute contains expressions from which it may be inferred that the application was intended to be made in open court, that the judge in chambers has no jurisdiction. This rule of construction is still applied."

Division gebildet werden, stehen sich ebenfalls nicht gleichberechtigt einander gegenüber. Vielmehr sind die mit Masters besetzten Gerichte funktionell die beschränkteren. Sie können gewisse Entscheidungen nicht treffen, die die Richter treffen können.[1]) Und ferner unterstehen sie instanzlich dem Gericht des Richters insofern, als gegen ihre Entscheidungen ein Rechtsmittel an das mit einem Richter besetzte Chambersgericht läuft, an das sie übrigens selbst Sachen zur Entscheidung abgeben können, die nach ihrer Ansicht sich mehr zu einer Entscheidung durch den Richter eignen.[2]) Abgesehen aber von dieser Rechtsmittel- und Verweisungsmöglichkeit ist das Verhältnis der mit einem Richter oder mit einem Master besetzten Gerichte so, daß die Zuständigkeit des Master die des Richters in gewisser Hinsicht ausschließt. Alle Anträge nämlich, die beim Gericht des Master gestellt werden können, müssen bei demselben gestellt werden.[3]) Die Parteien haben also kein Wahlrecht, ob sie vor den Richter oder den Master gehen wollen. Und noch weitergehend gibt das Gericht auch nicht etwa dem Richter die Möglichkeit, eine Sache an sich zu ziehen, sondern gibt nur dem Master das Recht, die Sache an den Richter zu verweisen.[4]) So erscheint die Zuständigkeit des Richters in der Tat hier als eine bedingte, subsidiäre, und das ganze Verhältnis, in dem das Gericht des Master zu dem des Richters steht, kann man bezeichnen als das einer beschränkten Exklusivität.

Es mag schließlich noch darauf hingewiesen werden, daß die funktionelle Zuständigkeit des Richters „in open court" die des Richters „at chambers" mit umfaßt. Daraus ergeben sich wichtige Konsequenzen: Einmal kann sich die Partei stets an den Richter „in open court" wenden. Dieser kann dann die Anträge bescheiden, wobei die Partei die etwa entstehenden Mehrkosten zu tragen hat[5]), oder aber er kann die Sache an das Chambersgericht verweisen, das dann zu entscheiden hat. Es kann aber auch umgekehrt das Chambersgericht die Sache vor den Richter „in open court" verweisen. Es ist das nicht etwa eine bloße Vertagung, sondern eine Verweisung von einem Gericht an das andere[6]), wie sich schon daraus ergibt, daß beide Gerichte durchaus verschieden besetzt sein können, wie

---

[1]) R. S. C. Order LIV r. 12 in der neuen Fassung von 1908.

[2]) R. S. C. Order LIV rr. 20, 21.

[3]) R. S. C. Order V r. 6.

[4]) R. S. C. Order LIV r. 20.

[5]) Schuster, Bürgerliche Rechtspflege S. 151.

[6]) Damit steht nicht im Widerspruch die Entscheidung Leeds v. Lewis: „An adjournment into court is merely a continuation of the hearing in chambers." (Annual Practice vol. I, p. 786).

ja denn auch der Master verweisen kann.[1]) In beiden Fällen entscheidet übrigens durchaus das freie Ermessen des Gerichts, so daß die Partei auf die Verweisung keinerlei bestimmenden Einfluß hat. Das Verhältnis aber, in welchem so das Courtgericht zu dem Chambersgericht steht, kann man bezeichnen als das Verhältnis einer beschränkten Alternativität.[2])

2. Neben das reine Einzelrichtergericht tritt ein Gericht, bei dem das Prinzip des Einzelrichters zwar noch vorhanden, aber nur noch abgeschwächt vorhanden ist. Es kann nämlich der Einzelrichter zur Hauptverhandlung sachkundige Assessors heranziehen.[3]) Wir haben dann also ein Courtgericht mit Beisitzern. Allerdings haben dieselben nur beratende Stimme, so daß die entscheidende Prozeßbehörde stets nur der Einzelrichter ist.[4]) Allein tatsächlich haben wir eben doch eine Abschwächung des Grundprinzipes; denn wenn die Beisitzer gar keinen Einfluß, wenn auch nur in tatsächlicher Hinsicht, auf die richterliche Entscheidung hätten, so wäre nicht einzusehen, warum dann die Assessors überhaupt hinzugezogen würden. Es können übrigens ein oder mehrere Beisitzer hinzugezogen werden, in der Regel werden zwei herangezogen.[5]) Die Heranziehung kann in jeder Sache erfolgen und untersteht stets dem freien Ermessen des mit der Sache befaßten Richters, wenn natürlich auch die Parteien ihre diesbezüglichen Anträge stellen können.[6])

---

[1]) R. S. C. Order LIV r. 9 in Verbindung mit r. 12; vgl. auch Annual Practice vol. II, pp. 383 et seq.

[2]) Durchaus unrichtig Hatschek Bd. II, S. 187: „Die einzelnen Abteilungen des High Court judizieren nicht alle in Senaten oder Kollegien. Dort, wo sie auch in Kollegien entscheiden, unterscheidet man die Kollegialtätigkeit (in banco) von der Einzelrichtertätigkeit (at chambers).“ Wenn es auch richtig ist, daß auch in Sachen, die vor einen Divisional Court gehören, Entscheidungen at chambers vorkommen können, so ist es durchaus falsch, einen Unterschied wie Hatschek zu machen, der tatsächlich nicht existiert. Spielt doch gerade in der Abteilung, die gar keine Kollegialtätigkeit kennt, in der Chancery Division die Chambersjurisdiction die Hauptrolle. Gegensatz zur Chambersgerichtsbarkeit ist eben die Courtgerichtsbarkeit, gleichgültig, ob dieselbe von einem Einzelrichter oder aber von einem Kollegium ausgeübt wird. Und es ist durchaus falsch, die Tätigkeit, die z. B. der Einzelrichter der King's Bench Division „in open court“ entfaltet, etwa gar als Chamberstätigkeit auffassen zu wollen. Der Irrtum Hatscheks scheint mir auf einem Mißverstehen der Ausführungen de Franquevilles tom. I, p. 192 zu beruhen. Hier wird der Tätigkeit „in banco“ die „chambre à juge unique“ entgegengesetzt, wobei aber „chambre“ „Kammer“ bedeutet, während unter „chambers“ „Bureau“ zu verstehen ist.

[3]) 36 and 37 Vict. c. 66 s. 56.

[4]) Annual Practice vol. I, p. 507.

[5]) Ich erlebte allerdings auch in der Praxis Fälle, in denen nur ein Assessor mitwirkte.

[6]) Die Anträge können „in open court“ oder „at chambers gestellt“ werden. R. S. C. Order XXXVI r. 1 in Verbindung mit Annual Practice vol. II, p. 384

Es wird aber von der ganzen Möglichkeit in der King's Bench Division nur ein sehr seltener Gebrauch gemacht, und es kommt zu einem Verfahren mit Assessors meist nur in ganz speziellen Prozessen wie in Patentstreitigkeiten u. a. m.[1])

3. Außer den mit Einzelrichtern besetzten Kammern werden an der King's Bench Division auch Kollegialgerichte gebildet, die sogenannten Divisional Courts, deren Zuständigkeit wir bereits weiter oben kennen gelernt haben.[2]) Es können zu gleicher Zeit mehrere Divisional Courts gebildet werden, was auch meist der Fall ist.[3]) Besetzt sind die Divisional Courts mit mindestens zwei Richtern, eine Besetzung, die als Regelfall vom Gesetz ausdrücklich vorgeschrieben ist. Eine Besetzung mit mehr als zwei Richtern ist möglich, bildet aber stets nur die Ausnahme und wird nur in wichtigeren Fällen angeordnet, wie eine solche denn stets auch ausdrücklich angeordnet werden muß. Eine diesbezügliche Anordnung wird getroffen durch den Präsidenten der King's Bench Division unter Zustimmung zweier richterlicher Mitglieder der Abteilung.[4]) Im allgemeinen kommen Besetzungen mit mehr als drei Mitgliedern, obwohl sie nach dem Gesetz möglich sind, nicht vor.[5]) Andererseits ist aber jetzt Vorsorge getroffen, daß ein Divisional Court in einer Besetzung von drei Mitgliedern ständig vorhanden ist und als solcher seine Sitzungen durch das ganze Jahr abhält, während früher ein solcher Hof nur für den einzelnen Fall gebildet wurde.[6]) Und es kann nicht geleugnet werden, daß in letzter Zeit die Fälle, die vor ein Dreimännerkollegium gebracht werden, immer häufiger werden, eine Tatsache, die jedenfalls in Hinblick auf die künftige Entwicklung der organisatorischen Verhältnisse nicht ohne Interesse ist.

Das Verhältnis, in dem diese Kollegialgerichte zu den mit Einzelrichtern besetzten Gerichten stehen, ist ein verschiedenes. Zunächst haben wir in einer Reihe von Sachen ein Verhältnis der Exklusivität, indem gewisse Sachen vor einen Divisional Court kommen müssen und nicht von einem Einzelrichter erledigt werden können. Wir haben aber andererseits auch ein Verhältnis beschränkter Relativität, indem der Einzelrichter

---

[1]) Brodie-Innes vol. I, p. 564; Schuster, Bürgerliche Rechtspflege S. 155 sagt, das Verfahren sei in der King's Bench Division überhaupt noch nicht angewandt worden (1887).

[2]) Vgl. weiter oben S. 329 f.

[3]) Vgl. auch de Franqueville tom. I, p. 193.

[4]) 36 and 37 Vict. c. 66 ss. 40, 41; 39 and 40 Vict. c. 59 s. 17; 47 and 48 Vict. c. 61 s. 4.

[5]) de Franqueville tom. I, p. 192; Wertheim S. 188; vgl. auch Cohen, Spirit of Our Laws p. 62, n. 1; ferner Hatschek Bd. II, S. 167.

[6]) Es ist dies seit 1902 geschehen; vgl. Annual Practice vol. II, p. 569.

bestimmte Fälle an einen Divional Court verweisen kann. Schließlich stehen beide auch noch in einem instanzenmäßigen Verhältnis zueinander. Die Einzelheiten sind bereits früher besprochen worden.[1])

In den Divisional Courts ist Vorsitzender stets der älteste Richter, ohne indessen dem Begriff nach eine andere Stellung zu haben als ein primus inter pares. Er hat also im wesentlichen nur die Verhandlung zu leiten, ohne funktionell vor den Beisitzern irgendwelche Vorrechte zu haben. Allein tatsächlich hat er ein sehr wesentliches Vorrecht. Während bei den mit drei Richtern besetzten Divional Courts natürlich einfach die Majorität entscheidet, ist bei den einfachen Divisional Courts das Prinzip der Majorisierung ausgeschlossen. Kommt es hier nun nicht zu einer Einigung, so zieht gewohnheitsmäßig der jüngere Richter seine Ansicht zugunsten der des älteren Richters zurück, mit anderen Worten: der Vorsitzende hat den Stichentscheid.[2])

4. Neben dem Gericht des Einzelrichters, neben dem Kollegialgericht des Divisional Court treffen wir als weitere Prozeßbehörde das Schwurgericht an. Das Schwurgericht tritt uns aber in verschiedener Form entgegen, und zwar haben wir hier nach doppelter Hinsicht zu unterscheiden. Einmal nämlich treffen wir den Einzelrichter neben der Jury, das andere Mal den Divisional Court mit Jury, so daß dann die Richterbank kollegialisch besetzt ist.[3]) Und dann haben wir auf der einen Seite ein rein fakultatives Schwurgericht, bei dem also die Parteien auch vor den Einzelrichter als solchen gehen können, auf der anderen Seite dagegen ein obligatorisches Schwurgericht, bei dem die Sache nur durch ein Schwurgericht erledigt werden kann. Im einzelnen ist hier folgendes zu bemerken.

a) Im allgemeinen ist im Schwurgericht die Richterbank nur mit einem Richter besetzt, und dies gilt namentlich in Zivilsachen.

---

[1]) Vgl. weiter oben S. 322 ff.

[2]) de Franqueville tom. II, p. 177, der etwas weitgehend sagt: „L'arrêt est donc, en réalité, celui d'un seul juge.“ Vgl. auch die treffenden Bemerkungen Steins, Zur Justizreform S. 74f. Im übrigen herrscht auch hier größte Formlosigkeit. Ich erlebte den Fall, daß in einem Divisional Court der eine Richter die Sitzung nach beendeter Verhandlung verließ, und der Vorsitzende bei der Verkündigung des Urteils bemerkte, daß der Beisitzer ihn ermächtigt habe, dessen Zustimmung zu dem Urteil auszusprechen.

[3]) Der Ausdruck Divisional Court wird in zwei Bedeutungen verwendet. Einmal bedeutet er ein kollegialisch besetztes Gericht, welches ausschließlich aus gelehrten Richtern gebildet ist. Das andere Mal versteht man darunter die kollegialisch besetzte Richterbank im Gegensatz zur Jury. Divisional Court bedeutet also sowohl Kammer wie Richterbank. Vgl. z. B. Encyclopaedia 1st Ed. vol. II, p. 4, wo es ausdrücklich heißt, daß ein Trial at Bar sich vor einem Divisional Court abspielt.

Es kam aber auch ein Kollegium die Richterbank bilden. Dies ist der Fall in allen Kriminalsachen, für die die King's Bench Division in erster Instanz zuständig ist.[1]) Aber auch in jeder anderen Angelegenheit kann angeordnet werden, daß die Richterbank mit zwei oder mehr Richtern besetzt wird, daß also die Sache vor einem Divisional Court unter Hinzuziehung einer Jury verhandelt werden soll.[2]) Eine derartige Anordnung erfolgt nur in wichtigen Fällen[3]) und ist selten. Sie kann nur durch das Gericht erfolgen, ohne daß die Parteien einen bestimmenden Einfluß auf dessen Entscheidung hätten. Vor einem meist mit mehr als zwei Richtern besetzten Divisional Court finden auch die „Trials at Bar" statt.[4]) Zu einem „Trial at Bar" kommt es, wenn in einer unmittelbar oder durch Writ of Certiorari vor die King's Bench Division gebrachten Kriminalsache der Vertreter des Staates eine Verhandlung vor einem verstärkten Divisional Court verlangt.[5]) Ferner kann ein Trial at Bar auch in Zivilsachen verlangt werden, aber auch hier muß der Antrag von seiten eines Vertreters des Staates, nicht nur von der Privatpartei gestellt werden. Wird ein derartiger Antrag gestellt, so ist das Gericht nicht verpflichtet, demselben nachzukommen. Es entscheidet vielmehr nach freiem Ermessen, ob ein Trial at Bar bewilligt wird oder nicht. Wird er bewilligt, so muß die Richterbank aus mindestens zwei Richtern gebildet werden. Selbstverständlich sind derartige Fälle äußerst selten, und es kommt zum Trial at Bar nur dann, wenn an dem Verfahren das Staatsinteresse wirklich stark beteiligt ist.[6])

Obligatorisch ist das Schwurgericht nur in erstinstanzlichen Kriminalangelegenheiten, fakultativ zugelassen ist es in Zivilsachen, wie sofort eingehender darzustellen ist.

Die Geschworenenbank selbst ist mit 12 Geschworenen besetzt. Doch können, ähnlich wie bei den County Courts, die Parteien sich

---

1) Wird eine Sache durch eine Writ of Certiorari an die King's Bench Division gebracht, so wird sie gewöhnlich von einem Einzelrichter mit Jury entschieden. Kenny, Outlines p. 422; weiter oben S. 329, Anm. 7.

2) R. S. C. Order XXXVI r. 9.

3) Schuster, Bürgerliche Rechtspflege S. 157.

4) Daß es sich hier um Fälle handelt, auf die nicht r. 9 anzuwenden ist, ist ausgeführt Annual Practice vol. I, p. 491, ferner Encyclopaedia 1st Ed. vol. II, p. 10. Unrichtig Schuster, Bürgerliche Rechtspflege S. 157.

5) Vgl. auch Archbold, Criminal Pleading p. 124; ferner eingehender Encyclopaedia 1st Ed. vol. II, pp. 9 et seq.; Bowen Rowlands, Criminal Procedure p. 43; State Trials, New-Series vol. III, p. 11; Crown Office Rules 1906, rr. 150—155.

6) Cohen, Spirit of Our Laws p. 62, n. 1 gibt Beispiele. Die beiden letzten Kriminalfälle sind das Verfahren gegen Jameson 1896 und gegen Lynch 1902, beide bekannt genug.

in Zivilsachen dahin einigen, daß, falls ein Geschworener nachträglich wegfällt, die Entscheidung von den übrigbleibenden Geschworenen gefällt werden soll.[1])

b) Wenden wir uns dem Schwurgericht als Zivilgericht im speziellen zu, so ist hier folgendes zu bemerken:

α) Eine Sache kommt nie ipso jure vor ein Schwurgericht. Vielmehr bedarf es im allgemeinen stets erst einer ausdrücklichen Willenserklärung der Parteien, daß eine Jury zugezogen werden soll. Die Parteien können also auch stets vor das gelehrte Gericht gehen und sind nicht gezwungen, wenigstens im allgemeinen nicht, vor das Laiengericht zu gehen. Allein dieses Initiativrecht der Parteien ist doch nicht unbeschränkt. Vielmehr kann auch das Gericht von Amts wegen, ohne daß ein diesbezüglicher Parteiantrag gestellt wäre, anordnen, daß eine Jury zugezogen wird, sei es nun zur Verhandlung der ganzen Sache, sei es auch nur zur Erledigung eines tatsächlichen Streitpunktes.[2]) Aus dem Ausgeführten erhellt, daß das Schwurgericht zu dem gelehrten Gericht in dem Verhältnis einer ausgesprochenen Subsidiarität steht.

β) Was die Kompetenz des Schwurgerichtes betrifft, so kann die Zuziehung einer Jury in allen zivilrechtlichen Streitigkeiten verlangt werden.[3]) Abgelehnt werden kann ein derartiges Begehren nur in den Fällen, in denen die Parteien nach dem älteren Recht keinen Anspruch auf Zuziehung einer Jury hatten.[4]) Ferner kann dasselbe abgelehnt werden stets, wenn das Gericht wegen zu erwartender langwieriger Untersuchungen von Dokumenten und Rechnungen oder wegen zu erwartender Untersuchungen, die eine besondere Sachkunde voraussetzen, der Ansicht ist, daß sich die Sache nicht zur Verhandlung vor einer Jury eignet.[5]) Sonst dagegen haben die Parteien ein Recht auf Zuziehung einer Jury, die durch einen gerichtlichen Beschluß angeordnet werden muß.[6]) In einigen Fällen bedarf es übrigens auch nicht einmal einer gerichtlichen Anordnung. Hier genügt eine einfache Erklärung der

---

[1]) Vgl. weiter oben S. 241 f.; Cohen, Spirit of Our Laws p. 101.

[2]) R. S. C. Order XXXVI r. 7. Vgl. auch de Franqueville tom. II, p. 103; Brodie-Innes vol. I, p. 36; Hatschek Bd. II, S. 174, Anm. 1.

[3]) Vgl. de Franqueville tom. II, p. 102, 103.

[4]) Vor den Common Law Procedure Acts (1854 und folgende) wurden alle Tatfragen in Common Law Streitigkeiten durch eine Jury entschieden, während der Richter des Chancery Court stets ohne Jury entschied. Vgl. Schuster, Bürgerliche Rechtspflege S. 155.

[5]) R. S. C. Order XXXVI r. 5. Die Verhandlung kann dann, muß aber nicht vor einen sogenannten Referee verwiesen werden. 52 and 53 Vict. c. 49 s. 14 (6).

[6]) R. S. C. Order XXXVI r. 6. Nicht ganz zutreffend Koellreutter, Richter und Master S. 32.

Partei, daß sie Zuziehung einer Jury wünsche.[1]) In diesen Fällen ist das Recht der Parteien auf Zuziehung der Geschworenen ein absolutes, so daß das Gericht nicht in der Lage ist, ein Verfahren ohne Jury anordnen zu können.[2]) Das Recht der Parteien, Zuziehung einer Jury zu verlangen, ist übrigens stets befristet. Nach Ablauf der Fristen steht es in allen Fällen in dem freien Ermessen des Gerichtes, ob es zu einem Geschworenenverfahren kommen soll oder nicht. Auch Parteivereinbarung ist dann ohne jeden bestimmenden Einfluß.

γ) Was die Häufigkeit anbetrifft, mit der von den Parteien von dem ihnen verliehenen Rechte Gebrauch gemacht wird, so sei hier nur bemerkt, daß 1907 von 1314 in London zur Hauptverhandlung gekommenen Klagesachen 673 unter Mitwirkung einer Jury erledigt wurden, während die übrigen 642 vor den Einzelrichter allein gebracht wurden.[3]) Man sieht, das Verhältnis ist interessant genug, und um es seiner ganzen Bedeutung nach verstehen zu können, muß noch darauf hingewiesen werden, daß in einer Reihe von Fällen, wie wir bereits gesehen haben[4]), die Entscheidung darüber, ob es zu einem Geschworenenverfahren kommt, in das freie Ermessen des Gerichtes gestellt ist. Erinnern wir uns nun an die Verhältnisse im County Courtverfahren, bedenken wir, daß auch hier die Möglichkeit eines Geschworenenverfahrens gegeben ist, erinnern wir uns ferner an die Zahlen, die wir dort in bezug auf die Praxis kennen gelernt haben[5]), so sehen wir jedenfalls das eine: Der sattsam bekannte, so oft wiederholte Satz, in England herrsche in allen Zivilstreitigkeiten in erster Instanz das Einzelrichterprinzip[6]), ist, wie er theoretisch falsch ist, auch für die Praxis unzutreffend. Er ist theoretisch falsch, denn im Schwurgerichtsverfahren herrscht in Beziehung auf die

---

[1]) R. S. C. Order XXXVI r. 2. Die Fälle sind Ansprüche auf Schadenersatz wegen mündlicher oder schriftlicher Verleumdung, widerrechtlicher Gefangennahme, böswilliger Erhebung einer Strafklage, Verführung oder schließlich Nichterfüllung eines Eheversprechens. Vgl. Schuster, Bürgerliche Rechtspflege S. 156.

[2]) Brodie-Innes vol. I, p. 559; Annual Practice vol. I, p. 483: „But in actions mentioned in this rule“ (Order XXXVI r. 2) „there is no power, if either party desires a jury, to try them without.“ R. 5 bezieht sich also nicht auf r. 2.

[3]) Civil Judicial Statistics 1907, p. 76; vgl. auch de Franqueville tom. II, p. 103s.

[4]) Vgl. weiter oben S. 344.

[5]) Vgl. weiter oben S. 243 ff.

[6]) Adickes, Grundlinien S. 51, 126; Deutsche Juristenzeitung Bd. XI, S. 505; Schwartz, Erneuerung deutscher Rechtspflege S. 37 ff.; Zimmermann, Justiz-Reform in England S. 22; Winter, Rechtspflege, Richter und Publikum S. 28. Zutreffend Peters, Bürgerliches Streitverfahren S. 53 ff.

Tatfrage, ja selbst weitergehend, auch in bezug auf die Entschädigungsfrage das Kollegialitätsprinzip. Er ist praktisch nicht zutreffend: denn die Praxis macht von der Möglichkeit, eine Sache an die Geschworenen zu bringen, einen so weitgehenden Gebrauch, daß die Jurymöglichkeit, wie sie theoretisch ein Korrektiv des Einzelrichterprinzipes ist, auch als solches Korrektiv wirkt. So müssen wir den anderen allgemeinen Satz aufstellen, der allein den wirklichen Verhältnissen entspricht: In England herrscht in erster Instanz in Zivilstreitigkeiten das durch das Korrektiv der Jurymöglichkeit beschränkte Einzelrichterprinzip.

Die weitere Frage nun, wie sich die öffentliche Meinung zu der Möglichkeit eines Geschworenenverfahrens in Zivilsachen verhält, ob wirklich die Jury hier immer seltener hinzugezogen wird, soll erst in anderem Zusammenhang erledigt werden, im Zusammenhang mit der Frage, wie oft überhaupt in Zivilsachen, also nicht nur vor der King's Bench Division, sondern auch vor den Assisen usw. Gebrauch von der Jury gemacht wird.[1])

5. Außer diesen bisher erwähnten Prozeßbehörden, die eine generell bestimmte Zuständigkeit haben, finden wir aber auch noch einzelne Gerichte mit einer ganz bestimmten, speziellen Zuständigkeit. Es sind dies die folgenden:

a) In erster Linie ist hier zu nennen der Court of Criminal Appeal.

α) Man könnte allerdings zweifelhaft sein, ob wir es hier mit einer Prozeßbehörde zu tun haben, die zu der King's Bench Division als Justizverwaltungsorganismus gehört. Allein die Frage muß bejahend beantwortet werden.[2]) Denn die sämtlichen Mitglieder des Court werden nur aus den Mitgliedern der King's Bench Division genommen. Und ferner wird auch der Registar des Gerichtes aus den Beamten der King's Bench Division entnommen, wie wir noch sehen werden. Schließlich beweist auch die Tatsache, daß der Court keinen Präsidenten im administrativen Sinn hat, die Richtigkeit des Satzes, daß wir es im Court of Criminal Appeal nicht mit einer verwaltungsmäßig selbständigen Abteilung zu tun haben. Bestimmt doch das Gesetz nur, wer im Court Vorsitzender sein soll, wie sich klar aus dem Wortlaut ergibt.[3]) So können wir

---

[1]) Vgl. weiter unten S. 611 f.

[2]) Vgl. zum Folgenden 7 Edw. VII c. 23 ss. 1 (1, 3), 2. Abgedruckt ist das Gesetz auch Lisztsche Zeitschrift Bd. 28, S. 113f.; siehe ferner Schoetensack, Gerichtssaal Bd. 72, S. 390.

[3]) „The Lord Chief Justice, if present, and in his absence the senior member of the Court, shall be president of the court.“ Der Ausdruck President wird eben in England sowohl im prozessualen Sinn wie im administrativen

wiederholen: Der Court of Criminal Appeal ist keine administrativ selbständige Unterabteilung des High Court, die gleichberechtigt neben die anderen Divisions tritt, sondern ist eine aus der King's Bench Division gebildete Prozeßbehörde, erscheint also als ein Senat resp. eine Kammer der letzteren.[1])

β) Der Court of Criminal Appeal ist ein Kollegialgericht, welches in einer Besetzung von mindestens drei Richtern entscheidet. Stets muß die Zahl der mitwirkenden Richter eine ungerade sein, um eine Majorisierung zu ermöglichen. Das Prinzip der Divisional Courts mit Zweimännerkollegien ist also hier bewußt[2]) verlassen worden. Ob mehr als drei Mitglieder an den Verhandlungen teilnehmen sollen, bestimmt der Vorsitzende, doch kann wohl auch das Gericht selbst dahingehende Beschlüsse fassen. Vorsitzender ist der Lord Chief Justice, im Verhinderungsfall das älteste Mitglied. Übrigens kann der Court of Criminal Appeal in mehreren Abteilungen tagen[3]), mit anderen Worten: es können an der King's Bench Division nach Bedarf mehrere Appellkammern gebildet werden. Dieselben können in London tätig werden, was natürlich der Regelfall sein wird. Sie können ihre Sitzungen aber auch an anderen Orten abhalten, doch bedarf es dazu einer ausdrücklichen Anordnung des Lord Chief Justice.[3]) Im übrigen entscheidet das Gericht, wie ich ausdrücklich betone, ohne Mitwirkung einer Jury. Der Court besitzt, wie abschließend bemerkt sei, einen eigenen Registrar, als welcher der Master of the Crown Office tätig wird.[4])

b) Eine weitere Kammer, die bei der King's Bench Division gebildet wird, ist der sogenannte Commercial Court. Die Geschichte

---

Sinn gebraucht. Es bedeutet einmal Vorsitzender, dann aber auch Präsident in unserem Sinn. Ebenso wird der Ausdruck Court doppelsinnig gebraucht, für das Gericht als Verwaltungsorganismus und als Prozeßbehörde, z. B. High Court, Divisional Court.

[1]) Die Verhältnisse lagen anders bei dem jetzt als solchem nicht mehr existierenden Court for Crown Cases Reserved. Derselbe wurde nicht etwa gebildet aus den Mitgliedern einer Abteilung des High Court, sondern schlechthin aus den Mitgliedern des High Court als solchen. Vgl. Brodie-Innes vol. I, p. 98; Archbold, Criminal Pleading pp. 246, 247. Er war mithin ein Senat des High Court selbst, und man kann nicht sagen, daß er ein Senat der King's Bench Division gewesen ist. Anderer Ansicht Hatschek Bd. II, S. 166, wohl in Anlehnung an de Franqueville's tom. I, p. 211 unzutreffende Ausführungen. Vgl. dagegen Kenny, Outlines p. 419. Unzutreffend auch Wertheim S. 191; v. Lewinski, England als Erzieher? S. 22; zutreffend Adickes, Grundlinien S. 97.

[2]) Vgl. dazu weiter unten S. 612; 7 Edw. VII c. 23 s. 1 (2, 4).

[3]) 7 Edw. VII c. 23 s. 1 (2); 8 Edw. VII c. 46 s. 2 (1).

[4]) Auf die Geschichte dieses Rechtsmittelgerichtes kann, so interessant sie auch ist, an dieser Stelle nicht eingegangen werden. Vgl. dazu meine Ausführungen, Gerichtssaal Bd. 74, S. 465 ff. und die dort angegebene Literatur.

dieses noch nicht sehr lange begründeten Gerichtes ist nicht ohne Interesse. Die große Reform von 1873 hatte zwar manche Übelstände beseitigt, sie hatte aber keineswegs in allen ihren Teilen befriedigt. Namentlich war der Handel unzufrieden damit, daß keine Handelsgerichte und kein besonderer, schleuniger Handelsprozeß eingeführt waren, die schon vor der Reform 1869 und später lebhaft verlangt waren.[1]) Die Unzufriedenheit des Handels mit den bestehenden Verhältnissen[2]) äußerte sich nun in einem Doppelten: einmal in einem Meiden der Gerichte und Gehen vor die Schiedsgerichte, ferner in einer lebhaften Agitation nach Einführung von Handelsgerichten mit einem einfacheren Verfahren. Die Konzentration der Gerichte im neuen Justizpalast[3]) erhöhte die Schwierigkeit, da hiermit die Sitzungen des High Court, die früher im Mittelpunkt des Handels, in der Guildhall der City stattfanden, in Wegfall kamen. Den infolgedessen immer häufiger werdenden Beschwerden der Handelswelt kam man 1891 in soweit nach, als angeordnet wurde, daß zwei Richter der Abteilung wieder Sitzungen in der Guildhall abhalten sollten.[4]) Nachdem diese Reform indes keinen Erfolg hatte (schon 1892 erklärte ein Report der Rechtsanwälte sie für mißlungen[5])), nachdem Vorschläge der allgemeinen Richterversammlung 1892 vom Gesetzgeber unberücksichtigt gelassen wurden, ging 1895 die King's Bench Division von sich aus selbständig vor. Ein Komitee arbeitete ein Regulativ aus,[6]) wonach ein Richter ständig mit der Erledigung von Handelssachen betraut werden sollte, wonach ferner für Handelssachen ständig eine besondere Sachliste geführt werden sollte, so daß alle Handelssachen vor eben diesem Richter zur Erledigung gebracht werden konnten.

---

[1]) Siehe hierzu die außerordentlich interessanten Ausführungen von Mathew, Practice of the Commercial Court pp. 1—20; ferner Encyclopaedia 1st Ed. vol. III, pp. 119 et seq. Es kann selbstverständlich auch hier nur im Flug auf die Stellungnahme des Handels zu den neuen Gerichtsverhältnissen eingegangen werden. Wir werden aber auf diesen Punkt eingehend später zurückkommen. Vgl. weiter unten S. 739 ff.

[2]) Wenn Adickes, Grundlinien S. 62 in Anschluß an Gneist (vgl. bei Schuster, Bürgerliche Rechtspflege S. IV) ausführt: „Diese Reformen" (1873) „haben aber mit einer bewunderungswürdigen Energie die Reste mittelalterlichen Zopfes beseitigt, das Verfahren vereinfacht und vereinheitlicht . . .", so darf hier vorläufig einmal die „Times" vom 19. 8. 1892 zitiert werden, in der umgekehrt die Behauptung aufgestellt wird, die Reform habe nichts verbessert, wohl aber viel verschlimmert. „Expense was doubled and simplicity was not promoted."

[3]) de Franqueville tom. II, p. 3 ss.

[4]) 54 Vict. c. 14; de Franqueville tom. II, p. 17.

[5]) Mathew Commercial Court p. 12.

[6]) Veröffentlicht am 9. Februar 1895, abgedruckt Encyclopaedia 1st Ed. vol. III, p. 120; Annual Practice vol. II, pp. 750—752.

Schließlich sollten gewisse Erleichterungen im Verfahren eintreten, Erleichterungen, die dann eine spätere Praxis noch bedeutend erweitert und einheitlicher gestaltet hat. Die Sitzungen in der Guildhall wurden wieder suspendiert. Damit war denn der heutige Commercial Court gegründet.

Der Gang dieser Reform ist interessant genug; ohne jedes Eingreifen der Gesetzgebung, ja sogar ohne jede Mitwirkung des Rule Committee ist hier tatsächlich ein Handelsgericht, ja mehr als das, ein Handelsprozeß geschaffen worden. Denn wenn es allerdings auch theoretisch richtig ist, in dem ganzen Vorgang nur eine dauernde, nach gewissen Gesichtspunkten geregelte Geschäftsverteilung innerhalb der Abteilung zu sehen, zu der zweifellos die King's Bench Division befugt war[1]), so ist die tatsächliche Wirkung der Reform doch eine viel weittragendere: tatsächlich ist eine neue Prozeßbehörde mit bestimmter, und zwar beschränkter, sachlicher Zuständigkeit begründet worden, tatsächlich ist an der King's Bench Division nicht nur eine Geschäftsverteilung, vorgenommen worden, sondern wurde ein Handelsgericht neu geschaffen.[2]) Welche Wirkungen die Reform gezeitigt hat, kann hier noch nicht erörtert werden.[3])

Rein äußerlich betrachtet unterscheidet sich allerdings der Commercial Court nicht von den anderen mit Einzelrichtern besetzten Gerichten. Unterscheidendes Merkmal ist also allein seine spezialisierte Zuständigkeit, die wir bereits weiter oben kennen gelernt haben.[4]) Die Sachen werden an ihn gebracht einmal auf Antrag einer der Parteien, sie können aber auch von Amts wegen an ihn verwiesen werden bei Erteilung der richterlichen Direktiven für die Prozeßführung.[5])

II. Haben wir somit die äußere Organisation der King's Bench Division zur Darstellung gebracht, so haben wir uns nunmehr mit der inneren Organisation zu befassen. Und zwar haben wir hier die Fragen zu beantworten, wie im einzelnen die Abteilung besetzt ist, und welche Funktionen die Beamten der Abteilung zu erfüllen haben. Das letztere kann natürlich nur in bezug auf die wesentlichen Punkte erfolgen, da sonst das Verfahren zu eingehend in den Kreis unserer Betrachtung gezogen werden müßte.

---

[1]) Vgl. die Annual Practice vol. II, p. 750 zitierte Entscheidung: „This notice is not made under the authority of the Rule Committee, but is a practice agreed upon by the judges of the Q. B. D. who have the right to deal by convention amongst themselves with the mode of disposing of the business of their Courts." Vgl. auch Edingburgh Review Nr. 579, Jan. 1897.

[2]) Vgl. die treffenden Ausführungen bei Mathew l. c. p. 19.

[3]) Vgl. weiter unten S. 742.

[4]) Vgl. weiter oben S. 329.

[5]) Regulativ der Richter s. 2. Vgl. auch weiter unten S. 356, 369 ff.

1. Wenden wir uns zunächst den eigentlichen Richtern im strengen Sinne des Wortes zu, so sehen wir, daß die King's Bench Division augenblicklich besetzt ist mit einem Präsidenten, dem Lord Chief Justice of England, und einer Anzahl von Richtern, den sogenannten Justices, augenblicklich 16 an der Zahl.[1])

a) Beginnen wir mit der äußeren Stellung der Richter, so ist hier folgendes zu beachten:

α) Voraussetzung für die Ausübung des Amtes ist auch hier wie bei den County Court Judges, ja wie schließlich auch bei den Friedens- und Polizeirichtern ein Dreifaches, Qualifikation, Beeidigung und Ernennung.

Qualifiziert zur Bekleidung eines Amtes ist nur der, der zur Zeit der Ernennung bereits mindestens 10 Jahre Barrister ist. Eine wirkliche Ausübung der Praxis ist also auch hier nicht Voraussetzung der Ernennung, wenn auch tatsächlich meist nur ein praktizierender Barrister ernannt wird.[2])

Die Ernennung erfolgt bei sämtlichen Richtern durch Königliches Patent. Der Vorschlag zur Ernennung, an den der Souverän natürlich kraft des parlamentarischen Prinzipes tatsächlich gebunden ist, geht beim Lord Chief Justice aus vom Vorsitzenden des Kabinettes, bei den übrigen Richtern, die übrigens wie alle Richter des High Court Puisne Judges heißen,[3]) vom Lord Chancellor.[4])

Der ernannte Richter ist zu vereidigen, und zwar hat jeder Richter einen doppelten Eid zu leisten, einmal den allgemeinen Treueid gegenüber dem König, dann den spezifisch richterlichen Amtseid.[5])

β) Die Ernennung erfolgt prinzipiell auf Lebenszeit. Die Richter sind mithin prinzipiell unabsetzbar. Allein dieser Satz gilt natürlich nicht so, daß eine Amtsenthebung eines Richters überhaupt ausgeschlossen ist. Vielmehr kann eine Entlassung auf folgende Art und Weise herbeigeführt werden: Es kann das Parlament auf übereinstimmenden Beschluß beider Häuser die Absetzung des Richters verlangen, wobei dann eine Art Untersuchungsverfahren im Parlament selbst stattfindet. Die Enthebung vom Amt erfolgt durch Königliche Verfügung, zu der übrigens

---

[1]) Eine Vermehrung der Justices scheint unmittelbar bevorzustehen. Vgl. dazu weiter unten S. 591 ff.

[2]) 36 and 37 Vict. c. 66 s. 8. Ausnahmen kommen vor.

[3]) 40 and 41 Vict. c. 9 s. 5.

[4]) Hatschek Bd. II, S. 156; Schuster, Bürgerliche Rechtspflege S. 40; de Franqueville tom. I, p. 376 ss.

[5]) Beide Eide abgedruckt bei de Franqueville tom. I, p. 379; 38 and 39 Vict. c. 77 s. 5.

der Souverän theoretisch nicht verpflichtet ist, wenn es allerdings auch praktisch nicht vorkommen kann, daß einem Antrag des Parlamentes nicht stattgegeben wird. Die Verfügung erfolgt in der Form eines sogenannten Writ of Facias.[1]) Ohne Adresse des Parlamentes kann es mithin nie zu einer Enthebung kommen, und namentlich kann die Regierung nicht aus eigener Initiative heraus einen Writ of Facias erlassen.[2]) Gründe, die eine derartige Adresse veranlassen, sind in erster Linie natürlich unrichtiges Verhalten im Amt und während der Bekleidung des Amtes, ferner Verurteilung wegen eines Deliktes, das Unfähigkeit zur Bekleidung öffentlicher Ämter nach sich zieht. Wir werden auf diesen Punkt noch weiter unten in anderem Zusammenhang einzugehen haben.[3])

γ) Die Ernennung legt selbstverständlich dem Richter bestimmte Pflichten auf. Derselbe darf zunächst seine Privatpraxis nicht weiter betreiben, er muß dieselbe vielmehr ohne weiteres aufgeben. Ferner verliert er das passive Wahlrecht. Er kann nicht in das House of Commons gewählt werden; ist er zur Zeit seiner Er-

---

[1]) Der Richter wird ernannt durch „Letters of Patent under the Great Seal". Man kann zweifelhaft sein, ob die Enthebung nicht in analoger Art und Weise zu erfolgen hat. Die im Text ausgeführte Ansicht entspricht der herrschenden Auffassung.

[2]) Gneist, Englisches Verwaltungsrecht Bd. II, S. 973; Schuster, Bürgerliche Rechtspflege S. 40f. Unrichtig de Franqueville tom. I, p. 386 ss. und wie immer im engsten Anschluß an ihn Hatschek, Engliches Staatsrecht Bd. I, S. 538ff. Beide unterscheiden zwei Fälle, Amtsenthebung auf Grund einer Adresse des Parlaments und auf Grund eines Writ of Facias, also auf Grund der Initiative der Regierung. Das Gesetz selbst scheint mir klar zu sein. Es bestimmt 38 and 39 Vict. c. 77 s. 5: „All the Judges of the High Court ... shall hold their offices ... during good behaviour, subject to a power of removal by Her Majesty on an address presented to Her Majesty by both houses of Parliament." Hierdurch sind die Bestimmungen 12 and 13 William III c. 2 und 1 Geo. III c. 23 wiederholt worden. Allerdings ist anderer Ansicht auch Anson, Law and Custom of the Constitution vol. II, pp. 213 et seq., wo folgendes ausgeführt wird: „To this last a third is sometimes added which has given rise to misunderstanding. The Judges . . . hold office during good behaviour, but upon the address of both Houses of Parliament it may be lawful to remove them. This has been construed to mean that such officers can only be removed on address of the two Houses. But the words mean simply that if, in consequence of misbehaviour in respect of his office, or from any other cause an officer of state holding on this tenure has forfeited the confidence of the two Houses, he may be removed, although the Crown would not otherwise have been disposed or entitled to remove him. Such officers hold, as regards the Crown, during good behaviour; as regards Parliaments, at pleasure." Eine Entscheidung liegt nicht vor. Jedenfalls dürfte praktisch eine Absetzung eines Richters nur auf Grund einer Adresse des Parlaments erfolgen, dem als solchen dann zum mindesten tatsächlich die Initiative zusteht.

[3]) Vgl. S. 819.

nennung Mitglied desselben, so ist sein Sitz im Parlament erledigt. Parlamentsunfähig wird er dagegen nicht; denn wenn er ein Peer ist, so bleibt er auch als Richter Mitglied des House of Lords, ohne theoretisch bei der Ausübung seiner diesbezüglichen Funktionen irgendwie beschränkt zu sein.[1]) Selbstverständlich ist endlich die Verpflichtung, die laufenden Amtsverpflichtungen zu erfüllen. Eine Residenzpflicht dagegen ist nicht ausdrücklich ausgesprochen.

δ) Den Pflichten entsprechen die Rechte, die sich aus dem Amt ergeben.

Zunächst sind die Gehaltsrechte zu erwähnen. Danach erhält der Lord Chief Justice £ 8000, jeder der übrigen Richter dagegen £ 5000 Jahresgehalt. Nach fünfzehnjähriger Dienstzeit erwerben sie einen Pensionsanspruch von jährlich £ 3500.[2])

Daneben kommen in Betracht die Ehrenvorrechte. Die Richter haben einen bestimmten Rang und Titel. Der Lord Chief Justice steht im Rang unmittelbar nach den Lords of Appeal,[3]) die übrigen Richter rangieren zwischen den Mitgliedern des Privy Council und den jüngeren Söhnen von Lords.[4]) Ihr Titel ist Justice of the High Court. Dem Lord Chief Justice wird, falls er kein Lord ist, regelmäßig die Lordschaft verliehen; die Justices werden in den Ritterstand versetzt, erhalten also den Titel Sir. Ich bemerke aber, daß diese letzten Ehrenvorrechte nur herkömmlicherweise verliehen werden. Ein Rechtsanspruch existiert nicht, und die Krone kann nicht gezwungen werden, einen Justice zu adeln. Die Anrede in den Sitzungen ist „mylord“, „your lordship“.[5])

Man hat früher noch behauptet,[6]) den Ehrenrechten ständen gewisse Ehrenpflichten gegenüber. Man hat hier namentlich darauf hingewiesen, daß herkömmlicherweise den Richtern keine Orden verliehen werden könnten. Allein diese Behauptung trifft jedenfalls für heute nicht mehr zu. Es kommt vor, daß einzelnen Richtern die erbliche Lordwürde während ihrer Dienstzeit verliehen wird. Und auch Ordensauszeichnungen kommen vor.[7])

---

[1]) 38 and 39 Vict. c. 77 s. 5.

[2]) 36 and 37 Vict. c. 66 ss. 13, 14. Vgl. eingehend de Franqueville tom. I, p. 396s.; Adickes, Grundlinien S. 59f.

[3]) Law List 1905, p. XV.

[4]) de Franqueville tom. I, p. 391; 38 and 39 Vict. c. 77 s. 6.

[5]) de Franqueville tom. I, p. 392. Unrichtig Weidlich, Englische Strafprozeßpraxis S. 4, der behauptet, die Mitglieder des High Court seien für ihre Person Lords. Weidlich hat offenbar aus der Anrede „Mylord“ falsche Schlüsse gezogen. Unrichtig auch Viezens, Bureaukraten und Lords S. 104.

[6]) Namentlich Gneist, Englisches Verwaltungsrecht Bd. II, S. 974, Anm. c. Vgl. auch de Franqueville tom. I, p. 388.

[7]) So schreibt mir einer der höchsten Richter Englands: „Years ago Judges never received decorations, but that rule has not been adhered to.“

ε) Innerhalb der Abteilung können natürlich Vertretungen nötig werden. Dieselben regeln sich auf einfache Art und Weise. Denn es gilt der allgemeine Grundsatz, daß sich jeder Richter der King's Bench Division durch einen anderen Richter seiner Abteilung, der sich dazu bereit erklärt, vertreten lassen kann. Allerdings können die Parteien dagegen Einspruch erheben, und es liegt dann die Entscheidung beim Lord Chancellor.[1]) Daß eine derartige Bestimmung weit über Vertretungsfälle im eigentlichen Sinne des Wortes Bedeutung hat und auch für die gesamte Geschäftsverteilung von größter Bedeutung ist, werden wir noch später sehen, wie es denn aber auch gleich hier bemerkt werden mag.[2])

Allein auch die Richter der verschiedenen Abteilungen können sich untereinander vertreten. Und so kann jeder Richter des High Court in der King's Bench Division zum Zweck der Vertretung eines aus irgend einem Grunde abwesenden oder auch weggefallenen und noch nicht ersetzten Richters tätig werden. Allerdings bedarf es zur Anordnung einer solchen Vertretung eines Doppelten: einmal Ersuchen des Lord Chancellor an den zum Vertreter bestimmten Richter, ferner Einwilligung des ersuchten Richters.[3]) Diese Bestimmungen sind noch erweitert in dringenden Fällen. Hier bedarf es keines Ersuchens des Lord Chancellor. Es kann vielmehr jeder Richter des High Court aus eigener Initiative eingreifen, um ein Mitglied der King's Bench Division zu vertreten oder zu ersetzen. Allerdings ist hier aber seine Kompetenz funktionell beschränkt, und er kann so nur einstweilige Verfügungen negativer Art und interlokutorische Verfügungen erlassen, während sonst die Vertretungsbefugnis eine unbeschränkte ist.[4])

Unter denselben Vorausetzungen kann endlich auch ein Richter des Court of Appeal als Vertreter herangezogen werden, nur ist hier die letztgenannte Vertretung aus eigner Initiative ausgeschlossen. Es bedarf also stets einer Anordnung der Vertretung durch den Lord Chancellor.[5])

Abgesehen von diesen Ersatzrichtern kann die King's Bench Division aber auch noch verstärkt werden durch Hilfsrichter, die also tätig werden im Falle einer Geschäftsüberhäufung neben der vollen Anzahl der sämtlichen King's Bench-Richter.[6]) Als Hilfsrichter können herangezogen werden Mitglieder des Court of

---

[1]) 47 and 48 Vict. c. 61 s. 6.

[2]) Vgl. weiter unten S. 384 ff.

[3]) 47 and 48 Vict. c. 61 s. 5.

[4]) 44 and 45 Vict. c. 68 s. 12.

[5]) 36 and 37 Vict. c. 66 s. 51. Vgl. eine Anordnung des Lord Chancellor, abgedruckt Annual Practice vol. II, p. 526.

[6]) Annual Practice vol. II, p. 582.

Appeal und der anderen Abteilungen des High Court. Allein hier besteht ein Unterschied, der das Unsystematische der ganzen englischen Organisation klar erhellt: Ein Richter des Court of Appeal kann als Hilfsrichter einfach auf Ersuchen des Lord Chancellor herangezogen werden, allerdings nur mit seiner eigenen Zustimmung. Soll dagegen ein Mitglied des High Court als solcher verwendet werden, so ist dazu des weiteren erforderlich einmal die Zustimmung des Lord Chief Justice als Vorsitzenden der King's Bench Division, und ferner die Zustimmung des Präsidenten der Abteilung, der der Richter angehört. Im ersten Fall kann also ein Hilfsrichter ernannt werden ohne Zustimmung, ja eventuell sogar gegen den ausgesprochenen Willen des Vorsitzenden der Kings' Bench Division. Das andere Mal hat er einen bestimmenden Einfluß darauf, ob es zu einer Hilfsrichterschaft kommen soll oder nicht.[1])

Ich bemerke noch, daß in keinem Fall ein Richter des High Court oder des Court of Appeal gezwungen werden kann, eine Vertretung zu übernehmen, und ferner, daß Vertretungen durch Grafschaftsrichter oder Barristers nicht vorkommen.

ζ) Der an sich fähige Richter kann im Einzelfall von den Parteien wegen Befangenheit abgelehnt werden. Befangenheit liegt vor, wenn der Richter selbst an der Sache so weit interessiert ist, daß seine Unparteilichkeit in Frage gestellt erscheint. Beispiele hierfür sind einmal Verwandtschaft des Richters mit einer der Parteien, ferner finanzielles Interessiertsein des Richters an der zu entscheidenden Sache.[2]) Die Ablehnung wird geltend gemacht durch Parteiantrag. Allein sie kann zweifellos auch von Amts wegen erfolgen, indem der Richter die Initiative ergreift und sich selbst ablehnt. Hier kommt namentlich die allgemeine Bestimmung in Betracht, die wir weiter oben kennen lernten, daß jeder Richter ohne weiteres sich durch ein Mitglied der Abteilung vertreten lassen kann.[3]) Eine solche Vertretung kann jeder Richter aus irgend einem Grund stets herbeiführen, woraus sich ergibt, daß er das selbstverständlich auch tun kann, falls er sich selbst für interessiert hält. In der Praxis werden übrigens Richter selten abgelehnt. Es sei schließlich noch ausdrücklich bemerkt, daß gesetzliche Ausschlußgründe, die den Richter ipso jure disqualifizieren, nicht existieren.

b) Was die Funktionen des Richters betrifft, so sind hier zwei Fragen wohl auseinanderzuhalten, einmal die Frage nach der Verteilung der Funktionen zwischen dem Lord Chief Justice und den

---

1) 36 and 37 Vict. c. 66 s. 51 in Verbindung mit 47 and 48 Vict. c. 61 s. 5.
2) Vgl. vor allem Brodie-Innes vol. I, pp. 408, 409.
3) 47 and 48 Vict. c. 61 s. 6.

übrigen Richtern der King's Bench Division, ferner die Frage nach dem Inhalt eben dieser Funktionen.

α) Was die Verteilung der Funktionen betrifft, so gilt hier als allgemeines Prinzip der Satz von der funktionellen Gleichheit. Die sämtlichen Richter der King's Bench Division stehen sich mithin in bezug auf ihre funktionelle Kompetenz gleich, sofern nicht das Gesetz selbst Ausnahmen macht.[1]) Derartige Ausnahmen macht das Gesetz allerdings, und zwar so, daß dem Lord Chief Justice in einer Reihe von Fällen besondere Funktionen übertragen werden. Diese besonderen Funktionen sind nun, wie sich aus der Stellung des Lord Chief Justice als Präsidenten der Abteilung ergibt, im wesentlichen administrativer Natur. Wir können auf die Einzelheiten, die sich aus der Darstellung im System ergeben, hier nicht eingehen. Ich bemerke nur, daß, da im allgemeinen die den Richtern obliegenden administrativen Funktionen konzentriert werden in der Person des Lord Chief Justice, die übrigen Richter der Abteilung wenig mit administrativen Angelegenheiten beschäftigt sind. Was die prozessualischen Funktionen betrifft, so steht der Lord Chief Justice den übrigen Richtern gleich, und es ist hier nur das eine zu bemerken, daß, falls der Lord Chief Justice in einem Divisional Court mitwirkt, er, was ja auch ganz selbstverständlich ist, Vorsitzender des Kollegiums ist und so alle Vorrechte oder besser gesagt alle Vorpflichten eines Vorsitzenden hat.[2])

β) Was nun aber die Funktionen dem Inhalt nach betrifft, die die Mitglieder der King's Bench Division als solche zu erfüllen haben[3]), so haben wir hier administrative und prozessuale Funktionen zu unterscheiden.

Die administrativen Funktionen können sehr kurz erledigt werden. Sie sind zumeist dem Lord Chief Justice übertragen und werden besser bei den einzelnen Fällen zur Darstellung gebracht werden. Als Beispiel sei hier nur erwähnt, daß der Lord Chief Justice an der Ernennung gewisser Beamten mit beteiligt ist. Die übrigen Richter haben selbst nur sehr geringe Verwaltungsfunktionen zu erfüllen. So sei darauf hingewiesen, daß sie den ihnen persönlich zugeordneten Privatschreiber zu ernennen haben.[4])

---

[1]) 36 and 37 Vict. c. 66 s. 5: „All the judges of the said Court shall have in all respects, save as in this Act is otherwise expressly provided, equal power, authority, and jurisdiction."

[2]) Vgl. dazu weiter oben S. 342.

[3]) Wir lassen die Funktionen außer Betracht, die sie in anderer Eigenschaft zu erfüllen haben, also z. B. als Mitglieder des Rule Committee. Vgl. dazu weiter oben S. 284 ff.

[4]) de Franqueville tom. I, p. 447.

Ferner sind sie an der Geschäftsverteilung und an dem Zustandekommen der Ausführungsbestimmungen bezüglich der Assisenreisen beteiligt, und was dergleichen mehr ist.[1])

Was die eigentlichen prozessualen Funktionen anbelangt, so gelten im allgemeinen all die Ausführungen, die wir früher bezüglich der funktionellen Stellung der Grafschaftsrichter gegeben haben, in analoger Art und Weise, so daß auf diselben hier verwiesen werden kann.[2]) Es mag nur so viel bemerkt werden, daß auch hier beim Richter die Urteilsgewalt, der Prozeßbetrieb und die Sitzungspolizei liegt.

Bezüglich des Prozeßbetriebes sind aber in der King's Bench Division die Funktionen des Richters erweitert. Er kann nämlich einmal Streitsachen in einem Zivilprozeß unter hier nicht interessierenden Voraussetzungen auch ohne Zustimmung der Parteien vor einen Schiedsrichter resp. einen Referee ganz oder zum Teil verweisen, der die ihm überwiesenen Streitpunkte selbständig zu erledigen oder in der konkreten Sache das Urteil zu erlassen hat. Er kann ferner bestimmte Untersuchungen einem Referee übertragen, und zwar so, daß derselbe Beweiserhebung vorzunehmen und über das Resultat derselben einen Bericht zu erstatten hat, an den allerdings das Gericht bei seiner Entscheidung nicht gebunden ist.[3]) Es ist mithin zu unterscheiden: einmal wird die Sache überwiesen zur Beweiserhebung und Berichterstattung, einmal zur endgültigen Entscheidung einzelner Streitpunkte, einmal schließlich zur urteilsmäßigen Erledigung der ganzen Sache. Es handelt sich also um eine dreifache Möglichkeit, wie sich das Gericht selbst entlasten kann, ein Punkt, auf den wir noch weiter unten zu sprechen kommen werden.[4])

Zu beachten ist ferner, daß der Richter einen sehr weitgehenden Einfluß darauf hat, in welcher Art und Weise prozessual die Sache erledigt werden soll. Einmal bestimmt er, ob „at chambers" oder „in open court", ob vor einem Einzelrichter oder vor einem Divisional Court zu verhandeln ist.[5])[6]) Er kann ferner in Zivilsachen eine Jury von Amts wegen heranziehen, was der Grafschaftsrichter nicht kann, und dasselbe gilt bezüglich sachkundiger Beisitzer, der sogenannten Assessors.[7]) Und schließlich kann er auch auf den Gang

[1]) Vgl. weiter unten S. 521.

[2]) Vgl. weiter oben S. 226 ff.

[3]) 52 and 53 Vict. c. 49 ss. 13, 14. Brodie-Innes vol. I, pp. 504 et seq., 562, 563; Cohen, Spirit of Our Laws pp. 286, 287; Schuster, Bürgerliche Rechtspflege S. 173 (veraltet); v. Lewinski, England als Erzieher? S. 13.

[4]) Vgl. weiter unten S. 458 ff.

[5]) R. S. C. Order LIV r. 9; 36 and 37 Vict. c. 66 s. 46.

[6]) 51 and 52 Vict. c. 43 s. 65.

[7]) 36 and 37 Vict. c. 66 s. 56; R. S. C. Order XXXVI r. 7.

des Verfahrens in Zivilsachen einen bestimmenden Einfluß in viel weiterem Umfang ausüben als der Grafschaftsrichter. Es ergibt sich dieser sein Einfluß aus den Vorschriften über den im Prozeß stattfindenden Vortermin, in dem darüber entschieden wird, wie die Parteien weiter zu prozessieren haben, ob sie z. B. Schriftsätze zu wechseln haben oder nicht und anderes mehr, Bestimmungen, auf die an dieser Stelle nur verwiesen, nicht aber eingegangen werden kann.[1]) Allerdings übt der Richter alle diese Funktionen nur in zweiter Instanz aus, denn der sogenannte Summons for Directions wird stets von einem Master erlassen, wie wir später noch eingehender sehen werden.[2])

Was die sitzungspolizeilichen Funktionen des Richters betrifft, so muß namentlich auf einen Punkt hingewiesen werden. Das Recht des Richters, wegen Contempt of Court zu strafen, ist außerordentlich gesteigert. Die Strafbefugnis ist prinzipiell eine völlig unbeschränkte, während, wie man sich erinnern wird, der der Grafschaftsrichter sehr enge Schranken gezogen waren.[3]) Dabei bezieht sich diese Befugnis des Richters nicht nur auf Contempt, begangen in bezug auf ihn selbst und seine Verhandlungen. Vielmehr hat er auch und nur er die gleiche Strafgewalt in bezug auf Verhandlungen, die sich vor den Masters, District Registrars, Referees usw. abspielen. Letztere haben zwar das Recht der unmittelbaren Sitzungspolizei, so daß sie z. B. Störenfriede aus der Sitzung entfernen können; wegen Contempt aber können sie selber nie strafen, da dies ein streng richterliches Vorrecht ist.[4]) [5])

2. Als Beisitzer können, wie wir bereits gesehen haben, Assessors herangezogen werden. Besondere Voraussetzungen sind für ihre Person nicht vorgeschrieben, mit der einen Ausnahme, daß sie Sachverständige sein müssen. Sie werden also vom Gericht einfach von Fall zu Fall gewählt. Ihre Funktionen sind lediglich beratender, nicht entscheidender Art, wie auch bereits bemerkt ist. Ihr Honorar wird vom Gericht für den Einzelfall festgesetzt.[6]) Listen geeigneter Personen werden nicht geführt. Vielmehr schlägt die Partei oder ein Unterbeamter geeignete Personen vor, die der Richter ernennt, wie er sie auch selbst wählen kann. Vor der Er-

---

[1]) R. S. C. Order XXX; Brodie-Innes vol. I, pp. 509 et seq.; Koellreutter, Richter und Master S. 43 ff.

[2]) Annual Practice vol. I, pp. 394 et seq.; vgl. weiter unten S. 369 ff.

[3]) de Franqueville tom. II, p. 29, 54. Weiter oben S. 229 f.

[4]) James Fr. Oswald, Contempt of Court p. 11.

[5]) Wir werden auf die ganze Lehre eingehend zurückkommen. Vgl. weiter unten S. 826 ff.

[6]) R. S. C. Order XXXVI r. 43; Order LXV r. 27 (36); 36 and 37 Vict. c. 66 s. 56.

nennung hat sich die bezeichnete Person zu erklären, ob sie die Wahl annimmt. Denn eine Verpflichtung hierzu besteht natürlich nicht.[1])

3. Wenden wir uns nunmehr den Laienrichtern, d. h. den Geschworenen zu, so sind hier eine Reihe von Punkten hervorzuheben.

a) Die Fälle, in denen es in der King's Bench Division zu einem Verfahren mit Geschworenen kommen kann, haben wir bereits früher kennen gelernt.[2]) Wir haben auch bereits gesehen, daß im allgemeinen die Jury aus 12 Geschworenen gebildet wird, sofern die Parteien nicht ausnahmsweise in Zivilsachen ein anderes vereinbaren.[3]) Treten wir nun aber der Frage näher, wie die Geschworenenbank zusammengesetzt ist, so ist hier ein Unterschied von allergrößter Bedeutung, auf den sofort hingewiesen werden muß. Es kann sein — und prinzipiell ist dies der Regelfall —, daß das Verfahren sich vor einer Common Jury abspielt, d. h. einer Geschworenenbank, die nach den allgemeinen Regeln gebildet ist. Es kann aber auch sein, daß die Jury eine sogenannte Special Jury ist, d. h. eine Jury, bei der die Voraussetzungen der Berufung engere sind, bei der mithin die Geschworenen selbst einer sozial höheren Klasse entnommen, und so die Garantien einer richtigen Rechtsfindung durch die höhere Bildung der Geschworenen gesteigert sind.[4]) Der Unterschied zieht eine Reihe von Konsequenzen nach sich, die wir im einzelnen weiter unten kennen lernen werden.[5]) Hier genügt es zunächst, festzustellen, unter welchen Voraussetzungen es überhaupt zu dem Verfahren vor einer Special Jury kommen kann.

α) In Kriminalsachen kann nur in seltenen Ausnahmefällen eine Special Jury verlangt werden, und zwar sowohl vom Angeklagten als auch vom Kläger. Die Entscheidung, ob dem Antrag stattzugeben ist, steht im freien Ermessen des Gerichtes. Ein Antrag kann aber nur gestellt werden, in den seltenen Fällen, wo in erster Instanz

---

[1]) Sir Harry B. Poland schreibt mir zu diesem Punkt: „The Assessors cannot be compelled to serve as Assessors; but as it is a great honour to sit with the Judge, they are only too glad to sit, and especially as they get paid for their service."

[2]) Vgl. weiter oben S. 342 ff.

[3]) Vgl. weiter oben S. 343f. In Kriminalsachen, die in erster Instanz vor der King's Bench Division erledigt werden, treffen wir auch eine Grand Jury. Dieselbe kann aber hier außer Betracht bleiben, da für sie nichts Besonderes gilt. Es kann vielmehr völlig auf die Ausführungen verwiesen werden, die über die Grand Jury bei den Courts of Assize zu geben sind. Im übrigen sind diese Fälle außerordentlich selten. Vgl. weiter unten S. 523f.

[4]) Schuster, Bürgerliche Rechtspflege S. 159; de Franqueville tom. I, p. 520; Cohen, Spirit of Our Laws pp. 68—71.

[5]) Unzutreffend de Franqueville tom. I, p. 520: „La seule différence qui existe entre le jury ordinaire et le jury spécial consiste dans les conditions requises pour être inscrit sur les listes de ce dernier."

eine Anklage wegen Misdemeanor in der Abteilung zur Verhandlung steht. Stattgegeben wird ihm nur in besonders wichtigen Fällen.[1]) Ferner wird regelmäßig bei einem Trial at Bar eine Special Jury hinzugezogen.[2])

β) In Zivilsachen liegen dagegen die Verhältnisse wesentlich anders. Daß es zu einer Verhandlung vor einer Special Jury kommt, kann hier jede Partei bewirken. Denn in jeder Sache, bei der überhaupt Geschworene zugezogen werden können, kann sowohl der Kläger wie der Beklagte verlangen, daß eine Special Jury zugezogen wird, und einem solchen Antrag muß stattgegeben werden. Außerdem aber kann auch der Richter von Amts wegen anordnen, daß eine Special Jury zu berufen sei, ohne an Parteivereinbarungen entgegengesetzten Inhaltes irgendwie gebunden zu sein.[3])

Was die Häufigkeit anbelangt, mit der von der Special Jury (dieselbe verursacht, wie wir noch sehen werden, erhöhte Kosten, auch hier gilt der Satz: Besseres Recht, teureres Recht) Gebrauch gemacht wird, so kann man sagen, daß ungefähr ebenso oft eine Common Jury wie eine Special Jury herangezogen wird. Es ergibt sich das aus folgenden Zahlen:[4])

	Sachen verhandelt vor einer Special Jury	Sachen verhandelt vor einer Common Jury
1895	276	286
1902	481	443
1903	347	390
1905	309	301
1906	253	267
1907	358	315

---

1) Archbold, Criminal Pleading p. 176; Kenny, Outlines p. 275, n. 2; de Franqueville tom. I, p. 519.

2) Encyclopaedia 1st Ed. vol. II, p. 12: „The jury is almost invariably special . . .“

3) R. S. C. Order XXXVI r. 7; Schuster, Bürgerliche Rechtspflege S. 159; nicht zutreffend de Franqueville tom. I, p. 519, und an ihn sich anschließend Hatschek Bd. II, S. 175, Anm. 1, die dem Beklagten nur ein sehr beschränktes Recht auf eine Special Jury einräumen. Beide übersehen aber die erwähnte r. 7, in welcher es ausdrücklich heißt, daß der Beklagte das Recht habe „in any cause or matter, in which he is entitled to a jury“. Vgl. übrigens auch Brodie-Innes vol. I, p. 571; Peters, Englisches bürgerliches Streitverfahren S. 15f.

4) Civil Judicial Statistics 1895, p. 54; 1902, p. 76; 1903, p. 80; 1905, p. 82; 1906, p. 86; 1907, p. 76. Selbstverständlich beziehen sich die Zahlen nur auf die in der Abteilung selbst, nicht aber etwa auch auf die vor den Assisen verhandelten Fälle. Die Defended und Undefended Cases sind zusammengefaßt.

Man hat es als Anomalie bezeichnet, daß die der Zusammenstellung nach qualifiziertere Jury in weiterem Umfang in Zivilstreitigkeiten zugelassen ist, während sie in Kriminalsachen so gut wie ausgeschlossen ist, und man hat darauf hingewiesen, daß im letzten Fall doch wichtigere Güter in Frage stünden, als im Zivilprozeß.[1]) Ich kann diesem Vorwurf nicht zustimmen. Denn zweifellos sind in sehr vielen Zivilprozessen ganz anders schwierige Fragen zu beantworten als in den meisten Strafsachen, so daß, wenn man überhaupt einmal eine Jury in Zivilsachen zuläßt, es durchaus angemessen erscheint, daß man sie aus besonders gebildeten und geeigneten Personen zusammensetzt. Und die Nötigung hierzu wird besonders stark, wenn die Geschworenen, wie in England, sich zum großen Teil aus den niederen Schichten der Bevölkerung zusammensetzen. Daß in der Tat die Common Juries in ihrer jetzigen Zusammensetzung den im Zivilprozeß ihnen obliegenden Aufgaben nicht stets gewachsen sind, beweist die Tatsache, daß trotz der beträchtlich höheren Kosten, die das Verfahren mit Special Juries verursacht, die Parteien, wie wir feststellten, in der Hälfte aller Fälle eine Special Jury verlangen.

b) Bezüglich der Voraussetzungen, denen der Geschworene zu entsprechen hat, gelten für die Common Jurors die gewöhnlichen Vorschriften, die wir bereits früher kennen gelernt haben, und auf die an dieser Stelle voll verwiesen werden muß.[2]) Die Voraussetzungen für Special Juries sind dagegen engere, und hier gilt als Grundprinzip, daß als Special Jurors nur Personen berufen werden können, die das Recht auf die Führung des Titels Esquire haben, oder die dem Bankier- und Kaufmannsstand angehören.[3]) Diesen sehr vagen Voraussetzungen ist gleichgestellt die Tatsache, daß jemand ein Haus bewohnt, welches zur Armen- oder Haussteuer eingeschätzt ist mit einem Ertrag von £ 100 in Städten mit über 200 000 Einwohnern, von £ 50 in anderen Städten; auf dem Lande ist dagegen Voraussetzung das Innehaben eines Besitztums, das keine Farm ist, mit einem versteuerten Ertrag von £ 100 oder einer Farm mit einem solchen von £ 300.[4])

c) Die Vorschriften über die Bildung der Geschworenenlisten sind im wesentlichen dieselben wie sonst, so daß auch hier auf frühere Ausführungen verwiesen werden kann. Es muß aber folgendes hervorgehoben werden: Ursprünglich mußte jede Sache abgeurteilt werden von einer Jury, die der Grafschaft entnommen war, in welcher der

---

[1]) de Franqueville tom. I, p. 519 s. unter Verweisung auf englische Quellen.

[2]) Vgl. weiter oben S. 73 ff. Vgl. ferner 38 and 39 Vict. c. 77 s. 20.

[3]) 6 Geo. IV c. 50 s. 31.

[4]) 33 and 34 Vict. c. 77 s. 6; de Franqueville tom. I, p. 520; Hatschek Bd. II, S. 175, letzterer jedoch nicht ganz zutreffend.

Streitfall entstanden war. Insofern blieb der lokale Gesichtspunkt maßgebend auch bei durchgeführter Zentralisation der Gerichtsorganisation. Infolgedessen traten in London Juries der verschiedensten Grafschaften zusammen, was natürlich außerordentlich hohe Kosten verursachte.[1]) Um hier Abhilfe zu schaffen, wurde nun auf der einen Seite das Circuitsystem eingeführt. Auf der anderen Seite wurde aber bestimmt, daß die in London zusammentretenden Schwurgerichte gebildet werden sollten nur aus den Grafschaften London und Middlesex, für welche sie zunächst allein fungierten.[2]) Nachdem nun aber im weiteren Verlauf der Entwickelung das Prinzip der örtlichen Erledigung einer Streitsache in der Grafschaft, wo sie entstanden war, völlig beseitigt war, nachdem nunmehr heute eine jede Streitsache in London erledigt werden kann ohne Rücksicht auf den Ort, wo sie entstanden ist[3]), gilt jetzt das Prinzip, daß alle Schwurgerichtssachen in der King's Bench Division vor Geschworenen aus London und Middlesex zu erledigen sind, daß mithin zwar die Zuständigkeit der Geschworenenbank eine zentrale, ihre Bildung aber eine durchaus lokale ist.[4]) Und daraus ergibt sich dann ohne weiteres die Tatsache, daß ein Teil der Gerichtspflichtigen in durchaus einseitiger Weise zum Geschworenendienst herangezogen wird, eine Reflexwirkung der Zentralisation der Gerichtspflege, die nicht ohne Bedeutung sein dürfte.

Es wird also die Jahresliste durchaus so gebildet wie sonst. Wird nun eine Jury gebraucht, so ergeht eine diesbezügliche Verfügung an den Sheriff von London oder Middlesex, die nötige Anzahl von Geschworenen zu dem angegebenen Tag zu laden. Hierbei muß natürlich bemerkt werden, ob Common oder Special Jurors geladen werden sollen.[5])

Der Sheriff bildet nun seine Sitzungslisten in der gewöhnlichen Art und Weise, wobei zu bemerken ist, daß im allgemeinen für die.

---

[1]) Brodie-Innes vol. I, p. 34.

[2]) Schuster, Bürgerliche Rechtspflege S. 26.

[3]) Vgl. weiter oben S. 310 f.

[4]) Eine Ausnahme besteht nur für Trials at te Bar. Hier bestimmt Crown Office Rules r. 153: „The Court may direct the jury to be summoned from the county in which the offence was committed ..." Eine Ausnahme besteht ferner für Anklagesachen, die im Wege eines Writ of Certiorari vor die King's Bench Division gebracht sind. Doch kann hier Gegenteiliges verfügt werden. Archbold, Pleading p. 42 in Verbindung mit p. 33.

[5]) de Franqueville tom. I, p. 522 führt unzutreffend aus, die Partei müsse dem Sheriff mitteilen, ob sie Special oder Common Jurors wünsche. Das gilt für die Provinz, nicht aber für London und Middlesex. 33 and 34 Vict. c. 77 s. 16.

Sitzung 48 Common Jurors resp. 30 Special Jurors geladen werden.[1]) Die Ladungen derselben erfolgen wie sonst; bei den Special Jurors genügt es indessen, daß sie drei Tage vor der Verhandlung geladen werden.[2])

Auch die Bildung der Spruchliste aus der Sitzungsliste untersteht im allgemeinen wenigstens in Kriminalsachen den gewöhnlichen Vorschriften mit der einen Maßgabe, daß peremtorische Ablehnungen eines Special Jurors nicht zulässig sind.[3]) Anders liegen dagegen die Verhältnisse im Zivilprozeß. Hier kann nämlich die Spruchliste nicht in der formlosen Art gebildet werden, wie das in Kriminalsachen geschieht und auch geschehen kann. Hier ist vielmehr ein bestimmtes Auslosungsverfahren vorgeschrieben. Die Namen der Geschworenen werden auf gleich große Blättchen geschrieben, die in eine Urne gelegt und dann einzeln herausgezogen werden.[4]) Allerdings ist auch hier darauf hinzuweisen, daß die Praxis sich über diese formellen Bestimmungen sehr leicht wegsetzt, und daß dieselben in der Tat häufig nicht innegehalten werden. Zumeist werden einfach von der Liste mehr oder weniger willkürlich 12 Geschworene aufgerufen, die dann, falls, wie gewöhnlich, Ablehnungen nicht erfolgen, vereidigt werden.[5]) Werden übrigens Special Jurors in solchem Umfang abgelehnt, daß keine genügende Anzahl zur Bildung einer Geschworenenbank mehr vorhanden ist, so sind, falls vorhanden, Common Jurors heranzuziehen.[6])

Man sieht, auch hier erfolgt die Bildung der verschiedenen Geschworenenlisten sehr formlos. So wiederholen sich auch hier die Klagen über die Art der Bildung der Listen, über die Zusammensetzung der Geschworenenbank, die wir früher bereits kennen gelernt haben.[7]) Namentlich ist es hier die Art, wie die Listen der Special Jurors gebildet werden, die zu starken Bedenken Anlaß gibt. Die Voraussetzungen sind vag genug. Es werden ganz ohne Wahl Personen in die Listen aufgenommen, die nicht das leiseste Recht haben,

---

[1]) de Franqueville tom. I, p. 522, n. 3.

[2]) 6 Geo. IV c. 50 s. 25.

[3]) de Franqueville tom. I, p. 522.

[4]) 6 Geo. IV c. 50 s. 26; de Franqueville tom. I, p. 522. Vgl. auch weiter oben S. 83, Anm. 8.

[5]) Ich habe nie eine andere Art der Bildung der Geschworenenbank beobachtet. Auch de Franqueville tom. I, p. 522 berichtet über ähnliche Erfahrungen.

[6]) 6 Geo. IV c. 50 s. 32; Schuster, Bürgerliche Rechtspflege S. 159.

[7]) Vgl. weiter oben S. 92 ff. Es mag darauf hingewiesen werden, daß bei Trials at Bar Besonderheiten für die Bildung der Geschworenenbank gelten. Da aber diese Fälle außerordentlich selten sind, braucht auf die Einzelheiten nicht näher eingegangen zu werden. Vgl. Crown Office Rules r. 158; Short and Mellor, Crown Office Practice p. 213; Encyclopaedia 1st Ed. vol. II, p. 12.

den Titel Esquire zu führen.[1]) Dabei besteht natürlich ein großes Interesse daran, als Special Juror herangezogen zu werden. Einmal erhält der Special Juror eine recht beträchtliche Vergütung, der Common Juror meist nicht, und ferner ist der Special Juror, wenn allerdings auch nicht rechtlich, so doch jedenfalls tatsächlich eximiert, in einer Common Jury mitwirken zu müssen, so daß er de facto viel seltener einberufen wird, als ein Common Juror; spielen sich doch vor der Common Jury alle Strafsachen ab. Auch in dieser Hinsicht euthalten die früher erwähnten Reports über die Geschworeneneinrichtungen eine Fülle beweiskräftigen Materials, auf das indessen hier nur kurz verwiesen werden kann.[2]) Es mag nur Eines als charakteristisch erwähnt werden: Da, wie gesagt, Special Jurors bezahlt werden, hat sich eine Art Berufsgeschworene gebildet, die die Funktionen als Geschworene gewerbsmäßig betreiben, um die Gebühren als Special Jurors zu erhalten, gewiß eine seltsame Klasse von Esquires.[3])

d) Das Amt eines Geschworenen, sei es nun eines Common oder eines Special Juror, wird ausgeübt in Erfüllung einer staatsbürgerlichen Pflicht, die als solche erzwingbar ist. Wir haben bereits die Strafbestimmungen kennen gelernt, die auf die Nichterfüllung dieser Pflichten angedroht sind.[4]) Allein auch diese Strafdrohungen stehen zum großen Teil nur auf dem Papier und werden meist überhaupt nicht angewandt.[5])

Andererseits wird den Geschworenen für die Erfüllung ihrer Pflicht wenigstens in Zivilstreitigkeiten (nie dagegen in Kriminal-

---

[1]) de Franqueville tom. I, p. 521 mit Nachweisen aus der englischen Literatur. Vgl. auch Report 1868, p. 57, q. 1185.

[2]) Vgl. die Reports 1867, 1868, 1870, 1872.

[3]) Report 1868, p. 5, q. 63: „With respect to paying jurymen more than they are at present paid, you are probably aware that there is generally believed to be a class of persons who are always at hand and ready to serve on special jury cases, and who go by the popular name of ‚guinea pigs' in consequence? — Yes, I believe there is a class of persons who seek to get put on juries; how they manage to get put on them I cannot tell."

[4]) Vgl. weiter oben S. 92.

[5]) Report 1868, p. 56, qq. 1153—1155: „From what you have gathered, either by conversation with brother jurymen or in any other way, can you tell us how you account for your having received so many summonses, or is yours an exceptional case? — I do not think mine is an exceptional case; because many of my brother jurymen say they have had an equal number; in fact, some appear to have had more, though others had not had half so many.—

Have you any theory as to how it is that you have been so unlucky? — I cannot at all account for it unless the solicitors allow my name to remain on when they strike out others; they say there is not the slightest use letting So-and-so's name remain on, because he never attends. We know you to attend on your summonses. The solicitors have said that ‚We allow your

sachen) eine Vergütung gezahlt. Und zwar erhalten die Special Jurors bis zu 1 Guinea für den Streitfall[1]), und es ist Usus, ihnen stets die volle Summe zu gewähren.[2]) Außerdem haben sie das Recht auf 1 Guinea pro Tag bei Ortsbesichtigungen, wozu ferner Sh. 5 Diäten sowie die Reisekosten kommen.[3]) Common Jurors erhalten bei Ortsbesichtigungen Sh. 5. Zu weiteren Entschädigungen sind sie nicht berechtigt, jedoch ist es gebräuchlich, ihnen eine Gebühr von Sh. 1 zu gewähren.[4]) Die Mehrkosten, die durch die Zuziehung einer Special Jury entstehen, sind übrigens von derjenigen Partei zu tragen, welche die Zuziehung beantragt hat. Der Richter kann allerdings eine gegenteilige Anordnung treffen.[5]) Aber man sieht, daß es keineswegs ohne Risiko ist, die Sache vor eine Special Jury zu bringen, da unter Umständen auch die siegreiche Partei zu zahlen hat. Und die Mehrkosten betragen doch immerhin mindestens £ 12.12.

e) Wenden wir uns den Funktionen zu, die die Geschworenen zu erfüllen haben, so ist auch hier zumeist auf früher Bemerktes zu verweisen. Ich habe nur kurz folgendes hervorzuheben:

α) Bei Erfüllung der Funktionen durch die Geschworenen gilt wie stets das Prinzip der Einstimmigkeit, unbedingt in Strafsachen, abgeschwächt in Zivilsachen, in welch letzteren die Parteien sich dem Verdikt einer Majorität unterwerfen können.[6])

β) Was die Funktionen der Ziviljury betrifft, so sind sie dieselben wie die einer Jury in den County Courts. Namentlich fällt auch hier die Jury zumeist ein Generalverdikt, indem ohne weiteres ein Verdikt zugunsten einer der Parteien gefällt wird und eventuell die Höhe des Schadenersatzes festgestellt wird.[7]) Es können aber auch der Jury einzelne Fragen vorgelegt werden, die dann einzeln

---

name to remain on because we know that you will be there'. — So that the more passive and submissive you are, the more the grievances accumulate? — Yes; you are aware that they strike out 24 of the 48; they strike out those who they are sure will not attend."

[1]) 6 Geo. IV c. 50 s. 35.

[2]) Cohen, Spirit of Our Laws p. 68, n. 2; de Franqueville tom. I, p. 524.

[3]) de Franqueville tom. I, p. 524, n. 2.

[4]) de Franqueville tom. I, p. 517; Cohen, Spirit of Our Laws p. 68, n. 1.

[5]) 6 Geo. IV c. 50 s. 34; Schuster, Bürgerliche Rechtspflege S. 159f.

[6]) Allerdings ist hier die Entscheidung Nesbitt v. Parrett von Bedeutung, die den Satz aufstellt: „The fact that the parties have agreed to accept the verdict of the majority of the jury does not necessarily preclude either party from applying for a new trial." Annual Practice vol. I, p. 568.

[7]) Vgl. z. B. Times, Weekly Edition 23. 11. 1906: „In the King's Bench Division, before Mr. Justice Grantham and a special jury, an action was tried in which Mrs. de Celle, a music-hall artist professionally known as Alexandra Dagmar, sought to recover damages from the editor and publishers of a journal called the Encore for an alleged libel contained in an article reproducing from a German paper imputations against a Miss Dagmar — whom the article

zu beantworten sind.[1]) Schließlich kommt auch noch die Form des Spezialverdiktes vor, die indessen sehr selten ist.[2]) Bezüglich der Funktionen der Jury in Kriminalsachen verweise ich auf die Ausführungen, die bei den Quarter Sessions gegeben sind.[3])

---

in the Encore identified with the plaintiff — of serious misconduct in connexion with a music-hall troupe which some time ago visited India. The plaintiff had never been to India, and it turned out that the article in the German paper referred to another person altogether. The jury found for the plaintiff, with £ 250 damages."

[1]) Vgl. z. B. die Fragestellung in dem Fall Mangena v. Daily Chronicle (Morning Post 2. 5. 1908):

„The jury after deliberating for an hour and a quarter answered the questions asked them as follows:

(1) Are the matters complained of as published by defendants concerning the plaintiff libellous? — Yes.

(2) Was the enclosure which the defendants received with Sir W. Arbuckle's letter an extract from or abstract of a paper published by Parliament? — Yes.

(3) Did the defendants publish such enclosure *bona fide* and without malice? — Yes.

(4) Are the statements contained in the letter of Sir W. Arbuckle published by the defendants true in substance and in fact? — The jury gave detailed findings saying that certain of the statements were true or partly true and others were immaterial.

(5) Are the statements made in the Rev. E. Ndolomba's report as published by the defendants true in substance and in fact? — No.

(6) Damages? — £ 100."

Ferner die Fragestellung in Rita v. Thompson (Morning Post 1. 5. 1908):

„Counsel having addressed the jury, his Lordship summed up and put the following questions to the jury:

(1) Whether or not the announcement of a „great new serial by ‚Rita' " was damaging to her reputation because it was an old story;

(2) Was the publication of the story in the *Red Letter* damaging to the reputation of the plaintiff;

(3) When plaintiff sold her copyright of „The Grinding Mills of God" to Tillotson's did she know that a subsequent purchaser of that copyright would claim the privilege of making alterations in publishing it in serial form;

(4) Were the alterations made in excess of that right; and

(5) Did defendants pass off as work of the plaintiff work not substantially her work?

The jury after an absence from Court of an hour returned into Court with the following replies:

(1) Yes; damages £ 100.

(2) Yes; damages £ 5.

(3) Yes.

(4) Yes.

(5) No.

Upon these findings his Lordship gave judgment for the plaintiff for £ 105 and certified for a special jury, but did not grant an injunction against the defendants."

[2]) Vgl. weiter oben S. 72.

[3]) Vgl. weiter oben S. 71 ff.

4. Die weiteren der King's Bench Division zugewiesenen richterlichen Beamten sind die sogenannten Masters, die eine außerordentliche Bedeutung im Verfahren haben.[1]) Sie werden nach englischer Diktion nicht zu den eigentlichen Richtern, den Jugdes, sondern zu den Officers gerechnet.[2]) Wir haben, da eine übereinstimmende Differenzierung im deutschen Recht nicht existiert, uns eingehender mit ihren Funktionen zu befassen, um festzustellen, ob sie im wesentlichen richterliche oder aber bureaumäßige Funktionen zu erfüllen haben.[3])[4])

a) Die Masters, die in der King's Bench Division tätig werden, führen den Titel Masters of the Supreme Court. Sie sind als solche Beamte des Central Office, d. h. sie sind ihrer diesbezüglichen Stellung nach Bureaubeamte, die mit der Verwaltung des Zentralbureaus beauftragt sind.[5]) In dieser Hinsicht werden sie uns noch weiter unten beschäftigen, und wir werden dann auch ihre verwaltungsrechtliche Organisation in bezug auf Anstellung usw. näher kennen lernen.[6]) Hier sei nur ein Doppeltes bemerkt: Einmal ist Voraussetzung des Amtes fünfjährige Zugehörigkeit zum Stand der Rechtsanwälte. Und zwar können sowohl Barristers wie Solicitors zu Masters ernannt werden. In praxi allerdings werden heute mit Ausnahme der Taxing Masters fast nur Barristers ernannt, wenn auch Abweichungen von der Regel in seltenen Fällen vorkommen, wie sie denn gesetzlich stets möglich sind.[7]) Es werden die Masters mithin so gut wie ausschließlich aus dem Stand genommen, aus dem die Richter genommen werden, und es besteht infolge des Innverhältnisses, welches wir noch später kennen lernen werden, eine korporative Zusammengehörigkeit zwischen Master und Richter. Des ferneren ist gleich hier hervorzuheben, daß die Masters prinzipiell ebenfalls unabsetzbar sind, d. h. sie werden wie die Richter ernannt „during good behaviour", das will besagen auf Lebenszeit.[8]) Schließlich muß darauf hingewiesen werden, daß diese Masters nicht verwechselt werden dürfen mit den Chief Clerks der Chancery Division, die zwar auch den Titel

---

[1]) Vgl. Encyclopaedia 1st Ed. vol. VIII, pp. 270 et seq.

[2]) 42 and 43 Vict. c. 78.

[3]) Vgl. hierzu namentlich die sehr instruktiven Ausführungen von Koellreutter, Richter und Master S. 34—67.

[4]) Auf den Namen kommt es natürlich gar nicht an. So schon zutreffend Law Times vol. 112, p. 453; auch Stein, Zur Justizreform S. 39, 41.

[5]) 42 and 43 Vict. c. 78 s. 7.

[6]) Vgl. weiter unten S. 441 ff.

[7]) 42 and 43 Vict. c. 78 s. 10. Unrichtig de Franqueville tom. I, p. 421, wonach nur Barristers zu Masters ernannt werden könnten. Vgl. Schuster, Bürgerliche Rechtspflege S. 19.

[8]) 42 and 43 Vict. c. 78 s. 11 in Verbindung mit 38 and 39 Vict. c. 77 s. 5.

Masters of the Supreme Court führen,[1]) aber nicht zu den Masters des Central Office gehören. Dieselben werden auch nicht dem Barrister-, sondern ausschließlich dem Solicitorstand entnommen und haben eine bedeutend weniger angesehene Stellung als die eigentlichen Masters.[2])[3])

Von den Masters als solchen ist nun auch der sogenannte Sitzungsdienst in den Sitzungen der King's Bench Division zu leisten, d. h. ein Master hat namentlich in Zivilprozessen den Sitzungen beizuwohnen und hat dort gewisse Funktionen zu erfüllen.[4]) Allein hierfür werden der King's Bench Division nicht etwa besondere Masters überwiesen. Vielmehr wird dieser Sitzungsdienst vom Central Office als solchem geleistet[5]) und kann daher hier unberücksichtigt bleiben. Wir werden auf ihn bei der Schilderung der Funktionen des Central Office zurückkommen. Ich bemerke nur, weil das die Stellung der Masters im allgemeinen charakterisiert, daß die Masters den Sitzungsdienst meist nicht in Person ausüben, sondern sich durch untergeordnete Clerks vertreten lassen.[6])

Ausdrücklich dagegen zugewiesen werden der King's Bench Division sechs Masters, die sogenannten Masters at Chambers. Die Zuweisung erfolgt für jede der vier Sitzungsperioden des High Court, und zwar so, daß zu Beginn des Jahres die Verteilung für das ganze laufende Jahr erfolgt. Die Bestimmung der einzelnen Masters aus der Zahl der sämtlichen Masters erfolgt in einer bestimmten Reihenfolge unter Mitwirkung und Zustimmung des Lord Chief Justice.[7]) Vertretungen bei Erkrankungen, Todesfällen usw. werden für den Einzelfall geregelt.[8]) Außerdem aber kann die Partei beantragen, daß sie in einem konkreten Einzelfall ihre Anträge nicht von dem an sich berufenen Master beschieden bekommt, sondern von einem anderen.[9]) Hier haben wir eine Art Ablehnungsrecht der Partei, und zweifellos kann die Partei einen diesbezüglichen Antrag auf Befangenheit des Master stützen. Wird ein Master derart

---

1) Seit 1897. Vgl. die Verfügung des Lord Chancellor vom 10. 2. 1897; Annual Practice vol. I, pp. 787, 829. Vgl. auch R. S. C. Order LX r. 1 in Verbindung mit Order LXI r. 1.

2) de Franqueville tom. I, p. 442 s.

3) v. Lewinski, England als Erzieher? S. 5 verwechselt die Masters in der Chancery Division mit den übrigen Masters, wenn er behauptet, die Masters müßten mindestens sieben Jahre als Solicitors tätig gewesen sein.

4) R. S. C. Order XXXVI rr. 40, 41.

5) R. S. C. Order LXI r. 1; Brodie-Innes vol. I, p. 103; Schuster, Bürgerliche Rechtspflege S. 181.

6) de Franqueville tom. I, p. 421.

7) R. S. C. Order LIV r. 13.

8) R. S. C. Order V r. 8.

9) R. S. C. Order LIV r. 9a.

abgelehnt, so ist natürlich der Antrag auf Entscheidung an einen der anderen Masters at Chambers zu stellen. Würde übrigens der angegangene Master es ablehnen, an Stelle des abgelehnten Master zu handeln, so könnte die Partei versuchen, durch den Lord Chief Justice eine ihren Intentionen entsprechende Entscheidung zu erzielen. Denn der Lord Chief Justice ist jederzeit befugt, den an sich zuständigen Master durch einen anderen Master zu ersetzen.[1])

Diese sechs Masters at Chambers, von denen je drei an jedem Sitzungstag tätig zu sein haben,[2]) sind also als solche der King's Bench Division ausschließlich zugewiesen. Sie erscheinen mithin insofern als spezielle Organe der Abteilung. Sie können zwar nebenbei auch noch im Central Office tätig werden und werden dies auch wohl zumeist.[3]) Sie handeln dann aber eben nur als Masters, nicht aber als Masters at Chambers. Nur mit den Funktionen der letzteren haben wir uns im Folgenden zu befassen, wie ich nochmals ausdrücklich betonen möchte.

b) *α*) In bezug auf die funktionelle Stellung dieser Masters bestimmt das Gesetz im allgemeinen, daß der Master alle die Funktionen ausüben kann, die der Chambersrichter auszuüben berechtigt ist, soweit nicht ausdrückliche Ausnahmen gemacht worden sind. Derartige Ausnahmen sind gemacht worden, so daß in einer Reihe von Fällen die Zuständigkeit des Master ausdrücklich ausgeschlossen worden ist.[4]) Im einzelnen bestimmt hier das Gesetz, daß ein Master an Stelle des Richters nicht tätig werden kann in Kriminalsachen, ferner in Angelegenheiten, die die Freiheit der Person betreffen. Des weiteren kann er keine Zustellungen im Ausland bewilligen. Die Rechtsmittel gegen Entscheidungen der District Registrars und der Taxing Masters gehen nicht an ihn, sondern an den Richter. Er kann keinen Writ of Prohibition erlassen. Einstweilige Verfügungen kann er nur im beschränkten Umfange treffen, und schließlich kann er Urkunden von Ehefrauen nicht gerichtlich anerkennen und ähnliches mehr.

Man sieht, die Ausnahmen sind nur insoweit beträchtlich, als sie den Master generell von der Mitwirkung in Kriminalangelegenheiten ausschließen. Da nun aber die allgemeinen Rules des Supreme Court keine Anwendung im Verfahren vor der Crown Side und der Revenue Side der King's Bench Division finden,[5]) da sich Bestimmungen, die den Master dem Richter gleichstellen, in den für jene

---

[1]) R. S. C. Order V r. 7.

[2]) R. S. C. Order LIV r. 14.

[3]) Es ergibt sich dies aus den Bestimmungen über die Geschäftsverteilung unter den sechs Masters.

[4]) R. S. C. Order LIV r. 12.

[5]) R. S. C. Order LXVIII r. 2.

Verfahren in Betracht kommenden Prozeßordnungen nicht finden, so ergibt sich für uns zunächst das eine wichtige Resultat, daß die Masters at Chambers ihre Funktionen im Zivilprozeß zu erfüllen haben, mithin Hilfsorgane des Gerichtes in bürgerlichen Streitigkeiten sind. Als solchen sind den Masters auch alle diejenigen Befugnisse übertragen worden, die dem Gericht gemäß des Arbitration Act zustehen.[1])

β) Es kann nun natürlich nicht daran gedacht werden, im einzelnen die Funktionen zu entwickeln, die die Masters auf Grund der vorerwähnten Bestimmungen zu entfalten haben. Es muß genügen, die wichtigsten derselben hervorzuheben, und zunächst mag generell bemerkt werden, daß dem Master im weitgehenden Maß Urteilsgewalt und Prozeßleitungsgewalt übertragen worden ist, beides im eigentlichen Sinne richterliche Funktionen. Im einzelnen aber sei folgendes hervorgehoben:

aa) Was zunächst die Prozeßleitungsbefugnis der Masters anbelangt, so liegt der Prozeßbetrieb bis zur Hauptverhandlung vor dem erkennenden Gericht im wesentlichen in ihrer Hand, so daß, falls es zu einem Urteil ohne Hauptverhandlung kommt, der Prozeßbetrieb ganz bei ihnen liegt.[2]) Es ergibt sich dies aus den Vorschriften über den Summons for Directions, wie denn auch neu eingehende Sachen nicht etwa einem Richter, sondern vielmehr einem der Masters zugeschrieben werden.[3]) Um das Gesagte klarzulegen, muß auf folgendes hingewiesen werden:

Der Kläger muß mit wenigen Ausnahmen in allen Klagesachen nach der Einlassung des Beklagten auf die Klage diesen zu einem Termin vor den Master laden, in welchem der letztere zu bestimmen hat, in welcher Art und Weise der Prozeß betrieben werden soll. Die Ladung zu diesem Termin ist der sogenannte Summons for Directions. Ehe nicht derselbe abgehalten ist, kann der Kläger den Prozeß nicht weiter betreiben,[4]) und der Termin ist, wie gesagt, obligatorisch mit wenigen Ausnahmefällen, für die er nur fakultativ angeordnet ist.[5])

---

[1]) R. S. C. Order LIV r. 12a.

[2]) Koellreutter, Richter und Master S. 52.

[3]) R. S. C. Order V r. 6.

[4]) Ausnahmsweise ist ihm vorher gestattet, einstweilige Verfügungen, Versäumnisurteile und Einsetzung eines Verwalters über den Streitgegenstand zu beantragen. R. S. C. Order XXX r. 1; Koellreutter, Richter und Master S. 48.

[5]) In Betracht kommen die in der King's Bench Division sehr seltenen Klagen, die durch Erwirkung eines Originating Summons erhoben werden (es handelt sich hier stets um Sachen, die zur Zuständigkeit der Chancery Division gehören, vgl. Schuster, Bürgerliche Rechtspflege S. 271 f.), ferner Klagen mit sogenanntem Special Indorsement, bei denen es zu einem summari-

In dem Termin, in welchem die Parteien natürlich alle zweckentsprechenden Anträge stellen können, hat der Master nach freiem Ermessen, ohne also an die Anträge der Parteien irgendwie gebunden zu sein[1]), ja, ohne diese Anträge selbst abwarten zu müssen[2]), zu entscheiden, auf welche Art und Weise der Prozeß zu betreiben ist. Er bestimmt, ob und was für Schriftsätze zu wechseln sind, ob die Klage weiter zu spezialisieren ist, ob Anerkenntnisse oder Zugeständnisse vorliegen, ob Ortsbesichtigungen vorgenommen, Urkunden eingesehen, Zeugen vernommen werden sollen, wie und wo die Hauptverhandlung stattfinden soll[3]), und anderes mehr. Kurz, was überhaupt über den weiteren Betrieb des Prozesses entschieden werden kann, hat der Master in diesem Vortermin zu entscheiden.[4])

Nun ist es natürlich möglich, daß zur Zeit des ersten Termines die Sachlage noch nicht genügend geklärt ist, oder daß sich die Sachlage im Laufe des Prozesses verschiebt, so daß die getroffenen Anordnungen des Master demnächst unzweckmäßig erscheinen oder unvollständig sind. Hier können von den Parteien neue Anträge auf Bestimmung des weiteren Betriebes gestellt werden, und wie der Master zu Beginn des Prozesses für die Bestimmung des Betriebes zuständig ist, so bleibt er es auch während des Prozesses: Alle derartigen Anträge, die, wie sich aus der Natur der Verhältnisse ergibt, sehr zahlreiche sein müssen und in der Tat auch sehr zahlreiche sind[5]), müssen wiederum beim Master angebracht werden,

---

schen Verfahren kommt (Schuster S. 83f.), und schließlich Klagen im Verfahren ohne Wechsel von Schriftsätzen. Das letztere Verfahren kann aber der Master in ein gewöhnliches Verfahren umwandeln. Vgl. dazu Koellreutter, Richter und Master S. 47, Anm. 1. In Handelssachen gelten übrigens einige Besonderheiten, auf die hier nur verwiesen, nicht aber eingegangen werden kann. Vgl. Annual Practice vol. I, p. 397. Zum Ganzen R. S. C. Order XXX r. 1 (a).

[1]) Es war dies früher anders. Vgl. die interessanten, historischen Ausführungen von Koellreutter, Richter und Master S. 16ff.

[2]) Allerdings sollen nach Order XXX r. 4 die Parteien Anträge stellen, aber die Verpflichtung besteht nur „soweit tunlich“, „so far as practicable“. Vgl. dazu auch Annual Practice vol. I, p. 396. Nicht ganz zutreffend Koellreutter, Richter und Master S. 49f.

[3]) Natürlich ist er bei seiner Entscheidung an absolute Rechte der Parteien gebunden. Er kann Zuziehung einer Jury nicht verweigern, wenn die Partei ein absolutes Recht auf Zuziehung hat. Vgl. weiter oben S. 344f.; Annual Practice II, p. 399.

[4]) R. S. C. Order XXX r. 2. Die Entscheidungen, die hier als in den Kompetenzenkreis des Master fallend aufgezählt werden, sind nur beispielsweise aufgeführt und beschränken die Kompetenz des Master nicht; dieselbe ist vielmehr prinzipiell nur durch den Zweck der ganzen Einrichtung beschränkt. Odgers, Principles of Procedure p. 63; Koellreutter, Richter und Master S. 49, Anm. 2. Vgl. z. B. die wichtige Bestimmung R. S. C. Order XIX r. 27.

[5]) Unzutreffend erscheint mir, was Koellreutter, Richter und Master S. 51 ausführt: „Trotz dieser letzteren Bestimmung wird durch die den Parteien

der über dieselben wieder nach völlig freiem Ermessen zu entscheiden hat.[1])

Man sieht, daß diese Prozeßleitungsbefugnis weit über eine solche hinausgeht, wie sie bei uns etwa der Richter besitzt, und es ist nicht zu leugnen, daß in ihr doch schon ein gutes Teil Entscheidungsgewalt liegt. Denn nicht nur über den Betrieb des Prozesses an sich hat der Master zu entscheiden, indem er Termine anordnet, Fristen fixiert usw., sondern die Art des Prozessierens selbst untersteht seiner Entscheidung. Und das geht soweit, daß er sogar bestimmen kann, daß es gar nicht zu einem eigentlichen Prozeß kommen soll, sondern daß die Sache vor einem Schiedsrichter zur Erledigung gebracht werden soll.[1])

Die Richtigkeit des Satzes, daß die Befugnisse, die dem Master durch die in Betracht kommenden Vorschriften verliehen worden sind, keineswegs nur auf die Prozeßleitung beschränkt sind, zeigt sich namentlich in folgendem: Der Master kann bereits in dem Termin des Summons for Directions in Erwägung darüber eintreten, ob es überhaupt zu einem Prozeß kommen soll oder nicht. Und er kann hier bereits (abgesehen von der Verweisung an den Schiedsrichter, die ja materiell das Streitverhältnis nicht beendet, sondern nur formell die Erledigung vom Gericht abwälzt) zu einer prozessualen Entscheidung kommen, also zu einem Urteil in unserem Sinn. Er kann mithin selbst das Streitverhältnis gerichtlich beenden. Namentlich kann er die Klage abweisen, falls er dieselbe für gänzlich unbegründet oder schikanös hält.[2]) Und er kann ferner in einem späteren Termin die Klage abweisen, falls

---

gewährte Möglichkeit, in dem ganzen Verfahren bis zum Urteil noch weitere Anträge in Chambers zu stellen, der eine Hauptzweck der summons for directions, nämlich der der Vereinfachung und Verbilligung des Verfahrens ziemlich illusorisch gemacht, besonders da ausweislich der Statistik die Zahl der notices under the summons for directions beinahe doppelt so groß ist, wie die Zahl der summons for directions selbst." Ich halte dies Verhältnis für kein besonders großes und glaube, daß, wollte man die Nachanträge nicht gänzlich verbieten, man nie zu einem anderen Resultat gelangen wird. Ein gänzliches Verbot von Ergänzungsanträgen würde aber Einführung der Eventualmaxime für Anträge auf Bestimmung des Prozeßbetriebes bedeuten. Daß eine solche in der Tat unmöglich ist, scheint mir auf der Hand zu liegen. Sie würde zu höchst unerfreulichen Resultaten in der Praxis führen.

[1]) R. S. C. Order LIV r. 12a.

[2]) R. S. C. Order XXV r. 4. Vgl. auch die wichtigen Ausführungen Annual Practice vol. I, pp. 397, 398: „Prior to R. S. C., July 1902, the power conferred by this rule were confined to interlocutory proceedings before the trial, and consequently there was no power to make a final order. Under the present rule this restriction has been removed. Order 30, however, being confined to ‚directions', the extended powers are not used to order judgment except by consent or where other existing rules empower judgment to be entered."

die klagebegründenden Tatsachen, die nach seiner Bestimmung der Kläger vorzubringen hatte, von diesem nicht rechtzeitig spezialisiert angegeben worden sind („want of prosecution"). Er kann aber auch umgekehrt die Klage zusprechen, also materielle Verurteilung eintreten lassen, falls er die Verteidigung für gänzlich unbegründet oder schikanös hält.[1]) Daß es sich bei diesen Entscheidungen nicht nur um rein prozessuale Entscheidungen, um Prozeßurteile i. e. S. handelt, liegt auf der Hand. Vielmehr hat der Master die prima facie sich ergebenden Urteile selbständig zu erlassen, und zwar positiv wie negativ.[2])

Des weiteren können die Parteien auch vereinbaren, daß der Master den ganzen Streit selbständig entscheiden soll. Hier wird seine Zuständigkeit, die dann durch nichts beschränkt ist, durch Unterwerfung begründet. Und es handelt der Master hier nicht etwa als ein Arbitrator, sondern als Richter, wie auch gegen alle seine Entscheidungen die gewöhnlichen Rechtsmittel laufen.[3])

Schließlich ist noch zu bemerken, daß, falls der Kläger keinen Summons for Directions fristgemäß bewirkt, der Beklagte, da er ja vor weiteren Schritten des Klägers gesichert ist, sich einfach passiv verhalten kann. Er kann aber auch ein Interesse daran haben, die Sache zu erledigen. Dann kann er seinerseits Abweisung der Klage beantragen. Der Master kann diesem Antrag nach freiem Ermessen stattgeben, er kann aber auch ein weiteres Verfahren anordnen und den Antrag des Beklagten als Summons for Directions behandeln.[4])

ββ) Haben wir so bereits gesehen, daß die Funktionen des Master keineswegs nur formell anordnende, sondern auch in recht weitem Umfang materiell entscheidende sind, so wird sich uns die Richtigkeit dieses Satzes auch noch nach anderer Richtung hin erweisen. In erster Linie ist hier zu erwähnen, daß der Master die Anerkenntnisurteile und Anerkenntnisverfügungen über die Echtheit einer Urkunde oder die Wahrheit einer Tatsache zu erlassen hat.[5]) Ferner erläßt der Master einen Teil der Versäumnisurteile,

---

[1]) Diesen Fall übersieht Koellreutter, Richter und Master S. 51 f. in seinen sonst sehr verdienstlichen Ausführungen.

[2]) Vgl. übrigens auch noch die sehr interessante R. S. C. Order XVI r. 11. Auf Grund dieser Bestimmung kann es z. B. zu einer Abweisung der Klage angebrachtermaßen kommen wegen mangelnder Legitimation. Annual Practice vol. I, p. 176; vol. II, p. 429.

[3]) Annual Practice vol. I, p. 398.

[4]) R. S. C. Order XXX r. 8. Vgl. übrigens zum Ganzen noch Brodie-Innes vol. I, pp. 395 et seq.; Schuster, Bürgerliche Rechtspflege S. 153 ff. (veraltet); Stringer, Practice on the Summons for Directions.

[5]) R. S. C. Order XXXII rr. 1, 2, 4, 6. Dazu ausführlicher Koellreutter, Richter und Master S. 37 ff.

und zwar gerade die, die in der Praxis am häufigsten vorkommen. Zur Erläuterung dieses Satzes müssen wir etwas ausholen. Es gibt im englischen Recht verschiedene Arten der Versäumnis[1]), einmal Versäumnis im Vorverfahren, ferner Versäumnis in der Hauptverhandlung. Da, wie wir bereits gesehen haben, der Master nie eine Hauptverhandlung abhalten kann, letztere sich vielmehr ausschließlich vor einem Richter abspielen muß, so scheidet die Versäumnis in der Hauptverhandlung hier aus. Alle in ihr notwendigen Versäumnisurteile können also nie durch den Master erlassen werden. Umgekehrt aber ergehen alle außerhalb der Hauptverhandlung nötigen Versäumnisurteile durch den Master, wie denn auch alle sonst im Versäumnisverfahren zu erlassenden Entscheidungen durch ihn erlassen werden.[2])

Es kann nun natürlich nicht daran gedacht werden, die Einzelheiten der Lehre von dem Versäumnisurteile in diesem Zusammenhang zu entwickeln; es muß genügen, darauf hinzuweisen, daß Versäumnisurteile im Vorverfahren in dreifacher Hinsicht möglich sind, und zwar einmal dann, wenn der Beklagte seine Einlassung zur Klage nicht fristgemäß erklärt, ferner, wenn die Parteien die Schriftsätze nicht fristgemäß wechseln, und schließlich, wenn der Kläger nicht rechtzeitig den Termin zur Hauptverhandlung beantragt.[3])

γγ) Des weiteren hat uns die Rolle zu beschäftigen, die der Master in einer besonderen Art des Verfahrens zu spielen hat, und zwar in dem Verfahren unter Order XIV. Es handelt sich hier um ein summarisches Verfahren, das in der Praxis eine außerordentliche Bedeutung erlangt hat, wie es sich denn auch einer weitgehenden Beliebtheit erfreut.[4]) Um hier die ganze Bedeutung der

---

[1]) Vgl. Koellreutter, Richter und Master S. 38ff.; ferner namentlich die sehr eingehenden und klaren Ausführungen Schusters, Bürgerliche Rechtspflege S. 143ff.

[2]) Bei Schadenersatzklagen und Besitzentziehungsklagen stellt der Master nur das Recht in einem Zwischenurteil fest; die Höhe des Schadens wird durch eine Jury festgesetzt, die unter dem Vorsitz des Undersheriff in der Grafschaft tagt, in der die Streitsache entstanden ist. Der Master kann aber auch eine andere Festsetzung des Schadens anordnen, indem er die Sache an einen Official Referee oder an einen Master (also unter Umständen an sich selbst) zur Feststellung verweist. Unrichtig Koellreutter, Richter und Master S. 39, die Verweisung müßte stets durch einen Judge at Chambers erfolgen. Vgl. R. S. C. Order XIII r. 5; Order XXXVI rr. 57, 57a; ferner Brodie-Innes vol. I, p. 390; Schuster, Bürgerliche Rechtspflege S. 144, 186f. Ganz ausnahmsweise kann übrigens der Master die Sache statt an den Sheriff, an einen Richter des High Court verweisen. Encyclopaedia 1st Ed. vol. VI, p. 504.

[3]) R. S. C. Order XIII; Order XXVII rr. 1, 2, 4, 7, 11, 13; Order XXXI r. 21; Order XXXII r. 6; Order XXXVI r. 12.

[4]) Vgl. dazu namentlich Koellreuter, Richter und Master S. 55, 56.

Funktionen des Master wirklich würdigen zu können, ist es notwendig, daß wir kurz das Verfahren selbst skizzieren, ohne uns allerdings irgendwie in die Einzelheiten der Materie einzulassen.[1])

Die Klageerhebung erfolgt in England durch Erwirkung und Zustellung[2]) eines Aufforderungsbefehles[3]) an den Beklagten, sich binnen bestimmter Frist auf eine Klage des Klägers bei Gefahr des Versäumnisverfahrens einzulassen.[4]) Es ist das der sogenannte Writ of Summons. Als solcher enthält derselbe mithin den geltend gemachten Anspruch überhaupt nicht. Wohl aber ist letzterer und mit ihm der Klagegrund auf die Rückseite des Writ zu indossieren, ohne daß indessen die klagebegründenden Tatsachen mit angegeben werden dürften.[5]) Eine solche, ich möchte sagen, Klagebezeichnung lautet dann möglichst formlos z. B. so: „der Anspruch des Klägers ist £ 10 für den Preis verkaufter Waren". Man redet aber in einem solchen Fall von einem Writ mit General Indorsement, der, wie ich nochmals betone, der gesetzliche Regelfall ist.[7])

Die Eigentümlichkeit des Verfahrens unter Order XIV besteht nun darin, daß der Kläger einen durch Anführung der einzelnen Klagetatsachen spezifizierten Writ mit einem sogenannten Special Indorsement zustellen läßt. Hat hier der Beklagte sich auf die Klage eingelassen, so reicht der Kläger nebst dem Antrag auf sofortiges Endurteil ein sogenanntes Affidavit ein, d. h. eine von ihm, eventuell auch von dritten Personen herrührende, eidliche, schriftliche Erklärung, die sich auf den Klaggrund und die Klagetatsachen bezieht, die in dem Affidavit als wahr beeidigt werden. Und ferner muß das letztere die ebenfalls beeidigte, formelle Erklärung des Klägers enthalten, daß der Beklagte sich nach Überzeugung des Klägers

---

[1]) Schuster, Bürgerliche Rechtspflege S. 138 ff.; Koellreutter, Richter und Master S. 55 ff.; auch v. Lewinski, England als Erzieher? S. 12; Stein, Zur Justizreform S. 34; insbesondere Brodie-Innes vol. I, pp. 397 et seq.; Encyclopaedia 1st Ed. vol. XII, pp. 21—28 und ex professo Jelf, Order XIV and the Rules and Practice thereunder and relating thereto, 1906.

[2]) Der prozeßbegründende Akt ist die Zustellung. Denn erst jetzt ist die Möglichkeit eines Versäumnisverfahrens gegeben, tritt also die Rechtswirkung des Writ ein. Vgl. R. S. C. Order XIII r. 2.

[3]) Schuster, Bürgerliche Rechtspflege S. 81 spricht zu Unrecht von einer Ladung. Das Wesentliche ist der Befehl, sich zu erklären. Vgl. die Definition von Odger (Koellreutter S. 30) als ein „formal document, by which the King commands the defendant to enter an appearance . . .".

[4]) Schuster, Bürgerliche Rechtspflege S. 81; Koellreutter, Richter und Master S. 30.

[5]) R. S. C. Order II r. 1.

[6]) Schuster, Bürgerliche Rechtspflege S. 82; Formular in Annual Practice vol. II, pp. 1, 2 (ich bemerke, daß die vorgeschriebenen Formulare zwingend sind, da sie Teile der Prozeßordnungen sind; 36 and 37 Vict. c. 66 s. 100); ferner auch Koellreutter, Richter und Master S. 30, Anm. 4.

[7]) Koellreutter, Richter und Master S. 31, Anm. 1.

nicht wirksam gegen die Klage verteidigen könne.[1]) Beides, Antrag des Klägers auf Endurteil und Affidavit muß dem Beklagten zugestellt werden.[2])

Ohne uns nun zu sehr in Details zu verlieren, mag nur darauf hingewiesen werden, daß die Funktionen des Master primär darin bestehen, die Frage (natürlich nur, falls sie bestritten wird) zur Entscheidung zu bringen, ob der Beklagte eine Verteidigungsmöglichkeit hat oder nicht, ob also, falls eine Verteidigungsmöglichkeit nicht besteht, die Verteidigung lediglich schikanös den Zwecken der Prozeßverschleppung dient.[3]) Bejaht nun der Master die Frage der Verteidigungsmöglichkeit, so hat er bedingt oder unbedingt dem Beklagten die Erlaubnis zur Verteidigung zu gewähren, und somit schlägt dann der summarische Prozeß in das gewöhnliche, ordentliche Verfahren um.[4]) Verneint der Master dagegen die Frage, so hat er ein Endurteil zu gunsten des Klägers zu erlassen. Schließlich aber können sich die Parteien auch selbst für den Fall, daß Erlaubnis zur Verteidigung gewährt werden sollte, einigen, daß die Sache durch den Master erledigt oder an einen anderen Master verwiesen wird. Der Master wird aber dann hier nicht mehr als eigentlicher Prozeßrichter, sondern als Referee, als Schiedsrichter tätig.[5]) Und unter denselben Voraussetzungen der Parteivereinbarung kann schließlich der Master, ohne die Sache erst verweisen zu müssen, dieselbe sofort summarisch und endgültig entscheiden. Hier ist er aber nicht Referee und untersteht nicht den diesbezüglichen Vorschriften, hier ist er vielmehr wirklicher Prozeßrichter, zuständig kraft Vereinbarung der Parteien. In praxi wird übrigens von dieser letzten, etwas sonderbaren und jedenfalls nicht sehr zweckmäßigen Bestimmung so gut wie kein Gebrauch gemacht.[6])

Wenn wir, um seine Bedeutung zu erfassen, das Verfahren unter Order XIV nochmals kurz übersehen, so können wir sagen, daß es sich um ein Verfahren zur summarischen Erledigung nichtstrittiger Sachen handelt. Es ähnelt insofern unserem Mahnverfahren[8]), allein ein außerordentlich wichtiger Unterschied gibt beiden Verfahrensarten einen durchaus verschiedenen Charakter.

---

[1]) R. S. C. Order XIV r. 1; Appendix K. No. 1, B. No. 23a; Annual Practice vol. II, pp. 126, 42; Koellreutter, Richter und Master S. 58, Anm. 1; Peters, Englisches bürgerliches Streitverfahren S. 3.

[2]) R. S. C. Order XIV r. 2.

[3]) Vgl. die sehr interessanten Ausführungen Koellreutters, Richter und Master S. 60f.

[4]) R. S. C. Order XIV r. 6.

[5]) R. S. C. Order XIV r. 7.

[6]) Vgl. die Ausführungen Annual Practice vol. I, p. 148: „This clause of the rule may be regarded as nugatory."

[8]) Insofern nicht ganz zutreffend Hamm, Deutsche Juristenzeitung Bd. XI, S. 1054, daß die Mahnsachen dem englischen Verfahren fremd seien.

Dieser Unterschied besteht darin, daß Voraussetzung des Mahnverfahrens subjektive Unbestrittenheit, die des Verfahrens unter Order XIV objektive Unbestrittenheit ist, oder präziser gesagt, das Mahnverfahren setzt voraus Unbestrittenheit, das Verfahren unter Order XIV Unbestreitbarkeit. Daraus folgt, daß das Mahnverfahren ein durchaus formelles Verfahren ist, während das Verfahren unter Order XIV im eigentlichsten Sinn Entscheidungsverfahren ist.[1]) Während es im Mahnverfahren die Partei und nur die Partei ist, die das besondere Verfahren in das ordentliche umleitet, hängt hier alles vom Richter, d. h. von der Entscheidung des Master ab. Und während im Mahnverfahren eine rechtskräftige Entscheidung im wesentlichen nur die Frage autoritativ zur Erledigung bringt, daß eine bestimmte Partei einen bestimmten Anspruch nicht rechtswirksam bestritten hat, eine Entscheidung, die natürlich lediglich formaler Natur ist, ist die Entscheidung unter Order XIV eine Entscheidung über die Frage nach den objektiven Voraussetzungen des Anspruches, über die Frage, ob ein Anspruch von einer Partei bestritten werden kann. Und die Entscheidung über diese Frage ist eine reine Sachentscheidung.

Daraus ergibt sich uns die rein richterliche Tätigkeit des Master, soweit das Verfahren unter Order XIV in Betracht kommt. Dieses Verfahren selbst kann nun aber in viel weiterem Umfang angewendet werden als unser Mahnverfahren. Und zwar kann es durchgeführt werden einmal bei liquiden Geldforderungen, die beruhen auf formlosem Vertrag oder auf einem Vertrag unter besiegelter Urkunde, auf Statut, auf Bürgschaft (hier muß aber auch der Anspruch gegen den Hauptschuldner liquid sein) und auf Bestimmungen eines Trust. Ferner kann das Verfahren angewandt werden bei Räumungsklagen des Vermieters und Verpächters.[2])

Daraus ergibt sich der weite Umfang, in dem der Master zur Entscheidung in Sachen berufen ist, die subjektiv durchaus bestritten sein können. Irgend eine Wertgrenze beschränkt diese Zuständigkeit nicht, wie noch ausdrücklich hervorgehoben werden mag.

$\delta\delta$) Endlich mag noch kurz erwähnt werden, daß die Funktionen des Master im Verfahren vor dem Commercial Court beschränk-

---

[1]) Hierin liegt m. E. auch der entscheidende Punkt für die Schwäche des Mahnverfahrens. Vgl. hierzu die sehr interessanten Ausführungen Stein's, Zur Justizreform S. 94ff.

[2]) Schuster, Bürgerliche Rechtspflege S. 83f. Unrichtig v. Lewinski, England als Erzieher? S. 12, wo behauptet wird, das Verfahren sei nur bei liquiden Geldforderungen zulässig. Ebenfalls nicht ganz einwandsfrei Koellreutter, Richter und Master S. 57. Daß man bei einer vergleichenden Statistik englischer und deutscher Prozeßzahlen die Mahnsachen nicht unberechnet

tere sind. Zwar gelten für das Verfahren unter Order XIV die gewöhnlichen Bestimmungen. Allein die Prozeßleitung liegt im wesentlichen in der Hand des Richters. Und namentlich findet der Termin auf Grund des Summons for Directions stets vor dem Richter, nicht aber vor dem Master statt.[1])

$\varepsilon\varepsilon$) Und abschließend mag darauf verwiesen werden, daß der Richter Sachen auch an einen Master in denselben Grenzen wie an einen Referee verweisen kann, entweder zur Einzel- oder aber auch zur Gesamterledigung. Geschieht dies, so wird allerdings der Master dann nicht mehr tätig als Master, sondern als Referee. Allein da derartige Überweisungen, namentlich wenn es sich um Einzelpunkte handelt, keineswegs selten vorkommen, da andererseits der Referee rein richterliche Funktionen auszuüben hat, wie wir noch sehen werden, so ergibt sich, daß in der Tat auch hier die richterliche Stellung des Master in den Vordergrund gerückt erscheint.[2])

γ) Fassen wir die im Vorhergehenden geschilderten Funktionen des Master noch einmal zusammenfassend ins Auge, so ergibt sich uns, daß der Master at Chambers ein ausschließlich richterlicher Beamter ist. Er hat keine Funktionen zu erfüllen, die nicht richterlicher Natur wären. Vergleichen wir mit ihm den Registrar der County Courts, so ist ein doppelter Unterschied beachtenswert:[3]) Einmal ist der Registrar im wesentlichen delegierter Richter, seine Kompetenz ist eine vermittelte; die Zuständigkeit des Master beruht dagegen im wesentlichen unmittelbar auf dem Gesetz, eine Delegation findet im allgemeinen weder durch richterliche Verfügung noch durch Parteivereinbarung statt. Andererseits kann der Registrar einen Prozeß in der Hauptverhandlung zur Entscheidung bringen, was der Master nie kann. Allein hier ist der Registrar, wie wir uns erinnern werden, in seiner Zuständigkeit sehr beschränkt. Und des weiteren hat er weder die Befugnisse des Master beim Summons for Directions, noch die im Verfahren unter Order XIV, das vor den County Courts unbegreiflicher-

---

lassen darf, ist klar. So Geiger, Holdheims Monatshefte 1906, S. 269. Adickes, Grundlinien S. 78 hat sie übrigens auch, wie ich betonen möchte, nicht unbeachtet gelassen. Vgl. auch v. Lewinski, England als Erzieher? S. 25.

[1]) Vgl. das Regulativ der Richter der King's Bench Division betreffend Commercial Causes s. 2: „A separate list for summonses in commercial causes will be kept at chambers. A separate list will also be kept for the entry of such causes for trial, but no cause shall be entered in such list which has not been dealt with by a judge charged with commercial business, upon application by either party for that purpose, or upon summons for directions or otherwise." Vgl. Annual Practice vol. II, p. 751.

[2]) 52 and 53 Vict. c. 49 ss. 13—15; vgl. weiter oben S. 356 und weiter unten S. 461 ff.

[3]) Vgl. dazu weiter oben S. 245 ff.

weise nicht angewendet werden kann.[1]) Und so ist im Vergleich mit dem Registrar der Master der funktionell wichtigere Beamte. Er ist nur Richter, während der Registrar auch Richter ist. Er ist dem Streitwert nach unbeschränkter Richter, während der Registrar beschränkter Richter ist.

Was nun aber das Verhältnis vom Master zum eigentlichen Richter betrifft, so ist doch hier ein unterscheidender Punkt hervorzuheben, der von Wichtigkeit ist, und das ist, daß sich nur vor dem Richter eine formelle Hauptverhandlung abspielen kann, der sogenannte Trial. Die Tatsache, daß der Richter die Rechtsmittelinstanz über dem Master ist, ist natürlich für die Entscheidung der Frage ohne Bedeutung, ob der Master ein dem Richter funktionell gleichartiger Beamte ist oder nicht. Ist aber der gekennzeichnete Unterschied wirklich der einzige, begrifflich bedeutsame Differenzpunkt zwischen Richter und Master, so ergibt sich uns das Resultat, das wir in folgende zwei Sätze kleiden können: der Judge ist ein Richter, vor dem sich ein Trial abspielen kann. Der Master at Chambers ist ebenfalls ein Richter, vor dem sich aber ein Trial nicht abspielen kann. Und in der Tat werden auch nach englischer Auffassung die Masters als Richter bezeichnet, nicht aber etwa als Bureaubeamte.[2])

c) Auch statistisch erhellt die außerordentliche Bedeutung, welche die Richtertätigkeit der Masters at Chambers in Hinblick auf die Erledigung der Gesamtgeschäfte besitzt, und es mögen daher hier kurz einige Zahlen angegeben werden. Zunächst ergibt sich, daß die Masters tatsächlich fast ausschließlich die ganze Chamberstätigkeit erledigen, aus der Tatsache, daß Ladungen usw. in Chambers-

[1]) Koellreutter, Richter und Master S. 65. Inhülsen, Recht 1904, S. 97 erwähnt in seinen durchaus wertlosen Ausführungen das Verfahren sub Order XIV bei einer Schilderung des County Courtverfahrens. Und auf Grund derartiger Arbeiten bilden sich dann bei uns Urteile über englisches Prozeßrecht!

[2]) Law Times vol. 105, p. 147; vol. 113, p. 453. Brodie-Innes vol. I, pp. 100, 102, 103: „Masters. — Who are in a sense inferior Judges rather than representatives of the Judges ... As they are inferior Judges, an appeal lies from them to the Judge. ..." Interessant ist, daß Cohen, Spirit of Our Laws p. 111 bei einem Überblick über die Hierarchie der Gerichte die Masters als gleichartige Prozeßbehörde auf eine Stufe mit den County Courts stellt, die Masters also durchaus als Richter behandelt. Vgl. ferner Hirschfeld, Preußische Jahrbücher Bd. 125, S. 454; Geiger, Holdheim's Monatshefte 1906, S. 270; Winter, Rechtspflege, Richter und Publikum S. 25; Stein, Zur Justizreform S. 36ff.; v. Lewinski, England als Erzieher? S. 24f.; vgl. auch de Franqueville tom. I, p. 421s. Schuster, Bürgerliche Rechtspflege S. 19 charakterisiert dagegen die Masters als juristisch gebildete Unterbeamte, die mit selbständigen Funktionen betraut Geschäfte der Prozeßleitung zu erledigen haben. So auch Adickes in seinen ersten Ausführungen, Grundlinien S. 52, 126. Später, Aschaffenburgs Monatsschrift Bd. IV, S. 6, gibt er den richterlichen Charakter der Masters zu unter einseitiger Betonung des Momentes

angelegenheiten fast nur vor den Master ergehen, während die Ladungen usw. vor den Richter ganz zurücktreten. Man vergleiche folgende Zahlen:[1])

	Judges' Summonses	Masters' Summonses
1901	4345	30227
1902	2261	29177
1903	1808	29573
1904	1804	30206
1905	1697	27585
1906	1654	27524
1907	1892	28810

Diese Zahlen beweisen ferner, daß die Tätigkeit der Richter at Chambers ständig abgenommen hat, während die Tätigkeit der Masters ebenso zugenommen hat. Es erhellt das auch namentlich aus der weiteren Tatsache, daß die Zahl der Klageerhebungen im Central Office des High Court von 42 858 im Jahre 1901 auf 40 677 im Jahre 1907 zurückgegangen ist.

Zerlegt man die Summonses der Masters, so erhält man weitere interessante Daten, die die Wichtigkeit der oben geschilderten einzelnen Funktionen der Masters deutlich erkennen lassen.

	1901	1902	1903	1904	1905	1906	1907
Summonses under Order XIV.	11842	11647	11933	12246	11011	11080	11665
Originating Summonses	464	409	410	368	408	340	395
Summonses for Directions	4774	4559	4385	4173	3964	3952	3659
Notices under Summonses for Directions	8842	8331	8262	8730	8124	8355	9339
Sonstige Summonses	4305	4231	4583	4689	4078	3797	3752

richterlicher Qualifikation. Eine spezifische Richterqualifikation gibt es aber in England gar nicht. Ich betone noch, daß einer der Masters of the Supreme Court, der bekannte Herausgeber der Judicial Statistics, Sir John Macdonell, mir die Verhältnisse ähnlich schilderte wie im Text, unter steter Betonung, Judge und Richter seien keine Synonyme, vielmehr sei ein Judge nur ein besonderer Richter, vor dem sich ein Trial abspielen könne.

[1]) Vgl. zum Folgenden Civil Judicial Statistics 1902, p. 75; 1903, p. 79; 1905, p. 81; 1906, p. 85; 1907, p. 75. Gute statistische Ausführungen gibt auch Koellreutter, Richter und Master S. 89ff.

Leider ergiebt sich aus der Statistik nicht die Zahl der von einem Master und der von einem Richter erlassenen Entscheidungen „at chambers". Daß die Zahl der ersteren die überwiegend größere sein muß, kann keinem Zweifel unterliegen.[1])

Genauere Angaben dagegen finden sich für die Entscheidungen, die im Verfahren unter Order XIV ergangen sind. Hier ergeben sich folgende Zahlen:

	1901	1902	1903	1904	1905	1906	1907
Leave to defend unconditionally	2016	1875	1916	2178	1925	2029	2090
Leave to defend conditionally	640	437	550	605	514	393	400
Judgment for whole or part of claim	6404	6688	6918	7215	6614	6567	6939

Diese Zahlen beweisen namentlich die außerordentliche Bedeutung, die die reine Urteilstätigkeit der Masters hat. Sie beweisen ferner die Tendenz, die Erlaubnis zur Verteidigung nur beschränkt zu gewähren, die Streitsachen also möglichst im summarischen Verfahren definitiv zu erledigen.

Von Wichtigkeit hierfür sind auch die Zahlen über Versäumnisurteile, wobei jedoch daran erinnert werden mag, daß nur die Versäumnisurteile, die nicht im Trial ergehen, ausschließlich von den Masters erlassen werden. Die folgenden Zahlen beziehen sich also, was die zweite Rubrik betrifft, nicht nur auf die Tätigkeit der Masters.[2])

---

[1]) So auch Stein, Zur Justizreform S. 36; Koellreutter, Richter und Master S. 90. Es ergibt sich das auch aus dem Verhältnis, in welchem die Zahl der Ladungen in einer District Registry zu den daselbst erlassenen Entscheidungen steht, Entscheidungen, die von dem dem Master funktionell gleichstehenden District Registrar erlassen werden. 1907 kamen auf 5617 Ladungen 5669 Orders. Aus den Erläuterungen der Tabelle ergibt sich auch, daß Summonses und Orders der Zahl nach sich entsprechen. Vgl. Civil Judicial Statistics 1907, p. 74: „A large proportion of the orders made in chambers, are never drawn up, and consequently, as to these, no returns can be given. From this cause there would naturally appear a large difference between the total numbers of summonses an orders, were it not for the orders made on ex parte applications, as to which no summonses are issued." Vgl. ferner l. c. p. 75.

[2]) CivilJudicial Statistics 1902, p. 86; 1903, p. 90; 1905, p. 92; 1906, p. 96; 1907, p. 86.

	Urteile bei Default of Appearance	Andere Versäumnis-urteile
1901	11588	730
1902	11828	639
1903	12217	590
1904	12974	631
1905	12168	624
1906	11726	669
1907	11848	722

Schließlich wäre auch von Interesse, die Zahlen betreffend der Zahl der gegen Masterentscheidungen eingelegten Rechtsmittel, also der Appeals von Master zum Richter kennen zu lernen[1].) Allein von Wert würden diese Zahlen doch nur sein, sofern wir sie in Beziehung setzen könnten mit der Zahl der durch die Masters erlassenen Entscheidungen. Und das ist, wie wir bereits gesehen haben, unmöglich. So muß an dieser Stelle darauf verzichtet werden, diesbezügliche statistische Daten zu geben.[2])

5. a) Ein weiterer Beamter der King's Bench Division ist der Registrar des Court of Criminal Appeal. Als solcher funktioniert der dem Crown Office vorgesetzte Master,[3]) der also in seiner Person in Form einer Personalunion zwei an sich verschiedene Ämter vereinigt, wie ja die Masters at Chambers zugleich Beamte des Central Office sind. Allerdings ist das Bureau durch eben jene Personalunion in eine gewisse Verbindung zum Central Office gebracht worden, allein eine organisatorische Verbindung ist nicht durchgeführt worden, und es ist nicht etwa das Bureau des Court of Criminal Appeal im Central Office aufgegangen. Vielmehr besteht es noch selbständig weiter fort. Da nun aber, wie wir gesehen haben, der Court of Criminal Appeal eine Prozeßbehörde der Kings' Bench Division ist, so erscheint das zu ihm gehörige Bureau als ein Spezialbureau eben dieser Ab-

[1]) Vgl. S. 379, Anm. 1.

[2]) Vgl. dazu Koellreutter, Richter und Master S. 90f. Daß übrigens keineswegs eine allgemeine Zufriedenheit mit der Judikatur der Masters besteht, beweisen die Ausführungen Law Times vol. 105, p. 147. Law Times vol. 125, p. 306 werden für 1906 1224 Rechtsmittel vom Master zum Richter erwähnt.

[3]) 8 Edw. VII c. 46 s. 2 (1).

teilung und ist seiner Besetzung usw. nach hier zur Darstellung zu bringen.[1])

Bei Abwesenheit, Krankheit usw. des Registrar ist ein Vertreter für die Zeit der Abwesenheit zu bestellen. Die Ernennung erfolgt durch den Lord Chief Justice aus den Masters des Supreme Court.[2]) Außerdem kann noch ein Assistant Registrar ernannt werden, der ebenfalls Master sein oder mindestens sieben Jahre als Barrister praktiziert haben muß. Auch diese Ernennung erfolgt durch den Lord Chief Justice, der des weiteren für das subaltern Bureaupersonal zu sorgen hat, soweit ein solches notwendig ist.[3])

b) *α*) Was die Funktionen des Amtes betrifft, so sind zunächst beim Registrar selbst alle Rechtsmittelerklärungen anzubringen.[4]) Der Registrar hat ferner die Verhandlung vor dem erkennenden Gericht vorzubereiten, und namentlich hat er das gesamte Material zu sammeln, welches in der Hauptverhandlung dem Gericht vorgelegt wird. So hat er die Aufzeichnungen des Vorrichters einzufordern, er hat die Protokolle der ersten Verhandlung beizuschaffen, Überführungsstücke usw. vorzulegen.[5]) Zeugen dagegen kann er nicht vorladen.[6])

β) Um diese Aufgaben durchführen zu können, hat der Registrar den gesamten Schriftverkehr nach außen, also mit den Behörden, die bei der Vorentscheidung mitgewirkt haben, mit den öffentlichen Anklagebehörden, dem Privatkläger, dem Rechtsmittelkläger usw. Er hat ferner Abschriften und Auszüge aus den Akten zu erteilen und vermittelt schließlich den Verkehr der am Verfahren Beteiligten mit dem Gericht.[7]) Außerdem führt der Registrar die Sitzungsliste und endlich noch eine Gesamtliste der eingelegten Rechtsmittel nebst ihrem Erfolg.[8]) Die Termine sind den Beteiligten mitzuteilen, ebenso der Erfolg des Rechtsmittels. In der Sitzung versieht der Registrar den Sitzungsdienst.

γ) Etwas weitergehende Befugnisse hat der Registrar in doppelter Beziehung. Einmal kann er Anträge an das Gericht stellen, dem Angeklagten einen Rechtsbeistand zu ernennen, ferner aber auch

---

[1]) Daß die spätere Entwicklung dahin führen kann, daß der Court of Criminal Appeal einmal eine selbständige Abteilung des High Court, vielleicht sogar des Supreme Court wird, ist eine Möglichkeit, die hier nur erwähnt, nicht aber eingehender behandelt werden kann.

[2]) Criminal Appeal Rules 1908 r. 2 (a).

[3]) 8 Edw. VII c. 46 s. 2 (2).

[4]) Siehe hierzu namentlich 7 Edw. VII c. 23 s. 15. Ferner Criminal Appeal Rules rr. 32, 33, 39, 36, 29. Vgl. ferner Cohen, Criminal Appeal Act pp. 49 et seq.

[5]) Criminal Appeal Rules rr. 14, 15, 16, 20.

[6]) 7 Edw. VII r. 23 s. 9 (b); Criminal Appeal Rules r. 40.

[7]) Criminal Appeal rules rr. 14, 16, 20, 21 u. a. m.

[8]) L. c. r. 42.

das eingelegte Rechtsmittel summarisch zu verwerfen.[1]) Irgend einen Einfluß auf die Entscheidung hat er indessen nicht, dieselbe wird vielmehr allein durch das Gericht erlassen.[2]) Ohne seinen Antrag kann es allerdings nicht zu einer formlosen Erledigung der Sache kommen.

c) Übersehen wir diese Funktionen, die der Registrar zu erfüllen hat, im ganzen, so ergibt sich uns sofort, daß von richterlichen Funktionen hier keine Rede ist.[3]) Es handelt sich hier vielmehr nur um die Aufgaben, die einem Bureaubeamten obliegen. Von irgendwelchen entscheidenden Funktionen ist nicht die Rede. Aber, während bei uns der Gerichtschreiber bei der Erledigung ähnlicher Pflichten den Richter nur unterstützt und stets unter der Dienstkontrolle desselben steht, ist hier der Registrar prinzipiell vom Richter durchaus unabhängig. Die Bureaugeschäfte werden absolut selbständig erledigt, und irgend eine diesbezügliche Verbindung zwischen Richter und Registrar findet nicht statt. Allerdings sind die Aufgaben des Registrar nun nicht etwa die eines Gerichtsschreibers in unserem Sinne. Zunächst steht dem ersteren im Gegensatz zu letzterem die selbständige Entscheidung und Initiative zu. Ebenso hat er Aufgaben zu erfüllen, die bei uns der Staatsanwaltschaft obliegen, ich erinnere an die Vorbereitung der Hauptverhandlung, den Aktenverkehr u. a. m. Alles in allem ist der Registrar also jedenfalls kein Subalternbeamter in unserem Sinne[4]), sondern ein dem Richter mehr oder weniger koordinierter Beamter mit spezialisiertem Funktionenkreis. Und das zeigt sich auch darin, daß der Registrar ebenfalls nicht daran denkt, die eigentlich subalterne Schreibarbeit zu erledigen, sondern daß ihm zu diesem Zweck die nötige Anzahl von Schreibern usw. zur Verfügung gestellt worden sind, ein Unterpersonal, bei dem die Einzelheiten in der Organisation durch Verfügungen des Lord Chancellor geregelt worden sind.[5])[6])

---

[1]) 7 Edw. VII c. 23 s. 15 (2) (5); Criminal Appeal Rules r. 37.

[2]) So erscheint mir nicht zutreffend, wenn Cohen, Criminal Appeal Act p. 50 schreibt: „The power here conferred on the Registrar is analogous to that which in civil cases a Master possesses under Order 25, r. 4, R. S. C.“ Denn der Master hat die entscheidende Gewalt, die der Registrar eben nicht besitzt.

[3]) Es mag aber bemerkt werden, daß man in England, wie Eise, Lisztsche Zeitschrift Bd. 29, S. 237 ausführt, bereits damit umgeht, dem Registrar auch richterliche Funktionen zu übertragen (Daily Mail vom 15. 8. 1908). Er soll vorbehaltlich der Beschwerde an das Gericht, das Recht erhalten, unbegründete Berufungen ohne weiteres abzuweisen.

[4]) Siehe meine Ausführungen, Englische Gerichtsverfassung S. 47.

[5]) 7 Edw. VII c. 23 s. 2.

[6]) Daraus ergibt sich: Ebenso unrichtig, wie es ist, die Masters at Chambers als Bureaubeamte zu charakterisieren, ebenso falsch ist es, einfach alle Masters als Richter zu zählen, wie dies v. Lewinski, England als Erzieher? S. 25 tut.

6. Wir erwähnten weiter oben ferner die Privatsekretäre der Richter.[1][2] Da dieselben so gut wie keinerlei prozessuale Funktionen zu erfüllen haben und zumeist nur zu Privatzwecken des Richters angestellt werden (sie begleiten ihn z. B. auf den Assisenreisen), so können sie hier außer Betracht bleiben[3]. Des weiteren brauchen ebenfalls nur erwähnt zu werden die Ushers, die gleichfalls von den Richtern ernannt werden. Sie haben die Aufgabe, die Sachen im Gericht aufzurufen, die Ordnung aufrechtzuerhalten und dergleichen mehr.[4] Die weiteren Geschäfte der King's Bench Division, die ein Prozeß nötig macht, werden im Central Office erledigt. Die damit betrauten Beamten erscheinen mithin nicht als Organe der King's Bench Division, sondern als Organe des Central Office. Wir werden daher erst an anderer Stelle auf sie zurückkommen.[5]

III. Haben wir so die Organisation und Besetzung der King's Bench Division kennen gelernt, so haben wir nun uns noch kurz mit den Bestimmungen über die Verteilung der Geschäfte auf die einzelnen Prozeßbehörden zu befassen. Hier gilt folgendes:

1. Die Verteilung der einzelnen Richter auf die einzelnen aus der King's Bench Division zu bildenden Gerichtshöfe, die Bildung also der genannten Prozeßbehörden selbst, erfolgt in einer Richterversammlung, welcher der Lord Chief Justice als primus inter pares

---

Es zeigt sich aber auch wieder, wie unmöglich eine statistische Vergleichung englischer und deutscher Richterzahlen ist, wo doch die Organisation der Gerichtsbehörden in beiden Ländern so durchgängig verschieden ist. Insofern ist auch die verbesserte Adickessche Statistik, wie sie sich z. B. in Aschaffenburgs Monatsschrift Bd. IV, S. 5ff., ferner bei Liepmann, Summarisches Strafverfahren in England S. 123ff. findet, durchaus unzutreffend und irreführend. Vgl. dazu meine Ausführungen, Gerichtssaal Bd. 74, S. 443f.

[1]) Vgl. weiter oben S. 355.

[2]) Unter Privatsekretären werden hier zusammenfassend verstanden die Secretaries und Clerks. Das Recht auf einem Secretary hat nur der Lord Chief Justice. Dieser Beamte hat nicht etwa die Stellung eines Clerk. Letztere ist durchaus subaltern, so daß die Clerks z. B. bei öffentlichen Aufzügen der Richter denselben die Schleppe tragen. Die Stellung des Secretary, der stets Barrister ist, ist eine sehr gehobene und keineswegs die eines Subalternen. Vgl. Law List 1905, p. 1367 in Verbindung mit p. 108.

[3]) Der Lord Chief Justice hat einen Secretary (£ 500 Gehalt) und einen Principal Clerk (£ 400). Die übrigen Richter haben nur einen Principal Clerk (£ 400). Vgl. 36 and 37 Vict. c. 66 ss. 79, 84. Außerdem ist jedem Richter noch ein Usher zuerteilt. Endlich treffen wir noch den sogenannten Tipstaff at Chambers, der durch den Lord Chancellor und den Lord Chief Justice ernannt wird. Er hat als einzige Funktion, Verhaftungen im Gerichtsgebäude vorzunehmen. Seine Rolle ist so unbedeutend, daß wir ihn im folgenden ganz außer acht lassen können. Schließlich sind in der Abteilung noch 2 Boten angestellt. Law List 1905, p. 1367; Encyclopaedia 1st Ed. vol. XII, p. 167.

[4]) Vgl. Law List 1905, p. 1367; Encyclopaedia 1st Ed. vol. XII, p. 395.

[5]) Vgl. weiter unten S. 447 ff.

vorsitzt, und zwar entscheidet die Majorität. Die Verteilung erfolgt stets für die Dauer eines Jahres, vor Beginn desselben.[1]) Es wird also nicht etwa bestimmt, daß an der King's Bench Division so und so viel Höfe mit Einzelrichtern, so und so viel Divisional Courts bestehen sollen; sondern es ist nur die Anzahl der Richter für die einzelnen Prozeßbehörden festgelegt, und es ist ihnen überlassen, nach Bedürfnis die nötige Anzahl von Prozeßbehörden aus ihrer Mitte zu bilden, die natürlich auch nicht während der ganzen Dauer der Sitzungsperiode zu tagen brauchen, vielmehr nur ihre von vornherein bestimmten Sitzungstage haben, die nach Datum und Zahl ebenfalls von dem Richterkollegium bestimmt werden. Der Verteilungsplan erleidet übrigens infolge der Circuitreisen der einzelnen Richter sehr häufig Abänderungen, da sich die Länge der Abwesenheit der Circuitrichter nicht immer von vornherein bestimmen läßt. Hier greifen dann die sehr elastischen Vertretungsbestimmungen ein, die wir weiter oben kennen gelernt haben.[2]) Oder aber es fallen, falls Vertretungen nicht ermöglicht werden können, die in Aussicht genommenen Sitzungen einfach aus.

Von diesen Sätzen galt nur insofern eine Ausnahme, als ursprünglich die Mitglieder des Court of Criminal Appeal dauernd bestimmt wurden. Zunächst war der Lord Chief Justice stets eines derselben; außer ihm aber wurden weitere acht Mitglieder von ihm unter Zustimmung des Lord Chancellor für die Dauer einer Periode ernannt, die ihm zweckdienlich erschien.[3]) Daß es sich hier in der Tat nicht um eine eigentliche Ernennung handelte, sondern um eine dauernde Geschäftsverteilung, liegt auf der Hand. Heute liegen die Verhältnisse anders. Heute sind sämtliche Mitglieder der Abteilung ipso iure Mitglieder des Cort of Appeal, oder besser gesagt, sind alle Mitglieder verpflichtet, an den Sitzungen des Appellgerichtes teilzunehmen.[4]) Die Geschäftsverteilung unter den Richtern erfolgt mithin heute nach den gewöhnlichen Vorschriften, nur daß der Lord Chief Justice das Recht hat, die Frage zu entscheiden, ob der Hof in einer oder in zwei Divisions tätig werden soll.[5])

Dagegen besteht eine wirkliche Ausnahme von dem Grundprinzip, daß die Geschäftsverteilung durch das Richterkollegium

---

1) Vgl. z. B. Law Times vol. 125, pp. 11, 583, woselbst ein Verteilungsplan abgedruckt ist. Vgl. ferner Annual Practice vol. II, pp. 746a, 476b. Vgl. auch 44 and 45 Vict. c. 68 s. 13, wonach die Richter, welche die Wahlpetitionen zu erledigen haben — drei an der Zahl —, von der Richterversammlung mit Majorität gewählt werden.

2) Vgl. weiter oben S. 353f.

3) Vgl. auch Cohen, Criminal Appeal Act p. 19.

4) 8 Edw. VII c. 46 s. 1. Veraltet Mendelssohn-Bartholdy, Court of Criminal Appeal S. 32.

5) 7 Edw. VII c. 23 s. 1 (1, 2).

erfolgt, insofern als zwei oder mehr Beschlußrichter für nicht anhängige Sachen direkt vom Lord Chief Justice ernannt werden für eine von ihm zu bestimmende Dauer. Die ad hoc ernannten „Judges for Interlocutory Business" haben die Geschäfte untereinander zu verteilen, so zwar, daß jeden Tag höchstens ein Beschlußrichter sitzt.[1]) In dringenden Fällen, falls sie nicht zur Stelle sind, können sie von anderen Richtern vertreten werden. Ich bemerke hierbei anschließend, daß besondere mit Richtern besetzte Chambersgerichte für anhängige Sachen[2]) nicht mehr gebildet werden. Während früher ein Richter mit der gesamten Chamberstätigkeit betraut war, sind jetzt alle Richter als solche auch Chambersrichter, und es gehen die Anträge in anhängigen Sachen an den Richter, vor dem sich voraussichtlich die Hauptverhandlung, falls es zu einer solchen kommt, abspielen wird. Läßt sich das nicht ermöglichen, so gehen die Sachen an den Beschlußrichter für nicht anhängige Sachen.[3]) Für Handelssachen endlich finden diese Bestimmungen keine Anwendungen. Auch Chambersangelegenheiten werden hier ausschließlich von dem Handelsrichter erledigt.[4])

2. Was nun die weitere Geschäftsverteilung unter die gleichartigen Prozeßbehörden, also unter die verschiedenen erstinstanzlichen Gerichte gleicher Art, die verschiedenen Divisional Courts usw. betrifft, so gilt hier folgendes:

a) Bezüglich der den Divional Courts obliegenden Geschäften erfolgt die Verteilung der verschiedenen Sachen auf die verschiedenen Divisional Courts, falls mehrere gleichzeitig sitzen, was häufig vorkommt, durch das Crown Office Department im Central Office.[5]) In Strafsachen zweiter Instanz erfolgt die Verteilung der einzelnen Sachen auf die verschiedenen Strafappellgerichte durch den Registrar des Court of Criminal Appeal.[6]) In Zivilsachen, die in höherer Instanz schweben, kann der Lord Chief Justice bestimmend eingreifen.[7])

b) Bezüglich aller erstinstanzlichen Sachen, die also nicht vor Divisional Courts zu erledigen sind, gelten folgende Bestimmungen: Eine jede neue Sache, die bei der King's Bench Division eingeht,

---

[1]) R. S. C. Order LIV r. 30.

[2]) Der Ausdruck „anhängig" ist hier etwas frei gebraucht. Entscheidend ist, daß „the place and the mode of trial of an action have been fixed". Alle Anträge vor der Order for Directions gehen also an den „Judge for Interlocutory Business". Vgl. über die sehr verwickelten Einzelheiten der betreffenden Bestimmungen R. S. C. Order LIV rr. 30—41; ferner Law Times vol. 125 pp. 305, 306.

[3]) Annual Practice vol. II, p. 746.

[4]) R. S. C. Order LIV r. 41.

[5]) R. S. C. Order LIX r. 11.

[6]) Criminal Appeal Rules r. 42.

[7]) R. S. C. Order LIX r. 15.

wird einem der sechs Masters at Chambers zugeschrieben, und zwar auf Grund einer Geschäftsverteilung, die die Masters unter sich vorgenommen haben.[1]) Daß hierbei Verschiebungen eintreten können, haben wir bereits früher gesehen, so daß dieser Punkt hier nicht weiter interessiert.[2]) Jede Sache wird so von Anfang bis Ende in Chambers durch einen und denselben Master erledigt, und nur in dringenden Fällen können Anträge bei einem anderen Master gestellt werden.[3]) Die Verteilung der Geschäfte auf die einzelnen Richter erfolgt dann durch die Masters nach freiem Ermessen, sofern nicht abweichende Bestimmungen entgegenstehen. So kann natürlich das „Interlocutory Business“ nur dem damit beauftragten Beschlußrichter übertragen werden; wenn nur ein Richter mit Jury sitzt, so gehen selbstverständlich an diesen die Geschworenensachen usw. Sonst aber, wie gesagt, entscheidet das freie Ermessen der Masters. Die Verteilung erfolgt übrigens stets für den Einzelfall und ist infolge der häufigen Abwesenheit der Circuitrichter, der Unsicherheit, ob Divisional Courts an bestimmten Tagen benötigt werden oder zusammengebracht werden können, starken Schwankungen ausgesetzt. Nachträgliche Abänderungen sind daher jederzeit möglich. Aus allem resultiert eine starke Unsicherheit, vor welchem Gericht schließlich eine konkrete Sache zur Aburteilung gelangen wird.[4]) Und dazu kommt, daß schließlich auch die Richter die Geschäftsverteilung insofern durchbrechen können, als sie durch Privatvereinbarung Sachen sich gegenseitig zur Erledigung übertragen, eine Abmachung, gegen welche allerdings den Parteien das Recht der Beschwerde an den Lord Chancellor zusteht.[5]) Es können endlich auch die Parteien selbst diesbezügliche Anträge stellen.

§ 15. ββ) Die Chancery Division.

I. 1. Die Organisation der Chancery Division[6]) ist infolge der viel einheitlicheren und einfacheren Zuständigkeit der Abteilung

[1]) R. S. C. Order V r. 6; Order LIV rr. 15—17. Vgl. Einzelheiten bei de Franqueville tom. I, p. 422s.

[2]) Vgl. weiter oben S. 367 ff.

[3]) R. S. C. Order LIV r. 18.

[4]) Vgl. die anschauliche Schilderung de Franquevilles tom. II, p. 42 ss. Mir selbst schreibt ein Barrister: „Some times the Court is changed at a moment's notice. I myself have been waiting in a case in one Court (no. 4). The Judge (in no. 6) finding suddenly his list was finished, went into the ormer Court (no. 4) for fresh cases, and the Judge (of no. 4) sent me and others into Court no. 6.“ Vgl. übrigens eine Übersicht über die Geschäftsverteilung Law Times vol. 125, pp. 553 et seq.

[5]) 47 and 48 Vict. c. 61 s. 6. Vgl. weiter oben S. 353.

[6]) Auf die geschichtliche Entwicklung derselben kann hier natürlich nicht eingegangen werden. Vgl. dazu namentlich Gneist, Englisches Ver-

eine bedeutend weniger komplizierte als die der King's Bench Division. Im allgemeinen haben wir nur eine Reihe gleichartiger Gerichte, die nebeneinander bestehen. Es sind das die mit einem Einzelrichter besetzten Höfe, die aus der Abteilung gebildet werden.

Allerdings finden wir auch hier die Differenzierung wieder, die wir bereits bei der King's Bench Division kennen gelernt haben, die Differenzierung nämlich vom Gericht „in open court" und „at chambers." Aber in der Tat ist hier die Unterscheidung eine durchaus andere wie dort. Denn während wir in der King's Bench Division ein besonderes Chambersgericht als eine spezielle Prozeßbehörde trafen, so daß wir vom Courtgericht das Chambersgericht zu unterscheiden hatten, während wir dort sahen, daß die beiden begrifflich verschiedenen und daher voneinander selbständigen Prozeßbehörden sogar untereinander in einem instanzlichen Verhältnis, wenn auch nur unter bestimmten Voraussetzungen, standen, handelt es sich in der Chancery Division nicht um zwei differente Prozeßbehörden. Vielmehr wird hier dasselbe Gericht tätig einmal „in open court", einmal „at chambers", einmal also im gewöhnlichen, öffentlichen Verfahren, das andere Mal dagegen in einem besonderen, nicht öffentlichen Prozeß. Der Unterschied zwischen der Tätigkeit „in open court" und „at chambers" ist hier also nicht etwa ein Unterschied in der Organisation, sondern vielmehr im Verfahren. Wir haben ein und dasselbe Gericht, vor dem es bald zum öffentlichen Verfahren, bald zum Chambersprozeß kommen kann oder muß.[1]) Gegen diese Auffassung spricht nicht die Tatsache, daß die Parteien stets die Möglichkeit haben, falls in Chambers verhandelt ist, Verhandlung in öffentlicher Sitzung zu verlangen. Sie können dies tun, und auch der Richter kann nach freiem, durch nichts eingeschränktem Ermessen, eine Sache „in open court" verweisen. Ja, derartige Verweisungen sind auch umgekehrt jederzeit möglich.[2]) Es handelt sich aber hier nicht um eine Verweisung von einem Gericht an das andere, sondern um den Übergang von einer Prozeßart zu der anderen, wobei der Chambersprozeß

waltungsrecht Bd. II, S. 991 ff.; Schuster, Bürgerliche Rechtspflege S. 15; Cohen, Spirit of Our Laws pp. 215 et seq.; Century of Law Reform pp. 177 et seq.; Ashburner, Principles of Equity, Part I, Ch. 2.

[1]) R. S. C. Order LV r. 1: „The business in chambers of the judges of the Chancery Division shall be carried on in conjunction with their court business."

[2]) R. S. C. Order LIV r. 9; Annual Practice vol. I, p. 786: „It is entirely within the discretion of the judge whether he will hear matters in chambers or adjourn them into court."

natürlich stets der freiere, formlosere ist und auch zumeist als solcher betrachtet wird. Namentlich endlich darf das Verhältnis „in open court" und „at chambers" nicht als eine Art Instanzverhältnis aufgefaßt werden, und es darf der Antrag auf Verweisung „into open court" nicht als Einlegung eines Rechtsmittels aufgefaßt werden. Allerdings setzt Einlegung eines Rechtsmittels gegen Chambersentscheidungen meist voraus, daß die Sache erst „in open court" zur abermaligen Verhandlung verwiesen wird.[1]) Allein diese Bestimmung beruht auf dem Gedanken, daß das Chambersverfahren formloser und summarischer als das Courtverfahren ist. Besteht doch kein Barristerzwang für die Parteien, können doch die Solicitors als solche Parteivertretungen in Chambers übernehmen.[2]) Die entscheidende Idee ist mithin die, daß die Sache, ehe das Rechtsmittelverfahren durchgeführt wird, wirklich erst allseitig seitens des ersten Richters behandelt werde, der dann, ähnlich wie bei unserem Beschwerdeverfahren im Zivilprozeß nachträglich seine Entscheidung selbst wieder abändern kann.[3]) Und es ist in dieser Hinsicht beachtenswert, daß, wenn eine allseitige Prüfung in Chambers bereits stattgefunden hat, die Parteien auch ohne Verweisung „in open court" direkt an die höhere Instanz, den Court of Appeal gehen können, sei es nun, daß ihnen der Richter selbst die Tatsache erschöpfender Verhandlung bescheinigt, sei es, daß sie dieselbe auf andere Weise beim Judex ad quem beweisen.[4])

Die Richtigkeit der hier vorgetragenen Auffassung ergibt sich aber namentlich aus folgendem: In der King's Bench Division muß eine jede Sache zwei Phasen des Verfahrens durchlaufen (falls sie nicht bereits in der ersten endet), das Vorverfahren und den Trial. Da das Vorverfahren sich zumeist „at chambers" abspielt, so muß jede Sache das Chambersstadium durchlaufen. In der Chancery Division sind dagegen abgesehen vom Vorverfahren eine Reihe selbständiger Sachen ausschließlich dem Chambersverfahren vorbehalten geblieben, für die das Chambersverfahren, falls es zur Anwendung kommt, ausschließlich gilt, so daß die ganze

---

[1]) Annual Practice vol. I, pp. 852, 853, 900, 901.

[2]) R. S. C. Order LV r. 1a.

[3]) Annual Practice vol. I, p. 786; vol. II, p. 524: „If the Judge does not give a certificate, and it is unusual to do so, the settled practice is, that a motion must be made to him in Court to discharge the order. But such a motion is a rehearing, not an appeal."

[4]) Annual Practice vol. II, p. 524; vol. I, pp. 852 et seq.: „An appeal will not, as a rule, be allowed direct from chambers, unless the judge certifies that he requires no further argument. But where a case had been very fully argued by counsel before a judge in chambers, the Court of Appeal heard an appeal from the order without a certificate of the judge."

Sache endgültig und urteilsmäßig in Chambers erledigt werden kann.[1])

2. Existiert so in der Chancery Division kein besonderes Chambersgericht, welches sich von dem Courtgericht begrifflich unterschiede, funktioniert vielmehr ein und dasselbe Gericht bald „in open court", bald „at chambers", eine Tatsache, die wir als rein prozessuale in der Folge nicht mehr zu berücksichtigen brauchen, so treffen wir dagegen auch in der Chancery Division insofern verschieden besetzte Gerichte an, als auch hier die Möglichkeit des Assessorsgerichtes und des Gerichtes mit Geschworenen gegeben ist.

a) Bezüglich der Gerichte mit Assessors braucht nichts weiteres bemerkt zu werden. Es gelten die Bestimmungen, die wir anläßlich derselben Einrichtung in der King's Bench Division kennen gelernt haben.[2]) Es mag nur darauf hingewiesen werden, daß in der Chancery Division Assessors noch seltener hinzugezogen werden, wie dies in der King's Bench Division der Fall ist.[3])

b) Anders liegen dagegen die Verhältnisse in Hinsicht auf die Möglichkeit, Geschworene heranzuziehen. Denn während in der King's Bench Division die Parteien unter bestimmten Voraussetzungen ein absolutes Recht auf Heranziehung einer Jury haben, steht hier alles im freien Ermessen des Richters. Eine Jury wird nur dann herangezogen, falls der Richter es ausdrücklich anordnet. In dubio also kommt es zu dem Verfahren vor dem Einzelrichter.[4]) Für die Entscheidung des Richters gilt aber als Regel, daß eine Jury nur dann am Verfahren beteiligt wird, falls die Erledigung einer reinen Tatfrage Erledigung des ganzen Rechtsstreites bedeuten würde, wobei aber selbst unter dieser Voraussetzung der Richter die Möglichkeit behält, den Streit allein zu entscheiden.[5]) So kommt es denn in der Chancery Division überhaupt außerordentlich selten zur Anordnung des Geschworenenverfahrens. Und selbst wenn der Richter die Heranziehung einer Jury anordnet, wird zumeist das Verfahren so erledigt, daß die Sache von der Chancery Division in die King's Bench Division verwiesen wird, was ja bei der nur fakultativen Kompetenzordnung der einzelnen Abteilungen im High Court immer möglich ist. So wird eigentlich nie ein Schwur-

---

[1]) R. S. C. Order LV r. 2. Die Einzelheiten sind in diesem Zusammenhang ohne Bedeutung und brauchen daher nicht angeführt zu werden. Vgl. auch Schuster, Bürgerliche Rechtspflege S. 16, 282ff.

[2]) 36 and 37 Vict. c. 66 s. 56. Vgl. dazu weiter oben S. 340f.

[3]) Mit der Möglichkeit, Assessors heranzuziehen, ist nicht zu verwechseln das dem Richter gewährte Recht, in Chambers ex officio Sachverständige heranzuziehen. Vgl. R. S. C. Order LV r. 19, die ausdrücklich von Experts redet. Allerdings sind die Assessors und Sachverständigen nahe genug verwandt.

[4]) R. S. C. Order XXXVI r. 3.

[5]) Annual Practice vol. I, p. 484.

gericht in der Chancery Division gebildet, und sollen Chancery-angelegenheiten schwurgerichtlich erledigt werden, so werden sie in der Regel aus der Abteilung verwiesen.[1])

Im übrigen gelten für das Schwurgericht dieselben Vorschriften, die wir anläßlich des Schwurgerichtes der King's Bench Division kennen gelernt haben.[2])

3. Während im Prinzip natürlich die Gerichtssitzungen der Chancery Division in London selbst stattfinden, ist eine Ausnahme gemacht worden für Manchester und Liverpool. Hier sollen nämlich zweimal im Jahr besondere Sitzungen in den Städten selbst abgehalten werden, und zwar durch einen Richter, der vom Lord Chancellor hiermit beauftragt wird. Voraussetzung dieser lokalen Ausübung der Gerichtsbarkeit durch einen delegierten Richter ist, daß mindestens 10 Sachen mit Zeugenvernehmungen auf der Liste stehen.[3]) Selbstverständlich sind die Parteien an diese Bestimmungen insofern nicht gebunden, als sie verlangen können, daß ihre Sachen in London selbst erledigt werden. Praktisch bedeutsam sind indessen diese Sitzungen noch nicht geworden.[4])

II. Wenden wir uns der Besetzung der Chancery Division zu, so können wir uns auch in dieser Hinsicht bedeutend kürzer fassen, als bei der Darstellung der diesbezüglichen Verhältnisse der King's Bench Division, da wir wiederholt auf jene früheren Ausführungen verweisen können. Namentlich können wir sofort auf die Ausführungen über Assessors[5]) und Geschworene[6]) verweisen, da hier nichts Neues zu bemerken ist. Soweit aber Abweichungen vorhanden sind zwischen beiden Abteilungen, ist folgendes zu bemerken:

1. a) Beginnen wir mit den Richtern. Die Abteilung hat einen Präsidenten und 6 beigeordnete Richter.

α) Präsident ist der Lord Chancellor oder wie er mit seinem vollen Titel heißt Lord High Chancellor or Lord Keeper of the United Kingdom of Great Britain.[7]) Derselbe ist im wesentlichen

---

[1]) Annual Practice vol. I, pp. 486, 487; de Franqueville vol. I, p. 188; Schuster, Bürgerliche Rechtspflege S. 16, der indessen nicht ganz zutreffend die Möglichkeit, auch innerhalb der Chancery Division eine Jury zusammenzuberufen, völlig außer acht läßt. Theoretisch ist die Möglichkeit gegeben, praktisch wird kein Gebrauch von ihr gemacht.

[2]) Vgl. weiter oben S. 342 ff.

[3]) R. S. C. Order XXXVI r. 22c; Schuster, Bürgerliche Rechtspflege S. 78 f.

[4]) Annual Practice vol. I, p. 476: „No sittings under that rule have hitherto been held."

[5]) Vgl. weiter oben S. 357 f.

[6]) Weiter oben S. 358 ff.

[7]) Hatschek Bd. II, S. 155; vgl. auch Gneist, Englisches Verwaltungsrecht Bd. II, S. 991 ff.; de Franqueville tom. I, p. 403; Encyclopaedia 1st Ed. vol. II, p. 438.

ein politischer Beamter, der aber zugleich Richter ist, so daß wir in seiner Person Exekutive und richterliche Gewalt in der seltsamsten Weise verbunden finden. Dem politischen Charakter des Amtes entspricht es, daß er in seiner Person keinerlei juristische Qualifikation aufzuweisen braucht. Tatsächlich aber wird stets nur ein Jurist ernannt.[1])

Die Ernennung erfolgt durch den König auf Vorschlag des Premierministers durch Überreichung des großen Staatssiegels im Staatsrat, ein Akt, dem die Vereidigung folgt. Außerdem wird tatsächlich noch ein Patent ausgestellt, welches aber ohne Bedeutung für das Recht auf Ausübung seiner Funktionen ist.[2])

Die Ernennung erfolgt nicht auf Lebenszeit. Vielmehr wechselt der Lord Chancellor als politischer Beamter mit dem Kabinett. An den politischen Aktionen des Kabinetts kann er teilnehmen, wie er denn auch der Vorsitzende im House of Lords ist.[3]) Indessen ist es Gebrauch, daß er sich von jeder ausgesprochenen Parteinahme fernhält, ein Punkt, auf den wir noch später zurückkommen werden.[4])

Als Ehrenrecht hat der Lord Chancellor den Vortritt vor allen Richtern. Er ist überhaupt der vornehmste Beamte des Landes und rangiert vor allen Beamten, Adligen und Geistlichen, mit Ausnahme der königlichen Prinzen und des Erzbischofs von Canterbury.[5]) Er ist ferner stets Mitglied des Privy Council.[6]) Nicht notwendig ist es, daß er die Pairswürde besitzt, so daß also theoretisch auch ein Nichtlord Lord Chancellor sein kann. Praktisch aber wird er meist mit seiner Ernennung Pair, falls er dies nicht schon vorher war.[7])

Der Stellung entspricht sein Gehalt, das £ 10 000 beträgt. Nach seinem Rücktritt erhält er ein Ruhegehalt in Höhe von £ 5000.[8])

---

[1]) Halsbury, Laws of England voll. II, p. 383.

[2]) Gneist, Englisches Verwaltungsrecht Bd. II, S. 994; Wertheim S. 116; de Franqueville tom. I, p. 40.

[3]) Vgl. namentlich Schuster, Bürgerliche Rechtspflege S. 38, Anm. 2.

[4]) Hatschek Bd. II, S. 157 und dort Anm. 5.

[5]) de Franqueville tom. I, p. 40s.

[6]) Brodie-Innes vol. I, p. 101.

[7]) Stehende Sitte seit dem 18. Jahrh. Vgl. Gneist, Englisches Verwaltungsrecht Bd. II, S. 994; Encyclopaedia 1st Ed. vol. II, p. 439: „The Lord Chancellor is by prescription Speaker or Prolkurator of the House of Lords . . . whether he be a peer or not, and although in modern times the Chancellor is always raised to the peerage, he has frequently presided before the patent creating his peerage has been completed . . .“

[8]) 2 and 3 Will. IV c. 122; 14 and 15 Vict. c. 83 s. 17. Der Gehalt von £ 10 000 bedeutet eine Ermäßigung gegen frühere Zeiten. Zeitweise erhielt der Lord Chancellor mehr als £ 20 000. Vgl. de Franqueville tom. I, p. 41; Gneist, Englisches Verwaltungsrecht Bd. II, S. 994.

Im allgemeinen ist nun aber der Lord Chancellor nur pro forma Richter in der Chancery Division. Er pflegt in der Regel nicht in derselben zu judizieren. Ausnahmen kommen vor, namentlich bei Geschäftsüberhäufung, sind aber doch nur äußerst selten.[1][2])

β) Die beigeordneten Richter, sechs an der Zahl, führen wie die Richter der King's Bench Division den Titel Justices of the High Court.[3]) Bezüglich ihrer äußeren Stellung ist nichts weiteres zu bemerken. Es gelten die Ausführungen, die wir bezüglich der Richter der King's Bench Division gemacht haben, auch für sie in vollem Umfang und nach jeder Richtung hin.[4])

b) Auch bezüglich der Funktionen der Richter braucht hier nichts hervorgehoben zu werden, da auch für sie die früher gelegentlich der Darstellung der King's Bench Division gemachten Ausführungen in analoger Weise zu verwenden sind.

2. Die wichtigsten richterlichen Unterbeamten sind die sogenannten Chief Clerks, die seit 1897 den Titel Masters of the High Court führen.[5]) Sie sind als solche ausschließlich der Chancery Division zugewiesen und sind nicht zugleich auch Beamte des Central Office wie die uns bereits bekannten, in der King's Bench Division tätig werdenden Masters at Chambers, die als solche sowohl Organe der King's Bench Division als auch des Central Office sind. Im einzelnen ist hier folgendes zu bemerken:

a. α) Die Chief Clerks werden ernannt vom Master of the Rolls, einem der ersten Richter des Supreme Court, und zwar unter Zustimmung des Lord Chancellor, der für die Ernennung die politische Verantwortlichkeit trägt.[6]) Voraussetzung der Ernennung ist mindestens zehnjährige Praxis als Solicitor[7]), auffallend genug und nur durch die Tatsache der Einzelgesetzgebung erklärlich, wenn man bedenkt, daß Voraussetzung der Ernennung zum Master fünfjährige Praxis als Solicitor (oder Barrister) ist. Barristers werden

---

[1]) 38 and 39 Vict. c. 77 s. 3 bestimmt ausdrücklich: „The Lord Chancellor shall not be deemed a permanent judge of that Court. . . .“

[2]) So ist die Behauptung nicht richtig, daß der Lord Chancellor nie in der Chancery Division tätig werde. So Brodie-Innes vol. I, p. 96 n. 1; Cohen, Spirit of Our Laws p. 206 n. 2; Schuster, Bürgerliche Rechtspflege S. 38. Zutreffend de Franqueville tom. I, p. 187. Der jetzige Lord Chancellor saß als Richter z. B. am 6. August 1906 in der Chancery Division. Vgl. Times vom 7. 8. 1906.

[3]) 40 and 41 Vict. c. 9 s. 4. Vgl. auch Annual Practice vol. II, p. 575.

[4]) Vgl. weiter oben S. 350 ff.

[5]) Die funktionelle Bezeichnung ist Chief Clerk, die Bezeichnung als Master ist dagegen eine reine Titulaturbezeichnung. Vgl. R. S. C. Order LVIII. Vgl. auch Annual Practice vol. I, p. 829. Unzutreffend nennt sie Wertheim S. 112 nur Chief Clerks.

[6]) 15 and 16 Vict. c. 80 s. 16; 36 and 37 Vict. c. 66 s. 84.

[7]) 15 and 16 Vict. c. 80 s. 17. Vgl. auch de Franqueville tom. I, p. 442s.

also, was hervorgehoben werden muß, da die Tatsache für das Ansehen des Amtes von Bedeutung ist, nie zu Chief Clerks ernannt.

β) Die Ernennung erfolgt prinzipiell auf Lebenszeit, d. h. „during good behaviour“.[1]) Es kann mithin ein Absetzungsverfahren aus disziplinaren Gründen gegen sie eingeleitet und bis zur Entfernung aus dem Amte durchgeführt werden.[2]) Es kann aber auch der Lord Chancellor einen infolge Krankheit unfähig gewordenen Chief Clerk seines Amtes durch einfache Verfügung entheben.[3])

γ) Die Ernennung berechtigt die Chief Clerks zu der Ausübung der Funktionen ihres Amtes. Sie werden durch sie dauernd angestellte, staatliche Beamte und erhalten als solche einen festen Gehalt, dessen Normierung durch den Lord Chancellor in Übereinstimmung mit dem Schatzamt durch generelle Verfügung erfolgt.[4]) Ebenso sind die Chief Clerks als solche pensionsberechtigt, doch wird die Pensionsberechtigung von Fall zu Fall durch den Lord Chancellor entschieden.[5]) Ich bemerke, daß die Gehälter der Chief Clerks sehr bedeutende sind.[6]) Schließlich führen, wie bereits bemerkt, die Chief Clerks den Titel Masters of the Supreme Court.[7])

Diesen Rechten stehen bestimmte Pflichten gegenüber, deren wichtigste, die Amtsfunktionen zu erfüllen, kaum einer besonderen Erwähnung bedarf. Wohl aber verdient hervorgehoben zu werden, daß den Chief Clerks jede private Erwerbstätigkeit untersagt ist, so daß sie also vor allem keine Privatpraxis als Solicitors weiterbetreiben können.[8])

b) Ernannt werden können höchstens 12 Chief Clerks[9]), und ich bemerke, daß in der Tat heute 12 solche Beamten an der Chan-

---

[1]) 15 and 16 Vict. c. 80 s. 21,: „Every such chief clerk shall hold his office during his good behaviour, and so long as he shall personally give his attendance upon his duties, and shall conduct himself honestly and faithfully in the execution of the duties of his office. . . .“

[2]) Vgl. auch Hatschek Bd. I, S. 541.

[3]) 42 and 43 Vict. c. 78 s. 18. Das weitergehende Recht des Lord Chancellor, Chief Clerks jederzeit ohne Angabe von Gründen zu entlassen (15 and 16 Vict. c. 80 s. 25), ist jetzt beseitigt. Vgl. 42 and 43 Vict. c. 78 Schedule II.

[4]) 42 and 43 Vict. c. 78 s. 15.

[5]) 42 and 43 Vict. c. 78 s. 16. Genauere Ausführungen über das Pensionsrecht der Staatsbeamten, auf das natürlich hier nicht eingegangen werden kann, bei Hatschek Bd. II, S. 591 ff.

[6]) 15 and 16 Vict. c. 80 s. 24 setzte den Anfangsgehalt auf £ 1200 fest und ließ den Gehalt steigen bis zu £ 1500. S. 24 ist allerdings aufgehoben durch 42 and 43 Vict. c. 78 Schedule II. Die hohen Gehälter sind aber geblieben, und zwar erhält ein jeder Chief Clerk augenblicklich £ 1500. Whitaker's Almanack p. 201. Vgl. auch de Franqueville tom. I, p. 443.

[7]) Seit 1897. Annual Practice vol. I, p. 829.

[8]) 15 and 16 Vict. c. 80 s. 19.

[9]) 30 and 31 Vict. c. 87.

cery Division angestellt sind.[1]) Die Geschäftsverteilung unter diesen Chief Clerks erfolgt so, daß je 4 Chief Clerks zwei der beisitzenden Richter zugeordnet sind, so daß je zwei Richter ein gemeinsames Bureau haben, in dem die Chambersangelegenheiten erledigt werden.[1])[2]) Wie in den Chambers die Geschäfte hinwiederum auf die einzelnen Chief Clerks verteilt werden, interessiert hier nicht weiter. Es mag nur bemerkt werden, daß die Chief Clerks sich sämtlich untereinander vertreten können[3]), und daß Vertretungen auch auf Antrag einer der Parteien wegen in der Person des Chief Clerks liegenden Gründen herbeigeführt werden können, so daß in der Tat auch Chief Clerks theoretisch wie praktisch abgelehnt werden können.

c) Was nun die Funktionen der Chief Clerks betrifft, so gilt hier folgendes:

a) Der Chief Clerk hat nicht, wie der Master at Chambers in der King's Bench Division einen selbständigen Funktionskreis, eine eigene, sogenannte Jurisdiction, vielmehr wird er stets nur tätig auf Anweisung des Richters. Der Richter kann ihn aber im weitesten Umfang zur Erledigung der ihm selbst obliegenden Funktionen heranziehen. Es kann aber der Chief Clerk nie tätig werden „in open court". Vielmehr kann der Richter ihm nur Angelegenheiten übertragen, die im Chambersstadium schweben, so daß also der Chief Clerk wie der Master at Chambers ausschließlich in Chambers tätig wird.

Übertragen kann aber der Richter dem Chief Clerk alle die Angelegenheiten, die in Chambers verhandelt werden können, sofern das Gesetz nicht selbst ausdrückliche Ausnahmen macht.[4]) Namentlich kann der Richter die Entscheidung gewisser Streitfragen, Rechnungsprüfungen, Dokumentenprüfungen, Zeugenvernehmungen usw. übertragen, ebenso die Erledigung präjudizieller Fragen und anderes mehr.[5])

Bei der Erledigung des ihm erteilten Auftrages hat der Chief Clerk völlig die Stellung eines Richters. Er kann Zeugen laden, Eide abnehmen, Vernehmungen anordnen und durchführen, Termine anberaumen und vertagen, kurz, es ist in der funktionellen Stellung zwischen dem Richter und ihm kein wesent-

---

[1]) Annual Practice vol. I, p. 829.

[2]) Brodie-Innes vol. I, p. 101. Die von de Franqueville tom. I, p. 443 geschilderte Einrichtung ist 1901 beseitigt worden.

[3]) R. S. C. Order LV r. 17a; Order LIV r. 9a.

[4]) R. S. C. Order LV rr. 15, 15a.

[5]) Brodie-Innes vol. I, p. 101; de Franqueville tom. I, p. 443; tom. II, p. 33ss.; Schuster, Bürgerliche Rechtspflege S. 284; Koellreutter, Richter und Master S. 34f.

licher Unterschied; er kann alles das tun, was der Richter tun könnte, wenn er selbst handeln würde, soweit nicht das Gesetz eben positive Ausnahmen macht.[1]) Selbstverständlich wird der Chief Clerk hierbei auch entscheidend tätig und kann Zwischenverfügungen jeglicher Art treffen. Entscheidungen in der Sache kann er aber nie erlassen, und gerade hier unterscheidet sich seine Stellung auf das wesentlichste von der des Master at Chambers, aber auch der des Registrar am County Court, wie wir sie bereits früher kennen gelernt haben.[2]) Die finalen Sachentscheidungen kann stets nur der Richter erlassen, der sich mithin der Unterstützung des Chief Clerk bedienen darf nur zur Vorbereitung einer Sachentscheidung, nicht aber bei letzterer selbst. Sind also die vorbereitenden Ermittelungen, Untersuchungen usw. vor dem Chief Clerk beendet, so muß es zum Entscheidungsverfahren vor dem Richter kommen. Zu diesem Zweck hat der Chief Clerk das Ergebnis seiner Verhandlungen in einem sogenannten Certificate niederzulegen,[3]) wobei als nicht uninteressanter Umstand hervorgehoben werden mag, daß auf Anordnung des Richters dem Solicitor einer

---

[1]) R. S. C. Order LV rr. 16, 17, 24.

[2]) Vgl. weiter oben S. 368 ff. und S. 253 ff.

[3]) R. S. C. Order LV r. 65. Ein Beispiel eines Certificate findet sich R. S. C. Appendix L, No. 10 (Annual Practice vol. II, pp. 173 et seq.): „In pursuance of the directions given to me by Mr. Justice . . ., I hereby certify that the result of the accounts and inquiries which have been taken and made in pursuance of the judgment (*or*, order) in this cause dated the . . . day of . . ., is as follows:

1. The defendants . . ., the executors of . . ., the testator, have received personal estate to the amount of £ . . ., and they have paid, or are entitled to be allowed on account thereof, sums to the amount of £ . . ., leaving a balance due from (*or*, to) them of £ . . . on that account.

The particulars of the above receipts and payments appear in the account marked . . . verified by the affidavit of . . ., filed on the . . . day of . . ., and which account is to be filed with this certificate, except that in addition to the sums appearing on such account to have been received, the said defendants are charged with the following sums (*state the same here or in a schedule*), and except that I have disallowed the items of disbursement in the said account numbered . . ., and

(*Or in cases where a transcript has been made*)

The defendants . . . have brought in an account verified by the affidavit of . . ., filed on the . . . day of . . ., and which account is marked . . ., and is to be filed with this certificate. The account has been altered, and the account marked . . ., and which is also to be filed with this certificate, is a transcript of the account as altered and passed.

2. The debts of the testator which have been allowed, are set forth in the . . . schedule hereto, and with the interest thereon and costs mentioned in the schedule are due to the persons therein named, and amount altogether to £ . . .

der Parteien die Vorbereitung ebendieses Certificate übertragen werden kann.[1]) Der Parteivertreter wird hier also bei der Ausübung rein richterlicher Funktionen, wenn auch nicht entscheidender, sondern nur mehr berichtender Art herangezogen. Einen ausgedehnten Gebrauch macht aber die Praxis, wie sofort betont werden mag, von dieser Möglichkeit nicht.[2]) Das Certificate hat endlich, wie scharf betont werden muß, für den Richter keinerlei bindenden Charakter. Er kann dasselbe vielmehr beliebig abändern. Die Sachentscheidung ergeht also nicht nur formell, sondern auch materiell durch ihn.[3])

Die Anweisung des Chief Clerk durch den Richter kann nun auf verschiedene Art und Weise erfolgen. Einmal kann der Richter die Sache völlig dem Chief Clerk übertragen, ohne sich um deren Erledigung selbst noch weiter zu kümmern. Er kann aber auch sich selbst die eigentliche Leitung des Verfahrens vor dem Chief Clerk ganz vorbehalten, das er dann fortwährend durch Einzelanweisungen dirigiert, während die Ausführung der einzelnen Prozeßhandlungen dem Chief Clerk obliegt.[4]) Stets aber, und auch das

---

3. The funeral expenses of the testator amount to the sum of £ ... which I have allowed the said executors in the said account of personal estate.

4. The legacies given by the testator are set forth in the ... schedule hereto, and with the interest therein mentioned remain due to the persons therein named, and amount altogether to £ ...

5. The outstanding personal estate of the testator consists of the particulars set forth in the ... schedule hereto.

6. The real estate to which the testator was entitled consists of the particulars set forth in the ... schedule hereto.

7. The defendants have received rents and profits of the testators real estate, & c. (*in a form similar to that provided with respect to the personal estate*).

8. The incumbrances affecting the said testator's real estate are specified in the ... schedule hereto.

9. The real estates of the testator directed to be sold, have been sold, and the purchase-monies amounting altogether to £ ... have been paid into Court.

N. B. — The above numbers are to correspond with the numbers in the order after each statement; the evidence produced is to be stated as follows: —

The evidence produced on this account (*or*, inquiry) consists of the probate of the testator's will, the affidavit of A. B., filed ..., and paragraph numbered ... of the affidavit of C. D., filed ..."

[1]) R. S. C. Order LV r. 66a.

[2]) Annual Practice vol. I, p. 848.

[3]) R. S. C. Order LV r. 65: „It shall not be necessary for the judge to sign the certificate, and unless an order to discharge or vary the same is made, the certificate shall be deemed to be approved and adopted by the judge."

[4]) R. S. C. Order LV r. 15.

unterscheidet den Chief Clerk wesentlich von dem Registrar der Grafschaftsgerichte, erfolgt die Beauftragung nur in der speziellen Sache, nie dagegen kann sie generell erfolgen.[1])

Die Beauftragung erfolgt zur Erleichterung des Richters. Die Partei ist aber nicht gezwungen, vor dem Chief Clerk zu verhandeln. Vielmehr kann sie auf Verhandlung vor dem Richter bestehen, und zwar kann sie dies sowohl hinsichtlich der ganzen Sache tun, als auch hinsichtlich einzelner Streitpunkte, bei denen sie dann unbeschadet des sich weiter vor dem Chief Clerk abspielenden Verfahrens die richterliche Entscheidung nachholen kann.[2]) Allerdings wird in der Praxis von den Parteien dieses Recht selten angewandt.[3]) Schließlich sei noch bemerkt, daß der Chief Clerk wie der Master at Chambers von Amts wegen eine Sache an den Richter zurückverweisen kann.[4])

β) Aus dem Vorgetragenen ergibt sich zur Evidenz, daß der Chief Clerk nur ein Hilfsbeamter des Richters, nicht aber ein selbständiger Richter ist. Er hat allerdings Funktionen zu erfüllen, die in Deutschland nur der Richter zu erfüllen hat, allein er unterscheidet sich doch funktionell sehr wesentlich vom Richter. Seine Kompetenzen sind bedeutend geringere. Die wesentlichste funktionelle Beschränkung dürfte aber doch die sein, daß der Chief Clerk nie materielle Finalentscheidungen erlassen kann.[5]) Und er erfüllt ferner seine Funktionen nicht kraft selbständiger, sondern stets nur kraft deligierter Kompetenz. So erscheint er nicht selbst als Richter, sondern nur als Vertreter des Richters[6]), wie denn auch das Bringen der Sache durch die Partei unmittelbar vor den Richter nicht etwa als ein Rechtsmittel aufgefaßt werden

---

[1]) Es ergibt sich dies daraus, daß in der Chancery Division die einzelne Sache als solche einem bestimmten Richter zugewiesen wird. Vgl. dazu vorläufig Schuster, Bürgerliche Rechtspflege S. 19 und weiter unten S. 406 f.

[2]) Vgl. Annual Practice vol. I, p. 829; ferner R. S. C. Order LV r. 69.

[3]) Annual Practice vol. I, p. 849.

[4]) Eine der R. S. C. Order LIV r. 20 entsprechende Bestimmung fehlt für die Chief Clerks. R. 20 ist aber im Wege der Analogie zu verwenden.

[5]) Die Klarstellung der Funktionen der Chief Clerks stellt zu gleicher Zeit auch die Unrichtigkeit der Adickesschen Ausführungen, Aschaffenburgs Monatsschrift Bd. IV, S. 6f. klar, wonach die richterlichen Nebenbeamten nur die Tätigkeit von Subalternbeamten zu entfalten hätten. Davon ist gar keine Rede.

[6]) Zutreffend de Franqueville tom. I, p. 443; Schuster, Bürgerliche Rechtspflege S. 19, siehe jedoch auch S. 42; Koellreutter, Richter und Master S. 35; ferner Brodie-Innes vol. I, p. 101. Deutlich spricht diese Auffassung die Entscheidung Hayward v. Hayward, Kay aus (Annual Practice vol. I, p. 829): „All orders made in chambers are deemed to be orders of the judge, though taken by the parties without actually going before him." Nicht ganz zutreffend behauptet Wertheim S. 132, die Chief Clerks seien nur formell Vertreter des Richters, materiell aber selbständig.

darf[1]), wie denn ferner der Richter stets die Möglichkeit des Eingriffes hat. Der Chief Clerk hat mithin eine Stellung, die ungefähr einem beauftragten oder ersuchten Richter bei uns entsprechen würde. Die meisten Analogien bietet die Stellung des Richters im vorbereitenden Verfahren in Rechnungssachen, die in der Tat der des Chief Clerk ähnlich ist.

Ist nun aber der Chief Clerk auch kein Richter,[2]) so ist auf der anderen Seite ebenso klar, daß er kein Subalternbeamter im eigentlichen Sinne des Wortes ist. Denn er wird tätig nicht nur ausschließlich kraft Instruktion, sondern kraft Delegation, was doch einen sehr bedeutenden Unterschied ausmacht.[3]) Allerdings hat er bei weitem nicht die angesehene Stellung wie ein Master in der King's Bench Division. Aber daß er kein Subalternbeamter ist, beweist schon allein die eine Tatsache, daß die eigentlichen Subalterngeschäfte in der Chancery Division durch eine Gruppe völlig anderer Beamten erledigt werden, durch die sogenannten Registrars. Jedenfalls sind die Chief Clerks nie Gerichtsschreiber und haben mit den Funktionen derartiger Beamten nicht das geringste zu tun.

d) Den Chief Clerks sind als Hilfsbeamte eine Reihe niederer Clerks beigegeben. Es sind das die sogenannten Junior Clerks. Die Ernennung erfolgt durch den Lord Chancellor als Präsidenten der Chancery Division[4]), der auch jederzeit die Junior Clerks wieder entlassen kann[5]), ohne daß hierfür irgend welche Gründe angegeben zu werden brauchen.[6]) Voraussetzung der Ernennung ist nicht etwa

---

[1]) Annual Practice vol. I, p. 829. Unzutreffend Stein, Zur Justizreform S. 48, der meint, man vermeide das Wort Berufung, während es sich in Wahrheit darum handele. Daß dem nicht so ist, beweist die Tatsache, daß die Partei an den Richter gehen kann, ohne überhaupt die Entscheidung des Chief Clerk abzuwarten, so daß es dann zu einer solchen überhaupt nicht kommt.

[2]) Wenn ihn v. Lewinski, England als Erzieher? S. 25 in seiner Richterstatistik mit berechnet, so muß allerdings zugegeben werden, daß der Chief Clerk ausschließlich Funktionen ausübt, die bei uns der Richter versieht.

[3]) Allerdings ist zuzugeben, daß die Delegation bis zur Instruktion gehen kann, falls der Richter will. In praxi geschieht das aber nicht. Am High Court wurde mir die Stellung der Chief Clerks geschildert, sie seien innerhalb des richterlichen Auftrages selbständige Vollzugsorgane des Richters. Nicht ganz zutreffend Schuster, Bürgerliche Rechtspflege S. 188, wo von selbständigen Funktionen der Chief Clerks die Rede ist. Denn stets ist Voraussetzung ein Auftrag des Richters. Vgl. R. S. C. Order LV rr. 32—39a.

[4]) 15 and 16 Vict. c. 80 s. 18 in Verbindung mit 30 and 31 Vict. c. 87 und 36 and 37 Vict. c. 66 s. 84.

[5]) 15 and 16 Vict. c. 80 s. 22; 36 and 37 Vict. c. 66 s. 84.

[6]) Der Junior Clerk ist angestellt „at the pleasure" derjenigen Person, die ihn angestellt hat, also des Lord Chancellor. Vgl. dazu auch Hatschek Bd. II, S. 585.

Anwaltsqualifikation, sondern Ablegung eines Examens als Clerk. Auf die Einzelheiten der Organisation dieses Amtes kann natürlich nicht eingegangen werden.[1]) Ich bemerke nur, daß die Clerks Gehalt von £ 100 an bis £ 600 beziehen, und daß sie während der Bureaustunden keine Handelsgewerbe treiben dürfen, sonst aber in bezug auf Privattätigkeit völlig frei sind. Sie sind von den Weisungen ihrer direkten Vorgesetzten, der Chief Clerks abhängig, und zwar völlig abhängig. Sie haben mithin funktionell nur eine hilfsweise Tätigkeit zu entfalten, und zwar haben sie namentlich die untergeordneten Arbeiten, die eigentlichen Schreibarbeiten zu erledigen. Namentlich haben sie manche Funktionen zu erfüllen, die in der King's Bench Division im Central Office erledigt werden. So haben sie alle Ladungen zu Verhandlungen in Chambers zu erlassen und anderes mehr.[2]) Zurzeit sind 48 Junior Clerks in der Chancery Division angestellt,[3]) neben die noch 6 Boten treten.[4]) Jedem Chief Clerk sind beigegeben 2 Clerks der ersten Klasse und je ein Clerk der zweiten und dritten Klasse.

3. Sehr wohl von den Masters der Chancery Division, den sogenannten Chief Clerks, zu unterscheiden sind die ebenfalls in dieser Abteilung angestellten weiteren Hilfsbeamten, die Registrars des Gerichtes.

a) Die Registrars werden vom Lord Chancellor ernannt, und zwar können nur niedere Anwälte, d. h. Solicitors ernannt werden. Die Ernennung erfolgt prinzipiell auf Lebenszeit, jedoch hat der Lord Chancellor ein Absetzungsrecht. Privatpraxis ist ausgeschlossen, dagegen erhalten die Registrars ein festes Gehalt mit Ausschluß von Gebühren, das seit 1908 auf £ 1200 Anfangsgehalt steigend bis zu einem Höchstgehalt von £ 1600 festgesetzt ist. Die Zahl der Registrars soll im Lauf der Zeit auf 9 vermindert werden, sie beträgt augenblicklich 10.

Die Registrars werden unterstützt von weiteren Hilfsbeamten, die ihnen unterstellt sind. Es sind dies die sogenannten Principal Clerks, unter denen des weiteren die Assistant Clerks stehen. Die Principal Clerks müssen denselben Voraussetzungen entsprechen wie die Registrars selbst. Aus ihnen werden dann späterhin die Registrars der Anciennität nach genommen. Sie erhalten £ 250 bis £ 800 Gehalt. Interessant ist aber, daß unter den Principal Clerks sich zurzeit bereits zwei Barristers befinden, so daß es nicht aus-

---

[1]) Vgl. dazu namentlich Hatschek Bd. II, S. 587 ff.

[2]) Schuster, Bürgerliche Rechtspflege S. 36.

[3]) de Franqueville tom. I, p. 443 erwähnt 50 Junior Clerks.

[4]) Law List 1909, pp. 1438, 1439. Ich verdanke eine Reihe dieser Angaben den Mitteilungen eines Chief Clerk der Abteilung, Mr. White.

geschlossen ist, daß in Zukunft die Qualifikation der Principal Clerks eine veränderte und zwar eine erhöhte wird.

Die Assistant Clerks sind niedere Bureaubeamte mit einem Gehalt von £ 100 bis £ 200. Sie können, falls sie die nötigen Voraussetzungen erfüllen, zu Principal Clerks befördert werden. Ich bemerke aber, daß sie selbst keine speziell juristische Vorbildung genossen haben müssen und nicht Solicitors gewesen zu sein brauchen. Gehören sie nicht dem Anwaltsstand an, so müssen sie aber bestimmte Clerksexamen abgelegt haben.[1][2]

b) Die Funktionen der Registrars sind von denen der Chief Clerks prinzipiell verschieden. Denn während letztere begrifflich und ausschließlich nur richterliche Funktionen zu erfüllen haben, muß umgekehrt bei den Registrars betont werden, daß dieselben niemals richterliche Geschäfte erledigen können. Sie vertreten den Richter niemals, sondern erscheinen als selbständige Beamte mit eigenem Funktionenkreis, der allerdings durchaus subalterne Kompetenzen begreift.

Zunächst haben die Registrars allen Gerichtssitzungen beizuwohnen, sei es nun in Chambers oder aber auch „in open court". Und für unsere Begriffe seltsam genug ist die Tatsache, daß sie diesen Sitzungsdienst auch im Court of Appeal haben, bei denjenigen Rechtsmittelsachen, die aus der Chancery Division herrühren.[3] In den öffentlichen Sitzungen und in Verhandlungen vor dem Court of Appeal können sie sich durch einen ihrer Clerks vertreten lassen. Doch ist hierzu eine generelle Ermächtigung des ältesten Registrars notwendig, die für den Court of Appeal nur mit Zustimmung des Master of the Rolls, für die Chancery Division nur mit der des ältesten Richters der Abteilung erlassen werden kann.[4]

In den Sitzungen haben die Registrars sich kurze Notizen über das Urteil zu machen, welches ergeht, und welches seinem Gegenstand nach oft außerordentlich verwickelt und umfangreich sein kann (man denke an Teilungsurteile und anderes mehr), sie rufen die Zeugen auf, vereidigen dieselben usw. Sie erteilen ferner dem Richter eventuell Auskunft aus den Akten, und was dergleichen subalterne Funktionen mehr sind.[5] Ihre wesentlichsten Funktionen

---

1) Hatschek Bd. II, S. 587ff.

2) Ich verdanke hier vieles den Angaben von Sir Harry B. Poland und von Mr. Rawenshaw, einem Clerk der Chancery Division. Vgl. auch 5 Vict. c. 5 ss. 48, 49; 42 and 43 Vict. c. 78. Die Law List 1909 p. 1410 zählt auf 10 Registrars, 9 Principal Clerks, 10 Assistant Clerks und 3 Special Clerks. Vgl. auch de Franqueville tom. I, p. 442.

3) R. S. C. Order LXII r. 1; Brodie-Innes vol. I, pp. 101, 102.

4) R. S. C. Order LXII r. 1a.

5) de Franqueville tom. I, p. 442.

erfüllen aber die Registrars außerhalb der Sitzung. Erwähnt mag als unwichtiger zunächst kurz werden, daß sie die Geschäftsregister und die Sitzungsliste zu führen haben.[1]) Sie haben ferner als reine Bureaubeamte alle Urteile einzutragen in das in der Abteilung über Urteile geführte Protokollbuch[2]) und Urteilsausfertigungen jeder Art zu erteilen. Schließlich aber, und dies ist ihre wesentlichste Tätigkeit, haben sie das vom Gericht gefällte Urteil schriftlich aufzusetzen. Die Abfassung des Urteils erfolgt in einem ganz bestimmten Verfahren, das innegehalten werden muß, und bei dem der Registrar nach freiem Ermessen die Parteien hinzuziehen kann oder nicht.[3]) Selbstverständlich kann auf die Einzelheiten dieses Verfahrens nicht eingegangen werden. Ich bemerke nur, daß die Tätigkeit des Registrar hier stets ausschließlich eine referierende, nie aber eine entscheidende ist, und daß die Parteien, die sich bei der Abfassung des Urteiles in der vom Registrar durchgeführten Art und Weise nicht beruhigen wollen, eine Abänderung des Urteiles vor dem Richter in öffentlicher Gerichtssitzung verlangen können.[4]) Im übrigen können sich die Registrars bei der Ausübung ihrer Funktionen stets durch ihre Clerks unterstützen lassen. Die letzteren erledigen übrigens immer die untergeordnete Schreibarbeit.

c) Aus dem Ausgeführten ergibt sich die Stellung der Registrars. Sie sind keine richterlichen Hilfsbeamten, da sie auch vertretungsweise keine richterlichen Funktionen zu erfüllen haben.[5]) Das gilt auch für die Abfassung der Urteile, die sich, da Gründe nicht aufgenommen werden[6]), als eine nachträgliche Fixierung oder Protokollierung darstellt. Die Registrars sind mithin in der Tat reine Subalternbeamte, sie sind die Gerichtsschreiber der Chancery Division.[7])

4. Wohl von den eigentlichen Registrars der Chancery Division ist zu unterscheiden der Registrar in Winding-up. Während näm-

[1]) R. S. C. Order LXII r. 17.

[2]) R. S. C. Order LXII r. 2; Schuster, Bürgerliche Rechtspflege S. 183.

[3]) R. S. C. Order LXII rr. 7, 14; Schuster l. c. S. 36.

[4]) Schuster, BürgerlicheRechtspflege S.182; Brodie-Innes vol.I, pp.578, 579.

[5]) Unzutreffend Schuster, Bürgerliche Rechtspflege S. 42, die Registrars hätten Funktionen zu erfüllen, die in Deutschland den Richtern zufallen würden.

[6]) Schuster, Bürgerliche Rechtspflege S. 182.

[7]) Brodie-Innes vol. I, pp. 101, 102 schildert ihre Funktionen wie folgt: „Registrars. — Keep the list of causes and matters before each Judge, enter actions for trial, attend during the hearing, and take minutes of the judgment, from which the judgment itself is afterwards drawn up and settled by them ...“ Vgl. auch de Franqueville tom. I, p. 442: „Les greffiers assistent aux audiences, font prêter serment au jury, appellent les témoins, marquent les documents produits devant la Court, tiennent note des décisions des juges, rédigent les

lich, wie wir bereits bemerkt haben,[1]) das eigentliche Konkursverfahren sich vor besonderen Konkursgerichten abspielt, die wir noch weiter unten kennen lernen werden[2]), spielt sich das Verfahren der zwangsweisen Auflösung von Aktiengesellschaften vor der Chancery Division ab[3]), in der zwei Richter mit diesen speziellen Funktionen betraut sind. Neben diesen Richtern steht nun als richterlicher Hilfsbeamter ein Registrar, der zu gleicher Zeit Registrar an der Konkursabteilung der King's Bench Division ist.[4]) Wir werden ihn als solchen seiner Stellung nach bei Darstellung der Organisation der Konkursgerichte kennen lernen, so daß wir jetzt nur kurz seine hier in Betracht kommenden Funktionen zu skizzieren hätten. Allein auch seine funktionelle Stellung ist durchaus entsprechend der der Registrars of Bankruptcy. Wir können mithin also auch insofern auf die späteren Ausführungen hinweisen.[5]) Und wir bemerken nur eines: Der Registrar in Winding-up hat eine wesentlich andere Stellung wie die übrigen Registrars der Abteilung, und namentlich ist er keineswegs ein Gerichtschreiber. Er hat vielmehr ausschließlich die Funktionen eines Richters zu erfüllen, wie denn auch von seinen Entscheidungen ein Rechtsmittel an den Richter der Chancery Division geht.[6]) Er erscheint so als ein Nebenrichter mit beschränkter Kompetenz. Bei Ausübung seiner Funktionen wird er unterstützt von Subalternbeamten, und zwar von 7 Clerks verschiedener Rangordnung.[7])

5. Neben den Registrars, den eigentlichen Gerichtsschreibern der Abteilung, treffen wir auch hier die persönlichen Clerks der einzelnen Richter, für die alles das gilt, was wir weiter oben bezüglich der Privatclerks der Richter in der King's Bench Division ausführten.[8]) Es werden außerdem noch besondere Beamte ernannt, um die Ordnung in der Sitzung aufrecht zu erhalten[9]), die sogenannten Ushers, allein die Funktion derselben kann auch von den persönlichen Clerks der Richter ausgeübt werden.[10]) Dem Lord Chan-

---

jugements, signent les certificats qui permet les transferts des valeurs, enfin donnent, au besoin, des renseignements et des avis au juge au-dessous duquel ils siègent, pendant les audiences."

[1]) Vgl. weiter oben S. 306f.

[2]) Vgl. weiter unten S. 468 ff.

[3]) Schuster, Bürgerliche Rechtspflege S. 310ff. Es kann aber die Sache durch Beschluß der Chancery Division an die Konkursgerichte abgegeben werden. 25 and 26 Vict. c. 89 s. 81.

[4]) Law List 1909 pp. 1440, 1448.

[5]) Vgl. weiter unten S. 483 ff.

[6]) Annual Practice vol. II, pp. 468 et seq.

[7]) Law List 1909 p. 1440.

[8]) Vgl. weiter oben S. 384; de Franqueville tom. I, p. 443s.

[9]) 15 and 16 Vict. c. 80 s. 57.

[10]) Zurzeit (Law List 1909 p. 1437) existieren 11 solcher Beamte.

cellor steht noch ein Privatsekretär zur Seite, der aus dem Barristerstand hervorgeht.

6. Eine sehr interessante Kategorie von Hilfsbeamten bilden endlich die sogenannten Conveyancing Counsel, deren Stellung und Funktionen wir genauer kennen lernen müssen.

a) Man versteht unter einem Conveyancing Counsel einen Barrister mit der Spezialpraxis, in Fragen der Veräußerung oder Belastung von Grundstücken Gutachten zu erteilen oder sonst tätig zu werden.[1]) Derartige Conveyancing Counsel finden wir nun als Hilfsbeamte in der Chancery Division angestellt. Und zwar müssen stets mindestens sechs solcher Anwälte ernannt werden. Die Ernennung erfolgt durch den Lord Chancellor. Voraussetzung der Ernennung ist zehnjährige noch fortdauernde Ausübung der Praxis als Conveyancing Counsel.[2]) Die Ernennung verpflichtet nicht zur Aufgabe der Privatpraxis, die vielmehr neben dem Amt weiter fort betrieben werden kann.[3]) Ein Gehalt wird nicht ausbezahlt, wohl aber erhalten die Conveyancing Counsel für ihre Bemühungen Gebühren von den Parteien, deren Höhe für den Einzelfall durch das Gericht festgesetzt wird.[4]) Die Verteilung der Geschäfte unter die einzelnen Conveyancing Counsel erfolgt durch die Clerks der Registrars, also in der Gerichtsschreiberei der Chancery Division nach Regeln, die im voraus zu bestimmen sind[5]), Regeln, die der Richter indes durchbrechen kann.[6]) Eine Vertretung der einzelnen Anwälte untereinander findet so statt, daß der dem Dienstalter nächstälteste Anwalt die Vertretung zu übernehmen hat.[7]) Außerdem aber können die Counsel es auch ablehnen, in einer bestimmten Sache tätig zu werden, setzen sich aber dann der Gefahr aus, daß ihre Ernennung widerrufen wird, was der Lord Chancellor jeden Augenblick tun kann.[8])

b) Was nun die Funktionen der Conveyancing Counsel betrifft[9]), so muß in denselben ein Doppeltes unterschieden werden.[10])

α) Einmal kann die Ausführung eines Urteiles oder einer Verfügung des Richters es notwendig machen, daß bestimmte, meist

[1]) Wertheim S. 156; Every Man's Own Lawyer p. 758: „Conveyance. — A deed or other documents by which property is conveyed from one person to another. — Conveyancing Counsel. — Barrister whose practice consists in drafting and settling forms of conveyance."

[2]) 15 and 16 Vict. c. 80 s. 41; Halsbury, Laws of England vol. II, p. 382.

[3]) Brodie-Innes vol. I, p. 102.

[4]) R. S. C. Order LXV r. 27 (36). Vgl. auch Annual Practice vol. I, p. 744.

[5]) R. S. C. Order LI rr. 9, 10.

[6]) R. S. C. Order LI r. 13.

[7]) R. S. C. Order LI r. 12.

[8]) R. S. C. Order LI r. 12; 36 and 37 Vict. c. 66 s. 84.

[9]) Brodie-Innes vol. I, p. 102; Schuster, Bürgerliche Rechtspflege S. 284.

[10]) Vgl. 15 and 16 Vict. c. 80 s. 40; R. S. C. Order LI r. 7.

komplizierte Rechtshandlungen vorgenommen werden. Die Ausführung derselben kann ganz oder teilweise den Conceyancing Counsel übertragen werden. So kann die Eigentumsübertragung eines Grundstückes, die Abfassung bestimmter Ehepakten und anderes mehr angeordnet werden, und die Durchführung der Anordnung dem Counsel überlassen werden.

β) Ist hier der Conveyancing Counsel rein ausführendes Organ des anordnenden Gerichtes, so kann ihm andererseits auch in einem schwebenden Verfahren die Untersuchung bestimmter Rechtsverhältnisse übertragen werden. Und zwar ist dies der Fall, falls ein Besitztitel in Frage steht, der dann seitens des beauftragten Counsel zu untersuchen und festzustellen ist. Außerdem kann das Gericht jederzeit eine gutachtliche Äußerung in irgend welchen Rechtsfragen von einem Conveyancing Counsel einholen, ein Gutachten, an das es aber natürlich bei seiner Entscheidung nicht gebunden ist, und das es mithin zur Grundlage des Urteiles nach freiem Ermessen machen kann oder auch nicht.[1])

γ) Bei der Ausübung aller dieser Funktionen ist Voraussetzung stets Spezialauftrag seitens des Gerichtes. Und die Parteien haben ferner stets die Möglichkeit, bei Meinungsverschiedenheiten mit dem Conveyancing Counsel im Wege einer Beschwerde die Entscheidung des Gerichtes herbeizuführen, so daß das Gericht als eine Art von zweiter Instanz über den Conveyancing Counsel steht.[2])

c) Die Stellung der Conveyancing Counsel ist interessant genug. Wir sehen, sie sind entlastende und beratende Hilfsorgane des Richters, zum Teil auch Vollzugsorgane. Sie erfüllen zumeist richterliche Funktionen, werden allerdings ähnlich wie die Chief Clerks nur auf Grund einer Delegation tätig. Jedenfalls sind ihre Funktionen außerordentlich wichtig. Irgend eine ähnliche Einrichtung haben wir in unserer Gerichtsverfassung nicht.[3])[4])

---

[1]) Brodie-Innes vol. I, p. 102.

[2]) R. S. C. Order LI r. 8.

[3]) Ihre praktische Wichtigkeit ergibt sich aus folgenden Zahlen:

	1902	1903	1904	1905	1906	1907
Sales of Estates under Orders of Court	298 (£ 1362308)	282 (£ 1276881)	302 (£ 1742898)	299 (£ 780381)	285 (£ 1007008)	290 (£ 1049936)
Purchases of Estates under Orders of Court	39	29	24	12	16	8
Titles and other Matters directed to be investigated by the Conveyancing Counsel	164	181	178	155	141	117

Am nächsten kommen auch sie, ähnlich wie die Chief Clerks, unserem beauftragten Richter im vorbereitenden Rechnungsverfahren.

6. Ganz kurz mag noch erwähnt werden das sogenannte Crown Office der Chancery Division. Es ist besetzt mit einem Clerk of the Crown, neben dem ein Chief Clerk und zwei Subalternbeamte stehen. In diesem Bureau werden gewisse, rein verwaltungsrechtliche Funktionen ausgeübt. Der Clerk of the Crown, ein der Stellung nach sehr hoher Beamter, hat den Lord Chancellor und andere höhere Justizbeamte zu vereidigen. Er bereitet die Schriftstücke für Berufung und Schließung des Parlaments vor, er verliest im Parlament bei Schluß der Session die angenommenen Gesetze.[1]) Wir können dieses Bureau hier völlig außer acht lassen. Es steht mit der Chancery Division nur in sehr losem Zusammenhang, wie es denn auch räumlich nicht etwa sich in dem eigentlichen Justizgebäude, sondern im House of Lords befindet.[2])

III. Haben wir so die Richter und Beamten kennen gelernt, die in der Chancery Division angestellt sind,[3]) so haben wir noch kurz die allgemeinen Regeln über die Geschäftsverteilung der einzelnen Sachen auf die einzelnen Gerichte kennen zu lernen, soweit sich die diesbezüglichen Vorschriften nicht schon aus den früheren Ausführungen ergeben. Umgekehrt nun, wie in der King's Bench Division, wo die einzelne Sache einem Master at Chambers zugeteilt wird, der sie erst wiederum dem jeweiligen Richter zuweist, gilt hier der Grundsatz, *daß jede Sache von Anfang an einem bestimmten Richter zugewiesen wird.* Die Zuweisung erfolgt teils im Central Office, teils aber auch in der Chancery Division selbst, und zwar stets durch die Unterbeamten.[4]) Es werden die Namen der Richter dabei aus einem Korb gezogen, so daß den Parteien und den Unterbeamten kein Einfluß auf die Zuweisung zusteht.[5])

Vgl. Civil Judicial Statistics 1902, p. 65; 1903, p. 69; 1904, p. 71; 1905, p. 71 1906, p. 75; 1907, p. 65.

[4]) In den vergleichenden Richterstatistiken zwischen England und Deutschland finden sich die Conveyancing Counsel nirgends erwähnt. Daß sie nicht unbeachtet bleiben dürfen, ergibt sich klar aus dem im Text Ausgeführten.

[1]) Wertheim S. 131.

[2]) Law List 1909, p. 1440.

[3]) Die früher in der Chancery Division noch angestellten Kostenfestsetzungsbeamten (vgl. Schuster, Bürgerliche Rechtspflege S. 37; Brodie-Innes vol. I, p. 102) sind seit 1902 dem Central Office angegliedert worden. Vgl. Rules zu 42 and 43 Vict. c. 78 s. 22 vom 11. Januar 1902; Annual Practice vol. I, p. 925; vol. II, p. 573.

[4]) R. S. C. Order V r. 9. Das hierbei innezuhaltende Verfahren schildert eingehend de Franqueville tom. I, p. 31.

[5]) In praxi sollen die Parteien aber doch darauf hinwirken können, daß die Sache vor einen bestimmten Richter kommt. Vgl. de Franqueville

Auch hier wird die Grundregel indessen von Ausnahmen durchbrochen. Einmal haben wir bereits gesehen, daß je zwei Richter ein Bureau mit Chief Clerks haben. Hier ist jeder der beiden Richter kompetent zur Erledigung sämtlicher, einem von ihnen zugewiesenen Sachen. Und es haben beide die Chambersgeschäfte untereinander zu verteilen, so daß das oben geschilderte Verteilungsprinzip jedenfalls für die Chambersangelegenheiten nicht zur Durchführung gelangt.[1]) Abgesehen von dieser wichtigen generellen Ausnahme von dem Grundprinzip kann dasselbe aber auch im Einzelfall durchbrochen werden, da der Lord Chancellor die Sache von einem Richter auf den anderen übertragen kann.[2]) Allerdings ist dieses sein Recht nicht unbeschränkt, vielmehr kann er eine solche Verweisung nur auf Antrag und mit Zustimmung beider Parteien vornehmen[3]), ein Satz, von dem einige unwesentliche Ausnahmen existieren, die hier nicht weiter interessieren.[4]) Außerdem können auch die Richter untereinander sich Sachen übertragen, woran sie indessen ebenfalls der Widerspruch der Parteien hindern kann.[5]) Schließlich sind alle Sachen, welche in einer der lokalen Gerichtsbureaus von Manchester oder Liverpool begonnen sind, einem bestimmten Richter zuzuweisen, der vom Lord Chancellor für eine bestimmte Zeit den ausschließlichen Auftrag erhält, derartige Sachen zu erledigen.[6])

§ 16. γγ) Die Probate Divorce and Admiralty Division.

I. 1. Die große Justizreform von 1873 bezweckte, wie wir gesehen haben, die Amalgamierung der verschiedenen alten englischen Reichsgerichte zu einem einheitlichen Gerichtshof. Während bis dahin die einzelnen Gerichte ohne Fühlung miteinander und unabhängig voneinander selbständig dastanden, sollten nunmehr gleichartige Gerichte gebildet werden, innerlich zusammengehörig, organisatorisch übereinstimmend. Während dieser Gedanke nun einigermaßer durchgeführt ist in der Chancery Division und der King's Bench Division (zwischen beiden Abteilungen allerdings existieren auch noch die weitgehendsten Verschiedenheiten), sind bei der dritten Abteilung des High Court, der wir uns nun zuzuwenden haben, der Probate Divorce and Admiralty Division die

---

tom. II, p. 31s. Früher konnten sich die Parteien den Richter wählen. R. S. C. Order V r. 9.

1) R. S. C. Order V r. 9a.

2) R. S. C. Order V r. 9 in Verbindung mit Order XLIX r. 1.

3) Annual Practice vol. I, p. 688.

4) R. S. C. Order XLIX rr. 5, 6.

5) 47 and 48 Vict. c. 61 s. 6.

6) R. S. C. Order V r. 9; Annual Practice vol. I, pp. 472 et seq.

historischen Ausgangspunkte noch klar zu erkennen. Hier kann von einer wirklichen Amalgamierung der verschiedenen, verschmolzenen Gerichte am wenigsten die Rede sein. Hier ist eine wirklich innere Vereinigung der verschiedenen Gerichte kaum erfolgt, so daß die Abteilung als Ganzes einen recht wenig geschlossenen, einheitlichen Eindruck macht. Dies zeigt sich zunächst in der fabelhaften Buntscheckigkeit der Zuständigkeit.[1][2]) Ferner werden wir sehen, daß die Bureaus spezialisiert sind, indem wir besondere Beamte für Admiraltyangelegenheiten haben, besondere Beamte wiederum für die Probate und Divorcesachen. Auch die Möglichkeit der Zuziehung von Geschworenen ist nicht einheitlich geregelt. Die Normierungen sind andere in den Admiraltyangelegenheiten und andere in Probatesachen. Man sieht Verschiedenheiten auf Schritt und Tritt, und man könnte leicht auf den Gedanken kommen, in Wahrheit zerfalle die gesamte dritte Abteilung in drei Unterabteilungen, die Admiralty Subdivision, die Probate Subdivision und die Divorce Subdivision, drei Abteilungen, die in der Tat selbständige Gerichte im administrativen Sinne bilden würden. Es hätte dann die Zusammenfassung der drei Gerichte zu einer Abteilung des High Court nur mehr den Sinn gehabt, drei verschiedene Gerichte im Wege der Personalunion mit denselben Richtern zu besetzen.[3])

Allein in der Tat trifft diese Auffassung nicht zu. In der Tat haben wir nicht mehrere unter sich selbständige, äußerlich vereinigte Gerichte; die Probate Divorce and Admiralty ist als solche nicht ein Gerichtskomplex, sondern wir haben in der Tat ein einheitliches Gericht. Es zeigt sich das namentlich darin, daß eine einheitliche Sachliste gebildet wird, so daß das Gericht in ein und derselben Sitzung ohne Unterschied Sachen der verschiedensten Kategorien zu erledigen hat.[4]) Ferner sind die Beamten teilweise dieselben für die ganze

---

[1]) Vgl. die treffenden Bemerkungen Schusters, Bürgerliche Rechtspflege S. 232: „Wenn man aber doch einmal die Funktionen der Richter nach dem Geschäftskreis abgegrenzt hat, so erscheint es eigentümlich, daß die hauptsächlichsten Fragen, die vor dieselben Richter kommen, so wenig verwandte Angelegenheiten, wie die Zurechnungsfähigkeit eines Testators, die Wahrheit eines behaupteten Ehebruches, oder die Verschuldung beim Zusammenstoß zweier Schiffe, betreffen."

[2]) Vgl. weiter oben S. 331 ff.

[3]) So führt z. B. Schuster, Bürgerliche Rechtspflege S. 232 aus: „In Wirklichkeit sind in dieser Abteilung drei Gerichtshöfe erhalten geblieben, von welchen jeder besonders organisiert ist, ein besonderes Verfahren hat und seine Tätigkeit nach besonderen Prozeßordnungen ausübt, wenn auch dem Namen nach jede Sache in der vereinigten Abteilung geführt wird, und ein gemeinschaftliches Richterpersonal, aus dem Präsidenten und seinem einzigen Kollegen bestehend, seine Tätigkeit nach den drei Richtungen hin ausübt." Ähnlich auch die Auffassung von Brodie-Innes vol. I, pp. 660 et seq.

[4]) de Franqueville tom. I, p. 194s; Law Times vol. 125, pp. 560 et seq.

Abteilung, so die den Richtern zugeteilten persönlichen Clerks, oder doch wenigstens die gleichen für die Probate und Divorcesachen, was z. B. der Fall bei den Registrars ist. Kurz und gut, wir haben ein einheitliches Gericht mit teilweise durchgeführter Spezialisierung der unteren Beamten und der Bureaus, wie das noch des einzelnen in den weiteren Darlegungen auszuführen sein wird, ein Gericht, dessen seltsame Organisation nur historisch zu begreifen ist, und dem gegenüber rationelle Erwägungen, um es zu verstehen, am wenigsten am Platze sein dürften.

2. In der Probate Divorce and Admiralty Division können nun eine Reihe verschiedenartiger Spruchbehörden tätig werden.

a) Zunächst ist zu beachten, daß wir auch hier die Differenzierung treffen, die wir bereits früher kennen gelernt haben, zwischen dem Courtgericht und dem Chambersgericht. Und zwar sind die diesbezüglichen Bestimmungen im allgemeinen dieselben wie in der King's Bench Division, nicht aber wie in der Chancery Division. Wir haben also hier in der Tat zwei verschiedene Prozeßbehörden zu unterscheiden, die auch ganz verschieden besetzt sein können,[1]) und der Unterschied ist nicht etwa ein prozessualer, wie in der Chancery Division, wonach ein und dieselbe Spruchbehörde bald in öffentlicher Sitzung, bald in Chambers zu funktionieren hat, sondern der Unterschied ist ein organisatorischer: verschiedene Behörden judizieren.[2]) Im übrigen kann an dieser Stelle auf die früheren Ausführungen verwiesen werden, da das, was in bezug auf die Einrichtungen der King's Bench Division ausgeführt worden ist, hier einfach in analoger Weise zu wiederholen ist.[3])

b) α) Das Chambersgericht ist stets mit einem Einzelrichter besetzt. Doch können auch hier schon unter bestimmten Voraussetzungen sachverständige Beisitzer herangezogen werden, die aber dann wie stets nur beratende Stimme haben. Allerdings ist das nur in Admiralitätssachen möglich und auch hier nur, sofern eine Sache an den Registrar seitens des Gerichtes verwiesen wird, ein Fall, auf den wir noch weiter unten zu sprechen kommen werden.[4])

β) Das Courtgericht ist entweder mit einem Einzelrichter oder mit einem Kollegium von Richtern besetzt.

$\alpha\alpha$) Der Einzelrichter urteilt entweder allein oder aber unter Heranziehung von Beisitzern, den sogenannten Assessors, die indessen ebenfalls nur beratende Stimme haben, und auf die die früheren Ausführungen in analoger Weise zutreffen.[5]) Theoretisch möglich

---

[1]) R. S. C. Order LIV r. 12. Vgl. auch 20 and 21 Vict. c. 77 ss. 3, 4.

[2]) Vgl. weiter oben S. 388 f.

[3]) Vgl. weiter oben S. 337 ff.

[4]) R. S. C. Order LVI r. 1. Weiter unten S. 418 f.

[5]) Vgl. weiter oben S. 340 f.

ist die Zuziehung von Assessors in allen Angelegenheiten der Abteilung.[1]) Praktisch aber kommt es dazu nur in den Admiralitätsangelegenheiten.[2]) Bei der Heranziehung von Beisitzern ist dann zu unterscheiden, sofern dieselbe erst in der Hauptverhandlung erfolgt: Handelt es sich um Schadensersatzklagen oder um Klagen auf Bergelohn („actions of salvage"[3])), so werden stets Assessors beigegeben, und zwar von Amts wegen, ohne daß es diesbezüglicher Parteianträge bedürfte. In allen anderen Fällen dagegen bedarf es erst eines ausdrücklichen Parteiantrages.[4]) Eine Zuziehung von Beisitzern kann hier übrigens auch im Divisional Court erfolgen.[5])

ββ) Im allgemeinen ist Regel, daß die Angelegenheiten erster Instanz durch einen Einzelrichter erledigt werden. Zum Verfahren vor einem Kollegium, also vor einem sogenannten Divisional Court kommt es einmal in all denjenigen Fällen, in denen das Gesetz selbst unmittelbar Kollegialbesetzung vorschreibt, Fälle, die wir bereits früher kennen gelernt haben. So entscheiden die Divisional Courts über die Rechtsmittel, die gegen Entscheidungen niederer Gerichte eingelegt worden sind[6]), und hier ist das Kollegialitätsprinzip obligatorisch durchgeführt. Zum Verfahren mit Kollegium kann es aber fakultativ auch in jeder einzelnen Sache kommen, da der Einzelrichter eine Sache stets ganz oder teilweise an einen Divisional Court verweisen kann.[7]) Namentlich in Divorcesachen kann der Richter dies nach freiestem Ermessen tun.[8]) Die Organisation der Divisional Courts ist übrigens durchaus dieselbe wie in der King's Bench Division, so daß auch hier nichts Neues zu bemerken ist.[9])[10])

c) Neben die bisher genannten Gerichte tritt noch das Schwur-

---

[1]) R. S. C. Order XXXVI r. 43; 36 and 37 Vict. c. 66 s. 56; vgl. auch Schuster, Bürgerliche Rechtspflege S. 23.

[2]) de Franqueville tom. I, p. 194s.

[3]) Every Man's Own Lawyer p. 779; Halsbury, Laws of England vol. I, pp. 73 et seq.; Wertheim S. 491.

[4]) Halsbury, Laws of England vol. I, pp. 100, 101.

[5]) Vgl. weiter unten S. 413 ff.

[6]) Vgl. weiter oben S. 322. Schuster, Bürgerliche Rechtspflege S. 23 erwähnt noch, daß Anträge auf New Trial an die Divisional Courts gehen. Das ist seit 1890 beseitigt. Derartige Anträge gehen nunmehr direkt an den Court of Appeal. Vgl. R. S. C. Order XXXIX rr. 1, 1a; ferner de Franqueville tom. II, p. 182. Unrichtig auch v. Lewinski, England als Erzieher? S. 8.

[7]) 36 and 37 Vict. c. 66 s. 46. Vgl. auch Hatschek Bd. II, S. 167.

[8]) de Franqueville tom. I, p. 195.

[9]) Vgl. weiter oben S. 341 f.

[10]) Unrichtig nimmt Wertheim S. 188 an, Divisional Courts seien nur in der King's Bench Division zulässig.

gericht. Über die Organisation desselben ist nichts weiter zu bemerken, da die Vorschriften, die für die in der King's Bench Division zusammentretenden Schwurgerichte gelten, auch hier zur Anwendung zu kommen haben.[1]) Über die Zulässigkeit ist dagegen folgendes hervorzuheben: In Admiralitätssachen kann wie sonst eine Jury auf Antrag des Gegners zugezogen werden. Geschieht dies, was indessen selten der Fall ist, so wird in der Regel die Verhandlung an die King's Bench Division verwiesen.[2]) Ähnlich liegen die Verhältnisse in den Probatesachen. Hier hat der gesetzliche Erbe stets das Recht, eine Jury zu verlangen, und auch das Gericht kann von Amts wegen die Heranziehung einer solchen verlangen.[3]) Die Verhandlung vor der Jury findet entweder in der Abteilung statt, was das Übliche ist, oder es erfolgt Verweisung an die King's Bench Division, wie in der Chancery Division.[4]) In Divorceangelegenheiten ist endlich zu unterscheiden: Wird Schadenersatz verlangt, so findet die Verhandlung in dubio vor einer Common Jury statt. Bei allen anderen Klagen wird dagegen in dubio keine Jury herangezogen, sondern es findet die Verhandlung vor einem Richter allein statt.[5]) Die Parteien können übrigens stets von dem Ausgeführten abweichende Anträge stellen,[6]) und auch das Gericht kann stets ein anderes anordnen. Denn ein absolutes Recht auf Heranziehung einer Jury haben die Parteien nur im Falle der Ehescheidungsklage[7]), sonst aber nicht.[8]) Und da, wo sie es nicht haben, entscheidet in letzter Linie das freie Ermessen des Gerichtes, wobei indessen zu bemerken ist, daß die Praxis den Anträgen auf Zuziehung einer Jury sehr entgegenkommt.[9])[10])

Was die Häufigkeit der Mitwirkung einer Jury betrifft, so sei bemerkt, daß sich in der Statistik keine Angaben darüber befinden, daß in Admiralitätssachen Geschworene mitgewirkt haben. In Probateangelegenheiten dagegen ergeben sich folgende Zahlen:[11])

---

[1]) Vgl. weiter oben S. 342 ff.

[2]) R. S. C. Order XXXVI rr. 6, 7, 44. Schuster, Bürgerliche Rechtspflege S. 241, S. 24.

[3]) 20 and 21 Vict. c. 77 ss. 35—37.

[4]) Schuster, Bürgerliche Rechtspflege S. 260.

[5]) Divorce Rules r. 205; 20 and 21 Vict. c. 85 s. 53.

[6]) Divorce Rules r. 206.

[7]) 20 and 21 Vict. c. 85 s. 28.

[8]) 20 and 21 Vict. c. 85 s. 36.

[9]) Vgl. Annual Practice vol. I, p. 487.

[10]) Vgl. zum ganzen noch Brodie-Innes vol. I, p. 694; de Franqueville tom. I, p. 195; Schuster, Bürgerliche Rechtspflege S. 266 f.

[11]) Civil Judicial Statistics 1903, p. 105; 1905, p. 107; 1906, p. 111; 1907, p. 101.

	1902	1903	1904	1905	1906	1907
Gesamtsumme der Verhandlungen:	124	137	170	144	142	173
Verhandlungen vor dem Richter allein:	79	84	98	71	84	115
Verhandlungen mit einer Jury:	45	53	72	73	58	58

Und für die Divorceangelegenheiten finden sich folgende Daten:[1])

•	1902	1903	1904	1905	1906	1907
Gesamtsumme der Verhandlungen:	769	743	771	767	788	729
Verhandlungen vor dem Richter allein:	655[2])	616	691	689	695	650
Verhandlungen mit einer Jury:	114	127	80	78	93	79

II. 1. Wenden wir uns der Besetzung der Probate Divorce and Admiralty Division zu, so ist zunächst zu bemerken, daß wir nur zwei Richter treffen, von denen der eine Präsident der Abteilung ist. Im allgemeinen treffen auch hier die Ausführungen zu, die wir bezüglich der Stellung der Richter in der King's Bench Division gemacht haben. Besonders ist nur hervorzuheben, daß der Präsident, der übrigens als solcher den Titel Präsident nicht mehr führt, sondern wie der beisitzende Richter den Titel Justice of the High Court hat[3]), sich insofern von den übrigen Richtern des High Court unterscheidet, als besondere Voraussetzungen in seiner Person erfüllt sein müssen, damit er zum Vorsitzenden der Abteilung ernannt werden kann. Während Voraussetzung für die Ernennung zum Richter sonst Zulassung als Barrister seit mindestens 10 Jahren ist, kann zum Präsidenten der Divorce Probate and Admiralty Division nur ernannt werden, wer mindestens 15 Jahre Barrister gewesen oder bereits Richter des High Court oder des Court of Appeal ist.[4]) Das Unsystematische dieser Bestimmung liegt auf der Hand. Denn

[1]) Civil Judicial Statistics 1903, p. 108; 1905, p. 110; 1906, p. 114; 1907, p. 104.

[2]) Hierunter befinden sich aber 571 Undefended Cases. Ähnlich liegen die Verhältnisse bei den übrigen entsprechenden Zahlen der Tabelle.

[3]) 44 and 45 Vict. c. 68 s. 8; Schuster, Bürgerliche Rechtspflege S. 39. Im übrigen wird der Vorsitzende in der Literatur immer weiter Präsident genannt. Vgl. z. B. Brodie-Innes vol. I, p. 105.

[4]) Unrichtig v. Lewinski, England als Erzieher? S. 5, der behauptet, es genüge, daß alle Richter vor der Ernennung mindestens 10 Jahre Barrister gewesen seien. Vgl. 54 and 55 Vict. c. 53 s. 2.

wenn auch der Präsident als solcher Mitglied des Court of Appeal ist[1]), wie wir noch sehen werden, und wenn auch zum Mitglied dieses Gerichtes nur ein Barrister von 15jähriger Amtszeit ernannt werden kann[2]), so ist doch auch der Lord Chief Justice ex officio Mitglied des Court of Appeal[3]), und trotzdem kann in diese Stellung ein Barrister einrücken, der erst seit 10 Jahren als solcher zugelassen ist. Außerdem aber ist der Lord Chief Justice stellvertretender Vorsitzender des High Court[4]) und so also dem Präsidenten der Probate Divorce and Admiralty Division übergeordnet, wie er denn auch stets den Vortritt vor letzterem und damit denn auch den höheren Rang ihm gegenüber hat.[5]) Schließlich erhält der Lord Chief Justice auch ein bedeutend höheres Gehalt. Er erhält den erhöhten Präsidentengehalt mit £ 8000, während der Präsident der hier in Frage stehenden Abteilung nur den gewöhnlichen Richtergehalt von £ 5000 erhält.[6]) So bleibt die sonderbare Tatsache bestehen, daß bei dem an sich niederen Richter[7]) verschärfte Qualifikationen im Vergleich mit dem höheren Richter verlangt werden. Ich bemerke abschließend, daß der Präsident höheren Rang besitzt als die übrigen Puisne Jugdes des High Court. Er rangiert mit den Richtern des Court of Appeal, und zwar hier dem Dienstalter nach.[8])

2. Bezüglich der Geschworenen treffen die früheren Ausführungen in analoger Weise zu.[9]) Dasselbe gilt bezüglich der sachkundigen Assessors[10]), doch sind einige Bemerkungen in bezug auf die Assessors in Admiralitätsangelegenheiten hinzuzufügen. Besondere Listen geeigneter Personen werden auch hier nicht geführt. Im allgemeinen, falls Beisitzer herangezogen werden sollen, macht das Gericht einige Tage vor der Verhandlung dem sogenannten Trinity House[11])

---

1) 44 and 45 Vict. c. 68 s. 4.

2) 36 and 37 Vict. c. 66 s. 8; Halsbury, Laws of England vol. II, p. 381.

3) 38 and 39 Vict. c. 77 s. 4.

4) 36 and 37 Vict. c. 66 s. 5.

5) Law List 1909, p. XVI befindet sich eine Übersicht über die Rangfolge der englischen Juristen. Vgl. dazu auch weiter unten S. 809f.

6) Whitaker's Almanack p. 201; Adickes, Grundlinien S. 59.

7) Natürlich ist der Präsident der Abteilung nicht etwa ein niederer Richter im technischen Sinne des Wortes. Wenn übrigens de Franqueville tom. I, p. 194 n. 2 es für unmöglich hält, zu erklären, warum hier überhaupt ein Präsident nötig ist, so übersieht er die ungeheuer großen Bureaus, die mit der Abteilung verbunden sind.

8) 54 and 55 Vict. c. 53 s. 2.

9) Vgl. weiter oben S. 358 ff.

10) Vgl. weiter oben S. 357f.

11) Das Trinity House ist eine inkorporierte Gesellschaft, der die Lotsen und Leuchttürme unterstehen. Vgl. Gneist, Englisches Verwaltungsrecht S. 933f.; Wertheim S. 547.

Anzeige, und dieses beauftragt zwei seiner Beamten, die als solche natürlich immer sachverständig sind, die sogenannten Elder Brethren, den Verhandlungen als Assessors beizuwohnen.[1]) Außerdem können natürlich auch die Parteien ihrerseits geeignete Personen vorschlagen, die dann der Richter heranzieht, und namentlich können Angestellte des Trinity House nicht als Beisitzer fungieren, falls es sich um ein Schiff des Trinity House selbst handelt.[2]) Nur ausnahmsweise in Fällen, in denen es sich um Berufungsverhandlungen über Schiffsunglücke handelt,[3]) können die Beisitzer aus einer Liste genommen werden, die für die Verhandlungen in erster Instanz für die Dauer von drei Jahren gebildet wird.[4]) Allein in praxi werden auch hier stets nur Mitglieder des Trinity House herangezogen.[5])

Was die Funktionen der Admiralitätsbeisitzer betrifft, so sind sie dieselben wie überhaupt bei Assessors; es soll dem Richter die fehlende Sachkunde ersetzt werden, und es spielen daher die Assessors eine Rolle, die der unserer Sachverständigen durchaus konform ist, um so mehr, als der Richter ja nicht an ihr Urteil gebunden ist.[6]) Weitergehend als sonst ist aber das Recht der Assessors, Ortsbesichtigungen selbst vornehmen zu können und über das Ergebnis derselben an den Richter zu berichten.[7])

Die Gebühren, welche die Assessors erhalten, und die natürlich ebenfalls von den Parteien gezahlt werden müssen[8]), werden von Fall zu Fall festgesetzt. Nur für die Elder Brethren des Trinity House besteht eine feste Gebührenordnung, die recht hohe Sätze enthält. So erhält z. B. jeder Beisitzer in allen Klagen außer auf Bergungslohn täglich eine Entschädigung von £ 4 sh. 4, das macht für zwei Beisitzer täglich die Summe von etwa 168 M.[9])

---

[1]) Ich verdanke diese Mitteilung einem Registrar der Abteilung. Vgl. auch Schuster, Bürgerliche Rechtspflege S. 241. Vgl. zum Ganzen auch Encyclopaedia 1st Ed. vol. I, pp. 348 et seq.

[2]) Halsbury, Laws of England vol. I, p. 100. Es gilt das auch namentlich von den in Chambers herangezogenen Beisitzern. R. S. C. Order LVI r. 1.

[3]) Vgl. weiter oben S. 335f.

[4]) 57 and 58 Vict. c. 60 s. 467. Vgl. Brodie-Innes vol. I, p. 106, der vier solcher Kategorien Assessors erwähnt: Mercantile Marine Masters, Mercantile Marine Engineers, Assessors of the Royal Navy und Fishing Assessors. Vgl. auch Law List 1909 p. 1444.

[5]) Halsbury, Laws of England vol. I, p. 116.

[6]) Ausdrücklich wird in einem Urteil ausgeführt (Halsbury, l. c. p. 101): „Witnesses may not be called to give evidence on questions of general nautical skill in actions where the judge is assisted by the Trinity Masters.“ Vgl. die sehr eingehenden Darlegungen Law Times vol. 124 p. 565.

[7]) 24 and 25 Vict. c. 10 s. 18.

[8]) Halsbury, Laws of England p. 101 n. (d).

[9]) Vgl. die Gebührenordnung bei Halsbury l. c. p. 101 n. (d).

3. Die wichtigsten Nebenbeamten in der Divorce Probate and Admiralty Division sind die Registrars der Abteilung. Es muß nun aber sofort darauf hingewiesen werden, daß hier eine Differenzierung zwischen den einzelnen Registrars eintritt, so daß wir zwei durchaus verschiedene und untereinander völlig unabhängige Kategorien solcher Beamten in der Division antreffen. Auf der einen Seite nämlich treffen wir den Registrar in Admiralitätsangelegenheiten, auf der anderen Seite die Registrars für Probate- und Divorceangelegenheiten.[1][2] Beide Kategorien müssen stets scharf auseinandergehalten werden.

a) α) Beginnen wir mit dem Registrar in Admiralitätsangelegenheiten, so gilt bezüglich seiner äußeren Stellung folgendes: Es wird für Admiralitätsangelegenheiten ein Registrar ernannt. Voraussetzung ist, daß der zu ernennende mindestens 10 Jahre Barrister oder Solicitor gewesen ist.[3] Die Ernennung erfolgt durch den Präsidenten der Abteilung, und zwar prinzipiell auf Lebenszeit.[4] Absetzung im Wege des Disziplinarverfahrens erfolgt dagegen nur durch den Lord Chancellor[5] oder doch wenigstens unter Mitwirkung des letzteren durch den Präsidenten der Abteilung.[6]

Der Registrar ist gehalts- wie auch pensionsberechtigt, und zwar erhält er einen Gehalt von £ 1500. Neben dem Registrar kann noch ein Assistant Registrar ernannt werden, der denselben Voraussetzungen zu entsprechen hat, und für den dieselben Vorschriften gelten wie für den eigentlichen Registrar.[7] Sein Gehalt beträgt £ 1200.[8] Er nimmt rechtlich dieselbe Stellung ein, wie der Registrar, ist aber dessen Weisungen unterworfen. Beide, Registrar wie Assistant Registrar, können eventuell von den Parteien abgelehnt werden.[9]

Beide Beamte werden unterstützt durch eine Menge von Unterbeamten, Clerks der verschiedensten Rangstufen mit Gehältern von £ 100 bis £ 800, Boten, Dienern u. a. m.[10] Auf dieselben kann

---

1) Brodie-Innes vol. I, p. 105; Schuster, Bürgerliche Rechtspflege S. 23.
2) Divorce Rules r. 172.
3) 24 and 25 Vict. c. 10 s. 27.
4) 36 and 37 Vict. c. 66 s. 84.
5) 42 and 43 Vict. c. 78 s. 18.
6) 36 and 37 Vict. c. 66 s. 84.
7) 24 and 25 Vict. c. 10 s. 27.
8) Vgl. bezüglich der Gehälter hier und im folgenden Whitaker's Almanack pp. 202 et seq., ferner auch de Franqueville tom. I, p. 448; II, 173.
9) Auf Grund von R. S. C. Order LIV r. 9a.
10) Die Law List 1909, p. 1443 zählt auf: einen Chief Clerk, neun Clerks, drei Boten, einen Usher und einen Bibliothekar; de Franqueville tom. II, p. 173 erwähnt 18 Clerks. Vgl. wie die Law List auch Whitaker's Almanack p. 203.

hier nicht näher eingegangen werden; es gelten für sie die allgemeinen Vorschriften, die für Clerks zur Anwendung kommen.[1])

β) Sollen nun die Funktionen des Registrar im einzelnen kurz skizziert werden, so ist ein Doppeltes in denselben sehr wohl zu unterscheiden: Einmal nämlich sind dem Registrar ganz bestimmte Funktionen prozessualer Natur für seine Person übertragen, die er nur persönlich ausüben kann. Eine andere Reihe von Funktionen sind aber mehr dem Bureau des Registrar als solchem übertragen worden, der sogenannten Registry, deren Vorstand er ist. Diese Funktionen werden natürlich auch ausgeübt unter der formellen Verantwortlichkeit des Registrar. Allein er braucht sie nicht persönlich auszuüben, sondern kann sie durch seine Unterorgane vornehmen lassen. In dieser Hinsicht bleibt ihm dann im wesentlichen nur Geschäftsverteilung und Dienstaufsicht. Scheiden wir diese beiden Funktionengruppen, so ist im einzelnen folgendes zu bemerken:

aa) An die Spitze zu stellen ist der Satz, daß der Registrar im Verfahren die Stellung einnimmt, die der Master at Chambers in der King's Bench Division innehat.[2]) Der Registrar ist also wie der Master in Admiralitätsangelegenheiten der Chambersrichter im eigentlichen Sinne des Wortes, und er steht gleichfalls zu dem Richter in einem instanzlichen Verhältnis, indem ein Appeal von ihm in allen Fällen an den Richter geht, der als solcher also die höhere Instanz über den Registrar bildet.[3]) Alles, was diesbezüglich über den Master ausgeführt ist, ist hier analog zu verwerten mit der Maßgabe, daß gegen die zweitinstanzliche Entscheidung des Richters das weitere Rechtsmittel stets sofort an den Court of Appeal geht, nicht aber etwa an einen Divisional Court.[4])

Entspricht so die Stellung des Registrar im allgemeinen der Stellung des Master at Chambers in der King's Bench Division, so sind doch Abweichungen nach doppelter Richtung hin nicht außer Acht zu lassen:

Einmal ist der Funktionenkreis des Registrar bedeutend eingeschränkt. Das ist der Fall zunächst insofern, als ein Verfahren mit Summons for Directions in Admiralitätsangelegenheiten ausgeschlossen ist, sofern es nicht ausdrücklich von einer der Parteien beantragt wird.[5]) Ferner ist das summarische Verfahren sub Order XIV, wie wir es weiter oben kennen lernten[6]), in der Ab-

[1]) Vgl. weiter unten S. 447 f.
[2]) R. S. C. Order LIV r. 12.
[3]) R. S. C. Order LIV r. 21.
[4]) R. S. C. Order LIV r. 23; Annual Practice vol. II, p. 523.
[5]) R. S. C. Order XXX r. 1 (d).
[6]) Vgl. weiter oben S. 373 ff.

teilung ebenfalls nicht zulässig. Schließlich spielt sich das Versäumnisverfahren in Admiralitätsangelegenheiten bei gewissen Klagen, den sogenannten Actions in rem,[1]) stets vor dem Richter ab[2]), so daß der Registrar die diesbezüglichen Funktionen des Master nicht zu erfüllen hat. In den übrigen Klagen, den sogenannten Actions in personam, bleibt es bei den gewöhnlichen Vorschriften, und hier steht also der Registrar dem Master vollständig gleich.[3])

Auf der anderen Seite sind aber auch die Funktionen des Registrar in bestimmter Hinsicht gegenüber denen des Master erweitert. Zunächst werden seitens des Registrar die Kosten im Verfahren ihrer Höhe nach festgesetzt, eine Aufgabe, die im allgemeinen der Assistant Registrar zu erledigen hat.[4]) Und ferner ist namentlich folgendes hervorzuheben: Bei verwickelten Untersuchungen oder bei der Festsetzung von Schadenersatz der Höhe nach kann der Richter die Sache an den Registrar zur Untersuchung und zum Bericht verweisen, sei es auf Antrag einer der Parteien, sei es auch von Amts wegen.[5]) Im allgemeinen wird dies häufig im Vorverfahren geschehen, und die Tätigkeit des Registrar dient dann nur der Vorbereitung des Trial.[6]) Andererseits werden aber auch so die meisten Versäumnissachen zur Erledigung an den Registrar verwiesen,[7]) und schließlich kann das Urteil selbst derartige Fragen offen lassen, so daß es dann auf Grund des Urteiles erst zur Verweisung und zu einem Nachtrags- oder besser gesagt Ausführungsverfahren kommt.[8]) Die Verweisungen selbst können in jeder Klagesache vorkommen, also sowohl in Actions in rem als auch in Actions in personam.

---

[1]) Vgl. über diesen Unterschied Schuster, Bürgerliche Rechtspflege S. 236 Anm. 1. Mit den Actions in rem wird meist ein seerechtliches Pfandrecht geltend gemacht. Vgl. namentlich auch Brodie-Innes vol. I, pp. 707 et seq.; Halsbury, Laws of England vol. I, pp. 47 et seq.

[2]) Brodie-Innes vol. I, p. 712; Halsbury, Laws of England vol. I, p. 99. Es muß dabei der Beweis für die Klagbehauptungen erbracht werden. R. S. C. Order XIII rr. 12a, 13; Order XXXVII r. 2. Vgl. auch Schuster, Bürgerliche Rechtspflege S. 239.

[3]) Halsbury, Laws of England vol. I, p. 107.

[4]) Halsbury, Laws of England vol. I, pp. 124, 125; Schuster, Bürgerliche Rechtspflege S. 23; vgl. auch Annual Practice vol. I, pp. 1012, 1013. Gegen die Kostenentscheidung läuft stets ein Rechtsmittel an den Richter. Vgl. R. S. C. Order LXV r. 27 (41). Es braucht also vom Assistant Registrar nicht etwa erst an den Registrar gegangen zu werden.

[5]) 52 and 53 Vict. c. 49 s. 14; R. S. C. Order LVI r. 1.

[6]) Schuster, Bürgerliche Rechtspflege S. 242; Brodie-Innes vol. I, p. 713.

[7]) Halsbury, Laws of England vol. I, p. 117 n. (a). In Schadenersatzklagen erläßt der Richter zunächst ein Urteil über den Grund. Annual Practice vol. I, p. 854.

[8]) Schuster, Bürgerliche Rechtspflege S. 242.

Die Verweisungen erfolgen nun entweder an den Registrar allein oder aber an den Registrar und einen oder zwei sachverständige Beisitzer. Bestimmt so auf der einen Seite der Richter, ob es zum Verfahren vor dem Registrar allein oder aber mit Beisitzern kommen soll[1]), so kann auch andererseits der Registrar selbständig Beisitzer, sei es von Amts wegen, sei es auf Antrag einer der Parteien heranziehen. Auf die Beisitzer kommen aber die oben weiter gegebenen Ausführungen bezüglich Assessors zur Anwendung.[2]) Ich bemerke hier nur, daß für sie eine Liste in der Registry geführt wird, die vom Registrar zu bilden, vom Präsidenten der Abteilung zu bestätigen ist.[3]) In die Liste werden Kaufleute aufgenommen. Werden aber Nautical Assessors nötig, so müssen auch hier Angestellte des Trinity House geladen werden.[4])

Im Verfahren selbst nimmt der Registrar in jeder Hinsicht die Stellung des Richters ein, und es können, was nicht ohne Bedeutung für die Würdigung der ganzen Stellung des Registrar ist, sogar Barristers vor ihm verhandeln.[5]) Entstehen schwierige Rechtsfragen, so braucht der Registrar sie nicht selbst zu entscheiden. Er kann sie vielmehr auf Parteiantrag oder von Amts wegen der Entscheidung des Gerichtes vorbehalten.[6]) Tut er dies nicht, so hat er, sobald das auf Grund der Verhandlungen möglich ist, seine Entscheidung in Form eines Berichtes an das Gericht niederzulegen.[7]) Ehe nun aus diesem Bericht vollstreckt werden kann, müßte derselbe eigentlich erst durch das Gericht bestätigt werden, wobei das Gericht an den Report selbst gebunden wäre. Und diese Bestätigung wäre dann erst das eigentliche, formale Urteil, welches der Registrar nie erlassen kann, wenn auch das Gericht materiell nie von seinem Report abweichen darf, falls kein diesbezüglicher Parteiantrag gestellt wird. Allein in praxi begnügen sich die Parteien gerade mit Rücksicht auf die Gebundenheit des Gerichtes zumeist mit dem Report, den sie, falls sie ihn selbst nicht anzugreifen gedenken, einfach als Endentscheidung anerkennen.[8]) Zu einem Bestätigungsverfahren kommt es mithin praktisch nur

---

[1]) R. S. C. Order LVI r. 1.

[2]) Vgl. weiter oben S. 357 ff.

[3]) Halsbury, Laws of England vol. I, pp. 117, 118.

[4]) Halsbury, Laws of England vol. I, p. 119; Annual Practice vol. I, p. 854.

[5]) R. S. C. Order LVI r. 7; de Franqueville tom. II, p. 173: „Le registrar a des pouvoirs égaux et, sur certain points, supérieures à ceux des maîtres de la haute Cour.“

[6]) Halsbury, Laws of England vol. I, p. 120 mit Angabe mehrerer Urteile.

[7]) Halsbury, Laws of England vol. I, p. 120.

[8]) Annual Practice vol. I, pp. 855 et seq.; Halsbury, Laws of England vol. I, p. 120.

dann, wenn die Parteien den Report selbst angreifen, was sie durch entsprechende Anträge vor dem Richter tun können.[1]) Praktisch liegen also die Verhältnisse jetzt so: Der Registrar erläßt das Urteil, wogegen ein Rechtsmittelverfahren an den Richter möglich ist. Allerdings ist die hier in Betracht kommende Zuständigkeit des Registrar keine originäre, sondern stets nur eine delegierte.

Aus der Statistik läßt sich leider für die bisher geschilderten Funktionen des Registrars wenig entnehmen. Genauere Angaben finden sich nur über die zuletzt erwähnte Tätigkeit. So wurden 1907 104 Sachen an den Registrar überwiesen, der dieselben in 99 Sitzungen erledigte. In 6 Fällen wurde das Bestätigungsverfahren eingeschlagen, wobei fünfmal der Report des Registrar aufrecht erhalten wurde.[2])

$\beta\beta$) Wenden wir uns nunmehr dem zweiten Kompetenzenkreis zu, der mehr der Registry als solcher als dem Registrar selbst auferlegt ist, so handelt es sich hier um Funktionen, welche für die anderen Abteilungen zumeist im Central Office, dem großen Zentralbureau des Supreme Court erledigt werden. Namentlich kommen hier in Betracht die Ausgabe der Ladungen für Chambersverhandlungen, die Ausfertigung von Urteilen und Verfügungen, die Prüfung der eingereichten Kostenrechnungen und andere nebensächliche Funktionen mehr.[3]) Es sind das natürlich durchaus subalterne Aufgaben, und insofern erscheint die Registry in der Tat als die Gerichtsschreiberei der Abteilung. Allein es darf nicht übersehen werden, daß der Registrar diese subalternen Geschäfte natürlich nie selbst erledigt, und es mag auch darauf hingewiesen werden, daß selbst die Geschäftsverteilung und Dienstaufsicht hier so gut wie gar nicht dem Registrar obliegt, sondern vielmehr dem Chief Clerk der Registry, der im eigensten Sinne der tatsächliche Vorstand der Registry ist. So können wir sagen, daß das Verhältnis, in welchem der Registrar zu der Registry steht, ungefähr dem entspricht, in dem der Amtsrichter bei uns zur Gerichtsschreiberei steht.

γ) So ergibt sich uns auch hier bezüglich der Rechtsstellung des Registrar: Er ist wie der Master at Chambers ein funktionell beschränkter Richter. Daneben ist er noch rein verwaltungsmäßig, nicht aber funktionell Vorstand der Gerichts-

[1]) R. S. C. Order LVI r. 11; Schuster, Bürgerliche Rechtspflege S. 242.

[2]) Civil Judicial Statistics 1907, pp. 107, 108. Nicht ohne Interesse ist, daß die Tätigkeit des Registrar gegenüber den letzten Jahren stark zugenommen hat. 1904 war er an 68, 1905 an 81, 1906 an 55 Sitzungstagen tätig. Vgl. Civil Judicial Statistics 1905, p. 114; 1906, p. 118.

[3]) Schuster, Bürgerliche Rechtspflege S. 36.

schreiberei. Die Funktionen, die er entfaltet, sind mithin rein tatsächlich ausschließlich richterlicher Natur, wie nicht weiter ausgeführt zu werden braucht.[1])

b) Wenden wir uns nunmehr den Registrars für Probate- und Divorceangelegenheiten zu, so gilt hier folgendes:

α) Für die Abteilung werden vier solcher Registrars ernannt, deren ältester den Titel Senior Registrar führt, und der als solcher der Vorstand der Registry ist. Voraussetzung ist, daß die zu ernennende Person Barrister oder Solicitor im Augenblick der Ernennung ist[2]), oder seit mindestens fünf Jahren als Clerk in der Registry der Abteilung tätig war.[3]) Die Ernennung erfolgt durch den Präsidenten der Abteilung,[4]) vorbehaltlich der Absetzung im Wege des Disziplinarverfahrens durch den Lord Chancellor[5]) oder unter Zustimmung desselben durch den Präsidenten.[6]) Sie verpflichtet zur Enthaltung von Privatpraxis[7]), sie berechtigt dagegen zu Gehalt, der bei den Registrars je £ 1200—1500, bei dem Senior Registrar £ 1600 beträgt.[8])

Auch diese Registrars werden ihrerseits wieder durch Unterbeamte unterstützt. Ich nenne hier nur den Record Keeper mit £ 700 Gehalt,[8]) ferner die sonst in der Probate Registry angestellten Beamten, die Clerks usw., für die die allgemeinen Bestimmungen für Clerks gelten, und auf die im einzelnen an dieser Stelle noch nicht eingegangen werden kann.[9])

β) Was nun des weiteren die Funktionen der Registrars in Probate- und Divorceangelegenheiten betrifft, so müssen wir auch bei ihnen die funktionelle Differenzierung vornehmen, wie wir sie weiter oben bezüglich des Registrar in Admiralitätsangelegenheiten kennen gelernt haben.[10]) Einmal nämlich werden sie tätig kraft ihnen in Person auferlegter Verpflichtungen, auf der anderen Seite werden sie tätig als Vertreter ihres Bureaus, der Registry, die sie nach außen hin vertreten. Diese Doppelseitigkeit ihrer funktionellen Stellung darf jedenfalls nicht übersehen werden.

---

[1]) So ist es nur sehr bedingt richtig, wenn de Franqueville tom. I, p. 448 sagt: „Le registrar d'admirauté remplit les fonctions de maître, de greffier et de taxing master. . . .“

[2]) 20 and 21 Vict. c. 77 s. 20.

[3]) 21 and 22 Vict. c. 95 s. 8.

[4]) 20 and 21 Vict. c. 77 s. 18; 36 and 37 Vict. c. 66 s. 84.

[5]) 20 and 21 Vict. c. 77 s. 19; 42 and 43 Vict. c. 78 s. 18.

[6]) 36 and 37 Vict. c. 66 s. 84.

[7]) 20 and 21 Vict. c. 77 s. 21.

[8]) Whitaker's Almanack p. 202.

[9]) Vgl. Brodie-Innes vol. I, p. 105; de Franqueville tom. I, p. 448. Vgl. dazu weiter unter S. 423 ff.

[10]) Vgl. weiter oben S. 416 f.

aa) Was die Funktionen der ersten Kategorie anbelangt, so gilt auch hier als oberstes Prinzip der Grundsatz, daß der Registrar in allen Probate- und Divorceangelegenheiten im allgemeinen die Stellung einnimmt, die ein Master at Chambers in der King's Bench Division einnimmt.[1]) Also auch hier sehen wir, daß die Registrars die eigentlichen Chambersrichter sind, und ihr Verhältnis zu dem Richter ist dasselbe wie bei allen anderen Chambersrichtern, die nicht Richter dem Titel nach sind, so daß diesbezüglich auf frühere Ausführungen verwiesen werden kann.[2]) Allein auch hier sind nun doch Abweichungen hervorzuheben, die die funktionelle Stellung der Registrars von der der Masters in der King's Bench Division wesentlich differenzieren. Allerdings gilt das nicht in bezug auf das Verfahren mit Summons for Directions, das, wie wir gesehen haben, in Admiralitätssachen prinzipiell ausgeschlossen ist. Dasselbe ist hier vielmehr zulässig, so daß die Registrars in bezug auf die Prozeßleitung dieselben außerordentlich bedeutenden Machtbefugnisse haben wie die Masters und sich also in dieser Hinsicht stark von dem Registrar in Admiralitätsangelegenheiten unterscheiden. Zum wenigsten gilt dies für Probatesachen.[3]) Allein wenn auch die Vorschriften der allgemeinen Rules für Divorceangelegenheiten nicht zur Anwendung kommen, mithin auch die Vorschriften über den Summons for Directions, wie wir sie weiter oben kennen gelernt haben, hier nicht anwendbar sind, so muß doch anderseits gesagt werden, daß auch in den Eheprozessen auf Grund der Divorce Rules die Prozeßleitung vor der Hauptverhandlung zum größten Teil in den Händen des Gerichtes konzentriert ist. Da nun aber in dieser Beziehung der Registrar die Befugnisse des Richters ausüben kann, so ist faktisch seine Machtstellung in dieser rein prozessualen Hinsicht nicht so sehr verschieden von der eines Master at Chambers in der King's Bench Division. Selbstverständlich kann hier auf die Einzelheiten der diesbezüglichen Befugnisse des Registrar nicht näher eingegangen werden.[4])

Ist so die Stellung des Registrar und des Master im wesentlichen die gleiche, so ergeben sich Verschiedenheiten in folgender Hinsicht: Einmal scheidet hier (es ergibt sich dies ohne weiteres aus der Natur des Streitgegenstandes) das Verfahren nach Order XIV völlig aus. Ferner sind die Vorschriften über Versäumnisverfahren stark modifiziert. In Ehesachen kommt es trotz Versäumnis stets

[1]) R. S. C. Order LIV r. 12.

[2]) Vgl. weiter oben S. 416 f.

[3]) Vgl. Annual Practice vol. I, p. 394; vol. II, p. 132, woselbst die betreffenden Formulare abgedruckt sind.

[4]) Vgl. Divorce Rules rr. 6, 13, 34, 37, 38, 41, 43, 56, 185 u. a. m. Vgl. auch Schuster, Bürgerliche Rechtspflege S. 262 ff., insbes. S. 266 f.

zu einem Hauptverfahren, und es werden mithin alle Eheversäumnisurteile stets vom Richter, nie vom Registrar erlassen.[1]) In streitigen Probateangelegenheiten gilt dasselbe, so daß also auch hier der Registrar Urteile zu erlassen niemals in der Lage ist.[2])

Auf der anderen Seite haben die Registrars Funktionen, wie sie den Masters als solchen nicht obliegen, und die ihre Stellung nach anderer Richtung hin eigenartig und bedeutungsvoll machen. Nicht allerdings braucht besonders erwähnt zu werden, daß unter besonderen Voraussetzungen in Ehesachen die Registrars bestimmte Punkte zur Untersuchung übertragen bekommen können und auf Grund ihrer Erhebungen dann an das Gericht zu berichten haben, welcher Bericht, falls die Parteien ihn nicht angreifen, bindende Bedeutung erlangt.[3]) Wohl aber ist die Stellung ins Auge zu fassen, welche die Registrars in Nachlaßangelegenheiten einnehmen. Denn in der Tat entfalten sie gerade hier ihre wichtigsten Funktionen. Es muß daran erinnert werden,[4]) daß wir im Nachlaßverfahren, das stets ein gerichtliches ist, zu unterscheiden haben, ob dasselbe ein streitiges oder ein nichtstreitiges ist. Fassen wir das letztere zunächst ins Auge, so muß hier darauf hingewiesen werden, daß in diesem Verfahren das Testament als solches gerichtlich anerkannt wird, was stets geschehen muß, falls es durchgeführt werden soll. Ferner werden in dem nichtstreitigen Verfahren Testamentsvollstrecker oder im Falle der Intestaterbfolge, die auch als solche festgestellt werden muß, Nachlaßverwalter ernannt.[5]) Ich bemerke nun: Das eigentliche Organ des nichtstreitigen Verfahrens ist der Registrar, der mithin sowohl die Testamente bestätigt als auch die Exekutoren ernennt, und zwar auf Grund allseitiger Prüfung der in Betracht kommenden Verhältnisse,[6]) wie er auch Abänderungen der von ihm einmal getroffenen Anordnungen und Entscheidungen verfügen kann.[7]) Nur in Ausnahmefällen wird hier das Gericht, oder besser gesagt, der Richter als solcher tätig. Und zwar kann das

---

[1]) 20 and 21 Vict. c. 85 s. 29.

[2]) R. S. C. Order XIII r. 12; Order XXVII r. 10; vgl. auch Annual Practice vol. I, p. 124.

[3]) Divorce Rules rr. 101, 102.

[4]) Vgl. zum folgenden Gneist, Englisches Verwaltungsrecht Bd. II, S. 1004ff.

[5]) Vgl. zur flüchtigen Informierung Schuster, Bürgerliche Rechtspflege S. 243ff.; Wertheim S. 461; eingehender Brodie-Innes vol. I, pp. 660 et seq.; Encyclopaedia 1st Ed. vol. X, pp. 466—480; ferner Annual Practice vol. I, pp. 4, 5.

[6]) Rules for the Registrars of the Principal Registry of Her Majesty's Court of Probate (zitiert als Principal Registry Rules) rr. 1—3, 43—45. Vgl. dazu auch Encyclopaedia 1st Ed. vol. X, pp. 469 et seq.

[7]) P. R. R. r. 72.

Gericht angerufen werden einmal durch Antrag der Partei, durch sogenannte Motion.[1]) Es sind aber auch die Registrars berechtigt, ja sogar verpflichtet, die Sache an den Richter abzugeben, falls die ganze Sachlage zu Bedenken Anlaß gibt, wenn also z. B. die ordnungsmäßige Ausfertigung eines Testamentes zweifelhaft erscheint.[2]) Bestätigung des Testamentes, Einweisung der Testamentsvollstrecker usw. erfolgt in diesen Fällen, die aber doch immer nur die Ausnahme bilden, dann stets durch richterliches Dekret.[3])

Bei dieser durchaus in das Gebiet der freiwilligen Gerichtsbarkeit gehörenden Tätigkeit werden nun die Registrars unterstützt durch eine außerordentlich große Anzahl von unterstellten Bureaubeamten. Zunächst kommen hier in Betracht die sechs Clerks of the Seats, deren jeder wiederum vier Clerks unter sich hat. Dieselben haben namentlich die formelle und materielle Ordnungsmäßigkeit der vorgelegten Urkunden zu prüfen, sie haben die Herbeischaffung des nötigen urkundlichen Beweismateriales herbeizuführen und anderes mehr. Daneben sind weitere vier Clerks in einer Art Rechtshilfeabteilung beschäftigt, dem sogenannten Personal Application Department; sie haben Anträge nicht vertretener Parteien anzunehmen und ihnen den erforderlichen Rechtsbeistand zu gewähren. Dann treffen wir weiter eine Reihe von Archivbeamten, die mit der Kontrolle der Stempelabgaben im Verfahren befaßt sind, andere wieder, denen die Korrespondenz mit anderen Behörden obliegt, kurz, ohne daß wir in alle Einzelheiten der Materie eintreten können[4]), wir treffen in den Bureaus nicht weniger als 162 Clerks, die in 5 Rangklassen geteilt sind[5]) und Gehälter von £ 80 bis £ 500 erhalten.[6]) Und unter diesen Clerks stehen

---

[1]) In Betracht kommen Fälle, wie z. B. der, daß eine minder berechtigte Person die Einweisung beansprucht, wenn die besser berechtigte Person nicht ausdrücklich die Erbschaft abgelehnt hat, ferner beschränkte Einweisung u. a. m. Vgl. z. B. P. R. R. rr. 29, 30. Eingehend Schuster, Bürgerliche Rechtspflege S. 253; Brodie-Innes vol. I, pp. 677 et seq.

[2]) P. R. R. r. 6.

[3]) Unrichtig mithin de Franqueville tom. II, p. 160: „La Cour n'est saisie que lorsqu'il surgit une question contentieuse." So schreibt mir auch Sir Harry B. Poland: „But there is also a large amount of business done under the control of the President, at Somerset House in the Strand which is „non-contentious" and administrative business."

[4]) Vgl. dazu die trefflichen Ausführungen de Franqueville tom. II, p. 158s., auf die ich mich hier in erster Linie stütze.

[5]) Vgl. weiter oben S. 420. Vgl. auch Gneist, Englisches Verwaltungsrecht Bd. II, S. 1006 Anm. ***)

[6]) Genaue Angaben sind, da alles in der Entwicklung begriffen ist, schwer zu geben. Jedenfalls ist für den Augenblick zutreffend, daß die Clerks der ersten Klasse £ 400 bis £ 500, die der zweiten £ 250 bis £ 350, die der dritten

dann noch etwa 30 durchaus untergeordnete Beamte, Kopisten und ähnliches mehr.[1])

Fragt man sich hier nun, was die Tätigkeit der Registrars im Verhältnis zu den ihnen unterstellten Clerks ist, so liegt ersteren natürlich zunächst die ganze Geschäftskontrolle über letztere ob. Aber abgesehen hiervon ist ihr eigentliches funktionelles Gebiet: sie leiten und entscheiden die Verhandlungen mit den vertretenen Parteien. Während also die Clerks im wesentlichen reine Bureaubeamte sind, sind die Registrars Beamte, die nach außen hin handelnd auftreten, die stets da funktionieren, wo ein Zusammenwirken der Parteien mit dem Gerichte stattfindet. Allerdings gilt dies, wie gesagt, nur für die vertretenen Parteien. Denn für die nicht vertretenen Parteien sind für die Verhandlung besondere Beamte da, wie wir bereits gesehen haben,[2]) wenn allerdings die Entscheidungen, die nötig werden, auch hier von den Registrars erlassen werden. Denn daran ist stets festzuhalten: Alle Entscheidungen, zu denen es im nichtstreitigen Verfahren überhaupt kommen kann, ergehen durch die Registrars persönlich, sofern nicht der Richter selbst sie erläßt.

Wenden wir uns nunmehr dem streitigen Nachlaßverfahren zu. Hierbei ist nichts Besonderes zu bemerken. Die meisten Zwischenentscheidungen, namentlich die prozeßleitenden Verfügungen werden von dem Registrar erlassen, der insofern durchaus die Stellung eines Master at Chambers hat.[3])

Schließlich sei noch bemerkt, daß sowohl in Nachlaß- wie in Ehesachen die Kostentaxierung und -festsetzung gleichfalls durch die Registrars erfolgt[4]) und nicht etwa im Central Office, wie dies bei den anderen Abteilungen der Fall ist.[5])

ββ) Wir haben uns im weiteren mit der zweiten Kategorie von Funktionen zu befassen, die formell ebenfalls den Registrars als den eigentlichen Vertretern der Registry auferlegt sind, materiell betrachtet aber doch als Funktionen eben des Bureaus als solchen erscheinen. Hier sind nun in erster Linie zu erwähnen die Bureaugeschäfte, die nicht im Central Office zu erledigen sind. Im allgemeinen gilt, daß die das Prozeßverhältnis begründenden La-

---

£ 100 bis £ 200 Gehalt erhalten. Wie viel Gehalt die niederen Clerks erhalten, konnte ich im einzelnen nicht feststellen.

[1]) Schuster, Bürgerliche Rechtspflege S. 42 hat wirklich recht, wenn er eine einigermaßen übersichtliche Darstellung der eigentlichen Subalternbeamten für unmöglich hält.

[2]) Vgl. weiter oben S. 423.

[3]) Vgl. z. B. auch Probate Rules, Contentious Business r. 51.

[4]) 20 and 21 Vict. c. 77 s. 96; Probate Rules, Contentious Business rr. 92—95; Principal Registry Rules rr. 88—91; Divorce Rules rr. 151—157.

[5]) Vgl. weiter unten S. 436.

dungen, die Citation in Ehesachen, der Writ of Summons in den übrigen Angelegenheiten,[1]) wie in den anderen Abteilungen auch in der Probate- und Divorceabteilung vom Central Office ausgehen, so daß die diesbezüglichen Geschäfte nicht in der Registry der Abteilung erledigt werden. Eine Ausnahme bilden die Nachlaßangelegenheiten, bei denen sich der Übergang von nicht streitigen zum streitigen Verfahren in der Registry der Abteilung abspielt,[2]) während dann allerdings die formelle Prozeßbegründung wieder im Central Office erfolgt.[3]) Andererseits erfolgen in der Registry, nicht wie in der King's Bench Division im Central Office, die Ausgabe der Ladungen für die Chambersverhandlungen, die Ausfertigung von Urteilen und Verfügungen, und die Prüfung der Kostenrechnungen. Es wird ferner der Sitzungsdienst seitens der Registry geleistet. Und zwar muß ein Registrar bei jeder Verhandlung vor einem Richter anwesend sein, sei es nun, daß dieselbe in öffentlicher Sitzung oder in Chambers stattfindet. Namentlich letzteres ist interessant. Denn da der Registrar doch selbst als Chambersrichter zu funktionieren hat,[4]) so ergibt sich, daß er in ein und derselben Prozeßsache bald als Richter, bald aber nur als Gerichtsschreiber tätig wird. Bei dem Sitzungsdienst wird er allerdings wiederum von Subalternbeamten unterstützt. Zunächst ist hier zu nennen der Clerk of the Rules and Orders. Derselbe hat für die Ladung von Geschworenen zu sorgen, er hat alle Akten für die Sitzung bereit zu stellen, er hat die Sitzungsliste von Tag zu Tag zu bilden und ähnliche Pflichten mehr zu erfüllen. Ferner nimmt an den Sitzungen außer dem Registrar noch ein ihm persönlich attachierter Clerk teil. In der Sitzung sind dann Einträge sämtlicher Urteile und Verfügungen in das sogenannte Court Book zu machen, ein Buch, welches in der Mitte zwischen einem Register und einem Protokoll steht. Die eigentliche Schreibarbeit wird auch hier vom Clerk geleistet, während der Registrar mehr anordnend

---

[1]) R. S. C. Order II r. 1; Order I r. 1; Divorce Rules r. 8; Schuster, Bürgerliche Rechtspflege S. 262, 257.

[2]) Es kann nämlich ein sogenanntes Caveat eingereicht werden. Dies ist eine Aufforderung seitens einer Person, welche eine konkrete Einweisung beanstanden will, an den mit der Sache befaßten Registrar, keine weiteren Schritte in bezug auf die Einweisung zu tun, ohne den sogenannten Caveator zu benachrichtigen. Es ergeht dann seitens der Registry das Warning an den Caveator, d. h. die Aufforderung, binnen bestimmter Frist eine Einlassungserklärung einzureichen und darzutun, welches Interesse er am Nachlaß hat. Vgl. 20 and 21 Vict. c. 77 s. 53; Probate Rules, Contentious Business rr. 7—12; Principal Registry Rules rr. 59—67; Annual Practice vol. I, pp. 4, 5; Encyclopaedia 1st Ed. vol. II, pp. 404, 405 in sehr klarer Darstellung; Schuster, Bürgerliche Rechtspflege S. 255 f.

[3]) Schuster, l. c. S. 257.

[4]) Vgl. weiter oben S. 421.

tätig wird. Schließlich ist der Abteilung ein offizieller Stenograph beigegeben, der in den Verhandlungen alle Zeugenaussagen niederzuschreiben hat und so mithin ein materielles Protokoll führt. Ich bemerke, daß je ein Registrar ausschließlich mit dem Sitzungsdienst betraut ist, und daß sich die sämtlichen Registrars in dieser Tätigkeit nach einem bestimmten Turnus ablösen. Nur der Senior Registrar hat keinen Sitzungsdienst zu leisten.[1])

γ) Übersehen wir die Funktionen des Registrar, wie wir sie im vorhergehenden geschildert haben, so ergibt sich uns, daß derselbe zunächst Chambersrichter ist und als solcher natürlich rein richterliche Funktionen zu erfüllen hat. Und was ferner die Erledigung nichtstreitiger Nachlaßsachen betrifft, so hat der Registrar auch hier durchaus die Kompetenzen eines Richters, und zwar eines Richters der freiwilligen Gerichtsbarkeit. Und gerade in dieser Richtung scheint mir der Schwerpunkt seiner Stellung zu liegen.[2]) In allen diesen Fällen steht natürlich der Registrar auch eingegliedert in den Instanzenzug unter dem Richter.[3]) Andererseits sind aber die Registrars nicht ausschließlich Richter. Mag man auch die Tätigkeit der Kostenfestsetzung noch als eigentlich richterliche Funktion auffassen, so tritt jedenfalls der Charakter der Stellung als Bureaubeamter mehr hervor wie bei den sonstigen richterlichen Hilfsbeamten. Die Registrars nehmen insofern eine Stellung ein, die nicht der der Chief Clerks in der Chancery Division entspricht, sondern vielmehr der ebenfalls in jener Abteilung beschäftigten Registrars. So erscheinen sie in der Tat mehr als Gerichtsschreiber denn als Richter[4]) und das zeigt sich auch deutlich noch nach mehrerer Hinsicht hin. Einmal ist die bei ihnen geforderte Qualifikation eine geringere wie bei den sonstigen richterlichen Hilfsbeamten.[5]) Ferner zeigt sich die geringere

---

[1]) Ich verdanke hier vieles der Mitteilung eines in Probatesachen praktizierenden Barrister. Es ergibt sich übrigens auch hier wieder auf das evidenteste: Der sparsamen Verwendung eigentlicher richterlicher Kraft steht eine sehr starke Verschwendung sonstiger Kräfte gegenüber. Die Anwesenheit des Registrar z. B. in der Sitzung wäre an sich nicht erforderlich, und in der Tat beobachtete ich wiederholt, daß der Registrar während der Sitzung sonstige Arbeiten erledigte. Durchaus treffende Ausführungen bei Hirschfeld, Preußische Jahrbücher Bd. 125, S. 454. Vgl. auch de Franqueville tom. I, p. 419 und dort n. 2.

[2]) 1907 sind in der Registry der Abteilung 35 413 sogenannte Grants (Bestätigungen, Einweisungen usw.) erlassen, ferner sind 102 bewilligte Grants wieder aufgehoben worden. Vgl. Civil Judicial Statistics 1907, pp. 101, 103.

[3]) Cohen, Spirit of Our Laws p. 111.

[4]) Man denke nur an den von ihnen persönlich zu leistenden Sitzungsdienst.

[5]) Siehe vergleichsweise die Zusammenstellung bei Halsbury, Laws of England vol. II, pp. 381 et seq.

Stellung, die sie einnehmen, auch darin, daß in nichtstreitigen Nachlaßsachen vor ihnen nur Solicitors, nicht aber etwa höhere Rechtsanwälte, Barristers auftreten dürfen.[1]) Wie dem nun aber auch im einzelnen sein mag, jedenfalls haben wir auch hier wieder die eigenartige Vermengung richterlicher und gerichtsschreiberlicher Funktionen in einer Person, die als solche ja überhaupt ein Charakteristikum der englischen Gerichtsverfassung in Hinblick auf die nichtrichterlichen Beamten im engsten Sinne des Wortes ist.[2])

4. Als weitere Nebenbeamte treffen wir auch in dieser Abteilung der Person des Richters attachierte Schreiber. Und zwar sind dem Präsidenten der Abteilung ein Secretary und ein Clerk, dem beisitzenden Richter nur ein Clerk beigeordnet.[3]) Über die Funktionen dieser Beamten ist nichts weiteres zu bemerken. Sie entsprechen denen der sonstigen persönlichen Schreiber der Richter in den anderen Abteilungen, wie wir sie bereits früher kennen gelernt haben.[4])[5])

5. a) Ein weiterer Subalternbeamter der Abteilung ist der sogenannte Marshal. Ernannt wird dieser Beamte vom Präsidenten der Abteilung auf Lebenszeit. Entlassen kann er werden im Wege des Disziplinarverfahrens seitens des Präsidenten mit Zustimmung des Lord Chancellor oder durch den letzteren allein. Besondere Voraussetzungen der Ernennung sind nicht vorgeschrieben, namentlich braucht der Marshal kein Jurist zu sein. Er empfängt einen Gehalt von £ 700 bis £ 800. Er ist nebenbei Chief Clerk der Admiralitätsregistry.[6]) Ihm zur Seite stehen einige technische Unterbeamte, die wie der Marshal selbst ernannt und entlassen

---

[1]) Principal Registry Rules r. 2; ferner Schuster, Bürgerliche Rechtspflege S. 250.

[2]) Bei einer vergleichenden Statistik dürfen selbstverständlich die vier Registrars nicht einfach als Richter gesetzt werden. Dies tun z. B. v. Lewinski, England als Erzieher? 25 trotz seiner zutreffenden Ausführungen S. 5 f.; ferner Geiger in Holdheims Monatsheften 1906, S. 270. Ebenso unrichtig ist es, sie gar nicht zu berücksichtigen, wie das Adickes, Grundlinien S. 60 getan hat. Bedenkt man, daß stets ein Registrar Sitzungsdienst hat, so dürften allerhöchstens 3 Registrars als Richter gezählt werden können. Allein auch hier macht die so durchaus verschiedene Kompetenzverteilung eine wirklich fruchtbare, innerlich haltbare Vergleichsstatistik unmöglich. Gegen eine solche neuerdings auch Eise, Lisztsche Zeitschrift Bd. 29, S. 239. Richtig wird die Doppelseitigkeit ihrer Stellung hervorgehoben von Brodie-Innes vol. I, p. 105.

[3]) Der Clerk erhält je £ 400, der Secretary nur £ 300 Gehalt. Vgl. Whitaker's Almanack p. 202.

[4]) Vgl. weiter oben S. 384.

[5]) Daneben treten gänzlich subalterne Beamte auf, wie ein Usher und ein Bibliothekar, bezüglich derer natürlich nichts zu bemerken ist. Vgl. Law List 1909, p. 1443.

[6]) de Franqueville tom. II, p. 173; Whitaker's Almanack p. 202.

werden, Voraussetzung deren Ernennung indes Sachkunde in den einschlägigen Verhältnissen ist; es sind dies der Superintendent of Ship Keepers mit einem Gehalt von £ 100 bis £ 120, und ferner der Ship Keeper mit einem Gehalt von £ 70.[1])

b) Was die Funktionen des Marshal betrifft, so wird er nur in seerechtlichen Streitigkeiten tätig. Er ist nämlich das Vollstreckungsorgan in Admiralitätsangelegenheiten,[2]) allein auch hier nur in den Actions in rem, bei denen die Zwangsvollstreckung ja gerade in dem Verkauf der arrestierten Sache besteht. Kommt es nach rechtskräftiger Entscheidung nicht zu einer Einigung der Parteien, so ergeht auf Antrag der Partei ein gerichtlicher Auftrag des Gerichtes an den Marshal, die Sache taxieren und verkaufen zu lassen.[3]) Auf diesen Auftrag hin hat nunmehr der Marshal die Streitsache durch von ihm ernannte Abschätzer abschätzen und dann öffentlich durch einen mit derartigen Verkäufen ständig Beauftragten verkaufen zu lassen, sowie über den Verkauf in der Registry unter Ablieferung des Erlöses Rechnung zu legen.[4]) Irgendwie richterliche Funktionen übt der Marshal nicht aus, und es ist einleuchtend, daß jede Streitigkeit, die zwischen den Parteien über seine Tätigkeit entsteht, vom Gericht, nicht etwa von ihm selbst zur Entscheidung gebracht werden muß.

6. Schließlich sei erwähnt, daß wir in der Abteilung noch zwei Beamte treffen, die Funktionen zu erfüllen haben, wie sie auch bei uns die Staatsanwaltschaft in Zivilprozessen in eng begrenzten Fällen zu erfüllen hat. Es sind dies in Admiralitätsangelegenheiten der sogenannte Admiralty Advocate, in Ehesachen der King's Proctor, der übrigens ganz ausnahmsweise auch in Nachlaßangelegenheiten tätig zu werden hat. Wir werden auf diese Beamten, die durchaus staatsanwaltschaftliche Funktionen zu erfüllen haben, an dieser Stelle nicht näher eingehen. Es muß genügen, sie hier nur der Vollständigkeit halber aufzuführen, und auf spätere Ausführungen zu verweisen.[5])[6])

---

[1]) Law List 1909 p. 1443; Brodie-Innes vol. I, p. 119.

[2]) Brodie-Innes vol. I, p. 106; de Franqueville tom. II, p. 173; Schuster, Bürgerliche Rechtspflege S. 46, 242f.; Wertheim, S. 368.

[3]) R. S. C. Order LI r. 14; Halsbury, Laws of England vol. I, pp. 123 et seq. Dieser Auftrag kann in das eigentliche Urteil aufgenommen werden. Dann ist derselbe natürlich bedingt durch die Rechtskraft der Entscheidung.

[4]) Halsbury, Laws of England vol. I, pp. 89 et seq., 123 et seq.

[5]) Vgl. vorläufig Brodie-Innes vol. I, p. 106; de Franqueville tom. I, p. 545s.; Gneist, Englisches Verwaltungsrecht Bd. II, S. 1008; Wertheim S. 20 und namentlich weiter unten S. 884ff.

[6]) Die Stelle des King's Advocate wird seit 1872 nicht mehr besetzt und kann daher hier ganz übergangen werden. Brodie-Innes vol. I, p. 106; Law List 1905 p. 1370.

III. Was die Geschäftsverteilung der einzelnen Sachen auf die einzelnen Richter betrifft, so liegen hier die Verhältnisse sehr einfach, da besondere Vorschriften nicht existieren. Die eigentliche Geschäftsverteilung erfolgt durch den Präsidenten der Abteilung, die Bildung der Tageslisten dagegen durch die Unterbeamten, die Registrars. Wird ein Divisional Court notwendig, so wird er durch die beiden Richter der Abteilung gebildet, und wird hierdurch das Heranziehen von Hilfsrichtern notwendig, so greifen die gewöhnlichen Vorschriften ein, die wir schon weiter oben in bezug auf Hilfsrichter und Vertretungen am High Court kennen gelernt haben.[1]) Im übrigen ist aber die Praxis im allgemeinen dieselbe wie die in der King's Bench Division, d. h. die Sache, die eingeht, kommt an einen bestimmten Registrar und wird von diesem im Vorverfahren regelmäßig weiter erledigt und zur Hauptverhandlung bereit gestellt.

§ 17. β) Das Central Office.

I. 1. Die große Justizreform von 1873 hatte zwar, wie wir bereits gesehen haben, die verschiedenen, bis dahin selbständig nebeneinander stehenden höheren Gerichte Englands mit Ausnahme des House of Lords zu einem einheitlichen großen Gericht, dem Supreme Court of Judicature verschmolzen.[2]) Allein diese Verschmelzung war doch mehr oder weniger äußerlicher Natur. Keineswegs völlig durchgeführt ließ sie den historischen Ausgangspunkt in der unausgeglichenen Verschiedenartigkeit der Organisation der einzelnen Abteilungen im Supreme Court, namentlich im High Court nur zu deutlich erkennen. Namentlich galt dies in bezug auf die Bureaueinrichtungen der einzelnen Divisions. So wie dieselben früher bei den verschiedenen Reichsgerichten bestanden hatten, wurden sie 1873 nicht etwa verändert oder vereinheitlicht, sondern vielmehr von der Reform einfach beibehalten und übernommen; in ihrer völligen Verschiedenheit untereinander fortbestehend gaben sie ein beredtes Zeugnis dafür ab, wie rein äußerlich und nominell die Verschmelzung der verschiedenen Gerichte durchgeführt war. Denn indem so die einzelnen Divisions ihre selbständigen Bureaueinrichtungen hatten, waren zwar die Spitzen der Gerichte annähernd einheitlich organisiert, aber die Basis bot immer noch ein Bild buntscheckigster, unübersichtlichster Verschiedenartigkeit, wie es eine unsystematische Rechtsbildung im Laufe der Jahrhunderte hervorgebracht hatte.[3])

---

[1]) Ich verdanke diese Angaben den Mitteilungen von Sir Harry B. Poland. Vgl. auch weiter oben S. 305.

[2]) Vgl. weiter oben S. 297 ff.

[3]) Schuster, Bürgerliche Rechtspflege S. 36.

Es kann nun leider an dieser Stelle nicht daran gedacht werden, auf die historische Entwicklung der Bureaueinrichtungen, wie sie bei den früheren Gerichten bestanden hatten und von der Reform auf den High Court übertragen waren, irgendwie einzugehen.[1]) Allerdings wäre eine solche Untersuchung interessant genug. Denn auf jeden Fall würde sich aus ihr ein Doppeltes ergeben: einmal wie langsam sich in England eine Reform auch klar erkannten Mißständen gegenüber durchführen läßt,[2]) ferner, wie sich die Systemlosigkeit der englischen Rechtsbildung mit am schwersten gerade bei den Bureaueinrichtungen der Gerichte gerächt hat; haben doch diese Einrichtungen stets zu den wundesten Punkten der ganzen englischen Organisation gehört, wie sie denn auch heute noch keineswegs ideale genannt werden können.[3]) Allein, so interessant auch diese Entwicklung ist, hier, wie gesagt, verbietet der Raum auf sie des näheren einzugehen. Es muß genügen, festzustellen, daß man nach der Reform von 1873 versucht hat, die äußerlich durchgeführte Amalgamierung der einzelnen Gerichte auch innerlicher zu gestalten. Und so wurde versucht, die verschiedenen Bureaus der einzelnen Abteilungen zu einem einheitlichen Zentralbureau zu vereinigen. Diesen Schritt, welchen die Gesetzgebung 1879 unternahm,[4]) unternahm sie jedoch nur zögernd. Allerdings wurde ein Gesamtbureau für die verschiedenen Abteilungen geschaffen, das sogenannte Central Office, in welchem die Bureauangelegenheiten sowohl für die verschiedenen Divisions des High Court als auch für den Court of Appeal erledigt werden sollten. Allein für die einzelnen Divisions des High Court wurden weitgehende Ausnahmen gemacht, und es wurden sowohl für die Chancery Division als auch für die Probate Divorce and Admiralty Division die Kompetenzen des Central Office stark eingeschränkt, und selbständige, untereinander keineswegs konforme Bureaus eingerichtet, wie wir im einzelnen bereits gesehen haben oder noch sehen werden.[5])

Das Gesetz von 1879 hat indessen die Entwicklung, die auf immer größere Vereinheitlichung gerichtet ist, noch

---

[1]) Vgl. dazu namentlich de Franqueville tom. I, p. 413—419.

[2]) Als Beispiel diene die Tatsache, daß 1732 eine erste Kommission eingesetzt wurde, um die Schäden der existenten Bureaueinrichtungen aufzudecken, deren Bericht 1740 festgestellt, aber erst 1815 veröffentlicht wurde! Vgl. de Franqueville tom. I, p. 414s.

[3]) Vgl. dazu namentlich Reports of the Commissioners appointed to inquire into the Administrative Departments of Courts of Justice 1873, 1874; Report of the Judicature Acts (legal offices) Committee 1878; Report of the Committee on the Central Office 1887.

[4]) 42 and 43 Vict. c. 78.

[5]) Vgl. weiter unten und ferner oben S. 424ff.

nicht zum Abschluß gebracht. Vielmehr kann man beobachten, daß das Central Office seine Kompetenzen den Bureaus der einzelnen Divisions gegenüber immer mehr erweitert. Wichtig in dieser Hinsicht sind namentlich Bestimmungen, die 1902 getroffen worden sind. Danach ist den Bureaus der Chancery Division das Kostenfeststellungsverfahren genommen und auf das Central Office übertragen worden. Die Kostenfestsetzungsbeamten der Chancery Division sind damit zu Beamten des Central Office gemacht worden. Dasselbe gilt für das Kostenfestsetzungsverfahren in Konkursangelegenheiten, wie hier indes nur erwähnt, nicht näher ausgeführt werden kann.[1])

Trotz dieser Tendenz der Vereinheitlichung ist der augenblickliche Zustand noch immer keineswegs befriedigend. Dadurch, daß in den einzelnen Abteilungen gewisse Angelegenheiten im Central Office, andere wieder im Abteilungsbureau erledigt werden müssen, wird die Erledigung der Gesamtangelegenheit, um die es sich handelt, natürlich erschwert, weil auseinandergerissen. Ich glaube, es kann keinem Zweifel unterliegen, daß die Entwicklung ihr Ziel in einer völlig durchgeführten Vereinheitlichung der Bureaus finden wird. Es werden dann die reinen Bureauangelegenheiten sämtlich im Central Office erledigt werden, und die Spezialbureaus der einzelnen Divisions werden insoweit verschwinden, eine Entwicklung, auf die indessen hier ebenfalls nicht weiter eingegangen werden kann.

2. Das so 1879 eingerichtete, 1902 erweiterte Central Office ist mithin ein Bureau sowohl für den High Court und hier für die sämtlichen Abteilungen als auch für den Court of Appeal. Obwohl wir nun den letzteren erst später im einzelnen seiner Organisation nach kennen lernen werden[2]), so soll doch im folgenden das Central Office sowohl in organisatorischer als auch in funktioneller Beziehung

---

[1]) Vgl. Rules zu 42 and 43 Vict. c. 78 vom 11. 1. 1902; R. S. C. Order LXI r. 1b; Annual Practice vol. I, pp. 925, 926; vol. II, p. 573. In Betracht kommen im einzelnen das Chancery Taxing Office, das Bankruptcy Taxing Office, das Taxing Office der Masters in Lunacy und das des Registrar in Companies Winding-up. In diesem Zusammenhang wäre auch noch das Gesetz 8 Edw. VII c. 46 s. 2 zu nennen, durch welches der Master of the Crown Office zum Registrar des Court of Criminal Appeal gemacht worden ist. Denn wenn es sich bei dieser Funktionenverbindung ja allerdings auch nur um eine Personalunion handelt, wenn also eine organisatorische Vereinigung des Bureaus des Court of Criminal Appeal mit dem Central Office nicht erfolgt ist (vgl. weiter oben S. 381f), so kann doch nicht geleugnet werden, daß durch die Vereinigung die Verbindung beider Bureaus eine sehr enge geworden ist, so daß tatsächlich heute die Registry des Court of Criminal Appeal beinahe als eine Unterabteilung des Central Office erscheint.

[2]) Vgl. weiter unten § 23.

der Einheitlichkeit halber erschöpfend zur Darstellung gebracht werden. Es soll also auch hier gleich geschildert werden, welche Aufgaben das Central Office in Berufungsangelegenheiten, die vor dem Court of Appeal schweben, zu erfüllen hat, und es mag das eine bemerkt werden: Fallen in bezug auf die Funktionen und die Organisation High Court und Court of Appeal in der Tat als selbständige Gerichte auseinander, so liegt im Central Office zweifellos ein zusammenhaltendes Moment, und es mag auf die Tatsache hingewiesen werden, daß die Verbindung verschiedener Gerichte durch einheitliche oder doch wenigstens verbundene Bureaus auch sonst in der englischen Gerichtsverfassung vorkommt. Ich erinnere z. B. an die District Registries des High Court, wie wir sie noch kennen lernen werden,[1]) die, was schon hervorgehoben ist,[2]) zumeist mit den Registries der County Courts verbunden sind, eine Verbindung, die eine gewisse Einheitlichkeit auch zwischen dem High Court und den verschiedenen County Courts herzustellen geeignet ist.

II. 1. Das Central Office, in welchem die Masters of the Supreme Court[3]) und Clerks der verschiedensten Rangstufen tätig werden, zerfällt in acht getrennte Abteilungen, die sogenannten Departments, die funktionell verschiedene Angelegenheiten zu erledigen haben und durchaus selbständig nebeneinander stehen.[4])[5]) Jede Abteilung hat ihren besonderen Chef, entweder einen Chief Clerk oder aber einen Master. Abgesehen aber von diesen Unterbureaus, deren Zuständigkeit wir sofort kennen lernen werden, treffen wir die Masters, denen als solchen gewisse Funktionen übertragen sind, die sie zu erledigen haben, ohne einem bestimmten Unterbureau überwiesen zu sein. Um diesen Punkt vorweg zu erledigen, so muß hier in dreifacher Hinsicht unterschieden werden:

a) Zunächst bilden die sämtlichen Masters ein gemeinsames Kollegium, dem in erster Linie die Geschäftsverteilung obliegt.[6]) Ferner haben die Masters das Recht, den Gebrauch bestimmter,

---

[1]) Vgl. weiter unten § 21.

[2]) Vgl. weiter oben S. 193f.

[3]) Die im Central Office beschäftigten Masters sind sehr wohl von den Masters der Chancery Division zu unterscheiden, wie wir sie weiter oben kennen gelernt haben. Vgl. S. 393ff.

[4]) 42 and 43 Vict. c. 78 ss. 4—6; R. S. C. Order LXI rr. 1, 1a.

[5]) de Franqueville tom. I, p. 426 spricht von 10 Abteilungen. Er übersieht, daß 1887 zwei Abteilungen, das King's Remembrancer und das Judgments and Married Women's Acknowledgments Department miteinander verbunden sind. Vgl. Brodie-Innes vol. I, p. 112. Ferner ist 1894 das Associate Department mit dem Crown Office Department vereint. Annual Practice vol. I, p. 926.

[6]) Vgl. z. B. R. S. C. Order LXI rr. 2, 3.

von ihnen herausgegebener Formulare im Central Office anzuordnen.[1])

b) Die Vertretung des Central Office nach außen hin liegt in den Händen des ältesten Master, des sogenannten Senior Master. Derselbe hat den schriftlichen Verkehr mit anderen Behörden, namentlich dem Lord Chancellor, dem Lord Chief Justice, dem Schatzamt und den übrigen Behörden. Treten die Masters kollegialisch zusammen, so hat er die Stellung eines Vorsitzenden im Kollegium, ist also nur primus inter pares ohne besondere funktionelle Vorrechte; doch kann er das Kollegium zur Beschlußfassung über gemeinsame Angelegenheiten jederzeit berufen.[2])

c) Am bedeutungsvollsten sind aber die Funktionen, welche die sogenannten Practice Masters zu erfüllen haben. Ihre Tätigkeit besteht in einer doppelten: einmal haben sie die Kontrolle über die Gesamttätigkeit des Central Office.[3]) Ferner aber, und hierin liegt das Schwergewicht ihrer Tätigkeit, haben sie im Bedarfsfall die nötigen Anweisungen über das Verfahren zu geben, welches innezuhalten ist. Diese Anweisungen können nun wieder auf doppelte Art erteilt werden:[4])

α) Einmal generell. Es werden dann Verordnungen erlassen nicht für den Einzelfall, sondern ganz unabhängig von ihm. Diese Verordnungen haben allerdings theoretisch nicht die Bedeutung von Rules[5]), d. h. also keine gesetzlich bindende Bedeutung, so daß einmal die Richter selbst nie an sie gebunden sind, so daß ferner diese Verordnungen immer nur im Rahmen der bestehenden Gesetze und Rules ergehen können und niemals derogierender Natur sein können. Andererseits aber stehen sie ihrer praktischen Bedeutung nach den eigentlichen Rules sehr nahe, wie sie denn auch direkt Practice Masters' Rules genannt werden.[6])

β) Es können nun aber diese Anweisungen auch speziell erteilt werden. Hier ist dann folgendes zu beachten: Entsteht irgend eine Streitfrage oder eine Schwierigkeit über die Art des innezuhaltenden Verfahrens, so hat zunächst eine Entscheidung des First Clerk des betreffenden Departments zu erfolgen. Bei dieser Entscheidung des Chief Clerk kann sich nun die betroffene Partei beruhigen. Sie kann aber auch verlangen, daß die Sache vor einen Practice Master gebracht wird. Tut sie das, so muß letzterer eine Entscheidung

[1]) R. S. C. Order LXI r. 33.
[2]) de Franqueville tom. I, p. 423 s.
[3]) R. S. C. Order LXI r. 2.
[4]) R. S. C. Order LXI r. 2.
[5]) Annual Practice vol. I, p. 927.
[6]) Annual Practice vol. II, p. 837, woselbst sich diese Rules auch abgedruckt finden.

geben[1]), und diese Entscheidung ist bindend und endgültig und kann nicht weiter angefochten werden. Daraus ergibt sich: Im Central Office selbst findet eine instanzenmäßige Gliederung statt, und in Wahrheit bilden die Practice Masters eine zweite Instanz über den einzelnen Departments, die anzurufen ganz in dem freien Ermessen der Parteien steht.

2. Wenden wir uns nunmehr den einzelnen Abteilungen des Central Office zu, so ist bezüglich derselben folgendes zu bemerken:[2])

a) Das erste hier zu nennende Unterbureau ist das Writ Appearance and Judgment Department. Dasselbe ist besetzt mit 18 Clerks, an deren Spitze ein Senior Chief Clerk und ein Chief Clerk stehen.[3]) In diesem Bureau sind, soweit nicht die Spezialbureaus der Divisions, wie z. B. die Registry der Chancery Division zuständig sind, die Prozeßladungen, durch welche der Prozeß als solcher begründet wird, auszugeben und in die Gerichtsbücher einzutragen. Daß hierbei unter Umständen auch die Überweisung der Sache an einen bestimmten Richter erfolgt (in Chancery Sachen ist dies der Fall), ist bereits früher bemerkt worden.[4]) Ferner müssen in diesem Bureau Einlassungserklärungen abgegeben werden, die dann ebenfalls einzutragen sind. Auch die Schriftsätze usw. werden hier eingereicht. Die Ladungen „Dritter Parteien", d. h. Streitverkündungen in unserm Sinne, sind ebenfalls in dem Writ Departement zu erwirken.[5]) Des weiteren werden hier Urteile eingetragen, sei es, daß sie vom Gericht, sei es, daß sie von einem Schiedsrichter erlassen sind. Diese Eintragung hat nun, wie besonders hervorgehoben werden mag, nicht nur formale, sondern auch materielle Bedeutung, indem durch sie erst das Urteil vollstreckbar wird.[6]) Neben den Eintragungen werden aber auch die Urteile selbst erst angefertigt, und es werden Ausfertigungen von ihnen den Parteien erteilt. Die Ausfertigung erfolgt sehr formlos auf eine Bescheinigung desjenigen Master hin, der der Sitzung beigewohnt hat.[7]) Es mag daran erinnert werden, daß dies bei Urteilen in Chancerysachen, deren Redaktion natürlich bedeutend schwieriger ist, nicht im Central Office, sondern in der Registry der Abteilung selbst in einem besonderen Verfahren erfolgt, so daß dieselben in diesem Zusammenhang nicht in Betracht

---

[1]) Practice Masters' Rules r. 1.

[2]) Vgl. zum Folgenden namentlich Brodie-Innes vol. I, pp. 110 et seq.; de Franqueville tom. I, p. 426ss. in ausführlicher Darstellung; Schuster, Bürgerliche Rechtspflege S. 36f. in kürzerer Darstellung.

[3]) Whitaker's Almanack p. 202; de Franqueville tom. I, p. 428 gibt die Zahl mit 24 Clerks an.

[4]) Vgl. weiter oben S. 406 und de Franqueville tom. I, p. 427.

[5]) R. S. C. Order XVI r. 48.

[6]) R. S. C. Order XLI rr. 3, 4; Schuster, Bürgerliche Rechtspflege S. 183.

[7]) de Franqueville tom. I, p. 427.

kommen.[1]) Schließlich und letztens werden in dem Writ Department die Berufungserklärungen abgegeben und eingetragen.[2])

So erscheint, als Ganzes betrachtet, das Writ Department als das Bureau des eigentlichen Prozeßganges von der Klageerhebung bis zur Rechtskraft des Urteiles.

b) Die nächste Bureauabteilung, der wir uns zuzuwenden haben, ist das Summons and Order Department. Dieses Unterbureau ist ausschließlich tätig in King's Bench-Angelegenheiten, soweit nicht das Crown Office tätig wird. Und zwar werden in ihm alle Ladungen ausgegeben mit Ausnahme der den Prozeß begründenden ersten Parteiladung. In Betracht kommen hier also namentlich die Parteiladungen für die Chambersverhandlungen.[3]) Außerdem werden die Verfügungen, die in Chambers ergehen, redigiert,[4]) einerlei, ob sie seitens eines Richters oder eines Master erlassen sind. Derartige Verfügungen nämlich werden zunächst, wie sie vom Richter oder Master mündlich verkündet werden, in durchaus kursorischer Art und Weise schriftlich fixiert. Die genauere Ausarbeitung dieser oft recht flüchtigen Notizen[5]) erfolgt dann in dem Summons Department. Besetzt ist dasselbe mit einem Chief Clerk, unter dem sieben Clerks stehen.[6])

c) Die dritte Unterabteilung ist das Filing and Record Department besetzt mit einem Chief Clerk und 10 Clerks.[6]) Dieses Department zerfällt seinerseits wieder in zwei Unterabteilungen, das Affidavits Department und das General Filing Department. In der ersten Unterabteilung werden die Affidavits, d. h. die Protokolle beschworener, außergerichtlicher Aussagen eingereicht, rubriziert und aufbewahrt. In der anderen Abteilung werden alle Protokolle über eidliche, gerichtliche Aussagen in Chancerysachen, sowie alle sonstigen Urkunden, deren Aufbewahrung angeordnet ist, aufbewahrt, und es werden von ihnen auf Verlangen Ausfertigungen und Abschriften angefertigt. Außerdem werden hier aufbewahrt die sämtlichen Verfügungen und Entscheidungen, die in der Chancery Division ergehen, ferner die Register der Registry der Chancery Division und die Abschriften der Entscheidungen der King's Bench Division, die Vollmachten der Anwälte und anderes mehr.[7]) Im allgemeinen

---

[1]) Vgl. weiter oben S. 402; Schuster, Bürgerliche Rechtspflege S. 181 f.

[2]) Schuster, Bürgerliche Rechtspflege S. 36.

[3]) Brodie-Innes vol. I, p. 111; de Franqueville tom. 1, p. 428 s.

[4]) Unzutreffend meint de Franqueville tom. I, p. 429, alle Verfügungen, auch die „in open court" ergangenen, würden hier redigiert. Er übersieht, wie auch sonst, R. S. C. Order LXI r. 1 a.

[5]) Ein Beispiel bei de Franqueville tom. I, p. 429, n. 2.

[6]) Whitaker's Almanack p. 202.

[7]) Einzelheiten bei de Franqueville tom. I, p. 430 s.

kann man sagen, daß wir es in dieser Abteilung mit dem Archiv des Supreme Court zu tun haben.[1])

d) Das Taxing Department, die vierte Unterabteilung des Central Office, ist besetzt mit 11 Masters, die als solche den Titel Taxing Masters führen, und 22 Clerks.[2]) Die Funktionen dieses Bureaus sind sehr mannigfaltige: Einmal, und das ist natürlich das Wichtigste, werden in ihm die Kostenfestsetzungen vorgenommen, und zwar nicht mehr nur die der King's Bench Division, sondern neuerdings auch die der Chancery Division[3]) und des Bankruptcy Department.[4]) Außerdem aber werden hier statistische Erhebungen vorbereitet, ferner wird von hier aus die Korrespondenz mit dem Lord Chancellor und den anderen Behörden vorbereitet. So erscheint das Taxing Office zugleich als das Sekretariat des Senior Master, wie denn auch von ihm aus die Innehaltung des gesamten Geschäftsbetriebes im Central Office kontrolliert wird.[5])

e) Sehr wenig Bedeutung hat die nächste Abteilung, das Enrolment Department, welches denn auch nur mit 2 Clerks besetzt ist, die unter dem Chief Clerk des Writ Department stehen.[6]) In ihm werden Urkunden in die Gerichtsrollen eingetragen.[7]) Früher war eine derartige Eintragung bei bestimmten Urteilen nötig, um gewisse Wirkungen auszulösen. Das ist indessen heute ausdrücklich durch Gesetz beseitigt worden[8]), so dass Urteile nicht mehr in dieser formellen Art eingetragen werden. Da andererseits die Urkunden, die auch heute noch eingetragen werden müssen, sehr selten sind,[9]) so ist tatsächlich die Arbeit, die im Enrolment Department zu leisten ist, eine äußerst geringe. Schon 1887 wurden die Stellen in demselben als reine Sinekuren bezeichnet, ohne daß sie indes abgeschafft worden wären.[10])

---

[1]) Vgl. zum Ganzen auch R. S. C. Order LXI rr. 5, 7, 15—18, 30, 31.

[2]) Whitaker's Almanack p. 202, in Verbindung mit p. 203. Daneben noch einige untergeordnete Angestellte, wie Boten, Diener usw. Law List 1909, p. 1433.

[3]) Einschließlich der Festsetzungen in Sachen, die vor die Masters in Lunacy und vor den Registrar in Companies Winding-up gehören. Annual Practice vol. I, p. 925.

[4]) R. S. C. Order LXI r. 1b.

[5]) de Franqueville tom. I, p. 431: „Le service des taxes ... est, en fait, le secretariat ou le service central." de Franqueville übersieht übrigens, daß die Taxing Masters dem Taxing Department eingegliedert sind, so daß es nicht zutreffend ist, wenn er ausführt, daß die Kosten überhaupt nicht im Taxing Department, sondern von den Masters festgesetzt werden.

[6]) Whitaker's Almanack p. 202.

[7]) Wertheim S. 231; Schuster, Bürgerliche Rechtspflege S. 184.

[8]) R. S. C. Order LXI r. 8.

[9]) In Betracht kommen namentlich Reorganisationspläne von Eisenbahnen, vgl. auch Brodie-Innes vol. I, p. 111.

[10]) Report 1887, p. 192; de Franqueville tom. I, p. 432.

f) Ebenfalls in funktioneller Hinsicht nicht sehr bedeutend ist das Bills of Sale Department, welches mit einem Chief Clerk und vier Clerks sowie einem Hilfsbeamten besetzt ist.[1]) In diesem Bureau werden Register über Pfandrechte an Mobilien geführt, die im Gewahrsam des Schuldners bleiben. Die Eintragung hat die materielle Wirkung, daß das Pfandrecht auch Dritten gegenüber wirksam wird.[2]) Außerdem werden Register über ähnliche Urkunden geführt, so namentlich über Vergleiche, die ein Schuldner zu gunsten seiner Gläubiger außerhalb des Konkurses abgeschlossen hat.[3]) Die Registrierung erfolgt unter Mitwirkung eines Master.[4]) Bei dieser Tätigkeit handelt es sich also, wie sich aus dem Ausgeführten ohne weiteres ergibt, nicht mehr nur um reine Bureautätigkeit, sondern um die Ausübung bestimmter, in das Gebiet der freiwilligen Gerichtsbarkeit fallender Funktionen.

g) Wir gelangen des weiteren zu dem neuerdings erst vereinigten Bureau, dem King's Remembrancer's Judgments and Acknowledgments Department. Die Funktionen dieses Bureaus sind im Laufe der Zeit stark eingeschränkt worden. Besetzt ist es mit einem Master, dem sogenannten King's Remembrancer, und zwei Clerks.[5]) Funktionell ist zu unterscheiden:

α) Was die Funktionen in bezug auf die Einregistrierung von Urteilen betrifft, so erfolgt dieselbe heute nicht mehr in dem uns hier beschäftigenden Bureau, sondern ist auf das Generalgrundbuchamt, das sogenannte Land Registry Office,[6]) übertragen, so daß uns diese Tätigkeit nicht weiter zu beschäftigen hat.[7])[8]) Dagegen erfolgt heute noch im Bureau die Einregistrierung der gerichtlich anerkannten Urkunden von Ehefrauen. Die Einregistrierung hat unter Umständen materielle Bedeutung, indem von ihr und der gerichtlichen Anerkennung seitens der Ehefrau die Gültigkeit der von ihr unterzeichneten Urkunde abhängt.[9]) Auch hier also hat das Bureau Funktionen der freiwilligen Gerichtsbarkeit zu erfüllen.

---

[1]) Whitaker's Almanack p. 202.

[2]) Schuster, Bürgerliche Rechtspflege S. 87.

[3]) 50 and 51 Vict. c. 57; Brodie-Innes vol. I, p. 113; Annual Practice vol. I, p. 932.

[4]) R. S. C. Order LXI s. 25.

[5]) Whitaker's Almanack p. 202.

[6]) Vgl. dazu Wertheim S. 323ff. und weiter unten S. 613ff.

[7]) R. S. C. Order LXI rr. 22, 23; 63 and 64 Vict. c. 26 s. 1; Verordnung des Lord Chancellor vom 3. 8. 1900; Annual Practice vol. I, pp. 931, 932.

[8]) Die Einregistrierung der Urteile hatte gewisse prozessualische Vorteile für den Judikatsgläubiger zur Folge. Vgl. Schuster, Bürgerliche Rechtspflege S. 37, 185f.; de Franqueville tom. I, p. 424.

[9]) 3 and 4 Will. IV c. 74; Schuster, Bürgerliche Rechtspflege S. 37; de Franqueville tom. I, p. 432; Brodie-Innes vol. I, p. 113.

β) Was andererseits die Funktionen des King's Remembrancer betrifft, so waren dieselben früher bedeutender, als sie heute sind, wenn allerdings auch heute noch der King's Remembrancer eine keineswegs ganz unbedeutende Rolle spielt.[1]) Ursprünglich existierten drei Remembrancers, die als solche Beamte des Schatzamtes waren und in allen Prozessen, sei es zwischen Privaten, sei es zwischen Privaten und der Krone, die Interessen der letzteren wahrzunehmen hatten. Sie hatten ferner diese Interessen auch insofern primär zu vertreten, als sie Prozesse für die Krone anzustrengen berufen waren, also als eine Art Kronanwalt fungierten.[2]) Allmählich aber wurden diese Remembrancers beseitigt, und schließlich wurden ihre Funktionen, soweit sie sich erhalten hatten, auf das Central Office übertragen, in welchem der dienstälteste Master sie heute auszuüben hat.[3]) Und zwar wird derselbe noch heute in folgender Hinsicht tätig: Zunächst hat er die rein formelle Aufgabe, den Schatzkanzler, den Lord Mayor und die Sheriffs von London zu vereidigen. Er ist ferner bei der Anfertigung der Liste beteiligt, auf Grund welcher die Nomination der Sheriffs durch den König erfolgt, der er übrigens persönlich beizuwohnen hat. Des weiteren führt er in dem Verfahren zur Nachprüfung des Gehaltes und Gewichtes der Münzen den Vorsitz.[4]) Dann hat er zugegen zu sein bei Leistung des Lehnseides für Kronlehen. Seine wesentlichsten Funktionen aber entfaltet der King's Remembrancer in fiskalischen Prozessen, sei es zur Eintreibung von Forderungen der Krone, sei es zur Eintreibung von bestimmten Staatssteuern, der Erbschafts- und der Vermächtnissteuer.[5]) Es kann hier nicht auf das altertümliche Verfahren, welches in derartigen Fällen innezuhalten ist, irgendwie eingegangen werden.[6]) Ich bemerke nur, daß das Verfahren im wesentlichen ein schriftliches ist, und daß es sich in seinen wesentlichsten Phasen vor dem King's Remembrancer abspielt. Derselbe hat insoweit völlig richterliche Funktionen zu erfüllen. Zu einem Verfahren vor dem eigentlichen Richter kommt es nur subsidiär und mehr nur in Ausnahmefällen. Der gesamte Aktenverkehr, ebenso

---

[1]) Vgl. bezüglich seiner Tätigkeit die eingehenden statistischen Angaben Civil Judicial Statistics 1907, pp. 193, 194. Vgl. zum Ganzen auch Encyclopaedia 1st Ed. vol. X, pp. 622 et seq.

[2]) Vgl. Gneist, Englische Verfassungsgeschichte S. 185; Englisches Verwaltungsrecht Bd. II, S. 969, Anm. 3; Brodie-Innes vol. I, pp. 112, 113; de Franqueville tom. I, p. 433.

[3]) 3 Will. IV c. 99; 22 and 23 Vict. c. 21; 42 and 43 Vict. c. 78 ss. 5, 6.

[4]) Das Verfahren ist der sogenannte Trial of the Pyx; vgl. Hatschek Bd. II, S. 305; Encyclopaedia 1st Ed. vol. I, pp. 342 et seq.

[5]) Hatschek Bd. II, S. 291, 345 ff.; de Franqueville tom. I, p. 433.

[6]) Vgl. de Franqueville tom. II, pp. 138—140; ausführliche Darstellung Annual Practice vol. II, pp. 898—1053.

die Redaktion und Ausfertigung sämtlicher Entscheidungen findet ausschließlich im Bureau des Remembrancer statt, das als solches spezielle, aber auch umfassende Kompetenzen hat. Auf die Einzelheiten, wie gesagt, kann nicht näher eingegangen werden. Es genügt zu bemerken, daß der Remembrancer jedenfalls keineswegs bloß Bureaubeamter ist, sondern in erster Linie als Richter tätig wird.[1]) Allerdings gilt auch für ihn die Beschränkung, die wir bei den Masters at Chambers kennen gelernt haben, daß er nie als Richter „in open court" tätig werden kann, daß sich auch vor ihm mithin nie ein Trial abspielen kann.

h) α) Eines der wichtigsten Bureaus ist das Crown Office Department, dem wir uns im weiteren zuzuwenden haben. Es ist besetzt mit einem Master, der den Titel King's Coroner and Attorney and Master of the Crown Office führt, einem Assistant Master und 6 Clerks.[2]) [3]) In ihm sind sämtliche Bureauangelegenheiten zu erledigen, die in Sachen nötig werden, die zur Zuständigkeit der Crown Side der King's Bench Division gehören.[4]) Hierher gehören in erster Linie die gesamten Kriminalsachen, die durch die King's Bench Division erledigt werden. In Betracht kommt ferner das Verfahren der verschiedenen Writs of Certiorari, Habeas Corpus und anderes mehr.

Mit dem Crown Office ist neuerdings das Petty Bag Office verbunden, das früher ein Bureau der Chancery Division bildete.[5]) Gewisse Originalwrits werden in demselben einregistriert, so die Writs of Elections, ebenso gewisse Commissions, so die Commissions de Lunatico Inquirendo. Ferner sind die Bureaugeschäfte in bezug auf gewisse Klagen hier zu erledigen, in Betracht kommen z. B. die Klagen auf Scire Facias u. a. m. Früher war das Petty Bag Office auch noch das Bureau für Disziplinarprozesse gegen Rechtsanwälte. Das ist heute nicht mehr der Fall. Die zuständige Be-

---

[1]) Unzutreffend meint Hatschek Bd. II, S. 346, der Appell an die King's Bench Division in Steuersachen laufe eigentlich an den Remembrancer. Die Entscheidung erfolgt hier stets durch den Richter. Hatschek hat sich verleiten lassen durch die Adresse, die in den Formularen angewandt wird: „In the High Court of Justice, King's Bench Division (King's Remembrancer)." Diese Adresse besagt nicht etwa, daß der Remembrancer zu entscheiden habe, sondern nur, daß es sich um eine Steuersache usw. handelt.

[2]) Whitaker's Almanack p. 202.

[3]) Wertheim S. 192 nimmt an, daß der King's Coroner und der Master of the Crown Office verschiedene Beamte sind. Das kann sein, ist aber nicht notwendig so, wie es z. B. heute nicht der Fall ist.

[4]) Vgl. weiter oben S. 317; eingehende Darstellung bei Brodie-Innes vol. I, pp. 116, 117.

[5]) Annual Practice vol. I, p. 925; unzutreffend de Franqueville tom. I, p. 447, n. 1, der annimmt, das Bureau sei ganz unterdrückt. Unrichtig auch Wertheim S. 59.

hörde hierfür ist heute die Incorporated Law Society[1]), auf die wir noch weiter unten zu sprechen kommen werden.[2]) Auf die Einzelheiten kann natürlich hier nicht weiter eingegangen werden.[3])

β) Mit dem Crown Office verbunden ist die letzte Abteilung des Central Office, der wir uns zuzuwenden haben, das Associates' and Court Order Department, welches mit einem Assistant Master und 11 Clerks besetzt ist.[4]) Von diesem Bureau wird im allgemeinen der Sitzungsdienst in den Gerichtssitzungen geleistet, soweit er nicht von den Spezialbureaus der einzelnen Divisions zu leisten ist. Zu diesem Zweck ist im Bureau die Sitzung selbst vorzubereiten, d. h. es sind die Listen der abzuurteilenden Sachen anzufertigen, es müssen die Akten, die für die Sitzung notwendig werden, dem Richter vorgelegt werden. Ein Mitglied des Bureaus, sei es ein Master oder aber auch ein Clerk oder schließlich sogar ein Master nebst einem Clerk, hat den Sitzungen selbst beizuwohnen und hat die erforderlichen Notizen über die während der Sitzung ergangenen Entscheidungen zu machen.[5]) Diese Notizen des assistierenden Beamten, des sogenannten Associate, werden im Bureau selbst aufbewahrt, woselbst auch ein Register aller abgeurteilten Sachen geführt wird. Von den Notizen, welche die ergangenen Urteile betreffen, wird den Parteisolicitors zwecks Redaktion der Urteile, die, wie wir gesehen haben, im Writ Department erfolgt[6]), Abschrift erteilt. Die Redaktion der „in open court" erlassenen Beschlüsse und Verfügungen erfolgt dagegen im Associates' Department selbst.[7])

3. Neben diesen neun Abteilungen des Central Office existiert dann noch das sogenannte Masters' Secretary Department. Dasselbe ist mit zwei Clerks besetzt, von denen der eine auch noch die Bureauarbeiten in Wahlbeschwerdesachen zu erledigen hat.[8]) Die Clerks stehen den Masters persönlich zur Verfügung, ähnlich wie die den Richtern beigeordneten Clerks in den einzelnen Abteilungen des High Court.[9]) Und schließlich ist noch zu erwähnen das sehr wich-

---

[1]) 51 and 52 Vict. c. 65; Annual Practice vol. I, p. 925. Unzutreffend Wertheim S. 59.

[2]) Vgl. weiter unten S. 898 ff.

[3]) Eingehende Darstellung bei de Franqueville tom. I, p. 446s.; vgl. auch Gneist, Englisches Verwaltungsrecht S. 995, Anm. 3.

[4]) Whitaker's Almanack p. 202.

[5]) Ist ein Master als Richter, d. h. als Chambersrichter tätig, so kann ein anderer Master bei ihm den Sitzungsdienst haben.

[6]) Vgl. weiter oben S. 434 f.

[7]) R. S. C. Order LXI r. 1a. Vgl. auch zum Ganzen de Franqueville tom. I, p. 434s., der aber die r. 1a übersieht und infolgedessen bezüglich der Redaktion der Courts' Order unzutreffend behauptet, deren Redaktion erfolge im Summons and Orders Department.

[8]) Whitaker's Almanack p. 202; de Franqueville tom. I, p. 435s.

[9]) Vgl. weiter oben S. 384.

tige Courts of Justice Scrivenery Department. Dasselbe ist besetzt mit einem Superintendent, 5 Nebenbeamten und 45 Writing Clerks.[1]) In diesem Bureau werden die reinen Schreibarbeiten mit Ausnahme der Eintragungen in die Register angefertigt, also die Anfertigung von Kopien, Ausfertigungen u. a. m. Ursprünglich wurden diese Schreibarbeiten in den einzelnen Bureaus selbst angefertigt. Allein später hat man die gesamte, rein technische, untergeordnete Tätigkeit in einem für alle Unterbureaus des Central Office gemeinsamen Gesamtdepartment vereinigt.[2]) Die Beamten also, wie wir sie in den einzelnen neun Hauptabteilungen des Central Office kennen gelernt haben, haben mit der eigentlichen Schreibarbeit gar nichts zu tun, ja sie haben dieselbe sogar nicht einmal zu überwachen, was unsere Gerichtsschreiber, die ja selbstverständlich auch ihre Schreibhilfen haben, doch tun müssen. Und so kann man sagen, daß das Prinzip, den höheren Beamten nach Möglichkeit von niederen Arbeiten zu entlasten und seine Funktionen nach Maßgabe seiner Fähigkeiten zu spezialisieren, keineswegs bloß dem Richter gegenüber gilt, sondern daß es auch in bezug auf den Master und in abgeschwächtem Maß auch in bezug auf die Clerks durchgeführt ist, ein Prinzip, welches übrigens, wie wir sofort noch sehen werden, auch gewisse Gefahren in sich birgt, Gefahren nicht etwa in theoretischer, sondern in eminent praktischer Hinsicht. Ich bemerke abschließend, daß die Parteien auch das Scrivenery Department umgehen können, indem die Solicitors berechtigt sind, ihrerseits selbst Kopien anzufertigen, die dann beim Central Office eingereicht werden müssen.[3])

III. Im Central Office treffen wir drei verschiedene Kategorien von Angestellten, mit denen die Bureaus besetzt sind, und die wir im folgenden eingehend kennen zu lernen haben; es sind dies die Masters, die Clerks der verschiedenen Rangstufen und die Angestellten der eigentlichen Schreibstube des Central Office. Diese drei Kategorien sind im folgenden getrennt zu behandeln:

1. Wenden wir uns zunächst den Masters zu, so bemerke ich einleitend, daß wir neben den eigentlichen Masters auch noch sogenannte Assistant Masters treffen.[4]) Allein da tatsächlich die Stellung eines Assistant Master den Voraussetzungen und der Bedeutung des Amtes nach der Stellung eines Master durchaus konform ist, so können wir die Assistant Masters im folgenden außer acht lassen. Das bezüglich der Masters Ausgeführte gilt auch für sie, sofern nicht besondere Modifikationen ausdrücklich hervorgehoben

---

[1]) Whitaker's Almanack S. 202.
[2]) de Franqueville tom. I, p. 440s.
[3]) de Franqueville tom. I, p. 441.
[4]) Whitaker's Almanack p. 202.

werden. Bezüglich der ersteren ist nun aber folgendes zu bemerken:

a) Die Masters, die natürlich nicht mit den den Titel Masters führenden Chief Clerks der Chancery Division verwechselt werden dürfen, werden ernannt abwechselnd durch den Lord Chancellor, den Lord Chief Justice und den Master of the Rolls, ein Ernennungsmodus, der jedenfalls eigenartig genug ist. Wie die Benannten ihr Ernennungsrecht ausüben, ob abwechselnd in bestimmter Reihenfolge, jeder ausschließlich für einen gewissen Zeitraum, ob gemeinsam, ob jeder für eine bestimmte Zahl von Masters, ist durchaus ihrer eigenen Bestimmung überlassen.[1]) Ich bemerke aber, daß in praxi der erste Modus der übliche ist. Eine Ausnahme von diesen Sätzen gilt insofern, als der King's Coroner und der Master of the Crown Office ausschließlich durch den Lord Chief Justice ernannt werden.[2])

Voraussetzung der Ernennung ist, daß der zu ernennende Master während der letzten seiner Ernennung vorausgehenden fünf Jahre ausübender Rechtsanwalt, sei es als Barrister, sei es als Solicitor, gewesen ist.[3]) Hier wird also tatsächliche Ausübung der Praxis als Rechtsanwalt verlangt im Gegensatz zu den Richtern, bei denen als Voraussetzung die Tatsache des Barristerseins genügt, wie man sich erinnern wird. Wenn nun auch Solicitors zu Masters ernannt werden können, so geschieht dies im allgemeinen nicht, vielmehr werden die Masters regelmäßig dem Barristerstand entnommen.

Von diesen Anstellungsvoraussetzungen existieren eine Reihe von Ausnahmen. Einmal ist die Ernennung zum King's Coroner und zum Master of the Crown Office an keine Voraussetzungen gebunden. Vielmehr sind die zu diesen Ämtern Ernannten ex officio auch Masters. Allein diese Ausnahmebestimmung[4]) hat heute keinerlei praktische Bedeutung mehr, da eben nur Masters zu King's Coroners usw. ernannt werden.

Eine weit wichtigere Ausnahme dagegen besteht für diejenigen Masters, die ausdrücklich zu Taxing Masters für die Chanceryangelegenheiten ernannt sind. Bei ihnen ist Voraussetzung der Bestellung, daß sie mindestens 12 Jahre die Praxis als Solicitor ausgeübt haben.[5]) Trotzdem bilden sie, wenn auch anstellungsweise

[1]) 42 and 43 Vict. c. 78 s. 9; 47 and 48 Vict. c. 61 s. 19.

[2]) 42 and 43 Vict. c. 78 s. 9 (2).

[3]) 42 and 43 Vict. c. 78 s. 10; Halsbury, Laws of England vol. II, p. 383; Schuster, Bürgerliche Rechtspflege S. 19; de Franqueville tom. I, p. 421; unzutreffend v. Lewinski, England als Erzieher? S. 5, wo behauptet wird, die Masters müßten vor ihrer Anstellung mindestens sieben Jahre als Solicitors tätig gewesen sein.

[4]) 42 and 43 Vict. c. 78 s. 9 (2).

[5]) 5 and 6 Vict. c. 103.

mit besonderen Funktionen betraut, keine besondere Klasse der Masters für sich. Denn sie sind den übrigen Masters sonst in jeder Beziehung gleichgestellt.[1]) Wohl aber ergeben sich aus dem Anstellungsauftrag, der auf bestimmte Kostentaxierungen beschränkt ist, tatsächliche Modifikationen, deren wichtigste die ist, daß sie nicht als Masters at Chambers beschäftigt werden können.[2])

Dasselbe gilt für die mit der Kostentaxierung der King's Bench-Angelegenheiten betrauten Masters. Auch sie werden als solche ernannt, haben aber die volle Rangstellung eines Master. Voraussetzungen für die Ernennung existieren merkwürdigerweise bei ihnen nicht, ein Umstand, der sich nur historisch begreifen läßt.[3]) Anstellungen finden aber heute herkömmlicherweise nach Maßgabe der Bestimmungen statt, die für die Chancery Taxing Masters gelten.[4])

Was den als Taxing Master für Konkursangelegenheiten angestellten Master betrifft, so ist bei ihm Voraussetzung für die Ernennung entweder, daß er zum Registrar für Konkursangelegenheiten am High Court ernannt ist, oder aber, daß er seit mindestens 5 Jahren als Rechtsanwalt, sei es als Barrister, sei es als Solicitor, zugelassen ist. Die Ernennung erfolgt ausschließlich durch den Lord Chancellor.[5])

Der dienstälteste Master, welcher den Titel Senior Master führt, ist zu gleicher Zeit kraft seines Amtes King's Remembrancer[6]); ein Master wird dann noch besonders zum King's Coroner und Master of the Crown Office ernannt, ein Amt, welches heute gleichfalls der Senior Master bekleidet.[7]) Da derselbe nun neuerdings noch kraft seines Amtes Registrar des Court of Criminal Appeal ist,[8]) so ergibt sich ohne weiteres die Fülle, die Verschiedenartigkeit der Funktionen, die er zu erfüllen hat.

Die Ernennung der Masters erfolgt prinzipiell auf Lebenszeit, d. h. sie erfolgt „during good behaviour".[9]) Eine Absetzung kann

---

[1]) R. S. C. Order LXI r. 1b. Die Voraussetzungen von 5 and 6 Vict. c. 103 werden durch diese Rule nicht berührt.

[2]) Vgl. zum Ganzen auch de Franqueville tom. I, p. 444; Encyclopaedia 1st Ed. vol. XII, pp. 78 et seq.

[3]) Die Taxing Masters der King's Bench Division wurden durch 42 and 43 Vict. c. 78 s. 6 (a) zu Beamten des Central Office gemacht. Die für sie geltenden Bestimmungen wurden aber einfach aufrecht erhalten, und namentlich bezieht sich s. 10 nicht auf die in s. 6 genannten Beamten.

[4]) Vgl. Halsbury, Laws of England vol. IX, p. 68 und dort n. p.

[5]) 7 and 8 Vict. c. 96.

[6]) 42 and 43 Vict. c. 78 s. 14 (3).

[7]) Whitaker's Almanack p. 202.

[8]) 8 Edw. VII c. 46 s. 2 (1).

[9]) 42 and 43 Vict. c. 78 s. 11.

mithin nicht beliebig erfolgen, sondern nur wegen „Misbehaviour“ oder wegen „Inability“. Sie wird im ersten Fall herbeigeführt durch Majoritätsbeschluß der zur Ernennung berechtigten Richter, wobei der Lord Chancellor ein unbedingtes Vetorecht hat[1]), im zweiten Fall durch den Lord Chancellor allein.[2]) Auch hier kann der abgesetzte Master durch ein Quo Warrantoverfahren eine gerichtliche Entscheidung über seine Absetzung herbeiführen.[3])

Durch die Ernennung verliert der Master das Recht, seine Privatpraxis weiter zu betreiben.[4]) Er ist ausschließlich Staatsbeamter. Andererseits bezieht er einen sehr beträchtlichen, festen Gehalt. Derselbe beträgt bei den Masters £ 1500, bei den Assistant Masters steigt er von £ 800 bis zu £ 1000. Der King's Remembrancer erhält außerdem noch £ 300, der King's Coroner noch £ 100.[5]) So bezieht der heutige Senior Master einen Gehalt von £ 1900, d. h. von M. 38 000. Einer der Taxing Masters hat noch die Kosten in kirchlichen Prozessen zu schätzen, wofür er £ 100 besonders erhält.[6]) Des ferneren haben die Masters Pensionsanspruch wie jeder gewöhnliche Staatsbeamte.[7]) Abschließend sei bemerkt, daß zurzeit 18 Masters und 3 Assistant Masters im Central Office angestellt sind. Mehr wie 18 Masters dürfen nicht angestellt werden.[8])

b) Was die Funktionen der Masters betrifft, so hat im folgenden natürlich alles das außer acht zu bleiben, was die Masters außerhalb des Central Office, also nicht in ihrer Eigenschaft als Beamte desselben zu tun haben. Nicht in Betracht kommt somit ihre ganze richterliche Tätigkeit als Masters at Chambers in der King's Bench Division. Im Central Office selbst liegen ihnen aber folgende Funktionen ob:[9])

α) Einmal werden sie außerhalb der eigentlichen Bureaus tätig, in einer bereits weiter oben skizzierten Art und Weise, indem ihnen ein Dreifaches obliegt, Kontrolle über das Central Office, Geschäftsverteilung und Vertretung nach außen.[10]) Daß diese Tätigkeit keine subalterne im eigentlichen Sinne des Wortes ist, ergibt sich ohne weiteres aus den früheren Ausführungen. Sie ist stets eine kontrol-

---

[1]) 42 and 43 Vict. c. 78 s. 10 (4).

[2]) 42 and 43 Vict. c. 78 s. 18.

[3]) Vgl. dazu auch weiter oben S. 221, Anm. 5.

[4]) 1 Vict. c. 30 s. 15.

[5]) 42 and 43 Vict. c. 78 s. 8; Whitaker's Almanack p. 202.

[6]) Whitaker's Almanack p. 202, n. c.

[7]) 42 and 43 Vict. c. 78 s. 15; Hatschek Bd. II, S. 134f., insbesondere S. 592ff.

[8]) 42 and 43 Vict. c. 78 s. 8 (3); Schuster, Bürgerliche Rechtspflege S. 37; Whitaker's Almanack p. 202.

[9]) Eingehend und zusammenfassend de Franqueville tom. I, p. 421—425.

[10]) Vgl. weiter oben S. 432f.

lierende, entscheidende, nie aber eine von Weisungen vorgesetzter Behörden abhängige, ausführende Tätigkeit.

β) Innerhalb der Bureaus werden die Masters tätig einmal in Ausübung der uns bereits bekannten Spezialfunktionen des King's Remembrancer, die durchaus richterlicher Natur sind, ferner der recht unbedeutenden Funktionen des King's Coroner und Master of the Crown Office, die im wesentlichen wiederum kontrollierender Natur sind, indem der Geschäftsgang im Crown Office durch den in Betracht kommenden Master geregelt und überwacht wird.[1]) Außerdem aber hat der Master of the Crown Office im Kriminalverfahren, das durch Information eingeleitet ist, gewisse klägerische Funktionen zu erfüllen, da er die Information abzufassen hat, ohne daß auf die Einzelheiten hier eingegangen werden könnte.[2])

Die Masters haben ferner die Kosten zu taxieren, wobei ihnen ebenfalls nicht etwa die rechnerische Überprüfung der eingereichten Rechnungen, sondern nur die richterliche Feststellung der Kosten obliegt, so daß es sich also auch hier im wesentlichen nicht um subalterne Funktionen handelt. Sie erscheinen als die Richter im Kostenfestsetzungsverfahren.[3]) Als solche haben sie sehr weitgehende Befugnisse. Sie können in Beweisaufnahmen eintreten;[4]) ja, sie haben sogar einen starken Einfluß nicht nur auf die Kostenfestsetzung, sondern auch auf die Kostenverteilung. So ist ausdrücklich bestimmt, daß, wenn es sich bei der Kostenfestsetzung ergibt, daß die Kosten ungebührlich hohe sind, der Taxing Master das Recht haben soll, der Partei nur die Kosten aufzuerlegen, die er für angemessen erachtet.[5]) Dem entspricht, daß gegen die Entscheidung des Taxing Master ein Appeal an den Richter at Chambers läuft, der in Chanceryangelegenheiten an die Chancery Division, in King's Benchfällen an die King's Bench Division geht.[6]) Ich bemerke, daß die Tätigkeit der Taxing Masters naturgemäß eine sehr umfangreiche ist, wie sie denn 1907 nicht weniger als 9282 Verfügungen und Festsetzungen erlassen haben.[7])

Endlich sind die Masters am Sitzungsdienst mitbeschäftigt. Allein hier werden sie tatsächlich nur sehr selten tätig. Zumeist

---

[1]) de Franqueville tom. I, p. 424.

[2]) Archbold, Pleading pp. 130, 128.

[3]) Bezüglich des innezuhaltenden Verfahrens vgl. die eingehenden Bestimmungen R. S. C. Order LXV r. 27. Vgl. auch Encyclopaedia 1st Ed. vol. XII, pp. 79 et seq.; Wertheim S. 167 ff.

[4]) R. S. C. Order LXV r. 27 (9).

[5]) R. S. C. Order LXV r. 27 (38a).

[6]) R. S. C. Order LXV r. 27 (41).

[7]) Civil Judicial Statistics 1907, p. 119. Vgl. zum Ganzen auch Annual Practice vol. II, p. 444.

wird nämlich der Sitzungsdienst nur durch Clerks ausgeübt, und es ist beinahe eine Ausnahme, wenn ein Master einer Sitzung als Associate beiwohnt.[1])

Schließlich ist, wie noch bemerkt werden mag, ein Master mit Municipalwahlangelegenheiten befaßt, was indessen hier nicht weiter interessiert.[2])

Aus dem Ausgeführten ergibt sich: Das Schwergewicht der Stellung eines Masters liegt nicht in den Bureaufunktionen, die er im Central Office zu erfüllen hat. Vielmehr entfalten die Masters ihre Haupttätigkeit außerhalb des Central Office. Und dieser Satz kann erst dann in seiner vollen Bedeutung verstanden werden, wenn man bedenkt, daß die Masters als Schiedsrichter funktionieren können und tatsächlich auch sehr häufig als solche funktionieren.[3])

c) Die Geschäftsverteilung der einzelnen Angelegenheiten auf die verschiedenen Masters erfolgt prinzipiell durch die Masters selbst mit der Ausnahme, daß der King's Remembrancer, der King's Coroner und der Master of the Crown Office durch den Lord Chief Justice besonders ernannt werden. Bezüglich der Geschäftsverteilung gelten nun aber folgende ausdrückliche Bestimmungen; soweit dieselben nicht normieren, greift also das freie Ermessen der Masters Platz.

α) Es muß daran erinnert werden, daß den Masters die Kontrolle und die Leitung der Gesamtgeschäfte des Central Office obliegt. Diese Kontrolle wird nun nicht etwa durch sämtliche Masters, auch nicht etwa durch den Senior Master ausgeübt, sondern, wie bereits bemerkt ist, durch die sogenannten Practice Masters. Während früher aus der Zahl der Masters fünf gewählt wurden, die monatlich abwechselnd die Funktionen des Practice Master ausübten, so daß stets ein Practice Master die Geschäfte leitete, wechseln nunmehr diejenigen sechs Masters, die nicht als Taxing Masters beschäftigt sind, täglich miteinander ab gemäß einer Reihenfolge, die sie selbst von Zeit zu Zeit festsetzen.[4]) Auf Grund dieser Verteilung der Geschäfte funktioniert täglich ein Master als Practice Master, wobei noch zu bemerken ist, daß der Senior Master als solcher nie als Practice Master tätig wird. Diese Practice Masters sind aber die eigentlichen Leiter des Central Office.

β) Was die Taxing Masters betrifft, so ist zu bemerken: Für Taxierung der Kosten in Chanceryangelegenheiten und in

---

[1]) Vgl. auch de Franqueville tom. I, p. 421.

[2]) Whitaker's Almanack p. 202, n. b.

[3]) de Franqueville tom. I, p. 425.

[4]) Vgl. R. S. C. Order LXI r. 2, die indes nicht mehr angewandt wird. Vgl. Annual Practice vol. I, p. 927.

Konkurssachen werden besondere Taxing Masters ernannt[1]), die fortwährend und ausschließlich mit Kostentaxierungen befaßt sind. Für die Kostentaxierung in anderen Angelegenheiten, also namentlich in King's Benchangelegenheiten, werden ebenfalls besondere Beamte, wie wir bereits gesehen haben, ernannt. Aus den sämtlichen, so ernannten Taxing Masters werden je drei Masters gewählt, die die Funktionen der Taxing Masters für einen Tag zu erfüllen haben.[2]) Die Reihenfolge, in welcher sich hier die Masters abwechseln, bestimmen die Masters, die nicht speziell ernannte Taxing Masters sind, und es müssen die diesbezüglichen Anordnungen öffentlich bekannt gegeben werden.[3]) Unter den Taxing Masters selbst werden dann die Geschäfte nach eigener Vereinbarung verteilt, wobei natürlich zu beachten ist, daß der Geschäftsverteilung gewisse Grenzen durch das Gesetz gezogen sind, ein Chancery Taxing Master kann z. B. prinzipiell nicht die Taxierung von King's Benchkostenangelegenheiten zugewiesen bekommen.[4])

Allein diese Bestimmungen werden nach doppelter Hinsicht hin durchbrochen. Einmal nämlich können sich sämtliche Taxing Masters gegenseitig vertreten.[5]) Ferner kann der Lord Chancellor in die Geschäftsverteilung insofern eingreifen, als er durch allgemeine Verordnung bestimmte Kategorien von Geschäften bestimmten Masters überweisen kann.[6]) Für die Ferien werden schließlich Taxing Masters ausdrücklich bestimmt, die während dieser Zeit zu funktionieren haben.[7])

2. a) Die Clerks, von denen ungefähr 90 im Central Office angestellt sind, zerfallen in mehrere Kategorien, und zwar haben wir zu unterscheiden die Clerks erster, zweiter und dritter Ordnung.[8]) Das Aufsteigen von einer Rangklasse in die andere erfolgt im Wege der Anciennität, wobei zu bemerken ist, daß Promotionen von der dritten Klasse in die höheren prinzipiell nur als Ausnahmen vorkommen. Funktionell unterscheiden sich die erste und zweite Klasse von der dritten Rangklasse so, daß die beiden ersteren mehr anleitend und entscheidend tätig werden, während die Clerks der dritten Klasse als ausschließlich ausführende Organe die untergeordneten Geschäfte der Bureautätigkeit als sogenannte

---

[1]) R. S. C. Order LXI r. 1b.
[2]) R. S. C. Order LXI r. 3.
[3]) R. S. C. Order LXI r. 4.; Encyclopaedia 1st Ed. vol. XII, p. 77.
[4]) R. S. C. Order LXV r. 18.
[5]) R. S. C. Order LXV r. 19.
[6]) R. S. C. Order LXV r. 18.
[7]) R. S. C. Order LXI r. 3.
[8]) 42 and 43 Vict. c. 78 s. 13 in Verbindung mit Whitaker's Almanack p. 202, n. ‡.

Copying Clerks zu erledigen haben. Selbstverständlich ist der Gehalt in den verschiedenen Klassen verschieden, wie wir noch sehen werden.

b) Die Ernennung der Clerks erfolgt analog wie die der Masters, also abwechselnd durch den Lord Chancellor, den Lord Chief Justice und den Master of the Rolls.[1]) Voraussetzung der Ernennung ist Ablegung eines Examens vor der Civil Service Commission, ferner bei den höheren Clerks ein gewisses Alter, und zwar vollendetes 24. Lebensjahr bei den Clerks der ersten Klasse, vollendetes 22. Lebensjahr bei den Clerks der zweiten Klasse, schließlich Ableistung einer Probezeit von einem Jahr, resp. zwei Jahren bei den höheren Clerks.[2])

Die Clerks werden nicht auf Lebenszeit ernannt. Sie können vielmehr jederzeit unter Angabe von Gründen entlassen werden. Und zwar erfolgt die Entlassung, die übrigens außerordentlich selten ist[3]), durch Majoritätsbeschluß der ernennenden Richter, wobei auch hier der Lord Chancellor ein Vetorecht hat.[4]) Zwangspensionierung kann durch den Lord Chancellor herbeigeführt werden[5]), namentlich wenn der Clerk das vollendete 65. Lebensjahr überschritten hat.[6])

Die Anstellung verpflichtet die Clerks zu einem Doppelten: einmal nämlich, sich jeder politischen Betätigung zu enthalten, wie sie denn ihre Stellung niederlegen müssen, wenn sie für das Unterhaus kandidieren wollen, ferner sich nicht an Handels- und Erwerbsgesellschaften handelnd zu beteiligen, soweit dadurch ihre Zeit während den Dienststunden in Anspruch genommen werden würde, eine Bestimmung, die in praxi sehr extensiv gehandhabt wird.[7])

Andererseits haben die Clerks Gehalts- und Pensionsanspruch.[8]) Die Gehälter steigen in der dritten Klasse von £ 100 bis zu £ 200, in der zweiten Klasse von £ 250 bis zu £ 500, in der ersten Klasse von £ 500 bis zu £ 800.[9]) Der Pensionsanspruch bestimmt sich nach den allgemeinen Vorschriften über Zivilbeamte und ihre Rechtsverhältnisse.[10]) Schließlich haben die Clerks einen Anspruch auf

---

1) 42 and 43 Vict. c. 78 s. 9 (1); 47 and 48 Vict. c. 61 s. 19.

2) Vgl. die Einzelheiten bei Hatschek Bd. II, S. 587ff.

3) de Franqueville tom. I, p. 439: „. . . mais ce pouvoir n'est jamais excercé, et c'est à peine si l'on paraît en soupçonner l'existence.“ Vgl. auch Hatschek Bd. II, S. 591.

4) 42 and 43 Vict. c. 78 s. 9 (4).

5) 42 and 43 Vict. c. 78 s. 18.

6) Order in Council vom 15. 8. 1890 s. 10 in Verbindung mit Order in Council vom 29. 11. 1898 s. 18; Hatschek Bd. II, S. 591.

7) Hatschek Bd. II, S. 589.

8) 42 and 43 Vict. c. 78 s. 5.

9) Whitaker's Almanack p. 202 n.; de Franqueville tom. I, p. 439.

10) Hatschek Bd. II, S. 591 ff.

Ferien, der in den verschiedenen Klassen verschiedener Art ist und zwischen 14 und 48 Tagen schwankt.[1])

c) Die Funktionen der Clerks ergeben sich aus dem weiter oben Ausgeführten, so daß auf diese früheren Erörterungen verwiesen werden kann.[2]) Ich bemerke nur, daß die Clerks bei Durchführung ihrer Funktionen oft ausdrücklich befugt sind, Handlungen vorzunehmen, die bei uns richterlicher Natur sind. So können die Clerks der ersten und zweiten Klasse im Filing and Record Department Eide abnehmen[3]), und dasselbe gilt für die Clerks derselben Rangstufen im Crown Office Department.[4]) In jedem Bureau, dem nicht ein Master als solcher zugewiesen ist, treffen wir einen Clerk an, dem die Leitung des Department zusteht. Eine wirkliche dienstliche Abhängigkeit der untergeordneten Clerks von jenen ist indessen kaum vorhanden.[5])

d) Was die Geschäftsverteilung betrifft, so werden die Clerks mit ihrer Anstellung einer der Abteilungen des Central Office zugewiesen. Der dienstälteste Clerk ist zugleich auch stets der rangälteste und als solcher Vorstand des Department. Innerhalb des Bureaus verteilt der älteste Clerk die Geschäfte. Bei allen Streitfragen, die bei der Erledigung einer Angelegenheit zwischen Parteien und Clerk entstehen, hat der Chief Clerk, d. h. also der Vorstand des Department, eine vorläufige Entscheidung zu geben, ehe die Entscheidung des Practice Master angerufen werden kann.[6]) Ich bemerke abschließend, daß die Clerks der sämtlichen Departments sich gegenseitig vertreten können. Es können auch Versetzungen von einem Department in das andere vorkommen, wie sie denn in der Praxis auch tatsächlich stattfinden.[7])

3. Sehr kurz können wir uns mit den Angestellten der eigentlichen Schreibstube, des Scrivenery Department befassen. Was den Vorstand und dessen Stellvertreter betrifft, so sind das Beamte, auf die die Vorschriften, wie wir sie in bezug auf die Clerks kennen gelernt haben, in analoger Weise zur Anwendung zu bringen haben. Was dagegen die eigentlichen Schreiber betrifft, so sind dieselben keine Beamten im technischen Sinne wie die Clerks. Sie stehen in keinem Anstellungsverhältnis zum Staat, haben keinerlei Amtspflichten und andererseits keinen Anspruch auf Gehalt und Pension. Sie werden bezahlt nach der Zahl der abgeschriebenen und kollationierten

---

[1]) Hatscheck Bd. II, S. 590.
[2]) Vgl. weiter oben S. 434 ff.
[3]) R. S. C. Order LXI r. 5.
[4]) Crown Office Rules 1906 r. 7.
[5]) de Franqueville tom. I, p. 437, n. 4.
[6]) Practice Masters' Rules r. 1.
[7]) 42 and 43 Vict. c. 78 s. 12.

Seiten, und zwar so, daß ein gemeinsamer Fond gegründet wird, in dem alle fälligen Gebühren bezahlt werden. Aus diesem Fond erhält dann jeder Schreiber eine gleiche Summe. Ich bemerke, daß diesen Schreibern jederzeit die Arbeit entzogen werden kann, was indessen sehr selten vorkommt.[1])

IV. Übersehen wir nochmals die Organisation des Central Office im ganzen, so muß zunächst ins Auge fallen, daß irgend eine organische Beziehung zwischen Richter und Central Office nicht besteht, sofern wir von dem Absetzungs- und Ernennungsrecht hier absehen wollen, das, wie wir gesehen haben, bestimmten Richtern hinsichtlich der Beamten des Central Office zusteht. Allein abgesehen, wie gesagt, hiervon, haben die Richter weder ein Aufsichts- noch ein Kontrollrecht über das Central Office. Letzteres ist ihnen gegenüber völlig unabhängig und kulminiert eben nicht in den Richtern, sondern in den Masters, die seine letzte Spitze sind. Hier ist nun der eigentliche Vorstand des Bureaus nicht etwa der Senior Master, der zwar die Masters als solche, nicht aber das Central Office vertritt, sondern der von Tag zu Tag wechselnde Practice Master. In ihm findet das Central Office seinen höchsten, letzten Beamten, wie auch er im allgemeinen, soweit nicht ein anderes ausdrücklich bestimmt worden ist, die letzte Instanz für alle im Betrieb des Central Office entstehenden Streitfragen ist.

Auch die einzelnen Departments sind alle durchaus selbständig organisiert, sie haben, wie wir gesehen haben, ihren eigenen Vorstand und funktionieren ohne eigentlichen Zusammenhang mit den anderen Departments. Wiederum ist es das dem englischen Leben so geläufige Prinzip der Arbeitsspezialisierung, auf der im Grunde die ganze Organisation des Central Office beruht.

Ob dieselbe nun eine durchaus praktische ist, kann mit Fug bezweifelt werden. Das Fehlen einer einheitlichen, ständigen Spitze, eines wirklich verantwortlichen, leitenden Beamten gibt der Organisation etwas Unsicheres und hat jedenfalls in praxi zu Mißständen geführt, die auch nicht dadurch behoben sind, daß in den einzelnen Departments selbst wieder Vorstände tätig sind. Denn auch hier ist die Organisation nicht etwa straff durchgeführt, wie wir bereits bemerkten, sondern es gilt eher das Gegenteil. Andererseits ist auch die völlige Scheidung zwischen dem Gericht im eigentlichen Sinne und dem Bureau nicht so völlig einwandsfrei, wie von mancher Seite angenommen zu werden scheint. Die Enquetekommission von 1887, die wir früher bereits erwähnt

---

[1]) Vgl. zum Ganzen de Franqueville tom. I, p. 441.

haben,[1]) hat in ihren Berichten manches Merkwürdige in dieser Hinsicht festgelegt, festgelegt unter anderem, daß selbst der Lord Chief Justice über die Arbeitsverteilung in den Bureaus nicht im geringsten unterrichtet war, wie er denn selbst nicht wußte, welcher Beamte die Redaktion von Urteilen zu besorgen hatte.[2]) Dazu kommt dann noch die Arbeitsspezialisierung, wie sie auf diesem Gebiet so überaus weitgehend durchgeführt ist. Jeder Angehörige des Central Office weiß nur in dem kleineren Kreis seiner täglichen Pflichten Bescheid, er kennt den Funktionenkreis der anderen Beamten nicht.[3]) Daß hier tüchtige, routinierte Spezialisten sich ausbilden werden, kann keinem Zweifel unterliegen. Andererseits aber kann die Gefahr nicht übersehen werden, die daraus entsteht, daß der Zusammenhang, die Einheitlichkeit in der Abwicklung der Geschäfte leiden muß, ja sogar ganz verloren gehen kann. Und um schließlich noch auf ein weiteres Bedenken hinzuweisen, das sich aus der heutigen Organisation ergibt, so hat die historische Entwicklung zu einer starken Systemlosigkeit geführt, die sich namentlich in der Competenzabgrenzung der einzelnen Departments voneinander zeigt. Beruht dieselbe doch mehr auf historischem Zufall, wie auf Zweckmäßigkeitserwägungen.[4]) Daß diese Bedenken, die hier kurz zusammenfassend skizziert sind, in der Tat auch in der Praxis hervortreten, beweisen die Ergebnisse der Untersuchungen von 1887, auf die ich wiederholt, wie gesagt, verweise.

V. 1. Anhangsweise sei in diesem Zusammenhang noch kurz das Supreme Court Pay Office erwähnt. Es ist dasselbe eine Unterabteilung des Bureaus des Paymaster-General. In diesem Pay Office sind alle gerichtlich zu deponierenden Bürgschaften einzuzahlen, ferner sind einzuzahlen alle diejenigen Gelder, die bei Gericht eingezahlt werden sollen, was im Verfahren nicht nur in Chanceryangelegenheiten häufig vorkommt.[5]) Die Entgegennahme dieser Einzahlungen, die Verwaltung der eingegangenen Gelder erfolgt dann im Pay Office.[6])

2. Das Bureau steht unter der Leitung des Paymaster-General,

---

[1]) Vgl. weiter oben S. 430.

[2]) de Franqueville tom. I, p. 427, n. 1; p. 429, n. 1; p. 431, n. 1; p. 437, n. 1—4 u. a. m.

[3]) Vgl. die interessanten Angaben bei de Franqueville tom. I, p. 437, n. 1, 2.

[4]) de Franqueville tom. I, p. 435, n. 1.

[5]) Schuster, Bürgerliche Rechtspflege S. 279f., insbesondere S. 280, Anm. 2.

[6]) 35 and 36 Vict. c. 44 Preamble s. 4; 46 and 47 Vict. c. 29 s. 1. Brodie-Innes vol. I, pp. 117, 118; Encyclopaedia 1st Ed. vol. IX, pp. 559 et seq. in eingehenden, auch in historischer Hinsicht interessanten Ausführungen.

der als politischer Beamter mit dem Ministerium wechselt.[1]) Derselbe übt die Funktionen des Amtes nicht persönlich aus, sondern läßt sich dabei vertreten. Seine Vertreter, die voll an seine Stelle treten[2]), sind der Assistant Paymaster-General, der ein Gehalt von £ 1200 bezieht, und der Deputy Assistant Paymaster-General, der £ 900 Gehalt bezieht.[3]) Ohne daß auf diese Beamten selbst an dieser Stelle näher eingegangen werden könnte (sie wechseln nicht wie der Paymaster mit dem Ministerium und unterstehen den gewöhnlichen Rechtsvorschriften über Zivilbeamte), bemerke ich nur kurz, daß unter ihnen wiederum noch 5 Clerks beschäftigt sind, mit Gehältern von je £ 800, und schließlich ein Aktienhändler, der für seine Tätigkeit £ 700 erhält.[4]) Außerdem sind in den Bureaus noch 60 durchaus subalterne Clerks angestellt mit wechselnden Gehältern, auf die hier nicht näher eingegangen zu werden braucht.[5]) Das ganze Bureau untersteht dem Finanzministerium, dem Reichsschatzamt.[6])

§ 18. γ) Die mit besonderen Funktionen beauftragten Beamten des High Court. Die am High Court zugelassenen Rechtsanwälte.

I. Unter den eigentlichen Beamten des High Court, mit ihrem mehr oder weniger generell bestimmten Kompetenzenkreis, treffen wir eine Reihe von Personen, die mit einzelnen Geschäften beauftragt werden, die nur ganz speziell bestimmte Handlungen vornehmen können. Wir sehen, daß Handlungen, die bei uns zumeist dem Richter obliegen, hier von Personen vorgenommen werden, die nicht eigentlich zu den Beamten des High Court im engsten Sinn gehören, die vielmehr mehr außerhalb der Organisation des Gerichtes stehen. Daß durch eine derartige Beauftragung, durch ein derartiges Heranziehen dritter Personen zur Hilfeleistung in der Tat die Gerichte sehr stark entlastet werden, kann nicht bezweifelt werden. Und es muß diese Abwälzungsmöglichkeit von Geschäften seitens der Gerichte auf außerhalb der engeren Organisation stehende dritte Personen stets im Auge behalten werden, will man die für uns so eigenartige Erscheinung verstehen, daß die englischen Gerichte mit einer relativ geringen Anzahl von Richtern

---

[1]) Vgl. Hatschek Bd. II, S. 295f.; Gneist, Englisches Verwaltungsrecht Bd. II, S. 693ff.

[2]) Supreme Court Funds Rules r. 3.

[3]) Whitaker's Almanack p. 202; unzutreffend gibt Hatschek Bd. II, S. 295 den Gehalt des Assistant Paymaster-General mit £ 1100 an.

[4]) Whitaker's Almanack p. 202.

[5]) Encyclopaedia 1st Ed. vol. IX, p. 565.

[6]) Hatschek Bd. II, S. 295; Wertheim S. 428. Zum Ganzen Brodie-Innes vol. I, p. 108.

auskommen.[1]) Andererseits aber beweist diese Abwälzungsmöglichkeit, der wir im deutschen Rechte nichts Analoges entgegensetzen können, daß eine wirklich fruchtbare, weil innerlich begründete Vergleichsstatistik zwischen englischen und deutschen Richterzahlen unmöglich aufgestellt werden kann, da die zu vergleichenden Verhältnisse innerlich zu verschieden sind.

Ich bemerke nun, daß der Gegensatz dieser speziell zu einzelnen Funktionen herangezogenen Beamten und den übrigen Organen des High Court nicht etwa derselbe ist wie zwischen ständigen und nicht ständigen Beamten. Denn wir treffen bei diesen Spezialorganen auch ständig angestellte Beamte, ich erwähne z. B. die Official Referees, den Official Solicitor, während andere unter ihnen wieder nicht ständig angestellt sind, sondern nur für den einzelnen Fall herangezogen werden. Trotzdem gelten auch sie als Beamte, als Organe des High Court[2]), wenn sie allerdings auch mehr außerhalb des eigentlichen Organismus des High Court stehen.

Im einzelnen ist nun hier folgendes zu bemerken:

1. Die Fähigkeit, Eide abzunehmen, eignet an den englischen Gerichten nicht nur ausschließlich dem Richter, sondern auch einer Reihe der richterlichen Unterbeamten, wie wir bereits in den früheren Ausführungen gesehen haben. So können Masters und Chief Clerks, die Registrars der Probate Divorce and Admiralty Division und unter bestimmten Voraussetzungen auch die Clerks der ersten und zweiten Klasse Eide abnehmen[3]), und schließlich ist ganz allgemein bestimmt, daß jeder Beamte des High Court, dem die Vernehmung von Zeugen übertragen ist, auch das Recht hat, dieselben zu vereidigen.[4]) Allein abgesehen von dieser Möglichkeit, Beeidigungen durch Neben-, ja sogar durch Unterbeamte vornehmen zu lassen, können auch andere Personen ausdrücklich das Recht verliehen bekommen, Eide abzunehmen und sogenannte Affidavits, d. h. beschworene Parteiaussagen, zu Protokoll aufzunehmen.[5]) Dieses Recht wird verliehen durch Ernennung der betreffenden Person zu einem „Commissioner to take“ oder „to administer oaths and affidavits“. Die Ernennung erfolgt durch den Lord Chancellor, der solche Commissioners in beliebiger Zahl bestellen kann.[6]) Vor-

---

[1]) Vgl. die durchaus zutreffenden Ausführungen Wertheims S. 188.

[2]) Vgl. 36 and 37 Vict. c. 66 Part V.

[3]) R. S. C. Order XXXVIII r. 6; Order LV r. 16; Order LXI r. 5; Annual Practice vol. I, p. 549; Schuster, Bürgerliche Rechtspflege S. 43.

[4]) R. S. C. Order XXXVII r. 19.

[5]) Wertheim S. 21 definiert das Affidavit als „schriftliche Aussage unter Eid, beschworenes Dokument“, besser dürfte es sein, es zu definieren als beschworenes Protokoll.

[6]) Es gibt, was durch die Einrichtung der Affidavits bedingt wird, eine außerordentlich große Anzahl solcher Commissioners. Vgl. Law List 1905,

aussetzung der Ernennung ist, daß die zu ernennende Person praktizierender Solicitor oder sonst eine geeignete Persönlichkeit ist[1]), so daß also theoretisch auch Nichtjuristen mit solchen Funktionen betraut werden können. In praxi werden aber stets nur Solicitors zu Commissioners ernannt, deren Namen in einer von der Law Society zu führenden Liste einzutragen sind.[2])

Die Ernennung kann jederzeit widerrufen werden. Es mag aber bemerkt werden, daß Wegfall der Ernennungsvoraussetzungen keineswegs die Fähigkeit zur Abnahme von Eiden nimmt. Der im Wege des Disziplinarverfahrens aus dem Stand der Anwälte entfernte Solicitor bleibt also noch Commissioner, bis er auch als solcher ausdrücklich entlassen ist.[3]) Um hier Schwierigkeiten vorzubeugen, erfolgt die Ernennung neuerdings nur für die Zeit, während welcher der ernannte Solicitor seine Praxis ausübt. Wird er nunmehr aus dem Anwaltsstand entfernt, so erlischt damit dann auch sofort sein Recht, als Commissioner zu funktionieren.[4])

Die Commissioners sind als solche Beamte des High Court oder richtiger des Supreme Court.[5]) Einen Gehalt beziehen sie nicht, sondern sie werden von den Parteien mit Gebühren bezahlt.[6]) Ihre Funktionen, wie sie sich aus ihrer Hauptfunktion, Eide abzunehmen, Affidavits aufzunehmen, ergeben, im einzelnen hier darzustellen, würde zu weit führen.[7]) Es sei nur noch kurz darauf hingewiesen, daß die Commissioners gesetzlich von der Ausübung ihrer Funktionen ausgeschlossen sind, falls es sich um Angelegenheiten ihrer eigenen Klienten handelt, oder falls sie sonst irgendwie in der Angelegenheit interessiert sind.[8]) Übrigens stehen die Commissioners unter einer gewissen Kontrolle des Gerichtes. Der Richter kann nämlich stets anordnen, daß aus einem Affidavit eine Tatsache, die

---

pp. 1449—1482. Der Antrag auf Ernennung kann von dem Solicitor, der Commissioner werden will, selbst ausgehen. Zu diesem Zweck muß derselbe einen Antrag an den Lord Chancellor richten, der von zwei Barristers, zwei Solicitors und sechs Hausbesitzern unterstützt wird. Encyclopaedia 1st Ed. vol. III, p. 130.

1) 52 Vict. c. 10 s. 1.

2) Schuster, Bürgerliche Rechtspflege S. 43. Usus ist es sogar, nur solche Solicitors zu Commissioners zu machen, die eine mindestens sechsjährige Praxis hinter sich haben. Encyclopaedia 1st Ed. vol. III, p. 130.

3) Annual Practice vol. I, p. 549.

4) Encyclopaedia 1st Ed. vol. III, p. 130: „... by the form of commission now in use the appointment lasts only so long as the person holding it continues in practice as a solicitor."

5) 36 and 37 Vict. 66 ss. 77, 82, 84; 52 Vict. c. 10 s. 2.

6) Wertheim S. 134.

7) Vgl. dazu namentlich Annual Practice vol. II, pp. 886 et seq.; ferner R. S. C. Order XXXVIII rr. 5, 7, 8, 9, 10, 13 u. a. m.; Schuster, Bürgerliche Rechtspflege S. 110.

8) R. S. C. Order XXXVIII rr. 16, 17.

beleidigender Natur oder sonst anstößig ist, gestrichen wird, mithin demnächst nicht im Prozeß verwertet werden kann.[1]) Anträge auf Streichung können nun aber jederzeit vor dem Chambersrichter gestellt werden, so daß in der Tat in dieser Hinsicht das Gericht eine Art Instanzschutz gegenüber den Commissioners gewährt.

2. Eine ähnliche Art von Hilfsbeamten sind die sogenannten Commissioners to take acknowlegdments of married women. Auch sie werden generell ernannt, und zwar vom Lord Chief Justice.[2]) Voraussetzung der Ernennung ist Ausübung der Praxis als Solicitor. Auch sie erscheinen als ständige, durch Gebühren der Parteien zu bezahlende Beamte des Supreme Court, die jederzeit ihrer Stellung wieder enthoben werden können. Ihre Funktionen bestehen darin, daß vor ihnen die Anerkennung von Urkunden durch verheiratete Frauen erfolgen kann, eine Anerkennung, von der unter Umständen die Rechtswirksamkeit eben der Urkunde abhängt.[3])

3. Sehr wichtige Hilfsbeamte sind des weiteren die sogenannten Examiners of the Court. Um ihre Stellung zu verstehen, muß auf folgendes hingewiesen werden: Die Zeugenvernehmungen erfolgen in der Regel kraft des Prinzipes der Unmittelbarkeit in der öffentlichen Gerichtssitzung. Allein unter Umständen kann das Gericht auch ein anderes beschließen und kann Zeugenvernehmungen anordnen, die nicht in öffentlicher Gerichtssitzung zu erfolgen haben.[4]) Diese Vernehmungen können dann auf verschiedene Art und Weise erfolgen, entweder vor einem Richter oder einem Beamten im engeren Sinne des Gerichtes, also einem Master, einem Chief Clerk usw. Ferner kann es zu einem Rechtshilfeverfahren kommen, so daß eine andere, namentlich eine richterliche, auswärtige Behörde ersucht wird.[5]) Es können aber auch besondere Personen speziell mit dieser Beweisaufnahme betraut werden. Das sind die sogenannten Special Examiners of the Court, die also nicht etwa ständig angestellte Beamte des Gerichtes sind, sondern vielmehr nur zu einmaligen Handlungen speziell herangezogen werden. Obwohl nun die Möglichkeit, Beweise durch Special Examiners erheben zu lassen, auch heute noch theoretisch besteht, so ist man doch in der Praxis davon abgekommen, dies zu tun.[6]) Vielmehr

---

[1]) R. S. C. Order XXXVIII r. 11.

[2]) 3 and 4 Will. IV c. 74; 44 and 45 Vict. c. 68 s. 26.

[3]) Schuster, Bürgerliche Rechtspflege S. 43.

[4]) R. S. C. Order XXXVII rr. 1, 5; Schuster, Bürgerliche Rechtspflege S. 43.

[5]) Vgl. die eingehenden Darlegungen Annual Practice vol. I, pp. 519 et seq.; Encyclopaedia 1st Ed. vol. III, pp. 122 et seq.

[6]) Annual Practice vol. I, p. 541; Encyclopaedia 1st Ed. vol. III, p. 123: „A special examiner ... is usually appointed when it is desired to take evidence abroad.“

werden heute derartige Beweise erhoben durch ständig angestellte Beamte, die allerdings keinen festen Gehalt beziehen, sondern wie die oben erwähnten Commissioners durch Parteigebühren bezahlt werden.[1]) Das sind die eigentlichen Examiners of the Court. Funktionell haben mithin dieselben richterliche Geschäfte zu vollziehen. Sie sind durchaus analog unseren beauftragten Richtern. Und daß man nicht etwa diese Funktionen als untergeordnete bezeichnen kann, ergibt sich daraus, daß sonst die eigentliche Richtertätigkeit nur mehr in der Rechtsentscheidung bestehen würde, während doch zweifellos die Beweisaufklärung mit zu den wichtigsten Funktionen des Richters gehört. Allerdings muß zugegeben werden, daß das Prinzip der Arbeitsspezialisierung in England dazu führt, dem Richter möglichst alle Funktionen bis auf die Rechtsentscheidung zu nehmen. Jedenfalls aber, das kann nicht bezweifelt werden, gehören die Examiners mit zu den für das Verständnis der englischen Gerichtsverfassung wichtigsten Hilfsbeamten.[2]) Aus der Statistik ergibt sich leider nicht, in welchem Umfang diese Beamten tätig werden.

Um ihre Stellung nun im einzelnen genauer kennen zu lernen, muß im folgenden unterschieden werden zwischen den Examiners, die nicht für eine besondere Division des High Court ernannt werden, und denen, die ausdrücklich für die Admiralty Division bestellt werden.

a) Beginnen wir mit den Examiners, die nicht für eine bestimmte Abteilung des High Court bestellt werden, so werden dieselben ernannt durch den Lord Chancellor. Die Ernennung erfolgt jedoch

---

[1]) Wertheim S. 241. Die Gebühren sind außerordentlich hohe. Vgl. Annual Practice vol. I, p. 544:

„Examiners' Fees.

1. Upon giving an appointment to take an examination £ 1 1 0

2. For the examiner's clerk £ 0 2 6

3. For each hour or part of an hour occupied in an examination within three miles from the principal entrance of the Royal Courts of Justice £ 0 10 6

4. For each day of six hours or part of a day occupied in an examination beyond three miles from the principal entrance of the Royal Courts of Justice £ 5 5 0

5. For the examiner's clerk, where an examination occupies more than three hours (in addition to fee No. 2) per day £ 0 2 6

The party prosecuting the order or his solicitor, shall also pay all reasonable travelling and other expenses, including charges for the room (other than the examiner's chambers) where the examination is taken."

[2]) Sie dürfen daher bei einer vergleichenden Statistik englischer und deutscher Richterzahlen nicht einfach ignoriert werden, wie dies Adickes, Grundlinien S. 59f. tut. Auch v. Lewinski, England als Erzieher? S. 13, 25 erwähnt die Examiners zwar, berücksichtigt sie aber nicht entsprechend. Dasselbe gilt von Liepmanns Statistik, Summarisches Strafverfahren in England S. 125f.

nicht auf unbestimmte Zeit, sondern nur auf die Dauer von höchstens fünf Jahren und kann jederzeit widerrufen werden. Wieviel Examiners der Lord Chancellor ernennen will, steht ganz in seinem freien Belieben, augenblicklich sind 10 solche Beamte in Tätigkeit.[1]) Voraussetzung der Ernennung ist, daß der zu ernennende Examiner seit mindestens drei Jahren als Barrister zugelassen ist, ohne daß er seine Praxis auch wirklich ausgeübt zu haben braucht.[2]) Eine Verpflichtung, Privatpraxis aufzugeben, falls dieselbe ausgeübt ist, besteht für die Examiners nicht.[3])

Um tätig zu werden, bedarf der Examiner neben dem generellen, in der Ernennung liegenden Auftrag noch eines speziellen, der auf die Vornahme der einzelnen Beweiserhebung gerichtet ist und vom Gericht erteilt wird.[4]) Eine Ausnahme von diesem Satze besteht nur insofern, als der Examiner Zeugen, deren Vernehmung sich erst während einer Beweiserhebung als erforderlich herausstellt, mit Zustimmung der Parteien sofort vernehmen kann, ohne daß noch ein neuer Auftrag des Gerichtes erteilt werden müßte.[5])

Der Auftrag wird erteilt an die einzelnen Examiners in einer von vornherein bestimmten Reihenfolge, die nur aus zwingenden Gründen durchbrochen werden darf.[6]) Dabei muß hervorgehoben werden, daß ein Examiner gesetzlich ausgeschlossen ist, wenn er selbst als Anwalt in der Sache tätig gewesen ist oder noch ist, daß er ferner einen Auftrag ablehnen muß, wenn dadurch eine andere, ihm bereits übertragene Beweiserhebung verzögert werden könnte.[7])

b) Für die Admiralty Division werden besondere Examiners ernannt, da es hier infolge der rein technischen Natur der Streitfragen auch bei den Beweiserhebungen auf spezielle, nautische Kenntnisse ankommt.[8]) Die Ernennung erfolgt hier durch den Präsidenten der Abteilung. Voraussetzung derselben ist, daß der zu Ernennende Barrister oder Solicitor ist, ohne daß wie sonst, es notwendig wäre, daß er bereits eine gewisse Zeit hindurch Rechtsanwalt gewesen wäre.[9]) Es sind zur Zeit etwa 5 Examiners angestellt, denen noch ein offizieller Stenograph zur Protokollierung beigegeben ist.[10])[11])

---

1) Whitaker's Almanack p. 202.
2) R. S. C. Order XXXVII r. 40; Schuster, Bürgerliche Rechtspflege S. 43.
3) Halsbury, Laws of England vol. II, p. 384.
4) R. S. C. Order XXXVII r. 39.
5) R. S. C. Order XXXVII r. 46.
6) R. S. C. Order XXXVII rr. 41, 42, 48, 49.
7) R. S. C. Order XXXVII r. 48.
8) Halsbury, Laws of England vol. I, pp. 97, 98.
9) 3 and 4 Vict. c. 66 s. 9; 24 and 25 Vict. c. 28 s. 10; Annual Practice vol. I, p. 541; Halsbury, Laws of England vol. I, p. 98; vol. II, p. 384.
10) Vgl. Law Times 1904, p. 1370.
11) Halsbury, Laws of England vol. I, p. 98.

4. a) Noch wichtigere Hilfsbeamte, wenigstens den Funktionen nach, sind die sogenannten Referees. Zum Verständnis der Funktionen dieser Organe muß hier darauf hingewiesen werden, daß das Gericht in weitgehendster Weise befähigt ist, Sachen zur Entscheidung von sich auf andere Organe abzuwälzen. Und zwar hat dasselbe folgende Möglichkeiten: Zunächst kann es jede Frage, die in einem anderen als einem Kriminalprozeß entsteht, zur Untersuchung und Erledigung an sogenannte Referees überweisen.[1]) Die Referees haben dann den Punkt zu untersuchen, die Zeugen zu vernehmen und schließlich über das Ergebnis ihrer Untersuchung an das Gericht zu berichten. Das Gericht kann die Entscheidung, zu welcher der Referee kommt, allerdings verwerfen, da es ihr völlig frei gegenübersteht. Aber wenn das nicht geschieht, wenn das Gericht die Entscheidung annimmt, so hat dieselbe die volle Bedeutung eines Verdikts einer Jury und kann demnächst als Urteil erzwungen werden.[2]) Im Verfahren selbst hat der Referee völlig die Stellung eines Richters, wie indessen hier im einzelnen nicht weiter ausgeführt werden kann.[3]) Nahe hiermit verwandt ist die Befugnis des Gerichtes, in Schadenersatzprozessen die Festsetzung des Schadens dem Referee zu übertragen. In dem sich an das eigentliche Urteilsverfahren anschließenden Nachverfahren nimmt der Referee ebenfalls völlig die Stellung eines Richters ein.[4])

Noch weitgehender ist aber die andere Befugnis des Gerichtes, die wir in anderem Zusammenhang bereits früher erwähnt haben[5]), auf die wir hier indessen noch einmal zurückkommen müssen. Das Gericht kann nämlich in jeder Sache, wiederum mit Ausnahme einer seitens der Krone betriebenen Kriminalsache, unter der weiteren Voraussetzung, daß die Parteien zustimmen, die Sache völlig oder teilweise zur Verhandlung an einen Referee verweisen.[6]) Und dieselbe Möglichkeit besteht, auch ohne daß es auf die Zustimmung der Parteien ankommt, sofern es sich um Prozesse mit verwickelten Untersuchungen handelt, sei es urkundlicher oder technischer oder

---

[1]) 52 and 53 Vict. c. 49 s. 13 (1).

[2]) 52 and 53 Vict. c. 49 s. 13 (2). Vgl. auch R. S. C. Order XXXVI rr. 54, 55, 55a.

[3]) Vgl. die sehr eingehenden Ausführungen Annual Practice vol. II, pp. 635 et seq.

[4]) Encyclopaedia 1st Ed. vol. IX, p. 286; R. S. C. Order XXXVI rr. 57, 57a.

[5]) Vgl. weiter oben S. 356.

[6]) Die Sache muß allerdings eine solche sein, daß sie vor einer Jury verhandelt werden kann, und es muß dieses Recht der Partei auch seitens derselben geltend gemacht sein. Vgl. R. S. C. Order XXXVI r. 7 (a); Brodie-Innes vol. I, p. 108.

schließlich rein rechnerischer Art.[1]) In diesem Verfahren nun, das der Referee völlig selbständig leitet, nimmt er ebenfalls voll und ganz die Stellung eines Richters ein.[2]) Allerdings kann das Gericht seine Entscheidung annullieren. Sofern dies aber nicht geschieht, ist sie wie ein Verdikt einer Jury als Grundlage des demnächstigen, formalen Urteiles zu benutzen.[3]) Und es sei bemerkt, daß auch die Eintragung des Urteiles auf Anweisung des Referee hin erfolgt, der mithin funktionell durchaus die Stellung eines Judge einnimmt.[4]) Andererseits hat aber auch der Referee die Möglichkeit, schwierige Fragen der Entscheidung des Gerichtes zu unterbreiten[5]), ohne daß auf alle diesbezüglichen Einzelheiten hier eingegangen werden könnte.

Ich bemerke abschließend, daß die Möglichkeit, auf die eben geschilderte Art Referees an der Rechtsprechung, denn darum handelt es sich doch, zu beteiligen, nicht nur für den High Court besteht, sondern überhaupt für den Supreme Court.[6]) Die Referees erscheinen so als Organe des gesamten Supreme Court, wie ausdrücklich hervorgehoben werden mag. Sie sind aber des Zusammenhangs wegen bereits hier zu erwähnen, unterscheiden sich also namentlich von den vorhin erwähnten Examiners dadurch, daß letztere nur am High Court selbst tätig werden können. Praktisch natürlich liegt die Hauptbedeutung der Referees ebenfalls in der Tätigkeit, die sie am High Court selbst zu entfalten haben.[7])

b) Das Gericht kann nun die in Betracht kommende Frage oder auch die ganze Sache an einen Special Referee oder aber an einen Official Referee verweisen. Ein Special Referee ist eine nicht ständig angestellte Person, der dieser Auftrag erteilt wird, und die nur durch diesen Auftrag zu einem Beamten des Gerichtes im weiteren Sinne wird.[8]) Ein Official Referee ist dagegen ein ständiger Beamter des Gerichtes, und der Spezialauftrag des letzteren zur Erledigung einer Sache löst nur eine bereits bestehende Zuständigkeit aus, ohne sie aber erst neu zu begründen. Ob nun eine Sache vor einen Special

---

[1]) 52 and 53 Vict. c. 49 s. 14.

[2]) Nur einige wenige Funktionen des Richters sind ihm entzogen. So kann er nicht wegen Contempt of Court bestrafen. Halsbury, Laws of England vol. I, p. 488.

[3]) 52 and 53 Vict. c. 49 s. 15.

[4]) R. S. C. Order XXXVI r. 50.

[5]) R. S. C. Order XXXVI r. 52; 52 and 53 Vict. c. 49 s. 19.

[6]) 52 and 53 Vict. c. 49 s. 17.

[7]) Die Statistik erwähnt überhaupt keine Fälle, in denen der Court of Appeal verwiesen hätte. Am häufigsten werden die Referees tätig in King's Bench-Angelegenheiten. Vgl. z. B. Civil Judicial Statistics 1907, p. 115.

[8]) 52 and 53 Vict. c. 49 s. 17 (1); Halsbury, Laws of England vol. I, p. 488.

oder Official Referee verwiesen werden soll, hat im allgemeinen das Gericht nach freiem Ermessen zu entscheiden. Nur sofern eine ganze Verhandlung einem Referee übertragen werden soll, kann das Gericht an einen Special Referee nur mit Zustimmung der Parteien verweisen[1]), ohne indessen umgekehrt durch die Parteien gezwungen werden zu können, dies zu tun.

α) Zum Special Referee kann theoretisch jede Person ernannt werden, die geeignet ist, die Funktionen des Amtes zu versehen. In praxi wird aber nur ein Barrister mit diesen Funktionen betraut. Die Special Referees werden mit Gebühren bezahlt, die vom Gericht für den Einzelfall festgelegt werden.[2])

β) Die Official Referees sind, wie bereits bemerkt, ständig angestellte Beamte des High Court. Sie werden ernannt durch den Lord Chancellor.[3]) Voraussetzung der Ernennung ist, daß die zu ernennende Person mindestens seit 10 Jahren als Barrister oder Solicitor zugelassen ist.[4]) Die Ernennung selbst erfolgt auf Lebenszeit, verpflichtet aber nicht etwa, betriebene Privatpraxis aufzugeben. Trotzdem aber beziehen die Official Referees ein sehr beträchtliches Gehalt, nämlich £ 1500.[5]) Die Zahl der zu ernennenden Referees ist nicht festgestellt. Augenblicklich sind drei solche Beamte angestellt.[6]) Neben denselben sind noch Clerks tätig[7]), die aber als Privatangestellte der Official Referees erscheinen und auch von diesen bezahlt werden.

Die Verweisung einer Sache an die Official Referees kann auf doppelte Art erfolgen, und zwar einmal so, daß ein bestimmter Referee mit Erledigung der Sache beauftragt wird. Sie kann aber auch andererseits an die Official Referees als solche erfolgen, die dann in einer bestimmten Reihenfolge zur Erledigung der Sache zuständig sind.[8]) Diese Sätze erleiden Durchbrechungen, da sowohl

---

1) Annual Practice vol. II, pp. 638, 641.

2) 52 and 53 Vict. c. 49 s. 15 (3); Halsbury, Laws of England vol. I, p. 486; Encyclopaedia 1st Ed. vol. IX, p. 283; Wertheim S. 40.

3) 36 and 37 Vict. c. 66 s. 83; Halsbury, Laws of England vol. I, p. 483. Unzutreffend Wertheim S. 40.

4) Es ist dies im Wege der Verordnung festgesetzt. Vgl. Annual Practice vol. II, p. 533. Unrichtig Halsbury, Laws of England vol. I, p. 483, der behauptet, nur Barristers könnten ernannt werden. Die Ausführungsverordnungen werden übrigens erlassen von dem Lord Chancellor und den Abteilungspräsidenten unter Zustimmung des Reichsschatzamtes. 36 and 37 Vict. c. 66 s. 83.

5) Whitaker's Almanack p. 202.

6) Früher scheinen es vier gewesen zu sein. Vgl. de Franqueville tom. I, p. 425; vgl. für die heutigen Verhältnisse Halsbury, Laws of England vol. I, p. 483; Whitaker's Almanack p. 202; Law List 1909, p. 1436.

7) Annual Practice vol. I, p. 507.

8) Einzelheiten R. S. C. Order XXXVI r. 45.

der Lord Chancellor wie der Lord Chief Justice im einzelnen Fall eine Sache durch Verfügung von einem auf den anderen Official Referee übertragen können.[1]) Da die Parteien diesbezügliche Anträge stellen können, so ist es ihnen auf diese Art möglich, eine etwa vorhandene Befangenheit der Official Referees durch Ablehnung derselben geltend zu machen.

Tätig werden können übrigens die Official Referees, wie zum Schluß bemerkt werden mag, an jedem Ort, wo sie es für praktisch halten[2]), und sie können sogar die Sitzungen außerhalb Londons abhalten, wenn ihnen das besser und praktischer zu sein scheint.[3])[4])

c) Betrachten wir die Stellung der Referees im ganzen, sei es nun die der Official oder die der Special Referees, so kann es keinem Zweifel unterliegen, daß wir es bei ihnen mit reinen Richtern zu tun haben.[5]) Das ist auch die englische Auffassung bezüglich der Referees, wie sich ohne weiteres daraus ergibt, daß man von einem „Court" des Official Referee spricht, also von einem „Gericht" desselben, und diese Bezeichnung findet sich auch in den offiziellen, täglichen Sachlisten, in denen die Courts der Official Referees völlig gleichberechtigt neben den Courts der einzelnen Abteilungen des High Court genannt werden.[6]) Da nun

[1]) R. S. C. Order XXXVI r. 47b.

[2]) R. S. C. Order XXXVI r. 48.

[3]) 36 and 37 Vict. c. 66 s. 83.

[4]) Es geschieht dies nicht allzu selten, was beachtenswert ist, da hierin eine Abschwächung des Prinzips der Zentralisation der Rechtspflege liegt. Vgl. Civil Judicial Statistics 1907, p. 119.

[5]) Trotzdem berücksichtigt sie Adickes, Grundlinien S. 59ff. in seiner Vergleichsstatistik nicht, auch nicht Aschaffenburgs Monatsschrift Bd. IV, S. 6; auch v. Lewinski, England als Erzieher? S. 25 läßt sie unbeachtet. Zutreffend Geiger, Holdheims Monatshefte 1906, S. 270.

[6]) Vgl. die offizielle Tagesliste des High Court vom 11. 2. 1908:

„High Court of Justice.
Chancery Division.
Lord Chancellor's Court.

Before Mr. Justice Joyce. — At 10.30. — Causes for trial (With witnesses). — Wallis v. Salmon — Wilson v. Stevens.

Court I.

Before Mr. Justice Swinfen Eady. — At 10.30. — Causes for trial, with witnesses. — Re Southern Cross Metals Company (Limited) (MacArthur v. the Company), part heard — Cawdor and Garnant Collieries (Limited) v. Jones.

a. s. o.

Official Referees.

Court No. 1. — R. C. J., No. 195. — Before Mr. Verey. — At 1030. — Edison Bell, &c., Company v. Nat. Phonograph Company, part heard

Court No. II. — R. C. J., No. 193. — Before Mr. Pollock. — At 1030. — Vale Estate Company v. Sennett, part heard.

aber die Special Referees funktionell den Official Referees völlig gleich stehen[1]), so können sie natürlich in ihrer funktionellen Stellung nicht anders gewertet werden wie die Official Referees und müssen deshalb ebenfalls als Richter aufgefaßt werden.

Die Statistik beweist, daß die Tätigkeit der Official Referees nicht unterschätzt werden darf.[2]) Dabei ist namentlich beachtenswert, daß zumeist Verweisungen an sie nicht etwa zu Bericht und Untersuchung, sondern vielmehr zur Gesamtverhandlung („for trial“) erfolgen. So waren 1907 von 249 Verweisungen 245 „for trial“ und keine „for inquiry and report“[3]), was die Bedeutung der richterlichen Stellung dieser Beamten in besonders klarem Licht erscheinen läßt. Wie bedeutend aber ihre Tätigkeit ist, beweist die Tatsache, daß sie an 494 Tagen Sitzungen abgehalten haben, zu denen noch 31 Reisetage zu rechnen sind, so daß sie an 525 Tagen dienstlich beschäftigt waren.[4]) Auf den einzelnen Referee kommen also 169 Tage, an denen er dienstlich in Anspruch genommen ist. Vergleichen wir die Tätigkeit, die z. B. die Richter in der Chancery Division zu erledigen haben, so sehen wir, daß der beschäftigste Richter an 214 Tagen in Anspruch genommen ist, daß andere Richter aber nur an bedeutend weniger Tagen tätig werden.[5]) Ein

---

Court No. III. — R. C. J., No. 305. — Before Mr. Muir Mackenzie. — At 10.30 — Kidston v. Pitt-Rivers-Allen v. Unterground Electric Railway. At 10.45 — Horton v. Hinsley, part heard.

King's Bench Division.

Lord Chief Justice's Court. — Divisional Court.

Before the Lord Chief Justice of England, Mr. Justice A. T. Lawrence, and Mr. Justice Sutton. — At 10.30. — Ex parte motions. Crown paper. — The King v. his Honour Judge Selfe and Hayward (ex parte Chatterton) — Crump v. Lewis — Sturton v. Old Fletton Urban District Council — County of London Electric Supply Company v. Perkins — Tyler v. Dairy Supply Company — The King v. Judge Selfe and Rickards (Limited) and others (ex parte Sawyer) — The King v. Lyndon, Esq., and another, Justices, &c. (ex parte Moffat) — Dunning v. Clarke — Bessant v. Kent Electric Power Company.

Court III.

Before Mr. Justice Bray. — At 10.30. — Revenue paper. — Motions for attachment. — Re Francis, deceased — Re Williams, deceased — Re Hampton, deceased — Re Lacon, deceased — Re Candy, deceased — Re Gordon, deceased. For hearing. — Lord Suffield and Commissioners of Inland Revenue part heard — Stewart (Surveyor of Taxes) and Conservators of River Thames. a. s. o.“

1) Annual Practice vol. II, p. 641.

2) Dies tut doch wohl de Franqueville vol. I, p. 425.

3) Civil Judicial Statistics 1907, p. 115.

4) Civil Judicial Statistics 1907, p. 119.

5) Civil Judicial Statistics 1907, p. 67. Die Zahlen umfassen auch die Chambertätigkeit der betreffenden Richter.

bedeutender Unterschied zwischen der Tätigkeit eines voll beschäftigten Richters und eines Official Referee besteht also jedenfalls nicht.[1]) Schließlich mag noch auf folgende Tabelle verwiesen werden, aus der das Verhältnis der durch Official Referees zu den sonst im High Court erledigten Klagsachen erhellt:[2])

	durchschnittlich 1893—97	1898—1902	1903—1907
Durch Official Referees erledigte Klagen:	196.6	207.8	172.8
Sonst erledigte Klagen	1555.6	1791.4	1322
Gesamtzahl	1762.2	1999.2	1494.8

Bezüglich der Special Referees enthält leider die englische Statistik keine Angaben, so daß feste Daten in Hinblick auf die Häufigkeit von Verweisungen an Special Referees hier nicht gegeben werden können.[3])

5. Ein weiterer Beamter, dessen Stellung und Funktionen hier zur Darstellung gebracht werden müssen, ist der sogenannte Official Solicitor. Derselbe wird vom Lord Chancellor ernannt und ist jederzeit wieder entlaßbar. Ernannt werden können nur praktizierende Solicitors, die die nötigen Fähigkeiten besitzen.[4]) Obwohl der Official Solicitor ein festes, nicht unbeträchtliches Gehalt bezieht — er erhält £ 1100[5]) —, so braucht er doch seine Zivilpraxis nicht aufzugeben, vielmehr kann er dieselbe unverändert fortbetreiben.[6]) Seine Funktionen bestehen im wesentlichen darin, daß er die Anordnungen des Gerichtes durchführt, falls Handlungen notwendig werden, die im außergerichtlichen Verkehr ein Solicitor vornehmen würde. Er ist ferner an der Verwaltung von Grundstücken beteiligt, die im Prozeß befangen sind. Er hat des weiteren als Rechtsbeistand einer armen Partei tätig zu werden, wenn es auch nicht ausgeschlossen ist, daß ein anderer Solicitor derselben als Beistand zugewiesen wird.[7]) Es können ihm ferner vom Gericht

---

[1]) Vgl. auch Stein, Zur Justizreform S. 34f.

[2]) Civil Judicial Statistics 1907, pp. 40, 41.

[3]) Ein Master des Supreme Court schreibt mir indes: „It is I think very seldom that a case goes before a special referee."

[4]) 36 and 37 Vict. c. 66 s. 84. Eingehende Darstellung in Encyclopaedia 1st Ed. vol. IX, pp. 286 et seq.

[5]) Whitaker's Almanack p. 202.

[6]) de Franqueville tom. I, p. 425.

[7]) R. S. C. Order XVI r. 26; vgl. auch Annual Practice vol. I, p. 192.

gewisse Untersuchungen übertragen werden, so z. B. die Untersuchung des Umstandes, daß die Durchführung und Ausführung richterlicher Urteile und Verfügungen seitens der Parteien ungebührlich verzögert wird und anderes mehr.[1]) Seine Haupttätigkeit entfaltet er in der Chancery Division, ja man kann den allgemeinen Satz aufstellen, daß er in den anderen Abteilungen nur als Armenanwalt tätig wird. Das kann dann aber ebenfalls im Court of Appeal der Fall sein, wie denn der Official Solicitor ähnlich wie die Referees nicht nur ein Organ des High Court, sondern des gesamten Supreme Court ist. Tätig wird er übrigens stets nur auf direkten Auftrag des Gerichtes hin. Nur in einer Hinsicht handelt er durchaus selbständig: Er hat nämlich viermal im Jahr das Gefängnis des Supreme Court zu besuchen und die wegen Contempt of Court zu Freiheitsstrafen verurteilten Gefangenen zu visitieren, sowie über jeden einzelnen Fall an den Lord Chancellor zu berichten.[2])

6. In diesem Zusammenhang muß auch noch der Sheriff erwähnt werden, der im High Courtprozeß ebenfalls gewisse prozessuale Funktionen zu erfüllen hat. Allerdings erscheint der Sheriff nie als ein Organ des Gerichtes. Allein da er den High Court doch in der Tat stark entlastet, da er für ihn und an seiner Stelle tätig wird, so müssen seine hier in Betracht kommenden Kompetenzen in diesem Zusammenhang erwähnt werden, denn wenn auch nicht organisatorisch, so ist er doch eben funktionell ein Organ des High Court, obwohl man formell von einem besonderen Gericht des Sheriff redet.[3]) Hervorzuheben ist nun hier das Folgende: Gewisse Versäumnisurteile werden zunächst nur als Zwischenurteile eingetragen, d. h. als sogenannte Interlocutory Judgments, während die Festsetzung des Schadenersatzes, den der Beklagte zu leisten hat, einem weiteren Verfahren vorbehalten bleibt.[4]) Dieses weitere Verfahren kann sich nun entweder vor

[1]) R. S. C. Order XXXIII r. 9.

[2]) 23 and 24 Vict. c. 149 s. 2; Encyclopaedia 1st Ed. vol. IX, p. 287.

[3]) Vgl. z. B. Civil Judicial Statistics 1907, p. 162; Encyclopaedia 1st Ed. vol. XI, p. 532.

[4]) Vgl. die Einzelheiten Annual Practice vol. I, pp. 513 et seq.; Brodie-Innes vol. I, p. 390. Encyclopaedia 1st Ed. vol. VI, p. 504 erwähnt folgende Fälle: „The writ of inquiry issues (a) on an interlucotory judgment in default to assess the amount of damages recovered, or in detinue the value of the goods; (b) to inquire into the truth of breaches suggested after judgment in default of appearance on a bond, and to assess the damages, and (c) to assess the arrears of tithe rent-charge.“ Vgl. ferner auch Schuster, Bürgerliche Rechtspflege S. 186 f.; 8 and 9 Will. III c. 11; 3 and 4 Will. IV c. 42 s. 16; 6 and 7 Will. IV c. 71 s. 82; 54 Vict. c. 8; R. S. C. Order XIII r. 5; Order XXVII r. 4; Order XXXVI r. 56.

einem Master oder einem Official Referee abspielen,[1]) und insoweit interessiert es uns hier nicht. Es kann aber auch ein sogenannter Writ of Inquiry ergehen, durch welchen der Sheriff mit der Erledigung der Sache zu beauftragen ist.[2]) Zuständig ist der Sheriff derjenigen Grafschaft, in der die Untersuchung stattzufinden hat. Ist nun ein solcher Writ of Inquiry ergangen, so ist im weiteren Verfahren der Sheriff der Richter. Allerdings richtet er nicht allein, sondern er ist vielmehr verpflichtet, eine Jury heranzuziehen, die sogenannte Good Jury,[3]) für welche keine besonderen Bestimmungen gelten. Die Jury nun stellt die Höhe des Schadenersatzes fest; ihr gegenüber hat der Sheriff alle die Funktionen zu erfüllen, die sonst dem Richter obliegen. Er leitet mithin die Verhandlung, hat die Zeugen vernehmen zu lassen, belehrt die Jury usw.[4])

Man sieht aus dem Ausgeführten, daß es keineswegs unbedeutende Funktionen sind, die der Sheriff zu erfüllen hat und die rein richterlicher Natur sind. Statistisch sei bemerkt, daß die verschiedenen Sheriffs 1907 131 Untersuchungen vor sich erledigt haben, wie denn an 109 Tagen Sitzungen der Sheriffs' Courts stattgefunden haben.[5])

Auf die Organisation des Sheriffamtes kann natürlich hier nicht eingegangen werden. Ich verweise diesbezüglich auf spätere Ausführungen.[6])

II. 1. Zu den Beamten des High Court oder richtiger des Supreme Court gehören nach der englischen Terminologie auch die sämtlichen Solicitors Englands,[7]) wenn sich allerdings diese ihre Zugehörigkeit zum Supreme Court auch nur dadurch manifestiert, daß dem letzteren die Disziplinargewalt über sie zusteht. Es kann nun an dieser Stelle nicht daran gedacht werden, die Rechtsverhältnisse der niederen Anwälte zu schildern. Es wird das geschehen, wenn die Rechtsverhältnisse der Anwaltschaft in ihrer Gesamtheit zur speziellen Darstellung gelangen.[8]) Hier soll nur die Frage beantwortet werden, welche Anwälte am High Court zugelassen sind, und es

[1]) R. S. C. Order XXXVI rr. 57, 57a; Schuster, Bürgerliche Rechtspflege S. 286.

[2]) Das Verfahren als solches interessiert hier natürlich nicht. Dazu namentlich Encyclopaedia 1st Ed. vol. VI, pp. 504 et seq.

[3]) Encyclopaedia 1st Ed. vol. VII, p. 154. Meist wird eine Special Jury oder doch eine besonders ausgewählte Common Jury einberufen.

[4]) R. S. C. Order XXXVI rr. 14, 15, 19, 34, 35, 36, 37; Annual Practice vol. I, pp. 513 et seq.; Encyclopaedia 1st Ed. vol. VI, p. 505.

[5]) Civil Judicial Statistics 1907, pp. 162 et seq.

[6]) Vgl. weiter unten S. 561 ff.

[7]) 36 and 37 Vict. c. 66 s. 87.

[8]) Vgl. weiter unten §§ 47, 48.

muß diese Frage getrennt beantwortet werden für Barristers und Solicitors. Vorweg mag aber gleich das eine bemerkt werden, daß in Zivilsachen am ganzen High Court ein Anwaltszwang nicht besteht, daß vielmehr jede Partei ihre Sache völlig selbständig führen kann, ohne sich weder eines höheren noch eines niederen Anwaltes bedienen zu müssen.[1]) Allerdings wird von diesem Recht auf selbständige Prozeßführung aus naheliegenden Gründen so gut wie gar kein Gebrauch gemacht, ja im Gegenteil, die einzelnen Parteien erscheinen in der mündlichen Schlußverhandlung meist mit mehreren Anwälten, wie denn überhaupt mit Anwälten in England, wir werden das noch sehen, ein großer Luxus oder, um mich modern auszudrücken, eine starke Verschwendung getrieben wird.[2]) In Strafsachen dagegen existiert insoweit Anwaltszwang, als der Kläger nicht persönlich in der Hauptverhandlung auftreten kann, sondern durch einen Anwalt vertreten sein muß, der indessen stets mehr oder weniger beamtlichen Charakter hat.[3])

2. Wenden wir uns nun im einzelnen der Frage zu, welche Rechtsanwälte am High Court zugelassen sind, so ist hier, wie folgt, zu unterscheiden:

a) Barristers haben das uneingeschränkte Recht, in allen Sachen vor dem High Court aufzutreten, und zwar müssen sie stets zugelassen werden, sowohl in den öffentlichen Verhandlungen als auch in den Chambersverhandlungen.[4]) Von diesem Satz gilt nur insofern eine unbedeutende Einschränkung, als Barristers, die den Titel King's Counsel führen,[5]) nicht ohne weiteres in Sachen gegen die Krone auftreten können, namentlich nicht also in Kriminalsachen. Sie bedürfen vielmehr dazu einer besonderen Genehmigung der Krone, die seitens des Ministers des Innern zu erteilen ist und als reine Formsache auch stets anstandslos erteilt

---

[1]) Schuster, Bürgerliche Rechtspflege S. 46; Halsbury, Laws of England vol. II, p. 372 (erwähnt die unbedeutende Ausnahme, daß, wenn jemand im Armenrecht einen Anwalt zugewiesen erhalten hat, er nicht in Person vor Gericht auftreten kann, es sei denn, er habe sein Armenrecht aufgegeben). Unzutreffend daher Koellreutter, Richter und Master S. 72, Anm. 2. Für gewisse Anträge ist übrigens Anwaltszwang vorgeschrieben, so für den Antrag auf Erlaß eines Writ of Mandamus und ähnliches mehr. Halsbury, l. c. pp. 372, 375 und dort n. a.

[2]) Wir werden auf diesen Punkt noch eingehender später zurückkommen. Vgl. S. 961 f. Vgl. hier nur einstweilen Hirschfeld, Preußische Jahrbücher Bd. 125, S. 454, wo ausgeführt wird, daß in jeder Sache durchschnittlich mindestens drei Barristers tätig sind.

[3]) Halsbury, Laws of England vol. II, p. 373, insbesondere n. l.

[4]) Halsbury, Laws of England vol. II, p. 372; Schuster, Bürgerliche Rechtspflege S. 50.

[5]) Vgl. weiter unten S. 954 f.

wird.[1]) Wir werden auf diesen Punkt noch in anderem Zusammenhang zurückkommen.[2])

b) Solicitors können dagegen nie in öffentlicher Sitzung auftreten, und insofern ist das Recht der Barristers ein durchaus ausschließliches. Andererseits aber haben die Solicitors das Recht, die Partei in Chambers zu vertreten, und zwar haben sie dieses Recht gleichmäßig in allen Abteilungen des High Court.[3]) Und noch weiter gehend kann in den Chambersverhandlungen der Chancery Division und vor Examiners der Solicitor sich sogar vertreten lassen durch seinen ersten Clerk, den sogenannten Managing Clerk[4]), der dann als solcher das Recht hat, als Parteivertreter zugelassen zu werden.[5])

2. Der High Court als Lokalinstanz.

§ 19. a) Die King's Bench Division als Lokalinstanz, insbesondere ihre Konkursgerichtsbarkeit.

A. Die King's Bench Division wird als Lokalinstanz in dem früher entwickelten Sinne tätig einmal als Kriminalgericht, ferner aber als Konkursgericht. Während nun diese ihre letztere Zuständigkeit in der Tat von größter Bedeutung ist und uns eingehend zu beschäftigen hat, genügen für die Kriminalkompetenz einige kurze Bemerkungen, da dieselbe theoretisch zwar nicht unbedeutend ist, praktisch aber so gut wie gar nicht mehr in Erscheinung tritt. Es genügt hier zu bemerken, daß die King's Bench Division zuständig ist zur Erledigung einer jeden Indictable Offence, begangen in der County of Middlesex.[6]) Allerdings haben wir früher gesehen, daß an sich prinzipiell die King's Bench Division in dem eben erwähnten Umfang zuständig für ganz England ist. Allein wir erwähnten damals bereits,[7]) daß diese weitere, augenscheinlich nur mehr theoretische Zuständigkeit als Zentralinstanz ausgeschlossen worden ist, und daß herkömmlicherweise die Abteilung nicht mehr jene allumfassende Zuständigkeit besitzt, sondern nur eine inhaltlich außerordentlich beschränkte. Zu der erhaltenen Zuständigkeit gehört nun jene erwähnte Lokalkompetenz, und so ist denn auch heute noch die King's Bench Division Lokalgericht für Middlesex und damit denn auch

---

[1]) Halsbury, Laws of England vol. II, p. 388; Schuster, Bürgerliche Rechtspflege S. 49; de Franqueville tom. I, p. 333.

[2]) Vgl. weiter unten S. 955.

[3]) Schuster, Bürgerliche Rechtspflege S. 47; Brodie-Innes vol. I, p. 107; vgl. auch 36 and 37 Vict. c. 66 s. 87.

[4]) Vgl. dazu weiter unten S. 924.

[5]) Annual Practice vol. I, p. 423.

[6]) Archbold, Pleading p. 111; Kenny, Outlines p. 421.

[7]) Vgl. weiter oben S. 318f.

für die County of London. Allein tatsächlich ist auch diese Zuständigkeit der King's Bench Division so gut wie bedeutungslos, um so mehr als ja der Central Criminal Court, den wir später noch genauer kennen lernen werden, eine konkurrierende Gerichtsbarkeit besitzt[1]) und in praxi das eigentliche, für derartige Fälle in Betracht kommende Gericht ist. Charakteristisch für die schwindende Bedeutung der Zuständigkeit der King's Bench Division auch in dieser Hinsicht ist, daß bis 1872 zu Beginn einer jeden Sitzungsperiode eine Grand Jury aus Middlesex zusammenberufen wurde, ein Gebrauch, der schließlich abgeschafft wurde, weil kein Bedürfnis mehr vorhanden war.[2]) Jetzt wird die Grand Jury nur einberufen für den Bedarfsfall, und zwar erfolgt die Einberufung derselben wie auch der Petty Jury im Crown Office durch den Master of the Crown Office.

Was nun aber die Organisation der King's Bench Division als Lokalinstanz in Kriminalsachen betrifft, so mag bezüglich derselben nur kurz bemerkt werden, daß sie im allgemeinen analog einem Court of Assize organisiert ist, namentlich im Hinblick auf die Jury, so daß auf die diesbezüglichen Vorschriften zu verweisen ist, die entsprechend zu verwerten sind.[3]) Die Richterbank insbesondere ist wie im Court of Assize nur mit einem Richter besetzt.[4]) Da aber, wie gesagt, das Gericht in dieser Hinsicht tatsächlich so gut wie nicht tätig wird, so ist es auch nicht nötig, ausführlicher auf die Einzelheiten der Organisation einzugehen.

B. I. 1. Bedeutend wichtiger ist die Konkurszuständigkeit, die die King's Bench Division als solche, und zwar, wie nochmals bemerkt werden mag, in lokal beschränkter Hinsicht besitzt. Wir müssen aber hier, wollen wir zu einem wirklichen Verständnis der in Betracht kommenden Organisation gelangen, weiter ausholen. Es genügt nicht, daß wir die Einrichtungen der King's Bench Division in deren Eigenschaft als Konkursgericht kennen lernen. Es ist vielmehr notwendig, daß wir uns überhaupt einen kurzen, zusammenfassenden Überblick über die Gesamtorganisation der Konkursgerichte in England verschaffen.[5]) Dabei werden wir zugleich

---

[1]) 4 and 5 Will. IV c. 36 s. 2.

[2]) 35 and 36 Vict. c. 52. Vgl. auch de Franqueville tom. I, p. 191.

[3]) Vgl. weiter unten S. 505 ff.

[4]) Kenny, Outlines p. 422.

[5]) Es sei daran erinnert, daß das Konkursverfahren von Gesellschaften sich vor der Chancery Division resp. dem County Court abspielt (53 and 54 Vict. c. 63 s. 1 (1—3, 5)). Da bezüglich dieses Verfahrens das Erforderliche bereits bemerkt ist, lassen wir es im folgenden ganz außer acht. Wir verstehen daher im folgenden unter Konkursgericht den engeren englischen Begriff Court of Bankruptcy, ein Gericht also, dem das gewöhnliche Konkursverfahren zur Erledigung übertragen ist.

auch den Umfang kennen lernen, in welchem die King's Bench Division überhaupt in Konkursangelegenheiten tätig zu werden hat.

Wenn nun auch nicht daran gedacht werden kann, an dieser Stelle auf die geschichtliche Entwicklung der Konkursgerichtsbarkeit im allgemeinen einzugehen, so reizvoll eine derartige Untersuchung nach den verschiedensten Seiten hin sein würde,[1]) so muß doch wenigstens auf eines hingewiesen werden, was nicht ohne Interesse ist: Während wir noch zu Anfang des 19. Jahrhunderts das Prinzip der Zentralisation die gesamte Zivilgerichtsbarkeit beherrschen sahen, gilt für die Konkursgerichtsbarkeit von dem Momente an, wo wir überhaupt Konkursbehörden im technischen Sinne treffen,[2]) stets das umgekehrte Prinzip, das Prinzip der Lokalisierung der Rechtspflege, wenn auch in gewisser, hier nicht weiter interessierender Beschränkung. Es gilt von je der Satz: Als Konkursbehörden treffen wir stets auch Lokalbehörden.

Wie nun diese Lokalbehörden im einzelnen organisiert waren, das, wie gesagt, kann nicht hier entwickelt werden. Wohl aber verdient hervorgehoben und scharf betont zu werden, daß auch das Londoner Konkursgericht, welches wir seit 1832,[3]) neu organisiert seit 1869 treffen,[4]) im wesentlichen gleichfalls lokale Funktionen zu erfüllen hatte. Waren doch ihm die in London selbst entstandenen Konkurse zur Erledigung übertragen, während die Provinzkonkurse seit 1869 zur Zuständigkeit der County Courts gehörten.[5]) Das Londoner Konkursgericht, welches als höheres Gericht den Reichsgerichten im Rang stets gleichgestellt war, obwohl es nur eine lokale Kompetenz hatte, wurde nun zunächst vorübergehend,[6])

[1]) Vgl. hierzu Gneist, Englisches Verwaltungsrecht Bd. II, S. 998ff. und namentlich die sehr interessanten Ausführungen von de Franqueville tom. II p. 140ss. Beachtenswert an der Entwickelung ist einmal ihre schwerfällige Langsamkeit, dann die Art, wie der Gesetzgeber unsicher tastend herumexperimentiert. Vgl. Brodie-Innes vol. I, p. 26; Schuster, Bürgerliche Rechtspflege S. 24, 287. Vgl. auch Buch, Zwangsvergleich nach englischem Konkursrecht S. 6ff.

[2]) Es sind das die zahlreichen lokalen Commissioners, die unter der direkten Oberaufsicht des Lord Chancellor standen. Diese Commissioners treffen wir schon früh. Vgl. 4 Anne c. 17; 13 Elizabeth c. 7; Gneist, Englisches Verwaltungsrecht Bd. II, S. 999; de Franqueville tom. II, p. 144. Vom Gedanken der Zentralisation geht höchstens aus 34 and 35 Hen. VIII c. 4. Vgl. dazu Brodie-Innes vol. I, pp. 25, 26.

[3]) 1 and 2 Will. IV c. 56.

[4]) 32 and 33 Vict. c. 71.

[5]) W. Blake Odgers, A Century of Law Reform, pp. 236, 237: „In 1869 the commissioners were all abolished; the country business was transferred to the County Courts, and a new court, presided over by a Chief Judge, was created to deal with London bankruptcies."

[6]) 36 and 37 Vict. c. 66 s. 16 (8) aufgehoben durch 38 and 39 Vict. c. 77 s. 9.

dann definitiv mit dem High Court verbunden.[1]) Der historische Ausgangspunkt aber, daß wir es auch hier ursprünglich mit einer durchaus selbständig organisierten Gerichtsbehörde speziellster Kompetenz zu tun haben, ist insofern heute noch zu erkennen, als die Verbindung des Gerichtes mit dem High Court nur eine recht äußerliche ist, und als sich die Konkursabteilung, obwohl, wie wir noch sehen werden, einer bestimmten Abteilung des High Court angegliedert, als eine recht selbständige Unterabteilung noch heute deutlich aus dem Organismus des Gesamtgerichtes hervorhebt.

2. a) Überblicken wir nun die augenblicklichen Verhältnisse in England, so sehen wir, daß als Konkursgerichte im wesentlichen gleichberechtigt nebeneinander stehen[2]) der High Court und die County Courts.[3]) Es mag dabei sofort hervorgehoben werden, daß die Konkurszuständigkeit zwar dem High Court als solchem zusteht, daß aber das Gesetz ausdrücklich bestimmt hat, es solle der Lord Chancellor durch Verordnung die Konkursangelegenheiten einer der Abteilungen des High Court dauernd zu übertragen das Recht haben.[4]) Der Lord Chancellor hat demzufolge denn auch durch Verordnung vom 1. Januar 1884 die Konkurssachen der King's Bench Division überwiesen.[5]) Die frühere Selbständigkeit des Konkursgerichtes macht sich aber nun noch heute so geltend, daß ein bestimmter Richter der King's Bench Division seitens des Lord Chancellor zum Judge in Bankruptcy ernannt wird, wie wir noch sehen werden,[6]) daß ferner eine Reihe besonderer Nebenrichter (es sind das die sogenannten Registrars) vorhanden sind, und daß die Bureaus des Court of Bankruptcy von den allgemeinen Bureaus des Supreme Court getrennt sind. 1902 ist jedoch insofern wenigstens die Amalgamierung des Konkursgerichtes mit dem High Court weiter durchgeführt, als das Kostenfestsetzungswesen seit dieser Zeit dem Central Office übertragen worden ist, während es sich bis dahin in den besonderen Bureaus der Konkursabteilung abspielte.[7])[8])

---

[1]) 46 and 47 Vict. c. 52 s. 92.

[2]) Ausnahme bei Schuster, Bürgerliche Rechtspflege S. 290. Vgl. aber 46 and 47 Vict. c. 52 s. 100.

[3]) Daß gewissen County Courts die Konkurszuständigkeit durch den Lord Chancellor genommen werden kann, ist bereits früher ausgeführt, S. 208, und muß hier als bekannt vorausgesetzt werden. Unter County Courts werden im Text also nur verstanden County Courts mit Konkurszuständigkeit. Vgl. auch de Franqueville tom. II, p. 146.

[4]) 46 and 47 Vict. c. 52 s. 94 (2).

[5]) Schuster, Bürgerliche Rechtspflege S. 25; de Franqueville tom. II, p. 147; Brodie-Innes vol. I, p. 103; Annual Practice vol. II, p. 455.

[6]) Vgl. weiter unten S. 480 ff.

[7]) 42 and 43 Vict. c. 78, Rules; Annual Practice vol. I, p. 925; vol. II, p. 573.

[8]) Die Verbindung ist noch eine so lockere, daß in der Literatur die Konkursabteilung meist als selbständige Abteilung neben der King's Bench

Neben den County Courts und der King's Bench Division wird außerdem im Konkursverfahren als Konkursbehörde noch das Board of Trade tätig, eine Behörde, die etwa im allgemeinen die Stellung des Handelsministeriums einnimmt.[1]) So entstehen hier zwei Fragen, die im weiteren zu behandeln sind, einmal die Frage nach der Kompetenzabgrenzung zwischen den einzelnen Gerichten untereinander, ferner die Funktionenteilung zwischen dem Board of Trade auf der einen Seite, den Konkursgerichten als solchen auf der anderen Seite.

b) *α*) Wenden wir uns zunächst der Frage nach der Verteilung der einzelnen Konkurssachen auf die einzelnen Konkursgerichte zu, so ergibt sich in Hinblick auf die örtliche Zuständigkeit folgendes: Zunächst ist das ganze Land in eine Reihe Konkursgerichtsdistrikte eingeteilt. Der Distrikt der King's Bench Division umfaßt das Gebiet der City of London und ferner die Distrikte der sämtlichen Metropolitan County Courts ipso jure. Außerdem können aber durch Verordnung des Lord Chancellor dem High Courtdistrikt noch andere County Courtsdistrikte angeschlossen werden, so daß die örtliche Zuständigkeit des High Court über das Gebiet der Metropolis hinaus erstreckt werden kann.[2]) Die Distrikte der County Courts bestimmen sich prinzipiell nach ihrem sonstigen Umfang, d. h., prinzipiell ist jeder County Court auch ein Konkursgericht. Allein dieser Satz gilt, wie bereits früher erwähnt[3]), nicht ohne eine wichtige Modifikation: Der Lord Chancellor kann nämlich durch Verfügung mehrere County Courtsdistrikte zu einem Konkursdistrikt zusammenlegen. Durch eine derartige Verfügung wird dann die Konkurszuständigkeit dem einem County Court der Ausübung nach genommen,[4]) dem andern ausschließlich übertragen.[5])[6])

Division erwähnt wird. Vgl. z. B. Brodie-Innes vol. I, p. 103, der den Court of Bankruptcy als besonderes Gericht aufführt, was er zweifellos im administrativen Sinne nicht mehr ist. Vgl. auch Hatschek Bd. II, S. 166 und insbesondere die zutreffenden Ausführungen von Schuster, Bürgerliche Rechtspflege S. 289.

[1]) Gneist, Englisches Verwaltungsrecht Bd. II, S. 927 ff. spricht vom Handelsamt, Hatschek Bd. II, S. 369 ff. vom Handelsministerium, ebenso Wertheim S. 534 ff. Unbegreiflicherweise wird in der Übersetzung des Konkursgesetzes von 1883 bei Alexander, Konkursgesetze aller Länder der Erde, in der übrigens leider auch alle organisatorischen Bestimmungen einfach ausgelassen sind, der Ausdruck Board of Trade mit Handelsgericht übersetzt; vgl. z. B. Art. 66 ff. der Übersetzung. In der Einleitung findet sich allerdings Board of Trade richtig mit Handelsamt übersetzt. Vgl. S. 100.

[2]) 46 and 47 Vict. c. 52 s. 92. Vgl. auch de Franqueville tom. II, p. 148 n. 1.

[3]) Vgl. weiter oben S. 208.

[4]) Funktionell bleibt er natürlich zuständig.

[5]) 46 and 47 Vict. c. 52 ss. 93, 94.

[6]) Augenblicklich haben 135 County Courts Konkurszuständigkeit. Vgl. Law List 1909 pp. 1484 et seq.

Entscheidend nun dafür, welches Konkursgericht im Einzelfall zuständig ist, ist im allgemeinen der Wohnsitz des Schuldners, und zwar gilt hier folgendes: Bei dem Gericht des Distrikt, in dem ein Schuldner in den letzten sechs Monaten seinen Wohnsitz am längsten gehabt hat, oder in dem er seine Geschäfte betrieben hat, ist die Zuständigkeit begründet,[1]) wobei im Zweifel der Ort entscheidet, wo der Schuldner seine Geschäfte betrieben hat.[2]) Befindet sich der Schuldner im Ausland, oder ist sein Aufenthaltsort unbekannt, so ist die King's Bench Division zuständig,[3]) die also außer ihrer lokalen auch noch eine subsidär ergänzende, generelle Zuständigkeit besitzt. Im übrigen sind auch hier die Bestimmungen der örtlichen Zuständigkeit nicht besonders schroff durchgeführt. Denn wird ein Antrag auf Konkurseröffnung bei einem örtlich unzuständigen Konkursgericht eingereicht, so kann es zwar zu einer Verweisung der Sache vor das an sich kompetente Gericht kommen. Es kann aber auch das zuerst angegangene Gericht, und zwar nach freiem Ermessen die Sache selbst vor sich erledigen, falls es dies für angemessen erachtet,[4]) und es handelt sich dann um eine nachträgliche, durch Beschluß des mit der Sache selbst befaßten Gerichtes begründete Zuständigkeit. Ferner hat jedes Konkursgericht das Recht, eine konkrete, zu seiner Zuständigkeit gehörige Sache, falls hinreichende Gründe vorliegen, an ein anderes Gericht zur Erledigung zu überweisen, mit der einzigen Maßgabe, daß ein County Court nicht an den High Court verweisen kann, während der High Court das weitergehende Recht seinerseits hat, jede vor einer County Court anhängige Sache an sich zu ziehen.[5]) Diese ganzen Möglichkeiten, namentlich aber die, daß das unzuständige Gericht sich selbst nach freiem Ermessen für zuständig erklären kann, beweisen wieder einmal, wie ich ausdrücklich hervorheben möchte, ein wie geringer Wert in der englischen Organisation der Gerichte dem Formalismus als solchem beigelegt ist. Und es

---

[1]) 46 and 47 Vict. c. 52 s. 95; Halsbury, Laws of England vol. II, p. 7. Unzutreffend de Franqueville tom. II, p. 147.

[2]) Bankruptcy Rules r. 145.

[3]) Vgl. auch Schuster, Bürgerliche Rechtspflege S. 289f.

[4]) 46 and 47 Vict. c. 52 ss. 95 (3), 97 (1, 2); Schuster, Bürgerliche Rechtspflege S. 289, Anm. 1; de Franqueville tom. II, p. 148. Vgl. zum Ganzen auch Halsbury, Laws of England vol. II, p. 6.

[5]) Bankruptcy Rules rr. 18, 19. Vgl. auch Halsbury, Laws of England vol. II, p. 312. Aus dem im Text Ausgeführten ergibt sich, wie Halsbury dazu kommt, zu behaupten, jedes Konkursgericht habe eine „jurisdiction throughout England“. Theoretisch scheint mir die Annahme unrichtig, da auch bei Verweisung die Zuständigkeit des bis dahin nicht zuständigen Gerichtes erst durch den Verweisungsbeschluß begründet wird. Tatsächlich hat allerdings Halsbury recht.

dürfte sich hier wirklich fragen, ob die Ängstlichkeit, mit der nach deutschem Recht die Vorschriften über die örtliche Zuständigkeit gewahrt werden, immer auch innerlich begründet sind. Es scheint doch ein sehr rationeller Gedanke der englischen Verfassung zu sein, daß die Gerichte in der Lage sind, aus Zweckmäßigkeitsgründen über Durchbrechungen der Kompetenznormen hinwegzusehen, was um so berechtigter ist, als ja die mehreren gleichartigen Konkursgerichte prinzipiell gleichwertig nebeneinander stehen.

So stehen die King's Bench Division und die County Courts als Konkursgerichte völlig gleichwertig nebeneinander, eine Tatsache, die übrigens auch für die Beurteilung einer möglichen Weiterentwicklung der englischen Gerichtsverfassung wohl nicht ohne Interesse sein dürfte. Ist doch hier partiell das bereits durchgeführt, was, wie wir gesehen haben,[1]) überhaupt totaliter gefordert wird, die Gleichstellung nämlich der County Courts mit dem High Court. Als Konkursgerichte differieren beide im wesentlichen nicht. Ohne indessen auf diesen gewiß nicht unbeachtenswerten Punkt hier näher einzugehen, sei noch der Vollständigkeit halber bemerkt, daß über den bisher genannten Konkursgerichten erster Instanz als Rechtsmittelinstanz ein Divisional Court der King's Bench Division steht, falls es sich um ein Rechtsmittel gegen eine Entscheidung eines County Court handelt,[2]) der Court of Appeal dagegen, sofern eine Entscheidung der King's Bench Division in Frage steht.[3]) Bezüglich dieser Rechtsmittelgerichte ist nun nichts besonderes zu bemerken, da organisatorisch hier nichts Abweichendes bestimmt ist. Die Zuständigkeit als Rechtsmittelgericht in Konkurssachen ist eben nur ein Teil der Zuständigkeit als Rechtsmittelgericht überhaupt, und es können daher im folgenden die Konkursrechtsmittelgerichte außer acht gelassen werden. Ich bemerke nur das eine, daß in dem Divisional Court, der in Konkurssachen tätig wird, stets der Judge in Bankruptcy der King's Bench Division sitzen muß.[4])

---

[1]) Vgl. weiter oben S. 182ff.

[2]) Es interessiert hier nicht weiter, daß die Rechtsmittelmöglichkeit stellenweise abhängig gemacht ist von der Erteilung einer Erlaubnis zur Rechtsmitteleinlegung durch den judex a quo und, falls dieser die Erlaubnis verweigert, durch den judex ad quem. Vgl. 47 Vict. c. 9 s. 2; Annual Practice vol. II, p. 515. Prinzipiell gilt, abgesehen hiervon, der Satz, daß alle richterlichen Entscheidungen anfechtbar sind. 46 and 47 Vict. c. 52 s. 104 (2); Annual Practice vol. II, pp. 520—521; Halsbury, Laws of England vol. II, p. 301.

[3]) 46 and 47 Vict. c. 52 s. 104; 47 Vict. c. 9 s. 2; Schuster, Bürgerliche Rechtspflege S. 290f.; de Franqueville tom. II, p. 153 mit indes nicht ganz zutreffenden Ausführungen.

[4]) de Franqueville tom. II, p. 153; eingehend Halsbury, Laws of England vol. II, p. 303.

Über den bisher genannten Rechtsmittelgerichten stehen dann die Gerichte dritter Instanz, auf der einen Seite das House of Lords, auf der anderen Seite der Court of Appeal, die indes nur äußerst beschränkt angegangen werden können.[1])

β) Wenden wir uns nunmehr der zweiten Frage, d. h. der Frage nach der Teilung der Funktionen zwischen den Konkursgerichten und dem Board of Trade zu, so ist hier folgendes zu bemerken:

aa) Den Konkursgerichten als solchen liegen die eigentlichen richterlichen Entscheidungen im Verfahren ob. Namentlich wird der Eröffnungsbeschluß, die sogenannte Receiving Order und die Adjudication of Bankruptcy vom Gericht erlassen. Es kann natürlich nicht daran gedacht werden, die Einzelheiten der Materie zu entwickeln. Würde das doch seinerseits wieder ein Eingehen auf das Verfahren voraussetzen, welches den Rahmen der vorliegenden Arbeit bei weitem überschreiten würde.[2]) Ich bemerke nur noch, daß das Konkursgericht, abgesehen von seiner eigentlichen Zuständigkeit im Verfahren noch zuständig ist für eine Reihe von Streitigkeiten, die einmal mit dem Konkursverfahren ihrem Zweck nach nahe verbunden sind oder aber ihrem Grund nach aus dem Konkursverfahren resultieren. In die erste Kategorie gehören die Streitigkeiten über Prioritätsrechte zwischen den einzelnen Gläubigern. Zur zweiten Kategorie gehören Streitigkeiten zwischen dem Konkursverwalter, dem sogenannten Trustee,[3]) und dritten

---

[1]) Annual Practice vol. II, p. 797. Vgl. auch Schuster, Bürgerliche Rechtspflege S. 291; Halsbury, Laws of England vol. II, pp. 303, 304; 46 and 47 Vict. c. 52 s. 104 (2) (d). Unzutreffend de Franqueville tom. II, p. 153, die Entscheidung des Court of Appeal sei stets endgültig. Das gilt nur, sofern es sich um eine County Courtsache handelt. Allerdings steht der Court of Appeal sehr frei. Halsbury, l. c. sagt: „Leave to appeal will not be given except upon some question of law or equity of sufficient difficulty or importance to require the decision of the highest tribunal."

[2]) Eine kurz gefaßte, aber sehr klare Darstellung des englischen Konkursverfahrens bei Schuster, Bürgerliche Rechtspflege S. 293 ff. Vgl. ferner Hentschel, Buschs Archiv Bd. 47, S. 233 ff.; Conrads Handwörterbuch der Staatswissenschaften 2. Aufl. Bd. V, S. 788 ff.; Wertheim S. 64 ff.; de Franqueville tom. II, p. 147 ss.; Every Man's Own Lawyer pp. 224 et seq.; Halsbury, Laws of England vol. II, pp. 1 et seq.; Encyclopaedia 1st Ed. vol. I, pp. 482—531 mit interessanter historischer Einleitung.

[3]) Im englischen Konkursverfahren werden die Funktionen des Konkursverwalters durch zwei Organe des Verfahrens ausgeübt, auf der einen Seite durch den staatlich bestellten Official Receiver, dessen Funktionen wir noch im einzelnen kennen zu lernen haben, auf der anderen Seite durch den von den Gläubigern gewählten Trustee, der unserm Konkursverwalter am meisten entspricht. Der Official Receiver kann übrigens zu seiner Unterstützung noch einen Special Manager ernennen. Letzterer handelt, solange kein Trustee bestellt ist, als Vertreter des Official Receiver in den Grenzen seiner beschränkbaren Vollmacht. Halsbury, Laws of England vol. II, pp. 7, 8, 76, 77.

Personen über Ansprüche, die erst durch den Konkurs entstanden sind.[1]) Ferner in Betracht kommen hier alle die Streitigkeiten, welche die Konkursmasse selbst betreffen. Dabei tritt indessen eine Differenzierung der Zuständigkeit der County Courts und der King's Bench Division ein. Denn während letztere unbeschränkt zuständig ist, erstreckt sich die Kompetenz ersterer, soweit keine Prorogation vorliegt, nur auf Streitigkeiten, deren Objekt keinen höheren Wert als £ 200 besitzt.[2])

ββ) Was nun andererseits das Board of Trade betrifft, so hat dasselbe im allgemeinen die mehr verwaltungsmäßigen Kontrollfunktionen auszuüben, die in dem Konkursverfahren als einem unter behördlicher Garantie sich abspielenden Liquidationsverfahren nötig werden.[3]) Bei uns sind auch diese Funktionen dem Gericht auferlegt,[4]) und unser Konkursverfahren ist damit ausschließlich gerichtliches Verfahren, und zwar ein Verfahren gemischter Natur, indem es sowohl dem Gebiet freiwilliger als auch dem der streitigen Gerichtsbarkeit angehört. Im englischen Konkursverfahren sind jedoch die Funktionen geteilt, was natürlichzu einer starken Entlastung des Gerichtes führt, dem nur das eigentlich streitige Verfahren durchzuführen übrig bleibt.[5]) Dem Board of Trade liegen dagegen im wesentlichen folgende Funktionen ob, wobei zwischen Pflichten zu unterscheiden ist, die ganz allgemeiner Natur und unabhängig von dem jeweiligen, speziellen Konkursverfahren sind, und solchen, die sich aus einem konkreten Verfahren in bezug auf dasselbe ergeben. Generell ernennt das Board of Trade die Official Receivers,[6]) die mit den einzelnen Konkurssachen erst späterhin vom Gericht durch die Receiving Order betraut werden.[7]) Generell ist ferner das Board of Trade beteiligt an der Aufstellung von Rules,

---

[1]) Z. B. Anfechtungsansprüche; Schuster, Bürgerliche Rechtspflege S. 290, 304ff.

[2]) Schuster, Bürgerliche Rechtspflege S. 290; der Punkt ist allerdings nicht ganz unbestritten. Vgl. Schuster, Anm. 2.

[3]) Brodie-Innes vol. I, p. 104: „. . . to which are committed the ministerial and executive as distinguished from the judicial functions of the Court of Bankruptcy."

[4]) K. O. §§ 78, 79, 83, 84, 85 u. a. m.

[5]) So wird auch die Gläubigerversammlung nicht etwa vom Gericht, sondern vom Official Receiver, später von einem durch die Versammlung gewählten Vorsitzenden geleitet. 46 and 47 Vict. c. 52 s. 70 (1) (c), Schedule I r. 7; Halsbury, Laws of England vol. II, p. 66; Schuster, Bürgerliche Rechtspflege S. 298.

[6]) 46 and 47 Vict. c. 52 s. 66.

[7]) 46 and 47 Vict. c. 52 ss. 9, 10. Vgl. auch Halsbury, Laws of England vol. II, p. 7, 88; de Franqueville tom. II, pp. 148; Schuster, Bürgerliche Rechtspflege S. 295. Vgl. dazu auch weiter unten S. 488.

den Detailbestimmungen in bezug auf das Verfahren. Derartige Rules nämlich werden erlassen vom Lord Chancellor in Übereinstimmung mit dem Handelsamt, das also ein unbedingtes Vetorecht dem Lord Chancellor gegenüber hat.[1]) Ja, soweit diese Rules sich ausschließlich auf das administrative Verfahren im Konkurs beziehen, soweit sie also nicht das eigentlich gerichtliche Verfahren betreffen, werden sie auch einseitig von dem Handelsamt allein erlassen.[2])

Allein auch in das einzelne Verfahren greift das Handelsamt ein, und zwar wird es hier in folgender Hinsicht tätig: Es überwacht die Tätigkeit der Official Receivers, denen es auch Anweisungen bezüglich der Geschäftsführung erteilen kann, wie es denn auch ihren Rechnungsbericht entgegenzunehmen und zu prüfen hat.[3]) Es hat ferner, falls die Gläubiger dies nicht tun, den Konkursverwalter zu ernennen und ihm stets eine urkundliche Bestellung auszustellen, wie es des weiteren auch dessen Kautionsleistung entgegennimmt, seine Tätigkeit überwacht, Rechnungsberichte von ihm erhält und diese sowie seine Kostenrechnung nachprüft.[4]) Dabei sind seine Machtbefugnisse dem Konkursverwalter gegenüber sehr bedeutend: es kann ihn einmal zum Ersatz des durch sein Verschulden entstandenen Schadens verurteilen, es kann jederzeit gegen ihn auch sonst einschreiten, kann ihm seine Vergütung streichen und kann ihn schließlich, sogar gegen den Willen der Gläubiger, entlassen.[5]) Wichtig ist auch, daß das Board, falls kein Gläubigerausschuß besteht, an Stelle desselben tritt und seine Genehmigung zu einer Reihe von Handlungen des Konkursverwalters notwendig ist.[6]) Außerdem hat es die wichtige Befugnis, gegen gewisse Entscheidungen des Gerichtes von den Rechtsmitteln Gebrauch machen zu können. In Betracht kommt namentlich die Entscheidung über Entlastung des Gemeinschuldners, eine Entscheidung, die, unbekümmert um den weiteren Verlauf des eigentlichen Konkursliquidationsverfahrens, den Schuldner von seiner persönlichen Verpflichtung befreit („order of discharge").[7]) Hier hat das Board of Trade eine Stellung, die analog der eines Staatsanwaltes im Zivilprozeß ist, wie indes nicht weiter ausgeführt werden kann. Eine weitere Rechtsmittelmöglichkeit, gerichtliche Abänderungen seiner eigenen Entscheidungen durch einen Appeal seinerseits wieder angreifen zu können, ist nicht

---

[1]) 46 and 47 Vict. c. 52 s. 127.

[2]) de Franqueville tom. II, p. 147. In Kraft sind augenblicklich die später allerdings wiederholt ergänzten Rules vom 22. 9. 1886.

[3]) 46 and 47 Vict. c. 52 s. 70 (3).

[4]) 46 and 47 Vict. c. 52 ss. 21, 78, 81, 91, 138.

[5]) 46 and 47 Vict. c. 52 ss. 81, 82, 91.

[6]) 46 and 47 Vict. c. 52 s. 22 (9).

[7]) Vgl. dazu Schuster, Bürgerliche Rechtspflege S. 301ff.

so wichtig wie die erstgenannte Möglichkeit.[1]) Schließlich unterstehen der Verwaltung des Board of Trade die zur Befriedigung der Gläubiger angesammelten und bei der Bank von England hinterlegten Barbestände der Masse.[2]) Eine Reihe der Verfügungen des Board of Trade kann übrigens vor dem High Court angefochten werden, der also als eine Art zweiter Instanz über ihm steht.

Aus dem Angeführten erhellt, daß die Funktionen des Board of Trade im einzelnen Konkursverfahren keineswegs unbedeutende sind. Trotzdem aber kann, da es sich beim Handelsamt doch in erster Linie um eine reine Verwaltungsbehörde handelt, nicht daran gedacht werden, hier auf die Organisation des Board irgendwie näher einzugehen. Es müssen daher folgende kurze Bemerkungen genügen: Theoretisch ist das Board of Trade ein Comittee des geheimen Staatsrats, des Privy Council.[3]) Tatsächlich aber ist es heute ein durchaus selbständige Behörde, und zwar eine Zentralverwaltungsbehörde, ohne daß jene Verbindung mit dem Privy Council noch mehr als historische Bedeutung hätte.[4]) Besetzt ist das Handelsamt mit einem Präsidenten, der Parlamentsmitglied sein muß und als politischer Beamter mit der Regierung wechselt, ohne indessen ex officio Mitglied des Kabinetts zu sein. Ihm zur Seite stehen ein parlamentarischer und ein ständiger Sekretär und eine Reihe von Unterbeamten, die hier nicht weiter erwähnt zu werden brauchen.[5])[6]) Das Handelsamt zerfällt nun selbst in eine Reihe von Abteilungen. Eine Unterabteilung einer der Abteilungen, und zwar der Finanzabteilung, ist das Bankruptcy Department. Dasselbe ist, abgesehen von den Official Receivers, besetzt mit einem Inspector General, der ein Gehalt von £ 1000—1200 bezieht, einem Inspector of Official Receivers mit £ 900 Gehalt, einem Chief Clerk mit £ 700—800 Gehalt und 25 Unterbeamte mit Gehältern von £ 250—700.[7])

II. Haben wir uns so einen kurzen Überblick über die Ausübung

[1]) Vgl. zum Ganzen Halsbury, Laws of England vol. II, p. 302; de Franqueville tom. II, p. 153.

[2]) 46 and 47 Vict. c. 52 ss. 74, 76. Vgl. zum Ganzen Halsbury, Laws of England vol. II, p. 8 und namentlich Schuster, Bürgerliche Rechtspflege S. 291 f.; auch Wertheim S. 65 f.

[3]) Halsbury, Laws of England vol. II, p. 8; Wertheim S. 534; Gneist, Englisches Verwaltungsrecht Bd. II, S. 928.

[4]) Hatschek Bd. II, S. 370.

[5]) Wertheim S. 534; Schuster, Bürgerliche Rechtspflege S. 291; Hatschek Bd. II, S. 370. Daß theoretisch dem Präsidenten noch ein Kollegium zur Seite steht, dem z. B. der Erzbischof von Canterbury angehört, hat heute nur noch historische Bedeutung; Hatschek S. 386. Der jetzige Präsident gehört übrigens dem Ministerium an.

[6]) Die Fülle der Unterbeamten ergibt sich aus den Angaben Whitaker's Almanack pp. 196 et seq.

[7]) Whitaker's Almanack p. 197.

der Konkursgerichtsbarkeit in England verschafft, so haben wir uns nunmehr der King's Bench Division als Konkursgericht im speziellen zuzuwenden. Ihre Zuständigkeit sowohl in örtlicher wie in sachlicher Hinsicht haben wir bereits kennen gelernt. Das, was uns also an dieser Stelle noch darzustellen obliegt, ist einmal ihre Organisation, ist auf der anderen Seite die Bedeutung dieser Organisation im einzelnen und damit verbunden die Funktionenverteilung auf die einzelnen Beamten.

1. Wenden wir uns zunächst der Organisation der King's Bench Division als Konkursgericht zu, so ist hier folgendes zu bemerken:

a) Das Gericht wird tätig in der Besetzung mit einem Richter. Und zwar treffen wir als Richter auf der einen Seite den Judge in Bankruptcy, auf der anderen Seite den Registrar. Die Frage, wann der eine, wann der andere tätig zu werden hat, kann im einzelnen erst später behandelt werden, wenn wir eingehend die Funktionen des Registrar kennen zu lernen haben. Ich bemerke hier nur, daß, soweit der Registrar überhaupt zuständig ist, die Parteien sich an ihn zu wenden haben, seine Zuständigkeit also eine tatsächlich ausschließliche ist, nicht, als ob der Richter nicht berechtigt wäre, die in Betracht kommenden Handlungen selbst vorzunehmen, sondern so, daß der Richter geschützt ist, die betreffenden Handlungen vornehmen zu müssen. Und die Richtigkeit dieser Auffassung ergibt sich des weiteren auch daraus, daß der Registrar, allerdings auch nur unter beschränkenden Voraussetzungen, eine von ihm zu erledigende Sache an den Richter im konkreten Fall zur Entscheidung verweisen kann.[1] Umgekehrt auch vermag der Richter Sachen an den Registrar zu verweisen, die an sich vor den Richter gehören,[2] wie er anderseits bestimmte Sachen auch ganz an sich zur Erledigung ziehen kann.[3][4] Allein für die Parteien gilt unbedingt das Prinzip der Ausschließlichkeit.

Soweit nun entweder der Richter oder der Registrar tätig werden, stehen beide als völlig gleichberechtigte, ja auch gleichwertige Konkursgerichte nebeneinander. Beide Gerichte werden in einem und demselben Verfahren tätig, haben aber in dem-

---

[1]) Es ist das bestimmt durch Instruktionen eines der Richter in Bankruptcy, die heute noch in Geltung sind. Vgl. die Regulations for High Court Business vom 1. 1. 1884, resp. 25. 3. 1885; Halsbury, Laws of England vol. II, p. 311 n. (l); Schuster, Bürgerliche Rechtspflege S. 290.

[2]) Bankruptcy Rules r. 8.

[3]) Das Gesetz sagt, daß ein jedes Verfahren sich unter der Oberleitung des Richters abspiele, faßt ihn also als den eigentlichen Richter des Verfahrens auf. Tatsächlich ist aber die Zuständigkeit geteilt in der im Text geschilderten Art. Vgl. 46 and 47 Vict. c. 52 s. 94; de Franqueville vol. II, p. 149.

[4]) Halsbury, Laws of England vol. II, p. 243.

selben verschiedene Funktionen zu erfüllen, so daß sich also das englische Konkursverfahren nicht vor einer und derselben Prozeßbehörde abspielt, wie das deutsche, sondern abwechselnd vor mehreren. Die Gleichwertigkeit der beiden Prozeßbehörden zeigt sich aber namentlich darin, daß der Richter nicht etwa als eine zweite Instanz über dem Registrar steht, so daß gegen des letzteren Entscheidungen ein Rechtsmittel an ersteren laufen würde. Vielmehr gehen die Rechtsmittel gegen sämtliche Entscheidungen, die in der King's Bench Division, sei es nun vom Richter oder vom Registrar erlassen sind, gleichmäßig an den Court of Appeal.[1]) Es erhellt daraus, daß die Stellung des Konkursregistrar eine noch erhöhte ist im Verhältnis zu der eines Master at Chambers in der King's Bench Division, da hier ja eine instanzliche Unterordnung unter den Richter gegeben ist.[2])

Wir treffen nun auch hier, wie auch sonst in der King's Bench Division,[3]) die Einrichtung, daß die Verhandlung in Konkurssachen bald „at chambers", bald „in open court" stattfindet. Allein diese Unterscheidung hat hier eine absolut andere Bedeutung. Denn während in der King's Bench Division eine besondere Prozeßbehörde, nämlich das Chambersgericht, einer anderen Prozeßbehörde, dem Courtgericht, gegenüberstand, besagt die Differenzierung hier nur, daß dieselbe Prozeßbehörde bald unter Ausschluß der Öffentlichkeit, bald in öffentlicher Gerichtssitzung tagen kann resp. muß. Die Verhältnisse liegen mithin analog denen in der Chancery Division.[4]) Und ich bemerke ausdrücklich, daß die Differenzierung in der Besetzung des Gerichtes mit einem Richter oder einem Registrar ohne Belang für diese weitere Differenzierung ist. Der Registrar kann nicht etwa nur „at chambers" tätig werden, vielmehr hat er ebenfalls das Recht resp. die Pflicht, „in open court" zu verhandeln. Auch insofern steht er dem Richter völlig gleich, auch insofern

---

[1]) 46 and 47 Vict. c. 52 s. 104 (2). Wir haben früher bemerkt, daß die Registrars der Grafschaftsgerichte als Konkursrichter eine analoge Stellung wie die Konkursrichter des High Court haben. Vgl. weiter oben S. 260f. Ich möchte hier besonders darauf hinweisen, weil aus dieser Tatsache besonders erhellt, daß der Schwerpunkt der funktionellen Stellung der County Courts Registrars in ihrer richterlichen Tätigkeit liegt. Ich bemerke ferner, daß auch bei den County Courts in Konkurssachen das Rechtsmittel nicht etwa vom Registrar an den Richter geht, sondern an einen Divisional Court des High Court. Insofern stehen also auch am County Court Registrar und Richter gleichberechtigt nebeneinander. Halsbury, Laws of England vol. II, p. 304: „A county court judge cannot hear an appeal or review a decision from a registrar."

[2]) Vgl. weiter oben S. 325.

[3]) Vgl. weiter oben S. 337ff.

[4]) Vgl. weiter oben S. 388ff.

ist seine Stellung dem Master at Chambers gegenüber eine gehobene.[1])

Bezüglich der Frage nun, wann das Gericht „at chambers", wann „in open court" tätig zu werden hat, mag nur kurz bemerkt werden, daß im allgemeinen, soweit nicht ausdrückliche Ausnahmen vorliegen, stets in Chambers verhandelt werden kann.[2]) Eine Reihe von Entscheidungen können aber nur auf Grund öffentlicher Verhandlung ergehen, so z. B. die vorhin erwähnten Orders of Discharge.[3]) Und ferner hat der Konkursrichter jederzeit die Möglichkeit, falls ihm das angebracht erscheint, öffentliche Verhandlungen anzuordnen.[4])[5])

b) Auch im Konkursverfahren treffen wir die Möglichkeit, eine Jury heranzuziehen. Entsteht nämlich im Verlauf eines Konkurses eine Streitfrage rein tatsächlicher Natur, so kann auf Antrag der Parteien oder aber auch von Amts wegen das Gericht anordnen, daß dieser Streitpunkt durch eine Jury entschieden werde. Es kommt dann zum gewöhnlichen, schwurgerichtlichen Verfahren, in dem die Entscheidung entweder durch eine Special Jury oder aber eine Common Jury gefällt wird. Auf den Zwischenprozeß kommen dann die gewöhnlichen Vorschriften zur Anwendung, die für das Geschworenenverfahren in der King's Bench Division gelten.[6]) Ich bemerke nur, daß der Konkursrichter selbst den Vorsitz in dem Verfahren führen kann, es kann aber auch die Sache an die King's Bench Division zur Erledigung verwiesen werden, und sie wird hier dann behandelt, wie eine zur Erledigung überwiesene Chanceryjurysache.[7])

2. a) Was nun des weiteren die Besetzung der King's Bench Division als Konkursgericht betrifft, so haben wir zunächst den eigentlichen Konkursrichter ins Auge zu fassen, den bereits wieder-

---

[1]) Diese Tatsache hebt treffend hervor Schuster, Bürgerliche Rechtspflege S. 42, allerdings mit der einseitigen Schlußfolgerung, daß die Konkursregistrars deshalb allein wirklich auch Richter seien. Warum die Richter at Chambers keine Richter sein sollen, obwohl sie doch zweifellos richterliche Funktionen auszuüben haben, erhellt nicht.

[2]) 46 and 47 Vict. c. 52 s. 98.

[3]) Eingehend Halsbury, Laws of England vol. II, p. 310; 46 and 47 Vict. c. 52 s. 17 (1); 53 and 54 Vict. c. 71 s. 8 (1); Bankruptcy Rules r. 6.

[4]) Halsbury, Laws of England vol. II, p. 311 n. (l): „... and, generally, matters may be adjourned from chambers to court, or vice versâ."

[5]) Bankruptcy Rules r. 9.

[6]) Vgl. weiter oben S. 342 ff. An County Courts kommen die Vorschriften über das schwurgerichtliche Verfahren an County Courts zur Anwendung; Halsbury, Laws of England vol. II, p. 315; weiter oben S. 238 ff.

[7]) 46 and 47 Vict. c. 52 s. 102 (3); Bankruptcy Rules rr. 95—97; Halsbury, Laws of England vol. II, p. 315; de Franqueville tom. II, p. 153; Schuster, Bürgerliche Rechtspflege S. 25, 290.

holt genannten Judge in Bankruptcy. Wir treffen nur einen solchen Richter an. Derselbe wird ernannt aus der Reihe der beigeordneten Richter der King's Bench Division. Seine Ernennung als Konkursrichter erfolgt durch den Lord Chancellor, und zwar entweder auf unbestimmte Zeit, oder auf bestimmte Zeit, nach Ablauf deren der Lord Chancellor dann einen neuen Richter in Bankruptcy zu ernennen hat.[1]) Erfolgt sie auf unbestimmte Dauer, so steht nichts im Wege, daß der Lord Chancellor die Ernennung jederzeit frei widerrufen kann, ohne selbst genötigt zu sein, hierfür Gründe anzugeben.

Da nur ein Richter ernannt wird, so entsteht natürlich die Frage, was zu machen ist, wenn derselbe erkrankt, abwesend oder rechtlich verhindert ist, eine Sache z. B. wegen Befangenheit zu erledigen. Für diese Fälle muß seitens des Lord Chancellor ein Vertreter ernannt werden gemäß der Verpflichtung des ersteren, für die ordnungsgemäße Erledigung der Konkursangelegenheiten am High Court Sorge zu tragen. Die Ernennung kann generell oder speziell erfolgen.[2])

Was die Funktionen des Judge in Bankruptcy betrifft, so ist er theoretisch der eigentliche Richter des ganzen Verfahrens. Praktisch aber ist, wie wir gesehen haben, die Zuständigkeit im Verfahren zwischen ihm und dem Registrar geteilt. Potentiell ist er befähigt, jede im Konkursverfahren notwendige, richterliche Handlung selbst vorzunehmen, und seine Zuständigkeit ist insofern eine unbeschränkte. Tatsächlich aber wird er nur tätig, sofern nicht ein Registrar tätig werden kann. Theoretisch kann er auch, da sich ja das ganze Verfahren unter seiner, wenn auch tatsächlich nominellen Leitung abspielt, in die Handlungen des Registrar eingreifen und dieselben selbst vornehmen: in Wirklichkeit kommt das aber nicht vor.[3])

Es kann nun natürlich nicht daran gedacht werden, hier die Funktionen des Richters im einzelnen darzustellen, es würde das eine Darstellung des gesamten englischen Konkursverfahrens bedingen, aus der sich dann ergeben würde, wann und unter welchen Voraussetzungen überhaupt das Gericht als solches im Konkurs tätig wird. Es muß daher hier jene allgemeine, negative Feststellung genügen, die wir weiter oben gemacht haben und die wir nochmals in den Satz zusammenfassen können: **Der Funktionenkreis des Richters wird durch die Kompetenzsphäre des Registrar bestimmt. Soweit dieser nicht eingreifen kann, hat der Richter tätig zu werden**, sei es, daß er selbst die in Betracht kommenden Prozeßhandlungen vornimmt,

---

[1]) 46 and 47 Vict. c. 52 s. 94 (2).
[2]) 46 and 47 Vict. c. 52 s. 94 (3).
[3]) de Franqueville tom. II, p. 149.

sei es, daß er in bestimmten Fällen den Registrar als solchen mit der Vornahme derselben delegiert.[1]) Ein wichtiges Recht, das der Richter in Bankruptcy generell wie jeder Konkursrichter, wie also auch der Registrar besitzt, muß jedoch ausdrücklich noch zum Schluß hervorgehoben werden. Der Richter kann nämlich seine eigenen Entscheidungen wieder aufheben und abändern, und diesbezügliche, man kann ja wohl sagen, Wiederaufnahmeanträge sind jederzeit zulässig, ohne irgendwie beschränkt zu sein. Dieses Recht ist aber streng beschränkt auf die Entscheidungen, die der Richter selbst erlassen hat, so daß nicht etwa ein Richter eine Entscheidung eines Registrar aufheben könnte oder umgekehrt.[2])

b) Ohne uns des weiteren mit der Besetzung der möglicherweise tätig werdenden Schwurgerichte befassen zu müssen, da hier nichts anderes gilt als sonst für die Schwurgerichte der King's Bench Division[3]), haben wir uns sofort den weiteren Beamten des Konkursgerichtes zuzuwenden, den Registrars in Bankruptcy. Bezüglich derselben gilt folgendes:

α) Die Registrars werden durch den Lord Chancellor ernannt. Besondere Voraussetzungen in ihrer Person brauchen nicht vorzuliegen, so daß rein theoretisch nichts im Wege stehen würde, auch Laien zu Registrars zu ernennen. Allein in praxi werden ausschließlich Barristers ernannt.[4]) Die Ernennung erfolgt auf unbestimmte Zeit. Entlassung kann jederzeit durch den Lord Chancellor aus triftigen Gründen verfügt werden.[5]) In Betracht kommen natürlich in erster Linie Alter und Krankheit, aber auch Gründe, wie Unfähigkeit, Nachlässigkeit in der Ausübung der Funktionen, Vertrauensunwürdigkeit u. a. m. können eine Absetzung herbeiführen.[6]) Das Prinzip der richterlichen Unabsetzbarkeit gilt also hier, wenn auch wohl tatsächlich, so daß jedenfalls rechtlich nur mit den größten Einschränkungen.

Die Ernennung erlegt einige Beschränkungen auf. Zunächst verliert der Registrar das Recht, in Konkursangelegenheiten Praxis zu betreiben.[7]) Vollständig verliert er also die Fähigkeit, als Privatanwalt Praxis zu treiben, nicht, wenn auch tatsächlich der

---

[1]) Bankruptcy Rules rr. 7, 8; Halsbury, Laws of England vol. II, p. 311 n. (l), p. 7; 46 and 47 Vict. c. 52 s. 99 (1).

[2]) 46 and 47 Vict. c. 52 s. 104; Halsbury, Laws of England vol. II, pp. 308 et seq.

[3]) Vgl. weiter oben S. 358 ff.

[4]) Ich verdanke diese Angaben einem Registrar in Bankruptcy des High Court.

[5]) „For reasons to be assigned in the order of removal."

[6]) 32 and 33 Vict. c. 71 ss. 61, 62; 46 and 47 Vict. c. 52 ss. 92, 94 (4); 36 and 37 Vict. c. 66 s. 84; 42 and 43 Vict. c. 78 s. 18.

[7]) 46 and 47 Vict. c. 52 s. 116 (2).

Registrar nur als Beamter tätig sein wird, wie sich schon aus seiner geschäftlichen Belastung ergeben wird. Ferner verliert er das passive Wahlrecht für das House of Commons.[1])

Andererseits hat er Recht auf Gehalt, dessen Höhe durch den Lord Chancellor nach Übereinkunft mit dem Schatzamt festgesetzt wird.[2]) Ich bemerke, daß augenblicklich 5 Registrars angestellt sind, von denen der Senior Registrar £ 1500, die übrigen £ 1200 bis £ 1500 Gehalt erhalten.[3])

β) Was die Funktionen der Registars betrifft, so haben wir ein Doppeltes in denselben zu unterscheiden. Einmal nämlich werden die Registrars, wie bereits bemerkt, tätig, kraft eigener, unmittelbar auf dem Gesetz begründeter Zuständigkeit. Auf der anderen Seite werden sie tätig kraft Delegation des Richters in Bankruptcy.[4]) Unterscheiden wir in dieser Hinsicht, so ergibt sich uns das Nachstehende:

αα) Unmittelbar zuständig sind die Registrars zur Vornahme der wichtigsten Prozeßhandlungen im Konkursverfahren. Zunächst haben sie die Receiving und Adjudication Orders zu erlassen, d. h. das ganze Eröffnungsverfahren spielt sich vor ihnen ab, und sie erlassen den formellen Eröffnungsbeschluß. Demnächst haben sie den Gemeinschuldner öffentlich zu vernehmen[5]), sie haben denselben auf Antrag hin eventuell von seiner persönlichen Verpflichtung zu entbinden, indem sie die sogenannten Orders of Discharge erlassen.[6]) Die Bestätigung des Zwangsvergleiches erfolgt gleichfalls durch die Registrars.[7]) Dann haben sie in dringenden Fällen Zwischenentscheidungen zu erlassen, sie sind zuständig in allen Sachen, die in Chambers erledigt werden können, sie erledigen alle Versäumnis- und Anerkenntnissachen, ferner entscheiden sie über alle einseitigen Parteianträge, und schließlich spielen sich

---

[1]) 46 and 47 Vict. c. 52 s. 116 (1).

[2]) 46 and 47 Vict. c. 52 s. 63.

[3]) Whitaker's Almanack p. 203.

[4]) Halsbury, Laws of England vol. II, p. 7.

[5]) 46 and 47 Vict. c. 52 s. 17; Schuster, Bürgerliche Rechtspflege S. 297. Bei Alexander, Konkursgesetze aller Länder S. 105 wird hier unkorrekterweise von einer „Prüfung des Schuldners" gesprochen. Halsbury, Laws of England vol. II, pp. 70—74.

[6]) Fälle von besonderer Schwierigkeit und Wichtigkeit sind vom Richter zu erledigen. Es bedarf hierzu eines besonderen Beschlusses des Richters, durch welchen er die Sache an sich zieht. Halsbury, Laws of England vol. II, p. 243; Bankruptcy Rules r. 8.

[7]) 53 and 54 Vict. c. 71 s. 3; Halsbury, Laws of England vol. II, pp. 79 et seq. Der Unterschied, der zwischen Composition und Scheme of Arrangement gemacht wird, ist rechtlich bedeutungslos. Beide Begriffe bedeuten einen Vergleich, wenn auch mit tatsächlich verschiedenem Inhalt. Vgl. Buch, Zwangsvergleich im englischen Recht S. 24, Anm. 1.

alle Vernehmungen dritter Personen vor ihnen ab, falls es sich darum handelt, Gegenstände zur Konkursmasse zu ziehen.[1])

Diese durch das Gesetz verliehene[2]), sehr weite Zuständigkeit der Registrars ist nun aber in gewisser Hinsicht wieder eingeschränkt worden, indem ihnen nämlich durch generelle Verfügungen des Richters in Bankruptcy untersagt ist, bestimmte Handlungen, die an sich zu ihrer Zuständigkeit gehören, selbst vorzunehmen. Es handelt sich hier zumeist um Entscheidungen, die in Chambers zu erlassen sind, so daß also im wesentlichen die ihnen durch das Gesetz in toto verliehene Chamberszuständigkeit durch Verordnung beschränkt ist. Hiermit ist dem Richter generell die Erledigung dieser Angelegenheiten vorbehalten geblieben. In Betracht kommen namentlich, ohne daß wir uns in die Einzelheiten der Materie verlieren können, Anträge auf Verweisung von Konkurssachen von einem County Court an den High Court, Anträge eines Gläubigers auf Erteilung der Genehmigung zur Klageerhebung, entsprechende Anträge des Konkursverwalters, Anträge auf Feststellung oder Abänderung der für den Juryprozeß in Betracht kommenden tatsächlichen Streitfragen und ähnliches mehr.[3]) Allein wenn auch in allen diesen Fällen die Zuständigkeit der Registrars ausgeschlossen ist, so ergibt sich doch aus dem Ausgeführten, daß sich diese Beschränkungen stets auf mehr spezielle, prozessualisch nicht sehr wesentliche Punkte beziehen, und daß sie nichts an der Tatsache ändern, daß die Registrars die eigentlichen Träger des Verfahrens sind, in das der Richter nur mehr ausnahmsweise, ergänzend eingreift.

ββ) Was die delegierte Gerichtsbarkeit der Registrars betrifft, so können denselben die an sich dem Richter obliegenden Funktionen im Wege der Delegation zur Ausübung übertragen werden. Es ist das namentlich von Bedeutung für die durch die obenerwähnte Verordnung dem Registrar genommenen Funktionen, die mithin im Wege der Delegation dem letzteren wieder übertragen werden können.

γ) Überblicken wir noch einmal die Funktionen der Registrars

[1]) Ich bemerke, daß die County Courts Registrars eine wesentlich eingeschränktere Zuständigkeit besitzen. Sie können Orders of Discharge, ferner die Genehmigung zu Vergleichen nur erteilen, falls gegen die Erteilung kein Widerspruch erhoben ist. Der Lord Chancellor kann aber besonderen County Court Registrars auch diese erweiterte Zuständigkeit der High Court Registrars verleihen. 46 and 47 Vict. c. 52 s. 99 (3, 4); Halsbury, Laws of England vol. II, p. 311 n. (k); Buch, Zwangsvergleich im englischen Recht S. 36, Anm. 1.

[2]) 46 and 47 Vict. c. 52 s. 99; Halsbury, Laws of England vol. II, pp. 310, 311; de Franqueville tom. II, p. 149ss.

[3]) Regulations for High Court Business vom 1. 1. 1884, abgeändert am 25. 3. 1885; vgl. eingehender Halsbury, Laws of England vol. II, p. 311 n. (l).

im ganzen, so ergibt sich uns ihre rechtliche Stellung auf das deutlichste. Sie sind Richter, und zwar sind sie in erster Linie Richter. Ja, wir können sagen, sie sind so gut wie ausschließlich Richter. Denn abgesehen von der formellen Vertretung des ihnen unterstellten Bureaus nach außen haben sie nur richterliche Funktionen zu erfüllen.[1]) Sie sind die eigentlichen Konkursrichter, vor denen sich im wesentlichen das Verfahren abspielt, während der Richter selbst nur selten, wie wir bereits bemerkt, mehr ausnahmsweise eingreift.[2])[3]) Die Richtigkeit dieser Auffassung ergibt sich aus einer Reihe von Gründen: Zunächst stehen die Registrars bei der Ausübung ihrer Funktionen den Richtern völlig gleich, so daß sie nach jeder Richtung hin die volle richterliche Amtsgewalt besitzen mit der einen Modifikation, daß sie nicht wegen Contempt of Court verurteilen können.[4]) Des weiteren erscheinen sie nach außen hin ebenfalls durchaus als Richter und werden auch so behandelt, wie sich daraus ergibt, daß man von einem Court of the Registrar spricht, der in den Tageslisten gleichwertig neben dem des Richters erwähnt wird[5]), daß ferner im Gericht der Registrar mit der Anrede Your Honour, die eine richterliche ist,

---

[1]) Unrichtig Buch, Zwangsvergleich nach englischem Konkursrecht S. 36, Anm. 1, der die Registrars charakterisiert als Bureaubeamte mit gewissen Richterfunktionen. Die Registrars haben so gut wie keine Bureaufunktionen zu erfüllen. Wenn sich Buch auf meine Ausführungen, Englische Gerichtsverfassung S. 46f. beruft, so habe ich dort ausdrücklich betont, daß die Registrars einfach Richter und sonst nichts sind.

[2]) de Franqueville tom. II, p. 149: „Puisque toute la procédure des faillites a lieu devant un des greffiers, et, lorsque la loi porte que la cour fera ou décidera cette chose, c'est, en réalité, de l'un de ces fonctionnaires qu'il s'agit. ... Le juge de la haute cour intervient rarement.'

[3]) Es ist mir unverständlich, daß Adickes, Grundlinien S. 59f. in seiner vergleichenden Statistik die Registrars nicht als Richter mit aufführt, wo er selbst darauf hinweist (Anm. 1), daß sie Beamte mit richterlichen Funktionen sind. Oder soll es sich hier etwa auch um subalterne Funktionen handeln?

[4]) 46 and 47 Vict. c. 52 s. 99 (4); Halsbury, Laws of England vol. II, p. 311 n. (k): „No registrar can commit for contempt."

[5]) Ich entnehme die folgende Tagesliste der Morning Post vom 11. 2. 1908:

„High Court of Justice:
Probate, Divorce, and Admiralty Division.

Court II.

Before Mr. Justice Bargrave Deane. — At 10.30. — Admiralty (with Trinity Masters). — For judgment. — The „Helsingborg" (Owners of steamship) „Aire" and others v. Owners of steamship „Helsingborg" and freight. — Actions for trial, with witnesses. — „Cockatrice" (Pitchers and others v. Owners of steam trawler „Cockatrice"). Not before 2. — The „Woodcock" (Owners of sailing ship „Britannia" v. Owners of steamship „Woodcock").

angesprochen wird[1]), daß endlich in den Urteils- und Entscheidungsberichten in der täglichen Presse über die Verhandlungen vor dem Registrar in gleicher Weise berichtet wird, wie über Verhandlungen vor einem Richter.[2]) Aber nicht nur das äußere Ansehen beweist die Richterstellung, sondern wir treffen beim Registrar jene eigen-

---

Bankruptcy.

At Bankruptcy-buildings, Carey-street, Lincoln's Inn.

Court II.

Before Mr. Registrar Linklater. — At 11. — Discharges. — Smith and Wright (adjudicated as Robert Percy Smith and William Horace Wright) application of R. P. Smith — A. W. Sealy — Taylor and Lord (adjudicated as Percy Dixon Taylor and Arthur Elston Lord) ex parte A. E. Lord. Adjourned public examination. — C. E. Soulby. Public examinations. — F. T. Sanitz — W. Ropner — E. F. Roberts — Thos. Wood (otherwise Sir Thos. Wood). Adjourned public examination. — W. Schultz.

In Chambers. — Room 36.

Before Mr. Registrar Hope. — At 11. — Five petitions. At 11.30. — Two petitions. At 12. — Four petitions. At 2. — Adjourned application (Section 20.) — R. H. T. Baker.

Room 32 (as Chambers).

Before Mr. Registrar Brougham. — At 11.30. — Adjourned petition."

[1]) de Franqueville tom. II, p. 149 n. 2.

[2]) Ich entnehme den ersten Bericht dem Daily Telegraph vom 14. 2. 1907, den zweiten Bericht der Pall Mall Gazette vom 15. 2. 1907:

„Court of Bankruptcy.

Before Mr. Registrar Giffard.

Director's Failure.

A sitting for public examination was held in the case of Alexander A. Adams, described as of Camomile-street, E.C. The accounts showed liabilities £ 7,505, of which £ 5,075 was expected to rank, and available assets £ 1,817.

In answer to Mr. E. L. Hough, Official Receiver, the debtor said he had previously failed in the Sunderland Court. In 1892, after having carried on business as a shipbroker at West Hartlepool, he was adjudged bankrupt with liabilities £ 1,650. A dividend of less than a penny in the pound was paid, and he obtained his discharge in the same year, subject to a suspension of five years. He had since acted as a director of certain companies, and attributed his failure chiefly to loss in connection with an electrical business and to the failure of Durolite (Limited). He had incurred expenses, amounting to £ 1,500, in unsuccessfully contesting North Down, Ireland, the claim of the petitioning creditor being in respect of the unpaid portion of the preliminary expenses of the election. He was also asked to stand for Gravesend, but did not do so.

The examination was concluded."

„Bankruptcy Court.

Before Mr. Registrar Brougham.

A Company Director's Losses.

The public examination was held of Mr. Robert McNicol, insurance broker and director of companies, carrying on business in Queen Victoriastreet, and previously at Copthall-avenue, E.C. He returned his gross liabilities

artige politische Beschränkung an, die wir bei den beamteten Richtern ebenfalls kennen gelernt haben: der Registrar verliert das passive Wahlrecht zum House of Commons.[1]) Daß er aber auch wirklich der eigentliche Konkursrichter ist, das beweist die Statistik auf das schlagendste. Ich erwähne hier nur, daß der Richter 1907 nur an 76 Tagen Sitzungen in Konkursangelegenheiten abgehalten hat, von denen übrigens die Sitzungen betreffend 33 Appealsachen, die vor einem Divisional Court stattfanden, in Abzug zu bringen sind. Demgegenüber haben vier Registrars an 547 Tagen Gerichtssitzungen abgehalten, so daß hier im Durchschnitt jeder Registrar in erstinstanzlichen Sachen an 140 Tagen Sitzungen zu halten hatte.[2]) Diese Zahlen sprechen eine so deutliche Sprache, daß sie eines weiteren Kommentares nicht mehr bedürfen.[3])

δ) Anschließend hieran mag sofort bemerkt werden, daß zur Seite der Registrars eine Reihe von Clerks stehen. Zunächst hat jeder Registrar wie der Richter seinen persönlich zugeteilten Clerk. Daneben aber treffen wir noch unter einem Chief Clerk eine Reihe anderer Clerks und Unterbeamte. Während dem ersteren der Sitzungsdienst in den Gerichtssitzungen der Registrars obliegt, haben die anderen die laufenden Bureauarbeiten zu erledigen. Über die Voraussetzungen ihrer Anstellung und Entlassung, ihrer Gehälter usw. gelten die gewöhnlichen Vorschriften für Clerks, die wir früher bereits kennen gelernt haben, so daß an dieser Stelle nichts weiter zu bemerken ist.[4]) Es sei nur hervorgehoben, daß einige dieser Clerks das Recht haben, Affidavits aufzunehmen und beeidigen zu lassen.[5])

c) Weitere, außerordentlich wichtige Organe des Konkursverfahrens sind die Official Receivers. Allerdings werden dieselben, wie wir noch sehen werden, durch das Board of Trade ernannt und sind Beamte des Board of Trade. Allein sie erscheinen auch als Beamte des Gerichtes, dem sie zugewiesen sind,[6]) also hier des

at £ 17,269, of which £ 5,525 were stated to be unsecured, and his assets at £ 18. He estimated that he had lost in connection with a company and the depreciation of shares about £ 5,500.

The examination was concluded.“

[1]) 46 and 47 Vict. c. 52 s. 116 (1).

[2]) Civil Judicial Statistics 1907, p. 97.

[3]) Vgl. auch de Franqueville tom. II, p. 154.

[4]) Die Law List 1909 p. 1448 erwähnt 5 persönliche Clerks, einen Chief Clerk mit 6 unterstellten Clerks und 2 Nebenbeamten.

[5]) Law List 1909 p. 1448 n.

[6]) 46 and 47 Vict. c. 52 s. 66 (1): „The official receivers of debtors' estates shall act under the general authority and directions of the Board of Trade, but shall also be officers of the courts to which they are respectively attached.“ Vgl. ferner Halsbury, Laws of England vol. II, p. 99; Brodie-Innes vol. I, p. 104; Schuster, Bürgerliche Rechtspflege S. 292f.; nicht ganz zutreffend de Franqueville tom. II, p. 148.

High Court, und in dieser ihrer Eigenschaft sind sie an dieser Stelle mit zu behandeln.

a) Die Official Receivers werden vom Board of Trade ernannt, wie bereits bemerkt. Besondere Voraussetzungen der Ernennung sind nicht verlangt, vielmehr kann das Board of Trade jede zu dem Amt geeignete Person zum Receiver ernennen. Im allgemeinen werden Solicitors oder Bücherrevisoren, sogenannte Accountants,[1]) zu diesen Stellungen genommen. Neben den Official Receivers können auch noch Assistant Official Receivers vom Board of Trade ernannt werden, die den Official Receivers sowohl in funktioneller wie in organisatorischer Hinsicht völlig gleichstehen[2]), (sie erhalten nur einen geringeren Gehalt) und die deshalb im folgenden außer acht gelassen werden können.[3]) Schließlich können auch noch durch das Board of Trade zeitweilige Vertreter, Deputy Official Receivers ernannt werden, falls die Official Receivers krankheitshalber verhindert oder sonst abwesend sind. Im allgemeinen werden Beamte des Board of Trade hierzu verwandt, es können aber auch andere Personen angestellt werden. Eine Vertretung, die auf Antrag des Vertretenen hin erfolgt, darf die Dauer von zwei Monaten nicht überschreiten.[4])

Wieviel derartiger Beamten nun für den High Court zu ernennen sind, bestimmt das Board of Trade im Einvernehmen mit dem Reichsschatzamt.[5]) Augenblicklich sind am High Court angestellt 3 Official Receivers und 4 Assistant Official Receivers. Die Geschäftsverteilung unter denselben erfolgt durch das Board of Trade[6]), wenn auch die Zuweisung der einzelnen Sache an die zuständigen Official Receivers formell durch das Gericht in der Receiving Order zu geschehen hat.[7]) Abänderungen der Geschäftsverteilung ferner sind an sich jederzeit auf Grund von Verfügungen des Board of Trade möglich, und zwar, wie hervorgehoben zu werden verdient, auch für den Einzelfall[8]); es können sich des weiteren

---

[1]) Wertheim S. 7; eingehender Encyclopaedia, 1st Ed. vol. I, pp. 79 et seq. Ich verdanke diese Angaben einem Registrar des Bankruptcy Department.

[2]) 46 and 47 Vict. c. 52 s. 71.

[3]) Vgl. auch Halsbury, Laws of England vol. II, p. 100 und dort n. (v).

[4]) 46 and 47 Vict. c. 52 s. 67. Vgl. zum Ganzen auch Bankruptcy Rules r. 321 (2, 3).

[5]) 46 and 47 Vict. c. 52 ss. 66 (2), 71.

[6]) Bankruptcy Rules r. 323a; Halsbury, Laws of England vol. II, p. 99 n. (t).

[7]) Halsbury, Laws of England vol. II, p. 60.

[8]) Auch hier erfolgt die formelle Überweisung der Sache von einem an den anderen Receiver durch den Registrar, also durch das Gericht. In dringenden Fällen kann übrigens auch der Registrar als Receiver fungieren. Vgl. Bankruptcy Rules r. 330; dazu Halsbury, Laws of England vol. II, p. 100 n. (w).

die sämtlichen Receivers gegenseitig vertreten.[1]) Diese Bestimmungen werden insofern von Bedeutung, als sie dazu benützt werden können, befangene Receivers abzulehnen und durch andere ersetzen zu lassen, wie sich denn natürlich die Receivers ebenfalls selbst ablehnen können. Daß auf diese Weise alle Receivers des High Court einmal unfähig werden sollten, zu funktionieren, ist kaum anzunehmen. Allein in diesem, wie gesagt, sehr unwahrscheinlichen Fall hätte das Board of Trade einen seiner Beamten ad hoc zu ernennen, der dann als Receiver tätig zu werden hätte.[2])

Die Ernennung der Official Receivers erfolgt auf unbestimmte Zeit, sie ist aber jederzeit frei widerruflich, so daß das Board of Trade diese seine Beamten stets frei entlassen kann.[3]) Die Ernennung selbst legt gewisse Einschränkungen auf. Einmal verliert der Official Receiver das passive Wahlrecht für das House of Commons, auf der anderen Seite muß er zwar eine etwa betriebene Privatpraxis nicht völlig aufgeben, wohl aber können die Official Receivers in Konkurssachen als Anwälte weder direkt noch indirekt tätig werden, und das gilt gleichmäßig für Zivil- wie für Strafverfahren.[4]) Diesen Beschränkungen steht umgekehrt das Recht auf den keineswegs unbeträchtlichen Gehalt gegenüber, der bei dem ältesten Receiver, dem sogenannten Senior Official Receiver nicht weniger wie £ 1200 beträgt.[5])

β) Die Funktionen des Official Receiver sind doppelter Natur. Einmal nämlich hat er das Verhalten und die Führung des Schuldners zu untersuchen, des weiteren ist er an der Verwaltung der Konkursmasse mitbeteiligt.[6]) Beides muß im folgenden auseinandergehalten werden.

αα) Was seine Funktionen bezüglich der Feststellung des Verhaltens des Schuldners betrifft, so hat der Official Receiver hier wiederum eine doppelte Aufgabe. Einmal nämlich hat er zu untersuchen, ob die Voraussetzungen eines strafrechtlichen Einschreitens gegen den Schuldner gegeben sind. Er hat zu dem Zweck an der öffentlichen Vernehmung des Schuldners durch den Registrar teilzunehmen, hat über das Verhalten des Schuldners demnächst zu berichten und ist schließlich an einer etwaigen Strafverfolgung des Schuldners als Vertreter des Board of Trade beteiligt.[7]) Er hat aber

---

[1]) Bankruptcy Rules rr. 323a, 323b.

[2]) Es wäre zu verfahren gemäß 53 and 54 Vict. c. 71 s. 14.

[3]) 46 and 47 Vict. c. 52 s. 66 (1): „The Board of Trade ... may remove any person so appointed from such office."

[4]) 46 and 47 Vict. c. 52 s. 116.

[5]) Whitaker's Almanack p. 203.

[6]) 46 and 47 Vict. c. 52 s. 68 (1).

[7]) 46 and 47 Vict. c. 52 s. 69. In weiterem Sinne gehört hierher auch die Verpflichtung, den Antrag auf Disziplinardienstentlassung gegen Solicitors

auch das Verhalten des Schuldners nach der zivilrechtlichen Seite hin zu untersuchen, um festzustellen, ob die Voraussetzungen der Order of Discharge gegeben erscheinen oder nicht. Über das Ergebnis seiner Untersuchungen hat er dem Gericht zu berichten, und der Report, den er so einzureichen hat, ist seinem Wesen nach gleichstehend einem Bericht, den ein Master in der King's Bench Division über eine tatsächliche Untersuchung einreicht, die ihm seitens des Gerichtes übertragen war.[1]) Er macht also Beweis, den indessen der Schuldner widerlegen kann. In dem Verfahren über den Report kann übrigens der Official Receiver selbst gehört werden.[2])

ββ) An der Verwaltung der Konkursmasse ist der Official Receiver in der mannigfachsten Weise beteiligt. Zunächst ist er einstweiliger Konkursverwalter, so lange noch kein solcher ausdrücklich ernannt ist, stellvertretender aber, wenn der ernannte Verwalter aus irgend einem Grund weggefallen ist.[3]) Zu seiner Unterstützung kann er hier einen Hilfsbeamten ernennen, den sogenannten Special Manager, dem die eigentliche Verwaltung obliegt, die er aber unter instruktioneller Überwachung des Official Receiver durchzuführen hat. Letzterer kann den Manager auch jederzeit wieder entlassen. Des weiteren hat er die erste Gläubigerversammlung zu berufen und zu leiten, während später dieselbe durch einen selbstgewählten Vorstand geleitet wird. Er hat über jeden Vergleichsvorschlag des Gemeinschuldners den Gläubigern Bericht zu erstatten, und schließlich liegt es ihm ob, alle Veröffentlichungen zu veranlassen, die im Verfahren erforderlich werden.[4])

γ) Bei der Ausübung seiner Funktionen hat der Official Receiver weitgehende Machtbefugnisse. Er hat das Recht, Zeugen zu vernehmen und zu vereidigen, die Bücher des Gemeinschuldners einzusehen, vom Konkursverwalter nach jeder Richtung hin Auskunft zu verlangen, Gläubigerversammlungen unter bestimmten Voraus-

---

zu stellen, die in Konkurs gefallen sind. Halsbury, Laws of England vol. II, p. 104.

[1]) Vgl. weiter oben S. 377.

[2]) 53 and 54 Vict. c. 71 s. 8; Halsbury, Laws of England vol. II, pp. 245 et seq.; vgl. auch Schuster, Bürgerliche Rechtspflege S. 301 ff.

[3]) Wählen die Gläubiger keinen Konkursverwalter, ernennt auch das Board of Trade keinen solchen, so bleibt der Official Receiver während des ganzen Verfahrens Konkursverwalter. 46 and 47 Vict. c. 52 s. 54 (1); 53 and 54 Vict. c. 71 s. 21 (3); Halsbury, Laws of England vol. II, p. 108. In kleinen Konkursen ist der Official Receiver stets Konkursverwalter, sofern die Gläubiger nicht ausdrücklich mit verstärkter Majorität ein anderes beschließen. 46 and 47 Vict. c. 52 ss. 121, 168.

[4]) 46 and 47 Vict. c. 52 s. 70; Halsbury, Laws of England vol. II, pp. 100 et seq.; Brodie-Innes vol. I, p. 104; Schuster, Bürgerliche Rechtspflege S. 292 f.

setzungen einzuberufen usw. usw.[1]) Übersehen wir seine Funktionen im ganzen, so läßt sich in ihnen ein Mehrfaches deutlich unterscheiden. Auf der einen Seite hat der Official Receiver staatsanwaltschaftliche Funktionen zu erfüllen, indem er die Voraussetzungen krimineller Verfehlungen des Gemeinschuldners zu ermitteln hat.[2]) Auf der anderen Seite hat er die Voraussetzungen richterlicher Handlungen zu ermitteln und erscheint hier als ein entlastender, richterlicher Beamter,[3]) der es dem Gericht ermöglicht, ohne die eigentliche, eingehende Untersuchung zu führen, doch die Entscheidung zu treffen. Schließlich aber erscheint er, was die Verwaltung betrifft, einfach in der Rolle eines Konkursverwalters, d.h. er ist so ein reines Administrativorgan. Insoweit aber der Official Receiver im Verfahren das Board of Trade gegenüber dem Gericht vertritt, hat er wieder Funktionen auszuüben, die ähnlich denen sind, die die Staatsanwaltschaft im Zivilprozeß auch bei uns unter gewissen Voraussetzungen wahrzunehmen hat; er vertritt gegenüber den parteiischen Individualinteressen die unparteiischen öffentlichen Interessen. Man sieht, die Stellung funktionell betrachtet, ist eine sehr mannigfache, und eine analoge Erscheinung im deutschen Recht ist nicht vorhanden. Ich bemerke noch, daß die Official Receivers keineswegs etwa als Subalternbeamte betrachtet werden oder zu betrachten sind. Vielmehr werden sie den Registrars völlig gleich behandelt, wie sich schon aus der Art der Berichterstattung über die vor ihnen stattgehabten Verhandlungen in der Presse ergibt.[4])

---

[1]) 46 and 47 Vict. c. 52 s. 68 (2—4); Bankruptcy Rules r. 319.

[2]) Treffend, wenn auch vielleicht zu einseitig bemerkt de Franqueville tom. II, p. 148 in bezug auf die Official Receivers: „Ils forment, en un certain sens et dans une mesure limitée, une sorte de ministère public."

[3]) Sie entlasten hier namentlich die Registrars. Läuft der Report auf eine Nichterteilung der Order of Discharge heraus, so kann am County Court der Registrar nicht entscheiden, da es sich dann um einen Antrag handelt, gegen den Widerspruch erhoben ist. Bankruptcy Rules r. 236; Halsbury, Laws of England vol. II, p. 243 n. (p).

[4]) Ich entnehme dem Daily Telegraph vom 13. 2. 1907 einen Bericht, der auch die verschiedenartige, funktionelle Stellung der Official Receivers in nicht uninteressanter Weise erkennen läßt:

„Court of Bankruptcy.
Before Mr. Registrar Hope.
Solicitors Failure.

A sitting for public examination was held in the case of James Emmett Robson, solicitor, of Victoriastreet, Westminster. The accounts showed liabilities £ 35,051, of which £ 16,125 was expected to rank, and net assets £ 3,927.

The sitting was adjourned to April 23 to enable the accounts to be further investigated.

d) Kurz muß hier noch der Konkursverwalter selbst erwähnt werden, der sogenannte Trustee, denn auch er erscheint nach seiner Ernennung als ein Organ, als ein „officer“ des Gerichtes.[1]) Ernannt wird derselbe von den Konkursgläubigern, die ihn in der Gläubigerversammlung mit einfacher Majorität zu wählen haben. Nur wenn eine solche Wahl innerhalb bestimmter Frist nicht zustande kommt,

---

Before Mr. E. L. Hough, Official Receiver.
Borrowed Money.

The first meeting of creditors was held under the failure of W. P. Campbell-Everden, chartered accountant, of Laurence Pountney-hill, E. C.

Debtor, who commenced his present business in 1889, returns his liabilities at £ 17,258, and states that he has no available assets. He attributes his present position to depreciation in the value of his assets and general depression in business. It appeared that some twenty-seven bankruptcy petitions had been presented against him, and that a large amount of the liabilities represented borrowed money.

Mr. S. Lovering, chartered accountant, was appointed trustee.

Before Mr. Registrar Hood.
Welsh Quarries.

His honour resumed the inquiry, under the Companies Acts, into the failure of the Welsh Slate Quarries (Limited) and the North Wales Slate Quarries (Limited), which were formed in 1904 to acquire two slate quarries in Wales.

Mr. Henry Warwick Gyde, examined by Mr. H. Brougham, official receiver said that he was a director of the City of London Investment Corporation (Limited), which promoted the present companies. The corporation was registered in Guernsey, with a nominal capital of £ 100,000, but the issued capital was £ 11 15 s. The purchase price paid by the North Wales company was fixed by the corporation, and they had lost money over the transaction.

Mr. Brougham: As did everbody else.

Witness: We lost over £ 1,000.

Questioned as to the promotion of the Welsh Slate Quarries, the witness said that the corporation purchased a slate quarry at Blaenau Festiniog, with some plant and machinery, for £ 3,500 in cash, shares, and Debentures. After allowing for a bonus of 3,000 shares, they made a paper profit of £ 11,500, out of which they had to pay the promotion expenses of about £ 1,000. In June, 1905, under the terms of the Debentures trust-deed, fifty Debentures were drawn, and notice was given that they would be paid at the rate of £ 11 10 s each on presentation. He was unable to explain how it came about that forty-seven out of the fifty bonds drawn belonged to the corporation. The papers were folded, thrown into a hat, and drawn in the usual way. If the official receiver had been to Monte Carlo he would have seen —

Mr. Brougham said he had not been to Monte Carlo, and only wanted to know by what conjuring trick forty-seven of the bonds selected belonged to the corporation and only three to all the other holders.

Witness was unable to give any further explanation. He agreed that they had disposed of Debentures by sending out circular letters offering them to various persons.

The inquiry was adjourned to Monday next.“

[1]) Halsbury, Laws of England vol. II, p. 8: „Where a trustee have been chosen and certificed he becomes an officer of the court.“

hat das Board of Trade einen Verwalter zu ernennen. Dies Recht ist also äußerst subsidiär, wie denn die Gläubiger auch jetzt noch einen anderen Verwalter jederzeit ernennen können, vor dem der vom Board of Trade bestellte Hilfsverwalter unbedingt zurücktreten müßte.[1]) Nach der Ernennung hat der Trustee dem Board of Trade Sicherheit zu stellen und erhält dann von diesem ein Zertifikat ausgestellt, das ihn nach außen unbeschränkt legitimiert.[2]) Ernannt kann jede zum Amt geeignete Person werden mit Ausnahme des Official Receiver, der als solcher zur Bekleidung des Amtes unfähig ist.[3]) Gegen die Ernennung eines bestimmten Konkursverwalters kann seitens des Board of Trade bei Gericht aus einer Reihe von Gründen Widerspruch erhoben werden, z. B. wegen Befangenheit des Trustee, Gründe, die alle darauf hinausgehen, daß der Verwalter nicht die geeignete Person zur Verwaltung sei. Über die Einwendungen hat das Gericht zu entscheiden.

Der Konkursverwalter kann jederzeit von den Gläubigern wieder entlassen werden, wie er denn auch selbst kündigen kann.[4]) Außerdem kann auch das Board of Trade den Verwalter wegen Pflichtversäumnis, Parteilichkeit, Unfähigkeit usw. entlassen, eine Anordnung, gegen welche ihm und den Gläubigern das Recht der Beschwerde an das Gericht zusteht.[5]) Nach Beendigung des Konkursverfahrens ist der Verwalter seitens des Board of Trade zu entlassen, nachdem seine Rechnung durch das letztere geprüft und für richtig befunden worden ist.[6])

Bei der Ausübung seiner Funktionen, die im wesentlichen in der Verwaltung und Verwertung der Konkursmasse bestehen und auf die natürlich im einzelnen hier nicht eingegangen werden kann,[7]) steht der Verwalter unter der Kontrolle auf der einen Seite der Gläubiger, auf der anderen Seite des Board of Trade. Die Kontrolle der ersteren wird ausgeübt durch die Gläubigerversammlung und, falls ein solcher besteht, durch den Gläubigerausschuß. Die

---

[1]) Kommt selten vor. Halsbury, Laws of England vol. II, p. 109 n. (g).

[2]) 46 and 47 Vict. c. 5 ss. 21, 138. Allerdings beginnt die Möglichkeit zu handeln für den Verwalter erst mit der Erteilung des Certificate, allein in ihr ist nicht etwa die Ernennung selbst zu erblicken. Vgl. Halsbury, Laws of England vol. II, pp. 110, 111.

[3]) Vgl. zum Ganzen 46 and 47 Vict. c. 52 s. 21. Daß der Official Receiver aber unter Umständen die Funktionen des Konkursverwalters auszuüben hat, ist bereits ausgeführt weiter oben S. 490.

[4]) Bankruptcy Rules r. 304; 46 and 47 Vict. c. 52 s. 86 (1).

[5]) 46 and 47 Vict. c. 52 s. 86 (2); 53 and 54 Vict. c. 71 s. 19; Bankruptcy Rules r. 302.

[6]) 46 and 47 Vict. c. 52 s. 82; Bankruptcy Rules rr. 292, 309, 310, 310a Einzelheiten bei Halsbury, Laws of England vol. II, pp. 112, 113.

[7]) Vgl. hierzu namentlich Halsbury, Laws of England vol. II, pp. 107—125.

Kontrolle durch das Board of Trade wird dagegen im wesentlichen durch die Official Receivers ausgeübt. Eine materiell-administrative Kontrolle durch das Gericht besteht dagegen nicht.

e) Der Vollständigkeit halber sei noch erwähnt, daß auch im englischen Konkursverfahren als Organe des Verfahrens, wie bereits des öfteren erwähnt, die Gläubigerversammlung und eventuell ein Gläubigerausschuß tätig werden. Es braucht auf sie aber im weiteren nicht eingegangen zu werden, da eine Verbindung mit dem Gericht, wie wir sie etwa im deutschem Recht antreffen[1]), nicht existiert.[2])

III. Betrachten wir das Ausgeführte noch einmal kurz zusammenfassend, so ergibt sich uns, daß sich der eigentliche Richter in Bankruptcy nur sehr wenig mit Konkursangelegenheiten befaßt. Die tatsächlichen Konkursrichter sind die Registrars, aber auch sie sind wieder in weitgehendstem Maße entlastet durch die Official Receivers, die ihnen die tatsächlichen Untersuchungen zum großen Teil abzunehmen haben. Außerdem ist den Gerichten durch die Beteiligung des Board of Trade alle administrative Tätigkeit abgenommen. So, können wir sagen, werden die Konkursgerichte zunächst nur in streitigen Fragen tätig, in nichtstreitigen aber nur da, wo sie durch ihre Entscheidungen bestimmend auf das Konkursverhältnis der Beteiligten zueinander einzuwirken haben. Der Umfang, in dem sie mithin tätig zu werden haben, ist den deutschen Gerichten gegenüber ein bedeutend eingeschränkterer, ohne daß indessen daran gedacht werden könnte, diese Unterschiede irgendwie ziffernmäßig festzulegen.[3])

§ 20. b) Das Circuitsystem und die Assisengerichte. Der Londoner Central Criminal Court.

I. 1. Die wichtigsten, lokal abgehaltenen Gerichte Englands sind die Assisengerichte, die sogenannten Courts of Assize.[4]) In diesen nicht ständigen, sondern periodisch zusammentretenden Gerichten treffen wir die bedeutungsvollste Durchbrechung und Abschwächung des Prinzipes der Zentralisation der Rechtspflege, wie wir es sonst in der englischen Gerichtsorganisation auf dem Gebiete

---

[1]) K.O. §§ 93, 94.

[2]) Die Ernennung des Vorsitzenden erfolgt durch die Versammlung selbst, die sich also autonom selber konstituiert und leitet. Vgl. weiter oben S. 490.

[3]) Dies müßte aber doch geschehen, wollte man wirklich in begründeter Art und Weise die deutschen mit den englischen Richterzahlen vergleichen.

[4]) Unrichtig nennt sie Wertheim S. 49 Courts of Assizes. Der Ausdruck Assizes wird gebraucht für die Sitzungen der einzelnen Gerichte. So spricht die Anordnung der Sitzungen in den Winter-Circuits von: „Holding the ensuing Winter Assizes". Vgl. Hatschek Bd. II, S. 168, Anm. 3; de Franqueville tom. I, p. 196 n 1.

der Zivilrechtspflege doch immerhin noch in weitem Umfang durchgeführt gefunden haben. Es sind aber diese Courts of Assize, wie gleich zu Anfang bemerkt werden mag, nicht nur Straf-, sondern auch Zivilgerichte. Sie treten mehrmals im Jahre in den wichtigsten Orten der verschiedenen Grafschaften zusammen und werden abgehalten von Richtern des High Court oder in deren Vertretung von älteren Barristers, die zu diesem Zweck auf Grund eines besonderen Auftrages das Land bereisen, so daß wir es zu tun haben mit lokalen Gerichten, die im allgemeinen mit reisenden Richtern der Zentralstelle besetzt sind. Die Idee der Zentralisation wird insofern beibehalten, als das Zentralgericht seine Richter entsendet. Die Idee der Zentralisierung ist aber doch in dem entscheidenden Punkt durchbrochen, und die Idee der Lokalisierung tritt an ihre Stelle, als eben die Ausübung der Gerichtsbarkeit lokal und nicht zentral erfolgt.

2. Auf die historische Entwicklung der Assisengerichte hier näher einzugehen, verbietet Zweck und Raum der vorliegenden Arbeit, so interessant eine derartige eingehende Untersuchung auch sein dürfte.[1]) Allein einige diesbezügliche Bemerkungen sind unumgänglich notwendig, wollen wir die Courts of Assize nach ihrer funktionellen, zwecklichen Seite hin wirklich verstehen lernen. Hier ist folgendes hervorzuheben:

a) Die Entstehung der Assisengerichte fällt in eine frühe Zeit. Schon unter Heinrich I. treffen wir die ersten Ansätze zu dieser Einrichtung. Es reisen hier Kommissarien vom Hof in die Provinz, um den Vizecomites,[2]) den späteren Sheriffs, einzelne Gerichtsgeschäfte abzunehmen.[3]) Unter Heinrich II. gewinnt die Einrichtung bereits festere Gestalt, und während ursprünglich den Hofkommissarien auch eine Reihe bestimmter Verwaltungsfunktionen obliegen, treten in der Folgezeit ihre richterlichen Funktionen immer mehr und mehr in den Vordergrund. Unter Eduard I. können wir bereits im wesentlichen die Grundzüge der heutigen Organisation erkennen. Unter Eduard III. aber (1327 bis 1377) wird die Entwicklung im allgemeinen abgeschlossen: wir treffen die Courts of Assize in ungefähr derselben Gestaltung, wie sie bis 1873, ja, wie sie sich bis heute noch in England erhalten hat.[4])

Die Einführung, die Entwicklung der Assisengerichte läuft

---

[1]) Vgl. dazu die kurzgefaßten Darstellungen von de Franqueville tom. I, p. 144ss.; Gneist, Englische Verfassungsgeschichte S. 223 ff. und die dort Zitierten. Ferner Stephen, History of the Criminal Law of England vol. I, pp. 101—111; Encyclopaedia 1st Ed. vol. III, pp. 26 et seq.

[2]) Vgl. Gneist, Englische Verfassungsgeschichte S. 115ff.

[3]) Erwähnt bereits 1131; Gneist, Englische Verfassungsgeschichte S. 224.

[4]) de Franqueville tom. I, p. 153.

also parallel der außerordentlich wichtigen andern Entwicklungsreihe, die wir bereits früher kennen gelernt haben, der Durchführung der Zentralisation der Rechtspflege auf dem Gebiet der Zivilrechtspflege. Und dieser äußere Zusammenhang ist kein zufälliger, sondern vielmehr im eigensten Sinne ein innerlich bedingter. Die Entstehung der Assisengerichte ist nicht nur eine gleichzeitige Erscheinung, sie ist eine Begleiterscheinung der Durchführung der Zentralisation, und zwar besteht ein Zusammenhang in mehrfacher Hinsicht: Entstanden in der Zeit des Faustrechtes und der inneren Wirren dient die Einrichtung der vom Hof entsandten Kommissarien und Richter in erster Linie dazu, die Machtbefugnisse der Zentralstelle fortwährend zu steigern, die Machtbefugnisse der Lokalbehörden andererseits in gleichem Verhältnis zu schmälern, sei es, um den Amtsmißbräuchen derselben zu steuern, sei es, um die Einheit des Rechtes vor lokaler Zersplitterung zu bewahren. Immer mehr Angelegenheiten werden den Lokalbehörden seitens der reisenden Hofbeamten genommen, und, indem diese die erwähnten Sachen erledigen, wird zunächst mehr theoretisch und vermittelt, bald aber auch praktisch und unmittelbar die Zuständigkeit der die Reiserichter delegierenden Zentralstelle auf jene ursprünglich zur Kompetenz der Lokalbehörden gehörigen Angelegenheiten ausgedehnt. Wir können in dieser Hinsicht direkt sagen, daß das Reiserichtertum als solches ein aktiver Faktor in der Durchführung der Zentralisation der zivilen Rechtspflege ist, und zwar, wie ich glaube, nicht der unwichtigste.

Indem aber die Reiserichter an Stelle der Lokalbehörden tätig werden und dieselben, soweit letztere späterhin weg fallen, ersetzen, erfüllen sie ihre zweite, wichtige Funktion: sie ermöglichen die Durchführung der Zentralisation, indem sie einmal die Starrheiten des Prinzipes in gewissen Grenzen mildern, indem sie ferner die Verbindung der Zentralstelle mit den noch bestehenden Lokalgewalten herstellen und so die Einheit der Organisation bewahren.[1])

Haben wir so die Bedeutung kennen gelernt, die dem Assisengericht in bezug auf die Durchführung der Zentralisation, der Zivilrechtspflege zukommt, so erschöpft sich hierin jedoch ihre Bedeutung noch nicht: Vom ersten Anfang an ist der Zweck der Courts of Assize nicht etwa der, die lokalen Gewalten durch eine

[1]) Treffend charakterisiert de Franqueville tom. I, p. 151, den ganzen Entwicklungsgang der richterlichen Reisen dahin: „Ces tournées constituent le lien entre la curia Regis et la cour de comté, entre la justice royale et la justice populaire, entre l'ancien et le nouveau système.“

Zentralgewalt zu ersetzen, ein Zweck, der sich mehr als natürliche Notwendigkeit infolge historischer, tatsächlicher Verhältnisse, mehr von selbst, als von Anfang an bewußt gesetzt, ergab. Die in die Provinz delegierten Hofbeamten sind in erster Linie Kontrollbeamte der Lokalgewalten. Und diese ihre Funktion ist es, die namentlich auf dem Gebiete der Strafrechtspflege von entscheidender Bedeutung geworden ist. Zu gleicher Zeit nämlich, in welcher auf dem Gebiet der Zivilrechtspflege die Zentralisation der Gerichtsorganisation immer schärfer durchgeführt wird, entwickelt sich auf dem Gebiet der Kriminalrechtspflege das System der Strafgerichte, das wir bereits früher kennen gelernt haben, entwickeln sich die Friedensgerichte, deren grundlegende Organisation nach mannigfachen Versuchen im Jahre 1327 durch Eduard III. durchgeführt worden ist.[1]) Die Entwicklung dieser mit unbeamteten Laienrichtern besetzten Strafgerichte (die übrigen Funktionen der Friedensgerichte kommen hier nicht weiter in Betracht) ist von bestimmendem Einfluß auch auf die Ausgestaltung des Reiserichtertums geworden, und der innere, bedingende Zusammenhang, in welchem die Entwicklung der Friedensgerichte als Strafgerichte mit der Entwicklung der Assisengerichte steht, ist unverkennbar, wenn auch vielleicht bisher noch nicht genügend beachtet.[2]) Die Assisengerichte entwickeln sich direkt als und zu Kontrollgerichten der mit Laien besetzten Lokalstrafgerichte. Allerdings wird diese Kontrolle nun nicht etwa instanzenmäßig ausgeübt. Bezüglich der Kompetenz sind vielmehr die Assisengerichte den ordentlichen, lokalen Strafgerichten im wesentlichen gleichgestellt. Wohl aber wird die Kontrolle so ausgeübt, daß die Assisen, wenn sie abgehalten werden, alle Strafsachen, die gerade schweben, vor sich nicht nur erledigen können, sondern in erster Zeit sogar direkt erledigen müssen, wie sie denn noch allgemeiner alle Haftsachen auf die Berechtigung der Haft nachzuprüfen haben. Und indem die Richter der Zentralgerichte in den Provinzen Recht sprechen, soll durch sie die Judikatur, wie sie sich in den obersten Gerichten entwickelt hat, den Laienrichtern bekannt gemacht werden, was um so wichtiger ist, als ja die Aus-

[1]) de Franqueville tom. I, p. 162 und weiter oben S. 3 f.

[2]) Wenn Weidlich, Lisztsche Zeitschrift Bd. 28, S. 502 Anm. 8 unter anderem behauptet, das Circuitsystem bilde heute ein Gegengewicht gegen die durch Zulassung von Arbeitern usw. neuerdings erfolgte Erweiterung des Kreises der Friedensrichter, so ist mir das völlig unverständlich. Denn das Circuitprinzip dient auch heute nicht etwa zur Paralysierung des demokratischen Prinzipes, sondern des Laienprinzipes in der Einrichtung der Friedensgerichte.

sprüche eben dieser Gerichte Gesetzeskraft, bindenden Charakter besitzen. Die Assisenrichter sollen das richtige Recht in die Provinz bringen. Sie sollen die Vorbilder für die Friedensrichter werden, damit auf diese Art und Weise die entsprechende Anwendung der Gesetze allgemein und noch weitergehend auch die Einheit bei der Rechtsanwendung gewährleistet wird. Sie sollen so durch ihre Praxis die Friedensrichter belehren, die zu den Gerichtstagen der Courts of Assize von allen Seiten zusammen kommen, da sie zunächst in der Grand Jury in Strafsachen mitzuwirken berufen sind, da ferner gelegentlich der Session Dinge vom allgemeinen Interesse beraten und eventuell in Form von öffentlichen Erklärungen durch die Grand Jury ausgesprochen werden.

Nur von diesem Gesichtspunkt aus läßt es sich begreifen, daß in England Jahrhunderte hindurch zwei verschiedene Gerichte mit ungefähr derselben Kompetenz nebeneinander bestanden haben. Denn man wird sich aus früher Ausgeführtem erinnern, daß ursprünglich die Quarter Sessions dieselbe Zuständigkeit besaßen wie die Courts of Assize mit der Maßgabe, daß letztere nur für Meineid und Urkundenfälschung ausschließlich zuständig waren. Sonst aber herrschte völlige Konkurrenz beider Gerichte, wobei dann einfach Priorität entschied, ob das eine oder das andere Gericht einzugreifen hatte.[1])

An diesem Zustand ist bis zum Jahre 1828 nichts geändert. In diesem Jahr erfolgte dann allerdings eine einschneidende Reform, eine Reform, die das ganze Verhältnis der Courts of Assize zu den Quarter Sessions in seinen Grundlagen umgestaltete. Denn indem die Zuständigkeit der Courts of Assize für eine Reihe von Fällen und zwar für die schwereren Delikte zur ausschließlichen gemacht wurde, indem auf der anderen Seite umgekehrt die Zuständigkeit der Quarter Sessions insoweit eingeschränkt wurde, werden nunmehr die Courts of Assize die Gerichte für die schweren Verbrechen, während die Quarter Sessions Gerichte für die kleineren Vergehen und Verbrechen des täglichen Lebens bleiben.[2]) Allerdings besteht die allumfassende Zuständigkeit der Assisengerichte und damit denn auch eine einseitige Konkurrenz dieser Gerichte mit den Quarter Sessions weiter fort. Allein der Assizes Relief Act von 1889[3]), der die Assisengerichte von der Verpflichtung befreit, kleinere Delikte zu erledigen[4]), ist ein weiterer Schritt in der Richtung, die funktionelle Gleichartigkeit der Gerichte zu beseitigen und

[1]) Vgl. weiter oben. S. 54 ff.

[2]) 5 and 6 Vict. c. 38.

[3]) 52 and 53 Vict. c. 12.

[4]) Vgl. weiter oben S. 58.

zwei der Qualität der zu erledigenden Sachen nach graduell differenzierte Gerichte zu schaffen.

Sehen wir zunächst von dieser letzten Entwicklung ab, und fassen wir das Ausgeführte zusammen, so ergibt sich uns, daß der ursprüngliche Zweck der Assisengerichte, zu dessen Erfüllung sie historisch betrachtet entstanden sind, ein doppelter ist. Auf der einen Seite sollen sie als Zivilgerichte die starre Zentralisation der Rechtspflege mildern, sie sollen es den Parteien ermöglichen, auch in der Provinz selbst an Ort und Stelle Recht zu nehmen und zu erhalten. Auf der anderen Seite dienen sie als Strafgerichte zur Kontrolle der Laienrichter, und wenn sich dieser Gedanke auch im letzten Jahrhundert etwas mehr verloren hat: ganz verschwunden ist er jedenfalls noch nicht. Das beweist, daß noch heute die Möglichkeit offen gelassen ist, auch die unbedeutendsten Delikte an die Assisengerichte zu bringen, sofern die Untersuchungsgerichte dies für zweckentsprechend halten, oder der Assisenrichter selbst eine Sache an sich zu ziehen für gut befindet.[1]) Und so können wir sagen, daß auch heute noch der der ganzen Institution zugrunde liegende, prinzipielle Gedanke jener weiter oben festgestellte Doppelzweck ist, wenn auch, wie bereits erwähnt, die Idee der Kontrolle der Laiengerichte durch gelehrte Gerichte heute mehr in den Hintergrund getreten ist. Allerdings muß im Hinblick auf die letztere Tatsache aber noch scharf betont werden, daß nun nicht etwa die Laiengerichte freier, selbständiger gestellt worden sind. Vielmehr bedeutet die in Betracht kommende Entwicklungsreihe, wie hier wohl nicht mehr weiter ausgeführt zu werden braucht, ein Zurückdrängen des Laienelementes in der Rechtsprechung durch den gelehrten, beamteten Richter.

b) Wir hatten ausgeführt, daß unter Eduard III. im wesentlichen die Organisation der Courts of Assize abschließend durchgeführt war, wie wir sie bis 1873 treffen, ja, wie sie in den Grundzügen noch der heutigen Verfassung entspricht. Es ist nun nicht ohne Interesse, den damaligen Zustand kurz zu charakterisieren. Ganz England war in sechs Distrikte, in die sogenannten Circuits, eingeteilt.[2]) Es erhielten nunmehr einzelne Richter von Zeit zu Zeit seitens der Krone den Auftrag, diese Distrikte zu bereisen und in ihnen an verschiedenen Punkten Gericht abzuhalten. Dieser Auftrag wurde entweder speziell erteilt, so daß z. B. eine Richterkommission an einen bestimmten Ort zu einem ganz spezialisierten Zweck

---

[1]) Archbold, Pleading pp. 112 et seq. Vgl. auch de Franqueville tom. I, p. 201. Die Polemik Weidlichs, Lisztsche Zeitschrift Bd. 28, S. 503, Anm. 11 gegen mich ist völlig gegenstandslos. Vgl. dazu weiter oben S. 58 f.

[2]) Diese Einteilung wird zuerst auf dem Reichstag zu Northampton eingeführt. Vgl. Gneist, Englische Verfassungsgeschichte S. 227.

gesandt wurde. Es konnte aber der Auftrag auch generell erteilt werden, so daß der Richter die ihm übertragenen Funktionen durch den ganzen Distrikt auszuüben hatte, und daß ferner die Funktionen selbst sehr generell übertragen wurden, umfassend z. B. die gesamte Strafgerichtsbarkeit. Diese letztere Form des Auftrages wurde dann in der Folge die regelmäßige, wenn auch theoretisch die Möglichkeit einer Spezialbeauftragung eines Reiserichters nie ganz ausgeschlossen wurde, mithin auch heute noch besteht.

Ob nun speziell oder ob generell beauftragt, stets wurden die Funktionen des Reiserichters beschränkt durch seine Instruktionen, seinen Auftrag, die sogenannte Commission, auf der ausschließlich seine Legitimation beruhte. Schon unter Eduard III. war es üblich, daß den Richtern, die regelmäßig zweimal im Jahre ihre Distrikte bereisten, vier solcher Commissions seitens der Regierung erteilt wurden[1]); es waren das die Commission of Oyer and Terminer, die Commission of Assize and Nisi Prius, die Commission of Gaol Delivery und die Commission of the Peace.[2]) Bezüglich dieser Commissions muß das Folgende bemerkt werden:

a) Die Commission of Oyer und Terminer gab den Richtern das Recht und die Pflicht, alle Indictable Offences abzuurteilen. Sie verlieh also die eigentliche kriminelle Zuständigkeit. Und es war gerade diese Commission, die, wie hervorgehoben werden mag, häufig in der Form einer Special Commission erteilt wurde, indem einem Richter die Untersuchung und Aburteilung eines bestimmten Deliktes übertragen wurde.[3])

Nahe verwandt mit dieser Commission war die andere, die Commission of Gaol delivery. Sie verlieh dem Richter das Recht, jede Person, die sich, unter welchem Rechtsgrund auch immer, zur Zeit der Gerichtsreise in einem Gefängnis des Circuit befand, zur Aburteilung vor sein Forum zu ziehen. Diese zweite Commission ist enger und weiter wie die erste, so daß sich beide ergänzen. Denn während auf Grund der ersten nur Personen, die bereits in dem Anklagezustand waren, abgeurteilt werden konnten, war dies formelle Erfordernis nicht Voraussetzung des richterlichen Eingreifens auf Grund der zweiten Commission. Letztere war aber wieder andererseits beschränkt auf Haftsachen, während in dieser Hinsicht die erste Commission weiterging.[4])

---

[1]) de Franqueville tom. I, p. 153. Allerdings brauchten nicht alle Commissions gleichzeitig erteilt zu werden.

[2]) Vgl. namentlich Stephen, Digest of the Law of Criminal Procedure pp. 12, 13.

[3]) de Franqueville tom I, p. 199.

[4]) Treffend ausgeführt bei de Franqueville tom I, p. 199 s.; Kenny, Outlines p. 413 läßt allerdings auch die gegen Sicherheit entlassenen Verhafteten

Die Commission of the Peace, die schließlich ebenfalls noch hier zu nennen ist, gab dem Richter das Recht, bestimmte, weniger bedeutungsvolle Delikte abzuurteilen. Außerdem wurden durch diese Commission auch der Sheriff und die Distriktsfriedensrichter angewiesen, sich zu den Gerichtstagen an Gerichtsstelle einzufinden und sich dem Reiserichter zur Verfügung zu stellen.[1])

β) Durchaus anderen Charakter hatte dagegen die Commission of Assize[2]) and Nisi Prius.[3]) Sie verlieh dem Richter die Zuständigkeit in zivilrechtlichen Streitigkeiten. Ursprünglich beschränkt auf dingliche Klagen, wurde sie bald ausgedehnt auf sämtliche Zivilsachen, so daß, sofern die Commission nicht ausdrücklich beschränkte, die Zuständigkeit auch hier eine allumfassende war.[4]) Allein auch diese Commission griff in bestimmter Hinsicht auf das strafrechtliche Gebiet über: es konnten ihr zufolge Kriminalsachen, die bei dem Reichsgericht der King's Bench angebracht waren, durch Beschluß ebendieses Gerichtes an die Assisen zur Erledigung überwiesen werden.[5])

c) Die Reform von 1873 hat, rein praktisch betrachtet, wenig an den im Vorstehenden kurz geschilderten, tatsächlichen Verhältnissen geändert. Theoretisch ist allerdings manches in der Organisation umgewandelt worden. Und zwar sind die Veränderungen wichtig nach doppelter Hinsicht:

Einmal waren die Courts of Assize bis zum Jahre 1873 zwar besetzt mit Delegierten desjenigen Gerichtshofes, bei dem die Sache schwebte; allein sie standen diesem ersten doch

---

unter die durch die Commission of Gaol Delivery begründete Zuständigkeit fallen.

[1]) Wertheim S. 50.

[2]) Der Ausdruck Assize ist mehrdeutig. Hier ist er nicht etwa in demselben Sinne gebraucht wie in Court of Assize. Vielmehr bedeutet er hier eine possessorische Klage zur Wiedererlangung von Immobilien. Vgl. Schuster, Bürgerliche Rechtspflege S. 26; Wertheim S. 48f.; de Franqueville vol. I, p. 196 n. 1.

[3]) Die Bezeichnung Nisi Prius erklärt sich wie folgt: Da auch die in den Provinzen vor den Assisen zu erledigenden Sachen in den Listen der Reichsgerichte eingetragen und geführt wurden, so erging an den Londoner Sheriff der Befehl, die zur Erledigung der in Betracht kommenden Fälle notwendige Jury zusammenzuberufen, und zwar aus derjenigen Grafschaft, in welcher die Streitsache entstanden war, „nisi prius justiciarii nostri ad partes illas venerint"; Encyclopaedia 1st Ed. vol. III, pp. 28 et seq.; Wertheim S. 50.

[4]) Brodie-Innes vol. I, pp. 33, 34.

[5]) Stephen, Digest of the Law of Criminal Procedure pp. 12, 13; de Franqueville tom. I, p. 197; Schuster, Bürgerliche Rechtspflege S. 26; Wertheim S. 50.

durchaus selbständig und unabhängig gegenüber. Sie bildeten Gerichte, die neben den übrigen Reichsgerichten gleichartig und unabhängig dastanden. Hier griff die Reform von 1873 ein und vereinigte sie mit dem High Court, als dessen Teile sie nunmehr erscheinen.[1]) So sind die Courts of Assize heute keine selbständigen Gerichte im administrativen Sinne mehr, sie sind vielmehr Prozeßbehörden, die aus dem High Court herausgebildet werden.[2]) Und man kann in Hinblick auf die augenblicklichen Verhältnisse sagen, daß diese Assisensitzungen Gerichtstage sind, die seitens des High Court auf Grund besonderen Auftrages der Krone in den Provinzen für bestimmte Distrikte abgehalten werden.[3]) Daraus ergibt sich dann, daß nunmehr ein jeder Assisenrichter bei der Ausübung seiner Funktionen auch die vollen Machtbefugnisse eines Richters des High Court ipso iure hat.[4])

Auf der anderen Seite waren die Assisenrichter bis 1873 in ihrer zivilgerichtlichen Kompetenz beschränkt. Es ergab sich das aus der Tatsache, daß die Reichsgerichte unverbunden und selbständig mit getrennter Kompetenz und getrennter Organisation nebeneinander standen. Da nun die Commissions of Assize an die einzelnen Gerichte ergingen, so daß die Assisenrichter, wie wir gesehen haben, als Delegierte eben ihrer Gerichte erschienen, war es klar, daß die Kompetenz der von den einzelnen Gerichten delegierten Richter beschränkt war auf die Zuständigkeit ebendieser Gerichte, so daß nur die in letzteren anbringbaren Sachen von den Assisenrichtern erledigt werden konnten. Indem nun aber die Reform von 1873 die Gerichte zu einem Gesamtgericht vereinigte, ergeht nunmehr die Commission of Assize an die Richter ebenjenes Gesamtgerichtes, das als solches den Assisenrichter entsendet. Daraus ergibt sich, daß heute der Assisenrichter formell die Zuständigkeit aller Abteilungen des High Court in Streitsachen hat, mit anderen Worten also eine völlig unbeschränkte

---

[1]) 36 and 37 Vict. c. 66 s. 16 (10). Schuster, Bürgerliche Rechtspflege S. 26 meint, vor 1873 hätten die Assisenrichter stets als Delegierte des Gerichtshofes fungiert, in welchem der Prozeß geschwebt habe. Allein dagegen spricht die zu Eingang zitierte Gesetzesbestimmung. In derselben werden dem klaren Wortlaut nach die Courts of Assize den übrigen Reichsgerichten durchaus gleichgestellt, werden in den neugegründeten High Court wie die übrigen Reichsgerichte aufgenommen, müssen also bis dahin wie jene selbständige Gerichte gewesen sein. Dabei ist es natürlich für die uns beschäftigende Frage ohne jede Bedeutung, daß die Courts of Assize keine ständigen Gerichte waren, sondern nur periodenweise zusammentraten.

[2]) 36 and 37 Vict. c. 66 s. 29: „. . , and any commissioner . . . shall . . . be deemed to constitute a court of the said High Court of Justice."

[3]) Hatschek Bd. II, S. 168 nennt die Assisenrichter Expposituren des High Court.

[4]) Annual Practice vol. II, pp. 504, 383 et seq.

Zivilzuständigkeit.[1]) Denn wie gesagt: Die Commission ergeht nicht an die Richter einzelner Abteilungen, sondern an die Richter des High Court als solchen, die sich ja bezüglich ihrer Kompetenzen prinzipiell durchaus gleichstehen.[2]) Daraus folgt aber des weiteren, daß die Commission of Assize auch heute noch in der Tat die Zuständigkeit der Assisenrichter bestimmt und begrenzt. Die Tatsache allein, daß sie an die Richter des High Court als solche gerichtet ist, bringt es mit sich, daß die Zuständigkeit der Assisengerichte in zivilrechtlicher Hinsicht eine allumfassende geworden ist, nicht, als ob die Zuständigkeit unabhängig von der Commission geworden wäre, sondern weil die Veränderung in der Gerichtsorganisation der Commission selbst eine andere inhaltliche Bedeutung verliehen hat. Daß aber in der Tat es immer noch die Commission ist, welche die Zuständigkeit der Assisenrichter erzeugt und begründet, beweist die Tatsache, daß die an sich ganz allgemein gehaltene Commission[3]) inhaltlich beschränkt werden kann, wie denn sogenannte Special Commissions heute noch durchaus möglich, wenn auch nicht üblich sind, eine Tatsache, auf die wir noch weiter unten zurückkommen werden.[4])[5])

II. 1. Wenden wir uns nach diesen kurzen historischen Bemerkungen der Darstellung der Organisation der Assisen zu, wie wir sie heute in England treffen. Das Bild, das wir zu ent-

---

[1]) Gneist, Englisches Verwaltungsrecht Bd. II S. 971 f. und S. 1010.

[2]) So bestimmt auch 36 and 37 Vict. c. 66 s. 5 ausdrücklich: „All the judges of the said Court shall have in all respects, save as in this Act is otherwise expressly provided, equal power, authority, and jurisdiction."

[3]) Abgedruckt bei de Franqueville tom. I, p. 197 n. 1.

[4]) Es ergibt sich dies aus dem klaren Wortlaut von 36 and 37 Vict. c. 66 s. 29: „Her Majesty, by commission of assize or by any other commission, either general or special, may assign to any judge or judges of the High Court of Justice or other persons usually named in commissions of assize, the duty of trying and determining within any place or district specially fixed for that purpose by such commission, any causes or matters, or any questions or issues of fact or of law, or partly of fact and partly of law, in any cause or matter depending in the said High Court, or the exercise of any civil or criminal jurisdiction capable of being exercised by the said High Court . . ."

[5]) Unzutreffend behauptet Hatschek Bd. II, S. 169: „Der Unterschied dieser modernen Assisenrichter von denen vor der Justizreform besteht darin, daß sie in ihren Funktionen nunmehr nicht durch den Wortlaut der Commission, des Amtsauftrages, beschränkt sind. Jeder Assisenrichter . . . hat formell alle Kompetenz, die der High Court in seinen drei Abteilungen besitzt." Dem steht entgegen: einmal können auch heute noch Spezialkommissionen ergehen, ferner: würde nur die Commission of Oyer and Terminer und die Commission of Gaol Delivery ergehen, so hätten eben die Assisenrichter nur die Kriminalzuständigkeit, nicht aber auch die umfassende Zuständigkeit in Zivilsachen.

wickeln haben, ist kein einfaches, vielmehr ein sehr kompliziertes, seiner Vergangenheit entsprechend bunt und unsystematisch.[1]) Ehe wir aber nun in die Einzelheiten der Materie eintreten, mag gleich vorweg bemerkt werden, daß die äußere Organisation der Gerichte zum größten Teil der Normierung durch Königliche Ausführungsverordung vorbehalten ist. Diese generellen Ausführungsbestimmungen sind natürlich sehr wohl von den Königlichen Commissions zu unterscheiden, die, wie wir noch sehen werden, zur Einberufung der Assisen zu ergehen haben. Sie treffen generell Bestimmung über die Zeitpunkte, an welchen Assisen abzuhalten sind, ferner über die Orte, an welchen die Gerichte zusammenzutreten haben, über die Anzahl der Distrikte, für welche besondere Assisengerichte gebildet werden, und über die Art und Weise, in welcher im einzelnen die Angelegenheiten der Assisengerichte von diesen zu erledigen sind, so z. B., ob an einem bestimmten Gerichtsort nur Kriminal- oder auch Zivilsachen verhandelt werden sollen und anderes mehr.[2]) Die Verordnungen bestimmen also mithin generell, wann und unter welchen Voraussetzungen Commissions zu erlassen sind. Und die Commissions, die nunmehr auf Grund ebendieser Verordnungen ergehen, haben Bedeutung und Wirkung nur im Rahmen der generellen Bestimmungen. Allein es mag gleich bemerkt werden, daß unabhängig und selbständig von den generellen Verordnungen besondere Assisengerichte angeordnet werden können durch sogenannte Special Commissions, für welche jene generellen Anordnungen ohne jede Bedeutung sind. So können Assisengerichte jederzeit gebildet werden, ja nichts steht im Wege, ein Assisengericht ad hoc zur Erledigung einer einzelnen bestimmten Sache zusammenzuberufen.[3]). Allerdings werden in praxi derartige Special Commissions sehr selten, ja fast nie mehr erteilt, allein beseitigt ist, wie gesagt, die Möglichkeit dazu nicht.

Soweit nun die Krone befugt ist, allgemeine Ausführungsverordnungen bezüglich der Organisation der Assisengerichte zu erlassen, so ist es natürlich und sehr begreiflich, daß die Richterversammlung des Supreme Court, namentlich die Versammlung der eigentlichen Assisenrichter, der Mitglieder der King's Bench Division,

---

[1]) Durchaus zutreffend weist auf die Kompliziertheit der gesamten in Betracht kommenden Verhältnisse hin de Franqueville tom. I, p. 196.

[2]) 38 and 39 Vict. c. 77 s. 23. Gesetzliche Ausnahmen sind natürlich zulässig.

[3]) 36 and 37 Vict. c. 66 s. 29; Gneist, Englisches Verwaltungsrecht Bd. II S. 972; Archbold, Pleading p. 112: „Special commissions of oyer and terminer etc., can be issued, but are now rare." Criminal Judicial Statistics 1907, p. 44.

einen entscheidenden Einfluß auf das Zustandekommen derselben hat.[1]) Allein dieser Einfluß ist doch nur tatsächlicher, nicht etwa rechtlicher Natur. Wohl aber sind die Ausführungsbestimmungen der Kontrolle des Parlaments unterworfen. Denn sie müssen innerhalb bestimmter Fristen[2]) zur Kenntnis beider Häuser des Parlaments gebracht werden. Jedes der Häuser kann nunmehr durch eine Adresse innerhalb bestimmter Frist[3]) Abänderung der Verordnung im Wege neuer Verordnung beantragen. Und wenn nun auch theoretisch die Krone nicht verpflichtet ist, diesem Ansinnen nachzukommen, so ergibt sich aus dem parlamentarischen Prinzip, daß das House of Commons in der Tat die Macht hat, seinen Antrag in Wirklichkeit umzusetzen.[4]) Wird übrigens einem solchen Antrag stattgegeben, eine Verordnung also wieder aufgehoben, so hat das keinerlei rückwirkende Bedeutung.[5]) Wird andererseits die dem Parlament gesetzte Frist nicht innegehalten, so verliert dasselbe sein Einspruchsrecht, aber es ergibt sich doch wieder aus dem parlamentarischen Prinzip, daß namentlich das House of Commons auch späterhin noch mit Erfolg tatsächlich die Beseitigung derartiger Verfügungen verlangen kann. Selbstverständlich aber wird durch alle diese Bestimmungen das Recht der Krone nicht tangiert, einmal auch ohne erst auf einen Einspruch des Parlaments zu warten, eine erlassene Anordnung im Wege neuer Verordnung zurückzunehmen oder zu modifizieren, trotz nicht erfolgten Einspruches auf der anderen Seite eine erlassene Verfügung wieder aufzuheben.[6])

2. Was nun die Organisation im einzelnen betrifft, so ist hier folgendes zu bemerken:

a) Die Assisengerichte sind, wie wir bereits bemerkt haben,[7]) keine ständigen Gerichte. Sie werden vielmehr perioden- und distriktsweise gebildet und zusammenberufen durch einen besonderen königlichen Auftrag, der in der Form der alten Commissions ergeht, wie wir sie weiter oben kennen gelernt haben.[8]) Dieser Auftrag ist die rechtliche Basis des Gerichtes, so daß dasselbe mithin nur in dem in der Commission bezeichneten Distrikt und nur für die Periode, für welche es zusammenberufen ist, funktionieren kann.[9])

---

[1]) Vgl. Annual Practice vol. II, pp. 741, 746.

[2]) Innerhalb 40 Tagen, die eventuell erst vom Zusammentritt des Parlaments an gerechnet werden.

[3]) Innerhalb der 40 nächsten Sitzungstage.

[4]) 38 and 39 Vict. c. 77 ss. 23, 25; Annual Practice vol. II, p. 558.

[5]) 38 and 39 Vict. c. 77 s. 25.

[6]) Selbstverständlich ist, daß im Wege des Gesetzes die Verordnungen jederzeit aufgehoben werden können.

[7]) Vgl. weiter oben S. 499 f.

[8]) Vgl. weiter oben S. 500 f.

[9]) de Franqueville tom. I, p. 196.

α) Im allgemeinen treten vorbehaltlich des Rechtes der Krone, Special Commissions zu erlassen, die Courts of Assize viermal jährlich zusammen. Wir haben so vier verschiedene Sitzungsperioden zu unterscheiden, die Frühjahrs-, Sommer-, Herbst- und Winterassisen.[1]) Allein diese Perioden sind untereinander von außerordentlich verschiedener Bedeutung. Denn nur die Sommer-, Herbst- und Winterassisen werden durch das ganze Land abgehalten. Die Frühjahrsassisen werden dagegen nur in Leeds, Liverpool und Manchester abgehalten, so daß also für den weitaus größten Teil von England nur drei Sitzungsperioden existieren. Und auch die Herbstassisen finden nur in beschränkter Weise gegenüber den Winter- und Sommerassisen statt. Denn während in beiden letzteren in 56 Orten Gericht abgehalten wird, wobei stets sowohl Zivil- wie Kriminalangelegenheiten erledigt werden können, finden in den Herbstassisen Sitzungen nur in 46 Städten statt, und Zivilsachen werden nur in Manchester, Birmingham, Liverpool und Leeds verhandelt. Für einen Teil von England werden also jährlich in der Tat nur zweimal die Assisen abgehalten, was namentlich, wie wir noch sehen werden, in krimineller Hinsicht von allergrößter Bedeutung ist.[2]) [3])

β) Ganz England ist eingeteilt in eine Reihe von Assisendistrikten, den sogenannten Circuits, für deren jeden besondere Commissions ergehen. Wir treffen augenblicklich sieben solche Distrikte, von denen einer, Wales, wiederum in zwei Unterdistrikte zerfällt, so daß eigentlich acht Distrikte bestehen. Bei den Frühjahrsassisen fällt indessen die letztere Einteilung fort.[4]) In den Circuits werden nun die Gerichtssitzungen so abgehalten, daß im allgemeinen in jeder Grafschaft in einer Stadt Sitzungen stattfinden. Allein von diesem Prinzip kommen Ausnahmen vor, wie denn z. B. in Lancashire nicht nur in Lancaster, sondern auch in

---

[1]) 21. III. bis 18. IV.; 11. V. bis 31. VII.; 12. X. bis 5. XII.; 11. I. bis 31. III. Die Perioden heißen Winter-, Easter-, Summer- und Autumn-Circuits. Vgl. z. B. Kenny, Outlines p. 519; Encyclopaedia 1st Ed. vol. III, pp. 33 et seq. Der Begriff Circuit bedeutet also sowohl Sitzungsperiode als auch Sitzungsdistrikt. In jeder Hinsicht unzutreffend sind die Ausführungen von v. Lewinski, England als Erzieher? S. 6.

[2]) Vgl. z. B. Kenny, Outlines p. 423; bei Schuster, Bürgerliche Rechtspflege S. 28 treten diese Unterschiede nicht klar genug hervor; treffend, wenn auch veraltet, dagegen de Franqueville tom. I, p. 202.

[3]) Vgl. die Orders in Council vom 28. VII. 1893, 7. V. 1907 und namentlich 19. III. 1908; Annual Practice vol. II, pp. 741 et seq.

[4]) Oxford Circuit, Midland Circuit, Northern Circuit, South-Eastern Circuit, Western-Circuit, North-Eastern Circuit, North und South Wales Circuit. Encyclopaedia 1st Ed. vol. III, pp. 32 et seq. Vgl. auch die bei Hatschek Bd. II, S. 168 Anm. 3 abgedruckte, sehr instruktive Circuitanordnung. Die Textausführungen Hatscheks sind nicht ganz zutreffend.

Liverpool und Manchester Assisen abgehalten werden.[1]) Die Sitzungen finden meist in der Hauptstadt der Grafschaft statt, doch kommen auch hier wiederum Ausnahmen vor.[2]) London und die Grafschaft Middlesex sind von der Circuiteinteilung eximiert. Für dieses Gebiet finden besondere Sitzungen statt, die sogenannten London and Middlesex Sessions, für welche aber besondere Commissions nicht erlassen zu werden brauchen, wenn sie auch in letzter Zeit erlassen sein sollen.[3]) Die Kriminalangelegenheiten werden hier vom Central Criminal Court erledigt, für den als solchen die Commissions of Oyer and Terminer and of Gaol Delivery ergehen, wie wir noch sehen werden.[4]) Außerdem können für Surrey besondere Commissions ergehen, die sowohl Kriminal- wie Zivilangelegenheiten den Londoner Gerichten überweisen, Sachen, die dann entweder in den London and Middlesex Sessions oder vor dem Central Criminal Court zu erledigen sind.[5])[6]) Soweit solche Commissions ergehen, gilt Surrey als besonderer Circuit.[7])

Es wäre nun falsch, wollte man annehmen, es gäbe so viel Assisengerichte im prozessualen Sinne, als es Circuits gäbe, so daß jedem Circuit ein Assisengericht entspräche, das, im Circuit umherreisend, an den verschiedensten Orten Sitzungen abhielte. Vielmehr handelt es sich nicht um ein reisendes Gericht, sondern um einen reisenden Richter, der an verschiedenen Punkten lokale Gerichte abzuhalten hat. Und zwar wird prinzipiell für jede Grafschaft ein Assisengericht gebildet, so daß, wenn, was

---

1) In 47 Grafschaften werden in einer Stadt, in 3 Grafschaften in 2 Städten, schließlich in einer Grafschaft in 3 Städten Assisen abgehalten. Vgl. de Franqueville tom. I, p. 203 n. 2.

2) Vgl. de Franqueville tom. I, p. 203 s.; weitere Komplikationen können sich dadurch ergeben, daß manche Städte das Vorrecht haben, als Grafschaft an sich zu gelten.

3) 36 and 37 Vict. c. 66 ss. 30, 37; Annual Practice vol. I, p. 482; vol. II. p. 504. Nicht ganz zutreffend Brodie-Innes vol. I, p. 34. Encyclopaedia 1st Ed. vol. VIII, p. 20 heißt es: „Special commissions of assize, oyer and terminer, and gaol delivery are not issued for this area." Daß sie aber neuerdings erlassen werden, teilte mir ein in Kriminalsachen praktizierender Barrister mit.

4) Brodie-Innes vol. I, p. 34.

5) Diese Bestimmung findet ihren Grund darin, daß ein großer Teil der Metropolis zu der Grafschaft Surrey gehört.

6) Unzutreffend behauptet Schuster, Bürgerliche Rechtspflege S. 28, daß Surrey keinem Circuit zugeteilt sei. Vgl. dagegen Order in Council vom 19. III. 1908 und Whitaker's Almanack p. 206. Vgl. auch Halsbury, Laws of England vol. II, pp. 366, 367, woselbst eine genaue Übersicht über die Circuiteinteilung.

7) 38 and 39 Vict. c. 77 s. 23. Derartige besondere Commissions sind augenblicklich nicht üblich. Vielmehr ist Surrey durch Order in Council vom 25. 7. 1893 dem South Eastern Circuit einverleibt.

ja möglich ist,[1]) in einer Grafschaft an mehreren Orten Gerichtssitzungen abgehalten werden, wir hier es in der Tat mit ein und demselben Gericht zu tun haben, das an verschiedenen Orten Gerichtstage abhält. Sonst aber haben wir so viel Assisengerichte, als wir Assisengrafschaften haben. Die Richtigkeit dieser Auffassung ergibt sich aus den Bestimmungen über die örtliche Zuständigkeit. Denn würde für jeden Circuit nur ein Assisengericht konstituiert, so müßten die die Zuständigkeit begründenden Momente für den Circuit als solchen gegeben sein. Allein in der Tat bestimmt sich die örtliche Zuständigkeit nach den Grafschaften,[2]) so daß beispielsweise eine Kriminalsache, die in Norwich zu erledigen ist, nicht in Chelmsford erledigt werden kann, obwohl die Grafschaften Norfolk und Essex, deren Assisenstädte jene sind,[3]) in demselben South-Eastern Circuit gelegen sind. Eine Modifikation dieses Grundsatzes treffen wir indessen insofern an, als durch Königliche Verordnung mehrere Grafschaften zusammengelegt werden können, falls zu erwarten steht, daß in den einzelnen Grafschaften zu wenig Sachen zur Erledigung anstehen. Hier werden dann in einer Stadt die Assisen für mehrere Grafschaften abgehalten.[4])

b) α) Die Courts of Assize werden, soweit nicht Special Commissions ergehen, die wir aber ihrer Seltenheit halber hier außer acht lassen können, für bestimmte Perioden zusammenberufen. Die Zusammenberufung erfolgt durch den Erlaß der bereits früher erwähnten Commissions. Und zwar wird die Ausgabe derselben durch den Lord Chancellor veranlaßt, der auch die Commissions selbst unterzeichnet, nachdem er von dem König hierzu ermächtigt worden ist. Zu erlassen sind nun zunächst einmal die uns bekannten Commissions of Assize, Oyer and Terminer und Gaol Delivery.[5]) Über den Inhalt derselben ist hier nichts weiteres zu bemerken, da er sich mit dem der alten, vor 1873 erlassenen Commissions im wesentlichen deckt.[6]) Daneben ergeht noch ein Writ of Association. Durch diesen werden eine Reihe von Personen beauftragt, als Hilfsbeamte bei den Assisen zu fungieren. Und der Writ of Admittance, der gleichzeitig erlassen wird, setzt die Richter von dem Erlaß und dem Inhalt

---

[1]) Vgl. weiter oben S. 506 f.

[2]) Archbold, Pleading pp. 33, 125.

[3]) Whitaker's Almanack p. 206.

[4]) 39 and 40 Vict. c. 57; 42 Vict. c. 1; de Franqueville tom. I, p. 202. Vgl. Order in Council vom 6. 7. 1907.

[5]) Abgedruckt in ihren heutigen Formen bei de Franqueville tom. I, p. 197 n. 1, 198 n. 2 und 220 n. 5.

[6]) Abgedruckt bei de Franqueville tom. I, p. 198 n. 1.

des erstgenannten Writ in Kenntnis. Schließlich ergeht noch der Writ de si non omnes, welcher die Assisen abzuhalten gestattet, auch wenn nicht alle, sondern nur zwei der in den verschiedenen Commissions genannten Personen anwesend sind.[1] [2]

β) Die im vorstehenden genannten Commissions ergehen nun nicht etwa bloß an diejenigen Richter, die im konkreten Einzelfalle berufen und verpflichtet sind, die Assisen abzuhalten. Vielmehr ergehen sie generell an alle diejenigen Personen, die überhaupt in die Lage kommen können, sei es als ordentliche Richter, sei es als Ersatz- oder Hilfsrichter, in den Courts of Assize tätig zu werden. Und zwar ergehen sie zunächst an alle Richter des Supreme Court,[3] ferner an die Rechtsanwälte des Circuit, die den Titel King's Counsel führen, und schließlich ergeht auch eine der Commissions, die Commission of Gaol Delivery, an die Lords Lieutenant der verschiedenen Grafschaften.[4] [5] Und wenn allerdings auch die Erwähnung der letzteren nur noch eine Formsache ist, und diese selbst als solche keinerlei Funktionen mehr im Verfahren zu erfüllen haben, so hat andererseits die Erwähnung der King's Counsel eine sehr weitgehende Bedeutung, da aus ihrer Reihe die Hilfsrichter zu nehmen sind, wie wir noch sehen werden.

Aus dem Ausgeführten ergibt sich, daß die Commissions im wesentlichen nur den allgemeinen Befehl enthalten, daß Assisen abgehalten werden. Sie begründen aber nicht eine spezielle Verpflichtung für den einzelnen Richter, in einen Circuit zu gehen, sondern nur eine Berechtigung hierzu, indem sie die Fähigkeit verleihen, als Assisenrichter zu funktionieren.[6] Denn nur wer in den Commissions genannt ist, kann als Richter tätig werden. Die Verpflichtung nun aber, bestimmte Assisen abzuhalten, wird begründet durch die Zuteilung eines bestimmten Richters an einen bestimmten Circuit für eine bestimmte Zeit. Dieselbe erfolgt auf Grund einer Königlichen Verordnung, die in Übereinstimmung mit

---

[1] Abgedruckt bei de Franqueville tom. I, p. 198 n. 1.

[2] Nicht in allen Einzelheiten zutreffend de Franqueville tom. I, p. 197 s.; vgl. namentlich Encyclopaedia 1st Ed. vol. III, pp. 29 et seq.; ferner Gneist, Englisches Verwaltungsrecht Bd. II, S. 971.

[3] Order in Council vom 26. 6. 1884; Schuster, Bürgerliche Rechtspflege S. 27 f.; nicht ganz zutreffend de Franqueville tom. I, p. 197 s.

[4] Gneist, Englisches Verwaltungsrecht Bd. II, S. 971; de Franqueville tom. I, p. 197 s.; Schuster, Bürgerliche Rechtspflege S. 27.

[5] Encyclopaedia 1st Ed. vol. III, p. 30.

[6] Soweit die Commissions an die Lords Lieutenant gerichtet sind, begründen sie nicht einmal die Fähigkeit. Da aber die Krone nur in der Lage ist, Personen, die den gesetzlichen Erfordernissen entsprechen, zur Assisenabhaltung zu beauftragen (36 and 37 Vict. c. 66 s. 37), da hierzu die Lords Lieutenant als solche nicht gehören, so hat die Erwähnung in den Commissions überhaupt keine Rechtsbedeutung.

den Vorschlägen einer Richterversammlung des High Court erfolgt.[1]) Und die Verpflichtung, als Ersatz- oder Hilfsrichter zu handeln, wird erst begründet durch den für eine oder mehrere spezielle Sachen erteilten Auftrag, den der zum Hilfsrichter Berufene seitens der zur Ernennung von Vertretern berufenen Stelle erhält. Wir werden auf die diesbezüglichen Einzelheiten noch weiter unten eingehender zurückkommen.

3. Was nun die Zuständigkeit der Assisengerichte anbelangt, so ist hier die örtliche und die sachliche Kompetenz auseinanderzuhalten.

a) Beginnen wir mit der sachlichen Kompetenz, so bemerkten wir bereits, daß die Assisengerichte sowohl Kriminal- wie Zivilgerichte sind. Wie beim High Court selbst unterscheidet man bei ihnen eine Crown Side und die Nisi Prius Side der Zivilgerichtsbarkeit.[2]) Halten wir beides auseinander, so ist hier folgendes zu bemerken:

α) Als Zivilgerichte sind die Assisengerichte in demselben Umfange zuständig, in dem der High Court als Gericht erster Instanz zuständig ist. Eine Zuständigkeit höherer Instanz besitzen sie also nicht, wohl aber besitzen sie als Gerichte erster Instanz dieselbe umfassende Zuständigkeit wie der High Court, so daß sie also auch in denselben Grenzen wie er konkurrierende Zuständigkeit mit den County Courts haben. Und es kommen auf das Kompetenzverhältnis der County Courts zu den Assisen die Regeln zur Anwendung, die wir früher für das Verhältnis von County Courts zum High Court kennen gelernt haben.[3])

Aus dem Ausgeführten ergibt sich, daß die Assisen für alle Sachen, die in einer der drei Abteilungen des High Court erstinstanzlich angebracht werden können, zuständig sind.[4]) Allein tatsächlich werden zumeist nur Sachen vor den Assisen erledigt, die zur Zuständigkeit der King's Bench Division gehören.[5]) Chancery- und Probateangelegenheiten werden selten, Divorce- und Admiraltyangelegenheiten nie vor die Assisen gebracht.[6]) Liegt für letztere im allgemeinen ein Bedürfnis um des willen nicht vor, weil, wie bereits ausgeführt[7]), einer Anzahl von County Courts

---

[1]) 36 and 37 Vict. c. 66 s. 37; de Franqueville tom. I, p. 196, 204.

[2]) Vgl. de Franqueville tom. I, p. 197.

[3]) Vgl. weiter oben S. 217 ff.

[4]) Every Man's Own Lawyer p. 13; Brodie-Innes vol. I, pp. 33, 34; Annual Practice vol. I, pp. 482, 483; de Franqueville tom. 1, p. 205; Hatschek Bd. II, S. 169.

[5]) Vgl. die Übersicht über die verhandelten Sachen Civil Judicial Statistics 1907, p. 82.

[6]) de Franqueville tom. I, p. 205.

[7]) Vgl. weiter oben S. 209 f.

die Admiralitätsgerichtsbarkeit verliehen ist, so daß hierdurch einer übertrieben strengen Zentralisation in gewissen Grenzen schon abgeholfen ist, so ist bei allen anderen Angelegenheiten der folgende Gesichtspunkt doch wohl für die Parteien ausschlaggebend: Die Assisenrichter sind, wie wir noch später sehen werden, fast ausschließlich King's Benchrichter. Die Spezialisierung ihrer Tätigkeit auf sogenannte Common Law-Sachen bringt es mit sich, daß die Parteien nicht allzugern Angelegenheiten vor sie bringen, die nach anderen Grundsätzen, namentlich nach Equitygrundsätzen abzuurteilen sind, Grundsätzen, die denn natürlich den Common Law-Juristen nicht so vertraut sind, wie die Grundsätze des Common Law selber. So werden solche Angelegenheiten lieber in London selbst verhandelt. Tatsächlich also entspricht die Tätigkeit der Assisen im wesentlichen der der Kings Bench Division.

β) Auch die sachliche Zuständigkeit in Kriminalsachen ist insofern eine allumfassende, als alle ordentlichen Strafsachen vor den Assisen erledigt werden können.[1]) Das Verhältnis, in welchem die Assisen in dieser Hinsicht zu den provinziellen Quarter Sessions stehen, haben wir bereits kennen gelernt. Beide Gerichte haben eine konkurrierende Zuständigkeit, soweit nicht die Zuständigkeit der Assisen eine ausschließliche ist, was sie übrigens nur in den schwersten Fällen ist. Soweit aber die Zuständigkeit eine konkurrierende ist, sollen die Strafsachen in erster Linie von den Quarter Sessions erledigt werden, und nur die schwersten Fälle sollen vor die Assisen gebracht werden, deren Zuständigkeit insofern tatsächlich immer mehr zurücktritt und für die leichteren Fälle einen durchaus subsidiären Charakter annimmt. Auf die Einzelheiten braucht hier nicht mehr eingegangen zu werden. Ich verweise völlig auf unsere früheren Ausführungen.[2]) [3])

b) Wenden wir uns des weiteren der örtlichen Zuständigkeit zu, so haben wir auch hier wieder die Zivilsachen von den Kriminalsachen zu trennen, da bezüglich beider durchaus verschiedene Grundsätze gelten.

α) Was zunächst die örtliche Zuständigkeit der Assisengerichte in Zivilsachen anbetrifft, so muß, um das ganze Verhältnis klarzulegen, in dem die Courts of Assize zueinander und zu den einzelnen Abteilungen des High Court stehen, an die Zweiteilung des englischen Zivilprozesses erinnert werden. Derselbe zerfällt

---

[1]) Kenny, Outlines pp. 423, 424.

[2]) Vgl. weiter oben S. 58 ff.

[3]) Für diese Behauptung ließe sich übrigens sehr wertvolles Beweismaterial aus der englischen Kriminalstatistik beschaffen. Es würde dies aber Untersuchungen bedingen, die hier zu weit führen würden. Ich verweise daher nur auf Criminal Statistics 1907, pp. 50, 51, 54, 55.

bekanntlich in ein Vorverfahren und in die Hauptverhandlung vor dem erkennenden Gericht, den eigentlichen Trial. Da ja nun die Assisengerichte selbst keine ständigen Erscheinungen sind, sondern nur periodenweise zur Erledigung spruchreifer Sachen zusammentreten, so erhellt, daß das vorbereitende Verfahren sich nicht vor ihnen abspielen kann. Es muß mithin eine jede Klage bei dem High Court selbst, sei es nun im Central Office oder in einer District Registry[1]), angebracht und hier bei der Anbringung einer der Abteilungen des High Court überwiesen werden.[2]) Dies muß unterschiedslos erfolgen, gleichgültig, ob der Prozeß in London, ob in den Provinzen zur Schlußverhandlung gelangen soll. Und insofern muß stets eine jede Sache in irgendeiner Abteilung des High Court angebracht werden, und diese Abteilung ist dann auch das Prozeßgericht für die Sache. In der Abteilung selbst spielt sich das Vorverfahren ab, und von diesem Satz macht auch der weitere Satz keine Ausnahme, daß in Sachen, die vor den Assisen zur Verhandlung gebracht werden sollen, der Richter Chambersentscheidungen während einer Assisenperiode, in der es noch nicht zum Trial kommt, erlassen kann[3]); denn Chambersentscheidungen kann der Richter stets da erlassen, wo er sich aufhält[4]), und erläßt er anläßlich der Assisenverhandlungen Chambersentscheidungen in der Stadt der Assisen, so handelt er eben nicht als Assisenrichter, der nur Trials zu erledigen hat, sondern als Richter at Chambers, der zufällig nicht in London ist und daher außerhalb Londons entscheidet.

Spielt sich so die Vorverhandlung in der Abteilung selbst ab, so kann die Hauptverhandlung sich abspielen entweder in London oder in der Provinz vor den Assisengerichten. Hier läßt sich nun zunächst das eigentliche Wesen der Courts of Assize als Zivilgerichte in prozessualer Hinsicht deutlich erkennen: Sie sind keine Prozeßgerichte in dem oben entwickelten Sinne, denn Prozeßgerichte sind und bleiben nur die einzelnen Abteilungen des High Court, bei denen die in Betracht kommenden Klagen angebracht sind. Die Courts of Assize sind vielmehr ausschließlich Verhandlungsgerichte, die unterschiedslos alle Sachen der verschiedenen Abteilungen des High Court erledigen können, und die insofern die Gesamtkompetenzen der einzelnen Abteilungen in sich vereinigen.[5]) Sie stehen für die

---

[1]) Vgl. hierzu weiter unten S. 547 ff.

[2]) R. S. C. Order V r. 5.

[3]) Schuster, Bürgerliche Rechtspflege S. 78.

[4]) Weiter oben S. 338.

[5]) Auf den Unterschied von Prozeß- und Verhandlungsgericht weist treffend hin Schuster, Bürgerliche Rechtspflege S. 27.

Trials in jeder Sache zur Verfügung, gleichgültig, bei welcher Abteilung die Sache angebracht ist.

Gesetzliche Bestimmungen darüber nun, vor welchem Gericht es in einer konkreten Sache zum Trial kommen muß, existieren generell nach englischem Rechte nicht, und insoweit kann man sagen, daß Bestimmungen über die örtliche Zuständigkeit in Zivilstreitigkeiten überhaupt nicht existieren.[1]) Daraus ergibt sich: die Schlußverhandlung in einer jeden Klage kann vor einer Abteilung des High Court selbst, sie kann aber auch vor einem jeden Assisengericht stattfinden. So müssen wir sagen: Alle Assisengerichte besitzen untereinander und mit den verschiedenen Abteilungen des High Court in örtlicher Hinsicht eine konkurrierende Zuständigkeit. Ja, wenn auch faktisch die Assisengerichte der Dezentralisation dienen, so muß doch daran festgehalten werden, daß rein theoretisch betrachtet, die sämtlichen Assisengerichte als Zivilgerichte Zentralinstanzen sind. Denn ihre Zuständigkeit begreift prinzipiell ganz England.

Sind nun prinzipiell alle Assisengerichte und die verschiedenen Abteilungen des High Court für die mündliche Hauptverhandlung örtlich konkurrierend zuständig, so fragt sich, wer denn nun in concreto entscheidet, wo eine Klage zur Verhandlung kommen soll. Hier gilt als oberstes Prinzip der Satz, daß der Kläger das Recht hat, das Gericht für den Trial selbst vorzuschlagen.[2]) Und zwar muß er das Vorschlagsrecht ausüben entweder bereits in der Klagschrift oder, falls das nicht geschehen ist, in einer besonderen Erklärung, die der Gegenpartei mindestens sechs Tage nach deren Einlassung zugestellt werden muß.[3]) Erklärt sich der Kläger gar nicht, so gilt das als Erklärung, den Prozeß in London selbst zur Verhandlung bringen zu wollen. Es kann aber der Kläger auch noch nachträglich eine Abänderung des Verhandlungsortes herbeiführen, und namentlich hat er das Recht, wenn in London verhandelt werden sollte, die Sache vor den Assisen zur Hauptverhandlung zu bringen. Das kann er übrigens

[1]) R. S. C. Order XXXVI r. 1: „There shall be no local venue for the trial of any action". Einige statutarische Ausnahmen von diesem Satze existieren, können aber hier außer acht gelassen werden ihres völlig unbedeutenden Charakters halber. Vgl. Brodie-Innes vol. I, p. 555; Annual Practice vol. I, p. 482; Schuster, Bürgerliche Rechtspflege S. 79; Wertheim S. 580.

[2]) de Franqueville tom. I, p. 205 und die in der vorstehenden Anmerkung Zitierten. Hier wird indessen stets behauptet, der Kläger habe ein Wahlrecht. was in der Tat nicht der Fall ist.

[3]) Annual Practice vol. I, p. 494; Schuster, Bürgerliche Rechtspflege S. 79.

auch derart tun, daß er nur die Erledigung bestimmter Streitpunkte ganz oder teilweise tatsächlicher Natur an die Assisen bringt, während im übrigen der Prozeß in London weiter verhandelt und entschieden wird.[1]).

Der Satz aber, daß der Kläger das Vorschlagsrecht unter den mehreren konkurrierenden Gerichten der Hauptverhandlung hat, ist nicht dahin zu verstehen, daß er ein wirkliches Wahlrecht zwischen den verschiedenen Gerichten hat. Einmal nämlich erfolgt die Bestimmung des Verhandlungsortes formal stets durch das Gericht, und zwar erfolgt diese Bestimmung im allgemeinen in dem Termin, der auf Grund eines Summons for Directions vom Gericht abgehalten wird.[2]) Bei der starken Prozeßleitungsgewalt desselben, die, wie wir bereits hervorgehoben haben,[3]) das englische Zivilverfahren auszeichnet, ist es nun nicht weiter verwunderlich, daß das Gericht an den Antrag des Klägers bezüglich des Verhandlungsortes nicht gebunden ist. Vielmehr kann es, wenn ihm hierfür genügend triftige Gründe vorzuliegen scheinen, auch einen anderen als den vom Kläger vorgeschlagenen Verhandlungsort bestimmen, ohne hierfür erst einen diesbezüglichen Antrag der Gegenpartei abwarten zu müssen. Ja, selbst wenn beide Parteien sich auf ein bestimmtes Gericht als Verhandlungsgericht geeinigt haben, so ist auch dann das Gericht nicht an diese Parteivereinbarung gebunden und kann eine abweichende Anordnung treffen, ein Satz, der auf das deutlichste beweist, daß die eigentliche Wahl des Verhandlungsortes stets nur durch das Gericht erfolgt. Allerdings wird natürlich tatsächlich das Gericht die weitgehendste Rücksicht auf die Parteianträge nehmen, aber theoretisch erfolgt seine Entscheidung nach völlig freiem Ermessen unter Berücksichtigung der gesamten, bei der Prozeßlage in Betracht kommenden Verhältnisse.

Auf der anderen Seite wird das Vorschlagsrecht des Klägers auch noch insoweit modifiziert, als auch der Beklagte einen gewissen Einfluß auf die Bestimmung des Verhandlungsortes hat. Zunächst kann nämlich letzterer verlangen, daß eine Streitfrage, bei der tatsächliche Punkte allein oder mit zur Entscheidung stehen, vor den Assisen verhandelt wird.[4]) Und ferner kann der Beklagte beantragen, daß, auch nachdem der Verhandlungsort bereits gerichtlicherseits bestimmt ist, diese Anordnung wieder rückgängig gemacht wird und ein anderes Gericht zum Ver-

[1]) 36 and 37 Vict. c. 66 s. 29.
[2]) Annual Practice vol. I, p. 482.
[3]) Weiter oben S. 356f. und 369ff.
[4]) 36 and 37 Vict. c. 66 s. 29.

handlungsgericht bestellt wird.[1]) Allerdings kommt es hier zu einer Änderung des Verhandlungsortes, zu einem sogenannten Change of Venue stets wiederum nur durch Entscheidung des Gerichtes. Allein da das Gericht eine diesbezügliche Entscheidung nicht bloß auf Antrag der Partei, sondern auch von Amts wegen jederzeit treffen kann, so ergibt sich unter Berücksichtigung unserer bisherigen anderweiten Ausführungen, daß es im allgemeinen auch für den Kläger eine doch immer recht zweifelhafte Sache ist, wo eine von ihm angebrachte Klage zur Verhandlung kommt. Und diese Unsicherheit in dem prozeßrechtlichen Verhältnisse hat man in praxi häufig nicht mit Unrecht lebhaft bedauert.[2])

β) Einen ganz anderen Charakter wie die Bestimmungen über die örtliche Zuständigkeit der Assisengerichte als Zivilgerichte haben die Bestimmungen über die örtliche Kriminalzuständigkeit. Denn während im ersteren Fall den Parteien resp. dem Gericht nur die Möglichkeit gegeben ist, eine Sache außerhalb Londons zur Verhandlung zu bringen, liegen hier die Verhältnisse völlig anders; hier tragen die Bestimmungen über die Zuständigkeit einen durchaus zwingenden Charakter, hier ist die örtliche Zuständigkeit eine durchaus ausschließliche. Und es zeigt sich uns sofort, daß, während die Zivilrechtspflege zentralistisch ausgeübt wird, die Strafrechtspflege stets lokalisiert war und ist.[3])

Was nun die einzelnen Bestimmungen über die örtliche Zuständigkeit betrifft, so können wir uns sehr kurz fassen. Wir brauchen nämlich nur auf jene Ausführungen zu verweisen, die wir bezüglich der örtlichen Zuständigkeit der Quarter Sessions gegeben haben, und die hier in analoger Art und Weise zu verwerten sind.[4]) Hinzuzufügen ist nur das eine: Es kann sein, daß

---

[1]) Annual Practice vol. I, p. 482.

[2]) Vgl. de Franqueville tom. I, p. 205 und die dort wiedergegebenen Ausführungen eines Solicitor.

[3]) Es trifft natürlich nicht das Wesentliche, wenn man die Zentralisation der Rechtspflege darin durchgeführt sieht, daß Richter der Zentralstelle die Gerichtsbarkeit ausüben. Hier kommt alles auf das Wo, nicht auf das Wie an. Lokalisation der Rechtspflege ist stets dann gegeben, wenn der Rechtsschutz lokal über das ganze Land hin gewährt wird. Das ist hier der Fall. Denn die Ausübung der Strafrechtspflege ist in dem entwickelten Sinne eine lokale, mehr noch, muß eine lokale sein. Und damit ist eben das Prinzip der Zentralisation nicht gegeben. Weidlichs Ausführungen Lisztsche Zeitschrift Bd. 28, S. 502, 508 treffen also nicht den Kernpunkt der Sache, soweit sie übrigens nicht völlig leere Deklamationen sind. Vgl. dagegen bereits meine Ausführungen weiter oben S. 177, Anm. 2.

[4]) Vgl. weiter oben S. 52. Vgl. insbesondere ferner Archbold, Pleading pp. 33 et seq. mit zahlreichen Einzelheiten; Brodie-Innes vol. I, pp. 255 et seq., 232.

eine Stadt das Vorrecht hat, im Hinblick auf die Assisen als eine besondere Grafschaft behandelt zu werden. Hier können aber die zu ihrer örtlichen Zuständigkeit gehörenden Fälle vor den Grafschaftsassisen erledigt werden, die in der Grafschaft, in welcher die Stadt liegt, außerdem abgehalten werden.[1]) Das Vorrecht der Selbständigkeit verbrieft der Stadt also nicht etwa eine ausschließliche, sondern stets nur eine konkurrierende Zuständigkeit. Schließlich sei noch hervorgehoben, daß durch Anordnungen erlassen von der King's Bench Division die Bestimmungen über die örtliche Zuständigkeit durchbrochen werden können. Gehört nämlich eine Sache zur Zuständigkeit eines Assisengerichtes, so kann dieselbe durch eine gerichtliche Verfügung vor die King's Bench Division gezogen werden. Letztere kann nunmehr selbst den Fall aburteilen oder kann anordnen, daß derselbe an den Central Criminal Court zur Aburteilung verwiesen werde.[2]) Dieser wird dann zuständig durch Bestimmung des höheren Gerichtes. Es braucht übrigens, wie noch bemerkt werden mag, hierzu nicht ein förmlicher Writ of Certiorari erlassen zu werden, was, um eine Sache der Aburteilung vor den Quarter Sessions zu entziehen, nötig ist.[3]) Es genügt vielmehr eine einfache Verfügung der King's Bench Division, da ja die Courts of Assize Teile des High Court sind.[4]) Gründe für eine derartige Maßnahme sind namentlich dann gegeben, wenn eine unparteiische Erledigung des Straffalles vor dem Assisengericht aus irgendwelchem Anlaß nicht hinreichend gesichert erscheint.[5])

c) Betrachten wir noch kurz die Bedeutung, welche die Assisengerichte in tatsächlicher Hinsicht als Zivil- und als Strafgerichte besitzen. Im allgemeinen ergibt sich uns, daß die Courts of Assize in erster Linie Kriminalgerichte sind.[6]) Nur in den Circuits, in denen die großen Handelsstädte liegen, überwiegt ihre Tätigkeit in Zivilstreitigkeiten, so namentlich im Northern Circuit, in dem Manchester und Liverpool gelegen sind, ferner im North Eastern Circuit, in dem Leeds liegt.[7]) Es ergibt sich das ohne weiteres aus der folgenden Tabelle:[8])

---

[1]) Archbold, Pleading pp. 41 et seq.

[2]) Archbold, Pleading pp. 115, 122. Vgl. auch weiter unten S. 538.

[3]) Vgl. weiter oben S. 59.

[4]) Archbold, Quarter Sessions p. 179.

[5]) Archbold, Pleading p. 114; Brodie-Innes vol. I, p. 255.

[6]) Kenny, Outlines p. 424 nennt sie „the most important of our criminal courts of first instance".

[7]) Whitaker's Almanack p. 207.

[8]) Civil Judicial Statistics 1906, p. 96; 1907, p. 86. Es ist zu beachten, daß, wenn an einem Tag sowohl Zivil- wie Kriminalsachen verhandelt sind, dieser Tag doppelt gezählt ist, so daß, wenn auch nur eine Zivilsache ver-

Circuits	Verhandlungstage in Kriminalsachen		Verhandlungstage in Zivilsachen	
	1906	1907	1996	1907
South Eastern	96	106	33	39
Midland	97	85	67	79
Oxford	64	68	34	30
Northern	104	81	122	138
North Eastern	61	43	60	74
Western	75	82	50	36
Wales I	14	34	21	22
Wales II	41	50	49	39

Eine noch genauere Berechnung ergibt sich aus einer kürzlich veröffentlichten statistischen Zusammenstellung über die in den Circuits geleistete Arbeit,[1]) bei welcher ein in der obenstehenden Tabelle vorkommender Fehler vermieden ist. Während nämlich dort jeder Tag, an welchem sowohl Kriminal- wie Zivilsachen erledigt worden sind, voll als Tag für Zivil- wie Strafsachen berechnet ist, ist hier die auf die einzelnen Materien verwandte Zeit in Stunden berechnet und dann nach der Durchschnittsarbeitsleistung in Tage umgerechnet worden. Dabei ergeben sich umstehende Resultate (vgl. Tabelle S. 518)[2]).

Und daß in der Tat die Verhältnisse in den einzelnen Teilen von England außerordentlich verschieden sind, beweist die Tatsache, daß in neun Assisenstädten 1907 überhaupt keine Zivilklagen zur Hauptverhandlung standen, während in 17 anderen Städten nicht mehr wie fünf Klagen eingebracht wurden.[3]) Dem stehen dann Städte gegenüber wie Liverpool mit 106, Manchester mit 118 eingebrachten Klagen. Daß schließlich aber doch die ganze Ziviltätigkeit der Assisen immerhin keine ganz unbedeutende ist, beweist die Tatsache, daß 1907 2133 Klagen in London, 773 in

---

handelt wird, der Tag als Tag berechnet ist. In den Circuits mit vielen Zivilsachen spielt dieser Fehler indessen keine bedeutende Rolle. So sind im Northern Circuit 1907 nur 6 Tage doppelt gezählt worden. Vgl. auch nach l. c. p. 74 und sofort weiter unten im Text.

[1]) Return showing, for the years 1905 and 1906, in the case of each Judge of the King's Bench Division, the number of days on which he was absent from the King's Bench Division to go on circuit and the number of days on which he sat at assizes for the trial of prisoners or of civil cases, pp. 57 et seq. (Ich werde diesen Bericht im folgenden zitieren als Circuit Return). Vgl. auch Civil Judicial Statistics 1907, pp. 24 et seq.

[2]) Die Zahlen sind insofern nicht ganz genau, als die Sitzungen der Hilfsrichter nicht aufgenommen sind. Circuit Return p. 5 note.

[3]) Civil Judicial Statistics 1907, p. 24.

Circuits	Verhandlungstage in Kriminalsachen		Verhandlungstage in Zivilsachen	
	1905	1906	1905	1906
South Eastern	81	81 1/2	36	30 1/2
Midland	59 3/4	86	57 1/4	36
Oxford	65 1/2	55 1/2	55 1/2	54 1/2
Northern	73 1/2	153 1/2	101	116
North Eastern	68	77	83	69
Western	67	70 1/2	46	44 1/2
Wales I	34	38	22	19
Wales II	39	38	61	48

den Provinzen zur Hauptverhandlung kamen, so daß doch immerhin 1/4 aller Klagen lokal erledigt worden ist.[1]) Allerdings muß dabei bemerkt werden, daß Klagen mit höheren Streitwerten meist in London zur Verhandlung kommen. Denn während 1907 in London Klagsummen in Höhe von £ 1 179 420 zugesprochen wurden, betrug die entsprechende Summe in den Circuits nur £ 131 658, also ungefähr nur 1/9 der Londoner Summe.[2])

4. Was schließlich noch die Art und Weise betrifft, in der die Assisen tätig werden, so ist bezüglich der Courts of Assize als Kriminalgerichte nichts Besonderes zu bemerken. Sie sind besetzt mit einem Richter und 12 Geschwornen, neben welche die Grand Jury als Eröffnungsbehörde tritt. Als Zivilgericht treffen wir auch hier drei Möglichkeiten, Einzelrichter, Einzelrichter und Assessors mit beratender Stimme und endlich Einzelrichter und 12 Geschworene, wobei des weiteren zu unterscheiden ist, ob eine Common oder eine Special Jury zur Entscheidung herangezogen wird. Im allgemeinen werden aber auch die Zivilsachen mehr vor Geschwornengerichten als vor dem Einzelrichter allein erledigt. So wurde 1907 in nicht weniger als 402 Verhandlungen eine Jury zugezogen, während nur in 178 Sachen der Prozeß sich vor einem Einzelrichter allein abspielte.[3]) Daß hierin natürlich eine außerordentlich starke Abschwächung des Einzelrichterprinzipes liegt, bedarf nach früheren Ausführungen keines weiteren Beweises.[4])

Aber auch soweit das Einzelrichtersystem durchgeführt ist, gilt dasselbe tatsächlich nur mit einer weiteren, sehr starken Abschwächung. Entsteht nämlich eine schwierigere Rechtsfrage, die

---

[1]) Vgl. zu diesem Punkt weiter unten S. 602 ff.

[2]) Civil Judicial Statistics 1907, pp. 40, 41.

[3]) Civil Judicial Statistics 1907, p. 76.

[4]) Vgl. weiter oben S. 345 f.

der mit ihr befaßte Assisenrichter sich scheut allein zu erledigen, so kann er die Verhandlung unterbrechen und kann sich mit dem anderen, in denselben Circuit entsandten Richter beraten. Ja, er kann sogar, und solche Fälle kommen vor, eine Beratung der nicht in denselben Circuit gesandten Richter insofern herbeiführen, als er zum Zweck einer Besprechung nach London fahren kann, um hier mit dem anderen Richter zu konferieren, und es ist das namentlich deshalb möglich, weil ja die Commission an alle Richter geht. Ich bemerke nun, daß nicht etwa hier stillschweigend die Verhandlung unterbrochen wird und in informeller Art und Weise die Ansicht der anderen Richter eingeholt wird.[1]) Sondern es geschieht die Aussetzung der Verhandlung zu dem ausgesprochenen Zweck, die Ansicht der anderen Richter beizuholen und bei der Verkündung der Entscheidung wird auf ihre Ansicht ausdrücklich Bezug genommen.[2]) Es ist aber natürlich die ganze Möglichkeit, so mit anderen Richtern eine Sache zu beraten, durchaus tatsächlicher Natur, und es steht völlig im freien Ermessen des mit der Sache befaßten Richters, ob er dies tun will oder nicht.

Es sei schließlich noch bemerkt, daß im allgemeinen nur ein Gerichtshof tagt. Es kommt aber auch vor, daß zwei Höfe zu gleicher Zeit funktionieren, von denen dann der eine Zivilsachen, der andere Kriminalsachen erledigt. Ja, falls eine besonders starke Geschäftsüberhäufung vorliegt, kann ein dritter Hof gebildet werden, was indessen selten der Fall ist.[3])

III. 1. Wenden wir uns der Besetzung der Assisengerichte zu, so treffen wir hier als wichtigste Person den Richter, mit dem wir uns daher in erster Linie zu befassen haben.

a) *α*) Als Richter in den Assisen können alle Mitglieder des Supreme Court herangezogen werden. In erster Linie sind allerdings die Mitglieder der King's Bench Division als Assisenrichter zu verwenden, allein im Notfalle können auch Mitglieder

---

[1]) Ein derartiger Fall findet sich erwähnt in der Pall Mall Gazette vom 7. 3. 1907: „During a murder trial at Northampton it came out that one of the jury has left his fellows for a time; the . . . judge promptly went to town, consulted the Lord Chief Justice, went back, and began the trial again with the same jury."

[2]) Ich bemerke übrigens, daß theoretisch sich die Verhandlung stets vor der Gesamtheit der in der Commission genannten Richter abspielt, was sich aus dem Writ de si non omnes ergibt. Diese Fiktion begünstigt natürlich sehr das im Text geschilderte Verfahren. Vgl. die bei de Franqueville tom. I, p. 209 s. abgedruckte Entscheidung Leveson c. Queen und de Franqueville selbst p. 210 n. 1.; die Entscheidung bezieht sich allerdings nur auf den Central Criminal Court, ihre Ausführungen treffen aber auch hier zu.

[3]) Ein Beispiel vgl. im Circuit Return p. 5.

des Court of Appeal, der Chancery und der Probate Division mit Abhaltung der Assisen beauftragt werden.[1]) Tatsächlich indessen wird von dieser Möglichkeit kein Gebrauch gemacht[2]), und wenn die Kräfte der King's Bench Divisivon nicht mehr ausreichen, hilft man sich auf andere Weise, wie wir noch sehen werden. Jedenfalls kann man den Satz aufstellen, daß tatsächlich im High Court nur die King's Bench-Richter als Circuitrichter verwendet werden.

β) Neben den Mitgliedern des High Court können aber auch noch ältere Rechtsanwälte als Richter herangezogen werden. Hier gilt folgendes: Wir werden später noch sehen, daß die Barristers, die vor den Assissen Praxis betreiben wollen, zur Ausübung ihrer Funktionen sich einen speziellen Circuit wählen, in dem sie dann ausschließlich als Barristers eben dieses Circuit tätig werden.[3]) Barristers nun, denen bereits der Titel King's Counsel verliehen ist, können für ihren Circuit zu Assisenrichtern bestellt werden.[4]) Und ich bemerke, diese King's Counsel werden nicht nur als Ersatz- und Hilfsrichter vertretungs- oder unterstützungsweise in Bedarfsfällen herangezogen, sondern sie können vielmehr auch primär der Art beauftragt werden, daß ihnen die Abhaltung der sämtlichen Assisen in einem Circuit während einer ganzen Periode auferlegt wird, und das ist nicht nur theoretisch möglich, sondern kommt auch praktisch vor.[5]) Gewiß, im allgemeinen werden diese sogenannten

---

[1]) 36 and 37 Vict. c. 66 s. 37; 38 and 39 Vict. c. 77 s. 8; 39 and 40 Vict. c. 59 s. 15.

[2]) de Franqueville tom. I, p. 204. Vgl. auch die Angaben des Circuit Return.

[3]) Vgl. weiter unten S. 951 ff.; Halsbury, Laws of England vol. II, p. 367.

[4]) 36 and 37 Vict. c. 66 s. 37; Schuster, Bürgerliche Rechtspflege S. 27; Gneist, Englisches Verwaltungsrecht Bd. II, S. 972 Anm. a.

[5]) 1905 z. B. wurden die Winterassisen im North Wales Circuit abgehalten durch Mr. Harrison K. C. Derselbe wurde nur an einigen Tagen von einem Richter des High Court unterstützt. Vgl. Circuit Return p. 15. Unzutreffend Hatschek Bd. II, S. 169, die King's Counsel funktionierten nur bei Verhinderung der Richter. Im übrigen wird neuerdings infolge der Überlastung der Richter der King's Bench Division häufig ein Barrister als Richter für die ganze Periode bestellt, womit man in England keineswegs sehr zufrieden ist. Vgl. z. B. Law Times vol. 127, pp. 6, 18, 29. Von Interesse sind aber Ausführungen des Lord Chief Justice im House of Lords (Law Times vol. 127, p. 18): „Apart from the appointment of commissioners in cases of illness in order to remove great pressure, it is not a system on which we ought to rely for the administration of justice . . . Valuable as their services have been, the commissioners would be the first to admit that it is not a system to which resort ought to be had more than is absolutely necessary." Ob übrigens eine derartige Ernennung für die ganze Periode überhaupt vom Standpunkt des Gesetzes möglich ist, bezweifelt mit Recht Law Times vol. 127, p. 50 in auch sonst sehr beachtenswerten Ausführungen.

Commissioners i. e. S.[1]) nur in Ausnahmefällen tätig. Allein man darf auch andererseits ihre Tätigkeit nicht unterschätzen, und so ist es nicht uninteressant, festzustellen, daß 1905 derartige Commissioners an 66, 1906 an 100 Gerichtstagen tätig geworden sind.[2])[3]). Werden dieselben für die ganze Periode als Circuitrichter bestellt, so erhalten sie Gehalt und zwar £ 500.[4])

γ) Schließlich können in demselben Umfange wie King's Counsel auch Grafschaftsrichter als Assisenrichter fungieren.[5]) Allein derartige Fälle sind bis jetzt noch nicht vorgekommen.[6]).

b) α) Die Berufung der Richter für eine Periode erfolgt nun so, daß die Richter der King's Bench Division (die übrigen Richter des High Court oder gar des Court of Appeal nehmen an dieser Sitzung nicht teil, da sie eben tatsächlich als Assisenrichter nicht in Betracht kommen) unter dem Vorsitz des Lord Chief Justice zu einer Versammlung zusammentreten. In dieser Verhandlung erfolgt die Geschäftsverteilung derart, daß sich der Lord Chief Justice seinen Circuit selbst wählt, während bei den übrigen Richtern resp. den zu ernennenden Commissioners die Majorität die Geschäftsverteilung vornimmt.[7]) Die einzige Regel, die innezuhalten man versucht, die man aber zu durchbrechen sich nicht scheut[8]), ist die, daß derselbe Richter nicht zweimal hintereinander denselben Circuit bereisen soll.[9]) Auf Grund dieser Vorschläge werden dann durch Königliche Verordnung die für die einzelnen Circuits bestimmten Richter resp. Commissioners diesen zugeteilt. Theoretisch ist dabei die Krone nicht an die Vorschläge der Richter gebunden, praktisch aber werden Abänderungen nie vorgenommen.[10]) Neben dieser Verordnung ergeht dann sofort noch eine zweite, durch welche die

---

[1]) Im weiteren Sinne sind auch die Richter Commissioners, da sie auf Grund einer Commission tätig werden.

[2]) Der Tag ist dabei ausschließlich von dieser Tätigkeit in Anspruch genommen worden. Vgl. die sehr eingehenden Angaben in dem Circuit Return pp. 3—56.

[3]) In seiner mehrfach erwähnten Vergleichsstatistik zwischen deutschen und englischen Richtern berücksichtigt Adickes, Grundlinien S. 60f. diesen Punkt nicht, was um so auffallender ist, als er die Tatsache, daß Anwälte als Richter herangezogen werden können, selbst erwähnt. Vgl. l. c. S. 87.

[4]) Ich verdanke diese Mitteilung einem früheren Commissioner.

[5]) 47 and 48 Vict. c. 61 s. 7; 51 and 52 Vict. c. 43 s. 16.

[6]) de Franqueville tom. I, p. 204; unzutreffend Adickes, Grundlinien S. 87.

[7]) 36 and 37 Vict. c. 66 s. 37; Gneist, Englisches Verwaltungsrecht Bd. II, S. 971.

[8]) de Franqueville tom. I, p. 204.

[9]) Vgl. die Angaben im Circuit Return.

[10]) Vgl. oben Anm. 7 und 8; ferner Annual Practice vol. II, p. 746.

ernannten Assisenrichter[1]) ermächtigt werden, sich im Bedarfsfall der Hilfe der King's Counsel ihres Circuit zu bedienen, d. h. dieselben als Hilfsrichter zu verwenden.[2])

β) Für jeden Circuit wird mindestens ein Richter ernannt. Es können aber auch und werden mehrere Richter nebeneinander ernannt, sei es, daß sie sich dann während der Gerichtsperiode gegenseitig ablösen, sei es, daß sie nebeneinander tätig werden. Die Geschäftsverteilung unter den gleichzeitig tätig werdenden Assisenrichtern erfolgt im wesentlichen durch Vereinbarung zwischen denselben.

c) Jeder Assisenrichter ist befugt, einen King's Counsel bei Geschäftsüberhäufung heranzuziehen, der dann als Hilfsrichter neben dem eigentlichen Assisenrichter tätig wird. Die richterlichen Funktionen werden hier dem King's Counsel delegiert durch den Richter, der dem Vertreter den rechtswirksamen Auftrag selbst erteilt. Wird dagegen eine Vertretung des Richters notwendig, so kann eine solche erfolgen durch einen anderen Richter des High Court oder durch einen King's Counsel. Angeordnet wird aber dieselbe, abgesehen von kurzen Verhinderungsfällen des Richters, nicht durch den Richter selbst, sondern in London durch die in London versammelten Richter und nachfolgende Königliche Verfügung.[3]). Eine neue Commission of Assize usw. braucht natürlich nicht zu ergehen, da ja alle Namen der möglichen Richter bereits in der Commission enthalten sind. Und gerade, damit ohne weitere Formalien eine Vertretung angeordnet werden kann, enthält die Commission die sämtlichen Namen.

d) Bezüglich der Funktionen des Richters braucht hier nichts Besonderes bemerkt zu werden. Der Richter hat einfach die Rechtsstellung eines Richters des High Court und hat mithin völlig dieselben Befugnisse wie dieser.[4]) Ich verweise ferner auf die Ausführungen, die wir bezüglich des Richters und seiner Stellung im Schwurgerichtsverfahren vor den Quarter Sessions gegeben haben.[5]) Auch sie treffen sämtlich hier zu, da ja der Unterschied zwischen den Quarter Sessions und den Courts of Assize nur ein organisatorischer, das Verfahren nicht weiter bedingender ist. Nur das eine sei hier bemerkt: Wird ein King's Counsel als Richter herangezogen, so hat auch er die sämtlichen Rechte und Pflichten eines Assisenrichters. Zwischen ihm und

---

[1]) Hierzu gehören natürlich auch die primär für die ganze Periode ernannten Commissioners i. e. S.

[2]) de Franqueville tom. I, p. 204.

[3]) de Franqueville tom. I, p. 204; tom. II, p. 23.

[4]) Vgl. weiter oben S. 354 ff.

[5]) Vgl. weiter oben S. 68 ff.

einem Richter der King's Bench Division besteht in dieser Hinsicht keinerlei Unterschied. Ja, der King's Counsel kann gerade so wie der High Court-Richter wegen Contempt of Court bestrafen [1]), was besonders hervorgehoben zu werden verdient.

e) Schließlich sei noch bemerkt, daß die Richter für die Circuitreisen neben ihrem eigentlichen Gehalt noch Tage- und Reisegelder erhalten, die keineswegs unbedeutend sind.

2. Unter Umgehung der Assessors, bezüglich welcher nichts Besonderes gilt, [2]) haben wir uns sofort der Besetzung der Geschwornenbank zuzuwenden. Auch hier können wir uns im wesentlichen kurz fassen, da wir in den wichtigsten Punkten auf frühere Ausführungen zurückgreifen können. Zunächst erinnere ich an die Unterscheidung zwischen der Jury in Zivilsachen und der in Strafsachen. Bezüglich ersterer gilt dasselbe, was wir bei den Zivilschwurgerichten des High Court, insbesondere der King's Bench Division kennen gelernt haben, [3]) so daß die Ziviljury völlig ausscheiden kann. Hat uns aber im folgenden nur die Jury in Strafsachen zu beschäftigen, so haben wir auch hier zunächst eine uns bereits bekannte Differenzierung vorzunehmen. Auch vor den Assisen nämlich werden im Verfahren zwei verschiedene Juries tätig, die Grand Jury und die Petty Jury. Bezüglich des funktionellen Verhältnisses, in welchem beide zueinander stehen, kann gleichfalls auf frühere Ausführungen verwiesen werden, die anläßlich der Schilderung der Quarter Sessions gegeben sind. [4]) Denn es ist, wie schon wiederholt hervorgehoben ist, die prozessuale Funktionenverteilung auf die einzelnen Organe des Strafverfahrens im Prozeß vor den Quarter Sessions dieselbe wie im Prozeß vor den Assisen. [5]) So ist an dieser Stelle nur das Folgende zu bemerken:

a) Was die Grand Jury betrifft, so sind besondere Qualifikationen für die Mitglieder derselben nicht vorgeschrieben, [6]) wohl aber greifen die Exemtionen ein, die wir früher kennen gelernt haben und die von dem Geschwornengericht überhaupt und nicht nur etwa von der Verpflichtung, in einer Petty Jury zu funktionieren, befreien. [7]) Sind nun aber auch keine besonderen Voraussetzungen in der Person der Grand Jurors gesetzlich verlangt, kann vielmehr jede nicht exemte Person zum Dienst in der Grand

---

[1]) Vgl. weiter oben S. 357. Der King's Counsel hat also in dieser Hinsicht eine völlig unbeschränkte Strafgewalt.

[2]) Vgl. weiter oben S. 357 f.

[3]) Vgl. weiter oben S. 359 f.

[4]) Vgl. weiter oben S. 70 ff.

[5]) Vgl. die treffenden Ausführungen Steins, Zur Justizreform S. 13 f.

[6]) Archbold, Pleading p. 91; 45 and 46 Vict. c. 50 s. 186 (1).

[7]) Vgl. weiter oben S. 75 ff.

Jury herangezogen werden, so muß doch darauf hingewiesen werden, daß gewohnheitsmäßig nur die vornehmsten Personen der Grafschaft als Grand Jurors geladen werden. In Betracht kommen hier, was sich aus historischen Gründen ohne weitere Schwierigkeit begreifen läßt[1]), die sämtlichen Friedensrichter der Grafschaft, ferner die sonstigen vornehmen Insassen der Grafschaft, die früher das Amt des High Sheriff bekleidet haben, die Freunde des Sheriff usw. Und da es eine Ehre ist, in die Grand Jury geladen zu werden, so scheint es, als ob die Exemtionen hier tatsächlich nicht so genau beachtet würden, wie sie denn seitens der exemten Personen wohl auch kaum geltend gemacht würden. Wenigstens kommt es vor, daß Mitglieder des Unterhauses, namentlich die Vertreter der Grafschaft in demselben, in der Grand Jury mitwirken, obwohl sie als Parlamentsmitglieder ipso jure exemt sind.[2]) So werden stets eine relativ große Anzahl von Personen zu Beginn der Assisen als Grand Jurors geladen.[3]) Selbstverständlich trägt dies dazu bei, dem Gericht nach außen hin eine erhöhte Bedeutung und Würde beizulegen. Denn alles, was in der Grafschaft sozial bedeutend und hervorragend ist, pflegt bei Beginn der Assisen in der Assisenstadt zusammenzuströmen, so daß diese Tage für die Stadt selbst ein gewisses Ereignis bedeuten.[4])

Aus den zahlreichen Personen, die als Grand Jurors geladen werden, wird dann die Bank der Geschwornen wie sonst durchaus formlos gebildet, wobei noch bemerkt werden mag, daß der Vormann der Geschwornen im voraus bestimmt wird, und zwar durch den Sheriff. Es bestehen aber auch in gewissen Gegenden feste Gebräuche, wonach eine bestimmte Person dieses Ehrenrecht hat.[5]) Die Zusammensetzung der Grand Jury ist daher immer eine sozial sehr gewählte.

---

[1]) Vgl. die interessanten Ausführungen bei Cohen, Spirit of Our Laws pp. 263 et seq.

[2]) Select Comittee on Special and Common Juries p. 43 q. 907: „. . . the grand jury for the Assizes are selected from the men of note and mark in the county: the magistrates and gentlemen who have served the office of high sheriff, and the members for the county; and members who have contested the county and the sheriff's own private friends . . .“ Die Auskunft stammt von dem Under Sheriff von Surrey. Vgl. auch de Franqueville tom. I, p. 527s.

[3]) Kenny, Outlines p. 456 n. 3 erwähnt, daß bis 1902 in Norfolk zu jeden Assisen allein zur Bildung der Grand Jury zweihundert Personen geladen wurden.

[4]) Vgl. die anschauliche Schilderung bei de Franqueville tom. II, p. 19ss.; Cottu, De l'administration de la justice criminelle en Angleterre p. 109. Wenn de Franqueville tom. I, p. 604ss. insbesondere p. 609 meinte, diese Zeiten und Sitten der Assisen seien nun bald vorüber, so hat sich jedenfalls seine diesbezügliche Erwartung nicht erfüllt.

[5]) de Franqueville tom. II, p. 353.

Ich bemerkte bereits, daß historische Gründe es waren, die die hohe Stellung der Grand Jury erklärten. Dieselben Gründe sind es nun auch, die uns die außerordentlich weitgehende Bedeutung der Grand Jury als Organ der öffentlichen Meinung begreiflich machen. Denn ähnlich, jedoch in erhöhtem Maße wie bei den Quarter Sessions[1]), macht sich die Grand Jury, zusammengesetzt, wie wir sahen, aus den leitenden Persönlichkeiten der Grafschaft, zur Vertreterin der öffentlichen Wünsche. Die Forderungen der Provinz werden den Organen der Zentrale übermittelt, um von diesen demnächst zur Kenntnis der maßgebenden Stellen gebracht zu werden. Beschwerden über die geltenden Rechtseinrichtungen werden vorgebracht, Wünsche nach neuen Rechtssatzungen ausgesprochen u. a. m. Die Form ist die, daß nach Beendigung ihrer gerichtlichen Funktionen der Vormann der Grand Jury eine von dieser beschlossene Erklärung abgibt, wie denn überhaupt Gegenstände von allgemeiner Bedeutung von den Notabeln der Grafschaft meist anläßlich der Assisen mitberaten werden.[2]) Andererseits benutzt auch der Richter die Gelegenheit, mit den meisten Friedensrichtern zusammenzutreffen, indem er Belehrungen in seiner Eröffnungsansprache an die Grand Jury erteilt, sei es, daß er die von den Friedensgerichten geübte Praxis kritisiert, sei es, daß er die Grand Jurors über neue Gesetze belehrt, wobei er dann selbst oft persönliche Wünsche an den Gesetzgeber richtet, Wünsche, die, bei so hervorragender Gelegenheit ausgesprochen, stets von der weitesten Öffentlichkeit mit lebhaftem Interesse aufgenommen werden. Und gerade hier zeigt sich, daß die Assisengerichte ihre alte, von uns oben festgestellte Funktion der Kontrolle der Laienrichter, der Friedensrichter noch jetzt bewahren, und daß diese Funktion noch heute zu den Wesenseigentümlichkeiten der ganzen Circuiteinrichtung gehört, was namentlich von Bedeutung ist für die Frage etwaiger weiterer Entwicklung der Gerichtsverhältnisse in England. Denn auch heute stehen die Einrichtungen der Assisengerichte und der Friedensgerichte in einem gewissen inneren Zusammenhang, der als solcher nicht verkannt werden kann und darf.[3]) [4])

---

[1]) Vgl. weiter oben S. 172 f.

[2]) Vgl. die sehr interessanten Ausführungen und das instruktive Material bei Mittermaier, Englisches Strafverfahren S. 59 f., 489 f.

[3]) Diese Funktion trat natürlich bis 1908 noch mehr in den Vordergrund, da bis dahin ein wirkliches Rechtsmittelsystem in bezug auf die Urteile der Quarter Sessions so gut wie ganz fehlte. Über die Wirkungen des Criminal Appeal Act auf Hebung der Rechtsprechung dieser Gerichte vgl. die interessanten Ausführungen Law Times vol. 126, p. 352.

[4]) Beispiele lassen sich mit Leichtigkeit geben, vgl. z. B. Law Times vol. 124, pp. 211, 236, 237, 238, 290, 332 (die Grand Jury kondoliert offiziell

b) Im Hinblick auf die Petty Jury ist nichts Besonderes zu bemerken. Es kann vielmehr völlig auf die Ausführungen bezüglich der Quarter Sessions verwiesen werden, und dasselbe gilt auch für die uns ebenfalls schon bekannte Jury, welche zusammen-

der Witwe eines verstorbenen Richters), vol. 125, pp. 210, 308, 413, 598, vol. 126, p. 211, 519 u. a. m. Zur Erläuterung seien zwei Beispiele gegeben, das eine entnommen der Morning Post vom 13. 7. 1908, das andere der Daily News vom 13. 3. 1908:

a) „In his charge to the Grand Jury at the York City Assizes on Saturday Mr. Justice Grantham referred to the recent changes in the Northern Circuit. He said a good many people feared that the Assizes would be taken away from the ancient city. He could relieve their minds by saying at once that so far as the intended changes were concerned no one had suggested that York should lose its Assizes. The real difficulty arose from what he always thought was futile. Some people having got one quart measure which was full of liquid were always pouring it out and endeavouring to make it fill more than two pints. „I have never yet found a person who succeeded," remarked his Lordship, „and I don't think I ever shall." (Laughter.) In consequence of constant objections raised in London to the business of the judges, they were, he thought, not infrequently guilty of trying to carry out that experiment, and they had not succeeded yet. Perhaps it was complimentary to the judges that people in London should be so fond of them, although he was rather surprised; he should have thought they would have been very pleased to see their backs. But they were not, and they were always grumbling that the judges were not more regularly in London. York was an ancient city, and there was a good many more ancient cities, and he could not see why they should not have judges to do their work as well as the great overgrown village of London. The judges were always trying to accommodate their London masters, and yet keep faith with the country circuits and the people of the country. The whole object of the intended change was to keep up the circuits, and at the same time endeavour to satisfy the demands of London — demands which the overgrown village was always making, and which would never be satisfied whatever efforts the judges made. There were people who thought everything should be done in London, but it had been found by experience that it was not wise that that should be done. When people talked about judges wasting their time on circuit all he could say was that if they would only go on circuit they would know a little more about the work that had to be done. Referring to the same subject later at the Assizes of the North and East Ridings, his Lordship said that there was a demand for more judges, but the Exchequer could not meet the claims. He knew nothing about politics himself, but he had heard that the Government had embarked on a scheme which would necessitate heavy demands being made on the wealth of the country to keep faith with the people. He had heard it said that no arrangements had been made to provide the pensions proposed to be paid, but no doubt that was a slander and a libel on the Government. He supposed that with this vast expense staring them in the face they could not find the money to provide any more judges."

b) „The Crime of Cattle-driving. — Mr. Justice Kenny, addressing the grand jury at the opening of Queen's County Assizes at Maryborough yesterday, referred to the appearance of cattle-driving in the neighbourhood of Abbeyleix. That this practice was an outrage went without saying. It was

zutreten hat, falls der Angeklagte auf die Frage, ob er sich schuldig bekenne oder nicht, keine Antwort gibt.[1]) Wohl aber muß hier eine andere Jury erwähnt werden, zu deren Tätigkeit es nur vor den Assisen, nicht aber vor den Quarter Sessions kommen kann. Es ist dies nämlich die sogenannte Jury of Matrons. Wird nämlich eine Frau eines Deliktes für schuldig befunden, das mit der Todesstrafe bedroht ist, und macht die für schuldig befundene und zum Tode verurteilte Frau geltend, daß sie schwanger sei, so hat das Gericht, ehe es ein Urteil fällt, eine Jury zusammenzuberufen, bestehend aus zwölf Frauen. Besondere Qualifikationen für diese Geschworenen sind vom Gesetz nicht vorgeschrieben.[2]) Ihre Funktionen bestehen darin, daß sie die Verurteilte zu untersuchen und ein Verdikt darüber abzugeben haben, ob sie wirklich schwanger ist oder nicht. Dieses Verdikt bindet den Richter, der, falls es bejahend ist, gezwungen ist, die Vollstreckung des von ihm gefällten Urteiles bis nach der Entbindung auszusetzen.[3]) Man sieht, es handelt sich hier um ein wirkliches Geschwornenverdikt, nicht aber etwa nur um eine sachverständige Untersuchung.[4]) Aber es mag überhaupt darauf hingewiesen werden, daß die Sachverständigen und die Richter in der englischen Gerichtsorganisation nicht immer ganz scharf geschieden werden, ich erinnere nur an die eigenartige Stellung, welche, wie wir gesehen haben, die Assessors im Verhältnis auf der einen Seite zu den Sachverständigen, auf der andern Seite zu den Richtern einnehmen.[5]) Eine ähnliche Zwischenstellung nehmen auch diese Matrons ein, wie nicht weiter ausgeführt zu werden braucht.

---

subject to the law governing illegal assembly, an offence so very well known to the law that not only was it indictable but it was punishable under the ordinary law of the land without resort to the intervention of a jury. Cattle-driving was a form of intimidation which must affect the individuals against whom it was specially directed and all who carried on a lawful occupation connected with grazing." Vgl. übrigens auch Encyclopaedia 1st Ed. vol. X, p. 327.

[1]) Vgl. dazu weiter oben S. 96 und Archbold, Pleading p. 166.

[2]) Es wird nur verlangt, daß sich die Jury zusammensetze aus „matrons or other discreet women". Encyclopaedia 1st Ed. vol. VIII, p. 279.

[3]) Archbold, Pleading p. 206; Wertheim S. 315.

[4]) Wohl aber kann die Jury of Matrons Sachverständige heranziehen.

[5]) Vgl. weiter oben S. 234 f. Es kann, wie hier anmerkungsweise ausgeführt werden mag, auch in Zivilsachen zu einer Jury of Matrons kommen. Wird es nämlich aus irgendwelchen Gründen von Bedeutung, festzustellen, ob eine bestimmte Frau schwanger ist oder nicht, so kann in der Chancery Division ein sogenannter Writ de Ventre Inspiciendo erwirkt werden. Auf Grund dieses Writ kommt es dann zu einem Untersuchungsverfahren vor einer Jury of Matrons, ob wirklich Schwangerschaft vorliege, und falls so, wann die Entbindung zu erwarten sei. Die Jury of Matrons setzt sich hier genau so zusammen, wie in Kriminalsachen. Die ganze, zum mindesten

3. a) Was nun die richterlichen Nebenbeamten betrifft, die in den Assisengerichten tätig werden, so liegen scheinbar die Verhältnisse in den einzelnen Circuits nicht ganz gleich. Denn wir treffen in ihnen Beamte mit verschiedenen Namen, bald Clerks of Indictments, bald auch Clerks of Arraigns, bald einen Deputy Clerk of Assize, bald auch keinen.[1]) Allein dieser Unterschied ist in Wahrheit kein innerer, sondern nur ein Unterschied dem Namen nach. In Wahrheit ist die Organisation heute eine einheitlich durchgeführte, die innerlich in allen Circuits gleich ist.[2]) Und zwar steht überall an der Spitze der Nebenbeamten der Clerk of Assize, der der eigentliche Träger des Nebenamtes ist. Ihm unterstellt sind zwei oder drei Unterbeamte, die in den verschiedenen Circuits verschiedene Namen haben, die aber tätig werden auf Anweisung des Clerk of Assize hin und so im wesentlichen dieselben Funktionen zu entfalten haben. Die Zahl der Nebenbeamten richtet sich natürlich ganz nach der Größe des Circuit und wird durch den Lord Chancellor im Einverständnis mit dem Schatzamt bestimmt.

Alle diese Nebenbeamten nun sind Beamte des Supreme Court. Allerdings ergeht auch bezüglich ihrer ein besonderer Writ, der sogenannte Writ of Association.[3]) Allein trotz dieses jedesmal zu erlassenden Writ hängt die Fähigkeit, die Qualifikation der Nebenbeamten nicht von ihm ab. Im strikten Gegensatz nämlich zu den Richtern sind die sämtlichen Nebenbeamten ständig angestellte Beamte, die auch Funktionen, und nicht die unwesentlichsten, während der Zeit, wo keine Assisen stattfinden, auszuüben haben. Der Writ hat für sie also keine andere Bedeutung, als auch für sie die Circuitreise zu bestimmen, er verleiht ihnen aber nicht erst die Fähigkeit eines Clerk of Assize usw.

b) *α*) Wenden wir uns nach diesen einleitenden Bemerkungen den Nebenbeamten im einzelnen zu, so ist der wichtigste derselben, mit dem wir uns daher zuerst zu befassen haben, der Clerk of Assize.

---

sehr sonderbare Einrichtung ist heute tatsächlich so gut wie obsolet, besteht aber immerhin noch zu Recht. Der letzte bekannte Fall ereignete sich 1835. Vgl. die eingehenden Darlegungen Encyclopaedia 1st Ed. vol. VIII, pp. 282 et seq., woselbst auch eine zahlreiche Literatur angegeben ist. Da die Jury of Matrons in Zivilsachen tatsächlich abgekommen ist, braucht sie hier nur beiläufig erwähnt zu werden.

[1]) Vgl. Whitaker's Almanack pp. 206, 207.

[2]) Ich verdanke hier vieles den Mitteilungen, die mir von dem ständigen Sekretär des Lord Chancellor gemacht sind, ferner den Angaben von Mr. A. Denman, einem Clerk of Assize. Sehr wertvoll ist auch eine leider nicht im Buchhandel erschienene, von A. Denman verfaßte Bill, die die gesamten Bestimmungen über die Assisenorganisation konsolidieren wollte (1890).

[3]) de Franqueville tom. I, p. 197 s. und weiter oben S. 508 f.

Ernannt wird derselbe für einen bestimmten Circuit durch den ältesten Richter der Sommer- oder Winterassisen, und zwar, wie wir bereits bemerkten, nicht etwa für jede Sitzungsperiode besonders, sondern auf Dauer. Das Recht der Patronage, wie es hier also noch besteht[1]), wird mithin ausgeübt von demjenigen Richter, in dessen Sitzungsperiode zufällig eine Vakanz fällt, wobei das Ernennungsrecht stets so lange in Kraft bleibt, bis eine neue Commission ausgegeben ist.[2]) Voraussetzung der Ernennung ist tatsächliche Ausübung der Praxis als Barrister oder Solicitor während der drei letzten Jahre. Es kann aber auch ein Unterbeamter des Clerk of Assize in diese Stelle einrücken, sofern er eine mindestens dreijährige Dienstzeit hinter sich hat.[3])

Die Ernennung erfolgt zwar, wie hervorgehoben, auf Dauer. Es kann aber der Clerk als solcher auch abgesetzt werden, und zwar durch den Lord Chancellor, im Einverständnis jedoch mit dem Schatzamt wegen Misbehaviour oder aus einem anderen zureichenden Grunde.[4])

Die Ernennung verpflichtet den Clerk of Assize nicht, seine Privatpraxis aufzugeben. Er wird vielmehr in ihr partiell nur insoweit beschränkt, als er in seinem eigenen Circuit dieselbe nicht betreiben darf, und zwar weder in Zivil- noch in Strafangelegenheiten.[5]) Ferner ist der Clerk nicht etwa verpflichtet, im Circuit selbst zu wohnen. Vielmehr tritt der Gedanke der Zentralisation hier insofern wieder hervor (geboten durch die Tatsache, daß die Assisenrichter stets in London ihren ständigen Sitz haben, wie auch die meisten Barristers, die verteidigen oder anklagen), als der Clerk ein Bureau in London selbst haben muß, ein Bureau, in welchem die sämtlichen Akten der Assisen aufzubewahren sind.[6]) Auf der anderen Seite erhält der Clerk unter Ausschluß aller Gebühren einen festen Gehalt, dessen Höhe das Schatzamt für den einzelnen Fall bestimmt[7]), und der augenblicklich je nach der Größe des Circuit zwischen £ 500 und £ 1000 variiert.[8]) Außerdem endlich hat

[1]) Die Mißbräuche, zu denen dieses Recht natürlich führen muß, bestehen noch so, wie sie de Franqueville tom. I, p. 453 treffend gekennzeichnet hat.

[2]) 47 and 48 Vict. c. 61 s. 21; vgl. zum Ganzen auch Encyclopaedia 2nd Ed. vol. III, p. 100; de Franqueville tom I, p. 449 n. 3.

[3]) 32 and 33 Vict. c. 89 s. 3. Die Möglichkeit, daß Special Pleaders und Conveyancers ernannt werden können, kann hier füglich außer acht gelassen werden.

[4]) Vgl. auch 42 and 43 Vict. c. 78 s. 18; 32 and 33 Vict. c. 89 s. 3.

[5]) 33 Hen. VIII c. 24 s. 6 (s. 5 in den Revised Statutes); vgl. auch de Franqueville tom. I, p. 449; Halsbury, Laws of England vol. II, pp. 384, 385.

[6]) de Franqueville tom. I, p. 451.

[7]) 32 and 33 Vict. c. 89 ss. 4, 5.

[8]) Whitaker's Almanack pp. 206, 207; de Franqueville tom. I, p. 449.

der Clerk während der Circuitreisen Anspruch auf Tagegelder in Höhe von £ $1^1/_2$ pro Tag.

Der Clerk selbst kann sich einen Vertreter bestellen, der ihn nach außen hin mit voller Rechtswirkung vertritt. Er hat hiervon dem Lord Chancellor Anzeige zu erstatten, ist aber sonst in der Auswahl des Vertreters völlig frei. Gewöhnlich wird er einen seiner Unterbeamten zum Vertreter bestellen. Allein er kann auch eine andere Person wählen, die er dann aber selbst bezahlen muß. Früher wurde mit diesen Vertretungen ein großer Unfug getrieben, so daß es vorkam, daß ein Clerk of Assize die Circuitreise einfach nicht mitmachte, sie vielmehr durch einen schlecht bezahlten Vertreter machen ließ, die Einnahmen aber fortbezog.[1]) Heute verlangt man persönliche Ausübung der Funktionen als Regel; Vertretungen sind nur mehr ausnahmsweise zugelassen. Allerdings handelt es sich hier nicht um gesetzliche Bestimmungen, allein der Lord Chancellor hat den Clerks of Assize mitteilen lassen, daß er anderenfalls von seinem Absetzungsrecht, das ja ziemlich unbeschränkt ist, Gebrauch machen würde.

Was die Funktionen des Clerk of Assize betrifft, so sind dieselben sehr verschiedenartig.[2]) Sie umfassen, wie schon bemerkt, alle Funktionen, die überhaupt im Assisenprozeß von den richterlichen Nebenbeamten zu erfüllen sind. Denn nach außen hin gibt es nur einen richterlichen Nebenbeamten, und das ist der Clerk of Assize. Träger dieses richterlichen Nebenamtes ist er ausschließlich nach allen Richtungen hin, und die ihm untergeordneten Beamten handeln nur als seine Vertreter.[3]) Die Pflichten nun im einzelnen hier zur Darstellung zu bringen, die dem Clerk obliegen, würde natürlich zu weit führen, würde auch ein zu großes Eingehen auf das Prozeßrecht bedingen, was in diesem Zusammenhang vermieden werden muß. Es mag daher nur bemerkt werden, daß die Funktionen teils rein prozessualer Natur, teils aber auch mehr, ich möchte sagen, administrativer Art sind. Werfen wir auf beides einen kurzen Blick.

Was zunächst die letzteren betrifft, so hat der Clerk of Assize das ganze, äußere Arrangement der Circuitreise zu treffen. An ihn laufen die gesamten Akten in den zur Verhandlung stehenden Sachen ein; er berechnet danach, wieviel Zeit in jeder Assisenstadt zur Verfügung zu stehen hat, wieviel Geschworene geladen werden müssen. So setzt er den Reisekalender auf, er veranlaßt, daß an die Sheriffs rechtzeitig die nötigen Writs erlassen werden usw.

---

[1]) de Franqueville tom I, p. 449, insbesondere n. 4.
[2]) Siehe vor allem de Franqueville tom. I, p. 448 ss.
[3]) Vgl. die grundlegende Bestimmung 32 and 33 Vict. c. 89 s. 8.

Schließlich ist er Auskunftsbehörde für das Publikum in allen die Assisen betreffenden Angelegenheiten.

Was die prozessualen Funktionen anbelangt, so muß zunächst hervorgehoben werden, daß der Clerk of Assize nicht nur in Kriminalsachen, sondern ebenso auch in Zivilsachen tätig wird. In Kriminalsachen hat er ungefähr dieselben Funktionen zu erfüllen, wie der Clerk of the Peace vor den Quarter Sessions. Das will heißen: er hat zunächst die außerordentlich wichtige Funktion, die Indictments anzufertigen, und insofern erfüllt er Aufgaben der Anklagebehörde. Von diesem Satze gelten indessen Ausnahmen: wenn eine Verwaltungsbehörde die Verfolgung betreibt, so fertigt der Solicitor dieses Department die Anklageschrift an, und man überträgt in schwierigeren Fällen lieber einem Barrister die Anfertigung.[1]) Ferner hat der Clerk den vollen Sitzungsdienst. Er hat die Kosten zu taxieren und festzusetzen. Schließlich faßt er alle Verfügungen des Gerichtes, die außerprozessual ergehen, ab, wie er sie auch allein unterzeichnet, so die Einlieferungsbefehle an die Gefängnisse u. a. m. Außerdem liegt ihm die ganze Korrespondenz ob, die namentlich im Hinblick auf die Rechtsmittelsmöglichkeit an den Court of Criminal Appeal keineswegs unbedeutend ist.[2])

In Zivilsachen hat er ungefähr dieselben Funktionen wie ein Associate in der King's Bench Division. Er hat den ganzen Sitzungsdienst mit all den dazu gehörigen Pflichten. An ihn sind ferner alle Akten einzureichen, alle Kautionen einzubezahlen. Er entwertet die Gebührenmarken usw. Schließlich hat er, falls ein Writ of Certiorari ergangen ist, denselben in allen Fällen auszuführen und schließlich (eine Aufgabe, die übrigens schon wieder rein administrativ ist) hat er statistische Berichte an das Home Office einzureichen.

Abgesehen nun aber von diesen speziellen Pflichten hat der Clerk of Assize noch eine außerordentlich wichtige Funktion zu erfüllen, die allerdings rein tatsächlicher Natur ist. Der Clerk ist Rechtsbeistand des Richters in allen Fragen des Prozeßrechtes, aber auch des materiellen Rechtes. Er bereitet die einzelnen Sachen so vor, daß er die Rechtslage prüft, die diesbezüglichen Entscheidungen und Gesetzesbestimmungen nachprüft und nachsieht, und er gibt über die Rechtslage dem Richter vor der Sitzung kurze Notizen über das anzuwendende Recht, namentlich über Maximum und Minimum des anzuwendenden Strafmaßes. Entsteht in der Sitzung selbst eine Frage, namentlich des

---

1) de Franqueville tom. I, p. 450; Archbold, Pleading p. 88; Encyclopaedia 1st Ed. vol. VI, pp. 373 et seq.

2) Vgl. auch Criminal Appeal Rules r. 38.

Prozeßrechtes, so fragt der Richter nicht selten direkt den Clerk um Rat, und es kann dann häufig zu einer Art Beratung kommen. Dieser Einfluß des Clerk in rechtlicher Hinsicht darf nicht unterschätzt werden. Er gibt seiner ganzen Stellung das eigenartige Gepräge, welches sie hat, und die in der Natur der Verhältnisse beruht. Denn der Clerk als ständiger Circuitbeamter ist Spezialist in einer Tätigkeit, die dem Richter selbst mehr oder weniger fremd ist, was namentlich für das Gebiet des Strafrechtes gilt. So ist es auch nicht weiter auffallend, daß zu den besten Kennern des Strafrechtes häufig Clerks of Assize gerechnet werden, da sie ja das haben, was nun einmal den englischen Juristen ausmacht, Praxis.

Allein der Einfluß, den die Clerks of Assize ausüben, geht häufig noch weiter. Wir bemerkten bereits, daß der Clerk alle Akten durcharbeitet und kennt. Indem er nun zumeist in Kriminalsachen den Richter auch über den Inhalt der Depositions[1]) informiert, kommt er unter Umständen sogar dazu, einen Einfluß auf die Strafzumessung zu gewinnen. Solche Fälle kommen in der Praxis vor, und ich habe selbst mehrfach beobachtet, daß ein Clerk of Assize mit kurzen Auszügen aus den Depositions dem Richter vor Beginn der Verhandlung einen Urteilsvorschlag überreichte. Und dieser Vorschlag war vom Richter in mindestens 75 % aller Fälle berücksichtigt worden, wie ich an der Hand der Gerichtsbücher feststellen konnte. Gewiß, auch hier handelt es sich um tatsächliche Verhältnisse. Und es kommt auf den Richter und den Clerk an, deren Persönlichkeiten darüber entscheiden, ob die Dinge so liegen, wie wir sie hier geschildert haben. Aber, ich wiederhole, tatsächlich treffen wir derartige Verhältnisse. Und nirgends entscheiden die Tatsachen mehr über das Wesen der Dinge als in England, dem klassischen Lande der Gewohnheit.

Die so geschilderten Funktionen des Clerk of Assize, das Verhältnis, in welchem derselbe zum Richter steht, seine ganze, außerordentlich gehobene Stellung beweisen auf das deutlichste, daß derselbe nicht im entferntesten ein Subalternbeamter in unserem Sinne ist, und mit unserem Gerichtsschreiber nicht verglichen werden kann. Wir haben eben in Deutschland kein geeignetes Vergleichsobjekt, und es würde auch eine ganz vergebliche Mühe sein, ein solches zu suchen. Der Clerk of Assize ist ein Beamter, der typisch, aber auch originell ist. Bedingt und begreiflich ist seine ganze Stellung zum großen Teil nur durch den Zustand des zum wesentlichsten Teil ungesetzten Rechtes, welches

[1]) Unter Depositions sind die Akten des Vorverfahrens zu verstehen, insbesondere die Protokolle über die im Vorverfahren erfolgten Zeugenvernehmungen.

allein der Spezialist auf Grund langer Erfahrung kennen kann. Und das Wesentlichste in der Stellung des Clerk ist doch, daß er Spezialist auf kriminalistischem Gebiet ist. Ohne den Versuch weiterer Vergleiche kann jedenfalls nur das Eine gesagt werden, daß der Clerk of Assize ein sehr angesehener, dem Richter in sozialer Hinsicht ebenbürtiger Beamter ist, der ihm nicht als Subalternbeamter untergeben ist, wenn er auch als Nebenbeamter des Gerichtes vor ihm zurücktritt.

β) Die übrigen Nebenbeamten sind der Clerk of Arraigns, der Clerk of Indictments und der Associate.[1] Während dieselben früher durch den Clerk of Assize selbst ernannt wurden, erfolgt heute ihre Ernennung wie die des Clerk of Assize, also durch den ältesten Circuitrichter.[2] Ihre äußere Stellung ist durchaus konform der des Clerk of Assize geregelt, nur sind sie diesem völlig unterstellt, so daß sie als seine Unterbeamten erscheinen. Ferner bestehen für sie keinerlei Beschränkungen in der Privatpraxis, und ihr Gehalt ist entsprechend niedriger normiert. Er schwankt augenblicklich zwischen £ 150 und £ 400 je nach der Größe des Circuit.[3] Im allgemeinen sollen in Zukunft nur noch Barristers oder Solicitors angestellt werden, wenigstens haben sich die Richter untereinander dahin geeint.

Was die Funktionen betrifft, so hat der Associate alle die Funktionen zu erfüllen, die in Zivilprozessen in prozessualer Hinsicht notwendig werden. Der Clerk of Indictments fertigt die Anklageschriften an. Der Clerk of Arraigns endlich hat den Sitzungsdienst.[4] Es sind nun aber heute, wie gesagt, diese Beamten funktionell nicht mehr scharf voneinander zu unterscheiden. Sie sind vielmehr entlastende Beamte, Hilfsbeamte des Clerk of Assize, die das zu tun haben, was der Clerk of Assize ihnen überträgt, so daß bei letzterem die ganze Geschäftsverteilung steht. Von den eigentlichen Vertretern des Clerk of Assize, den Deputy Clerks of Assize, unterscheiden sie sich im wesentlichen in zwei Punkten: einmal können sie nach außen hin nicht für den Clerk of Assize zeichnen, ferner können sie sich gegenseitig keine Anweisungen geben, da sie koordiniert, nicht subordiniert sind.[5]

---

[1]) Vgl. Encyclopaedia 2nd Ed. vol. III, p. 100; de Franqueville tom. I, p. 452s. und weiter oben S. 528 Anm. 2.

[2]) 47 and 48 Vict. c. 61 s. 21. Unzutreffend de Franqueville tom. I, p. 452.

[3]) Whitaker's Almanack pp. 206, 207.

[4]) Er hat namentlich das sogenannte Arraignment of the Prisoner vorzunehmen. Vgl. Archbold, Pleading pp. 165 et seq. Nicht ganz zutreffend de Franqueville tom. I, p. 452.

[5]) Man versucht überdies, diese Unterbeamten, die wenig zu tun haben, mehr und mehr zu unterdrücken. Vgl. de Franqueville tom I, p. 453 und dort n. 1.

γ) Ich erwähne ferner, daß unter dem Clerk of Assize noch der Bailiff steht. Derselbe hat im Allgemeinen die Funktion eines Schreibers und eines Dieners des Clerk. Er erhält ein geringes Gehalt und wird angestellt wie die übrigen Nebenbeamten. Es braucht auf ihn hier nicht näher eingegangen zu werden.[1]).

δ) Endlich seien hier erwähnt die seit dem Criminal Appeal Act in jedem Strafverfahren vor den Schwurgerichten heranzuziehenden Stenographen. Sie werden bestellt durch den Lord Chancellor und den Lord Chief Justice, erhalten Tagegelder und sind keine Beamten im technischen Sinne.[2])

b) Neben den richterlichen Nebenbeamten haben wir noch einige andere Beamte des Gerichtes kennen zu lernen, über die aber sehr rasch weggegangen werden kann.

α) In erster Linie ist der Sheriff und der Under Sheriff zu nennen. Beide sind Beamte des Gerichtes und haben den Sitzungen desselben beizuwohnen. Ihre Funktionen bestehen darin, daß sie die nötige Anzahl von Geschwornen zu laden haben, und daß der Sheriff die nominelle Vollstreckung der Todesurteile hat. Außerdem ist es Standespflicht des Sheriffs, den Richter dessen Stellung entsprechend zu empfangen, was unter Aufbietung allerlei merkwürdigen Pompes geschieht und eine sehr kostspielige Sache ist.[3]).

β) Schließlich ist noch zu erwähnen der Judge's Marshal. Es ist das ein ad hoc durch den betreffenden Richter ernannter junger Mensch, der den Richter auf der Circuitreise zu begleiten hat. Voraussetzungen der Ernennung existieren nicht. Meist wird ein junger Barrister, oft auch ein Student genommen. Irgendwelche Funktionen hat er nicht zu erfüllen.[4]) Für seine Bemühungen erhält er 2 Guineas täglich, und außerdem hat der Richter alle Reisekosten zu zahlen. Die ganze Stellung ist eine Sinekure schlimmster Art.

c) Endlich haben wir uns noch kurz mit den bei den Assisen zugelassenen Anwälten zu befassen. Hier gilt nun der Satz, daß vor denselben nur Barristers als solche plädieren können, so daß Solicitors in einem Trial vor den Assisen nicht auftreten

---

[1]) de Franqueville tom. I, 452.

[2]) 7 Edw. VII c. 23 s. 16; Criminal Appeal Rules rr. 2 (a), 5. Vgl. dazu Law Times vol. 126, p. 60, wo der sonderbare Fall erwähnt wird, daß die Stenographen streiken, weil ihnen die Tagegelder zu gering sind.

[3]) Vgl. weiter unten S. 561 ff. und de Franqueville tom. I, p. 604 ss. Die dort geschilderten Gebräuche sind noch heute durchaus üblich.

[4]) Encyclopaedia 2nd Ed. vol. VII, p. 523, die zum Ganzen zu vergleichen ist: „Only official duties remaining are the introduction of the high sheriff of the county to the judge of assize on his arrival in the assize town, and the administration of the oath to the Grand jury on the first day of the assize" (!); de Franqueville tom. I, p. 452 s.

dürfen.[1]) Allein auch die Barristers können nicht unbedingt vor jedem Court of Assize auftreten. Vielmehr hat jeder Circuit, wie wir später noch sehen werden, seine eignen Barristers, und zwar sind das diejenigen Barristers, die sich diesen Circuit zum Praktizieren ausdrücklich ausgesucht haben. Nur diese Barristers können stets vor den Assisen des betreffenden Circuit auftreten, und andere, nicht zu den Circuitbarristers gehörige Anwälte können dies nur tun, falls ihnen von der Partei eine sehr hohe, besondere Gebühr bezahlt ist. Dabei darf aber eines nicht übersehen werden: Das Ausgeführte ist nur eine Standesregel, und wenn ein Barrister sie durchbricht, so muß das Gericht ihn zulassen. Denn prinzipiell hat jeder Barrister Englands das Recht auf Zulassung. Wir werden auf diesen Punkt eingehender in anderem Zusammenhang zurückkommen.[2])

IV. 1. Im Anschluß an die Assisengerichte, wie wir sie im Vorstehenden behandelt haben, muß der Londoner Central Criminal Court, das große Londoner Kriminalgericht zur Darstellung gebracht werden.[3]) Allerdings unterscheidet sich dieser Gerichtshof in seiner Organisation wesentlich von den Circuitgerichten, und auch die Kompetenz ist eine wesentlich verschiedene. Ist doch der Central Criminal Court nicht etwa wie die Assisen ein Gericht gemischter Zuständigkeit für Kriminal- und Zivilsachen, sondern nur ein ausschließliches Kriminalgericht. Allein als solches steht es den Circuitgerichten völlig gleich, wie denn auch ausdrücklich bestimmt ist, daß unter dem Begriff Assisengericht der Central Criminal Court stets mitzuverstehen ist.[4]) Alles mithin, was für die Kriminalassisen gilt, gilt in dubio auch für den Central Criminal Court, sofern nicht ausdrücklich ein anderes bestimmt ist. Und wie die Assisen als Teile des High Court gelten, wie sie die aus dem High Court in administrativem Sinne gebildeten Prozeßbehörden sind, ebenso wird der Central Criminal Court auch als Prozeßbehörde des High Court aufgefaßt, eine Auffassung, die allerdings der historischen Entwicklung kaum gerecht werden dürfte.[5]) So ist heute das

---

[1]) Halsbury, Laws of England vol. II, p. 373.

[2]) Vgl. weiter unten S. 951 ff. und einstweilen Halsbury, Laws of England vol. II, pp. 366 et seq.

[3]) Zweifellos eines der größten Kriminalgerichte der Erde. 1907 wurden in demselben 1029 Personen zur Aburteilung gebracht. Criminal Judicial Statistics 1907, p. 66.

[4]) 51 and 52 Vict. c. 41 s. 100; Brodie-Innes vol. I, pp. 255, 34.

[5]) Vgl. die interessante Entscheidung R. v. Parke, Law Reports, King's Bench Division 1903 vol. II, pp. 432 et seq.; dieselbe steht allerdings zu früheren Entscheidungen im starken Gegensatz. Vgl. Encyclopaedia 2nd Ed. vol. II, p. 615: „But it was not until 1903 that the Central Criminal Court was definitely recognised to have become part of the

Londoner Gericht ein besonders organisiertes Assisengericht des High Court mit einer auf Kriminalsachen beschränkten Zuständigkeit.

Auf die historische Entwicklung des Central Criminal Court hier näher einzugehen, ist unmöglich, so interessant dieselbe auch ist.[1]). Es genügt darauf hinzuweisen, daß schon seit alters[2]) die City of London das Vorrecht hatte, die Strafgerichtsbarkeit über ihre Angehörigen durch besondere, eigene Richter ausüben zu lassen, ein Vorrecht, das eifersüchtig gewahrt wurde, und dessen letzte Reste auch heute noch, wenigstens in den äußeren Formen zu erkennen sind.[3]) Daneben bestanden für die das größere London bildenden Grafschaften verschiedenartige Vorrechte, die im einzelnen hier nicht aufgeführt werden können. So bot die Organisation der Strafgerichte in der Metropolis ein recht verwirrtes Bild dar, und um hier Einheit zu schaffen, griff die Gesetzgebung 1834 ein,[4]) indem sie einen neuen Gerichtshof schuf, eben den Central Criminal Court, der also zunächst durchaus als selbständiges Gericht bestand. Die Reform von 1873, die die Circuitgerichte zu Teilen des High Court machte, hat an dieser Selbständigkeit wohl nichts ändern wollen, allein da später der Central Criminal Court den Assisengerichten ausdrücklich gleichgestellt wurde, so läßt sich verstehen, daß heute, wie wir bereits bemerkten, der Central Criminal Court theoretisch als Teil des High Court zu betrachten ist.[5]) Praktisch dagegen betrachtet erscheint er auch heute noch als ein durchaus selbständiges Gericht, welches unabhängig vom High Court und in seiner Organisation getrennt neben diesem steht.

2. Was nun die Zuständigkeit des Central Criminal Court betrifft, so ist hier zu unterscheiden:

a) Die örtliche Zuständigkeit erstreckt sich über den sogenannten Central Criminal Court District, der die City, ferner die Grafschaften London und Middlesex, endlich Teile der Grafschaften

---

High Court". Vgl. auch Law Reports, King's Bench Division 1906 vol. I, pp. 32 et seq.

[1]) Vgl. dazu nähere Ausführungen Encyclopaedia 2nd Ed. vol. II, pp. 611, 612. Ferner Report of the State Trials, New Series, vol. VIII, pp. 1135 et seq.

[2]) Die grundlegende Charter stammt von Heinrich I.

[3]) Vgl. dazu weiter unten S. 542.

[4]) 4 and 5 Will. IV c. 36.

[5]) Es darf nicht übersehen werden, daß es sich in der obenerwähnten Entscheidung, S. 535 Anm. 5 nicht um eine nur mehr theoretische Bedeutung besitzende Konstruktion eines Gerichtes, sondern um einen, übrigens auch von praktischen Konsequenzen begleiteten Satz des sogenannten Case Law handelt.

Kent, Essex und Surrey umfaßt.[1])[2]) Durch Königliche Verordnung kann übrigens der Distrikt für die Winter- und Frühjahrsassisen erweitert werden, und es ergeht dann eine besondere Commission an den Central Criminal Court, die Assisen für bestimmte, nicht zu seinem Distrikt gehörige Grafschaften abzuhalten.[3]) Eine Erweiterung dieser Bestimmungen findet insofern statt, als alle dem aktiven Soldatenstand angehörenden Personen wegen schwererer Delikte (Mord, Totschlag usw.) vor dem Central Criminal Court abgeurteilt werden können.[4])

b) Wenden wir uns der sachlichen Zuständigkeit zu, so ist in ihr eine unmittelbare und delegierte Zuständigkeit zu unterscheiden.

α) Was die unmittelbare Zuständigkeit anbelangt, so ist die sachliche Kompetenz des Central Criminal Court dieselbe wie die der anderen Assisengerichte, mithin eine allumfassende, soweit Indictable Offences in Betracht kommen, und insofern konkurriert sie mit der der Quarter Sessions.[5]) Kann so im allgemeinen auf die früheren Ausführungen einfach verwiesen werden, so müssen zwei Punkte doch besonders hervorgehoben werden: Während in den übrigen Teilen des Gerichtsdistriktes Quarter Sessions regelmäßig abgehalten werden, ist dies nicht der Fall in der City. Allerdings hat auch die City besondere Quarter Sessions, allein herkömmlicher Weise werden von denselben keine erstinstanzlichen Kriminalsachen erledigt, die vielmehr alle an den Central Criminal Court gehen.[6]) So erfüllt der Central Criminal Court für die City nicht nur die Funktionen eines Assisengerichtes, sondern auch die von Quarter Sessions,[7]) und die Bestimmungen, die wir früher kennen gelernt haben[8]), wonach Sachen, die vor den Quarter Sessions erledigt werden können, in erster Linie von diesen zu erledigen sind, gelten hier jedenfalls nicht. Und ferner: Die Richter des Central Criminal

---

[1]) Vgl. die sehr detaillierten Einzelheiten 4 and 5 Will. IV c. 36 s. 2; ferner Encyclopaedia 2nd Ed. vol. II, p. 612; Wertheim S. 112; nicht völlig zutreffend de Franqueville tom. I, p. 207.

[2]) Die Assisengerichte von Kent, Essex und Surrey haben für die dem Central Criminal Court District angegliederten Teile ihrer Grafschaften konkurrierende Zuständigkeit. 4 and 5 Will. IV, c. 36 s. 21.

[3]) 39 and 40 Vict. c. 57 s. 5; 42 and 43 Vict. c. 1; Encyclopaedia 2nd Ed. vol. II, p. 613 mit Beispielen; unzutreffend redet de Franqueville tom. I, p. 207 von Herbst- und Frühjahrsassisen.

[4]) Vgl. weiter unten S. 649 f.

[5]) de Franqueville tom. I, p. 210; Brodie-Innes vol. I, p. 250. Dies gilt auch für die auf hoher See begangenen Delikte, für die der Central Criminal Court unter denselben Voraussetzungen wie ein Assisengericht zuständig ist. 4 and 5 Will. IV c. 36 s. 22; Archbold, Pleading p. 112.

[6]) Encyclopaedia 2nd Ed. vol. II, p. 615.

[7]) Cohen, Spirit of Our Laws p. 261.

[8]) Vgl. weiter oben S. 58 f.

Court können jede Sache, die vor irgendwelchen Quarter Sessions ihres Distriktes schwebt, durch eine Writ of Certiorari an sich ziehen.[1]) Dieses Recht, von dem übrigens selten, ja fast nie Gebrauch gemacht wird[2]), kann indessen nicht von jedem Richter des Central Criminal Court ausgeübt werden, sondern nur von Mitgliedern des High Court und dem Recorder.

β) Was die delegierte Gerichtsbarkeit betrifft, so haben wir bereits gesehen, daß die King's Bench Division alle Indictable Offences, die bei anderen Strafgerichten anhängig sind, durch eine Writ of Certiorari oder bei Assisengerichten durch einfache Verfügung zur Aburteilung an sich ziehen kann.[3]) Die King's Bench Division ihrerseits kann nun die Aburteilung und Erledigung der Sache dem Central Criminal Court übertragen, der seinerseits verpflichtet ist, auf Anweisung der King's Bench Division hin eine derartige Sache vor sich zu verhandeln.[4]) Hier wird also die Zuständigkeit des Central Criminal Court erst durch Delegation begründet, denn sie besteht vorher noch nicht. Und wenn auch im strengen Sinne die King's Bench Division gegenüber dem Central Criminal Court, der ja ebenfalls ein Teil des High Court ist, nicht als der höhere Richter aufzufassen ist, so können wir doch im übertragenen Sinne von einer Zuständigkeit kraft Bestimmung des höheren Richters reden, wie indes nicht weiter ausgeführt zu werden braucht.

Nicht dagegen gehört hierher der Fall, daß die Quarter Sessions des Central Criminal Court-Distriktes berechtigt sind, vor ihnen schwebende Sachen zur Entscheidung an den Central Criminal Court abzugeben.[5]) Denn hierdurch wird nicht etwa die Zuständigkeit des letzteren Gerichtes erst begründet. Vielmehr wird nur ein Hindernis der Ausübung einer an sich existenten Zuständigkeit beseitigt, die Tatsache nämlich, daß die Sache bereits vor bestimmten Quarter Sessions schwebt. Das Wesentliche in der Überweisung der Sache an den Central Criminal Court ist also eine Verzichtserklärung der Quarter Sessions, von dem Recht der Erledigung einer bestimmten Sache Gebrauch zu machen, eine an sich negative Erklärung, die aber positiv den Central Criminal Court verpflichtet, seinerseits zu handeln. Von einer Delegation im streng technischen Sinne kann daher, wie gesagt, keine Rede sein.

---

[1]) 4 and 5 Will. IV c. 36 ss. 16, 18.

[2]) Encyclopaedia 2nd Ed. vol. II, p. 615.

[3]) Vgl. weiter oben S. 319.

[4]) 19 and 20 Vict. c. 16; 25 and 26 Vict c. 65; 46 and 47 Vict. c. 51; Encyclopaedia 2nd Ed. vol. II, p. 613; Kenny, Outlines p. 422; Archbold, Pleading pp. 115, 122.

[5]) 4 and 5 Will. IV c. 36 s. 19.

3. a) Was die Organisation des Central Criminal Court betrifft, so tritt er wie die Assisengerichte nur periodenweise in Tätigkeit. Aber während die Assisengerichte höchstens viermal, oft nur dreimal, ja sogar manchmal nur zweimal zusammentreten,[1]) sind die Sitzungsperioden des Central Criminal Court bedeutend zahlreicher. Das Gericht hat nämlich nicht weniger wie mindestens zwölfmal im Jahr zusammenzutreten, und im Notfall können noch weitere Sitzungsperioden eingeschoben werden. Die Daten der einzelnen Sitzungsperioden werden durch vier Richter des High Court bestimmt, die zu diesem Zweck Anfang Oktober jeden Jahres gemeinsam mit dem Lord Mayor und einigen Aldermen im Central Criminal Court zusammentreten, die aber auch Sitzungen ad hoc einberufen können, falls eine Notwendigkeit hierzu besteht.[2]) Die Sitzungsperioden beginnen in der Regel am Montag und dauern nach Bedarf. Ich bemerke, daß zur Einberufung keine sogenannte Commission of Gaol Delivery and of Oyer and Terminer ergeht. Die Commission, die auf Grund des Gesetzes selbst, welches den Central Criminal Court begründet, einmal ergangen ist,[3]) ist als solche allgemein und mehr als das d a u e r n d, im Gegensatz zu den temporären Commissions der Assisen. Insofern ist der Central Criminal Court ein s t ä n d i g e s Gericht, welches indessen nur p e r i o d i s c h tätig wird, während die Assisengerichte nicht ständig in dieser Art genannt werden können. Demgegenüber bedeutet es auch rechtlich nichts, daß die im Gesetz enthaltene Commission von Zeit zu Zeit neu erlassen werden k a n n. Denn ein derartiger Erlaß hat nur formalen Charakter und berührt die Geltung der eigentlichen Commission nicht. Eine Neuausgabe der Commission in dieser rein formalen Weise ist Gebrauch bei Regierungswechsel, ein Gebrauch, der 1901 durchgeführt ist.[4])

b) Der Central Criminal Court wird als gewöhnliches Schwurgericht tätig. Er funktioniert stets in mehreren Abteilungen, und zwar neuerdings, der großen Geschäftslast entsprechend, fast immer in vier Abteilungen, die nebeneinander judizieren.[5]) Zu be-

---

[1]) Vergl. weiter oben S. 506.

[2]) 4 and 5 Will. IV c. 36 s. 15; 44 and 45 Vict. c. 68 s. 18; Encyclopaedia 2nd Ed. vol. II, p. 613; de Franqueville tom. I, p. 208; tom. II, p. 18 n. 1.

[3]) 4 and 5 Will. IV c. 36 ss. 1, 2.

[4]) Encyclopaedia 2nd Ed. vol. II, p. 612. Die Neuausgabe der Commission in diesem Fall ist nicht gleich der Neuausgabe einer Commission of the Peace. Letztere muß bei einem Thronwechsel stattfinden, da sonst die Commission nach bestimmter Zeit ihre Geltung verliert; die Commission für den Central Criminal Court würde dagegen fortwirken, da sie durch das Gesetz dauernd erteilt ist. Vergl. weiter oben S. 10.

[5]) Vereinzelt kommt es sogar vor, daß fünf Abteilungen nebeneinander tagen. de Franqueville tom. I, p. 208 redet nur von zwei bis drei Abteilungen.

achten ist, daß in bezug auf die Richterbank theoretisch das Einzelrichterprinzip verlassen ist. Denn es bestimmt das Gesetz ausdrücklich, daß die Richterbank mit mindestens zwei Richtern besetzt sein muß.[1]) Allein tatsächlich hat sich die Praxis über den an sich unzweifelhaft klaren Wortlaut des Gesetzes hinweggesetzt. Wir werden später sehen, daß wir unter den Richtern des Central Criminal Court zwei Kategorien zu unterscheiden haben, die eigentlichen Richter und die Richter pro forma, die zwar in der Commission mit benannt sind, richterliche Funktionen zu entfalten aber nicht mehr in der Lage sind. Es genügt nun jetzt, wenn ein eigentlicher Richter die Richterbank bildet, assistiert von einem Richter pro forma, der während der Verhandlung selbst wechseln kann, an dieser selbst aber prozessual nicht beteiligt ist.[2]) Daß damit tatsächlich mit dem Kollegialitätsprinzip gebrochen ist, daß dasselbe nur in ganz äußerlicher Form beibehalten ist, bedarf keiner weiteren Ausführungen. Daß man sich aber dabei einfach über das Gesetz hinweggesetzt hat, ist ebenfalls unzweifelhaft[3]); denn ein Richter hört und entscheidet doch nur dann einen Fall, wenn er zum mindesten der gesamten Verhandlung beigewohnt hat. Das ist aber im Hinblick auf den Richter pro forma nicht mehr nötig, wie er denn auch an der Entscheidung selbst nicht mehr mit beteiligt ist. So spielt der assistierende Richter pro forma nur noch die Rolle eines Zuschauers und wird funktionell nicht tätig.[4])

Auf der anderen Seite ist aber das Einzelrichterprinzip insofern wieder abgeschwächt, als die in den verschiedenen Abteilungen tätigen Richter sich gegenseitig bei schwierigeren Rechtsfragen befragen können und dann die Entscheidung auf Grund gemeinsamer Beratung erfolgt, was auch demnächst in der Sitzung zum Ausdruck gebracht werden kann. Von dieser allerdings rein tatsächlichen Möglichkeit wird keineswegs selten Gebrauch gemacht, so daß in der Tat das Einzelrichterprinzip in dieser Hinsicht jeden-

---

[1]) Der Wortlaut des Gesetzes 4 and 5 Will. IV c. 36 s. 2 besagt: „. . . and it shall be lawful for the Justices and Judges of the Central Criminal Court aforesaid or any Two or more of them to inquire of, hear, determine and adjuge all such Treasons . . . “

[2]) Vgl. Levison v. R., Law Reports, Queen's Bench Division 1869 vol. IV, p. 394, abgedruckt zum Teil bei de Franqueville vol. I, p. 208 ss. mit zutreffender Kritik.

[3]) Die in der vorigen Anmerkung zitierte Entscheidung ist ein klassisches Beispiel dafür, wie souverän sich die englischen Richter über das Gesetz hinwegsetzen, obwohl sie zu einer Abänderung des Gesetzes durch die Judikatur an sich nicht berechtigt sind. Vgl. dazu weiter unten S. 768.

[4]) Treffend schildert die Verhältnisse de Franqueville tom. I, p. 208; vol. II, p. 18 s.

falls stark modifiziert ist, eine Erscheinung, die wir übrigens auch bei den Assisengerichten in ähnlicher Weise getroffen haben. Und es mag auf diesen Punkt ausdrücklich deshalb hingewiesen werden, weil überhaupt das Einzelrichterprinzip in England zumeist nur durchgeführt ist unter dem Korrektiv möglicher Kollegialberatung.[1]) Selbstverständlich erscheint übrigens, wie noch bemerkt werden mag, das Urteil formell stets als die Entscheidung eines einzelnen Richters, wenn es das materiell auch vielleicht nicht ist.

4. Wenden wir uns nun der Besetzung des Central Criminal Court zu, so sind hier nur wenige Punkte besonders hervorzuheben:

a) α) Ad hoc ernannte Mitglieder des Central Criminal Court gibt es als solche nicht. Wohl aber ergeht auf Grund des Gesetzes die General Commission an eine Reihe von im Gesetz ausdrücklich genannten Personen[2]) und zwar, wie ohne weiteres erhellt, ihres Amtes und ihrer Stellung wegen. Durch diese auf die Dauer berechnete, kommissarische Delegation erhalten die in der Commission Genannten die dauernde Fähigkeit, als Richter des Central Criminal Court zu funktionieren. Und diese Fähigkeit steigert sich bei einzelnen von ihnen zu der Verpflichtung, als Richter an dem Gericht tätig zu werden, eine Verpflichtung, die sich indessen weniger aus der Commission, als vielmehr aus ihrem Anstellungsvertrage, also aus ihrer sonstigen Amtsstellung ergibt. In Betracht kommen aber der Lord Mayor of London und die Aldermen der City, der Lord Chancellor und alle ehemaligen Lord Chancellors, die sämtlichen aktiven und ehemaligen Richter des Supreme Court, der Dean of the Arches,[3]) schließlich die sämtlichen Richter der City d. h. der Recorder, der Common Serjeant und die Richter des City of London Court.[4]) Außerdem hat die Krone das Recht, noch andere Personen in die Commission aufzunehmen. Aber obwohl dieses Recht theoretisch ganz unbeschränkt ist, so wird praktisch kein Gebrauch von ihm gemacht. Die im vorstehenden genannten Personen sind mithin die eigentlichen, aber auch die einzigen Richter des Central Criminal Court.

β) Unter diesen Richtern nun muß eine wichtige Unterscheidung gemacht werden. Wir haben auf der einen Seite reine

---

[1]) Insofern sehr beachtenswert die Ausführungen von R. Schmidt, Zeitschrift für Politik Bd. I, S. 256. Vgl. aber auch weiter oben S. 186, Anm. 4.

[2]) 4 and 5 Will. IV c. 36 s. 1.

[3]) Ein geistlicher Richter. Vgl. Encyclopaedia 2nd Ed. vol. I, p. 499 und weiter unten S. 680.

[4]) Encyclopaedia 2nd Ed. vol. II, p. 612; de Franqueville tom. I, p. 207 s.; nicht vollständig Wertheim S. 112.

Richter pro forma, die als solche zwar theoretisch dieselben richterlichen Fähigkeiten besitzen, wie die wirklichen Richter, die aber in praxi von diesen Fähigkeiten keinen Gebrauch mehr machen können und auch keinen Gebrauch mehr machen.[1]) Es sind dies in erster Linie der Lord Mayor und die Aldermen of the City, dann aber auch der Dean of the Arches. Auf der anderen Seite haben wir die wirklichen Richter, die Richter des Supreme Court und die Richter der Londoner Citygerichte. Beide müssen auseinandergehalten werden.

Unter den Pro forma-Richtern ist der wichtigste der Lord Mayor, denn er ist der Vorsitzende des Gerichtes.[2]) Wird doch der Central Criminal Court immer noch in erster Linie als ein Gericht der City of London betrachtet. Allein seine ganzen Funktionen bestehen darin, daß er die Sitzungen des Gerichtes unter mittelalterlichem Pomp eröffnet.[3]) Oder besser gesagt: er eröffnet sie auch nicht einmal wirklich, sondern er hat nur beim Einzug des Gerichtes in den Gerichtssaal den Vortritt vor den übrigen, auch den wirklichen Richtern. Ferner hört und entscheidet er die Einsprüche der als Grand Jurors Geladenen, wie er denn auch mit dem Recorder zusammen die Aufforderung an die Sheriffs ergehen läßt, die nötige Anzahl von Geschworenen zu laden.[4]) Auch hat er administrativ bezüglich gewisser Beamter des Central Criminal Court ein Vorschlagsrecht, ohne sie indessen selbst zu ernennen. Sonst aber spielt weder er noch ein anderer der Pro forma-Richter im Verfahren irgendwelche aktive Rolle, und wenn man darauf hingewiesen hat,[5]) daß sie als Beisitzer doch zum wenigsten als Sachverständige in Handelssachen Auskunft erteilen könnten, so leuchtet ein, daß, selbst wenn sie das tun, was in praxi jedenfalls nur sehr selten vorkommt, sie dann nicht eigentlich richterliche Funktionen ausüben, wie sie denn auch nicht an der Abstimmung in einem solchen Fall beteiligt wären. So ergibt sich, daß diese Pro forma-Richter in der Tat nur noch eine Scheinrolle spielen, ähnlich wie bei uns in den Zeiten des verfallenen Schöffengerichtes die Schöffen, die ja auch schließlich weiter nichts mehr waren

---

[1]) Encyclopaedia 2nd Ed. vol. II, p. 613: „His" (i. e. the Lord Mayor's) „jurisdiction and that of the aldermen, except as to the removal of indictments, is in theory the same as that of the judicial commissioners; but now he and the alderman in practice sit only as assessors to form a quorum."

[2]) Er ist der Chief Commissioner. Vgl. Parliamentary Papers 1894 vol. XVIII, p. 41.

[3]) de Franqueville tom. I, p. 208; vol. II, p. 18.

[4]) Parliamentary Papers 1894 vol. XVIII, p. 42.

[5]) Encyclopaedia 2nd Ed. vol. II, p. 613: „... though in cases involving commercial questions their experience is found of value." Ähnliches wurde mir im Central Criminal Court bestätigt.

wie Sollemnitätszeugen. Als reine Form bedeutet die Mitwirkung dieser Ehrenrichter, wie man sie wohl nennen darf, nichts, und wir brauchen uns mit ihnen mithin auch nicht weiter zu befassen.[1]) Es mag übrigens bemerkt werden, daß die Aldermen in einer bestimmten Reihenfolge an den Sitzungen teilzunehmen verpflichtet sind, was schon deshalb notwendig ist, weil ja mindestens ein Alderman aus den früher bereits mitgeteilten Gründen in der Sitzung stets anwesend sein muß.[2])

Was aber die eigentlichen, die aktiven Richter betrifft, so ist hier zunächst darauf hinzuweisen, daß die Supreme Court Judges als solche nur einen verschwindend geringen Anteil an den Verhandlungen des Gerichtes nehmen. Und zwar erledigen sie nur die schwersten Fälle, während die übrigen Sachen vor den Stadtrichtern der City verhandelt werden. Grundsätzlich aber sind als Richter im Central Criminal Court wie in den Asissen nur Mitglieder der King's Bench Division tätig, wenn auch theoretisch Mitglieder anderer Abteilungen ebenfalls in dem Gericht judizieren könnten. Die Richter nun, die an den Central Criminal Court delegiert werden, werden mit den Assisenrichtern in einer Richterversammlung des Supreme Court, tatsächlich der King's Bench Division bestimmt und sind nunmehr verpflichtet, am Central Criminal Court zu fungieren. Daraus aber, daß die nicht mehr aktiven Richter des Supreme Court nicht mit herangezogen werden, wie ja denn auch eine Richterversammlung sie gar nicht zum Erscheinen verpflichten könnte, folgt, daß auch die ehemaligen Richter des Supreme Court, die Ex-Lord Chancellors mit inbegriffen, weiter nichts sind wie Ehrenrichter in dem oben festgestellten Sinne. Und sollten sie an den Verhandlungen teilnehmen, was ihnen natürlich nicht verwehrt werden kann, so könnten sie nur in der Rolle als Assessors teilnehmen, ohne irgendwie aktiv an den Verhandlungen beteiligt zu sein.[3]) So sehen wir, daß die eigentlichen handelnden Richter nur die seitens

---

[1]) Sollte allerdings ein Ehrenrichter einmal dem Urteil eines Richters widersprechen, so könnte derselbe ein Urteil gegen den Willen des Widersprechenden nicht erlassen, ein Fall, der indessen kaum praktisch werden dürfte.

[2]) Vgl. die detaillierten Einzelbestimmungen Parliamentary Papers 1894 vol. XVIII, pp. 42, 43.

[3]) Eine Ausnahme von diesem Satz ist nur insoweit zu machen, als sich die ehemaligen Richter der Richterversammlung zur Verfügung stellen könnten. Würde die Versammlung sie delegieren, so könnten sie natürlich die richterlichen Funktionen voll ausüben, eben als Delegate der King's Bench Division. Bei starker Geschäftsüberhäufung der King's Bench Division dürfte es nicht ausgeschlossen sein, daß auf diese Weise einige Hilfe geschaffen würde.

des High Court delegierten Richter dieses Gerichtes und die Stadtrichter von London sind.

Was nun die letzteren betrifft, so werden tätig in erster Linie der Recorder und der Common Serjeant, eventuell auch die Richter des City of London Court, je nach Lage der Geschäfte. Diese Richter erledigen in den einzelnen Abteilungen des Gerichtes die große Masse der Geschäfte, während der Richter des Supreme Court im allgemeinen nur wenige Tage sitzt. In der Regel wird nur ein Richter der King's Bench Division für eine Sitzungsperiode ernannt. Allein es kommt doch auch nicht allzu selten vor, daß zwei derselben delegiert werden, ein Fall, der indessen stets die Ausnahme bildet.[1])

Was die Qualifikation, die Ernennung, das Gehalt usw. der Richter des Central Criminal Court betrifft, so braucht bezüglich der Mitglieder des High Court natürlich nichts Weiteres bemerkt zu werden. Bezüglich der übrigen Richter, der Stadtrichter verweise ich auf spätere Ausführungen, verweise ich auf die eingehendere Darstellung der besonderen Gerichte der City.[2])

Und schließlich auch bezüglich der Funktionen der Richter können wir uns sehr kurz fassen. Denn auf der einen Seite ist die funktionelle Stellung eines Richters am Central Criminal Court durchaus dieselbe wie die eines Assisenrichters.[3]) Auf der anderen Seite gilt das Grundprinzip, daß sich die sämtlichen Richter am Central Criminal Court funktionell gleichstehen.[4]) Von diesem Satz gilt nur eine unbedeutende Ausnahme: Einmal erfolgt die Überweisung der sämtlichen Anklagesachen an die Grand Jury zur Beschlußfassung durch den Recorder oder in seiner Abwesenheit durch den Common Serjeant, eine Bestimmung, in der der Gedanke wieder klar zum Ausdruck kommt, daß der Central Criminal Court eigentlich ein Gericht der City ist. Ferner haben nur die Richter des Supreme Court und der Recorder das obenerwähnte Recht, einen Writ of Certiorari an die zum Distrikt des Gerichtes gehörigen Quarter Sessions zu erlassen.[5])

Die Geschäftsverteilung endlich unter die einzelnen Richter erfolgt durch den Clerk, ohne daß über diesen Punkt etwas Weiteres zu bemerken wäre. Es sei nur hervorgehoben, daß der Clerk ein Verzeichnis sämtlicher Fälle, die zur Verhandlung stehen,

[1]) Nicht ganz zutreffend de Franqueville tom. I, p. 208.

[2]) Vgl. weiter unten § 32.

[3]) Vgl. weiter oben S. 522 f.

[4]) Encyclopaedia 2nd Ed. vol. II, p. 613: „... and there is no distinction in point of position or jurisdiction between the authority of the city judges .., and that of the High Court judges."

[5]) Vgl. weiter oben S. 537 f.

an den High Court-Richter sendet mit Vorschlägen über die von letzterem zu verhandelnden Fälle. Der High Court-Richter kann nun auf diese Vorschläge eingehen, er kann aber auch anders bestimmen, kann also alle die Fälle selbst erledigen, die er zu erledigen für richtig hält.

b) Bezüglich der Geschworenen ist hier nur das Eine zu bemerken, daß dieselben ohne Rücksicht auf die Sache aus dem ganzen Distrikt des Central Criminal Court geladen werden. Geschworene, die am Central Criminal Court tätig geworden sind, sind durch Gesetz vom Geschworenenamt auf die Dauer von 12 Monaten befreit mit der einen Ausnahme, daß die Befreiung sich nicht erstreckt auf die Verpflichtung, als Geschworner in den Sitzungen der Quarter Sessions der Heimatsgrafschaft mitzuwirken.[1])

c) Im Hinblick auf die Nebenbeamten des Central Criminal Court gelten folgende Sätze:[2])

α) In erster Linie ist der Clerk of the Court zu nennen. Er ist der oberste Nebenbeamte, der Vorstand mithin des gesamten Bureaus. Er wird ernannt durch die Commissioners des Gerichtes, d. h. also durch sämtliche Richter, und zwar auf Vorschlag des Lord Mayor; er kann auf dieselbe Weise wegen Misconduct wieder entlassen werden. Besondere Vorausetzungen für die Ernennung sind nicht vorgeschrieben. Allein tatsächlich wird stets nur ein Barrister oder ein Solicitor ernannt. Beschränkung der Privatpraxis tritt nur insofern ein, als der Clerk nicht im Distrikt des Central Criminal Court in Kriminalangelegenheiten praktizieren darf, die zur Kompetenz ebendieses Gerichtes gehören.[3]) Allein tatsächlich verhindert die außerordentlich starke Geschäftslast den Clerk an Privatpraxis. Für seine Tätigkeit empfängt er einen festen Gehalt unter Ausschluß der Gebühren in Höhe von £ 2000.

Was seine Funktionen betrifft, so sind seine Aufgaben dieselben wie die eines Clerk of Assize, so daß auf die diesbezüglichen Ausführungen verwiesen werden kann.[4]) Namentlich hat er die Geschäftsverteilung unter den sämtlichen anderen Beamten des Gerichtes vorzunehmen, die ihm alle untergeordnet sind, und für die er nach außen hin verantwortlich ist.

β) Unter dem Clerk of the Court stehen eine Reihe von anderen Beamten, die sämtlich von dem Clerk ernannt werden

[1]) 51 and 52 Vict. c. 41 s. 89; 4 and 5 Will. IV c. 36 s. 4.

[2]) Ich verdanke das Folgende den Angaben des Deputy Clerk des Gerichtes, Mr. Read.

[3]) 33 Hen. VIII c. 24 s. 5.

[4] Vgl. weiter oben S. 530 ff.

unter Zustimmung der Commissioners, die mithin bei jeder Ernennung ein unbedingtes Vetorecht haben. Für diese Nebenbeamten sind ebenfalls keine besonderen Amtsqualifikationen vorgeschrieben, doch werden für die höheren Stellungen nicht selten Barristers oder Solicitors genommen. Im allgemeinen rücken aber die in niederen Stellen befindlichen Beamten in die höheren Stellungen auf, so daß der gewöhnliche Gang der Dinge der ist, daß jemand von Anfang an im Central Criminal Court, ich möchte sagen, von der Pike auf dient und dort seine ganze Ausbildung empfängt, ohne daß irgendwelche Examina abzulegen wären. Ein Verbot, Privatpraxis zu treiben, existiert für die Nebenbeamten übrigens nicht. Allein auch hier ist die Geschäftslast das Hindernis, eine solche zu betreiben.

Im einzelnen kommen hier nun folgende Beamte in Betracht: Zunächst sei der Deputy Clerk genannt, der funktionell dem Clerk völlig gleichsteht mit der Maßgabe, daß er seinen Anordnungen unterworfen ist. Nach außen hin vertritt er aber den Clerk völlig. Er erhält £ 1000 Gehalt.

Des weiteren treffen wir fünf Clerks of Arraigns, einen Clerk of Indictments, einen Assistant Clerk of Indictments, einen Taxing Officer und zwei Officer Clerks. Alle diese Beamten haben dieselben Funktionen zu erfüllen, wie die unter dem Clerk of Assize stehenden Unterbeamten, so daß bezüglich derselben nichts Neues zu bemerken ist. Sie erhalten Gehälter in Höhe von £ 250—600.

γ) Schließlich sind noch die völlig subalternen Beamten zu erwähnen, die Türsteher, Ushers usw. Dieselben werden von den Aldermen ernannt und werden nicht zu den Officers of the Court gerechnet, wenngleich sie geschäftlich ebenfalls dem Clerk of the Court unterstellt sind.

δ) Was den Sheriff anbelangt, so hat derselbe am Central Criminal Court dieselben Funktionen zu erfüllen wie bei den Assisen. So sind denn auch alle Sheriffs der beteiligten Grafschaften rechtlich Beamte des Central Criminal Court. Tatsächlich werden aber die gesamten, in Betracht kommenden Funktionen durch die Sheriffs der City erledigt.[1])

d) Was endlich die am Central Criminal Court zugelassenen Rechtsanwälte betrifft, so können alle Barristers vor demselben auftreten. Eine Beschränkung auf bestimmte Barristers wie bei den Assisengerichten findet nicht statt.[2])

---

[1]) Encyclopaedia 2nd Ed. vol. I, p. 614; Parliamentary Papers 1894 vol. XVIII, p. 14.

[2]) Vgl. weiter oben S. 534f.

5. Ich bemerke abschließend, daß die sämtlichen Kosten für den Central Criminal Court, die Gehälter usw. von den verschiedenen beteiligten Grafschaften anteilmäßig getragen werden. Die City dagegen hat als besondere Verpflichtung für die Unterhaltung des Gerichtsgebäudes zu sorgen.[1])

§ 21. c) Die lokalen Gerichtsbureaus des Supreme Court.[2])

Eine weitere, außerordentlich wichtige Abschwächung des Prinzipes der Zentralisation der Zivilrechtspflege in höherwertigen Streitsachen ist in der Einrichtung der sogenannten District Registries gegeben. Es sind das lokalisierte Gerichtsbureaus, in denen die verschiedenartigsten Prozeßhandlungen, auch rein richterlicher Natur, vorgenommen werden können. Ja, man kann sagen, wie wir noch im einzelnen sehen werden[3]), daß es sich hier weniger um Gerichtsbureaus handelt als um wirkliche Gerichte mit einer beschränkten funktionellen Zuständigkeit.[4]) Es gibt nun aber zwei verschiedene Arten dieser District Registries, einmal die allgemeinen District Registries im eigentlichen Sinne, dann aber ferner die spezialisierten Probate District Registries, die von den ersteren sehr wohl unterschieden werden müssen. Beide sollen im folgenden getrennt zur Darstellung gelangen.

A. I. 1. Wenden wir uns zunächst den District Registries im eigentlichen Sinne zn, so sind dieselben begründet worden durch den Judicature Act 1873[5]), der als solcher also keineswegs den Zweck verfolgte, die Zentralisation in der Rechtspflege zu vertiefen.[6]) Im Gegenteil: in der Begründung der District Registries liegt eine so starke Abschwächung des Prinzipes der Zentralisation, daß man ohne weiteres sagen muß, daß auch der Judicature Act von 1873 in der Geschichte der allmählichen Überwindung der

---

[1]) Encyclopaedia 2nd Ed. vol. I, pp. 611 et seq.; Parliamentary Papers 1894 vol. XVIII, p. 43.

[2]) Vgl. hierzu die einleitenden Ausführungen zu § 17.

[3]) Vgl. weiter unten S. 550 f.

[4]) Man vermeidet daher besser den irreführenden Ausdruck lokale Gerichtsschreiberei, wie ihn neben vielen anderen z. B. Wertheim S. 215 gebraucht, der sich aber mit dieser Bezeichnung selbst einigermaßen in Widerspruch setzt, wenn er ausführt, daß der District Registrar die Funktionen eines Richters at Chambers zu erfüllen habe. Interessant ist, wenn Brodie-Innes vol. I, p. 501 sagt: „Notice that the District Registrar is not a Judge for the hearing of cases.“ Sonst ist er also ein „Judge“ in funktioneller Hinsicht. Vgl. weiter unten S. 555 f.

[5]) 36 and 37 Vict. c. 66 s. 60.

[6]) Vgl. die mit der historischen Entwicklung keineswegs in Einklang stehenden Ausführungen von Weidlich, Lisztsche Zeitschrift Bd. XXVIII S. 502—508.

Zentralisation eine nicht unbedeutende Stelle einnimmt. Wir können auch in ihm jene Entwicklung verfolgen, die wir bei der Geschichte der County Courts festgestellt haben, eine Entwicklung, deren letztes Ziel eben doch durchgeführte Lokalisierung der Gerichtspflege in Zivilsachen ist.[1])

2. Das Gesetz hat nur die Möglichkeit zur Einrichtung von District Registries geschaffen, ohne indes eine Verpflichtung für die Regierung zu begründen, nunmehr auch wirklich derartige lokale Gerichtsbureaus einzurichten. Vielmehr ist hier alles Königlichen Ausführungsverordnungen überlassen. Die Krone kann mithin durch Order in Council District Registries einrichten, sie kann bestehende wieder unterdrücken; sie bestimmt ferner die Distrikte, für die die einzelnen Registries zu begründen sind; kurz, in allem ist ihr hier freiester Spielraum gelassen.[2])

Diesbezügliche Orders in Council sind wiederholt ergangen.[3]) Allein es ist nun sofort eines hervorzuheben: Es ist nicht etwa ganz England in eine Reihe von Registries Districts eingeteilt. Vielmehr treffen wir nur an besonders wichtigen Punkten lokale Gerichtsbureaus, deren Distrikte bis jetzt den bei weitem kleineren Teil von England ausmachen. Die Lokalisierung, die in der Einrichtung der District Registries potentiell liegt, ist also nicht für ganz England durchgeführt, sondern etwa nur für ein Sechstel des Landes.[4]) Fünf Sechstel von England entbehren mithin dieser Erleichterung der Prozeßführung, was nicht außer acht gelassen werden darf.

Im ganzen treffen wir heute[5]) 87 District Registries an. In der Regel sind ihre Distrikte identisch mit denen der Grafschaftsgerichte, in denen sie belegen sind, wie denn überhaupt eine sehr starke Verbindung zwischen den District Registries und den County Courts stattfindet. Und von diesem Satze existieren nur wenige Ausnahmen, sei es, daß ein Registry-Distrikt mehrere County Courts-Distrikte umfaßt, sei es, daß er völlig unabhängig von den Grenzen der Grafschaftsgerichte festgesetzt ist.[6])

---

[1]) Vgl. z. B. auch Brodie-Innes vol. I, p. 501, wo ebenfalls ausdrücklich als Zweck der Einrichtung der District Registries angegeben wird „to facilitate business in country districts". So auch ausdrücklich 38 and 39 Vict. c. 77 s. 13.

[2]) 36 and 37 Vict. c. 66 s. 60.

[3]) Vgl. namentlich die District Registries Order in Council von 1899; Annual Practice vol. II, p. 528.

[4]) Encyclopaedia 2nd Ed. vol. IV, p. 665.

[5]) Geschildert sind die Verhältnisse von 1907. Vgl. auch Encyclopaedia 2nd Ed. vol. IV, pp. 664 et. seq. Die Schilderung bei de Franqueville tom. I, p. 451 s. ist veraltet.

[6]) Annual Practice vol. II, p. 528.

II. 1. Was die örtliche Zuständigkeit der District Registries betrifft, so sind hier keine einschränkenden Bestimmungen gegeben. Es ist mithin eine jede District Registry örtlich für ganz England zuständig, d. h. jede zur sachlichen Zuständigkeit der District Registry gehörige Klage kann in jeder beliebigen District Registry erhoben werden, ohne Rücksicht weder auf den Wohnsitz des Klägers noch auf den des Beklagten.[1]) Und der Wohnsitz des letzteren ist nur insofern von Bedeutung, als ein in dem Registrydistrikt wohnender oder Geschäfte treibender Beklagter verpflichtet ist, sich auf den Prozeß in der District Registry einzulassen, ohne daß er, wie sonst, das Recht hat, die Prozeßeinlassung auch in London erklären zu können, ein Punkt, auf den wir noch weiter unten zu sprechen kommen.[2])

2. a) Bezüglich der sachlichen Zuständigkeit ist zu bemerken, daß dieselbe eine rein zivilrechtliche ist. Es können prinzipiell aber alle Zivilsachen in District Registries angebracht werden. Eine Ausnahme besteht nur für Probate- und Divorcesachen.[3]) Für Nachlaßangelegenheiten bestehen die bereits erwähnten, besonderen Probate District Registries; Ehesachen dagegen können nur in London selbst gerichtshängig gemacht und betrieben werden. Die große Menge der sonstigen Zivilklagen kann aber in den Provinzen angebracht werden. Ausgenommen sind von ihnen indessen Prozesse, die durch Originating Summons oder mit einer Petition eingeleitet werden. Sie können im allgemeinen nicht in der District Registry angebracht werden.[4])

b) Wenden wir uns nunmehr noch speziell der funktionellen Zuständigkeit der District Registries zu, so spielt sich in ihnen der Prozeß im wesentlichen ab bis auf den Trial, der entweder in London oder aber vor den Assisen stattzufinden hat. Und es gilt dies nicht nur für das dem Trial vorausgehende Vorverfahren, sondern auch für die auf Grund des gesprochenen Urteiles erfolgende Eintragung des Urteiles[5]), für die Taxierung der Kosten und die Durchführung der Zwangsvollstreckung, soweit bezüglich der letzteren das Gericht tätig zu werden hat.[6]) Selbstverständlich liegt das Schwergewicht der funktionellen Kompetenz im Vorverfahren,

---

[1]) R. S. C. Order V r. 1.

[2]) R. S. C. Order XII rr. 4, 5; vgl. auch Encyclopaedia 2nd Ed. vol. IV, p. 667.

[3]) R. S. C. Order V r. 1; Order LXVIII r. 1; Annual Practice vol. I, p. 466.

[4]) Es ergibt sich dies aus R. S. C. Order XXXV r. 6a; vgl. auch Encyclopaedia 2nd Ed. vol. IV, p. 665; Wertheim S. 432, 520.

[5]) R. S. C. Order XXXV rr. 1—3. Chanceryurteile werden in London eingetragen. Vgl. Encyclopaedia 2nd Ed. vol. IV, p. 666.

[6]) R. S. C. Order XXXV r. 4.

allein ausschließlich im Vorverfahren sind die District Registries doch nicht zuständig, wie hervorgehoben werden muß.[1])

Überblickt man nun diese Funktionen im ganzen[2]), so erhellt, daß in den District Registries keineswegs nur die Handlungen vorgenommen werden können, die als solche im Central Office oder in den Registries der Abteilungen des High Court in London vorzunehmen sind.[3]) Vielmehr sind die District Registries auch zuständig für richterliche Handlungen, für die als solche das Central Office niemals zuständig ist. Und zwar ergehen in den District Registries alle diejenigen richterlichen Entscheidungen, die außerhalb des Trial notwendig werden. Allein dieser Satz gilt nur mit einer großen Einschränkung. Es können nämlich hier nur Entscheidungen, Anordnungen usw. getroffen werden, die in London vom Chambersrichter erlassen werden können.[4]) Und so gewinnen wir den einschränkenden, wichtigen Satz, daß die District Registries die provinziellen Chambersgerichte sind. Aber auch dieser Satz gilt nur mit einer weiteren, wichtigen Einschränkung: Alle richterlichen Handlungen nämlich, die ein Master oder ein Chief Clerk in der Chancery Division nicht vornehmen kann (welche das sind, haben wir bereits früher gesehen[5])), können in der District Registry nicht vorgenommen werden, so daß dieselbe also nur eine in dieser Hinsicht beschränkte Chamberszuständigkeit besitzt.[6]) Abgesehen aber hiervon ist, wie aus dem Ausgeführten ohne weiteres erhellt, die District Registry nicht nur eine Gerichtsschreiberei, sondern ein Gericht mit beschränkter funktioneller Zuständigkeit. Daß dasselbe auch befugt ist, Urteile zu erlassen, daß eine große Zahl von Klage-

---

[1]) So ist es auch nur annähernd richtig, wenn Brodie-Innes vol. I, p. 501 sagt: „. . . the District Registry is, in fact, merely the machinery for getting cases ready for trial with as little trouble as possible to the parties.“

[2]) Auf die Einzelheiten der sehr verwickelten Materie kann natürlich hier nicht eingegangen werden. Vgl. dazu Annual Practice vol. I, pp. 465 et seq.; Encyclopaedia 2nd Ed. vol. IV, pp. 664 et seq.

[3]) Insofern wird Schuster, Bürgerliche Rechtspflege S. 37 den Verhältnissen nicht ganz gerecht, wenn er ausführt, daß die District Registries in den Provinzen das Central Office ersetzen. Richtig ist, daß sie das tun, aber sie tun doch noch mehr, wie ja Schuster S. 77 selbst zur Darstellung bringt. Das zeigt sich auch namentlich darin, daß die Rules stets nur davon sprechen, daß eine Sache in London schwebe, nicht aber vor dem Central Office. Es wird also das letztere den District Registries nicht gleichgestellt. Vgl. insbesondere R. S. C. Order XXXV rr. 16, 17.

[4]) R. S. C. Order XXXV r. 5; vgl. namentlich auch 36 and 37 Vict. c. 66 ss. 62, 64.

[5]) Vgl. weiter oben S. 339.

[6]) R. S. C. Order XXXV r. 6; Encyclopaedia 2nd Ed. vol. IV, p. 665.

sachen vor ihm endgültig erledigt wird, bedarf nach unseren früheren Ausführungen keiner weiteren Darlegung.[1]) Von Interesse aber und deshalb hervorzuheben ist, daß unterschieden wird zwischen District Registry Actions und London Actions.[2]) Das will besagen: Wird die Klage in der Provinz angestrengt, so schwebt sie nicht in London, sondern in der Provinz, gleichgültig, wo demnächst der Trial stattfindet. Das Prozeßgericht ist und bleibt hier also stets die District Registry.[3])

3. Wir sehen, die Zuständigkeit der District Registries konkurriert mit der des High Court, und ehe wir weitergehend die innere Organisation der ersteren kennen lernen, müssen wir uns über das Verhältnis klar werden, in welchem District Registry und High Court zueinander stehen.

Zunächst, auch dies haben wir bereits bemerkt, ist davon auszugehen, daß der Kläger die Wahl hat, ob und in welcher District Registry er seine Klage anbringen will.[4]) Allein diesem Rechte des Klägers stehen so weitgehende Rechte des Beklagten gegenüber, daß das Wahlrecht des Klägers doch nur sehr modifiziert gilt. In erster Linie ist zu beachten, daß, wenn der Beklagte nicht in dem Distrikt einer District Registry wohnt oder ein Geschäft betreibt, er überhaupt nicht verpflichtet ist, sich auf eine Klage vor dieser District Registry einzulassen. Er kann vielmehr seine Einlassungserkärung im Central Office in London abgeben, und damit wird die Sache anhängig in London.[5]) Man könnte nun annehmen, hier würde die Zuständigkeit der District Registry erst begründet durch die bei ihr abgegebene Einlassungserklärung, so daß wir es mit einem forum prorogationis zu tun hätten. Allein daß dem nicht so ist, beweist die Tatsache, daß, falls gar keine Einlassung erklärt wird, Versäumnisurteil in der District Registry ergeht, was natürlich nicht denkbar wäre, wenn die Zuständigkeit erst durch die Unterwerfung begründet würde.

Allein selbst wenn der Beklagte in dem Distrikt der angegangenen Registry wohnt, kann er eine Überweisung der Sache nach London herbeiführen.[6]) Zunächst ist dies der Fall in einigen speziellen Fällen, wenn nämlich der Kläger Klage erhoben hat durch einen Writ with Special Indorsement, und der Kläger nicht binnen vier Tagen das Verfahren sub Order XIV beginnt, oder

---

[1]) Vgl. weiter oben S. 369ff.

[2]) Vgl. z. B. Encyclopaedia 2nd Ed. vol. IV, p. 667.

[3]) Dies gilt trotz R. S. C. Order XXXV r. 11, wonach der ganze Prozeß stets unter Kontrolle des Richters in London stehen soll.

[4]) R. S. C. Order V r. 1.

[5]) R. S. C. Order XII rr. 4, 5.

[6]) 36 and 37 Vict. c. 66 s. 65.

aber der Beklagte Erlaubnis zur Verteidigung erhält.[1]) In allen anderen Fällen kann der Beklagte ferner die Überweisung verlangen, auch nachdem er seine Einlassung erklärt hat, sofern er nur einen diesbezüglichen Antrag stellt, bevor er seine wirkliche Verteidigung eingereicht hat, eine Bestimmung, die für Admiralitätssachen noch etwas erweitert ist, was hier indessen nicht weiter interessiert.[2]) In allen diesen Fällen genügt eine einfache Anzeige an den District Registrar, um die Überweisung zu bewirken. Ist indessen das Gericht in London der Ansicht, daß aus irgendwelchen Gründen der Prozeß besser in der District Registry fortgeführt wird, so hat es eine diesbezügliche Anordnung, die natürlich nur auf Antrag des Gegners hin ergehen kann, zu erlassen. Damit wird dann die Sache an die District Registry zurückverwiesen, wenn dies auch nicht ausdrücklich ausgesprochen zu werden braucht.[3])

Abgesehen nun von diesen Möglichkeiten kann des weiteren jede Partei, also auch der Kläger, in jedem Stadium des Verfahrens beantragen, daß die Sache von einer District Registry nach London oder umgekehrt von London an eine District Registry verwiesen werde. Das Gericht ist bei seiner Entscheidung insoweit frei, als es nur bei hinreichendem Grunde eine Überweisung aussprechen soll.[4]) Die Überweisung selbst wird hier durch die richterliche Entscheidung bewirkt. Ex officio kann aber das Gericht derartige Überweisungen nicht anordnen, auch nicht bei der Order for Directions, wie wir sie früher kennen gelernt haben.[5]) Andererseits ist auch zu beachten, daß der Prozeß bei der District Registry sich stets abspielt unter der verantwortlichen Kontrolle der Londoner Richter, die also stets eingreifen können, wenn ihnen das notwendig erscheint.[6]) Allein damit wird die Sache nicht aus der Registry entfernt, was besonders zu betonen ist.

---

[1]) Zu diesen prozessualen Möglichkeiten vgl. weiter oben S. 373 ff.

[2]) R. S. C. Order XXXV r. 13; Encyclopaedia 2nd Ed. vol. IV, p. 669; Brodie-Innes vol. I, p. 502; Schuster, Bürgerliche Rechtspflege S. 77. Schwierigkeiten, auf die hier nicht eingegangen werden kann, entstehen, wenn mehrere Beklagte vorhanden sind.

[3]) Vgl. R. S. C. Order XXXV r. 14. Daß es sich aber um eine Zurückverweisung, nicht um die Ablehnung eines Antrags handelt, ergibt sich daraus, daß ja ein Antrag formell gar nicht gestellt wird.

[4]) R. S. C. Order XXXV rr. 16, 17. Kasuistik Annual Practice vol. I, pp. 479, 480.

[5]) Vgl. weiter oben S. 369 ff. Auf das Verfahren bei Überweisungen kann natürlich hier nicht eingegangen werden. Vgl. dazu R. S. C. Order XXXV rr. 18 et seq.; Encyclopaedia 2nd Ed. vol. IV, pp. 669, 670.

[6]) R. S. C. Order XXXV r. 11.

4. Schließlich sei hier noch bemerkt, daß die District Registries von Liverpool und Manchester sich insofern von den übrigen unterscheiden, als sie eine etwas umfassendere funktionelle Zuständigkeit besitzen. Namentlich gilt das in bezug auf Chanceryangelegenheiten. Näher auf diesen Punkt einzugehen, ist nicht weiter notwendig, Es genügt, die Tatsache als solche kurz erwähnt zu haben, die in den besonderen Verhältnissen von Liverpool und Manchester begründet liegt, wie ebenfalls nicht weiter ausgeführt zu werden braucht.[1])

III. 1. a) Die District Registry ist besetzt mit einem District Registrar; für sehr beschäftigte Registries können aber auch mehrere und zwar zwei Registrars ernannt werden, wobei dann die Geschäftsverteilung unter ihnen generell durch die sie ernennende Order in Council geregelt wird.[2]) Ein Registrar kann schließlich für mehrere Distrikte ernannt werden.[3])

Die Ernennung des Registrar erfolgt durch den Lord Chancellor.[4]) Ernannt werden können Country Court Registrars, Registrars von Probate Registries und Registrars anderer lokaler Gerichte, sofern von denselben ein Rechtsmittel an den Court of Appeal läuft. Schließlich kann aber auch der Lord Chancellor mit Zustimmung des Schatzamtes bestimmen, daß ein Solicitor von mindestens fünfjähriger Praxis ernannt werden soll, was natürlich nur für die größeren District Registries geschieht.[5]) Heute sind übrigens fast nur County Court Registrars als District Registrars tätig, wodurch die obenerwähnte Verbindung der District Registries mit den County Courts natürlich eine außerordentlich enge ist. Und wir haben hier die merkwürdige Erscheinung, daß Prozeßbehörden, die prozessual zum High Court gehören, organisatorisch tatsächlich mit den County Courts verbunden sind, wenn auch die District Registrars als solche nur als Beamte des Supreme Court gelten.[6]) Daß diese Erscheinung allein zu verstehen ist als Erscheinung in den Entwicklungsgang des Aufgehens der County Courts in dem High Court oder besser gesagt der Lokalisierung des High Court, ist bereits früher ausgeführt worden. Doch mag hier wiederholend daran erinnert werden.[7]) Eine Ausnahme von dem Ausgeführten machen

---

1) Vgl. z. B. R. S. C. Order XXXV r. 6a; dazu die eingehenden Ausführungen Annual Practice vol. I, pp. 472 et seq.

2) 36 and 37 Vict. c. 66 s. 60; 38 and 39 Vict. c. 77 s. 13.

3) de Franqueville tom. I, p. 454.

4) 44 and 65 Vict. c. 68 c. 22.

5) 36 and 37 Vict. c. 66 s. 60; 44 and 45 Vict. c. 68 s. 22.

6) 38 and 39 Vict. c. 77 s. 13.

7) Vgl. weiter oben S. 193ff.

indessen, wie noch hervorgehoben werden muß, Liverpool und Manchester, Städte, in denen wegen der großen Geschäftslast jene eben erwähnte Personalunion nicht durchgeführt ist, so daß wir hier ausschließlich als District Registrars tätige Beamte treffen.[1])

Der District Registrar ist, wie bereits gesagt, als solcher ein Beamter des Supreme Court und untersteht daher den für Beamte geltenden, allgemeinen Bestimmungen. Namentlich gilt dies in bezug auf die Disziplinargewalt, die der Supreme Court resp. der Lord Chancellor über die Beamten des Supreme Court auszuüben berechtigt ist, Bestimmungen, die wir bereits früher kennen gelernt haben.[2]) Die Ernennung zum District Registrar als solchen macht ihn indessen nicht unfähig, seine Privatpraxis weiterzubetreiben; nur darf er weder direkt oder indirekt als Parteivertreter an einer Sache beteiligt sein, die in seiner eigenen District Registry schwebt, eine Bestimmung, die allerdings mindestens als selbstverständlich angesehen werden muß.[3]) Eine Residenzpflicht besteht nicht, wohl aber muß das Bureau der District Registry zu denselben Zeiten geöffnet sein wie das des County Court ohne Rücksicht auf etwaige Ferien des High Court.[4]) Einen Gehalt erhalten im allgemeinen die District Registrars nicht, obwohl dies möglich wäre[5]); sie werden vielmehr durch Gebühren bezahlt, die in ihre eigene Tasche fließen. Eine Ausnahme bilden indessen auch hier Manchester und Liverpool.[6]) Schließlich sei noch bemerkt, daß der District Registrar sich mit Einwilligung des Lord Chancellor seinen eigenen Vertreter bestellen kann, doch darf eine solche Vertretung die Dauer von drei Monaten nicht übersteigen.[7])

b) Die Unterbeamten des District Registrar werden von diesem nach freiem Belieben ernannt und können jederzeit wieder entlassen werden. Nach außen hin ist für ihre Tätigkeit der District Registrar

---

[1]) Insofern muß ich meine eigenen Ausführungen, Englische Gerichtsverfassung S. 46, richtigstellen, wonach die District Registries ausnahmslos mit County Court Registrars besetzt seien. Zutreffend vielmehr Wertheim S. 215.

[2]) 42 and 43 Vict. c. 78 ss. 9 (4), 18. Vgl. weiter oben S. 448.

[3]) 44 and 45 Vict. c. 68 s. 22. Vertraglich kann übrigens der District Registrar verpflichtet werden, keine Privatpraxis zu treiben. Die Justizverwaltung ist, wie mir im Bureau des Lord Chancellor mitgeteilt wurde, gegen das Betreiben der Privatpraxis.

[4]) R. S. C. Order LXIII r. 7 mit einer unbedeutenden Ausnahme für Manchester, vgl. r. 10.

[5]) Vgl. 42 and 43 Vict. c. 78 s. 15.

[6]) Sie erhalten hier £ 1000 bis 1200 Gehalt. Die Regierung wünscht, die Gebühren möglichst ganz zu beseitigen. Die Gesamtausgaben für District Registries beliefen sich 1907 auf £ 17985.17.5. Vgl. Civil Judicial Statistics 1907, p. 122.

[7]) 39 and 40 Vict. c. 59 s. 22.

verantwortlich, da ihre Tätigkeit als seine Tätigkeit gilt. Nach innen hin wird durch ihn denn auch die gesamte Geschäftsverteilung nach freiem Ermessen vorgenommen. Der Gehalt der Unterbeamten wird ebenfalls vom District Registrar bezahlt, der aber dafür eine Entschädigung seitens des Schatzamtes erhält. Ich betone, daß diese Clerks usw. keine Staatsbeamte im eigentlichen Sinne, sondern nur Zivilangestellte des District Registrar sind.[1])

2. a) Betrachten wir noch kurz die Funktionen des District Registrar, so ergibt sich uns, daß er einmal bureaumäßiger Vorstand der Registry ist, daß er ferner aber auf der anderen Seite die Funktionen eines Master at Chambers in der King's Bench Division und eines Chief Clerk in der Chancery Division zu erfüllen hat.[2]) Daraus ergibt sich, daß er eben nicht nur Vorstand einer lokalen Gerichtsschreiberei ist, sondern zugleich auch ein lokaler Judge at Chambers mit beschränkter Zuständigkeit, wie wir bereits gesehen haben. Als letzterer hat er völlig dieselbe Stellung wie ein Master usw., d. h. wie ein Richter, mit der bereits bekannten Einschränkung, daß er gewisse richterliche Handlungen nicht vornehmen kann. Abgesehen aber hiervon kann er alle Handlungen vornehmen, die der Chambersrichter sonst vorzunehmen hat.[3]) Und diese seine den Nebenrichtern des High Court gleiche Stellung zeigt sich auch namentlich darin, daß gegen seine Entscheidungen ein Rechtsmittel gegeben ist, welches nicht etwa an den Master usw. geht, sondern direkt an den Richter, ein Rechtsmittel, welches übrigens völlig unbeschränkt zugelassen ist.[4]) Ein derartiger Appeal ist nun aber auch in Chanceryangelegenheiten gegeben. Und hier ergibt sich für die District Registry eine Modifikation in der Organisation gegenüber den sonstigen Verhältnissen im High Court. Es muß daran erinnert werden, daß in der Chancery Division vom Chief Clerk zu dem Richter nicht etwa ein Rechtsmittel gegeben ist, sondern nur eine Vertagung stattfindet, da ja der Chief Clerk nur als der Vertreter des Richters handelt. Daraus ergibt sich, wie wir weiter oben ausführten[5]), daß es in der Chancery Division keine eigentlichen Chambersgerichte als Prozeßbehörden gibt, sondern daß dasselbe Gericht bald „in open court", bald „at chambers" tagt. Hier nun, in der District Registry, liegen die Verhältnisse wesentlich anders. Zwar hat im allgemeinen der District Registrar dieselbe Stellung wie der Chief Clerk.

---

[1]) Sie wurden mir im Bureau des Lord Chancellor als „Private Servants" bezeichnet.

[2]) R. S. C. Order XXXV r. 6.

[3]) 36 and 37 Vict. c. 66 ss. 62 et seq.

[4]) R. S. C. Order XXXV rr. 9, 12.

[5]) Vgl. weiter oben S. 338 ff.

Allein er ersetzt nicht ihn, sondern den Richter at Chambers. Er erscheint mithin nicht als ein Vertreter des letzteren, sondern als ein selbständiger Chambersrichter, wie sich ohne weiteres daraus ergibt, daß gegen seine Entscheidung ein wirkliches Rechtsmittel läuft, und nicht nur eine Vertagung stattfindet. So ist die Organisation der Chancery Division in bezug auf die District Registry nicht von der der anderen Abteilungen verschieden; wohl aber ändert sich hier die Chanceryorganisation als solche, und wir treffen in den District Registries wirkliche Chambersgerichte auch für die Chancery Division an.

Abschließend sei hier noch bemerkt, daß der District Registrar als Chambersrichter stets in der Lage ist, eine Sache sofort vor den Richter zu bringen; dieser kann sie dann selbst entscheiden oder sie mit entsprechenden Anweisungen an den ersteren zurückgeben.[1])

b) Überblicken wir die Funktionen im ganzen, so sind dieselben, wie bereits bemerkt, doppelter Natur. Es sind Funktionen eines Gerichtsschreibers und eines Richters. Überlegt man nun aber die außerordentlich bedeutungsvolle Stellung, die der Master at Chambers einnimmt, die auch der Chief Clerk und die übrigen Nebenrichter des High Court inne haben, so ist doch ohne weiteres klar, daß das Schwergewicht der Tätigkeit eines District Registrar in den richterlichen Funktionen liegt.[2]) Wenn man dann ferner überlegt, daß die District Registries jetzt fast stets verbunden sind mit den County Courts Registries, und wenn man hier daran denkt, daß auch der County Court Registrar wesentliche und umfangreiche richterliche Funktionen zu erfüllen hat, so ergibt sich uns das bedeutungsvolle Resultat, daß die in dieser Doppelstellung beschäftigten Unterbeamte so viel richterliche Funktionen zu erfüllen haben, daß ihnen für Bureauarbeiten einfach keine Zeit mehr bleibt. Und so sehen wir: wenn auch theoretisch die Funktionen eines Richters mit denen eines Gerichtsschreibers noch zusammengekoppelt sind: tatsächlich sind sie zum größten Teil bereits auseinandergefallen, tatsächlich ist der District Registrar in seiner Doppelrolle als solcher und als County Court Registrar so gut wie nur noch Richter, wenn er auch nominell die Tätigkeit des Bureaus mit seiner Person deckt.[3])

---

[1]) R. S. C. Order XXXV r. 8.

[2]) Cohen, Spirit of Our Laws p. 111 n. 1 zählt den District Registrar unter den Richtern erster Instanz mit auf.

[3]) Daß dieses Resultat für eine Vergleichsstatistik zwischen englischen und deutschen Richterzahlen von größter Bedeutung ist, kann nicht geeugnet werden. Tatsächlich sind die 87 District Registrars ausschließlich als Richter zu berechnen. Insofern zutreffend von Lewinski, England als Erzieher? S. 25.

IV. Betrachten wir zum Schluß noch die Bedeutung, welche die District Registries haben, an der Hand der Statistik, so sehen wir, daß 1907 nicht weniger als 26 281 Klagen in District Registries erhoben sind[1]), gegenüber 47493 Klagen, die in London selbst erhoben wurden.[2]) Allerdings werden die verschiedenen District Registries außerordentlich verschieden mit Klagen in Anspruch genommen, und es ist eigentlich nur selbstverständlich, daß die meisten der Prozesse in den größeren Städten angestrengt sind. So sind in 6 größeren Städten zusammen 11 065 Klagen erhoben worden[3]), also beinahe die Hälfte, während in 38 District Registries die Zahl der bei den einzelnen Registries angebrachten Klagen unter 100 blieb.[4]) Die meisten unter den Klagen betreffen Angelegenheiten, die vor die King's Bench Division gehören. Von 26 281 Klagen sind nur 329 Chancery- und 103 Admiraltyklagen.[5]) Die Bedeutung, die aber die District Registrars als Richter haben, beweist am besten die Tatsache, daß 1907 durch sie 8002 Versäumnisurteile und 1147 summarische Urteile unter Order XIV erlassen sind.[6]) Die angegebenen Zahlen müssen genügen, und es kann leider hier nicht daran gedacht werden, uns in eingehendere statistische Untersuchungen bezüglich der einzelnen Registries einzulassen, so interessant das auch nach den verschiedensten Seiten hin sein würde.

B. II. 1. Wenden wir uns des weiteren den Probate District Registries zu, so ist zunächst nochmals zu betonen, daß dieselben mit den im Vorstehenden behandelten District Registries nicht das geringste zu tun haben, sondern völlig selbständig organisiert sind.[7]) Und diese ihre Organisation unterscheidet sich auch wesentlich von der der bisher behandelten District Registries i. e. S. Namentlich muß hervorgehoben werden, daß ganz England in eine Reihe von Distrikten zerfällt, für deren jeden eine besondere Probate District Registry eingerichtet worden ist, und es beruht diese Distrikteinteilung auf Gesetz, nicht etwa auf jederzeit ver-

---

[1]) Civil Judicial Statistics 1907, p. 121.

[2]) Civil Judicial Statistics 1907, pp. 65, 75, 107.

[3]) Manchester 3681, Birmingham 2789, Liverpool 2489, Leeds 1277, Cardiff 782, Sheffield 647.

[4]) Diese Zahlenangaben beziehen sich allerdings nur auf King's Benchsachen, die indessen die eigentlichen Districts Registriessachen sind. Vgl. dazu sofort weiter unten im Text und ferner Civil Judicial Statistics 1907, p. 23. Die niedrigste Ziffer weist Truro mit 24 Klagen auf. Vgl. übrigens auch de Franqueville tom. I, p. 454, insbesondere n. 1, 2.

[5]) Civil Judicial Statistics 1907, pp. 21, 23, 121.

[6]) Civil Judicial Statistics 1907, pp. 120, 121. Außerdem sind unter anderem noch 4420 Writs of Execution erlassen.

[7]) Vgl. auch Schuster, Bürgerliche Rechtspflege S. 249.

änderbarer Königl. Verordnung.[1]) Im ganzen existieren 40 derartiger Registries.

2. Was die Zuständigkeit der Probate District Registries betrifft, so muß unterschieden werden:

a) Örtlich zuständig ist die District Registry, in deren Distrikt der Erblasser zur Zeit seines Todes einen festen Wohnsitz hatte.[2]) Die Zuständigkeit ist indessen keine ausschießliche, vielmehr konkurriert mit ihr die Zuständigkeit der Principal Registry in London.[3])

b) Was die sachliche Zuständigkeit betrifft, so ist sie im allgemeinen dieselbe, wie die der Principal Registry in London, so daß auf die früheren Ausführungen verwiesen werden kann.[4]) Allein dieser Satz gilt doch nur mit Ausnahmen, da die Zuständigkeit der District Registries in gewissen Punkten eine beschränktere wie die der Principal Registry ist. Zwar haben auch sie Probate und Administration zu gewähren[5]); allein in allen zweifelhaften Fällen ist ihnen das untersagt. Hier muß sich der District Registrar vielmehr an den Principal Registrar wenden, und dieser hat dann die Sache dem Richter vorzulegen, der die Entscheidung trifft oder die notwendigen Anweisungen erläßt.[6]) Ferner kann der Widerruf einer Einweisung seitens eines District Registrar nicht verfügt werden.[7]) Zu einer Abänderung ist er nur befugt, sofern eine dahinlautende Verfügung eines Registrar der Principal Registry ergangen ist.[8]) Und diese letzte Bestimmung zeigt namentlich, daß die District Registries in gewisser Hinsicht nicht prozessual-instanzlich, wohl aber doch organisatorisch der Principal Registry untergeordnet sind. Die ersteren haben an die letzteren zu berichten, haben sie um Rat zu befragen usw. usw., kurz, sie stehen in der mannigfachsten Weise unter der Kontrolle

---

[1]) 20 and 21 Vict. c. 77 s. 13, Schedule A. Vgl. auch Gneist, Englisches Verwaltungsrecht Bd. II, S. 1005 f.; de Franqueville tom. II, p. 157 s. Die Principal Registry übt lokale Funktionen aus für die City, die Grafschaften von Middlesex, Surrey und Hertfordshire und Teile der Grafschaften von Essex und Kent.

[2]) 20 and 21 Vict. c. 77 s. 46.

[3]) Vgl. auch Schuster, Bürgerliche Rechtspflege S. 250. Ferner 20 and 21 Vict. c. 77 s. 59; 21 and 22 Vict. c. 95 s. 20; Encyclopaedia 2nd Ed. vol. XI, p. 676.

[4]) Vgl. weiter oben S. 420 ff.

[5]) Vgl. hierzu weiter oben S. 333, Anm. 6.

[6]) 20 and 21 Vict. c. 77 ss. 46, 48, 50; District Registry Rules rr. 20, 50; vgl. auch Schuster, Bürgerliche Rechtspflege S. 252 f.; Encyclopaedia 2nd Ed. vol. XI, p. 676.

[7]) Principal Registry Rules r. 62; Schuster, Bürgerliche Rechtspflege S. 254.

[8]) Principal Registry Rules r. 63

und Aufsicht derselben. Abschließend sei aber noch auf eines hingewiesen: Die District Registrars sind stets nur zuständig für nichtstreitige Angelegenheiten. Zwar kann ein Caveat, d. h. die Aufforderung an den Registrar, den Caveator über das weitere Verfahren auf dem laufenden zu halten, auch in einer District Registry eingereicht werden. Allein das Caveat dient zwar zur Einleitung eines Prozesses, leitet ihn aber nicht notwendig ein, wie es dann selbst auch nicht etwa der einleitende Akt des Prozesses ist. Vielmehr wird der eigentliche Prozeß in Nachlaßsachen wie sonst durch Writ of Summons eröffnet[1]), und ein solcher kann nur erwirkt werden im Central Office in London, nie aber in der District Registry der Provinz.[2]) Aus allem aber ergibt sich uns: Die Probate District Registries sind ihrem Wesen nach ebenfalls keineswegs bloß Gerichtsschreibereien, sondern vielmehr lokale Gerichte der freiwilligen Nachlaßgerichtsbarkeit mit beschränkter, funktioneller Kompetenz.

II. 1. a) Die District Registries sind besetzt mit je einem District Registrar.[3]) Die Bestimmungen bezüglich Ernennung und Voraussetzungen der Ernennung sowie bezüglich Absetzbarkeit sind dieselben, die wir in bezug auf die Principal Registrars kennen gelernt haben, so daß auf frühere Ausführungen verwiesen werden kann[4]), und ich hebe nur hervor, daß der zu Ernennende Barrister, Solicitor oder während der letzten 5 Jahre Clerk in der Principal Registry gewesen sein muß.[5]) Ein Verbot des Weiterbetriebes der Privatpraxis besteht nicht.[6]). Wohl aber erhalten die District Registrars ein festes Gehalt unter Ausschluß der Gebühren[7]), dessen Höhe gegenwärtig zwischen £ 250 und £ 1200 je nach der Bedeutung ihres Geschäftsbezirkes schwankt.[8]).

b) Die Funktionen, welche die District Registrars zu erfüllen haben, sind im wesentlichen dieselben, die die Principal Registrars in nichtstreitigen Nachlaßsachen zu erfüllen haben. Gewisse Ausnahmen von diesem Satz haben wir bereits oben kennen ge-

---

[1]) Vgl. zum Ganzen die klare Darstellung Schuster, Bürgerliche Rechtspflege S. 275 ff.; ferner Encyclopaedia 2nd Ed. vol. XI, p. 632.

[2]) R. S. C. Order V rr. 1, 2.

[3]) 20 and 21 Vict. c. 77 s. 14.

[4]) Vgl. weiter oben S. 420.

[5]) 20 and 21 Vict. c. 77 s. 20; 21 and 22 Vict. c. 85 s. 8; nicht ganz zutreffend Schuster, Bürgerliche Rechtspflege S. 23.

[6]) Im Gegensatz zu den Principal Registrars. Vgl. 20 and 21 Vict. c. 77 s. 21.

[7]) 20 and 21 Vict. c. 77 s. 111.

[8]) de Franqueville tom. II, p. 157 s. Die Gesamtausgaben für die District Probate Registries beliefen sich 1907 auf £ 45 363.5.1. Vgl. Civil Judicial Statistics 1907, p. 122.

lernt.[1]) Der wesentliche Unterschied zwischen District und Principal Registrar ist mithin der, daß der letzterer in streitigen Sachen die Funktionen eines Chambersrichters zu erfüllen hat,[2]) was der District Registrar nie tun kann, da streitige Sachen nicht vor die District Registry kommen können.

2. a) Unter dem District Registrar stehen eine Reihe von Clerks und Subalternbeamten, deren Anzahl sich nach der Größe des Gerichtsbezirkes richtet. Die Zahl derselben wird vom Präsidenten der Abteilung unter Zustimmung des Schatzamtes bestimmt. Und auf gleiche Art und Weise erfolgt die Festsetzung ihres Gehaltes. Die Ernennung erfolgt jedoch durch den District Registrar, der aber an die Zustimmung des Präsidenten gebunden ist, wie letzterer auch generelle Anweisungen über die Voraussetzungen, die in der Person des zu ernennenden Beamten gegeben sein müssen, zu erlassen hat.[3]) Auch diese Clerks erhalten ein festes Gehalt und können jederzeit durch den Präsidenten allein oder durch den District Registrar unter Zustimmung des ersteren entlassen werden.[4]) Sie sind wirkliche Beamte des Staates.

b) Die Funktionen der Clerks sind identisch mit denen der Clerks in der Principal Registry,[5]) so daß auch hier nichts Besonderes hervorgehoben zu werden braucht. So werden denn alle Gerichtsschreiberdienste von diesen Clerks geleistet, während der District Registrar in der Tat nur die Funktionen des Nachlaßrichters auszuüben hat, d. h. entscheidend und anordnend tätig wird. Daß er daneben noch an der Spitze des Bureaus steht und dieses nach außen hin vertritt, ändert an der ersterwähnten Tatsache nichts. Seinen eigentlichen Funktionen nach ist er ein Nachlaßrichter.[6])

III. Wenden wir uns zum Schluß auch hier kurz der Geschäftslast der District Registries zu, so ergibt die Statistik, daß dieselben sehr stark in Anspruch genommen werden.[7]) 1907 sind in den District Probate Registries 23609 Probate und 11701 Administrations gewährt worden, und nicht weniger wie 16659 Anträge wurden durch Solicitors vertreten. Dazu wurden noch 10258 Probate und 7137 Administrations in bezug auf Small Estates gewährt, so daß die Geschäftslast in der Tat eine bedeutende ist.[8])

---

[1]) Vgl. weiter oben S. 424.

[2]) R. S. C. Order LIV r. 12.

[3]) 20 and 21 Vict. c. 77 s. 110.

[4]) 20 and 21 Vict. c. 77 ss. 110, 111.

[5]) Vgl. weiter oben S. 423f.

[6]) In einer vergleichenden Richterstatistik dürfen mithin auch diese 40 District Registrars nicht übersehen werden. Dies tun Adickes und Liepmann.

[7]) Vgl. auch Gneist, Englische Verwaltung Bd. II, S. 1001 Anm. ***.

[8]) Civil Judicial Statistics 1907, p. 102.

§ 22. 3. Die Vollstreckungsbeamten des High Court.

Es kann nicht daran gedacht werden, hier im einzelnen die Details der Organisation der Vollstreckungsbehörden des High Court zu entwickeln. Namentlich muß im folgenden vollkommen die Organisation der Strafvollzugsbehörden außer acht gelassen werden, da es sich bei ihnen um reine Verwaltungsbehörden handelt, die man nicht mehr als richterliche Hilfsbehörden bezeichnen kann. Ich bemerke nur, daß der gesamte Strafvollzug dem Home Office unterstellt ist, und wir werden, wie gesagt, auf diesen Punkt hier nicht weiter eingehen.[1] Wir werden also an dieser Stelle nur kurz zu schildern haben, welche Organe die Vollstreckung von Zivilurteilen durchzuführen haben, und es muß hierbei insofern unterschieden werden, als für Admiralitätssachen besondere Vollstreckungsbeamte tätig werden, die sogenannten Marshals, die von den übrigen Vollstreckungsbeamten getrennt behandelt werden müssen.

I. 1. Allgemeiner Vollstreckungsbeamter des High Court ist der Sheriff derjenigen Grafschaft, in welcher die Vollstreckung durchgeführt werden soll, resp. der Sheriff der Franchise. An diesen ist der Writ of Execution gerichtet, der eine jede Zwangsvollstreckung einleitet.[2] Ohne daß hier auf die Organisation des Sheriffsamtes irgendwie eingegangen werden kann[3], sei nur bemerkt, daß im allgemeinen jede Grafschaft, resp. jede als Grafschaft zu behandelnde Stadt einen Sheriff hat mit Ausnahme der City of London, die 2 Sheriffs hat, die aber als solche gemeinsam ihr Amt ausüben.[4] Im allgemeinen ferner wird der Sheriff vom König ernannt, ein Satz, der indessen wiederum von einigen Ausnahmen durchbrochen wird.[5] Voraussetzungen der Ernennung existieren nicht, die Ernennung selbst erfolgt nur für die Dauer eines Jahres.

2. Der Sheriff selbst als höchster Verwaltungsbeamter der

---

[1]) Vgl. die sehr eingehenden und interessanten Ausführungen bei de Franqueville vol. II, p. 465 ss. Der Sheriff, dem früher auch der Strafvollzug oblag, hat heute nur noch die Hinrichtungen unter sich, für die er verantwortlich ist; de Franqueville tom. I, p. 607. Nicht ganz zutreffend Brodie-Innes vol. I, p. 151.

[2]) de Franqueville tom. II, p. 196 ss.; Schuster, Bürgerliche Rechtspflege S. 44 ff.

[3]) Vgl. dazu z. B. de Franqueville vol. I, p. 597 ss.; Gneist, Selfgovernment usw. §§ 26 ff; Wertheim S. 506 f.

[4]) Schuster, Bürgerliche Rechtspflege S. 45.

[5]) Die City wählt ihre Sheriffs (Schuster, Bürgerliche Rechtspflege S. 45). In Cornwales ernennt der Prince of Wales, in Lancaster der dortige Chancellor (de Franqueville vol. I, p. 601). Vgl. zum Ganzen 3 and 4 Will. IV c. 99 ss. 1—4.

Grafschaft ist natürlich nur nominell Subjekt der Zwangsvollstreckung. Er selbst denkt nicht daran, dieselbe in Person durchzuführen. Zu diesem Zweck hat er besondere Unterorgane.

a) In erster Linie ist hier der Under-Sheriff zu nennen. Derselbe wird vom Sheriff binnen Monatsfrist nach der Ernennung des letzteren ernannt. Besondere Qualifikationen sind für ihn nicht vorgeschrieben[1]), doch werden in praxi zumeist nur Solicitors genommen.[2]) Theoretisch ist auch dieser Beamte nicht ständig, sondern wechselt mit dem Sheriff; tatsächlich aber übernimmt der folgende Sheriff immer den Under-Sheriff seines Vorgängers, so daß wir es de facto in ihm mit einem permanenten Beamten zu tun haben.[2]) In der City of London übrigens liegen die Verhältnisse etwas anders. Der Under-Sheriff, der den Titel Secondary führt, wird nicht vom Sheriff ernannt, sondern wird von dem Common Council der City für die Dauer eines Jahres gewählt, nach dessen Ablauf er übrigens regelmäßig, d. h. falls er sich nichts hat zuschulden kommen lassen, wiedergewählt wird. Der Under-Sheriff ist also ein direktes Organ der City.[3])

b) Der Under-Sheriff seinerseits hat die Funktionen eines Bureauchefs zu erfüllen. Zur Ausführung der direkten Zwangsmaßnahmen der eigentlichen Vollstreckungshandlungen ist dagegen ein weiterer Unterbeamter berufen. Es ist dies der Bailiff oder Sheriff's Officer, der als solcher ebenfalls vom Sheriff ernannt wird. Er ist reiner Subalternbeamter, der durchaus den Weisungen des Under-Sheriff unterworfen ist. In größeren Bureaus können mehrere Bailiffs angestellt werden. Einer von ihnen kann dann die Zustellungen unter sich haben, was indessen nicht sehr häufig sein soll, und führt den Titel Bailiff Errant.[4]) Die Partei kann nun aber auch verlangen, daß die Vollstreckung einer bestimmten Person übertragen wird. Der Sheriff ist dann verpflichtet, diese Person zum sogenannten Special Bailiff zu ernennen, allein er übernimmt keinerlei Verantwortung für dieselbe der Partei gegenüber.[5])

c) Schließlich hat der Sheriff noch einen Vertreter in London zu bestellen, den sogenannten Deputy Sheriff. Derselbe muß sein Bureau innerhalb der nächsten Umgebung des High Court selbst haben.[6]) Meistens haben eine Reihe von Sheriffs denselben Vertreter in London.[7])

---

[1]) 3 and 4 Will. IV c. 99 s. 5.

[2]) Schuster, Bürgerliche Rechtspflege S. 45.

[3]) Encyclopaedia 1st Ed. vol. VIII, p. 15.

[4]) Encyclopaedia 2nd Ed. vol. I, p. 675.

[5]) Schuster, Bürgerliche Rechtspflege S. 46; Encyclopaedia 2nd Ed. vol. I, p. 694; T. K. Anderson, Law of Execution p. 32.

[6]) 3 and 4 Will. IV c. 42 s. 20.

[7]) de Franqueville vol. I, p. 614.

3. Alle diese Unterbeamten hat der Sheriff, wie gesagt, zu ernennen und zu bezahlen, wofür er dann die Gebühren erhält. Die Gehälter sind nicht besonders hoch. So erhält ein Under-Sheriff im allgemeinen nicht mehr wie £ 200.[1]) Nach außen hin aber erscheint der Sheriff allein als Träger des Amtes, auf dessen einzelne Aufgaben in bezug auf die Zwangsvollstreckung wir hier nicht eingehen können.[2]) Daraus ergibt sich für uns aber die wichtige Folge, daß der Sheriff prinzipiell für alle Handlungen seiner Untergebenen Dritten gegenüber (also nicht nur den Parteien gegenüber) haftet. Im internen Verhältnis sind dann natürlich die Unterbeamten dem Sheriff aus dem Anstellungsvertrage regreßpflichtig. Häufig haben sie für die richtige Erfüllung ihrer Funktionen dem Sheriff Sicherheit zu leisten. Ein Bailiff, der in dieser Weise verpflichtet ist, wird Bound Bailiff genannt.[3])

4. Fassen wir kurz zusammen, so sehen wir, daß im Gegensatz zu der eigentlichen Rechtsprechung die Zwangsvollstreckung als solche durchaus lokalisiert ist. Der Gedanke der Zentralisation kommt nur in der einen Bestimmung zum Durchbruch, daß der Sheriff ein Bureau in London haben muß. Daß eine derartige Regelung der Verhältnisse durchaus in der Natur der Sache begründet ist, bedarf keiner weiteren Ausführung.

5. Ganz ausnahmsweise ist übrigens der Sheriff kraft gesetzlichen Verbotes nicht in der Lage, die Zwangsvollstreckung durchzuführen, sofern es sich nämlich um eine solche in das Einkommen eines mit einem Lehnsgut der Kirche ausgestatteten Geistlichen der Staatskirche handelt, der kein eigenes Vermögen oder sonstiges Einkommen besitzt. Hier wird die Zwangsvollstreckung durch den Bischof durchgeführt,[4]) der als solcher natürlich nur subsidiär eingreifen kann, nachdem erst durch den Sheriff festgestellt ist, daß kein Vermögen vorhanden ist.[5])

---

[1]) de Franqueville vol. I, p. 613. Häufig übrigens erhält der Under-Sheriff gar keinen Gehalt, sondern an Stelle desselben überläßt ihm der Sheriff die sämtlichen eingehenden Gebühren. Damit scheidet der Sheriff allerdings eigentlich völlig aus dem Amt aus. Es bleibt ihm nur das Ernennungsrecht und die Haftpflicht. Vgl. Encyclopaedia 1st Ed. vol. XI, p. 534.

[2]) Vgl. dazu etwa Brodie-Innes vol. I, pp. 588 et seq.; kürzer Annual Practice vol. I, pp. 607 et seq. Ausführlichere Darstellungen T. Anderson, Law of Execution; Edwards, Law of Execution.

[3]) Schuster, Bürgerliche Rechtspflege S. 46; Encyclopaedia 2nd Ed. vol. I, p. 674; durchaus unzutreffend Wertheim S. 60.

[4]) R. S. C. Order XLIII rr. 3, 4. Die Rules sprechen von einem „Beneficed Clerk". Vgl. Encyclopaedia 1st Ed. vol. I, pp. 173 et seq.; vol. II, p. 56; vol. V, pp. 32 et seq.; vol. X, pp. 324 et seq.

[5]) Annual Practice vol. I, p. 623; T. K. Anderson, Law of Execution pp. 428 et seq.

II. Kurz mag schließlich noch bemerkt werden, daß die Zwangsvollstreckung bei Actions in Rem in Admiralitätssachen durch einen besonderen Beamten eben dieses Gerichtshofes durchgeführt wird. Es ist das der sogenannte Marshal der Abteilung, dem einige Unterbeamte unterstellt sind. Wir haben funktionell und organisatorisch die Stellung dieser Beamten bereits kennen gelernt, so daß hier auf frühere Ausführungen verwiesen werden kann.[1])

§ 23. B) Der Court of Appeal.[2])

I. 1. Der außerordentlich verworrene Zustand, der in bezug auf Rechtsmittelmöglichkeiten und Rechtsmittelgerichte früher herrschte,[3]) ist durch die Reform vom Jahre 1873 wesentlich verbessert und für die Hauptgerichte vereinfacht worden, wenn er auch heute noch hinreichend buntscheckig ist, wie wir noch später sehen werden.[4]) Durch die Gesetzgebung von 1873 ist jedenfalls an Stelle einer Reihe von Rechtsmittelgerichten, die völlig unabhängig und selbständig voneinander dastanden, ein einheitliches Rechtsmittelgericht für Zivilsachen geschaffen worden, der Court of Appeal.[5]) Derselbe bildet formell zwar nur eine Abteilung des Supreme Court, in Wahrheit aber ist er ein selbständiges Gericht, wie wir bereits weiter oben gesehen haben, das mit der anderen Abteilung des Supreme Court nur in einem sehr losen, äußeren Zusammenhange steht.[6]) In der Folgezeit sind die Bestimmungen des ersten konstituierenden Gesetzes wiederholt abgeändert und ergänzt worden. Auf diese Abänderungen, auf deren einzelne wir im weiteren Verlauf zu sprechen kommen werden, kann hier nicht näher eingegangen werden, da die Weiterentwicklung des Court of Appeal, wie sie sich im Lauf der Zeit abgespielt hat, für uns im allgemeinen ohne Interesse ist.

2. a) Was die Zuständigkeit des Court of Appeal betrifft, so ist derselbe ein Gericht zweiter und höherer Instanz. Und zwar begreift seine Zuständigkeit nur Zivilstreitigkeiten und Streitig-

---

[1]) 3 and 4 Vict. c. 66 s. 5; R. S. C. Order LI rr. 14—16.

[2]) v. Lewinski, England als Erzieher? S. 9 ff. redet stets vom Appeal Court, wohl verleitet durch Brodie-Innes vol. I, p. 261. Vgl. indessen 52 and 53 Vict. c. 63 s. 13 (2).

[3]) Vgl. Schuster, Bürgerliche Rechtspflege S. 25 f.; de Franqueville tom. I, p. 179 ss.; Encyclopaedia 2nd Ed. vol. I, pp. 371 et seq.; Brodie-Innes vol. I, pp. 91, 92.

[4]) Vgl. die weiter unten S. 755 ff. gegebene Übersicht.

[5]) 36 and 37 Vict. c. 66 ss. 4, 18.

[6]) Vgl. weiter oben S. 284 und die treffenden Bemerkungen de Franquevilles tom. I, p. 180.

keiten verwaltungsrechtlichen Inhaltes, soweit sie in den Formen des ordentlichen Zivilprozesses zu erledigen sind. Nicht aber ist der Court of Appeal zuständig zur Erledigung von Rechtsmitteln in Strafsachen,[1]) für welche vielmehr der Court of Criminal Appeal ausschließlich zuständig ist.

b) Was nun aber die Rechtsmittel selbst betrifft, die der Court of Appeal zu erledigen hat, so mag zunächst bemerkt werden, daß derselbe kompetent ist einmal zur Erledigung derjenigen Rechtsmittel gegen Entscheidungen niederer Gerichte, die nicht an den High Court gehen, sofern die Entscheidungen als solche nicht unanfechtbar sind, ferner zur Erledigung derjenigen Rechtsmittel, die gegen Entscheidungen des High Court eingelegt werden können, ohne daß der letztere selbst zur Entscheidung über sie zuständig wäre.[2])[3]) Man sieht, die Organisation ist eigenartig und unsystematisch genug. Denn es baut sich nicht etwa der High Court über den niederen Gerichten und über dem High Court wieder der Court of Appeal auf, so daß von einem niederen Gericht an den Court of Appeal nur durch den High Court selbst gegangen werden könnte. Ist auch in einer Reihe von Fällen, und zwar, wie zugegeben werden muß, in den wichtigsten, ein solcher Instanzenzug gegeben, z. B. bei den County Courts, so ist es doch nicht immer der Fall, und namentlich bei manchen der lokalen Gerichte ist die nächste Instanz sofort der Court of Appeal[4]), und auch von den County Courts muß in wichtigen Ausnahmefällen gleich an den Court of Appeal gegangen werden, wie wir bereits früher gesehen haben.[5])

3. a) Es kann nun natürlich nicht daran gedacht werden, hier im einzelnen zu entwickeln, welche Entscheidungen anfechtbar sind und welche nicht. Es würde das detaillierte Untersuchungen

---

[1]) 36 and 37 Vict. c. 66 s. 47. Vgl. auch die Entscheidung Ex parte Woodhall, Law Reports, King's Bench Division 1888 vol. XX, pp. 832 et seq., insbesondere p. 835: „The intention was that no appeal should lie in any criminal matter in the widest sense of the term, this Court being constituted for the hearing of appeals in civil causes and matters.“ Eine unbedeutende Ausnahme der s. 47 muß heute als beseitigt gelten durch 7 Edw. VII c. 23 s. 20 (1). Auf anderem Standpunkte scheint allerdings zu stehen Annua Practice vol. II, p. 521.

[2]) 36 and 37 Vict. c. 66 s. 19; 53 and 54 Vict. c. 44 s. 9.

[3]) Hiervon existiert eine Ausnahme. Der Chancery Division ist zuständig als Prize Court, wie wir weiter oben gesehen haben. Rechtsmittel gegen ihre diesbezüglichen Entscheidungen gehen an His Majesty in Council. Vgl. 27 and 28 Vict. c. 25 ss. 3—5; 54 and 55 Vict. c. 53 s. 4; Encyclopaedia 2nd Ed. vol. I, p. 373.

[4]) Z. B. wäre hier zu nennen der Liverpool Court of Passage. Vgl. dazu weiter unten S. 714.

[5]) Vgl. weiter oben S. 322.

erfordern, da die Gesetze, besonders die älteren, zu diesem Punkte mannigfach abweichende, häufig recht willkürliche Bestimmungen enthalten. Wohl aber kann allgemein der Satz aufgestellt werden: Eine jede Entscheidung richterlicher Natur ist anfechtbar, sofern nicht ein anderes ausdrücklich bestimmt worden ist. Und dies gilt gleichmäßig für End- und Zwischenentscheidungen. Allein von dem Grundprinzip allgemeiner Anfechtbarkeit sind nun in der Tat eine Reihe weittragender Ausnahmen gemacht worden. Zunächst einmal sind alle die Entscheidungen unanfechtbar geblieben, die vor 1873 unanfechtbar waren[1]), und statutarisch können diesen Ausnahmen selbstverständlich jederzeit neue hinzugefügt werden. Wichtiger aber als das ist die weitere Einschränkung, daß unanfechtbar alle Zwischenentscheidungen sind, es sei denn, daß der judex a quo oder aber auch der judex ad quem, falls nämlich der judex a quo nicht eingreift, selbst die Erlaubnis zur Einlegung eines Rechtsmittels erteilt hat.[2]) Allein dieser Satz gilt nun wiederum nur mit einer Reihe von Ausnahmen, indem die wichtigsten der Zwischenentscheidungen absolut, nicht nur relativ anfechtbar sind.[3]) Und es muß ausdrücklich hervorgehoben werden, daß er nur Anwendung findet auf Zwischenentscheidungen, erlassen im High Court, während für Zwischenentscheidungen anderer Gerichte, sofern statutarisch nichts anderes gilt, Anfechtbarkeit gegeben ist.[4]) Ohne daß nun auf Einzelheiten der Sache eingegangen werden kann, sei doch speziell in bezug auf die gegen Entscheidungen des High Court zugelassenen Rechtsmittel darauf hingewiesen, daß die Appellmöglichkeit hier noch mannigfachen Beschränkungen unterworfen ist, namentlich der ganz allgemeinen, daß alle Entscheidungen, die auf Zustimmung der Partei beruhen, d. h. also auf einem Vergleich, und ferner alle zweitinstanzlichen Entscheidungen, die Entscheidungen also der Divisional Courts über Rechtsmittel der County Courts, ebenfalls unanfechtbar sind, sofern nicht im ersten Falle der judex a

---

[1]) 39 and 40 Vict. c. 59 s. 20.

[2]) Wenn de Franqueville tom. I, p. 184 n. 1 meint: „Ceci est encore une puérilité, on forme appel contre l'arrêt qui ne permet pas d'appeler et le résultat est identique", so kann dem nicht ganz zugestimmt werden. Denn tatsächlich ist die Überprüfung des judex ad quem in diesem Fall eine sehr kursorische; es wird an sich festgestellt, ob überhaupt ein Grund, nicht etwa ein berechtigter Grund eines Rechtsmittels vorliegt. Es kommt also nur zu einer Überprüfung prima facie.

[3]) 57 and 58 Vict. c. 16 s. 1 (1 [b]).

[4]) Es ergibt sich dies aus dem Wortlaut des Gesetzes, welches von einer „interlocutory order made by a Judge" spricht. Unter „Judge" ist aber stets ein Richter des Supreme Court zu verstehen. Vgl. auch Annual Practice vol. II, p. 383.

quo[1]), im zweiten Falle der judex a quo oder der judex ad quem die Erlaubnis zur Einlegung des Rechtsmittels erteilt hat.[2]) Wie gesagt, es existieren noch andere Einschränkungen, namentlich in bezug auf Entscheidungen des High Court, aber es kann hier nicht auf alle diese Details eingegangen werden, es muß genügen wenigstens die wichtigsten Beschränkungen hervorgehoben zu haben.[3]) Ich bemerke aber, daß die Praxis alle Bestimmungen über Beschränkung der Rechtsmittel extensiv auslegt und eine Ausdehnung der Rechtsmittelmöglichkeit im Wege der Interpretation möglichst zu vermeiden sucht. So werden z. B. Rechtsmittel gegen Entscheidungen, die nach freiem Ermessen des Richters erfolgen, im allgemeinen nicht zugelassen[4]), ebenso nicht Rechtsmittel in ganz unbedeutenden Streitwerten, obwohl eine Beschränkung der Rechtsmittelmöglichkeit durch den Streitwert prinzipiell nicht stattfindet[5]), ferner nicht Rechtsmittel gegen Entscheidungen, die auf ein Statement of a Case hin erfolgen, da diese Entscheidungen rechtsgutachtlicher, nicht aber eigentlich prozessualer Natur sind, Rechtsmittel aber nur gegen wirkliche Prozeßentscheidungen des Richters laufen.[6])

b) Die wichtigsten Rechtsmittel nun, über die der Court of Appeal zu entscheiden hat, sind natürlich die gegen die Entscheidungen des High Court. Wir sahen bereits, daß alle Rechtsmittel gegen solche Entscheidungen an den Court of Appeal gehen mit Ausnahme derjenigen, die im High Court selbst zu bescheiden sind.[7]) Welche Entscheidungen des High Court aber im High Court selbst angefochten werden können, haben wir bereits gesehen.[8]) Ich bemerke hier nur: Alle Endentscheidungen können nur vor dem Court of Appeal angefochten werden, und dasselbe gilt für alle die Entscheidungen, die sich beziehen auf „Practice and Procedure", die also rein formaler Natur sind.[9]) Der Vollständigkeit

---

[1]) Hier kann der Court of Appeal die Erlaubnis nicht erteilen. Vgl. Law Reports, Queen's Bench Division 1898 vol. II, pp. 492 et seq.; ferner Annual Practice vol. II, p. 523.

[2]) 36 and 37 Vict. c. 66 s. 49; 57 and 58 Vict. c. 16 s. 1 (5).

[3]) Kostenentscheidungen nach freiem Ermessen des Richters; Entscheidungen in Wahlsachen und anderen Sachen öffentlichrechtlicher Natur u. a. m. sind unanfechtbar ohne Erlaubnis des judex a quo; vgl. 36 and 37 Vict. c. 66 s. 49; 44 and 45 Vict. c. 68 s. 14 u. a. m. Vgl. die Einzelheiten Encyclopaedia 2nd Ed. vol. I, pp. 374—376; Annual Practice vol. I, pp. 871 et seq.

[4]) „. . . unless the judge has declined to exercise his discretion, or has manifestly proceeded on a wrong ground." Annual Practice vol. I, p. 871.

[5]) Annual Practice vol. I, p. 872. Unzutreffend Wertheim S. 33.

[6]) Encyclopaedia 2nd Ed. vol. I, p. 376.

[7]) Die Ausnahme in Prizesachen ist bereits oben erwähnt. Vgl. S. 565, Anm. 3.

[8]) Vgl. weiter oben S. 322 ff. und 331 ff.

[9]) 57 and 58 Vict. c. 16 s. 1 (4) und vgl. dazu Annual Practice vol. II, pp. 599, 600.

halber sei aber in diesem Zusammenhang noch kurz erwähnt, daß es drei verschiedene Arten von Rechtsmitteln gibt, die heute sämtlich unter den oben auseinandergesetzten Beschränkungen und Voraussetzungen an den Court of Appeal gehen, was, wie wir sofort noch sehen werden, früher nicht der Fall war. Und zwar sind dies die folgenden:

α) Zunächst der sogenannte Appeal. Derselbe läuft einmal gegen alle Entscheidungen, die keine Endentscheidungen sind, ist also eine Beschwerde in unserem Sinne. Er ist aber auch gegeben gegen alle anfechtbaren Urteile, die von einem Richter ohne Mitwirkung einer Jury erlassen sind. Da der Appeal stets zu einer neuen Verhandlung auch über die Tatfrage führt[1]), erscheint er insofern als Berufung in unserem Sinne.[2])

β) Findet der Prozeß, d. h. die eigentliche Hauptverhandlung, mit Jury statt, so ist gegen die hier zustande gekommenen Urteile kein Appeal im technischen Sinne gegeben, wohl aber kommen zwei andere Rechtsmittel zur Anwendung, je nachdem das Verdikt der Jury oder aber ausschließlich das auf dem Verdikt der Jury beruhende Urteil angefochten werden soll.

αα) Wenden wir uns dem ersten Falle zu, so wird durch das hier in Betracht kommende Rechtsmittel bezweckt, eine Wiederaufnahme des Verfahrens herbeizuführen. Es geschieht dies durch die sogenannte Motion for a New Trial, die bis zum Jahre 1890 bei einem Divisional Court des High Court angebracht werden mußte.[3]) Die Gründe, auf die der Antrag gestützt werden muß, dessen eigentlicher Zweck also darin besteht, das Verdikt der Jury zu beseitigen, sind engbegrenzt. Namentlich kann der Antrag gestützt werden auf die Tatsache, daß der Richter die Jury falsch belehrt hat, daß die Fragestellung eine unvollständige war, daß die Beweiserhebung unter Verstoß gegen das Beweisrecht stattgefunden hat, stets aber nur unter der Voraussetzung, daß wirklich eine materielle Beschädigung der Parteien eingetreten ist.[4]) Andere Gründe sind, daß wesentliche Unregelmäßigkeiten im Verfahren vorgekommen sind (ein Geschworener hat sich beeinflussen lassen), ferner, daß tatsächlich der Spruch der Jury unrichtig ist. Dieser letzte Grund kann aber nur sehr beschränkt geltend gemacht werden. Er wird nur berücksichtigt,

---

[1]) R. S. C. Order LVIII r. 1: „All appeals to the Court of Appeal shall be by way of rehearing . . .“ Encyclopaedia 2nd Ed. vol. I, p. 376.

[2]) Vgl. die klaren Darlegungen bei Schuster, Bürgerliche Rechtspflege S. 194ff., dessen Ausführungen allerdings heute stellenweise sehr veraltet sind. Vgl. auch R. S. C. Order XXXIX r. 1.

[3]) 53 and 54 Vict. c. 44 s. 1.

[4]) R. S. C. Order XXXIX r. 6.

wenn der Spruch der Jury mit dem Beweisergebnis in einem offenbaren Widerspruch steht, oder aber wenn der Schadenersatz übermäßig hoch oder unverhältnismäßig gering bemessen ist. In diesem letzten Falle wird also das Verdikt nicht etwa dem Grunde, sondern nur dem Betrage nach angefochten.[1]) Auch hier ist die Praxis einer weiten Auslegung der in Betracht kommenden Bestimmungen durchaus abgeneigt.[2]) Hält das Gericht den Antrag für begründet, so ordnet es ein neues Verfahren an, oder aber es entscheidet selbst in der Sache, sofern dieselbe spruchreif ist.[3]) Über die Höhe des zu leistenden Schadenersatzes kann der Court of Appeal allerdings nur entscheiden, falls die Parteien übereingekommen sind, daß die in erster Instanz festgesetzte Schadenersatzsumme unbillig ist und daher abgeändert werden soll, ein Fall, der sich kaum allzu häufig ereignen wird.[4])

ββ) Es kann nun aber auch nicht das Verdikt der Jury als solches angegriffen werden, sondern ausschließlich das auf dem Verdikt beruhende Urteil. Auch das geschieht durch Antrag beim Court of Appeal, und zwar durch sogenannte „application to set aside the judgment".[5]) Gestützt werden kann der Antrag auf die Behauptung, daß der Richter das Verdikt der Jury nicht richtig hat eintragen lassen, oder aber, daß sein Urteil mit dem Verdikt überhaupt in Widerspruch steht.[6]) Ich bemerke, daß dieses Rechtsmittel auch gegen Urteile zulässig ist, die nicht unter Zuziehung einer Jury ergangen sind, dann nämlich, wenn ein Urteil mit der Behauptung angegriffen wird, das eingetragene Urteil stehe in Widerspruch mit den tatsächlichen Feststellungen des ergangenen Urteiles.[7]) Der Court of Appeal kann entweder selber entscheiden oder auch in diesem Falle eine neue Verhandlung anordnen.[8])

II. Bezüglich der Organisation und der Besetzung des Court of Appeal ist folgendes zu bemerken:

---

[1]) Schuster, Bürgerliche Rechtspflege S. 196 ff.; ferner Annual Practice vol. I, pp. 565 et seq. mit reicher Kasuistik; Encyclopaedia 2nd Ed. vol. IX, pp. 648 et seq.

[2]) Unzutreffend behauptet Wertheim S. 546, Voraussetzung des Antrages sei, daß der Wert der Streitsache mindestens £ 20 sei, daß ferner der Antrag gestützt werden könne auf neue Beweismittel, die erst nach der ersten Verhandlung aufgetaucht seien. Beides ist unrichtig.

[3]) de Franqueville tom. II, p. 183 ss.

[4]) Vgl. Watt v. Watt, Appeal Cases 1905, pp. 115 et seq.; Law Times Reports vol. 92, pp. 480 et seq.; ferner Annual Practice vol. I, p. 567; vol. II, p. 591. Die frühere Praxis des Court of Appeal war bis 1905 abweichend. Vgl. Encyclopaedia 1st Ed. vol. IX, p. 135.

[5]) R. S. C. Order XL r. 5.

[6]) R. S. C. Order XL rr. 3, 4.

[7]) Schuster, Bürgerliche Rechtspflege S. 199 f.

[8]) R. S. C. Order XL r. 10.

1. a) Der Court of Appeal tagt in verschiedenen Abteilungen. Und zwar können zu gleicher Zeit drei Abteilungen tätig sein,[1]) tatsächlich aber halten selten mehr als zwei Abteilungen Sitzungen ab. Soweit es sich um Rechtsmittel gegen Endentscheidungen handelt, muß die Abteilung mit mindestens drei Richtern besetzt sein; Rechtsmittel dagegen gegen Zwischenentscheidungen gehen vor einen Hof in einer Besetzung mit zwei Richtern. Ist es fraglich, ob eine End- oder Zwischenentscheidung vorliegt, so hat der Court of Appeal diese Frage selbst vorweg zu entscheiden, dann natürlich in einer Besetzung von mindestens drei Mitgliedern.

Von diesen Sätzen existieren indessen zwei wichtige Modifikationen: Wichtigere Fälle können an den sogenannten Full Court gebracht werden, d. h. an den mit allen Richtern besetzten Court of Appeal. Derartige Plenarentscheidungen kommen natürlich nur bei den wichtigsten Fällen vor, sind aber schließlich doch keineswegs ganz selten. Ferner: Wenn die Parteien schriftlich dahin übereinkommen, sich von einem sogenannten Divisional Court d. h. einem Zweimännerkollegium das Rechtsmittel, welches gegen eine Endentscheidung eingelegt, entscheiden zu lassen, so kommt die Sache vor ein solches.[2]) Diese Bestimmung ist nach mehreren Richtungen hin äußerst interessant. Einmal nämlich enthält sie eine ausdrückliche Bestimmung darüber, was zu geschehen hat, wenn die beiden Richter sich nicht einigen können. In diesem Falle nämlich haben die Parteien das Recht, die Sache von neuem, und zwar nunmehr vor einem Dreimännerkollegium verhandelt zu bekommen. Es hat also hier nicht mehr einfach der ältere Richter das ausschließliche, wenn auch nur tatsächliche Recht der Entscheidung, sondern es kommt zur Entscheidung durch eine Majorität, falls eine der Parteien dies will, und die unterliegende Partei wird das natürlich stets wünschen. Ferner: Diese ganze seltsame Bestimmung ist ein Verlegenheitsgesetz schlimmster Art, bezweckend, der immer stärker werdenden Überlastung des Court of Appeal abzuhelfen. Allein hier ist nun äußerst interessant zu beobachten, daß die Parteien, das Publikum von dieser neuen Möglichkeit keinen Gebrauch gemacht haben, so daß das Gesetz mehr oder weniger ein Schlag ins Wasser geblieben ist. Und man hat, um nun den Zweck des Gesetzes wirklich zu erreichen, 1907 versucht, die fakultativen Divisional Courts in obligatorische umzuwandeln. Allein es blieb beim Versuch, die eingebrachte Bill ist nicht Gesetz geworden.[3]) So sieht man, besteht

[1]) 38 and 39 Vict. c. 77 s. 12; 2 Edw. VII c. 31 s. 1.

[2]) 62 and 63 Vict c. 6 s. 1.

[3]) Die Ausführungen Mendelssohns, Imperium S. 163 f. sind mir gänzlich unverständlich. Er redet von Senaten des höchsten Gerichtes, meint

in England in der Tat eine starke Abneigung gegen die Divisional Courts, und man zieht größere Kollegien vor, bei denen eine Majoritätsbildung möglich ist. Die so oft mißbrauchte Wendung, die Engländer hätten ein volles Vertrauen zu dem Einzelrichter, dürfte jedenfalls insofern nicht den Tatsachen entsprechen, als in England wie überall ein Kollegium mehr imponiert wie ein Einzelrichter,[1]) wie ein Divisional Court. Die Geschichte der oben mitgeteilten Gesetzestimmung dürfte für diese Tatsache äußerst lehrreich sein.

b) Es muß noch hinzugefügt werden, daß auch ein Einzelrichter im Court of Appeal tätig werden kann, allerdings aber nur in zwei relativ unbedeutenden Ausnahmefällen:[2]) Einmal nämlich kann ein solcher Anordnungen über den Prozeßbetrieb treffen, die aber nicht eine Entscheidung über das Rechtsmittel selbst enthalten dürfen. Ferner kann während der Gerichtsferien ein Einzelrichter einstweilige Verfügungen erlassen bei Gefahr im Verzug, aber nur in einer bereits anhängigen Sache.[3]) Und diese letzte Bestimmung ist deshalb von einer gewissen Bedeutung, weil trotz der ausdrücklichen Bestimmung des Gesetzes, daß eilige Sachen vor eine Ferienabteilung des Court of Appeal gebracht werden können,[4]) bis jetzt keinerlei Anordnungen diesbezüglicher Art getroffen sind, so daß tatsächlich Rechtsmittel in den Ferien nicht weiter betrieben werden können.[5])

c) Ich bemerke abschließend, daß wie im High Court so auch im Court of Appeal ein oder mehrere Assessors als beratende Bei-

---

aber offenbar den Court of Appeal. Er nimmt an, die von uns erwähnte Bill sei Gesetz geworden, was indessen nicht der Fall ist. Seine Ausführungen sind demnach nach jeder Richtung hin unzutreffend.

[1]) Man vgl. damit auch die interessanten Ausführungen des Lord Justice Bowen über die Reform von 1873, Law Quarterly Review 1886 pp. 8, 9: „The changes in the Queen's Bench that have been effected by the amalgamation of the courts have led by an inevitable logic to the multiplication of Appeals; nor is it to be forgotten that appeals inevitably tend to increase with every development of what is called the single Judge system. The three great Courts of Banc . . . were usually courts of four. The collective weight and experience of a tribunal of the kind were so considerable that their judgments as a rule were satisfactory, and the public and the profession acquiesced with equanimity in the state of the law which prohibited appeals in all but a specified class of cases.“ Man braucht nicht mit allem übereinzustimmen, was hier gesagt ist, aber als Stimme eines der höchsten Richters Englands kann man der Äußerung einen starken Beweiswert nicht absprechen.

[2]) Schuster, Bürgerliche Rechtspflege S. 31 sagt, beide seien bis jetzt (1887) unpraktisch geblieben.

[3]) 36 and 37 Vict. c. 66 s. 52.

[4]) 36 and 37 Vict. c. 66 s. 28.

[5]) Annual Practice vol. II, p. 526.

sitzer herangezogen werden können, ohne daß hier irgend etwas Besonderes gilt.[1]) Eine Jury dagegen kann nicht zugezogen werden. Es werden also die Rechtsmittel gegen die Entscheidungen der Laiengerichte von einem ausschließlich mit gelehrten Richtern besetzten Gericht erledigt.

2. a) α) Die Besetzung des Court of Appeal ist recht eigenartig. Zunächst sei erwähnt, daß der Lord Chancellor als solcher Präsident ist.[2]) Unter den Richtern selbst ist aber ein Unterschied nach doppelter Richtung hin zu machen. Die einen Richter sind nämlich Richter am Court of Appeal kraft des von ihnen bekleideten Amtes, ohne daß sie also besonders am Court of Appeal angestellt wären. Es sind das die Ex-officio-Mitglieder, die sehr wohl von den übrigen Richtern, die ad hoc als Mitglieder des Court of Appeal angestellt werden, zu unterscheiden sind. Ferner: Einige der Ex-officio-Richter sind Richter nicht kraft eines Amtes, welches sie innehaben, sondern welches sie innehatten. Sie sind mithin auch nicht mehr verpflichtet, wie die übrigen Richter, in dem Gericht mitzuwirken. Sie besitzen vielmehr nur die zur Ausübung des Richteramtes notwendige Fähigkeit, können aber nicht gezwungen werden, dieselbe auch wirklich auszuüben. Und so unterscheiden sich die Ehrenrichter von den Berufsrichtern, für welch letztere die Ausübung des Amtes berufliche Pflicht ist.[3])

β) Wenden wir uns zunächst den Ex-officio-Judges zu, so werden zu diesen gerechnet der Lord Chancellor, der Lord Chief Justice, der Master of the Rolls und der Präsident der Probate-Divorce and Admiralty Division;[4]) dazu können aber auch noch die bereits erwähnten Ehrenrichter gerechnet werden. Die Lord Chancellors bleiben nämlich mit ihrem Scheiden aus dem Amt Mitglieder des Court of Appeal, können aber allerdings zu den Sitzungen nur auf Antrag des gegenwärtigen Lord Chancellor herangezogen werden und werden dann tätig auch nur kraft eigener Einwilligung.[5]) Was nun diese Ex-officio Judges betrifft, so haben wir die meisten derselben ihrer Stellung nach bereits kennen gelernt, so den Lord Chancellor, den Lord Chief Justice und den

---

[1]) 36 and 37 Vict. c. 66 s. 56.

[2]) 38 and 39 Vict. c. 77 s. 6; Brodie-Innes vol. I., p. 95; Schuster, Bürgerliche Rechtspflege S. 38; Wertheim S. 201; unzutreffend de Franqueville tom. I, p. 181 n. 2; vgl. Encyclopaedia 2nd Ed. vol. II, p. 655.

[3]) In Whitaker's Almanack p. 201 werden übrigens die Ehrenrichter gar nicht mit erwähnt. Sie judizieren übrigens doch stellenweise. 1908 wurde der Ex-Lord Chancellor Lord Halsbury im Court of Appeal tätig. Vgl. Law Times vol. 124, pp. 212 et seq.

[4]) 38 and 39 Vict. c. 77 s. 4; 44 and 45 Vict. c. 68 s. 4.

[5]) 54 and 55 Vict. c. 53 s. 1.

Präsidenten der Probate Divorce and Admiralty Division.[1]) Hier haben wir uns nur kurz mit dem Master of the Rolls zu befassen. Derselbe nimmt in mancher Hinsicht eine besondere Stellung unter den Richtern des Supreme Court ein, wie er denn nach dem Lord Chief Justice der höchste Richter des Gerichtes ist und sowohl dem Präsidenten der Probate usw. Abteilung als auch den übrigen Mitgliedern vorgeht.[2]) Auf die Geschichte des Amtes kann hier nicht eingegangen werden. Ich bemerke nur, daß ursprünglich der Master of the Rolls ein Unterbeamter des Lord Chancellor und als solcher auch Richter im Gericht des letzteren war. Zu gleicher Zeit war er aber in der Kanzlei der Archivar, und als späterhin ein Gesamtarchiv für alle Staatsurkunden begründet wurde, wurde ihm die Leitung desselben übertragen.[3])[4]) 1873 wurde der Master of the Rolls zum Richter des neuen Supreme Court gemacht, und zwar sollte er sowohl ein Mitglied des High Court wie ein solches des Court of Appeal sein.[5]) Allein 1881 wurden seine Funktionen beschränkt auf die eines Mitgliedes des Court of Appeal, so daß er heute ausschließlich ein Richter dieses letzteren ist.[6]) Unsystematisch, wie nun aber einmal die englische Gesetzgebung ist, ist nicht etwa bestimmt, daß der Master of the Rolls nicht mehr Richter des High Court sein soll. Letzteres ist er vielmehr rein theoretisch auch heute noch, und er ist auch heute noch Mitglied des Court of Appeal nur kraft seines Amtes als Richter des High Court,[7]) obwohl er von den Pflichten und Funktionen des letzteren ausdrücklich entbunden ist.[8]) Er ist nicht ein ad hoc angestelltes Mitglied des Court of Appeal, und daraus ergibt sich ein sehr ungereimtes Resultat, das aber dem klaren Wortlaut des Gesetzes gegenüber ganz unzweifelhaft ist. Der Master of the Rolls hat nur den Voraussetzungen zu entsprechen, die für einen Richter

---

[1]) Vgl. weiter oben S. 352ff., S. 391f. und S. 412f.

[2]) Die Ex-Lord Chancellors rangieren als Lords. Sie können mithin dem Master of the Rolls vorgehen oder nachstehen. 54 and 55 Vict. c. 53 s. 1.

[3]) 1 and 2 Vict. c. 94.

[4]) Gneist, Englisches Verwaltungsrecht Bd. II, S. 997, 1032 ff.; vgl. ferner die eingehenden, historischen Darlegungen Encyclopaedia 2nd Ed. vol. IX, pp. 79 et seq.

[5]) 36 and 37 Vict. c. 66 s. 5.

[6]) 44 and 45 Vict. c. 68 s. 2.

[7]) Da er aber im High Court nicht mehr funktioniert, ist er bei der Darstellung desselben wohl mit Recht übergangen worden. Auch die Law List führt den Master of the Rolls nur noch als Richter des Court of Appeal auf, und ebenso tut dies Whitaker's Almanack.

[8]) Mit Ausnahme der Verpflichtung, als Circuitrichter zu funktionieren. In Wahrheit wird er aber hierzu nie herangezogen. Encyclopaedia 2nd Ed. vol. IX, p. 81.

des High Court vorgeschrieben sind, nicht aber denen, die in der Person eines ad hoc ernannten sogenannten Ordinary Judge of the Court of Appeal vorliegen müssen. Und so kommt man zu dem Resultat, daß zum Master of the Rolls ein Barrister von zehn Jahren, zum Ordinary Judge aber nur ein Barrister von 15 Jahren ernannt werden kann. Dabei unterscheiden sich aber beide funktionell darin, daß der Master of the Rolls einen erweiterten Funktionenkreis gegenüber den Ordinay Judges hat, gewiß ein recht seltsames Resultat unsystematischer Gesetzgebung![1]) Ernannt wird übrigens der Master of the Rolls wie die übrigen Richter des Court of Appeal auf Vorschlag des Lord Chancellor durch den König. Seine Stellung unterscheidet sich in nichts von der eines anderen Mitgliedes des Supreme Court, außer daß sie ein erhöhtes Ansehen besitzt. Ferner erhält er ein höheres Gehalt als die übrigen Richter, dasselbe beläuft sich auf £ 6000;[2]) er wird endlich in der Regel zum Mitglied des Privy Council, manchmal auch zum Pair ernannt.[3])

Es sei schließlich noch bezüglich der übrigen Ex-officio-Mitglieder des Court of Appeal bemerkt, daß der Lord Chief Justice nur selten an den Sitzungen desselben teilnimmt,[4]) der Präsident der Probate Divorce and Admiralty Division indessen so gut wie nie.[5]) Auch der Lord Chancellor nimmt nicht regelmäßig an den Sitzungen teil, allein wenn er überhaupt als Richter tätig wird, so geschieht dies in erster Linie im Court of Appeal.

γ) Zu Mitgliedern des Court of Appeal werden ad hoc fünf Richter ernannt, es sind dies die bereits erwähnten, sogenannten Ordinary Judges of the Court of Appeal.[6]) Im allgemeinen haben auch sie dieselbe Stellung wie ein Richter des High Court. Abweichend ist hier nur bestimmt, einmal, daß Voraussetzung der Ernennung ist, daß der zu Ernennende bereits seit 15 Jahren Barrister oder mindestens ein Jahr Richter am High Court war.[7]) Ferner haben die Richter des Court of Appeal den Vorrang vor

---

[1]) In Betracht kommen: 36 and 37 Vict. c. 66 ss. 5, 8; 38 and 39 Vict. c. 77 s. 4; 44 and 45 Vict. c. 68 s. 2.

[2]) 7 Will. IV and 6 Vict. c. 46; 14 and 15 Vict. c. 83 s. 18.

[3]) Schuster, Bürgerliche Rechtspflege S. 39. Der gegenwärtige Master of the Rolls ist indessen kein Pair. Vgl. Whitaker's Almanack p. 201.

[4]) 1907 war der Lord Chief Justice eine Zeitlang im Court of Appeal tätig. Es scheint dies jetzt in Hinblick auf die Überlastung des Court of Appeal häufiger vorzukommen. Vgl. Law Times vol. 127, p. 50.

[5]) Eine Ausnahme ereignete sich Oktober 1907. Vgl. Annual Practice vol. II, p. 643.

[6]) 44 and 45 Vict. c. 68 s. 3.

[7]) 36 and 37 Vict. c. 66 s. 8; 14 and 15 Vict. c. 83 s. 1; Halsbury, Laws of England vol. II, p. 381; vol. IX, pp. 64, 65.

denen des High Court,[1]) wie sie denn auch einen höheren Titel haben, den Titel nämlich Lord Justice of Appeal.[2]) In der Regel werden sie auch zu Mitgliedern des Privy Council ernannt.[3]) Der Gehalt dagegen ist derselbe wie der eines High Courtrichters, er beträgt mithin £ 5000.

δ) Schließlich sei noch bemerkt, daß vertretungsweise und auch aushilfeweise ein oder mehrere High Courtrichter als Ersatzrichter im Court of Appeal tätig werden können, allein nur auf Antrag des Lord Chancellor hin.[4]) Allgemein ist indessen bestimmt (was sich übrigens auch von selber verstehen würde), daß kein Richter in der Rechtsmittelinstanz tätig werden kann, der in der ersten Instanz entscheidend schon irgendwie mitgewirkt hatte.[5]) Und diese Bestimmung gilt natürlich auch für den Fall, daß ein High Courtrichter infolge Beförderung späterhin Richter am Court of Appeal geworden ist.

b) Was die funktionelle Stellung der Mitglieder des Court of Appeal betrifft, so ist hier nur wenig zu bemerken. Im allgemeinen ist sie dieselbe wie die der Richter des High Court, und die in dieser Hinsicht gegebenen Ausführungen sind hier in analoger Weise zu übertragen.[6]) Was speziell den Master of the Rolls betrifft, so hat er erweiterte, namentlich administrative Funktionen, die wir bereits kennen gelernt haben. Ich erinnere z. B. daran, daß er an der Enennung der Masters mit beteiligt ist.[7]) Auf seine Funktionen als Vorsitzender des Record Office kann natürlich an dieser Stelle nicht eingegangen werden.[8]) Schließlich sei noch darauf hingewiesen, daß er in den Sitzungen den Vorsitz führt, es sei denn, daß er zusammen mit dem Lord Chancellor oder dem Lord Chief Justice sitzt, was indessen kaum vorkommen dürfte.

2. Nebenbeamte treffen wir im Court of Appeal nur in sehr geringer Anzahl. Die meisten Bureaugeschäfte werden ja, wie, haben wir bereits gesehen,[9]) im Central Office mit erledigt, das als solches ein vereinigtes Bureau für den gesamten Supreme Court

---

1) 36 and 37 Vict. c. 66 s. 13.

2) 40 and 41 Vict. c. 9 s. 4.

3) Schuster, Bürgerliche Rechtspflege S. 40.

4) 8 Edw. VII c. 51 s. 2. Beispiele sind sehr selten; vgl. indessen Annual Practice vol. II, p. 543. Augenblicklich (1909) sitzt ein Chanceryrichter im Court of Appeal, was früher unmöglich war. Vgl. die jetzt beseitigte s. 4 in 38 and 39 Vict. c. 77.

5) 44 and 45 Vict. c. 68 s. 11; 38 and 39 Vict. c. 77 s. 4.

6) Vgl. mithin weiter oben S. 350 ff.

7) Vgl. weiter oben S. 442.

8) Encyclopaedia 2nd Ed. vol. XII, pp. 436 et seq.

9) Vgl. weiter oben § 17.

ist. Ferner werden weitere Bureaugeschäfte, die in der höheren Instanz notwendig werden, in den verschiedenen Registries der einzelnen Abteilungen erledigt, die als solche also auch zugleich Bureaus des Court of Appeal sind. Besondere Nebenbeamte sind mithin nur die Clerks der Richter, die den Clerks, der Richter im High Court entsprechen, und wie diese je £ 400 Gehalt erhalten.[1]) Es sei ferner bemerkt, daß der Master of the Rolls noch zwei besondere Beamte zur Verfügung hat, einen Secretary mit £ 500 und einen Principal Clerk mit £ 400 Gehalt.[2])

Ausdrücklich endlich mag darauf hingewiesen werden, daß der Sitzungsdienst im Court of Appeal in Angelegenheiten, welche vor der Chancery Division entschieden sind, von den Registrars der Chancery Division geleistet wird. Sie können hierbei vertreten werden durch ihre Clerks, allein nur auf Anordnung des Senior Registrar hin, die vom Master of the Rolls gebilligt sein muß.[3]) Der Sitzungsdienst in anderen Sachen wird vom Central Office aus geleistet, in Probate- und Divorcesachen dagegen von der diesbezüglichen Registry der Abteilung.

3. Was schließlich die Geschäftsverteilung im Court of Appeal betrifft, so erfolgt die Verteilung der verschiedenen Richter auf die verschiedenen Abteilungen durch Abmachung der ad hoc ernannten Richter untereinander unter Mitwirkung des Präsidenten des Gerichtes, also des Lord Chancellor.[4]) Bei dieser Versammlung wie auch sonst kann sich der Lord Chancellor vertreten lassen, und zwar ist sein Vertreter stets der Master of the Rolls. Überhaupt hat letzterer tatsächlich mehr oder weniger die Stellung des Präsidenten, da der Lord Chancellor meist anders beschäftigt ist. Vertretungen unter den Richtern finden ganz formlos statt. Im allgemeinen sitzen, wie bereits bemerkt, zwei Abteilungen, von denen die eine die Rechtsmittel gegen die Entscheidungen der Chancery Division, die andere die gegen die Sentenzen der King's Bench Division verhandelt.[5]) Die Ehescheidungs-, Testaments-, Admiralitäts- und Konkurssachen, sowie die Rechtsmittel gegen Urteile der Lokalgerichte werden auf die beiden Abteilungen verteilt[6]) und zwar wiederum durch Vereinbarung der Richter unter-

---

[1]) Law List 1905, p. 1357.

[2]) Whitaker's Almanack p. 201.

[3]) R. S. C. Order LXII rr. 1, 1a.

[4]) 39 and 40 Vict. c. 59; 50 and 51 Vict. c. 70 s. 16.

[5]) Auch hier können bei Rückständen der einen Abteilung Ausnahmen vorkommen. So verhandelten im Januar 1909 beide Abteilungen King's Benchsachen.

[6]) Schuster, Bürgerliche Rechtspflege S. 31; nicht ganz zutreffend de Franqueville vol. I, p. 183.

einander so, daß die weniger beschäftigte Abteilung Sachen zugewiesen bekommt. Wird eine dritte Abteilung gebildet, so erfolgt die Zuteilung der Geschäfte in analoger Weise. Eine Durchbrechung der Geschäftsverteilung kann jederzeit stattfinden und erfolgt ebenfalls durchaus formlos auf Grund von Abmachungen unter den Richtern.

§ 24. C) Das House of Lords. Der Court of the Lord High Steward.

Das House of Lords hat, wie wir noch im einzelnen sehen werden, eine Zuständigkeit erster und höherer Instanz. Da nun die Bestimmungen über die Organisation des House of Lords als Rechtsmittelgericht und als Gericht erster Instanz durchaus abweichender Art sind, so dürfte es sich empfehlen, im Folgenden beides getrennt zur Darstellung zu bringen. Tatsächlich handelt es sich auch um zwei ihrem Grund nach verschiedene Rechtseinrichtungen, wie ein flüchtiger Blick auf die historische Entwicklung beweist. Ist doch die Zuständigkeit des House of Lords als Kriminalgericht erster Instanz in durchaus anderer Weise entstanden wie die Appellgerichtsbarkeit des Oberhauses.[1])

I. 1. a) Was das House of Lords als Rechtsmittelgericht betrifft, so kann auf die historische Entwicklung hier nicht näher eingegangen werden. Es sei nur darauf hingewiesen, daß ausgehend vom Common Law die Zuständigkeit des House of Lords bald auch die Equityangelegenheiten ergriff, mithin eine umfassende wurde, wenn auch nicht, ohne daß gelegentlich seitens des Unterhauses ein Protest gegen die Ausdehnung der Zuständigkeit erhoben worden wäre.[2]) Da nun aber organisatorische Bestimmungen über die Zusammensetzung des Oberhauses als Gerichtshof gänzlich fehlten, da mithin in der Tat ein jeder Pair an der Verhandlung als Richter teilnehmen konnte,[3]) so kann es nicht wundernehmen, daß sich für die Praxis schwere Bedenken ergaben. Das House of Lords erwies sich in der Tat seinen richterlichen Funktionen gegenüber als gänzlich ungeeignetes Organ des Staates, und dies um so mehr, als es nur das halbe Jahr tagte, während in der anderen Hälfte

[1]) Vgl. z. B. Denison and Scott, Practice and Procedure of the House of Lords pp. XVII et seq.; Hatschek Bd. II, S. 531ff; vgl. auch Gneist, Englisches Verwaltungsrecht Bd. II, S. 963ff.; Schuster, Bürgerliche Rechtspflege S. 31ff.

[2]) Hatschek Bd. II, S. 536; Encyclopaedia 1st Ed. vol. I, pp. 269 et seq

[3]) Dabei darf nicht übersehen werden, daß die Anzahl der Mitglieder des House of Lords eine sehr große ist. Dasselbe zählte 1899 565 Mitglieder. Vgl. Wertheim S. 420; Encyclopaedia 1st Ed. vol. VI, p. 247 erwähnt bereits 580 Mitglieder.

des Jahres die Rechtsmittel unerledigt liegen blieben. Diesen Übelständen gegenüber versuchte die Reform von 1873 eine radikale Abhilfe zu schaffen. Es wurde nämlich die Zuständigkeit das Oberhaus in Rechtsmittelsachen einfach beseitigt, und indem der Court of Appeal neu begründet wurde, wurde er als höchste, letzte Instanz in der englischen Gerichtsverfassung eingerichtet. Allein gegen diese schroffen Änderungen erhob sich eine sehr lebhafte Opposition, so daß die diesbezüglichen Bestimmungen des Judicature Act[1]) in ihrer Anwendbarkeit fürs erste suspendiert wurden,[2]) um, ehe sie überhaupt in Kraft getreten waren, durch eine neue Reform wieder beseitigt zu werden.[3]) Durch diese zweite Reform wurde zwar die Gerichtsbarkeit des House of Lords wieder hergestellt. Aber man erließ nunmehr eine Reihe von weittragendsten Bestimmungen, durch welche eine bessere Organisation des House of Lords als Gerichtshof oberster Instanz und damit denn auch eine gesichertere und raschere Rechtsprechung desselben garantiert werden sollte.[4]) Und die Praxis ist in diesem Bestreben noch weiter gegangen und hat im Wege des Gewohnheitsrechtes die Organisation des House of Lords als Gerichtes noch einheitlicher gestaltet, wie wir sofort weiter unten sehen werden.

b) Wenden wir uns aber zunächst der Zuständigkeit des House of Lords zu, wie dieselbe heute besteht, so sehen wir, daß dieselbe eine doppelte ist, einmal eine kriminelle, das anderemal eine zivilrechtliche im weitesten Sinne des Wortes.

α) Die Kriminalzuständigkeit ist eine außerordentlich unbedeutende. Es kann nämlich gegen die Entscheidungen des Court of Criminal Appeal prinzipiell kein weiteres Rechtsmittel eingelegt werden, da dieselben endgültig sind. Nur höchst ausnahmsweise kann dies geschehen, und zwar können sowohl Kläger wie Angeklagter an das House of Lords appellieren, sofern ihnen der Attorney-General bescheinigt, daß die Entscheidung des Court of Criminal Appeal eine außerordentlich wichtige Rechtsfrage enthalte, so daß es im öffentlichen Interesse liege, daß diese Frage durch das House of Lords entschieden werde.[5]) Es handelt sich also um eine Art Revision im öffentlichen Interesse, deren Zulässig-

[1]) 36 and 37 Vict. c. 66 ss. 16, 18—21, 35, 45.

[2]) 38 and 39 Vict. c. 77 s. 2.

[3]) 39 and 40 Vict. c. 59 s. 1.

[4]) Denison and Scott, Practice and Procedure of the House of Lords pp. LXI et seq.

[5]) 7 Edw. VII c. 23 s. 1 (6). Vgl. auch Cohen, Criminal Appeal Act p. 22. Ein Fall dieser Art hat sich bis jetzt noch nicht ereignet. Man behandelt die ganze Bestimmung übrigens so als eine Ausnahme, daß besondere Rules für das einzuhaltende Verfahren gar nicht erlassen sind.

keit durchaus in das freie Ermessen des Attorney-General gestellt ist.[1])

β) Was dagegen die Zuständigkeit in Zivilsachen anbelangt, so ist dieselbe unvergleichlich bedeutender, so daß man sagen kann, tatsächlich sei das House of Lords nur ein Zivilgericht höherer Instanz. Selbstverständlich muß hier völlig unbeachtet bleiben, daß das Oberhaus als solches höchste Instanz auch für Schottland und Irland ist.[2]) Uns interessiert hier nur die Zuständigkeit in englischen Streitsachen, und da ist der Satz an die Spitze zu stellen, daß prinzipiell alle Entscheidungen des Court of Appeal mit Rechtsmitteln vor dem House of Lords anfechtbar sind, sofern nicht ein anderes ausdrücklich bestimmt ist. Und das gilt gleichmäßig für End- und Zwischenentscheidungen des Court of Appeal.[3]) Das Rechtsmittel aber, das gegen die Entscheidungen des letzteren läuft, hat nicht wie die Rechtsmittel an den Court of Appeal den Charakter einer Berufung, sondern es ist eine Revision in unserem Sinne. Denn es kann nur auf Verletzung einer Rechtsnorm gestützt werden, wie denn auch neue Beweismittel vor dem House of Lords nicht mehr vorgebracht werden können.[4])

Der generelle Satz von der Anfechtbarkeit aller Entscheidungen des Court of Appeal ist aber doch von mehreren, nicht unwichtigen Ausnahmen durchbrochen, Ausnahmen, die im allgemeinen nicht etwa die Anfechtbarkeit der Entscheidung an sich beseitigen, wohl aber dieselbe von bestimmten Voraussetzungen, namentlich von einer Erlaubnis des judex a quo abhängig machen. Und es mag sofort darauf hingewiesen werden, daß, falls der Court of Appeal als judex a quo eine solche Erlaubnis nicht gibt, dieselbe vielmehr verweigert, ein Rechtsmittel gegen eine diesbezügliche Entscheidung an das House of Lords nicht läuft, da es sich der Form nach weder um eine Order noch um ein Judgment handelt.[5]) Die Fälle nun, die hier in Betracht kommen, sind die folgenden: Zunächst ist für alle Konkurssachen die Erlaubnis des judex a quo Voraussetzung einer Anfechtbarkeit der Court of Appealentscheidung.[6]) In Betracht kommen ferner die Ehesachen. Hier ist einmal die Revision bei den wichtigsten Klagen, den Ehescheidungsklagen,

[1]) Bezüglich dieses Beamten vgl. weiter unten S. 863 ff.

[2]) 39 and 40 Vict. c. 59 s. 3.

[3]) 39 and 40 Vict. c. 59 s. 3 (1); Schuster, Bürgerliche Rechtspflege S. 33.

[4]) Schuster, Bürgerliche Rechtspflege S. 208; Annual Practice vol. II, p. 777: „The Court will proceed on the facts proved at the trial, and will not allow new questions of fact to be raised."

[5]) Vgl. Annual Practice vol. II, p. 562; Law Reports, Queen's Bench Division 1892, vol. II, pp. 609 et seq., insbesondere p. 611 (Ex p. Stevenson).

[6]) 46 and 47 Vict. c. 52 s. 104.

den Nichtigkeits- und Legitimitätsklagen, nur beschränkt zulässig (dann aber allerdings ohne weitere Voraussetzungen). Generell dagegen ist sie nur in bezug auf eine Rechtsfrage gestattet, für die der Court of Appeal ausdrücklich Erlaubnis zur Einlegung des Rechtsmittels gegeben hat.[1]) Daß hier das Rechtsmittel in tatsächlicher Hinsicht mehr den Charakter eines Statement of a Case annimmt, mag nur kurz erwähnt werden. Kostenentscheidungen des weiteren können für sich ebenfalls nur mit Genehmigung des Court of Appeal angefochten werden, ein von der Praxis im Wege der Analogie gewonnener Satz, den das Gesetz als solches nicht ausgesprochen hat.[2]) Schließlich gibt es Fälle, in denen ein Appeal nur mit Genehmigung des Attorney-General zulässig ist. Soweit solche Bestimmungen früher existiert haben, sind sie aufrecht erhalten geblieben; sie sind übrigens nur sehr selten.[3]) Im ganzen, sieht man, sind die Beschränkungen der Anfechtungsmöglichkeit nicht sehr bedeutende, und namentlich wird die Möglichkeit nie beschränkt durch den Streitwert. Tatsächlich allerdings ist in den meisten Fällen die Möglichkeit ausgeschlossen durch die immensen Kosten, die das Rechtsmittel verursacht, ein Punkt, auf den indessen hier nicht näher eingegangen werden kann.[4]) So kann es auch nicht wundernehmen, daß nur in Ausnahmefällen, wo wirkliche Lebensfragen auf dem Spiel stehen, von dieser Rechtsmittelmöglichkeit Gebrauch gemacht wird. 1907 wurden gegen 932 Entscheidungen des Court of Appeal nur 71 Rechtsmittel eingelegt.[5]).

2. a) Faßt man das House of Lords als Rechtsmittelgericht seiner Organisation nach ins Auge, so muß man sich wohl hüten,

---

[1]) 44 and 45 Vict. c. 68 s.s. 9, 10.

[2]) Annual Practice vol. II, p. 987 unter analoger Verwendung von 36 and 37 Vict. c. 66 s. 49.

[3]) 39 and 40 Vict. c. 59 s. 10. Das Hauptanwendungsgebiet dieser Bestimmung war krimineller Natur und betraf den jetzt beseitigten Writ of Error. So hat die Bestimmung ihre eigentliche Bedeutung verloren. Vgl. 7 Edw. VII c. 23 s. 20 (1).

[4]) Vgl. auch Schuster, Bürgerliche Rechtspflege S. 208; Hatschek Bd. I, S. 537, Anm. 1. 1907 betrugen die taxierten Kosten für eine Sache durchschnittlich £ 441, der Höchstbetrag war £ 2437. Vgl. Civil Judicial Statistics 1907, p. 19. Dabei darf nicht übersehen werden, daß der siegreichen Partei keineswegs alle Kosten ersetzt werden. In dem erwähnten Fall, in dem £ 2437 Kosten zugebilligt waren, waren £ 4946 angemeldet worden, das sind also, wie ich ausdrücklich hervorheben möchte, M. 98920!

[5]) Civil Judicial Statistics 1907, pp. 58, 60 et seq. Ich bemerke, daß die Zahlen der Entscheidungen des Court of Appeal alle ergangenen Entscheidungen umfaßt, nicht etwa nur solche, die appellabel sind. Vgl. auch Bowen, Law Quarterly Review vol. II, p. 11: „The expense of appeal to the House of Lords is so large and the delay involved so substantial, that practically the court of Appeal may be said to decide the law in all but an unimportant percentage of the matters submitted to its judgment.“

anzunehmen, daß das parlamentarische Oberhaus als Gericht fungiere. Davon ist in der Tat, wie wir sofort im einzelnen sehen werden, gar keine Rede. Vielmehr muß man sagen, daß das House of Lords als Gericht etwas durchaus Verschiedenes ist von dem, was das House of Lords als Parlament ist. Und man kann direkt sagen: Es ist weiter nichts wie eine Rechtsfiktion, wenn heute noch behauptet wird, das House of Lords als solches habe gerichtliche Funktionen auszuüben, sei das oberste Gericht Englands. Tatsächlich ist das oberste Gericht Englands eine durchaus selbständig organisierte Behörde, die, wenn auch historisch aus dem Oberhaus entstanden, heute mit ihm nur noch den Namen und den Schauplatz ihrer Tätigkeit teilt, aber nicht mehr mit ihm identisch ist.[1]) Die Richtigkeit dieses Satzes ergibt sich aus folgendem:

a) Zunächst ist die Zusammensetzung des House of Lords als Gerichtsbehörde eine durchaus andere wie die als Parlament, vorausgesetzt natürlich, daß man stets unter House of Lords diejenigen Personen versteht, die funktionell an seiner Betätigung mit beteiligt sind. Während nämlich im Parlament selbstverständlich alle Mitglieder gleichberechtigt mithandeln können, können die richterlichen Funktionen nur ganz bestimmte Personen ausüben, so daß wir also einen geschlossenen Richterkreis des House of Lords haben, der keineswegs identisch ist mit dem Mitgliederkreis des Oberhauses als solchem. Mitglieder aber sind: der Lord Chancellor von Großbritannien, ferner die ad hoc ernannten Lords of Appeal in Ordinary und ferner alle die Peers, die hohe Richter von Großbritannien und Irland waren oder zurzeit noch sind.[2]) Die hohen Richter sind also nicht ipso jure Mitglieder des Gerichtes, sondern nur, wenn sie Peers sind.[3]) Und ferner: alle Mitglieder des Gerichtes sind auch Mitglieder des Oberhauses als solchen. Alle anderen Mitglieder des House of Lords, die die Lay Peers

---

[1]) Treffend bemerkt auch de Franqueville tom. I, p. 118: „En réalité, la cour de justice que l'on appelle aujourd'hui la Chambre des lords n'a, pour ainsi dire, rien de commun avec l'assemblée dont elle porte le nom.“ Ebenso führt Thomas Beven, Law Quarterly Review vol. XVII, p. 371 aus: „The final Court of Appeal is a commission of professional lawyers, holders and ex-holders of high judicial office and only connected with the House of Lords by historical tradition and by the accidents that the members of it are peers of the realm, and that their place of meeting is within the walls of the House of Lords.“

[2]) Hohe Richter sind: Die Lord Chancellors von Großbritannien und Irland und die Mitglieder der hohen Gerichte Großbritanniens und Irlands.

[3]) Vgl. 39 and 40 Vict. c. 59 ss. 5, 25; Hatschek Bd. I, S. 537; de Franqueville tom. I, p. 118s.

im Gegensatz zu den Law Peers genannt werden,[1]) können sich an den Gerichtssitzungen funktionell nicht mehr beteiligen, sie sind im Wege des Gewohnheitsrechtes von einer Mitwirkung direkt ausgeschlossen. Zwar hält man, wie gesagt, theoretisch noch daran fest, daß auch die Lay Peers Mitglieder des Gerichtes sind, allein daß es sich um eine leere Fiktion handelt, beweist der letzte Fall, in dem ein Lay Peer an einer Verhandlung sich 1883 beteiligte: sein Votum wurde nicht beachtet und nicht in das Protokoll aufgenommen,[2]) mit anderen Worten: man ließ ihn sich an der Entscheidung funktionell nicht beteiligen.

Was nun aber die Mitglieder des House of Lords als Gerichtes betrifft, so zerfallen dieselben in zwei Gruppen. Auf der einen Seite stehen die Lords, die kraft ihrer Stellung außerhalb des Gerichtes Mitglieder desselben sind und die man als Lordrichter den Richterlords gegenüberstellen kann, die auf der anderen Seite nur kraft ausdrücklicher, ad hoc erfolgter Ernennung Mitglieder des Gerichtes und damit denn auch Mitglieder des Oberhauses als solchen geworden sind. Alle diese Mitglieder können an jeder gerichtlichen Verhandlung teilnehmen, wobei es theoretisch möglich ist, daß ein Richter, gegen dessen Urteil das Rechtsmittel eingelegt ist, an der Entscheidung mitwirken kann, was auch praktisch vorkommen soll. Andererseits besteht eine Pflicht zur Mitwirkung für die Gesamtheit der in Betracht kommenden Personen nicht, sondern nur für die ad hoc ernannten Richterlords. Es genügt stets, wenn mindestens drei der Richter anwesend sind,[3]) so daß wir es also mit einem Kollegium zu tun haben, dessen Präsenz nicht ein für allemal gesetzlich festgelegt ist. Kommt es dabei vor, daß bei getrennten Meinungen sich Stimmen-

[1]) Denison and Scott, Practice and Procedure of the House of Lords pp. 18, 19. Dabei ist sehr wohl zu beachten, daß die Lay Peers auch Juristen, ja selbst Richter, z. B. Grafschaftsrichter, sein können.

[2]) In der Entscheidung abgedruckt Law Reports, Appeal Cases vol. VIII, pp. 354 et seq. ist seine Mitwirkung überhaupt nicht erwähnt. Vgl. auch Th. Beven, Law Quarterly Review vol. XVII, p. 370; Cohen, Spirit of Our Laws p. 111, n. 3. Treffend bemerkt Schuster, Bürgerliche Rechtspflege S. 32, daß die diesbezügliche Praxis jetzt auch als de jure feststehend angenommen werden muß. Nicht ganz zutreffend: Annual Practice vol. II, p. 564; richtig wird dort hervorgehoben, daß 39 and 40 Vict. c. 59 s. 5 nicht etwa die Lay Peers ausschließt, übersehen wird aber, daß dies geschieht durch ein seitdem entstandenes und durch Gerichtsgebrauch befestigtes Gewohnheitsrecht. Denison and Scott, Practice and Procedure of the House of Lords p. 19 sagen nur: „. . . in recent times they have abstained from exercising that right, and appeals are now determined by law peers only". Vgl. auch Hatschek Bd. I, S. 538.

[3]) 39 and 40 Vict. c. 59 s. 5. Gewöhnlich nehmen 5 Richter an den Sitzungen teil.

gleichheit auf beiden Seiten ergibt, so gilt die Revision als verworfen.[1])

β) Die Richtigkeit des oben aufgestellten Satzes, daß es heute nur noch eine Fiktion ist, wenn man House of Lords als Gerichtsbehörde und als Parlament identifiziert, wird aber namentlich auch bewiesen durch die Tatsache, daß das House of Lords als Gericht auch während der Vertagung des Parlamentes, ja sogar während der Zeit, wo infolge Auflösung gar kein Parlament vorhanden ist, judizieren kann. Während einer Vertagung werden die einzelnen Ausführungsbestimmungen, wann und unter welchen Voraussetzungen das House of Lords als Gericht zusammentreten soll, durch das House of Lords selbst noch während der Tagung erlassen. Nach erfolgter Auflösung kann das Oberhaus als Gericht nur auf Grund Königlicher Verfügung zusammentreten. Ausdrücklich ist in allen diesen Fällen überdies das Recht des richterlichen Funktionierens nur den Lords of Appeal, d. h. den Law Lords, im Gegensatz zu den Lay Peers,[2]) eingeräumt worden, was für die Auffassung des Gesetzgebers im Hinblick auf die Fähigkeit der Lay Peers, sich an den Verhandlungen zu beteiligen, jedenfalls nicht ohne Interesse ist. Denn es beweist die Tatsache auf das deutlichste, daß der Gesetzgeber als solcher die Lay Peers eben gar nicht mehr als Richter betrachtet.[3])

b) Das House of Lords als Gericht (wir werden im folgenden unter dem House of Lords nur noch das Gericht verstehen) kann bei seiner Rechtsprechung Gutachter in doppelter Form heranziehen.

α) Einmal können von ihm Gutachten der Richter der Common Law Side, d. h. also der King's Bench Division eingefordert werden.[4]) Dieselben müssen gesondert seitens der sämtlichen Richter abgegeben werden und haben als solche natürlich für das House of Lords keine bindende Kraft, sondern nur Überzeugungswert.[5]) Selbstverständlich werden derartige Gutachten nur in den schwierigsten Fällen eingeholt;[6]) es kommen aber heute noch derartige Fälle vor.[7])

---

[1]) Law Reports, Appeal Cases 1907, p. 9; vgl. auch Annual Practice vol. II, p, 564.

[2]) 39 and 40 Vict. c. 59 s. 5.

[3]) 39 and 40 Vict. c. 59 ss. 8, 9.

[4]) Früher konnten auch noch Gutachten seitens des Master of the Rolls, des Attorney- und des Solicitor-General eingeholt werden. Das ist heute nicht mehr üblich. Denison and Scott, Practice and Procedure of the House of Lords p. 21.

[5]) Denison and Scott, Practice and Procedure of the House of Lords pp. 22 et seq.

[6]) Encyclopaedia 2nd Ed. vol. I, p. 408.

[7]) Beispiel: Law Reports Appeal Cases 1898, pp. 1 et seq.; vgl. auch Encyclopaedia 2nd Ed. vol. I, p. 408.

β) Außerdem können in Admiralitätssachen ein oder zwei Assessors mit nautischen Kenntnissen herangezogen werden, die dieselben Funktionen zu erfüllen haben, die Assessors in den unteren Instanzen erfüllen.[1]) Geschieht dies nun, so werden stets, wie gleich hier bemerkt werden mag, zwei Assessors herangezogen. Einer derselben muß aktiver oder ehemaliger Marineoffizier, der andere ein Mitglied der Corporation of Trinity House sein. Gesonderte Listen werden für beide Arten von Beisitzern von der Admiralität und dem Trinity House geführt. Von diesen Listen hat dann der Lord Chancellor oder sein Vertreter die zu ladenden Assessors auszuwählen, die ihrerseits verpflichtet sind, einer Ladung Folge zu leisten, wofür sie eine tägliche Gebühr von 3 Guineas erhalten. Assessors können übrigens herangezogen werden auf Antrag der Parteien oder auch von Amts wegen.[2]) Im folgenden wird auf dieselben nicht weiter eingegangen werden, da sie keine andere Stellung einnehmen, als die Assessors im High Court.[3])

c) Das House of Lords, wie wir es seiner Organisation nach im Vorhergehenden geschildert haben, ist das eigentliche Rechtsmittelgericht, das ausschließlich und allein berufen ist, die Rechtsmittel gegen die Entscheidungen des Court of Appeal zu erledigen. Allein das Instanzverfahren vor dem House of Lords wird in gewisser Hinsicht durch das sogenannte Appeal Committee vorbereitet. Dasselbe ist ein Ausschuß des House of Lords, der für jede Session neu gebildet wird. Er setzt sich zusammen aus denjenigen Lords, die während der Session den Sitzungen regelmäßig beiwohnen, und wird geleitet durch den Lord Chancellor oder in dessen Abwesenheit durch einen der Law Lords.[4]) Hier haben wir also einen Ausschuß, in dem keineswegs bloß Law Peers sitzen, und da dieser Ausschuß wichtige, prozessuale Funktionen zu erfüllen hat, so sind insofern auch noch die Lay Peers mit an der Ausübung der Gerichtsbarkeit beteiligt, wenn auch nur in den engeren Grenzen der beschränkten Kompetenz des Appeal Committee. In ihm ist in der Tat noch ein Zusammenhang mit dem Parlament als solchem gegeben, denn hier ist Prozeßbehörde ein parlamentarischer Ausschuß, der als solcher Hilfsorgan des eigentlichen Gerichtes ist.

Allerdings ist nun aber die Tätigkeit des Appeal Committee nicht

---

[1]) 54 and 55 Vict. c. 53 s. 3.

[2]) Vgl. die Orders des House of Lords vom 10. und 13. 5. 1892; Annual Practice vol. II, pp. 790, 791.

[3]) Vgl. weiter oben S. 340f.

[4]) Hatschek Bd. I, S. 537, Anm. 1; Encyclopaedia 2nd Ed. vol. I, p. 412; insbesondere aber Denison and Scott, Practice and Procedure of the House of Lords pp. 28 et seq.

in eigentlicher Weise entscheidender, sondern nur beratender Natur. Dasselbe hat nämlich die ihm unterbreiteten Anträge auf ihre Begründetheit hin zu prüfen und hat auf Grund dieser Prüfung Vorschläge dem House of Lords einzureichen, sei es, daß es Abweisung der Anträge oder aber eine inhaltlich genau spezialisierte, zustimmende Entscheidung vorschlägt. Da nun das House of Lords[1]) tatsächlich stets die Vorschläge des Committee adoptiert,[2]) so liegt in der Tat die Entscheidung über die Anträge im Vorverfahren bei dem Committee, das also keineswegs nur unbedeutende Funktionen zu erfüllen hat. Es gehen aber an das Committee Anträge auf Verlängerung der Rechtsmittelfristen, Einwendungen gegen die Legitimation der Parteien, Anträge auf Dispensation von gewissen Prozeßbestimmungen, Anträge aber auch, ein Rechtsmittelverfahren aus gewissen Gründen nicht weiter betreiben zu lassen, z. B. Anträge, die offensichtlich schikanöse Einlegung eines Rechtsmittels behaupten, und ähnliches mehr.[3])

d) Das Prozeßverfahren, welches vor dem House of Lords zur Anwendung zu kommen hat, wird natürlich nicht etwa durch die Rules geregelt, welche der Supreme Court erläßt. Denn ein niederes Gericht kann prinzipiell nie einen bindenden Satz für ein höheres Gericht aufstellen. Vielmehr stellt das House of Lords seine Prozeßordnung selbst auf, wozu es ausdrücklich durch das Gesetz ermächtigt worden ist.[4]) Es geschieht dies durch die sogenannten Standing Orders, die wie die Rules des Supreme Court Gesetzeskraft haben.[5]) Außerdem sind noch eine Reihe von Anweisungen („Official Directions for Agents") in bezug auf das Verfahren ergangen.[6]) Allein dieselben unterscheiden sich wesentlich von den Standing Orders dadurch, daß sie keine Gesetzeskraft haben. Es kann mithin ein Rechtsmittel, welches unter Nichtbeachtung der Bestimmungen der Directions eingelegt ist, nicht schon aus diesem Grunde verworfen werden.[7])

3. a) *α*) Was die Besetzung des House of Lords betrifft, so sahen

---

1) In seiner Besetzung als Gericht.

2) Denison and Scott, Practice and Procedure of the House of Lords p. 29: „The House on receiving its reports may adopt, reject, or modify it, but practically it always adopts it."

3) Denison and Scott, Practice and Procedure of the House of Lords p. 29; Annual Practice vol. II, p. 786.

4) 39 and 40 Vict. c. 59 s. 11.

5) Abgedruckt Denison and Scott, Practice and Procedure of the House of Lords pp. 221 et seq.; Annual Practice vol. II, pp. 793 et seq.

6) Abgedruckt Denison and Scott l. c. pp. 206 et seq.; Annual Practice vol. II, pp. 783 et seq.

7) Denison and Scott l. c. pp. 37, 38; vgl. auch Schuster, Bürgerliche Rechtspflege S. 208, der übrigens nicht genügend definiert.

wir bereits, daß es teils mit den gegenwärtigen und ehemaligen hohen Richtern besetzt ist, sofern dieselben Peers sind[1]), ferner mit dem Lord Chancellor und schließlich mit den ad hoc ernannten Lordrichtern. Hier haben wir uns nur mit den letzteren zu befassen. Sie werden wie die übrigen hohen Richter durch die Krone auf Vorschlag des Lord Chancellor ernannt. Voraussetzung der Ernennung ist fünfzehnjährige Praxis als Barrister[2]) oder Bekleidung eines hohen richterlichen Amtes (welche das sind, haben wir bereits gesehen) während der Zeitdauer von mindestens zwei Jahren. Jeder dieser Lordrichter erhält ein Gehalt von £ 6000. Er führt den Titel Lord of Appeal in Ordinary. Er ist in jeder Hinsicht Peer und verliert diese Würde auch nicht bei seinem Scheiden aus dem Amte. Jedoch handelt es sich nur um eine unvererbliche Peerage, die mit dem Tode ihres Inhabers erlischt. Ist der Lord of Appeal in Ordinary Mitglied des Privy Council, was er tatsächlich immer ist, so ist er in demselben ex officio Mitglied des Judicial Committee.[3]) Im übrigen ist seine Rechtsstellung dieselbe wie die eines anderen hohen Richters, so daß hier nichts Weiteres bemerkt zu werden braucht. Augenblicklich sind vier solche Lordsrichter angestellt,[4]) die an den einzelnen Sitzungen teilnehmen nach Abmachungen, die sie untereinander selbst getroffen haben.

β) Bezüglich der Funktionen der Lords of Appeal ist hier nur weniges zu bemerken. Es sei nochmals darauf hingewiesen, daß die Funktionen richterlicher und legislativer Natur sind, da ja die Lords of Appeal die Prozeßordnung bezüglich des Revisionsverfahrens selbst aufzustellen haben. Bezüglich der richterlichen Funktionen kann auf das verwiesen werden, was über die Funktionen der High Courtrichter gesagt ist.[5]) Denn dasselbe gilt in analoger Weise für die Lords of Appeal. Ich bemerke abschließend nur das Eine, daß das House of Lords entweder selbst in der Sache entscheiden oder aber auch die Sache zur abermaligen Verhandlung an die Vorinstanz zurückverweisen kann, falls das Rechtsmittel begründet erscheint.[6]) Die Zurückverweisungen finden

---

[1]) Der Lord Chief Justice, der meist Sitz und Stimme im House of Lords hat, ist mithin ebenfalls Mitglied des obersten Gerichtes. Unzutreffend Mendelssohn, Imperium S. 22. Faktisch allerdings beteiligt er sich an den Verhandlungen nicht.

[2]) Hier wird tatsächliche Ausübung der Praxis verlangt, im Gegensatz zu den anderen hohen Richtern, bei denen es genügt, daß der zu Ernennende nur wenigstens Barrister während bestimmter Zeit war.

[3]) 39 and 40 Vict. c. 59 ss. 6, 14; 50 and 51 Vict. c. 70 ss. 2, 3, 4; de Franqueville tom. I, p. 118 s.; Schuster, Bürgerliche Rechtspflege S. 41.

[4]) Law List 1908, p. 1403.

[5]) Vgl. weiter oben S. 355 ff.

[6]) Schuster, Bürgerliche Rechtspflege S. 212 f.

indessen nur selten statt.[1]) Da eine derartige Zurückverweisung auch möglich ist nicht nur aus Rechtsgründen, sondern auch weil wichtige, neue Beweismittel seit dem ersten Urteil entdeckt sind, so nimmt hier in der Tat das Rechtsmittel den Charakter einer Berufung an, was aber, wie nochmals betont werden mag, stets durchaus die Ausnahme bildet.[2])

b) Was das Bureaupersonal, die Nebenbeamten des House of Lords anbelangt, so können natürlich hier nur die gerichtlichen Nebenbeamten des House of Lords, nicht aber die Beamten des Parlamentes ins Auge gefaßt werden. Bezüglich derselben gilt nun das Folgende: Oberster Bureaubeamter ist der Clerk of the Parliaments. Er ist ein von der Krone ernannter Bureaudirektor des House of Lords, dem alle anderen Beamten unterstellt sind.[3]) Unter ihm stehen der Clerk of Assistant, ernannt vom Lord Chancellor, und der Reading Clerk, ernannt durch die Krone.[4]) Diese drei Beamten haben (natürlich neben anderen Funktionen) den gerichtlichen Sitzungsdienst im House of Lords auszuüben. Der eigentliche Bureaudienst spielt sich jedoch im wesentlichen in einem der Bureaus des House of Lords ab, dem sogenannten Judicial Department. Dasselbe untersteht ebenfalls dem Clerk of the Parliaments, und ich bemerke gleich hier, daß es eben dieser Clerk ist, der sämtliche Beamte des Judicial Department zu ernennen hat und dieselben auch wieder entlassen kann, letzteres aber nur wegen Misconduct oder wegen anderer hinreichender Gründe. Besetzt ist das Department mit einem Principal Clerk and Taxing Officer, der als solcher Bureauvorstand ist, vier Junior Clerks und drei eigentlichen Schreibern, die ihm sämtlich unterstellt sind. Voraussetzungen der Ernennung sind nicht erforderlich. Jedoch rücken im allgemeinen die niederen Beamten in den verschiedenen Bureaus des House of Lords in die höheren Stellen ein, während vor dem Eintritt in die unterste Stellung ein Spezialexamen abgelegt werden muß. Die Gehälter in dem Judicial Department schwanken zwischen £ 100 und 600.[5])

Was die Funktionen des Department betrifft, so sind alle bureaumäßig zu erledigenden Handlungen, die im Revisionsverfahren

---

[1]) Encyclopaedia 2nd Ed. vol. I, p. 412: „Under very exceptional circumstances, the cause may be remitted for rehearing on fresh evidence."

[2]) Denison and Scott, Practice and Procedure of the House of Lords pp. 110—112.

[3]) Wertheim S. 131; ich verdanke das Folgende zumeist den Angaben des Principal Clerk of the Judicial Department of the House of Lords, Mr. St. John.

[4]) Voraussetzungen der Ernennung existieren nicht. Absetzung ist wie immer möglich. Der Gehalt beträgt £ 1000, 1500 und 2000. Whitaker's Almanack p. 119.

[5]) Whitaker's Almanack p. 119.

notwendig werden, in ihm zu erledigen. Ferner werden die Kosten des Verfahrens in ihm taxiert. Sonst aber wird das Department nie entscheidend tätig. Wohl aber hat es insofern noch eine große Bedeutung, als es für die Solicitors die Rechtsauskunftsstelle über die Einzelheiten des Verfahrens vor dem House of Lords ist. Und da dies Verfahren aus der Praxis den Solicitors selten genauer bekannt ist, so bildet die Erteilung von Belehrungen und Anweisungen in der Tat eine der Hauptbeschäftigungen, namentlich des Principal Clerk.[1])

c) Schließlich muß auch noch ein kurzer Blick auf die Anwälte geworfen werden, die beim House of Lords zugelassen sind. Es mag zunächst sofort darauf hingewiesen werden, daß der Anwaltszwang beim House of Lords nur beschränkt durchgeführt worden ist. Allerdings muß die Rechtsmittelschrift, die sogenannte Petition, von mindestens zwei Barristers unterzeichnet sein, die außerdem noch zu bescheinigen haben, daß das Revisionsgesuch gerechtfertigt erscheint.[2]) Dasselbe gilt von allen sonst eingereichten Schriftstücken, die ebenfalls stets von einem oder zwei Barristers unterzeichnet sein müssen.[3]) Allein in der mündlichen Verhandlung vor dem House of Lords kann sich die Partei selber vertreten,[4]) und wenn dies auch tatsächlich meist nicht der Fall sein wird, so kommen doch derartige Fälle vor,[5]) so daß also auch de facto der Anwaltszwang nicht völlig durchgeführt ist.

Werden aber die Parteien vertreten, so muß die Vertretung vor dem House of Lords durch Barristers geführt werden, die als solche sämtlich ein uneinschränkbares Recht haben, vor dem obersten Gerichte Sachen zu vertreten. Ihre Instruktionen empfangen sie wie stets nicht durch die Parteien selbst, sondern durch Vermittlung der Solicitors oder der sogenannten Parliamentary Agents,[6]) einer Art niederer Anwälte, die hauptsächlich bei der Einbringung von Private Bills tätig werden, direkt beim Parlament als solchem zugelassen sind und seiner Zensur unterstehen.[7]) Vor dem Appeal Committee werden, als vor einem rein parlamentarischen Ausschuß, die Barristers denn auch im Prinzip nicht zugelassen, und es werden hier nur Solicitors oder Parliamentary Agents gehört. Neuerdings ist allerdings in einem

---

[1]) Vgl. auch Denison and Scott, Practice and Procedure of the House of Lords p. 27, heute indessen teilweise veraltet.

[2]) Standing Order II.

[3]) Standing Order V.

[4]) Vgl. Denison and Scott, Practice and Procedure of the House of Lords p. 30; unzutreffend Hatschek Bd. I, S. 537, Anm. 1.

[5]) Vgl. Law Reports, Appeal Cases vol. VIII, p. 355.

[6]) Denison and Scott, Practice and Procedure of the House of Lords p. 35.

[7]) Encyclopaedia 2nd Ed. vol. X, pp. 319 et seq.; Wertheim S. 84.

besonders wichtigen Falle diese Regel durchbrochen worden, aber im allgemeinen gilt der Satz auch heute noch, daß Barristers vor dem Appeal Committee nicht zugelassen werden.[1])

II. Wenden wir uns dem House of Lords als Kriminalgericht erster Instanz zu, so ist hier im folgenden wieder zu unterscheiden. Auf der einen Seite nämlich fungiert das House of Lords als Kriminalgericht für die Peers, auf der anderen Seite erscheint es als ein Kriminalstaatsgerichtshof für Anklagen seitens des House of Commons. Wir können uns im folgenden sehr kurz fassen, da es sich in beiden Fällen um eine Zuständigkeit handelt, die nur außerordentlich selten ausgeübt wird.[2])

1. a) Beginnen wir mit dem zweiten Falle, so kann das House of Commons Anklage erheben vor dem House of Lords. Und zwar können diese Anklagen unbeschränkt sowohl gegen Peers als auch gegen Nichtpeers, also die sogenannten Commoners, erhoben werden. Auch die sachliche Zuständigkeit ist insoweit uneingeschränkt, als die Anklage durch das House of Commons wegen eines jeden Deliktes erhoben werden kann, wenn sie natürlich auch nur in den schwersten Fällen des Hochverrates erhoben werden wird.[3]) Diese Anklage ist das sogenannte Impeachment, dessen letztes Beispiel sich 1805 ereignete.[4]) Die Anklage, wie gesagt, wird durch das House of Commons erhoben. Das House of Lords fällt das Urteil, und zwar sind hier alle Mitglieder des Hauses berechtigt, sich an der Abstimmung zu beteiligen. Die Richterbank setzt sich mithin aus allen Mitgliedern des Hauses zusammen mit der einen Ausnahme, daß die geistlichen Peers kein Recht haben, an dem eigentlichen Urteil mitzuwirken und mit abzustimmen. Der Vorsitzende des Gerichtes, der den Titel Lord High Steward führt, wird stets ad hoc ernannt, und zwar durch den König. Ernannt wird, wenn ein Peer angeklagt ist, ein Peer, sonst aber der Lord Chancellor, der ja als solcher, wie wir gesehen haben, nicht Peer zu sein braucht. Der Vorsitzende ist übrigens nur primus inter pares, und die gesamte Richterbank beantwortet die beiden Fragen, die Schuldfrage und die Straffrage.[5])

b) Was das judicium parium, den Trial by Peers betrifft, so

---

[1]) Denison and Scott, Practice and Procedure of the House of Lords p. 28.

[2]) Man spricht übrigens hier von dem High Court of the King in Parliament. Kenny, Outlines p. 415.

[3]) Encyclopaedia 2nd Ed. vol. VII, p. 36; Hatschek Bd. I, S. 534. Die Frage ist indessen für die Commoners nicht unbestritten. Vgl. Kenny, Outlines pp. 417, 418 und dort n. 1.

[4]) de Franqueville vol. I, p. 121.

[5]) Vgl. zum Ganzen Kenny, Outlines pp. 417, 417; Encyclopaedia 2nd Ed. vol. VII, p. 36, 37; Stephen, Digest of the Law of Criminal Procedure p. 10; Hatschek Bd. I, S. 533 ff.; de Franqueville tom. I, p. 121 ss.

haben die weltlichen Peers das Vorrecht, von Standesgenossen abgeurteilt zu werden. Die geistlichen Peers haben dieses Recht nicht.[1]) Wohl aber haben dieses Recht auch die Gemahlinnen der Peers, da das Vorrecht nicht auf Sitz und Stimme im Oberhaus, sondern auf Geburt und Zugehörigkeit zum hohen Adel beruht.[2]) Die Zuständigkeit des Oberhauses, die auch für dies judicium parium gegeben ist, ist indessen nicht so weitgreifend wie im Falle von Impeachment. Denn das Vorrecht der Peers, von Standesgenossen abgeurteilt zu werden, bezieht sich nur auf bestimmte Delikte, und zwar nur auf Kapitalverbrechen („treason or felony, or the misprision of either"). Die Anklage wird hier von der gewöhnlichen Anklagejury erhoben. Dann aber wird der Fall durch einen Writ of Certiorari an das Oberhaus gezogen.[3]) Der Gerichtshof setzt sich wie im ersten Falle zusammen, und auch hier wird namentlich in den wichtigeren Fällen stets ein Vorsitzender als Lord High Steward ad hoc ernannt.[4])

2. Schließlich sei auch noch kurz der Court of the Lord High Steward erwähnt. Dieses Gericht ist das Peersgericht, welches in Zeiten zusammenzutreten hat, wo das Parlament vertagt oder aufgelöst ist. Die Zuständigkeit ist die gleiche wie sonst beim judicium parium. Auch hier wird ein Lord High Steward ernannt; das Gericht besteht aus denjenigen weltlichen Peers, die der erstere zur Verhandlung als Richter geladen hat, und die erschienen sind. In Fällen von Treason müssen alle stimmberechtigten Peers geladen werden,[5]) in anderen Fällen genügt es dagegen, daß eine genügende Anzahl geladen ist. Die Richterbank muß sich aus mindestens 23 Peers zusammensetzen, da die Majorität entscheidet, dieselbe aber mindestens 12 Stimmen umfassen muß. Beachtenswert ist, daß dies Gericht völlig wie ein Schwurgericht konstituiert ist: die Peers bilden die Geschwornenbank und stimmen nur über die Schuldfrage ab. Sie heißen als solche die Lords Triers. Der High Steward dagegen fällt auf Grund des Verdiktes das eigentliche Urteil gegen den Angeklagten.[6]) In dieser Hinsicht besteht also ein wesentlicher Unterschied zwischen dem Verfahren im House of Lords und dem vor dem Lord Steward.[7])

---

[1]) Kenny, Outlines p. 417; Hatschek Bd. I, S. 535.

[2]) Kenny, Outlines p. 417.

[3]) Ob ein Peer auf das Privileg verzichten kann, ist eine sehr bestrittene Frage. Vgl. de Franqueville tom. I, p. 123.

[4]) Vgl. die S. 589, Anm. 5 Zitierten. Der letzte Fall ereignete sich 1901.

[5]) 7 Will. III c. 3. Unzutreffend behauptet de Franqueville tom. I, p. 123 s., daß stets alle stimmberechtigten Lords geladen werden müßten.

[6]) Vgl. die oben S. 589, Anm. 5 Zitierten.

[7]) Unzutreffend mithin Kenny, Outlines p. 418, daß der Unterschied nur ein solcher des Namens, nicht der Sache sei.

§ 25. D) Die gegenwärtige Entwicklung. Ausblicke.

I. Wir stehen am Ende unserer Darstellung betreffend die Verfassung der ordentlichen Gerichte Englands. Und wie wir bei der Schilderung der Friedensgerichte und der Grafschaftsgerichte jeweils auch kurz die gegenwärtigen Verhältnisse nicht nur auf ihr Sein, sondern auch auf ihr Werden und damit dann implicite auf ihre Bewährung hin untersucht haben, so müssen wir auch hier bei den höheren Gerichten in eine kurze Erörterung der kritischen Frage eintreten, wie sich die im vorhergehenden geschilderte Organisation den praktischen Bedürfnissen des Lebens gegenüber bewährt hat.[1]) Es scheidet sich aber diese oberste Frage sofort in zwei voneinander durchaus selbständigen Unterfragen: Hat sich die Organisation als Ganzes bewährt? Hat sich die Organisation in ihren Einzelheiten bewährt? Denn es ist natürlich sehr wohl denkbar, daß der Ausbau einer Organisation im einzelnen verfehlt, nicht zweckentsprechend ist, während doch die Organisation als Ganzes, d. h. die Grundprinzipien, auf denen die Gerichtsverfassung beruht, sich als durchaus gesund und lebensfähig und dann also auch als aus sich selbst heraus entwicklungsfähig erwiesen haben. Die Beantwortung dieser Fragen aber wird uns dann ferner der Beantwortung der weiteren Frage näher bringen, ob und welche Tendenzen wir in der augenblicklichen Rechtsentwicklung von England in bezug auf die höheren Gerichte feststellen können. Allerdings dürfen wir aber bei einer derartigen Untersuchung eines nicht außer acht lassen: Die Entwicklung in bezug auf die höheren Gerichte ist nur ein Teil der Gesamtentwicklung der bisherigen Gerichtsverfassung. Und wollen wir diese Teilentwicklung feststellen und verstehen lernen, so müssen wir auch stets die Entwicklungsreihen ins Auge fassen, die wir früher festgestellt haben. Denn selbstverständlich sind dieselben nicht unabhängig voneinander, sondern sie bedingen sich gegenseitig und machen in ihrer Gesamtheit die Entwicklung als solche aus, so daß sie auch nicht getrennt voneinander, sondern nur als Ganzes verstanden und gewertet werden können.[2])

II. 1. Wenden wir uns nach diesen einleitenden Bemerkungen der eigentlichen Frage selbst zu, so ist ein in die Augen fallender

[1]) Selbstverständlich bleibt hier das Prozeßrecht als solches völlig unberücksichtigt.

[2]) Dem Weg nach verfolge ich also gerade die umgekehrte Methode im Vergleich zu der, die mir Weidlich, Lisztsche Zeitschrift Bd. 28, S. 498, Anm. 5 vorwirft, wenn er sagt, mein Urteil über die englische Entwicklung beruhe auf einseitiger Verallgemeinerung der Entwicklung der County Courts. Die weiteren Ausführungen mögen dartun, ob die Methode, die ich von Anfang angewendet habe, wirklich auf Einseitigkeit beruht.

Unterschied zwischen dem deutsch-kontinentalen System der Gerichtsverfassung und dem englischen System die geringe Zahl der sogenannten Richter in England und die große Zahl der Richter auf dem Kontinent, ein Unterschied, der ja auch von der Literatur immer und immer wieder betont worden ist.[1]) Es kann natürlich hier nicht daran gedacht werden, eine vergleichende Statistik englischer und etwa deutscher Richter aufzustellen. Ich glaube, wir haben in den bisherigen Ausführungen zur Genüge bereits dargelegt, daß eine solche Vergleichung unmöglich ist, weil die zu vergleichenden Objekte innerlich zu verschieden sind, weil die nicht zu vermeidenden Fehlergrenzen der Art sind, daß einer diesbezüglichen Untersuchung jeder wissenschaftliche Wert fehlen würde.[2]) Allein die Frage muß doch ventiliert werden, wie sich denn die geringe Anzahl der höheren Richter in England bewährt hat. Wir müssen diese Frage aber so stellen, nicht, ob es sich bewährt hat, nur wenig nominelle Richter, aber viele Nebenrichter zu haben, sondern vielmehr, ob England in seinen höheren Gerichten eine hinreichende Anzahl von Richtern hat, hinreichend, um den Erfordernissen des sozialen Lebens gerecht zu werden. Und diese Frage muß trotz der vielen Nebenrichter, trotz der starken Entlastung der Nominalrichter nach den verschiedensten Richtungen hin, diese Frage, sage ich, muß mit aller Entschiedenheit verneint werden. Wer ernsthaft englisches Gerichtswesen nach englischen Quellen studiert hat, kann darüber nicht im Zweifel sein. Und die Richtigkeit des Satzes läßt sich ohne Schwierigkeit aus einer Reihe von Gründen auch zur Evidenz beweisen.

a) Zunächst genügt ein Blick in die englische Literatur, namentlich in die fachliche Tagespresse, um zu zeigen, daß die Frage der Richtervermehrung eine der brennendsten Tagesfragen, wenn nicht die brennendste des augenblicklichen englischen Rechtslebens ist. Die Frage war schon akut vor 1907, sie ist seitdem noch wichtiger geworden, da seit 1907 durch die Begründung des Court of Criminal Appeal dem High Court eine neue schwere Last aufgebürdet ist, die er zu tragen einfach nicht mehr vermag.[3]) Und dieser Ruf nach Richtervermehrung geht nicht nur von den Parteien aus, nicht nur von den Rechtsanwälten, die daran verzweifeln, zur Verhandlung zu kommen, sondern auch

[1]) Z. B. Stephen, History of the Criminal Law vol. I, p. 521; de Franqueville tom. II, p. 660.

[2]) Ich darf betonen, daß dieser Satz für alle derartigen Vergleichsstatistiken gilt. Vgl. auch weiter oben S. 427, Anm. 2.

[3]) Außerdem sind ihm 1908 noch gewisse Patentsachen übertragen, die früher das Privy Council zu erledigen hatte.

die Richter der höheren Gerichte selbst verlangen immer mehr und mehr eine starke Vermehrung der Richter, an der Spitze der Lord Chief Justice, der Lord Chancellor.[1]) Die Gerichte können sich eben nicht mehr helfen. Ein Beispiel für den Court of Appeal: Ende 1907, Anfang 1908 waren die Rückstände bei denselben so groß, daß zur Erledigung derselben ein nichtmehr aktiver Richter und drei Richter der ersten Instanz herangezogen werden mußten. Während dieser Zeit blieb die Arbeit dieser letzteren liegen, so daß, als endlich die Rückstände des Court of Appeal erledigt waren, nunmehr die anderen Gerichte außerordentlich stark im Rückstand waren.[2]) Und diese Unterbesetzung der Gerichte ist nicht etwa eine solche, wie man behauptet hat, die mit Schaffung einer oder zweier neuen Richterstellungen beseitigt werden könnte. Man verlangt eine durchgreifende Vermehrung, eine Vermehrung entsprechend der gesteigerten Bevölkerungszahl, der gesteigerten Aufgaben der höheren Gerichte.[3])

b) Daß man in England in der Tat mit der augenblicklichen Anzahl der Richter in weitesten Kreisen sehr unzufrieden ist, kann nicht geleugnet werden. Und zu ihrer Unzufriedenheit haben die Engländer auch nur zu begründete Ursache. Denn die Prozeßverschleppungen am High Court haben denn doch einen anderen

---

[1]) Vgl. für die neueste Zeit Law Times vol. 126, pp. 24, 55, 276; vol. 127, p. 145; Frankfurter Zeitung v. 19. 11. 1909, 3. Morgenblatt.

[2]) Law Times vol. 124, pp. 212, 213, 230.

[3]) Ich kann nicht daran denken, hier eine erschöpfende Übersicht über die englischen Klagen in dieser Hinsicht zu geben. Ich greife eine der Wochenzeitschriften heraus und verweise etwa auf Law Times vol. 103, p. 239; vol. 104, p. 303; vol. 105, pp. 280, 300; vol. 106, p. 437; vol. 107, pp. 55, 203, 272; vol. 113, p. 369; vol. 114, p. 51; vol. 115, pp. 559, 583; vol. 116, pp. 25, 48, 541; vol. 117, p. 529; vol. 118, pp. 25, 53, 123, 334, 425; vol. 124, pp. 212, 229, 266, 523, 574; vol. 125, pp. 103, 151, 167, 168, 281, 306, 329, 330, 334, 351, 356, 566, 609; vol. 126, pp. 2, 24, 55, 71, 96, 147, 1 9, 161, 205, 252, 276, 368, 395, 408, 419, 448, 465, 569 et seq.; vol. 127, pp. 1 et seq., 6, 11, 16—18, 25, 26, 29, 49, 50, 60, 73, 95, 105, 106, 119, 215, 220, 234, 313, 314, 349, 479. Wie man dem gegenüber behaupten kann, von einer Überlastung der englischen höheren Gerichte könne nicht geredet werden, ist mir in der Tat einfach unbegreiflich. So aber ausdrücklich Liepmann, Summarisches Strafverfahren S. 123f., allerdings ohne jede Angabe von Belegen. Vgl. dagegen auch meine Ausführungen, Gerichtssaal Bd. 74, S. 442f. Vgl. auch Law Times vol. 127, p. 479: „There is very little doubt that the King's Bench Division will commence next term with its lists in a hopeless state of arrear, and, unless some means is speedly found to relieve the congestion, the common law work of this country, so far as the High Court is concerned, will be at an absolute standstill.“ Die Frage ist wiederholt im Parlament in letzter Zeit behandelt worden. Vgl. Law Times vol. 127, pp. 105, 106, 339 u. a. m. Die Generalversammlung der Barristers hat 1909 eine sofortige Richtervermehrung verlangt. Vgl. Law Times vol. 127, pp. 17 et seq.

Grad erreicht wie bei uns. Betrachten wir uns die letztjährigen Statistiken, wobei überdies zu beachten ist, daß die Statistik für 1908, dem ersten Jahr des Court of Criminal Appeal, noch nicht vorliegt, so ergibt sich uns für Zivilsachen in bezug auf den Court of Appeal folgendes:[1])

Rechtsmittel	1903	1904	1905	1906	1907
Zu Beginn des Jahres schwebend . .	376	229	197	236	271
Im Lauf des Jahres eingebracht . . .	681	705	652	636	693
Im Lauf des Jahres erledigt	828	737	613	601	835
Am Ende des Jahres schwebend . . .	229	197	236	271	129[2])

Im allgemeinen ergibt sich aus diesen Zahlen (1907 ausgenommen[3])), daß der Court of Appeal im Durchschnitt in den letzten Jahren kaum in der Lage war, die bei ihm im Laufe des Jahres eingebrachten Rechtsmittel zu erledigen. 1905 und 1906 hat er das jedenfalls nicht gekonnt.

Fassen wir die Verhältnisse an der King's Bench Division ins Auge, so ergeben sich hier folgende Durchschnittszahlen:[4])

K. B. D.	1883—1887	1888—1892	1892—1897	1897—1902	1902—1907
Klagen zur Hauptverhandlung eingetragen:	3714,6	3951,2	3983,6	4054,4	3339,0
Ende des Jahres nicht erledigt:	961,2	936,2	752,2	642,2	720,2

Diese Zahlen, ebenfalls außerordentlich interessant, bedürfen indessen weitgehendster Berichtigung. Einmal ist zu beachten, daß die Differenz zwischen den eingetragenen und nicht erledigten Zahlen keineswegs die Zahl der verhandelten Sachen ergibt. Vielmehr gehen davon noch ab die auf andere Art und Weise erledigten Sachen. Daß diese Zahl ja eine sehr große ist, ist bekannt. Es dürften aber doch noch die folgenden Zahlen kurz angeführt werden:[5])

---

[1]) Civil Judicial Statistics 1904, p. 66; 1905, p. 70; 1907, p. 60.

[2]) Dieses sehr günstige Resultat für 1907 ist nur erreicht durch das weiter oben erwähnte starke Heranziehen von Hilfsrichtern.

[3]) Vgl. Anm. 2.

[4]) Civil Judicial Statistics 1907, pp. 40, 41.

[5]) Oben Anm. 4.

K. B. D.	1883—1887	1888—1892	1892—1897	1897—1902	1902—1907
Angebrachte Sachen:	3714,6	3951,2	3983,6	4054,4	3339,0
In Courts erledigte Sachen:	2220,8	2467,8	2265,0	2817,0	2808,8

Vergleicht man beide Tabellen miteinander, so ergibt sich, daß in allen diesen Jahren mehr Klagen eingebracht sind, als erledigt werden konnten.

Ferner ist zu beachten (und das gilt auch für die Zahlen beim Court of Appeal), daß sich aus diesen Ziffern nicht ersehen läßt, wie viel Richter im jeweiligen Jahr mitgewirkt haben, und das ist bei der elastischen Art, in welcher die Engländer Hilfsrichter heranziehen können, von allergrößter Bedeutung.

Ähnlich liegen die Verhältnisse an der Chancery Division, ohne daß die diesbezüglichen Zahlen gleichfalls noch angeführt zu werden brauchten.[1])

c) Die Unzufriedenheit in weitesten Kreisen der Bevölkerung mit der augenblicklichen Zahl der Richter, die Unmöglichkeit, durch sie die laufenden Geschäfte auf die Dauer erledigen zu können, kann nicht bestritten werden.[2]) Es ist nun interessant zu beobachten, wie die Gerichte, wie der Gesetzgeber selbst zögernd versuchen, Abhilfe zu verschaffen. Der Gesetzgeber: Hierher zu rechnen sind die Einführung fakultativer Divisional Courts am Court of Appeal, der Versuch, diese fakultativen Höfe in obligatorische umzuwandeln. Ferner muß hierher gerechnet werden die geringe Richtervermehrung, die in letzter Zeit erfolgt ist,[3]) ferner die nicht sehr bedeutenden Änderungen, die auch das Circuitsystem in letzter Zeit erfahren hat.[4]) Und auch die Gerichte haben ver-

---

[1]) Vgl. Civil Judicial Statistics 1907, p. 38.

[2]) Ich darf bemerken, daß mir über die Länge der Prozesse in der King's Bench Division von dem bekannten Statistiker Sir John Macdonell folgende Angaben gemacht wurden: Eine gewöhnliche, einfache Klage ohne schwierigere Rechtsfrage wird in erster Instanz in 5—8 Monaten erledigt, in zweiter Instanz sind 6—12 Monate erforderlich und ebensoviel in dritter Instanz. Es müssen dann aber normale Verhältnisse herrschen. In den schlechten, augenblicklichen Zeiten soll die Erledigung länger dauern. Commercial Cases werden rascher erledigt. Gewöhnliche Fälle brauchen aber doch in erster Instanz immerhin 4—6 Wochen. Die Law Times vol. 127, p. 313 schreibt Ende Juli 1909: „... the litigants in these matters" (i. e. appeals to the King's Bench Division) „having to wait for practically another three months in addition to the five months they have waited already".

[3]) 1907 ist eine neue Richterstelle am High Court geschaffen worden.

[4]) Vgl. weiter unten S. 598.

MIX
Papier | Fördert gute Waldnutzung
FSC® C083411

Kolibri 360 GmbH
Ferdinand-Jühlke-Straße 7
99095 Erfurt, Deutschland
produktsicherheit@kolibri360.de